弗洛伊德与柏莎·巴本哈因姆（安娜·欧）

本图（左）是弗洛伊德30岁左右时的模样。巴本哈因姆（Pappenheim，1859—1936），在心理学文献中"安娜·欧"的名称广为人知。弗洛伊德与他的同僚布洛伊尔认为她的癔症症状象征着压抑的情绪向心理疾病的转化。　　(p.26)

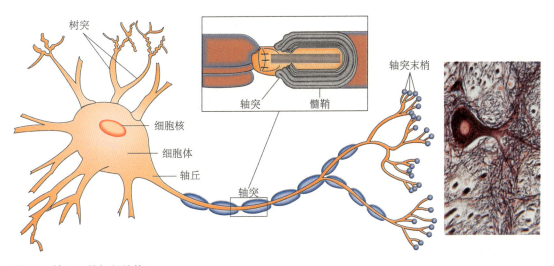

图 2.1　神经元的解剖结构

神经元的三个基本部分是细胞体、树突和轴突。神经元的轴突被包裹在髓鞘之中，髓鞘将其与神经元周围的体液隔离，同时有助于神经冲动（在神经元内传播的信息）的传导。　　(p.57)

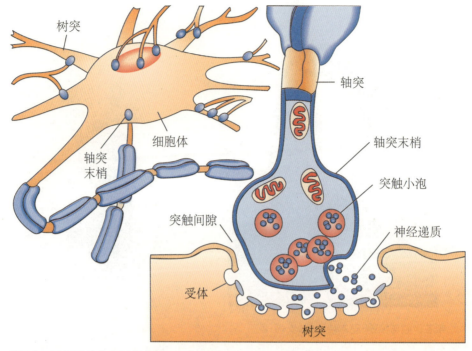

图2.2 神经冲动在突触间传递 （p.58）

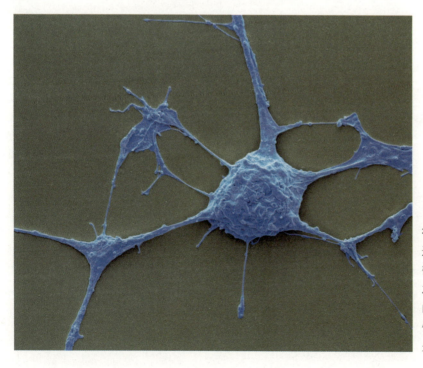

神经元之间的联系
这张引人注目的电子显微镜照片显示了神经元之间的联系。那些较大的组织是神经元的细胞体,而线状的单纤维就是轴突。 （p.59）

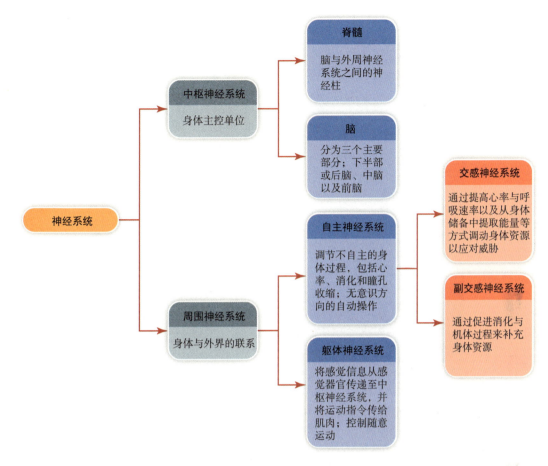

图 2.3　神经系统的结构
来源：摘自 J. S. Nevid（2007）. *Psychology: Concepts and applications*, 2nd ed.（p.56）. Boston: Houghton Mifflin Company. Reprinted by permission.　（p.60）

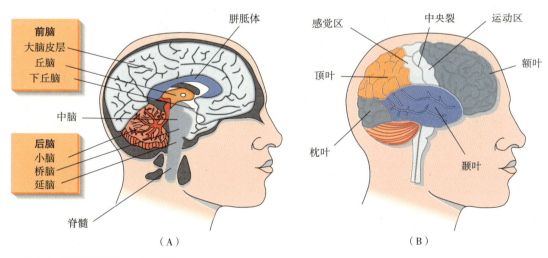

图 2.4　脑部地形图　（p.61）

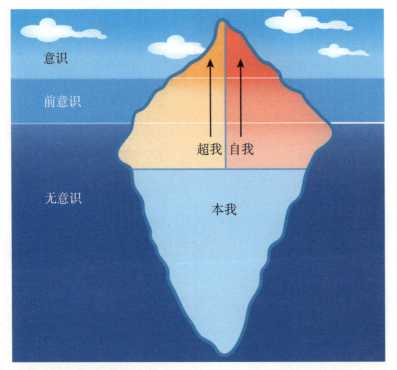

图 2.5　弗洛伊德所划分的心理的组成
在经典弗洛伊德理论中,人类心理可以被比作冰山,只有一小部分在任何时刻可以升到意识层面。尽管在前意识中的心理内容可以通过集中注意力进入意识,但本我中的冲动和欲望仍然隐藏在头脑中隐秘的无意识中。自我和超我在三个意识层次中运作,本我的运作则陷入无意识之中。　　　（p.68）

卡伦·霍妮　（p.74）

艾里克·埃里克森　（p.75）

玛格丽特·马勒　（p.75）

B.F.斯金纳 (p.81)

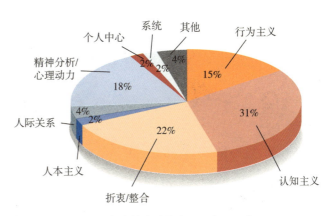

图2.10　临床心理学家的治疗取向　　(p.111)

这意味着什么?
弗洛伊德认为梦代表着"通向无意识的康庄大道"。释梦是弗洛伊德用来揭示无意识材料的主要技术之一。　　(p.103)

家庭治疗
在家庭治疗中,家庭——而非个体——是一个治疗单元。治疗师帮助家庭成员更有效地与其他成员沟通,例如以不伤害其他成员的方式公开谈论不同意见。治疗师也会试图保护某个家庭成员不被其他成员当成家庭问题的替罪羊。　　(p.113)

DSM-5
《精神疾病诊断与统计手册》如今已经出到第5版了,称为DSM-5,它是为精神障碍分类提供服务的诊断手册。其中罗列了可被临床医生用于诊断特定类型障碍的特定标准。　　(p.142)

托马斯·A.韦迪格
韦迪格博士是肯塔基大学的心理学教授。他在迈阿密大学(俄亥俄州)获得了临床心理学博士学位,并于康奈尔大学医学院完成了实习。他目前担任《异常心理学杂志》和《人格障碍杂志》以及《临床心理学年评》的编辑。他曾是DSM-IV特别小组的一员,并担任DSM-IV的部门助理。　　(p.154)

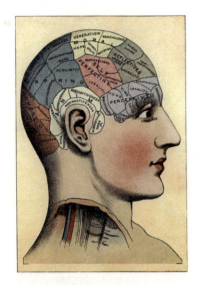

颅相学
19世纪的颅相学家认为人格和心理官能与大脑某些特定部位的大小密切相关,人们可以通过测量大脑突起的形状来确定个体的人格和心理官能。 (p.157)

计算机化访谈
你更愿意把你的问题告诉电脑,而不是真人吗?计算机化临床访谈的使用已超过25年。一些研究表明,计算机在解决问题方面可能比它的人类同行更为有效。 (p.160)

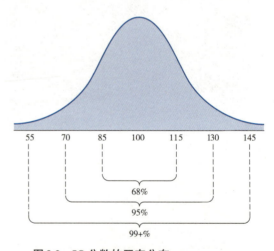

图3.2 IQ分数的正态分布
IQ分数的分布图类似一个铃铛形曲线。心理学家称这个曲线为正态曲线。韦克斯勒提出了离差智商的概念,并界定IQ测验的平均数为100,标准差为15。标准差是测量个体距离或偏离平均数的程度的一种统计方法。在这幅图上,我们标出了偏离平均数1个、2个、3个标准差的分数的分布情况。注意,有三分之二总体的得分分布在平均数的一个标准差上下的区间内(85-115)。
(p.163)

图画填充
图中缺失了哪一部分?

方块设计
将这些方块摆放成这样的图案。

图3.1 与韦氏成人智力量表(WAIS)中两类知觉推理测验相类似的题目 (p.163)

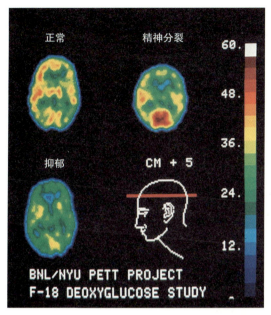

图3.8　PET扫描

这些PET扫描影像显示了抑郁症、精神分裂症患者的脑内代谢过程的差异，通过PET能够知道哪些人并没有罹患心理障碍。　　　（p.182）

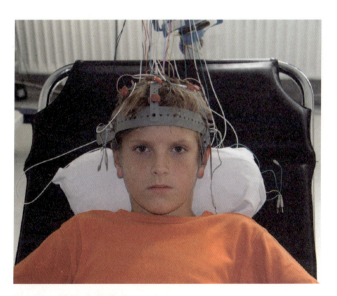
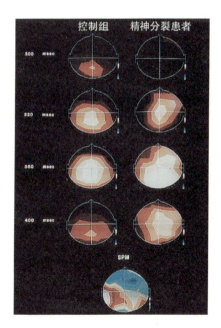

图3.10　描绘脑电活动

通过在头皮上放置电极，研究人员可以用脑电图来记录大脑不同区域的活动情况。右图中，左侧的脑部扫描图显示的是四个时间间隔内10个正常人（控制组）的脑电活动的平均水平。右侧一列显示了同样的时间间隔患有精神分裂症的被试的脑电活动的平均水平。更高的活动水平以黄色、红色和白色依次表示。在底部中心的计算机生成的图像中，总结了正常人与那些患有精神分裂症的人的脑电活动水平的差异。用蓝色描绘的脑区显示的是两组间细微的差别，白色区域代表的则是较大的差别。　　　（p.184）

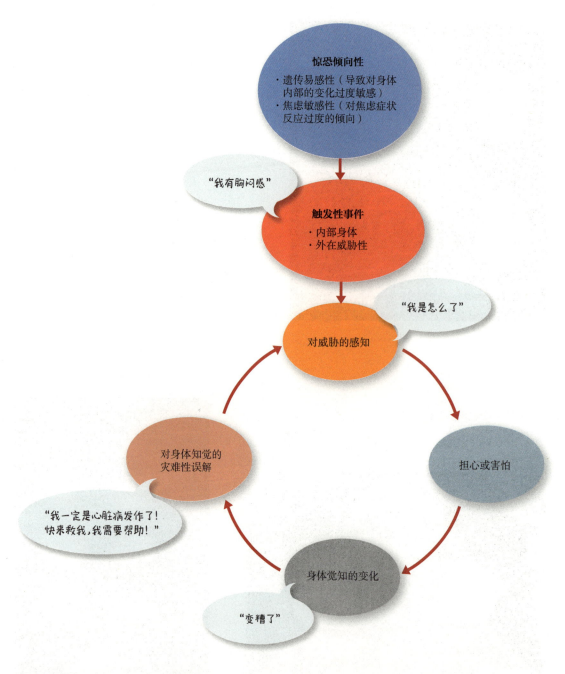

图5.2 惊恐障碍的认知——生物学模型

对于容易惊恐的人来说，对来自内部或外在危险的感知，导致了担心或恐惧的感觉，这种感觉往往伴随身体觉知的变化（例如心跳加速或心悸）。对这些感觉夸张的、灾难性的解释加强了对危险的察觉，结果更焦虑，更多身体感觉变化，如此形成一个恶性循环，最终导致惊恐全面发作。

焦虑敏感度增加了人们对身体线索或焦虑症状过度反应的可能性。惊恐发作可能会让人回避惊恐发作发生过的情境，或得不到帮助的情境。

来源：Adapted from Clark, 1986, and other sources.　　(p.239)

GABA

神经递质GABA有助于抑制中枢神经系统的过度活动,降低身体的唤醒水平。低水平的GABA活性可能在某些焦虑症病例中发挥作用。　（p.240）

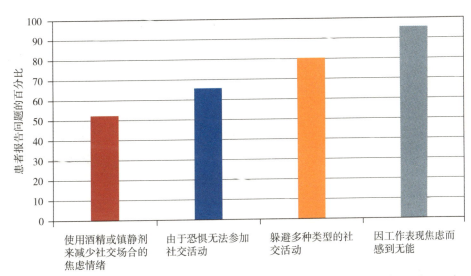

图5.3　社交恐惧症患者报告的由社交焦虑引起的几种典型困难的比例分布　（p.250）

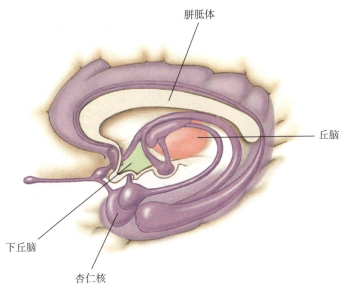

图5.4　杏仁核和边缘系统

杏仁核是边缘系统的组成部分,边缘系统由大脑内一系列与记忆形成和情绪反应过程有关的相互关联的结构组成。它包括丘脑的特定部分和下丘脑以及其他一些邻近结构。杏仁核位于前脑皮层下。最新的证据显示过度兴奋的杏仁核与焦虑障碍有关系。　（p.255）

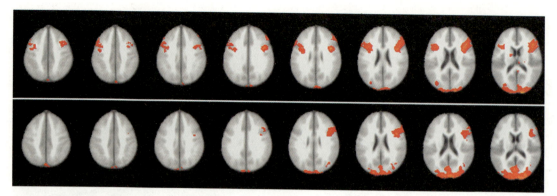

图5.10 躯体变形障碍患者的大脑激活模式 (p.283)

三面夏娃
在经典电影《三面夏娃》中,女影星乔安妮·伍德沃德(Joanne Woodward,如图)因饰演夏娃的三个人格分身而荣获奥斯卡奖。(p.294)

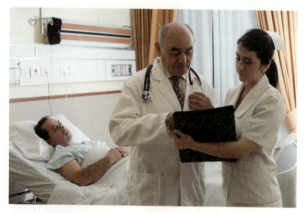

这个病人真的病了吗?
曼丘森综合征的特征有以下几点:假装生理症状,但没有任何明显的从医院获得利益的目的。一些曼丘森综合征患者可能在尝试欺骗医生的过程中捏造出有生命危险的症状。 (p.320)

顺势而为
冥想是一种通过减少机体唤醒状态来调控来自于外部世界的压力的流行的方法。 (p.334)

患抑郁症的总统
阿伯拉罕·林肯在他人生中的大部分时间都在与抑郁症作斗争。 (p.354)

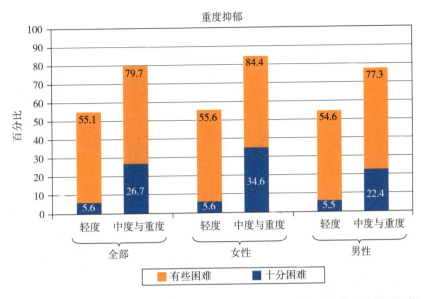

图7.3 在学习、工作、家庭和社会活动方面有困难的12周岁以上的人的性别和抑郁严重程度百分比

抑郁症对人们的影响是多方面的。大多数(轻度抑郁:55.1%,中到重度抑郁:79.7%)的人报告在学习、工作、家庭和社会活中有困难。

来源:Pratt & Brody,2008。 (p.357)

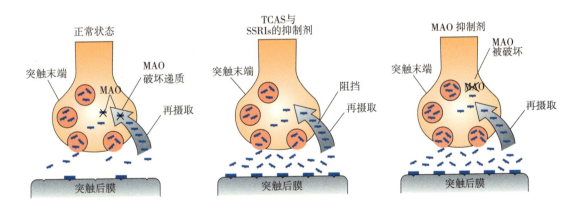

图7.5 在突触中各类抗抑郁药的功能

三环抗抑郁药和选择性再摄制取抑制剂(TCAs和SSRIs)通过防止神经递质被突触前神经元再摄取来增加神经递质的活性。MAO抑制剂通过抑制单胺氧化酶的活动来起作用。单胺氧化酶是通常在突触间隙中减少神经递质的酶。 (p.395)

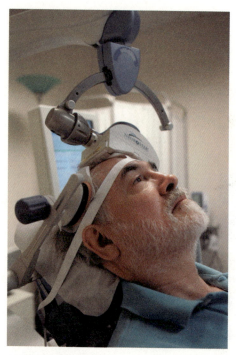

经颅磁刺激疗法
TMS是一种值得期待的治疗学疗法,其中强磁性被用帮助缓解抑郁症。
来源:NIH Photo Libery。 (p.399)

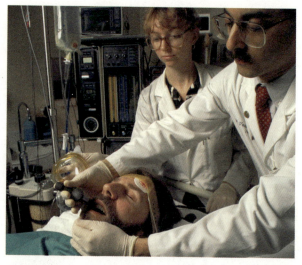

电休克疗法
ECT对很多其他形式的治疗无应答的、严重的或长时间抑郁的患者有帮助。然而,它的使用仍存在争议。 (p.400)

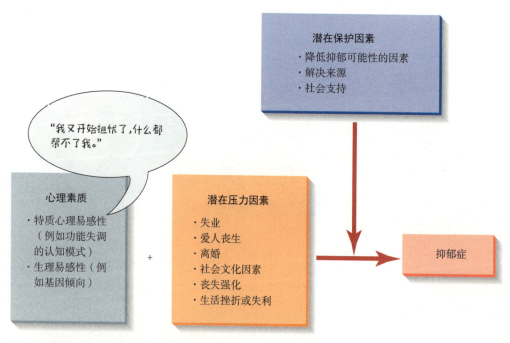

图7.6 抑郁症的素质—应激模型 (p.401)

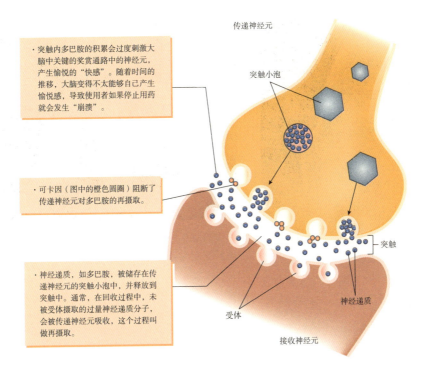

图 8.5 可卡因对大脑的影响

来源:摘自美国药物滥用研究所、美国公共健康服务部和美国国立卫生研究院。研究报告系列:可卡因的滥用和成瘾。美国国立卫生研究院出版物编号99-4342,修订于2004年11月。再版自J.S.Nevid《心理学:概念和应用》2009,已获得Cengage Learning的允许。 (p.453)

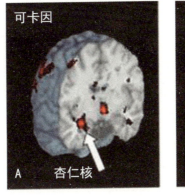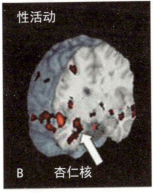

图 8.7 边缘系统对"看不见"的药物相关刺激的反应

包括杏仁核(这里用amyg表示)在内的大脑边缘系统的一部分,对快速呈现的可卡因相关图像做出反应时变得活跃起来,以至于这些图片并没有被意识到。在"看不见"的性线索中发现了类似的激活模式,这表明,药物相关线索激活了大脑中与性线索相似的奖赏途径。

来源:Childress et al., 2008. (p.459)

对身体的不满开始得很早
研究人员发现,即使是8岁的孩子,女孩对自己身体的不满也比男孩多。　　　(p.490)

危险的腰围
肥胖确实对健康和长寿有危害。　　(p.503)

美丽心灵
在电影《美丽心灵》中,演员罗素·克劳(Russell Crowe)扮演了诺贝尔奖得主约翰·纳什(John Nash)(1928-2015),一位杰出的科学家。他的头脑捕捉到了数学公式的精妙之处,但也被精神分裂症的妄想和幻觉所扭曲。这是纳什在1994年的一张照片。　(p.586)

一幅由精神病患者画的画
精神分裂症患者的绘画往往反映了他们思维模式的怪异特质,并隐退到一个私人的幻想世界。　　(p.587)

听见声音

幻听——听见声音——是精神分裂症患者最常见的幻觉形式。最近的证据表明,幻听可能涉及到将内部言语投射到外部来源上。 (p.594)

紧张症

处于紧张症状态下的人可能会保持着不寻常的、困难的姿势,即使他们的四肢已经变得僵硬或肿胀,也可能会持续数小时。在发作期间,他们似乎对自己所处的环境一无所知,也无法回应与他们交谈的人。 (p.596)

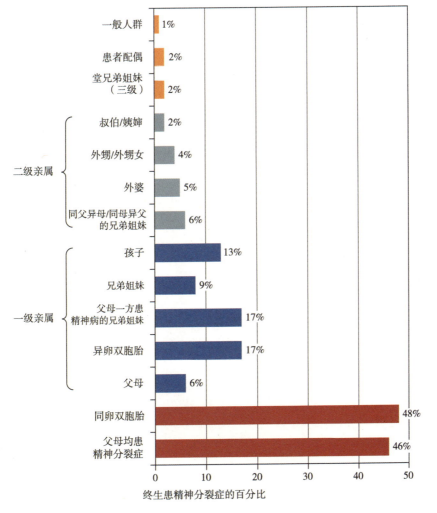

图11.1 精神分裂症的家族性风险

一般而言,一个人与精神分裂症患者的关系越紧密,他自己患精神分裂症的风险就越大。同卵双胞胎的遗传基因相同,比基因重叠了50%的异卵双胞胎更有可能出现精神分裂症的一致性。

来源:摘自 Gottesman, McGuffin, & Farmer, 1987。 (p.599)

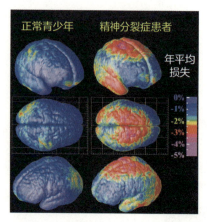

图11.2 患有早发型精神分裂症的青少年脑组织的缺失

患有早发型精神分裂症的青少年大脑(右图)显示出了大量的灰质缺失。青春期通常会出现一些灰质萎缩(左图),但患有精神分裂症的青少年的灰质萎缩更加明显。

来源:Thompson et al.,2011　　(p.603)

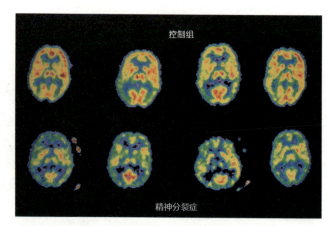

图11.4 对精神分裂症患者和正常人的PET扫描

正电子发射断层扫描(PET)显示,精神分裂症患者大脑额叶的代谢活动相对较少(表示为较少的黄色和红色)。最上面一行显示了四名控制组被试(正常人)的大脑PET扫描,下面则是四名精神分裂症患者的大脑PET扫描。

来源:Monte Buchsbaum,M.D.,Mt.Sinai (Medical center), New York,NY.　　(p.605)

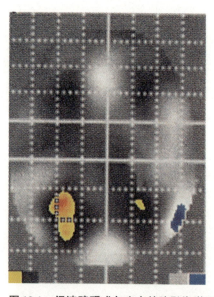

图13.1 阅读障碍成年患者的脑影像学研究

对在执行阅读任务的患者进行的脑部扫描显示,非阅读障碍患者的良好阅读技能与左半球阅读系统的较强激活有关(图中的黄色区域)。相较之下,完全的阅读障碍患者更加依赖右半球(图中蓝色区域)。更多完全的阅读障碍患者似乎依赖不同于普通读者的神经回路。通过研究大脑特定区域激活的差异,科学家希望了解更多关于阅读障碍的神经基础。　　(p.711)

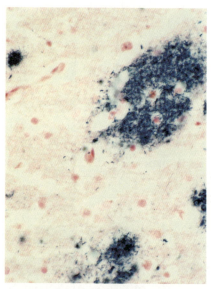

与阿尔兹海默病相关的斑块

阿尔兹海默病患者脑部神经组织出现退化,形成绒毛状凝块或由β淀粉样蛋白碎片组成的斑块。这里显示的是脑部皮层的斑块区域(图中虚线勾勒部分)的一个切片。　　(p.763)

Pearson | 心理学经典译丛

异常心理学：
换个角度看世界

[美]杰弗瑞·S.纳维德
Jeffrey S.Nevid

[美]斯宾塞·A.拉瑟斯
Spencer A.Rathus

[美]贝弗里·A.格里尼
Beverly A.Greene

著

赵凯 杨旸 等 译

赵凯 审校

（第10版）

上

华东师范大学出版社
ECNUP 全国百佳图书出版单位
上海

图书在版编目(CIP)数据

异常心理学:换个角度看世界:第10版/(美)杰弗瑞·S.纳维德,(美)斯宾塞·A.拉瑟斯,(美)贝弗里·A.格里尼著;赵凯等译.—上海:华东师范大学出版社,2022
(心理学经典译丛)
ISBN 978-7-5760-3528-5

Ⅰ.①异… Ⅱ.①杰… ②斯… ③贝… ④赵… Ⅲ.①变态心理学 Ⅳ.①B846

中国国家版本馆CIP数据核字(2023)第013239号

心理学经典译丛

异常心理学:换个角度看世界(第10版)

著　　　者	[美]杰弗瑞·S.纳维德
	[美]斯宾塞·A.拉瑟斯
	[美]贝弗里·A.格里尼
译　　　者	赵　凯　杨　旸　等
审　　　校	赵　凯
策 划 编 辑	王　焰
责 任 编 辑	曾　睿
特 约 审 读	林　婷
责 任 校 对	樊　慧　时东明
装 帧 设 计	膏泽文化
出 版 发 行	华东师范大学出版社
社　　　址	上海市中山北路3663号　邮编200062
网　　　址	www.ecnupress.com.cn
电　　　话	021-60821666　行政传真021-62572105
客 服 电 话	021-62865537
门市(邮购)电话	021-62869887
地　　　址	上海市中山北路3663号华东师范大学校内先锋路口
网　　　店	http://hdsdcbs.tmall.com
印 刷 者	青岛双星华信印刷有限公司
开　　　本	16开
印　　　张	62.5
字　　　数	1293千字
版　　　次	2023年8月第1版
印　　　次	2023年8月第1次
书　　　号	ISBN 978-7-5760-3528-5
定　　　价	238.00元
出 版 人	王　焰

(如发现本版图书有印订质量问题,请寄回本社客服中心调换或电话021-62865537联系)

Authorized translation from the English language edition, entitled ABNORMAL PSYCHOLOGY IN A CHANGING WORLD, 10th Edition by NEVID, JEFFREY S.; RATHUS, SPENCER A.; GREENE, BEVERLY, published by Pearson Education, Inc., Copyright © 2018 .Pearson Education, Inc. Or its affiliates.

All rights reserved. No part of this book may be reproduced or transmitted in any form or by any means, electronic or mechanical, including photocopying, recording or by any information storage retrieval system, without permission from Pearson Education, Inc. This edition is authorized for sale and distribution in the People's Republic of China(excluding Hong Kong SAR, Macao SAR and Taiwan).

CHINESE SIMPLIFIED language edition published by EAST CHINA NORMAL UNIVERSITY PRESS LTD., Copyright © 2023.

本书译自Pearson Education, Inc. 2018年出版的ABNORMAL PSYCHOLOGY IN A CHANGING WORLD, 10th Edition by NEVID, JEFFREY S.; RATHUS, SPENCER A.; GREENE, BEVERLY。

版权所有。未经Pearson Education, Inc. 许可，不得通过任何途径以任何形式复制、传播本书的任何部分。本书经授权在中华人民共和国境内(不包括香港特别行政区、澳门特别行政区和台湾地区)销售和发行。

简体中文版©华东师范大学出版社有限公司，2023。

本书封底贴有Pearson Education（培生教育出版集团）激光防伪标签，无标签者不得销售。
上海市版权局著作权合同登记 图字:09-2018-635号

序 言

欢迎阅读第10版《异常心理学:换个角度看世界》。在撰写这个新版本的过程中,我们尽力了解并选取了最新的科研结果,这不仅帮助我们加深对异常行为的理解,也拓宽了视角。撰写这本教材的目的是,用一种既能使复杂材料易于理解、又激发学生兴趣的方式去呈现科学的进步。

我们以下列五项心理学的目标为基础,来进行异常心理学的教学:

1. 帮助学生区分正常行为与异常行为,更好地理解异常行为;
2. 增强学生对于正经受着挑战的人们所做努力的认识和敏感度,这些挑战正是我们所讨论的;
3. 帮助学生理解异常行为模式的概念基础;
4. 帮助学生理解异常行为领域中的研究发展如何影响我们对它的认识;
5. 帮助学生理解如何对心理障碍进行分类和治疗。

第10版中的新增内容

为迎合当代学生阅读、思考和学习的方式而设计的REVEL™。

当学生们沉浸于学习时,他们的学习效率会提高,在课业上的表现也会更好。正是这样一个简单的事实启发了REVEL的产生:一种迎合当代学生阅读、思考和学习方式而设计的沉浸式学习体验方法。REVEL建立在与美国全国教育工作者和学生合作的基础之上,以最新的、全数字化的方式提供培生集团备受重视的产品。

REVEL用媒体互动和评估使课程内容变得活跃起来——直接在教学中融入作者的叙述——为学生提供了将课程材料的阅读和实践串联在一起的机会。这种沉浸式的体验提高了学生的参与度,从而使他们能更好地理解概念,并提高在整个课程中的表现。

第10版教材包含贯穿始终的视频、动画和媒体内容,能够让学生们更加深入地去探讨相关话题。

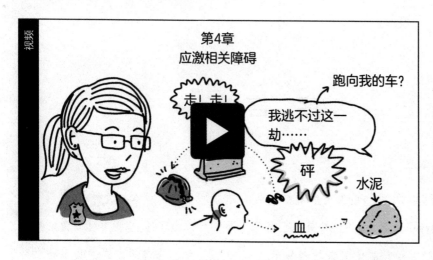

观看视频：REVEL还提供及时反馈的多项选择小测验和各种书写作业（如同行评议问题和自主评分作业），学生通过完成这些项目来评估自己对课程内容的掌握程度。

了解更多有关REVEL的知识，请访问：www.pearsonhighered.com/revel.

新的专题：数字时代的异常心理学

我们最初教学时，说到"tablet"，是在说头痛时需要吃的药；说到"text"，是在说教授讲课时的指定用书；说到"web"，是在说蜘蛛吐丝而结成的网。而如今，这些词却产生了更多的含义，这反映了当代生活的许多方面因现代科技而改变。当代的学生属于"数字原生代"，他们未经历过没有手机、笔记本电脑和互联网的时代，发短信已成为当今许多人的重要交流方式，尤其是大学生们。

为了适应变化着的世界，个人技术上的变化成为最重要的挑战之一。本书通过研究电子通信的进展如何应用于心理障碍的评估和治疗，来探讨技术变化对异常心理学研究的影响。我们还研究了互联网的使用和社交媒体对心理的影响，包括对网络成瘾问题的关注。

下面是关于"数字时代的异常心理学"这个全新专题中的几个例子，该专题旨在突出个人技术在哪些方面改变我们对异常心理学的研究方式：

- 以智能手机与社交媒体作为研究工具；
- 通过智能手机来追踪症状；
- 虚拟治疗：下一个最棒的东西；
- 脸书让你更失落了？社会比较的下意识结果；
- 网络成瘾；
- 我该如何塑形？使用社交网站对身材造成的潜在危机；

- "虚拟性爱成瘾"——一种新的心理障碍?
- 你是一个脸书中的外向者,还是一个推特中的自恋狂?
- 帮助自闭症儿童交流:我们有了助此实现的APP。

我们持续关注

《异常心理学:换个角度看世界(第10版)》是一个完整的教学计划,它重点关注以下几个目标:(1)人性化地研究异常心理学;(2)采用交互作用论或生理心理社会学模型的方法去研究异常行为;(3)探索神经科学研究对异常心理学研究所产生的贡献;(4)在一个变化的领域中维持现状;(5)在不断变化的世界中探究影响我们理解异常心理学的关键问题;(6)采用以学生为中心的教学方法,以帮助学生顺利完成这门课。

聚焦于异常心理学的人性方面:"我"专题

本书的一个特点是帮助学生理解人类的基本维度,这也是研究异常心理学的基础。我们研究心理障碍,但我们从来没有忘记去讨论受这类问题所影响的人们的生活。我们也明白,一本给学生的异常心理学的教科书不是针对心理障碍、症状和治疗的训练手册或纲要,它也是一种教学策划,旨在向学生介绍有关异常行为的研究,帮助他们了解心理障碍患者面临的挑战和挣扎。我们邀请学生进入许多不同类型的患者的世界,包括很多实际案例和真实人物的视频访谈,并采用一种与众不同的、能使教学方法更进一步的特色形式——"我"专题。

"我"这一专题直接带领学生进入心理障碍患者的世界。在该专题中,学生将读到心理障碍患者们以第一人称的方式,用自己的语言简要讲述着自己的故事。融入第一人称叙述有助于打破"我们"和"他们"之间的阻碍,并鼓励学生认识到心理健康问题是我们大家都关心的问题。学生将在每一章的开头以及整本教材中的关键之处遇到这些令人感到辛酸的个人故事。"我"专题的样例如下:

- "杰瑞对互联网感到恐慌"(惊恐性障碍);
- "杰西卡的小秘密"(神经性贪食症);
- "在蛋壳上行走"(边缘型人格障碍);
- "我听见了你听不到的东西"(精神分裂症)。

聚焦于交互作用论的方法

我们相信,通过采用生理心理社会学导向,将心理、生理和社会文化因素以及它们在异常行为模式发展中的交互作用考虑在内,能使我们更好地理解异常心理学。我们强调以交互作用论的方式贯穿整本教材始终,以突出的交互作用模型为特征,即素质—应激模型,帮助学生更好地理解导致不同形式的异常行为的因素。

聚焦于神经科学

我们在先前版本的坚实基础之上,结合了神经科学方面的重要进展,这些进展影响了我们对异常行为模式的理解。学生将了解到:精神分裂症的内表型;表观遗传学的重要新兴领域中的最新发展;脑部扫描如何用于诊断心理障碍、探测处于冥想着的大脑的工作方式;药物的潜在使用以增强创伤后应激障碍的暴露疗法的有效性;以及新兴的关于大脑研究的内容,此研究的重点是,能否抹去与创伤后应激障碍有关的不良记忆。

聚焦于与不断变化的领域保持同步

本书综合了异常心理学领域中的最新研究成果和科学进展。在过去的几年里,我们总共吸收了1000多篇关于该领域研究进展的文献内容。我们也将这些研究结果以有吸引力、易理解的方式呈现给学生。

聚焦于当下变化世界中的关键问题

"深入思考"板块为进一步探究提供了机会,所选的主题也反映了我们在当代社会中面临的前沿问题和挑战。有一部分"深入思考"板块也聚焦了神经科学研究方面的进展。

聚焦于以学生为中心的教学方法

我们不断检验各种教学方法,以便找到更好的方法来帮助学生在这门课程上成功获取知识。为了培养学生的深入理解,我们收录了许多教学辅助工具,包括"判断正误"模块作为导入节,以吸引学生的注意和兴趣;"自我评分问卷",通过这种自我检测来鼓励学生自主学习;心理障碍的总结摘要,学生可以将其作为学习图表;以及围绕着关键学习目标组织起来的"章节总结"。

"判断正误"导入节

本书的每章都以一组判断正误的问题为起点,以激发学生对章节内容的兴趣。有些内容挑战了先入为主的观念和民间传说,并揭穿了神话和错误观念,还有的则强调了异常心理学领域的最新研究进展。老师和学生们经常反馈这一专题是具有启发性和挑战性的。

"判断正误"提及的问题将在该主题的章节中被重新审视和回答。因此,学生们依据这些处理过的资料,会得到他们先入之见的准确性的反馈。

自我评分问卷

本书设置的不同主题的问卷能让学生参与讨论,鼓励他们评估自己的态度和行为模式。

在某些情况下,学生更能注意到一些令人不安的问题,如抑郁状态、吸毒或酗酒,并且希望这些困扰能引起专业人士的注意。我们已经仔细编制和筛选了问卷,以确保它们能够为学生提供可回顾的有用信息,并成为课堂讨论的出发点。

概述图表

本书配有"一目了然"的概述图表,提供各种心理障碍的总结摘要。我们很欣慰能有许多学生和教授对这些学习图表的价值做出评论。

总结:章节小结

"总结"的内容提供了每章开头所提出的学习目标的简略答案,这部分给予学生反馈,学生们可以据此将自己的答案与课本中提供的答案进行比较。

充分整合的教材

我们试图通过整合一些贯穿整本书的关键特征,为学生提供对异常心理学的连贯理解。

整合《精神障碍诊断和统计手册(第5版)》(DSM-5)

我们把《精神障碍诊断和统计手册(第5版)》整合到本书中,并将该诊断标准应用于书本的正文和附加的概述图表中。本书涵盖了DSM-5中一系列新诊断出的心理障碍,包括囤积障碍、经前期烦躁障碍、破坏性心境失调障碍、重度和轻度的神经认知障碍、躯体症状障碍、疾病焦虑障碍、纵火狂、快速眼动睡眠行为障碍以及社会(实用)沟通障碍。

尽管我们认识到了《精神障碍诊断和统计手册》这本书在心理或心理疾病分类中的重要性,但我们认为异常心理学的课程不应该被当作《精神障碍诊断和统计手册》的训练课程或者心理诊断研讨会来教授。同时,我们也将学生的注意引向DSM系统的诸多局限之处。

整合多样性

我们研究了与种族、文化、性别、性取向和社会经济地位等因素有关的异常行为模式。我们认为,学生需要了解"多样性"如何影响"异常行为"的概念化以及心理障碍的诊断和治疗。并且,"多样性"的展开应该在文本中直接整合起来,而不是在框架式的排版中被分割。

整合理论观点

学生们常常认为,一个理论的观点最终必须是正确的,而其他的则是错误的。本书采取的方法是通过考虑不同的理论观点来消除学生的这种观念,这些理论观点是从当代视角理解异常心理学。我们还帮助学生将这些不同的观点融入专题"**治疗方法的结合**"中,并且不断地探索心理、社会文化和生物各因素之间相互作用的潜在因果关系,希望通过考虑多种因素及其相互作用的影响,让学生认识到换个角度去看待复杂问题的重要性。

整合REVEL平台上的视频案例

通过阅读课本中的许多案例,学生可以了解到一些特殊心理障碍的临床特征。很多说明性的案例都来自于我们自己的临床档案,以及一些领先的心理健康专家提供的档案。现在这个新版本融合了REVEL平台,由此学生们也可以通过观看视频案例来理清书本中的诸多议题。这些视频案例为学生提供了观察和聆听不同类型心理障碍患者的机会,从人类的角度出发去看待主旨,使我们能更直观地理解复杂的材料。

整合批判性思维

我们鼓励学生通过每章两组批判性思维问题对异常心理学的关键概念进行更深入的思考。首先,"@问题"模块主要强调了当前在异常心理学领域中存在的一些争议,并提出几个关键性问题,这些问题向学生进一步思考课本中所讨论的问题提出了挑战。其次,每章结尾处的"评判性思考题",要求学生仔细地、批判性地思考章节中所讨论的概念,反思这些概念与自己的经历或身边认识的人的经历有怎样的关系。

"@问题"批判性思维问题模块突出当前领域的争议,提出一些学生可以回答的批判性思考问题。学生们可以怀着我们对异常心理学的认识是完整的、无可争议的期望来开始这门课程的学习。他们很快就会明白,虽然我们已经掌握了很多关于心理障碍的基础知识,但还有许多东西有待学习,了解到目前在该领域仍然存在着许多争议。通过对这些争议的关注,我们鼓励学生批判性地思考这些重要的问题,并对不同观点展开研究。"@问题"模块的样例如下:

- 治疗师应该给患者提供在线治疗吗?
- 是什么导致了抑郁症的性别差异?
- 我们应该用药物去治疗药物滥用吗?
- 精神疾病是个神话吗?

为了达到整合跨课程写作(writing across the curriculum, WAC)的目标,教师们可以将"@问题"模块和每章结尾处的"评判性思考题"布置下去,作为要求的或是加分的写作任务。

将学习目标与布鲁姆的分类学相结合

我们在每章的开头都介绍了以课程评估概念的IDEA模型为基础的学习目标,这个模型由四个关键的、研究异常心理学的学习目标构成,简写为"IDEA",如下:

- 明确神经系统的各个部分、异常心理学研究的主要贡献者以及一般诊断范畴内的特殊障碍等;

- 定义或描述关键术语和概念;
- 评估或解释异常行为的潜在机制和过程;
- 将异常行为的概念应用于现实生活中。

IDEA模型结合了著名教育研究者本杰明·布鲁姆(Benjamin Bloom)所开发的、应用广泛的分类法,该分类法按照认知复杂性的递增来分级。最低层级包括基础知识和理解,中间层级涉及知识的应用,而最上层级则涉及更高的分析、综合和评价等技能。在布鲁姆的分类法中,IDEA模型所确定的学习目标分为三个基本的层次。识别、描述和定义学习目标代表了布鲁姆分类法中的基本认知技能水平(即原有分类中所指的知识和理解,或修订后所指的记忆和理解)。应用这一学习目标则表明将心理概念应用于生活时所涉及的中级技能。评估和解释学习目标则评定了更复杂、更高层次的技能,涉及关于心理知识的分析、综合和评估等的技能(在修订后的布鲁姆分类法中,指的是分析和评估所代表的领域)。通过围绕这些学习目标组织考试,教师不仅可以评估学生的整体知识水平,还可以评估他们在布鲁姆分类法中学到的高级技能。

辅助设备

无论一本教材有多全面,如今的教师和学生都需要一个完整的教学包来促进教学和理解。本书包含了如下辅助教学的设备:

我的心理俱乐部(My Psy chLab)——用于异常心理学[ISBN:0134447476]

我的心理俱乐部是一个能真正吸引学生的开展在线作业、辅导和评估的项目。它能帮助学生更好地准备课堂、小测验和考试——从而使他们在课业中获得更好的成绩。同时,也为教育者提供了一套衡量个人和班级表现的动态工具。

视频:采访那些与心理障碍作斗争的人

这些配备的视频是让学生看到各类患者情况的第一手资料。视频中的访谈都是由有执照的临床医生进行的,时长从8分钟到25分钟不等。视频中患者们的心理障碍包括重度抑郁障碍、强迫症、神经性厌食症、创伤后应激障碍、酗酒、精神分裂症、孤独症、注意缺陷多动障碍、双相障碍、社交恐惧症、疑病症、边缘型人格障碍以及身体疾病的调整。这些视频可以在REVEL平台和我的心理俱乐部上获得。

- 卷一:ISBN 0131933329
- 卷二:ISBN 0136003036
- 卷三:ISBN 0132308916

教师手册(ISBN:0134516958)

作为一个全面的课堂准备和管理工具,本书每一章都包含了学习目标、图表提纲、讲课和讨论建议、"思考一下"讨论问题、活动和演示、建议观看的视频资源以及教学大纲。网站www.pearsonhighered.com中的"教师资源中心"处提供下载。

题库(ISBN:0134517989)

题库中的内容已经经过严格的开发、审核和检查,以确保问题和答案的质量。内容包括充分参考的多项选择题、是非题和简明的论文题。每个问题都有页码索引、难度等级、技能类型(事实性的、概念性的或应用性的)、总论以及正确答案。网站www.pearsonhighered.com中的"教师资源中心"处提供下载。

我的测验(My Test)(ISBN:0134447549)

这是一个强大的评估生成程序,能帮助教师轻松地创建和打印测试题。问题和测试可以在网上进行,让教师能够灵活地在任何时间、任何地点进行有效评估。教师可以用简单的拖放技术和类似Word的控件,轻松访问现有的问题,编辑、创建和存储新的问题。每个问题的数据都提供了难度级别和相应的课文讨论的页码。获取更多信息,请前往网站www.PearsonMyTest.com。

幻灯片课件(PPT)(ISBN:0134516974)

幻灯片用一种积极的格式去展示每个章节里、相关专题的数据以及课本表格里的概念。网站www.pearsonhighered.com中的"教师资源中心"处提供下载。

以嵌入式视频加强PPT(ISBN:0134516931)

所有PPT已经嵌入了关于每个心理障碍章节的精选视频,教师能够在讲课过程中播放这些视频。网站www.pearsonhighered.com中的"教师资源中心"处提供下载。

展示照片、数字和表格的PPT(ISBN:0134516966)

这些PPT只包含教科书上的照片、数字以及数据图。网站www.pearsonhighered.com中的"教师资源中心"处提供下载。

致谢

在每个新版本中,我们都试图确立一个处在变化中的目标,因为影响我们理解的文献在不断扩充。我们深深感谢众多学者和调查人员,正因为他们的工作,我们才能对异常心理学有更丰富的理解。感谢我们的同事,他们审阅了早期版本的手稿,并愿意继续帮助我们改进和加强对这些资料的介绍:

Laurie Berkshire,伊利社区学院

Sally Bing,马里兰大学东岸分校

Tim Boffeli,克拉克学院

Staci Born,约翰逊州立大学

Christiane Berms,阿拉斯加大学安克雷奇分校

Wanda Briggs,温索普大学

Joshua Broman-Fulks,阿巴拉契亚州立大学

Barbara L. Brown,佐治亚周界学院

Ann Butzin,欧文斯州立社区学院

Kristen Campbell,密西西比州立大学

Gerardo Canul,加利福尼亚大学欧文分校

Dennis Cash,特莱登技术学院

Lorry Cology,欧文斯社区学院

Michael Connor,加利福尼亚州立大学

Charles Cummings,阿什维尔邦克姆技术社区学院

Nancy T.Dassoff,伊利诺芝加哥大学

David Dooley,加利福尼亚大学欧文分校

Fred Ernst,德克萨斯大学潘美分校

Kristinaa Faimon,东南社区学院林肯校区

Jeannine Feldman,圣地亚哥州立大学

Heinz Fischer,长滩城市学院

John H.Forthman,弗米林社区学院

Pam Gibson,詹姆斯·麦迪逊大学

Colleen Gift,黑鹰技术学院

Karla J.Gingerich,科罗拉多州立大学

Bernard Gorman,纳苏社区学院

Gary Greenberg,康涅狄格学院

Nora Lynn Gussman,福赛斯技术社区学院

John K.Hall,匹兹堡大学

Mo Hannah,锡耶纳学院

Marc Henley,特拉华县社区学院

Jennifer Hicks,东南俄克拉荷马州立大学

Bob Hill,阿巴拉契亚州立大学

Jameson Hirsch,东田纳西州立大学

Kristine Jacquin,密西西比州立大学

Patrica Johnson,克雷文社区学院

Ruth Ann Johnson,奥古斯塔纳学院

Robert Kapche,加利福尼亚大学洛杉矶分校

Edward Keane,休萨托尼克社区学院

Stuart Keeley,鲍灵格林州立大学

Cynthia Diane Kreutzer,佐治亚周界学院

Jennifer Langhinrichsen-Rohling,南亚拉巴马大学

Marvin Lee,田纳西州立大学

John Lloyd,加利福尼亚大学弗雷斯洛分校

Janet Logan,加利福尼亚大学东湾分校

Don Lucas,西北维斯塔学院

Tom marsh,皮特社区学院

Sara Maetino,新泽西理查德斯托克学院

Shay McCordick,圣地亚哥州立大学

Donna Marie McElroy,大西洋凯波社区学院

Lillian McMaster,哈德森县社区学院

Mindy Mechanic,加利福尼亚大学富勒顿分校

Linda L.Morrison,新英格兰大学

Paulina Multhaupt,麦库姆社区学院

C.Micheal Nina,威廉姆·皮特逊大学

Gary Noll,伊利诺大学芝加哥分校

Frank O'Neill,蒙哥马利县社区学院

Martin M.Oper,伊利社区学院

Joseph J.Palladino,南印第安纳大学

Carol Pandey,皮尔斯洛杉矶大学

Ramona Parish,吉尔福特技术社区学院

Jackie Robinson,佛罗里达大学

Esther D.Rosenblum,佛蒙特大学

Sandra Sego,美国国际学院

Harold Siegel,纳苏社区学院

Nancy Simpson,特莱登特技术学院

Ari Solomon,威廉姆斯学院

Robert Sommer,加利福尼亚大学戴维斯分校

Linda Sonna,新墨西哥大学陶斯分校

Charles Spirrison,密西西比州立大学

Stephanie Stein,华盛顿中心大学

Joanne Hoven,加利福尼亚大学富勒顿分校

Larry Stout,尼古拉斯州立大学

Tamara Sullivan,纽约州立大学布罗克堡分校

Deborah Thomas,华盛顿州立社区学院

David Topor,哈佛大学

Amber Vesotski,阿尔皮纳社区学院

Theresa Wadkins,内布拉斯加大学卡尼分校

Naomi Wagner,圣约瑟州立大学

Sterling Watson,芝加哥州立大学

Thomas Weatherly,佐治亚周界学院

Max Zwanziger,华盛顿中心大学

我们还要感谢培生集团的许多出版专业人员的杰出贡献,是他们帮助指导了这个版本的开发。尤其是执行编辑,他帮助我们调整了方法,并监督REVEL平台的开发,使教材成为学生学习的一个更加有效和动态的框架。同时还感谢一流的开发团队,特别是安娜·波奎内拉,梅琳达·兰金和斯蒂芬妮·莱尔德。与你们一起工作十分愉快!

我们还要特别感谢两个人——朱迪斯·沃夫·尼维德和洛伊斯·菲奇纳·拉图斯,没有他们

的鼓励和指导,我们的努力将不会有成果。在此邀请广大学生和教师通过下面的邮箱联系我们,提出你们宝贵的意见、建议和反馈。我们很乐意收到你们的来信。

杰弗瑞·S.纳维德(J.S.N)

New York, New York jeffnevid@gmial.com

斯宾塞·A.拉瑟斯(S.A.R)

New York, New York srathus@aol.com

贝弗里·A.格里尼(B.A.G)

Brooklyn,New York

关于作者

杰弗瑞·S.纳维德(Jeffrey S. Nevid)是纽约圣约翰大学(St. John's University)的心理学教授,他在那里指导临床心理学博士课程,教授本科和研究生课程,并指导临床实习博士生。纳维德于纽约州立大学奥尔巴尼分校获得临床心理学博士学位,是纽约特洛伊撒玛利亚医院的一名心理医生,同时是美国西北大学心理健康评估研究所与国家心理研究所的博士后研究员。他拥有美国专业心理学委员会临床心理学专业的文凭,是美国心理学会(APA)和临床心理学院院士,曾在多家期刊的编委会任职,并担任了《咨询与临床心理学杂志》的副主编。

纳维德博士已经有超过200本的研究出版物和专业报告,其研究成果发表在《咨询与临床心理学杂志》《健康心理学》《职业医学杂志》《行为疗法》《美国社区心理学杂志》《职业心理学:研究与实践》《临床心理学杂志》《神经与心理疾病杂志》《心理学教学》《美国健康促进杂志》《临床心理学与心理治疗》《心理学与心理疗法:理论、研究与实践》上。他也是《选择:性病时代的性》以及心理学导学教材《心理学:概念与应用》的作者,同时,他还与斯宾塞·拉瑟斯博士合著了心理学与健康领域内的其他几本大学教材。其中本书的第9版在2015年荣获"大学生心理学教科书"有关虐待儿童报道的最佳报道奖。该奖项由美国心理学会(APA)第56分部(创伤分部)授予,以表彰该书对与童年虐待有关的创伤性疾病的杰出报道。纳维德博士还积极参与了一项教学研究计划,该计划旨在帮助学生更有效地学习。

斯宾塞·A.拉瑟斯(Spencer A. Rathus)在奥尔巴尼大学获得博士学位,在新泽西学院任教。拉瑟斯的兴趣领域包括:心理评估、认知行为疗法和异常行为。他是"Rathus自信程度量表"的创始人,该表已经成为一个被引用的经典了。斯宾塞撰写过几本大学教材,包括《心理学》

《HDEV》以及《童年和青春期:发展中的航行》。他还与洛伊斯·费希纳-拉瑟斯(Lois Fichner-Rathus)合著《充分过好大学生活》;与苏珊·博恩(Susan Boughn)合著《艾滋病:每个学生都需要知道的》《行为疗法》《心理学和生活中所面临的挑战》《你的健康》;与杰弗瑞·S.纳维德合著《HLTH》,以及与杰弗瑞·S.纳维德和洛伊斯·费希纳-拉瑟斯合著《变化世界中的人类性行为》。斯宾塞的专业活动包括在美国心理学会预科学院多元化问题工作组、咨询小组以及教育事务委员会(BEA)关于大学生心理学主要能力的任务组工作。

贝弗里·A.格里尼(Beverly A. Greene)是圣约翰大学的心理学教授,同时也是美国心理学会下七个分部的会员和临床心理学院的研究员。她拥有临床心理学的文凭,并在多个学术期刊的编辑部任职。格里尼获得了阿德菲大学临床心理学专业的博士学位,并在美国心理学会下的女同性恋、男同性恋和双性恋的研究协会系列议题以及关于女同性恋、男同性恋和双性恋问题的心理学议题中担任联合主编。格里尼博士也是《心理学家案头上的参考书》《犹太教女性:家庭动力学、犹太身份和心理治疗的实践》以及《有色人种女性的心理健康:交叉、挑战和机遇》的联合编辑。她有超过100本的专业出版物,其中有10本已获得国家奖项,是其对心理学文献的杰出贡献。

格里尼博士曾于2003年获APA妇女委员会"心理学杰出领导奖";1996年因对女同性恋、男同性恋和双性恋的关注而被APA委员会授予"杰出成就奖";2004年因对少数民族问题的研究而被APA授予"少数民族研究杰出贡献奖";2000年因女性心理学而被APA授予"遗产奖";2004年度获少数民族研究杰出高级职业贡献奖(APA第45分部);以及2005年因对临床心理学的多样性有杰出贡献而被授予"Stanley Sue奖"(APA第12分部)。她合著的书籍《精神动力学与非裔美国女性:心理动力学的视角和实践的创新》,也获得了女性心理学协会颁发的2001年杰出出版物奖。2006年,她获得了哥伦比亚大学跨文化圆桌会议教师学院颁发的Janet Helms奖学金和指导奖,以及因其对临床心理学的杰出贡献而被授予杰出专业贡献奖(APA第12分部)。2009年,格里尼博士被授予"APA奖",以表彰她在公共利益心理学方面的杰出高级职业贡献。她曾担任APA委员会的民选代表,并担任委员会妇女和公共利益小组的成员。格里尼博士还在2012年获得了女性心理学协会的"犹太妇女团体奖学金",同时还获得了该协会2012年"Espin奖学金",该奖项表彰她对种族、宗教和性取向的融合研究做出的重大贡献。2013年,她在美国多元文化会议和峰会上获得了"杰出前辈"的荣誉。在2015年,为了表彰她在提高少数民族心理学方面的杰出高级职业贡献,颁给她"Henry Tomes奖"。

简要目录

第 1 章 引言与研究方法 1
第 2 章 当代视角下的异常行为及研究方法 53
第 3 章 异常行为的分类与评估 137
第 4 章 应激相关障碍 189
第 5 章 焦虑障碍和强迫症及相关障碍 229
第 6 章 分离性障碍、躯体症状和相关障碍以及影响身体健康的心理因素 289
第 7 章 心境障碍和自杀 347
第 8 章 物质相关及成瘾障碍 415
第 9 章 进食障碍和睡眠—觉醒障碍 481
第 10 章 性别与性相关障碍 526
第 11 章 精神分裂症谱系障碍 578
第 12 章 人格障碍与冲动控制障碍 628
第 13 章 儿童和青少年的异常行为 684
第 14 章 神经认知障碍和衰老相关障碍 747
第 15 章 异常心理学与法律 784

目 录

上

序言 ... 1

第1章 引言与研究方法 ... 1

我们如何定义异常行为？ ... 5
- 确定异常的标准 ... 6
- 异常心理学——通过数字说明 ... 10
- 异常行为的文化基础 ... 12

历史视角下的异常行为 ... 14
- 鬼神学模型 ... 14
- 医学模型的起源："体液说" ... 15
- 中世纪时期 ... 16
- 改革运动和道德疗法 ... 18
- 当今精神病院的角色 ... 20
- 社区心理卫生运动 ... 21

当代视角下的异常行为 ... 23
- 生物学观点 ... 24
- 心理学观点 ... 25
- 社会文化观点 ... 27
- 生理心理社会学观点 ... 27

批判地思考异常心理学
@问题：什么是异常行为？ ... 28

异常心理学的研究方法 ... 30
- 描述、解释、预测以及控制：科学方法的目标 ... 30
- 科学方法 ... 32
- 研究中的伦理问题 ... 33
- 自然观察法 ... 34

相关研究法	34
实验法	36
流行病学研究法	40
数字时代的异常心理学——以智能手机与社交媒体作为研究工具	41
血缘关系研究	42
个案法	44

深入思考 批判地思考异常心理学 ························· 46
总结 ························· 48
评判性思考题 ························· 52
关键术语 ························· 52

第2章 当代视角下的异常行为及研究方法 53

生物学观点 ························· 56
    神经系统 ························· 57
    评估异常行为的生物学观点 ························· 64

深入思考 表观遗传学——关于环境如何影响基因表达的研究 ························· 66

心理学观点 ························· 67
    心理动力学模型 ························· 67
    学习基础模型 ························· 77
    人本主义模型 ························· 84
    认知模型 ························· 86

社会文化观点 ························· 90
    种族与心理健康 ························· 90
    对社会文化观点的评价 ························· 93

生物心理社会学观点 ························· 94
    素质—应激模型 ························· 95
    对生物心理社会学观点的评价 ························· 96

心理学的治疗方法 ························· 97
    专业帮扶人员的种类 ························· 98
    心理治疗的类型 ························· 99
    心理治疗的评价方法 ························· 113

批判地思考异常心理学
@问题:治疗师可以在线治疗患者吗? ························· 116
    心理治疗中的多文化问题 ························· 119

生物医学疗法 ························· 125

药物疗法	125
电休克疗法	129
精神科外科手术	130
生物医学疗法的评价	130

总结 131

评判性思考题 135

关键术语 136

第3章 异常行为的分类与评估 137

如何对异常行为模式分类? 140
- DSM 系统和异常行为模式 141
- 文化依存综合征 146
- 评估 DSM 系统 147

批判地思考异常心理学

@问题:DSM——精神病学的圣经——托马斯·A.韦迪格 153

评估标准 155
- 信度 155
- 效度 156

评估手段 157
- 临床访谈 157
- 心理测验 161
- 神经心理评估 170
- 行为评估 172
- "小皇帝":凯里的案例 173
- 数字时代的异常心理学——通过智能手机来追踪症状 176
- 认知评估 178
- 生理测量 180

深入思考 大脑扫描可以检测出精神分裂症吗? 183
- 心理学评估中的社会文化因素 184

总结 185

评判性思考题 187

关键术语 188

第4章 应激相关障碍 189

应激的影响 192
- 应激与健康 193

一般适应性综合征 ·· 197
深入思考　应对创伤性应激 ··· 200
　　　应激与生活变化 ·· 200
　　　文化适应应激：发生在美国的例子 ···························· 201
深入思考　走进美国：在美国的拉丁裔人的案例——查尔斯·奈吉 ············ 206
　　　缓解应激的心理因素 ·· 208
适应性障碍 ··· 213
　　　什么是适应性障碍 ·· 213
　　　适应性障碍的类型 ·· 214
创伤性应激障碍 ·· 215
　　　急性应激障碍 ·· 215
　　　创伤后应激障碍 ··· 217
　　　理论观点 ·· 221
深入思考　令人不安的记忆能否被抹去？ ························· 221
　　　治疗方法 ·· 223
批判地思考异常心理学
@问题：EMDR是一时之热还是最终发现？ ···················· 224
总结 ·· 226
评判性思考题 ·· 227
关键术语 ·· 228
问卷"经历变化"的计分键 ·· 228
问卷"你是个乐天派吗"的计分键 ··· 228

第5章　焦虑障碍和强迫症及相关障碍　229

焦虑障碍的概述 ·· 232
　　　焦虑障碍的特征 ··· 232
　　　焦虑障碍中的种族差异 ·· 234
惊恐障碍 ··· 234
　　　惊恐发作的特征 ··· 235
　　　高尔夫球场上的惊恐 ·· 237
　　　理论观点 ·· 238
　　　治疗方法 ·· 242
深入思考　应对惊恐发作 ·· 245
恐惧症 ··· 245
　　　恐惧症的类型 ·· 246

卡拉通过了律师资格考试但却无法踏足法院的楼梯:一个特定恐惧症的案例 ………… 246
批判地思考异常心理学
@问题:害羞终于何处以及社交焦虑障碍始于何处? ………… 251
　　海伦:一个广场恐惧症的案例 ………… 252
　　理论观点 ………… 253
　　治疗方法 ………… 260
　　亚当学会克服自己对于注射的恐惧:一个特定恐惧症的案例 ………… 261
　　凯文与自己对电梯的恐惧作斗争:一个关于幽闭恐惧症的案例 ………… 262
广泛性焦虑障碍 ………… 266
　　GAD的特征 ………… 267
　　"为了担忧而担忧":一个关于广泛性焦虑障碍的案例 ………… 268
　　理论观点与治疗方法 ………… 268

深入思考　在见你的治疗师之前先服下这片药吧 ………… 270
　　　治疗方法的结合 ………… 271
强迫症及相关障碍 ………… 272
　　强迫症 ………… 273
　　杰克的"小怪癖":一个强迫症的案例 ………… 276

深入思考　大脑的起搏器? ………… 279
　　躯体变形障碍 ………… 280
　　"当我的头发没打理好时……我就不舒服":一个躯体变形障碍的案例 ………… 282

深入思考　"他们看不到我所能视之物?"躯体变形障碍患者的面部识别过程 ………… 282
　　囤积障碍 ………… 283
　　邻居的抱怨:一个强迫性囤积障碍的案例 ………… 285
总结 ………… 285
评判性思考题 ………… 288
关键术语 ………… 288

第6章　分离性障碍、躯体症状和相关障碍以及影响身体健康的心理因素 ………… 289
分离性障碍 ………… 293
　　分离性身份识别障碍 ………… 293
　　不是普通邻家男孩:一个分离性身份识别障碍的案例 ………… 295
　　分离性遗忘症 ………… 299
　　拉杰:一个分离性遗忘症的案例 ………… 300
　　水中的女士:一个分离性遗忘症的案例 ………… 301
　　"伯特还是吉尼?"一个分离性漫游症的案例 ………… 303

批判地思考异常心理学
- @问题：被恢复的记忆可靠吗? ··· 303
  - 人格解体/现实解体 ··· 305
  - 里奇在迪士尼乐园的经历：一个人格解体/现实解体的案例 ··· 306
  - 感到灵魂出窍：一个人格解体/现实解体的案例 ··· 307
  - 文化依存分离性综合征 ··· 308
  - 理论观点 ··· 308
  - 分离性障碍的治疗 ··· 310
  - "孩子们"不该感到羞愧：一个分离性身份识别障碍的案例 ··· 312
  - 治疗方法的结合 ··· 312
- **躯体症状及相关障碍** ··· 314
  - 躯体症状障碍 ··· 315
  - 医生感到病了：一个疑病症的案例 ··· 316
  - 疾病焦虑障碍 ··· 317
  - 转换障碍 ··· 318
  - 做作性精神障碍 ··· 319
- **深入思考** 曼丘森综合征 ··· 320
  - Koro 和 Dhat 综合征：远东躯体症状障碍? ··· 322
  - 理论观点 ··· 324
  - 躯体症状及相关障碍的治疗 ··· 328
- **影响身体健康的心理因素** ··· 329
  - 头痛 ··· 330
- **深入思考** 降低唤醒水平的心理学方法 ··· 331
  - 心血管疾病 ··· 335
- **深入思考** 你会因心碎而死吗? ··· 337
  - 哮喘 ··· 339
  - 癌症 ··· 340
  - 获得性免疫缺陷综合征 ··· 341
- **总结** ··· 343
- **评判性思考题** ··· 345
- **关键术语** ··· 346

第7章 心境障碍和自杀 ··· 347
心境障碍的类型 ··· 350
  重度抑郁障碍 ··· 352

  慢性自杀:一个重度抑郁障碍的案例 ………………………………………… 356

批判地思考异常心理学

@问题:什么导致了抑郁症的性别差异? …………………………………… 360

  持续性抑郁障碍(恶劣心境) ……………………………………………… 361

  对生活的各方面都不满意:一个恶劣心境的案例 …………………… 362

  数字时代的异常心理学 脸书会使你更抑郁吗?社会比较的意外后果 … 364

  经前期烦躁障碍 …………………………………………………………… 365

  双相情感障碍 ……………………………………………………………… 366

  循环性心境障碍 …………………………………………………………… 371

  "好时光和坏时光":一个循环性心境障碍的案例 …………………… 372

心境障碍的致病因素 …………………………………………………………… 372

  压力和抑郁症 ……………………………………………………………… 372

  心理动力学理论 …………………………………………………………… 374

  人本主义理论 ……………………………………………………………… 375

  学习理论 …………………………………………………………………… 376

  认知理论 …………………………………………………………………… 378

  克丽丝蒂的思维谬误:一个认知扭曲的案例 ………………………… 380

  生物因素 …………………………………………………………………… 384

深入思考 脑部炎症,一个可能导致心境障碍的致病源 ………………… 387

  双相情感障碍的成因 ……………………………………………………… 388

深入思考 关于这个心境障碍治疗的可疑之处 …………………………… 389

心境障碍的治疗方法 …………………………………………………………… 390

  心理治疗 …………………………………………………………………… 390

  萨尔感到"麻木":一个抑郁症案例 …………………………………… 391

  生物医药疗法 ……………………………………………………………… 394

深入思考 针对抑郁的磁刺激疗法 ………………………………………… 399

  治疗方法的结合 心境障碍 ……………………………………………… 401

自杀 ……………………………………………………………………………… 402

  自杀的风险因素 …………………………………………………………… 403

  自杀的理论视角 …………………………………………………………… 406

  预测自杀 …………………………………………………………………… 409

深入思考 自杀的预防 ……………………………………………………… 410

总结 ……………………………………………………………………………… 411

评判性思考题 …………………………………………………………………… 414

关键术语 ………………………………………………………………………… 414

第8章 物质相关及成瘾障碍 ... 415

物质相关及成瘾障碍的分类 ... 418
- 物质使用和滥用 ... 418
- 非化学成瘾及其他形式的强迫行为 ... 422
- 数字时代的异常心理学 网络成瘾 ... 422
- 术语澄清 ... 426
- 成瘾路径 ... 427

药物滥用 ... 428
- 镇静剂 ... 428

深入思考 纵情狂饮,大学里一种危险的消遣方式 ... 432
- 兴奋剂 ... 441
- 致幻剂 ... 445

理论视角 ... 449
- 生物学观点 ... 449

深入思考 可卡因是如何影响大脑的? ... 452
- 心理学观点 ... 453
- 每当地铁门打开时:一个条件性药物渴求的案例 ... 455

物质使用障碍的治疗 ... 458

深入思考 可卡因成瘾者大脑反应的阈下知觉 ... 458
- 生物学方法 ... 459

批判地思考异常心理学

@问题:我们应该使用药物去治疗药物滥用吗? ... 462
- 物质滥用障碍的文化敏感性治疗 ... 462
- 非专业互助小组 ... 463
- 暂居于相关机构的治疗方法 ... 465
- 心理动力学方法 ... 466
- 行为方法 ... 466
- 预防复发训练 ... 468

"这显然不能怪啤酒":一个酒精成瘾和双相情感障碍的案例 ... 469
- 治疗方法的结合 一个物质依赖的生物心理社会学模型 ... 470

赌博障碍 ... 472
- 作为非化学性成瘾的强迫赌博 ... 472
- 强迫性赌博的治疗 ... 475

总结 ... 476

| 评判性思考题 | 479 |
| 关键术语 | 479 |

下

第9章 进食障碍和睡眠—觉醒障碍 ... 481

进食障碍 ... 484
- 神经性厌食症 ... 485
- **神经性厌食症:凯伦的案例** ... 485
- 神经性贪食症 ... 488
- **神经性贪食症:尼科尔的案例** ... 489
- 神经性厌食症和神经性贪食症的病因 ... 490

批判地思考异常心理学

@问题:芭比娃娃应该被禁止吗? ... 493
- 数字时代的异常心理学 我该如何塑形? 使用社交网站对身材造成的潜在危机 ... 498
- 神经性厌食症和神经性贪食症的治疗 ... 499
- 暴食症 ... 501

深入思考 肥胖——一种全球性的流行病 ... 502
- 治疗方法的结合 进食障碍 ... 507

睡眠—觉醒障碍 ... 507
- 失眠性障碍 ... 509
- 过度嗜睡症 ... 510
- 嗜睡症 ... 511
- 和呼吸相关的睡眠障碍 ... 513
- 昼夜节律性睡眠—觉醒障碍 ... 515
- 异睡症 ... 515
- 睡眠—觉醒障碍的治疗 ... 519

深入思考 去睡,也许会做梦 ... 522

总结 ... 523
评判性思考题 ... 525
关键术语 ... 525

第10章 性别与性相关障碍 ... 526
性别焦虑 ... 528

性别焦虑的特征 ………………………………………………… 529
变性手术 ………………………………………………………… 530

批判地思考异常心理学
@问题：跨性别认同的人患有精神障碍吗？ ………………………… 531
跨性别认同的理论视角 ………………………………………… 533

性功能障碍 …………………………………………………………… 535
性功能障碍的类型 ……………………………………………… 536
理论观点 ………………………………………………………… 539
皮特和宝拉：一个性唤起障碍的案例 ……………………… 543
性功能障碍的治疗 ……………………………………………… 546
维克托：一个勃起障碍的案例 ……………………………… 548

性欲倒错障碍 ………………………………………………………… 552
性欲倒错的类型 ………………………………………………… 553
迈克尔：一个露阴癖的案例 ………………………………… 554
亚奇：一个异装癖的案例 …………………………………… 556
地铁上的碰撞：一个摩擦癖的案例 ………………………… 557
理论观点 ………………………………………………………… 562
数字时代的异常心理学　虚拟性爱成瘾——一种新的心理障碍？ …… 563
性欲倒错障碍的治疗 …………………………………………… 566

深入思考　强奸犯是否有精神疾病？ ……………………………… 569
总结 …………………………………………………………………… 575
评判性思考题 ………………………………………………………… 576
强奸信念量表的计分键 ……………………………………………… 576
关键术语 ……………………………………………………………… 577

第11章　精神分裂症谱系障碍 …………………………………… 578

精神分裂症 …………………………………………………………… 581
精神分裂症的发展过程 ………………………………………… 581
精神分裂症的主要特征 ………………………………………… 583
安吉拉的"地狱男爵"：一个精神分裂症的案例 …………… 584
北极医院：一个精神分裂症的案例 ………………………… 588
深入思考　精神分裂症是认知障碍吗？ …………………………… 589
声音，魔鬼和天使：一个感知障碍的案例 ………………… 591
"你叫什么名字？"：一个紧张症的案例 …………………… 596

理论观点 ··· 597
深入思考 寻找精神分裂症中的遗传内表型 ··· 606
　　　治疗方法的结合　素质—应激模型 ··· 611
　　　治疗方法 ··· 613

批判地思考异常心理学
@问题:精神疾病只是个神话? ··· 619
其他精神分裂症谱系障碍 ··· 621
　　　短暂性精神障碍 ·· 621
　　　类精神分裂症 ··· 621
　　　妄想障碍 ··· 621
　　　杀手:一个妄想障碍的案例 ·· 622
深入思考　钟情妄想 ··· 623
　　　分裂情感性障碍 ·· 624
总结 ··· 625
评判性思考题 ·· 627
关键术语 ··· 627

第12章　人格障碍与冲动控制障碍 ·· 628
人格障碍的类型 ·· 631
　　　人格障碍的分类 ·· 632
　　　用古怪行为描述人格障碍 ··· 633
　　　总是怀疑他人:一个偏执型人格障碍的案例 ·································· 633
　　　分裂型人格障碍 ·· 635
　　　乔纳森:一个分裂型人格障碍的案例 ·· 636
　　　以戏剧化的、情绪化的或不稳定的行为为特点的人格障碍 ··············· 637
　　　"扭曲姐妹":一个反社会行为的案例 ··· 640
深入思考　"冷血":探视变态杀人魔的内心想法 ·· 642
　　　玛塞拉:一个表演型人格障碍的案例 ·· 646
　　　数字时代的异常心理学　你是脸书中的外向者,还是推特中的自恋狂? ··· 648
　　　比尔:一个自恋型人格障碍的案例 ··· 650
　　　以焦虑或恐惧行为为特征的人格障碍 ··· 650
　　　哈罗德:一个回避型人格障碍的案例 ·· 651
　　　马修:一个依赖型人格障碍的案例 ··· 652
　　　杰瑞:一个强迫型人格障碍的案例 ··· 654

人格障碍分类的问题 ·· 654

理论观点 ·· 658
　　心理动力学观点 ·· 658
　　学习理论观点 ·· 661
　　家庭观点 ·· 663
　　生物学观点 ·· 665
　　社会文化观点 ·· 668
　　治疗方法的结合　反社会人格障碍发展的多因素路径 ·· 669

人格障碍的治疗 ·· 670
　　心理动力学方法 ·· 670
　　认知行为方法 ·· 671
　　生物学方法 ·· 673

冲动控制障碍 ·· 673
　　冲动控制障碍的特征 ·· 673
　　盗窃癖 ·· 674
　　"婴儿鞋"：一个盗窃癖的案例 ·· 675
　　间歇性冲动障碍 ·· 676

批判地思考异常心理学
@问题：愤怒障碍与DSM：所有的怒气都去了哪？——杰里·德芬巴赫 ·· 677
　　纵火癖 ·· 679

总结 ·· 680
评判性思考题 ·· 682
感官—刺激量表 ·· 683
关键术语 ·· 683

第13章　儿童和青少年的异常行为 ·· 684
儿童与青少年的正常行为和异常行为 ·· 687
　　关于正常与异常的文化信仰 ·· 688
　　儿童与青少年心理健康问题的患病率 ·· 689
　　儿童心理障碍的危险因素 ·· 690

孤独症与孤独症谱系障碍 ·· 693
　　彼得：一个孤独症的案例 ·· 693
　　孤独症的特征 ·· 697
　　关于孤独症的理论观点 ·· 699

孤独症的治疗 ·············· 700
数字时代的异常心理学　帮助孤独症儿童交流:我们有了助此实现的APP ·············· 701

智力缺陷 ·············· 702
智力缺陷的特征及其成因 ·············· 702

深入思考　学者综合征 ·············· 707
智力缺陷的干预 ·············· 708
无法控制他的行为:一个智力缺陷的案例(中度) ·············· 708

学习障碍 ·············· 709
学习障碍的特征、成因及其治疗 ·············· 710

深入思考　阅读障碍患儿的脑部训练 ·············· 713

沟通障碍 ·············· 713
语言障碍 ·············· 713
发音障碍 ·············· 714
社交(语用)沟通障碍 ·············· 715

问题行为:注意缺陷/多动障碍、对立违抗性障碍、品行障碍 ·············· 715
注意缺陷/多动障碍 ·············· 715
埃迪很难保持静坐不动:一个注意缺陷/多动障碍的案例 ·············· 720
品行障碍 ·············· 721
对立违抗性障碍 ·············· 722
比利:一个对立违抗性障碍的案例 ·············· 724

儿童焦虑和抑郁 ·············· 725
儿童与青少年中的焦虑相关障碍 ·············· 725
艾莉森对死亡的恐惧:一个分离性焦虑障碍的案例 ·············· 727
儿童期抑郁 ·············· 729

批判地思考异常心理学
@问题:我们是否对孩子们过度用药了? ·············· 731
儿童与青少年的自杀 ·············· 734
帕姆、基姆和布雷恩:一个多重自杀的案例 ·············· 735

批判地思考异常心理学
@问题:双相情感障碍的儿童 ·············· 736

排泄障碍 ·············· 738
遗尿症 ·············· 738
大便失禁 ·············· 740

总结 ·············· 741

评判性思考题 ··· 745

关键术语 ·· 746

第14章 神经认知障碍和衰老相关障碍 747

神经认知障碍 ·· 749

  神经认知障碍的种类 ··· 750

  谵妄 ··· 753

  重度神经认知障碍 ··· 755

  轻度神经认知障碍 ··· 757

  阿尔兹海默病所引发的神经认知障碍 ··· 758

  "活在迷宫中":一个早发性阿尔兹海默病的案例 ··································· 759

深入思考 从脸书中选取一页:神经科学家在阿尔兹海默病患者中检验其大脑网络 ········ 765

  其他神经认知障碍 ··· 766

  "她是谁?":一个失忆症的案例 ··· 768

  运动障碍:一个帕金森病的案例 ··· 771

与衰老有关的心理障碍 ·· 773

批判地思考异常心理学

  @问题:潜在的危机——你是否想知道? ··· 774

    焦虑与衰老 ··· 777

    抑郁与衰老 ··· 778

    睡眠问题与衰老 ··· 780

总结 ·· 780

评判性思考题 ·· 782

"审视你对衰老的态度"问卷计分键 ··· 782

关键术语 ·· 783

第15章 异常心理学与法律 784

精神健康治疗的法律问题 ·· 787

  民事拘禁与刑事拘禁比较 ··· 787

批判地思考异常心理学

  @问题:我们该拿"西96号大街的野人"怎么办? ·································· 790

    预测危险 ··· 791

    警告义务 ··· 795

深入思考 警告义务 ··· 795

病患的权利	798
精神错乱辩护	802
精神错乱辩护的法律基础	805
刑事拘禁时限的判定	808
受审能力	810
总结	811
评判性思考题	813
关键术语	813

关键术语表 …… 814

参考文献 …… 833

译后记 …… 950

第1章　引言与研究方法

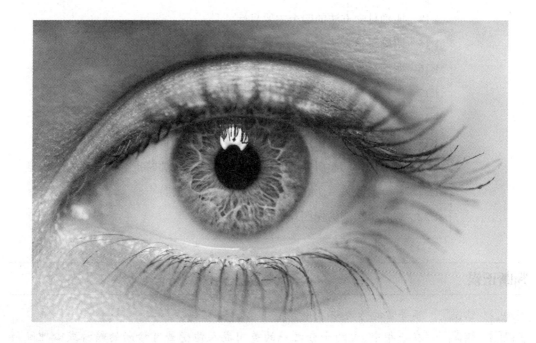

学习目标

1.1　确定专业人员用来鉴定行为是否异常的标准,并将这些标准应用于文中讨论的案例。

1.2　描述在美国当下和终生心理障碍的患病率以及描述性别和年龄造成患病率的差异性。

1.3　描述异常行为的文化基础。

1.4　描述异常行为的鬼神学模型。

1.5　描述异常行为医学模型的起源。

1.6　描述中世纪时期对于精神病患的治疗。

1.7　明确精神疾病治疗主要的改革者,描述道德疗法的根本原则以及发生在19世纪和20世纪初期治疗精神病患方法的变化。

1.8 描述精神病院在精神卫生系统中的角色。
1.9 描述社区心理卫生运动的目标及成果。
1.10 描述异常行为的医学模型。
1.11 明确异常行为主要的心理学模型。
1.12 描述社会文化视角下的异常行为。
1.13 描述生理心理社会学视角下的异常行为。
1.14 明确科学方法的四个主要目标。
1.15 明确科学方法的四个主要步骤。
1.16 明确心理学中指导研究的伦理原则。
1.17 解释自然观察法的作用并且描述其主要特点。
1.18 解释相关研究法的作用并且描述其主要特点。
1.19 解释实验法的作用并且描述其主要特点。
1.20 解释流行病学研究法的作用并且描述其主要特点。
1.21 解释血缘关系研究的作用并且描述其主要特点。
1.22 解释个案法的作用并且描述其局限性。

判断正误

正确☐ 错误☐ 不寻常的行为即为异常。

正确☐ 错误☐ 在一年中,大约十分之一的美国成人饱受着可诊断的精神或心理障碍的折磨。

正确☐ 错误☐ 尽管对于某些心理障碍的有效治疗方案已经应运而生,可我们依旧缺少治疗大多数种类心理障碍的有效方法。

正确☐ 错误☐ 诸如抑郁这类心理疾病,不同文化背景下的人群可能有着不同的体验。

正确☐ 错误☐ 几百年前伦敦城的夜间娱乐活动可能包括去参观当地收容所里的被收容者。

正确☐ 错误☐ 尽管社会上对同性恋关系的态度在变化,可精神病学家仍将其视为精神障碍。

正确☐ 错误☐ 在近期的一个实验中,身陷痛苦的病患在服用了安慰剂药丸之后声称痛苦有所减轻,即使是在他们被告知自己服用的仅仅只是安慰剂的情况下。

正确☐ 错误☐ 最近有证据表明,人体内每个细胞的细胞核中确实有数以百万计的基因。

正确☐ 错误☐ 个案法已被用于逝者身上。

观看　章节介绍:引言与研究方法

"我"　"挺可怕的东西"

我从未想过我会去看心理医生这类人。

你要知道我是一个警用摄影师,所以我拍过不少非常可怕的东西,诸如死尸之类的。其实犯罪现场可不像你在电视上看到的那样可怕,我猜如果你做我这行,也会像我一样慢慢适应的。这些可怕的东西从来没有困扰过我,不过也许这只是刚刚开始。在这份工作之前,我在一架用于电视新闻报道的直升机上从事拍摄工作,拍摄一些火场以及一些救援现场的照片。

而现在,当我坐在汽车后座或者坐电梯时竟然都会感到紧张。除非我别无选择,否则我将避免坐电梯。而且我还害怕坐飞机,不仅仅是直升机。我再也不会走进任何一架飞机或是各种形式的飞行器。

我觉得我年轻时更有勇气。有时,我能挂在直升机外毫无畏惧地去拍摄一些素材。而现在,仅仅是想到与飞行有关的东西都能引起我心跳加速,我并非在担心飞机坠毁。这是一件有趣的事,你知道的,这并非令人哈哈一笑的有趣,而是令人感到怪异的有趣。每当我想到他们关上门把我们困在门内我都会开始发抖。我也说不清这一切是因为什么。

来源:作者的档案
菲尔(Phil),42岁,警用摄影师

"我"　"蜷缩在被子之下"

一个患有双相情感障碍的45岁女士这样描述她处于躁狂之下的状态:"我不再觉得自己像个普通的家庭主妇。相反地,我感到自己十分有条理并且才华横溢,我开始感受到我最充满创造性的那部分自我。我可以轻松地写诗,可以不费吹灰之力地谱曲,我也会作画。我的大脑可以轻而易举地应对事情并吸纳任何东西……我认为自己可以完成大量有益于人类的事,我也有着数不清的点子,这些点子关于环境问题如何激发人类为健康及福祉作出改革……我感到快乐,这是一种幸福感或者说是欢欣鼓舞的感觉。我想让这种感觉一直持续下去。我看上去并不需要多少睡眠。我减肥,这让自己感到很健康,同时非常喜欢我自己。我还买了六条新裙子,事实上,我穿上去还真的挺好看。我觉得自己充满魅力,因为男人们都会盯着我看。可能我会有一段艳遇,没准还能有好几段呢。"

她感到兴奋并且处在亢奋的状态,体验着据她所说的"生而愉快的状态"。但是随后:"当我越过这个阶段,我变得躁狂【以及】……开始看到脑海中虚构而非真实的东西。"她描述说,有一天晚上,她在脑海中虚构出了一整场电影,而它是那样真实,好似一场电影真的就在眼前放映。她被一种纯粹的恐怖感笼罩着,"当我知道那场暗杀即将发生,好像它就那样真实地发生了,我因为恐惧而缩在被子里不住地发抖……我的尖叫声吵醒了我的丈夫,他不断地安慰我说,我们是在自己的房间里,一切都没有变。尽管如此,我第二天还是住进了医院。"

来源:菲夫(Fieve),1975年,第27—28页

"我" 托马斯的幻听

我曾被确诊为偏执型精神分裂症,同时我也饱受临床抑郁症的病痛折磨。在我找到正确的药物治疗之前,我因为害怕睡在床上而只能睡在地板上。我最近总是幻听,那些声音从刚开始令我感觉有所帮助到变成令我恐惧。抑郁让我变得易怒和恐惧,尤其是早上工作时,我常感到愤怒而不是挫败,并且将别人的问题内化于自身。

那些幻听的内容是来自距离我公寓不远的人声等,它们渐渐地将几乎所有事情都变糟了。我听见他们嘲笑我,密谋着反对我。有时候我还听到有人唱歌,当时听不清唱的是什么,直到我做错事时才反应过来其中的意思。我担心在卧室里的鬼魂会扭曲我身边的"善"的力量,因此我开始在卧室的地板上睡觉。倘若我眠于卧榻,夜晚的折磨会让我白天犯错。一个声称自己是"脂肪酸"的声音阻止我喝苏打饮料。而另一个声音则只允许我一顿吃一个面包。

来源:坎贝尔(Campbell),2000年,经美国精神卫生机构的授权再版。

托马斯(Thomas),一个确诊为精神分裂症和重度抑郁的年轻人

以上这三位——与其他你将在本书中看到的人一样——在精神卫生专业人士界定下的心理或精神障碍问题的折磨中挣扎。心理障碍(psychological disorder)是一系列异常的心理和行为模式的总称,表现为焦虑和抑郁等情绪障碍,或者包括无法保持工作、无法区分现实与想象等功能和行为上的障碍。异常心理学(abnormal psychology)是心理学的

一个分支,研究异常行为及帮助人们应对精神和心理障碍的方法的科学。

异常心理学的研究,不仅可以从科学期刊上所报告的对心理障碍的致病因与治疗方法的广泛探究中得到阐明,还可以从患者的个案资料中得以阐明。在本书中,我们将了解这些人关于自己故事的自述。通过第一人称自述、案例分析和视频访谈,研究者们进入这些饱受各种心理障碍折磨情绪、思维以及行为的人的内心世界。这些故事也许会让你想起身边亲近的人的经历,甚至可能是你自己。现在邀请你同我们一起来探索这些心理障碍的本质和起源,并探寻帮助这些面对挑战的病患找到解决的方法。

让我们暂停片刻,先做一个重要的区分。尽管"心理障碍"和"精神障碍"(mental disorder)这两个术语经常交替地被使用,但我们可能更会倾向于使用"心理障碍"这个术语,因为它将异常行为的研究公正地置于心理学领域的范畴之内。此外,"精神障碍"这个术语(也被称为"精神疾病")起源于医学模型(medical model)的观点,这种观点将异常行为视作潜在疾病或者脑部障碍的症状(Insel & Cuthbert, 2015)。尽管医学模型是当代理解异常行为的一个主要模型,但我们认为也要将心理学与社会文化进行结合的视角来形成一个更为广阔的视野。

在本章中,我们首先解决如何定义"异常行为"这一难题。纵观历史,异常行为曾被从不同视角来考察,我们将对不同时期的不同观点进行梳理。从中我们可以看出,过去针对异常行为者的治疗方法缺少对行为产生原因的探寻。除此之外,本章还将展现当今不同的心理学家和其他学者对异常行为研究的不同方式。

我们如何定义异常行为?

我们都会变得时不时地焦虑或是抑郁,但这是异常的吗?在重要工作面试的等待过程中或是在一场期末考试的前夕,焦虑就显得极为寻常。而当你失去某位亲近之人、当你在考试或工作中失败时,产生抑郁的感受也是颇为正常的。那么正常与异常行为的界限又在何处呢?

首先,在不恰当的情境下,产生诸如焦虑或抑郁的情绪状态可能会被视作异常。在你考试失败时感到沮丧失落这很正常,但当你成绩优异时再有这般情绪便是异常。在你大学招生面试前感到焦虑,这很正常,但是在你进入商场或是进入一个拥挤的电梯时感到恐惧,就不正常了。

判断正误

不寻常的行为即为异常。

□错误　不寻常或是统计偏差的行为未必异常。杰出的行为也是有别于正常的。

其次，超过问题的严重程度而表现出来的行为也被认为是异常。比如，尽管一些面试前的焦虑足够正常，但你感觉到自己的心脏都要从胸膛中"跳"出来并最终取消了面试，那么这种情况就不正常了。另外，在这个情景下你紧张到汗水浸透衣衫这也不是正常的表现。[判断正误]

确定异常的标准

1.1　确定专业人员用来鉴定行为是否异常的标准，并将这些标准应用于文中讨论的案例

精神卫生专家在判断行为是否属于异常时会运用不同的标准。最常用的标准包括如下：

(1) 偏离常态。通常情况下，不寻常的行为被视作异常。比如，只有少数个体会出现听见或看见不存在的东西，即产生幻听或者幻视的现象。这种"看见鬼魂"或者"听见鬼魂"在我们的文化中通常被认为是异常的，但在一些特定类型的宗教上的体验中，这种经历有时又被看作是寻常。此外，在尚无文字出现的落后社会中，幻听或是在某些情景下不同形式的一些幻觉会被认为是正常的。

但是，如果一个人进入商场或者站在一个拥挤的电梯时表现出无法承受的恐慌时，这便是罕见的，即异常。"罕见"本身并非异常，就像只有一个人能够保持最快的百米游泳纪录，这名纪录保持者当然有别于我们常人，但显然，这不会被当作是异常。因此，稀有情况以及统计偏差并非异常行为判断的有效根据。尽管如此，这仍是平时用来判断异常的尺度之一。

(2) 社会偏常。每个社会都有自己的规范（标准）来定义在某些情景中一些行为是否可以被接受。在某些文化中一种行为被认为是正常的行为，在另一种的文化中可能就会

焦虑在何时属于异常？　诸如焦虑之类的负面情绪，在它们被认为过度表达或是不符合情景之时，即被视为异常。当一个人在工作面试之时感到焦虑是被广泛接受为正常的，只要别影响面试的正常发挥就行。而当一个人在踏入电梯时感到焦虑的话，那就被认为是异常了。

被当作异常。例如,在我们的文化中,一个人若任意怀疑所有陌生男性都是狡猾的,这个人通常会被认为是多疑和过于紧张的。但根据玛格莉特·米德(Margaret Mead,1935)一项对食人族部落的研究表明,在蒙杜古马人的文化中,这样的怀疑被认为是合乎常理的。因为在蒙杜古马人的文化中,陌生男性以对人凶狠恶毒著称,所以对他们保持疑心态度是正常的。社会准则产生于特定的社会文化和社会实践,是相对标准,不是"放之四海而皆准"的标准。

因此,临床医生需要在诊断行为是异常还是正常时考虑到文化差异的问题。此外,有些情况在一代人身上可能被视作异常的,在下一代人看来就被当作是再寻常不过的。例如,直到20世纪70年代中期,同性恋关系被精神病专家划到精神障碍的范畴中(参阅第28页"批判地思考异常心理学 @问题:什么是异常行为?")。如今,精神病专家不再把同性恋关系当作是精神障碍,也有很多人认为当代社会准则应该将同性恋关系纳入正常的行为演变之中。

当常态的判断标准服从社会规范时,那些不墨守成规的人可能就会被错误地打上"病态"的标签。我们可能也会把我们不支持的行为打上"病态"的标签,而不会将之视为正常的,更不会接受它们。

(3) 对现实的错误认知和解释。通常来说,我们的感官系统和认知过程可以让我们对环境做出精确的神经反应。看到或听到并不存于现实的图像或声音即为幻觉,这在我们的文化中被视作是潜在的心理障碍的信号。同样地,抱持着无事实根据的想法或是妄想可能会被当作是精神错乱(delusion)的标志,比如认为美国中情局或是黑手党总在外面四处搜捕你——当然,除非他们的搜捕是真实存在的。(正如据说美国前国务卿亨利·基辛格曾所言:"即使是偏执狂也会有敌人。")

在美国,若一个人称自己可以通过祷告与上帝对话,这是件正常的事。但是,倘若一个人坚称千真万确见过上帝或是听到了上帝的声音、受到了神力的鼓舞,那么我们可能就会认定这个人是精神错乱了。

(4) 有特殊意义的个人痛苦。由令人苦恼的情绪引起的个人痛苦的状态,比如引起焦虑、恐惧或者抑郁,这种状态也许就是异常的。

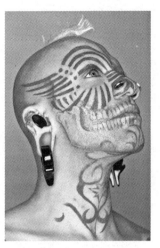

图中的男人算是异常吗?
对于异常性的判断要考虑社会中的社会与文化标准。你觉得图中这个男子身体形态上的装饰是他心理异常的外在表现呢,还是仅仅作为一种时尚的表达呢?

然而，正如前文曾提到的，焦虑和沮丧有时只是在某些情景下恰当的反应罢了。我们的一生中既会遇到威胁又会遇到失去，对此缺乏相应的情绪反应便会被认为是异常。若将导致痛苦的情绪来源去除（大部分人通过适应痛苦进行缓解）后，适应性的情绪反应仍然长时间存在，或者这些情绪严重损害了个体的能力和功能，也被认为是异常的。

(5) 适应不良或是自我挫败的行为。当行为趋于令自己不悦而不是自我满足时，即可被认定为异常。一些限制着人们在社会期望的角色中的功能性的行为，或是限制人们在环境中的适应性的行为，可能也会被视作异常。根据这些标准，酗酒引起的对健康的损害以及对正常的工作的威胁也会被视为异常。广场恐惧症的行为特点是当患者进入公共场所就会陷入剧烈的恐慌中，这可看作属于异常。上述例子都是不正常的，也都是适应不良的代表，因为这些症状都削弱了个体为工作与家庭尽责的能力。

(6) 具有危害性。危及自身或他人的行为可能被认为是异常的。在这里，社会情境因素也是十分重要的。在战争期间，战士们很少考虑自己的安危，选择抛头颅、洒热血，奋勇杀敌，这被视作是英勇的、英雄的以及爱国的行为。但通常情况下，那些在生活压力之下做出威胁生命的行为或尝试去自杀的人，会被当作异常。

足球和冰球运动员偶然在赛场上和对方球员发生激烈口角甚至斗殴都可被认为是正常的。因为在美国，基于这类运动的特点，倘若一个球员缺少适度的"攻击性"，他就无法在大学或是职业联赛的赛场上立足。然而，频繁陷入口角纠纷的球员可能就是异常的了。身体攻击行为在现代社会是最寻常的适应不良。不过，身体攻击作为解决纷争的途径是无效的，尽管它绝不常见。

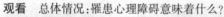

观看 总体情况：罹患心理障碍意味着什么？

因此异常行为有多种定义。根据具体情况,有些标准的权重可能会大于其他,但在大多数情况下,多重标准的结合会被用来界定异常性。请观看视频"总体情况:罹患心理障碍意味着什么?"来了解一下正常和异常行为的界限。

应用标准 让我们回到本章最初的三个案例。斟酌一下我们应用何种标准来确定这三个案例里的行为是否属于异常。这三个案例表现出来的异常行为模式在统计学意义上是少见的。虽然这些问题并不罕见,但大部分人不会遭遇此类的问题。这些问题行为也会满足其他的异常性确定的标准,这些我们都将进行讨论。

菲尔罹患幽闭恐惧症(claustrophobia),一种在封闭空间内的过度恐惧(这是一种焦虑障碍的类型,我们将会在第5章中详细说明)。他的行为是不正常的(很少有人会因为对限制在密闭空间感到过度恐慌而避免乘坐飞机或是搭乘电梯),并且伴随着有特殊含义的个人痛苦。他的恐惧感同样也在削弱他的家庭责任承担能力以及工作能力,但是他并没有被错误的现实知觉所阻碍。他的恐惧程度超过了这些情景所应该表现出来的程度。

在第二个"蜷缩在被子之下"的案例中,我们又该应用怎样的异常性判断标准呢?她被确诊有双相情感障碍(biophlar disorder)(之前被称为"躁郁症"),是一种患者会体验着极度情绪波动的情绪障碍,表现为个体体验到情绪在兴奋且精力无限和抑郁绝望两个极端之间波动变化(该案例描述了病情在躁狂阶段的障碍的表现)。双相情感障碍将在第7章详细解读,它与极度的个人痛苦以及日常生活中的功能性困难相联系,同时也与自我挫败和危险的行为相关,例如在躁狂阶段的鲁莽驾驶或是过度消费行为以及在抑郁阶段的自杀行为。在某些案例中,正如在此处展示的案例一样,人们在躁狂阶段有时会错误地判断现实,出现错觉或是幻觉。

在第三个案例中,托马斯饱受精神分裂症和抑郁症的折磨。一个个体同时遭受一种以上心理障碍折磨的情况确实不少见。从精神病学的角度来看,这是来访者出现了共病(comorbid)(同时发生多种疾病)。共病使得治疗的过程复杂化,因为临床医师需要针对两个以上的心理障碍设计诊疗方案。精神分裂症就满足很多反常性定义的标准,在统计学上精神分裂症在人群中的分布是很少的(只占人群中的1%)。精神分裂症的临床表现包括社会性反常或是具有奇怪的举止,知觉错乱或是曲解现实(妄想或是错觉),适应不良的行为(对于满足日常生活中社会期待存在困难)以及个人痛苦。(详见第12章中关于精神分裂症的更多内容)比如在托马斯的案例中,他被幻听(恐怖的声音)及其产生的心理压力所折磨,他的想法显然是妄想的,因为他坚信在他的房间里游荡着一个"鬼魂",并且"削弱着善的力量",它包围着托马斯,并且导致他在白天犯错。在托马斯的个案中,精神分裂的症状因为掺杂着带有个人痛苦感(易怒和恐惧感)的抑郁而变得复杂化了。抑郁伴随着衰减的情绪反应以及萎靡的心境、适应不良的行为(工作或上学存在困难或者甚至早上起床都困难)还有潜在的危险(可能产生自杀行为)。

识别问题行为和给其贴标签是一回事,了解和解释它又是另外一回事了。哲人、医生、自然科学家以及心理学家运用了大量的方法或者模型,致力于解释异常行为。其中,迷信或者宗教,以及目前流行的生物学观点和心理学都被用来解释异常行为。接下来我们从这些内容出发,从历史和不同时期的观点进行详细介绍,来确定哪些行为模式确实是由于文化这一重要因素导致异常的。

异常心理学——通过数字说明

1.2 描述在美国当下和终生心理障碍的患病率以及描述性别和年龄造成患病率的差异性

异常行为的问题看起来只是关注少数人,毕竟相对来说,只是少数人才住过精神病院。绝大多数人从未求助于诸如心理学家或精神病学家这样的精神健康专业人士。少数人以精神错乱为由而拒绝认罪。我们中的大多数人可能都会与"古怪"这个词相关,但是我们之中又有多少人能够和"疯狂"这个词产生联系呢?然而事实上,我们或多或少都在受异常行为的影响。让我们分析一下数据。

如果将我们的讨论局限于可诊断的精神障碍中,在美国,有将近二分之一的美国人(46%)在他们一生中的某个时刻会受到精神障碍的直接侵扰(Kessler, Berglund, et al., 2005;参看图1.1)。每年大约四分之一(26%)的美国成人饱受可诊断的精神或心理障碍的折磨(Kessler, Chiu, et al., 2005)。[判断正误]

根据世界卫生组织的报告,美国在他们所调查的十七个国家中有着最高的可诊断的精神障碍发病率(Kessler, et al., 2009)。美国女性罹患精神障碍的风险高于男性,尤其是心境障碍(见第7章;"女性更属于高危人群"里有详细说明,2012)。此外,青年人(18岁至25岁之间)的精神障碍发病率是50岁以上的人群的两倍之多。

判断正误

在一年中大约十分之一的美国成人饱受着可诊断的精神或心理障碍的折磨。

☐ 错误 事实上是四分之一的美国成人饱受着这样的折磨。

如果把我们那些患有精神健康问题的人的家人、朋友以及同事和那些以税务和保险金形式支付治疗账单的人,连同那些因患病丧失产出能力的人、致残之人以及那些因工作能力下降而提高了产品成本的人都算在内的话,那么我们所有人或多或少都会受精神问题的影响。

卫生部长关于精神卫生的报告 美国卫生部长在千禧年这个世纪之交时发表了一个重要的报告,它现在看来仍旧是恰当的。该报告聚焦了精神卫生问题。以下是报告中的一些关键结论(Satcher,2000;U.S.Department of Health and Human Services,1999)。

- 精神健康反映了脑功能与环境影响的复杂互动过程。
- 针对大多数的心理障碍而出现的有效治疗方法,包括心理干预,例如心理疗法和咨询以及心理药理学和药物疗法。当心理学与心理药理学的治疗方法相结合时,治疗往往更加有效。[判断正误]

判断正误

尽管对于某些心理障碍的有效治疗方案已经应运而生,可我们依旧缺少治疗大多数种类心理障碍的有效方法。

☐ 错误 好消息是大多数的心理障碍已有了有效的治疗手段。

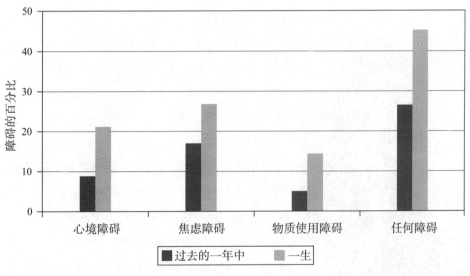

图1.1 一生中和过去一年中的心理障碍患病率

本图基于美国范围内9282个18岁及以上的、会说英语的居民作为代表性样本而制成。我们可以从图中看到身患可诊断的精神障碍的个体,无论是在去年还是在一生中的某个时刻几个主要的诊断类型的百分比。

心境障碍这一类包括抑郁发作和双相情感障碍(在第7章中讨论)。焦虑障碍包括惊恐障碍、无惊恐障碍的广场恐惧症、社交恐惧症、特定恐惧症以及广泛性焦虑症(在第5章中讨论)。物质使用障碍包括酒精或者其他药物滥用会在第8章中详细说明。

来源:Kessler,Chiu,et al.,2005;Kessler,Berglund,et al.,2005.

- 精神卫生领域有效防治措施的进程一直处于缓慢状态，这是因为我们尚不完全了解精神障碍的原因或扭转已知的致病源的途径，比如遗传倾向性。尽管如此，一些有效的预防计划已经被开发出来。
- 尽管每年有15%的美国成人都接受了一些针对精神障碍的不同形式的帮扶，但仍有很多需要帮扶的对象尚未得到帮助。
- 只有当我们采取一个更广阔的视角看待精神健康问题，并考虑到其发生的社会和文化情境，我们才能更好地了解它。
- 精神卫生服务需要在考虑宗教与少数民族的想法与需求的前提下被制定与实施。

卫生部长的报告为我们研究异常心理学提供了一个背景。当我们读完全书时，我们相信，了解异常心理学的最佳视角是将生物的与环境的影响相结合。我们同时也相信社会和文化（或者说是社会文化的）因素需要被纳入考虑的范畴中，以此理解异常行为以及发展有效的治疗服务。

异常行为的文化基础

1.3 描述异常行为的文化基础

传统的美国原住民治疗师 很多传统的美国原住民将疾病划分为两种。一种被认为是来自于异族文化（"白人病"），另一种是来自于部落生活与想法的不和谐（"印第安病"）。如图中所示的传统治疗师被召唤前来治疗印第安病，反之"白人的医术"被用来帮助人们对付那些被认为是来自外族的问题，比如酗酒和药物成瘾。

如前文所述，在某些文化中正常的行为没准在另一个文化中被视为是异常的。澳大利亚原住民相信他们能够与祖先和其他人，尤其是近亲的人交流和分享他们的梦境。这些信念在原住民文化中显得极为平常。但倘若这种信念被表现在我们的文化圈层中时，有此信念之人便会被视作是妄想，专业人士会将之视作是精神分裂症的常见特征之一。因此，我们在选定异常行为判断标准时，文化规范需被纳入考虑范围内。

克兰曼（Keinman, 1987, p.453）举了一个在美国原住民中"幻听"的例子用来强调判断异常性的标准需植根于文化情境上：

十个受训于相同评估技术与诊断标准之下的精神病专家被要求检查100名刚刚承受丧偶、丧失父母或是丧子之痛的美国原住民,这些原住民几乎无一例外地报告说听见声音。在哀痛的第一个月里,他们听到逝者作为转入来世的灵魂呼唤着他们。【尽管这些判断在不同的观察者之间是一致的】报告中这样的行为是否应被判定为异常心理状态,需要基于受调查群体相应的社会准则和文化,以及了解丧亲之痛的正常经历范围来加以判断。

对于这些美国原住民来说,丧亲之人会报告说自己会听到转入来世的亡者灵魂来呼唤他们,这是十分正常的。在某文化环境中被认定为符合规范的行为不该被界定为异常。

健康与病态的概念具有因文化而异的特点。传统的美国原住民文化将疾病区分为两种,一种是来源于异族的文化,称为"白人病",比如酗酒与药物成瘾;而那些由于部落生活与想法的不和谐导致的疾病,则被称为"印第安病"(Trimble, 1991)。传统的治疗师、萨满和巫医被召唤而来治疗印第安病。当致病源被认为是来自于异族文化的时候,他们通常寻求"白人的医术"。

在不同文化中,异常行为模式有着不同的表现形式。比如说,西方人体验着的焦虑是担心付不起贷款或是失业。但是,"在很多的非洲文化中,焦虑表现为对生育顺产失败的担心、梦境以及抱怨巫术的形式"(Kleinman, 1987)。澳大利亚原住民会对巫术产生出强烈的恐惧,伴随着认为恶灵可能使自己致命的信念(Spencer, 1983)。恍惚状态下的澳大利亚年轻女性原住民表现出缄默、静止、反应迟钝的状态也显得极为平常。如果这些女性不能在几小时内或是最多在几天之内从恍惚状态中恢复正常的话,那么可能就会被带到一个宗教性的地方去接受治疗。

我们用来形容心理障碍的特定词汇——诸如抑郁症或是心理健康——在其他文化中有着不同的含义,甚至是完全没有相同含义的词。这并不意味着在其他的文化生态中就不存在抑郁症了。相反地,它意味着我们需要了解在不同文化背景下的人们是如何感受着情绪性的痛苦,包括抑郁或是焦虑的状态,而不是将我们的观点施加在不同文化背景之下的人身上。中国人和其他在远东国家的人们一般更强调抑郁症的身体或是躯体症状,比如头痛、疲乏或是虚弱,相较于西方文化背景下的人如美国人,更少地强

判断正误

诸如抑郁这类心理疾病,不同文化背景之下的人群可能有着不同的体验。

☐ 正确 举例来说,东方文化中的人们相较于西方文化中的人们,抑郁更有可能与躯体症状的演变有关。

调内疚感或是悲伤的感情(Kalibatseva & Leong, 2011; Ryder et al., 2008; Zhou et al., 2011)。[判断正误]

这些差异表明，重要的是，在应用我们的标准诊断其他文化的异常行为之前，考虑我们的异常行为的概念是否有效。研究结果显示，在哥伦比亚、印度、中国、丹麦、尼日利亚、苏联，以及其他很多国家和地区，都存在着与美国对精神分裂症的概念相关的异常行为模式(Jablensky et al., 1992)。此外，在通过对这些国家的研究中发现，各国精神分裂的发病率也近似。但是，通过观察精神分裂症在一些不同文化中的特征时，我们就可以发现一些差异(Myers, 2011)。

每个不同的社会关于异常行为的观点也大相径庭。在西方文化中，主要以内科疾病与心因性特征为基础的模型来解释异常行为。但在传统的原住民文化中，异常行为模型通常借助于超自然的因素，比如被魔鬼或恶魔附身。举个例子，在菲律宾民间社会中，心理问题通常被归因为"鬼魂"的影响或是拥有"虚弱的灵魂"(Edman & Johnson, 1999)。

历史视角下的异常行为

纵观西方文化的历史，异常行为的概念也是不断在某种程度上由某个特定时代的主流世界观塑造的。关于超自然力量、魔鬼和恶灵的信仰独领风骚数百年。(正如前文所见，即使是在如今，在某些社会圈层中这些信仰依旧占据主流。)异常行为常被看作是恶灵附体的标志。在现代，主流的观点(并非普遍的)转向信仰科学和理性。在西方文化里，异常行为被视为身心因素的产物，而非是恶灵占据灵魂。

鬼神学模型

1.4 描述异常行为的鬼神学模型

为什么有人需要在头顶上开个孔洞呢？考古学家发现在出土的石器时代的人类头盖骨上有鸡蛋大小的钻孔。对此有一种解释是，我们的先祖相信产生异常行为是因为恶灵栖身于躯体之中。这些孔洞可能是环钻术(trephination)的痕迹——在头骨上钻孔是为了让暴躁的恶灵得到释放。新的头骨得以生长说明了有些接受环钻术的人确实在这个"医术疗法"之下幸存了下来。

在环钻术的震慑之下也许有些人会去遵从部落的规范。而其他解释也能站住脚跟是因为没有文字记载环钻术的存在。比如有一种解释认为，也许环钻术仅仅只是为了去除头部损伤而造成的颅内碎骨或是血块的一种手术形式（Maher & Maher, 1985）。

关于超自然力量导致异常行为的概念，或者说是鬼神学（demonology），在启蒙运动到来之前一直都是西方社会中的主流观点。古代人认为自然就是诸神行为的结果：古巴比伦人认为星辰运行的轨迹反应了诸神的冒险经历以及纷争的结果，古希腊人则认为这是诸神在愚弄人类，诸神把浩劫降临给那些不尊重神以及傲慢的人类身上并使人类发疯。

在古希腊，有着异常行为的人会被送到神庙之中献给医神阿斯克勒庇厄斯。古希腊人相信，当这些饱受异常行为折磨的病患之人在庙里安眠之时，阿斯克勒庇厄斯会降临在他们面前并且通过梦境给予有助于他们康复的建议。静养、营养饮食和适度的锻炼也是治疗过程的一部分，而对于那些无法被治愈的人则会被赶出神庙。

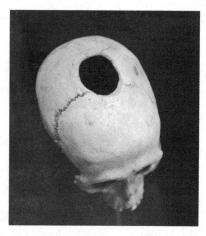

环钻术 环钻术是一种在人的头骨上钻孔的手段。一些研究者推测这种做法是古代的一种手术形式的体现。可能环钻术的出现是为了释放出导致体内异常行为的"恶灵"。

来源：图片由比厄沃尔特提供。来自美国自然历史博物馆图书馆。

医学模型的起源："体液说"

1.5 描述异常行为医学模型的起源

并非所有的古希腊人都信奉鬼神学的模型。对于异常行为的自然主义解释的种子是由希波克拉底种下的，并且被其他的古代世界的医生所传播，这其中盖伦的影响最大。

希波克拉底（Hippocrates，约公元前460—前377年），希腊黄金时代颇负盛名的医生，他挑战着当时主流的观点，他认为身心的病变是自然的结果而非是恶灵的附身。他认为身心的健康取决于体液（humors）的平衡，四种液体分别是：黏液质（phlegm）、抑郁质（black bile）、多血质（blood）和胆汁质（yellow bile）。他认为正是由于体液的失衡导致了异常行为的产生。一个没精打采的行动迟缓的人被认为是体内的黏液质过剩，"迟钝的（phlegmutic）"这个词就是来源于黏液质。而过多的抑郁质则会导致抑郁或是精神忧郁症（melancholia）。多血质的过量则会带来乐观的天性：开朗、自信以及乐观。胆汁质的过量则会使人脾气差和易怒，就是常说的急脾气。

尽管科学家不再认同希波克拉底的体液说，但他的理论依旧因打破了鬼神学的垄断而显得十分重要。因为预示了异常行为根本上是生物学过程，这种观点成为了现代医学模型的先锋。希波克拉底同样为现代思维、现代的医疗实践作出了其他贡献。他将异常行为模式划分为三个主要的类型，至今仍具有概念与之对应：忧郁症对应的是过度抑郁的特征,躁狂对应的是过度的兴奋,谵妄(来源于希腊人对于脑炎的称呼)来描述如今可能被划分为精神分裂症的奇怪行为。直到今天,医学院为了纪念希波克拉底,会让学生们许下由希波克拉底提出的关于行医准则的誓言——希波克拉底誓言。

盖伦(Galen,约公元130—200年),曾服侍过古罗马帝王哲学家马可·奥勒留(Marcus Aurelius)的希腊御医,采纳并传播了希波克拉底的学说。盖伦的贡献之一就是发现了动脉中流动的是血液,而不是先前人们认为的空气。

中世纪时期

1.6 描述中世纪时期对于精神病患的治疗

中世纪或者说中世纪时期,横跨了欧洲历史从大约公元476年到公元1450年。在盖伦去世之后,人们对超自然原因,尤其是对恶灵附体的信奉日渐盛行,并且最终统治了中世纪时期的思想。恶灵附体这一套说法认为异常行为是由于恶灵或是魔鬼占据了人的身体。这种思想是罗马天主教廷的教义的衍生品,而罗马教廷是罗马帝国凋零之后西欧的中枢机构。尽管恶灵附体之说早在教廷前就已盛行,并且被记载于古埃及与古希腊的古籍之中,但正因为教廷,这一说法又开始复兴了起来。被教廷选作治疗恶灵附体的方法是驱魔,驱魔人便是用来告知恶灵它们"栖身"的身体不再适于居住了。告知的方法包括祈祷、施咒、在患者周围挥舞"十字架"、击打和鞭打,甚至是让患者停止进食。倘若患者继续着不适宜的举止,还会跟进更多有说服力的治疗手段,比如刑架,一种用来施予折磨的装置。毫无疑问,这些"疗法"的承受者们迫切地希望魔鬼能够立刻从自己的体内撤离。

文艺复兴时期——一次关于古典学术、艺术和文学的伟大复兴——于15世纪起源于意大利并传播于整个欧洲。讽刺的是,尽管文艺复兴被人看作是从中世纪跨向现代社会的转型期,但是人们对于巫术的恐惧却在此时期达到了顶点。

女巫 15世纪末一直到17世纪末之间,这一时期是十分不适合惹恼你的邻居的时期。这段时期有几次大规模的迫害,尤其是针对被指控施用巫术的女性。教廷官方认定女巫进行了与魔鬼签订契约、举行拜撒旦的仪式、吃婴儿以及在农作物中下毒等活动。在1484年,教皇英诺森八世宣布对女巫处以极刑。两名多米尼加神父撰写了一本针对猎杀女巫而作

驱魔 这个中世纪时期的版画描绘了驱魔仪式,这个仪式的目的是释放被魔鬼附身而导致行为异常的人脑中的邪恶灵魂。

的臭名昭著的手册,并命名为《女巫之锤》(Malleus Maleficaram;拉丁语翻译而来),以帮助审判者鉴别具有嫌疑的女巫。在接下来的两个多世纪中,成千上万人被认定为女巫并被处死。

猎杀女巫需要创新"诊断"测验。在水上漂浮测试中,嫌疑人被浸泡在池水中,以检验她们是否被恶灵附体。这测试是基于熔炼原理,在熔炼中,纯的金属沉入底部,同时杂质却浮于表面。那些沉入水底被淹死的嫌疑人就会被判定是纯洁的,而那些能保持自己头部浮于水面之上的就会被裁定为与魔鬼相勾结。正如那句话所说"横竖都是死"。

现代学者曾认为,所谓的女巫事实上是那些有着心理障碍的人因其异常行为而被迫害的产物。很多疑似女巫的人确实承认了她们古怪的行为,比如飞行或是与魔鬼交媾,这在现代诊断标准中是精神分裂症的一种障碍类型。但是,这些供词的可信度必须被大打折扣,因为这都是审判者为了寻求支持受审者使用巫术的证据时而对其屈打成招的结果(Spanos, 1978)。我们如今知道,要想得到一份虚假的供词,以酷刑相威胁或是其他形式的恐吓是足够的了。尽管一些被当作女巫而遭受迫害的人中有些的确表现出了异常行为模式,但是大部分确实是被冤枉的(Schoenman, 1984)。更确切地说,以上这些用于鉴别女巫的手段,也被用来维持社会秩序、打压政治敌人、抢夺财产和制止异端(Spanos, 1978)。在英国的村庄中,很多被指控为女巫的人都是穷苦的、大龄未婚且被迫向邻居乞食的女人。如果厄运降临到那些拒绝对她们施予帮助的人身上,那么这些乞食者可能就会被指控为对这户人家下了诅咒。如果这个女人普遍不受欢迎,那么对她关于使用巫术的指控就难以躲掉了。

魔鬼被认为在异常行为和巫术中扮演着重要角色。在这些被魔鬼附身的人中,一部分人被认为是罪有应得,一部分人则是无辜受到魔鬼的侵袭。而那些被认定为女巫的女性的行为,则被认为是自愿与上帝断绝关系,转而与恶魔同流合污。所以她们通常被认为理应受到更加严酷的责罚(Spanos, 1978)。

历史的发展并非一帆风顺、没有曲折的。尽管鬼神学模型在中世纪时期以及文艺复兴一段时期独领风骚,但它并未完全取代自然主义的重

水上漂浮测试 这个所谓的测验是中世纪时代官方用来探查人们是否受到魔鬼或者巫术附身的方法。浮在水面之上会被认为是被附身的标志。在该图的右下角,你能看到一个手脚被缚的人已经开始下沉,而沉没于水中的人则被认为没有被附身。

要位置。比如,在中世纪的英格兰,"恶灵附体"只有在法定机构认定一个人疯了的情况下才会被援引(Neugebauer,1979)。大多对于异常行为的解释都囊括了自然原因,比如身体疾病或是脑部损伤。事实上在英格兰,一些心理失常之人被要求留院直到他们恢复到神志正常(Allderidge,1979)。文艺复兴时期比利时医生约翰·威尔(Johann Weyer,1515—1588)也采纳了希波克拉底和盖伦的学说,认为异常的行为与思维模式是由于躯体病变而产生的。

收容所 在15世纪末和16世纪初,收容所或者说是疯人院,开始在欧洲如雨后春笋般涌现。许多收容所的前身是麻风病院,因为这些麻风病院随着中世纪后期麻风病情被控制而被弃用。收容所通常为乞丐和精神异常之人提供栖身之所,但是实际居住条件令人震惊。居民们被锁链缚在床上并任由他们自己的排泄物淹没他们的身体,或是任由他们四处游荡,也不提供任何帮助。很多收容所成为大众奇观。在位于伦敦的一家收容所,伯利恒圣玛丽医院——"疯人院"(bedlam)这一词由此处诞生——公众可以在这里买票来观看被收容者古怪滑稽的举止,就如同我们花钱去看马戏团或者去动物园那般消遣。[判断正误]

判断正误

几百年前伦敦城的夜间娱乐活动可能包括去参观当地收容所里的被收容者。
□正确 对于伦敦的绅士们,晚上城镇里的活动有时包括去参观当地的收容所——伯利恒圣玛丽医院,观看关在里面的病人。我们所说的"疯人院"这个词就是从伯利恒医院流传而来的。

改革运动和道德疗法

1.7 明确精神疾病治疗主要的改革者,描述道德疗法的根本原则以及发生在19世纪和20世纪初期治疗精神病患方法的变化

现代治疗始于18世纪晚期和19世纪早期,归功于法国人让-巴蒂斯特·普辛(Jean-Baptiste Pussin)和菲利普·皮内尔(Philippe Pinel)的不懈努力。他们在提出人的异常行为是源于疾病的同时,也认为患者需要被施予人道主义关怀。但此观点在当时并不盛行;精神错乱之人在当时是被视作社会的隐患,而不是被当作需要治疗的病人。

从1784年到1802年,普辛作为一个门外汉,被安排到位于拉比赛特,一家法国巴黎大型精神病院中的被视作是"无药可救的疯人"集中的病房做负责人。尽管皮内尔被公认为是把拉比赛特中的囚犯从他们被束缚的锁链中释放出来的人,但真正作为以首个官方身份解禁那些"无可救药的疯人",普辛才是第一人。这些不幸的人被认定为无法治愈者,之所以被锁链束缚,是因为他们被认为具有不可预测危险性。但是普辛

却认为假使以善待之,锁链便成为无意义之物。正如他所料,当锁链被打开之时,大多被囚之人还是很服从管理以及保持平静的,他们可以自由地行走在院内呼吸着新鲜空气。同时普辛也禁止员工打骂病人,对于不遵守规定的员工他果断予以开除。

皮内尔(1745—1826)在1793年成为拉比赛特"无可救药的疯人"病房的主任医师。他继承着始于普辛的人道的治疗。他停止了诸如放血和净化这类残酷的措施,并且把病人从阴暗的地牢中转移到通风良好、阳光明媚的病房中。皮内尔同时也花费数小时与病患沟通,他坚信同理心和适度关心会有助于病人恢复正常。

疯人院 18世纪的伦敦,观看伯利恒圣玛丽医院中病人古怪滑稽的行为成为当时城里富有的绅士们的一种娱乐活动,正如图片中两位身着考究的妇人这般。

从这些努力中产生的治疗的哲学被称为道德疗法(moral therapy)。它基于这样的信念:倘若在放松和体面的环境之下提供人道的治疗,那么病患的机能就可得以恢复。同一时期,世界其他许多地方也发生着治疗方法改革运动,英国的威廉姆·图克(William Tuke),及其随后美国的多萝西娅·迪克丝(Dorothea Dix)都是这些运动的倡导者。另一位颇具影响力的人物就是美国医生本杰明·拉什(Benjamin Rush,1745—1813)——他同时是《独立宣言》的签署者以及废奴运动的早期领袖之一。拉什,被认为是美国精神病学之父,于1812年写出美国历史上第一本精神病学著作——《对精神疾病医学研究和观察》。他认为癫狂是由脑血管充血引起的。为了降低血压,他主张放血、净化以及冷水浴。通过鼓励自己在费城医院的员工以善心、尊重和同理心去对待病患,他将人道主义治疗又向前推进了一步。他同样也促成了使用职业疗法、音乐以及旅行的治疗手段(Farr,1994)。他的医院也成为了美国本土第一家接纳罹患精神障碍病患的医院。

多萝西娅·迪克丝(1802—1887),一位在波士顿任教的老师,为被安置状况糟糕的监狱或是疯人院中的精神病患们四处奔走,发声争取权益,在她的努力之

18世纪的改革家菲利普·皮内尔在拉比赛特对囚犯的卸镣运动 承继着让-巴蒂斯特·普辛的功绩,皮内尔禁止了诸如放血、净化等残酷的做法,并把所谓的"囚犯"从阴暗的地牢中转移至阳光明媚的病房中。同时皮内尔也花时间与他们进行交流,他相信同理心与关心能够帮助他们恢复到机能正常的状态。

下,全美建立起了32家专治精神障碍的精神病院。

一次倒退 在19世纪中叶后期,异常行为可以成功地被道德疗法治疗乃至治愈的观点陷入了低谷。这段低谷期之间,异常行为模式被认为是不可治愈的(Grob,1994,2009)。全美的精神康复机构的规模不断地扩大,然而他们所能提供的有效救治仅仅是监护而已。条件每况愈下,精神病院变成了一个可怕的地方。用当时纽约州官方的用语来形容精神病院里的病患是"在自己的排泄物里打滚"(Grob,1983)。约束服、手铐、栅栏、皮鞭以及其他的设备被用来限制那些易激动的或是有暴力倾向的病患。

整个20世纪中叶精神病院的状况都很糟糕。在20世纪中期,精神病院中的病患人数上升到了50万人。尽管一些州立精神病院提供了体面和人道的照料,但大多数的精神病院的环境还是比较恶劣。病患们成群地蜗居在甚至连基本的卫生设施都没有的病房中。精神病患被安排在后面的病房,就如同是被存入了仓库那般——任他们生死由天注定,也没有康复和重返社会的希望。很多人几乎得不到专业的护理,还受到缺乏培训和监督的工作人员的虐待。最终,这些糟糕的状况终于等来了精神健康系统的大换血。这些改革迎来了一次面向**去机构化**(deinstitutionalization)的运动,这是一项把医疗负担从州立医院转向以社区为依托的康复环境中去的政策,导致了大批的州立精神病院被遗弃。全美的精神病院中登记的病患人数由20世纪中叶的60万人陡然下降到现如今的约4万人("Rate of Patients",2012)。有些精神病院就此永远地被废弃了。

另一个精神病院规模大量缩减的原因就是新一类药物——硫代二苯胺(phenothiazines)的出现。这种安定类药物从20世纪中期被引进用来治疗与精神分裂症相关的一系列病症。硫代二苯胺类药物降低了不定期留院观察治疗的需要,并给很多精神分裂症病患创造了栖身于半程康复屋、教养院和独居的机会。

当今精神病院的角色

1.8 描述精神病院在精神卫生系统中的角色

如今大多数的美国州立医院比那些19世纪和20世纪早期的精神病院拥有着更为完善的管理以及可以提供更多的人道主义关怀,但是或多或少地,糟糕的境况还在持续着。如今的州立医院大体上更以治疗为导向并且致力于帮助病患重返社会。州立医院以整体和综合的治疗方法运作着,它们为那些无法在自由度较高的社区环境中正常体现其功能性的个体提供了一个结构化的环境。当住院治疗使病患恢复到更高层次的功能水平时，病患们可以重新融入他们的社区之中，并且，倘若有需要的话，医院可以提供进一步跟进的照料以及过渡性的居住场所。假如以社区为基础的医院不能被使用或者病患需要更全面地照料，那么患者可能就需要再次住进州立医院。对于更年轻的以及症状较轻的患者而言，留院的过程相较之以往更加的短暂而简洁，到他们能够重返社会之日这一过程

精神病院 在去机构化的影响下，如今的精神病院提供了一系列的服务，包括对处在危机之中的人提供短期治疗或是安全治疗的环境。他们同时也为那些无法在自由度更高的社区环境中保持正常机能的人提供长时程的模拟情境。

便会终结。而对于那些年龄稍长、问题相对严重的病患来说，或许尚不具备一些独立生活所需的基本技能（购物、做饭、清洗等等）——在某种程度上是因为，对于这些病患而言，州立医院俨然成为他们唯一可栖身的家园了。

社区心理卫生运动

1.9 描述社区心理卫生运动的目标及成果

1963年，美国国会建立了一个旨在改变当下机构在长期监护中表现出的庸碌无为的现状的全国性系统：社区心理卫生中心（communiey mental health centers，CMHCs）。社区心理卫生中心致力于为之前从州立精神病院出院的病患提供持续的帮扶以及精神卫生护理。不幸的是，社区心理卫生中心的数量还不足以满足全美数十万已出院的病患们的需求，也不足以为新病患提供综合的、以社区为基础的护理以及像半程康复屋那样的结构性的宜居治疗环境来预防新病患住院。

社区心理卫生运动以及去机构化政策的开展是为了使精神病患们能够重返他们的社区，并且假定他们能够拥有更加独立与充实的生活，但是去机构化政策总是因无法实现其崇高的目标而被人诟病。精神病人从州立医院出院后，数以千计的功能性缺失的人群留在社区中，而这些社区缺乏足够的居住条件以及其他有助于恢复功能性的各种形式的支持。尽管社区心理卫生运动确实也取得了某些成就，但大量的有着严重与慢性精神疾病的病患在社区中还是未能获得一系列有助于他们适

应社区生活的心理卫生与社会的服务(Lieberman,2010;Sederer & Sharfstein,2014)。正如你将会见到的,社区心理卫生系统将面对的一个重大的问题就是精神病学意义上的无家可归。

去机构化和精神无家可归的病患们 很多无家可归的人浪迹在城市的街头,露宿在汽车站或火车站里面。这些人很有可能是在去机构化之前本该接受治疗,却随后被遣散的精神病患们。由于缺乏应有的帮扶,他们常常要在街头,面对比原先住院治疗时更多的非人道的待遇。很多人只能转而去使用街头上的非法药物比如强效纯可卡因,从而把自己的状态弄得更加糟糕。一些年轻的无家可归的精神病患们在去机构化之前尚需留院治疗,但是现在去机构化开展后,他们只能在可以的时候去社区帮助小组。精神病患们无家可归这一问题并不只存在于美国。丹麦一项最新的研究显示,无家可归人群中有近六成患有可诊断的心理障碍(Nielsen et al.,2011)。

一项统计称,无家可归的人群中有20%到30%饱受着诸如精神分裂症这般严重心理障碍的折磨(Yager,2015)。同时很多人还有神经心理性的损伤,典型的问题包括记忆力、学习能力以及注意力的缺陷。这些都导致了这类人群在找工作与"保住饭碗"等方面处于劣势(Bousman, et al.,2011)。无家可归的人群中还有近五成之多的人陷入物质滥用的泥沼之中,而其中大部分的人都未经治疗(Yager,2015)。

居住条件、过渡期间治疗设施以及有效的病情管理的匮乏是让无家可归的精神病患们举步维艰的罪魁祸首(Rosenheck,2012;Stergiopoulos, Gozdzik,et al.,2015)。一些有严重心理疾病的无家可归者在他们严重病发之时反复暂留在以社区为依托的医院之中。他们辗转在医院和社区之间,就如同困在旋转门之中。他们常常动辄因医院的床位不足和社区护理的资源不足而被要求出院。一些人离开后自谋生路。尽管一些州立医院关门歇业,其他一些州大幅地削减床位,国家依然拿不出足够的资金供给要取代长期住院治疗的社区服务。

无家可归的精神病患 很多流浪汉都有着严重的心理问题,但却被精神卫生与社会服务系统所忽视。

心理卫生系统在解决无家可归

的精神病患群体要面对的各种复杂问题时会显得独木难支。帮助他们解决无家可归这一难题时，需要充分考虑到精神卫生问题、酒精与药物滥用；获得体面的廉价房以及其他的社会服务的供应等问题。只有将这些问题整合起来付诸努力才能做到服务与他们的需求相匹配（Stergiopoulos, Gozdzik, et al., 2015）。另一个难题就是这一人群通常并不会主动寻求精神卫生服务。很多人因为之前糟糕的住院体验，在住院期间受到不善的对待或是感到不被尊重、没有人权或是被忽视而选择不再去寻求精神卫生服务（Price, 2009）。我们需要加强扩大服务范围以及干预工作来帮助这些流浪汉与精神卫生服务之间建立连接，同时，也要为这些流浪人员提供更为优质的帮扶（Price, 2009; Stergiopoulos, Gozdzik, et al., 2015）。总的来说，精神病患无家可归的这一问题依旧严峻，对于精神卫生系统和社会来说依旧是一个令人苦恼的大问题。

去机构化：一个尚未兑现的诺言　尽管去机构化并未达到人们的期待，可一些成功的以社区为导向的方案也是可行的。但是，这些方案仍然会出现资金不足以及难以满足很多人需要不间断的社区帮扶的问题。去机构化要想获得成功，病人就需要持续地被照料、体面的居住条件、有收入的工作、社交与职业技能的培训诸如此类的机会。大多数有着像精神分裂症这般严重的精神障碍的病患生活在他们的社区之中，但只有约一半的人正在接受治疗（Torrey, 2011）。

新的有前景的服务的问世是为了提高对有慢性心理障碍人群的帮扶质量——比如，精神康复中心、家庭心理健康教育小组、支持性住宅、工作项目和社交技能培训。不幸的是，能满足病患需求的并且使病患们受益的服务实在是少之又少。社区心理卫生运动若想成功地实现其初衷的话，还需要扩大社区的支持以及足够的资金来源。

当代视角下的异常行为

正如前文所述，恶灵附体之说以及鬼神学的观点一直持续到18世纪，那时社会开始转向用理性和科学的眼光来解释自然现象与人类行为。诸如生物学、化学、物理和天文学等新生科学的蓬勃发展正是由科学的观察与试验方法催生而来。科学观察法慢慢揭开了一些微生物引起某些疾病的原因，并且逐渐发展形成了一系列预防手段。异常行为的科学模型开始逐渐成形，这些模型包含了生物学、心理学、社会文化学以及生物心理社会学的观点。我们简要地在这里介绍一下各种模型，着重论述一下它们当时的历史背景,在第二章中我们还会有更详细的介绍。

生物学观点

1.10 描述异常行为的医学模型

在医疗科学进步的背景之下,德国医生威廉·格利辛格(Wilhelm Griesinger,1817—1868)认为异常行为的根源是脑部的病变。格利辛格的观点影响了另一位德国医生埃米尔·克雷佩林(Emil Kraepelin,1856—1926),他于1883年写了一本十分有影响力的精神病学的书,他在书中将精神障碍与身体疾病联系了起来。格利辛格和克雷佩林为现代医学模型铺平了道路,也就是尝试以生物性病变或是异常为基础来解释异常行为,从而取代之前的恶灵附体之说。根据这一模式,我们能够对由心理障碍导致行为异常的人进行分类。同对身体疾病分类一样,可以根据心理障碍的原因和症状对精神疾病进行分类。在他们之后,人们逐渐发现并不是所有的精神疾病都是生理疾病的产物,但根据原因和症状对异常行为或者障碍进行分类仍然是有意义的。

克雷佩林详细说明了两组主要的精神障碍或者说是精神疾病:**早发性痴呆**(dementia praecox,源于词根 precocious insanity,意为"过早的精神错乱"),现在被我们称为精神分裂症以及躁郁症,也就是我们所说的双相障碍(Zivanovic & Nedic,2012)。克雷佩林认为早发性痴呆是由生化不平衡引起的,躁郁症则是由体内新陈代谢的异常引起的。他的主要贡献则是发展了成为当代诊断系统奠基石的分类系统。

这种医学模型在19世纪晚期得到支持,随着晚期梅毒的发现——该病的细菌会直接入侵大脑——导致一种被称作**麻痹性痴呆**(generd paresis,源自希腊词语"parienai",即"放松"的意思)的紊乱行为。麻痹性痴呆与躯体症状和心理损伤相联系,包括人格和心境变化并伴随着记忆功能和判断力的持续恶化。随着治疗梅毒的抗生素的出现,这个疾病就变得罕见了。

科学家们对麻痹性痴呆感兴趣主要是因为历史原因。随着麻痹性痴呆与梅毒之间的关联性被确定,科学家们开始对其他类型紊乱行为的生物性致病因的寻找持乐观态度。后期对于阿尔兹海默病的发现(详情见第14章)——一种主要引起痴呆的脑部疾病——这进一步推进了医学模型的发展。但是,现在我们知道,绝大多数心理障碍的背后都有着复杂的成因,这点令科学家们十分地抓狂。

很多用于异常心理学中的术语都曾"被医学化"。正是因为医学模型,我们通常才能在谈及那些有着异常行为的人群时将之视作心理疾病,并且将他们的异常行为对应于潜在疾病的并发症状。源于医学模型的其他常用术语还包括**综合征**(Syndroms),是指一系列特定疾病或状态指定症状的集合体,其他的术语还有心理健康、诊断、患者、精神病患、精神病院、预后、治疗、疗法、治愈、复发以及缓和等等。

相较之鬼神学,医学模型的确是一个重大的进步。它启发了异常行为应当被有文化的专业人士来治疗而不是被惩罚。用同情来取代敌意、恐惧以及迫害。但是,医学模型同时也引起了哪些异常行为模式应当被归入心理疾病范畴的争论。我们把这个话题放置在本章中的"批判地思考异常心理学:什么是异常行为?"模块中进行讨论。

心理学观点

1.11 明确异常行为主要的心理学模型

即使是19世纪医学模型正当流行之时,一些科学家仍然认为若是仅仅归因于机体因素是不足以解释很多异常行为的。在巴黎,一位德高望重的神经学家,让-马丁·沙可(Jean-Martin Charcot,1825—1893),用催眠术来治疗癔症(hysteria),一种以无法被任何潜在的生理原因所解释的麻痹或者瘫痪为主要特征的状态。有趣的是,在维多利亚时期,被报告的癔症的案例有很多,但在如今却很少见(Spitzer et al.,1989)。当时人们对于癔病成因的推测是认为患者有着神经系统的损伤,才导致了他们的症状。但是沙可和他的同事们用催眠作用的方式证明了这些症状可以从癔病患者身上移除,甚至相反地,还可以让这些症状产生于普通病患的身上。

在这些参与了沙可证明实验的人之中,有一个名叫西格蒙德·弗洛伊德(Sigmund Freud,1856—1939)的年轻的奥地利人(Esman,2011)。弗洛伊德推测,倘若癔病的症状可以透过催眠——只是"意念性的暗示"——来消除或是诱发的话,那么这些症状从本质来看就是心理性的而非是生理性的了(Jones,1953)。弗洛伊德总结说,无论是不是心理原因导致了癔症,对于致病因的讨论要超越意识的范畴。

沙可的教学性诊所 巴黎的神经学家让-马丁·沙可展示了一位女性病患表现出与癔症相关联的极度戏剧化的行为的一幕,比如在众目睽睽之下瞬间晕倒。沙可是在弗洛伊德青年时期对其影响深远的重要人物。

这份洞察奠定了对异常行为的第一个心理学观点——**心理动力学模型**（psychodynamic model）。"我接收到了最值得自豪的想法"，弗洛伊德在回忆自己与沙可相处时的经历时如是写道，"可能存在一种强大的心理过程依旧隐藏在人的意识里"（引自 Sulloway, 1983, p.32）。

弗洛伊德还受到比自己年长14岁的维也纳医生约瑟夫·布洛伊尔（Joseph Breuer, 1842—1925）的影响。布洛伊尔也曾使用过催眠来治疗一个21岁的女性，安娜·欧。她有着没有明显医学根据的癔症性症状，比如四肢瘫痪、麻木以及视听紊乱等症状（Jones, 1953）。安娜·欧是布洛伊尔的病人，但是弗洛伊德研究了她的病案。她颈部的"肌肉麻痹"导致她无法正常扭动自己的头部。她左手的手指无法动弹导致她无法自由进食。布洛伊尔认为有着强烈的心理因素导致了她的症状。他鼓励安娜·欧说出自己的症状，有时候这种倾诉是在催眠的状态下进行的。她回忆并说出与症状发生时相伴随的事件——尤其是那些唤起恐惧感、焦虑或是愧疚的事——这个过程一定时间内使症状有所减轻，哪怕只是片刻。安娜把在治疗中用到的方法称作"谈话疗法"或者戏称为"扫烟囱疗法"。

弗洛伊德与柏莎·巴本哈因姆（安娜·欧） 本图(左)是弗洛伊德30岁左右时的模样。巴本哈因姆（Pappenheim, 1859—1936），在心理学文献中"安娜·欧"的名称广为人知。弗洛伊德与他的同僚布洛伊尔认为她的癔症症状象征着压抑的情绪向心理疾病的转化。

癔症的症状曾拿来代表这些被压抑的、忘记而非完全消失的情绪向心理疾病的转化，在安娜的个案中，一旦情绪被表现和"释放出来"的时候,症状就消失了。布洛伊尔将疗效称之为净化,或者是情绪性感受的宣泄(catharsis;源自希腊词语"kathairein",清洁或净化的意思)。

弗洛伊德的理论模型是首个主要的异常行为的心理学模型。正如你将在第2章中所见的,还有其他基于行为、人本和认知模型的关于异常行为的心理学观点。每个流派连同当代的医学模型,各自产出与其理论相对应的心理障碍疗法。

社会文化观点
1.12 描述社会文化视角下的异常行为

为了了解异常行为背后的根源,我们难道不要将行为发生的更广阔的社会情境也纳入考虑的范畴吗？社会文化理论家们认为,异常行为的成因也许要归结为社会的错误,而不是个体内部的问题。据此,心理问题的根源或许就根源于社会的弊病,比如失业、贫困、家庭破裂、不公、愚昧以及机会贫乏等。社会文化因素同样聚焦于心理健康与诸如性别、社会阶层、种族特点以及生活方式等社会因素之间的关系。

社会文化理论家们还发现,一旦某个个体曾被打上"心理疾病患者"的标签,那么这个标签就会成为一个烙印,很难轻易被抹去。并且很容易让周遭的人扭曲地以"病人"来看待他们。那些被划分为心理疾病的个体蒙受了耻辱的同时也处在边缘化的地位之中,可能会因此丢了饭碗、失去友谊,因此"病人"可能会逐渐感到与社会脱节。社会文化理论家们把人们的注意聚焦于被贴上"心理病患"标签之后一系列的社会后果上。他们认为社会需要为那些有着长期心理健康问题的群体提供像工人、学生和同事这样有意义的社会角色,而不是把他们撇在一边,任他们与社会渐行渐远。

生理心理社会学观点
1.13 描述生理心理社会学视角下的异常行为

异常行为的模式种类繁多是否过于复杂而让人难以理解呢？诸多心理健康专家奉行的能最好地理解异常行为的方法是将生物学、心理学以及社会文化领域等多因素相结合(Levine & Schmelkin, 2006)。**生理心理社会学模型**(biopsychosocial model),或称交互论模型,即为本书提供理解异常行为的起源的方法。我们认为,在研究心理障碍的发展过程中,考虑生物学、心理学以及社会文化学因素的相互作用是十分重要的。尽管我们对这些因素的考量仍称不上全面,但是我们依旧需要将所有的可能性以及他们之间的相互作用纳入考虑的范畴。

关于心理障碍的观点,本文不仅提供了一个可以用于解释也可以用于治疗的理论框架(详见第2章)。科学家们同样可以利用这些观点进行预测或是形成假设来指导他们探索异常行为的成因和研究治疗方法。就拿医学模型来举例,它就拓展了对基因和生化治疗方法的探究。在下一节中,我们将探讨心理学家与其他心理健康专家们研究异常行为的方法。

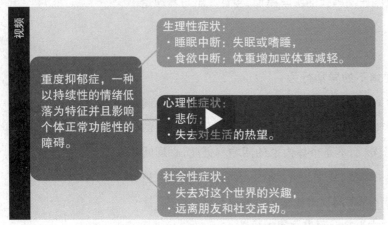

观看 基础知识:与心理障碍共存

观看视频"基础知识:与心理障碍共存"从而去探索那些与常见的心理障碍相关联的生理性、心理性以及社会性症状。

批判地思考异常心理学

@问题:什么是异常行为?

关于如何划分正常和异常行为的问题,在精神健康领域以及更广阔的社会之中仍持续着争论,至今也无统一的说法。不同于其他生理上的病变,心理或精神障碍难以仅靠着X光或是血液样本就被鉴别出来。对这些心理障碍的诊断包括了临床判断,而不是仅仅只看表面——且正如我们在前文谈到的那样,这些判断会随着时间和不同的文化背景而发生变化。举例来说,手淫曾被医学领域的专家们视作是一种精神疾病。尽管如今很多人仍站在道德的制高点上反对手淫,但是专家们却不再将之视作是精神疾病了。

想想那些正常与异常的边界模糊难辨的行为:在身体上穿洞是一种异常行为,还是仅仅只是一种时尚潮流呢?(你认为在身上穿多少个洞是正常的?)过度购物以及网络成瘾是一种精神疾病吗?欺凌是一种潜在障碍的症状还是仅仅只是个不良行为?心理健康专家们运用我们在本文中概述的各种标准作为他们判断的基础,但即便是在专业领域中,关于某些行为是否应当被划分为异常或是心理障碍仍旧存在争议。

其中一个持续较长的争议就是关于同性恋的。直到1973年,美国精神病学协会(American Psychiatric Association)将同性恋归为精神障碍。同年,美国精神病学协会又投票决定把同性恋从《精神障碍诊断与统计手册》或简称DSM(详见第3章)的名录中摘除了。但是,此次美国精神病专家们对于同性恋从名录上除名的投票也并不是都赞同的。很多人认为这项除名决定的背后动机,政治意味要远大于对科学的追求。很多人反对仅仅依靠投票就把这次除名给定下来的方式。毕竟,倘若如此的话,那么癌症是否也可以靠着投票就被人从疾病中划走了呢?难道在这些问题的领域中科学判断的标准要屈从于大众的投票了?[判断正误]

你是如何看待的呢?同性恋是否算是性取向范围的一个正常变化,还是一种异常行为的形式呢?你判断的依据又是什么?你用来评判的标准又有哪些?支持你的论据又有哪些?

在DSM系统内,心理障碍通常是以与情绪性危机以及/或是心理功能的损伤相联系的行为模式为表现而为人所认知的。研究者们发现有着同性性取向的男性或是女性人群比异性性取向的人群有着更高的自杀或是情绪性危机的风险,更易罹患焦虑或是抑郁(Cochran, Sullivan, & Mays, 2003; King, 2008)。但是,即使男性同性恋者与女性同性恋者有着更高的罹患精神疾病的风险,也未必意味着性取向就是这些疾病的致病原因。

判断正误

尽管社会上对同性恋关系的态度在改变,可精神病学专家仍将其视为精神障碍。

☐ 错误 精神病学专家在1973年的时候将同性恋关系从精神障碍的名录上除名了。

同性恋关系是否是精神障碍? 直到1973年之前,同性恋还被美国精神病学协会界定为心理障碍。究竟有哪些标准可以被用来形成对于特定的行为模式的背后是否有潜在的精神或心理障碍的判断?

同性恋的青少年群体在我们的社会中忍受着来自社会背景中对于他们性取向深深的偏见甚至是憎恶。这种程度的社会容忍度使得这类青少年群体的自我接纳观念的形成变得艰难,以至于他们中有很多人考虑过或尝试过自杀。而对于同性恋的成人群体来说,他们通常要继续承受着偏见和负面态度的正面冲击,其中就包括了当他们公开自己同性恋身份之后,来自家人的负面态度。同性恋群体所面临的社会压力中糅合了污名、偏见和歧视,而这些社会压力有时往往直接导致了心理健康的问题(Meyer, 2003)。

理解了上述的情况之后,就不难理解为什么很多同性恋的男女们会罹患精神疾病了。正如这一研究领域的权威,心理学家J.迈克尔·贝里(J. Michael Bailey, 1999, p.883)在书中写道:"无疑,要面对这个同性恋群体总是被鄙视、嘲笑、哀悼以及恐惧的世界,年轻的同性恋群体甚是举步维艰。"

那么我们应该接受"正是因为社会的低容忍程度才导致了同性恋人群的心理问题"这一观点吗?作为批判性思考者,我们还必须将其他因素纳入我们的考量范畴中。科学家在做出任何判断前还需要搜集更多的有关为何这一群体更易罹患心理障碍,尤其是自杀的证据。

试想一下,假若在某个社会中,同性恋才是常态而异性恋群体则被排斥、被鄙视、被嘲弄。我们还会得出异性恋群体更易罹患心理障碍的结论吗？这个证据还会把我们引向异性恋属于精神障碍这一推测吗？你是怎么认为的呢？

在对这一议题进行批判性思考时，请回答下列问题：

- 你是如何划定任何诸如社交饮酒甚至购物或是上网之类行为的正常与异常的界限的？
- 你是否有着一套施用于任何情况之下的判断标准？你的这套判断标准与文中的特定标准又有着什么样的区别呢？
- 你认为同性恋是否属于异常呢？请说出认同或是反对的理由。

异常心理学的研究方法

异常心理学是心理学的一个科学学科分支。这个领域的研究立足于科学方法(scientific method)的运用。在我们对科学方法的基本步骤进行探索前，让我们先来看看科学的四个首要目标：描述、解释、预测以及控制。

描述、解释、预测以及控制：科学方法的目标

1.14 明确科学方法的四个主要目标

要想了解异常行为，我们必须首先学会去描述它。描述让我们能够识别异常行为并且为我们下一步解释提供了基础。描述应该是简洁的、无偏的以及要建立在认真观察的基础之上的。在接下来所述的画面中，请将自己当作是一个心理系的大学生，正被要求对被教授摆放在桌子上的实验鼠的行为进行描述。

试想一下你是一名心理系的大一新生，你在新学期的第一天正坐在研究方法课程的课堂之中。教授——一名50岁左右的卓越女性——正走进教室。她手里还拎着一个装着一只小白鼠的铁丝笼子。教授把小白鼠从笼子里放了出来并将之放在了桌面上。她要求全班同学来观察这只小白鼠的行为。作为一名认真的学生，你凑近了去观察。这只小白鼠挪到了桌角，停顿下来，看了看桌子边缘，似乎是在对着桌子下面抖动着胡须。它沿着桌子的边缘不停抖动着胡须，测量着桌子的周长。小白鼠不时地向着桌子下面抖动胡须或是停止震动。

随后教授将小白鼠装回了笼子并要求班里的同学描述一下小白鼠的行为。

一个学生回答说："这只小鼠似乎是在找逃生的路线。"

另一个则说，"它在侦察周遭的环境，并且检验它。""还侦

察?"听起来这学生一定是战争片看多了。

教授把每个回答都记在了黑板上。另一个同学举起了她的手。"这只小白鼠在对环境运用视觉搜索,"她说,"没准是在找食物。"

教授又鼓励其他学生说出各自的描述。

"它在四处观察。"一个学生说。

"尝试逃跑。"另一个答道。

而这时,该轮到你来回答了。试着做到科学性描述,你回答说:"我们其实不知道它的动机究竟是什么。我们能够看到的只是它在检索着周围的环境。"

"为什么这么说?"教授问道。

"视觉上的观察。"你自信地回答道。

教授记下回答然后转身面向全班同学,摇着头,"你们每个人都观察了老鼠,"她接着说道,"但是你们中没有一个是在描述它的行为。相反地,你们做出了推理,那只老鼠'在找一条下桌的路'或是'检索环境'或者是'找食物'等等。这些都不是不合理的推测,但它们终究只是推测而非描述。况且你们的推测还都不正确。你们看,这是一只盲鼠。生下来就是瞎的。所以它不可能查看四周,至少无法运用视觉。"

这个关于描述盲鼠的画面反映了我们对于行为的描述很可能会受到我们预期的影响。而我们的预期则反映了我们的先入之见或者行为模式,而这些都可能会促使我们以特定方式感知事件——比如影响我们对老鼠行为的感知或是对他人行为的感知。在课堂里,学生们将老鼠描述成"检索"和"查看"或诸如此类都是推理或是结论,我们依据大脑中动物如何探索环境的模型形成了所谓的描述。相比之下,描述需要涵盖对老鼠在桌面上行动的精准记叙、测量老鼠朝向不同方向的移动速度、它保持静止的时间、它是如何摇晃脑袋等记录。

尽管如此,在科学中,推理仍是至关重要的一环。推理让我们由特殊推至普遍——根据行为的准则或法则我们就可以编织出一套行为的模型或是理论(theory)。倘若未能根据模型或理论将我们对于现象的描述组织起来的话,那么我们就会在众多毫无关联的观察结果面前一头雾水、无比困惑了。

理论帮助科学家们解释令人困惑的数据并且帮助预测未来的数据。

预测是对预期事件发生因素的发现。比如说,在地质学中,通过寻找作用于地球的力量的线索,并且通过对这些线索进行解释,我们就可以预报诸如地震或是火山喷发之类的自然灾害了。研究异常行为的心理学家们通过外显行为、生物进程、家庭互动过程等方面来寻找线索,从而预测异常行为的发展以及确定那些可用来预测各种治疗方法的疗效的因素。仅仅依靠理论模型来帮助科学家解释或者合理化一些已发生的事件或是行为是不充分的。有用的模型或理论只能帮助科学家预测一些特定行为的出现。

关于控制人类行为的想法是有争议的——尤其是有着严重问题的个体的行为。历史上,社会对异常行为的反应,包括了诸如驱邪、对肉体进行约束的残忍方式以及精神摧残等虐待行为。而在科学中,"控制"一词并非指人们像提线木偶那般,在他人胁迫之下做他人所要求的事。比方说,心理学家们会尊重每个个体的尊严,而根据人类尊严的概念,人们可以自由地做出决定并且践行他们的选择。在这样的情境下,控制行为就意味着心理学家要利用科学知识帮助人们来形成各自的目标,并且更加有效地利用资源来实现目标。如今,在美国,即使是专业人士来帮助约束那些有着严重问题的人们时,目标依旧是帮助这些有问题的人去战胜他们内心的躁动,并重新获得在生活中做出有意义选择的能力。此外,伦理标准也禁止了在研究或实践的过程中使用那些有害的技术。

心理学家和其他科学家使用科学方法来提高对异常行为的描述、解释、预测以及控制水平。

科学方法

1.15 明确科学方法的四个主要步骤

科学方法通过搜集客观证据来检验关于世界的假设与理论。搜集客观的证据,需要缜密的观察与实验方法。这里,就让我们聚焦那些在实验中所使用的科学方法的基本步骤。

1. 提出一个研究问题。科学家们根据之前的观察以及现有的理论形成研究问题。比如,在他们临床观察以及对于抑郁症潜在机制的理论观点的基础上,心理学家们可能会形成关于特定的实验性药物或特定的心理治疗是否能够帮助人们战胜抑郁症这一问题。
2. 用假设的形式来组织研究问题。**假设**(hypothesis)指的是在实验中待检验的预测。举例来说,科学家们也许会假设,那些患有临床抑郁症的个体倘若在抑郁指标测量之前获得一颗实验性的药物,测量的结果会相较于他们获得惰性安慰剂(一颗糖豆)表现得更加乐观。

3. 检验假设。科学家们会在控制变量并且观察差异的情况下通过实验来检验假设。例如，科学家们要检验与实验性药物相关的假设。这时，科学家们可以给一组患有抑郁症的被试一些实验性药物，而给另一组患有抑郁症的被试一些安慰剂。他们可以观察获得实验性药物的那组被试是否比接受安慰剂的对照组有更大的改善。

4. 对假设下结论。在最后一个步骤中，科学家们要从他们的发现中得出关于他们的假设是否准确的结论。心理学家们使用统计学的方法来确定组间差异的似然值是显著的，而不是偶然的波动。心理学家可以合理地对组间差异的显著性产生自信，这不是因为概率，而是因为或然率小于百分之五时，或然率本身就可以解释差异性了。当一份设计精良的研究结果不能证明它的假说之时，科学家们会重新考量假说形成阶段所用的理论。研究结果通常导致理论的修正或是新的假设，以及会相应地引发后继的研究。

在探讨心理学家以及其他研究者研究异常行为所使用的主要研究方法之前，让我们先考量一下用于指导研究中伦理行为的一些原则。

研究中的伦理问题

1.16 明确心理学中指导研究的伦理原则

伦理原则的设定旨在促进对个体尊严的重视、保障人类利益以及维护科学诚信(American Psychological Association, 2002)。根据职业伦理准则，心理学家们被禁止使用对实验被试或病人造成心理或生理伤害的研究方法。同时心理学家们也被要求在伦理的指导下保护实验所用的动物被试。

诸如大学里的和医院中的机构都有审查委员会，它们被称为机构审查委员会(institutional review boards, IRBs)，这类审查建议调查研究根据伦理守则进行。研究者们须在收到机构审查委员会的批准之后才能开展他们的研究工作。伦理准则的两条主要原则是：(a)知情同意；(b)保密性。

知情同意(informed consent)原则要求被试自愿决定是否愿意参与调查研究。他们必须提前被给予充足的关于研究目的、研究方法和参与的风险与好处等信息，从而决定是否作为被试参与研究。研究被试必须拥有权利可以随时退出实验且不受任何惩罚。在一些情况下，研究者可能会在所有数据被收集完成前对被试保留一些信息。比如，参与者在实验性药品的安慰剂控制法的研究中被告知他们可能会收到惰性安慰剂而不是有效药。在研究中因实验需要,部分信息被保留或是研究者需要有意地采用欺瞒的手段,这时,参与者就需要在事后被解释。也就是说,他们须在实验后收到关于实验真实方法和研究目的的解释以及为何要在实验过程中不做解释的必要性。在研究结束之后,如果在有保证的情况下,那些被使用过安慰剂的被试应该被给予积极的治疗。

研究参与者同时还拥有不公开他们身份的权利。实验研究者被要求通过保证被试参与的记录的安全性和不向他人披露参与者的身份来保障被试的**保密权**(confidentiality)。

现在我们接着来讨论用于研究异常行为的方法。

自然观察法

1.17 解释自然观察法的作用并且描述其主要特点

在**自然观察法**(naturalistic observational method)之中,研究者对于行为的观察立足于发生的场景。人类学家通过对未开化的社会中的行为模式的自然观察来研究人种的多样性问题。社会学家跟踪了青少年帮派成员在城区的活动。心理学家花费数周的时间用来观察在火车站与汽车站内流浪汉们的行为。他们甚至为了寻找有关肥胖的线索而在快餐店分别观察苗条和超重的人的进食习惯。

科学家们努力确保他们的自然观察是不引人注目的,以便尽量减少他们观察的行为造成的影响。然而,观察者的在场或多或少都会影响目标行为,关于这一点必须被纳入考量之中。

自然观察提供了人们如何行为的信息,但是它并不能揭示行为背后的原因。举例来说,它所能揭示的只是一个常去酒吧喝酒的人常常会参与斗殴,但是此类观察却不能揭示酒精与攻击行为之间的因果关系。正如我们将要解释的那样,对于因果关系的寻找,最佳的方案仍是对照实验。

自然观察法 在自然观察法中,心理学家们把他们的研究立足于街头、家庭中、餐馆、学校以及其他可以直接观察到行为的环境之中。比如说,科学家们在确保自己不易被发现的情况下,隐匿于校园的操场上去观察那些有攻击性或社交焦虑的孩子们是如何与同龄人进行互动的。

相关研究法

1.18 解释相关研究法的作用并且描述其主要特点

用于研究异常行为的一个主要方法就是**相关研究法**(correlational method),它运用统计学方法来检验可以变化的被称为变量的两种或以上因素间的关系。比如,在第7章中我们将看到在负面想法与抑郁症状这两个变量之间存在的统计学关系,或者说是相关性。被用来表现两个变量间的联系或相关的统计度量标准被称为**相关系数**(correlation coefficient），它可以在-1.00到+1.00这个连续区间的范围内变化。当一个变量（负面想法）的值较高时，相关联的另一个变量（抑郁症状）的值也较高，那么这两个变量间就具有正相关关系。如果一个变量的值较高而与之相关联的另一个变量的值较低，那么这两个变量间就具有负相关关系。正相关带正号；负相关带负号。相关系数越高——意味着数值上越接近-1.00或是越接近+1.00——变量间的相关关系就越强烈。

相关研究法不涉及为了有利于实验结果而对变量进行操纵。在之前那个例子中，实验者并没有对被试的抑郁症状或负面思想进行操纵。相反，研究者使用统计学技术来判定变量间是否存在相关关系。因为研究者不会直接对变量进行操纵，两个变量间的相关关系并不能证明它们互为因果。可以这么说，两个变量是相关的却没有因果关系。例如，孩子脚的尺寸与他们的词汇量之间是具有相关性的，但显然脚的尺寸的生长并不会导致单词量的增长。正如我们将在第7章中看到的那样，抑郁症状与负面想法具有相关性。或许负面想法可能是抑郁的原因，但也有可能会是因果倒置：恰恰是由于抑郁才滋生了负面的想法。或者，二者因果关系是双向的，负面思想导致抑郁，抑郁又反过来影响负面思想。又或者说，也许抑郁和负面想法都是同一个原因的结果，比如精神紧张，也许他们彼此间并不是互为因果相关的。总的来说，我们难以仅凭着相关性就去辨别变量间是否存在因果关系。为了解决因果关系的问题，研究者使用实验法，在控制情境中，有意地控制一个或更多的变量来观察其他变量是否相随变动或是观察他们变动的结果。

尽管相关研究法无法决定因果关系，却能对科学地预测目标有用。当两个变量具有相关性时，科学家们可以利用其中一个来估测另一个。尽管因果关系是复杂的、有点模糊的，就拿对酒精上瘾来举例，科学家们可以利用家族史和对待饮酒的态度来预测哪些青少年容易产生酗酒问题。了解哪些因素可用来预测未来的问题能够直接帮助针对高危人群的预防措施的实施。

纵向研究（longitudinal study）是一种相关研究，它需要对个体进行周期性的测验，或者在漫长的时期内甚至可能是在数十年间，对个体进行评估。通过研究时间进程中的个体，研究者们致力于寻找和确定哪些个体生活中的因素或事件可以被用来预测诸如抑郁症或是精神分裂症等异常行为模式的发展情况。预测是基于在一段被分隔的时间里事件或因素之间的相关性。但是，这类研究耗时久、花费大。进行这项研究时往往需要一个比初代研究者更长寿的团体作为后盾。因此,长期的纵向研究相对来说就不那么常见。在第11章中,我们对一个最广为人知的纵向研究之一进行了分析——一项丹麦人患高危性精神分裂症的研究,对一组母亲患有精神分裂症同时他们自身存在罹患该疾病高风险的儿童进行了长期的纵向研究。

实验法

1.19 解释实验法的作用并且描述其主要特点

实验法(experimental method)使得科学家们能够在控制条件的情境中降低额外变量对解释结果的影响,通过操纵自变量并且测量因变量来证明因果关系。

实验(experiment)这个术语也许会给人带来一些困惑。大体来说,一项实验是一种关于假设的证明或检验。从这个角度看,任何致力于验证假设的方法都可以被视作是实验性的——包括自然观察法和相关性研究。但是,研究者们通常会在涉及要通过直接操控因变量来解释因果关系的研究中限制实验法这个术语的使用。

在实验性研究中,假设具有因果关系的因子或变量被研究者们操控或者控制的,被称作**自变量**(independent variable)。为了确定被操纵的自变量的效果而被观察的因子被称为**因变量**(dependent variable)。因变量应当被实验者测量,而非被操纵。表1.1展示了有利于调查异常行为的研究者们的自变量及因变量的样例。

在实验中,实验被试处于自变量的作用之下——比如,他们在实验环境中饮用某种类型的饮料(含酒精的对比无酒精的)。然后通过观察或检验来探究他们的行为是否因自变量发生变化,或者,更加精确地说,来检验自变量是否引起了因变量的变化——例如,在饮用酒精之后,他们的行为是否变得更具有攻击性。研究需要有足够数量的实验被试(实验对象)用来侦测被试间有统计学意义的差异性。

表1.1 试验研究中自变量和因变量的样例

自变量	因变量
治疗类型:不同类型的药物治疗或是心理治疗	行为变量:调整程度、活动水平、进食习惯、抽烟习惯
治疗因素:短期的VS.长期的治疗,门诊治疗VS.住院治疗	心理变量:心理反应程度,诸如心率、血压和脑电波活动
实验操纵:饮料类型(含酒精VS.无酒精)	自我报告变量:焦虑程度、心境状况、婚姻状况或生活满意度

实验组与控制组 控制良好的实验会随机分配实验组与控制组中的被试(Mauri,2012)。**实验组**(experimental group)被给予实验处理,反之**控制组**(control group)则没有实验处理。并且采取措施来控制各组间其他条件不变。通过采用**随机分配**(random assignment)原则及控制其他条件的一致性,主试们就有充分的理由相信对实验结果造成影响的是实验处理,而不是诸如室温之类的额外变量或是来自实验组与控制组之间的被试差异。

为何主试需要将实验被试随机分配到实验组与控制组之中呢?试想在一个需要研究酒精对行为影响的实验。让我们假设一下倘若我们允许被试们自由选择加入喝含酒精饮料的实验组或是选择加入饮用不含酒精饮料的控制组。如果情况是这样的话,实验组与控制组间的差异就有可能是由潜在的**选择因子**(selection factor;不同类型的人会选择加入不同的组)带来的,而非由于实验操纵。

举例来说,那些选择饮用含酒精饮料的被试在人格因素上可能就会与那些选择无酒精的被试存在差异。比如,他们可能会更乐意于探索或是冒险。因此,主试就可能会弄不清楚到底是自变量(饮料类型)还是选择因子(人们选择组别时的被试间差异)才是影响所观察到的行为的终极因素。通过随机分配确保被试间的特性是被随机地分配在实验组与控制组中,从而控制选择因子。因此,我们就有理由相信组间的差异是来自于他们所接受的实验处理而非是被试的分组差异。当然,明显的处理效应也可能是来自于被试对实验处理的主观期待而不是来自于实验处理的有效部分。换句话说,在得知你即将被提供含有酒精的饮料之后,你的行为可能会因此受到影响,这种影响甚至会超过酒精本身对行为的影响。

控制主观期待 为了控制被试的主观期待,主试依靠对被试采用**盲设计**(blind)的程序来实现,即不去告知被试们接受的是何种处理。举例来说,在被设计用来测试治疗抑郁症的实验性药物的研究中,参与的被试将不被告知他们所服用的究竟是真的实验性用药还是**安慰剂**(placebo),安慰剂就是看起来与真药相似的一种惰性药物。主试使用安慰剂来控制这种可能性,即积极治疗效果是由于人们对药物所持有的预期,而不是药物的化学性质或治疗的独特效果造成的(Espay et al.,2015;Fox,2014;Rutherford et al.,2014)。

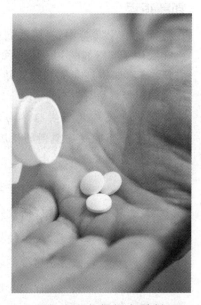

我们会向你提供安慰剂吗? 你想过服用安慰剂可能会有助于缓解疼痛吗,即使是在病人知道他们服下的是安慰剂的情况下?

在单盲安慰剂控制研究中，被试被随机分配到接受活性药物（实验处理条件）或是惰性安慰剂（安慰剂控制条件）的处理条件中，但是不告知被试们接受的是何种药物。对于研究者来说，实验被试究竟服用的是哪种物质同样也保持不知晓的状态，则会帮助他们避免来自主观期待对于研究结果的影响。在双盲安慰剂控制的设计中，主试和被试都不知道谁接受了安慰剂谁接受了真药。

双盲研究控制了主观期待和实验者期待，但是，单盲和双盲研究都有一个主要的缺陷，那就是实验被试和研究者有时都会"看穿"盲设计。药物引起的显著的效用或是副作用效应有可能会将实验细节泄密，比方说安慰剂和实验真药在口味或气味上轻微的差别，都会使得双盲设计看起来就像是被轻轻掀开的百叶窗板条。即便如此，双盲安慰剂控制仍被视作是实验设计的最高标准，尤其是在药物治疗研究中。

安慰剂效应在对于病痛以及消极情绪状态的研究中普遍表现得最为强烈，比如焦虑和抑郁症（e.g., Meyer et al., 2015; Peciña et al., 2015），也许是因为这些痛苦的根源涉及主观体验，这些体验可能更多地受到暗示力量的影响，而不是受到客观手段衡量的生理因素的影响。在最近的、最能说明暗示力量的例子中，研究显示当痛苦的病患服下安慰剂时，他们会报告说自己痛苦的程度有所降低。即使在他们被告知自己服用的是毫无医用价值的安慰剂的情况下也是如此（Kam-Hansen et al., 2014; Schafer, Colloca & Wager, 2015）。安慰剂可能会通过阻止向大脑发出疼痛的信号或是释放内啡肽（一种脑垂体分泌的具有镇痛作用的天然化学物质）从而产生和那些镇痛药相似的生物性效应（Fox, 2014; "Know it's a Placebo?" 2015; Marchant, 2016）。[判断正误]

判断正误

在近期的一个实验中，身陷痛苦的病患在服用了安慰剂药丸之后声称痛苦有所减轻，即使是在他们被告知自己服用的仅仅只是安慰剂的情况下。

☐ 正确　即使是在当实验参与者被告知自己服下的是安慰剂的情况下，安慰剂效应也有可能发生。

安慰剂控制组同样也用于控制主观期待的心理治疗研究中。假设你要研究疗法A作用于情绪的作用。那么你可以随机将研究被试分别分配至接受新疗法的实验组或"等待名单"（不安排疗法的)的控制组中。在这个例子中，实验组可能会表现出疗效上有较大的提升，这可能是因为疗法的参与引起了充满希望的期待，而不是因为特定疗法的效用。尽管"等待名单"对照组可能仅仅因为时间推移而控制了积极效果，但它无法解释安慰剂效应，例如疗效的产生是源于逐渐灌输给被试的一种希望感和对成功的预期。

为控制安慰剂效应,研究者有时会使用注意-安慰剂控制组,让该组被试暴露在可信或可靠的环境中,在这个环境中包含了各种疗法所共通的非特定因素——诸如来自治疗师的注意或是情感支持。但这些不是积极治疗所代表的特定治疗因素。注意-安慰剂处理通常会用对被试问题的一般性讨论来替代实验处理中疗法的特定因素。不幸的是,尽管主试可能会对注意-安慰剂处理中的实验被试是否接受了实验处理这一点采用盲设计,但是主试们却都会意识到哪一个人接受了实验处理。因此,注意-安慰剂方法可能无法控制主试期待。

实验效度 实验研究按照有效性或可靠性来判断好坏。效度有很多方面,包括内部效度、外部效度和建构效度。你将在第3章中看到效度这个术语同样也被应用于测试或测量环境,指的是这些测量工具对要测量对象的测量程度。

当因变量中可观察到的变化与自变量或是处理变量的变化(或多个变化)具有因果关系时,那么该实验就具有了**内部效度**(internal validity)。假设一组抑郁症被试接受新款抗抑郁药物的治疗(自变量),被试的情绪和行为(因变量)也随时间的进程而被追踪。在接受几周的治疗后,主试发现大部分接受实验处理的个体状况有所改善,并声称新药对于治疗抑郁症有效。别急着下结论!主试是怎么知道是自变量而不是其他因素与病情的好转构成了因果关系?没准抑郁症患者的病情随着时间流逝自然发生了好转,抑或是他们遇到了能帮助病情好转的事情。当不能很好地控制其他变量的时候,实验就缺乏内部效度(称作混淆变量,或效度威胁),这就可能会给结果带来一个对立假设。

主试随机分配被试至实验组与控制组,以帮助控制这类对立假设(Mitka,2011)。随机分配有助于确保个体属性——智力、动机、年龄、种族等方面——被随机分至各组而不是对个别组有所偏倚。通过随机分组,实验组与控制组间显著的差异反映的是自变量的(处理变量)而不是混淆变量的效果,主试对此就可以有着充分的信心了。设计良好的研究包含了大量充足的被试样本,从而能够辨识出实验组与控制组之间统计学上的显著差异。

外部效度(external validity)是指实验研究结果推广到其他个体、情境或是时间的普遍性问题。在大多数情况下,研究者感兴趣的是由特定研究结果(例如,新款抗抑郁药物对于一个抑郁症患者的样本效果)推广到更大群体(一般而言指抑郁的人)。一项研究的外部效度增强了样本在目标群体中的代表性程度。比如,在对城市流浪汉问题的研究中,选取流浪汉群体中具有代表性的样本,而不是聚焦那些少数的易得性样本是非常必要的。获取代表性样本的途径之一就是通过随机抽样的方法。在一个随机样本中,每个目标总体中的成员都有均等的概率被选取为样本个体。

研究者可以通过复制的手段来推广特定研究中的结果,复制就是将一项实验在另外的环境、时间或由其他群体中划出的样本中重复的过程(Brandt et al., 2013; Cesario, 2014; Simons, 2014)。某种治疗多动症的方法可能会对在城区教室中的贫困儿童有帮助,而对富裕郊区或是农村中的儿童没什么帮助。实验处理的外部效度可能会因它的效果不可推广至其他样本或环境中而被限制。这并不意味着实验处理没有效果,而是说明它有效的范围仅仅适用于特定的群体或情境中。

建构效度(construct validity)是一个概念性的高级效度。它是指自变量所代表的理论机制或构成对处理效应的阐明程度。举例来说,一种药物,可能有着可预测的效用,但也可能并不是主试所声称的理论原理。

试想一个新款抗抑郁药物的假设性实验研究。该研究也许会在有可靠控制的形式下拥有良好的内部效度,而在严重抑郁症患者的样本间具有普遍性的情况下具有良好的外部效度。但是,倘若药物并没有按研究者设计的原理那般实现疗效,那么该实验可能就缺乏建构效度。可能研究者假定药物会通过提高神经系统中特定化学物质的水平来起作用,然而事实上药物却可能是通过提高这些化学物质的受体敏感性起作用的。我们可能会问,"那又如何?"毕竟,药物还是起了作用,就临床实践来说这么想也没问题。但是,对于药物原理的透彻理解能够提升关于抑郁症的理论知识,同时也能促进更多的有效疗法的发展。

科学家们永远都无法百分百确定研究的建构效度,他们意识到自己现有的能解释研究结果的理论终究会被能为研究结果做出更好解释的理论所代替。

流行病学研究法

1.20 解释流行病学研究法的作用并且描述其主要特点

流行病学研究法(epidemiological method)检验在多种环境或人群中异常行为的发生率。流行病学研究的一种类型是**调查法**(survey method),它依靠访谈或是问卷。调查表被用来查明总体或者按诸如民族、种族、性别或社会阶级来划分的子群中各种障碍的发生率。某个特定障碍的发生率是用术语**发病率**(incidence),在特定时期新病例出现的数量,以及患病率(prevalance)指在特定时期总体之中障碍病例的总人数来表示。也就是说患病率包括了新的和已有的病例。

流行病学研究也许表明了内科疾病与心理障碍中的潜在病因,即使它们缺乏实验的效力。通过发现疾病或者障碍"群聚"在特定的人群或地点中,研究者就可以识别出将这些人群或者区域置于高危状态下的显著特征。然而这些流行病学研究却无法控制选择因子;就是说,它们无法排除那些其他未知因素就是给特定人群带来高风险患病率的罪魁祸首的可能性。因此,潜在病因影响需要被纳入考量范畴,并且在实验研究中待进一步检验。

样本和总体　在所有可能的情况中,最好的一种情况是,研究者会对所有可参与的对象总体进行调查。在这种方式下,他们能够确信研究结果精确地代表了他们欲研究的总体。但在现实中,除非对象总体是相对狭义地被定义的(比如说指定的对象总体是住在你宿舍楼上的学生),就算存在可能,但要调查每一个特定总体中的个体是极度困难的。即使是人口普查员们也难以数清总体中的人数。所以,大部分的调查都是基于一个总体中的样本或是子集。研究者必须在建构样本时采取措施以确保样本代表了目标群体。举例来说,一个要着手研究当地社区吸烟率的研究者,却采访在深夜咖啡馆里喝咖啡的人,这就可能会造成真实患病率被高估。

获取代表性样本的途径之一就是使用随机取样法。**随机样本**(random sample)是通过保证对象总体中的每个成员都有均等概率被抽取的方式来选取的。流行病学家有时通过随机调查在目标社区中的特定数量的家庭来建构随机样本。通过重复在美国社区中的随机抽样的过程,即使是基于总体人口很小的一个比例,样本也可以接近一般美国人群。

随机抽样经常会与随机分配混淆。随机抽样指的是随机选取目标总体中的个体,使之参与到调查或研究之中的过程。相对地,随机分配则是指研究样本中的成员被随机分配至不同的实验情景或者处理之中的过程。

数字时代的异常心理学——以智能手机与社交媒体作为研究工具

电子科技为研究者搜集人们日常生活以及从网络服务中拣选出的实时数据。利用这些技术,研究者拓展了数据搜集的新疆界,超越了研究实验室或是传统调查方法的界限。研究者使用智能手机,通过被试给自己发送信息或是电子提示来报告自己在一天中特定时间的行为、症状、心境以及活动来搜集被试的数据。他们同时也从社交网站中挖掘被试的信息。例如,康奈尔大学的研究者们分析了超过五亿的推特信息,以观察推特中用词的情绪性语气(愉快的词语 VS.悲伤的词语)是否会随着一天中时间的进程发生改变(Weaver,2012)。确实,人们倾向在一天中的早些时候在推特上使用更愉快的用词,然而在一天中的晚些时候,推特信息中就可能会包含更悲观的语气。研究者之一,迈克尔·梅西(Michael Macy)总结道:"我们发现人们在早餐的时候是最愉快的,然后打此刻之后就逐渐转入低谷了"(引自Weaver,2012)。早晨愉快而下午阴郁的一个可能的原因是,人们从良好的睡眠中醒来后感到爽快,但是他们的好情绪可能会在时间的推移中随着疲劳感增加或是感到压力而逐渐消失。

血缘关系研究

1.21 解释血缘关系研究的作用并且描述其主要特点

血缘关系研究尝试去理顺遗传与环境在决定行为中所扮演的角色。遗传在决定各种各样的性状中扮演了一个至关重要的角色。我们由遗传而来的结构能够给我们的行为提供潜力(人类可以行走和奔跑),同时遗传也给我们设定了限制(在没有人造的设备情况下人类无法飞行)。遗传的决定作用不仅仅体现在我们的身体性状上(发色、瞳仁颜色、身高等),还体现在很多我们的心理性状上。关于遗传的科学被称为遗传学。

基因是构筑遗传大厦的基石。它们控制着性状的发展。染色体,承载着我们基因的杆状结构,存在于我们体内的细胞核之中。一个正常的人类细胞包含46个染色体,组合成23对。染色体由巨大的、复杂的脱氧核糖核酸分子(DNA)组成。基因沿着染色体杆状的形态盘踞在其各个部分。科学家们认为在人类体细胞细胞核之中,有大约20 000到25 000个基因(Lupski,2007;Volkow,2006)。[判断正误]

判断正误

最近有证据表明,人体内的每个细胞的细胞核中确实有数以百万计的基因。
□错误 尽管人们还不知道精确的数字,但是科学家们认为在每个体细胞的细胞核内有大约20 000到25 000个基因,而绝非数以百万计的。

身体的一组性状由我们的基因编码所规定,被称为基因型(genotype)。我们的外表和行为不仅仅受基因型的控制,同样也受环境因素,比如营养、学习、运动、意外、疾病以及文化等的影响。一系列的可观察的或被表现出来的性状被称为表现型(phenotype)。我们的表现型性状代表的是遗传与环境互相作用的结果。具有特定心理障碍基因型的个体会有一种遗传倾向性使其在面对生活事件的压力、生理或心理创伤或者其他的环境性因素时更有可能会罹患心理障碍(Kendler, Myers, & Reichborn-Kjennerud,2011)。

亲属关系越亲近,他们就拥有更多相同的基因。子代分别从他们的父亲和母亲身上获得一半的基因。因此,在亲代各自一方和他们的子代间,会有50%基因遗传的重叠。兄弟姊妹(兄弟或姐妹)同样共享着一半的基因。

为了研究异常行为是否有家族遗传的原因,正如人们考虑遗传学是否在其中发挥作用,研究者们会锁定一个身患特定障碍的个体,然后探究该疾病是如何在该个体的家庭成员中流传的。第一个被诊断的病例被称为指示病例,或称**先证者**(proband)。如果该先证者所患的心理障碍在其家庭成员中的传播结果与其血缘亲疏程度相似,那么该障碍与基因之间就存在关联性了。但是,血缘上越亲近的话,那么个体间就会有着更相似的环境背景。正因如此,双生子研究与寄养子研究具有其独到的价值。

双生子研究 有时一个受精的卵细胞(或称受精卵)分裂成两个细胞,接着各自发展成独立的个体。在这种情况下,二者基因构成是100%的重叠,这样的后代就是单卵双生子或同卵双生子(monozygotic, MZ)。在其他一些情况中,一个女性在同一个月中释放两个卵子(或称卵细胞)并且它们在同一个月内都受精。在这样的情况下,受精卵发育成双卵双生子或异卵双生子(dizygotic, DZ)。异卵双生子在基因遗传上如同其他兄弟姊妹般,有50%的重叠。

单卵(同卵)双生子对于遗传与环境的相对影响的研究十分重要,因为造成同卵双生子差异的原因更多的是环境因素而不是基因因素。在双生子研究中,研究者找到身患特定障碍并且是同卵或是异卵双生子的个体,接着去研究这一对双生子中的另一个个体。遗传因素的一个原则暗示了同卵双生子(拥有100%基因重叠的人)比起异卵双生子(拥有50%基因重叠的人)更有可能会患有同样的障碍。和合率指的就是双胞胎双方都有相同的性状或疾病的百分比。正如我们即将看到的,研究者发现,在异常行为的一些形式中,比如在精神分裂症或者重度抑郁症中,同卵双生子比异卵双生子有着更高的和合率。

但即便是在同卵双生子中,环境的影响也无法被排除在外。例如,父母和老师总是鼓励同卵双生子按相同的风格行事。换个说法,假如双生子中的一个做了某事,那么每个人都会期待双生子中的另一个也去做某事。期望对于行为以及自证预言都会有影响作用。因为对于总体样本来说,双生子可能并不具备典型性。所以,研究者在将双生子研究结果推广到更大的总体的时候要更加谨慎。

寄养子研究 寄养子研究(adoptee study)为反对遗传因子在决定心理性状或障碍的外显特征中的作用提供了有力的论据。假设孩子在非常小的时候——也许是打出生后就被养父母抚养。这样的孩子与他们养父母间享有共同的环境背景而没有基因遗传。然后我们接着设想一下,我们

双生子研究 同卵双生子们拥有100%相同的基因，与之相比，异卵双生子以及其他兄弟姊妹间就只有50%的基因相重叠。鉴于同卵双生子比异卵双生子更有可能共同患有特定障碍，这为心理障碍的遗传因素提供了有力的证据。

将这些孩子的性状与行为同他们生父母和养父母们的进行对比。如果这些孩子在特定的性状或是疾病方面，相较于养父母，与生父母之间展现出更高的相似度，那么我们在这些性状与疾病中就能找到强烈的遗传因素的证据。

把同卵双生子分开抚养的研究方法，为遗传与环境在塑造异常行为中所起的相关作用提供了更富戏剧性的见证。但是，这种情形并不常见，以至于我们很少能在文献中看到相关记载。尽管寄养子研究可能会在用遗传因素来解释异常行为模式时提供更多强有力的证据来源，我们应当认识到这些寄养子就如同双胞胎那样，对于样本总体来说，可能并不具备很强的代表性。在随后的章节中，我们将探索寄养子与亲属关系的研究在寻找诸多心理障碍的遗传和环境的影响因素中所扮演的角色。

个案法

1.22 解释个案法的作用并且描述其局限性

个案法在异常行为的理论与治疗的发展中有着重要的影响。弗洛伊德在发展其理论模型的过程中也主要依靠了个案法，比如安娜·欧的个案。代表了其他理论观点的治疗师们也会使用个案法。

个案法的种类 个案法（case study）是对个体深入的研究。有些个案研究是以历史材料为基础来开展的，甚至包括研究对象已经逝去了百年之久的个案。比如，弗洛伊德就曾对文艺复兴时期艺术家、发明家莱昂纳多·达芬奇做过个案研究。更常见的是，个案法反映的是对个体治疗过程的深入分析。他们通常包括研究对象的背景以及治疗反应的详细历史。治疗师尝试着从一个特定来访者的治疗经历中收集可能有助于其他治疗师治疗类似来访者的信息。[判断正误]

判断正误

个案法已被用于逝者身上。

☐**正确** 个案法已被用于已逝去了数百年的研究对象身上。其中一个例子就是弗洛伊德关于莱昂纳多·达芬奇的研究。此类研究更多的是依靠历史记录而不是访谈。

尽管个案法能够提供丰富的材料，但是从研究设计方面看却不如实验法那般严密。当人们讨论历史事件的时候，尤其是那些他们童年时代的事情时，记忆的扭曲与空白就免不了会发生。有些人在访谈的时候为了创造一个美好的形象就会对一些事件加以刻意的美化；也有人意图令采访者震惊,从而夸大或是编造回忆。采访者自己可能也会在无意中引导受访者报告能印证他们理论预想的回忆。

个案实验设计 传统的个案法缺乏有效的控制,从而促使研究者们发展出更精密的方法,称作**个案实验设计**(single case experimental design;有时也被称作单被试研究设计)——该设计中的被试作为他们自身的控制因素。最常见的单被试研究设计的形式之一就是A—B—A—B设计,或称倒返实验设计(reversal design;见图1.2)。这种方法包含四个连续阶段中重复的行为测量。

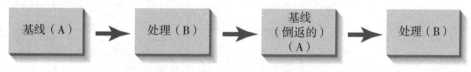

图1.2　A—B—A—B倒返实验设计

1.基线阶段(A)。该阶段发生在实验处理前,并且能让实验者建立关于实验处理开始前行为的基线率。
2.处理阶段(B)。目标行为要在患者处于实验处理中被测量。
3.第二个基线阶段(A,再一次)。实验处理被暂时地撤除或是停止。这是倒返实验设计中的回转,在这一步中,因为处理已经被撤除,所以我们期待处理的积极效果在此时应被回转。
4.第二个处理阶段(B,再一次)。实验处理恢复,目标行为再次接受评估。

研究者寻找证据,以证明所观察到的行为变化,与实验处理同时发生。如果问题行为在引入实验处理时发生衰退(在第一个与第二个实验处理阶段),但是在倒返(或逆转)阶段退回到基线等级,研究者就有足够的信心认为实验处理达到其预期的效果。

在阿兹林和彼得森(Azrin & Peterson,1989)使用控制眨眼疗法来消除一个9岁女童的眼部严重抽搐症状(一种紧紧眯起眼睛持续几分之一秒的形式)的个案研究中,阐明了倒返设计。当女孩在家时,她的眼部约每分钟抽搐20次。当她在诊所时,在基线阶段5分钟内测量眼部抽搐或眯眼的频率(A)。接着该女童被提示每隔5秒钟就轻轻地眨眼(B)。实验者推测自发的"轻轻"眨眼将会触发与那些产生抽搐不相容的运动(肌肉)反应,从而抑制抽搐。正如你在图1.3中所见,在做出仅仅几分钟不相容的(或是对抗性的)运动反应(轻轻眨眼)后,眼部抽搐的情况基本上就消除了,但是在倒返阶段(A)期间,当不相容的反应被撤除时,表现又退回到接近基线的程度。积极疗效很快就会在第二个处理阶段(B)恢复。同时该女童还被嘱咐平时在3分钟日常运动反应练习阶段以及抽搐发生的时候或是当她感受到想要眯眼的冲动的时候要做眨眼反应。在治疗过程的最初6周里,抽搐被消除了,并且在两年后的随访评测中也没有再发现抽搐的状况。

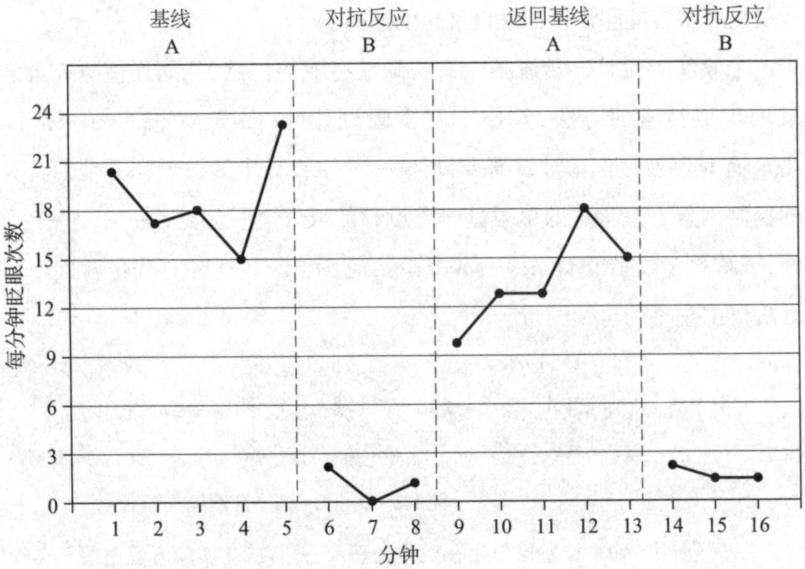

```
基线        对抗反应      返回基线      对抗反应
 A           B            A            B
```

图1.3 阿兹林和彼得森研究中A—B—A—B倒返实验设计的运用

当对抗反应被引入到第一个B阶段时,请注意,目标反应(即每分钟眼睛抽搐次数)是怎么减少的。接下来在第二个A阶段,当对抗反应被撤除时,比率提高至接近基线水平。而当对抗反应在第二个B阶段再度被引入时,比率再度下降。

无论设计控制得有多么良好或是结果有多么令人印象深刻,个案实验设计始终因其外部效度不高而被人诟病。因为个案实验设计难以保证治疗对一个个体有效同时也能对其他个体有效。复制能够帮助提高外部效度,但是对于被试分组的控制实验的结果还需要保证其具有更多的关于处理的有效性及推广性的令人信服的证据。

科学家们使用不同的方法来研究他们感兴趣的现象,但是所有的科学家共同具有一种怀疑性的、执着的思考方式,称作**批判性思维**(critical thinking)。当批判性地思考问题时,科学家们自愿挑战那些被很多人当作理所应当的惯性思维。科学家们始终保持开放的思想并且在支持或驳斥某个观点或说法时会搜集证据,而不是依靠感受或是直觉。

深入思考

批判地思考异常心理学

我们被心理健康的信息洪流所淹没,它流过大众传媒——电视、广播以及平面媒体(包括书籍、杂志和报纸),逐渐地也把互联网包罗在内。我们可能会听到一则新闻报道鼓吹一种新药的出现成为了治疗焦虑、抑郁症或是肥胖的"突破性成就",很遗憾的是,随着了解的深入我们会发现这些所谓的"突破性成就"往往达不到人们的期望或是带来严重的副作用。有些媒体的报道则会精确与可靠,然而其他的报道要么具有误导性、要么具有偏见、要么半真半假或是夸大其词抑或是下无根据的结论。

为了理清令人困惑的信息来源,我们需要使用批判性思考的技巧,采用质疑的态度面对我们所听所读的信息。批判性思考者权衡证据来考察某些说法是否能在仔细审度之下仍能站得住脚。成为一个批判性思考者意味着从不会以表面价值来接受某种说法。这意味着去审视一个说法的正反两面。我们中的大多数人会把某些"真理"看作理所当然的。但是,批判性思考者自己会有着评估主张或说法的一套依据。

当你研读本书时,我们鼓励你运用批判性思考的技巧,采用怀疑性的态度对待你所接收到的信息,仔细地检验术语的定义,评估论据基础的逻辑性,依据可获得的信息来评估说法。以下是批判性思考的一些重要特征:

1. 保持怀疑的态度。不要根据表面价值来接受任何说法,即使是权威科学家或是教科书作者的说法。要靠你自己去考量证据,寻找更多的信息,调查你消息来源的可信度。
2. 思考术语的定义。表述的对与错取决于他们使用的术语是如何被定义的。思考一下这个表达,"压力对你不好。"如果我们依据麻烦的事或是生活与工作中的压力将我们的能力激发到最大来定义压力,那么这个说法就有了陈述的实质性内容。但是,如果我们将压力(见第4章)定义为需要我们调整的状态的话,那么它就可能会包含诸如新婚或是新生儿降生等生活事件了,这样的话一些特定类型的压力就具有积极意义,即使它们也会带来一些困难。也许,正如你所见,我们都需要一些压力激发自己的活力以及使自己保持警醒。
3. 权衡论点所依据的假设或前提。思考一个例子,在这个例子中我们来比较在社会中不同种族或族裔群体的心理障碍发生率的差异。假设我们找到了差异,那么我们就能将差异的原因归结为这些种族或族裔群体身份的不同吗?倘若我们假设其他所有能区分不同种族或族裔群体差异的因素保持一致,那么这个结论也许是有效的。但是在美国和加拿大的少数民族或人种在穷人中不成比例地被表现出来,穷人更容易产生严重的心理障碍。因此,我们在种族或族裔群体中发现的差异可能是贫穷的作用,而不是种族或族裔差异。这些差异同样也有可能是临床医生在诊断判断时对于少数群体的刻板印象造成的,而不是由于潜在发病率的真实差异。
4. 请牢记,相关关系不等于因果关系。思考一下抑郁症与压力之间的关系,有证据表明这两个变量间存在正相关,这就意味着抑郁的人往往会遇到更高水平的压力(e.g., Drieling, van Calker, & Hecht, 2006; Kendler, Kuhn, & Prescott, 2004)。但是压力会导致抑郁吗?也许确实是这样的,或者抑郁会导致更大的压力。毕竟,抑郁症状本身就是有压力的,且可能会导致额外的压力,因为一个人会发现承担人生责任会愈加艰难,比如在校要赶上学业、工作后也要赶上进度。也许这两个变量根本不是因果联系的,而是通过一个第三方变量相联系的,比如一个潜在的遗传因素。有没有可能是人们遗传的基因促使得自身更易罹患抑郁症、感受更多的压力呢？

5. 考虑结论所依据的证据种类。一些结论，甚至是看似"科学的"结论，都是基于轶事或是个人担保，而不是可靠的研究。现在有很多关于所谓的记忆恢复的争论，据说这些记忆在成年期会突然浮现在脑海之中，它们通常出现在心理治疗或催眠期间，并且内容通常涉及父母或家人对其在童年期间实施的性侵。如此的记忆恢复究竟靠谱吗（见第6章）？

6. 不要过于简化。思考这样的说法，"酗酒是遗传的。"在第8章中，我们回顾证据表明遗传因素可能会导致酗酒的倾向，至少在男性中是这样的。但是，酗酒连同精神分裂症、抑郁症以及诸如癌症和心脏病这类身体健康问题的起源都是复杂的，并且反映了生物与环境因素的相互作用。例如，人们可能会遗传一种特殊的病症，但是倘若他们生活在一个健康的环境中或者学会有效的管理压力，那么他们就有可能避免罹患此种疾病。

7. 不要过于泛化。在第6章中，我们考虑有证据表明，在童年时期有严重被虐待史的个体大多数在后来发展出了多重人格。这是否就意味着大多数受虐儿童就会发展出多重人格？并不一定。事实上很少会出现这种情况。

总结

我们如何定义异常行为？

确定异常的标准

1.1 确定专业人员用来鉴定行为是否异常的标准，并将这些标准应用于文中讨论的案例

心理障碍是一种与显著的个人痛苦或者是功能或行为受损相关的异常行为模式。心理学家认为当满足以下标准的一些组合时便属于异常行为：当行为是(a)异常或统计学上偏常，(b)难以被社会接受或是违反社会规范，(c)充满误解或曲解现实，(d)与严重的个人痛苦相联系的状态，(e)适应不良或自我挫败，或者，(f)危险。心理障碍是与情绪困扰的状态或是受损的行为或功能相关的异常行为模式。

菲尔的个案阐明了幽闭恐惧症的心理障碍，该障碍涉及对封闭空间的过度恐惧，在不寻常性、个人痛苦以及在承担工作及家庭责任方面的功能性受损这几方面的评价标准之下，他的行为可以被认定是异常的。那个蜷缩在被子之下的女士被诊断为双相障碍，这种心理障碍的特征是，个人痛苦、难以有效地运作功能、可能的自我挫败行为、危险行为（自残）以及在此个案中所表现出对现象的错误感知与曲解。托马斯同时饱受精神分裂症与抑郁症的折磨。他的行为表现出不寻常性（异常的或是古怪的行为）、对现实混乱的感知或曲解（妄想或幻觉）、适应不良的行为（难以承担日常生活中的责任），以及个人痛苦。这些障碍也可能涉及诸如自杀之类的危险行为。

异常心理学——通过数字说明

1.2 描述在美国当下和终生心理障碍的患病率以及描述性别和年龄造成患病率的差异性

有近一半的美国成年人在他们一生中的某些时刻会受到可诊断的心理障碍的影响；平均每

年约有四分之一的人会受到影响。女性更容易产生心理障碍,另外,18 到 25 岁的年轻人受心理障碍影响的概率约是超过 50 岁成人的两倍。

异常行为的文化基础

1.3 描述异常行为的文化基础

在一种文化中被视为是正常的行为,在另一种文化中可能会被认为是异常的。关于健康与疾病的概念在不同文化中也是不同的。在不同文化中,异常行为模式也有不同的形式,不同的文化用来解释异常行为的社会观点或模型也各不相同。

历史视角下的异常行为

鬼神学模型

1.4 描述异常行为的鬼神学模型

鬼神学模型代表了古代的一种信仰,即认为异常行为是由邪恶的或者鬼神的灵魂或是超自然力量的结果。在中世纪,异常行为被认为是恶灵附体的标志,而驱魔是为了驱除那些折磨他们的恶灵。

医学模型的起源:"体液说"

1.5 描述异常行为医学模型的起源

虽然在西方早期的文化中,异常行为的神鬼学解释一直大行其道,但一些医生,比如希波克拉底却赞成自然原因的解释方法。希波克拉底通过提出异常行为模式的分类系统为现代医学模型奠定了基础,并且他认为异常行为是由潜在的生物过程引起的。

中世纪时期

1.6 描述中世纪时期对于精神病患的治疗

在 15 世纪末期和 16 世纪初,收容所或疯人院在欧洲各地兴起,用来安置行为受到严重干扰的个体。这些收容所的条件是糟糕的,同时,栖身在此的人们的行为有时要被展示出来以娱乐大众。

改革运动和道德疗法

1.7 明确精神疾病治疗主要的改革者,描述道德疗法的根本原则以及发生在 19 世纪和 20 世纪初期治疗精神病患方法的变化

主要的改革者是法国人让-巴蒂斯特·普辛和在法国的菲利普·皮内尔,以及在英格兰的威廉·图克,还有在美国的多萝西娅·迪克丝。道德治疗的拥趸们认为如果精神病人们被尊重与理解相待的话,他们可能会恢复正常的功能性。随着 19 世纪道德治疗的兴起,精神病院的状况普遍好转。然而,19 世纪后期道德治疗的衰落导致了"疯狂"不能被成功疗愈的观点的出现。在这段冷漠的时期内,精神病院每况愈下,它所能提供的也仅仅不过是监护。直到 20 世纪中叶,公众对精神病人困境的关注才使得社区精神卫生中心发展成为长期住院的选择。

当今精神病院的角色

1.8 描述精神病院在精神卫生系统中的角色

当今的精神病院为处于严重危机中的人们以及无法适应社区生活的个体提供结构化的治疗

环境。

社区心理卫生运动

1.9 描述社区心理卫生运动的目标及成果

社区心理卫生运动旨在为患有严重精神健康问题的人群提供社区治疗。由于去机构化,州立精神病院的病患数大为减少。然而,在去机构化的政策下,很多有着严重的和慢性的心理健康问题的病患们未能获得他们要适应社区生活所需的高质量护理与一系列服务。社区心理卫生运动所面临的挑战之一是,有大量在社区中没有得到足够护理的有着严重心理问题的无家可归者。

当代视角下的异常行为

生物学观点

1.10 描述异常行为的医学模型

医学模型将异常行为模式概念化,比如身体疾病中,就一些症状群而言,经过医学模型的概念化之后就称为综合征,它们具有独特的成因并被认为是生物性的。

心理学观点

1.11 明确异常行为主要的心理学模型

心理学模型关注异常行为的心理学根源,其源头之水包括精神分析、行为主义、人本主义和认知流派的观点。

社会文化观点

1.12 描述社会文化视角下的异常行为

社会文化模型强调将异常行为发生的社会情境纳入更广阔的考量视角之内,其中包括了与人口多样性、社会经济水平、社会歧视与偏见等相关的因素。

生理心理社会学观点

1.13 描述生理心理社会学视角下的异常行为

如今,许多理论家都赞同一种有着广泛基础的研究,它被称为生理心理社会学模型,该观点认为生物学、心理学和社会文化领域的多种原因在异常行为模式的发展中相互作用从而产生影响。

异常心理学的研究方法

描述、解释、预测以及控制:科学方法的目标

1.14 明确科学方法的四个主要目标

科学方法侧重四个总体目标:描述、解释、预测以及控制。

科学方法

1.15 明确科学方法的四个主要步骤

科学方法有四个步骤:(1)制定研究课题,(2)以假设形式将研究课题框架化,(3)检验假设,

以及(4)得出关于假设的正确结论。

研究中的伦理问题

1.16 明确心理学中指导研究的伦理原则

指导心理学研究的伦理原则包括(a)知情同意权(b)保护被试记录的保密性并且不向他人披露被试的身份。

自然观察法

1.17 解释自然观察法的作用并且描述其主要特点

在自然观察中,调查者仔细观察现场环境中的行为,旨在更好地理解自然环境中行为的发生。观察者需要确保他们不影响正在观察的行为。虽然自然观察可以提供自然发生的行为的信息,但它并不能揭示因果关系。

相关研究法

1.18 解释相关研究法的作用并且描述其主要特点

相关研究法旨在探索变量间的关系从而预测未来、推测行为背后可能的根本原因并且弄清楚变量间是如何相互作用的。研究者使用统计学方法来测量变量间的关联与强度。然而,相关法并不能揭示因果关系,因为研究中的变量仅仅是研究者观察到的或测量而来的,并非在直接控制的条件下进行的。纵向研究是一种相关研究,其中研究参与者样本在较长时间周期内被反复研究,有时跨越数十年之久。

实验法

1.19 解释实验法的作用并且描述其主要特点

实验法是在控制条件下通过操纵自变量来检验因果关系。主试使用随机分配来决定哪些被试接受实验处理(实验组),哪些不接受处理(对照组)。主试可以使用单盲和双盲的研究设计来控制潜在的被试和主试期待。实验根据内部效度、外部效度以及建构效度进行评价。

流行病学研究法

1.20 解释流行病学研究法的作用并且描述其主要特点

流行病学研究检验了在不同人群和环境之中异常行为的发生率,从而更好地了解心理障碍是如何在总体中分布的。这类研究可能会指向潜在的因果关系,但是它们缺乏分离因果因素的实验研究效力。

血缘关系研究

1.21 解释血缘关系研究的作用并且描述其主要特点

血缘关系研究,包括双生子研究和寄养子研究,试图区分异常行为中环境和遗传因素的权重。然而,这类研究具有局限性,因为基于双生子或是寄养子的研究结果可能难以推广至总体。同卵双生子的相似性也反映了相同环境的影响而非仅仅只是基因的重叠。

个案法

1.22 解释个案法的作用并且描述其局限性

个案研究为研究精神病患的个人生活和治疗提供了丰富的资料,但由于难以获得准确而无偏的病史、可能会受到来自治疗师的偏见以及缺乏控制组,此方法也具有局限性。单被试实验设计有助于研究者克服其中一些局限性。

评判性思考题

阅读完本章之后,请回答下列问题:
- 举出一个可能会在某个文化中被认为正常行为但却在另一文化中被视作是异常行为的例子(除了文章中所举的例子)。
- 关于异常行为的看法是如何随着时间的推移而发生改变的?社会对待行为异常的人们的方式是怎样变化?
- 我们为什么不能认为两个具有相关关系的变量具有因果关系?
- 两种主要的安慰剂控制研究类型是什么?研究中打算控制的是什么?这些设计的主要局限性是什么?
- 研究者是如何分离异常行为研究中遗传与环境的影响的?

关键术语

1. 心理障碍	1. 保密性	1. 外部效度
2. 异常心理学	2. 自然观察法	2. 建构效度
3. 医学模型	3. 相关研究法	3. 流行病学研究法
4. 环钻术	4. 相关系数	4. 调查法
5. 体液说	5. 纵向研究	5. 发病率
6. 去机构化	6. 实验法	6. 患病率
7. 早发性痴呆	7. 自变量	7. 随机样本
8. 麻痹性痴呆	8. 因变量	8. 基因型
9. 综合征	9. 实验组	9. 表现型
10. 心理动力学模型	10. 控制组	10. 先证者
11. 生物心理社会学模型	11. 随机分配	11. 寄养子研究
12. 科学方法	12. 选择系数	12. 个案法
13. 理论	13. 盲设计	13. 个案实验设计
14. 假设	14. 安慰剂	14. 倒返实验
15. 知情同意	15. 内部效度	15. 批判性思维

第2章　当代视角下的异常行为及研究方法

学习目标

2.1　识别神经元、神经系统和大脑皮层的主要部分,并且描述它们的功能。

2.2　评估异常行为的生物学观点。

2.3　描述异常行为的心理动力学模型的主要特征并评价其主要贡献。

2.4　描述异常行为的学习基础模型的主要特征并评价其主要贡献。

- 2.5 描述异常行为的人本主义模型的主要特征并评价其主要贡献。
- 2.6 描述异常行为的认知模型的主要特征并评价其主要贡献。
- 2.7 评价异常行为发病率的种族群体差异。
- 2.8 评价社会文化观点下我们对异常行为的理解。
- 2.9 描述异常行为的素质—应激模型。
- 2.10 评价异常行为的生物心理社会学模型。
- 2.11 识别三种主要类型的专业帮扶人员,并描述他们的培训背景和专业角色。
- 2.12 描述下列形式的心理治疗的目标与所用技术:心理动力学疗法,行为疗法,人本主义疗法,认知疗法,认知行为疗法,折衷疗法,团体治疗,家庭治疗以及配偶治疗。
- 2.13 评价心理治疗的有效性以及非特异性因素在治疗中的作用。
- 2.14 评价多文化因素在心理治疗中的作用以及少数族群使用精神卫生服务时的障碍。
- 2.15 识别精神药物的主要种类以及每种药物的实例,并且评价其优缺点。
- 2.16 描述电休克疗法和精神外科手术的应用并评估其有效性。
- 2.17 描述精神科外科手术的应用并评估其有效性。
- 2.18 评价生物医学治疗方法。

判断正误

正确☐ 错误☐	焦虑会使你消化不良。
正确☐ 错误☐	科学家们尚未发现导致心理障碍的基因。
正确☐ 错误☐	我们有朝一日能够压制某些基因或是激活另一些基因从而治疗甚至预防精神障碍。
正确☐ 错误☐	一位著名的认知流派理论家认为,人们对他们生活经历的信念导致了他们的情感问题,而不是经历本身。
正确☐ 错误☐	一些心理学家已被训练可开处方药。
正确☐ 错误☐	在经典精神分析中,来访者被要求自由表达任何出现在脑海中的东西,不论它们看起来有多么愚蠢和琐碎。
正确☐ 错误☐	心理治疗并不比简单地任病情发展更有效。
正确☐ 错误☐	抗抑郁药物仅限用于治疗抑郁症。
正确☐ 错误☐	把少量电流通入人的大脑可以帮助缓解严重的抑郁症症状。

观看　章节介绍：当代视角下的异常行为及研究方法

"我"　杰西卡的"小秘密"

我不想让肯（未婚夫）知道。我不想把这件事牵扯进我的婚姻。或许我应该告诉他，但我就是做不到。每次我想这么做时我就愣在那儿了。我想我应该在婚礼之前给这事做个了断。我必须要停止暴饮暴食以及呕吐。我就是无法阻止自己。我想停下来，但当我想到我吃的食物时，它们就会让我作呕。我想象着自己变得肥胖和臃肿，接着我就要奔向洗手间把它们全部吐出来。我暴饮暴食，然后全吐出来。这让我感到一切还在我的掌控之中，但事实上并非如此。

当我呕吐的时候我有这样一个"小仪式"。我去洗手间然后拧开水龙头一直放水。没人能听到我的呕吐声。这是我的小秘密。我要确保把水池清理干净，再在离开前喷一些"来苏尔"消毒液。没人怀疑我有这样的问题。好吧，那倒也不完全是这样的。只有一个怀疑者，那就是我的牙医。他说我的牙齿开始受到胃酸的腐蚀。我才20岁呀，我的牙齿就开始烂了，是不是有点可怕了？

而现在，即使我不暴饮暴食我都会呕吐。有时只是吃点晚饭就令我想吐。我只是想让食物排出我的体内——尽快地排出。刚吃完晚饭我就会找个借口去洗手间。并非每次都是如此，但是一周也会有好几次。有时午饭之后也会如此。我知道我需要帮助，我花了好久才决定来这儿，但是我还有三个月就要结婚了，我得停下来了。

来自作者的档案

杰西卡（Jessica），一位20岁的通信专业学生

杰西卡在餐桌上找借口离席去洗手间，把手指伸进喉咙使晚饭吐出来。有时她先暴饮暴食然后强迫自己呕吐。在第1章中，我们描述了精神卫生专业人士用来划分行为模式为异常的标准——杰西卡的行为显然符合其中几条标准。暴饮暴食以及呕吐显然是一种个人痛苦的来源，它是某种意义上的适应不良并且会导致严重的健康问题，比如蛀牙（见第9章），以及带来社会性后果（这就是杰西卡为什么要保守秘密并且担心这会危及她即将到来的婚姻）。这

在统计学上也是罕见的,尽管可能不像你想象得那样罕见。杰西卡被诊断为神经性贪食症(bulimia nervosa),一种我们将在第9章中讨论的进食障碍。

我们该如何理解这样的异常行为?自古以来,人类一直在寻求对奇怪的或是反常的行为的解释,往往依赖于迷信或是超自然的解释。中世纪时代的主流观点会将我们现在认为是精神分裂症的严重异常行为形式看作是魔鬼或超自然力量作用的结果。但即便是在古代,也有一些思想家——比如希波克拉底和盖伦——他们致力于寻找异常行为的自然解释。当然,如今,迷信和鬼神学已经给自然和社会科学的理论模型让出了位置。这些方法不仅为以科学作为基础理解异常行为铺就了道路,同时也为治疗心理障碍的个体提供了帮助。

在本章中,我们将从生物学、心理学和社会文化的角度来审视当代理解异常行为的种种方法。当今有很多学者认为异常行为模式是复杂的现象,要想透彻地理解就要通过多重视角。每个角度都分别为我们检视异常行为打开一扇窗口,但是我们无法通过单个的角度去获得对主体完整的了解。正如我们将在本章后面所看到的,异常行为的生物学和心理学观点为这些问题具体的治疗提供了助力。

生物学观点

自从希波克拉底时代起,生物学观点就受科学家与医生的启发,聚焦于异常行为的生物学基础并且使用基于生物学的方法(如药物治疗)来治疗精神障碍。生物学的观点助推了医学模型的发展,医学模型在当代对异常行为的理解仍然是一股强大的力量。医学模型认为异常行为代表潜在的障碍或疾病的症状——称为精神疾病——它具有生物性致病因。然而,医学模型与生物学观点并非同义词。我们可以谈论生物学观点而不去采用医学模型的原则。例如,像害羞这样的行为模式可能具有很强的遗传(生物学)成分,但并不会被认为是任何潜在的"障碍"或是疾病的"症状"。

近年来,我们对异常行为的生物学基础的了解越来越多。在第1章中,我们聚焦研究遗传或基因作用的方法。正如我们在整本书中所见,遗传因素在诸多形式的异常行为中都起到了作用。

我们也知道,其他生物学因素,特别是神经系统的功能,与异常行为的产生脱不了干系。为了更好地了解神经系统在异常行为模式中的作用,我们首先需要去了解神经系统是如何组织的以及神经元之间又是如何相互沟通的。在第4章中,我们将研究另一个身体系统——内分泌系统,以及它在机体应激反应中的重要作用。

神经系统

2.1 识别神经元、神经系统和大脑皮层的主要部分,并且描述它们的功能

如果你没有神经系统,你就不会感到紧张——但那样你将不会看到、听见或是移动身体。然而,即便是冷静的人也会有神经系统。神经系统是由**神经元**(neuron)组成的,这些神经元是全身传递信号或"信息"的神经细胞。这些信息能够让我们感受到蚊虫叮咬时的痒、能够协调我们的视觉和肌肉来滑冰、能够让我们去写一篇研究论文、去解决一个数学问题,并且在幻觉的情况下,能够让我们听到或是看到现实中并不存在的东西。

每个神经元都有一个细胞体,它包含细胞核并且代谢氧气来完成细胞的工作(见图2.1)。称为**树突**(dendrite)的短纤维从细胞体投射出来,以接收来自相邻神经元的信息。每个神经元都有一个**轴突**(axon),像树干状从细胞体投射出。如果轴突在脚趾与脊髓之间传递信息,轴突可以延伸到几英尺之长。轴突终止于小分支的结构,称为**末梢**(terminal)。还有一些神经元被**髓鞘**(myelin sheath)覆盖,这是有助于加速传输神经冲动的绝缘层。

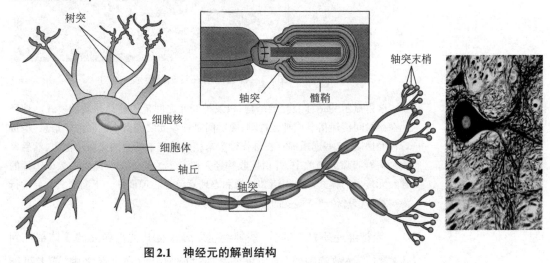

图2.1 神经元的解剖结构

神经元的三个基本部分是细胞体、树突和轴突。神经元的轴突被包裹在髓鞘之中,髓鞘将其与神经元周围的体液隔离,同时有助于神经冲动(在神经元内传播的信息)的传导。

神经元是从树突或细胞体沿轴突向轴突末梢传递信息的。然后,这些信息从轴突末梢传递至其他神经元、肌肉或者腺体。神经元通过被称为**神经递质**(neurotransmitter)的化学物质传递至其他神经元,在这个接受神经元的过程中引起了化学变化。而这些变化导致轴突以电的形式传递信息。

神经元间的连接点是**突触**(synapse),突触是传递神经元与接收神经元之间的一个连接点或小间隙。一条信息不会像火花那样跳过突触。相反,轴突末梢释放神经递质就像无数船只入海那般进入突触间隙(图2.2)。每种神经递质具有其独特的化学结构,每一种都只适合于接受神经元上的一种**受体部位**(receptor site)。试将其类比为锁和钥匙,只有正确的钥匙(神经递质)才能开锁,使得突触后膜(接受)神经元去转发信息。

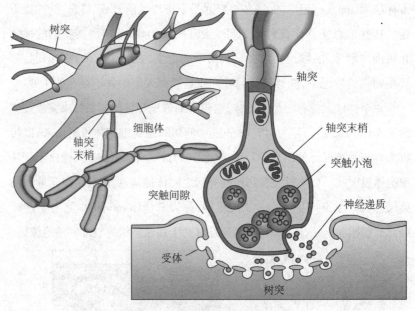

图2.2 神经冲动在突触间传递

这里显示的是神经元的结构,以及神经元之间传递神经冲动的模式。神经元在突触间传递信息或神经冲动,突触间是神经元之间微小的间隙。"信息"携带着神经递质,这些递质储存在称作轴突末梢的轴突末端中的突触小泡里,然后释放到突触间隙或缝隙中,并由接收神经元树突上的受体部位接受。数以千计的神经元传导的模式产生了诸如思想和心理意象等心理事件。不同形式的异常行为与神经信息传递或接受的不规则性有关。

当神经递质释放时,一些神经递质分子在其他神经元的受体部位到达端口。"松散的"神经递质可能会通过酶被分解在突触之中,或者可能通过轴突末梢被重新吸收(称为再摄取的过程),从而防止接受神经元再度被激活。

精神药物,包括用于治疗焦虑、抑郁和精神分裂症的药物,通过影响大脑中神经递质的有效性而起作用。因此,大脑中神经递质系统工作的紊乱在这些异常行为模式的发展中起着重要的作用(见表2.1)。

表 2.1　神经递质功能与异常行为模式的关系

神经递质	功能	相关联的异常行为
乙酰胆碱	控制肌肉收缩和记忆形成	阿尔兹海默病患者被发现乙酰胆碱的水平降低（见第14章）
多巴胺	负责肌肉收缩的控制以及包括学习、记忆和情绪等心理过程的调控	脑内多巴胺传递紊乱可能与精神分裂症的病发有关（见第11章）
去甲肾上腺素	负责学习与记忆的心理过程	其紊乱与诸如抑郁症的心理障碍相关（见第7章）
5-羟色胺	心理状态、饱腹感与睡眠的调控	其紊乱与抑郁症和进食障碍相关（见第7章和第9章）

比如，抑郁症与大脑中化学物质的失衡有关，包括一些神经递质的功能紊乱，尤其是5-羟色胺（参见第7章）。5-羟色胺是调节情绪的重要的脑部化学元素，因此在抑郁症中起作用也并不令人感到惊讶。两种应用最广泛的抗抑郁药物——百忧解和左洛复，就属于提高脑部5-羟色胺有效性的一类药物。5-羟色胺还与焦虑症、睡眠障碍与进食障碍有关。

阿尔兹海默病是一种脑部疾病，患上这种疾病会逐渐丧失记忆和认知功能，这与大脑中神经递质乙酰胆碱的水平降低有关（见第14章）。神经递质多巴胺的紊乱与精神分裂症的病发有关（见第11章）。治疗精神分裂症的抗精神病药物就是通过阻断脑内多巴胺受体起作用的。

虽然神经递质系统与诸多心理障碍相关，但其确切的因果机制仍有待确定。要

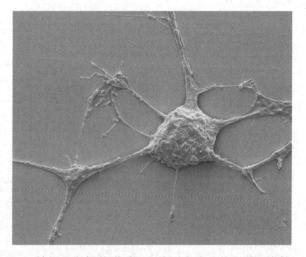

神经元之间的联系　这张引人注目的电子显微镜照片显示了神经元之间的联系。那些较大的组织是神经元的细胞体，而线状的单纤维就是轴突。

观看　大脑是如何工作的（第1部分）

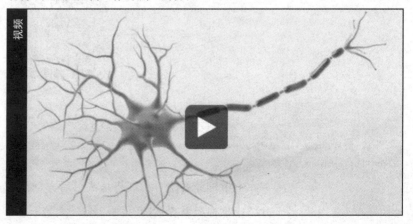

了解更多关于神经元是如何工作,包括它们是如何相互交流的,请观看视频"大脑是如何工作的(第1部分)"。

神经系统的组成　神经系统是由两个主要部分构成的,**中枢神经系统**(central nervous system)和**周围神经系统**(peripheral nervous system)。中枢神经系统是由脑和脊髓组成的,构成身体的主控单位,负责控制身体功能和执行更高级的心理功能,如感觉、知觉、思维和问题解决。周围神经系统由两种神经构成:(a)接受和传递感觉信息(信息来自于眼睛或耳朵这样的感觉器官)至大脑和脊髓的神经,以及(b)将信息从大脑或脊髓传递至肌肉,使它们收缩,并向腺体传递,使之分泌荷尔蒙的神经。图2.3展示了神经系统的结构。

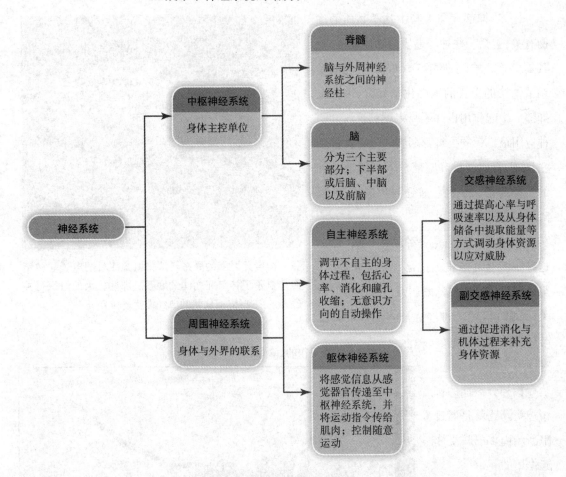

图2.3　神经系统的结构

来源:摘自 J. S. Nevid(2007). *Psychology: Concepts and applications*, 2nd ed.(p.56). Boston: Houghton Mifflin Company. Reprinted by permission.

中枢神经系统　我们将从头部后方,脊髓与大脑汇合处开始,向前介绍中枢神经系统结构(见图2.4)。大脑下半部或后脑,由延脑、桥脑和小脑组成。**延脑**(medulla)在重要的生命支持功能中起关键作用,例如心率、呼吸和血压。**桥脑**(pons)负责传输与身体运动有关的信息,并涉及与注意力、睡眠以及呼吸有关的功能。

位于桥脑后面的是**小脑**(cerebelum,拉丁语,意为"小脑")。小脑负责调节平衡与运动(肌肉)行为。小脑的损伤会损害运动协调能力,导致摔跤以及失去肌肉张力。

中脑(midbrain)位于后脑上方,包含连接后脑与大脑上部区域(称为前脑,forbrain)的神经通路。**网状激活系统**(reticular activating system,RAS)从后脑开始,并通过中脑上升至前脑的下部。RAS是一种网状的神经元网络,在调节睡眠、注意力和觉醒状态方面起重要的作用。刺激RAS可提高警醒程度。另一方面,使用酒精之类的镇静剂会抑制中枢神经系统活动,这降低了RAS活性并且可以诱发醉酒甚至是昏迷。(镇静剂以及其他药物的影响将在第8章中详细讨论。)

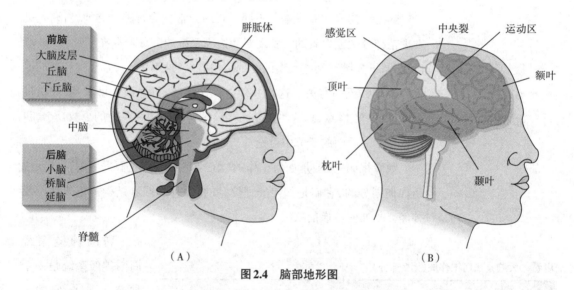

图2.4 脑部地形图

(A)部分显示了后脑、中脑和前脑的部分。(B)部分显示了大脑皮层的四个叶:额叶、顶叶、颞叶以及枕叶。在(B)部分中,感觉(触觉)和运动区域彼此横亘在中央沟两侧。研究人员正在调查各种异常行为模式与脑结构的形成或功能异常间的潜在联系。

大脑前部的广大区域,称为前脑,包括丘脑、下丘脑、基底神经节和大脑等结构。**丘脑**(thalamus)将感觉信息(如触觉和视觉刺激)传递至大脑更高级区域。丘脑也与RAS协同工作参与调节睡眠与注意力。

下丘脑(hypothalamus;"hypo"的意思是"下"),是一个微小的、豌豆状大小的结构,它位于丘脑的下部。尽管下丘脑体积很小,但是它在许多重要的身体功能中起关键的作用,包括调节体温、血液中液体浓度、生殖过程以及情绪和动机状态。通过在动物下丘脑部分植入电极并观察电流接通时的效应，研究者发现了下丘脑参与了一系列的动机和行为，包括饥饿、口渴、性、养育行为和攻击。

下丘脑和部分丘脑以及其他附近相互联系的部分共同构成了大脑的**边缘系统**（limbic system）。边缘系统在情绪加工和记忆中起着重要的作用。它还提供了重要的功能，以调节更多基本驱力包括饥饿、口渴和侵犯。**基底神经节**（basal ganglia）位于前脑基底部，参与调节体位运动与协调。

大脑（cerebrum）在整个人脑中拥有至高无上的地位，它负责更高级的心理功能，例如思考与解决问题。大脑形成了人脑这个可爱的模型，它的表面沟壑纵横，十分复杂。这个表面的区域被称为**大脑皮层**（cerebral cortex）。它是大脑的思维、计划与执行中心，同时也是意识与自我意识的所在。

脑的结构或功能异常与不同形式的异常行为有关。例如，研究人员发现精神分裂症患者的大脑皮层和边缘系统的部分均存在异常（第11章讨论）。下丘脑与某些类型的睡眠障碍有关（见第9章），基底神经节的退化与亨丁顿氏病有关。这是一种退化性疾病，可导致心境紊乱、偏执甚至痴呆（见第14章）。这些只是一些脑—行为间的关系中的少数几个，我们将在本书后面的章节中讨论。

观看视频"大脑是如何工作的（第2部分）"，让我们来了解神经系统是如何划分的，它们是如何处理信息的，每种不同脑结构的重要性以及神经元是如何传递信息的。

观看 大脑是如何工作的（第2部分）

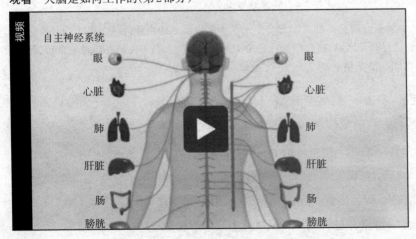

周围神经系统

周围神经系统是一个神经元网络，它把大脑连接到我们的感官——眼睛、耳朵——以及我们的腺体和肌肉。这些神经通路使我们能够感觉到周围的世界，运用肌肉带动四肢。周围神经系统有两个主要部分，称为躯体神经系统和自主神经系统(见图2.3)。

躯体神经系统(somatic nervous system)从我们的感觉器官传递信息到大脑进行加工,产生视觉、听觉、触觉和其他感觉经验。从大脑中发出的指令,通过脊髓向下传递到连接我们肌肉的躯体神经系统的神经,使我们得以自主控制我们的动作,比如抬起手臂或走路。

心理学家们因为**自主神经系统**(autonomic nervous system,ANS)在情绪加工中的作用而对其特别感兴趣。自主意味着自动化。即使我们处于睡眠之中,ANS也能调节腺体和不随意过程,如心率、呼吸、消化与瞳孔扩张。

ANS有两个分支,**交感神经系统**(sympathetic nervous system)和**副交感神经系统**(parasym pathetic nervous system)。这些分支大多具有相反的效用。许多器官和腺体由ANS两个分支同时服务,交感神经分支最主要参与在体力消耗或应激反应中调动身体资源的过程,例如调动储存的能量,使人们准备应对施加的威胁或危险(见第14章)。当我们面对威胁或危急的情景时,ANS的交感神经分支通过加速我们的心率和呼吸速率,使我们的身体要么加入战斗,要么就从危急的应激源中逃出生天。面对威胁刺激时,交感神经会被诸如恐惧或焦虑之类的情绪反应激活。当我们放松时,副交感神经分支会降低心率。副交感神经部分在补充能量储备时最为活跃,比如消化。因为当我们害怕或焦虑时,交感神经分支占主导地位,恐惧或焦虑会导致消化不良:即交感神经系统的激活会影响副交感神经对消化活动的控制。[判断正误]

判断正误

焦虑会使你消化不良。

☐正确　焦虑伴随着交感神经的兴奋性增加,这可能会干扰副交感神经对消化的控制。

大脑皮层　左右两个大脑半球的一部分,负责高级心理功能,例如思考和语言的使用。每个半球的外层或表面都被称为大脑皮层(皮层的字面意思是指树皮,因为大脑皮层可与树皮相关联)。每个半球被分为四个部分,称为叶,如图2.4所示。**枕叶**(occipital lobe)参与视觉刺激的加工。**颞叶**(temporal lobe)参与声音与听觉刺激的加工。**顶叶**(parietal lobe)参与处理触觉、温度和疼痛的感觉。顶叶的感觉区接受来自全身皮肤的受体信息。**额叶**(frontal lobe)上的运动区(也称运动皮层)的神经元控制肌肉运动,使我们能够行走和移动肢体。**前额皮层**(prefrontal corter,位于运动皮层前的额叶部分)调节更高级的心理功能,如思考、问题解决以及使用语言等。

评估异常行为的生物学观点

2.2 评估异常行为的生物学观点

正如我们将在后面的章节中看到的,生物结构与过程参与了许多异常行为的模式。基因因素,以及神经递质功能性紊乱和潜在的脑部异常或缺陷,就与很多心理障碍相关联。对于一些障碍,如阿尔兹海默病,生物过程起着直接的致病作用(即便如此,确切的原因仍然未知。)然而,对于大多数疾病,我们需要研究其生物与环境因素的相互作用。

我们每个人都有一串独特的遗传密码,在决定我们罹患许多身体与精神障碍风险性中起着重要的作用(Hyman, 2011; Kendler et al., 2011)。大量的证据将遗传因素与一系列心理障碍联系起来,包括精神分裂症、双相(躁郁)情感障碍、抑郁症、酗酒、孤独症、因患阿尔兹海默病的痴呆、焦虑障碍、阅读障碍,以及反社会人格障碍(e.g., Agerbo et al., 2015; Duffy et al., 2014; Kendler et al., 2011; Psychiatric GWAS Consortium Bipolar Disorder Working Group, 2011; Vacic et al., 2011)。增加心理障碍风险的遗传特征包括基因变异(在人群之中的特殊基因变异)以及基因突变(基因在亲代与子代间的变化)。

科学家们正在寻找与精神分裂症、心境障碍和孤独症等心理疾病有关的特定基因(e.g., Boot et al., 2012; Dennis et al., 2012; Sakai et al., 2011)。希望在不远的将来,有可能阻止缺陷或有害基因的作用或是能增强有益基因的作用。

基因在确定许多心理障碍的易感性或疑似性中起到了重要的作用,但是基因在这些疾病刚露苗头的时候并不能说明全部的致病成因。和由单一基因引起的生理失调不同,心理障碍是复杂的行为现象,它涉及多个基因与环境的相互作用(Nigg, 2013)。

关于异常行为的遗传基础的问题触及了心理学中长期争论的话题,可以说是持续最长的争论——即所谓的"先天"与"后天"之争。争论已经由"到底是先天决定还是后天决定"转向了"我们行为中的先天(基因)决定与后天(环境)决定分别各占多少比例"。

最近一项大规模的关于双生子的研究发现二者几乎各占一半,遗传与环境各解释了人格特征和疾病变异的一半(Polderman et al., 2015)。科学家如

一个人,被解码 此处我们看到的是人类基因组的一部分,人类的遗传密码。科学家们认识到基因在决定许多心理特征和疾病的倾向中起着重要的作用。这些倾向是否被表达取决于基因与环境因素的相互作用。

今正在研究基因与环境因素(如压力)之间复杂的相互作用,以便更好地理解异常行为模式的决定因素(e.g., Eley et al., 2015; van der Meer et al., 2015; Tabak et al., 2016)。随着关于先天与后天之争还将持续展开,我们提供几个要点以供考虑:

1. 基因不能决定行为结果。基因对心理障碍的影响有多大的例证中,关于精神分裂症的案例可以说是最有力的了。但是,正如在第11章中讨论的那样,即使在共享着100%重叠的基因的同卵双生子中,当同卵双生子中的一个患有精神分裂症时,另一个孪生子患有这种疾病的概率却小于50%。换句话说,遗传并不能解释单独精神分裂症的发生,或是其他任何心理障碍。

2. 基因因素会导致某些行为或障碍的倾向性或可能性,并非确定性。基因不会直接导致心理障碍,而是它们创造的倾向性增加特定障碍病发的风险性或可能性。我们染色体所携带的基因是由受孕的那一刻决定的,并不受环境的直接影响。然而,基因对身体和精神的影响可能会受环境因素的影响,例如生活经历、家庭关系以及生活压力(Kendler, 2005; Moffitt, Caspi, & Rutter, 2006)。甚至种族与性别也可能会影响基因在体内的作用(Williams et al., 2003)。

3. 多基因决定论对心理障碍的影响。在遗传因素起作用的障碍中,涉及多个基因,而不是单独的基因独自产生作用(Hamilton, 2008; Uhl & Grow, 2004)。科学家们还没有发现任何可以通过单一基因的缺陷或变异来解释的心理障碍。[判断正误]

判断正误
科学家们尚未发现能导致心理障碍的基因。
□正确 科学家们相信与异常行为相关联的复杂行为模式要归因于诸多基因,而不是任意一个基因。

4. 基因因素和环境因素相互作用塑造我们的人格,以及决定我们对一系列心理障碍的发展方向。当代关于先天后天之争的观点被归结为对先天和后天共同作用的认知,而不是先天与后天的比较。

基因—环境相互作用的一个例子就是基因增加了对环境影响的敏感性(Dick, 2011)。例如,父母对孩子严厉或疏忽的教养可能会导致孩子产生一些心理问题,但不是所有的孩子暴露在严厉的家庭教育中都会产生心理障碍。有些人具有遗传倾向,这会导致他们在面对这些环境因素的负面影响更加敏感(Polanczyk et al., 2009)。更为复杂的是,环境因素也会影响基因特质的表现,对此我们在深入思考模块中展开了一个话题：表观遗传学——环境如何影响基因表达的研究。

深入思考

表观遗传学——关于环境如何影响基因表达的研究

印记在生物体DNA中的遗传密码为构建有机体提供了一套指令。例如，它决定某些细胞将分化为肺（对人类而言）而不是鳃（对鱼类而言），以及物理特性，如眼睛颜色、身高、头发的颜色和质地。遗传密码也影响行为特征的发展，包括智力、个人特质和发展各种心理障碍的倾向。我们研究遗传学在许多疾病中扮演的角色，从焦虑障碍到情绪障碍，再到精神分裂等等。大多数心理疾病，甚至可能在一定程度上都受到遗传因素的影响。反过来呢？环境能影响我们基因的运作吗？它的确可以。

表观遗传学（epigenetics）的领域集中在如应激的环境因素是如何影响基因特征或基因型的表达，成为一组身体或行为特征，或表现型（Isles，2015；Pizzimenti & Lattle，2015）。基因影响可观察性状的能力取决于它们是否被主动表达。每个人类细胞包含完整的补体或一组基因，除了精子和卵子，它们含有一半的遗传补体。然而，在给定的细胞中，大约只有10%到20%的基因是活性的（Coila，2009）。因此，眼部的基因对眼睛颜色的编码是有效的，而不是针对身体其他部位，例如肝脏。环境因素通过抑制某些身体化学物质的释放来影响基因表达，即使基因内容（或代码）本身保持不变，也可以打开或关闭基因。例如，大脑中的生物化学变化会影响与抑郁症和精神分裂症的发展相关的基因的功能（Jaffe，2016；Lockwood，Su，& Youssef，2015）。

让我们以如下方式思考：嵌入在你的计算机中的代码（软件）引导它执行所有的程序，包括允许你上网络的网页浏览程序。但是，你首先需要打开电源来激活软件中编码的指令。否则，电脑只不过是一个一直放在那里的黑匣子，直到你打开电源开关。以类似的方式，嵌入在我们的基因中的代码是一种生物软件，但是它们是否能变成被表达或激活

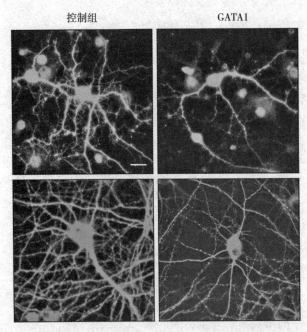

心理障碍中的基因表达 科学家们正在研究抑郁症等心理障碍中的基因表达。有些基因在抑郁症患者大脑中的表达（打开或关闭）不同于其他人。研究人员发现，与人类抑郁症相关的特定基因（GATA1）和控制组（左）相比，降低了大脑内神经元突触连接的密度。突触连接的密度可能在人类的抑郁症中发挥作用。沿着这条线索进行研究可能最终会导向治疗抑郁症或其他心理障碍的新目标。

的状态则会受到开启或关闭这些遗传开关的环境因素的影响(Franklin,Russing et al.,2011;Murphy et al.,2013)。例如,早年生活经历,如压力、饮食、性或身体虐待,以及暴露于有毒化学物质的环境中,可能决定某些基因是否开启或在以后的生命中保持休眠。研究人员发现,在童年早期遭受的严重虐待可以改变基因表达,也许在以后的生活中为抑郁症或其他情感障碍的发展奠定了基础(Labonté et al.,2012)。

环境因素可能导致身体中的化学过程对某些基因"加标签"或标记来进行激活或抑制,但不改变遗传密码或DNA序列本身。这些"标记"可能成为有机体基因遗传的一部分,然后传递给后代并影响后代基因的运作(Cloud,2010;Yehuda et al.,2015)。最近,科学家发现了影响精神分裂症患者DNA功能的化学变化(Melas et al.,2012)。

表观遗传学领域仍处于起步阶段,但科学家们希望更多地了解环境因素如何影响基因表达,那么或许我们有一天就能够沉默某些基因或激活其他基因来治疗甚至预防精神障碍(Dalton,Kolshus,& McLoughlin,2014;Dempster et al.,2011;Nestler,2011)。[判断正误]

判断正误
我们有朝一日也许能够沉默某些基因或激活另一些基因来治疗甚至预防精神障碍。
□正确 在表观遗传学领域所取得的进步,有助于科学家们有一天能够直接控制与精神和身体障碍有关的基因。

当我们继续了解异常行为模式的生物学基础时,我们应该认识到生物学和行为之间的接口是双向的。研究人员发现了心理因素与许多身体障碍及疾病之间的联系(见第4章)。研究者们也通过将心理治疗和药物治疗的研究相结合的方式,针对抑郁、焦虑障碍和药物滥用障碍等问题,以测试是否优于这两种方法单独使用时的疗效。

心理学观点

在19世纪后期,随着克雷佩林(Kraepelin)、格利辛格(Griesinger)等人的贡献,异常行为的生物学模型变得越来越重要,且也出现另一种理解异常行为的方法。这种方法强调了异常行为的心理根源,并与奥地利医生西格蒙德·弗洛伊德的工作最密切地联系在一起。随着时间的推移,其他的心理学模型也从行为主义、人本主义和认知主义传统中涌现出来。让我们通过研究弗洛伊德的贡献和心理动力学模型的发展开始心理学观点的学习。

心理动力学模型

2.3 描述异常行为的心理动力学模型的主要特征并评价其主要贡献

心理动力学理论是基于西格蒙德·弗洛伊德和他的追随者们的贡

献。弗洛伊德的心理动力学理论,被称作**精神分析理论**(psychoanalytic theory),主张将心理问题的根源归结为**无意识**(unconscious)的动机以及可以追溯到童年的冲突。弗洛伊德使无意识的研究闻名于世(Lothane, 2006)。对弗洛伊德来说,无意识的动机和冲突围绕着原始的性本能和攻击本能,并且需要保持这些原始冲动远离意识。为什么大脑必须保持冲动被隐藏而不被意识所觉察?因为正如弗洛伊德所认为的,如果我们充分意识到我们最基本的性和攻击的欲望,这些欲望包括乱伦和暴力的冲动,那么我们有意识的自我就会淹没在严重焦虑的洪流之中。根据弗洛伊德的说法,异常的行为模式代表了在无意识的心理中发生的这些动态斗争的"症状"。病人对于症状是意识得到的,但意识不到作为一切根源的无意识冲突。让我们仔细看看精神分析理论的关键要素。

心理的结构 我们可以把弗洛伊德的心理模型比作冰山,只有在意识表面之上的尖端可以被看见(图2.5)。弗洛伊德称这个区域为"表面之上",这是心理的**意识**(conscious)部分。该部分对应于我们的当前感知。心理的大部分仍在意识的表面之下。位于意识表面之下的区域被标记为**前意识**(preconscious)和无意识。

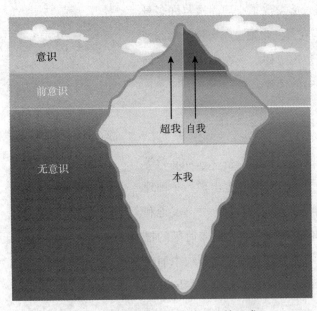

图2.5 弗洛伊德所划分的心理的组成

在经典弗洛伊德理论中,人类心理可以被比作冰山,只有一小部分在任何时刻可以升到意识层面。尽管在前意识中的心理内容可以通过集中注意力进入意识,但本我中的冲动和欲望仍然隐藏在头脑中隐秘的无意识中。自我和超我在三个意识层次中运作,本我的运作则陷入无意识之中。

无法觉察的记忆存在于前意识里,但它可以通过集中注意力而被觉察。例如,你的电话号码一直保持在前意识里,直到你专注于它之前,它都还算是前意识的内容。无意识是心理活动的最大部分,仍然笼罩在神秘之中。它的内容极难能被人们注意。弗洛伊德认为无意识是我们基本生物冲动或驱力的储存库,他称之为本能——主要是性本能和攻击本能。

人格结构 根据弗洛伊德的结构假设,人的人格被划分为三个精神实体,或心理结构:**本我**(id)、**自我**(ego)和**超我**(superego)。

本我是出生时即存在的原始心理结构。它是我们原始的驱力和本能的冲动的储存库,其中包括饥饿、口渴、性和攻击。本我完全在无意识中活动，遵循**快乐原则**（pleasure principle）：它要求本能得到即时满足，而不考虑社会规则或习俗或是其他人的需求。

在出生后的头一年里，婴儿发现不是每一个需求都会立即被满足。他或她必须学会应付延迟的满足感。自我在这一年中发展，来组织应对挫折的合理方法。自我代表"理智和理性"（Freud，1933/1964，p.76），它试图压制本我的需求，引导行为符合社会习俗和期望。这样一来，满足感不以社会反对为代价就可以获得。我们可以这么说，本我将你卷进饥饿痛苦的洪流之中。如果按它的方式行事，本我可能会促使你狼吞虎咽地吃掉手中任何食物，甚至要去抢食别人的盘中餐。然而，自我使你产生了这样的想法：走向冰箱，做个三明治，并倒一杯牛奶。

自我是由**现实原则**（reality principle）支配的。它考量什么是可行的和可能的，以及考量本我的驱力。自我奠定了使我们的自我意识发展成为独特个体的基础。

在童年中期，超我从内在的道德标准和我们父母及我们生活中其他重要他人的价值观的内化中发展出来。超我作为良心，或内在的道德守护者，它通过对与错的判断来监察自我。当它发现自我未能坚守超我的道德标准时，它就会以内疚和羞愧的形式进行惩罚。自我站在本我和超我之间，它致力于在不违背超我的道德准则前提下去实现本我所渴求的目标。

防御机制　虽然自我的一部分上升到意识，但它的一些活动仍是在无意识进行的。在无意识中，自我充当一种看门狗或者监督者，它检视着来自本我的冲动。它使用**防御机制**（defense mechanisms，亦称心理防御）以防止那些不为社会所接纳的冲动上升到意识层面。如果没有这些防御机制，我们童年里最黑暗的罪恶、我们本我中的原始欲念，以及来自超我的谴责可能会使我们失去心理层面的能力。压抑（repression）——或动机的遗忘——通过把那些不被接受的愿望、欲念和冲动驱逐到无意识中，这是最基本的防御机制（Boag，

退化　这是退化的标志吗？在弗洛伊德理论中，自我可能会通过防御机制——包括退化，来掩饰自己的焦虑或极度压力，这涉及退回到与心理发展早期阶段相关的行为。

2006)。其他防御机制类型描述见表2.2。

因此,一场动态的无意识斗争在本我与自我之间发生了。努力想表现出来的生物驱力(本我)与自我相对立,而自我试图约束它们,或将它们导向更能被接受的表现形式。当这些冲突不能顺利解决时,则会导致行为问题或心理障碍的发展。因为无法直接观察无意识,弗洛伊德开发了一种侦查人们心理的方法,称为精神分析,这将在随后章节中有关心理动力学治疗的部分中被介绍。

使用防御机制来应付诸如焦虑、内疚和伪装之类的感觉被认为是正常的。这些机制使我们能够在日常事务中约束来自本我的冲动。弗洛伊德认为,口误和遗忘都代表了经过压抑而被阻挡在意识之外的被隐藏的动机。如果一个朋友打算说:"我听到你在说什么",但说出来的却是"讨厌你说的话",也许朋友表达的是一种压抑的憎恨的冲动。如果情侣中的一位怒气冲冲地离开,却忘了带伞,那么或许就是他在不知不觉中为自己的回归创造了借口。然而,防御机制也可能导致异常行为。在巨大的压力下退化到婴儿状态的人,显然不能很好地适应现实境况。

退化 这是退化的标志吗?在弗洛伊德理论中,自我可能会通过防御机制——包括退化,来掩饰自己的焦虑或极度压力,这涉及退回到与心理发展早期阶段相关的行为。

表2.2 防御机制的类型

防御机制	描述	举例
压抑	将不被接受的欲念、冲动或愿望压回到无意识之中	一个人意识到对自己父亲怀有仇恨或破坏性的冲动
否认	拒绝接受现实中威胁性的冲动或不安全的行为	一个有着严重心脏病的病人拒绝承认病情的严重性,并且避免就医以及拒绝作出健康的生活方式的调整
合理化	采用自我欺骗的形式为不被接受的行为作用自我辩白	一个犯下强奸罪的男人辩称,自己的行为是因为那个女子的衣着与举止之中透露着挑逗,她纯属"自讨苦吃"
移置	将对于威胁性的目标不被接受的冲动投注改换至更为安全或威胁性较小的目标上	一个女人上班时被老板严厉责备,回家之后,她将自己的怒火撒在女儿身上
投射	将自己的冲动或愿望推给他人	一个充满敌意的、易与人争论的人认为别人也难以控制脾气
反向	采取与真实愿望及信念相反的立场,从而使真正的冲动投注被压抑	一位女士难以抑制自己的性冲动,转而她开始对色情文学口诛笔伐

续表

防御机制	描述	举例
退化	通常在压力丛生的时段,退回到早期发展阶段相联系的行为方式上	离婚之后,一位男士完全依赖他的父母来生活
升华	将自己不被接受的冲动引向更为恰当的社会追求或活动上去	一位女士将自己攻击性的冲动转向对艺术的追求中去

性心理发展阶段 弗洛伊德认为性欲是人格发展的主导因素,即使在童年时期也是如此。弗洛伊德认为,孩子在最初几年的生活中与世界的基本关系是围绕着感官追求或性快感来组织的。在弗洛伊德看来,所有身体上愉悦的活动,比如吃饭或排便,本质上都是"性欲的"(sexual)。[弗洛伊德所说的"性欲",在如今的意义上可能更接近于"感官"的(sensual)。]

在弗洛伊德看来,性快感表达的驱力代表了一种重要的生活本能,他将之称为性本能——维持和永续生命的基本驱力。他将性本能中所包含的能够实现其功能的能量称为力比多(libido)或性能量。弗洛伊德认为,力比多能量是随着孩子的成熟,通过性快感在不同的身体部位被表达的,这些性快感的投放部位称为性感区(erogenous zone)。在弗洛伊德看来,人的发展阶段的本质是性心理的发展,因为它们对应于力比多能量从一个性感区转移到另一个性感区的阶段。弗洛伊德提出了五种性心理发展阶段的存在:口唇期(人生第一年)、肛门期(出生后第二年)、性器期(从出生后第三年开始)、潜伏期(约从6岁到12岁)和生殖器(始于青春期)。

在生命的第一年,即口唇期(oral stage),婴儿通过吮吸母亲的乳房和嘴边的一切东西来获得性快感。口腔刺激是性满足和食物的来源,以吸吮和咬为主要方式。在性心理发育的肛门期(anal stage),儿童通过控制身体排泄物的收缩和放松括约肌来体验性的满足感。

下一阶段的性心理发育期是性器期(phallic stage),通常开始于出生后的第三年。在这一阶段的主要性感区是生殖器区(男孩的阴茎,女孩的阴蒂)。也许弗洛伊德的观点中最具有争议的是,他认为生殖器期的儿童对父母异性的一方产生无意识的乱伦欲望,并开始将父母同性的一方视为情敌。弗

否认? 否认是一种防御机制,自我通过阻止潜在威胁的意识来消除焦虑。未能认真对待吸烟危害健康的警告可能会被认为是一种否认。

性心理发展的口唇期？ 根据弗洛伊德的观点，孩子与世界的早期接触主要是通过嘴巴实现的。

洛伊德把这场冲突称为俄狄浦斯情结(Oedipus complex)，它来源于传说中的希腊王俄狄浦斯，他无意中杀死了他的父亲并娶了他的母亲。而女性版的俄狄浦斯情结已被一些追随者（虽然不是弗洛伊德本人）命名为伊莱克特拉情结(Electra complex)。根据希腊神话，伊莱克特拉为了父亲阿伽门农王的死而复仇，杀害了谋害她父亲的凶手——她的母亲以及她母亲的情人。弗洛伊德认为俄狄浦斯冲突是儿童早期心理冲突的核心，若未能成功地解决冲突，可能会给后来的心理问题的发展留下隐患。

俄狄浦斯情结的成功解决途径是，需要男孩压抑对母亲的渴望并认同父亲。这种认同导致了与传统男子气概相关的攻击性、独立性人格的发展。对于一个女孩来说，则需要她压抑对父亲的乱伦欲望并认同母亲，从而获得与传统上与女性角色有关的被动的、依赖的特征。

无论是否完全解决俄狄浦斯情结，其关键期大约在5或6岁。随着对父母同性一方的认同，他们会以超我的形式将父母的价值观加以内化。随后儿童进入性心理发育的潜伏期(latency stage)，这是一个性冲动仍然处于潜伏状态的童年晚期的阶段。此阶段儿童的兴趣指向学校和游戏活动。

性冲动再一次在生殖期(genital stage)唤醒，从青春期开始，在成熟的性生活、婚姻和孕育子女中获得硕果。在潜伏期中被压抑的对异性父母的性感在青春期出现，但被替代或转移到异性成员身上。弗洛伊德认为，生殖期内的成功调适包括通过与异性的性交来使性满足，当然这大概是在结婚后的情况下。

弗洛伊德的一个核心观点是，在每个性心理发育阶段，孩子都可能会遇到冲突。例如，口唇期的冲突集中在婴儿是否能获得足够的口腔满足感上。过度的满足可能会导致婴儿认为生活中的一切都是理所应当的，而用不着付出多少汗水或是根本不用付出任何努力。相反，过早断奶可能会导致沮丧。在任何阶段，太少或过度的满足都可能导致该阶段的固着(fixation)，从而导致人格特征的发展。口唇期固着可能包括对"口腔活动"的强烈渴望，这种行为可能会在以后的生活中表现为吸烟、酗酒、暴饮暴食和咬指甲，就像婴儿依靠母亲的乳房生存以及获得口腔愉悦的满足一样。口唇期固着的成年人也可能变得过度依赖他人，在他们的人际关系中不独立。在弗洛伊德看来,若未能成功解决性器期的冲突(如"俄狄浦斯情结"),可能会导致对传统的男子气质或女性角色的拒斥并走向同性恋。

其他心理动力学理论家 心理动力理论的日臻完善源自多年来心理动力学理论家的贡献,这些心理学家与弗洛伊德有一些共同的中心原则——例如,行为反映着无意识的动机、内部冲突以及对焦虑的防御性反应。然而,许多心理动力学理论家在许多问题上都偏离了弗洛伊德的立场。例如,他们倾向于比弗洛伊德更少地去关注基本本能的问题,如性和攻击,转而更加强调有意识的选择、自我指导和创造性等问题。

口唇期固着? 弗洛伊德认为,在性心理发展的特定阶段,过少或过度的满足都会导致固着,导致与该阶段相关的人格特征,如夸张的口唇期特征。

卡尔·荣格 瑞士精神病专家荣格(Carl Jung,1875—1961)是弗洛伊德核心圈子中的成员,当他发展了自己命名为分析心理学(analytical psychology)的心理动力理论之时,也就是他与弗洛伊德分道扬镳的那一刻。荣格认为,要理解人类行为必须要结合自我意识和自我指导,以及本我的冲动和防御机制。他相信,我们不仅拥有好比一个容纳着被压抑的记忆和冲动的储藏所的个体(personal)无意识,而且我们继承了集体无意识。集体无意识包含**原始意象**或**原型**(archetype),它们反映了我们物种的进化史,原型包括模糊的、神秘的、像全能的上帝那般的神话形象,能够孕育生命的母亲,年轻的英雄,睿智的老人,黑暗幽暗的邪恶人物以及重生或复活。尽管原型存在于无意识中,但在荣格看来,它们影响着我们的思想、梦想和情感,并使我们能够对故事和电影中的文化主题保持敏感。

阿尔弗雷德·阿德勒 像荣格一样,阿尔弗雷德·阿德勒(Alfred Adler,1870—1937)也曾在弗洛伊德的核心圈子之中占有一席之地,但随着他自己观点的发展,也逐渐与弗洛伊德渐行渐远。阿德勒认为人类行为根本上是由自卑情

原型的力量 哈利·波特和《星球大战》传奇等冒险故事引人注目的原因之一,可能是因为它们所描述的原型中,体现了善恶角色间的纠葛与斗争。

结所驱使,而不是像弗洛伊德所坚持的性本能。对一些人来说,自卑感的产生是基于自身生理缺陷,进而产生的补偿缺陷的需要。但是对于我们所有人来说,由于我们在童年期体型较小,所以在某种程度上我们都会产生自卑感。这些感觉导致了一种强烈的追求优越的驱力,它推动着我们取得卓越成就以及获得社会优势地位。然而,拥有健康人格的人们则是通过致力于帮助他人来追求卓越的。

阿德勒和荣格一样,认为自我意识在人格形成中起着重要的作用。阿德勒谈到创造性自我(creative self),即人格中一个努力去克服障碍以及发展个体潜能的自我意识的方面。随着创造性自我假说的提出,阿德勒将其心理动力学理论的重心从本我转向了自我。由于我们的潜能是为个体所有的、具有独特性的,故而阿德勒的理论被称为个体心理学(individual psychology)。

卡伦·霍妮　一些心理动力学理论家,如卡伦·霍妮(Karen Horney, 1885—1952;音译发音似"HORN-eye"),强调了亲子关系在情绪问题发展中的重要性。霍妮坚持认为,当父母过于严厉或漠不关心时,孩子们就会开始产生一种根深蒂固的焦虑形式,叫作基本焦虑,她称之为"在一个充满潜在敌意的世界中被孤立和无助"的感觉(引自 Quinn, 1987, p.41)。对父母心怀怨恨的孩子可能会形成一种她称为基本敌意的敌对情绪。她赞同弗洛伊德的观点,即孩子们压抑着对父母的敌意,这是出于一种害怕失去父母或害怕受到报复或惩罚的潜在的恐惧。然而,压抑的敌意会产生更多的焦虑和不安全感。在霍妮和其他跟随弗洛伊德的心理动力学理论家的努力下,心理动力学的关注点从性冲动和攻击冲动转向更密切地考察社会因素对发展的影响。

卡伦·霍妮

更多近期的心理动力学模型也比弗洛伊德的模型更加强调自己或自我,同时更少地强调性本能。如今,大多数精神分析学家认为人是以两个层次为动机的:自我的以成长为导向、有意识的追求,本我的更原始的、充满冲突的驱力。海因兹·哈特曼(Heinz Hartmann, 1894—1970)是**自我心理学**(ego psychology)的创始人之一,自我心理学假定自我具有能量与自己的动机。它使个体去寻求教育、献身于艺术和诗歌,以及进一步人性化的选择,而不仅仅是弗洛伊德所看到的那种升华的防御形式。

艾里克·埃里克森　艾里克·埃里克森(Erik Erikson, 1902—1994)受到弗洛伊德的影响,但他成为重要的理论家是凭借着自身的努力。与弗洛伊德强调性心理的发展不同,他聚焦于心理社会性的发展。埃里克森认为社会关系和个人同一性的形成比无意识的过程更为重要。弗洛伊德则以生殖期作为其发展理论的终点,而埃里克森的发展理论,则是从青春期早期开始的,他假定我们人格的持续塑造过程将贯穿整个成年期,它会发生在我们面对心理社会挑战的时候,或在面临生命中各个时期的危机时。例如,在埃里克森看来,青少年面临的主要心理社会的挑战是自我同一性(ego identity)的发展,自我同一性是一种关于他们自己是谁以及他们信奉什么的明确感觉。

玛格丽特·马勒 一个流行的当代心理动力方法是客体关系理论(object-relations theory),该理论关注儿童是如何发展出他们的生活中重要他人的象征性表征,尤其是关于他们父母的表征(Blum, 2010)。客体关系理论家玛格丽特·马勒(Margaret Mahler, 1897—1985)将孩子在人生中的头三年里与母亲分离的过程视作是孩子的个性发展的关键期(在第12章中进一步讨论)。

根据心理动力学理论,我们会把生活中的一部分父母形象内投或融入我们自己的人格之中。例如,你可能将父亲强烈的责任感,或者你母亲取悦他人的渴望向内投射。当我们害怕因死亡或拒绝而失去他人时,内投射的力量会变得更为强大。因此,我们更可能会倾向于去吸收那些与我们意见相左或不同意我们观点的人身上的元素。

在马勒的观点中,这些象征性表征是由其他人的表象和记忆形成的,转而影响我们的感知和行为。当内投射原型的态度与我们自己的态度发生矛盾时,我们便经历了内部冲突。我们的一些知觉可能就会被扭曲或看起来变得不真实。我们的一些冲动和行为也会看起来不像我们,就好像它们的产生出乎意料。有了这样的冲突,我们也许无法判断别人的影响在哪里结束,"真正的自我"又会在何处开启。马勒的治疗方法是帮助来访者将他们自己的想法和感觉与内投射对象分离,这样他们就可以根据自己的个人意愿来发展。

艾里克·埃里克森

玛格丽特·马勒

心理学动力学视角下的正常与异常　在弗洛伊德理论模式中,心理健康是心理结构中本我、自我和超我之间动态平衡的结果。在心理健康的人中,自我是足够强大的,它可以控制本我的本能,并承受超我的谴责。在某些原始冲动的表达中存在可被接受的出口,如在婚姻中表现成熟的性行为,降低了本我中的压力,同时减轻了自我在压抑剩余冲动中的负担。被理性宽容的家长所抚养的儿童,其超我可能就不会变得过分严厉和谴责。

而对于心理障碍的人群而言,心理结构之间是不平衡的。一些无意识的冲动可能会"泄漏"到意识中,从而产生焦虑或导致心理障碍,如癔症和恐惧症。症状表现了人格各部分之间的冲突,同时保护自我不去承认内心的混乱。例如,一个害怕刀子的人,是想掩盖她意识到想用刀谋杀某人或攻击自己的无意识攻击冲动。只要症状得以维持(此人远离刀子),杀人或自杀的冲动就会受到牵制。如果超我变得过于强大,它可能会产生过度的内疚感,并导致抑郁。因此故意伤害他人而不会为此感到内疚的人,就会被认为他们具有一个欠发达的超我。

弗洛伊德认为,引起心理障碍的深层冲突源于童年并被埋藏在无意识的深处。通过精神分析,他试图帮助人们发现深层的冲突并学会处理它们。通过这种方式,人们就能从维持外显症状的需要中解脱出来。

然而,持续不断的警惕和防御会造成不良的影响。自我会被削弱,在极端情况下,会失去对本我的控制能力。当本我的冲动溢出之时,不对本我加以限制的自我要么被削弱,要么未充分发展,就会产生**精神病**(psychosis)。精神病的特征通常包括怪异的行为、思想以及错误地知觉现实(如幻觉,听到或看到不存在的东西)。言语可能变得不连贯,还可能出现奇怪的手势和姿势。精神分裂症是精神病的一种主要形式(见第11章)。

弗洛伊德把心理健康等同于爱和工作的能力。正常人可以深切地关心他人,在亲密关系中寻觅到性满足,并且从事有产出的工作。为了达到这些目的,正如弗洛伊德所认为的,性冲动必须在与异性伴侣的关系中表达,其他冲动必须被引导(升华)到社会生产性的追求中,比如工作、艺术或音乐的享受或创造性的表达。其他心理动力学理论,如荣格和阿德勒就强调,需要发展一种差异化的自我——一种为行为提供方向并帮助发掘个人潜力的统合的力量。阿德勒同时认为心理健康还包括在人类奋斗的领域中,通过努力追求优越从而对自卑感进行补偿。同样地,对于马勒来说,异常行为源于未能发展出独特的和独立的个性。

评估心理动力学模型　心理动力学理论已经渗透到大众文化之中(Lothane,2006)。即使是从未读过弗洛伊德著作的人也会从口误之中寻找象征意义,并认为异常可以追溯到儿童早期。使用自我和压抑这样的术语已经变得司空见惯,尽管它们在日常生活中的意义与弗洛伊德所提出的意义并不完全一致。

心理动力学模型使我们认识到我们并不完全了解自己(Panek,2002)——我们的行为可能是由隐藏的驱力和未意识到的或只是朦胧地意识到的驱力。此外,弗洛伊德关于童年性欲的观点兼具了启发性与争议性。在弗洛伊德的观点提出之前,孩子们被视为纯洁无邪,没有性欲望。然而,弗洛伊德认为,幼儿甚至婴儿通过刺激口腔和肛门黏膜以及性器区来寻求快乐。然而,他认为原始驱力导致乱伦欲望、家庭内部对抗和冲突,这一观点仍然存在争议,乃至在心理动力学学术圈内也有争议。

许多批评家,甚至包括一些弗洛伊德的追随者,认为他过于强调性冲动和攻击冲动,同时较少关注社会关系。批评家还认为心理结构——本我、自我和超我——只不过是一个有用的构想,用诗意的方式来表示内心的冲突。许多批评家认为弗洛伊德所假设的心理过程不是科学概念,因为它们不能被直接观察或测试。例如,治疗师可以推测,一个来访者"忘记"了一次预约,是因为她或他"无意识地"不想参与同治疗师的会面。然而,这种无意识的动机可能难以接受科学的检验。另一方面,以精神动力学为导向的研究者已经开发出科学的方法来测试许多弗洛伊德的概念。他们认为越来越多的证据支持着处于一般意识之外的无意识过程的存在,其中包括诸如压抑这样的防御机制(Cramer,2000;Westen & Gabbard,2002)。

学习基础模型

2.4 描述异常行为的学习基础模型的主要特征并评价其主要贡献

弗洛伊德及其追随者的心理动力学模型是第一个有关异常行为的心理学理论。其他相关的心理学也在20世纪初形成。发现条件反射的俄国生理学家伊万·巴甫洛夫(Ivan Pavlov,1849—1936)以及美国心理学家、**行为主义**(behaviorism)之父约翰·B.华生(John B.Watson,1878—1958)确立了行为主义观点。行为主义观点关注学习在解释正常行为和异常行为中的作用。从学习的角度来看,异常行为代表着对于不适当的、适应不良的行为的获得或习得。

从医学和心理动力学的角度来看,异常行为是潜在的生物性的或心理问题的症状。然而,从学习角度来看,异常行为本身就是问题所在。在这种观点下,异常行为的学习方式与正常行为大致相同。为什么有些人的行为不正常?也许是他们的学习经历与大多数人不同。例如,一个在童年时因为自慰而受到严厉惩罚的人可能会在成年时对性行为产生焦虑。糟糕的抚养方式,如对不当行为的反复无常的惩罚,或是不去赞扬或奖励良好的行为,都可能导致反社会行为。被父母虐待或疏忽的孩子可能会更多地关注内心的幻想,而不是外在的世界,他们难以区分现实与幻想。

华生和其他行为主义者,如哈佛大学心理学家B.F.斯金纳(B.F.Skinner,1904—1990),认为人类行为是基因遗传以及环境或情境影响的产物。和弗洛伊德一样,华生和斯金纳舍弃了个人自由、选择和自我指导的概念。但是,不同于弗洛伊德认为我们是由无意识力量所驱动的观点,行为主义者认为我们是塑造与操控我们行为的环境因素的产物。行为主义者同时还认为,我们应该把心理学的研究局限于行为本身,而不是把注意力集中在潜在的动机上。根据行为主义的观点,治疗应该包括塑造行为,而不是去洞察意识的运作。行为主义者关注两种学习方式在塑造正常行为和异常行为中的作用:经典条件反射(classical conditioning)与操作条件反射(operant conditioning)。

经典条件反射作用 伊万·巴甫洛夫发现了条件反射(现在称为条件反应,conditioned response)完全是偶然的。在他的实验室里,他把狗

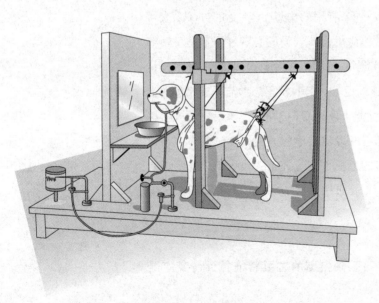

图2.6 伊万·巴甫洛夫在条件反射实验中的装置
巴甫洛夫用这样的装置来演示条件作用建立的过程。左边是一面双向镜子,镜子后面是研究人员响铃的地方。铃声响起后,肉放在狗舌头上。在数次铃铛和肉的配对之后,狗学会对铃声反应而分泌唾液。狗的唾液通过细管被接入小瓶,唾液分泌量可作为条件反应强度的量度。

带到如图2.6所示的装置中,研究它们对食物的唾液反应。随着研究的进行,他观察到动物甚至在开始吃东西之前就会分泌唾液与胃液。这些反应似乎是由于食物推车被推到房间里的声音引起的。巴甫洛夫进行了一项实验,实验表明如果刺激与食物关联,动物就能够习得对这些刺激进行唾液反应,比如听见铃声就会分泌唾液。

因为狗通常不会对铃声垂涎三尺,所以巴甫洛夫推断它们已经

伊万·巴甫洛夫 俄罗斯心理学家伊万·巴甫洛夫(图中央的白胡子男士)正向他的学生展示自己的经典条件作用的实验设备。经典条件作用的原理是如何解释过度非理性害怕——即我们所说的恐惧症——的习得的?

习得到了这种反应,他称之为**条件反应**(CR)或条件反射,因为它与他所称的**无条件刺激**(unconditioned stimulus, US)相匹配,在无条件刺激的情况下,比如食物——会自然地引起唾液的分泌(见图2.7)。对食物分泌唾液——一种未习得的反应——巴甫洛夫称之为**无条件反应**(unconditioned response, UR),而铃声——一个之前的中性刺激——他将之称为**条件刺激**(conditioned stimulus, CS)。

你能认出日常生活中的经典条件反射(classical conditioning)的例子吗?当你在候诊室里听到牙医钻头的声音,你感到畏缩了吗?钻孔声可能是一种条件刺激,它引起恐惧和肌肉紧张的条件反应。

恐惧症或过度恐惧可能会通过经典条件反射获得。例如,一个人可能会在一次关于电梯的创伤性的经历之后产生乘坐电梯的恐惧症。在这个例子中,先前中性刺激(电梯)与厌恶刺激(创伤)相匹配或联系,从而导致条件反应(恐惧症)。

约翰·B.华生演示了如何通过经典条件作用建立恐惧反应。华生与助理罗莎莉·雷娜(Rosalie Rayner;后来成为他的妻子)一起,对一个11月大的男孩建立了经典条件反射,以建立他对小白鼠的恐惧反应(Watson & Rayner, 1920),该男孩就是心理学史上著名的"小阿尔伯特"。在建立条件作用前,这个男孩对老鼠没有恐惧反应,事实上,他还曾伸出手去抚摸过小白鼠。随后,当男孩再次伸手去触碰那只小白鼠时,华生在男孩身后使用锤子敲打了一根钢筋,制造出一声响亮的、令人厌恶的声音。在刺耳的敲击声和小白鼠的出现反复被配对出现之后,阿尔伯特表现出

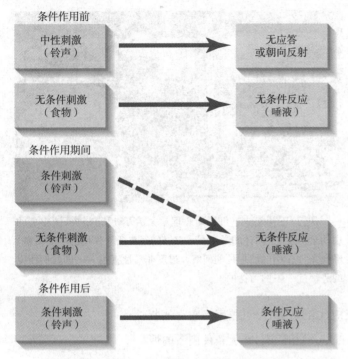

图2.7 经典条件反射的逻辑图

条件作用前,当食物(无条件刺激,US)放置在狗的舌头上自然会引起唾液分泌(无条件反应,UR)。然而,铃声是一种中性刺激,它可以引起朝向反射而不会引起唾液分泌。在条件作用期间,铃声(条件刺激,CS)在食物(US)被放置在狗的舌头上时响起,经过几次条件反射试验之后,铃声(CS)会在它响起时引起唾液分泌(条件反应,CR),尽管有时铃声响起时已不再有食物(US)伴随出现了。这时,狗就会被认为建立了条件反射或者可以说是已经学会了对条件刺激来做出条件反应。学习理论家认为,对于无害的刺激表现出非理性的、过度的恐惧可能就是通过经典条件反射原理获得的。

观看　经典条件反射:自动反应

了条件反应,显示出对老鼠的恐惧。

从学习的角度来看,正常行为包括对刺激的适应性反应,包括条件刺激。毕竟,如果我们在一次或两次被烧伤或几乎被烧伤的经历之后还不知道害怕,那么我们会反复遭受不必要的烧伤。然而,在条件作用的基础上获得不适当的或适应不良的恐惧可能会削弱我们适应现实的能力。第5章的内容阐释了条件反射可以帮助解释如恐惧症这样的焦虑障碍。

观看视频"经典条件反射:自动反应",以了解更多关于经典条件反射的运作机制以及刺激是如何与反应相联系的。

操作条件反射作用　经典条件反射可以用来解释简单的、反射性的反应,比如对与事物相联系的线索分泌唾液,或者对伴随着痛苦的或令人厌恶的刺激的经历表现出恐惧的情绪反应。然而,经典条件反射无法对更多的复杂行为做出解释,比如学习、工作、社交或者烹饪。行为主义心理学家B.F.斯金纳(1938)将这类复杂的行为称之为操作性反应,因为人们对情境进行主动操作从而产生影响或后果。在**操作条件反射**(operant conditioning)中,反应是通过其后果获得的和加强的。

我们习得反应或技能,比如在课堂上举手,它们都与**强化**(reinforcement)有关,强化物是增加之前的行为频率的环境的变化(刺激)导致奖励结果的行为被加强——也就是说,它们更有可能再次发生。随着时间的推移,这种行为成为习惯(Staddon & Cerutti,2003)。例如,很有可能你养成在课堂上举手的习惯是因为在你上小学的时候,只有当你第一个举手的时候老师才会对你做出回应。

强化物的类型 斯金纳区分了两种类型的强化物。**正强化物**(positive reinforcement),通常被称为奖赏,在它们被引入或呈现时能增加行为的频率。斯金纳的大多数工作都致力于研究动物的操作性条件作用,如鸽子。假如鸽子去啄一个按钮就会得食,那么它会继续啄这个按钮直到它吃饱为止。当我们进门时为后面的人留门,如果我们得到了友好的回应,那么我们更有可能会养成为他人开门的习惯。**负强化物**(negative reinforcement)在被移除时会增加行为的频率。如果抱起哭哭啼啼的孩子就会停止孩子的哭闹,那么行为(抱起孩子)就会被负强化(变强),因为它移除了负强化物(哭声,令人厌恶的刺激)。

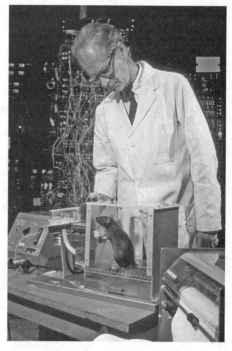

B.F.斯金纳

适应性的或是正常的行为都可以导致强化的反应或技能的学习。我们学习那些能够使我们获得正强化物或是奖赏的行为,比如食物、钱以及赞许,并且这么做的话可以帮助我们避免或是移除负强化物,比如痛苦与不被赞同。但是,如果我们早期的学习环境无法提供学习新技能的机会的话,我们在努力发展需要获得强化的技能时就可能会遇到阻碍。例如,社交技能的缺乏,就可能会减少我们获得社会强化物(来自他人的赞同和嘉许)的机会,这样就可能会导致抑郁症或是与社会隔绝。在第7章中,我们会论述强化等级的变化与抑郁症病发之间的关系,并且在第11章中,我们将研究强化原理是如何与学习基础的治疗方案相融合,进而帮助精神分裂症患者开发出更多的适应性社会性技能。

惩罚 VS. 强化 **惩罚**(punishment)可以被视作是强化的另一面。惩罚是降低随后行为频率的厌恶刺激。惩罚可以采取多种形式,包括体罚(打屁股或是使用其他痛苦的刺激)、撤除强化刺激(关掉电视)、实施金钱处罚(停车罚单)、剥夺特权("你被禁足了!")或者是把个体与强化情境隔离(静思)。

在进一步研究之前,让我们回顾一下常被混淆的两个术语:负强化和惩罚。之所以存在混淆可能是因为厌恶或痛苦的刺激都可以作为负强化物或惩罚,只是视情况而定。在惩罚中,厌恶或痛苦刺激的引入或应用削弱了随之而来的行为。负强化情况下,厌恶或痛苦的刺激的移除强化了随之而来的行为。婴儿的啼哭就可以被视作是一种惩罚(如果它削弱了之前的行为,例如把注意力从婴儿身上转移开),也可以将之视为是一个负强化物(如果它加强了导致强化物移除的行为,比如把婴儿抱起来)。

惩罚,尤其是体罚,虽然它或许能暂时抑制不良行为,却不能消除它。当处罚被撤回时,行为可能会恢复。惩罚的另一个局限性是,它不会导致更理想的替代性行为的发展。它还可能会怂恿人们从学习情境中退出。受惩罚的孩子可能会旷课、辍学或离家出走。此外,惩罚可能会产生愤怒和敌意,而非建设性的学习,惩罚也可能会越界发展成虐待,尤其是当惩罚是不断重复的和程度严重的时候。儿童受虐待在许多异常行为模式中都有突出表现,包括某些类型的人格障碍(第12章)和解离障碍(第6章)。

心理学家认识到,强化比惩罚更可取。然而,奖励好的行为,要求我们关注好的行为,而不仅仅关注不当的行为。一些有着行为问题的孩子只有在犯错时才会引起别人的注意。因此,其他人可能会立即加强这些孩子的不良行为。学习理论家指出,成年人需要教孩子们什么是受期望的行为,并在他们表现这类行为时定期给予强化。

观看　操作性条件反射:从结果中学习

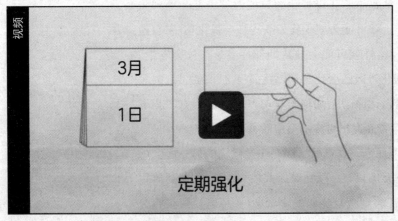

要了解更多关于负强化与正强化是如何影响人类和动物的行为,观看视频"操作性条件反射:从结果中学习"。

现在我们来思考一个当代的学习模式,称为社会认知理论(以前称为社会学习理论),它认为认知因素在学习和行为中起作用。

社会认知理论 社会认知理论代表了如阿尔伯特·班杜拉（Albert Bandura，1925—2021）、朱利安·B.罗特（Julian B.Rotter，1916—2014）以及沃尔特·米歇尔（Walter Mischel，1930—）这些理论家的贡献。社会认知理论家将传统的学习理论扩展至包括思维、认知、观察、学习，这也被称为**示范作用**（modeling；Bandura，2004）。例如，对蜘蛛的恐惧症可以通过观察其他人在现实生活、电视或电影中的恐惧反应来学习。

社会认知理论家认为，人对环境有影响，就像环境影响着他们一样（Bandura，2004）。社会认知理论家认同诸如华生和斯金纳这样的传统行为主义者的观点，即人的本质应该与可观察的行为联系在一起。然而，他们认为，人内部的因素，如**预期**（expectancy）和对特定目标的价值观，以及观察学习，也需要纳入解释人类行为的考虑之中。例如，我们将在第8章中看到，那些对药物效果有着更积极预期的人比那些较少积极预期的人更倾向于使用药物或使用更大剂量的药物。

评价学习模式 学习模式催生了一个称为行为治疗（behavior therapy；也称行为矫正，behavior modification）的治疗模型，它系统地运用学习原理来帮助人们改变他们的不良行为。行为治疗技术帮助人们解决各种各样的心理问题，包括恐惧症和其他焦虑障碍、性功能障碍和抑郁症。此外，基于强化的程序现在被广泛用于帮助家长学习更好的养育技能以及为孩子课堂学习提供帮助。

批评家们则认为，行为主义无法解释人类行为的丰富性，同时，人类经验不能被还原为可观察到的反应。许多学习理论家——尤其是社会认知理论家，对由奖赏或惩罚这样的环境因素机械地控制我们的行为这般严格的行为主义观点感到不满。人类的经验、思想和梦想以及目标的制定和抱负；行为主义似乎并没有解释清这些对于人类的意义。社会认知理论家拓展了传统行为主义的解释范围，但批评家认为，社会认知理论对行为的遗传贡献过于轻视，并且对于主观体验的说明也不充分——如自我意识和意识流。接下来我们会看到，主观体验在人本主义模型中居于核心地位。

观察学习 根据社会认知理论，更多的行为是通过示范作用或是观察学习获得的。

人本主义模型

2.5 描述异常行为的人本主义模型的主要特征并评价其主要贡献

人本主义心理学是在20世纪中叶出现的,通过强调人在进行有意识的选择时所拥有的个人自由,使他们的生活充满意义与目标感,从而脱离了精神动力和行为模型或是以学习为基础的模型。美国心理学家卡尔·罗杰斯(Carl Rogers,1902—1987)和亚伯拉罕·马斯洛(Abraham Maslow,1908—1970年)是人本主义心理学中的两位主要人物,他们认为人天生就有**自我实现**(self-actualization)的倾向——努力成为他们所能成为的人。我们每个人都有一套独特的特质和天赋,它们赋予我们属于自己的感觉和需求,以及我们自己的人生观。通过认识和接纳我们真实的需要和感受——通过忠于自己——真实地生活,活出意义和目的。我们可能不打算实现每一个愿望和幻想,但对我们真实情感和主观体验的认识可以帮助我们做出更有意义的选择。

要从人本主义的角度来理解异常行为,我们需要了解人们在追求自我实现和真实性的过程中遇到的障碍。要做到这

自我实现 人本主义理论家认为,我们每个人都存在着自我实现的动力——成为我们所能成为的一切。没有两个人会遵循同样的道路走向自我实现。

卡尔·罗杰斯(左)和亚伯拉罕·马斯洛(右) 人本主义心理学的两股主要力量。

一点,心理学家必须学会从来访者自己的观点看待世界:来访者对自己的世界的主观看法导致他们要么以自我提升要么以自我挫败的方式来解释和评价他们的经历。人本主义观点指的是试图了解他人的主观经验,即人们关于"存在于世界"的意识流体验。

异常行为的人本主义概念　罗杰斯认为,异常行为是由一个扭曲的自我概念造成的。父母可以帮助孩子培养一个积极的自我概念,通过**无条件积极关注**(unconditonal positive regard)——即通过奖励他们,向他们展示他们是值得爱的,而不去考虑他们在任何时候的行为。

无条件积极关怀的条件?　罗杰斯认为,父母可以帮助孩子培养自尊,通过给予他们无条件积极关注从而引导他们走上自我实现的道路——以他们内在价值而不是以他们某一时刻的行为作为基础去奖励他们。

父母可能不赞成某种行为,但他们需要向孩子们传达这种行为是不受欢迎的,而不是孩子本身不受欢迎。然而,当父母向孩子们表现出**有条件积极关注**(conditional positive regard;即只有当孩子按照父母的期望那样去行动时才去接纳他们,否则孩子可能会学会否认一切父母反对的思想、感受和行为)时孩子们将学会发展出价值条件。也就是说,只有当他们以特定得当的方式行事时,他们才会认为自己是有价值的。例如,那些只有在表现顺从时才受到父母重视的孩子,可能会因为父母生气了就否认自己。一些家庭中的孩子们知道,要保持自己的想法是不可接受的,以免偏离父母的观点。父母的反对使他们认为自己是"坏"的,他们的感觉是错误的、自我的,甚至是邪恶的。为了保持他们的自尊,他们可能不得不否认自己的真实感情或否认自我的部分。其结果可能是一种扭曲的自我概念:孩子们变成了他们真实自我的陌生人。

罗杰斯认为当我们意识到我们的感受与想法同自己扭曲的概念不一致时,我们就会变得焦虑,这种扭曲的概念反映了别人期望我们做的事情——例如,我们有时会感觉到自己变得愤怒或是目中无人,我们的父母却期望我们温顺听话。焦虑是不愉快的,我们可能会否认自己的这些感觉和想法的存在,因此我们真实自我的实现是被束缚的。在这种情况下,我们的心理能量不是指向增长,而是指向持续的否认和自我防御的方向发展。在这种情况下,我们不希望看到我们真正的价值观或个人才能。结果只能是挫折和不满,这为异常行为奠定了基础。

根据人本主义者的说法,我们不能满足他人的所有愿望,也无法对自己保持真实。然而,这并不意味着自我实现总是会导致冲突。罗杰斯认为,人们只有在他们努力实现自己的独特潜力时,才会互相伤害或在行为上变得反社会。当父母和其他人以爱和宽容的态度对待孩子时,孩子也会成长为爱和宽容的人——即使他们的一些价值观和喜好不同于他们的父母。

在罗杰斯的观点中,自我实现的途径包括自我发现和自我接纳的过程,接触我们真实感受,接受它们作为我们自己的感受,并以真正反映它们的方式行动。这就是罗杰斯的心理治疗方法的目标,称为"以来访者为中心的治疗"或"以人为中心的治疗"。

评价人本主义模型 人本主义模型在理解异常行为中的优势主要集中于它对意识体验的关注和他们引导人们走向自我发现和自我接纳的治疗方法上。人本主义运动给现代心理学带来了自由选择、内在善良、个人责任和真实性等概念。具有讽刺意味的是,人本主义方法的主要力量——它对意识体验的关注——也可能是它的主要弱点。意识体验具有私人性和主观性,难以客观定量和研究。心理学家如何确定他们能通过来访者的视角准确地了解世界?人本主义者可能会反驳说,我们不应该回避研究意识时所面临的挑战,因为这样做会否认人的本质。

批评家还声称,自我实现的概念——这是马斯洛和罗杰斯最基本的概念——它无法被证明或证伪。像心理结构一样,自我实现的力量是不可直接被测量或被观察。它是根据其假设的效果推断出来的。自我实现也会产生对行为的循环论证。当观察到有人在努力奋斗时,我们通过将努力归结为自我实现的话,那么我们会发现什么呢?这种趋势的根源仍然是个谜。同样地,当有人被观察到不去奋斗时,我们会将缺乏努力归因于一个被阻碍的或被扭曲的自我实现的倾向,我们又会得到什么呢?我们仍然必须确定挫折的根源。

认知模型

2.6 描述异常行为的认知模型的主要特征并评价其主要贡献

认知(cognitive)一词来源于拉丁文"cognitio",意思是"知识"。认知理论家的研究伴随极可能解释异常行为的认知——包括信念、期望和态度。他们关注现实是如何被我们的期望、态度等着色的,以及对外界信息——我们所置身的世界——不准确或有偏见的处理可以引起异常行为。认知理论家认为,我们对生活中事件的解释——而不是事件本身——决定了我们的情绪状态。

信息处理模型 认知心理学家经常利用计算机科学中的概念来解释人类是如何处理信息的以及这些过程是如何分解的,从而导向有关异常行为等的问题。在计算机的术语中,信息通过在键盘上敲击按键输入到计算机中(编码,以便它可以被计算机接受作为输入)并放置在工作存储器中,在那里它可以被操纵来解决问题,例如执行统计或算术运算。信息也可以永久地放置在存储介质中,例如硬盘驱动器或闪存驱动器,之后可以从该存储介质中检索信息并以打印输出或在计算机屏幕上显示的形式输出。

在人类中,关于外界的信息通过人的感觉和知觉过程来输入、操纵(解释或处理)、储存(存放在记忆中)、检索(从记忆中存取),然后以作用于信息的形式输出。心理障碍可能代表了信息处理过程中的中断或干扰。阻塞或扭曲输入,错误地存储、检索或操纵信息都会导致扭曲的输出(如奇怪的行为)。例如,精神分裂症患者可能难以获取和组织他们的想法,导致以不连贯的言语或妄想的形式产生混乱的输出。他们也可能很难集中注意力,难以过滤掉额外的刺激,比如分散注意力的噪声,这可能代表他们的感官输入初始过程中的问题。

认知治疗师所称的认知扭曲(cognitive distortions),或思维中的错误,也可能扭曲对信息的操控。例如,抑郁的人往往会夸大他们所经历的不幸事件的重要性,比如在工作中受到较差的评价或被约会对象拒绝,从而对自己的个人状况产生过度消极的看法。认知理论家如阿尔伯特·埃利斯(Albert Ellis, 1913—2007)和阿隆·贝克(Aaron Beck, 1921—2021)假设扭曲的或非理性的思维模式会导致情绪问题和不适应性行为。

社会-认知学家与认知学家具有许多一致的基本观点,他们关注社会信息编码的方式。例如,好斗的男孩和青少年很可能错误地将他人的行为编码为威胁(见第13章)。他们假定他人认为他们是居心不良的,但实际其他人并没有。攻击性儿童和成人也许会诱发其他人的强制或敌意行为,从而证实他们的攻击性预期。强奸犯,尤其是约会强奸犯,可能误解了女人表达的愿望。例如,他们可能错误地认为女人说"不"实际上意味着"是",从而认为她们只是在玩"欲擒故纵"的游戏。

阿尔伯特·埃利斯 心理学家阿尔伯特·埃利斯(e.g.,

阿尔伯特·埃利斯 认知理论家阿尔伯特·埃利斯认为,负面情绪源于我们对所经历的事件的判断,而并不是事件本身。

Ellis, 1977; 1993; Ellis & Ellis, 2011），他是一位著名的认知理论家，他认为，令人不安的事件本身并不会导致焦虑、抑郁或不安行为。相反，正是人们对不幸经历所持有的非理性信念才会滋生负面情绪和不良行为。试想一个因失去工作而变得焦虑和沮丧的人，似乎"被解雇"是这个人的痛苦的直接原因，但痛苦其实源于这个人对"失去"的信念，而不是直接来自于"失去"本身。

埃利斯使用"ABC疗法"来解释痛苦的原因。被解雇是一个激发事件（A；activating event）。最终的结果，或后果（C；consequence），是情绪困扰。然而，激发事件（A）和后果（C）是由各种信念（B；belief）介导的。这些信念中的一些可能包括"那份工作是我生活中的主要事情""我是多么无用的失败者""我的家人会挨饿""我永远找不到另一份工作""我对此束手无策"。这些夸大其词和非理性的信念会导致抑郁、无助感，分散人们对该做什么的评估。

可以像这样说明：

激发事件（A） → 信念（B） → 后果（C）

埃利斯指出，当人们面临失去时，对未来的忧虑和失望的情绪是完全正常的。然而，不合理的信念会导致人们把自己的失望小题大做，从而导致深刻的痛苦和抑郁状态。不合理的信念——"我必须得到几乎所有对我很重要的人的爱和认可，否则我就是一个毫无价值的、不讨喜的人"——削弱了我们的应对能力。在他后来的著作中，埃利斯强调了不合理的或自我挫败的信念的苛刻本质——将"必须"和"应该"强加在自己的身上（Ellis，1993）。埃利斯指出，对他人认可的渴望是可以理解的，但如果认为一个人必须拥有别人的认可才能生存下去或才感到有价值，这种想法是不合理的。在我们所做的每件事上都能出类拔萃是很了不起的，但如果我们只要没能达到这种程度就无法忍受，那就太荒谬了。埃利斯开发了一种治疗模式，称为合理情绪行为疗法（rational-emotive behavior therapy），以帮助人们解决这些不合理的信念，并取代更理性的信念（在本章后面讨论）。[判断正误]

埃利斯认识到童年经历与不合理信念的起源有关，但他坚持认为，这些信念在"此时此地"中的重复使人们痛苦不堪。对于大多数焦虑和

判断正误

一位著名的认知理论家认为，人们对生活经历的信念导致了他们的情感问题，而不是经历本身。
□正确 埃利斯认为情感问题是由人们对他们经历的事件所持有的信念所决定的，而不是事件本身。

抑郁的人来说,获得幸福的关键不是发现和释放深层次的冲突,而是在于认识和修正不合理的自我要求。

阿隆·贝克 精神病专家阿隆·贝克是另一位著名的认知理论家,他提出抑郁症可能是由于思维上的错误或"认知扭曲",如完全根据自己的缺陷或失败来判断自己,并用消极的眼光解释事件(好似透过代表抑郁的蓝色镜片来看待事件;Beck et al.,1979)。贝克强调了导致情绪困扰的四种基本类型的认知扭曲。

1. 选择性抽象。人们可能会选择性地抽象出(专注于)他们的经验中暴露他们缺点的地方,而忽略能体现他们能力的证据。例如,一个学生可能完全专注于在数学考试中得到一个平庸的成绩,而忽略所有更高的分数。

2. 过度泛化。人们可能会从一些孤立的经验中过度概括。例如,一个人仅仅因为被约会对象拒绝了,就认为自己永远不会结婚。

3. 放大。人们可能会夸大或放大不幸事件的重要性。例如,一个学生可能会因为考试成绩不理想而小题大做,认为她将会退学,而她的生活将会被毁掉。

4. 绝对化思维。绝对主义思维是以非黑即白的观点,而不是以灰色的视角来看待世界。例如,绝对主义思考者可能会认为,工作评估中若有一点小瑕疵那就是彻头彻尾的失败。

与埃利斯一样,贝克开发了一种重要的治疗模式,叫作认知疗法,其重点是帮助患有心理障碍的个体识别和纠正错误的思维方式(见本章后面的讨论)。

评估认知模型 我们将在后面的章节中看到,认知理论家对我们理解异常行为模式和治疗方法的发展已经产生了巨大的影响。随着关注矫正自我挫败信念和外显行为的认知行为疗法的出现,基于学习的方法和认知方法的结合才有了最好的表达。

关于认知观点的一个问题是它们的适用范围。认知治疗师主要关注与焦虑和抑郁有关的情绪障碍,从而对更严重的扭曲行为模式(如精神分裂症)的治疗方法或概念模型的影响不大。此外,就抑郁症而言,我们仍不清楚(如我们将在第7章中看到的)扭曲的思维模式是抑郁症的根源还是抑郁症本身的影响。

阿隆·贝克 著名的认知理论家阿隆·贝克所关注的是,在面对不幸事件时,思维错误或认知扭曲是如何为负面情绪反应奠定基础的。

社会文化观点

异常行为是由人的内在力量引起的,就像精神动力学理论提出的那样,还是由后天习得的适应不良行为引起的,就如学习理论家所认为的那样?还是说,如社会文化观点,需要考虑社会和文化因素的作用,包括民族、性别和社会阶层,才能充分解释异常行为呢?正如我们在第1章中所指出的,社会文化理论家在社会失败中寻找异常行为的原因,而不是在个体中找原因。一些更为激进的社会文化理论家,如托马斯·萨斯(Thomas Szasz),甚至否认心理障碍或精神疾病的存在。萨斯(1970,2011)认为,"异常"一词仅仅是社会给那些行为偏离了公认的社会规范的人贴上的标签。根据萨斯的说法,这个标签被用来污蔑偏离社会者。

在本书中,我们主要考察异常行为模式与社会文化因素,如性别、种族和社会经济地位之间的关系。此处,我们将考察最近关于种族和心理健康之间关系的研究。

种族与心理健康

2.7 评价异常行为发病率的种族群体差异

鉴于人口的种族多样性的增加,研究人员已经开始研究心理障碍患病率的族群差异。了解到同一种障碍对两个不同群体的影响是不同的,可以帮助规划者直接向最需要的人群发起预防和治疗方案。

当比较不同种族之间的特殊疾病率的差异时,我们需要考虑到收入水平或社会经济地位。少数民族群体在较低的社会经济地位中往往不成比例地被表现出来。一般来说,随着收入的增加,产生严重的心理障碍的风险降低,这一趋势表明财务压力对心理健康的影响(Weissman et al.,2015)。家庭收入接近或低于贫困线的人比那些收入较高的人更容易发生严重的心理障碍,包括情绪障碍和物质使用障碍(Sareen et al.,2011;Weissman et al.,2015)。

接触种族主义和歧视也是少数民族心理压力的一个重要来源,这可能会对心理健康造成影响

应对歧视 受到歧视是一种文化形式的压力,会危害少数族成员的心理健康。

(Rodriguez-Seijas et al.,2015)。例如,证据表明,暴露在对于歧视的感知之中的拉丁裔女性有着更大的酗酒风险,同时拉丁裔男性滥用药物的风险也更大(Verissimo et al.,2014)。加州大学洛杉矶分校最近对低收入非洲裔美国人和拉丁裔人进行的一项研究表明,人们暴露于歧视的环境中,会增加遭受心理困扰的风险,包括抑郁、焦虑和创伤后应激障碍(PTSD;Liu et al.,2015;Myers et al.,2015)。与这一人群心理痛苦相关的其他因素包括性虐待史、家庭暴力、亲密关系暴力或社区暴力,以及对受到伤害或被杀害的慢性恐惧。

我们还需要考虑到种族子群之间的差异,例如包括西班牙裔美国人和亚裔美国人组成的不同族群之间的差异。例如,在从中美洲移民到美国的西班牙裔移民中,即使考虑到教育背景的差异,抑郁症仍是一个更为突出的问题(Salgado de Snyder,Cervantes,& Padilla,1990)。

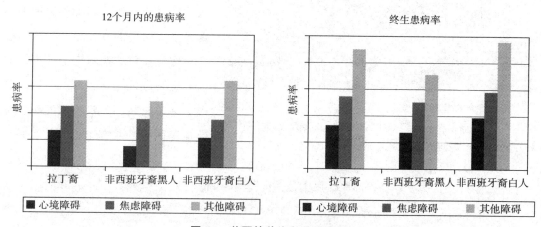

图 2.8　美国的种族和心理障碍
我们可以看到,欧洲裔美国人(非西班牙裔白人)总体上比西班牙裔美国人(拉丁裔)或(非西班牙裔)黑人美国人有着更高的心理障碍的患病率。虽然不是所有这些差异都有统计学意义,但在这些比较中,西班牙裔美国人和美国黑人的患病率明显高于欧洲裔美国人。
来源:Breslau et al.,2005,based on data from the National Comordibity Survey(NCS)。

研究者在解读心理障碍的诊断率的种族差异时,需要谨慎和批判性地思考。这些差异是否反映了民族或种族差异,或其他能划分群体差异的因素,例如社会经济水平、生活条件或文化背景?

一项对种族差异的精神障碍率的分析揭示了一个有趣的模式(Breslau et al.,2005)。调查人员使用一份具有全美国代表性的成年美国人的样本数据,发现传统的弱势群体(非西班牙裔美国黑人和西班牙裔美国人)的心理障碍率或者可比率都明显低于欧州裔美国人(非西班牙裔白人),见图2.8。然而,当研究人员观察心理障碍的持久性或长期性时,他们发现西班牙裔美国人和美国黑人比欧洲裔美国人更容易罹患更持久的精神障碍。

我们如何看待这些关于精神障碍持续存在的发现呢？进一步的分析表明，持久性的差异不是社会经济水平的函数，但它们是否反映了获得高质量医疗服务的差异？这个问题需要在进一步的研究中得到解决。但可以想象的是，欧洲裔美国白人得益于更好地获得优质的精神卫生保健，这缩短了他们经历的心理障碍的时间。

异常行为的根源？ 社会文化理论家认为，异常行为的根源不在个人，而是在社会弊病中，如贫困、社会衰败、基于种族和性别的歧视以及经济发展机会的缺乏。

美洲原住民是一个传统上处于弱势的少数群体，他们有着很高的精神障碍发病率，如抑郁症和物质使用障碍（Gone & Trimble, 2012）。他们也恰好是美国和加拿大最贫穷的少数民族之一。生活在部落保留地的美国土著居民的高压力和贫困当然是导致他们更普遍地患上抑郁症的因素之一（Kaufman et al., 2013）。美国土著与酒精相关疾病的发病率是其他美国人的6倍（Rabasca, 2000）。10至14岁年龄段青少年的自杀死亡率在美洲原住民中是其他种群的4倍。美国土著男性青少年和年轻成人自杀率最高（USDHHS, 1999）。

亚裔美国人通常比一般美国人表现出较低的心理障碍率（Kim & Lopez, 2014; Ryder et al., 2013; Sue et al., 2012），不过，也有例外。当你设想像草裙舞、夏威夷式宴会和宽阔的热带海滩这样的刻板印象时，你可能认为夏威夷的原住民是一群无忧无虑的人，但现实却描绘了一幅不同的图景。研究种族和异常行为之间的关系的一个原因是揭穿错误的刻板印象。夏威夷人和其他美洲土著人一样，在经济上处于不利地位，他们遭受的身体疾病和精神健康问题比例过高。夏威夷原住民比夏威夷其他居民的死亡年龄更小，这主要是因为他们面临着严重疾病的风险增加，包括高血压、癌症和心脏病（Johnson et al., 2004）。他们还显示出与这些危及生命的疾病相关的高危因素，如吸烟、酗酒和肥胖。与其他夏威夷人相比，本地夏威夷人也有较高的心理健康问题，包括男性自杀率较高，酗酒和吸毒率较高，反社会行为率较高。

包括夏威夷土著在内的美洲土著人的心理健康问题,以及经济上的不利因素,可能至少在一定程度上反映了由于被欧洲文化殖民化而带来的生活方式的异化,以及对土地的疏远和公民权利的剥夺(Rabasca,2000)。当地人通常把心理健康问题归因于殖民带来的传统文化的崩溃,尤其是抑郁和酗酒。在原住民或土著人之间如此普遍的萧条,可能反映了与世界维持自然和谐相处之间的关系已经丧失。

无论种族群体的精神病理有何不同,少数民族成员倾向于将心理卫生服务与白人欧洲裔美国人相比(Lee et al.,2014;USDHHS,2001)。例如,美洲土著通常从传统治疗师那里寻求帮助,而不是寻求精神卫生专家的帮助(Beals et al.,2005)。其他少数民族的成员经常求助于神职人员或灵媒。那些寻求服务的人更容易过早退出治疗。在本章后面,我们将考虑限制美国社会各少数民族使用精神卫生服务的障碍。

对社会文化观点的评价

2.8 评价社会文化观点下我们对异常行为的理解

支持社会阶层与严重心理障碍之间存在联系是来自康涅狄格州纽黑文市的一项经典研究,该研究表明,来自更低级的社会经济团体的人更有可能会因精神病而被管制(Hollingshead & Redlich,1958)。最近在英国伦敦的一项研究显示,精神分裂症——一种严重且持久的心理或精神障碍(见第11章)——在经济困难、教育程度较低、犯罪率高、人口过多和贫富差距更大的社区中更为严重(Kirkbride et al.,2012)。

两个主要的理论观点被提出,用以解释社会经济地位与严重的心理健康问题之间的联系。一个观点是**社会因果模型**(social causation model),它认为来自较低社会经济阶层的人更容易出现严重的行为问题,因为生活在贫困中,使他们比更富裕的人面临更大的社会压力水平(Costello et al.,2003;Wadsworth & Achenbach,2005)。另一种观点是**向下漂移假说**(downward drift hypothesis),它认为问题行为(如酗酒)会导致人们社会地位下降,从而解释较低社会经济地位和严重行为问题之间的联系。

社会文化理论家将注意力集中在可能导致行为异常的社会压力源上。在本书中,我们将考虑与性别、人种、种族和生活方式有关的社会文化因素是如何被用来加深我们对异常行为以及对被视为精神病患者的反应的理解的。在本章后面,我们将讨论那些与人种、文化和种族有关的问题是如何影响治疗过程的。

生物心理社会学观点

当代对异常行为的看法是受几个代表生物、心理和社会文化视角的模型或观点启发的。看待同一现象有不同的方式,这并不意味着一个模型必须是正确的而另一个模型是错误的,没有一个理论观点解释我们将在本书中讨论的异常行为的形式。每一个观点都对我们的理解做出了贡献,但仅凭着某一个观点并不能为我们提供完整的看清异常行为的视图。表2.3呈现了这些观点的概述。

表2.3 异常行为的观点

	模型	焦点	核心问题
生物学观点	医学模型	异常行为的生物学基础	神经递质在异常行为中扮演什么样的角色?是通过遗传来作用的,还是通过脑部异常?
心理学观点	心理动力学模型	异常行为背后的无意识冲突和动机	特殊的症状是如何代表或象征着无意识冲突的?一个人童年时期问题的根源又是什么?
	学习模型	塑造异常行为发展的学习经验	异常行为模式是如何被学习的?环境在异常行为的解释中是什么角色?
	人本主义模型	阻碍自我意识和自我接纳的障碍	一个人的情绪问题如何反映扭曲的自我形象?在自我接纳和自我实现的道路上又会遭遇哪些障碍?
	认知模型	异常行为背后的错误观念	什么样的思维方式是人们具有特定类型心理障碍的特征?在异常行为模式的发展中,个人信念、想法以及解释事件的方式又扮演了怎样的角色?
社会文化观点		社会弊病,比如贫穷、种族主义和长期失业助长了异常行为的发展;异常行为和种族、性别、文化、社会经济水平间的关系	社会地位和心理障碍的风险之间存在什么关系?在各种疾病中是否存在性别或种族差异?我们又该作何解释?被贴上精神病标签的人又会遇到怎样的影响?
生物心理社会学观点		生物、心理和社会文化因素在异常行为发展中的相互作用	在面对压力时,基因或其他因素如何使人轻易地产生心理障碍?生物学、心理学和社会文化因素又是如何在复杂的异常行为模式的发展中相互作用的?

来源:摘自J.S.Navid(2013)*Psychology: Concepts and applications* (4th ed.).Belmont, CA: Cengage Learning。

我们讨论的最后一个观点,生物心理社会学观点,比其他模型采取了更广泛地看待异常行为的视野。它考查了跨越生物学、心理学和社会文化领域的多种因素以及它们的相互作用在心理障碍发展中的影响。

正如我们将在后面的章节中看到的,大多数心理障碍都涉及多种因果因素,以及这些因素之间的相互作用。对于某些疾病,特别是精神分裂症、双相情感障碍和孤独症,生物影响似乎是更为突出的致病因素。而对于其他疾病,如焦虑症和抑郁症,似乎有着更复杂的生物、心理和环境等因素的相互作用(Weir,2012b)。

研究者们只是刚刚开始揭开我们在本书中所讨论的许多障碍的复杂因素网。即使是看似生物性影响巨大的疾病也可能受到心理或环境因素的影响,反之亦然。例如,一些恐惧症可能是后天通过经验习得的行为,这些行为是通过特定的对象,与创伤或痛苦的经历相关联而习得的(见第5章)。然而,有些人可能会遗传某些特质,这些特质使他们容易受到后天或条件恐惧症的影响。

在这里,我们来仔细看一下生物心理社会模型的一个主要例子,素质—应激模型,它假定心理障碍是由脆弱因素(主要是生理因素)和充满压力的生活经历之间的相互作用引起的。

素质—应激模型

2.9　描述异常行为的素质—应激模型

素质—应激模型(diathesis-stress model)最初是作为理解精神分裂症的框架而发展起来的(见第11章)。该模型认为,某些心理障碍,如精神分裂症,是由一种素质(diathesis;一种脆弱的能力或发展这种疾病的倾向,通常是遗传性的)和充满压力的生活经历相结合或相互作用而产生的(见图2.9)。素质—应激模型也被应用于其他心理障碍,包括抑郁症和注意缺陷多动障碍(e.g., Van Meter & Youngstrom, 2015)。

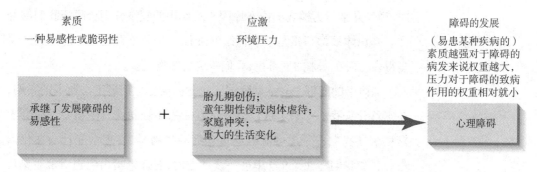

图2.9　素质—应激模型

一个障碍是否真的发展取决于素质的性质,以及生活中压力源的类型和严重程度。可能导致障碍发展的生活压力因素包括出生时的并发症、童年时期的创伤或严重疾病、童年期性侵或身体虐待、长期失业、丧失亲人或重大的医疗问题(Jablensky et al.,2005)。

在某些情况下,具有某种疾病的素质的人,如精神分裂症患者,如果他们生活中的压力水平仍然很低,或者如果他们能开发出有效的应对反应来处理他们遇到的压力,那么他们将不受这种疾病的困扰,也不会发展出更轻微的病症。然而,素质越高,通常能够触发紊乱的压力也就相对更少。在某些情况下,即使是在最良性的生活环境下,这种素质也可能是非常的强大。

素质或易感性通常是遗传性的,例如有一种能增加特定疾病风险性的特定遗传变异。然而,素质可能有其他形式。心理素质,如适应不良的人格特征和消极的思维方式,在面对生活压力时可能会增加心理障碍的易感性(Morris, Ciesla, Garber, 2008; Zvolensky et al., 2005)。例如,倾向于为诸如离婚或失去工作等消极的生活事件而责备自己,可能会使一个人在面对这些压力性事件时面临更大的抑郁风险(见第7章; Just, Abramson, & Alloy, 2001)。

对生物心理社会学观点的评价

2.10 评价异常行为的生物心理社会学模型

生物心理社会学观点通过研究生物、心理和社会因素的相互作用,为研究异常行为提供了非常急需的互动论抓手。该模型认为,除了少数例外,心理障碍或其他异常行为模式是由多种原因引起的复杂现象。没有任何一个原因导致异常的复杂模式的发展,如精神分裂症或惊恐障碍。此外,不同的人可能由于不同的因果影响而发展出相同的障碍。生物心理社会模型的优点——非常复杂——可能也是它最大的弱点。然而,理解异常行为模式的内在原因相互作用的复杂性不会阻止我们的努力。知识体系的积累是一个持续的过程。我们今天比几年前知道的要多得多。而在未来的岁月里,我们一定会知道更多。

杰西卡的案例——结案陈词　让我们简单地回顾下杰西卡的案例,在本章开头我们介绍了这位患有贪食症的年轻女性。生物心理社会学模型引导我们去考虑可能解释贪食症的生物学、心理学和社会文化因素。正如我们将在第9章中进一步考虑的,有证据指出生物因素对暴食症的发展有影响,如遗传因素和神经递质活动的不规则性。证据还表明社会文化因素的贡献,如社会压力强加给年轻女性要在我们的社会中保持不切实际的苗条的标准;以及心理因素的影响,如对身体不满;认知因素,如完美主义和绝对化思维("非黑即白")的认知因素;以及潜在的情感和人际关系问题。在各种可能性中，多种因素相互作用导致贪食症和其他进食障碍。例如，我们可以应用素质—应激模型来构建一个潜在的贪食症的因果模型。从这一点来看，我们可以提出，遗传易感性（素质）影响大脑中神经递质的调节，在某些情况下与社会和家庭压力形成的压力交互作用，从而导致进食障碍的发展。

我们将在第9章中考虑这些因果影响。现在让我们简单地指出，如贪食症这样的心理障碍是复杂的现象，所以最好要通过考虑多因素的贡献和相互作用来认识它。

心理学的治疗方法

卡拉（Carla），一个19岁的大学二年级学生，已经连续哭了好几天了。她感到自己的生活正在土崩瓦解，她对大学的抱负也变得无足轻重，她对自己的父母感到失望。她有了自杀的念头。她似乎不能在早上把自己从床上拽下来。她已经开始逃离自己的朋友圈。她的痛苦似乎不知从哪儿就冒了出来，尽管她也能找到生活中的一些压力源：成绩不佳，最近和男友分手，和室友之间存在一些适应问题。

为她检查的心理学家做出了一个重度抑郁症的诊断。假如她摔断了腿，她会从一个训练有素的专业人员那里得到一个相当标准的治疗。然而，卡拉或其他患有心理障碍的人接受的治疗类型可能不仅与所涉及的障碍类型有关，而且还与专业帮扶人员的治疗取向和专业背景有关。精神病医生可能会推荐一种抗抑郁药物，也许会辅之以某种形式的心理治疗。一个认知取向的心理学家可能会建议用一个认知疗法的计划来帮助卡拉识别可能导致抑郁症的功能失调的想法；而精神动力学治疗师可能会建议她从根源上开始治疗，以揭示抑郁症起源于童年并且这可能是她抑郁的根源。

在接下来的章节中，我们将重点介绍治疗心理障碍的心理学方法。然而，尽管精神卫生服务广泛存在，但仍然有很大未被满足的需要，因为大多数患有精神障碍的人仍然要么未经治疗要么治疗不足（Kessler, Demler et al., 2005; González et al., 2010）。

在随后的章节中，我们研究了针对特定疾病的心理治疗，但在这里我们专注于治疗本身。我们会发现，不同的心理异常行为都衍生出相应的治疗方法。但首先，我们要考虑治疗心理或精神障碍的心理卫生专业人士的主要类型，以及他们在其中扮演的不同角色。

专业帮扶人员的种类

2.11 识别三种主要类型的专业帮扶人员,并描述他们的培训背景和专业角色

许多人对很多提供心理卫生的专业人员的资格和培训的差异感到困惑。因为不同类型的心理卫生专业人员都具有广泛的培训背景和实践领域。例如,临床心理学家和咨询心理学家完成了心理学的高级研究生训练,并获得了实践心理学的许可。精神病医生是专门诊断和治疗情绪障碍的医生。三个主要的心理健康专家群体是临床心理学家、精神科医生和临床社会工作者。表2.4描述了他们的培训背景和实践领域,以及其他涉及精神保健的专业团体。

不幸的是,美国许多州并没有将治疗师或精神治疗师的职称使用限制在训练有素的专业人员身上。在这样的州,任何人都可以设立一个心理治疗室,并在没有许可证的情况下实施"治疗"。因此,寻求帮助的人应该询问帮扶专业人员的培训和许可证。现在我们看看心理治疗的主要类型及其与理论模型的关系。[判断正误]

> **判断正误**
>
> 一些心理学家已被训练可开处方药。
>
> □正确 一些心理学家接受了专门的训练,为病患开精神病处方做准备。

表2.4 专业帮扶人员的主要类型

类型	描述
临床心理学家	从一所获认可的学院或大学获得心理学博士学位(Ph.D.【哲学博士】;Psy.D【心理学博士】或Ed.D.【教育学博士】)。临床心理学培训通常包括四年的研究生课程,接着是一年的实习以及要完成博士学位论文,临床心理学家指导心理测试,诊断心理障碍,实施心理治疗。直到最近,他们还没有被允许开精神病药物。然而,在编撰本书时,美国的三个州(新墨西哥州、路易斯安那州和伊利诺依州)已经颁布了法律,给那些完成专门训练项目的心理学家授予处方特权(American Psychological Association,2014;Robiner,Tumlin & Tompkins,2013)。是否给予心理学家的处方特权,仍然是心理学家和精神病专家之间激烈争论,而且在心理学领域本身也激烈争论的问题
咨询心理学家	同时拥有心理学博士学位,并完成研究生培训,为大学辅导中心和精神卫生设施的职业生涯做准备。他们通常为存在心理问题的人提供咨询,比临床心理学家治疗的范围更广,比如适应大学的困难或对职业选择的不确定性
精神科医师	获得医学学位(M.D.)并完成精神病学住院医师计划。精神病医生是专门从事心理疾病诊断和治疗的医生。作为执业医师,他们可以开精神病药物,并可以采用其他医疗干预,如电休克疗法(ECT)。许多人还根据培训项目或培训机构进行心理治疗

续表

类型	描述
临床或精神科社会工作者	已经获得了社会工作硕士学位(M.S.W.),并使用他们的社区机构和组织的知识来帮助具有严重精神障碍患者得到他们所需要的服务。例如,他们可以在精神分裂症患者离开医院之后,帮助他们更成功地适应社区生活。许多临床社会工作者从事心理治疗或特定形式的治疗,如婚姻或家庭治疗
精神分析学家	通常是已经完成了广泛的额外的精神分析训练精神病医生或心理学家。作为他们训练的一部分,他们被要求对自己进行精神分析
咨询师	通常通过完成咨询领域研究生课程而获得硕士学位。咨询师在很多地方工作,包括私人诊所、学校、大学测试和咨询中心、医院以及医疗诊所。许多咨询师专业从事职业评估、婚姻或家庭治疗、康复咨询或物质滥用咨询。咨询师可以专注于向程度更轻的障碍行为者或是那些受慢性的或使人衰弱的病痛折磨的人,以及从创伤性经历中恢复的个体提供心理援助。还有一些是牧师,他们接受过牧师咨询的培训,帮助教区人员处理个人问题
精神科护士	通常是已经完成了精神科护理硕士课程的注册护士(R.N.s)。他们可能在精神病治疗机构或团体医疗实践中工作,治疗患有严重心理障碍的人

来源:摘自J.S.Nevid(2013). Psychology: Concepts and applications Belmoont, CA: Cengage Learning.

心理治疗的类型

2.12 描述下列形式的心理治疗的目标和技术:心理动力学疗法,行为疗法,人本主义疗法,认知疗法,认知行为疗法,折衷疗法,团体治疗,家庭治疗以及配偶治疗。

心理治疗(psychotherapy)通常被称为"谈话疗法",是一种基于心理框架的有组织的治疗形式,包括一个或多个患者与治疗师之间的言语交流。心理治疗被用来治疗心理障碍,帮助病人改变不适应的行为或解决生活中的问题,或帮助他们开发自己独特的潜力。表2.5概述了心理治疗的主要类型。

心理动力学疗法 西格蒙德·弗洛伊德创立了第一个心理治疗模型,他称之为精神分析(psychoanalysis),用来治疗患有精神障碍的人。精神分析也是心理动力学疗法(psychodynamic therapy)的一种形式,泛指基于弗洛伊德传统的心理治疗形式,它致力于帮助人们洞察和解决无意识中的力量之间的动态斗争或冲突,而这种无意识被认为是异常行为的根源。解决完这些冲突,自我将不需要保持防御行为——如恐惧症、强迫行为和歇斯底里的症状——从而阻止它意识到内心的混乱。

表 2.5 心理治疗主要类型的概述

治疗类型	代表人物	治疗目标	治疗时长	治疗师的方法	主要技术
经典精神分析	西格蒙德·弗洛伊德	获得洞察力并且解决内心无意识冲突	漫长的,通常持续数年之久	被动的、解释性的	自由联想、释梦、解释
现代心理动力学方法	多个代表人物	聚焦发展洞察力,但是比经典精神分析更加强调自我的功能、当前的人际关系以及适应性行为	比经典精神分析短	更强调直接探查来访者的防御机制;更多地反复讨论	直接分析来访者的防御和移情关系
行为疗法	多个代表人物	通过使用以学习为基础的技术直接改变问题行为	相对短期、通常持续10—20个阶段	指导性地、积极地解决问题	系统脱敏、逐级暴露、示范法、强化技术
人本主义,以来访者为中心的疗法	卡尔·罗杰斯	自我接纳和个人成长	各式各样,但是比经典精神分析短	非指导性的;让来访者引导、治疗师扮演一个共情的倾听者的角色	使用反应;创造一种温暖的、接纳的治疗关系
埃利斯的合理情绪疗法	阿尔伯特·埃利斯	用合理的可改变的信念来替换不合理的信念;促使适应性行为的改变	相对短期、通常持续10—20个阶段	直接、有时对抗性地挑战来访者不合理的信念	识别与挑战不合理的信念;行为的家庭作业
贝克的认知疗法	阿隆·贝克	识别与纠正扭曲的或自我防御的想法以及信念;促使适应性行为变化	相对短期、通常持续10—20个阶段	在运用逻辑检验以及测试想法与信念的过程中,治疗师一起参与进来	识别与纠正混乱的思想;行为作业,包括现实测验
认知行为疗法	多个代表人物	使用认知和行为技术来改变适应不良的行为与认知	相对短期、通常持续10—20个阶段	直接、积极地解决问题	认知与行为技术的结合

弗洛伊德总结了精神分析的目标,他如是说:"哪里有本我,哪里就有自我。"这在某种程度上意味着精神分析有助于用意识自我所代表的意识内容去阐明本我的内在过程。通过这一过程,一个人可能会意识到,正是自己对独裁或冷落的母亲所抱持的未能释怀的愤怒,破坏了他成年期间与女性的亲密关系。一个女人的手上失去了知觉,这是无法用

医学解释的,但通过精神分析可能会发现她对自慰的渴望怀有罪恶感。失去知觉可能是为了阻止她在这些冲动下行动。通过面对隐藏的冲动和他们产生的冲突,来访者学会了理清自己的情感,找到更具建设性和社会接受性的方式来处理他们的冲动和渴望。进而释放自我,专注于更具建设性的兴趣。

弗洛伊德用来完成这些目标的主要方法是自由联想、释梦和移情关系的分析。

自由联想 自由联想(free association)是表达头脑中任何想法的过程。自由联想被认为可以逐渐打破阻碍潜意识进入意识的防御机制。来访者被告知不要对想法做审查或筛选,而是让他们的思想"自由地"在各个想法之间徜徉。虽然自由联想可以从闲聊开始,但最终可能会导出更多有个人意义的材料。

自我继续试图阻止自己意识到威胁性的冲动和冲突。当更深和更矛盾的材料被触及时,自我可能会以阻抗(resistance)的形式抛出"精神上的停止符",要么不愿意要么无法回忆或讨论令人不安或威胁的事物。来访者可能会报告说,当他们冒险进入敏感区域时,比如开始产生对家庭成员的憎恶或性渴望时,他们的头脑突然变得一片空白。他们可能突然转换话题,或指责分析师试图窥探那些过于私密或令人尴尬的内容,或者他们可以在某次触及了敏感内容的治疗阶段后很自然地"忘记"下一次治疗阶段的预约。阻抗的迹象往往暗示有意义的材料。时不时地,分析师会将来访者的注意力集中到对这种材料的解释上,从而帮助来访者更好地洞察深层次的感情和冲突。[判断正误]

释梦 对于弗洛伊德来说,梦境代表着"通向无意识的康庄大道"。在睡眠期间,自我的防御有所减弱,那些不被接纳的冲动在梦境中得以表达。因为防御并不会完全解除,只是这些冲动采取了伪装或是符号化的形式。在精神分析理论中,梦境具有两层内容:

1. 显性梦境:做梦者所体验和报告的梦的材料;
2. 隐性梦境:梦所象征或代表的无意识材料。

一个人可能会梦见自己乘飞机飞行于天际。在这里的"飞行"就是梦境的表面或是显性内容。弗洛伊德认为,飞行可能象征着勃起,故而梦的隐性内容可能反映着这个人对于阳痿的恐惧相关的无意识问题。

判断正误

在经典精神分析中,来访者被要求自由表达任何出现在脑海中的东西,不论它们看起来有多么愚蠢和琐碎。

☐正确 在经典精神分析中,来访者被要求报告出现在脑海中的任何东西。此技术被称为自由联想。

由于这些符号可能因人而异,分析师会要求来访者自由联想梦的显性内容从而为挖掘梦的隐性内容提供线索。尽管正如弗洛伊德所认为的那样,梦可能会具有心理学意义,但是研究人员缺乏任何独立的手段来确定它的真实含义。

移情 弗洛伊德发现,来访者在他面前不仅是作为一个个体在做出反应,同时也反映了他们对生活中重要他人的感受与态度。例如年轻的女性来访者可能会以父亲的形象来对弗洛伊德作出反应——将自己对父亲的情感移置或转移到弗洛伊德身上。一个男性来访者也有可能会将弗洛伊德视作是父亲的形象,并将他作为对手来回应。弗洛伊德认为这可能反映了他尚未解决的俄狄浦斯情结。

分析的过程和**移情关系**(transference relationship)的解决被认为是精神分析的重要组成部分,弗洛伊德认为,移情关系为童年期与父母的亲密关系的再现提供了载体。来访者对分析师的反应可能与他们对自己父母的愤怒、爱戴或是嫉妒一样。弗洛伊德把这些童年期冲突称为移情性神经症。这种"神经症"必须要仔细分析,才能在精神分析中成功地解决来访者的问题。

童年期的冲突通常涉及未解决的愤怒、拒绝,或是被爱的需求。例如,一个来访者可能会将治疗师任何一个轻微的批评视作是一个毁灭性的打击,把自我憎恶的情绪转移至治疗中来。这种自我憎恶的情绪来自一直压抑的童年期遭父母拒绝的经历。移情也可能扭曲来访者与他人的关系,或是给这种关系渲染某些感情色彩。例如与配偶或是与老板之间的关系。一个来访者可能把伴侣与父母中的一方联系起来,或许会对他们要求过多或是有失偏颇地批评伴侣,说他们不够敏感或不关心自己。一位被之前爱人虐待的来访者,可能就不再会给新朋友或新的爱人一个公平的机会。分析师帮助来访者意识到移情关系,尤其是治疗中的移情,并解决会导致当前自我挫败行为的童年期遗留下来的情感和冲突。

根据弗洛伊德的理论,移情是双向的。弗洛伊德感到他会把自己潜在情感转移到来访者身上,或

治疗关系 在成功的心理治疗过程中,治疗师与来访者之间建立了一种治疗关系。治疗师通过专注的倾听来尽可能清楚地了解来访者正在经历什么,以及试图传达什么。有经验的治疗师对来访者的非语言线索十分敏感,比如可能会暗示潜在的情感和冲突的手势和姿势。

许会将一个青年男子视为一个竞争者,或是将一位女士看成是拒绝了他的爱慕对象。弗洛伊德将这种投射到来访者身上的情感称作**反移情**(contertransference)。精神分析师在受训时会被要求对自己进行精神分析,以此来帮助他们揭露可能会导致他们在治疗关系中出现反向移情的某种动机。在培训中,精神分析师学会监控自己在治疗中的反应,从而更好地意识到反移情在什么时候以及如何闯入治疗的过程之中的。

这意味着什么? 弗洛伊德认为梦代表着"通向无意识的康庄大道。"释梦是弗洛伊德用来揭示无意识材料的主要技术之一。

尽管对移情的分析是精神分析疗法的关键要素,但移情关系通常需要数月或数年才能发展或解决。这就是精神分析通常是一个漫长的过程的原因之一。

现代心理动力学方法　虽然一些精神分析师采用与弗洛伊德差不多一样的方式继续实践着经典精神分析,但是更为短期和不那么密集的心理动力学治疗形式已经出现。它们能够迎合那些寻求更简短和更经济的治疗形式(也许一周一次或两次)的来访者们的需求(Grossman, 2003)。

像经典精神分析那样,现代心理动力学模型疗法旨在探索来访者的心理防御和移情关系——这一过程被称为"剥洋葱"(Gothold, 2009)。但是与经典精神分析不同的是,心理动力学疗法更多地关注来访者当下的人际关系,而较少注意性的问题(Knoblauch, 2009)。治疗师也更重视来访者在与他人交往时是否作出适应性改变。与弗洛伊德的观点相比,许多当代心理动力学治疗师更看重埃里克·艾里克森、卡伦·霍妮以及其他治疗师的观点。与传统案例相比,这些治疗需要更加开放的对话,以及对来访者防御机制和移情关系的更直接的探索。来访者和治疗师通常面对面坐着,治疗师和来访者进行更频繁的语言交流,就像下面给出的例子一样。注意治疗师如何来帮助来访者阿瑞恩斯先生(Mr. Arianes),获得他与妻子关系的领悟,这种关系是他童年期和母亲的关系的移情:

提供一种解释

阿瑞恩斯先生:　医生,我想你已经了解了。我们之间没有交流,我不愿告诉她(阿瑞恩斯先生的妻子)出了什么事，或我想从她那里得到什么。也许我希望不用我说什么她就能理解我。

治疗师：就像一个孩子对他母亲的期望那样？

阿瑞恩斯先生：不是我母亲！

治疗师：哦？

阿瑞恩斯先生：是的，我一直认为母亲有太多自己的问题要处理而无法关注我。我记得有一次我骑自行车受伤，浑身是血地跑去找她。她一看到我简直就像疯了一样，冲我大声喊叫，说因为父亲，她已经忙得不可开交了，而我又制造了这么多麻烦。

治疗师：你还记得当时是什么感受吗？

阿瑞恩斯先生：不记得了，但我知道，从那以后我再也不会带着麻烦去找她。

治疗师：那时你几岁？

阿瑞恩斯先生：9岁，我记得那辆自行车是我在9岁生日时得到的。对那时的我而言车子有点太大了，这就是为什么我会从上面摔下来的原因。

治疗师：也许你把这种态度带进婚姻里了。

阿瑞恩斯先生：什么态度？

治疗师：感觉你的妻子就像你母亲一样，对你的困难没有同情心。没有必要告诉她你的遭遇，因为她太专注于其他事或太忙了而无暇顾及你。

阿瑞恩斯先生：但她和我母亲根本不一样，我对她一见钟情。

治疗师：某个层面上看你认为是这样。但是从另一个层面，即更深层次而言，你可能害怕其他人（也许只是女人，也许只是与你亲近的女人）都是一样的，而你不能冒险使自己的需要再次被拒绝。

阿瑞恩斯先生：或许你是对的，医生，但那些都是很久以前的事了，我现在应该已经克服了。

治疗师：那不仅仅是一种思维运作的问题。如果一次打击或一次失望足够强烈，它会永久地冻结我们的自我形象和对世界的期望。而我们剩下的部分会继续成长——也就是说，我们让自己从经历中、从我们所看到的、听到的或从其他人经历中读到的来学会生活,但我们真正受到伤害的部分就停滞不前了。因此我的意思是,当我说你可能把那种情绪带到你与妻子的关系中去,是指当你受到伤害或生活上遇到难题时,你希望被理解和被关心的情绪,你仍然感觉自己就是9岁的男孩,因为曾经遭到过断然拒绝,而放弃了对其他可能或应该回应你的人的希望。

——Offering an Interpretation, from M. F. Basch, Doing Psychotherapy (Basic Books, 1980), pp. 29–30. Reprinted with permission of Basic Books, a member of Perseus Books.

一些现代心理动力学治疗师更加注重自我的作用,而较少关注本我的作用。这些治疗师,像海因兹·哈特曼,通常被称为**自我分析师**(ego-analysts)。其他现代心理分析师,例如玛格丽特·马勒,则被界定为心理动力学疗法的客体关系方法。他们专注于帮助人们将自己的观点和情感从他们已经整合或内投的其他人的部分中分离出来。这样来访者就能作为个体更好地发展——作为他们自己,而不是试图去满足他们认为的别人对他们的期望。

虽然心理动力学疗法不再像以前那样在这个领域独领风骚,但它仍被广泛应用。多年来——可以说是数十年来——基于对照试验关于该疗法依旧缺乏证据证明其疗效。然而,如今有越来越多的证据来支持当代精神动力学疗法在治疗焦虑和抑郁等问题上的有效性(e.g., Bögels et al., 2014; Driessen et al., 2015; Keefe et al., 2014; Leichsenring & Schauenburg, 2014; Leichsenring et al., 2013, 2014; Levy, Ablon, & Kächele, 2013)。现在就让我们把目光转向其他疗法,先从行为疗法开始。

行为疗法　行为疗法(behavior theory)是学习原理的系统应用,用来治疗心理障碍。因为重点在于改变行为——而不是改变人格或深度探究来访者的过去——相对来说,行为疗法较为简短,通常持续几个星期到几个月。行为治疗师和其他治疗师一样,努力与来访者建立温暖的治疗关系,但是他们相信行为疗法的特殊

现代心理动力疗法　相较之于经典的弗氏精神分析,当代心理动力学治疗的过程通常较为简短,包含了与来访者更直接的、面对面的交流互动。

疗效源于以学习为基础的技术，而非治疗关系本身。

行为疗法第一次获得广泛关注，是作为一种帮助人们克服害怕、恐惧症以及解决那些证明对动力取向疗法排斥的问题的手段。行为疗法所使用的方法包括系统脱敏疗法、逐级暴露和示范法。**系统脱敏疗法**（systematic desensitization）的治疗程序是，让来访者暴露（想象，或通过图片、幻灯片的方式）在某个逐步升级的恐惧刺激中，同时使来访者保持深度放松。首先，个体采用放松技术，例如渐进式放松（见第6章），从而达到深度放松的状态。接着来访者会被指导进行想象（或者观看一系列的幻灯片）逐渐升级的焦虑唤醒场景。如果恐惧被激活，来访者就专注于恢复到放松状态。这个过程被重复直到来访者能够在不感到焦虑的情况下忍受该场景。接下来，来访者会被引导向下一个恐惧刺激层级。这个程序会一直持续直到个体能够在即使想象该层级中最令其感到痛苦的场景时也能够保持放松的程度为止。

在**逐级暴露**（gradual exposure，又叫实体暴露）中，人们将自己置于现实生活中他们会产生恐惧的情境之下，以此来试图克服恐惧。和系统脱敏疗法一样，个体以自己的步调在逐渐引起焦虑的刺激的层级中行动。例如一个害怕蛇的人，首先，可能会让他隔着房间观看一条无害的、关在笼子里的蛇，然后通过逐步推进的方式，最后接触蛇，只有当个体在当前阶段情绪完全平静下来时，才能进行下一个新的步骤。逐级暴露经常与认知技术相结合，认知技术聚焦于把不合理的焦虑唤醒的观念替换成合理的冷静的观念。

在**示范法**（modeling）中，个体通过观察他人的行为来学习希望得到的行为。例如，来访者可以观察并模仿那些接触恐惧唤起场景或物体的人。在观察榜样之后，来访者可以在治疗师或行为榜样的辅助或指导之下来表现目标行为。来访者的每一次尝试都会获得治疗师充分的强化。示范法的先驱是阿尔伯特·班杜拉和他的同事，他们运用示范技术在治疗儿童的各类恐惧，尤其是对动物的恐惧，例如蛇和狗等方面取得了令人瞩目的成功。

行为治疗师同样运用基于操作条件反射的强化技术来塑造期待拥有的行为。例如，家长和老师可能会被训练通过赞许从而系统地强化儿童的适宜性行为，并通过忽视不适宜行为来达到抑制该种行为的目的。在机构设置中，**代币制**（token economy）试图通过用代币奖励患者表现出的适宜行为（例如自我梳理和整理床铺），从而增加个体可接受的行为。

代币最终可以被兑换成个体想要的奖励。代币制同样也被用于治疗有品行障碍的孩子。

其他将在随后的章节中讨论的行为治疗技术包括:厌恶治疗(用于治疗物质滥用问题,例如吸烟和酗酒),以及社交技能训练(用于治疗社交焦虑和精神分裂症引起的技能缺陷)。

人本主义疗法 心理动力学治疗师倾向于关注无意识过程,如内部冲突。相反地,**人本主义疗法**(humanistic theory)侧重于来访者主观的、有意识的体验。人本主义疗法的主要形式是**以人为中心的疗法**(person-centered therapy,也称来访者中心疗法),由心理学家卡尔·罗杰斯创立(Rogers, 1950; Raskin, Rogers, & Witty, 2011)。

以人为中心的疗法 对罗杰斯而言,心理障碍很大程度上是因为别人在我们通往自我实现的道路上放置了路障。当其他人选择性地认同我们童年期的感受和行为时,我们可能会否认自己被批评的那部分。为获得社会认同,我们可能会戴上社会的面具或外壳。我们会学着"观其行而不闻其言",甚至可能对自己内心的声音都充耳不闻。随着时间推移,我们可能形成了扭曲的自我概念,这种概念可能符合别人对我们的看法,却不是出自我们内在的。最后,我们可能变得难以适应、不再快乐,并对"自己究竟是谁"产生了困惑。

以人为中心的疗法在治疗关系中创设温暖和接纳的环境,帮助来访者对真实的自己能够更清楚地察觉,并更加接纳。罗杰斯并不认同治疗师应该把他们自己的目标或价值观强加给来访者的观点。他的治疗重点,正如这个治疗的名称所暗示的,是聚焦于来访者。

以人为中心的疗法是非指导性的。是来访者而非治疗师主导并引导治疗的过程。治疗师运用反应——不去打断也不加评判地复述或解释来访者所表达的情感。反应技术使得来访者们意识到自己正在被倾听并且鼓励了来访者更深入地探索自己的情感,以及由于社会谴责而被否定的更深层次的感觉或自我。

罗杰斯强调创设一个温暖的治疗关系的重要性,这种关系会鼓励来访者进行自我探索和自我表露。高效的治疗师应该具备四种基本素质或态度:无条件积极关注、共情、真诚和一致性。首先,治疗师必须能够对来访者表现出无条件积极关注。与来访者过去从父母和其他人那里获得的有条件的认同可能相反,治疗师必须无条件地把来访者作为一个人来接纳,即使治疗师有时不认同来访者的选择或行为。无条件积极关

"你说的是'砍下她的头',但是我所听到的是,'我感觉被忽视了'。"

图片由 MIKE EWERS 绘,翻印获许可。

注为来访者提供了安全感,从而鼓励他们探索自己的情感而无需惧怕他人的反对。随着来访者感到被接纳或受到奖赏,相应地,他们就会被鼓励去接纳自己。

展现**共情**(empathy)的治疗师能够精确地反映出来访者的经历和感受。治疗师试图通过来访者的眼睛或参照框架去看这个世界。他们认真地倾听来访者,把自己对事件的判断和解释置于一旁。展现出来的共情鼓励了来访者触及那些他们可能只是模糊地意识到的情感。

真诚(genuineness)则是一种敞开自己心扉的能力。罗杰斯也承认在治疗过程中,有时会产生消极的情绪,通常是厌烦。但他试图把这些感受开诚布公地表露出来,而不是将它们隐藏起来(Bennett, 1985)。**一致性**(congruence)是指个体的思想、情感以及行为的一致。一致的人指的是那些行为、思想与情感统合在一起并且协调一致的人。具有一致性的治疗师为他们的来访者们树立了心理统合性的榜样。

认知疗法

事情本身没有好与坏,思维使然罢了。

——莎士比亚《哈姆雷特》

在这句话中,莎士比亚并不是要暗示不幸或疾病并不痛苦或易于控制。他的观点看起来是,我们评估不幸事件的方式会增强或减弱我们的不适感和影响我们应对的能力。几百年以后,认知治疗师,例如阿隆·贝克和阿尔伯特·埃利斯采用了这个简单却不失优雅的表述作为他们治疗方法的信条。

认知治疗师注重帮助人们鉴别并矫正会形成或引起情绪问题的错误的想法、扭曲的信念以及自我挫败的态度。他们认为负性情绪,例如焦虑和抑郁,都是由于我们对挫折事件的解释引起的,而不是事件本身的原因。这里,我们重点来关注认知疗法(cognitive therapy)的两个主要类型:阿尔伯特·埃利斯的合理情绪疗法和阿隆·贝克的认知疗法。

合理情绪行为疗法 阿尔伯特·埃利斯(Albert Ellis, 1993, 2001, 2008)认为诸如焦虑和抑郁等消极情绪是由于我们对负性事件不合理的解释或判断造成的,而非是由负性事件本身引起的。试着考虑这样一个不合理信念:我们必须总是要获得对我们很重要的人的肯定。埃利斯发现想获得他人的肯定和爱是完全可以理解的,但他指出,如果我们要产生了没有这些重要他人的肯定就无法活下去的想法,那就是不合理的了。另一个不合理信念是:我们必须事事出色,我们所追求的每一件事情都要取得成功。我们注定不可能达到这些不合理信念的期望,而当我们真的失败时,就会体验到负性情绪,例如抑郁和低自尊。情绪问题诸如焦虑和抑郁,都不是直接由负性事件引起的,而是由于我们透过自我挫败信念的有色眼镜看待这些事件,扭曲了事件的意义。在埃利斯的合理情绪行为疗法(rational emotive behavior therapy, REBT)中,治疗师积极地反驳来访者的不合理信念,反驳建立在这些基础上的各种前提假设,从而帮助来访者形成在他们自己看来可替换的、可接受的信念。

合理情绪治疗师帮助来访者以更有效的人际关系行为来替代自我挫败和适应不良的行为。埃利斯经常给来访者特殊的任务或家庭作业,例如不去认同某个蛮横无理的亲戚或与某人约会。他还帮助他们实践或练习适应性行为。

贝克的认知疗法 精神病学家阿隆·贝克(e.g., Beck, 2005; Beck & Weishaar, 2011)发展了认知疗法——与REBT相似的是,认知疗法把重点放在帮助人们改变错误的或扭曲的想法。认知疗法是当今发展最快并且在心理治疗研究范式中使用最为广泛的疗法(Beck & Dozois, 2011)。

认知治疗师鼓励来访者察觉和改变自己想法中的错误,这些错误的想法被称为认知歪曲——如放大负性事件的重要性和缩小个人成就等倾向。贝克认为,这些自我挫败的思维方式产生了负性情绪状态,如抑郁。就像有色眼镜一样,这些扭曲或错误的想法将一个人对生活经验和他们对外在世界的反应着上了先定的色彩(Smith, 2009)。认知治疗师让来访者记录下由负性事件引起的想法,并注意他们的想法和情绪反应之间的联系。接着,治疗师帮助来访者反驳歪曲的想法,用合理的可选择的想法进行替换。

认知治疗师也运用行为家庭作业,例如鼓励抑郁的人用建设性的活动(比如园艺或完成家务)来填满空闲时间。另一种类型的家庭作业涉及现实性检验,由此来访者被要求根据现实情况检测他们的消极信念。例如,一个感到不被任何人需要的抑郁的来访者可能会被要求给两个或三个朋友打电话,然后把朋友们对这个电话的反应整理到一起。治疗师接着可能会要来访者报告这个作业："他们是立刻就挂电话，还是对你的来电表现得很高兴？他们是否很高兴再次和你谈话或者想找个时间聚一聚？有证据支持你那个没有人喜欢你的结论吗？"这样的练习帮助来访者用理性的可选择的信念替代了扭曲的信念。

这两个由贝克和埃利斯提出的治疗方法可以被归类为认知行为疗法，即我们接下来要谈到的治疗方法。接下来我们将要关注一个在治疗师群体中日益壮大的运动，该运动将不同治疗流派的原理和技术融汇到一起。在阅读下一章之前，你可以先回顾一下表2.5，其中总结了心理治疗中的主要方法。

认知行为疗法 如今，大部分的行为治疗师认同一种较为宽泛的行为治疗模式——认知行为疗法（cognitive-behavioral therapy，CBT）。认知行为疗法试图整合一些治疗技术，以帮助个体改变外显行为，同时改变其潜在的思想、信念和态度。认知行为疗法利用的是这样一种假设：思维模式和信念影响着行为，而这些认知的改变可以产生期望的行为和情绪改变。认知行为治疗师专注于帮助来访者识别和矫正那些会产生情绪问题的适应不良的信念和消极的、自动自发的想法。

认知行为疗法算得上是一种合并，它是两种经典疗法的融合：行为疗法与认知疗法（Rachman，2015）。认知行为治疗师应用行为技术和认知技术的搭配，包括行为治疗，比如为了控制恐惧情境的暴露疗法，同时运用认知技术，比如认知重构（将适应不良的观点替换成更理性更能被接受的想法）。认知行为疗法在治疗大范围的情绪障碍中已产生了令人瞩目的疗效，其中包括抑郁症、惊恐障碍、广泛性焦虑障碍、社交恐惧症、创伤后应激障碍、广场恐惧症和强迫症，同时在其他障碍中也有很好的疗效，如暴食症和人格障碍（e.g.，DeRubeis et al.，2005；DiMauro et al.，2012；Hofmann et al.，2012；McEvoy et al.，2012；Öst et al.，2015；Resick et al.，2012；Watts et al.，2015）。但是，正如包括药物治疗在内的其他治疗形式一样，认知行为疗法也不是在所有病例中都有疗效：要么有很多病患未能表现出对治疗的反应，要么在随后的治疗评估中依旧保持之前的症状不见好转（e.g.，Durham et al.，2012）。这就更加凸显了要付出更大的努力从而提升现有治疗手段的必要性了。

折衷疗法 每个主要的异常行为心理模型——心理动力学、行为主义、人本主义、认知流派——都衍生出属于自己的心理治疗方法。尽管治疗师们只认同这种或那种治疗流派，然而其他治疗师则会使用**折衷疗**

法(eclectic therapy),即他们把认为能够在治疗特定来访者时取得最好疗效的不同治疗取向的原理和技术融合起来(Norcross & Beutler, 2011)。例如,一个折衷主义治疗师可能会运用行为治疗技术来帮助来访者改变特殊的不良行为,同时结合心理动力学技术帮助来访者洞察问题的童年期根源。

如今认同折衷或整合取向的临床心理学家在所有的临床心理学家中占比第二(22%)(Noreross & Karpiak, 2012;见图2.10)。采用折衷疗法的治疗师往往更年长且富有经验(Beitman, Goldfried, & Noreross, 1989),这也许是因为他们采用多样的方法来进行治疗,从这些实践中获得了有价值的经验。

折衷主义有两种主要类型:技术折衷主义和整合性折衷主义。奉行技术折衷主义的治疗师,他们利用不同治疗流派的治疗技术却不一定采取派生出这些技术的理论观点。他们在运用来自不同治疗方法的技术时,假设有一种实用的方法最有可能对某个来访者起到作用。

而奉行整合性折衷主义的治疗师们则试图融汇和综合不同的理论方法——以此把不同的理论概念和治疗方法汇集到一起,作为一种治疗的整合模型的基础。尽管已经提出了不同的综合心理治疗方法,但该领域尚未形成一个关于治疗一体化的原则和做法的一致看法。并不是所有的治疗师都赞同治疗一体化是一个必然的或可及的目标。他们认为把不同治疗方法的要素进行整合会导致一种技术上的混乱,缺乏连贯的概念框架。尽管如此,专业领域内对治疗一体化的兴趣还在不断增加,

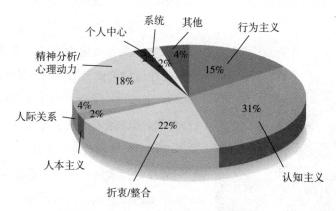

图2.10 临床心理学家的治疗取向

一项最近关于临床心理学家的全美调查显示,认知取向和折衷/整合取向是如今获得最多拥趸的治疗取向。

来源:摘自Norcross & Karpiak(2012)。

我们期待看到旨在把不同方法整合起来的一种新模型的出现。

团体治疗、家庭治疗以及配偶治疗 一些治疗方法拓展了它们的治疗重点，其中就包括家庭、团体和配偶疗法。

团体治疗 在**团体治疗**（group therapy）中，一组来访者与一个或一对治疗师会面。与个体治疗相比，团体治疗有几个优点。其一，团体治疗比个体治疗花费更少，因为是几个来访者在同一时间接受治疗。许多治疗医生也认为团体治疗在治疗有着类似问题的来访者方面更加有效，例如与焦虑、抑郁、社交技能缺乏或适应离婚或其他生活压力等。来访者学着其他有着相似问题的人是如何应对的，并从团体内和治疗师那里获得社会支持。团体治疗也为成员提供了机会去解决与人交往的问题。例如，治疗师或其他团体成员可能会指出某个成员在某次团体活动中的行为反映了他在团体之外的行为。团体成员还可以在一个相互支持的氛围里和另一个成员练习社交技能。

尽管有这些优点，来访者可能还是有各种理由更喜欢个体治疗。一个原因是，来访者可能不愿意在一个群体中暴露自己的问题。一些来访者更希望获得治疗师的特别关注。另外，可能社交方面过于拘谨的来访者无法在一个团体的环境中感到舒适。出于这些担忧，团体治疗师要求团体中暴露的问题要保密，团体成员之间相互支持，团体成员要能够得到他们所需的关注。

家庭治疗 在**家庭治疗**（family therapy）中，家庭——而非个体——才是一个治疗单元。家庭治疗旨在帮助受困扰的家庭解决他们的冲突和问题，使家庭作为一个单元更好地运作，个体家庭成员承受较少的来自家庭冲突的压力。在家庭治疗中，家庭成员会学着更有效地沟通和公开地并且有建设性地讨论自己的不同意见（Gehar, 2009）。家庭冲突常常产生于生活周期的过渡时期，即家庭模式在一个或多个成员发生变化的时候而改变。例如，父母与孩子间的冲突经常会在处于青春期的孩子寻求更多的独立或自主时出现。低自尊的家庭成员可能会无法容忍家庭中其他成员的不同态度或行为，可能会抗拒改变或变得更加独立。家庭治疗师和家庭一

团体治疗 团体治疗与个体治疗相比，有哪些优点？有哪些缺点？

起解决这些冲突,帮助他们适应生活中的改变。

家庭治疗师敏感地发现家庭成员会有这样的倾向,即在成员中找一个替罪羊,将他看成是问题的来源或是"被指认出的病患"。受困扰的家庭似乎会存在一种神话式的看法:只要改变被指认的病患("烂苹果"),那么家庭("筐")就会再度运转如初。家庭治疗师鼓励家庭成员共同解决他们的争论和冲突,而不是寻找一个成员作为替罪羊。

家庭治疗 在家庭治疗中,家庭——而非个体——是一个治疗单元。治疗师帮助家庭成员更有效地与其他成员沟通,例如以不伤害其他成员的方式公开谈论不同意见。治疗师也会试图保护某个家庭成员不被其他成员当成家庭问题的替罪羊。

许多家庭治疗师采用系统法来理解一个家庭的运作以及可能在家庭中产生的问题。他们把个别家庭成员的问题行为看成是代表了家庭内部沟通体系和角色关系的破坏。例如,一个孩子可能感到和其他兄弟姐妹在为父母的关注而竞争,从而把遗尿或尿床作为吸引关注的一种方式。从一个系统的观点进行操作,家庭治疗师可能会专注于帮助家庭成员理解孩子行为背后隐藏着的信息,并改变他们之间的关系以便充分恰当地满足孩子的需求。

配偶治疗 配偶治疗(couple therapy)主要解决痛苦的配偶之间的冲突,包括已婚的和未婚的配偶(Baucom, Atkins, et al., 2015; Baucom, Sheng, et al., 2015; Doss et al., 2015; Christensen et al., 2010)。像家庭治疗那样,配偶治疗注重于改善沟通和分析角色关系。例如,配偶一方可能处于支配地位,拒绝任何分享权力的要求。配偶治疗师帮助他们把这些角色关系公开,这样伴侣们可以探索能导致更满意关系的可选择的交往方式。

心理治疗的评价方法

2.13 评价心理治疗的有效性以及非特异性因素在治疗中的作用

那么,心理治疗的效果怎样呢?心理治疗起作用了吗?一些形式的治疗会比其他形式更有效吗?和其他的类型相比,一些心理治疗形式对一些来访者或问题类型会更有效吗?

元分析的使用 心理治疗的有效性的概念得到了研究文献的有力支持。对科学文献的回顾经常会运用到一种称作元分析(meta-analysis)的统计技术,即对大量研究的结果进行平均,来判定总体的有效性水平。

对心理治疗结果进行元分析的一个经典例子涉及约375项对照研究。每项研究都将不同类型的治疗方法(心理动力学、行为主义、人本主义等)与控制组进行了比较(Smith & Glass,1977)。他们分析的结果显示,在这些研究中通常接受心理治疗的来访者比超过75%的没有接受治疗的来访者状态要好。一个基于475个对照结果的研究分析显示,一般接受治疗的人在治疗结束时,其状态比超过80%的未接受治疗的人的状态好(Smith, Glass & Miller, 1980)。[判断正误]

判断正误

心理治疗并不比简单地任病情发展更有效。

□错误 充分的证据表明,心理治疗取得的疗效比控制处理疗效好,在控制处理中被试被安排在等待名单中任其病情自由发展。

其他元分析也肯定了心理治疗结果的乐观性,包括对认知行为疗法和心理动力学疗法(e.g., Bulter et al., 2006; Cuijpers, van Straten, et al., 2010; Okumura & Ichikura, 2014; Shedler, 2010; Tolin, 2010; Town et al., 2012)。心理治疗被证明不仅在有限的临床研究中心有效,在更普遍的一般形式的临床实践中也是有效的(Shadish et al., 2000)。心理治疗的最大疗效通常是在治疗后的几个月内。至少有50%的患者在控制研究的13次治疗期间表现出显著的改善;在26次疗程后,这一数字将上升至80%(Anderson & Lambert, 2001; Hansen, Lambert, & Forman, 2002; Messer, 2001)。我们还要意识到,许多患者在治疗还未产生作用前就过早地退出了治疗。

有证据支持心理治疗的有效性,但是我们却不足以清楚地阐释出为什么心理治疗会起作用——就是说,我们还解释不清是什么因素或过程导致了治疗的变化。当不同形式的治疗方法分别与控制组作比较时,它们产生的效果一样,或程度相当(Clarkin, 2014; Kivlighan et al., 2015; Wampold et al., 2001)。这表明不同形式的治疗方法的疗效可能与它们共有的**非特异性因素**(nonspecific treatment factors)有更多的关系,而与它们独有的特殊治疗技术关系不大。

非特异性或共同因素包括改善的期待和治疗师与来访者关系的特质:(1)治疗师表现出的共情、支持和关注;(2)治疗联盟,即来访者对治疗师和治疗过程发展出的依恋;(3)工作联盟,即在治疗师和来访者共同识别和面对来访者面临的重要问题和困扰时,一种有效的工作关系的发展(Crits-Christophetal., 2011; Norcross&Lambert, 2014; Prochaska & Norcross, 2010)。非特异性治疗因素看起来都有其各自的治疗效果，更不必说与特定治疗形式相联系的特定疗效了(Goldfried, 2012; Marcus rt al., 2014; Zilcha-Mano et cl., 2014)。

我们可以总结性地说，不同的治疗方法都有相同的效果吗？不一定，不同的治疗方法总体上可能大致相同，但有些疗法可能对相同的患者或相同的问题会更有效。和某种形式的治疗方法相比，我们也应该允许治疗效果和治疗师有更高的相关(Wampold, 2001)。

总而言之，一些治疗形式是否比其他形式的治疗方法效果更好，这仍然是个悬而未决的问题。也许是时候让研究者们把更多注意力集中到对于使得一些治疗师比另一些治疗师更有效的那些积极成分的检验上，例如人际关系技巧、展现出共情和与来访者发展一段良好治疗关系或治疗联盟的能力(Laska, Gurman, & Wampold, 2014; Prochaska & Norcross, 2010)。研究者发现，一个更有力的治疗联盟，特别是在治疗早期形成的治疗联盟，通常能产生更好的治疗结果(Arnow et al., 2013; Cummings et al., 2013; Lorenzo-Luaces, DeRubies, & Webb, 2014)。

另一个被研究者提出来的问题是，在临床中的具体疗效是否与实验室条件中的效果一致。两种研究类型，效能研究和有效性研究，用以检验这些类型的效果。效能研究涉及在一个实验室环境中，特定的治疗方法是否要比严格控制的治疗方法更有效，但是在实验室环境中，一个给定的治疗方法的疗效并不意味着它在典型的临床环境中也能起到很好的作用。这个问题是通过有效性研究来解决的，这些研究是由治疗师在现实实践环境中所遇到形形色色的来访者时得以检验其治疗效果的(Onken et al., 2014; Weisz, Ng, & Bearman, 2014)。

实证支持疗法 在精心设计的研究基础上，**实证支持疗法**(empirically supported treatments)是已经被证明对特定类型的问题行为或疾病有疗效的特定心理疗法(见表2.6所列项目；APA Presidential Task Force on Evidence-Based Practice, 2006; Church et al., 2014; Lohr, 2011)。指定实证支持疗法(也称为循证实践)可能会发生变化，其他治疗方法可能会因为它们在治疗专门类型的问题时有科学证据证明其可用性，而最终被添加至列表。我们应该注意到，在实证支持疗法的列表中包含一个特定的疗法也并不意味着该疗法在所有的情况下都是有效的。

表 2.6 举例说明实证支持疗法

疗法	治疗有效性的条件
认知疗法	头痛（第6章）
	抑郁症（第7章）
行为疗法或行为矫正	抑郁症（第7章）
	有发展性障碍的人（第13章）
	遗尿（第13章）
认知行为疗法	惊恐障碍（第5章）
	广泛性焦虑障碍（第5章）
	贪食症（第9章）
暴露疗法	广场恐惧症和特定对象恐惧症（第5章）
暴露和反应预防	强迫症（第5章）
来访者中心疗法	抑郁症（第7章）
父母培训项目	有逆反行为的儿童（第13章）

备注：括号中显示的是该治疗方法被讨论的章节。

最后我们可以得出这样的结论：没有必要问哪种治疗方法最好。而是应该问：哪种治疗方法针对哪一类型的问题才更为有效？哪种患者更适合哪种治疗方法？某种治疗的优点和局限性是什么？尽管鉴别实证性支持治疗的努力促使我们朝着将治疗方法与特定障碍配对起来的方向发展，但对于决定哪种治疗方法、由谁进行以及在什么样的条件下对特定的来访者最有效等问题来说，仍然存在挑战。

总之，心理治疗是一个很复杂的过程，它综合了支持适应性改变的各种特殊治疗技术中一些共同特征。我们需要将对于治疗改变有帮助的特异性和非特异性因素，以及它们之间的交互作用考虑在内（Gibbons et al., 2009; Raykos et al., 2014）。

批判地思考异常心理学

@问题：治疗师可以在线治疗患者吗？

或许，想要获得更好的心理健康仅仅需要敲击几下键盘？如今，你几乎可以在互联网上做任何事，从订购音乐会门票到下载音乐（当然得是合法的），甚至下载一整本书。同样，你也可以从在线治疗师那里得到咨询或治疗服务。在线咨询师和治疗师正使用视频聊天服务,如Skype,以及用电子邮件和其他电子和电信服务来帮助人们处理情感问题与关系问题。随着在线咨询服务的使用增加,争议也随之而来。

许多专业人士纷纷对在线咨询服务的临床、伦理和法律问题表达出了担忧(e.g., Gabbard, 2012; Harris & Younggren, 2011; Yuen et al., 2012)。其中一个问题是,心理学家在特定的州有执照,但是网络通信却很容易跨越州界(DeAngelis, 2012a)。因此,目前还不清楚心理学家或其他精神卫生专业人士是否能够合法地向未获得执照的州中所在的居民提供在线服务。

当心理咨询师和其他专业人士为他们素未谋面的来访者提供服务时,道德问题和责任问题也会出现。许多治疗师也会担心与来访者通过计算机或诸如手机等其他方式进行远程互动,会比通过打字交流或打电话更加阻碍他们评估可能透露更深层痛苦的非语言和手势信号(Drum & Littleton, 2014)。

治疗师们有理由担心在使用技术中的伦理问题——比如记录来访者未授权的访问以及在社交网站上发布来访者的信息(Van Allen & Roberts, 2011)。另一个问题则是,在线治疗师与来访者的距离很远,因此他们可能无法在情感危机期间提供来访者所需要的更为频繁的服务。专业人士也表达了对潜在来访者被不合格的从业人员或庸医耽误病情的担忧。目前还没有一个系统来确保只有持有执照和合格的医生能够提供在线医疗服务。

另一方面,越来越多的证据表明,基于互联网的心理卫生服务在治疗焦虑、创伤后应激障碍、抑郁症、失眠、强迫症、病态赌博、酒精滥用和吸烟成瘾等一系列问题上产生了可量化的疗效(e.g., Anderson, Hedman, Ljotsson, et al., 2015; Clark et al., 2014; El Alaoui et al., 2015; Kuester, Niemeyer, & Knaevelsrud, 2016; Mahoney et al., 2014; Hedman et al., 2014; Mewton et al., 2014; Pennant et al., 2015; Richard et al., 201; Silfvernagel et al., 2015; Spence et al., 2014; Wootton et al., 2015)。采用这些在线治疗项目的治疗师有责任去监督这些项目的质量与实施过程。在某种情况下,治疗师提供额外的支持,通过使用电子邮件或定期的电话联系来

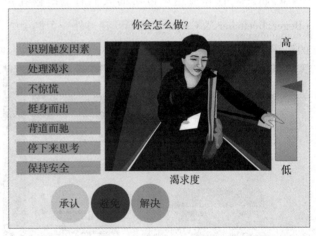

计算机辅助治疗 这段电脑互动视频被用作认知行为治疗项目的一部分,旨在帮助那些有药物滥用问题的人学习节欲技巧。小视频中的这一幕是一个有药物滥用问题的女人上楼去她的公寓。接着,她将面对与毒品相关的诱因,比如她的男友唆使她吸毒。在每一个关键的节点,场景停下来,叙述者提供一些对付欲望的策略。当小视频恢复播放的时候,这个女人会表现出相应的应对技巧,比如去拜访一个鼓励她节欲的朋友。

来源:Adapted from National Institute on Orug Abuse.

补充在线治疗模块,从某种程度上类似于一个人使用计算机软件程序获取一条救助的途径。一些心理健康专家将计算机化治疗工具(计算机辅助治疗)作为传统治疗方案的一部分,而不是单独的治疗方案。

在线治疗的一个优点之一就是,它可以为那些因为害羞或尴尬而避免寻求帮助的人群提供帮助。在线咨询可能会让一些人在接受帮助时感到更为自在舒适,这是与治疗师面对面交流的第一步。在线治疗与电话会议服务也可以为那些因为缺乏流动性或生活在偏远地区而得不到帮助的人提供必要的服务(McCord et al., 2011)。一项最近的研究表明,在线治疗结合与治疗师的最小的接触程度在用于治疗有焦虑障碍的青少年时,其疗效和与治疗师面对面的常规治疗手段的治疗效果是一样的,同时它又能对难以安排临床探视时间的患者家属提供便利(Spence et al., 2011)。

总的来说,心理学家们并未放弃电子形式的疗法,但是他们依然对其使用抱持严谨的态度(Mora, Nevid, & Chaplin, 2008)。心理学家正试图在互联网和其他计算机化或电子的心理服务广泛应用前,将对于来访者的保护付诸行动(Hadjistavropoulos et al., 2011)。使用智能手机应用程序来追踪日常生活中出现的症状时,争议较小。

智能手机应用程序也正成为治疗的一部分,要么作为传统治疗的辅助手段,要么作为独立治疗手段(Clough & Casey, 2015; Gonzalez & Dulin, 2015)。打败抑郁(Beating the Blues)以及心灵体操(MoodGYM)这类应用可以帮助人们有的时候在没有任何治疗师指导的情况下对抗抑郁(Beger, Boettcher, & Caspar, 2014)。在另外一个例子中,一组焦虑的大学生被要求在做一个简短的演讲前使用智能手机玩一个分散注意力的视频游戏,这个任务安排旨在引起高水平的焦虑(Dennis & O'Toole, 2014)。与控制组相比,玩了视频游戏的学生报告了较低水平的焦虑并且表现得不那么紧张。这些发现表明了玩电子游戏可以帮助人们转移对即将到来的威胁刺激的注意力。公众们似乎渴望使用自主应用程序,但是仍然缺乏可靠证据以证明其有效性(Clough & Casey, 2015; Leigh & Flatt, 2015)。

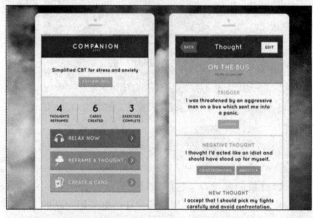

智能手机应用程序 压力与焦虑伴侣(The Stress & Anxiety Companion)是一款人们可以用来监控自己的想法与感受并提供可以帮助他们改变消极想法、发展放松技巧和其他应对技巧的手机应用。然而,关于自我指导治疗程序和智能手机应用程序的有效性依然存在疑问。

来源: http://www.designandprosper.com/our-work/stress-anxiety-companion.aspx.

你是如何看待在线心理服务的价值的呢?在批判性地思考这个问题时,请回答下列问题:

· 提供在线治疗的治疗师面临着哪些伦理和实际问题?

· 在线治疗的潜在好处是什么？潜在的风险又是什么？

· 假若你需要心理服务，你会去寻求基于互联网的治疗吗？为什么或为什么不呢？

心理治疗中的多文化问题

2.14 评价多文化因素在心理治疗中的作用以及少数族群使用精神卫生服务时的障碍

我们生活在越来越丰富的多文化社会中，人们不仅仅把他们的个人背景和个体经验带入治疗中，还把他们的文化学习、规范和价值也带入其中。正常和异常行为出现在文化和社会环境下。很明显，治疗师需要有文化能力来为来自不同背景的人们提供合适的服务（Stuart，2004）。

治疗师需要敏感地察觉到文化差异，以及这些差异是如何影响治疗过程的。文化敏感性包含的不仅仅是善解人意。治疗师必须对文化因素有精准的认识，同样还需要具备能在治疗中形成对文化敏感性的方法的有效运用这些知识的能力（e.g., Comas-Diaz, 2011a, 2011b; Inman & DeBoer Kreider, 2014）。此外，他们要避免种族刻板印象，表现出对与自己不同的种族或民族群体成员的价值观、语言和文化信念的敏感性。然而，一项最近的有关专业心理学家的调查表明，相对于心理治疗师而言，他们在实践中较少地运用到上文提及的多元文化能力（Hansenetal.，2006）。

我们也必须意识到某个治疗在一个群体中有效，并不意味着它在其他群体中也是有效的（Windsor, Jemal, & Alessi, 2015）。我们需要证据来直接说明某种特定的治疗在不同的群体中是否有效（e.g., Chavira et al., 2014; Kanter et al., 2015）。我们还需要检视特定的文化之下的疗法的特殊文化改编版本是否比标准治疗手段更有裨益。沿着这个思路，研究人员发现，在治疗亚裔美国人方面，一种特定文化的治疗恐惧症的疗法比标准的行为疗法更为有效，尤其是在针对文化程度较低的来访者的情况下（Pan, Huey, & Hernandez, 2011）。这表明，使用现有疗法的治疗师考虑如何在与不同种族或民族的来访者接触时，应该将文化层面的特定因素结合起来，从而提高治疗效果（Burrow-Sanchez & Wrona, 2012; Comas-Diaz, 2011b）。

我们接下来要讨论的方面涉及治疗美国社会中的主要少数族群成员：非裔美国人、亚裔美国人、西班牙裔美国人和美国原住民。

非裔美国人 非裔美国人的文化历史必须在极端种族歧视以及这种歧视给有色人种的心理调适带来的可怕影响的背景下理解（Comas-

文化敏感性 治疗师应该对文化差异以及这些差异会如何影响治疗过程很敏感。他们也应该避免种族刻板印象，要体现出对不同于自己种族群体的价值观、语言、文化信念的敏感性。那些不熟悉英语的来访者可以从能够使用来访者母语进行治疗的治疗师那里获益。

Diaz & Greene, 2013; Greene, 2009; Jackson & Greene, 2000）。非裔美国人需要发展应对机制来处理他们在就业、住房、教育和接受健康保健等方面遭遇到的广泛的种族歧视。例如，许多非裔美国人对潜在的虐待和剥削的敏感性是他们生存的工具，这种敏感性也表现为采取高度的怀疑或保留态度的形式。因此，治疗师须意识到身为非裔美国人的来访者会有一种倾向，即通过较少的自我暴露尽可能弱化他们的脆弱性，特别是在治疗初期阶段（Sanchez-Hucles, 2000）。故而，治疗师不应该将这种怀疑与偏执相混淆。

除了非裔来访者所表现出的心理问题之外，治疗师经常需要帮助他们的来访者发展出应对机制以处理他们在日常生活中所遭遇的种族壁垒。治疗师还需要习惯一些非裔美国人内化主流文化中长期存在的有关黑人的负性刻板印象的倾向。

非裔美国人会遭遇到各种形式的种族主义。例如，在住房和就业机会方面就会存在着公然的歧视，这毫无疑问地表明了种族主义的本质；然而，有些形式的歧视则更为微妙，更难以被识别，比如商店保安对非裔美国人投来那带着怀疑的一瞥。苏（Sue, 2010）认为，微妙的歧视形式甚至可能更具破坏性，因为它们会让受害者不确定如何应对（如果有的话）。

要具备文化上的能力，治疗师不仅必须理解他们所面对的群体的文化传统和语言，还必须意识到他们自己的种族态度和这些潜在的态度如何影响他们的临床实践。治疗师和其他人一样，置身于对非裔美国人的负性刻板印象的社会中，必须意识到假如这些刻板印象没有被考虑在内，将会对治疗师和非裔来访者建立起来的治疗关系造成怎样的破坏。在多元社会中进行心理治疗的一个中心原则是要自觉地开放性地检验自己的种族态度和这些态度可能对治疗过程造成的影响。此外，斯诺登（Snowden, 2012）指出，治疗时须意识到影响非裔美国人身心健康的环境性风险因素，比如，缺乏获取有质量的卫生保健的渠道。

治疗师也必须认识到非裔美国人家庭的文化特征，例如强烈的血缘关系联结,经常包括非血缘关系的亲属(如,父母的一个密友可能曾扮演过养育者的角色,并被称呼为"婶婶"等);强烈的宗教和信奉神灵取向;几世同堂的家庭;性别角色的适应性和灵活性(非裔美国妇女有很长的外出工作的历史);以及不同家庭成员对孩子都有照顾的责任(Greene, 1990, 1993; Jackson & Greene, 2000; USDHHS, 1999)。

亚裔美国人 具有文化敏感性的治疗师不仅要了解其他文化的信念和价值观,还要把这种认识整合在治疗过程中。一般来说,亚洲文化,包括日本文化,其价值观使人们对讨论自己及自己的情感时保持克制。在亚洲文化中公开表达自己的情感也是不被提倡的,这样可能就抑制了亚洲来访者在治疗中表露他们的情感。在传统亚洲文化中,把自己的感受告诉他人,特别是负性的感受,可能会被认为是缺乏教养。用西方标准来评判表现出被动或克制情感的亚裔来访者时,来访者可能会以符合文化的方式来反应,不应该被评价为害羞的、不配合的,或认为是对治疗师的拒绝(Hwang, 2006)。

临床医生也注意到,亚裔来访者经常通过躯体症状的发展,例如胸闷或心跳加速来表达诸如焦虑的心理不适(Hinton et al., 2009)。然而,这种躯体化情绪问题的倾向可能可以被解释为一定程度上是由于交流风格的差异造成(Zane & Sue, 1991)。也就是说,亚裔来访者可能更多地使用躯体化语言来表达情感上的痛苦。

在一些情况下,治疗目标会与某个特定文化的价值观产生冲突。治疗师需要意识到美国社会的个人主义,即在治疗干预中就表现为注重自我的发展,可能会与亚洲文化中的集体为中心和家庭为中心的价值观相冲突。与亚裔来访者打交道的治疗师也可能会更加强调"我们"的定位——而不是"我"的定位——以强调与他们的亚裔来访者进行社会互动的重要性(Hayes, Muto, & Masuda, 2011)。

在建构治疗过程时,采用文化适宜的角度可能会帮助搭建治疗师和来访者之间的桥梁,例如,通过强调思维、身体和心灵在亚洲文化中的强大联系(Hwang, 2006)。治疗师可能会整合反映东亚哲学或文化传统的技术,例如正念冥想(mindfulness meditation),一种被广泛实践的佛教冥想的形式(在第4章中讨论)。同时他们也需要汲取相关文化资源用于治疗,比如强烈的宗教信仰传统、强大的大家庭,以及在社区中的特定文化项目(Hays, 2009)。

西班牙裔美国人 虽然西班牙裔美国人的亚文化在各个方面都有

所不同,但许多亚文化还是有某种共同的文化价值观和信念,例如强调家庭和亲属的紧密联系,以及尊重和尊严(Calzada, Fernandez, & Cortes, 2010)。治疗师需要意识到传统西班牙裔美国人对家庭中相互依赖的价值观,这可能会和美国主流文化中强调的独立和自主的价值观起冲突(De La Cancela & Guzman, 1991)。

治疗师不应该假设相同疾病的结果在不同种族群体之中是相同的。最近的一项研究显示,与非拉美裔白人相比,拉丁裔人的焦虑障碍康复率较低,但两组人从重度抑郁症中恢复的几率相差不大(Bjornsson et al., 2014)。移民到美国的拉丁裔人可能会患有抑郁,但也存在文化相关的问题,比如当保持对祖国的认同时,会遇到移民问题和对于移入国文化的适应问题(Alarcón, Oquendo, & Wainberg, 2014)。

治疗师同时需要尊重价值观的不同,而不是试图将主流文化的价值观强加给他们。治疗师也应该意识到,心理障碍在不同的种群中表现的差异性。例如,根据最近对布朗克斯区、纽约和圣胡安、波多黎各的一项儿童调查研究(López et al., 2009),文化依存综合征中的"应激神经崩溃(ataques de nervios)"(见第3章)影响了约5%的西班牙裔儿童。治疗师们还应该接受培训,从而超越自己的办公室工作的限制,将视野投入到影响西班牙裔美国人日常生活的社区环境中去,例如社区俱乐部、小杂货铺(邻近的食品杂货店)、邻近的美容理发店。

美国原住民 传统的被忽视的群体,包括有色人种在内,存在最大程度的心理健康治疗服务需求未被满足的情况(Wang et al., 2005)。一个恰当的例子就是美国原住民,他们依然没有得到足够的服务,其中一部分原因就是给予这个群体的印第安医疗服务的资金本来就不足(Gone & Trimble, 2012)。另一个导致心理卫生服务差异性的原因是在提供帮助者和接受者之间所存在的文化鸿沟(Duran et al., 2005)。如果心理健康专家在与美国原住民的风俗、文化与价值观相关和具有敏感性的环境中工作,那么他们就能成功地帮助美国原住民(Gone & Trimble, 2012)。例如,许多印第安人期望在治疗中治疗师可以说得更多,而他们只要扮演一个被动的角色。这种期待和印第安文化中传统治疗师的角色相一致,但却与很多常规疗法中的以来访者为中心的方法相冲突。还可能有些差异会阻止治疗师与来访者之间有效的沟通,例如姿势、目光接触、面部表情以及其他非言语表达的形式等(Renfrey, 1992)。

心理学家意识到把部落文化元素引入美国原住民的心理健康计划

中的重要性(Csordas,Storck,& Strauss,2008)。例如,治疗时可以使用作为来访者文化或宗教传统的一部分土著仪式。净化与清洗仪式对美国与其他地方的原住民都具有治疗价值,就如同非裔古巴社区中的萨泰里阿教(Santeria)和巴西社群中的巫班达(umbanda),以及海地社区里的巫毒(vodou)一样(Lefley,1990)。由于未能安抚恶灵或未能执行强制性的仪式而引起心理异常的人,通常会寻求净化仪式来治疗。

尊重文化差异是文化敏感疗法的一个关键特征。多元文化治疗的培训越来越广泛地融入治疗师的培训计划中。文化敏感疗法采取尊重的态度,鼓励人们讲述自己的故事以及自己原生文化的故事(Coronado & Peake,1992)。

少数族群使用心理健康服务的壁垒　在美国,通常与美国白人相比,有色人种获得精神卫生服务的途径更少,针对他们所需的精神卫生保健服务也更少(Blumberg,Clarke,& Blackwell,2015)。他们所接受到的治疗质量也较低(USDHHS,2001)。造成这种差异性的一个主要原因是,不成比例的少数族群成员仍然没有投保,或投保额不足,使得他们无力承担心理健康治疗的费用(Snowden,2012)。在奥巴马平价医疗法案("Obama Care")出台的背景下,医疗保健(包括精神卫生保健)的普及能否成功地减少这些差距,还有待观察。

这些卫生保健不平等的一个重要后果是,少数族群承担着更沉重的未经诊断和未接受治疗的心理健康问题负担(Neighbors et al.,2007)。在医疗保健方面存在种族差异的一个例子是,患有自闭症谱系障碍的拉丁裔儿童往往比白人、非拉丁裔儿童更晚被确诊(Zuckerman et al.,2014)。文化因素是少数族群未充分利用精神卫生服务的另一个原因。精神卫生诊室并非有色人种寻求帮助时的第一选择。往往他们会选择求助于教堂、急诊室、亲朋好友们,或是初级保健医生,而不是像心理学家和精神科医生这样的心理健康专家。不愿寻求精神卫生保健在某种程度上反映了很多少数族群社区长期存在的对于精神疾病的羞耻感(Vega, Rodriguez,& Ang,2010)。

我们可以通过探讨下列在接受治疗中存在的障碍,以便更好地理解少数族群对门诊心理健康服务的低利用率(基于Cheung,1991;López et al.,2012;Sanders Thompson,Bazile,& Akbar,2004;Sue et al.,2012;Venner et al.,2012;以及其他来源):

1.文化不信任。来自少数族群的人通常会因为缺乏信任而不使用心理健康服务。这种不信任可能根源于压迫和歧视的文化或个人历史,或者在服务提供者那里体验过的对他们的需求无反应的经历。当少数族群来访者感知到大部分治疗师和治疗师所在机构冷漠或没有人情味时,他们更不可能对这些人产生信任。

2. **心理健康知识。** 拉丁美洲人可能不会使用精神卫生服务,因为他们缺乏有关精神障碍的知识与治疗方法。例如,随着拉丁美洲人对精神分裂症和抑郁症的特征愈发地了解,这将会导致更多的心理健康专家为此问题转介。

3. **制度性障碍。** 对少数族群的成员而言,那些机构可能是不可接近的,因为他们都坐落在距离他们家相当远的或者交通不便的地方。大部分机构只在白天工作,这意味着它们对于上班的人而言是很难利用的。而且,由于少数族群成员不熟悉门诊程序,在机构里的工作人员会让他们感到自己很愚蠢,并且他们的求助常常纠结于繁文缛节之中。

4. **文化障碍。** 许多最近的移民,特别是从东南亚国家过来的移民,极少有人在之前接触过心理健康专家。他们可能对心理健康问题持有不同的概念,或认为心理健康问题不如生理疾病严重。在一些少数族群亚文化中,家庭被认为有责任照顾有心理问题的成员,因而可能会使得他们拒绝寻求外部的援助。其他文化障碍包括典型的较低社会经济阶层的少数族群成员和大部分白人、中产阶级成员间的文化差异,以及少数族群成员在寻求心理健康治疗时往往会伴随着羞耻感。

5. **语言障碍。** 语言差异使得少数族群成员很难描述他们的问题,或获得所需的服务。心理健康机构可能缺乏足够资源来雇佣能够流利使用他们服务的社区中的少数族群语言的心理健康专家。

6. **经济和可获得性屏障。** 正如前面提到的,经济负担通常是少数民族成员未能充分利用心理健康服务的一个主要障碍,大部分少数族群生活在经济窘迫的地区。而且,许多少数民族群体居住在心理健康服务缺乏或不能触及到的郊区或偏远地区。

心理健康服务能否得到更好的利用,很大程度上取决于心理健康体系开发项目的能力,这些项目把文化因素考虑在内,建立由具有文化敏感性成员组成的员工团队,包括少数族群职员和能够使用社区居民语言的专家(Le Meyer et al.,2009;Sue,et al.,2012)。少数族群群体成员中对心理健康体系的文化不信任可能是以这样一种观念为基础的,即许多心理健康专家在对少数族群成员进行评估和治疗时存在种族偏见。

生物医学疗法

生物医学疗法在美国精神病治疗中被逐渐得到重现,尤其是心理治疗药物的使用(又称精神病药物)。如今,大约有五分之一的美国成年人服用精神药物(Smith,2012b)。生物医学疗法通常由医生来操作,他们中的很多人接受过专业的精神病学或**精神药理学**(psychopharmacology)培训。许多家庭治疗师或普通从业者也会为他们的病人开心理治疗的药物。

尽管生物医学方法在治疗一些形式的异常行为方面已经取得了极大的成功,但它还是存在局限性。至少,药物可能会有不受欢迎的或危险的副作用。精神外科手术作为一种治疗形式已经被取消,因为其早期治疗中存在严重伤害性的副作用。

药物疗法

2.15 识别精神药物的主要种类以及每种药物的实例,并且评价其优缺点

治疗心理障碍的精神药物作用于大脑中的神经递质系统,影响了神经元之间神经冲动传导的微妙的化学平衡。精神类药物不能治愈精神或心理疾病,但它们通常能有助于控制这些疾病令人不安的特征或症状。精神病药物的主要类别有抗焦虑药物、抗精神病药物以及抗抑郁药物,还有用于治疗双相障碍患者心境波动的锂。其他精神病药物的使用,例如兴奋剂,将会在以后的章节中进行讨论。

抗焦虑药物 抗焦虑药物(antianxiety drugs,也称 anxiolytics,源于希腊语"anxietas",意为"焦虑",同时"lysis"的意思是"结束")可对抗焦虑,减少肌肉紧张状态。这些药物包括温和的镇静剂,例如苯二氮䓬类的药物——例如,包括地西泮(安定)和阿普唑仑(赞安诺);还有安眠药类的,如三唑仑(酣乐欣)。

抗焦虑药物抑制了中枢神经系统特定部位的激活水平,包括交感神经系统,它会减少呼吸频率和心率,从而减轻焦虑和紧张的状态。使用抗焦虑药物的副作用包括疲劳、嗜睡和运动协调性受损,这些都可能会损伤功能性或是驾驶能力。同时还有可能会引起药物滥用的可能。最常见的处方弱镇静剂——安定——已经成为人们在生理和心理上的主要滥用药物之一。

在短期治疗中使用抗焦虑药物对于治疗焦虑和失眠是安全而有效的。但是药物本身并不能教会人们新的技能或教会他们用更适宜的方法来解决问题。反而仅仅使人们学会依赖于使用药物来处理自己的问题。**焦虑反弹**(rebound anxiety)是另一个与长期使用镇静剂有关的问题。许多长期使用抗焦虑药物的人们报告说一旦他们停止服用药物,就会出现更严重的焦虑或失眠情况。

抗精神病药物 抗精神病药物(antipsychotic drugs),也称为精神抑制剂,被普遍用于治疗具有严重症状的精神分裂症和其他精神障碍,如:幻觉、错觉和意识混乱状态。这些药物于20世纪50年代被引入使用,包括氯丙嗪(盐酸氯丙嗪)、硫利达嗪(硫醚嗪),以及羟哌氟丙嗪(盐酸氟奋乃静),属于吩噻嗪类的化学药品。吩噻嗪类药物似乎是通过阻止脑内受体上的神经递质多巴胺活动来控制精神病症状。尽管精神分裂症的潜在病因尚未得知,但研究者推测其中可能涉及大脑内部多巴胺系统的失调(见第11章)。氯氮平(可治律),是一种与非吩噻嗪类药物不同的化学类精神抑制剂,它在治疗那些症状对其他精神抑制剂不反应的精神分裂症患者时是有效的。然而,氯氮平的使用必须被谨慎监控,因为它有潜在危险的副作用。

精神抑制剂的使用极大降低了对严重紊乱的患者采用更有限制性的治疗形式,例如被物理约束和限制在软垫房的需求,也减少了长期住院的需要。

精神抑制药物本身并非没有问题,它包含潜在的副作用例如肌肉僵直和震颤。尽管这些副作用通常可以用其他药物加以控制,但长期使用抗精神病药物(可能除氯氮平之外)会产生一种潜在的不可逆的和运动瘫痪障碍,称为迟发性运动障碍(见第11章),该障碍的特点为不可控的眨眼、面部怪相、吧嗒嘴以及其他口、眼、四肢的不自主运动。

抗抑郁药物(antidepressants drugs) 如今被广泛运用的四种主要类型的抗抑郁药物有:三环类抗抑郁剂(TCAs)、单胺氧化酶抑制剂

(MAO)、选择性5-羟色胺再摄取抑制剂(SSRIs)以及5-羟色胺去甲肾上腺素(SNRIs)。三环类抗抑郁剂和单胺氧化酶抑制剂可以提高神经递质去甲肾上腺素和羟色胺在大脑中的可用性。一些较常见的三环类抗抑郁剂是丙咪嗪(盐酸丙咪嗪)、阿米替林(盐酸阿密替林)和多虑平(多塞平)。单胺氧化酶抑制剂包括诸如苯乙肼这样的药物。三环类抗抑郁剂比单胺氧化酶抑制剂更受欢迎,因为它较少产生严重的副作用。

选择性5-羟色胺再摄取抑制剂,对大脑中5-羟色胺水平具有更特殊的作用。这类药物包括氟西汀(百忧解)和舍曲林(左洛复)。SSRIs通过传递神经元干扰5-羟色胺的再摄取(再吸收),进而提高大脑5-羟色胺的可用性。5-羟色胺去甲肾上腺素再摄取抑制剂,其中包括文拉法辛(venlafaxine),通过传递神经元抑制这些化学物质的再摄取,专门作用于提高两种与情绪状态联系的神经递质水平——5-羟色胺和去甲肾上腺素。

抗抑郁药物在治疗抑郁症和其他心理疾病方面也有有益的效果,包括恐惧症、社交障碍、强迫症(见第5章)和贪食症——一种我们在前面杰西卡的案例中讨论过的进食障碍(见第9章)。随着继续研究这些心理障碍的潜在诱因,我们可以发现大脑中神经递质功能紊乱对于这些障碍的发展起到的关键作用。[判断正误]

判断正误
抗抑郁药物仅用于治疗抑郁症。
☐错误 抗抑郁药物可以用于许多精神疾病,包括治疗多种焦虑障碍和贪食症。

锂和抗惊厥药物 碳酸锂,一种金属锂盐的片剂形式,它可以帮助许多双相情感障碍(以前被称为躁狂抑郁症;将在第7章中讨论)患者稳定其剧烈的心境波动。双相情感障碍患者可能不得不持续服用锂来控制该障碍。因为锂具有潜在的毒性,持续服用该药的患者必须被严密监控其血液浓度。用于治疗癫痫的**抗惊厥药物**(anticonvulsive drugs,如,双丙戊酸钠)也有抗狂躁以及稳定情绪的作用,有时可用于对锂不耐受的双相情感障碍患者(见第7章)。

表2.7根据精神病药物分类列出了这些精神类药物。

表2.7 主要精神类药物

	通用名	商标名称	临床应用	可能的副作用或并发症
抗焦虑药物	地西泮 甲胺二氮䓬 氯羟去甲安定 阿普唑仑	安定 利眠宁 劳拉西泮 赞安诺	焦虑和失眠	嗜睡、疲劳、协调功能受损、恶心
抗抑郁药物	三环类抗抑郁剂（TCAs） 丙咪嗪 去甲丙咪嗪 阿米替林 多虑平	盐酸丙咪嗪 地昔帕明 盐酸阿密替林 多塞平	抑郁症、贪食症、惊恐障碍	血压变化、心律不齐、口干、视线模糊、皮疹
	单胺氧化酶抑制剂（MAO） 苯乙肼	苯乙肼	抑郁症	头昏、头疼、睡眠障碍、烦乱、焦虑、疲劳
	选择性5-羟色胺再摄取抑制剂（SSRIs） 氟西汀 舍曲林 帕罗西汀 西酞普兰 草酸依地普仑	百忧解 左洛复 百可舒 喜普妙 依地普仑	抑郁、贪食症、惊恐障碍、强迫症、创伤后应激障碍（左洛复）、社交焦虑（百可舒）	恶心、腹泻、焦虑、失眠、盗汗、口干、头昏、嗜睡
	5-羟色胺去甲肾上腺素（SNRIs） 欣百达	度洛西汀	抑郁症、广泛性焦虑障碍	恶心、胃痛、食欲不振、口干、视线模糊、嗜睡、关节或肌肉疼痛、体重增加
	文拉法辛	文拉法辛	抑郁症	恶心、便秘、口干
	去甲文拉法辛	去甲文拉法辛	抑郁症	嗜睡、失眠、头晕、焦虑
	其他抗抑郁药物 安非他酮	安非他酮 载班	抑郁、尼古丁依赖	口干、失眠、头痛、恶心、便秘、震颤
抗精神病药物	吩噻嗪类 氯丙嗪 硫利达嗪 三氟吡拉嗪 羟哌氟丙嗪	氯丙嗪 硫醚嗪 三氟拉嗪 氟奋乃静	精神分裂症和其他精神障碍	运动障碍（例如迟发性运动障碍）、嗜睡、坐立不安、口干、视线模糊、肌肉僵化
	非典型抗精神病药物 氯氮平	氯氮平	精神分裂症和其他精神障碍	潜在致命的血液病变、癫痫、心跳加速、嗜睡、头昏、恶心

续表

	通用名	商标名称	临床应用	可能的副作用或并发症
	利培酮	维思通	精神分裂症和其他精神障碍	坐不住的感觉、便秘、头昏、嗜睡、体重增加
	奥氮平	再普乐	精神分裂症和其他精神障碍	低血压、头昏、嗜睡、心悸、疲劳、便秘、体重增加
	阿立哌唑	安律凡	精神分裂症、狂躁症、伴随抗抑郁药物服用的抑郁症	头痛、紧张、嗜睡、头晕、烧心、便秘、腹泻、胃痛、体重增加
	其他抗精神病药物氟哌啶醇	好度	精神分裂症和其他精神障碍	与吩噻嗪类药物类似
抗躁狂药物	碳酸锂	碳酸锂	躁狂发作和与双相障碍相关的情绪波动的稳定	震颤、口渴、腹泻、嗜睡、虚弱、缺乏一致性
	双丙戊酸钠	丙戊酸钠	躁狂发作和与双相障碍相关的情绪波动的稳定	恶心、呕吐、头昏、腹部痛性痉挛、睡不安稳
兴奋性药物	哌醋甲酯 安非他命与右旋安非他命	利他林 阿得拉	儿童多动症(ADHD)	神经质、失眠、恶心、头昏、心悸、头痛、可能暂时延缓生长

来源：摘自 J.S.Nevid (2013). Psychology Concepts and applications, 4th. Ed., P. 629. Belmont,CA: Cengage Learning. Reprinted by permission.

电休克疗法

2.16 描述电休克疗法和精神科外科手术的应用并评估其有效性

电休克疗法(electroconvulsive therapy, ECT)的使用似乎是野蛮且极具争议的。电击通过病人的大脑，足以引起癫痫患者那般的抽搐。尽管在许多患有严重抑郁症的病人身上，抗抑郁药物并没有展现出良好的疗效，但在ECT治疗后却表现出明显的改善(Kellner et al., 2012; Oltedal et al., 2015)，但是与之伴随的是对于治疗期间发生事件的遗忘以及较高的复发率(见第7章)。ETC通常被认为是在破坏性较低的尝试方法失败后治疗的最后手段。[判断正误]

判断正误

把少量电流通入人的大脑可以帮助缓解严重的抑郁症症状。

☐ **正确** 未能对较温和的疗法显示出疗效的重度抑郁症患者通常会对电休克疗法显示快速改善的疗效。

精神科外科手术

2.17 描述精神科外科手术的应用并评估其有效性

精神科外科手术甚至比ECT更具有争议性,而在如今几乎不用了。尽管它已不再使用,但前额叶切除术(prefrontal lobotomy)曾经是最常见的精神科外科手术。其过程是将连接丘脑和大脑前额叶的神经通路通过手术切断。该手术基于以下理论:极端紊乱的患者遭受着源自大脑低级中心(例如丘脑和下丘脑)过度激发的情绪冲动。人们认为切断丘脑和大脑皮层前额叶的高级脑中心之间的联系,患者的暴力或攻击倾向就会被控制住。这一手术被放弃是因为缺乏证明其有效性的证据并且它常常会产生严重的并发症,甚至会导致死亡。20世纪50年代出现了可以被用来控制暴力和破坏性行为的精神病药物,这几乎完全取代了神经科外科手术(Hirschfeld,2011)。

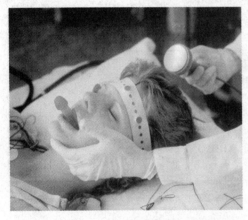

电休克疗法 电休克疗法在许多严重或长期且对其他疗法疗效不甚明显的抑郁症的病例中是有疗效的。尽管如此,它仍是一种有争议的治疗方式。

近年来引进了更为先进的神经外科手术技术。在对于与某些疾病有关的大脑回路(如强迫症)更好理解的基础上,外科技术现在被用于定位大脑中的较小区域,产生的损害也远小于前额叶切除术。这些技术已经被用于治疗严重的强迫症、双相情感障碍以及对其他治疗无效的重度抑郁症患者(Carey,2009b;Shields et al.,2008;Steele et al.,2008)。

另一种实验技术是深颅刺激(deep brain stimulation,DBS),这是一种外科手术方法,将电极植入大脑,用于电刺激更深的大脑结构。DBS显示了治疗未能对更为保守治疗产生疗效的重度抑郁症和强迫症患者的光明前途(Dubovsky,2015;Grant,2014;Hamani et al.,2014;Islam et al.,2015;Riva-Possee et al.,2014)。然而,由于这些疗法的有效性尚待更充分地研究,以及潜在的严重并发症,这些技术目前被归为实验治疗一类(Berlim et al.,2014;D'Astous et al.,2013)。

生物医学疗法的评价

2.18 评价生物医学治疗方法

毋庸置疑,生物疗法已经帮助了很多有严重心理问题的人。因为抗精神病药物的使用,成千上万的之前住院治疗的精神分裂症患者能够走上社会。抗抑郁药物已经帮助许多病人缓解了抑郁症,在治疗其他心理障碍中也有较好的疗效,如惊恐障碍、强迫症和进食障碍。对许多对其他治疗疗效不显著的抑郁症患者而言,ECT在缓解抑郁症方面很有帮助。然而,精神药物和其他诸如ECT之类的生物医学疗法,它们并非解药,也不是万灵药。药物治疗与ECT常常具有令人不安的副作用和潜在的生理依赖风险,比如服用安定时。此外,一些形式的心理治疗在治疗焦虑障碍和抑郁症时,和药物治疗一样有效(见第5章和第7章)。

医疗从业者有时更愿意使用处方来帮助人们摆脱焦虑困扰,而不是帮助他们审视自己的生活或为他们提供心理治疗(Boodman,2012)。我们不应当期望用一片小小的药丸来解决我们在生活中遇到的所有问题(Sroufe,2012)。当然,在患者提出通过化学途径(药物)解决他们的生活问题时,医生也常常感到有压力。

研究者们已经通过搜集证据揭示了,倘若在对抑郁症、焦虑障碍和物质滥用等问题的治疗上采用心理治疗与药物治疗相结合的方法,可能会比单独使用其中一种疗法的疗效要好(e.g.,Cuijpers et al.,2010;Lynch et al.,2011;Oestergaard & Moldrup,2011;Schneier et al.,2012; Sudak,2011)。

总结

生物学观点
神经系统

2.1 识别神经元、神经系统和大脑皮层的主要部分,并且描述它们的功能

神经系统由神经元组成,神经细胞通过一种叫作神经递质的化学物质来相互沟通,这种神经递质通过神经元之间的微小间隙或突触传递神经冲动。神经元的部分包括细胞体,它负责细胞的新陈代谢功能;树突,或丝状体负责接收来自邻近细胞的信息(神经冲动);轴突则是一种细长的管状结构,它可以将神经冲动传导至神经元;突触末梢或是轴突尖端的分枝状结构;以及髓鞘,能加速神经冲动传递的神经元绝缘层。

神经系统由两个主要部分组成:中枢神经系统与外周神经系统。其中,中枢神经系统是由脑和脊髓构成的,负责控制身体功能和执行更高级的心理功能。外周神经系统由两个主要部分组成:躯体神经系统,它在神经中枢系统和感觉器官以及肌肉之间传递信息;自主神经系统,它控制着不受支配的身体过程。自主神经系统有两个分支,即交感神经和副交感神经。这两个分支在很大程度上具有拮抗作用,交感神经系统为了体力消耗或是应对压力而调动体内资源,副交感神经则会在放松的时候补充身体能源并掌控身体。

大脑皮层是由四个部分组成的:(1)枕叶,负责处理视觉刺激;(2)颞叶,负责处理声音或听觉刺激;(3)顶叶,负责触觉、体温和疼痛;(4)额叶,负责控制肌肉运动(运动皮层)和更高级的心理功能(前额皮质)。

评估异常行为的生物学观点

2.2 评估异常行为的生物学观点

生物因素,如大脑中神经递质系统的功能紊乱、遗传和潜在的大脑异常,都与异常行为的发展有关。然而,生物学不是决定命运的唯一因素,基因也没有规定行为的结果,异常行为的发生和先天与后天、环境与遗传的互动有着复杂的相互作用。遗传学创造了一种倾向或是可能——不是确定的——某些行为模式或是障碍将会发展。涉及到遗传因素起作用的地方,都不是单个基因的作用,而是涉及到多种基因。

心理学观点

心理动力学模型

2.3 描述异常行为的心理动力学模型的主要特征并评价其主要贡献

心理动力学的观点反映了弗洛伊德和那些遵循这一传统的拥趸们的观点,其中包括卡尔·荣格、阿尔弗雷德·阿德勒、卡伦·霍妮、艾里克·埃里克森以及玛格丽特·马勒。他们认为异常行为源于心理因素,基于内在的精神力量,心理动力学模型催生出用于治疗的心理动力学模型。他们将关注重点聚焦于无意识过程,但它受到批评是因为在很大程度上该理论过于强调性冲动以及攻击冲动,同时很难对一些十分抽象的概念进行科学测试。

学习基础模型

2.4 描述异常行为的学习基础模型的主要特征并评价其主要贡献

诸如约翰·B.华生和B.F.斯金纳这样的学习理论家,认为学习原理可以用来解释异常行为和正常行为。基于学习理论的发展催生了行为疗法以及更为广阔的概念模型——社会认知理论。但是它也因无法提供更为全面的关于自我意识重要性和主观经验的解释以及无法说明遗传因素在解释异常行为模式中的作用而被指摘。

人本主义模型

2.5 描述异常行为的人本主义模型的主要特征并评价其主要贡献

人本主义理论家如卡尔·罗杰斯和亚伯拉罕·马斯洛认为,理解人们在追求自我实现和真实性的过程中遇到的障碍是十分重要的。人本主义模型增加了对意识、主观经验重要性的关注,但是因其在研究个人的心理活动以及自我实现中存在的困难而备受指摘。

认知模型

2.6 描述异常行为的认知模型的主要特征并评价其主要贡献

阿隆·贝克和阿尔伯特·埃利斯等认知理论家关注扭曲的以及自我挫败的思想在解释异常行为中的作用,认知模型催生出了认知疗法,并导致了认知行为疗法的出现。但认知行为疗法因过于局限于情绪障碍而被批评,并且该模型还要面临关于"扭曲的思想究竟是原因还是仅仅只是抑郁的结果"这一被人反复质疑的问题。

社会文化观点

种族与心理健康

2.7 评价异常行为发病率的种族群体差异

总的来说,欧洲裔白人(非西班牙裔白人)比西班牙裔美国人(拉美裔)或是非西班牙裔美国黑人有着更高的心理障碍发病率。亚裔美国人的心理障碍率通常较低。美国原住民通常有着不成比例的抑郁症和酗酒率,部分原因是他们有着被主流文化排斥和边缘化的历史。

对社会文化观点的评价

2.8 评价社会文化观点下我们对异常行为的理解

社会文化观点考虑到社会文化因素,包括社会阶级、种族因素、贫穷以及种族主义的影响,这对于扩大我们对异常行为的视角十分重要。社会文化理论家十分关注社会压力源在异常行为中的作用。研究支持社会阶级与严重的心理障碍之间存在联系。

生物心理社会学观点

素质—应激模型

2.9 描述异常行为的素质—应激模型

素质—应激模型认为,尽管一个个体可能会对某种心理障碍具有某种先天倾向性或是素质,但是这种障碍是否会得到发展则取决于素质与应激诱导的生活事件之间的相互作用。

对生物心理社会学观点的评价

2.10 评价异常行为的生物心理社会学模型

生物心理社会观点的重要性在于它认识到,最能理解异常行为的是生物、心理和社会文化因素间的相互作用。虽然生物心理社会模型已经成为一个先进的概念模型,但它的复杂性也可能是其最大的弱点。

心理学的治疗方法

专业帮扶人员的种类

2.11 识别三种主要类型的专业帮扶人员,并描述他们的培训背景和专业角色

临床心理学家使用心理测验来诊断精神或心理障碍,同时进行心理治疗。他们完成了临床心理学的学位培训,通常是博士级别。精神科医生是在精神病学方面完成医学临床医师实习计划的医生。他们可以开药、使用其他生物医学治疗形式,也可以进行心理治疗。临床或精神科社会工作者在社会工作或社会福利方面的研究生院接受培训,一般是硕士级别。他们帮助患有严重精神障碍的人接受他们所需的服务,并可能进行心理治疗或婚姻或家庭治疗。

心理治疗的类型

2.12 描述下列形式的心理治疗的目标与所用技术:心理动力学疗法,行为疗法,人本主义疗法,认知疗法,认知行为疗法,折衷疗法,团体治疗,家庭治疗以及配偶治疗

心理动力学疗法源于弗洛伊德的精神分析。精神分析学家使用自由联想和梦的解析等技术来帮助人们深入了解他们的潜意识冲突,并根据他们的成年人格来进行研究。当代心理动力学疗法通常更为简短,以更为直接的方法探索病人的防御及移情关系。

行为疗法运用学习原理来帮助人们做出适应性的行为改变。行为治疗技术包括系统脱敏、逐级暴露、示范法、操作条件反射以及社会技能训练。认知行为疗法将行为疗法与认知疗法整合了起来。

人本主义疗法聚焦于来访者当下的主观意识体验。罗杰斯的以来访者为中心的治疗帮助来访者提高他们对曾遭遇社会谴责与否认的内心感受的认识与接纳。以人为本的治疗师具有无条件的积极关怀、移情、真诚和一致性的品质。

认知疗法聚焦于修正被认为是情绪刺激与自我挫败行为的基础的适应不良的认知。埃利斯的合理情绪行为疗法关注的是对导致情绪困扰的非理性信念的抗拒,以及代之以适应性的信念和行为。贝克的认知疗法侧重于帮助来访者识别、挑战以及替换扭曲的认知,比如倾向于放大负性事件并对个人成就最小化。认知行为疗法是一种更为广泛的行为疗法,将认知和行为技术结合在治疗中。

有两种形式的折衷疗法:技术折衷主义,一种实用主义的方法,它利用了不同流派的治疗方法且无需遵循这些流派所代表的理论立场;整合性折衷主义,一种试图综合或整合多种理论方法的治疗模式。

团体治疗以团体的环境提供了相互支持与分享学习经验的机会,从而帮助个体克服心理困难,发展出更多的适应性行为。家庭治疗师与有冲突的家庭合作,帮助他们化解分歧、防止他们将家庭中的某个成员作为问题的替罪羊、帮助家庭成员发展出更大的自主性。配偶治疗聚焦于帮助夫妻改善他们的沟通状况以及化解夫妻间的分歧。

心理治疗的评价方法

2.13 评价心理治疗的有效性以及非特异性因素在治疗中的作用

通过对心理治疗结果的元分析,将心理治疗与控制组进行比较,得到的证据有力地支持了心理治疗的有效性。然而,依然存在的问题是,不同类型的心理治疗的相对有效性是否存在差异。经验上支持的疗法是那些在对照科学研究的控制程序中显示出显著效益的疗法。

非特异性因素,包括从治疗师那里得到共情、支持和关注,以及治疗联盟和工作联盟的发展,是在不同类型的治疗中的共同因素。问题依然存在于治疗效果的程度,这是因为来访者接受的特定治疗或是不同治疗方法所共有的非特异性因素。

心理治疗中的多文化问题

2.14 评价多文化因素在心理治疗中的作用以及少数族群使用精神卫生服务时的障碍

治疗师需要对文化差异以及它们如何影响治疗过程保持敏感。当对不同文化群体成员治疗时,不同形式的疗法可能会有不同的效果。有文化胜任力的治疗师会理解并尊重可能影响心理治疗实践中的文化差异。限制少数族群使用精神卫生服务的因素包括:对其他形式救助的文化偏好、文化上对精神卫生系统的不信任、文化和语言上对精神卫生治疗的隔阂、经济障碍以及获取帮助渠道的有限性。

生物医学疗法

药物疗法

2.15 识别精神药物的主要种类以及每种药物的实例,并且评价其优缺点

三种主要的精神类药物分别是:抗焦虑药物、抗抑郁药物以及抗精神病药物。抗焦虑药物,比如安定,可以缓解短程焦虑,但是不能直接帮助人们解决他们的问题或是应对压力。抗抑郁药物,比如百忧解和左洛复,可以帮助缓解抑郁症,但它也不是根治的灵药,同时也有带来副作用的风险。抗焦虑和抗抑郁药物可能并不比心理学疗法更加有效。锂和抗惊厥药物在许多情况下有助于稳定双相情感障碍患者的情绪波动。抗精神病药物有助于控制严重的精神病症状,但是经常使用此类药物也会伴随严重的副作用。

电休克疗法

2.16 描述电休克疗法和精神科外科手术的应用并评估其有效性

电休克疗法包括对大脑进行一系列的电击,即使是对其他疗法没有反应的病患,也可以从剧烈的电击之中获得极大的缓解。然而,ECT是一种侵入式的治疗,与高复发率相关,并且会带来丧失记忆的风险性,尤其是丧失治疗期间发生事件的记忆。

精神科外科手术

2.17 描述精神科外科手术的应用并评估其有效性

精神科外科手术对大脑使用侵入式的外科技术来控制严重的紊乱行为。因为不良的后果以及较小侵入性治疗的出现,这种治疗形式几乎消失了。

生物医学疗法的评价

2.18 评价生物医学治疗方法

以药物治疗或是ECT为形式的生物医学疗法可以帮助缓解焦虑、抑郁和躁狂症等令人不安的症状,有助于稳定双相情感障碍患者的情绪波动、可以控制精神分裂症病患的幻觉和妄想,但是这些也终究不是疗愈的方法。此外,心理治疗在治疗焦虑和抑郁方面有着与药物治疗相当的效果,而且还没有药物副作用以及可能的生理衰退的风险。在某些情况下,心理治疗与药物治疗相结合可能会比单独的治疗方法更为有效。

评判性思考题

阅读完本章之后,请回答下列问题:
- 举一两个例子说明你自己或他人的行为,在这些行为中防御机制可能起到了作用。哪些特殊的防御机制在发挥着作用?
- 从你的个人经历中举一个例子,在这个例子中,你的思维反映了贝克所界定的一种或多种认知扭曲:选择性抽象、过度概括、夸大和绝对主义思想。这些思维模式对你的情绪有何影响？对你动机水平的影响如何？你又是如何改变你对这些经历的想法的？
- 在解释异常行为时，为何需要考虑多个角度？
- 不同类型的精神卫生专业人士在受训背景以及他们所扮演的角色上有何不同？
- 如果你在寻求心理障碍的治疗，你会选择何种疗法？以及为什么选择？
- 治疗师在治疗不同群体成员时为什么要考虑文化因素呢？要纳入考虑范畴的文化因素又有哪些？

关键术语

1. 神经元	1. 快乐原则	1. 素质
2. 树突	2. 自我	2. 心理治疗
3. 轴突	3. 现实原则	3. 精神分析
4. 末梢	4. 超我	4. 心理动力学疗法
5. 髓鞘	5. 防御机制	5. 自由联想
6. 神经递质	6. 固着	6. 移情关系
7. 突触	7. 原型	7. 反移情
8. 受体部位	8. 自我心理学	8. 行为疗法
9. 中枢神经系统	9. 客体关系理论	9. 系统脱敏疗法
10. 周围神经系统	10. 精神病	10. 逐级暴露
11. 延脑	11. 行为主义	11. 示范法
12. 桥脑	12. 条件反应	12. 代币制
13. 小脑	13. 无条件刺激	13. 来访者中心疗法
14. 网状激活系统	14. 无条件反应	14. 共情
15. 丘脑	15. 条件刺激	15. 真诚
16. 下丘脑	16. 经典条件反射	16. 一致性
17. 边缘系统	17. 操作性条件反射	17. 认知疗法
18. 基底神经节	18. 强化	18. 合理情绪行为疗法
19. 大脑	19. 正强化物	19. 认知行为疗法
20. 大脑皮层	20. 负强化物	20. 折衷疗法
21. 躯体神经系统	21. 惩罚	21. 团体治疗
22. 自主神经系统	22. 社会认知理论	22. 家庭治疗
23. 交感神经系统	23. 示范作用	23. 配偶治疗
24. 副交感神经系统	24. 预期	24. 非特异性因素
25. 表观遗传学	25. 自我实现	25. 精神药理学
26. 精神分析理论	26. 无条件积极关注	26. 抗焦虑药物
27. 意识	27. 有条件积极关注	27. 焦虑反弹
28. 前意识	28. 社会因果模型	28. 抗精神病药物
29. 无意识	29. 向下漂移假说	29. 抗抑郁药物
30. 本我	30. 素质—应激模型	30. 电休克疗法

第3章 异常行为的分类与评估

学习目标

3.1 描述诊断分类DSM系统的关键特征。
3.2 描述文化依存综合征的概念,并且识别一些例子。
3.3 解释为何新版DSM手册——DSM-5备受争议,并评估DSM系统的优缺点。
3.4 确定评估测试和测量信度的方法。
3.5 确定评估测试和测量效度的方法。
3.6 识别三种主要的临床访谈的类型。

3.7 描述两种主要的心理测验类型——智力测验和人格测验——并找出每种类型的例子。

3.8 描述神经心理测验的方法。

3.9 确定行为评估方法,并描述功能分析的作用。

3.10 描述认知评估的作用,并找出两个认知测量的例子。

3.11 识别生理测量的方法。

3.12 描述心理评估的社会文化方面的作用。

判断正误

正确☐ 错误☐ 有些印度人会因为过于担心精液流失而产生心理障碍。

正确☐ 错误☐ 心理测验的信度可能很高,但效度却很低。

正确☐ 错误☐ 虽然测量头颅的方法不是一门精确的科学,但是可以通过测量个体头部的肿块来确定个体的人格特质。

正确☐ 错误☐ 在使用最广泛的几项人格测验中,有一种测验呈现给被试一系列的墨迹图,然后要求被试解释他们在一系列墨迹图中看到的内容。

正确☐ 错误☐ 测试婴儿是否有自闭症行为的迹象:是的,有一个应用程序可以做到这点。

正确☐ 错误☐ 尽管科技进步了,但是今天的内科医生仍需通过手术来研究大脑的工作机制。

正确☐ 错误☐ 进行磁共振扫描就像是被塞进一块大磁铁中。

正确☐ 错误☐ 对于可卡因上瘾的人来说,大脑的某些部分通常会在愉快的情绪中被激活。

正确☐ 错误☐ 大脑扫描技术的发展使内科医生可以运用核磁共振成像技术来诊断精神分裂症。

观看 章节介绍:异常行为的分类与评估

"我" "杰瑞在州际公路上惊恐发作"

咨询师：你能告诉我是什么事情使你想来就诊的？

杰瑞：嗯……今年年初的时候，我就开始有了这些恐惧。但那时候我还不知道什么是惊恐发作。

咨询师：好的，你那时有什么感觉？

杰瑞：嗯，心脏就开始狂跳，剧烈加速……

咨询师：你是说，你的心脏越跳越快。

杰瑞：还有的，就是，我不能一直待在一个与他人很靠近的地方，比如说电影院或者教堂……否则的话，我会马上起来离开那个地方。

咨询师：你还记得你第一次有这种反应时的情况吗？

杰瑞：嗯，我……

咨询师：你能跟我具体说说你当时的感受吗？

杰瑞：当时我正在州际公路上开车，大约开了10到15分钟。

咨询师：嗯。

杰瑞：突然，我就有这种害怕的感觉，然后我的心跳加速。

咨询师：所以说，你注意到自己很害怕。

杰瑞：是的。

咨询师：你的心脏跳得厉害还一直在出汗。还有其他什么感觉吗？

杰瑞：我一直在出汗，然后我就害怕会一头撞到其他车上去，非常害怕，无法继续开车上州际公路。所以，我当时就……就有点动不了，开不了车了。

咨询师：那你之后做了什么？

杰瑞：我就把车开到最近的出口。然后我跳下车把它停在了边上。在这之前我从来没有过这种感觉。

咨询师：那真是……

杰瑞：完全出乎意料……

咨询师：完全出乎意料？之后又想了些什么？

杰瑞：我不知道。

杰瑞：我当时认为自己可能有心脏病。

咨询师：你只知道自己很……

咨询师：很好。

来源：Excerpted from: Panic Disorder: The Case of Jerry, found on the Videos in Abnormal Psychology.

杰瑞在咨询师的指导下，逐渐说出了他的故事。心理学家和其他心理健康专家会使用临床访谈及其他的各种方法来评估异常行为，如心理测验、行为评估以及心理监控法。临床访谈是一种评估异常行为的重要方法，也是一种对被试形成诊断印象——在此案例中是惊恐障碍——的重要方法。临床医生会将来访者现有的问题和各种特征与一系列用来形成诊断印象的标准进行匹配联系。

心理障碍或精神障碍的诊断是指根据被试个体通常的特征或者症状，将个体的异常行为模式归入某些特定的类别中。自古以来，人们就对异常行为进行了归类。希波克拉底就曾根据他的体液类型理论（维持生命所必需的体液）对异常行为进行分类。虽然后来他的理论被证明是有缺陷的，但是希波克拉底对心理健康问题某些类型的分类上基本与我们现在所使用的诊断类别相一致（见第1章）。比如，他对抑郁症的描述与我们现在对抑郁症的描述十分类似。在中世纪，某些所谓的"权威"将异常行为分成两类，一类是由于对事物的着迷造成的异常行为，而另一类是由于先天因素产生的异常行为。

19世纪的德国精神病学家埃米尔·克雷佩林（Emil Kraepelin）是近代精神病理论研究的先驱。他根据异常行为的各种特征或症状，并结合异常行为模式，首次发展出了一个全面的异常行为分类模型（见第1章）。今天使用最为普遍的分类系统是由美国精神病学协会出版的《精神疾病诊断与统计手册》（*Diagnostic and Statistical Manual of Mental Disorder*, *DSM*）。而《精神疾病诊断与统计手册》的主要内容就是由克雷佩林的分类模型扩充和发展而来的。

为什么异常行为的分类如此重要？首先，分类是科学的核心内容。要是不能将异常行为模式命名归类，那么研究者就无法与他人交流他们的研究成果，也无法进一步地了解这些障碍。其次，很多重要的研究都是以异常行为的分类为基础的，如某些心理疾病对一种疗法或药物的反应要好于另一种疗法或药物。异常行为的分类还有助于临床医生预测患者的行为：例如，医生多多少少可以预测出精神分裂症行为的发展过程。最后，异常行为分类还有助于研究者区分出拥有类似异常行为模式的不同患者。例如，通过对抑郁症患者进行分类，研究者也许就能够区分一般因素，从而帮助人们了解抑郁症的不同病因。

本章将从《精神疾病诊断与统计手册》着手，开始探讨异常行为的分类和评估。

如何对异常行为模式分类？

《精神疾病诊断与统计手册》于1952年被提出。最新版本于2013年出版，即DSM-5。DSM在美国被广泛应用；另一种使用较为普遍的分类系统是由世界卫生组织制定的《疾病和有关健康问题的国际统计分类》（International Statistical Classification of Diseases and Related Health Problems, ICD)。目前ICD已有了第10次修订本(ICD-10)。ICD包含可诊断的身心障碍的类目清单,它与DSM系统兼容。因此DSM的诊断标准也可用ICD系统的编码。全新版本的ICD-11正在编制之中,相信当本书印制完毕到达你手中之时即是它被编制完毕之日。

DSM已为心理健康专家广泛使用,这也是我们关注DSM的原因。然而,很多心理学家和其他的一些专家从多个领域的视角对DSM系统进行了批评,例如,他们认为DSM分类系统过分地依赖医学模型。

在DSM中,异常行为模式被归为"心理障碍"一类。心理障碍主要包括情绪障碍(通常指抑郁和焦虑)、明显的机能损伤(一般无法履行工作、家庭、社会中的职责),以及使个体有可能会痛苦、患上疾病或死亡的行为(如自杀意图、有害药物的反复使用)。

值得注意的是有些行为模式代表了人们对压力事件的预期或符合文化的反应,如对丧亲之痛的反应或至爱去世的悲痛表现。即使行为受到明显的损害,但这些行为模式却不属于DSM的障碍范畴。然而,如果个体行为在较长的时间内具有明显的破坏性,那么就可将其诊断为心理障碍。

DSM系统与异常行为模式

3.1 描述诊断分类DSM系统的关键特征

与医学模式一样,DSM系统也将异常行为视为潜在障碍或病理的征兆或症状。然而,DSM并不认为异常行为一定是由生理疾病或损伤造成的。它认为大多数心理障碍的病因尚不明晰:有些障碍可能由明确的生理学病因造成,但其他的障碍有可能是由心理的病因造成。也许还有很大一部分障碍对其进行解释时需要使用多因素模型,需要考虑生理、心理、社会(社会经济、社会文化和种族)以及自然环境因素的交互作用。

DSM使用精神障碍(mental disorder)这一术语来描述临床综合征(一系列症状),包括一个人的认知、情感或是行为功能性的显著紊乱。在大多数情况下,精神障碍与严重的情绪困扰或残疾(难以满足社会、职业或是其他重要的社会功

确定护理水平 对个体的功能性评估要考虑个体应付日常生活事物的能力。在这里,我们可以看到一群住在一起的智力迟滞人士,这些居住者担负起了家务的责任。

能)有关,例如在第7章中我们讨论称为重度抑郁障碍的精神障碍。此类障碍的特征是诸如明显的沮丧情绪、失去与日常生活相关的兴趣和快乐、失去价值感、难以集中注意力或思维模糊、胃口或睡眠模式的改变以及反复出现的关于死亡或自杀的想法等的症状和问题行为。因此,这类综合征包括与情绪困扰(抑郁情绪)、认知功能改变(难以集中注意力或思维模糊、有自杀的想法)和行为改变(失去与日常生活相关的兴趣和快乐)相关的症状,并非同时出现所有的症状。手册规定了特定诊断所需要的最少症状数量。检查的临床医生确定患者的症状是否符合DSM对特定精神疾病的标准,只有当症状的最小数量满足特定诊断的标准时,才会给出诊断结果。

尽管"精神障碍"一词被医学专业人士广泛使用,但心理学经常用心理障碍(psychological disorder)一词来代替精神障碍,借此表示这些紊乱的行为模式严重损害了一个人的心理功能。在这本书中,我们将用心理障碍这一术语,因为我们觉得将异常行为直接放在心理学背景下进行研究更为合适。此外,"心理的(psychological)"一词包含了行为模式的内容以及严格意义上的"精神"体验,如情感思维、信念和态度。DSM是用于区分障碍的而不是用来区分人的。因此,临床医生不会简单地以精神分裂(schizophrenic)或抑郁(depressive)来对某个人进行分类。相反,这些词指的是精神分裂症患者或患有严重抑郁症的个体。这两种说法上的差异不仅限于语义学上的差异,更多是由于给一个人贴上"精神分裂"的标签意味着该个体的身份是由其疾病所决定的。

DSM-5 《精神疾病诊断与统计手册》如今已经出到第5版了,称为DSM-5,它是为精神障碍分类提供服务的诊断手册。其中罗列了可被临床医生用于诊断特定类型障碍的特定标准。

DSM是描述性的分类系统而不是解释性的系统。它用医学术语或者症状来描述各种异常行为的诊断特征,它并不追求异常行为病因的解释,也不追求使用任何特殊的理论模型,如心理动力学理论或学习理论。在使用DSM分类标准时,临床医生通过将来访者的行为与定义特定精神障碍的特定标准相匹配,从而得出诊断结果。DSM-5将精神疾病分为20大类,包括焦虑障碍、精神分裂症谱系和其他心理障碍及人格障碍。表3.1罗列出DSM-5中的20种诊断类别或分类,并列举了每种类别疾病的例子以及它们在本书中讨论所对应的章节。表3.2列出了一种称为广泛性焦虑障碍的特定类型焦虑症的诊断标准。

表3.1　DSM-5精神障碍的类别

诊断类别（在本书中对应章节）	特定障碍举例
神经发育障碍（第13章）	自闭症谱系障碍 特定学习障碍 交流障碍
精神分裂症谱系及其他精神病性障碍（第11章）	精神分裂症 精神分裂样障碍 分裂情感性障碍 妄想障碍 分裂型人格障碍（见第12章）
双相及相关障碍（第7章）	双相情感障碍 环性心境障碍
抑郁障碍（第7章）	重度抑郁障碍 持久性抑郁障碍（恶劣心境） 经前期烦躁障碍
焦虑障碍（第5章）	惊恐障碍 恐惧障碍 广泛性焦虑障碍
强迫症及相关障碍（第5章）	强迫障碍 身体变形障碍 收藏障碍 拔毛症（拔毛障碍）
创伤及应激相关障碍（第4章）	适应障碍 急性应激障碍 创伤后应激障碍
解离性障碍（第6章）	解离性遗忘症 人格解体/现实解体障碍 解离性身份认同障碍
躯体化症状及相关障碍（第6章）	躯体化症状障碍 疾病焦虑障碍 造作性障碍
喂食及进食障碍（第9章）	神经性厌食 神经性贪食 暴食障碍
排便障碍（第13章）	遗尿症（小便失禁） 遗粪症（大便失禁）

续表

诊断类别（在本书中对应章节）	特定障碍举例
睡眠—觉醒障碍（第9章）	失眠障碍 过度嗜睡障碍 发作性睡病 呼吸相关睡眠障碍 昼夜节律睡眠-觉醒障碍 梦魇
性功能障碍（第10章）	男性性欲低下障碍 勃起障碍 女性性兴趣唤起障碍 女性性高潮障碍 延迟射精 早泄
性别烦躁（第10章）	性别烦躁
破坏、冲动控制和品行障碍（第12章和第13章）	品行障碍 对立违抗障碍 间歇性暴怒障碍
物质相关和成瘾障碍（第8章）	酒精使用障碍 兴奋剂使用障碍 赌博障碍
神经认知障碍（第14章）	谵妄 轻型神经认知障碍 重度神经认知障碍
人格障碍（第12章）	偏执型人格障碍 分裂型人格障碍 表演型人格障碍 反社会型人格障碍 边缘型人格障碍 依赖型人格障碍 回避型人格障碍 强迫型人格障碍
性心理障碍（第10章）	露阴癖障碍 恋物癖障碍 异装癖障碍 窥阴癖障碍 恋童癖障碍 性受虐障碍 性施虐障碍

续表

诊断类别(在本书中对应章节)	特定障碍举例
其他精神障碍	其他特定性精神障碍

来源:基于美国精神病学协会整理(2013)。

表3.2 DSM-5的标准

广泛性焦虑障碍

A. 过度焦虑和担忧(忧虑的预期),在至少长达六个月的大多数时间内都表现出担忧,涉及一些事件或活动(如工作或在校表现)。

B. 个体发觉难以控制自己的忧虑。

C. 焦虑和担心与以下六种症状中的三种(或更多)有关(至少有一些症状在过去六个月出现的时间比没有出现的时间长):

注意:儿童只需出现其中一项。

(1)坐立不安或感到烦躁;
(2)易疲劳;
(3)很难集中注意力或头脑一片空白;
(4)易怒;
(5)肌肉紧张;
(6)睡眠紊乱(入睡困难或睡眠浅、不安、睡眠质量不佳)。

D. 焦虑、忧心忡忡,或是躯体症状引起严重的痛苦或社会、职业或其他重要的功能领域的损害。

E. 该类紊乱不是由某种物质的生物学作用(如药物滥用、药物治疗)或其他疾病(如甲状腺功能亢进等)引起的。

F. 该类紊乱不能被另一种精神障碍很好地解释(例如,焦虑或担心在恐惧症中出现惊恐发作、在社交焦虑障碍【社交恐惧症】中出现负面评价、在强迫症中出现污染或其他迷恋的情况、在分离焦虑障碍中出现与依恋对象分离的场景、在创伤后应激障碍中出现有关创伤事件的提示、在神经性厌食症中遇到体重增加的情况、在躯体症状障碍中遇到身体不适、躯体变形中遭遇外观缺陷、在疾病焦虑障碍中遇到重大疾病,或是担心在精神分裂症或妄想障碍中出现妄想的想法)。

Reprinted with permission from the Diagnostic and Statistical Manual of Mental Disorders, Fifth Edition (Copyright, 2013). American Psychiatric Association, 2013.

类别 vs. 维度 DSM是建立在分类模型的基础之上的,这意味着临床医生要做出分类的或者是或否型,来判断某疾病是否存在于特定的病例中。分类判断在现代医学中很常见,比如判断一个人是否得了癌症。分类模型通常用于归类,例如对一个妇女怀孕与否做出分类判断。

分类模型的一个局限性就是它没有直接提供能够对疾病严重程度进行评估的方法。比如,两个人可能有相同数量的特定疾病的症状,且都需要诊断,但在严重程度上就有明显的差异。为了弥补这一局限性,

DSM-5将原先的分类模型扩展了针对很多障碍的维度组分。这个维度组分使得曾经鉴别过程中遇到的"盲点"得到了被鉴别出的机会。对许多疾病而言，评估者不仅要判断出该疾病是否存在，还要评估该疾病症状的程度，从温和到非常严重这一系列病情程度都要把握清楚。

很多批评者认为DSM-5系统应该代之以多维度的评估方式。我们将在考虑DSM系统优缺点的时候回到这一问题上。现在，让我们注意一下，多维度的模型是基于这样一种观点，即紊乱的行为模式（如焦虑、抑郁和人格障碍）表现为情绪状态的极端或适应不良的变化以及在一般人群中发现的心理特质。

文化依存综合征

3.2 描述文化依存综合征的概念，并且识别一些例子

被称为**文化依存综合征**（culture-bound syndroms）的异常行为会在某些文化中出现，但是在其他文化中，这些异常行为却很罕见或不为人知。

文化依存综合征可以反映某种特定文化下普通的民间迷信或信念的夸张形式。比如，**恐人症**（taijin-kyofu-sho，简称TKS）这种精神障碍在日本年轻人中十分常见，但在其他国家的年轻人中却是罕见的障碍。这种障碍的特点是个体担心会使他人感到尴尬、担心自己会冒犯他人，而这种担心已超出了正常水平（Kinoshita et al., 2008）。此种症状与日本传统文化中强调不要使他人尴尬或羞辱的价值观有关。患有TKS的青年很可能会担心在他人面前脸红，但这并不是因为他们担心自己会尴尬，而是因为他们担心会使别人感到尴尬。TKS患者还担心自己可能会大声说出自己的想法，唯恐不小心冒犯到别人。

美国人特有的文化依存综合征有神经性厌食症（详见第9章）和解离性身份认同障碍（过去又被称作多重人格障碍，详见第6章）。这些异常行为模式在欠发达国家基本上是很少见的。表3.3罗列出了DSM判别出的其他文化依存综合征。

异常行为模式的文化基础 文化依存综合征代表的是文化信念和文化价值观的夸张形式，其特征是个体过分害怕自己会使他人尴尬或冒犯他人。这种综合征影响的主要是日本的年轻人，且它似乎与日本强调礼貌、避免使他人感到尴尬的文化有关。

评估DSM系统

3.3 解释为何新版DSM手册——DSM-5备受争议，并评估DSM系统的优缺点

一个诊断系统只有具备一定的**信度**(reliability)和**效度**(validity)，才是有效的。如果不同的评估者用DSM系统评估同一批被试，并且得出的诊断结果一致，那么，我们可以说这个DSM是可靠的或稳定的。如果诊断判断与行为表现一致，那么该系统就可被认为是有效的。例如，被诊断为社交恐惧症的人，应该表现出在社会情境下焦虑水平异常。另一种形式的效度是预测效度(predictive validity)，或能够预测障碍接下来的进程或者障碍在治疗下的变化的能力。例如，被诊断为双相情感障碍的人通常会对含锂药物有反应(见第7章)。同样的，患有特殊恐惧症(例如恐高)的人，会倾向于对降低恐惧的行为技术产生敏感的反应(见第5章)。[判断正误]

总体来说，有证据支持DSM的许多类别，既包括多种焦虑和心境障碍，也包括酒精和药物依赖障碍(e.g., Grant, Harford et al., 2006；Hasin et al., 2006)。然而，关于一些诊断分类的效度问题仍然存在争议(e.g., Smith et al., 2011；Widiger & Simonsen, 2005)。许多评论家认为DSM需要能对诊断评估过程中的文化和种族因素做出更灵敏的反应(e.g., Alarcon et al., 2009)。我们应该明白DSM列出的作为诊断标准的症状或问题行为都是由美国许多受过训练的精神病学家、心理学家和社会工作者一致通过确定的。假如美国精神病学协会让受过训练的亚洲或拉丁美洲专家来编制他们的诊断手册，那么得到的诊断标准可能就会有所不同，甚至所得的障碍类别也会不同。

然而，就DSM本身而言，每个版本也并不完全相同。在评估异常行为上最新版的DSM较之前的版本更强调文化因素对异常行为的影响。它指出对个体的文化背景不熟悉的临床医生可能会误将个体的行为归为异常行为，而实际上个体的这些行为在他所处的文化中却属于正常行为。DSM也认识到在不同文化中，异常行为可能会以不同的形式表现出来，一些异常的行为模式是具有文化特殊性的(见表3.3)。尽管DSM的每一个版本都受到了批评，但正如我们接下来将看到的，DSM-5已然引发了一番猛烈的批评。

判断正误

有些印度人会因为过于担心精液流失而产生心理障碍。

☐ **正确** 永恒本质综合征是一种发现于印度的文化依存综合征。患有这类综合征的男性会因精液的流失而产生巨大的恐惧感。

表 3.3　其他文化中的文化依存综合征

文化依存综合征	描述
杀人狂症（amok）	这种障碍主要出现在受东南亚和太平洋岛国文化以及受波多黎各、纳瓦胡族传统文化影响的男性身上。它是一种解离性障碍（个体意识或自我认同会发生突变），这种障碍发作时，一个平时很正常的人会突然变得很狂暴，会打人，有时还会杀人。发病期间，患者会觉得自己的行为是自发的、机械的。他们的暴力行为既会指向他人，也会指向物体，通常伴有迫害他人的想法。疾病发作结束后，个体的功能恢复到正常水平。在西方，人们用"乱冲乱杀"来形容丧失意识且随便乱跑并做出一些疯狂的暴力行为的情况。"疯狂"（amuck）一词起源于马来西亚语中"amoq"一词，意思是在战争中狂暴的杀人行为。在英国统治马来西亚时期殖民者发现了当地人中的这种行为，于是就将这个词引入英语中
应激神经崩溃（attack of nerves）	这是一种用于描述拉丁美洲人和地中海人负性情绪状态的说法。通常这种综合征的特点有情不自禁地大叫、一阵阵地哭泣、发抖、从头到脚都感到燥热、攻击性的言语行为或躯体行为。通常这些情况会因影响家庭的负性事件的出现（如听到家人死亡的消息）而突然发作，且会伴随有失控的感觉。症状发作完后，个体的机能会马上恢复到正常水平，尽管个体可能会忘了在发病期间发生的事情
Dhat 综合征（dhat syndrome）	这种障碍（详见第6章）影响的是男性，大多数案例出现在印度，患者会因夜间遗精、射精或排尿造成的精液流失（但事实上精液并不会和尿液混在一起）而产生极大的恐惧或焦虑。在印度的文化中，有这样一种普遍的观点，即精液的流失会损耗男性重要的自然能量
昏厥（falling out or blacking out）	主要出现在南美人和加勒比海人身上。患该障碍的个体会表现出突然的精神崩溃和体力衰退。疾病会在毫无预警的情况下发作，发作前会伴有头晕目眩的感觉。尽管患者的眼睛是睁着的，但他们报告称他们什么也看不见。患者能听懂别人的话也知道当前发生了什么，但是他们觉得自己动弹不得
幻影病（ghost sickness）	这是一种存在于美国印第安人部落的障碍。这种障碍表现为总想起有关死亡和逝者"亡魂"的事情。幻影病的症状与情境有关，具体表现为噩梦、感觉身体虚弱、没胃口、恐惧焦虑、有不祥的预感。还有可能存在幻觉、丧失意识、感到困惑等症状
Koro 综合征（koro syndrome）	在中国和东南亚国家发病较多。这种综合征（详见第6章）涉及一系列严重的焦虑症状，比如担心生殖器（男性的阴茎或女性的乳头）会变短并缩回体内，还担心自己会因此而死亡
灵魂附体症（zar）	这一术语被北非和中东很多国家的人用来描述灵魂附体的经历。在这些文化中，灵魂附体通常是用于解释解离性障碍的症状（意识或身份突变），这些症状的特点可能表现为长时间的喊叫、用头撞墙、大笑、唱歌或大哭。患者似乎很冷漠、退缩或拒绝吃东西或只完成他们所负责的事

来源：Adapted from the DSM-5（American Psychiatric Association，2013）；Dzokoto & Adams（2005），and other sources。

DSM-5中的变化 DSM系统自从1952年被引入以来,一直定期地被修订。最新修订的DSM-5已经酝酿多年,并于2013年出版。它代表了对手册的重大修改。负责修订手册的委员会由各自领域的专家组成。他们仔细研究了前一个版本,DSM-Ⅳ,仔细观察诊断系统哪些部分是比较好用的,哪部分又是需要修改从而完善手册的临床应用程序(在实践中如何被使用)的,以解决临床医生和研究人员提出的问题。

随着DSM-5的引入,出现了一些新的障碍(见表3.4)。一些现有的疾病在新的诊断标签下被重新分类或与其他疾病合并。例如,阿斯伯格综合征和自闭症被重新归类为一般的孤独症谱系障碍(在第13章中讨论)。拔毛症(拔毛障碍)从一个强迫症类别中被移到一个叫作强迫性冲动控制障碍和相关疾病的新类别之中(在第5章中讨论)。病态(强迫性)赌博被从冲动控制障碍转移至称为物质滥用及成瘾行为(在第8章中讨论)的新类别之中。创伤后应激障碍(PTSD)从焦虑障碍中被转移到一个新的类别——创伤及应激相关障碍(在第4章中讨论)。

尽管经过多年的争论、编辑和审查,DSM-5的最终版本依旧饱受指摘。争议长期伴随着DSM系统,其中部分原因是在达成共识方面存在困难。试图把委员会成员的观点编织在一起达成共识,这让人想起一句古老的谚语:"骆驼是一群人设计出来的马"(译者注:这句谚语的意思可理解为将一匹马的设计交给委员会,最后会设计出一只骆驼。这告诉我们在一项群体决策中,太多的争议会导致整件事停滞不前、欠缺效率)。

表3.4 DSM-5中新增障碍的举例

障碍	主要特征	诊断分类	本书中对应章节
囤积障碍	对于收集物品的强迫性需要,比如书本、衣物、家居用品,甚至是垃圾邮件	强迫和相关障碍	第5章
破坏性心境失调障碍	在儿童期频繁地、过度地耍坏脾气	抑郁症	第13章
轻型和重度神经认知障碍	包括思考能力、记忆力和注意力在内的智力功能的显著下降	神经认知障碍	第14章

DSM-5中一个被广泛接受的重大变化就是在大多数类型的疾病中更强调维度评估(dimensional assessment)。通过更广泛地将疾病概念化为功能障碍行为的诸多维度,而不是简单地只将其定义为"存在或不存在",诊断类别允许临床医生对疾病的相对严重性作出判断,例如通过指示症状的频率或是自杀风险的级别抑或是焦虑程度。尽管如此,许

多心理学家认为DSM-5的发展仍不足以完成从分类评估模型到维度模型的转型(正如在第12章中关于人格障碍的维度模型方面的进一步讨论)。

关于DSM-5的争议 关于DSM-5的诸多争议在本书撰写之时仍未尘埃落定。我们将在这里列举几个重要的争论焦点:

- 可诊断障碍的拓展。最常见的批评之一就是新的精神疾病如雨后春笋般地出现——即称为诊断性膨胀的问题(Frances & Widiger, 2012)。讽刺的是,DSM-IV特别工作组的主席,精神病学家阿伦·弗朗西斯(Allen Frances),竟成为了DSM-5的主要批评者之一。弗朗西斯称DSM-5的批准通过是"精神病学的悲哀之日"(引自《批评家的呼吁》,2012)。在一份措辞严厉的批评中,弗朗西斯认为,引入新的疾病和改变现有疾病的定义可能会将诸如童年期反复释放坏脾气(如今被划为新一类的精神障碍,被称为破坏性心境失调障碍)和可预期的生活挑战(比如老年人中轻度认知改变或日常遗忘,现在则被归为称作轻度神经认知障碍的一类新型障碍)等行为问题医疗化。诊断膨胀的结果可能是大大增加了被贴上患有精神障碍或疾病标签的人数。

- 精神疾病分类的改变。另一个常见的批评就是DSM-5改变了许多疾病分类的方式,许多诊断被重新分类或被折叠至更广泛的类别。根据以前的诊断手册,一些可诊断的疾病(如阿斯伯格综合征,详见第13章)不再被认为是不同的诊断。习惯于使用早期诊断类别的心理健康人士质疑分类中的许多变化是否合理,或者它们是否会引发更多的诊断混乱。关于分类的争论可能要延续到DSM的下一版被制定出来。

- 特定疾病诊断标准的改变。另一个批评的声音来自对DSM-5中各种疾病的临床定义或诊断标准的改变可能会改变应用这些诊断的病例数的担忧。批评者认为,诊断标准中的许多变化并没有得到充分的验证。人们提高了对于诊断自闭症谱系障碍的一系列症状或特征的重大变化的特别关注,这些症状或特征可能会对确诊患有自闭症和相关疾病的儿童数量产生深远的影响(Smith, Reichow, & Volkmar, 2015)。

- 发展的过程。关于DSM-5的其他批评包括对于发展的过程处于保密状态的争议,这使得许多该领域的诸多优秀研究者和学者未能参与到此次编制工作中,从而造成诊断手册缺乏以充足的实证研究为基础的清晰证明。

为何这些变化和争议对除心理学家和精神病学家之外的所有人都那么重要?答案就是,诊断手册影响临床鉴定、概念化、分类以及最终治疗精神或心理障碍的方式。诊断实践的改变会产生深远的影响。例如,阿伦·弗朗西斯认为,把诸如反复发脾气这类行为问题放在精神障碍的保护伞之下,会进一步增加"儿童过度或不当使用【精神类】药物的风险"(引自《批评家的呼吁》,2012)。然而,在最佳情况下,诊断实践的变化会改善对患者的护理。时间将会告诉我们,究竟DSM-5将会有多么成功并继续成为美国使用最为广泛的诊断系统,还是会被再一次修订所取代——抑或是可能会被另一种系统所取代,比如ICD。

总之,DSM-5仍是一项正在进行的工作,在可预见的未来,这份版本将继续被讨论,并会受到持续的仔细审查。

DSM系统的优缺点 DSM最大的优势或许在于它对具体诊断标准的命名。DSM使临床医生能很快地将来访者抱怨的内容和相关特征与特定的诊断标准进行匹配,从而判断哪种诊断最符合患者的症状。举个例子,幻听(感觉会"听到一些声音")与妄想(坚定的错误信念,如认为其他人都是邪恶的,其他人都是坏人)是精神分裂症的典型症状。

批评家从各个方面指出了DSM系统的不足。他们不仅质疑特定综合征或与特定综合征有关的特征的适用性,还质疑了特定诊断标准的适用性。例如,患者在接受诊断前必须持续两周表现出严重抑郁症状才可被诊断为重度抑郁症。另一些批评家还对医学模型的信度提出了质疑。在DSM系统中,问题行为可视为潜在精神障碍的症状表现,正如生理症状就是潜在生理障碍的征兆一样。"诊断"一词的广泛使用说明在划分异常行为时医学模型是很好的依据。但一些医生认为无论是正常行为还是异常行为,它们都相当复杂且拥有相当丰富的意义,因此不能仅把它们当成症状表现来对待。他们认为医学模型太过于关注个体可能发生的情况,而忽略了外部因素(如社会经济、社会文化和种族)以及自然环境因素对行为的影响。

人们关心的另一个问题是医学模型侧重的是心理障碍(或精神障碍)的划分,而不是个体行为优缺点的描述。同样,很多调查者质疑诊断模型是否应该保留它原有的分类结构(障碍要么存在要么不存在)。就像之前提到的那样,他们认为或许可以用各个维度来取代诊断模型,在这种诊断方法中,如焦虑症、抑郁症和人格障碍等异常行为模式代表着极端变量。这些变量沿着一般人群的情绪状况和心理特征范围分布。另一种被一些临床医生青睐的选择是一种混合模型,即类似于DSM-5的方法,其中包括了类别与维度分类的要素(e.g., Kraemer, 2015)。

通常来说,临床医生会采用分类方法进行诊断。他们会寻找符合特定诊断类别的异常行为模式。然而,分类方法的一个缺陷就是,它未能考虑到跨诊断类别的紊乱行为存在类似特征。例如,重度抑郁症(在第7章中讨论)与社交焦虑障碍等其他疾病有共同的特征。社交焦虑障碍是一种因极度害怕被拒绝或害怕被他人作负面评价而避免社会互动的焦虑障碍(详见第5章)。这些共同的特征或潜在的过程可能包括一种倾向,即当令人失望的事件发生时,患者就会小题大做或是"过分夸大"消极事件,或者把责任揽到自己身上。近日,英国的研究人员报告称,不稳定的情绪不仅常见于你所知的心境障碍中,同样也会常见于包含人格障碍与精神分裂症的心理障碍之中(Patel et al., 2015)。

一种全新的、称为跨诊断模型(transdiagnostic model)的概念模型,目前在推动研究以检验涉及不同诊断类别的相互关联以及核心特征。这方面的研究正在进行之中,最近的研究表明,大脑中有一种常见的神经基质,它涉及多种不同的诊断类别(Goodkind et al., 2015)。这项研究带来的希望在于,识别跨疾病的共同特征可能会促使针对构成这些疾病核心过程的新疗法的发展(Clarkin, 2014)。

行为导向的心理学家通过考察人与环境的互动模式从而更好地理解行为(包括正常行为和异常行为)。DSM旨在确定人们患有哪种"障碍",而不是确定在特殊情境下人们机能运作的状况如何。换句话说,行为模型侧重的是行为而非潜在机制,即侧重人们"做了什么"而不是他们"是什么"或"患有什么"。当然,行为主义者和行为主义治疗师也会使用DSM系统,部分是因为心理健康中心和健康保险公司要求使用统一的诊断标准;另一方面则是因为这些治疗师想要借助一种通用语言与其他医生进行沟通。很多行为主义治疗师把DSM的诊断标准看成是一种命名异常行为模式的简便方式,或是一部从更为广泛的角度来分析问题行为的手册。

批评人士还指出,DSM系统用精神病的诊断来命名患者可能会使患者感到羞耻。我们的社会对那些被称为"精神病"的人是有偏见的。人们常常会故意避开他们,甚至他们的家人有时也会避开他们,他们会在家中或工作环境中受到他人的不公平待遇或歧视(Sanism;Perlin,2002—2003)。歧视是另一种偏见，包括在住房供给和就业等方面的种族歧视、性别歧视和年龄歧视。

尽管DSM系统受到了多方的批评，但它仍是多数美国心理健康专家日常实践的重要组成部分。它几乎成为可能是所有专家都人手一本的参考手册，还可能是一本已被专家们烂熟于心的书。在"批判地思考异常心理学 @问题：DSM——精神病学的圣经——托马斯·A.韦迪格"中，该领域杰出的研究者托马斯·A.韦迪格分享了他关于DSM(他称其为"精神病学的圣经")的看法。托马斯·A.韦迪格博士也讨论了评估人格障碍，如反社会人格障碍的多维方法(反社会人格障碍及其他人格障碍的特征描述见第12章)。

现在让我们来思考一下评估异常行为的各种方式。首先我们需要考虑的是各种评估方法的基本条件——评估方法必须是可靠和有效的。

批判地思考异常心理学

@问题：DSM——精神病学的圣经——托马斯·A.韦迪格

如果你是一名临床心理医生，你可能有很多不喜欢美国精神病学协会的《精神疾病诊断与统计手册》(DSM)的原因。首先，它受到临床心理学家在专业和经济竞争中的行业控制。其次，它可被视为，或者也许事实上就是被保险公司用来作为一种限制临床实践覆盖范围的手段。例如，一个保健管理公司可能会限制疗程的数量，因为他们要根据病人的诊断(他们甚至有可能不支付某些疾病的治疗)来支付费用。我不确定这些是否是讨厌DSM的正当理由，但我确实认为它们是DSM遭到批评的一部分原因。最后，也是最重要的，它并非真的那么有效。一个对某障碍的诊断，应该能够确认一个特定的障碍、引起这个障碍的特定病理以及确认一种能够治疗该类患者的特定疗法。而以上这些并没有出现在DSM系统诊断的精神障碍的案例中，至今还没有。

尽管有这些缺陷，DSM还是一个必要的文献资料。临床医生和研究者们需要一种共同语言，来进行彼此间关于精神病理学模式的交流，这便是DSM的主要功能。在第一版之前，临床实践中充斥着各种混乱，同一件事用了不同的名字，而同一个名字却用在了完全不同的东西上，这根本就是一片混乱。

许多专业人士对DSM表示不满，因为它在不同人身上贴了标签。我们与来访者一同合作，我们不想对他们进行分类或给他们贴上标签，然而贴标签却是必须的。反对贴标签的人们也必须使用那些用来形容来访者表现出的问题的术语(例如，类别)。这并不是贴标签这件事本身的问题，也许部分是因为被诊断为精神病和各种障碍的病人受到刻板印象带来的消极暗示。这些问题接下来会被简要地讨论。

可悲的是,许多人对收到精神病诊断或进行心理或精神治疗感到羞耻或尴尬。这种尴尬或羞耻在一定程度上反映了一个传言,即只有极少数人存在被确诊为精神障碍的心理问题。我一直不明白,为什么我们认为我们过去、现在以及将来都不会患有精神障碍。我们所有人曾有过、现在也有、将来也将会患上许多身体疾病。为什么在对待精神障碍时就变得如此不同呢?我们中的任何一个人都不是一出生就携带着完美的基因并被完美的父母抚养,抑或在完全没有压力、没有创伤或心理问题的情境下生活。

刻板印象也是一个问题。受到精神病诊断的人被划到诊断类别中,这些诊断类别似乎将具有同样特征的患有同种障碍的所有人都集中到一起治疗。就定义特定个体表现出的症状模式特点以及难题而言,该诊断系统没有将个人的病历档案考虑在内。

大部分(如果不是所有的)精神障碍似乎都是一系列复杂的生理缺陷和易染病体质,以及许多在一段时间里对它们造成影响的重要环境和心理社会因素之间的交互作用的结果。症状和心理障碍的病理似乎被神经生物学、人际关系、认知以及其他因素所影响,从而引起特定综合征的发展,以及个体的困扰。这个由病原因素和个人独特的精神病理学档案交织而成的复杂网络,不大可能被任何一种单独的诊断分类所囊括。我更倾向于由多维模型分类提供的个性化个人描述,例如划分人格障碍的五因素模型。

托马斯·A.韦迪格
韦迪格博士是肯塔基大学的心理学教授。他在迈阿密大学(俄亥俄州)获得了临床心理学博士学位,并于康奈尔大学医学院完成了实习。他目前担任《异常心理学杂志》和《人格障碍杂志》以及《临床心理学年评》的编辑。他曾是DSM-IV特别小组的一员,并担任DSM-IV的部门助理。

这五大维度被定义为外倾性、宜人性与敌对性、责任感、神经质或情绪不稳定以及开放性或非常规的。这五个维度还能被划分为更多不同的方面。例如,宜人性可以被分解为信任与不信任、坦率和欺骗、自我牺牲和利用、顺从与攻击、谦虚与自大、善良与麻木不仁等这些潜在的部分。

所有人格障碍都能根据五因素模型的维度和方面被很好地描述,这对临床心理学来说很重要。例如,反社会人格障碍就包括了低责任感(低谨慎、低自律以及低顺从)和高对抗性(麻木不仁、利用和攻击)这两大维度中的许多方面。精神病人花言巧语的魅力和无所畏惧是通过神经质方面中异常低的自我觉知、焦虑以及敏感性来表现的。这个描述病人的方法提供了对每个病人的更加个性化的描述,也可能多多少少对某个心理障碍诊断的描述起到了帮助。所有人都有不同程度的神经质,有不同程度的宜人性和对抗性,以及不同程度的责任感。有人格障碍的人们不再被说成是患有与正常心理机能特质的不同的障碍,而是仅仅被认为是一个有着相对极端和适应不良偏差的人格特质的人,而我们所有人身上都有着自己的人格特质。

在关于这一议题进行批判性思考,请回答下列问题:
- 我们真的需要一种权威的诊断手册吗?为什么?
- 我们怎样才能在社会中消除对精神障碍诊断的消极、贬义的印象?

评估标准

临床医生以分类和评估的结果为基础做出重要的决定。比如,通过对来访者表现出的问题进行评估,建议使用不同的特殊治疗技术。因此,像诊断类别等评估方法必须可靠、有效。

信度

3.4 确定评估测试和测量信度的方法

类似诊断系统这样的评估方法的信度,指的是评估方法所测结果的一致性程度。如果个体在每次测量时测出的身高要么过高要么过矮,那么这种身高的测量方法就不可靠。测量异常行为可靠的方法必须是在不同情况下获得的结果都是一致的。同时,不同的人都应该可以检验这诊断标准并在个体测量结果上达成一致。如果诊断的尺度会随着温度的细小变化而变大或变小,那么这种尺度也是不可靠的,因为它难以被读取。对异常行为的可靠测量必须符合在不同测量情境中仍能产生相同结果的标准。

如果测验的不同项目可以获得一致的结果,那么我们可以说这种评估技术具有内部一致性。例如,如果个体对抑郁量表不同题目的反应并不是高度相关的,那么这些题目可能就不能测出同样的个性或特质——在这个例子中这种特质就是抑郁。另一方面,某些测验旨在测量一系列不同的特质或个性。比如说,应用最为广泛的人格测验——明尼苏达多项人格调查表(Minnesota Multiphasic Personality Inventory,MMPI;现在的修订版称为MMPI-2)就包含了很多分测验,这些分测验测出了与异常行为相关的许多特质。

如果某种评估方法在不同情境下可以获得相同的结果,那么我们可以说这种评估方法具有重测信度(test-retest reliability)。当我们在测自己的体重时,我们是不会相信每次测出的结果都不相同的磅秤的——除非我们当时吃得太撑或太饿了。同样的道理也适用于心理评估方法。

最后,依赖于评估者或评分者评价的评估方法必须具备评分者信度(interrater reliability)。也就是说评分者们必须在评价某样东西时保持高度的一致性。例如,两个教师可能被要求用行为等级量表来评估某个儿童的反社会性、机能亢进性和社会性。如果这两个教师对这个儿童的评价类似,那么这个量表就具有良好的评分者信度。

判断正误

心理测验的信度可能很高,但效度却很低。

☐ **正确** 心理测验可能信度很高但是效度较低。音乐能力测验可能具有非常高的信度,但作为人格或智力测验时,它却是无效的。

效度

3.5 确定评估测试和测量效度的方法

评估技术必须是有效的;也就是说,评估过程中所使用的工具必须能测出研究者欲测的内容。假设针对抑郁症的测量方法事实上是原本测量焦虑症的,那用这种测量方法会使检测者做出错误的诊断。检验测验效度的方法有很多,比如说内容效度、效标效度和结构效度。[判断正误]

评估技术中的**内容效度**(content validity)指的是测验内容对与某种特质有关的问题行为的代表程度。例如,抑郁症的特点有悲伤、拒绝参加曾喜欢的活动等。为了能获得良好的内容效度。评估抑郁症的技术就应包括强调这些内容的题目。

效标效度(criterion validity)代表的是评估技术与该技术所欲测得的独立外部标准之间的相关系数。**预测效度**(predictive validity)是效标效度的一种。如果一项测验或某种评估技术可用于预测未来的表现或行为,那么我们就可以说这种测验和技术表现出了良好的效标效度。比如说,反社会行为测验分数较高者比较低者在之后表现出了更多的违法或犯罪行为,那么可以说这个测验表现出了良好的预测效度。

另一种测量诊断测验效标效度的方法是,判断这个测验是否能识别出满足这种障碍诊断标准的患者。其中涉及两个重要的概念:灵敏度和特异性。**灵敏度**(sensitivity)指的是测验识别出测验所测障碍的患者的准确程度。缺乏灵敏度会造成大量错误否定——即真正有某种障碍的个体被认定未患该种障碍。**特异性**(specificity)指的是测验避免将事实上未患某种障碍的个体诊断为这种障碍的程度。缺乏特异性的测验会出现大量的错误——会误将事实上未患某种障碍的个体诊断为患有这种障碍。当我们考虑到了某测验的灵敏度和特异性时,我们就能较好地确定一个测验准确识别出患者的能力。

结构效度(construct validity)是指一个测验实际测到所要测量的理论结构和特质的程度。比如说我们想用一个测验来测个体的焦虑程度。焦虑不是一个具体的事物或现象,它不可直接测量、计数、称重或被触及。焦虑是一种理论结构,它有助于解释诸如心跳加速或当你想约某人出去时却突然说不出话等现象。人们可以通过自我报告(来访者自己评估自己的焦虑水平)、生理技术(测量来访者手掌中汗液分泌的水平)等手段间接地测量一个人的焦虑水平。

如果一个焦虑测验具有良好的结构效度,那么根据焦虑的理论模型就可以用测验结果来预测个体的其他行为。假设这种理论模型预测,与较为镇静的大学生相比,具有社交焦虑的大学生在邀请他人约会时会在言语一致性上表现出更严重的障碍,而在仅仅私下练习向人邀请时他们却表现得和较镇静的大学生一样。如果这些预测的结果与预期的模式一致,那我们就可以说该测验具有一定的结构效度。

一个测验虽然可靠(回答的结果一致性较高),但它有可能仍无法测出它所需测量的东西(效度低)。例如,颅相学家认为他们可以通过测量颅骨的形状来判断每个人不同的人格。他们所使用的卡尺提供了一种测量个体的肿块或突起的可靠方法,然而这种测量方法并不能有效地评估出个体的心理特质。这种情况使颅相学家在研究中"碰壁"了。[判断正误]

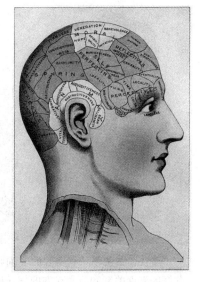

颅相学 19世纪的颅相学家认为人格和心理官能与大脑某些特定部位的大小密切相关,人们可以通过测量大脑突起的形状来确定个体的人格和心理官能。

评估手段

临床医生使用不同的评估手段来诊断个体,这些评估手段包括访谈法、心理测验、自我报告的问卷、行为测量和生理指标。然而,评估不仅仅起的是分类的作用,一项良好的评估可以提供大量有关来访者人格和认知功能的信息。这些信息能帮助医生们对来访者的问题有更深入的了解,也有助于医生们提出合适的治疗方法。在大多数案例中,正规的评估至少会包含一次对来访者进行的临床访谈,这种访谈可以帮医生们形成诊断印象、制订治疗计划。在一些个案中,医生们还会使用一些正规的心理学测验来了解来访者的心理问题、智力、人格及神经心理功能。

临床访谈

3.6 识别三种主要的临床访谈的类型

临床访谈(clinical interview)是使用最广泛的评估手段。通常这种访谈是指来访者第一次就诊时与医生面对面的交流。医生一开始通常会让来访者用自己的语言描述自己目前存在的困扰,这时医生会说些类似于"你能给我描述一下最近什么事情使你感到困扰?"这样的话。(治疗师

判断正误

虽然测量头颅的方法不是一门精确的科学,但是可以通过测量头部的肿块来确定个体的人格特质。

□错误 颅相学的观点长久以来饱受人们的指摘。

建立咨询关系 有经验的咨询师会通过建立良好的咨询关系和培养双方的信任感使来访者放松，使其进行自我探索。

认识到不应该问来访者"是什么带你来到这里？"这样可以避免诸如"汽车""公交车"或"我的社工"等类似的答案。）之后医生们就会了解患者对当前问题各方面的表现，如行为异常和不适感、问题发作时周围的环境、之前发病的情况以及这个问题是如何影响来访者的日常功能的。医生还可能会挖掘那些可能会促使问题发展的事件，例如生活环境的变化、社会关系、职业或学业。为了从来访者的角度来理解他们的问题，咨询师会鼓励来访者用自己的语言描述他们的问题。例如，在章节开头插入的案例中，咨询师可能会要求杰瑞讨论一下促使他寻求帮助的问题。尽管访谈安排的内容会有所不同，但是多数访谈都会涉及以下几个问题：

1. 身份资料。有关来访者的资料：地址和电话号码、婚姻状况、年龄、性别、种族/民族特征、宗教、职业、家庭成员等。
2. 目前问题的描述。来访者是如何发现这个问题的？有哪些行为、思维或情感问题？这些问题是怎样影响来访者的功能的？这些问题又是从何时开始出现的？
3. 心路历程。有关来访者成长史的信息：教育、社会交往、工作的情况、早期的家庭关系。
4. 生理疾病/精神病的病史。有关生理疾病、精神疾病的治疗和住院的既往史：现在的问题是否是先前问题复发的结果？过去是怎样处理这个问题的？此前的治疗是否有效？之前的治疗为什么有效或无效？
5. 生理问题和治疗情况。描述出现的生理问题和正接受的治疗，包括药物治疗。临床医生会特别留意生理问题影响当前心理问题的方式。举个例子来说，在特定医疗条件下使用的药物可能会影响个体的情绪和常规唤醒水平。

咨询师在对来访者的着装容貌、表露出来的情绪表现和注意力进行判断评估时，会关注来访者的言语和非言语行为。咨询师还会评估来访者思维的清晰度或完整性、感知过程、适应水平、自知力或对环境的感知能力（如他们是谁、他们在什么地方、今天是几号等）。这些临床诊断都是来访者精神状态初步诊断后所得结果的重要内容。

访谈形式　有三种主要的临床访谈。在**非结构式访谈**(unstructured interview)中,咨询师会根据自己的咨询风格而不是标准化的安排进行提问。在**半结构式访谈**(semistructured interview)中,咨询师会遵循一个问题框架来收集基本的信息,但他们提问的顺序会很随意,还可能会为了获得重要的信息而随意转换话题。在**结构式访谈**(structured interview)中,咨询师会根据一系列事先设定好的问题并以固定的顺序进行访谈。

非结构性访谈最大的优点在于它的自发性和它的会谈形式。因为咨询师不会受特定问题的限制,所以他可以与来访者进行良好的互动。而非结构性访谈最大的缺点则在于缺乏一定的标准化形式,不同的咨询师可能会以不同的方式提问。例如,一个咨询师可能会这样问,"你最近的心情怎么样?"而另一个咨询师可能会那样问,"在过去的一周或两周内,你有没有哭过或有没有什么时候想哭?"来访者的回答可能在某种程度上取决于咨询师提问的方式。同样,访谈的内容可能无法触及重要的临床信息,而这些信息(如自杀意图)对形成诊断非常重要。

半结构式访谈更具结构性也更统一,但这是以访谈的自发性为代价的。一些咨询师更愿意选择半结构式的访谈形式,因为在半结构式访谈中他们不仅可以遵循一个大体的问题框架来进行提问,还能让他们在想要探寻一些重要信息时可以不根据问题框架来进行灵活提问。

结构式访谈(又称为标准化访谈)所提供的诊断结果的信效度水平最高。这就是为什么在研究不同环境下的问题时人们会使用它的原因。DSM 的结构式临床访谈(Structured Clinical Interview for the DSM, SCID)包括确定疑似某种障碍的行为模式是否真实存在的封闭式问题,以及允许来访者详述他们的问题和感觉的开放式问题。SCID 会指导咨询师在访谈过程中如何检验自己的诊断假设。有证据证实了 SCID 在各种临床背景下的效度(Zanarini, et al., 2000)。

在访谈过程中,临床医生还可以通过**心理状态检查**(mental status examination)来评估来访者的认知功能。具体的检查可能略有不同,但通常包括以下特征:

- 外表:来访者着装以及仪容整洁得体。
- 情绪:访谈中表露的情绪。
- 注意力水平:能保持注意力集中,并注意咨询师问题。
- 感知和思考过程:能够清晰地思考,并能区分幻想与现实。

- 定位：知道他们自己是谁、身处何地以及当下的日期。
- 判断力：在日常生活中做出合理生活决定的能力。

无论采用哪种方式进行访谈，咨询师都需要通过整合各种可获得的信息来形成诊断印象。这些信息的来源有访谈内容、来访者的背景以及其现存的问题。

计算机化的访谈　你曾做过线上测验或是通过电脑进行过测试吗？很有可能，你曾有过计算机化评估的经历，也许是在求职筛选中，也许是在学术课程中。计算机化的评估目前越来越广泛地应用于临床实践，尽管目前它们还无法完全取代人类咨询师。

在计算机化的临床访谈中，人们需要在电脑屏幕前回答有关心理症状的问题以及与之相关的困扰。计算机访谈可能有助于诊断出会使来访者尴尬或来访者在真人面前不愿回答的问题（Trull & Prinstein, 2013），事实上，与人类咨询师相比，人们在电脑前表现出的个人信息可能会更多一些。这可能是因为在被访问时没有人会盯着自己，人们的自我意识可能会相应地减弱，还有可能是因为计算机看上去更愿花时间来面对来访者所有的抱怨。

另一方面，电脑可能缺乏人类的直觉力，这种直觉在深入研究一些敏感问题时是必须具备的，如人类最大的恐惧、关系问题、性方面的问题。电脑也可能无法判断人脸部的细微表情，而这些表情可能比人们典型反应或语言反应更能揭示个体内心深处的担忧。然而，总的来说，有证据表明在获得来访者信息和形成准确诊断方面，电脑程序能与熟练的临床咨询师做得一样好（Taylor & Luce, 2003）。同时，电脑程序比个人访谈更经济，也更省时有效。

使用计算机访谈的阻力似乎更多来自于咨询师，而不是来访者。一些咨询师认为人与人之间的眼神交流对发现来访者潜在担忧的问题是十分重要的。咨询师同样也应认识到由电脑实施的诊断访谈有时也会得出错误的结果，

计算机化访谈　你更愿意把你的问题告诉电脑，而不是真人吗？计算机化临床访谈的使用已超过25年。一些研究表明，计算机在解决问题方面可能比它的人类同行更为有效。

因此电脑评估结果应与由专业咨询师做出的临床评估相结合(Grab, 2007)。尽管电脑可能永远不能取代人类咨询师,但是将电脑和咨询师两者的诊断结果相结合可能就会达到效率和灵敏度的最佳平衡。

另一个已经出现的变化是线上心理评估的发展。如今,有些心理学家已通过电子邮件、视频会议以及互联网来进行正式的心理评估了(Luxton, Pruitt, & Osenbach, 2014; Shore et al., 2007)。

心理测验

3.7 描述两种主要的心理测验类型——智力测验和人格测验——并找出每种类型的例子

心理测验是一种结构化的评估方法,它可用于评估智力、人格等稳定特质。通常这些测验是经过标准化的,它们可以提供用于比较来访者分数和平均分数的标准。通过比较来自未患有心理问题的样本与被确诊患有某种心理障碍的样本测验成绩间的差异,我们可以发现某些预示了异常行为的反应模式。虽然我们往往把医学测验当成是测验的"黄金标准",但有证据表明很多心理测验在预测标准变量(如基本情况或未来表现)的能力与医学测验不相上下(Meyer et al., 2001)。

在此,我们介绍两类重要的心理测验:智力测验和人格测验。

智力测验 异常行为的评估通常也包括智力的评估。正式的智力测验常被用于诊断智力残疾,以前被称为智力缺陷(mental retardation)。这些智力测验评估了可能会引起其他障碍的智力损伤,比如说由大脑损伤造成的器质性精神障碍。同时,它们还提供了来访者智力优势与劣势的相关信息,以帮助咨询师制订与来访者能力相对应的治疗方案。

智力定义的问题仍会是该领域人们激烈争论的焦点。大卫·韦克斯勒(David Wechesler, 1975)是使用最为广泛的韦氏智力量表的创始人,他把智力定义为"了解世界的能力和适应世界挑战的能力"。据他的观点,智力与我们(a)从心理角度描绘世界和(b)适应世界需求的方式有关。

第一个正式的智力测验是由法国的阿尔弗雷德·比奈(Alfred Binet, 1857—1911)编制的。1904年,比奈受巴黎教育官员的委托来编制一项心理测验,以识别那些无法适应普通班教学且需要接受特殊教育的儿童。比奈和他的同事西奥多·西蒙(Theodore Simon)编制了第一个智力测验,该测验包括记忆任务以及其他儿童可能会在日常生活中遇到的与心理能力相关的小测验(如计数)。该测验之后的版本有"斯坦福—比奈智力量表",该量表目前仍被广泛用于测量儿童和青年人的智力。

智力,就像一个人在智力测验中的分数一样,通常是以智力商数(intelligence quotient, IQ)的形式表现出来的。通常,IQ 分数依据的是个体在智力测验中的分数与他所在的同龄组的标准间的相对差异(偏差)。IQ 的平均分数为 100 分。如果个体回答正确的题目数比一般人多,那么他的 IQ 分数就在 100 以上;如果个体回答正确的题目数比一般人少,那么他的 IQ 分数就在 100 之下。

韦氏智力量表是目前人们在智力测验中使用最为广泛的,且不同的版本适用于不同的年龄群体。韦氏智力量表将所有的题目归类,形成多个分测验或分量表,每个分量表测的是不同的智力能力(表 3.5 介绍了韦氏成人智力测验的情况)。韦氏智力量表旨在让人们更好地了解每个个体相对的优势和劣势,而不是仅为人们提供一个总分。

表 3.5　与韦氏成人智力量表题目相类似的例题

领悟:为什么人们需要遵守交通法规?"早起的鸟儿有虫吃"是什么意思?	图画填充:指出如图 3.1 手表图中缺失的部分
算术:约翰想买 1 件价值 31.5 美元的 T 恤,但他现在只有 17 美元。那么他还需多少钱才能购买这件 T 恤?	方块设计:使用如图 3.1 中那样的方块,摆出已展现出来的图形
相似性:订书针与曲别针的相似之处在于什么?	字母—数字排列:听一组数字和字母,然后进行复述,复述时先按从小到大的顺序报出所听到的数字,然后按字母表的顺序报出所听到的字母:S-Z-C-1
数字广度:(正序)听下列一组数字并且以同样顺序向我复述:6 4 5 2 7 3。(倒序)听下列一系列数字并且以相反的顺序重复它们:9 4 2 5 8 7	
词汇:"任性"是什么意思?	

来源:摘自 J.S. Nevid (2013). Psychology: Concepts and Applications, 4th ed. (p. 270). Belmont, CA: Wadsworth/Cengage Learning. Reprinted by permission.

韦氏智力量表包括言语技能、知觉推理、工作记忆和加工速度的分测验。这些分测验的成绩相加就可获得总的智力商数(IQ)。[图 3.1 展示了与韦氏成人智力量表(WAIS)中两类知觉推理测验相类似的题目。]

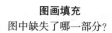
图画填充
图中缺失了哪一部分?

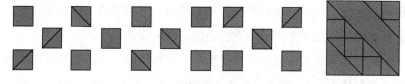
方块设计
将这些方块摆放成这样的图案。

图3.1　与韦氏成人智力量表(WAIS)中两类知觉推理测验相类似的题目

知觉推理分测验测量的能力包括非言语的推理能力、空间知觉能力和问题解决,以及对细微视觉信息的觉察能力。

来源:摘自韦克斯勒成人和儿童智力量表。Copyright© 1949, 1955, 1974, 1981, 1991, 1997, 2003, by The Psychological Corporation, a Harcourt Assessment Company. Reproduced by permission. All rights reserved. Wechsler® is a trademark of The Psychological Corporation registered in the United States of America and/or other jurisdictions.

确定韦氏智力量表IQ分数的依据是答题者的回答与其同龄人回答的平均水平间的差异程度。任何年龄段IQ分数的平均数都是100。IQ分数呈正态分布,故而总体中有50%的分数会落在90至110这一"广泛的平均范围"之间。

大多数IQ分数都聚集在平均数上下(见图3.2)。只有5%的人的IQ分数会超过130或低于70。韦克斯勒把IQ分数为130或130以上的人称为"超常",把低于70分的个体称为"智力缺陷(intellectually deficient)"。

临床医生用IQ测验来评估来访者的智力水平并且帮助诊断智力缺陷。IQ分数低于70分是智力缺陷的诊断标准之一。

下面,我们讨论两类重要的人格测验:客观性测验和投射测验。临床医生

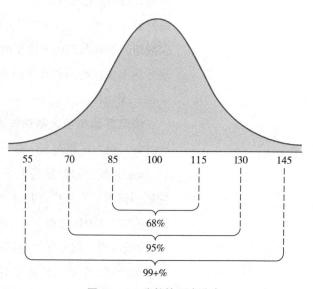

图3.2　IQ分数的正态分布

IQ分数的分布图类似一个铃铛形曲线。心理学家称这个曲线为正态曲线。韦克斯勒提出了离差智商的概念,并界定IQ测验的平均数为100,标准差为15。标准差是测量个体距离或偏离平均数的程度的一种统计方法。在这幅图上,我们标出了偏离平均数1个、2个、3个标准差的分数的分布情况。注意,有三分之二总体的得分分布在平均数的一个标准差上下的区间内(85-115)。

运用人格测验从而更好地了解来访者潜在的人格特质、需求、兴趣和担忧。

客观性测验（objective test） 你喜欢看电子杂志吗？你晚上睡觉时会很容易被噪声惊醒吗？你会长期被焦虑和不安所困扰吗？客观性测验就是一些自我报告的人格调查表，这些调查表使用的题目是用来测量情绪稳定性、男性气质/女性气质、内向性等人格特质的。自陈量表要求受测者回答有关情感、想法、担忧、态度、兴趣、信念等等。

那怎样保证人格测验的客观性呢？如果说摆放在浴室的家用体重秤是测量体重的客观方法，那么人格测验就算不上客观。毕竟，这类测验依赖的是个人对自己的兴趣情绪状态等的主观报告。但就从这些测验能限制受测者的回答内容并对测验结果进行客观计分的角度来看，我们认为这些测验还是比较客观的。由于这些测验是根据实证研究的结果编制的，而这些实验证据证明它们具有较好的效度，因此从这个角度来看它们也是客观的。研究者可能会让施测对象判断题目的形容词是否合适，根据陈述内容判断正确或错误，从列出的答案中选出较喜欢的活动，或指出施测内容是否"经常""有时"或"从未"发生。比如说，某个测验题目可能会让你对"在人群里我觉得很不自在"这样的陈述进行正误判断。下面我们将聚焦于两个临床上应用较为广泛的客观性测验：明尼苏达多项人格测验和米隆临床多轴测验（Million Clinical Multiaxial Inventory, MCMI）。

明尼苏达多项人格调查表 明尼苏达多项人格调查表的修订版，MMPI-2，包含了超过567用于评估的真假性陈述，这些陈述涵盖内容广泛，包括兴趣、习惯、家庭关系、身体状态、态度、信念以及具有心理障碍特征的行为。它被广泛用于人格测验和辅助临床医生诊断个体的异常行为模式。MMPI-2由很多单独分量表组成。在回答这些分量表的题目时，被确诊为心理异常的被试（如精神分裂症或抑郁症患者）给出的答案往往与参照组的成员的答案不同。

试想一个与你在MMPI-2上可能会看到的题目相似的假设项："我常常读侦探小说。"如果一组抑郁症患者倾向于用和非患者参照组不同的方式来回答这个问题，那么这道题就可以放在抑郁症量表中。MMPI-2中的题目被分为不同的临床量表（见表3.6）。如果某个量表的分数在65或以上，那么这个分数就可以被认为具有临床学意义。MMPI-2还包括了评估受测者反应趋向的效度量表。这种反应趋向是指个体在赞成（假装好)与反对(假装坏)方面并未根据自己的想法作答。测验的其他量表则被称为内容量表,以测量那些使个体感到困扰与担忧的具体内容,如焦虑、愤怒、家庭问题和低自尊。

表3.6 MMPI-2的临床量表

量表序号	量表名称	MMPI量表上与之类似的题目	高分者特质
1	疑病	我的胃病经常使我困扰。时常我会觉得浑身疼痛	多处躯体不适、有悲观的挫败感、时常抱怨、苛求
2	抑郁	似乎没什么能引起我的兴趣。我时常因为一些烦恼而影响睡眠	情绪低落、悲观、忧虑、沮丧、无精打采
3	癔病	我时常会莫名其妙地脸红。我会当人们友善待我的时候轻易相信他们的话	天真、自我、缺乏自知力、幼稚、应激反应时会诱发慢性疼痛
4	精神病态	我的父母经常看不上我的朋友。我的行为有时会让我在学校惹麻烦	难以接受社会的价值观、叛逆、冲动、反社会倾向、家庭关系紧张、曾在工作或学业上表现不佳
5	男性气质—女性气质	我喜欢读关于电气的书籍。(男性气质)我想去剧院工作。(女性气质)	男性表现出女性特征:对文化和艺术感兴趣、敏感、被动、女性化;女性表现出男性特质:侵略性、男子汉气概、自信、活跃、果断、精力旺盛
6	偏执	我本可以在生活中表现得更好,但是人们不给我一个公平的机会。现在任何人都不可信	多疑、谨慎、苛责他人、冷漠、可能存在偏执妄想
7	精神衰弱	我是那种不得不担心某些事情的人。我似乎比我认识的大多数人害怕更多东西	焦虑、恐惧、紧张、担忧、不安、难以集中注意力、自责、强迫
8	精神分裂	有时我似乎觉得很多东西都不真实。我有时会听到一些别人听不见的声音	困惑和思维缺乏逻辑、感到孤独和被误解、社会孤立或退缩、可能有幻觉、妄想等精神病症状、可能导致精神分裂的生活方式
9	轻躁狂	有时我的工作量会超出我的能力。人们注意到我有时话语很多,会给人带来压迫感	精力充沛、狂躁、冲动、乐观、好交际、活跃、反复无常、易怒、过分夸张或者过于浮夸的自我形象或是有不合实际的计划
10	社会内向	我不喜欢喧闹的聚会。我在学校活动中表现得一点都不活跃	害羞、拘谨、退缩、内向、自卑、沉默寡言、在社交情境下会焦虑

MMPI-2解释的依据是各个量表的评估结果以及各量表间的关系。例如,研究者常能在寻求治疗的来访者身上发现"2-7轮廓",这种现象指的是被试在第2个量表(抑郁量表)和第7个量表(精神衰弱量表)上的测验分数具有临床意义的一种测验样式。在解释测验结果时,临床学家可能会参考"诊断地图"或对常表现出各种情况的患者的描述。

MMPI-2量表反映了与测验提供的诊断类别相联系的人格特质。比如,在第4个量表(精神病态量表)上分数高说明答题者不服从一般的社会道德规范,常会表现出叛逆的行为。反社会型人格障碍患者常会有上述特征。但因为MMPI并不是完全依赖DSM标准而编制的,所以仅根据MMPI的分数还不足以形成确切的诊断。MMPI编制于20世纪三四十年代,它无法提供与现在的DSM系统(DSM-5)相一致的诊断评估。即使如此,MMPI各量表的信息表明临床学家可根据其他证据作出初步的诊断。此外,很多临床学家使用MMPI来获取答题者人格特质的基本信息,而不是用它来作出诊断。其中,这些人格特质的信息也许能解释来访者的心理问题。

大量的研究结果证实,MMPI-2具有良好的效度(Butcher,2011;Graham,2011)。该测验不仅成功地区分出精神病患者和控制组被试,还成功地区分了患有不同心理障碍的人群,比如说它能很好地鉴别出焦虑症患者和抑郁症患者。此外,MMPI-2的内容量表还提供了一些额外的信息,而这些信息一般都是由临床量表提供的。这有助于临床医生更好地了解来访者的具体问题(Graham,2011)。

米隆临床多轴调查表 米隆临床多轴调查表(the Millon Clinical Multiaxial Inventory,MCMI)旨在帮助临床学家根据DSM系统的结果做进一步的诊断评估,该测验尤其适用于人格障碍(Millon,1982)。MCMI(现已有第3版,称MCMI-Ⅲ)是唯一一个专注于人格障碍测量的客观人格测验。相较之下,MMPI-2侧重的是其他临床障碍有关的人格特质,如心境障碍、焦虑症和精神分裂症。一些临床医生会同时使用这两种测量工具来诊断更多的人格特质。MCMI-Ⅲ同样有具有可评估抑郁和焦虑的分量表,但其效度仍有待考察(Saulsmana,2011)。

客观性测验的评估 客观性测验或自我报告测验与主试的关系十分密切。只有主试把指导语读给受测者听并确保他们读懂和理解题目意思,才能让受测者在无人监视的情况下完成测试题目。因为测验允许个体做出有限的反应选项,诸如要求被试将每个项目标记为"判断正误",因此测验具有较高的评分者效度。此外,对答题者进行的大量研究为解释测验反应提供了量化依据。通常,这种测验解释了一些无法通过临床访谈或行为观察得出的信息。例如,自陈式测验可以使我们知道人们的某些消极的自我概念——这些概念是无法在行为中表现出来的,也无法由访谈解释出来。考虑到这些因素,临床医生可能会从一些病例的自我报告测试中或是同行们的病例中获取更多有价值的信息(Cuijpers et al., 2010)。因此,可以采用综合的评估方法。

自评量表的缺点是它们把个体评估的结果作为唯一的信息来源。因此,测验结果可能会反映出人们在评估自己或自己的行为时存在的潜在偏见,如人们往往会做出符合社会期望的回答,而这种回答可能代表的并非他们的真实情感。出于这个原因,诸如MMPI等自我报告调查表都会加入效度量表来帮助临床医生发现被试的反应偏差,然而即使这样也无法诊断出所有的偏见。但主试还是有可能发现一些可靠的信息,如采访与来访者有类似行为的人。

如果一项测验的作用只限于识别出疑似患有某种障碍的人群,那么还不如使用其他更经济的方式,如结构化的临床访谈来进行诊断。临床医生希望人格测验不仅只有诊断分类的作用,MMPI已经显示出了它在这方面的价值,因为除了上述作用它还能为人们提供有关潜在人格特质和兴趣模式的信息。然而,来自心理动力学的批评家指出自我报告测验无法为我们提供可能的无意识过程。这类测验可能只适用于机能相对良好的个体,这些个体阅读能力较好,可以对语言材料作出反应,并能对一些可能较为枯燥的任务保持一定的注意力。但是功能紊乱、注意力易分散或有困惑的来访者可能无法完成这些测验。

投射测验 与自陈式人格测验不同的是,投射测验(projective test)所提供的是一些模糊、特定的反应选择。向受测者提供一些模糊的刺激材料(如墨迹图)然后让受测者对刺激做出反应。人们之所以用"投射"一词来命名这种测验,是因为心理动力学认为人们会把自己的心理需要、驱力、动机无意识地反映或"投射"到模糊刺激的解释中。

心理动力学模型认为潜在的破坏性动力和愿望,通常是性本能或攻击本能的体现,这些动力和愿望被我们的防御机制隐藏于无意识中。投射测验等间接测量方法可以为我们提供一些无意识过程的线索。然而更多的行为主义导向的批评家指出,投射测验的结果依赖于临床学家对受测者测验反应的主观解释,而不是实验证据。

迄今为止，人们已编制出了大量的投射测验，如填词测验或根据人们完成画人物和画其他东西时的表现进行的测验。其中，最著名的两个投射测验是罗夏克墨迹测验和主题统觉测验(TAT)。

罗夏克墨迹测验 罗夏克墨迹测验(the Rorschach Inkblot Test)是由瑞士精神病学家赫尔曼·罗夏克(Hermann Rorschach, 1884—1922)编制的。童年期的罗夏克就沉迷于把墨水滴在纸上，然后把纸对折从而形成两边对称的图形的游戏。他指出人们从同一张墨迹图上看到的东西往往是不同的，他认为被试的这些"感知"反映了他们的人格特征以及由墨迹图形提供的刺激线索。罗夏克的小名叫"Klex"，在德国语中有"墨迹"的意思。作为一个精神病学家，罗夏克为了识别出有助于心理问题诊断的墨迹图，亲自测验了数百张墨迹图片。最终他选出了15张墨迹图。这15张图不仅能帮助临床学家诊断，而且每张图可以单独施测。现在的墨迹图只有10张，因为罗夏克的出版商没有足够多的资金来把15张墨迹图都印制在初版的测验中。罗夏克肯定没有想到他的墨迹测验现在会变得这么流行，这么具有影响力。可惜的是，在以他的名字命名的测验发布后的第7个月，罗夏克就因阑尾破裂引起的并发症而离开了人世，年仅37岁(Exner, 2002)。

10张墨迹图中，5张是黑白的，5张是彩色的(见图3.3)。每张图都是印在一张单独的卡片上，并以一定的顺序呈现给被试。测验要求被试把他们看到或联想到的东西都告诉主试。然后主试会让被试说明一下他们用来形成感知的墨迹图的特征(颜色、形状或结构)。[判断正误]

判断正误

在使用最为广泛的几项人格测验中，有一种测验呈现给被试一系列的墨迹图，然后要求被试解释在一系列墨迹图中看到的内容。

☐ 正确　罗夏克墨迹测验是一个使用广泛的人格测验，在该测验中可以通过解释个体对墨迹图的解读来解释个体的某些人格特质。

使用罗夏克墨迹测验的临床医生作出的解释是以被试回答的内容和形式为依据的。比如，临床医生推断从整体的角度作答的被试具有一种以有意义的方式整合事件信息的能力。而那些关注细节的被试可能有强迫倾向，而对空白部分(墨迹周围的部分)有所反应的被试可能会以一种独特的方式来看待事物，而这种独特的方式可能具有一定的消极性或刻板性。

与墨迹的组成或与轮廓一致的反应暗示了恰当的**真实性检验**(reality testing)。在墨迹图上看到运动反应的被试，他们的智力和创造力可能更高。内容分析可以解释被试个体的内在冲突。例如，看到的是动物而不是人的成年被试，可能患有与人有关的心理问题。如果被试表现出对自己是男性还是女性的认知存在困惑,那么从心理动力学的角度来看这个被试存在性别角色冲突。

主题统觉测验 主题统觉测验(the Thematic Apperception Test,TAT)是由哈佛大学的心理学家亨利·默里(Henry Murray)于20世纪30年代创制的。"统觉"指的是基于当前看法和已有经验得出的对某一情境的新观点或感想的心理过程。TAT由一系列卡片组成,每张卡片描述一幅模糊的场景(见图3.4)。它假定被试对卡片的反应反映了他们的经验和人生观,也可能还能揭示被试内心深处的需要和冲突。

图3.3 "这看上去像什么?"
在罗夏克墨迹测验中,主试会呈现给被试模糊的墨迹图,并要求被试描述每幅墨迹图的样子。罗夏克假设人们会把他们的部分人格特质投射到他们的回答中,但是人们对该测验结果的科学有效性持怀疑态度。

被试被要求描述在每个场景中发生了什么,又是什么因素导致了图片上的情景,图片上的人正在想什么以及之后又会发生什么事情。心理动力学理论家认为被试会认同故事中的主人公,并会把他们潜在的心理需要和冲突投射到他们的反应中。简单地说,这些故事表明了来访者在自己的生活中解释事件的方式以及在相似的生活场景中会表现出来的行为。TAT的结果也可能会暗示来访者对其他人的态度,尤其是对家庭成员或伴侣的态度。

图3.4 "给我讲个故事。"
在主题统觉测验中(TAT)中,向被试呈现一系列的图片,例如这一幅图所展示的,接着要求被试根据图片所描述的给我们讲一个故事。还要求被试描述一下根据图片联想到了什么事情,以及故事是如何发生的。那如何根据所讲的故事展现被试人物的内在人格特征呢?

投射测验的评估 投射测验的信效度问题一直备受大量的研究关注并且饱受着争论。一方面,从某种程度上看,对被试回答的解释取决于主试的主观评价。比如,两个主试对同一个罗夏克墨迹测验或主题统觉测验的解释可能是完全不同的。

尽管更全面的计分系统已提高了罗夏克墨迹测验评分过程的标准化,但是测验的效度仍是人们争论的话题。即使能对罗夏克墨迹测验的结果进行有效评分,但是对回答的解释仍是一个值得商榷的问题(Garb et al.,2005)。

有证据表明罗夏克墨迹测验的结果具有一定的有效性,例如,受损思维和知觉加工(Mihura et al.,2013,2015;Wood et al.,2015)。然而,批评者声称,我们缺乏足够的证据支持罗夏克墨迹测验在临床环境中的普遍应用(Wood et al.,2010,2015)。总而言之,支持者与反对者之间关于罗夏克墨迹测验的效度以及临床价值的争论至今还没有得出明确的解决方案。

TAT在引出深层材料或挖掘潜在精神病理学上的效度也有待证实。一个人对测试的反应可能更多地说明了图片的特征,而不是该个体潜在的人格特质。

投射方法的拥趸们指出,通过投射测验可以自由地表达主题而减少个人提供符合社会满意度的回答的倾向性。乔治·斯特里克(2003,p.728)用下面这句话来评价这个领域现在的局面:"这个领域仍然存在信徒和非信徒间的对立,并且双方都能提供重要的证据以及可以批判对方用于支持自己观点的证据。"

神经心理评估

3.8　描述神经心理测验的方法

神经心理评估(neuropsychological assessment)　涉及使用测验来帮助判定心理问题是否能反映出内在的神经损伤和脑损伤。当被怀疑有神经损伤时,神经学家——专门研究神经系统紊乱的医学博士——可能会让病人进行神经功能评估。临床神经心理学家可能也会用神经心理评估的技术去揭示脑损伤的迹象,比如行为观察法和心理测验。神经心理测验可以和诸如MRI和CT扫描等脑成像技术共同使用来阐明脑功能和潜在异常情况之间的关系。神经心理测验的结果不仅可以指出病人是否有脑损伤,而且还可以指出大脑的哪个区域受到损伤。

本德视觉动作格式塔测验(The Bender Visual Motor Gestalt Test)　本德视觉动作格式塔测验是最早产生的测量神经心理疾病的测验工具之一,也是仍然被广泛用于神经心理疾病的测量的测验工具之一,现在有了第二版"本德视觉动作格式塔测验Ⅱ"(Brannigan & Decker, 2006)。这个测验由能说明多种多样的格式塔认知原则的几何图形组成,要求被试照着图片去临摹那些几何图形,与原图的图形的旋转度不同或角度的歪曲、大小尺寸的不同都有可能是出现脑损伤的迹象(见图3.5)。主试接着让被试根据记忆再现这些图片,因为神经损伤可能会使记忆力功能减退。虽然这个测验是测量可能存在器质性损害的比较方便和经济的方法,但是出于这个目的还有更精确的成套测验,包括广泛使用的霍尔斯泰德-瑞坦神经心理成套测验。

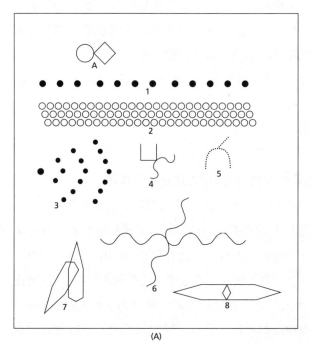
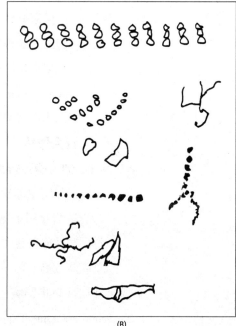

图3.5 本德视觉动作格式塔测验

这个测验旨在评估器质性损伤。(A)部分呈现了一系列要求被试临摹的图形。(B)部分是一位被认为有脑损伤的患者所临摹的图案。

霍尔斯泰德-瑞坦神经心理成套测验 心理学家拉尔夫·瑞坦通过改编他的导师、实验心理学家沃德·霍尔斯泰德的测验,形成了这套用于研究器质性损伤的个体的大脑与行为之间的关系的测验。这整套测验可用于测量知觉智力和动作技能与表现。该测验组系允许心理学家观察所获结果的模式,以及暗示着某种脑部缺陷的各种表现缺陷的模式,例如伴随头部创伤后出现的系列表现(Allen et al., 2011; Holtz, 2011; Reitan & Wolfson, 2012)。霍尔斯泰德-瑞坦神经心理成套测验(the Halstead-Reitan Neuropsychological Battery)由一些子测验组成,包括以下几个：

1. 范畴测验。这个测验用于测量抽象思维能力，即个体能熟练地形成规律和将刺激物与其他刺激物区分开来的分类能力。在屏幕上不断地呈现一系列按形状、大小、位置、大小和其他特征变化的刺激群。被试的任务是找出它们的规律，如按形状或按大小并通过按键指出在每一组中哪个刺激物代表着正确的分类。通过分析正确的与不正确的选择的模式，被试一般都可以找到做出正确选择的规律。被试在测验中的表现能够反映大脑皮层的活动。

2. 节奏测验。这个测验用于测量注意力和集中力。让被试听30对已经录好的有节奏的节拍，让被试指出每一对节拍是否相同或不同。若表现缺陷，则与右大脑皮层的颞叶有关。

3. 触觉操作测验。这个测验要求被试蒙住眼睛后将不同形状的木板放入相应的槽板中。之后，让被试画出记忆中的木板作为一种可视化记忆的方法。

行为评估

3.9 确定行为评估方法，并描述功能分析的作用

诸如明尼苏达多项人格测验、罗夏克墨迹测验和主题统觉测验等传统心理测验用来测量内在的心理特质和性格。测验反应被解释为心理特质和性格的迹象在决定个人的行为上起了重要的作用。例如，某些罗夏克墨迹测验的结果被解释为揭示了心理依赖之类的深层特征，这些特征被认为将影响一个人与他人相处的方式。相反地，**行为评估**（behavioral assessment）将测验结果看作是发生在特定的情境下的行为的样本而不是内在的心理特质。根据行为评估方法，行为主要是由环境和情境因素决定的，如线索和强化，而不是由内在的特质决定的。

行为评估强调对特定环境下的行为进行临床或行为观察，如在学校、医院或者是工作环境中。它的目的是在尽可能接近真实情境中获取个体的行为样本，从而最大限度地模拟测试情境和标准间的关系。行为可以在家庭、学校或工作等情境中观察和测量。主试还在咨询室或实验室模拟真实情境以便观察和测量被试在日常生活中遇到类似的问题。

主试对问题行为进行功能分析——分析问题行为的前因、引发问题行为的刺激线索、结果以及维持问题行为的强化物。了解问题行为发生的环境条件可以帮助治疗专家和患者及其家属改变引发和维持问题行为的条件。主试可以通过行为访谈法（behavior interview）向被试提相关

的问题以了解更多问题行为产生的背景和环境因素。例如,如果一个患者因为惊恐发作来寻求帮助,行为主试可以问患者是如何体验到这种惊恐的——何时发作?何地发作?发作的频率又是如何?主试以此来寻找那些诱发线索,比如思维模式(例如想到死亡或者失控)或者导致惊恐发作的环境因素(例如进入一个百货商场)。主试还要寻找那些维持这种惊恐的强化物信息。当惊恐发生的时候患者是否逃离了现场?逃跑是否因焦虑的缓解而加强呢?患者是否学会了通过避免暴露在惊恐发生的情境下来减少预期性焦虑呢?

主试也可以用观察法将问题行为和刺激以及维持该行为的强化物联系在一起。看看凯里的案例。

"小皇帝":凯里的案例

凯里是一个7岁的男孩,他的父母带他来进行评估。他妈妈把他称之为"小皇帝",他爸爸说他从来不听任何人的话。在超级商场时,倘若凯里的父母拒绝了他要买玩具的要求,他就会乱发脾气,尖叫跺脚。在家的时候,他把旧玩具扔到墙上毁坏它以要求买新玩具。即使这样,有时候他还会变得沉闷,几个小时都不跟任何人说话。在学校他表现得很羞怯而且很难集中注意力。他在学校的进步很慢,而且有阅读障碍。他的老师说他很容易分散注意力,而且看起来不是很积极。

摘自作者的档案

心理学家可以直接通过观察凯里和他的父母在家里的情况来评估他们之间的相互作用。另外,也可以在诊所里用单面镜观察法来观察凯里和他父母的行为。这样的观察可以发现一些能解释孩子叛逆行为背后的相互作用。例如凯里的叛逆行为可能与他父母的一些模糊指令有关(例如,妈妈说"现在好好玩",凯里就以扔玩具来回应);还与不一致的要求有关(例如妈妈说"去玩玩具吧,但是不要惹祸哦",凯里就会以撕扯玩具来回应)。通过观察可能会帮凯里的父母找到改善交流和提供社会期待的行为的暗示和强化物的方法。

直接观察法(或行为观察法)是行为评估的方法。通过直接观察法,临床医生可以观察和量化问题行为,可以将观察结果记录下来用于随后的行为模式的分析。观察者要接受培训以能够识别和记录符合目标的行为模式。行为编码系统的发展提高了记录的信度。

直接观察法既有优点也有缺点。优点之一就是直接观察不依赖被试的自我报告,自我报告时被试可能会为了留下好的或不好的印象而扭曲事实。除了能精确地测量问题行为之外，行为观察还可以提供介入问题行为的策略。一位母亲报告说她的儿子太活跃了以致他都不能长期保持安静直到做完家庭作业为止。通过单面镜观察法，临床医生发现只有当这个男孩遇到一个他不能立刻解决的问题时才会变得烦躁不安。可以通过教他应对挫折的方法和解决某类理论问题的方法来帮助该男孩改善他的这种问题行为。

直接观察法也有其缺点。其中一个问题就是可能缺乏界定行为术语中问题的一致性。将小孩的行为归为多动症时，临床医师必须有一致的标准来判断小孩行为的哪些方面显示小孩有多动症。另一个潜在的问题就是缺乏信度和一致性，测量会随着时间和观察者的不同发生变化。一个观察者在编码特殊行为是前后不一致或两个及以上的观察者在编码行为时的不一致性都会减低其信度。

观察者同样可能表现出观察偏差。一名倾向于认为该小孩有多动症的观察者可能会将正常的变异行为看作是多动症的细微线索并错误地将它们记录为多动症的表现。临床医生可以通过让观察者不了解或对他们要观察的目标完全不知情来使这种偏见最小化。

反应性是另一个潜在的缺点。反应性是指被观察的行为会受测量方法的影响。例如，当人们知道自己被观察时可能会展现他们最好的一面。使用非参与性观察法，例如隐藏的摄像机、单面镜观察可以减少反应性。然而，由于道德问题和实践束缚，非参与性观察法有时也不可行。另一种方法是在收集资料之前多观察他们几次使实验对象习惯。另一个潜在问题就是观察者偏差——随着时间的流逝，由于观察者或评委小组的偏好性，使他们偏离原来接受培训的编码系统。帮助解决这个问题的方法就是定期地对观察者进行培训以确保他们一直遵守编码系统（Kazdin，2003）。随着时间的流逝，观察者可能会变得疲劳或者注意力不集中。因此限制观察时间并提供频繁的休息是有帮助的。

行为观察法的应用局限于测量外显行为，许多临床医生也想去评估主观或隐藏的体验，例如忧伤或焦虑的感觉或扭曲的思维模式。那些临床医生结合直接观察法和其他评估方式让被试去呈现内在的体验。严谨的行为临床医生则倾向于将不可靠的自我报告同资料有限的直接观察法结合起来。

除了行为访谈法和直接观察法之外，行为评估还涉及其他技术的运用，例如自我监控、策划或模仿测验以及行为评定量表。

自我监控　训练被试记录和监测他们日常生活中的问题行为,是证明问题行为与其发生的环境有关的另一方法。在自我监控中,来访者要承担在问题行为自然发生的背景下评估问题行为的责任。

那些很容易被评估的行为,诸如进食、吸烟、咬指甲、抓头发、学习、社会活动都很适合自我监控。由于是在行为发生的时候被记录而不是凭着记忆重建,所以自我监控能有很高的测量精确度。

有很多方式可以用来记录目标行为。行为日记或日志就是记录卡路里摄入量或吸烟情况最方便的方法。这种日志可以用行和列的方式来记录问题行为发生的频率和发生的环境(时间、背景、感觉、状态等)。一份关于进食的记录包括记录所吃食物的类型、卡路里的含量、进食场所、吃东西时的感觉以及吃完后的结果(例如,被试吃完后感觉怎样)。和临床医生一起回顾进食日志的时候,来访者可以知道自己进食的问题模式,比如当来访者感到很烦的时候会吃东西,当看到电视上的关于食物的广告时会吃东西,并且来访者还可以想出更好的方法来控制这些线索。

行为日记也可以帮助被试增加可取的但频率较低的行为,如自信行为和约会行为。不自信的被试可能会记录那些看起来应有的自信反应的场合并草草地记下在每一个场合他们的真实反应。然后,来访者和临床医生一起回顾日志,找出那些问题情境并排练自信的反应。对约会感到焦虑的被试可能会记录一些潜在的约会对象的社会关系。为了测量治疗的效果,临床医生让来访者在进行治疗之前拍一段自我监控的内容。如今,临床医生开始开发智能手机应用帮助来访者记录日常生活中的特定行为(Clough & Casey,2015),详情见"数字时代的异常心理学——通过智能手机来追踪症状"。

即便如此,自我监控也不是没有缺点的。一些来访者不可靠并且不准确地进行记录,他们可能健忘又粗心大意。他们由于害怕尴尬或批评故意隐藏一些令人不满的行为,例如过度饮食吸烟。为了抵消这种偏差,在取得被试的同意后,临床医师通过从其他的同伴例如被试的配偶那里收集资料来证实自我监控的准确性。然而,一些诸如吃东西、单独吸烟这样的私人行为不能够被证实。有时候些其他方法,如生理测量也可以用来检验其准确性。例如,血液里酒精浓度可以用于证实自我报告的酒精使用量,或分析被试的呼气样本中一氧化碳浓度可以用来验证戒烟的报告。

记录不受欢迎的行为可能会促使人们更能意识到要去改变它们。因此,如果自我监控可以指向适应性行为,那么这种方法就可供治疗使用。例如,在体重管理计划中,将人们的注意力集中在他们实际摄入食物的热量上。但是,仅仅使用自我监控还不足以实现令人满意的行为的转变,使行为发生改变的动机和所需要的技巧也是同样重要的。

数字时代的异常心理学——通过智能手机来追踪症状

治疗师们正使用智能手机应用作为治疗工具,这使得他们得以摆脱咨询室诊疗的局限性来追踪来访者日常的想法、行为以及症状,而不是等着每周治疗安排开始的时候再听来访者报告他们想法、情绪和活动的变化。智能手机应用可以让治疗师实时掌握来访者的日常状况(Clough & Casey, 2015; Ehrenreich et al., 2011; Marzano et al., 2015)。一些应用会提示用户在一天中的不同时刻对自己的情绪或症状进行评估。这些信息可以通过服务器无线传输给他们的治疗师,治疗室记录他们的治疗进展,并在数据中寻找模式,从而识别症状出现时的情况,这些症状可能就是治疗的目标。其中一个例子就是移动疗法(Mobile Therapy),一款治疗师鼓励来访者在特定时刻用手机点按"情绪地图"图标来报告自己的情绪水平的应用(Morris et al., 2010)。

智能手机应用不仅被用来搜集来访者数据,还被用于帮助那些患有焦虑和抑郁等心理问题的人(Clough & Casey, 2011; Kazdin & Blase, 2011)。一个例子是一款治疗进食障碍患者的手机应用,它的运作是让患者通过短信将自己的症状发送给治疗师,然后治疗师通过电子邮件发回量身定制的反馈和建议(Bauer et al., 2012)。另一个例子是CareLoop,一款供抑郁症患者用来每天数次评估和记录自己情绪状况的手机应用,每次需要一分钟左右(CareLoop, 2015),数据流传送给治疗师,当他们探测到复发的迹象时,治疗师会提供治疗干预。该技术同样提供短信版本。

在一项戒烟治疗计划中,当参与者有想吸烟的强烈渴望时就向他们的治疗师发送以单词"渴望"为内容的短信,这就促使他们的治疗师回复一些关于抵制吸烟诱惑的建议(Free et al., 2011)。Field Coach是一款旨在帮助边缘型人格障碍患者的手机应用,这是一种我们将在第12章中讨论的人格障碍。该应用提供诸如帮助患者应对日常生活中困难情境

PTSD 手机应用Coach 美国政府参与开发了一款名为PTSD Coach的应用,该应用旨在帮助PTSD患者管理自己的症状,并将其与可能需要的服务联系起来。

来源:U. S. Department of Veternas Affairs.

的支持性视频和音频信息等资源(Dimeff et al.,2011)。未来治疗应用作为治疗工具的前途会随着开发者和治疗师们的想象力而拓展。

在杜克大学,研究者们已经开发了一款应用程序,用于查看婴儿是否有自闭症的迹象(Hashemi et al.,2014)。美国政府参与开发了一款名为PTSD Coach的应用,该应用旨在帮助PTSD患者管理自己的症状,并将其与可能需要的服务联系起来(Kuehn,2011d)。该应用是一名有资质的专业人士对常规治疗的补充手段。还有一款有趣的电子应用里面有一名强迫囤积症患者,他的房子里有着堆积如山的书籍、杂志、硬纸板箱和其他用不着的东西,来访者被要求发送她的生活环境的数码照片,以便她的治疗师可以监控她的进展(Eonta et al.,2011)。

其他卫生保健供应商现在使用短信或其他电子手段作为干预的工具(e.g.,O'Leary et al.,2015)。以心脏病患者为例,医疗服务供应商使用一种名为"给我发短信"的短信程序,每天通过数次短信与患者保持联系。这使得他们能够更加密切地监测患者的症状,并促使他们保持健康的行为(Chou et al.,2015)。
[判断正误]

判断正误

测试婴儿是否有自闭症行为的迹象:是的,有一个应用程序可做到这点。
□正确 尽管它不是用来诊断自闭症的,杜克大学的研究者已经开发了一款应用程序,它对于筛查婴儿是否有自闭症迹象十分有用。

模拟测验 模拟测验(analogue measure)是模拟行为自然发生时的背景条件,而且这些背景条件能够在实验室完成且可以被控制。角色扮演是常用的模拟测量的方法。例如,假设一个被试很难去挑战权威人士,如教授。临床医生可能让被试描述以下场景:你很努力地写了一篇学期论文然而却得到很低的分数,例如D或F,你找到教授然后问他:"这篇论文有什么问题吗?"遇到这样的情况你该怎么做呢?如果被试在该场景中的表现暴露出他自我表现的不足,这可以通过治疗或自信心训练来完善。

行为脱敏疗法(Behavior Approach Task,BAT)是一种模拟测验,被广泛用于治疗恐惧症,使某个患有恐惧症的人慢慢接近他害怕的物体,比如蛇(e.g.,Ollendick et al.,2011;Vorstenbosch et al.,2011)。对此,脱敏行为分为不同的程度,如站在20尺之外直接看蛇,触摸藏有蛇的箱子,然后触摸蛇。行为脱敏疗法可以提供在控制情境下对刺激物反应程度的直接测量。可以通过给行为脱敏的每一水平设定一个分数来量化主体的行为。BAT被广泛地用作一种疗效衡量标准,它是基于在治疗过程中,通过测量恐惧症患者与恐惧对象之间的距离来衡量的。

行为评定量表（behavioral rating scales） 行为评定量表是一张提供问题行为的频率、强度、范围的信息的清单。行为评定量表与自我报告个人调查表不同，它评估的是特定的行为而不是人格特征、兴趣和态度。

行为评定量表经常被父母用于评估孩子的问题行为。例如，儿童行为量表（the Child Behavior Clecklist, CBCL, Achenbach & Dumenci, 2001; Ang et al., 2011）要求父母对他们的孩子进行超过100个特殊问题行为的评估，包括以下行为：

行为脱敏疗法 是评估恐惧症行为的一种形式，这种恐惧症评估涉及测量人们可以接近以及可以接触的恐怖刺激的程度。在图中，我们可以看到一个患有恐蛇症的女人在尝试触摸一条无毒的蛇。其他患有恐蛇症的人不敢去触摸蛇，甚至都不敢置身于有蛇的场景，除非确保蛇被牢牢地锁在笼子里。

☐ 不吃饭；
☐ 不听话；
☐ 打人；
☐ 不合作；
☐ 弄坏自己的东西。

这个量表可以测出问题行为诸如不良行为、攻击性行为和实际问题等的总分和标准分数。临床医生可以将儿童的分数与同龄正常人样本的标准分数进行比较。

认知评估

3.10 描述认知评估的作用，并找出两个认知测量的例子

认知评估（cognitive assessment）涉及思维、信念、态度等认知因素的测量。认知治疗师认为那些持有自我贬低或功能失调的认知的人更加可能产生情绪问题，如沮丧、在生活中感到压力和失望。他们帮助被试用自我提高和理性的思维模式代替功能失调的思维模式。

认知评估的几种方法取得了一定的发展。最简单的方法就是记录自己的思想或写日记。抑郁的被试可能用日记来记录他们产生的功能失调的想法。阿隆·贝克（Beck et al., 1979）设计了一种思维日记或"记录功能失调的思想的日记"来帮助被试识别与困扰的情绪状态有关的思维模式。每次被试体验到诸如愤怒、难过等消极情绪时做好以下几点的记录：

1. 情绪状态发生时的情境；
2. 来访者头脑中闪过的自动的或混乱的想法；
3. 自动产生的失调思维的类型和种类（如断章取义、过度泛化、夸大或绝对主义思维——见第2章）；

4.对混乱思维的理性反应；

5.情绪化后果或最终的情绪反应。

思维日记可以成为治疗计划的一部分，通过治疗计划可以让被试学会用理性选择思维代替功能失调思维。

自动化思维问卷（ATQ-30-Revised；Hollon & Kendall, 1980）用来评估人们自动出现的30种消极思维的频率和强度。（自动化思维就像是突然蹦入我们的脑海里。）下面列举ATQ中的几个项目：

- 我认为我无法坚持下去了。
- 我讨厌我自己。
- 我让人们失望了。

通过将每一个项目发生的频率加起来得到一个总分。得分越高越暗示着抑郁的思维模式。与ATQ中发现的项目类似的项目如表3.7所示。ATQ被广泛运用于对正接受治疗的抑郁症患者认知变化的测量中，尤其是认知行为治疗（e.g., Hamilton et al., 2012）。

表3.7　与自动化思维问卷中相类似的项目

如前面所说的，消极的自动化想法可能会突然出现在某人的脑海中，并对他的情绪和动机水平产生消极影响。治疗师会使用诸如ATQ这样的问卷来帮助来访者识别自己的自动化思维，并用合理的可替换的想法来取代它们。	
·我是个失败者	·我很无能
·我想知道我是怎么了	·我要是别人就好了
·我想最坏的情况即将发生	·我想我就要失败了
·我是怎么了？	·我不如别人好
·事情总会变糟	·我永远都不会成功
·我只是一文不值	·我对自己真的很失望

来源：摘自Hollon & Kendall, 1980.

另一种认知测量方法，功能失调性态度量表（dysfunctional attitudes scale, DAS），是由一组相对稳定的与抑郁症相关的潜在态度或假设组成的一个量表（Weissman & Beck, 1978）。例如，"如果我喜欢的人不喜欢我的话，我就会觉得我一无是处。"主体可以在语句后面采用"7点评分法"来评估自己对其的认可程度。功能失调性态度量表呈现了一些被认为能使个人倾向于抑郁的基本假设，所以它可以用于鉴别易抑郁的人（Chioqueta & Stiles, 2007; Moore et al., 2014）。

认知评估为心理学家研究混乱思维与异常行为之间的联系开拓了新的疆界。在过去的30年，或者说只有在认知疗法和认知行为疗法出现后才能开始探究B.F.斯金纳所说的"黑箱"——人们的内部状态，从而去了解思维和态度是如何影响情绪状态和行为的。

认知评估的缺陷在于，临床医生没有直接的方法可以来证实被试的主观体验，他们的思维和信念。这些个人的体验可以报告出来却不能直接地观察和测量。然而，即使思维是个人的体验，但通过评定量表获得的认知结果却可以通过参考外部标准进行量化和检验。

生理测量

3.11 识别生理测量的方法

生理测量（physiological assessment）是研究人们的生理反应的。例如，焦虑与自主神经系统的交感神经的觉醒有关（见第2章）。因此，焦虑的人表现出心率加快和高血压，这些可以通过诊脉和用血压计来直接测量。当人们焦虑的时候通常也会出更多的汗。我们一出汗，皮肤就变湿，这样就增加了它的导电能力。可以用皮肤电反应（galvanic skin response，GSR）的方法来测量出汗程度。伽伐尼电流（Galvanic）是以意大利著名的物理学家、医生路易吉·伽伐尼（Luigi Galvani）命名的，他是研究电学的先驱。皮肤电反应的方法通过测量皮肤上（通常是手上的皮肤）两点之间穿过的电流来测量电流量。研究者假设人们的焦虑水平与穿过皮肤的电流量有关。

皮肤电反应仅仅是通过连接身体的探针和传感器来测量生理反应的一种方法。另一种是脑电图（EEG），它通过把电极连接到头皮上来测量脑电波（如图3.6）。

肌肉张力的改变也与焦虑或紧张的状态有关。它们可以通过肌电图（electromyograph，EMG）来检测，它可以通过把传感器连接到要探测的肌肉群上来监测肌肉张力。将肌电图的探针放在前额上可以发现肌肉张力与剧烈的头痛有关。

脑成像和记录技术 随着医

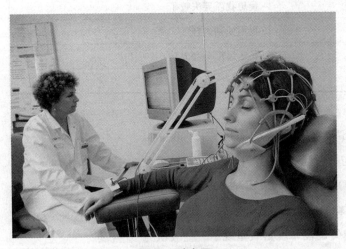

图3.6 脑电图
脑电图可以被用于研究正常人和有问题的人如精神分裂症患者或脑器官损伤者脑电波的不同点。

学技术的改进,使得即使无需外科手术也可以来研究脑的工作机制成为可能。最常用的就是EEG,用它可以记录脑电活动。EEG通过将电极的两端连接在头皮上,来探测脑电活动的详细数量和脑电波(brain waves)。特定的脑电波模式与精神状态有关,例如与放松、睡眠的不同阶段都有关。EEG用于检查与心理障碍有关的脑电波模式,例如精神分裂症、脑损伤。EEG也被医务人员用于发现如肿瘤之类的脑部异常状况。

脑成像技术产生的图像可以反映大脑的结构与功能。在计算机断层(computed tomography,CT)扫描中,狭窄的X射线束对准头部进行扫描(如图3.7)。透过X射线的可见光可从不同的角度对大脑进行测量。CT扫描(computerized axial tomography,也被称作CAT扫描)可以显示大脑形状或结构的异常,这些异常可能是机能障碍、血凝块、肿瘤的征兆。计算机使科学家能够将测量结果整合成大脑的三维图像。以前脑损伤的证据只有通过外科手术才能被检测到,而现在可以通过监视器来显示。[判断正误]

另一种成像技术是计算机辅助正电子发射断层(positron emission tomography,PET)扫描技术,被用于研究大脑不同部位的功能(如图3.8)。在这种方法中,将混合了葡萄糖的微量放射性追踪化合物注入血液中。当它到达大脑的时候,通过测量由追踪物发射出来的正电子——正电荷粒子来揭示神经活动的模式。与葡萄糖代谢有关的脑区生成一个神经活动的计算机图像,葡萄糖代谢越多,活动越明显。PET扫描可以让我们知道当我们听音乐、解答数学难题或说话时我们大脑的哪个区域最活跃(葡萄糖代谢最多的)。当人们患有精神分裂症时它也可以用于显示大脑活动的异常(见第11章)。

第三种成像技术是磁共振成像技术(magnetic resonance imaging,MRI),在磁共振脑成像技术中,将人放置在一个能产生磁场的环状的隧

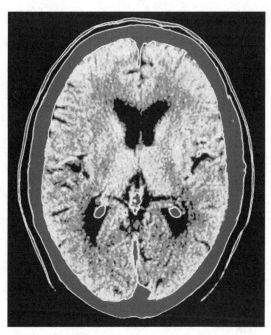

图3.7 计算机断层扫描(CT)

CT扫描是将狭窄的X射线束对准头部,当它穿过大脑时,就可以透过合成的可见光从不同角度对大脑进行测量。研究者可以通过计算机将测量结果合成为大脑的三维图形。CT扫描可以显示与各种各样的异常行为有关的大脑结构的异常。

判断正误

尽管科技进步了,但是今天的内科医生仍需通过手术来研究大脑的工作机制。

□错误 脑成像技术的发展使得即使不进行外科手术也可以研究大脑的工作机制成为可能。

判断正误

进行磁共振扫描就像是被塞进一块大磁铁中。

☐ 正确 磁共振扫描就像一块巨型磁铁,产生强大的磁场,使得当无线电波直接射向脑部时能够呈现脑部的影像。

判断正误

对于可卡因上瘾的人来说,大脑的某些部分通常会在愉快的情绪中被激活。

☐ 错误 恰恰相反,对毒品的渴望与大脑中那些在观看使人压抑的录像时被激活的区域有关。

道状的核磁共振机内。正如开发者所说,磁共振技术的基本原理是将人置于一个大磁场中(Weed, 2003)。接着,将一定频率的无线电波射向人的头部。随后,大脑就会发射出能够从多个角度来测量的信号。结合CT图像,信号可以被整合成计算机合成的大脑图像,它可以显示出与心理疾病相关的大脑异常,如精神分裂症、强迫症。[判断正误]

MRI中有一种类型叫作功能磁共振成像(functional magnetic resonance imaging, fMRI),它用于识别当人们从事一些特别的任务如看东西、记忆、说话时哪些脑区被激活(如图3.9)。当人们完成一些特别的任务时,fMRI通过追踪不同脑区所需要的氧气量来了解所从事的活动与哪个脑区有关。在一项fMRI的研究中,研究人员发现当吸毒者毒瘾发作时,他们的大脑的某一区域被激活,而这一脑区正是正常人观看使人压抑的录像时激活的脑区(Wexler et al. , 2001)。这说明抑郁感可能与毒瘾的发作有关。[判断正误]

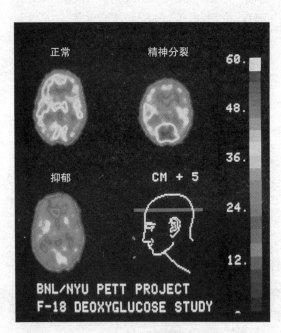

图3.8 PET扫描

这些PET扫描影像显示了抑郁症、精神分裂症患者的脑内代谢过程的差异,通过PET能够知道哪些人并没有罹患心理障碍。

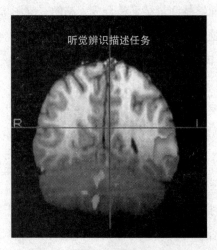

图3.9 功能磁共振成像(fMRI)

fMRI技术是一种特殊的MRI技术。它可以让研究者确认当人们从事特殊任务时哪个脑区被激活。用橙色/红色表示的区域在一个任务中被激活,在这个任务中,一个人被要求指出一个词中的两个单词是否能够匹配。左半球(右侧)的橙色/红色区域对应着处理言语活动的大脑皮层的一部分。

最后,研究人员还是用复杂的脑电图记录技术,为患有精神分裂症和其他心理障碍的人提供大脑不同部位的电活动图像。如图3.10所示,多个电极连接在头皮上的不同区域,将个体的脑部活动信息反馈给计算机。计算机对信号进行分析,并且呈现出一个大脑工作时的生动的脑电活动图像。在后面的章节中,我们可以看到现代成像技术是如何使我们加深对多种多样的异常行为模式的理解的。

脑部扫描可以用于诊断心理障碍吗?我们将在"深入思考:大脑扫描可以检测出精神分裂症吗?"这一部分仔细看看这个有趣的问题。

深入思考

大脑扫描可以检测出精神分裂症吗?

答案是:还未实现,但沿着这些路线的努力正在有条不紊地进行中(e.g., Bullmore, 2012; Ehlkes, Michie, & Schall, 2012)。科学家们希望脑扫描可以帮助临床医生更好地诊断和治疗心理障碍,例如心境障碍、精神分裂症和注意缺陷/多动障碍。研究者正在寻找精神病人脑扫描中的种种迹象,就好像如今的内科医生使用成像技术揭示肿瘤的存在、组织创伤以及脑损伤。[判断正误]

在早期心理健康领域,人们对脑扫描有着极大热情,认为脑扫描预示着心理问题诊断全新的纪元,结果并没有达到预期。哈佛大学教授、美国前国家心理健康研究所所长斯蒂夫·海曼博士(Dr. Steven Hyman)这样解释:"我认为,由于一些值得注意的事件,科学家们对于快速成像如何影响精神病学过度积极……在这样的热情里,人们忘了人类大脑在人类研究的历史上是最复杂的物体,并且,要看出它(大脑)出了什么问题一点也不容易。"(Carey, 2005)

研究者们正在面临的一个问题是,一些障碍,如精神分裂症中的大脑异常迹象十分微妙,或者在总体

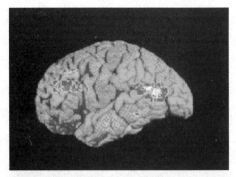

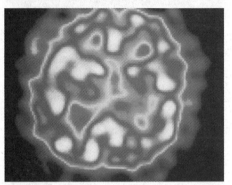

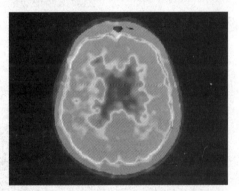

这几幅图中哪一幅是精神分裂症的脑电图? 我们目前还不好说,但是研究者希望有一天他们能用脑电图去探索疾病的一些征兆来诊断诸如精神分裂症、抑郁症等心理障碍。

判断正误

大脑扫描技术的发展使内科医生可以运用核磁共振成像技术来诊断精神分裂症。

□错误 尚未实现,但或许有朝一日我们能够通过使用脑部扫描技术来诊断精神障碍。

中只在属于正常范围内的轻微变动。某些异常同样也会出现在其他障碍中。然而，在精神分裂的早期阶段，大脑扫描可以发现可识别的脑部异常(Ehlkes, Michie, & Schall, 2012)。研究人员目前正在试图利用复杂的脑成像技术来锁定这些大脑异常的具体指标。展望未来，我们可以想象，也许有一天脑扫描会被广泛地运用于诊断心理障碍，就像它们现在被用于诊断脑肿瘤一样。

心理学评估中的社会文化因素

3.12 描述心理评估的社会文化方面的作用

研究者和临床医生在评估人格特质和心理障碍时必须考虑社会文化和种族因素。比如，在对其他文化背景下的人们进行测试时，认真地翻译对理解原始项目的真正意思是至关重要的。临床医生还需要认识到，那些在一种文化背景下可靠、有用的但在其他文化背景下即使经过仔细的翻译仍不适用的评估方法(Cheung, Kwong, & Zhang, 2003)。

临床医生需要考虑社会文化因素，以免在评估中带入文化偏见(Braje & Hall, 2015)。换句话说，主试需要确保他们没有将信仰或习俗中的文化差异作为异常或偏常行为的证据。评估工具的翻译不应仅仅停留在字面翻译工作中，还应提供鼓励评估者强调文化信仰、规范和价值观重要性的

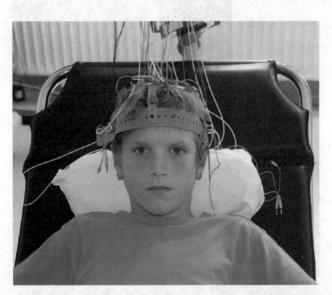
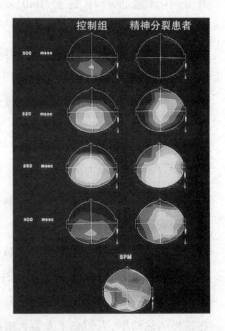

图3.10 描绘脑电活动

通过在头皮上放置电极，研究人员可以用脑电图来记录大脑不同区域的活动情况。右图中，左侧的脑部扫描图显示的是四个时间间隔内10个正常人(控制组)的脑电活动的平均水平。右侧一列显示了同样的时间间隔患有精神分裂症的被试的脑电活动的平均水平。更高的活动水平以黄色、红色和白色依次表示。在底部中心的计算机生成的图像中，总结了正常人与那些患有精神分裂症的人的脑电活动水平的差异。用蓝色描绘的脑区显示的是两组间细微的差别，白色区域代表的则是较大的差别。

指导,以便于评估者在评估异常行为模式时考虑到来访者的背景。

研究者还需要将心理测量工具置于微观文化的范围内。例如,贝克抑郁量表(Beck Depression Inventory,BDI,一份在美国广泛使用的抑郁症状清单),在美国的少数民族和世界其他文化的群体一起使用时,就会在区分抑郁与非抑郁人群方面显示良好的效度(Grothe et al.,2005;Yeung et al.,2002)。一项中国最近的研究表明,MMPI-2能够预测军队新兵征召入伍后对军旅生活的适应水平(Xiao,Han,& Han,2011)。

其他的研究者在对非裔美国和欧洲裔美国(非西班牙裔白人)的门诊及住院病人的对比中发现没有证据表明MMPI-2存在临床上显著的文化偏见(Aribisi,Ben-Porath & McNulty,2002)。在一些其他研究中,研究者发现MMPI-2对检测美洲印第安部落成员的问题行为和症状很敏感(Greene et al.,2003;Robin et al.,2003)。

当进行多元文化评估时,治疗师还必须认识到考虑语言偏好的重要性。真正的意思可能在翻译的过程中被遗失、歪曲或误解。例如,说西班牙语的被试被认为在指导语是英语情况下比指导语是西班牙语的情况下更易受到干扰(Fabrega,1990)。同样,主试可能很难领会习惯用语以及不同语言之间的微妙差别。例如,我们回想起一个临床医生——一名出生在国外并接受过培训的精神病学家,他的母语不是英语。他曾经报告说他的病人表现出幻想的想法,认为自己游离在自己的身体之外。他是根据病人的回答来进行评估的,当他问病人他是否感觉到焦虑时,"是的,医生,"病人回答说,"我感觉自己坐立不安(jump out of my skin)。(译者注:英文中"jump out of my skin"字面理解是"跳出我的皮肤",但在美国俚语中,它有"坐立不安"的意思。)"

总结

如何对异常行为模式分类?

DSM系统与异常行为模式

3.1 描述诊断分类DSM系统的关键特征

DSM第5版(DSM-5)将各种各样的异常行为模式按照精神障碍的类别进行了分类,并在应用特定标准的基础上确定了每个类别的特定障碍类型。

文化依存综合征

3.2 描述文化依存综合征的概念,并且识别一些例子

文化依存综合征是一种异常行为模式,只存在或流行于特定文化之中。例如常见于中国的

Koro综合征和印度的Dhat综合征。

评估DSM系统

3.3 解释为何新版DSM手册——DSM-5备受争议,并评估DSM系统的优缺点

人们对DSM-5表现出了许多担忧,包括对扩大诊断障碍的担忧,对精神障碍分类的改变、对特定疾病诊断标准的改变以及在发展过程中缺乏研究证据的质疑。

DSM系统的主要优势在于对每种疾病使用特定的诊断标准,缺点是对某些诊断类别的可靠性和有效性存在质疑。对于一些批评人士,他们坚持使用医学模型框架来分类异常行为模式。一些调查人员倾向于采用维度模型来取代分类模型,而另一些研究者则倾向于采用类似于当前DSM系统的混合方法,这种系统将分类和维度模型相结合。

评估标准

信度

3.4 确定评估测试和测量信度的方法

评估技术的可靠性可通过多种方式来体现,包括内部一致性、重测信度和评分者信度。

效度

3.5 确定评估测试和测量效度的方法

效度可以通过内容效度、效标效度和结构效度来测量。

评估手段

临床访谈

3.6 识别三种主要的临床访谈的类型

临床访谈包括使用一系列问题,旨在从寻求治疗的人群中引出相关信息。三个主要类型的临床访谈法是非结构式访谈(临床医生用自己的风格来提问,而不是遵循一个特定的程序),半结构式访谈(临床医生遵循预设大纲指导他们如何提问但可以自由拓展至其他方向),和结构式访谈(临床医生严格按照预设的顺序提问)。计算机化的心理功能评估方法已经进入主流临床实践。

心理测验

3.7 描述两种主要的心理测验类型——智力测验和人格测验——并找出每种类型的例子

心理测验是一种结构化的评估方法,用来评估相对稳定的特质,比如智力和人格特质。智力测验,比如韦氏智力量表用于临床评估中的多种目的,可以作为评估智力缺陷或认知障碍的证据,用于评估认知能力的强弱。

客观性的人格测验,比如MMPI,使用结构化的项目来衡量心理特征或特质,如焦虑、抑郁和男性气质、女性气质。这些测试被认为是客观的,因为它们让项目可能的答案界定在有限范围之内,并且是基于经验法或是客观的测试结构方法。客观测试易于管理和具有较高的可靠性,因为有限的反应选项允许客观评分。然而，它们也可能受到潜在的反应偏差的限制。投射性人格测验，如罗夏克墨迹测验和主题统觉测验，要求被试解释模棱两可的刺激物，其根据是受测者的回答可以揭示受测者的无意识过程。但投射技术的可靠性和有效性仍有待商榷。

神经心理评估

3.8 描述神经心理测验的方法

神经心理测验是一种正式的结构化测验，用来识别神经损伤或脑损伤的可能性。霍尔斯泰德-瑞坦神经心理成套测验弥补了测量潜在的脑损伤技术上的缺陷。

行为评估

3.9 确定行为评估方法，并描述功能分析的作用

行为评估的方法包括行为访谈法、自我监控、使用模拟或人为的方法、直接观察法和行为评定量表。行为评估者可能会使用功能性分析来识别问题行为的前因后果。

认知评估

3.10 描述认知评估的作用，并找出两个认知测量的例子

认知评估侧重于思维、信念和态度的测量，用来帮助识别扭曲的思维模式。具体的评估方法包括使用思想记录或日记以及使用评分量表，如自动化思维问卷和功能失调性态度量表。

生理测量

3.11 识别生理测量的方法

衡量生理机能的指标包括心率、血压、皮肤电反应、肌肉张力和脑波活动。脑成像和记录技术，如脑电图、CT扫描、PET扫描、核磁共振成像和fMRI，可以探测大脑的内部工作机制和结构。

心理学评估中的社会文化因素

3.12 描述心理评估的社会文化方面的作用

即使翻译得如此精确，在一种文化中可靠而有效的测试在与另一种文化的成员一起使用时可能不会同样有效果。在评估来自其他种族或文化背景的人时，主试还需要确保自己不受文化偏见的影响。例如，主试需要确保自己不会把"不正常"这一标签贴在那些行为在他们的文化或种族群体中是规范的个体身上。

评判性思考题

阅读完本章之后，请回答下列问题：
- 为什么临床医生在诊断心理障碍时要考虑文化因素？
- 思考关于使用投射测试的争论。你相信一个人对罗夏克墨迹测验或其他非结构化刺激的反应会揭示个体潜在的人格特质吗？为什么会或为什么不呢？
- 你是否做过心理测试，如智力测试或人格测试？这种经历是怎样的？如果有的话，你从测试的经历中了解了关于自己的什么呢？

- 自从吉米的哥哥在去年的一次车祸中丧生后,她就一直抱怨说她感到很沮丧。心理学家可能会采取什么方法来评估她的心理状况呢?

关键术语

1. 文化依存综合征	1. 结构效度	1. 真实性检验
2. 信度	2. 非结构式访谈	2. 神经心理评估
3. 效度	3. 半结构式访谈	3. 行为评估
4. 跨诊断模型	4. 结构式访谈	4. 自我监控
5. 歧视	5. 心理状态检查	5. 认知评估
6. 内容效度	6. 客观性测验	6. 生理测量
7. 效标效度	7. 投射测验	

第4章 应激相关障碍

学习目标

4.1 评估应激对健康的影响。
4.2 识别和描述一般适应性综合征的阶段。
4.3 评估生活变化和身心健康关系间的佐证。
4.4 评估文化适应应激在心理调节中的作用。
4.5 找出缓解应激影响的心理因素。
4.6 定义适应性障碍的概念并描述其主要特征。

4.7 明确特定类型的适应性障碍。
4.8 描述急性应激障碍的关键特征。
4.9 描述创伤后应激障碍的主要特征。
4.10 描述PTSD的理论解释。
4.11 描述PTSD的治疗方法。

判断正误

正确☐ 错误☐ 当你正翻阅此页时,数以百万计的微观战士正在你的身体里进行着"搜索和消灭"任务,以找到并消灭外来的入侵者。

正确☐ 错误☐ 令人惊讶的是,应激使人更能抵抗普通感冒。

正确☐ 错误☐ 写下创伤经历可能对你的身心健康都有好处。

正确☐ 错误☐ 当外来移民放弃自己的文化传承转而接受主流文化的价值观,那么他们会表现出更好的心理适应性。

正确☐ 错误☐ 乐观主义者可能有着充满希望的期待,但事实上,悲观主义者有着更健康的心血管和免疫系统。

正确☐ 错误☐ 如果因为最近失恋而难以把注意力集中在你的学业上,那你可能有心理障碍。

正确☐ 错误☐ 暴露在战场上是常见的与创伤后应激障碍(PTSD)有关的创伤。

观看 章节介绍:应激相关障碍

2001年9月11日早上,当我(J.S.内维德)走进纽约皇后区圣约翰大学的教室时,学生们都聚集在窗户周围,我问:"出了什么事吗?"许多年过去了,但我的记忆仍十分清晰。没人回答我,但有个学生指向了窗口,我永远都不会忘记他脸上痛苦的表情。过了一会儿,我清楚地看到滚滚浓烟从世界贸易中心的一座双子楼中向西飘出了15英里以外,而第二座双子楼也很快地冒出了火焰。我们都被震惊了,呆呆看着却竟无语凝噎。接着,不可思议的事情发生了——突然之间两座大楼相继倒塌。有个学生进来问:"大楼呢?"一个学生回答说:"都消失了。"那个学生第一反应是:"什么叫作'都消失了'?"

我们站在远处看着这个可怕的事件在我们面前展开。但是有很多的纽约市民亲身经历了世贸中心这场灾难,包括数千名像特瑞·托宾(Terri Tobin)这样冒着生命危险去救别人的纽约警察。在这里,托宾警官描述了她的经历。

> **"我""快跑呀!楼要塌了!"**
>
> 接着我看到人们向我跑来,他们尖叫着。"跑呀!快跑呀!楼要塌了!"没过多久,我抬头看到了大楼。我想着我可能无法逃离这场灾难了。但是我又想:或许我能回到我的车上,躲到我的车后座去。但是在我来得及移动之前,爆炸的冲击力简直要把我连根拔起,它把我举起来又把我从混凝土护栏这里抛到了另一边的街道上。我脸先着地地被抛到金融中心外面的一块草坪上,在我着地以后,有好些碎片从乌云笼罩的上空中掉落下来。
>
> 我感到了撞击,我永远记得那个声音:头盔落下来砸中脑袋时发出的轰隆声。头盔简直是裂开了,碎成了两半并从我的头上掉下来。我意识到头部遭到了严重的撞击。我感觉到血从脖子上流淌下来。我刚刚着地,又被从空中掉落下来的碎片击中,我感觉到有一块3到4英寸的混凝土物体砸到了我的后脑勺,完全插入了我的颅骨之中。
>
> 然后我的眼前一黑,我想我一定是因为撞击而失去了意识,因为我完全看不到了。但是我又想:如果我真的失去意识了,那我应该不会想我的眼前一片漆黑这件事了。但是当时真的是呼吸困难。我所能听见的就是人们的尖叫声,还有各种哭声。那个时候我想着:完了,我们所有人都将死在这条街上。
>
> 来源:Hagen & Carouba,2002

像很多经历了"9·11"恐怖袭击的人们一样,暴露于应激状态下——特别是创伤性应激——会严重且持续地影响他们的生理和心理健康。这一章节主要讲述了应激对于身心的影响。内容包含与应激相关的日常生活经历和应激的创伤性形式。

许多压力的来源是心理或情境的,例如,与维持一个或两个与工作相联系的压力、备考的压力、平衡家庭收支的压力、照顾生病的孩子或爱人的压力,等等。这些和其他的压力来源一起可能会对我们的身心健康产生深远的影响。心理学家研究心理因素,包括压力和生理健康之间相互关系,此类专家叫作健康心理学家(health psychologist)。

在我们开始研究应激的影响之前,让我们先来定义一下我们的术语。**应激**(stress,也译作"压力")一词是指施加或强加于身体上的压力。在现实世界中,例如,大量的岩石以滑坡的形式砸向地面,将会对撞击造成压力,从而在着陆时形成凹痕。在心理学中,我们用应激这个术语表示施加在有机体身上的压力,或适应与调整的需要。**应激源**(stressor)指应激的来源。应激源(或者说压力)包括一些心理因素,例如学校的考试和社会人际关系间的问题,还有一些生活变化,例如爱人的亡故、离婚或者失业,它们也包括一些日常烦恼,如交通堵塞。还包括一些物理环境因素,例如置身于极端的气温或高噪声水平下。应激应该区别于困境(distress),困境指的是人们的生理或者心理遭受痛苦的一种状态。有些应激是有益于我们的健康的,它们可以使我们保持活跃和警惕状态。但是过于强烈、长期的应激会超出我们的承受能力,进而引起我们的情绪紧张,例如焦虑和抑郁,还会引起我们的身体不适,例如疲劳和头痛。

应激在很大程度上跟我们的生理和心理问题有关。我们通过讨论应激与健康间的关系开始我们对应激影响的研究。接着,我们将研究与应激有关的心理障碍,这些心理障碍包括对应激的适应不良的反应。

应激的影响

应激的心理根源不仅降低了我们的调适能力,而且可能会对我们的健康产生负面影响。在很多,甚至可能是绝大多数的去求助于医生的人群中,他们的疾病都可以追溯到与应激有关的根源上。应激与各种类型身体疾病的风险增加有关,下至消化不良,上至心脏病(Carlsson et al., 2014;Gianaros & Wager, 2015)。

很多美国人觉得他们的生活压力水平在与日俱增。根据最近一项来自美国心理协会的研究表明,有近半数接受调查的美国人认为近五年来他们的压力在增加。其中有三分之一的人认为他们面临巨大的压力(American Psychological Association, 2007a, 2007b, 2010)。美国人意识到压力正在敲响警钟,许多人报告说他们正在遭受心理障碍的症状,诸如易怒以及压力导致的疲劳等躯体症状(见图4.1)。

心理神经免疫学(psychoneuroimmunology)领域研究了心理因素(尤其是压力)和免疫系统的运作之间的关系(Kiecolt-Glaser, 2009)。这里,我们一起探究科学家们对这些关系的认识。

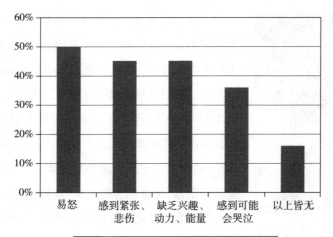

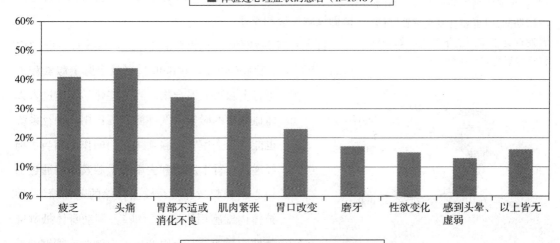

图4.1 应激引起的心理和生理症状

美国人报告了一系列由应激引起的症状,包括心理症状——例如易怒、愤怒和紧张,以及生理症状——有疲劳、头疼和胃部不适,等等。那么压力是如何影响你的呢?

数据来源:Adapted from American Psychological Association(2010).

应激与健康

4.1 评估应激对健康的影响

为了了解应激对身体健康的危害,我们首先要考虑当我们处于应激状态中时身体的反应。

应激与内分泌系统 应激在内分泌系统中有一种多米诺骨牌效应,内分泌系统是人体的**腺体系统**(endocrine system)。它释放一种叫作**激素**(hormone,亦称荷尔蒙)的分泌物,这种分泌物直接进入血液。其他一些腺体,如分泌唾液的唾液腺,释放它们的分泌物进入导管系统。图4.2展示了主要的内分泌腺体,它们遍布全身。

人体的许多内分泌腺与人体对应激的反应有关。首先，大脑中的一个小结构——下丘脑，它会释放出一种激素刺激垂体释放促肾上腺皮质激素（adrenocorticotrophic hormone，ACTH）。ACTH反过来刺激位于肾脏上面的肾上腺。在ACTH的影响下，肾上腺的外层，即肾上腺皮质（adrenal cortex）会释放出一些叫皮质类固醇（cortical steroid，例如皮质醇和可体松）的激素。皮质类固醇对身体来说有很多功能。它们能提高应激性，促进肌肉的生长，并且促进肝释放出糖元，这些糖元能够为应对威胁性应激源（例如，一个潜伏的捕食者或袭击者）或在紧急情境中提供必需的爆发力。它们也帮助身体抵御过敏反应和炎症。

自主神经系统的交感神经分支（ANS）刺激肾上腺的内层，称作肾上腺髓质（adrenal medulla），释放出肾上腺素和去甲肾上腺素的混合物。当这些化学物质进入人体血液中的时候将发挥激素的作用。神经系统也能产生去甲肾上腺素。它们的作用相当于神经递质。肾上腺素和去甲肾上腺素一起通过加快心率和刺激肝脏释放出存储的葡萄糖（一种被体内细胞用作燃料的糖）去调动身体抵御威胁性应激源。肾上腺产生的应激激素能够帮助身体抵抗随时发生的威胁和应激源。

一旦压力源撤除，身体就恢复至正常状态。这完全是正常和适应性的。然而，当应激具有持续性和反复性时，身体会有规律地调动其他的系统并释放出应激激素，长时间下去会消耗身体的资源并危害健康（Gabb et al.，2006；Kemeny，2003）。慢性或者重复性的压力会损坏身体的许多系统，包括心血管系统（心脏和动脉）以及免疫系统。

应激与免疫系统 考虑到人类身体结构的复杂性和科学知识的迅猛发展，我们也许会考虑依赖训练有素的医学专家去帮我们应对疾病。而实际上，我们的身体都是通过免疫系统

应激与普通感冒 你是否发现，在生活中当你处于高压时期（如考试期间）时更容易发生感冒？研究者发现处于重压之下的人接触到感冒病毒后更容易生病。

图4.2 内分泌系统的主要腺体

这些内分泌系统的腺体把激素的分泌物直接注入血管。尽管激素可能会走遍全身，但是它们只作用于特定的受体。很多激素都与应激反应和不同的异常行为模式有关系。

来自己应对大部分的疾病的。

免疫系统(immune system)是身体抵御疾病的系统。你的身体不停地执行寻找和清理的任务，以此阻挡微生物的入侵，甚至在你翻阅本书的时候，这项任务也一直在进行中。在这场微观的战争中，数以万计的白细胞，或粒性白细胞(leukocyte)是免疫系统的主要战斗力。白细胞会系统地吸收并杀死病原体，例如细菌、病毒、真菌、坏死细胞和已经发生癌变的细胞。

白细胞通过表面结构，即抗原(antigens)，识别入侵的病原体。"抗原"字面上的意思是抗体发生器(anibody generators，这里取"anti"和"gen"组合成"抗原"的英文单词)。一些白细胞释放出抗体，这是一些被吸附于抗原上的特殊蛋白质，被称为"杀手"的淋巴细胞就像是执行"搜索并消灭"任务的指挥官，它们识别破坏物质并将其标注出来(Greenwood，2006；Kay，2006)。[判断正误]

判断正误

当你正翻阅此页时，数以百万计的微观战士正在你的身体里进行着"搜索和消灭"的任务，以找到并消灭外来的入侵者。

☐ 正确　你的免疫系统一直在防御着入侵的微生物，并调度白细胞持续地对感染的机体进行识别和消灭。

特殊的"记忆淋巴细胞"(淋巴细胞是白细胞的一种类型)被储存在体内，不是用来标记要消灭的外来细胞，也不是要与之作战。它们可以在血管里停留几年的时间，并形成对再次来袭的入侵者快速免疫反应的基础(Jiang & Chess，2006)。

偶尔的应激可能不会对健康有损害，但是持续或者长时间的应激最终会削弱我们身体的免疫系统(Fan et al.，2009；Kemeny，2003)。被削弱的免疫系统会使我们容易感染许多疾病，包括普通的感冒和流感，也许还会有发展为包括癌症在内的慢性疾病的危险。

心理应激会挫伤免疫系统的反应能力，特别是当应激持续而又长久时(Segerstrom & Miller，2004)，甚至短期的应激，比如期末考试的时候，也会削弱免疫系统，尽管这些影响与作用于那些慢性和长期的应激所产生的影响相比更大程度上被限制了。生活方面应激源的种类会对免疫系统造成损坏并让我们在疾病面前变得脆弱，这些应激源包括婚姻冲突、离婚、长期失业以及诸如自然灾害和恐怖袭击之类的创伤性应激(e.g.，Kiecolt-Glaser et al.，2002)。

像应激这种心理因素是如何转化为生理健康问题的呢？科学家们认为他们有了一个答案：炎症(Cohen，Janicki-Deverts，et al.，2012；Gouin et al.，2012)。通常情况下，免疫系统调节身体感染或损伤的炎症反应。

而在应激情境下,免疫系统对炎症反应的调节能力就会有所减弱,导致可能引发诸多身体疾病的持续性炎症,包括心血管疾病、心脏病和关节炎(Cohen, Janicki-Deverts, et al., 2012)。

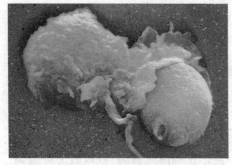

内部的战争 图中(标记为蓝色的)是白细胞,它正在攻击和吞噬一个病原体,白细胞组成了机体系统中抵御细菌、病毒以及其他入侵者的重要部分。

社会支持可能会减小或缓和应激对免疫系统的有害影响。例如,研究者在很多方面发现,在孤独的学生和朋友不多的医科和牙科医生这类社交能力有限的群体中,免疫系统功能表现得相对更差(Glaser et al., 1985; Jemmott et al., 1983; Kiecolt-Glaser et al., 1984)。这项研究得出的结论是,孤独和社会隔离的人往往寿命更短,而且更易遭受严重的身体健康问题,如严重的感染和心血管疾病(Holt-Lunstad et al., 2015; White, VanderDrifta, & Heffernan, 2015)。

直接暴露在应激状态与患上普通感冒的风险增加具有相关性。研究者发现在两个实验组自愿接受感冒疫苗后,更善于交际的人比更不善于交际的人对普通感冒有更强的抵抗力(Cohen et al., 2003)。这些结果指出了社会化或社会支持在缓解应激影响方面存在的可能作用。[判断正误]

判断正误

令人惊讶的是,应激使人更能抵抗普通感冒。

☐ **错误** 应激增加了感冒的风险。

我们应该注意到在心理神经免疫学领域的许多研究都是相关的。研究者通过应激的不同指数来检测人体免疫的功能,但是不要(他们也不会!)直接通过应激源来观察它们对人体免疫系统和健康的影响。相关的研究能帮助我们更好地理解各种变量之间的关系,并且可能找出隐藏的真正原因,但是它并不会自己显示出因果关系。

判断正误

写下创伤经历可能对你的身心健康都有好处。

☐ **正确** 谈论或写下你的感受可以提高身心健康水平。

将压力和创伤作为一种应对方式写下来 通过写下与压力相关的或创伤性事件的形式来表达我们的情绪或许会有治疗效果。许多研究表明,参加表达性书写的实验组被试比控制组要少许多生理和心理症状(e.g, Ironson et al., 2013; Travagin, Margola, & Revenson, 2015; Wisco, Sloan, & Marx, 2013)。[判断正误]

科学家们还不清楚表达性书写会对我们的健康产生怎样有利的影响。有一种可能是把有关高应激性或创伤性事件的想法和感受隐藏起来,会对自主神经系统造成压力,反过来自主神经系统会减弱免疫系统并提高人体对应激相关障碍的易感性。写下与应激相关的想法和感觉可能会减弱它们对免疫系统的影响。

涉及恐怖主义的创伤　针对美国的"9·11"恐怖袭击改变了一切。在"9·11"之前,我们总觉得在家里、办公室里以及其他的公共场所会很安全。但是现在,恐怖主义给我们的人身安全和安全感带来了一种持续性的威胁。而我们仍然要在生活中努力保持一种正常的心态。尽管之前的安全监管不断提醒着人们对恐怖主义的高度关注,我们依然会去旅行、参加公共聚会。我们中间许多直接受到"9·11"影响的人,或是失去朋友或是爱人的人也许仍然要努力应对由那天引起的情绪性问题。许多幸存者,和其他创伤(例如洪水和飓风)的幸存者一样,也许承受着长时间的适应不良的应激反应,例如创伤后应激障碍(PTSD)。来自密歇根州的基于社区的研究证据表明,"9·11"袭击之后的一个月内,企图自杀的人数处于激增状态(Starkman,2006)。

尽管大部分直接接触创伤性事件的人并不会患上 PTSD,但是很多人仍会出现与障碍相关联的症状,例如难以集中精力以及难以维持高唤醒水平。自从"9·11"之后,许多美国人已经变得对创伤应激的情绪性后果十分敏感。详见本章后文的"深入思考:应对创伤性应激"。

人们对创伤性应激的反应各不相同。研究者正在努力寻找能够解释面对应激时的复原力的因素,他们假设积极的情绪在其中扮演了很重要的角色。自"9·11"发生之后搜集的证据显示,体验积极的情绪(例如感恩和爱)能够有助于缓解应激带来的影响(Fredrickson et al.,2003)。

一般适应性综合征

4.2　识别和描述一般适应性综合征的阶段

应激研究者汉斯·塞里(Hans Selye,1976)提出了**一般适应性综合征**(general adaptation syndrome,GAS)这一术语,用于描述对持续或过度的应激的普通生理反应模式。塞里指出,我们的身体对许多不愉快应激的反应是相似的,无论这个应激源是微观病原体的入侵、离婚还是一场洪水的后果。GAS模型表明,在应激下,我们的身体就像是带有警报系统的钟,除非能量耗尽,否则不会停摆。

GAS由三阶段构成:警觉(动员)阶段、阻抗阶段和衰竭阶段。对即刻应激(例如一辆车在高速公路上从你身边驶过)的感知会触发**警报反应**(alarm reaction)。会调动身体对挑战或压力做好准备。我们可以把它看作是我们身体对这种威胁刺激的第一层防线。身体反应是复杂而统一的,它涉及提高机体唤醒水平的交感神经系统的激活,以及触发内分泌系统释放应激激素。

1929年，哈佛大学生理学家沃尔特·坎农（Walter Cannon）把这种反应类型称作"**战或逃反应（fight-or-flight reaction）**"。我们前面解释了内分泌系统怎样对应激进行反应。在警觉反应阶段，受控于大脑内部脑下垂体的肾上腺释放出皮质类固醇和应激激素来帮助调动身体抵抗（见表4.1）。

表4.1　与警报反应有关的身体应激变化

释放皮质类固醇	血液从内器官转移至骨骼肌
释放肾上腺素和去甲肾上腺素	消化被抑制
心率、呼吸速率和血压升高	肝脏释放肝糖元
肌肉紧张	凝血能力增强

在看台上©2006 Steve Moore. Reprinted with permission of Universal Press Syndicate. All right reserved.

战或逃反应很有可能帮助了我们的祖先应对他们所遇到的困难。这种反应也许是由被捕食的场景或者灌木丛中的"沙沙"声所唤醒。但是我们的祖先通常不会长时间维持警报反应的激活状态。一旦威胁消失，身体就会恢复到较低的警报水平。我们的祖先要么驱赶捕食者，要么迅速逃跑，然后他们的身体就恢复到正常的水平。敏感的警报反应增加了他们生存的机会。但是，在即刻的危险过去之后我们的祖先并不会长时间地保持高度警觉状态。相反，今天的人们却总是持续地被应激干扰着所有一切，包括早晨往返于学校和工作地点的繁忙的交通，或是频繁地跳槽。毫无疑问，我们的警戒系统大多数时间都是处于开启状态的，最终可能会使发生应激相关障碍的可能性提高。

当应激源持续存在时，我们会进入GAS中的**阻抗阶段**（resistance stage），或者是适应阶段。内分泌系统和交感神经系统保持高水平（释放应激激素），但是没有警戒反应阶段的高。在此阶段，身体会尽可能补充损耗的能量并修复损坏。但是，如果应激持续存在或新的应激入侵，我们就可能发展到GAS的最后一个阶段，即**衰竭阶段**（exhaustion stage）。虽然个体抵抗应激的能力不同，但是我们所有的人最终都会耗尽身体的能量。衰竭阶段是被交感神经的副交感神经分支控制的。所以，我们的心率和呼吸速率会减慢。这种减慢会对我们有益吗？不一定。如果应激一直持续，我们会发展成为塞里所提到的适应性疾病，包括从过敏反应到心脏病等疾病——并且，有时候甚至会引发死亡。很明显，慢性应激会削弱我们的免疫系统，

观看　战或逃

让我们脆弱地暴露在一系列生理健康问题面前（Carlsson et al., 2014; Everson-Rose et al., 2014; McEwen, 2013）。

皮质类固醇也许是持续性应激导致健康问题的一个原因。虽然皮质类固醇帮助身体应对应激，但是它同时也抑制了免疫系统的活性。皮质固醇在定期释放的时候会产生小到可以忽略不计的作用。否则，持续性的释放就会破坏抗体的产生，进而破坏免疫系统，最终会增加我们对感冒和其他感染性疾病的易感性。

尽管塞里的模型描述了应激之下身体的一般反应模式，但是对特定种类的应激源，可能会出现不同的身体反应（Denson, Spanovic, & Miller, 2009）。例如，接触过大的噪声和其他应激源（如过分拥挤、离婚或者分居这样的心理压力），就可能会带来不一样的身体反应。

欲了解更多关于压力面前战或逃反应的内容，请观看视频"战或逃"。

观看视频"慢性应激反应"了解更多慢性应激的潜在影响。

观看　慢性应激反应

深入思考

应对创伤性应激

人们通常在创伤的影响下,会经历心理痛苦。但如果在经历了疾病或灾难之后仍保持快乐则是很不正常的。美国心理学会为应对创伤性经历提供如下几点建议。

我该如何帮助自己和家人?

在灾难和其他创伤性经历之后,你可以采取许多步骤来帮助恢复情绪健康和控制感,包括如下内容:

- 给自己时间去调整。对这将是你生活中的困难时期这一事实做好心理准备。允许自己哀悼你所体验的损失。试着对情绪状态的变化保持耐心。
- 从关心你、乐意倾听以及同情你处境的人那里寻求支持。但请记住,如果你亲近的人也经历过或目睹过这种创伤,那么你传统意义上的支持系统将会被削弱。
- 就你的经历进行交流。用任何你觉得舒服的方式交流——比如与家人或密友交流,或者记日记。
- 寻找当地通常可利用的互助组。例如那些遭受自然灾害或其他创伤性事件的人,互助组可以对那些个人支持系统受限制的个体起到帮助作用。
- 尝试着找一些由受过培训和从业经历的专业人士担任领导的帮助小组。小组讨论可以帮助人们意识到同样境遇下的其他个体也会有同样的反应与情绪体验。
- 采取健康的行为来增强你应对过度压力的能力。食用营养均衡的食物并且保证充足的睡眠。倘若你经历了持续的睡眠障碍,你可以通过放松技巧得以舒缓。远离毒品和酒精。
- 建立或恢复日常习惯,例如按时吃饭和遵循锻炼计划。从日常生活的需求中抽出一些时间去追求兴趣爱好或从事其他有趣的活动。
- 避免做出诸如换职业或工作之类的重大的人生决定。这些决定往往会伴随巨大的压力。

持续两个或两个以上的应激反应会影响个体在日常生活中的功能性。如果你或者你的爱人正经历着创伤性应激带来的情绪影响,那么你们很有必要去寻求专业的心理健康帮助。这些帮助可以通过你的大学健康服务中心(对在校学生)或者通过网上的专业人士获取。想要更多信息或者转介,你可以通过以下号码联系当地的美国红十字会或者美国心理协会:202-336-5800。

来源:Reprinted from "Managing traumatic stress: Tips for recovering from disasters and other traumatic events," with permission of the American Psychological Association.

应激与生活变化

4.3 评估生活变化和身心健康关系间的佐证

研究者通过量化生活压力以及生活变化(或者叫作生活事件)来研究应激与疾病的关系。生活变化是应激的来源,因为它会强迫我们去适应变化。它包括积极的事件(例如结婚),还包括消极的事件(例如所爱之人的亡故)。完成后文中的应激调查表("经历变化"),或许就能够洞察在过去一年中你所经历过的应激性生活改变的水平。

经历了诸多生活变化的人相较之与生活变化较少的人可能会遭受更多的心理和生理健康问题(Dohrenwend,2006)。然而,在解释这发现时,我们需要谨慎一些,因为它只是报告了相关性但没有实证性。换言之,如果研究人员

更好或更坏 诸如结婚和爱人的亡故这样的生活改变都是需要去适应的应激来源。配偶的离世可能是人们所遭遇过的最充满压力的生活改变。

没有(也不会!)把对象分配到有着或高或低生活水平改变的环境下,就不能看出随着时间推移这些情况会对健康产生什么影响。况且,现存的数据是建立在生活改变和身体健康问题这些可观测到的关系中。这种关系可以进行开放性的解释。生理症状本身就可能是应激来源,并且它能引起更多的生活改变。身体疾病可能会引起睡眠中断或者经济负担等。因此,至少在某些情况下,这个因果方向可能会扭转:健康问题可能导致生活变化。但科学家尚未梳理出可能的因果关系。

虽然正面或负面的生活变化都会带来压力,但是我们有理由去假定那些积极的生活变化比那些消极的生活变化破坏性要小得多。换言之,结婚相对于离婚或分居可能会带来更少的压力。或者可以这么说,一个更好的改变也是改变,只是带来的麻烦会小一些。

文化适应应激:发生在美国的例子

4.4 评估文化适应应激在心理调节中的作用

移居到美国的印度女性们应该舍弃她们的纱丽,转而喜欢加利福尼亚的休闲装吗?俄罗斯移民应该继续在家里教他们的孩子俄语吗?非洲裔美国人的孩子应该要熟悉非洲的音乐和艺术吗?传统的伊斯兰教妇女要揭掉她们的面纱而去加入竞争激烈的工作吗?多元文化交融的压力如何影响移民和他们家人的心理健康呢?

社会文化理论家们提醒我们在解释异常行为时将社会应激源纳入考虑的重要性。移民群体或生活在较大主流文化之下的本土群体的主

要压力来源之一,是适应新文化的需要。我们可以将文化适应(acculturation)定义为接受的过程,这种接受过程是外来移民、本土居民和少数民族群体通过行为和态度改变,适应新的文化或主流文化来得到实现的。**文化适应应激**(acculturative stress)是移民、本地居民及少数民族适应主流文化生活所引起的压力。在第一代和第二代移民群体中,文化适应应激可能是焦虑和抑郁等情绪问题的一个因素(Katsiaficas et al.,2013)。

文化适应应激与移民群体中更差的心理功能性相关(Driscoll & Torres,2013)。现在有两个关于文化适应和心理调节之间关系的学说。其中一个理论称为熔炉理论(melting pot theroy),该理论认为文化适应帮助人们适应在主流文化中的生活。例如,该观点认为西班牙裔美国人通过用英语代替西班牙语,采用与美国主流文化有关的价值观和习俗,从而更好地适应生活。另一个相反的观点——二元文化理论(bicultural theory)则认为心理调整是通过认同传统文化和主流文化培养而来的。也就是说,这种适应新社会生活的能力包括支持文化传统和民族认同感,这能够更好地调整和适应生活。从二元文化的观点来看,移民者是在学习适应主流文化的语言和习俗的过程中维护他们的民族身份和传统价值观的。最近对墨西哥裔和多米尼加裔美国儿童的研究表明,具有强烈的民族认同感与良好的心理功能性具有相关性(Sarrona-Villar & Calzada,2016)。

问卷
经历变化

你最近生活的压力程度如何?生活的变化或事件,正如下面列举出的,会给个体的适应带来压力。这些生活事件与大学生被试样本报告的事件相似,并且根据这些事件所施加的压力强度进行计量(Renner & Mackin,1998)。在过去一年中你所经历的事件旁都打上钩。然后,在本章章末的指南中查看关于你的分数的解释。

低水平的压力

_____ 班级注册
_____ 参加联谊会
_____ 结交新朋友
_____ 上班或上学通勤
_____ 第一次出去约会
_____ 开始一个新学期
_____ 稳定地约会
_____ 生病
_____ 维持稳定的恋爱关系

_____第一次离家独立生活

中等水平的压力

_____待在一个你所讨厌的班级里
_____接触到毒品
_____与室友产生矛盾
_____背叛男朋友或者女朋友
_____换工作或在工作中遇到麻烦
_____缺乏睡眠
_____与父母发生冲突
_____迁居或适应新的居住环境
_____因饮酒或吸毒产生不良后果
_____在全班同学面前发言

高水平的压力

_____亲密朋友或家人的亡故
_____因为睡过头而错过考试
_____挂科
_____长期约会关系的终止
_____得知你的另一半在背叛你
_____有财务问题
_____亲友重病
_____作弊被抓
_____被强奸
_____有人指控你强奸

文化适应与心理调节的关系 我们知道,文化适应与心理调节之间的关系是很复杂的。一些研究认为,文化适应程度越高,发生心理问题的可能性就越大,而另一些研究则对此持相反的观点。首先,让我们看看西班牙裔美国人(拉丁裔人)的一些研究结果,这些研究强调了心理风险与文化适应的关联。

- 女性中酗酒风险增加。有证据表明,有较高文化适应力的西班牙裔美国女性比文化适应力较低的西班牙裔美国女性更容易成为酗酒者(Caetano,1987)。在拉丁美洲的文化中,男性酗酒比女性酗酒要严重得多,这很大

保持民族身份 当今移民者可能在适应新文化的过程中,也能够努力维持他们本民族的传统文化。

程度上是由于基于性别的文化限制禁止女性饮酒。然而,这些限制由于西班牙裔美国女性接受了美国"主流"态度和价值观而开始变得松动。

- 青少年群体的吸烟率及性行为发生率提高。在拉丁裔青少年群体中,较高的文化适应程度也与吸烟率(Ribisl et al., 2000)和性行为发生率的增加有很大关联(Adam, 2005; Lee & Hahm, 2010)。
- 进食行为失调的风险增加。研究发现,与文化适应程度较低的西班牙裔美国高中女生相比,有较高文化适应力的西班牙裔美国高中女生更容易在与厌食症(一种进食障碍,表现为过分的体重下降和过分担心变胖;见第8章)相关的进食态度问卷中获得高分(Pumariega, 1986)。文化适应使这些女孩更容易受到影响,并以当代美国(非常!)苗条的女人为理想目标而奋斗。最近,研究者发现文化适应压力与较差的身体形象和得克萨斯州西部的西班牙裔男女大学生理想苗条程度的内化有关(Menon & Harter, 2012)。

最近一项针对近五千名来自亚洲、非洲、欧洲和拉丁美洲移民的大规模研究显示,第二代移民中被诊断为心境障碍、焦虑和人格障碍的比率要高于第一代移民(Salas-Wright, Kagotho, & Vaughn, 2014)。根据这些证据,我们可以总结出文化适应力对心理调整有着消极的影响。也许对传统的家族关系和价值观的侵蚀,反而会增加在面对压力时心理障碍的易感性(Ortega et al., 2000)。最近一项研究表明,来到美国,第二代移民中各种心理障碍的比率比第一代移民高。看来,文化适应可能对移民的心理适应有负面影响。

我们还需要通过考虑二元文化认同对心理调整的积极影响来平衡这一观点。认同二元文化的人们在适应美国主流文化的同时,坚持维护其本国的传统文化。一项对老年墨西哥裔美国人的早期研究中,研究人员发现,只认同本民族文化的老年人比认同二元文化的老年人抑郁程度要高(Zamanian et al., 1992)。最近,一项针对67个印第安部落中美国土著年轻

来到美国 最近一项研究表明,第二代移民中各种心理障碍的比率比第一代移民高。看来,文化适应可能对移民的心理适应有负面影响。

人的大规模研究表明,那些具有二元文化能力(例如,能够接受印第安文化和白人文化)的人比那些只有一种文化能力的人有着更低的绝望水平(LaFromboise, Albright & Harris, 2010)。

为什么文化适应力低会增加抑郁症风险?这可能是因为它往往是造成较低社会经济地位的根源(socieconomic status, SES)。文化适应力低的人经常面对经济困难和处于较低阶层的社会经济地位。财政困难、不精通主流语言和有限的经济机会增加了适应主流文化的压力及其他心理问题,从而导致了社会应激(Ayers et al., 2009; Yeh, 2003)。有研究表明,本来就精通英语的墨西哥裔美国人比那些不精通英语的外国裔美国人有更少的抑郁和焦虑症状(Salgado de Snyder, 1987)。然而,社会经济地位和语言精通程度在这些移民群体中仍不是唯一也未必是最重要的影响心理健康的因素。加利福尼亚北部的抽样调查发现,尽管移民美国的墨西哥裔美国人面对着更大的社会经济压力,但他们比在美国本土出生成长的有着墨西哥血统的人心理健康程度好(Vega, et al., 1998)。尽管"美国化"可能会对适应文化的少数群体的心理健康产生破坏性影响,但这种影响可以通过保留文化传统在一定程度上得到缓解。[判断正误]

判断正误

当外来移民放弃自己的文化传承转而接受主流文化的价值观,那么他们会表现出更好的心理适应性。

□错误 文化传统的保留可能会在适应一个新文化时产生的压力方面起到一种保护或"缓冲"的作用。

总之,传统家庭关系网的削弱和伴随在移民群体文化适应性中的传统价值观可能会增加心理问题的风险。在一定程度上,适应新文化的积极应对措施以及与传统文化保持联系,可以抵消文化适应的负面影响(Driscoll & Torres, 2013)。有证据表明,强烈的民族自信心和民族自豪感的发展与少数族群中的儿童较强的自尊心和更好的适应性相联系(Oyserman, 2008; Rodriguez et al., 2009; Smith et al., 2009)。我们也要关注对于生活在美国的亚裔青少年调查的结果,这些结果表明隔离感和夹在美国文化和传统文化之间的处境会导致心理健康问题(Yeh, 2003)。此外,一些结果需要更为仔细的说明。例如,有发现表明具有更强的文化适应性的西班牙裔美国妇女更可能支持对妇女施加更多社会束缚的观点吗?也许限制的放宽是一把双刃剑,所有人,无论男性或女性,西班牙裔或非西班牙裔美国人,在获得新的自由时会遇到新的适应性问题。

最后,我们需要考虑文化适应的性别差异。在一个调查研究中表明,女性移民者的抑郁程度比男性高(Salgado de Synder, Cervantes, & Padilla, 1990),这种相对较高的抑郁程度可能与女性在适应家庭模式和个人问题上所遇到的较高压力水平有关,比如,女性和男性所扮演的角色在美国社会上有更多的自由。因为在女性作为家庭主妇而男性作为养家角色的文化环境中成长的移民女性,不管是因为经济需要还是个人选择而参加工作,都会遭遇更多的家庭内部冲突。考虑到这些因素,我们就不会为那些文化适应性强的墨西哥裔美国妻子比文化适应性稍弱的有更多的婚姻烦恼而感到惊诧了(Negy & Snyder,1997)。这项研究的主要负责人,中佛罗里达大学的心理学家查尔斯·奈吉(Charles Negy)在下文的"深入思考:走进美国"之中探讨了拉丁美洲裔群体中的文化适应性的作用。

深入思考
走进美国:在美国的拉丁裔人的案例——查尔斯·奈吉

作为一个有着部分墨西哥和美国血统的年轻人,我在洛杉矶东部的一家杂货店工作,被我所遇到的很多墨西哥人激起了兴趣。许多近来从墨西哥来的移民似乎都迫切地想去练习他们仅知道的一点英语,并且对学习更多的美国主流文化感兴趣。我也认识许多移民,包括许多在加利福尼亚生活了20多年、几乎不会说任何英语,也从不敢冒险离开当地社区的人。

当我进入了研究生院,研究拉丁裔或西班牙裔美国人之间的文化适应对我来说似乎是件水到渠成的事。文化适应指的是采取主流文化的价值观、态度以及行为。在我早期的研究中,我很快观察到其他研究者已经发现的东西——在美国的拉丁裔人在他们对美国文化的适应程度上有很大的差异。大体来说,他们在美国生活得越久,就越容易被同化,并且越被同化,他们在价值观、态度和风俗上就更像非西班牙裔白人。

在我早期的研究中(e.g., Negy & Woods, 1992a, 1993),我发现墨西哥裔美国大学生越同化,他们在标准化人格测验中的得分就越与非西班牙裔白人的相似。我并不会因发现那些越同化的人往往有着更高的社会经济背景而感到惊讶(Negy & Woods, 1992b)。我也发现在低收入的墨西哥裔美国青少年中那些显露出了沮丧迹象的人,同化的程度越高,他们就越容易产生犯罪的想法(Rasmussen et al., 1997)。

我后来又开展了一系列测试在婚姻关系中种族差异的研究,这一研究是通过比较墨西哥裔美国夫妻与非西班牙白人夫妻和墨西哥夫妻来进行的(Negy & Snyder, 1997; Negy, Snyder, & Diaz-Loving, 2004)。作为一个小组,墨西哥夫妻比白人夫妻更多地报告了在他们的关系中存在口头上或身体上的攻击性。我也观察到墨西哥裔美国夫妻比墨西哥夫妻有更平等的关系和更高的婚姻满足感(Negy & Snyder, 2004)。我从这些发现中了解到生活在美国的这种状态与墨西哥裔美国人的关系模式联系在一起。这些关系模式与互相尊重以及共同做决定这样的美国化想法联系得更为密切。

这些研究结果表明,同化程度越高的西班牙裔夫妻,冲突就越少,且更加平等,对他们的婚姻的满意度也就越高。另一方面,文化适应与一些精神健康问题联系在一起,例如将持续增长的自杀想法作为应对抑郁的一种方式。在拉丁美洲人文化适应的复杂情况与本章中报道的检验文化适应与心理健康之间关系的研究中复杂且偶尔有冲突的结果相一致。

我也在对墨西哥裔美国夫妻的研究中发现,文化适应程度越高的女性比文化适应程度较低的女性对他们关系中的性成分的满意度更低。这些调查结果使我怀疑美国文化是否对在婚姻中女性的性满意度给予了更大的期望,而当这些期望没得到满足时则会转化为较低的满意度。

在解释这些调查结果时,有些重要问题需要被重视。首先,这项研究在本质上是相关的,正如你所记得的相关数据,但我们不能说是否一个变量引起了另一个变量。例如,根据我对结婚夫妻调查的结果,我不能总结说文化适应促成了更加平等的婚姻。因果关系也可能在相反的方向运作,即平等的婚姻关系影响了文化适应。这是如何进行的?我们可以推测,有着更加平等关系的墨西哥裔美国人更可能被主流社会接受,他们和主流社会更好地进行互动,就有更多的机会产生文化适应。还有一种可能的情况,即拥有平等的婚姻关系往往会与文化适应联系(相关)在一起,但是这两者之间并没有因果联系。

在更多近期的研究中,我的同事和我关注文化适应应激在拉丁美洲移民中的作用。我们发现在拉丁美洲移民中表现出最高程度文化适应应激的往往是那些觉得在美国生活的经历与他们在移民前设想的情景相去甚远的人(Negy, Schwartz, & Reig-Ferrer, 2009)。在另一个关于西班牙女性移民的案例中,我们发现文化适应应激似乎不仅激化了夫妻间先前关系中的矛盾,而且给已婚的拉丁美洲人带来了压力(Negy et al., 2010)。

在2011年的时候,我获得了富布赖特奖学金,成为圣萨尔瓦多一所大学的客座教授,在这里我开展了一项关于我新构想的研究——心理上的无家可归感。这是一种人们对于祖国产生的疏离感。我曾接触过被美国驱逐出境的萨尔瓦多人,想了解他们是否不再将萨尔瓦多当作自己的祖国,或是否不再感到与自己的萨尔瓦多同胞们之间的联系(即,心理学上的无家可归感)。被驱逐的萨尔瓦多人回到祖国之后,确实很难有"家"的感觉,并且他们在美国生活的文化适应程度越高(尽管当时他们没有合法身份),就会报告更高水平的"心理上的无家可归感"(Negy et al., 2014)。

了解更多拉丁美洲人面临的文化适应挑战与调节——无论是在美国还是在拉丁美洲——当他们努力维持家庭关系、努力争取更好的生活,可以有助于使临床医生知道,他们可以向拉丁裔夫妇和正在应对调整和文化适应的家庭提供治疗干预。

查尔斯·奈吉博士 奈吉博士(Charles Negy, Ph.D.)是中佛罗里达大学的心理学副教授,也是佛罗里达州的注册心理医生。他的研究主要聚焦于西班牙裔美国人和性少数群体的心理健康问题上。

缓解应激的心理因素

4.5 找出缓解应激影响的心理因素

压力可能是生活的一部分,但是我们应对压力的方式决定了我们处理压力的能力。个体对应激的不同反应取决于心理因素,例如应激事件对于他们的意义。举个例子,一个重大的生活事件——比如怀孕,这究竟是积极的还是消极的应激源,取决于夫妻对孩子的渴望程度和愿意抚养孩子的程度。可以这样说,怀孕应激包括了夫妻眼中对孩子价值的认识以及他们的自我效能感——对自己抚养一个孩子能力的信心。正如我们接下来要看到的,心理因素,例如应对风格、自我效能预期、心理坚韧性、乐观、社会支持以及民族认同感等都可能调节或缓解这种应激的影响。

应对方式 当你面对一个严重的问题时,你会怎么做?你会否认它、认为它不存在吗?就像斯嘉丽·欧哈拉在经典电影《乱世佳人》中所说的那样:"我明天再考虑。"然后把它们驱逐出你的脑海吗?抑或是,你会选择直面它们吗?

假设问题不存在是一种否定。这是一种**情绪指向性应对**(emotion-focused coping)的例子(Lazarus & Folkman, 1984)。在这种情绪指向性应对中,人们会立即采取措施减小压力带来的影响,例如否定它的存在或者逃避压力。然而,情绪指向性应对并不能消除应激源(例如,重大的疾病),也不能帮助个体找出更好的应对方法。相反,**问题指向性应对**(problem-focused coping)是人们去面对并尽自己所能去改变应激源或者调整他们的反应从而降低应激源的危害性。这些基本的应对方式情绪指向性应对和问题指向性应对已经被应用于人们对疾病的反应中。

疾病否认可以有多种形式,包括以下几种:

1. 没有认识到病情的严重性。
2. 将疾病导致的情绪痛苦最小化。
3. 错误地把症状归因于其他原因(例如,想当然地认为便血的情况表示的无非是局部擦伤)。
4. 忽视关于病情危急的信息。

否认可能会危及你的健康,尤其是它导致对必要的治疗逃避或不服从。逃避是另一种形式的情绪指向性应对。与拒绝一样,逃避可能阻止人们顺从治疗,而这将导致他们健康状况的恶化。有证据证明逃避应对的消极后果。在一项研究中,那些用逃避的方式来应对癌症的人(例如,试图不去想或不谈及癌症)在年后的评估中显示出了比那些直接面对疾病的人更大的疾病恶化(Epping-Jordan, Compas, & Howell, 1994)。有一些研究者将逃避与抑郁症的进一步发展以及老兵的创伤后应激障碍(PTSD)联系起来(Holahan et al., 2005; Stein et al., 2005)。

另一种形式的情绪指向性应对,即完美理想的幻想,也与在应对严重疾病时的不良调节相联系。完美理想的幻想的例子包括苦思冥想过去怎样做可能让这种疾病不发生和渴望更好的未来。完美理想的幻想给病人提供的是想象中的逃避,而不是解决生活中困难的方法。

这是否就意味着当人们知道所有与他们病情有关的事实时,他们的境况一定会有所好转呢?不一定。知道所有的事实之后他的境况是否会好转可能取决于他所倾向的应对方式。个人的应对方式与被提供的信息量之间的不匹配可能会阻碍复原。在一项研究中,带有压制性应对风格(依赖于拒绝)的心脏病患者,接受关于他们状况的信息后比那些被蒙在鼓里的压抑应对风格者显示出了较高的医学并发症的发生率(Shaw et al., 1985)。有时候,忽视会帮助人们管理压力——至少暂时会。

问题指向性应对包括处理应激源的策略,例如通过自学和用药咨询来寻求关于疾病的信息。信息的寻求可以通过创造一个证明这些信息将会有用的预期来帮助个人保持更加乐观的心态。

自我效能预期 自我效能预期(self-efficacy expectancy)指的是我们关于自己处理所面临挑战的能力,有技巧地表现出某些行为,以及在我们生活中做一些积极改变的能力的预期(Bandura, 1986, 2006)。自我效能能够舒缓压力(Schönfeld et al., 2016)。当我们对我们有效应对的能力有信心(即有更高的自我效能预期)时,我们将会更有能力去控制应激,包括应对疾病时的应激。即将到来的考试或多或少会有压力,这种压力大小将取决于你对取得一个好成绩的能力的信心。

在一项经典的研究中,心理学家阿尔伯特·班杜拉和他的同事发现,当患有蜘蛛恐惧症的女性接触所害怕的物体时,例如——让一只蜘蛛在她们的腿上爬行时,会显示出高水平的应激激素肾上腺素和去甲肾上腺素(Bandura et al., 1985)。然而,随着她们对应付这些任务的信心或自我效能预期的增加,这些应激激素的程度也相应减少了。肾上腺素和去甲肾上腺素通过自主神经系统的交感分支来激起身体的反应。这些激素会让我们觉得心里七上八下,神经质地发抖以及全身上下都感到紧张。因为高自我效能预期似乎与这些应激激素的低分泌水平联系在一起,那些相信自己可以解决他们问题的人则可能会有较少的紧张感。

心理坚韧性 心理坚韧性(psychological hardiness)指的是一系列可以帮助人们管理压力的特质。苏赞恩·科巴萨(Suzanne Kobasa, 1979)和她的同事调查了那些在巨大的压力负担下仍能抵抗疾病的企业高管。

三个重要特质可以用来区分那些属于在心理上坚韧的高管(Kobasa, Maddi & Kahn, 1982, pp.169–170)：

1. 投入。那些坚韧的高管会全身心投入到他们的任务与情境中，而不是感觉与这些疏远。也就是说，他们相信自己能做好正在做的事。
2. 挑战。坚韧的高管认为变化是事物的常态，并不会为了稳定而保持毫无生气的一致或稳定。
3. 掌控自己的生活。坚韧的高管认为并且奉行他们对于自己生活的奖励和惩罚的控制要行之有效而非无力。在社会认知理论学家朱利安·罗特(Julian Rotter, 1966)提出的术语中，心理坚韧的个体有一个"内控点(internal locus of control)"。

心理坚韧的人们通过采取更加主动的解决问题的方法似乎能更有效地应对应激。他们在面对应激时容易比心理不坚韧的人显示出较少的身体症状和抑郁(Pengilly & Dowd, 2000)。科巴萨认为，心理坚韧的人们更有能力去处理压力，因为他们认为是自己在选择创建应激的情况。他们认为自己所面临的应激源可以让生活更有趣和更富有挑战性，而不是仅仅只是增添额外的压力。控制感在心理坚韧性中是一个关键的因素。

乐观 把玻璃杯中的水看作是半满而不是半空，这与更好的生理和心理健康状况有关(Carver, 2014; Forgeard & Seligman, 2012)。例如，有证据表明，乐观主义者往往具有更好的心血管健康和免疫功能(Hernandez et al., 2015; Jaffe, 2013)。乐观主义者往往比悲观者更能照顾好自己。比如多参加体育运动、远离烟草等有害物质，并且能够保持更为健康的体重水平。[判断正误]

判断正误

乐观主义者可能有着充满希望的期待，但事实上，悲观主义者有着更健康的心血管和免疫系统。
☐错误 乐观往往与各种正向的心理和生理健康指数有关，包括更好的心血管和免疫功能。

那些在疾病突发时表达了更多消极想法的患者比那些有着更开朗想法的患者更易于感到更严重的疼痛和痛苦(Gil et al., 1990)。这些消极想法的例子包括："我不能再做任何事了"，"没有人关心我的痛苦"和"我这样生活是不公平的"。到目前为止，研究的证据说明了乐观与健康

之间的相关关系。或许我们不久将察觉,是否学着去改变态度——将玻璃杯看作是半满的——在保持和恢复健康中存在因果作用。你可以通过完成下文的"你是个乐天派吗?"问卷来评估自己的乐观水平。

对乐观的研究属于更广泛的当代心理学运动范畴,被称为积极心理学(positive psychology)。这项运动的发起者认为心理学应该更多地关注人类体验的积极方面,而不仅仅是人类方程式中的缺陷方面,例如情绪障碍、滥用药物和暴力等问题(Donaldson, Csikzentmihalyi, & Nakamura, 2011; McNulty & Fincham, 2012; Seligman et al., 2005)。积极心理学的支持者们并不排斥对情绪问题的研究,但是他们认为更需要去探索积极的特质(例如,乐观、爱和希望)是如何影响我们去过一个令人满意、充实生活的能力的。就社会支持而言,人类所体验的另一个积极方面是帮助需要帮助的人们和反过来被别人帮助的能力。

应对应激 心理坚韧的人们通过采取主动解决问题的方法并且认为是自己选择了高应激情境,似乎能更有效地应对应激。

问卷
你是个乐天派吗?

你是那种会看到事情积极一面的人吗?你会想着有坏事发生吗?接下来的问卷能让你深入地了解自己究竟算得上是悲观主义者还是一个乐天派。

指引:如果你觉得下面的表述符合自己的情况,请根据提供的编码在空白处写上相应数字。完成后翻到本章的结尾查看自己的分数及其表示的含义。

5=非常同意
4=同意
3=中立
2=不同意
1=强烈反对

1._____我相信有的人要么天生好运,要么像我一样天生不幸。
2._____我相信凡事只要有可能出错,那就一定会出错。
3._____我认为自己比起悲观主义者更是个乐天派。
4._____我一般都会期望最后事情能办成。
5._____关于我最终能否成功我有过这些怀疑。
6._____我对自己未来如何满怀期望。
7._____我相信"黑暗中总会有一丝曙光"。

8._____我认为自己是这样的现实主义者——总认为谚语中提到的杯子应该是半空的而不是半满的。
9._____我认为未来将是令人称心如意的。
10._____事情通常不会按我的计划完成。

社会支持 拥有广泛社会关系网的人们,例如拥有配偶、亲密的家人和朋友,以及是社会组织中的一员,不仅显示出了更大的抵抗力来抵御感冒,而且也相对于那些社交网络狭窄的人们更加长寿(Cohen & Janicki-Deverts, 2009; Cohen et al., 2003)。有一个多样的社交网络可以提供一个更加广泛的社会支持,它作为一个应对应激的缓冲,有助于保护人体的免疫系统。

种族认同感 一般来说,非裔美国人比欧美人更容易遭受慢性健康问题的侵扰,例如肥胖、高血压、心脏病、糖尿病以及某些类型的癌症(Brown, 2006; Ferdinand & Ferdinand, 2009; Shields, Lerman, & Sullivan, 2005)。那些非裔美国人所面对的特定应激源,例如种族歧视、贫穷、暴力和过度拥挤的居住环境等,都有可能会给他们增加严重健康问题的风险。

暴露在歧视的环境中与较差的身心健康具有相关性,而压力则使少数民族的物质滥用率进一步提升(Chou, Asnaani, Hofmann, 2012; Huynh, Devos, & Dunbar, 2012; Stevens-Watkins et al., 2014; Torres & Vallejo, 2015)。对于拉丁裔和纳瓦霍族年轻人的研究表明,歧视的负面影响可能会在一定程度上被抵消,因为歧视与一个人的传统文化、父母的文化取向与价值观有着紧密的联系(Delgado et al., 2010; Galiher, Jones, & Dahl, 2011)。

非裔美国人在应对压力时往往会展现出更高的弹性。有助于非裔美国人缓解应激的因素中,有家庭和朋友的强大社交网络、对自己应对压力的信心(自我效能)、处理技巧、种族认同感,等等。有意思的是,在最近的一项调查中,那些报告了更积极寻求社会帮助的

民族自豪感作为应激作用的缓和剂 对于自己的民族或种族的自豪感可以帮助个体承受种族主义和低下的宽容度所带来的压力。

非裔美国人越来越不受种族歧视这种重要的压力源的影响,而那些不愿寻求社会帮助的人却与此相反(Clark,2006)。

在非裔美国人群中,少数族群身份往往与更高的生活质量相关联(Utsey et al.,2002),并且和白人相比,他们似乎拥有更好的心理健康状况(Gray-Little & Hafdahl,2000)。获得和保持少数族群身份和族群文化传统的自豪感有助于非裔美国人和其他少数族群应对由种族歧视带来的压力。有证据表明,非裔美国人更强的种族认同与较低的抑郁程度相关(Settles et al.,2010)。相反,非裔美国人和其他少数族群如果与自己的文化或民族身份产生隔阂,可能更容易受到压力的影响,而压力反过来又可能会增加身体和健康问题的风险。

适应性障碍

适应性障碍是我们在本书中讨论的第一个心理障碍。它们也算是最为温和的障碍。适应性障碍在DSM-5中被归类为"创伤和应激相关的障碍",其中也包括创伤性应激障碍,如急性应激障碍和创伤后应激障碍。在这里,我们来讨论一下适应性障碍。

什么是适应性障碍?

4.6 定义适应性障碍的概念并描述其主要特征

适应性障碍(adjustment disorder)是对痛苦的生活事件或应激产生的适应不良的反应,在应激发生后的三个月内产生。应激事件可能是一种创伤性经历,如自然灾害或机动车事故造成的严重伤害、抑或是非创伤性生活事件,如分手或开始大学生活。根据DSM手册,适应不良反应表现为社交、职业或其他重要功能领域的显著受损,例如学术工作,或显著的情绪困扰超出通常预期的应对压力的能力。该障碍的患病率在人群中差异很大。然而,该障碍在寻求门诊心理健康治疗的人中很常见,在接受门诊心理健康治疗的人之中,约有5%到20%的人被诊断为适应性障碍(美国精神病协会,2013)。[判断正误]

如果你和某人的关系破裂(一种确定的压力源)并且因为无法集中精力在学业上而导致成绩下滑,那你可能就得了适应性障碍。如果哈利叔叔自从和妻子简离婚之后就一直情绪低落消极,他很有可能就会被诊断为适应性障碍。如果表弟比利曾扰乱课堂教学秩序并且在学校墙上

> **判断正误**
>
> 如果因为最近失恋而难以把注意力集中在你的学业上,那你可能有心理障碍。
>
> □正确 如果你在恋爱关系破裂之后很难集中精力学习你的功课,那么你有可能会有一种叫作适应性障碍的轻微的心理障碍。

写一些粗话,又或者表现出其他混乱行为的迹象时,那么他也极有可能患上了适应性障碍。

适应性障碍的类型

4.7 明确特定类型的适应性障碍

适应性障碍的概念作为一种精神障碍突出了在尝试定义什么是正常和什么是不正常时的一些困难。当我们生命中重要的东西出现问题时我们会觉得很悲伤。如果生意上遭遇危机、如果我们受到了犯罪侵害,又如果我们遭受洪水或飓风的袭击,毫无疑问,我们会变得忧郁和沮丧,这都是可以理解的。事实上,如果我们没有作出"适应不良"的反应(至少是暂时的),结果反而会更糟。然而,如果我们的情感反应超过了我们的预期,或者我们功能受损(比如避免社交活动、难以下床,或者功课上落后),那么,就会被做出适应性障碍的诊断。因此,如果你在失恋后很难专注于学习而导致学习成绩下滑,你可能患上了适应障碍。有几种特定类型的适应性障碍,它们与相关的适应不良反应有关(见表4.2)。

你在集中精力和适应方面有障碍吗? 适应性障碍是一种会对学习和工作造成困扰的对应激源不适应的反应,例如,一个人很难集中精力学习。

表4.2 适应性障碍的特定类型

障碍	主要特征
抑郁心境型适应障碍	悲伤、哭泣、无助感
焦虑型适应障碍	担忧、紧张、惶恐不安(儿童表现为害怕离开他们的主要依恋对象)
抑郁心境和焦虑混合型适应障碍	焦虑和抑郁的混合状态
品行失常的适应障碍	侵犯他人的权利或违反符合其年龄的社会规范。典型行为包括故意侵犯他人财产、旷课、打架、鲁莽驾驶、违反法律法规(例如停止付赡养费)等
情绪和品行混合型适应障碍	情绪失调(例如抑郁或焦虑)和品行失常(如上所述)
未分类的适应障碍	剩余范畴,适用于不能划分到以上任意亚型的人群

来源:基于DSM-5(American Psychiatric Association,2013)

根据所应用的诊断,应激反应不足以满足其他的临床综合征的诊断标准,例如创伤性应激障碍(急性应激障碍或创伤后应激障碍)或焦虑障碍或心境障碍(见第5章和第7章)。如果应激源消失或者个人学着怎么去应对的话,这种适应不良反应是可以治好的。如果这种适应不良反应在应激源(或其结果)消失超过6个月后还存在的话,这个诊断可能就要改变了。虽然DSM体系将适应障碍和其他临床综合征区分开来,我们还是很难把适应障碍与其他障碍不同的特有症状识别出来,例如抑郁症(Casey et al.,2006)。

创伤性应激障碍

在适应性障碍中,人们可能对于充满压力的生活会感到难以适应,例如经济问题或婚姻问题、恋情终止或者爱人离世。然而,随着创伤性应激障碍的出现,人们的注意力就转向到该如何应对灾难和其他创伤性经历。暴露在创伤之下,任何人都无法适应。对于一些人来说,创伤性经历会导致创伤性应激障碍,这是一种异常行为模式,其特征是对创伤性应激做出适应不良的反应,包括显著的个人痛苦、典型的焦虑或抑郁,或是严重的日常功能性受损。在这里,我们将关注两种创伤性应激障碍:急性应激障碍和创伤后应激障碍。表4.3对这些障碍做了概述,而表4.4则列出了它们的一些共同特征。

急性应激障碍

4.8 描述急性应激障碍的关键特征

在急性应激障碍(acute stress disorder)中,一个人会在经历创伤性事件后的3天至1个月这个时间段里表现出适应不良的行为模式。创伤性事件可能既涉及实际的死亡或涉及死亡的威胁、严重事故,或者性暴力。患有急性应激障碍的个体可能曾直接接触过创伤,目睹过其他人经历过创伤,或是了解过亲密的亲友们所经历的暴力事件或是意外的创伤性事件。负责收殓遗体的急救中心工作人员,或者定期为了解虐童细节而对儿童进行访谈的警察也有可能会患上急性应激障碍。

患有急性应激障碍的人可能会觉得自己"处于发呆状态",或是觉得这个世界像是一个梦幻或虚幻般的地方,急性应激障碍可能发生在对战斗创伤的反应中或者暴露于自然或技术原因的灾难时。一名士兵可能会在经历过一场可怕的战斗之后而不记得战斗中的具体细节并且感到麻木以及与周围的环境产生隔绝。那些在飓风来袭中受过伤或者差点死掉的人们可能会因此迷茫好几天或者好几周,就宛如漫步在迷雾之中那般茫然;受到关于灾难情节的回忆和噩梦的困扰;或者再一次体验到灾难的过程。

急性应激障碍的症状或特征各不相同,可能包括对创伤的干扰性记忆或梦境;以闪回的形式重新体验着创伤;从自己的周遭环境或是自己身上体验着不真实或超然的感觉;避免外界对创伤的提示(例如与创伤相关联的地方或者人);睡眠问题;以及易怒或攻击性行为的发展,或是对突然的噪声作出夸张的惊吓反应。

创伤期间更强烈或更持久的解离症状与日后PTSD发展的可能性,可能存在相关性(Cardeña & Carlson, 2011)。(关于解离性症状将在第6章中的解离性障碍中进一步讨论。)急性应激障碍的症状与创伤后应激障碍相关的创伤的持续影响是一致的,我们将在随后的内容中看到。

表4.3 创伤性应激障碍的综述

障碍类型	总体中的终生患病率(大约)	描述	相关特征
急性应激障碍	不同类型的创伤有很大的不同	在创伤性事件后的数天或数周内的急性适应不良反应	与创伤后应激障碍的特征相类似,但限于直接暴露于创伤中、目睹其他遭受创伤的人,或了解亲密家庭成员或朋友所经历的创伤的1个月内
创伤后应激障碍(PTSD)	约占9%	对创伤性事件的长期不适应反应	再次经历创伤性事件;避免与创伤有关的线索或刺激;一般或情绪麻木、过度兴奋、情绪困扰和功能性受损

来源:American Psychiatric Association, 2013; Conway et al., 2006; Kessler et al., 1995; Ozer & Weiss, 2004。

表4.4 创伤性应激障碍的共同特征

回避行为	患者会避免接触与创伤相关的情境。例如,一个强奸受害者可能会避免路过或去曾经遭受侵犯的地方。一个经历战场的老兵可能会回避与战友相聚的场景或是回避观看战争类型的影片或是书籍
二次创伤经历	患者可能会在某些情况下再次体验创伤,例如在启发性记忆中、在反复出现的不安的梦境中,或是回忆中突然回到战场之中或是被敌人追击
情绪低落、消极想法和功能性受损	患者可能会体验持续的消极想法或情绪,并且难以行使有效的功能性
高唤醒状态	患者可能会表现出较高的唤醒水平,例如始终保持警戒状态、难以入眠或是难以集中精力、易被激怒、表现出夸张的惊恐反应,比如会被突然的声响吓得跳起来
情感麻痹	在PTSD中,个体可能会情感麻木并且失去情感交流的能力

创伤后应激障碍

4.9 描述创伤后应激障碍的主要特征

虽然急性应激障碍仅限于创伤性事件后的数周时间内,但**创伤后应激障碍**(posttraumatic stress disorder,PTSD)却是一个长期的适应不良的反应,在创伤性经历后会持续一个月以上。创伤后应激障碍会表现出与急性应激障碍类似的症状,但可能持续数月、数年,甚至数十年的时间,并且可能在创伤性经历后的几个月或几年之后才会发作。

许多(虽然不是全部的)急性应激障碍患者后来发展成PTSD(Kangas,Henry,& Bryant,2005)。我们发现在经历过战争的士兵、强奸的受害者、车祸幸存者和经历过其他创伤的人群,还有那些曾经目睹家园和社区被洪水、地震、龙卷风、飞机火车等技术性事故灾难被毁灭的人群中,这两种创伤性应激障碍都存在。而对于玛格丽特来说,创伤来自一场可怕的卡车事故。

"我""我认为世界末日就要来了"

玛格丽特是一名54岁的妇女,她和丈夫特拉维斯住在纽约州北部一个小村庄里。在两年前冬天的某个深夜里,一辆油罐车在结冰的斜坡上紧急刹车,导致车子闯进了村庄中心。隔着两个街区的距离,当卡车砰地闯进综合商店时,玛格丽特在床上被爆炸声音震惊了("我以为世界末日就要来了")。整个商店和公寓顿时被火焰吞没。大火延伸到了隔壁的教堂。玛格丽特首先且记忆最深刻的视觉印象就是红黑色的甲虫翅膀在空中翩翩跳着令人惊悚的芭蕾舞,当它们下坠的时候停在教堂历史悠久的墓碑旁边,散发着令人毛骨悚然的微光。许多人都死了,大部分都是曾经住在杂货店上面和后面的人。教堂的看管者和卡车司机也一样丢了性命。

玛格丽特分担了部分村庄的损失,收容了暂时无家可归的人,同时做了她必须做的事。数月后,杂货店被建成了一个纪念式的公园,教堂也在重建中,玛格丽特开始感到生活变得陌生起来,外面的世界变得几乎不再真实。她开始远离她的朋友,那些夜晚火焰的场景充斥着她整个思想。一到晚上她就不断地想象着那个场景。她停止服用心理医生给她开的安眠药,因为她说"我无法从梦中醒来"。于是医生给她开安定以此让她能度过每天。药物能够起到一定效果,但是她说"我不想依赖药物,因为我会越来越需要更多的东西,而且也不能一直这样上瘾,不是吗?"

在未来的一年半里,玛格丽特努力尝试不再去想那些灾难,但是那些回忆和梦总是不由自主地来来回回侵入她的思想中。等到她开始寻求帮助的时候,她的睡眠问题已经严重困扰了她近两个月了,而且那些唤起的回忆仍和以往一样生动。

来自作者的档案

为患创伤后应激障碍的老兵提供咨询　美国已经成立了门诊咨询中心来帮助那些罹患PTSD的老兵。

就像急性应激障碍一样，与PTSD相关的创伤性事件涉及实际死亡或死亡威胁、严重的生理创伤，或性侵害有关的创伤性事件；或目睹他人遭受创伤性事件；或得知亲密的朋友或家人经历了意外或暴力的创伤性事件（自然原因导致的死亡不适用于此）。然而，在某些情况下，受影响的人暴露在创伤性事件的可怕后果中，例如在爆炸或炸弹袭击后收殓遗体的快速反应人员。

PTSD在许多文化中都存在。在许多国家的地震与飓风幸存者中，以及在20世纪70年代波尔布特战争的"杀戮场"遭受战争蹂躏的平民中，就有着很高的PTSD发病率。在20世纪90年代的巴尔干冲突中，柬埔寨和2010年海地的大地震中的幸存者（Blanc et al., 2015）以及伊拉克战争中的幸存者（e.g., Ali et al., 2012; Wagner, Schulz, & Knaevelsrud, 2011）。文化因素可能会在决定人们如何处理和应对创伤、他们对创伤应激反应的脆弱性，以及疾病可能的表现形式等方面发挥作用。

PTSD与战斗经历密切相关（Polusny et al., 2011）。在参加过越南战争的士兵当中，PTSD的患病率约为五分之一（19%；Dohrenwend et al., 2006）。同样，从伊拉克和阿富汗战场归来的约13%的退伍军人患有创伤后应激障碍（Kok et al., 2012）。总共有30万从伊拉克和阿富汗战场返回的美军士兵表现出创伤后应激障碍或抑郁的症状（Miller, 2011）。患有创伤后应激障碍的老兵通常会有其他问题行为，包括滥用药物、婚姻问题、糟糕的工作经历，以及在某种情况下会对亲密关系中的伴侣进行身体侵犯（Taft et al., 2011）。

尽管在公众眼里，暴露在战斗中或遭遇恐怖袭击可能是与PTSD联系最紧密的创伤类型（Pitman, 2006）。但实际上最常与PTSD联系在一起的创伤性经历是严重的机动车事故（Blanchard & Hickling, 2004）。然而，涉及恐怖袭击，特别是强奸或性侵犯的人比其他伤害类型更易患PTSD（Norris et al., 2003; North, Oliver, & Pandya, 2012）。例如，研究者发现，恐怖袭击的幸存者患病概率比车祸患者高两倍（Shalev & Freedman, 2005）。[判断正误]

判断正误

暴露在战场上是常见的与创伤后应激障碍（PTSD）有关的创伤。
☐错误　机动车交通事故是导致PTSD最常见的创伤。

事实上,创伤性事件相当常见,超过2/3的人在他们生活中的某一时期都曾遭受过创伤(Galea, Nandi, & Vlahov, 2005)。但是,大多数人在面对创伤性压力都会表现出韧性,即使在没有获得帮助的情况下也能恢复过来(Amstadter et al., 2009; Elwood et al., 2009)。只有不到1/10的人才会患上PTSD(Delahanty, 2011a)。

调查者已经试图开始辨别哪些因素会增加一个人在面对创伤应激源时患PTSD的风险(见表4.5)。一

创伤 导致PTSD的创伤可能是战争、恐怖袭击或者暴力犯罪(如凶杀之类的犯罪)。然而,最常见的与PTSD相关的创伤是一系列的机动车交通事故。

些与创伤性事件本身有关的脆弱性因素,诸如暴露在创伤中的程度,而另一些因素则与人或社会环境有关(Delahanty, 2011b; Gabert-Quillen, Fallon, & Delahanty, 2011; North, Oliver, & Pandya, 2012; Xue et al., 2015)。当个体越直接地暴露在创伤之中,患有创伤后应激障碍的可能性就越大。在美国墨西哥湾沿岸地区,受台风卡特里娜直接影响的儿童比那些没有直接接触的儿童,会表现出更多PTSD的症状(Weems et al., 2007)。在"9·11"恐怖袭击中被困在建筑物中的人群患有PTSD的概率几乎是那些身处于建筑之外,单纯作为目击者的亲历者们的两倍(Bonanno et al., 2006)。有超过3000人在遭遇袭击时从双子塔中撤离,近乎所有人(96%)都表现出了一些PTSD的症状,约有15%的人在遇袭后的2到3年中表现出了可诊断的PTSD("More than 3000," 2011)。

观看 邦尼:创伤后应激障碍

表 4.5 创伤幸存者患 PTSD 的可预见因素

与事件相关的因素	与个人或社会环境相关的因素
被创伤事件所伤害的程度	童年期性虐待史
创伤的严重性	遗传因素和易感性
	缺乏社会支持
	缺乏应对创伤压力的积极反应
	羞耻感
	受创伤后短暂的分离或"解离"症状,或麻木感
	之前的精神病史

来源：Afifi et al.,2010;Elwood et al.,2009;Goenjian et al.,2008;Koenen,Stellman,& Stellman,2003;North, Oliver,& Pandya,2012;Ozer et al.,2003;Xie et al.,2009。

观看视频"邦尼：创伤后应激障碍"以了解更多像"9·11"恐怖袭击这般震撼人心的事件所带来的持续的心理影响究竟有多大。

另外一个与患创伤后应激障碍的可能性有关的因素是性别,虽然男性比女性有更经常的创伤性经历,但女性在可能发生 PTSD 的概率是男性的两倍(Parto,Evans,& Zonderman,2011;Tolin & Foa,2006)。然而,女性更容易出现 PTSD 不仅仅是性别自身因素的影响,更多是与女性受到性别歧视的高发和性侵害经历发生时的低龄阶段有关(Cortina & Kubiak,2006;Olff et al.,2007)。

其他致病因素与个体和生物学因素相关。与调节身体对压力反应有关的遗传因素似乎在决定个体在创伤后对创伤后应激障碍的易感性方面发挥了作用(Afifi et al.,2010;Xie et al.,2009)。最近有研究者报告说,在一组患有 PTSD 的退伍军人中,他们的杏仁核(amygdala,大脑边缘系统中的一种能够触发身体恐惧反应的小结构)比没有 PTSD 的退伍军人要小(Morey et al.,2012)。尽管还需要更多的研究,这些有趣的发现指向了潜在生物学因素,这也许能够解释为什么有些人在面对创伤时会患上 PTSD,而有些人则没有。

其他增加易发率的因素包括孩童时代的性虐待,缺乏社会支持和有限的应对技巧(Lowe,Chan,& Rhodes,2010;Mehta et al.,2011)。此外,如较低的自我效能感和较高的敌意水平等人格因素也会增加罹患 PTSD 的风险(Heinrichs et al.,2005)。在经历创伤期间或刚结束创伤时,人们会经历一些特殊症状,例如感觉到发生的事情是不真实的,或者感觉自己好像正在观看电影中的自己。有这些经历的人们,与其他类型的创伤幸存者相比,在患PTSD上存在更大的风险(Ozer & Weiss, 2004)(这些特殊反应被称为"解离体验",详见第6章)。另一方面,在创伤经历中寻找目的或者价值的意义,例如相信这场正在进行的战争是正义的——这样也许会增强人们在应激环境中应对的能力,并且会降低PTSD发生的概率(Sutker et al., 1995)。

虽然PTSD的症状通常在几个月内就会消失,但它们也有可能持续数年,甚至数十年(Marmar et al., 2015)。大多创伤后应激障碍的患者即使在最初的评估后,经过数年仍会表现出一些症状(Morina et al., 2014)。

理论观点

4.10 描述PTSD的理论解释

PTSD主要的理论解释源于学习或行为观点。在经典条件作用的框架下,创伤性经历是一种无条件刺激,它与中性(条件)刺激(与创伤有关的景象、声音,甚至是气味)结合在一起。例如战场,或是遭遇性侵害的地点附近。于是,在接触与创伤关联的刺激物时,焦虑就会条件性地反映出来。

关于创伤的想法、记忆,甚至梦的片段,以及偶然听到他人谈及该创伤,重访创伤场景,都能够触发消极反应和焦虑。在操作性条件作用中,一个人可能学会回避任何与创伤相关的刺激。回避行为是操作性反应,由于焦虑消除而被负强化。不幸的是,在回避创伤相关刺激的同时,人们也失去了克服潜在恐惧的机会。只有当个体在没有任何令人困扰的无条件刺激存在的情况下遇到条件刺激(与创伤相关的线索),条件性焦虑才会消除(逐渐减弱或消失)。

深入思考

令人不安的记忆能否被抹去?

是否能够抹去PTSD患者的不安的记忆——或者至少削弱他们的情绪影响?虽然几年前这看起来会有些牵强,但现在的科学发现提供了实现的可能性。

研究人员正在探索某些药物能否阻断令人不安的记忆,或能否减少与创伤经历相关的焦虑或恐惧(Andero et al., 2011)。在一项研究中,患有慢性创伤后应激障碍的人被要求回忆并描述与创伤后应激障碍相关的一些细节,然后被给予一种常用的降压药普萘洛尔(propranolol),或是给予安慰剂(惰性药物;Brunet et al., 2007)。一周以后,他们被要求重新激活与创伤事件有关的印象,同时,研究者监控他们的生理反应,包括心跳次数、肌肉张力水平。那些注射了普萘洛尔的人

睡眠不足能够阻止创伤性记忆吗？ 通过实验室条件中对于实验鼠的研究表明，睡眠不足可能会阻止对新形成的创伤性记忆的巩固。如果这些发现与人类有关，那么遭受创伤的人可能就会决定放弃一天的睡眠，以阻止令人不安的记忆的形成。

在研究过程中，与那些接受了安慰剂的人们相比，表现出了较低的生理活动水平。似乎这类药物会削弱身体对创伤记忆的生理反应。然而，普萘洛尔对于PTSD的疗效还需要更多的证据，才能进行常规治疗(Steenen et al.,2016)。

我们也有其他证据表明普萘诺尔也可以降低后天的恐惧的反应。荷兰的研究者通过展示一幅蜘蛛的图片来检测60名健康的大学生受到恐惧事件后对电击测验的反应(Kindt,Soeter, & Vervliet,2009)。先向他们展示蜘蛛图片并施以轻微电击,当学生再次暴露于恐惧刺激(蜘蛛图片)而没有伴随电击时，学生们很快就获得了一个条件性恐惧反应。第二天，在被试的恐惧反应再次被恐惧刺激激活以前，让他们服用普萘洛尔或安慰剂。第三天，那些服用了药物的学生比服用安慰剂的学生在看到恐惧刺激时，表现出较弱的惊跳反应。实验者认为，当恐惧的回忆被再度激活时，药物干扰了激活过程，从而缓和或消除了对恐惧刺激的行为反应。此外，当学生接着进行第二轮条件作用实验，再次向他们呈现蜘蛛图片并伴随电击，结果是那些服用安慰剂的学生再次出现了恐惧反应，而那些服用普萘洛尔的学生则没有。

为了理解这种影响，我们先要明白身体是如何面对应激的。当面对像电击带来的疼痛的刺激时，我们的身体分泌出应激激素——肾上腺激素。肾上腺激素影响身体的很多方面，包括激活杏仁核(大脑中产生恐惧的部分)。普萘洛尔抑制了肾上腺激素在人体中的分泌，故而可以减轻人们对不安的记忆的不良反应。

在有焦虑或恐惧的人群中，他们的杏仁核似乎对威胁、恐惧和拒绝等线索刺激表现得更明显。像普萘洛尔之类的药物可以降低恐惧刺激对杏仁核的刺激，产生了一种减少或阻止恐惧再次生成的方式。可以想象，在不久的将来，普萘洛尔等药物可能会变成临床医生用于治疗PTSD或其他焦虑症患者焦虑反应手段中的一部分。我们目前还不知道药物是如何抹去人们关于痛苦的记忆的，甚至不知道我们是否可以抹去个人那些痛苦的回忆。但是如果这些药物能够在大脑中储存情感记忆的网络中起作用，那么它们或许可以减轻这些记忆所带来的痛苦。

药物是否能被用来预防在战争中受伤的战士出现PTSD症状？研究者正在调查是否使用吗啡，一种在战争中广泛使用来为战士止疼的药物，可以帮助阻止形成可能导致创伤后应激障碍在大脑中的机制(Holbrook et al.,2010)。如果这项成果被应用在现实中,吗啡将不仅仅是一种治疗疼痛的药物,还将是阻止创伤后应激障碍症形成的良药。其他研究者通过对实验鼠的研究,发现睡眠不足会破坏与创伤相关的类PTSD记忆(Cohen,Kozlovsky,et al.,2012)。几乎可以肯定的是,睡眠不足可能对遭受创伤的人有类似的影响。

在一个相关的研究领域中,研究记忆分子基础的科学家们正尝试分离和压制与特定记忆相关的特定脑回路。最近,研究人员报告了阻止实验鼠回忆厌恶刺激的实验进展,这揭示了大脑中的一个潜在途径——一个可能会阻止PTSD患者的不安记忆的途径(Lauzon et al.,2012)。其他研究人员利用一种干扰形成长时记忆所需的化学物质,抹去了海螺的一种特定的习得反应(Cai et al.,2011)。海螺被用来探索记忆是如何在生化水平上工作的。虽然它的神经系统相对于高级的动物要简单的多,但海螺的神经回路建立新记忆的潜在过程也与哺乳动物大脑中的记忆形成有关,这其中就包括了学习反应的记忆。

科学家们在实验室中了解到的东西可能会帮助PTSD的治疗取得突破性进展。或许有一天,我们能够在留下完整生活经历的其他记忆的同时,识别并有效地控制储存着创伤性经历的特定脑回路。

或许有一天,科学的进步能使医疗人员阻断或消除创伤性事件经历者的某些创伤性记忆。然而,具有在生物化学水平上控制记忆的能力,对于社会和个人来说都具有重要的道德、法律和伦理意义。我们提出如下问题供反思和讨论:

- 谁应该决定是否在创伤后立即使用记忆阻断药物?是战地指挥官还是医生?还是卫生保健提供者?或是创伤事件的当事者?
- 如果创伤性事件亲历者失去意识或是无法做出决定怎么办?法律上是否需要事先的医疗代理人,或是规定谁应当做出这些决定的法律协议?并且阐释在何种条件下需要?
- 为了能防止造成今后情绪性痛苦而将一个人关于重大生命事件的记忆抹去是正确的吗?
- 你想抹除创伤性记忆吗?或者说你愿意保留你的记忆并且去处理可能发生的情绪性后果吗?

治疗方法

4.11 描述PTSD的治疗方法

认知-行为疗法(CBT)对治疗PTSD取得了不错的疗效(e.g.,Cloitre,2014;Cusack et al.,2015;Ehlers et al.,2013,2014;Haagen et al.,2015;Monson & Shnaider,2014)。治疗的基本方法是反复给予患者以与创伤相关的暗示。在CBT中,患者在一个安全的环境设置中重新体验与创伤事件相关的焦虑来使应激消失。PTSD患者会被鼓励去重复谈论创伤经历,在想象中重复体验创伤的情感部分,看相关的幻灯片或者电影,或者参观事故现场。对于自事故后就再也不敢驾驶车辆的经历过严重交通事故的PTSD患者，被指导在家附近进行短途驾车旅行(Gray & Acierno, 2002)。他们也被要求重复叙述事故的经过和当时他们体验到的情感反应。对于与战争相关的PTSD，基于暴露的家庭作业可以包括参观战争纪念馆或者观看战争电影。有证据表明，通过认知重构（用合理的替代想法和观念挑战会替代原先扭曲的想法或观念）来补充暴露疗法可以增强疗效(Bryant et al., 2008)。暴露疗法在治疗ASD（急性应激障碍）上也具有同样的效果(Bryant, Jackson, & Ames, 2008)。

治疗师可能会使用一种更强烈的暴露形式，称为长时间暴露(prolonged exposure)。即一个人在治疗过程中反复想象体验创伤性事件，或是直面现实中与创伤性事件相关的场景，而不再寻找逃离焦虑的出口(Foa et al., 2013; Mørkved et al., 2014; Perrin, 2013; Schneier et al., 2012)。对于强奸受害者来说，长时间暴露疗法可以通过在具有支持性的治疗环境中重温令人恐惧的折磨来进行。

其他的技术，比如冥想训练或自我放松训练以及其他的压力管理技能，也可提高患者应对创伤后应激障碍紧张症状的能力，例如高度警觉和渴望逃离创伤有关的刺激。（两种常见的冥想形式，超越冥想和正念冥想，将在第6章中进一步讨论。）训练愤怒管理技巧也大有裨益，尤其是对患有PTSD的退伍军人。在治疗中使用抗抑郁药物，例如舍曲林（左洛复）或帕罗西汀治疗，也能帮助减少创伤后应激障碍中的焦虑成分(Schneier et al., 2012)。

在"批判地思考异常心理学 @问题：EMDR是一时之热还是最终发现？"中讨论了一个有争议的PTSD疗法：眼动脱敏和再加工(EMDR)。什么是EMDR？它能够起作用吗？如果它有用，那它为什么有用呢？

批判地思考异常心理学
@问题：EMDR是一时之热还是最终发现？

在治疗PTSD的领域出现了一种有争议的新技术——**眼动脱敏和再加工**(eye movement desensitization and reprocessing, EMDR)疗法(Shapiro, 2001)。在EMDR中，当治疗师在来访者的眼前快速地将手指晃动大约20到30秒的时间时，要求来访者在脑海中形成一个与创伤有关的画面。当来访者在脑内保持这些相应的画面时眼球还需要随着治疗师的手指移动。接着来访者向治疗师叙述自己在刚才的创伤体验中经历的画面、感受、身体知觉和产生的想法。一直重复这个过程直到来访者对这种给自己带来情绪困扰的情绪刺激材料产生了麻木感。来自严格控制的研究证据支持了EMDR在治疗PTSD时的临床优势（e.g., Chen, Zhang, et al., Cusack et al., 2015; Oren & Solomon, 2012; van den Berg et al., 2015），然而，近期的一项研究表明，在治疗创伤后应激障碍的退伍军人方面，暴露疗法比EMDR更为有效（Haagen et al., 2015）。

争论的焦点不在于EMDR是否有效，而在于它为何有效，以及该技术的关键特征——眼动本身——是否在解释它

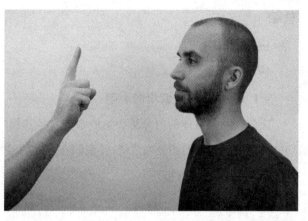

EMDR 该疗法是一种治疗PTSD相对较新且有争议的治疗手段，它包括这样的过程：当治疗师的手指在来访者面前晃动，来访者的眼球随之移动的同时还要在脑海中保持关于创伤性经历的表象。

的效果中是必要的因素（Karatzias et al., 2011; Lohr, Lilinefeld, & Rosen, 2012; van den Hout et al., 2011）。而研究者缺少一个强有力的理论模型来解释为什么快速眼动可以减轻PTSD的症状，这也是一些治疗师坚持反对临床使用EMDR方法的重要原因（Cook, Biyanova, & Coyne, 2009）。一个与此有联系的担忧是EMDR的疗效是否与眼动过程相关。也许是EMDR的有效性只是与其他治疗形式具有的因素一样，例如帮助患者建立了希望和积极的期望感。另一个关于EMDR方法为何有效的解释可能是快速眼动过程代表了暴露疗法的一种形式，而这是一种对PTSD和其他障碍的成熟的治疗方法（Taylor et al., 2003）。从这一观点来看，EMDR中的有效组成部分是反复体验创伤后的情绪画面，而不是快速眼动。尽管对于EMDR的争议还没有被解决，但该技术仍然是一种先进的基于暴露的疗法。与此同时，我们从最近一项研究中得到的证据表明，越传统的暴露疗法在减少回避行为的方面比EMDR越有效和快速，至少在完成治疗的人群中是这样的（Taylor et al., 2003）。

随着EMDR争论的继续，值得考虑的是著名的"奥卡姆的剃刀（Occam's razor）"格言，即节省原则。根据今天对于这个理论的广泛使用，也就是解释越简单就越好。换句话说，如果我们能够基于暴露疗法来解释EMDR的疗效，就不需要去设置诸如"每秒需要晃动多少次眼睛来使个体对创伤性想象麻木"的复杂解释。

对这一议题进行批判性思考，请回答下列问题：
- 为什么研究一种治疗如何起作用是十分重要的，而不是简单地了解它是否起作用？
- 还需要什么类型的研究来确定快速眼动在EMDR疗法中起到关键的作用？

总结

应激的影响

应激与健康

4.1 评估应激对健康的影响

应激会影响身体的内分泌和免疫系统。虽然偶尔的应激不会损害我们的健康,但持续或长期的应激会削弱我们的免疫系统,使我们在疾病的侵害面前显得更加脆弱。

一般适应性综合征

4.2 识别和描述一般适应性综合征的阶段

一般适应性综合征是汉斯·塞里首创的一种说法,指的是身体对于持续性的或持久的压力作出反应的概括化模式,以三个阶段为特征:(1)警觉阶段,即身体调动自身的资源以对抗应激源;(2)阻抗阶段,该阶段唤醒水平仍然很高,但身体试图适应持续的压力需求;(3)衰竭阶段,在这种状态下,体内的资源在面对持续和强烈的压力时被耗尽,此时与应激有关的疾病,或是适应性疾病,就可能会发展。

应激与生活变化

4.3 评估生活变化和身心健康关系间的佐证

暴露在大量重大的生活变化中会增加身体健康的风险。然而,由于这些证据只是具有相关性,因此,关于因果关系的质疑仍然存在。

文化适应应激:发生在美国的例子

4.4 评估文化适应应激在心理调节中的作用

文化适应的压力,或文化适应应激,可以影响身心机能。文化适应水平与心理调节间的关系是复杂的,但有证据支持发展文化适应的双文化模式的价值,即努力适应主流文化的同时,保持个体的传统民族或文化认同感。

缓解应激的心理因素

4.5 找出缓解应激影响的心理因素

这些因素包括有效的应对方式、自我效能预期、心理坚韧性、乐观和社会支持。

适应性障碍

什么是适应性障碍?

4.6 定义适应性障碍的概念并描述其主要特征

适应性障碍是对确定的应激源适应不良的反应。适应性障碍的特点是在特定的环境下,情绪反应比通常预期的要更为强烈,或是有明显的证据显示有功能性损伤。这类损伤通常表现为工作、学习或在社会关系或活动中的问题。

适应性障碍的类型

4.7 明确特定类型的适应性障碍

具体类型的适应性障碍有：(1)焦虑型适应障碍；(2)抑郁心境和焦虑混合型适应障碍；(3)品行失常的适应障碍；(4)情绪和品行混合型适应障碍；(5)未分类的适应障碍。

创伤性应激障碍

急性应激障碍

4.8 描述急性应激障碍的关键特征

有两类创伤性应激障碍，分别是急性应激障碍和创伤后应激障碍，两者都包括对创伤性应激适应不良的反应。急性应激障碍的特征与创伤后应激障碍相似，但是它们仅限于接触创伤性事件后的一个月里。

创伤后应激障碍

4.9 描述创伤后应激障碍的主要特征

创伤后应激障碍在经历创伤性经历之后可以持续数月、数年，甚至数十年，并且可能在创伤性事件发生后的几个月或几年之后才开始。它的特征有回避性行为、重现创伤、情绪性痛苦、消极想法、功能性受损、唤醒水平增强以及情感麻木等。

理论观点

4.10 描述PTSD的理论解释

"学习理论"为理解对创伤性刺激的恐惧的条件作用以及消极强化在维持逃避行为的作用提供了一个框架。然而，其他因素在决定创伤性应激障碍的脆弱性中起到了作用，包括受创伤的程度和个人特征的影响，如童年期遭遇的性虐待史和社会支持的缺乏等。

治疗方法

4.11 描述PTSD的治疗方法

主要的治疗方法是认知-行为疗法，它着重于反复暴露在与创伤相关的线索面前，并且可能会结合认知重构和压力管理训练以及愤怒管理技术。眼动脱敏和再加工技术是一种相对新颖但同时也颇具争议性的PTSD治疗方式。

评判性思考题

阅读完本章之后，请回答下列问题：

- 文中提出的证据是支持还是反对美国文化的熔炉模式？有什么证据能表明，保持强烈的民族认同感可能会是有益的？
- 检查你自己的行为模式。你认为你在日常生活中的行为是增强还是削弱了你应对压力的能力？在生活方式中你可以做出哪些改变来采取更健康的行为呢？

- 想想你自己的压力水平。压力是如何影响你的心理或生理健康的？你可以用什么方法来减轻生活中的压力？你又能学会哪些应对策略来更有效地管理压力？

关键术语

1. 健康心理专家	1. 警觉阶段	1. 心理坚韧性
2. 应激	2. 战或逃反应	2. 积极心理学
3. 应激物	3. 阻抗阶段	3. 适应障碍
4. 腺体系统	4. 衰竭阶段	4. 急性应激障碍
5. 激素	5. 文化适应应激	5. 创伤后应激障碍（PTSD）
6. 免疫系统	6. 情绪指向性应对	6. 眼动脱敏与再加工疗法（EMDR）
7. 一般适应性综合征	7. 问题指向性应对	
	8. 自我效能预期	

问卷"经历变化"的计分键

检查你的反应可以帮助评估你在过去的一年中经历了多少生活压力。尽管每个人都经历过一定程度的压力，但如果你勾选了其中的多项之后——尤其是那些压力较大的项目——你很有可能会在过去的一年里经历了相对水平的压力。但是请记住，同样程度的压力可能会对不同的人造成不同的影响。你应对压力的能力取决于诸多因素，包括你的应对能力和所拥有的社会支持。倘若你正经历着高强度的压力，或许你可以减少你所经历的压力水平，或者学习更有效的方法来应对那些无法避免的压力。

问卷"你是个乐天派吗"的计分键

要计算你的总分，首先你需要把自己在1、2、5、8和10项上的分数翻转过来，这就意味着在这些项目上原本的1意味着5，原本的2变成了4，3保持不变（因为是中立态度），4变成2，5倒置成1。接着，计算你的总分。总分从10分（最低乐观程度）到50分（最高乐观程度）分布。总分接近30分说明你介于乐观与悲观之间。虽然我们没有这个量表的具体标准，但是你可以把31分到39分之间看作是一种中等水平的乐观程度，而21分到29分则是一种中等水平的悲观程度。40分及以上则表示更为乐观，而20分及以下则表示你是更甚的悲观主义者。

第5章 焦虑障碍和强迫症及相关障碍

学习目标

- 5.1 描述焦虑障碍的明显生理、行为和认知特点。
- 5.2 描述焦虑障碍发病率的种族差异。
- 5.3 描述惊恐发作的主要特征。
- 5.4 描述惊恐障碍的主要概念模型。
- 5.5 评价治疗惊恐障碍的方法。
- 5.6 描述恐惧障碍的主要特点和具体类型。

5.7 解释学习、认知和生物学因素在恐惧症形成中的作用。
5.8 评价恐惧障碍的治疗方法。
5.9 描述广泛性焦虑障碍并识别其主要特征。
5.10 描述广泛性焦虑障碍的理论观点并找出其两种主要的治疗方法。
5.11 描述强迫症的主要特点以及了解和治疗的途径。
5.12 描述躯体变形障碍的主要特征。
5.13 描述囤积障碍的主要特征。

判断正误

正确□ 错误□ 对于那些经历过惊恐发作的人来说,他们常常认为自己是得了心脏病。
正确□ 错误□ 抗抑郁药物也被用来治疗非抑郁症患者的焦虑障碍。
正确□ 错误□ 恐惧症患者认为他们的恐惧是有根据的。
正确□ 错误□ 一些人过于害怕出门以至于他们不敢冒险出门甚至是寄封信。
正确□ 错误□ 对于我们来说,我们可能天生就倾向于害怕对祖先构成威胁的事物。
正确□ 错误□ 如果房间里有一只蜘蛛,人群中的蜘蛛恐惧症患者很可能是第一个注意并指出它的人。
正确□ 错误□ 治疗师运用了虚拟现实疗法帮助人们克服恐惧症。
正确□ 错误□ 强迫观念有助于缓解焦虑。
正确□ 错误□ 皮肤上有一丝一毫的小瑕疵会让一些人考虑自杀。

观看 章节介绍:焦虑障碍和强迫症及相关障碍

> **"我""我感觉我会当场死掉"**
>
> 我以前从未有过这般体验,当我坐在汽车里等红灯,我心跳得很厉害,就像要爆炸一样。这种感觉都是毫无征兆的,没有任何原因。我呼吸急促但得不到缓解,我感觉窒息并且觉得所有的车辆都向我靠拢来。我感觉我会当场死掉。我开始发抖并且大量地出汗。我以为我是心脏病发作。我有种莫名其妙的想要逃离的冲动,想要跳下车然后逃走。
>
> 我不知道是怎么把车停到路旁的,接着,我等着这种感觉结束。我告诉自己如果我要死,就一定会死了。我不知道我是否能撑到救援的到来,不知怎样,我也说不清楚,它就那么过去了,我在那儿坐了很久,想刚刚在我身上到底发生了什么。这种感觉来得突然,去得也快。我的呼吸慢下来,心脏也不再剧烈地跳动,我并没有死掉,我又活过来了。可能下一次我才会死去吧。
>
> "迈克尔的病例",来自作者的档案

惊恐发作是什么样子的?当人们说"当我找不到我的钥匙时,我容易惊恐",人们往往很随意地就使用了"惊恐"这个词。接受治疗的来访者,常常谈到遭遇过惊恐发作,尽管他们所描述的事情常常只能引起一系列轻微的焦虑反应。在一次真正的惊恐发作过程中,像迈克尔所描述的那样,其焦虑水平达到了一种绝对恐惧的程度。除非你遭遇过一次,否则你就很难意识到惊恐发作有多么强烈。遭遇过惊恐发作的人们把它们描述成一生中最恐怖的经历。惊恐发作是惊恐障碍的典型特征,而惊恐障碍又是一种严重的焦虑障碍。

生活中有太多容易让我们焦虑的事情——我们的健康、社会关系、考试、职业、人际关系。环境的状况是极少数可能的忧虑之一。尽管是适应性的,但是有关于生活这些方面的担忧是正常的。

焦虑(anxiety)是对忧惧和不祥预感的概括性的陈述。焦虑是有用的:它能促使我们去做定期的身体检查,激发我们为考试而学习准备。因而,焦虑是面对威胁的一个正常反应,而当人们焦虑的水平大大超过该威胁的实际水平,或者很容易崩溃时,不是对正常生活事件的反应,这种焦虑就变得异常。

在迈克尔的案例中,惊恐发作是不由自主的,没有任何的预兆和导火索。这种能够引起显著负性情绪和削弱一个人正常行动能力的适应不良的焦虑反应,被贴上了**焦虑障碍**(anxiety disorder)的标签。焦虑,是连接各种各样的焦虑障碍的主线,可以以各种方式经历,比如从惊恐发作的强烈恐惧到广泛性焦虑障碍中出现的不祥预感和担忧的泛化。焦虑非常常见，影响着近乎五分之一的美国成人，也就是说，有超过四千万人在受焦虑的影响(Torpy, Burke, & Golub, 2011)。

焦虑障碍的概述

焦虑障碍，连同解离性障碍和躯体形式障碍及相关障碍（详见第6章），在几乎整个19世纪都被归为"神经官能症"。"神经官能症(neurosis)"这个名词本意为"一种不正常或病态的神经系统"，该术语由苏格兰内科医生威廉姆·库伦(William Cullen)在18世纪提出。就像这个词源所暗示的，神经官能症被假设有其生物学起源，这种起源被看作是"神经系统的痛苦"。

20世纪初，库伦的这一器质性假定大部分被西格蒙德·弗洛伊德的心理动力学观点所取代。弗洛伊德认为神经质行为源于"不被接受的焦虑唤起了想法并进入可觉察的意识中"。根据弗洛伊德的观点，涉及焦虑的障碍（包括第6章中讨论到的解离性障碍和躯体形式障碍）代表了自我试图保护自己而抵御焦虑的方式。弗洛伊德关于这些问题起源的观点都归于神经官能症的一般范畴。弗洛伊德的学说在20世纪初得到了广泛的接受和认同，在《精神障碍的诊断和统计手册》最初的两个版本中形成了基本的分类系统。

焦虑障碍的特征

5.1 描述焦虑障碍的明显生理、行为和认知特点

焦虑表现为包括躯体的、行为的、认知的领域中各式各样的症状。

(1) 躯体特征包括紧张不安、神经过敏、发抖或晃动、感觉胃或胸口闷、大量出汗、手心多汗、头晕目眩或眩晕、嘴巴或喉咙感觉干燥、气短、心跳加速，手指或四肢发冷，肠胃不适或恶心反胃等其他身体症状。

(2) 行为特征包括回避行为、依赖行为、激动行为。

(3) 认知特征包括担心、烦恼，对未来的担忧，对身体感觉的关注和敏锐意识、害怕失去控制、反复去想那些令人不安的想法、有杂乱和令人迷惑的思想、难以集中个人的注意力，并感到正在失去对一些事情的控制。

虽然有焦虑障碍的人不需要经历所有的这些特征，但我们很容易看出焦虑为什么如此令人痛苦。DSM承认几种特定类型的焦虑障碍，即我们在本章中讨论的惊恐障碍、恐惧症和广泛性焦虑障碍。某些障碍之前

被归类为焦虑障碍(强迫症、急性应激障碍和创伤后应激障碍),而现在则被归入了其他诊断类型中(Stein et al.,2014)。

强迫症(obsessive-compulsive disorder,OCD)在DSM-5中被归类为一种称为"强迫症和相关障碍"的诊断类型。我们将在本章中详细介绍。急性应激障碍和创伤后应激障碍,已在第4章中做了介绍,被归为另一个新的诊断类别,称为"创伤及应激相关障碍"。

表5.1概述了主要的焦虑障碍类型。焦虑障碍很常见,它们并不互相排斥,人们经常会满足一个以上的诊断标准。此外,很多有焦虑障碍的人还有其他类型的障碍,尤其是心境障碍。最近的一项估算数据显示,美国有近4%的全职员工(约430万人)目前患有焦虑障碍或焦虑相关障碍,如强迫症或创伤后应激障碍(PTSD;Jacob,2015)。

自1980年以来,DSM不再包含神经官能症的类别。今天的DSM更多地建立在可观察的行为和具有区别的特征基础上,而不是基于起因的假设。很多临床医生以弗洛伊德描述过的方式继续使用神经官能症和神经质。然而,一些临床医生使用神经症来描述人们在保持与现实比较好的接触中的轻微的行为问题。精神失常(比如精神分裂症)以脱离现

表5.1 主要类型焦虑障碍的概述

障碍类型	总体人群中大概的终生患病率	描述	相关特征
惊恐障碍	5.1%	反复的惊恐发作(绝对恐惧的发作伴有强烈的生理症状,濒死或厄运到来的想法,以及逃避的强烈欲望)	反复发作的恐惧会提高他们对与发作相关或可能得不到帮助的场景的知觉,发作会变得没有征兆,但可能与某种暗示或具体的场景有关,还可能伴随着广场恐惧症,或对公共场合一律逃避
广泛性焦虑障碍	5.7%	并不局限于特殊的场景中的持续性焦虑	过分的担心;生理水平高度唤醒、紧张、边缘化的感觉
特定恐惧症	12.5%	对某种特定物品或场景的过度恐惧	对恐怖的刺激和场景的回避;例如包括恐高症和幽闭恐惧症,对血、小型动物和昆虫感到恐惧
社交恐惧症	12.1%	对社交的过分恐惧	是一种在社交场合中潜在的对拒绝、羞耻或尴尬的恐惧表现
广场恐惧症	约1.4%到2%	害怕和回避开放的、公共的场所	可能会发生在重要他人的亡故、分居或离婚等事件之后

来源:患病率来自American Psychiatric Association,2013;Conway et al.,2006;Grant et al.,2005;Grant,Hasin,Stinson et al.,2006;Kessler,Berglund,et al.,2005;Stein & Sareen,2015。

实,具有奇特的行为、信仰、幻觉为典型特征。焦虑不仅仅局限于传统的神经症,有适应性问题、抑郁和精神障碍的人可能也会遇到焦虑问题。

下面我们就几种主要的焦虑看看它们的特征或症状、诱因和治疗方式。我们将从惊恐障碍开始——但是首先,我们将考虑不同种族群体之间焦虑障碍发病率的差异。

焦虑障碍中的种族差异

5.2 描述焦虑障碍发病率的种族差异

尽管焦虑障碍已经成为众多学者研究的对象,但是针对这些障碍种族差异的相关关注却不是很多。焦虑障碍是否在特定种族或者特定的人群中更为常见呢?我们可能认为社会中的非裔美国人更容易遇到诸如种族歧视或者经济困难这样的应激源,可能对于这类人群患上焦虑障碍的较高患病率有作用。另一方面,相反的观点认为,由于非裔美国人在小时候就不得不面对这些困难,所以使他们在面对应激时可免受焦虑障碍的影响,基于大型的流行病学研究证据支持了这一相反观点。

一个能够提供良好证据的涉及全美国的大型调查(NCS-R),显示了非裔美国人(或者西班牙裔的美籍白人)和拉丁裔人比欧裔美国人(非西班牙裔的美籍白人)的社会焦虑障碍和广泛焦虑障碍患病率较低(Breslau et al., 2006)。我们从另外一个大型研究也得到证据表明,非西班牙裔的美籍白人比拉丁美裔、非裔美国人和亚裔美国人中的惊恐障碍终身患病率较高(Grant et al., 2006b)。

我们也要注意焦虑障碍并非自己的文化所特有的。例如惊恐障碍在许多国家中也曾经发生过,甚至可能是全球性的。然而,惊恐发作的特定症状,例如呼吸急促或者害怕死亡,却因为文化差异而不同。一些文化依存综合征也具有和惊恐发作相似的特征,比如"应神经崩溃"(ataque de nervios,见第3章中表3.3)。

惊恐障碍

惊恐障碍(panic disorder)以反复的、突发的惊恐发作为特征,惊恐发作是一种强烈的焦虑反应伴随着躯体症状,比如心脏猛烈地跳动、呼吸急促、气短或呼吸困难,大量出汗,以及虚弱、眩晕(见表5.2)。

表 5.2 惊恐发作的关键特征

惊恐发作涉及强烈的恐惧感并伴随不适感,这种不适感往往发生突然,并在几分钟内达到峰值。它们有如下特征:
• 心跳剧烈、心动过速(心率过快)或心悸
• 出汗、颤抖或摇晃
• 如鲠在喉的感觉、窒息的感觉或呼吸短促
• 惧怕失去控制感、死亡和变疯
• 胸部疼痛或不适
• 刺痛感或麻木感
• 恶心或腹部不适
• 眩晕、头晕目眩、昏厥,或站立不稳
• 脱离自身的感觉、好像从远处观察自己,或对周围环境感到不真实或陌生
• 潮热或发冷

惊恐发作的特征

5.3 描述惊恐发作的主要特征

惊恐发作比其他形式的焦虑有更强的身体反应。惊恐发作常常伴随着恐惧的感觉,以及迫在眉睫的危险和即将到来的厄运和想要逃离这种情境的冲动,并常伴随着失去控制、要"发疯"和将死的想法。

在惊恐发作过程中,人们往往能敏锐地察觉到心率的变化,并可能认为自己是心脏病发作,但只要惊恐发作的症状类似于那些心脏病发作甚至是严重的过敏反应,就需要进行全面的医学评估。[判断正误]

就像迈克尔的情况一样,惊恐发作往往是在没有任何警告或明确的触发性事件的情况下,以密集和自发的方式开始的。发作在 10 到 15 分钟的时候达到顶峰。发作通常持续几分钟,但也可能持续几个小时。他们常常产生一种想要逃离现场的冲动。要诊断惊恐障碍,必须有经常性惊恐发作的前兆,这种发作也是始料未及的——不是由任何特定的事物或情境所触发。它们似乎是一下子爆发的。然而,微妙的生理症状可能会在发作前的一小时出现,甚至微弱到可能连出现了这些症状的人都没有意识到它们的出现(Meuret et al.,2011)。

尽管第一次的发作都是自发的或出人意料的,但随着时间的推移,

判断正误

对于那些经历过惊恐发作的人来说,他们常常认为自己是得了心脏病。
☐ 正确 经历过惊恐发作的人可能会认为自己只是心脏病发作,尽管他们的心脏非常健康。

广场恐惧症 患有广场恐惧症的人害怕到开放或者拥挤的地方,在一些极端的例子里,因为害怕失去家给他们带来的安全感,他们几乎足不出户。

它们将逐渐地和一些特定的局面或线索联系起来。比如进入一个拥挤的百货公司或登上火车或飞机,人们会将这些情形和过去发生过的惊恐发作联系起来,或者认为自己在这个情形中很难逃脱又一次的惊恐发作。

人们常常将惊恐发作描述为自己一生中最糟糕的经历,他们的应对能力早已不堪重负,他们感觉自己必须逃跑,如果逃跑没用,就会不知所措。他们也倾向于向他人寻求帮助或者支持,有些有惊恐发作的人害怕一个人出门。经常性惊恐发作难以处理,以至于一些惊恐患者开始自杀。在很多案例中,惊恐发作患者会限制活动,来避开他们认为会造成惊恐发作或者避开与他们通常能得到帮助相隔绝的地方。因此,惊恐障碍会导致广场恐惧症(agoraphobia)——一种在难以逃避或得不到帮助的公共场所产生的过度恐惧(Berle et al., 2008)。不伴随广场恐惧症的惊恐障碍比伴随广场恐惧症的惊恐障碍更为普遍(Grant et al., 2006b)。

并不是所有在表5.2之中罗列出的标准都需要在惊恐发作时被表现出来,也并不是所有的惊恐发作都是惊恐障碍的前兆。约有10%的健康人在一年内可能会经历次偶然的惊恐发作(USDHHS, 1999)。要做出惊恐障碍的诊断,就必须要经历过反复的、突发的惊恐发作,并且其中一次的发作之后的一个月期间要有以下至少一项的症状(American Psychiatric Association, 2013):

(1)害怕惊恐发作的暗示和发作的结果,比如失去控制感、心脏病发作、变得疯狂。
(2)行为上的显著改变,比如害怕再一次的惊恐发作而拒绝出门或到公共场所。

根据最近全国代表性的调查,5.1%的美国普通居民在他们生活中的某个时刻会发生惊恐障碍(Grant, Hasin, Stinson, et al., 2006)。惊恐障碍发生在青春期后期直到35岁左右,并且女性的发病率比男性高两倍(见图5.1)。这种性别差异符合焦虑障碍在女性中更为普遍的一般模式(McLean & Anderson, 2009; Seedat et al., 2009)。

第5章 焦虑障碍和强迫症及相关障碍

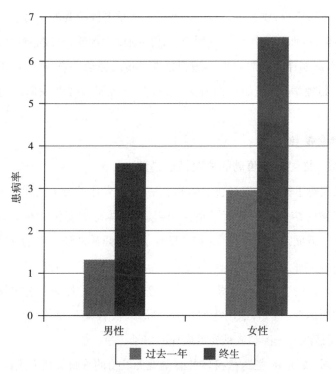

图5.1 惊恐障碍的患病率在性别上的差异
女性惊恐障碍的患病率大约是男性的两倍。
来源:Grant,Hasin,Stinson,et al.,2006.

高尔夫球场上的惊恐

运动员们对带着疼痛甚至受伤的身体走上赛场早已习以为常,但这是不一样的。在2012年的一场职业高尔夫锦标赛上,新秀高尔夫球手查理·贝尔詹(Charlie Beljan)经历了一次严重的惊恐发作,他还担心自己是突发了心脏病(Crouse & Pennington,2012)。当晚,他一直都在医院接受检查,连高尔夫球鞋都没来得及换下。幸运的是,检查显示心脏一切正常。更令人惊讶的是,他又打了36轮比赛,并在锦标赛中获胜:这是他职业生涯的第一次胜利。在球场上的惊恐发作并不是他第一次有这样的经历;第一次是在数月前,当时他正在飞机上,惊恐发作之后只能要求飞行员紧急着陆以便能够进行治疗。惊恐发作通常是自发发生的,所以它可能只是在贝尔詹在锦标赛期间遇

高尔夫球场上的惊恐 职业高尔夫球手查理·贝尔詹在一场比赛中经历了一次惊恐发作,并最终获胜。

到的不幸的巧合,或者可能是因为参加一次重要锦标赛的压力会使身体变得脆弱,从而释放体内一系列影响神经的化学物质,导致心跳加速、呼吸困难,例如伴随惊恐发作。随着更进一步的医学检查,贝尔詹也咨询了一位心理学家,正如我们所见,心理学技巧能够帮助我们应对惊恐发作。

理论观点
5.4 描述惊恐障碍的主要概念模型

人们对于惊恐障碍最普遍的看法是,惊恐发作反映了认知因素和生物学因素的结合。一方面是错误归因(对身体感觉变化潜在原因的误解),另一方面是生理反应。图5.2显示了惊恐障碍的认知生物学模型的示意图。就像迈克尔所惧怕的身体症状是心脏病发作的首要标志。容易发生恐慌的个人倾向于将身体内部感觉的微小变化误以为是"潜在的可怕的原因"。例如,他们深信短暂的眩晕、头昏眼花、心慌的感觉都是心脏病发作、失去控制或是变得疯狂的信号。

如图5.2所示,把这些身体的感觉视为可怕的威胁会诱发焦虑,这种焦虑伴随着交感神经的激活。在交感神经系统的控制下,肾上腺会释放应激激素,包括肾上腺素和去甲肾上腺素。这些应激激素会通过促进心率加快,呼吸急促,出汗等来增强身体的感觉。这些身体感觉的变化,反过来又变成了即将发生的惊恐发作的证据,或者更糟糕的,变成大灾难的证据("天哪,我心脏病要发作了!")。对身体感觉的误解又会加强对威胁的知觉,这种知觉能够导致更多的与焦虑有关的身体症状和对其的误解,形成恶性循环,这种恶性循环能使人迅速陷入一场真正意义上的惊恐发作。总的来说,目前流行的关于惊恐障碍的观点反映了认知和生物因素的结合,一方面是错误归因(对身体感觉灾难性的误解),另一方面是生理感觉和生理反应(Teachman, Marker, & Clerkin, 2010)。

能够触发惊恐发作的身体感觉的变化可能是由许多原因所导致,比如换气过度(快速呼吸),紧张,体温改变,或是对某些毒品或药物的反应。或者这些是短暂的、身体状态的正常变化,通常也会悄无声息地消失,但对于容易产生惊恐发作的人,这些身体上的信号可能会被误以为是惊恐发作的起因,如此会产生恶性循环,导致一场真正意义上的惊恐发作。

为什么有的人容易产生惊恐障碍?再强调一次,是生物和认知的双重因素在起作用。

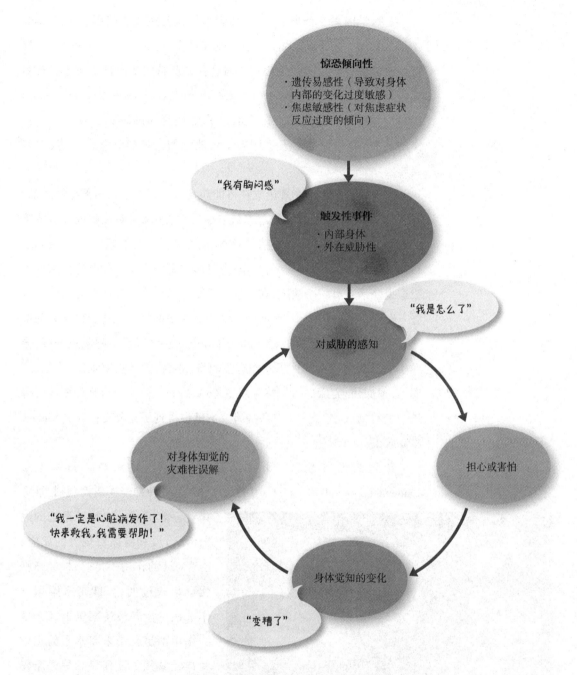

图5.2 惊恐障碍的认知——生物学模型

对于容易惊恐的人来说,对来自内部或外在危险的感知,导致了担心或恐惧的感觉,这种感觉往往伴随身体觉知的变化(例如心跳加速或心悸)。对这些感觉夸张的、灾难性的解释加强了对危险的察觉,结果更焦虑,更多身体感觉变化,如此形成一个恶性循环,最终导致惊恐全面发作。

焦虑敏感度增加了人们对身体线索或焦虑症状过度反应的可能性。惊恐发作可能会让人回避惊恐发作发生过的情境,或得不到帮助的情境。

来源:Adapted from Clark, 1986, and other sources.

生物学因素 证据表明,遗传因素导致易患惊恐障碍(e.g.,Spatola et al,2011)。基因会导致一种倾向性或可能性,尽管并不是一定的。那就是说惊恐障碍或其他的心理障碍会在某些特定的条件下发生。有的其他因素也起到了很重要的作用,比如认知因素(Casey,Oei,& Newcombe, 2004)。例如,有惊恐障碍的人容易将他们身体的感觉当成是惊恐发作的前兆,容易惊恐的人也倾向于对他们的身体感觉非常敏感,比如心悸。

惊恐发作的生物学理论支柱可能涉及一个不寻常的内部报警系统,与部分大脑有关,尤其是边缘系统和额叶,这些都会对威胁或危险的暗示起反应(Katon, 2006)。精神病学家唐纳德·克雷恩(Donald Klein, 1994)提出了一种报警模型,叫作"窒息虚假警报理论",他假定大脑的呼吸道报警系统有一个缺陷,在对窒息的细小暗示作出反应时导致错误报警。在克雷恩的模型中,血液中二氧化碳水平的细小变化也许是因为换气过度,产生了窒息的感觉。这些呼吸道的感觉触发了呼吸道警报,导致了一系列与经典的惊恐发作有关的身体症状:气短、感觉闷、头晕、虚弱、心率加快、心慌、发抖、感觉忽冷忽热、恶心。克雷恩有趣的假设有待进一步的测试,迄今为止在各种研究文献中得到了充分支持(e.g, Vickers & McNally, 2005)。

让我们也来考虑一下神经递质的作用,特别是γ-氨基丁酸 (gamma-aminobutyricacid, GABA)。GABA是一种神经递质抑制剂,这意味着它能抑制中枢神经系统的过分活跃,缓和身体对压力的反应。当GABA的作用不足时,神经细胞就会释放过度,可能带来癫痫发作。在少量的极端案例里,GABA的作用不足会带来高水平的焦虑和神经紧张。证据显示惊恐障碍患者的部分大脑内GABA水平较低(Goddard et al., 2001)。同时我们也知道,包括我们所熟知的安定和阿普唑仑在内的苯二氮平类抗焦虑药物就是作用于GABA,使它们对那些增强神经递质镇静效果

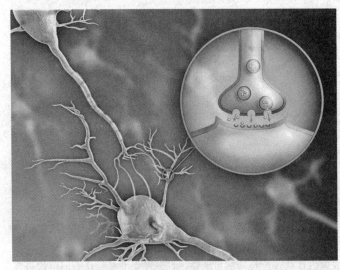

GABA 神经递质GABA有助于抑制中枢神经系统的过度活动,降低身体的唤醒水平。低水平的GABA活性可能在某些焦虑症病例中发挥作用。

的化学物质更加敏感。这些药物只能在短期内使用(Fava,Balon,& Rickels,2015)。

其他的神经递质,尤其是血清素,有助于调节情绪状态(Weisstaub et al.,2006)。正如本章后面所讨论的那样,有证据支持血清素的作用,即针对大脑中血清素活动的抗抑郁药物对某些形式的焦虑和抑郁都有好处。

关于惊恐障碍生物学因素的进一步证据来自于对惊恐障碍患者和对照组的反应进行比较的研究。这些研究对比了患有惊恐障碍的人对某些生理刺激的反应,这些生理刺激会导致身体觉知的变化(例如头晕),例如在血液注射乳酸钠化合物或者控制血液中二氧化碳(CO_2)的水平。二氧化碳的水平可能由于有意的深呼吸(降低血液中CO_2的含量)或者吸入二氧化碳(增加血液中CO_2的含量)而发生改变。研究显示惊恐障碍患者比没有该病症的控制组更容易对于这些类型的生理刺激产生焦虑和恐慌症状(e.g.,Coryell et al.,2006)。

认知因素 美国总统富兰克林·罗斯福(Franklin Roosevelt)在1932年的就职演说中提到了20世纪30年代的美国经济大萧条后所面临的焦虑,他说:"除了恐惧本身,我们没有什么可惧怕的。"这句话在今天对于焦虑敏感性(anxiety sensitivity,AS)在特定焦虑障碍,例如惊恐障碍、恐惧症、广场恐惧症和广泛焦虑障碍的研究中被反复提及(e.g.,Busscher et al.,2013;Robinson & Freeston,2014;Sandin,Sánchez-Arribas,Chorot,& Valiente,2015)。

焦虑敏感性,或者说是对于恐惧本身的恐惧(fear of fear itself),是关于个体担心他们的情绪或者躯体知觉会失去控制。当具有高焦虑敏感性的人们感受到躯体的焦虑信号时,比如心跳加速或气短,他们会认为这些症状是患上可怕的疾病或者即将发生的大灾难(例如心脏病)的信号。这些灾难性的想法加强了他们的焦虑反应从而使其陷入对焦虑恐惧的恶性循环之中,最终导致完全的惊恐障碍爆发。高焦虑敏感性水平的人们也倾向于避免再去上一次他们感到焦虑的地点,这就是我们经常看到的伴随有广场恐惧症的惊恐障碍类型(Wilson & Hayward,2006)。

焦虑敏感性受遗传因素的影响(Zavos,Gregory,& Eley,2012)。但环境因素也发挥了作用,其中就包括了与种族有关的因素。一项对高中生的研究显示,亚洲和西班牙学生比高加索青少年有更高的焦虑敏感性(Weems et al.,2002)。然而,在亚洲和西班牙学生中,焦虑敏感性与惊恐

对于恐惧本身的恐惧 在他第一次总统就职演说中,富兰克林·罗斯福总统指出美国人在大萧条时期所面临的最大恐惧就是恐惧本身。

障碍的相关性水平并没有高加索人群中那么高。其他调查者发现了在美国印第安人和阿拉斯加本土大学生中的高于高加索大学生的焦虑敏感性水平(Zvolensky & Eifert,2001)。这些发现提醒我们注意在研究异常行为根源时,需要将种族差异纳入考虑范畴中。

我们不能忽略认知因素在有惊恐倾向的人群中面对生理刺激产生的过度敏感性的作用,例如控制血液中二氧化碳的水平。这些生理刺激造成了强烈的躯体感觉,使得具有惊恐倾向的人们将之曲解为心脏病发作或者即将失控的信号。也许正是这些误解——而不是潜在的生物敏感性——才是引起焦虑从而导致惊恐发作的原因。

惊恐发作往往在抑郁的情绪下发生,这一事实支持了惊恐障碍可能由生理刺激触发这一理论。然而,许多导致惊恐发作的诱因是内在的,包括躯体感觉的变化,而不是来自外部的刺激。内部(躯体)诱因的改变,再加上灾难性的想法,可能会使焦虑感不断积累上升,从而导致全面的惊恐发作。

治疗方法
5.5 评价治疗惊恐障碍的方法

对于惊恐障碍最常使用的治疗方法是药物疗法和认知-行为疗法(CBT)。通常用来治疗抑郁症的药物,被称为抗抑郁药物,同时也具有抗焦虑和抗惊厥的效果(Baldwin et al.,2014)。由于现在抗抑郁药物已经不仅仅用于抑郁症的治疗,所以这个名词可能有点用词不当。抗抑郁药物能够通过正常化脑内神经递质的活性来帮助抵抗焦虑。被用来治疗惊恐障碍的抗抑郁药物包括帕罗西汀和艾司西酞普兰。然而,可能会出现令人讨厌的副作用,比如睡眠问题、嗜睡、恶心和口干等,导致很多病人过早地停止用药。高效镇静剂阿普唑仑,一种苯二氮平类药物,也对治疗惊恐障碍、社交恐惧症及广泛焦虑障碍有帮助。[判断正误]

判断正误

抗抑郁药物也被用来治疗非抑郁症患者的焦虑障碍。

☐ **正确** 抗抑郁药物同样也具有抗焦虑的作用,可用于治疗焦虑障碍,比如惊恐障碍和社交焦虑障碍,同样也适用于强迫症。

药物治疗的一个潜在问题是，患者可能会因为药物的作用而产生临床上的症状改善，但并不是由于他们自身内在的作用。还需要注意的是，精神类药物同样也只是帮助控制症状的发作，因此并不能达到治疗的效果，病人在停止药物治疗后经常会复发。惊恐发作经常会再出现，除非使用认知行为疗法来帮助改变病人对于躯体知觉的过度反应(Clark,1986)。

认知行为治疗师使用各种技术治疗惊恐障碍，包括应对技能训练、呼吸再训练、降低机体唤起水平的放松训练、暴露在与惊恐发作相关的情境下和与惊恐症状有关的身体信号反应下(Gloster et al.,2014)。治疗师会帮助来访者改变对于躯体感觉的思考方式，例如头昏或是心悸。通过认识到这些只是短暂的躯体感觉，而不是心脏病发作或是其他灾难的信号，患者学会了在没有恐惧的感觉下应对它们。患者学会了用平静的、理性的想法("冷静下来，这些惊恐症状很快就会过去的")来替代灾难性想法或者自我暗示("我得了心脏病")。惊恐发作的体验也可以通过进行身体检查来使他们重新确认自己的身体是健康的，而他们的躯体症状并不是心脏疾病的征兆。

呼吸再训练(breathing retraining)是一种旨在恢复血液中二氧化碳正常水平的技术。通过帮助来访者以缓慢、深度的腹式呼吸，避免浅而快的呼吸，从而呼出过多二氧化碳。在一些治疗项目中，惊恐障碍患者被鼓励有意识地诱发惊恐症状的发生来学会如何应对它们——例如，通过临床治疗控制设置下的过度呼吸或者在椅子上旋转(Antony et al.,2006; Katon,2006)。通过这些关于惊恐症状第一手的体验，患者学会了让自己冷静，从而应对这些感受，而不是反应过度。一些在治疗惊恐障碍的认知——行为治疗(CBT)中常见的因素如表5.3所示。

表5.3　治疗惊恐障碍的认知行为计划中的要素

自我监控	记录下惊恐发作的情境以确定可能会触发它们的情境刺激
暴露	一个逐步暴露于惊恐障碍曾经发作过的情境的过程。在逐步暴露过程中，患者进行自我放松和理性的自我对话来防止由于失控产生的焦虑。在一些过程中，患者通过在临床治疗设置下体验与惊恐发作相关的躯体感觉变化学会了忍受这些变化。患者可以通过围着椅子转动来产生头晕的感觉，逐步学会此类感受并不危险或者知道它并不是危险追近的信号
改善应对反应	学会一些应对技能，用来打破在惊恐发作时产生的对焦虑的过度反应或者心血管知觉到达高潮而产生的恶性循环。行为疗法在于进行规则的深呼吸和放松训练。认知疗法侧重于改善躯体的灾难性歪曲性认知。呼吸再训练可以用来帮助个体避免在惊恐发作期间的过度呼吸

你无需遭受反复的惊恐发作和惧怕失去控制感。如果发作是持续性的或者令你感到恐惧，那就去咨询专业人士，但凡有疑问，就去寻求专业人士的帮助。

我们在本章节开始介绍过的迈克尔，在30岁时第一次经历了惊恐发作。他首先去向心脏病专家进行了医学咨询，从而排除任何潜在的心脏疾病。当他得知自己心脏是健康的时候，他如释重负。尽管惊恐障碍在之后也发生了几次，但迈克尔学会了更好地控制这些症状。下面是他对于发作过程的描述。

"我""很高兴它们终于消失了"

对我来说，将不会再对于惊恐发作产生恐惧。因为知道自己不会死这一事实，使我相信自己能够应对它们。当我感觉要发作的时候，我会练习放松并在发作过程中进行自我对话。这确实能够削弱这种发作。一开始我每个星期或者更短时间发作一次，但在几个月之后，这种发作就减少成一个月左右一次，接着就完全康复了。也许这是因为我知道如何去应对它们，也许是它们神秘地消失了，就如同它们神秘地出现一样。我只是很高兴它们消失了。

"迈克尔的病例"，来自作者的档案

一系列控制良好的研究证明了CBT（认知行为疗法）在治疗惊恐障碍中的有效性(e.g., Craske et al., 2009; Gloster et al., 2014; Gunter & Whittal, 2010)。研究者报告了超过60%的CBT治疗的平均反应率(Schmidt & Keough, 2010)。尽管人们普遍认为使用精神科药物是治疗惊恐障碍的最佳方法，但CBT治疗比药理学方法短期疗效更好，并且通常能带来更好的长期疗效(Otto & Deveney, 2005; Schmidt & Keough, 2010)。

为什么CBT疗法有更好的长期疗效呢？答案很可能是，CBT疗法帮助人们学会一些即使在治疗结束后仍然可以使用的技巧。尽管精神药物能够帮助控制惊恐症状，但是它们并不能帮助患者发展任何能够在药物中断后使用的新技能。然而，在一些案例中心理疗法和药物疗法的结合使用是最有效果的。我们也应该看到其他心理学疗法也是具有一定疗效的。最近的一项研究认为一种特别为治疗惊恐症状设计的心理动力学疗法具有优势(Milrod et al., 2007)。

深入思考

应对惊恐发作

遭遇惊恐发作的人经常感到他们的心跳强烈使得他们不能承受和应对。他们最典型的想法是要尽快地逃离当下的情境。然而,如果逃走是不可能的,他们将固定不动保持静止状态直到惊恐发作退去。当面对惊恐发作或者是严重的焦虑反应,你能怎么做呢?这里有一些应对方法。

- 不要让自己的呼吸失去控制,尽量缓慢地深呼吸。
- 试着在一个纸袋子里呼气。重新构建氧气和二氧化碳之间的最佳平衡,袋子中的二氧化碳会帮助你平静下来。
- 让自己冷静:告诉自己要放松。告诉自己不会死的。不管惊恐发作令人多么痛苦,它也很快就会过去。
- 请人帮助你一起度过发作期。打电话给熟悉并且信任的人。把每一件事情说出来,直到你重新获得控制感。
- 勿陷入把自己关在家里来避免再次发作的陷阱之中。
- 如果不确定类似胸口疼痛和紧绷感等知觉是否来自生理因素,你可以去寻求紧急的医疗帮助。即使怀疑你的惊恐发作"仅仅"是一种焦虑的表现,进行医疗评估检查会比自我诊断安全。

恐惧症

"恐惧症(phobia)"这个词源来自希腊语"phobos",意思是"惧怕"。恐惧和焦虑的概念具有密切的关系。恐惧是对于特定威胁的一种焦虑反应。恐惧症是对于一种事物或者情境威胁的异乎寻常的恐惧感。当你的汽车将要失去控制时你产生扣人心弦的恐惧感并不是恐惧症,因为你的确身处危险之中。然而,在恐惧症患者中,这种恐惧已经超出了任何对于危险的合理评估。例如,一个患有恐惧症的驾驶员,即使他在阳光和煦的日子里在并不拥挤的高速公路上低速行驶,也可能会感到恐惧。或者他们会非常害怕以至于自己根本不能驾驶甚至连坐到车子里也办不到。恐惧症患者并不会脱离现实,他们大都知道自己的恐惧是过度的或者是不合理的。

关于恐惧症的一个奇怪的地方在于,它们通常涉及对生活中寻常事情的恐惧,比如坐电梯或者在高速公路上驾驶。当恐惧症妨碍到日常生活,会使人丧失一些能力。比如搭乘公交、飞机或火车、驾驶、购物,甚至是离开家都做不到。

表5.4 各种恐惧症的典型病发年龄

	平均病发年龄(岁)
动物恐惧症	7
血液恐惧症	9
注射恐惧症	8
牙科恐惧症	12
社交恐惧症	15
幽闭恐惧症	20
广场恐惧症	28

来源:摘自 Grant, Hasin, Blanco, et al., 2006; Grant, Hasin, Stinson. et al., 2006; Öst, 1987.

不同类型的恐惧症通常出现在不同的年龄阶段,正如表5.4所显示的那样。病发的年龄似乎反映了认知的发展水平和生活经历。例如,对动物的恐惧往往是儿童幻想的结果。作为对比,广场恐惧症则大多在成年期开始而继发于惊恐发作之后。

恐惧症的类型

5.6 描述恐惧障碍的主要特点和具体类型

DSM系统将恐惧症分为三类:特定恐惧症、社交恐惧症(社交焦虑障碍)和广场恐惧症。

特定恐惧症 特定恐惧症(specific phobia)是一种对特定事物或者情境持续的、过度的恐惧,这种恐惧与这些事物或情境所构成的实际威胁不成比例。有许多种类的特定恐惧症,包括如下(American Psychiatric Association,2013):

- 惧怕动物,如对蜘蛛、昆虫或狗感到恐惧;
- 惧怕自然环境,比如对高度的恐惧(恐高症)、风暴或水;
- 惧怕血液注射伤害,如害怕针头或侵入式的医疗程序;
- 惧怕特定的情境,比如对封闭空间的恐惧(幽闭恐惧症)、对电梯或机舱感到恐惧。

当遭遇恐惧事物时,患者会体验高度的恐惧感和生理唤醒,从而使得患者产生强烈的冲动来避免或者逃离当下的情境,抑或是避免恐惧刺激,就像下面的例子中体现的那样。

卡拉通过了律师资格考试但却无法踏足法院的楼梯:一个特定恐惧症的案例

通过律师资格考试在卡拉(Carla)的人生中具有里程碑意义,而她却对于进入法院产生了恐惧感。她并不害怕面对充满敌意的法官,也不畏惧输掉一场官司,她害怕的却是登上通向二楼审判室的楼梯。卡拉27岁,受到恐高症的困扰,或者说对于高度的恐惧。"你知道的,这太可笑了。"卡拉告诉她的治疗师,"我可以搭乘飞机,也可以在30000英尺的高空向窗外看。但是商场里的自动扶梯却会让我感到惊慌失措。对于所有可能让自己坠落的环境都会让我感到恐惧,比如在阳台边上或是栏杆旁边。"

焦虑障碍患者尽量会避免他们恐惧的物体或者情境。卡拉在正式出庭前先到了法院。她因为找到位于大楼后部的电梯而不用再去上楼梯而感到释然。她告诉与她一同受理这个案子的律师同事们,她患有心脏病而不能够爬楼梯。没人会怀疑真实的原因,其中的一个律师还说:"这太棒了。我从来不知道这儿还有电梯,谢谢你带我找到了它。"

来自作者的档案

两种类型的恐惧症 左图中的年轻女子渴望与他人交往,但由于她患有社交恐惧症,一种对社会批评和拒绝的强烈恐惧,使她一直保持沉默。右图中的女性是恐高症患者。她害怕高处,这使得她即使在二楼都感到不舒服。

要达到构成恐惧症诊断的标准,恐惧必须严重地影响到了患者的生活方式或者社会功能。你或许会对蛇感到恐惧,但除非这种恐惧影响到你的日常生活或者是引起你严重的情绪困扰,否则不能被诊断为恐惧症。

特定恐惧症通常在童年期发作。很多儿童都会产生对一些特定事物或者情境的恐惧。然而,只有一些会发展为慢性的临床上表现较为严重的恐惧症。幽闭恐惧症似乎比其他特定对象恐惧症发病更迟,平均发病年龄为20岁(见表5.4)。

特定恐惧症是最常见的心理障碍之一,总体中约有12.5%的人在一生中的某个时候可能会罹患该病症(见表5.1)。恐惧、焦虑和回避等通常会持续6个月或更久,数年甚至数十年,除非被成功治愈。

特定恐惧症和广泛焦虑障碍的患病率在女性中是男性的两倍(McLean & Anderson,2009)。恐惧症发展进程中的性别差异可能反映了一些文化因素的影响,使女性被社会化为更加具有依赖性的社会角色——例如表现得更加羞怯而不是勇敢或者具有冒险精神。诊断者也需要在进行诊疗判断时考虑到文化因素的影响。对魔法或者鬼神的恐惧在一些文化中是很普遍的,并不能因此将其诊断为恐惧症的征兆,除非这种恐惧已经超出了文化的范围而导致严重的情绪困扰或者对功能产生了损害。

特定恐惧症患者经常会意识到他们的恐惧是过分夸张的或是没有根据的。然而,他们依然会感到恐惧,正如下面这个案例中一个年轻女性对于药物注射的恐惧差点导致她无法结婚。[判断正误]

判断正误

恐惧症患者认为他们的恐惧是有根据的。

☐ **错误** 事实上,许多恐惧症患者都知道他们的恐惧是夸张的、没有理由的,可是他们仍然会感到害怕。

> **"我""这听起来可能很疯狂,但是……"**
>
> 这听起来会很疯狂,但我不结婚就是因为我不能忍受验血这件事(当时验血是为了检验是否患有梅毒)。我最终鼓起勇气问我的医生是否可以给我乙醚或者巴比妥酸盐(服用药物)来使我接受验血。刚开始的时候他有些怀疑。接着他表现出了同情,可是却说不能冒险让我仅仅为了抽一些血就进行全身麻醉。我问他是否能够伪造一份报告,但是他说管理程序上是不可能使伪造报告通过的。
>
> 然后他让我离开。他说婚前检查很可能只是我生活中的一个小小的问题。他告诉我即使是很小的医疗检查都可能需要采血或者对我进行静脉注射,他的意思是让我尽量去控制自己的恐惧。当他说这些时我几乎都快要晕倒了,因此他还是放弃了。
>
> 这个故事有个一半的好结局。我们最终(在另一个州)结婚了,在那个州并不坚决要求婚前验血检查。但是如果我出现任何那个医生所谈到的那些问题之一,或者我由于其他的一些原因需要验血,即使生命受到了威胁,我也不知道自己该怎么办。但是如果在他们将要采血的时候我晕倒了,那我就什么都不知道了,是吧?
>
> 别人都误会我了,你知道的。他们认为我是对疼痛感到恐惧。我是不喜欢疼痛——我不是个受虐狂——但疼痛其实也没什么。你就算把我的胳膊拍到青紫,我也能忍受。我可能会不喜欢这样,但是不会开始颤抖和出汗或者直接在你面前晕倒。但是即使我一点都没有感觉到针刺——仅仅是这个念头出现在我的脑海里,就足以使我无法忍受了。
>
> 来自作者的档案

社交焦虑障碍(社交恐惧症) 在一些例如约会、参加派对社交聚会、进行演讲或者在班级、公众前表演等社会活动中,人们体验到某种程度的害怕是正常的。然而**社交焦虑障碍**(social anxiety disorder;也称为社交恐惧症,social phobia)患者对于社交情境感到非常强烈的恐惧,他们会尽量避免社会交往或是带着痛苦去忍耐。其中潜在的根本问题是人们对来自他人的消极评价的过度恐惧:他们害怕被拒绝、被羞辱或是害怕尴尬的感觉。

想象一下患有社交恐惧症的模样,你总是害怕做或说一些令人羞辱或尴尬的事情。你可能会感觉总有千万双眼睛注视着自己的一举一动。你对自己的行为举止吹毛求疵,在和别人交往时,担心自己的表现是否符合他人的标准。消极的想法在你内心萦绕:"我这样说对吗?他们会认为我很傻吗?"你甚至可能在社交场合经历一次完全的惊恐发作。想要了解更多关于和引发社会焦虑障碍的社会情境有关的恐惧,请观看视频"史蒂夫:社交焦虑障碍(社交恐惧症)"。

观看　史蒂夫：社会焦虑障碍（社交恐惧症）

怯场、演讲焦虑和约会恐惧是几种常见的社交恐惧症类型。社交恐惧症患者往往会找借口婉拒社交邀请。为了避免参与同事们的社交活动和认识新人，他们会坐在自己的位子上就餐，或是当他们置身于社交场合时，一旦发现自己有些焦虑就立即抽身离开。患者虽然通过逃离使焦虑得到了缓解，但是这种逃离使他们无法学会在引起焦虑的场合如何应对。在感觉焦虑时离开，只能增加社交情境和焦虑之间的相关性。一些社交恐惧症患者甚至不敢在餐厅里点餐，这是因为他们害怕自己点的菜或自己点菜时的发音被服务员或他们的同伴取笑。

社交恐惧症会严重妨碍个体的日常机能及其生活质量。恐惧可能会妨碍患者完成学业目标，影响其职业生涯上的发展，甚至阻碍他们从事需要与人打交道的工作。在某些情况下，社交恐惧症仅限于在别人面前说话或是表演，例如怯场或是公开演说的情景。患有这种社交恐惧症的个体并不害怕无需个人过分展示的社交场合，比如在社交聚会中认识新朋友或与他人互动。

社交恐惧症患者在准备社交活动时，经常求助于镇静剂，或试图用酒精来"医治"自己（见图5.3）。

焦虑三振出局　扎克·格林基是美国职业棒球大联盟2015年全明星赛的首发投手，在他的棒球职业生涯中，大部分时间都在与社会焦虑障碍作斗争。在与一位运动心理学家进行治疗工作的同时，服用抗抑郁药物，他的职业生涯最终回到正轨。扎克说，可能在未来，焦虑还是会影响到他，但是这不是他要去想的事，也不再是让他感到有压力的事情了。

在极端的例子中,他们因太害怕与人交往以至于逐渐发展到根本不敢外出。

美国一项具有全国代表性的调查显示,约有12.1%的美国成年人在一生中某个阶段会受到某种程度上的社交焦虑障碍的困扰(见表5.1)。与男性相比,这种障碍在女性中表现得更为普遍,这或许是因为更大的社会和文化压力迫使年轻女性注重取悦他人以获得认同。

社交恐惧症典型的发病年龄平均为15岁(Grant, Hasin, Blanco, et al., 2006)。约有80%的受影响人群在20岁时发病(Stein & Stein, 2008)。社交焦虑与童年的羞怯经历有着很大的关系(Cox et al., 2004)。与素质-应激模型(见第2章)相一致,羞怯代表了一种使个体在面临应激事件时,更易患社交恐惧症的特质或倾向,这类应激事件包括创伤性社会经历(例如,在他人面前受羞辱)。即使社交焦虑在一些案例中持续时间较短,一旦发展成社交恐惧症,一般都会表现为慢性持久的障碍,平均持续时间为16年(Grant, Hasin, Blanco, et al., 2006; Vriends, Bolt, & Kunz, 2014)。尽管它早期的发展和对于社会功能有许多消极影响,患者愿意接受治疗的平均年龄在27岁(Grant, Hasin, Blanco, et al., 2006)。

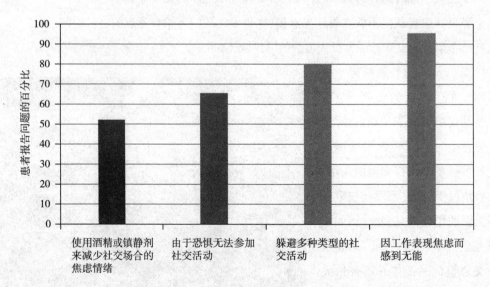

图5.3 社交恐惧症患者报告的由社交焦虑引起的几种典型困难的比例分布
有超过90%的社交恐惧症患者感到焦虑严重妨碍了他们的正常工作。
来源:摘自 Turner & Beidel, 1989.

广场恐惧症 "广场恐惧症"一词由希腊语演化而来,意思是"对集会场所的恐惧",也就是说,一种对于身处开放、繁忙区域所感到的恐惧。广场恐惧症患者对这样一些地方或情境会产生恐惧,例如逃离那种恐慌症状是困难的或者令人难堪的,抑或是当问题发生时却得不到帮助的。广场恐惧症患者会害怕在拥挤的商店里买东西;害怕穿过拥挤的街道;惧怕跨过大桥;畏惧乘坐公交车、汽车或者火车旅行;不愿在饭店里吃饭;甚至不愿意离开家。他们会使自己的生活尽量远离可怕的情景范围,甚至在一些案例中患者待在家里好几个月甚至数年之久,甚至无法出门寄封信。广场恐惧症最有可能成为恐惧症中最容易逐渐丧失社会机能的一种广场恐惧症类型。

患有广场恐惧症的人会对某些地点或情境产生恐惧,在出现恐慌症状或者惊恐全面发作,抑或是害怕的情境出现时,他们可能会因不能及时得到帮助而对于逃离这些地方状况、情境产生困惑或是尴尬的感觉。患有广场恐惧症的老年人可能会尽量避免自己摔倒却得不到帮助的情境。[判断正误]

判断正误

一些人过于害怕出门以至于他们不敢冒险出门,甚至是寄封信。

☐ 正确 一些患广场恐惧症的人确实足不出户,甚至不敢冒险出门寄封信。

女性患广场恐惧症的可能性和男性相差无几(美国精神病学协会,2013)。一旦发病,通常会具有持续性或长期性。一般这种障碍开始于青春期晚期或者成年早期。它的病发既有可能伴随也有可能不伴随惊恐障碍。广场恐惧症通常但并不总是与惊恐障碍相关。广场恐惧症患者生活在担心再次惊恐发作的恐惧之中,且尽量避免去那些曾使其发作过或可能发作的场所。因为惊恐发作可能会在不经意间来袭,一些患者就会因害怕待在公共场所或那些得不到帮助的地方,而尽量限制自己的活动。其他一些患者也只在同伴陪同下才会冒险外出。还有一些患者尽管有强烈的焦虑,但他们仍会硬着头皮去尝试。

批判地思考异常心理学

@问题:害羞终于何处以及社交焦虑障碍始于何处?

在本章的开头,我们注意到焦虑是一种常见的情绪性体验,在涉及威胁到我们的安全与幸福的情况下,它可能是适应性的。焦虑很常见,甚至在我们参加面试或是重要的考试时都会感到焦虑。但当它是在不适应于情境(不存在真正的威胁或危险)或是过度(超出预料中的反应)又或是显著地涉及个人的社会性、职业或是其他领域的机能(如,因为恐高症而辞去在高楼上办公的工作)时,焦虑就会变得适应不良。

但是害羞呢?害羞是一种常见的性格特征。我们中的很多人都会害羞,但是我们如何在寻常的害羞与社交焦虑障碍之间画上一道界线呢?正如印第安纳大学一位研究羞怯的杰出研究者,博纳多·卡杜西(Bernardo Carducc)指出的那样,"害羞不是一种疾病,不是一种精神疾病、一种性格缺陷,也不是一种需要'治愈'的性格缺陷"(引自 Nevid & Rathus, 2013)。据报道,历史上很多名人都很害羞,其中包括查尔斯·达尔文、阿尔伯特·爱因斯坦以及《哈利·波特》的作者J.K.罗琳(Cain, 2011)。卡杜西谈到,能"成功"害羞的人,不是通过改变他们是谁,而是通过接受他们自己以及学习如何与他人互动,比如在一个志愿者组织中工作、学会如何开始对话,以及拓展自己的社交网络。就像卡杜西指出的,"成功的害羞的个体并不需要改变他们自己——记住,做一个害羞的人并没有什么错。害羞的成功的人会改变他们的思维和行为方式。他们更少地考虑自己、更多地去考虑他人,他们会采取更多关注他人、更少关注自己的行动"(引自 Nevid & Rathus, 2013)。

我们应该注意的是,不要把害羞等性格特质的正常变化归为病态,也不要让天生害羞的人认为自己是需要治疗的心理障碍患者。在DSM系统中,焦虑障碍的诊断必须基于严重机能损害或是明显个人痛苦的证据。有时候害羞的人需要的是公开演讲训练,而不是心理治疗或药物治疗(Cain, 2011)。

在关于这一问题的批判性思考中,请回答下列问题:
- 想想那些你所认识的人当中非常害羞的人(甚至可能是你自己)。这个人有可诊断的心理障碍吗?为什么或为什么不呢?
- 你认为"成功地害羞"是什么意思?

没有过惊恐障碍病史的广场恐惧症患者,可能会有轻度的惊恐症状,如眩晕,这使他们不敢尝试到没有安全感的场所。他们过于担心,以至于为了得到支持而逐渐依赖别人。以下是没有惊恐障碍病史的广场恐惧症患者的病例,该病例表明这种依赖行为与广场恐惧症之间的相关性。

海伦:一个广场恐惧症的案例

海伦(Helen),一位59岁的寡妇,在3年前她的丈夫去世之后逐渐出现了广场恐惧症症状。到她来治疗之前,她基本一直都待在家里。除非在她32岁的女儿玛莉的敦促之下,不然她总是拒绝出门,而且还必须在女儿陪伴自己的情况下。她的女儿和36岁的儿子皮特帮她买东西,并尽可能满足她其他所有的需求。然而,照顾母亲的重担逐渐变得越来越令他们不堪重负,远超他们的其他职责。他们坚持让海伦开始治疗,海伦极不情愿地同意了他们的请求。

海伦在玛丽的陪同下开始了对她的治疗评估。她走进办公室的时候看起来非常虚弱,紧紧抓住玛丽的胳膊,并且坚持玛丽要在整个访谈过程中陪着她。海伦叙述说她在3个月内接连失去了她的丈夫和母亲,而她的父亲在20年前就已经去世了。尽管她从来没有经历过惊恐发作,但她总觉得自己是个不安全的、容易恐惧的人。即使如此,在她的丈夫和母亲去世之前她的社会

> 功能还是可以正常地满足家庭生活需要的,但他们去世之后她便觉得自己有一种被遗弃的孤独。她现在已经变得害怕"几乎所有事物"并且害怕自己出门,唯恐什么不好的事情将会发生而她又无法独自应对。甚至在家里,她也会因为担心失去玛丽和皮特而感到害怕。她需要从他们那里不断地得到保证来确认他们不会抛弃她。
>
> 来自作者的档案

理论观点

5.7 解释学习、认知和生物学因素在恐惧症形成中的作用

在心理学领域,采用理论方法来解释恐惧症由来已久,此方法始于心理动力学的观点。

心理动力学观点 从心理动力学的角度来看,焦虑是一个预示着带有威胁性的潜意识层面的性冲动或攻击(侵犯或者自杀)本能的危险信号。为了回避这些有威胁的冲动,自我开始启动防御机制。在恐惧症中,弗洛伊德学说中的投射(projection)防御机制开始发挥作用。恐惧反应是将患者的有威胁的冲动投射到恐惧客体上。举例来说,对于刀具或者其他锋利物品的恐惧可能代表了患者将自己的破坏冲动投射到恐惧客体之上。恐惧症发挥了有益的作用。避免和锋利刀具的接触阻止了患者实施针对自己或者他人的破坏愿望变成有意识或者付诸行动。这种有威胁的冲动保持在安全的压制状态。同样,恐高症患者可能有无意识向下跳的欲望,这种想法来源于想要避免待在高处。恐惧客体或者情境象征也许代表了这些无意识的想法和欲望。人们能够意识到恐惧,但却并不能够了解恐惧所象征的无意识冲动。

学习观点 有关恐惧症的经典学习观点由心理学家奥维尔·霍巴特·莫瑞尔(O.Hobart Mowrer, 1960)提出。莫瑞尔的**两因素模型**(two-factor model)将经典条件反射和操作性条件反射在恐惧症发展过程中所起的作用结合在一起。恐惧症中的恐惧部分被认为是通过经典条件反射来获得的,当原本是中性的事物或情境在与有害的或者令人反感的刺激匹配后便可唤醒恐惧感受。一个受到犬吠惊吓的孩子可能会得恐犬症。一个接受了很痛的注射的孩子会发展出对针头或注射器的恐惧。许多患有恐惧症的人都有这样的经历:恐惧症患者都体验过与厌恶情景相联系的恐惧的事物或情境(例如,被困在电梯里)。

来看看菲丽丝的案例。菲丽丝(Phyllis),一名已经16年没有搭乘过

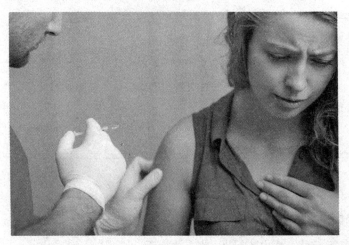

注射恐惧症 许多恐惧症是基于与先前中性刺激所连接的痛苦或创伤性刺激而建立的条件反射。对注射的恐惧反应可能是由于曾经有过异常痛苦的注射经历。

电梯的32岁的作家和两个孩子的母亲。她在生活中总是挖空心思寻找方法来避免那些可能发生在高楼上的约会和社交活动。她从8岁起就开始忍受对电梯的恐惧,她当时和祖母一起被困在了电梯里。用条件反射理论来说,困在电梯中的痛苦体验是非条件刺激,而电梯则成为条件刺激。

正如莫瑞尔所指出的,恐惧症中的回避部分是通过操作条件反射,尤其是通过负强化(negative reinforcement)作用来获得和维持的。也就是说,从焦虑中解脱负强化物(negatively reinforces)以避免接触恐惧刺激从而强化了回避反应。菲丽丝学会了通过选择使用楼梯来减轻对坐电梯的焦虑回避行为减轻了焦虑反应,但也付出了显著的代价。通过避免惊吓刺激(例如电梯),恐惧可能持续很多年,甚至是终生。另一方面来说,通过经历重复的不是特别严重的恐惧刺激,可能可以减轻甚至根除恐惧反应。在经典条件反射过程中,消退(extinction)是指当条件刺激(恐惧物体或者刺激)重复出现,非条件刺激(令人厌恶或疼痛的刺激)并不出现时,条件反应(如恐惧症的恐惧成分)逐渐减弱。

恐惧症可以用条件反射理论来进行部分解释,但并不是全部。在许多案例中,可能是大多数案例中,特定对象恐惧症患者并不能回忆起任何与他们所恐惧的事物有关的痛苦厌恶经历。学习理论学家可能以该痛苦经历经过时间的冲淡或者可能在很小的时候发生而无法用语言回忆起来的理由来反驳。但是当代学习理论学家则强调了另一种习得形式的作用——观察学习(observational learning)——它无需直接的恐惧条件。在这种习得形式中,患者通过观察父母或者其他重要他人对于刺激的恐惧反应做出示范,就可能因此习得恐惧反应。在一项对于42名严重的蜘蛛恐惧症患者的直观性研究中,观察习得要比条件反射在恐惧获得上发挥更为显著的作用(Merckelbach, Arnitz, & de Jong, 1991)。此外,单单从他人那里获得信息,例如听到别人谈论由特定刺激(如蜘蛛)造成的危险也能够导致恐惧症的发生(Merckelbach et al., 1996)。

学习理论模型能够帮助解释恐惧症的发病（Field, 2006）——但为什么有一些人似乎比其他人更容易获得恐惧感呢？生物学和认知观点也许能提供一些启发。

生物学观点　遗传因素会让人们有患上焦虑障碍的倾向，比如惊恐障碍和恐惧症（Kendler, 2005; Smoller et al., 2008）。但基因是如何影响一个人罹患焦虑障碍的可能性呢？

一方面，我们了解有特定基因的个体更容易产生恐惧反应并且更难克服（Lonsdorf et al., 2009）。例如，带有一系列特定基因的人遇到恐惧刺激时，在大脑边缘系统一个杏仁形状的结构——杏仁核（Hariri et al., 2002）中表现出很高的活跃状态。边缘系统位于大脑皮层下，由一组起着记忆形成和情绪反应作用的互连结构组成。

杏仁核可以在没有意识的情况下对刺激产生恐惧反应（Agren et al., 2012）。当我们遇到威胁或者危险时，杏仁核的功能类似一台专门处理个体情绪信息的电脑（Wood, Ver Hoef, & Knight, 2014; 见图5.4）。而处于较高位置的大脑中心部分，特别是位于大脑前额叶皮质部分会更加仔细地评估威胁刺激。正如第2章所提到的，大脑前额叶前部皮质是高级精

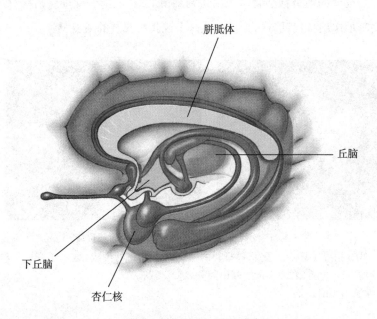

图5.4　杏仁核和边缘系统

杏仁核是边缘系统的组成部分，边缘系统由大脑内一系列与记忆形成和情绪反应过程有关的相互关联的结构组成。它包括丘脑的特定部分和下丘脑以及其他一些邻近结构。杏仁核位于前脑皮层下。最新的证据显示过度兴奋的杏仁核与焦虑障碍有关系。

神活动区域,主要负责如思考、解决问题、推理和决策等高级心理功能。因此当你在路上看到一条像蛇的物体时,杏仁核就开始活跃,产生一个让你停止或者向后跳的信号,并使你全身战栗。但一会之后,前额叶会更加仔细地检查威胁,使你能够喘一口气("放松,只是根棍子罢了")。

然而,患有焦虑障碍的人的杏仁核可能过于兴奋,对于温和的威胁情境或者环境性线索也表现出恐惧(Nitschke et al.,2009)。研究者发现社交恐惧症患者和患有PTSD的退伍老兵大脑中杏仁核的兴奋度增大,这一发现支持了上述观点(Stein & Stein,2008)。在最近的另一项研究中,患有焦虑症的青少年的杏仁核对于一些害怕的神情比未患病的青少年的杏仁核表现出更强烈的反应(Beesdo et al.,2009)。对于患有焦虑障碍的人来说,杏仁核对威胁、恐惧和拒绝的信号会过度反应。

在一项相关研究中,研究者使用脑部功能性磁共振成像(fMRI)来观察大脑对于消极社交信号是如何反应的(Blair et al.,2008)。他们比较了普通社交恐惧障碍患者和无恐惧障碍控制组成员的大脑对于消极社会评价(例如"你很丑")的反应。社交恐惧障碍患者在实验中表现了更高的杏仁核兴奋度和前额叶皮质部分区域兴奋度(见图5.5)。杏仁核可能负责对批评的消极社会暗示作出初始恐惧反应,而前额叶皮层则在对于这些暗示作出自我反省("为什么他这么说我?我真的很丑吗?")。

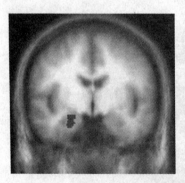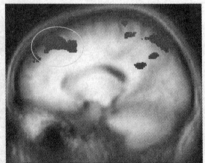

图5.5 广泛社交障碍患者对于批评的脑部反应
fMRI扫描了广泛社交障碍患者的大脑对于批评的反应,显示了杏仁核(左图)和前额叶皮质(右图中黄线圈出部分)更为活跃。
来源:NIMH,2008b。

研究者也使用了动物实验,例如实验鼠,来研究大脑对于恐惧刺激是如何反应的。研究发现在小鼠前额皮质部分区域会传送一种"解除警报"信号给杏仁核,可以抑制恐惧反应(见图5.6;Milad & Quirk,2002)。研究者首先反复让一个音调出现,同时电击小鼠使它对这个声音感到恐惧。小鼠无论何时再听到这个音调都会颤抖。然后研究者通过重复该音调但不再给予电击,使恐惧反应逐渐消失。伴随着消退,无论何时该音调响起,前额皮质中央的神经元都会兴奋,通过神经通路传送信号给杏仁核。这种神经元被越多地激活,小鼠的颤抖就越少（NIH,2002）。前额皮质能够向杏仁核传送安全信号这一发现最终将产生一种新的治疗恐惧症的方法,即诱导大脑产生"解除警报"信号。

对于恐惧的生物学潜在因素也正在研究过程中。例如,研究者有意地针对参与恐惧记忆的特定神经元进行研究。破坏实验鼠大脑中的这些特定神经元,实际上会消除早期习得的恐惧反应的记忆（Han et al.,2009）。尽管在小鼠身上进行延伸实验来帮助人们克服恐惧症反应只是一种尝试,但实验工作可能带来在人类身上阻断或者干扰恐惧反应的药物的发展。

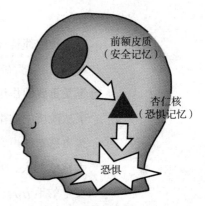

图5.6 "解除警报"信号消除恐惧
动物研究的证据表明,前额皮质向杏仁核发出的"解除警报"信号抑制了恐惧反应。这个发现使人们找到了能够帮助消除恐惧反应的治疗方法。
来源:Milad & Quirk,2002. Figure reprinted from NIH,2002.

相比其他刺激,我们更易对某些刺激产生恐惧反应,这是否是由基因决定的呢？例如,我们更易于对蛇和蜘蛛而不是对兔子感到恐惧。这种对于特定种类事物和场合更易引发恐惧的生物倾向,被称为"预备条件作用（prepared conditioning）",在进化的自然选择中,那些幸存下来的人类祖先遗传下来一些偏好,他们逐渐产生对一些事物的恐惧,例如大型动物、蛇和其他爬行动物,高处、开放的空间,甚至是陌生人。这个模型也许能够解释为什么我们更容易对蜘蛛或高度等感到恐惧,而不是在进化中更晚出现的一些事物,如枪支或小刀等,尽管这些后来出现的事物对我们的生存更有威胁。[判断正误]

认知观点 近期的研究强调了认知因素在决定恐惧症发病倾向中的重要性,包括对威胁性线索的过度敏感、对危险的过度预期、自我挫败的想法以及不合理的信念等（e.g., Armfield, 2006; Schultz & Heimberg, 2008; Wenzel et al., 2005）：

1.对威胁性线索过度敏感。恐惧症患者对于大部分人认为安全的情境都会产生危险的感知,例如乘坐电梯或者开车驶过桥梁。同样的,社交恐惧症患者对于他人的负面评价和拒绝也过分敏感（Schmidt et al.,

判断正误

对于我们来说,我们可能天生就倾向于害怕对祖先构成威胁的事物。

□**正确** 一些理论家认为我们会对某些恐惧的刺激类型具有遗传倾向,比如大型动物和蛇。获得这些恐惧的能力可能对人类祖先具有生存价值。

2009)。

我们都具有一个内部对于威胁性线索特别敏感的警报系统——"战或逃"反应。在这个早期警报系统中,大脑边缘系统中的杏仁核扮演着至关重要的作用。这个系统可能为人类祖先提供了进化的优势,它增加了从险境中逃生的机会。人类祖先对威胁信号反应很快,比如灌木丛中传出窸窣的声音可能预示着潜伏的肉食动物准备突袭,相较之于那些不太敏感的人,他们能够做更充分的准备去防御(通过战斗打败它或逃到安全的地方)。如今,我们的警报系统可能会被真正的身体威胁(例如,来自袭击者的攻击)或心理威胁(例如参加重要的考试或在公共场合演讲)所激活。警报系统的特点是自主神经系统的唤醒,在此期间,身体通过加快血液循环和增加肌肉中含氧量,从而调动其资源,使得我们能够作出战或逃反应。

焦虑或恐惧的情绪是紧急报警系统的关键成分,并且可能激发我们祖先面对威胁或捕食者时采取防御行为,从而能够使自己生存下来。这个紧急报警系统与我们的神经系统相连,特定恐惧症及其他一些焦虑障碍的患者可能遗传了一种非常敏感的内部警报机制来让他们对于威胁性线索产生过度的敏感。他们持续地对威胁性对象或情境保持高度警惕。如果房间里有一只蜘蛛,那么可以肯定的是,人群中的蜘蛛恐惧症患者会第一个注意并把蜘蛛指出来(Peukis, Lester, & Field, 2011)。研究者们发现,对蜘蛛的恐惧越甚,人们对于蜘蛛的感知就越清晰(Vasey et al., 2012)。[判断正误]

判断正误

如果房间里有一只蜘蛛,人群中的蜘蛛恐惧症患者很可能是第一个注意并指出它的人。

☐正确 特定恐惧症患者往往一边处于高度的戒备之中,一边侦测可怕的刺激或物体。

2.对危险的过度预期。恐惧症患者在充满恐怖气氛的情境中容易过分地预期他们可能遭遇的恐惧或者焦虑。例如,当一个蛇恐惧症患者面对笼子里的蛇的时候可能会有颤抖的躯体症状发生。牙科恐惧症患者则可能对于他们在进行牙科门诊时的疼痛抱有夸张的认识。一般来说,暴露于恐惧刺激下产生的强烈恐惧或者疼痛体验要远远小于人们的预期。虽然这种预期最糟糕的情况的倾向能够让个体避免所要面对的恐惧情境,但这反过来却会妨碍个体学会如何管理和克服焦虑。

对牙痛的过度预期和恐惧会让人们推迟或者取消正常的牙科治疗,从而在以后患上更严重的牙科疾病。实际接触到的恐惧情境会提高个体准确预测危险的水平。临床研究表明,随着暴露的重复发生,焦虑障碍患者会更加准确地预期与恐惧相关的刺激的反应,从而减少恐惧预

"我发誓,它有我头那么大!" 研究者发现,人们对蜘蛛的害怕程度越大,就感觉蜘蛛越大。

期。这反过来又会减少回避行为的倾向。

3.自我挫败的想法以及不合理的信念。自我挫败的想法会加重和延长焦虑障碍以及恐惧症的发作。当面对容易引起恐惧的刺激时,人们可能这样想,"我必须离开这里",或者"我的心脏快要从胸口跳出来了"。类似这样的想法强化了自动唤醒,打乱了计划,放大了令人反感的刺激,促进了回避行为和降低了个人控制情境能力的自我效能感期望值。同样的,当他们有任何的机会在很多人面前讲话时,社交恐惧症患者会这么想:"我肯定会表现得很傻。"(Hofmann et al.,2004)这样的自我挫败的想法会扼杀他们的社会活动参与行为。

根据阿尔伯特·埃利斯的理论模型(见第2章),患有恐惧症的人比没有患病的人表现出更多的不合理的信念。这些信念使得他们特别希望在每一个他们遇见的人面前证明自己能避免任何可能使他人产生对自己负面评价的状况。他们会有这样的想法:"如果我在别人面前焦虑发作该怎么办?他们一定会觉得我疯了。如果他们那样看我的话我将无法忍受。"早期的一项研究一针见血地证实了这一点:一个男大学生认为约会被拒绝是非常糟糕(而不仅仅是不幸)的,与那些不把被拒绝小题大做的人相比,他会显出更强的社会焦虑(Gormally et al.,1981)。

在开始之前,你可以回顾一下图5.7,该图从学习因素和易感性因素的作用(例如遗传倾向和认知因素)阐释了一种用来理解恐惧症的概念模型。

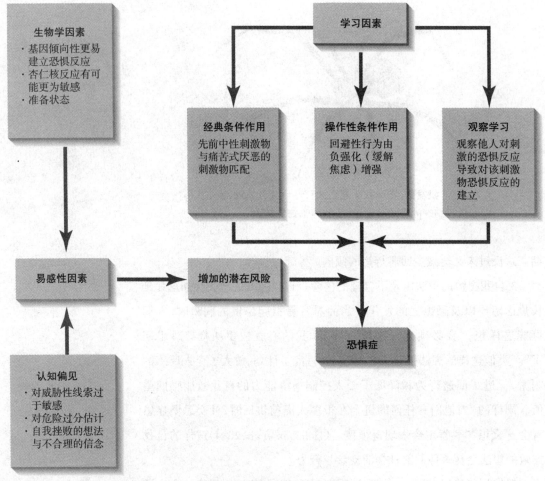

图5.7 恐惧症的多因素模型

学习因素在罹患多种恐惧症的过程中起着关键作用。但这些学习经验能否导致恐惧症还受诸如遗传和认知等多种因素的影响。

治疗方法

5.8 评价恐惧障碍的治疗方法

经典精神分析促进人们意识到,来访者的恐惧象征着他们内心的冲突。因此自我就能够通过消耗被压抑的能量而得以释放。现代心理动力学理论也促进了来访者对于冲突的内部来源的意识。相较于用传统方法去探究当下的而不是过往关系的焦虑的来源,他们关注于一个更广阔的领域,虽然,他们鼓励来访者去发展更多的适应性行为。这样的理论比那些传统的精神分析理论更加简洁和直接针对特定的问题。虽然人们认为心理动力学理论对于治疗一些焦虑障碍的案例或许是有帮助的,但是几乎没有实证性的证据能够证明它们的整体疗效(USDHHS,1999)。

对于特定恐惧症的当代主要治疗方法,与治疗其他焦虑障碍一样,源于学习理论、认知观点以及生物学观点。

亚当学会克服自己对于注射的恐惧:一个特定恐惧症的案例

亚当患有针头(注射)恐惧症。他的行为治疗师让他舒适地倚靠在有垫子的椅子上。在进行了一定程度的肌肉放松之后,让亚当在屏幕上看一个准备好的幻灯片。实验者将一张护士拿着注射器的幻灯片连续播放了三次,每次30秒钟。每次亚当都没有表现出焦虑。于是,现在呈现一张稍微令人不舒适的幻灯片:其中的一位护士正将注射器对准一个人裸露的胳膊。15秒钟之后,坐在椅子上的被试感受到了不舒适的疼痛并且竖起了一根手指作为信号(说话可能会干扰到他的放松状态)。这时,幻灯片的播放者关掉画面,让亚当用2分钟去想象自己处于"安全的情景"中——躺在温暖阳光照射的沙滩上。然后继续播放刚才的那张幻灯片。这次在感受到焦虑之前,亚当注视了30秒。

来源:From Essentials of Psychology (6th ed.) by S. A. Rathus, p. 537. Copyright© 2001. Reprinted with permission of Brooks/Cole, an imprint of Wadsworth Group, a division of Thomson Learning.

基于学习的方法 对于一个实体的研究证明了基于学习的方法在治疗一系列焦虑障碍中的作用。这些方法的核心起到这样一种作用,即帮助个体更有效地处理诱发焦虑的事物或情境。基于学习的方法的例子包括系统脱敏疗法、逐级暴露法和冲击疗法。

亚当(我们在前面所讨论的案例)正在接受**系统脱敏疗法**(systematic desensitization),这是由精神病专家约瑟夫·沃尔普(Joseph Wolpe,1958)在20世纪50年代提出的一种减少恐惧的程序。系统脱敏疗法是一个渐进的步骤,在这一程序中,来访者在放松的状态下学着逐级处理令他们恐惧的刺激。按照刺激能够诱发焦虑的强度,人们将大约10至20个刺激编为一个序列或者等级——称为**恐惧刺激物等级**(fear-stimulus hierarchy)。通过他们的想象或者观看照片,将来访者暴露在刺激物序列中,让他们逐级地想象自己正在接近那些目标行为使其有能力去接受注射或者独自待在一个密闭的房间或电梯的时候不会感受到焦虑。

系统脱敏疗法是建立在这样一种假设的基础上的,即恐惧是习得的或条件反应——通过在通常能引起焦虑的情境中用不相容反应代替焦虑,以此来解除恐惧(Rachman,2000)。人们认为肌肉放松是一种不相容反应,并且沃尔普的拥趸们一般用这种递进的放松方法(将在第6章中描述)去帮助来访者获得放松的技能。由于这个原因,亚当的治疗师教会了他在面对诱发焦虑的播放有注射器的幻灯片时能够做到放松。

系统脱敏疗法创造了一种能够导致恐惧反应消失的情况。这种技术通过为来访者提供一些想象的反复暴露在恐惧刺激中的机会，来促使减少不当行为，并且不会产生不良后果。

逐级暴露（gradual exposure）用一种渐进的方法，即让恐惧的个体逐渐地面对他们害怕的事物或是情境。重复地暴露在恐惧刺激下但没有发生什么令人厌恶的后果（"没有坏事情发生"），能够引导不良行为的消失，或者恐惧反应的弱化，甚至在某个时刻可以消失。逐级暴露还可以导致认知的改变。来访者开始将先前害怕的事物或情境看作是没有危害的或是认为自己有能力去更有效地处理。

暴露疗法可以采取诸多形式，包括想象暴露（想象着自己处于恐怖情景中）以及真实暴露（在现实生活中真正遇到恐惧刺激）。真实暴露或许比想象暴露更为有效，但是这两种方法在治疗中都经常被用到。暴露疗法用于治疗恐惧症的效果得到了很好的证实，使得它成为了治疗许多恐惧症的首选方法（e.g., Gloster et al., 2011; Hofmann, 2008; McEvoy, 2008）。

比如，社交恐惧症。在暴露疗法中，社交恐惧症患者或许被命令进入压力逐渐增加的社会情境中（比如，与同事在咖啡馆中吃饭和聊天），并且要一直到焦虑和迫切逃离的次数减少。在暴露过程中，治疗师会帮助引导他们，并且逐渐地撤销

逐级暴露 来访者在现实生活中以逐步递进的形式面对恐怖刺激，在这一过程中来访者可以有同伴或者治疗师以提供支持的角色陪同。为了鼓励来访者独自逐步地完成暴露任务，治疗师或者同伴逐渐撤销直接的帮助。逐级暴露经常结合其他的认知技术，即关注于帮助来访者在镇定、理智的选择中重塑关于焦虑的思想和信念。

直接的支援以使得来访者变得有能力独自去处理那些情境。治疗广场恐惧症的暴露疗法采取了逐步递进的程序，在这一过程中，来访者暴露在逐渐增加的恐怖刺激情境中，比如，穿过拥挤的街道或者在商场购物。在暴露过程中，允许一位值得信赖的同伴或者是治疗师陪伴来访者。暴露疗法的最终目标是让来访者能够独自处理每一个情境并且不会感到不舒适或者迫切想要逃离。逐级暴露一般被用于处理以下幽闭恐怖的情况。

凯文与自己对电梯的恐惧作斗争：一个关于幽闭恐惧症的案例

虽然凯文的案例很少有，但是幽闭恐惧症（害怕密闭的空间）却并不罕见。凯文的幽闭恐惧症以害怕乘坐电梯的形式表现出来。他的案例之所以不同寻常是因为他的职业：他是一个电梯维修工。凯文白天基本上都是在维修电梯。虽然，除非是必要的时候，不然凯文尽量不会在乘坐电梯的时候完成修理任务。他会借助梯子爬到电梯被卡住的楼层，完成修理任务后按下向下的

按钮。然后他会从楼梯上跑下去检查电梯是否已经正常运行。当他的工作是需要在运行的电梯中完成时，电梯门关闭的一刹那恐惧感便侵袭了他。他试着向神灵祈祷以防止他在电梯门打开之前晕倒。

凯文将他恐惧症的起源归咎于三年前发生的一件事，那时凯文被困在侧翻的车子里将近一个小时。他清楚地记得那种无助和窒息的感觉。凯文患上了幽闭恐惧症——害怕那些不能逃离的情境，比如飞行中的飞机，行驶的轮船，乘坐公共交通工具，当然还有乘坐电梯。凯文的恐惧使得他曾经强烈地想过要改变职业，虽然这种改变可能会带来非常严重的经济损失。每个晚上当他躺下来的时候，他都在想如果明天被要求去检查升降中的电梯时应该怎么办。

凯文的治疗师使用了逐级暴露疗法，在这一过程中治疗师采取了逐步地暴露缓慢增加的恐怖刺激的程序。一种典型的能够帮助人们克服害怕乘坐电梯的焦虑等级的方法，或许应该包括以下几个步骤：

1. 站在电梯外；
2. 站在开着门的电梯中；
3. 站在关着门的电梯中；
4. 乘坐电梯下降一层；
5. 乘坐电梯上升一层；
6. 乘坐电梯下降两层；
7. 乘坐电梯上升两层；
8. 乘坐电梯先下降两层然后再上升两层；
9. 乘坐电梯下降至地下室；
10. 乘坐电梯上升至最高层；
11. 乘坐电梯先一路下降然后再一路上升。

来访者从第一步开始，并且在他们能够做第一步并保持镇静之前不能进行第二步。如果变得焦虑，他们将会从情境中离开并且通过放松肌肉或者将注意力集中在缓和的脑海意象中而重新冷静下来。然后在必要的时候重复这种做法以达到并且维持这种镇静的感觉。接着进行下一步，然后重复这个过程。

凯文还曾经进行过自我放松的训练和对自己镇静且理智地讲话，以帮助自己在暴露过程中能够维持镇定。无论什么时候，只要他开始感到焦虑，哪怕只是轻微的焦虑，他都会告诉自己要镇静下来并且放松。他能够对抗一些破坏性的信念，比如，当他被困到电梯中害怕自己会掉落下去的时候，他会告诉自己"放松，感到焦虑很正常，但是没有什么我不能克服的。一会之后，我就会感到没事了。"

凯文慢慢地克服了他的幽闭恐惧症，但是仍然会偶尔地感受到焦虑情绪，他将此解释为对他之前幽闭恐惧症的提醒。他并没有夸大这些感觉的重要性。自从那次被困在电梯中出现了恐惧情绪之后，凯文时不时都会有这种感觉。接受治疗后的一天，凯文正在修理一个银行金库离地大

> 约100英尺的电梯。随着离地面越来越远,诱发了他的恐惧,但是凯文并没有感到恐慌。他反复地告诉自己:"只需要一会儿我就能出去了。"到第二次乘坐电梯下来的时候,凯文就变得更加平静了。
>
> 来自作者的档案

冲击疗法(flooding)是暴露疗法的一种形式,此种疗法将个体暴露于高强度的能够诱发恐惧的刺激中,可以是想象中的也可以是在现实中。为什么?一种观点认为焦虑代表对一种恐惧刺激的特定反应,并且如果个体仍旧处于恐惧情境中相当长一段时间而没有受到伤害时应该予以解除。大多数罹患恐惧症的个体在开始时如果不能够避免,那么他们会逃避面对恐怖刺激或者对抗一个草率的治疗。结果,他们错失了使恐惧反应消退的机会。在冲击疗法中,人们有目的地涉足高强度的恐怖情境中,比如以下这种情况:让一个患有社交恐惧症的人坐在午饭的餐桌上,安排其他人聚集在一起并且要患者在那里待足够长的时间,以使其焦虑情绪得到解除。冲击疗法已经在各种焦虑障碍中得到了有效的运用,包括社交恐惧和创伤性应激障碍(Cusack et al.,2015;Moulds & Nixon,2006)。

虚拟现实疗法:近乎完美　在电影《黑客帝国》中,由基努·李维斯(Keanu Reeves)扮演的主角开始意识到他一直信以为真的世界竟然仅仅是一个幻觉、是一个复杂的虚构情境,它与现实如此相像以致人们不能分辨它的真伪。《黑客帝国》是一部科幻小说,但是将这一虚拟现实的作用作为一种治疗工具却是科学事实。

虚拟现实疗法(virtual reality therapy,VRT)是一种行为治疗技术,它采用电脑合成的刺激环境作为治疗的工具。数字技术的进步使得创建逼真的模拟环境成为可能。通过戴上一种特殊的与电脑相连的头盔和手套,一个人就会感受到各种程度的恐惧。例如,他会在这个虚拟的世界中遇到令人惊恐的刺激,就像乘坐四面都是玻璃的电梯到想象中的酒店顶楼,在20层楼的阳台上凭栏俯瞰,或是穿过虚拟的金门大桥。通过对一系列逐渐恐怖的虚拟刺激的暴露过程,人们能够学会以同样的方式克服在虚拟现实中产生的恐惧,就像他们在现实生活中遵循逐级暴露的程序一样。[判断正误]

虚拟现实疗法可以用于帮助人们克服多种恐惧症,比如恐高症和对于飞行的恐惧,并且这些疗效可以被推广到现实生活中去(Morina et al.,

---

判断正误

治疗师已经用虚拟现实疗法帮助人们克服恐惧症。

☐正确　虚拟现实疗法已经被成功地用来帮助人们克服包括恐高症在内的恐惧症。

2015；Turner & Casey，2014）。在一项有影响力的早期研究中,对于恐飞症的治疗,虚拟现实疗法被证明与现实生活中的暴露疗法一样有效,因为这两种疗法都表现出比未经治疗（候诊名单）控制情况下更好的结果(Rothbaum et al.，2002)。92%的虚拟现实疗法参与者在治疗后的一年内成功地在商业航班中登机。一个最近的回顾文章报道了虚拟现实疗法所带来的巨大益处,甚至超过了其他的行为疗法(Turner & Casey，2014)。

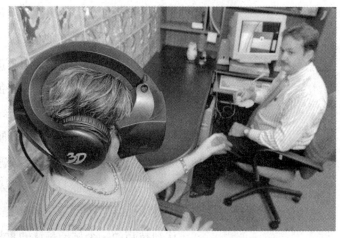

运用虚拟现实技术克服恐惧 虚拟现实技术能够被用来帮助人们战胜恐惧症。

虚拟现实疗法比传统的暴露疗法更具有优势。举例来说,在现实生活中,人们很难甚至不可能安排出与虚拟现实中相类似的暴露经历的各种类型,比如,让航班重复地起飞和着陆。虚拟现实疗法还能让参与者对刺激环境进行更多的控制,比如控制虚拟暴露情境中刺激的强度和范围。与现实生活相比,个体或许更愿意在虚拟现实中去尝试那些可怕的任务。

心理学家芭芭拉·罗斯鲍姆(Barbara Rothbaum),心理技术应用方面的一位先驱者,曾经说过,为了使虚拟疗法更加有效,一个人必须能够身临其境般地去体验经历并且在某种程度上相信这种经历是真实的而并不是在看一盘录像。"如果第一个人已经戴上头盔并且说,'这一点都不可怕。'那么它将不会起到什么作用。"罗斯鲍姆博士说,"但是你已经获得了在现实中可能有的心理上的改变——心跳加快,出汗增多"(引自Goleman,1995,p.C11)。如今,随着虚拟现实技术的进步,对于虚拟环境的模拟在唤起恐惧人群的紧张焦虑情绪方面已经越来越有说服力了(Lubell,2004)。

认知疗法 通过合理情绪疗法,阿尔伯特·埃利斯或许已经向社交焦虑障碍的患者们展示了不合理的社会认同需要和完美主义是如何在社会交往中产生不必要的焦虑,因此消除人们对社会认同的过度需求似乎是治疗的关键因素。

认知治疗师试图鉴别和改正人们机能失调或者歪曲的信念。比如,社交恐惧症患者或许会认为聚会上的任何人都不愿意跟自己谈话,因此他们将会独自玩乐并且在他们以后的生活中更加孤立。认知治疗师帮助来访者认识到自己思想中逻辑上的瑕疵和更理智地看待周围的情境。治疗师或许会要求来访者收集那些能够检验他们信念的证据,正是它们引导来访者选择了不切实际的信念。治疗师或许会鼓励患有社交恐惧的来访者去验证这样一些信念,即他们在参加聚会、加入谈话或与他人接触时一定会被忽视、拒绝或者是嘲笑的信念。治疗师同时还会帮助来访者发展一些社交技能,从而提高人际关系有效性,并教会他们如何处理社会拒斥(如果可能的话),而不是将问题灾难化。

认知技巧的一个例子是**认知重构**(cognitive restruction),一种治疗师帮助来访者指出自我挫败的想法,并找到合理的替代方案,他们可以用来应对引发焦虑的情境。比如,在暴露治疗中,凯文(参见前面的案例研究)学会了用理智的选择去取代那些自我挫败的想法,并且在他的暴露测试中练习如何合理化和冷静地与自己对话。

认知行为疗法是将行为疗法和认知疗法相结合的治疗方法的总称。CBT 的参与者们吸收了行为的技术,比如暴露疗法,与此同时他们还整合了埃利斯、贝克及其他人的认知疗法技术。比如,在治疗社交恐惧症时,治疗师通常会将暴露疗法和认知重构技术结合起来,以帮助来访者用镇定的做法去代替诱发焦虑的那些思想(Rapee, Gaston, & Abbott, 2009)。有证据显示 CBT 在治疗许多类型的恐惧症方面有效,包括社交恐惧症和幽闭恐惧症(e.g., Craske et al., 2014; Goldin et al., 2013; McEvoy et al, 2012; Rachman, 2019)。最近的一项大规模研究表明,当代心理动力学疗法在治疗社交焦虑障碍方面与认知行为疗法一样有效(Clarkin, 2014; Leichsenring et al., 2013, 2014)。

药物治疗 证据还证实了包括左洛复和帕罗西汀在内的抗焦虑药物在治疗社交焦虑中的作用(Liebowitz, Gelenberg, & Munjack, 2005; Schneier, 2006)。在某些情况下,将心理疗法与具有抗抑郁机制的药物治疗结合起来或许比任何单独的治疗都更为有效(Blanco et al., 2010)。

广泛性焦虑障碍

广泛焦虑障碍(generalized anxiety disorder, GAD)的特点是过度的焦虑与担忧,它不局限于任何一个目标、情境或者活动。通常情况下,焦虑可以是一种适应性反应、一种内在的身体警报信号,表明威胁已经被感知并需要得到即刻的注意。然而,对于广泛性焦虑障碍的患者来说,焦虑是过度的、难以控制的,并且会伴有诸如坐立不安以及肌肉紧张等躯体症状(Donegan & Dugas,2012;Stein & Sareen,2015)。

GAD的特征

5.9　描述广泛性焦虑障碍并识别其主要特征

广泛性焦虑障碍(GAD)的特征是过度焦虑和无法控制的担心(Stefanopoulou et al.,2014;Stein & Sareen,2015)。广泛性焦虑障碍患者会有持续的担心——甚至是终生的担忧。他们可能会担心很多事情,包括他们的健康、经济状况、孩子的幸福以及他们的社会关系等。他们倾向于对一些日常生活琐事过分地担心,例如在路上堵车,或是类似破产等在未来几乎不可能发生的事件。他们可能会回避那些他们认为会发生"坏事"的情况或事件,或者他们可能反复寻求他人的保证("一切都很好")。诊断为GAD需要表现出明显的情绪困扰或日常功能的受损显著。患有广泛性焦虑障碍的儿童则倾向于对学校生活中的成绩、体育和社会因素过分忧虑。观看视频"菲利普:广泛性焦虑障碍"以了解更多关于广泛性焦虑障碍的知识。

这种伴随广泛焦性虑障碍的情绪性痛苦会显著地影响到一个人的日常生活。GAD也经常伴随着其他障碍的发生,例如抑郁症或者广场恐惧症和强迫障碍等其他的焦虑障碍。其他的一些相关特征包括多动;感到紧张、兴奋、着急、易疲劳、注意力难以集中或者感觉自己的大脑一片空白;易怒;肌肉紧张;睡眠紊乱,例如入睡困难、睡不醒或睡不安宁及睡眠不满意等。

GAD似乎是一种稳定的通常发病于青少年中期到20岁的障碍,而之后通常会伴随患者的终生。美国普通人群中的GAD的终生患病率在5.7%左右,而其中女性的患病率要比男性高两倍(Stein & Sareen,2015)。每年

观看　菲利普:广泛性焦虑障碍

大约有3%的成年人罹患GAD。在接下来厄尔的案例中,我们可以发现广泛性焦虑障碍的一些特点。

"为了担忧而担忧":一个关于广泛性焦虑障碍的案例

厄尔(Earl)是一名52岁的汽车工厂的管理者。他说话的时候双手会颤抖,面色苍白,他的头发因为他孩子气的脸而显得灰白与忧郁。

他在事业上取得了一定的成功,虽然他并不认为自己是个"明星"。他将近30年的婚姻也处于良好的状态,只是性生活"不那么和谐,因为我身体颤抖而感到不容易进入状态"。房子贷款并不是太大的负担,在未来的五年之内就能还清,"但我不知道为什么,我总是想着怎么样赚更多的钱"。三个孩子也都非常棒。其中一个工作了、一个在念大学、剩下一个在念高中。但是"随着他们的长大,我总是控制不住自己为他们担心。我曾经每天花好几个小时去担心他们"。

"但最奇怪的事情是,"厄尔摇着头说,"我在大脑中一片空白的时候还会找事情去担心。我不知道怎么去形容它。就好像是我先开始一种担心的情绪,然后才会有担心的事情出现。而不是我先考虑这样或者那样的事情,看出了其中的问题,再开始担心。然后我开始发抖,接着就开始担心这种担心,你能知道我在说什么吗?我想要逃离;我不想被任何人看见自己。在发抖时我是无法去指挥员工工作的。"

上班已经成为他的重要烦恼之一。"我不能忍受组装线的噪声。我时刻都感到有点神经质。就好像我希望某些可怕的事情发生一样。当这种糟糕的状态出现时我就会发抖而一两天不去上班。"

厄尔用尽了各种方法,"我的医生为我抽取了血液、唾液、尿液,所有你能说出的东西。他听说了所有的事情,又给我注射了药物。他还让其他医生一起会诊;他让我远离咖啡和酒精。之后又让我远离茶、巧克力和可乐,因为这些东西都含有少量的咖啡因。他还给我开了些安定药(一种抗焦虑药物或者弱镇静剂),我在一段时间里觉得自己到了天堂。之后这种药就没有效果了,然后他又换了其他的药物。而等这种药物又不起作用了,他就又换回前一种。之后他说他已经没有办法再用药物治疗我了,建议我去找心理医生。也许这是跟我的童年经历有关的问题。"

来自作者的档案

理论观点与治疗方法

5.10 描述广泛性焦虑障碍的理论观点并找出其两种主要的治疗方法

弗洛伊德将我们在GAD中看到的焦虑类型形容为"游离型"焦虑(free floating),因为有这种焦虑的人们会将焦虑从一个情境带入另一个情境之中。从心理动力学的观点来看,广泛性焦虑代表了另一种不可接受的性冲动或者攻击冲动或欲望潜入意识层面的具有威胁性的宣泄。患者可以意识到焦虑,却意识不到潜在的源头。对于焦虑的无意识起源的猜测是由于它们没有办法通过科学的方法进行确认。我们也无法直接观察或者测量无意识冲动。

观看　克里斯蒂:伴随失眠症的广泛性焦虑障碍

从学习的观点来看,广泛性焦虑更为准确的定义是:一种在许多情境下广泛出现的焦虑。人们操心着很多方面的生活问题,包括经济、健康和家庭问题等,而且在各种情境设置下都会体验到恐惧和忧虑。因此焦虑就会和几乎所有生活中的情境相联系。观看视频"克里斯蒂:伴随失眠症的广泛性焦虑障碍"以了解更多关于GAD的知识。

对GAD的认知突出了夸张和扭曲想法与信念的作用,尤其是那些隐忧的想法。GAD患者会担心很多事情,他们对环境中潜在的危险投注了过多的关注(Amir et al.,2009),每时每刻都在察觉着可能出现的危险和灾难信号。长此以往,交感神经系统时刻感知着危险和灾难,神经系统行走在坠落的边缘,引起的身体反应就是持续的焦虑。

认知和生物学观点的证据共同显示了GAD患者大脑中杏仁核以及前额叶皮质(prefrontal cortex,PFC)部分的思维功能紊乱(Etkin et al.,2009;见图5.8)。作为一种认知策略,GDA患者的大脑前额叶部分略倾向于担忧由过度兴奋的杏仁核产生的恐惧信号。

我们也可以猜想在GAD中存在着不规则神经递质活动。我们在之前提到的抗焦虑药物,例如苯二氮卓类药物地西泮(安定)和阿普唑仑增加了GABA(一种缓和中枢神经系统唤醒的抑制性神经递质)的效果。同样的,GAD患者对于抗抑郁药物帕罗西汀(特别针对血清素的)表现出了更多的治疗反应,这个证据说明了GAD患者大脑中的神经递质血清素活动的不规则性(Sheehan & Mao,2003)。神经递质通过作用于大脑结构来调整例如焦虑在内的情绪状态,所以这些大脑结构(例如杏仁核)中的过分活跃度可能与此相关。

深入思考

在见你的治疗师之前先服下这片药吧

最近的研究显示一种用来治疗肺结核的抗生素 D-环丝氨酸（DSQ），或许可以用来增强暴露疗法在治疗焦虑相关障碍时的效果（Andersson et al., 2015; de Kleine et al., 2014）。这种药物作用在大脑中参与学习和记忆的突触连接上，因此研究者猜测这种药物可能会增强认知行为治疗（CBT）等以学习为基础的治疗方法的疗效。稍后会有关于这些的详细介绍，但首先，让我们先来了解一下这种药物的背景。

在实验鼠身上进行的试验研究表明，DSQ 加强了小白鼠对特定物体形状和位置的记忆力（Zlomuzica et al., 2007）。其他研究表明 DSQ 加速了实验鼠恐惧反应的消退（Davis et al., 2005）。正如你在前面看到的一样，消退是这样一种过程，在该过程中，个体在缺少厌恶的无条件刺激（如痛苦或不愉快的刺激）的情况下，反复暴露于条件刺激（如害怕的物体或环境）之中，最终导致恐惧的条件反应减弱。

该药物作用在特定神经递质谷氨酸转氨酶（一种大脑中用来保持中枢神经系统兴奋性的化学物质）的受体上。药物中的咖啡因同样增强了谷氨酸的活性，这就是为什么很多人喜欢在早晨起床时喝一杯富含咖啡因的咖啡来使自己兴奋起来并保持精力的原因。

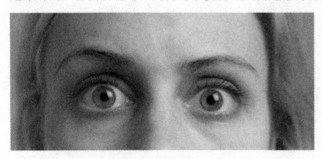

药物能促进行为疗法的效果吗？ 研究人员正在探索药物 D-环丝氨酸是否能促进行为（基于学习的）疗法在治疗恐惧症和其他焦虑障碍时的疗效。

其中用来解释 DSQ 阻断恐惧反应的大脑机理还是未知的，但是研究人员认为杏仁核，也就是大脑中产生恐惧的部分，应该是在其中起作用的（Davis et al., 2006）。可能的作用机理是，DSQ 加快了杏仁核中谷氨酸受体的阻断过程（Britton et al., 2007）。

DSQ 对焦虑障碍患者也有类似的作用吗？目前还尚未可知。一些证据表明，DSQ 提高了暴露疗法在治疗 PTSD、强迫症和社交障碍中的有效性（Andersson et al., 2015; Chasson et al., 2010; Difede et al., 2014; de Kleine et al., 2014; Smits et al., 2013）。然而，另一项大规模的研究发现，DSQ 未能提高治疗患有 PTSD 的老兵的治疗效果（e.g., Neylan, 2014; Rothbaum et al., 2014）。未来的研究有望解决这些矛盾。使用药物来促进心理干预在目前仍处于起步阶段，但是有一天，在求助于你的行为治疗师之前，先服下一片药丸终将会变成一件平常的事。

对广泛性焦虑障碍的主要治疗形式是精神科药物疗法和认知行为疗法（CBT）。抗抑郁药物，例如舍曲林（左洛复）和帕罗西汀，能够帮助减轻焦虑症状（Allgulander et al., 2004; Liebowitz et al., 2002）。但是我们需要记住的是，尽管精神科药物可以缓解焦虑，但它们却并不能治愈潜在的病因。一旦停药,症状通常就会复发。

认知行为治疗师用组合技术来治疗GAD,包括了放松技巧的训练;学习用冷静的、适应性的想法以取代侵入式的忧虑;以及学习"去灾难化"(即避免去想最坏的结果)的技巧。来自控制组的研究证据显示了认知行为疗法(CBT)在治疗GAD时确实具有疗效(DiMauro et al.,2013;Wetherell et al.,2013)。CBT疗法具有跟药物疗法相当的治疗效果,但却不易被中断,这说明心理学疗法更容易被患者所忍耐和接受(Mitte,2005)。在最近的一项研究中,大量接受了行为疗法、认知疗法或者两种疗法相结合方法的GAD患者在治疗之后已经没有GAD的症状了(Borkovec et al.,2002)。

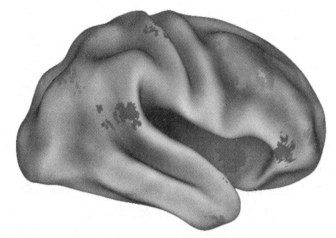

图5.8　前额皮质和杏仁核的联系
这张脑部图片前面的红色区域显示了前额皮质的部分,这些区域与广泛性焦虑障碍患者大脑的杏仁核相较之于非患者的对照组的大脑,有着更强的联系。这些区域涉及注意力分散以及忧虑有关的过程。

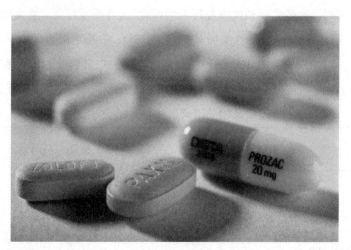

抗抑郁或抗焦虑药物?　抗抑郁药物如左洛复和帕罗西汀,可能有助于缓解焦虑。虽然这些药物可以治疗焦虑症状,但并不能解决根本的问题。

治疗方法的结合

许多心理学家都认为,焦虑障碍的发生涉及环境、生理和心理等因素复杂的相互作用。更为复杂的是,不同的因果路径可能在不同的情况下起作用。鉴于多种原因在其中起着作用,多种治疗焦虑障碍疗法的涌现也就不足为奇了。

为了阐明这一点,让我们为恐惧症提供一个可能的因果路径。有些人可能遗传了某些基因的易感性或是素质,这使得他们对于身体感觉上细微的变化过于敏感。认知因素也可能会参与其中。与二氧化碳水平变化相关的身体感觉,诸如头晕、刺痛或麻木,可能会被误解为灾难即将来临的窒息、心脏病发作或是失控的迹象。这反过来又可能会导致焦虑反应,就像多米诺骨牌一样,迅速上升为全面的惊恐发作。

这种情况是否会发生可能取决于另一个脆弱性因素:个体的焦虑敏感程度。对焦虑敏感程度高的个体来说,可能更容易对身体感觉的变化产生恐慌。在某种情况下,一个人的焦虑敏感度可能会很高,即使没有遗传倾向,恐惧也会随之而来。随着时间的推移,惊恐发作可能是因为暴露在过去与惊恐发作相关联的内部或外部线索(条件刺激)中所引发的,比如心悸或搭乘火车或电梯。就像我们在本章开头所见的迈克尔的病例,身体感觉的变化可能会被误解为心脏病即将发作的征兆,为生理反应和灾难性的思维方式的循环创造了条件,而这些反应和思维方式可能会导致全面的惊恐发作。

帮助惊恐障碍患者发展更有效的应对焦虑症状的技巧,而非灾难性的思考方式,有助于打破这种恶性循环。

强迫症及相关障碍

在DSM-5的分类中,强迫症及相关障碍包含了一系列的障碍,这些障碍共同具有强迫或趋向重复行为的模式,这些反复行为与重大的个人痛苦或日常生活的功能性受损有关(见表5.5)。在接下来的章节中,我们将重点讨论这一类别中的三种主要障碍:强迫症、躯体变形障碍和囤积障碍。另外两种相关障碍——拔毛症和皮肤搔抓症,在表5.5中也有介绍。

表5.5 强迫症及相关障碍概述

障碍类型	总体人群中大约的终生患病率	描述	相关特征
强迫症	约2%~3%	重复的强迫行为(反复的、侵入式的想法)以及/或者个体感到被胁迫执行的重复的行为	·强迫症会产生焦虑,这种焦虑至少在一定程度上通过强迫性仪式得到缓解
躯体变形障碍	未知	专注于想象的或夸大的躯体的缺陷	·患者可能会因感知缺陷而认为别人不把自己当做一个人 ·患者可能会有强迫行为,例如旨在纠正感知到的缺陷的过度修饰

续表

障碍类型	总体人群中大约的终生患病率	描述	相关特征
囤积障碍（强迫性囤积）	2%~5%	对于收集财物强烈的需要，无论其价值如何，倘若丢弃它们就会造成持久的痛苦	·导致家里堆满成堆的收集来的材料，如书籍、服饰、家居用品，甚至是垃圾邮件 ·会造成一系列的有害影响，包括生活空间的使用困难以及与家人或其他人产生冲突 ·个体会从积累和保留无用或不必要的东西中感到一种安全感 ·个体可能无法认识到囤积行为是一个问题，尽管显而易见的证据就在眼前
拔毛症	未知	强迫性或重复性的拔毛行为造成脱发	·拉扯头发可能涉及头皮或其他身体部位，可能会导致明显的秃斑 ·拉扯头发可能具有自我舒缓的效果，并且可以作为压力或焦虑的应对反应
皮肤搔抓症	1.4%或更高（成人）	强迫性或重复性的搔抓皮肤，导致皮肤损伤或溃疡并且可能因为反复摘痂而永远不会痊愈	·皮肤搔抓可能会涉及搔抓、刮擦、摩擦或挖入皮肤 ·皮肤搔抓可能是一种除去皮肤上细微缺陷或不规则的尝试，或是用来应对压力或焦虑的一种途径

来源：American Psychiatric Association，2013；Grant，2014；Mataix-Coles et al.，2010；Snyder，2015；and other sources.

强迫症

5.11 描述强迫症的主要特点以及了解和治疗的途径

强迫症（obsessive-compulsive disorder，OCD）患者被周期性的强迫性观念、强迫性行为或是由这两者共同所引起的压力所困扰，且每天不止一小时，这严重干扰着他们正常的生活职业或社交的功能（American Psychiatric Association，2013；Parmet，Lynm，& Golub，2011）。**强迫观念**（obession）是一种侵入性、周期性的以及不情愿的思想、欲念，或一种看似超出能力控制范围外的表象。强迫观念是强烈且持久的，它始终干涉着人的日常生活，而且能引起显著的痛苦和焦虑。比如，某个强迫症患者会不断地想自己是否关上了门或关好了窗。某位患者会被欲念强迫着去伤害其配偶。某个患者会出现干扰性的精神意念或幻觉，比如一位年轻母亲就经常幻想她的孩子在放学回家的路上出了车祸。强迫症通常会引起焦虑或痛苦，但并非都体现在所有的病例之中（American Psychiatric Association，2013）。欲了解更多关于OCD的情况，请观看视频"戴夫：强迫症（OCD）"。

观看　戴夫：强迫症（OCD）

强迫行为（compulsion）是人感到被迫使或被驱使着去执行的一种重复的行为（比如反复洗手或不断检查门锁）或精神的表现（如不断地祈祷重复特定的话语或计数）（American Psychiatric Association, 2013）。具有代表性的强迫行为一般是对强迫观念的反应，频繁且强有力地干扰着日常生活或引发显著的痛苦。表5.6表明了强迫观念和强迫行为的某些相关性。在下面的第一人称叙述中，一个男人描述他在强迫观念下的行为结果是对他人（甚至包括昆虫）进行伤害。

表5.6　强迫性观念和强迫行为的例子

强迫观念模式	强迫行为模式
尽管反复地洗手，但仍然认为双手很脏	一遍又一遍地反复检查作业
很难动摇被爱的人已被伤害或杀害的观念	在离开家之前反复检查门锁和煤气阀门
反复思考在离开家时，门并没有锁好	不断洗手以保持干净和无菌
经常担心家里的煤气阀门没有关好	
反复思考对所爱的人做了可怕的事情	

"我""折磨的念头和神秘的仪式"

我的强迫行为来源于我担心自己的疏忽大意会伤害到别人。就是经常说一些重复又长的废话，确定门有没有锁好，煤气阀门有没有关好，确保自己用合适的按键力度关掉电灯开关而不会引发触电，确保我清洁好了车子的齿轮，这样我就不会损坏车子的机械装置。

我幻想着在南太平洋找一个小岛，然后独自居住下来。如果我非要伤害谁的话就伤害我自己，这样就可以没有任何压力。然而即使我一个人，我也会有担忧，因为那些昆虫也是一个问题。有时候当我提着垃圾出去，我就担心会不会踩到蚂蚁。我蹲下来仔细注视有没有蚂蚁在垂死挣扎。

我意识到没有人像我这样。主要是因为我不想再经历伤害他人的那种内疚感，可以说我是自私的。我不在意那些就像我没有感到内疚一样。

来源：Osborn, 1998.

大部分的强迫行为分为两类:清洗仪式和检查仪式。仪式可以成为生活中的焦点。一个强迫洗手患者,叫科瑞尼(Corinne),长期地纠结于洗手仪式中。她每天在洗水槽花三到四个小时,抱怨着"我的手看起来像虾爪"。有些人则会在离开家之前一遍又一遍地检查所有电器有没有关好,但仍心存疑虑。

另一个患强迫症的妇女描述了复杂的仪式,她坚持让她的丈夫去实施倒垃圾这个简单的动作(Colas,1998)。这对夫妇住在一个公寓里,将垃圾处理在公共大型垃圾装卸卡车里。这个仪式是防止把邻居家的细菌带进她的公寓。她坚持要自己的丈夫在没有触及垃圾箱的情况下把垃圾倒出去,然后他需要在进门时把鞋子脱下来并且洗手,要用干净的手挤出洗手液,以避免污染。她的丈夫需要将这个过程重复20遍,每丢一次垃圾重复一次。如果在这个过程中的任何时候出现污染物,比如一块灰色的液体污渍弄到他的衣服上,并且被她看见,她就会让丈夫去丢弃的垃圾里找污染的垃圾袋,以确认那些液体是什么。如果丈夫拒绝,她就会不依不饶,直到丈夫做出妥协。

强迫行为通常伴随着强迫观念,且至少能减轻一部分由强迫的想法而引发起的焦虑。倘若触摸了一个公共的门把手,他们就会洗手40或50遍,强迫的洗手者可能会从认为灰尘或者细菌仍然会留在皮肤褶皱里的强迫观念产生焦虑中得到一点解脱。他们可能会相信这种仪式行为能够帮助阻止可怕的事情发生,例如细菌的污染。然而,这种重复强迫行为没有任何用来预防的现实依据。事实上,这种解决方法(即实行这个仪式行为)已经变成了一个问题(Salkovskis et al.,2003)。个体陷入了一个受错误想法入侵而导致的强迫仪式的恶性循环中。患有强迫症的人们知道自己的强迫观念是过度和不理智的,可是没办法停止它们(Belkin,2005)。

强迫症在一般人群生命中的某个阶段的患病率为2%~3%,而最早的发病案例仅仅只有4岁(American Psychiatric Association,2013;Sookman & Fineberg,2015;Snyder et al.,2015)。强迫症通常始于青春期或成年早期,但却可能在童年期就已开始酝酿。一项瑞典的研究发现,尽管大多数强迫症患者的症状最终都会得到一定的缓解,但是大部分的人在他们之后的人生中仍然会持续存在某些症状(Skoog & Skoog,1999)。强迫症在男女之间的患病率大致相同。杰克的病例阐释了强迫检查行为。

杰克的"小怪癖":一个强迫症的案例

杰克,一名成功的化学工程师,娶了玛莉,一名药剂师为太太。玛莉越来越为丈夫的"小怪癖"而苦恼,在她的敦促下,杰克前来寻求帮助。杰克是一位强迫检查患者。每当离开公寓的时候,他都坚持回去检查灯和煤气是不是关好了、冰箱门是不是还开着。有时他会在电梯里说声抱歉,然后回去执行他的仪式行为。有时他的强迫检查行为会把自己困在车库里。强迫检查行为使他返回公寓,留下玛莉一个人生气。度假对杰克来说尤其困难,因为仪式行为占据了他们早晨出发前的大部分时间。即便如此,他仍被怀疑折磨着。

玛莉曾尝试着帮助杰克调整每天晚上都会从床上蹦起来去重新检查门窗是否关好的行为模式。长久如此,她的耐心快要被消耗殆尽。杰克也意识到自己的行为已经伤害到了妻子,这也让他自己很痛苦,然而接受治疗仍然十分勉强。嘴上说要改掉这些坏习惯,但是他也害怕他的妥协会使他更加依赖强迫行为来缓解焦虑。

来自作者的档案

理论观点 根据心理动力学的传统观点,强迫观念是由无意识向意识领域渗透出来的冲动,而强迫行为则是对于这种冲动的压抑。比如像害怕被细菌和污垢弄脏的强迫观念可能来自无意识里婴幼儿时期弄脏自己或者玩粪便的冲动。强迫行为(在本案例中的清洗仪式行为)能够帮助压制这些想法。心理动力学模型却仍然对此保持了相当大的怀疑,很大程度上是因为很难(或者说不可能)采取科学的步骤来证明无意识的冲动或者冲突的存在。

强迫症的易感性在一定程度上是由遗传因素决定的(Mattheisen et al., 2014; Taylor & Jang, 2011)。与此相关的一点,许多强迫症患者,尤其是那些在从儿童时期就患上强迫症的病人,都有抽动障碍的病史。研究人员怀疑抽动障碍与强迫症(至少是那些从儿童时期就发病)存在一定的遗传联系(Browne et al., 2015; Hirschtritt et al., 2015)。

另一种可能性是由于某种特殊基因的活动影响了大脑中枢神经系统的化学平衡,导致个体担忧过程中大脑通路的过度激活;这种大脑通路,或者称为"担忧回路(worry ciruit)",传递的信号是错误的,并且需要即时的反应,结果使个体产生反复强迫和过度担忧的行为。信号由大脑边缘系统中负责产生恐惧信息的中心杏仁核传递出来,正常情况下,前额叶皮质处理来自包括杏仁核在内的其他低级大脑结构产生的输入信号。然而强迫症和其他焦虑症患者的正常回路被打断,前额皮质无法控制来自杏仁核的过度的神经活动,导致了高水平的焦虑和担忧(Harrison et al., 2009; Monk et al., 2008)。

根据强迫症的生物学基础，我们可以作出一个有趣的推断。强迫症是由于正常情况下抑制重复行为的大脑回路出现异常，这些异常能够导致人们被迫去执行一些重复的行为，这些行为使得他们就像被"卡在齿轮里"一样（Leocani et al.，2001）。

大脑皮层中的前额叶调控控制躯体运动的低级大脑中枢。脑部成像研究显示，强迫症患者的额叶存在大脑回路激活的异常模式（Hsieh et al.，2014；Snyder et al.，2015）。也许这些神经通路的紊乱可以解释那些有强迫行为的人为何无法抑制重复的仪式化行为。

另外一部分的大脑，包括基底神经节，可能也与强迫症有关。基底神经节对于调控躯体运动有作用，因此可以想象的是这些区域的功能紊乱也许可以解释在强迫症患者身上出现的仪式化行为。近期，研究人员将强迫症患者的过度习惯或仪式化行为与基底神经节尾状核部分的过度激活联系了起来（Gillan et al.，2015）。根据这一研究，强迫症可能涉及到大脑如何控制重复的身体动作或习惯的故障。

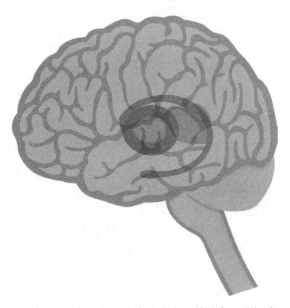

探索大脑寻找强迫症的线索 科学家正在探索大脑的深层结构，涉及基底神经节（如图所示），寻找控制重复性动作或习惯的大脑机制异常。

强迫症的心理学模型强调了认知和学习因素。强迫症患者倾向于过分关注他们自己的想法（Taylor & Jang，2011）。他们似乎无法打破这种由于同样侵入式的消极想法在他们的大脑里回荡的思维循环模式。他们也倾向于夸大不幸事件发生的危险。由于他们认为可怕的事情将会发生，强迫症患者因此就开始了执行仪式行为来阻止它们的发生。一名会计师可能会因为想象在客户纳税申报表格上出现的一点错误而带来的可怕后果而不断地强迫自己检查他或者她的工作。在应激性事件中，仪式行为可能提供了一种虚假的控制感（Reuven-Magril，Dar，& Liberman，2008）。

另一种与强迫症的发病有关的认知因素是完美主义，或者是一种要把工作完美无瑕地完成的信念（Moretz & McKay，2009；Taylor & Jang，2011）。有完美主义信念的人会夸大由于

一种强迫性观念？ 一种强迫观念包含了不断地侵入式的想法，认为由于自己的疏忽而带来灾难性后果。例如，一个人可能无法摆脱由于自己的无心使某个电器开着，导致短路而造成家宅着火的想法。

工作完成得不那么完美而带来的后果,并且不断地强迫自己重复努力直到把每一个细节都做到完美无瑕。

从学习理论的观点来看,我们可以将这种强迫行为看作是一种由来自强迫观念引起的焦虑得到解脱而负强化了的操作性反应、或者简单地说"强迫观念带来了焦虑/痛苦,而强迫行为则减轻了它们"(Franklin et al., 2002)。如果一个人受到"灰尘或异物会弄脏别人手"的想法的困扰,那么和别人握手,甚至触摸门把手就会引起强烈的焦虑。暴露在患者所感觉到的污染物之后的强迫洗手行为能够在一定程度上缓解焦虑。强化作用,无论是正强化还是负强化,都能加强焦虑之前出现的行为。因此,下一次当个体碰到能够唤起焦虑的线索之后,例如握手或者触碰门把手,患者就更有可能采取重复的强迫仪式行为。[判断正误]

问题依然存在:为什么有些人会出现强迫观念而其他人不会?或许是那些强迫症患者的身体警报系统过于敏感,即使是轻微的危险线索也会激活它。根据这个猜测,我们可以推测也许他们大脑中的担忧通路对于危险信号异常的敏感,无论这种威胁是真实的还是想象的。

记忆缺陷可能也会起作用(Abramovitch, Abramowitz, & Mittelman, 2013)。例如,强迫性检查者可能会难以想起自己完成的任务。比如忘记在出门前是否关掉了烤面包机。证据还表明,强迫症患者有执行功能(executive function)缺陷,执行功能指的是一系列需要控制和规划目标指向行为的认知能力,诸如对未来的规划、对一系列行为的优先排列以及打破问题习惯的能力(Snyder et al., 2015)。

治疗方法 行为治疗师通过采用暴露与反应阻断技术(exposure with response prevention, ERP)已经在治疗强迫症方面取得了令人印象深刻的成果(e.g., Crino, 2015; Franklin & Foa, 2011; McKay et al., 2014; Wheaton et al., 2016)。暴露的组成部分包括反复与长时间的暴露在刺激或引发强迫观念的情境中。对于许多人来说,这样的情境是很难避免的,例如离开家后会引发对于煤气或者门窗是否关好的强迫观念。或者让来访者被指导故意地慌乱出门或者往手上抹脏东西来诱发强迫观念。反应阻断专门来阻止强迫行为的发生。来访者手上抹有脏东西之后必须在指定的一段时间内不能洗手;有门锁检查强迫的患者则不能去查看门锁是否锁好了。

通过暴露与反应阻断疗法(ERP),强迫症患者学会忍受由强迫观念

判断正误

强迫观念有助于缓解焦虑。
☐ 错误 事实上,强迫观念引发焦虑,但执行强迫仪式在一定程度上能够减轻伴随强迫观念的焦虑,因而造成一个循环,强迫观念促成仪式化行为,它又通过焦虑的缓解得到强化。

触发的焦虑情绪而不能进行相应的强迫行为。经过反复多次的治疗之后焦虑最终得到了减轻,而个体也不再强迫自己去执行那些强迫仪式行为。其中根本的原理仍然是消退。当触发强迫观念的线索和伴随着的焦虑感被重复呈现而患者却感觉不到事情的发生时,就减弱了信号和焦虑反应之间的联结。

在认知行为治疗过程中的认知技术通常与ERP相结合(Abramowitz,2008;Hassija & Gray,2010)。认知的部分包括了纠正扭曲的思维方式(认知失调),例如夸大出现可怕后果的可能性和严重性的倾向(Whittal et al.,2008)。

SSRI型(选择性5-羟色胺再摄取抑制剂;见第2章)抗抑郁药物在治疗强迫障碍方面也有一定的临床效果(Grant,2014)。这类药包括氟西汀(百忧解)、帕罗西汀(赛乐特)和克罗米帕明(盐酸氯米帕明)。这些药物提高了大脑中神经递质血清素的活性。这类药物的有效性显示了5-羟色胺的传递问题在强迫症的发生发展中起到了重要作用,至少在某些病例中是这样的(Maia & Cano-Colino,2015)。但是,我们需要记住,只有一小部分强迫症患者在使用SSRIs型药物治疗之后才表现出完全的症状缓解(Grant,2014)。我们同样还需要知道很多病人对于认知行为疗法也没有任何的反应(Fisher & Wells,2005)。

我上锁了吗?还是我以为自己上锁了? 在ERP中,治疗师通过使来访者直面能够引发强迫观念的刺激(如灰尘)却不让来访者实施强迫仪式行为(例如重新检查门锁是否锁好),从而帮助来访者打破强迫症的循环。

在治疗强迫症方面,CBT相较之于使用SSRI型抗抑郁药的药物治疗可能具有更优的疗效,并且可能会得到更长期的治疗效果(Franklin & Foa,2011;Öst,Havnen,et al.,2015)。在接受过反应阻断治疗的强迫症患者中,约有60%到80%的强迫症患者在症状上有显著的减轻(Holmes,Craske,& Graybiel,2014;Grant,2014)。我们还了解到,在强迫症的治疗中结合CBT与SSRI型抗抑郁药物治疗,可以提高单纯药物治疗的有效性(Grant,2014;Ressler & Rothbaum,2013;Simpson,2014)。在"深入思考:大脑的起搏器?"中探讨了一种治疗强迫症及其他涉及电刺激大脑深层结构的心理障碍的实验性疗法。

深入思考

大脑的起搏器?

尽管精神外科仍是一种实验性的、有争议的治疗方式,但新出现的证据表明,一种涉及脑深部电刺激(deep brain stimulation,DBS)的外科技术在治疗重度强迫症患者的过程中可能会起到

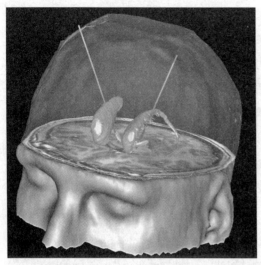

图5.9 强迫症的深层脑刺激

这幅图显示了两个电极插入位于丘脑下方的细胞核的位置。这些电极被用来刺激强迫症患者的大脑。

来源:《大脑的起搏器》,2008。

作用(Denys et al.,2010)。DBS以与诸如强迫症这类的特定疾病(见图5.9)相关的特定脑回路为靶。在DBS中,电极被外科手术植入特定的脑区,并且与放置在胸壁上的小电池相连接。当受到类似起搏器装置的刺激时,电极就会将电信号直接传输到周围的脑组织中。我们无法确切地说DBS是如何工作的,但它可能涉及到被打断的异常的脑信号。

在使用脑深部刺激时,一个悬而未决的问题是电极安放的位置。正如美国心理健康研究所的精神病医师维恩·古德曼(Wayne Goodman)指出的:"我们仍然不确定大脑中哪里是减少强迫症状的最佳区域。就像即使你以为自己身处正确的社区,但实际上你可能离正确的社区还有一街之隔,而在大脑中,这'一街之隔'可能就只有一毫米"(引自《大脑的起搏器》,2008)。

尽管DBS仍是一种实验性的治疗方法,但最近的研究指出它在治疗强迫症之外的其他疾病方面也具有潜在的用途。研究人员发现,使用DBS治疗那些对其他疗法不起作用的重度抑郁症患者的疗效喜人(e.g., Blomsted et al., 2011; Hirschfeld, 2011; Holtzheimer et al., 2012; Keshtkar, Ghanizadeh, & Firoozabadi, 2012)。

或许很快就有一天,患有重度强迫症、抑郁症或其他心理障碍的人们就能向大脑特定的区域自行供电,从而控制他们的症状。在一项相关的记录中,研究人员也在评估MRI设备对大脑的刺激是否与DBS相似。这种形式的大脑刺激的初步结果是很有前景的,显示了重度抑郁症患者的抑郁症状减少(Vaziri-Bozorg et al., 2012)。

躯体变形障碍

5.12 描述躯体变形障碍的主要特征

躯体变形障碍(body dysmorphic disorder, BDD)患者专注于幻想或夸大外表身体缺陷,如皮肤瑕疵、面部起皱或是肿胀、身体上长痣或是斑点,这些都会导致他们觉得自己是丑陋的,或者说甚至觉得自己被毁容了(Buhlmann, Marques, & Wilhelm, 2012; Fang, Schwartz, & Wilhelm, 2016)。他们会担心别人因他们所感知的缺陷或瑕疵而否认自己(Anson, Veale, & de Silva, 2012)。他们可能会花数小时在镜子面前检查自己,并用极端的手段来修正感知到的缺陷,甚至采取侵入式的或者是令人痛苦的医疗手段,包括不必要的整形外科手术。还有一些BDD患者把家中所有的镜子都移走,为了不让自己注意到外表"明显的缺陷"。BDD患者会觉得其他人都认为他很丑或者长得很畸形,从而认为自己不吸引人的外貌会给他人留下负面印象。

BDD属于强迫症的范畴,因为患有这种疾病的人往往会对自己所感知到的缺陷表现出困惑,并常常感到有必要在镜子前检查自己,

你看不到吗? 一个得了躯体变形障碍的人会花好几个小时站在镜子前面,被想象或夸大了的外貌缺点所困扰。

或是从事旨在修复、掩盖或修改所感知到的缺陷的强迫行为。在本页所示的案例中,强迫行为以反复的打扮、清洗和摆弄发型的形式得以展现。

尽管BDD被认为是相对普遍的障碍类型,但我们没有关于患病率确切的数据,因为许多有障碍的人没有寻求帮助或尽可能把自己的症状隐藏起来。毫不奇怪的是,与对照组相比,BDD患者的自尊水平更低,且每一种情感表达水平都较高(Hartmann et al., 2014)。我们不应低估与BDD相关的情绪性困扰,因为有证据显示该障碍的患者中存在较高的自杀想法以及自杀企图的比率(Buhlmann, Marques, & Wilhelm, 2012; Pillips & Menard, 2006)。更令人备受鼓舞的是,基于一小部分BDD患者的证据表明,大多数患者最终都获得了康复,尽管这一过程通常会花上五年时间甚至更久(Bjornsson et al., 2011)。[判断正误]

认知-行为疗法,通常加入暴露疗法与反应阻断,在治疗BDD方面显示出了良好的效果(Roy-Byrne, 2016; Fang, Schwartz, & Wilhelm, 2016; Greenberg, Mothi, & Wilhelm, 2016)。暴露疗法所能够采取的形式是在公众场合故意将所感知到的缺陷展示出来,而不再使用化妆品或是服饰来掩盖它。反应阻断可能包括努力避免在镜子面前检查(例如,将家中的镜子蒙起来)以及避免过度的清洁。ERP通常与认知重构相结合,治疗师帮助来访者挑战他们对自己外貌的扭曲信念,并依据证据对它们进行评估(Phillips & Rogers, 2011)。

判断正误

皮肤上有一丝一毫的小瑕疵会让一些人考虑自杀。

☐正确 BDD患者可能会被他们自己所觉知的缺陷——甚至是轻微的皮肤上的瑕疵——所吞噬,以至于他们会认真地考虑放弃生命。

> **"当我的头发没打理好时……我就不舒服":一个躯体变形障碍的案例**
>
> 　　克劳迪亚(Claudia),一名24岁的司法官,几乎每天都觉得自己的头发凌乱。她对自己的治疗师解释道:"当我的头发没有打理好时,我就不舒服。似乎每一天都是这样。你看不见吗?"她继续解释道,"我的头发非常不整齐。这一撮应该再短点儿,那一撮就那样趴在那里。人们认为我疯了,但是我不能忍受我看起来像这样。这让我看起来显得很畸形。如果人们不能理解我所说的没有关系,我自己能理解就行了,就像我说的那样。"几个月前,克劳迪亚剪了一次头发,她称之为一场灾难。在剪完头发不久,她就有了自杀的想法:"我想刺我的心脏。我不能忍受自己看上去是这个样子。"
>
> 　　这些日子的白天里克劳迪亚站在镜子前面无数次地检查自己的头发。她会在每天早晨花2个小时整理头发,但这样还不能让她满意。她的不停修剪和整理头发已经变成了一种强迫仪式。正如她告诉治疗师的那样:"我想停止修剪和整理它,但是我就是控制不住自己。"
>
> 　　拥有一头"凌乱的头发"对克劳迪亚来说,意味着她不能和朋友们一起出去,而要每一秒钟都站在镜子前面检查自己,整理自己的头发。她偶尔会自己剪掉几缕头发来试着修整上次理发犯下的错误。但是对她来说,自己剪头发不可避免地会弄得更糟糕。克劳迪亚永远在寻找完美的发型来调整那些只有她自己才能发现的不足。几年前她曾拥有她认为最完美的发型,"就是这样,我的发型是世界上最好的,但是头发开始长长以后就变弯了"。在不断地寻找完美发型的过程中,她在曼哈顿找到了一位很难预约的世界知名的发型设计师,他的客人中包括很多名人。"人们不会理解付给这个家伙375美元就为了剪一次头发,尤其用我自己的薪水。但是他们不会明白这对我来说有多么重要。我愿意把我所有的钱都付出去。"不幸的是,就算是这位有名望的发型设计师也让她失望了。"我在长岛花25美元的那个老发型师剪的头发都比这个好。"
>
> 　　克劳迪亚还报告了她早期关于外貌的其他固着:"在高中的时候,我觉得我自己的脸就像个盘子。它太平了。我不喜欢拍照片。我没有办法阻止自己不去想人们会怎么看我。你知道他们是不会告诉你的。即使他们说你看起来没有任何问题,那也不能说明什么,他们会为了显得礼貌而说谎。"克劳迪亚提到她被教育得认为长得漂亮就等于幸福,"我曾被教育:要想成功就必须长得漂亮。如果我看起来是这个样子,我怎么获得幸福呢?"
>
> 来自作者的档案

深入思考

"他们看不到我所能视之物?"躯体变形障碍患者的面部识别过程

　　最近一项脑成像研究的结果与临床医生有关躯体变形障碍(BDD)的印象产生了共鸣。该研究中,对进行面部匹配任务的BDD患者和无BDD(控制组)被试做了fMRI扫描(Feusner et al., 2007;见图5.10)。参与者被示以一系列男性和女性的脸,并被要求将每一张脸与三张对比脸中的一张进行匹配,这三张对比脸是直接呈现在目标脸下方的。匹配任务进行时的脑扫描显示,

BDD患者和控制组参与者大脑激活的模式存在差异。

主要的不同是，BDD患者比控制组被试在左半球显示出更多的激活。对大多数人来说，左半球主导要求分析、评估过程的任务，而右半球则主导整体的处理——一种涉及面部识别的处理。我们通常采用整体处理来识别面部（例如，将面孔作为整体进行识别），而不是零星地把面孔各部分拼凑在一起进行识别。

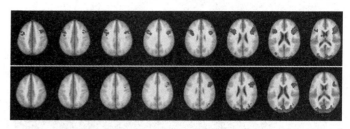

图5.10 躯体变形障碍患者的大脑激活模式

上图是脑扫描显示的在对面孔刺激进行反应时的躯体变形障碍（BDD）患者（上排）和控制组被试（下排）的脑激活区域（深色部分）。BDD患者左右脑的前额叶区域都显示出激活（图像的上部），而控制组则只在右半球显示出了激活。

来源：图由 Dr. Jamie Feusner 友情提供。

在BDD患者中，脑内的视觉处理涉及了更多的左半球与细节或碎片分析一致的激活，而与之相反的是，控制组被试则更多地用到了全脑或语境加工。换句话说，BDD组更倾向于过分关注组成脸部的各部分的视觉细节，而不是将面部看成一个整体。这种过分关注躯体外表细节的倾向正是BDD的一个关键临床特征。BDD患者会错误地假设其他人在察觉别人的外表时会和他们一样是细节导向的。这就能够解释为什么他们总是假设别人会注意到在他们觉察自己的外表时非常突出的一点点瑕疵或生理缺陷。

囤积障碍

5.13 描述囤积障碍的主要特征

强迫性囤积，被DSM-5划分为**囤积障碍**（hoarding disorder）的新型认知障碍，其特征是对于那些成堆的不必要的或看似毫无用处物品的丢弃存在极端的困难，并且会导致个人痛苦以及制造诸多的混乱，比如它会使一个人的家里（堆积过多）难以安全行走，或者使人几乎无法居住（Muroff & Underwood, 2016; Roy-Byrne, 2013b）。

在普通人群中，说自己难以丢弃破旧或无用物品的人的比例比我们预期的还要高——有21%的人（Rodriguez, 2013）。然而，在囤积障碍中——影响着2%到5%的普通人群，这与强迫症患者在总体中所占的比例差不多——问题更为严重，并对日常功能性有负面影响（Mataix-Cols et al., 2010; Woody, Kellman-McFarlane, & Welsted, 2014）。对于囤积障碍患者来说，成堆的不需要的东西，比如成堆的报纸或杂志，可能会成为火灾的隐患，或者令他们大部分的生活空间都无法有效利用，到家中的来访者必须小心翼翼地在成堆的杂物中穿行。

囤积 那些强迫性地囤积和保留大量无用或不需要的财物的人,会对自己的财物产生情感上的依恋,并害怕与之分离。

囤积物品的人会紧抓着自己的财物不放,这就导致了与家庭成员和其他人的冲突。与非囤积障碍的人相比,囤积障碍患者往往更年长、更贫穷,并且有更多的身心健康问题(Nordsletten et al., 2013)。

囤积障碍与强迫症有密切的关系(Frost, Steketee, & Tolin, 2012)。囤积障碍的强迫性特征可能涉及到对获取物品的反复思考与失去物品的恐惧。这些强迫性的特征可能包括反复地重新排列物品以及即使面对他人的强烈抗议,他们也固执地拒绝丢弃它们。尽管与强迫症有相似之处,在DSM-5中,囤积障碍是一种与之相区别的障碍,它并非强迫症的亚型,囤积障碍与强迫症之间有一些重要的区别。首先,囤积障碍中的强迫性思维不像强迫症那般具有侵入性的、不想要的思维特征。囤积障碍患者的这些想法通常作为正常思维流的一部分而被体验(Mataix-Cols et al., 2010)。此外,囤积障碍患者不会有冲动去执行一些仪式来控制那些令人不安的想法。与囤积有关的烦恼并不是侵入性的、强迫性的思维的结果,而是难以适应生活在杂乱环境中以及与他人在杂乱环境中产生冲突的结果。与强迫症的另一个不同之处在于,那些囤积物品的人通常会从收集物品和思考它们的过程中体验到快乐或愉悦,而这些与强迫症中和强迫性思维相关的焦虑有所不同。

囤积行为的根本原因仍有待研究,但最近的研究正在探索其神经学基础。在考虑获取和丢弃财物时,囤积障碍患者在大脑中与决策制定和自我调节相关的部分表现出异常的激活模式(Tolin et al., 2012)。沿着这一思路进行进一步的研究可能有助于我们更好地理解那些囤积障碍患者在做关于收集物品和避免丢弃物品的决定时遇到的困难。尽管囤积障碍一直难以治疗,但是CBT显示出了良好的疗效(Storch & Lewin, 2016; Tolin et al., 2015)。CBT帮助个体挑战关于积累和保留无用财物的信念,并提供分类和丢弃这些财物所需技能的训练(Muroff & Underwood, 2016)。

> **邻居的抱怨：一个强迫性囤积障碍的案例**
>
> 这位55岁的离异男子并不将自己的囤积障碍视作是一种问题，而是会因为可能收到来自担心火灾隐患的邻居的投诉而感到压力才想到要来治疗（他所居住的房子是一系列挨在一起的排屋）。一次家访揭露了问题的严重程度：房间里堆满了各种各样平时不太会用得上的物品，包括过期的易拉罐、成堆的报纸与杂志、成捆的废纸甚至是布条。大部分家具都被杂乱的东西完全遮住了。一条狭窄的小路被这些杂物堆砌在两边，通向浴室与这个男人的床。
>
> 厨房里也是乱糟糟的，连有用的器具也没有。那人报告说自己已经很久没有使用过厨房了，他日常会出门用餐。房间里会弥漫着一股发霉与灰尘的气味。当被问及为什么要保留这些物品的时候，他回答说，自己害怕丢失"重要的文件"或是"可能需要的东西"。然而，他却说不出这些物品是哪里重要或是还用得上的。
>
> 来源：摘自Rachman & DeSilva, 2009.

总结

焦虑障碍的概述

焦虑障碍的特征

5.1 描述焦虑障碍的明显生理、行为和认知特点

焦虑障碍的特征是行为模式的紊乱，其中焦虑是最为突出的特征。它们的特点是一些身体症状，如不安、手心出汗、心跳加速；以回避行为、依附或不独立、躁动为行为特征；以担心、对未来恐惧、对失去控制的恐惧为认知特征。

焦虑障碍中的种族差异

5.2 描述焦虑障碍发病率的种族差异

来自全美代表性样本的证据揭示，与非西班牙裔的美国白人相比，在少数民族中，成人患某些焦虑障碍的比率普遍较低。

惊恐障碍

惊恐发作的特征

5.3 描述惊恐发作的主要特征

惊恐发作伴随强烈的躯体特征、显著的心血管症状，这些可能是由于恐惧或是害怕失去控制感、害怕变疯、害怕死亡而导致的。惊恐发作患者经常会限制自己的户外活动，因为害怕反复发作。这会导致广场恐惧症（害怕冒险进入公共场所）。

理论观点

5.4 描述惊恐障碍的主要概念模型

主要的模型是将认知因素（如对身体觉知的灾难化曲解、焦虑敏感性）与生物学因素（如遗传倾向性、增加的敏感性身体线索)相结合而使得惊恐障碍概念化的。从这个角度看，惊恐障碍就涉及到生理与心理因素在恶性循环中的相互作用，从而导致了全面的惊恐发作。

治疗方法

5.5 评价治疗惊恐障碍的方法

最为有效的治疗方法是认知-行为疗法(CBT)与药物治疗。CBT针对惊恐障碍融合了诸如自我监控、控制条件下暴露在与惊恐相关的线索中(包括身体敏感物)，以及训练应对惊恐发作时不再对身体线索灾难化曲解的应对反应。生物学方法包括使用抗抑郁药物，它们具有抗焦虑、抗惊恐以及抗抑郁的功效。

恐惧症

恐惧症的类型

5.6 描述恐惧障碍的主要特点和具体类型

恐惧症是对特定物体或环境的不合理的恐惧，恐惧症涉及到一个行为的组成部分——对恐惧刺激的回避——以及与暴露在恐惧刺激中相关的身体和认知功能障碍。特定恐惧症是对特定物体或场景的过度恐惧，比如老鼠、蜘蛛、狭窄的地方或者高度。社交恐惧症(社交焦虑障碍)是一种强烈的恐惧，害怕被人否定。广场恐惧症是一种对于进入公共场所的恐惧。广场恐惧症可能会伴随或是不伴随惊恐障碍的发作。

理论观点

5.7 解释学习、认知和生物学因素在恐惧症形成中的作用

学习理论家将恐惧症解释为一种通过条件作用和观察学习原理获得的习得行为。莫瑞尔的两因素模型在恐惧症的解释中融入经典和操作性的条件作用。恐惧症似乎受到认知因素的影响，例如对于威胁性线索的过度敏感、对危险的过度预测、自我挫败的想法和非理性的信念。遗传因素似乎也增加了恐惧症发生的可能性。一些研究人员认为，我们对于获得某些类型的恐惧具有遗传倾向性，而这可能对于我们的先祖具有一定的生存价值。

治疗方法

5.8 评价恐惧障碍的治疗方法

最为有效的治疗方法是基于学习的治疗，如系统脱敏与逐级暴露，以及认知治疗与药物治疗，如使用抗抑郁的药物(如左洛复、帕罗西汀)来治疗社交焦虑。

广泛性焦虑障碍

GAD的特征

5.9 描述广泛性焦虑障碍并识别其主要特征

广泛性焦虑障碍是一种焦虑障碍，涉及持续的焦虑，似乎是自由浮动的，或与特定情境无关。

主要特征是为情绪性痛苦感到担忧。

理论观点与治疗方法

5.10 描述广泛性焦虑障碍的理论观点并找出其两种主要的治疗方法

心理动力学理论家把焦虑障碍视作是自我控制意识中威胁性冲动出现的宣泄。焦虑的感觉被视为是一种报警信号,表明威胁性的冲动正在接近意识。以学习为基础的模型关注的是在刺激情境下的焦虑泛化。认知理论家试图从构成焦虑的错误思想或信念的角度来解释广泛性焦虑。生物模型关注的则是大脑神经递质功能的异常。两种主要的治疗方法是CBT和药物治疗(典型的药物有帕罗西汀)。

强迫症及相关障碍

强迫症

5.11 描述强迫症的主要特点以及了解和治疗的途径

强迫症涉及反复出现的强迫观念的模式或强迫行为,抑或是二者的组合。强迫症是一种持续性的想法,会产生焦虑,并且似乎超出了一个人的控制能力。强迫症会有不可抗拒的、反复的冲动要去实施某些行为,比如使用过厕所之后会反复地清洗双手。

在传统心理动力学中,强迫观念是由无意识向意识领域渗透出来的冲动,而强迫行为则是对于这种冲动的压抑。生物学因素的研究强调了基因和脑机制在涉及危险信号的传递和控制重复行为中的作用。研究显示了认知因素的作用,比如过度关注自己的想法,对不幸事件风险的夸大认知,以及完美主义。学习理论家把强迫性行为看作是通过强迫思维产生的对焦虑缓解的操作性反应。

当代主要的治疗方法包括基于学习的模型(暴露与反应阻断技术)、认知疗法(纠正扭曲的思维方式),以及使用SSRI型抗抑郁药物。

躯体变形障碍

5.12 描述躯体变形障碍的主要特征

在躯体变形障碍中,人们被想象或夸大的身体外表的缺陷所困扰。这属于强迫症的范畴,因为BDD患者通常会体验与外表相关的强迫性思维,表现出强迫性的检查行为,并试图纠正或掩盖问题。

囤积障碍

5.13 描述囤积障碍的主要特征

囤积障碍的特点是过度积累或保留财物,从而造成个人痛苦或严重干扰个人维持安全和宜居空间的能力。囤积障碍患者对他们积累的物品有强烈的依恋,并且很难丢弃它们。囤积障碍和强迫症有相同的特点,比如对获取物品的强迫性观点和对失去物品的恐惧,以及对重新整理和拒绝丢弃它们的强迫行为。

评判性思考题

阅读完本章之后,请回答下列问题:

- 焦虑在某些情况下的反应是正常的,但有些不是。想象一个正常的情况和一个适应不良的情况。它们之间有什么不同?你会使用什么样的标准来区分正常和异常的焦虑反应?
- 你有什么特定恐惧症吗?比如害怕小动物、昆虫、恐高或者封闭的空间?什么是令恐惧症发展的因素?它们是怎样影响你的生活的?你又是如何应对它们的?
- 约翰在过去的几个月里经历了多次的恐惧来袭。在过程中,他觉得呼吸困难并且感觉心脏要失去控制了。他的私人医生经过检查后告诉他,他的问题来自他的神经而不是心脏。什么样的治疗方法能够帮助约翰解决他的问题呢?
- 你认识接受过焦虑障碍治疗的人吗?结果如何?还有什么其他的治疗方法吗?如果是你遇到了同样的问题,你会采取什么方法治疗呢?

关键术语

1. 焦虑	1. 系统脱敏疗法	1. 广泛焦虑障碍
2. 焦虑障碍	2. 恐惧物刺激等级	2. 强迫症
3. 惊恐障碍	3. 逐级暴露	3. 强迫观念
4. 广场恐惧症	4. 冲击疗法	4. 强迫行为
5. 恐惧症	5. 虚拟现实疗法	5. 躯体变形障碍
6. 特定恐惧症	6. 认知重构	6. 囤积障碍
7. 社交焦虑障碍		
8. 两因素模型		

第6章 分离性障碍、躯体症状和相关障碍以及影响身体健康的心理因素

学习目标

6.1 描述分离性身份识别障碍的主要特征,并解释为什么分离性身份识别障碍的概念是有争议的。
6.2 描述分离性遗忘症的主要特征。

6.3 描述人格解体/现实解体的主要特征。
6.4 鉴别两种带有分离性特征的文化依存综合征。
6.5 描述分离性障碍不同的理论观点。
6.6 描述分离性身份识别障碍的治疗方法。
6.7 描述躯体症状障碍的主要特征。
6.8 描述疾病焦虑障碍的主要特征。
6.9 描述转换障碍的主要特征。
6.10 解释诈病和做作性精神障碍的区别。
6.11 描述Koro综合征和Dhat综合征的主要特征。
6.12 描述躯体症状及相关障碍的理论解释。
6.13 描述用于治疗躯体症状及相关障碍的方法。
6.14 描述心理因素在了解和治疗头痛中的作用。
6.15 识别冠心病的心理风险因素。
6.16 识别可能诱发哮喘发作的心理因素。
6.17 识别癌症中的行为危险因素。
6.18 描述心理学家们在预防和治疗HIV/AIDS方面扮演的角色。

判断正误

正确☐ 错误☐ "分裂型人格"这一术语是指精神分裂症。
正确☐ 错误☐ 多重人格的患者通常有2个不同的人格。
正确☐ 错误☐ 我们之中只有很少的人会经历和自己的身体或思维活动奇怪地分离这种感觉。
正确☐ 错误☐ 在童年遭受身体虐待或性虐待的儿童中,有相当多的人在成年后会发展成多重人格。
正确☐ 错误☐ 一些人手脚完全失去知觉,尽管他们没有任何医学方面的问题。
正确☐ 错误☐ 一些男性有一种心理障碍,即担心阴茎会萎缩或缩进身体里。
正确☐ 错误☐ "癔症"这一术语源于希腊语"睾丸"。
正确☐ 错误☐ 人们可以通过提高指尖的温度来缓解偏头痛。
正确☐ 错误☐ 在美国,死于冠心病的人越来越多,这主要是由于吸烟率的增加。

观看　章节介绍：分离性障碍、躯体症状和相关障碍以及影响身体健康的心理因素

"我""我们共享同一个身体"

一名女性以"安静的风暴"为笔名在网络上的公告栏中发布了一则信息，以分享她对自己内心多重人格的体验。她描述了一个由于童年受到严重虐待而支离破碎的人格。这些碎片中有的包含着关于虐待的记忆，而有的则没有意识到的痛苦与创伤。现在，想象一下这些破碎的人格发展出它们各自独特的个性特征。再试想一下，这些不同的人格会变得彼此隔绝，以至于不知道彼此的存在。

其中一个人格，萨莉①，是一名护士；另一个人格，戴安娜，是一名治疗师；帕蒂是一个爱玩的小姑娘，她喜欢用旧的蛋黄酱瓶子收集小虫子。还有害羞的克莱尔；以及凯茜，一个非常渴望长大的青少年。她是用"我们"来指代自己的，由不同的人共享同一个身体。这些变化出的人格有着各自的目标、恐惧以及记忆。它们中的有些仍陷在过去的泥沼——一个黑暗的、充满了创伤性虐待和乱伦阴影的回忆之中。这些多变的人格在遭受亲生父亲的魔手摧残之后开始诞生。其中有一个分身，南希，当父亲示意要"我们"和他躺在一起时，她就会挺身而出，只要她出现了，我们其他人就不用再去做父亲想让我们做的事了。南希会保护着我们，但这么做的代价就是破坏了使我们人格完整的自我意识。

来源：摘自"Quiet Storm", a pseudonym used by a woman who claims to have several personalities residing within herself.

这就是对于分离性身份识别障碍的描述，也就是人们熟知的"多重人格障碍"，这可能是所有心理障碍中最复杂也是最耐人寻味的。诊断主要是根据DSM系统，虽然还存在着争议，许多专家要么完全怀疑这种障碍是否存在，要么将其归为一种角色扮演的形式（Boysen & VanBergen,

---

① 变化人格的名字已有变更。

2014)。分离性身份识别障碍被划分为分离性障碍的一种,分离性障碍则是由于自我功能——身份、记忆或意识的改变或紊乱而引起的一系列心理障碍,这些自我功能保证了人格的完整性。

一般来说,我们知道自己是谁。我们可能不能从存在主义或者哲学的角度来认识自我,但我们知道自己的名字,住在哪里,我们的工作是什么。我们还会记得生活中的重大事件。我们也许不能够记住全部的细节,比如我们会将星期二的晚餐同星期一的晚餐记混淆,但我们却能够清楚地记得在过去的几周、几个月甚至几年时间里做了些什么。通常情况下,能够带来自我感受的意识是具有同一性的。我们通过时间和空间的前进来感知自己。但患有分离性障碍的人,其日常生活的一方面或多方面变得混乱——有时甚至变得很怪异。

在本章中,我们将探索分离性障碍和另一个令人困扰的障碍——躯体症状及相关障碍。患有这些障碍的人可能伴有身体不适,但这种不适却会与任何医学解释不符,因此被认为涉及潜在的心理冲突或问题。患有这些障碍的病人可能报告有失明或耳聋,尽管生理上并没有什么症状。在其他的一些案例中,躯体形式障碍患者对于他们身体的不适表现出过于夸张的担忧,例如把那些症状当成是威胁生命的疾病,尽管医学上的诊断正相反。

在DSM的早期版本中,分离性障碍和躯体症状及相关障碍被划分为"神经症"下的焦虑障碍。这样的划分基于心理动力学模型,该模型认为分离性障碍和躯体症状及相关障碍,与在第5章中讨论的焦虑障碍一样,都是在控制焦虑方面的适应不良。在焦虑障碍中,焦虑的紊乱等级直接表现在行为上,例如恐惧症患者在面对一个恐惧刺激或者情境时的回避反应。与之不同的是,焦虑在分离性障碍或躯体形式障碍中的作用并不直接表现在行为上,不能通过直接对行为的观察而需要经过推断来了解。分离性障碍患者表现出的心理问题,例如失忆或者人格改变,但通常没有明显的焦虑迹象。根据心理动力学模型,我们推断,分离性症状是为了保护自己免受焦虑情绪的影响。而这种焦虑情绪是由于人们意识到性冲动或者攻击冲动这些内部冲突引起的。同样,一些转换障碍患者被归入躯体症状及相关障碍一类。他们可能会对我们大多数人非常关心的如失明这类生理问题经常表现得漠不关心。在这里,我们也可以推测这种"症状"掩盖了无意识的焦虑。一些理论家将这种相似的症状解释为这些症状可能会带来某种潜在的益处,也就是说,它们可能帮助人们阻止焦虑入侵到意识范围内。

DSM-5将焦虑障碍同其他神经症——分离性障碍和躯体症状及相关障碍——区分开来。但是很多从业人员仍然使用广义的对神经症的定义作为区分焦虑相关障碍、分离性障碍和躯体症状及相关障碍的框架。

分离性障碍

分离性障碍(dissociative disorder)包括分离性身份识别障碍、分离性遗忘症和人格解体/现实解体障碍。在每一个案例中,都有对身份、记忆或者意识等这些构成我们人格功能的损坏和分离("分裂")。表6.1展示了文中对分离性障碍的概述。

表6.1 分离性障碍概述

障碍类型	总体人群中终生患病率(大约)	描述	相关特征
分离性身份识别	未知	产生2个或更多的不同人格	·分身可能会争夺控制权 ·可能代表一种对抗严重的童年虐待或创伤的心理防御
分离性遗忘症	未知	无法回忆起重要的个人信息,且无医学解释	·丢失的信息往往是创伤性或压力性事件 ·子类型包括局部失忆症、选择性失忆以及广泛性失忆 ·可能与一种罕见的情况——分离性漫游症有关,即一个人可能会以一个不同的身份旅行到新的地方开始一段新的生活
人格解体/现实解体障碍	2%	发作时感到自己身体或自我的解离或是感到自己的周围变得不再真实(现实解体)	·个体可能感到自己生活在梦境之中或是行为像一个机器人 ·人格解体发作时感到持续性的和周期性的显著痛苦

来源:Prevalence rates derived from American Psychiatric Association,2013.

分离性身份识别障碍

6.1 描述分离性身份识别障碍的主要特征,并解释为什么分离性身份识别障碍的概念是有争议的

俄亥俄州大学的四名女大学生被人抓住胁迫支付现金或从自动取款机上提钱,接着又遭到强奸。整个学校一度陷入恐慌。一个匿名电话锁定了犯罪嫌疑人比利·米利根（Billy Milligan），一个23岁的曾被美国海军开除军籍的流浪汉。

比利被诊断为多重人格障碍，现在被称为**分离性身份识别障碍**（dissociative identity disorder，DID）。在分裂性身份识别障碍中，两种或多种人格——每种人格均有自己的特质、记忆、特殊习惯，甚至是说话的风格——"占据"着个体。分离性身份识别障碍通常被非专业人员称为"多重人格障碍"或"人格分裂"，这不能和"精神分裂症"相混淆。精神分裂症（"schizophrenia"一词来自希腊词根，意思是"分裂的思想"）比多重人格更常见，并且包含了认知、情感和行为的分裂。患有精神分裂症的人可能在思想和情绪或对现实以及真实发生的事情之间无法达成一致性。精神分裂症患者在被告知令人不安的事件时可能会变得头晕或者经历幻觉或错觉（见第11章）。在多重人格的患者中，相比于精神分裂症患者，他们虽然分裂成两个或者更多的人格，但通常表现出在认知、情感和行为水平等方面功能更加整合统一。[判断正误]

判断正误

"人格分裂"这一术语是指精神分裂症。

☐错误 "人格分裂"这一术语是指多重人格障碍，而不是精神分裂症。

大众传媒曾刻画过著名的多重人格案例。其中一个成为了20世纪50年代电影《三面夏娃》中的主角。在电影中，夏娃·怀特是一个胆小怕事的家庭主妇，其身上还藏匿了两种交替的人格：夏娃·布莱克，具有性挑逗的且反社会的人格；以及简，一个具有集强烈的性欲与社会适应行为于一体的人格。在电影中，这三种人格成功地整合在一起成为一个人——简——并且以喜剧结尾。在现实生活中，夏娃的真名是克里丝·西泽摩尔（Chris Sizemore），但她没能成功地整合人格。据报告显示，她的人格分裂成22个。

三面夏娃 在经典电影《三面夏娃》中，女影星乔安妮·伍德沃德（Joanne Woodward，如图）因饰演夏娃的三个人格分身而荣获奥斯卡奖。

不是普通邻家男孩：一个分离性身份识别障碍的案例

比利(Billy)绝对不是一个普通邻家男孩。在候审期间他曾两次试图自杀,因此他的辩护律师要求对他进行精神病学的评估。对比利进行检查的心理学家和精神病学家推断在比利身上至少存在十种人格。其中八种表现为男性特征,两种表现为女性特征。由于不幸的童年,导致了他人格的分裂。这些人格表现出不同的面部表情、记忆和发音方式,他们在人格和智力测验中以各不相同的方式表现出来。

亚瑟(Arthur)是一个敏感而冷漠的人格,交谈中带一口英国口音。丹尼(Danny),14岁,一个擅长景物写生的画家。克里斯托夫(Christopher),13岁,一切正常,但有几分焦虑。克里斯汀(Christine),一个3岁的英国女孩。汤米(Tommy),16岁,具有反社会性人格并且善于越狱,而正是汤米曾经在海军服役。亚伦(Allen),18岁,是一个行骗高手,而且他还抽烟。阿德利娜(Adelena),19岁,是一个内向的女同性恋者,正是她犯下了强奸罪。很可能是大卫(David)制造了那个神秘的电话,他是个有焦虑倾向的年仅9岁的孩子,却身负着早期童年创伤的巨大痛苦。在比利第二次自杀未遂之后,警察给他穿上了约束衣。可是当监狱守卫查房时,却发现他把约束衣当成了枕头在睡觉。汤米后来解释是他让比利从约束衣里挣脱的。

被告的辩护律师认为比利受到了多重人格障碍的折磨。几种人格都在他身上表现出来。他们了解比利,但比利却意识不到他们的存在。比利的核心或者说主要人格学会了像个孩子一样,可以通过熟睡来避免来自父亲的性骚扰和身体虐待。一位精神病专家宣称当犯罪发生时,比利就好像"睡着了"——类似于一种"心理上的昏迷"——因此,比利应该以精神病被判无罪。

比利由于精神病而被判处无罪释放。他被交给一个心理机构鉴定。在这个机构的鉴定中,其他14种人格也出现了。其中有13种是具有反抗性的,且被亚瑟贴上了"不复欢迎"的标签。还有一个人格则变成了"老师"的角色,能够胜任并且被认为是整合了所有其他的人格。六年之后比利被释放。

来源:摘自Keyes,1982.

临床特征 分离性身份识别障碍(DID)的特征是出现两种及两种以上不同的人格,可能会互相竞争以争夺对个体的控制权,可能存在一个主导或核心的人格与几个从属的人格。一种人格突然转变为另一重人格的过程可以被看做是一种占据的过程。更常见的人格分身包括不同年龄的儿童、青少年变性者、娼妓以及男同性恋和女同性恋者。某些人格可能会表现出精神病症状——以幻想和妄想思维的形式表达与现实的决裂。

在某些情况下,其主导(主要的)人格不知道其他人格的存在,而其他人格却知道主导人格的存在。在另外的一些情况下,不同的人格之间完全不知道各自的存在。在一些孤立的情况下，多重人格（也称交替人格）甚至在配眼镜时需要做不同的验光、有不同的过敏反应以及不同的药物反应(e.g., Birnbaum, Martin, & Thomann, 1996; Spiegel, 2009)。DID患者可能同样患有记忆缺失，包括其他交替人格体验的事件、日常生活事件以及重要的人格信息（如，在哪里上的高中或大学）或是之前经历的创伤性事件(American Psychiatric, 2013)。

总的来说，一系列变化的人格是冲突的欲望和文化背景的缩影。性别矛盾（性开放和性压抑）和性取向改变是特别常见的。这就好像冲突的内在冲动既不能并存却又没有哪一方能够获得支配地位。因此，它们每个都表现为交替人格的具有主导性或操纵性的特质。临床医生有时会通过让患者进行自我觉察来引导出交替人格，比如通过这样问："你身体中的另外一部分有没有什么想告诉我的？"

在很多的病例中，主导的人格不能意识到其他交替人格的存在。似乎是无意识过程控制了潜在的机制，导致了分离或意识的分裂。这可能会出现"内部人格间竞争"，即一种人格渴望能够独立在其他人格之外进行活动，但他们往往忽视了一个事实，那就是谋杀一个人格将会导致整体人格的毁灭。

尽管这种障碍在女性诊断中并没有更为常见，但目前尚不清楚在普通人群中是否存在性别差异。DID通常表现为几种交替人格，某些时候甚至会有20种或更多的交替人格。分离性身份识别障碍的主要特征在表6.2中罗列出来。[判断正误]

判断正误

多重人格的患者通常有2种不同的人格。

☐ 错误　大部分报告会有很多种交替人格，有时会有20种甚至更多。

表6.2　分离性身份识别障碍（原称多重人格障碍）的主要特征

•在同一个人身上至少存在两种或两种以上不同的人格
•交替人格可能代表不同的年龄、性别、兴趣，以及与他人相处的方式
•有两种或者多种人格反复出现并完全控制了个体的行为
•对于与日常生活性事件和重要的个人信息的遗忘是无法用普通的健忘来解释的
•主要或支配人格可能知道也可能不知道交替人格的存在

争议　尽管多重人格一般被认为是罕见的，但这种障碍却继续存在并不断地引发争论。许多专业人士持续怀疑这种诊断的合法性。

从1920年到1970年，在世界范围内只报告了少数的案例，但从那以后，所报告的案例数迅速增加到了上千例(Spanos,1994)。这可能显示了多重人格障碍要比早先认为的更为普遍。然而，也有可能是对于那些易受暗示的人的过度诊断，他们可能仅仅是在暗示的诱导下，而认为自己可能患有多重人格障碍。近几年逐渐增加的公众关注度也能解释这种认识，即多重人格障碍的患病率要比一般认为的高。

这种障碍与文化相关，并且大范围集中在北美地区(Spanos,1994)。相对较少的案例在英国、法国这样的西方国家被报告出来。最近一项在日本的调查显示没有发现一例案例，而在瑞士，90%参与调查的精神病学家声称从未遇到过一例该障碍患者(Modestin,1992;Spanos,1994)。就算在北美，也只有极少数的心理学家和精神病学家遇到过多重人格的案例。绝大多数的案例报告都是来自相对少数的强烈相信这种障碍确实存在的研究者和临床医生的报告。批评家们怀疑他们由于自己的寻找而帮助制造了这些案例。

分离性身份识别障碍 在分离性身份识别障碍中，多重人格来自于同一个人之中，各自都具有自己明确的特征和记忆。

一些学科带头人，如已故的心理学家尼古拉斯·斯潘诺斯(Nicholas Spanos)，便支持上述观点。斯潘诺斯和其他一些心理学家对分离性身份识别障碍是否存在提出了质疑(Reisner,1994;Spanos,1994)。斯潘诺斯认为，分离性身份识别障碍不是独立的障碍，只是角色扮演的一种形式。这种类型的个体在最初自我构建的过程中有多个自我，之后便通过各种同这些障碍的概念相一致的行为来扮演他们，最终这种角色扮演逐渐变得根深蒂固，从而对他们来说变成了现实。也许他们的治疗师或者咨询师无意之间将一种观念根植于他们的脑海中——他们情绪和行为的混乱可能是由于不同人格造成的。通过对于电影和电视的观察和学习，易受暗示的人可能学会如何扮演这种障碍患者的角色。就像《三面夏娃》和《女巫》这类电影，在影片中详细描述了多重人格的典型行为和特征。抑或是治疗师无意间提供了有关多重人格的特征的线索。

一旦这种角色被建立起来，它就可能会通过社会强化作用被保持下来，比如来自他人的关注，对于不被接受行为的责任的避免，等等。这并不是表示多重人格患者是在"假装"，因为扮演不同的日常角色如学生、配偶或工人等并不仅仅是靠你假装就能做到的。你可能可以扮演学生的角色,那是由于你学会了按照角色的特点组织你的行为,并且这样做又受到了奖励(例如课上集中注意力听讲,想回答问题时举手)。可能因为多重人格的患者扮演这个身份与自己十分密切以至于最后这个角色便成了真实自我的一部分。

少数的多重人格案例被卷入到犯罪行为中,扮演多重人格角色的动机并不能减轻个人对他们自身行为的应负的法律责任。但是扮演多重人格还是有点益处的,例如说治疗师对探索多重人格的兴趣和兴奋的表达。多重人格患者在童年时是想象力丰富的。他们喜欢玩一种叫作"让我相信"的游戏,他们随时准备好扮演不同的角色,特别是当他们学习了如何扮演多重人格角色而又获得有效的外部资源,如治疗师的兴趣和关注。

社会强化模型也许能够帮助我们解释为什么一些临床医生似乎能比其他人"发现"更多的多重人格患者。他们可能并没有意识到自己向病人暗示了多重人格的角色扮演,并且通过进一步的外部关注强化了这一表演行为。顺着一系列正确的暗示,有些来访者为了取悦他们的治疗师而扮演了多重人格的角色。一些权威人士对角色扮演模型提出了挑战(e.g., Gleaves, 1996),另外还需要进一步证明的是这种模型可以解释多少此类临床案例。无论分离性身份识别障碍是真实的现象还是只是角色扮演的一种形式,毫无疑问的是,表现出这种行为的人具有严重的情感或行为困难。

我们发现了一种在精神病住院患者中的多重人格传播的趋势。在其中一个案例中,苏珊——一个承认自己患有抑郁症和自杀念头的妓女,她说当自己身体里的"另一个人"出现并控制她的时候,她只能通过出卖自己的身体来赚钱。在这之外的另一个叫吉妮的妇女是个恋童癖者,被确诊为抑郁症——在她的女儿从家里被社会机构带走后,她声称假如她身体里的另一个人控制了她,那时她就会对自己的女儿施虐。苏珊的表现被认为是患上多重人格障碍的前兆(过去人们将该症状用"多重人格障碍"进行表述),但是吉妮却被诊断为抑郁障碍和一种人格障碍,并不是多重人格障碍。

分离性障碍同不断增长的自杀倾向有关系,包括多次的自杀尝试(Foote et al., 2008)。自杀尝试在有多重人格的患者中很常见。在一项加拿大的研究中,有72%的多重人格患者曾企图自杀,其中大约2%的人完成了自杀(Ross, Norton, Wozney, 1989)。

分离性遗忘症

6.2 描述分离性遗忘症的主要特征

分离性遗忘症(dissociative amnesia)被认为是一种最常见的分离性障碍(Maldonado, Butler, & Spiegel, 1998)。"遗忘症"(amnesia)源于希腊词根"a"和"mnasthai",意思分别为"非、否"和"记住"。对于分离性遗忘症(也曾称为"心因性遗忘")患者来说,他们不能够回忆起重要的个人信息,这可能是由创伤性或应激性的经历造成的,而不能简单地归因于遗忘。这种记忆丧失也不是由特定的器官原因导致的,例如头部受到撞击或是特殊的医学问题,更不是药物或酒精的直接作用。与其他类型记忆丢失的累积形式不同(例如与阿尔兹海默病有关的痴呆,见第14章),分离性遗忘症的记忆丧失仍是可逆的,即使这种症状可能持续几天、几周甚至是几年的时间。分离记忆的唤回有可能是逐渐的,但更为常见的是突然或自发的,例如一个士兵连续好几天回想不起战争的情况,但之后就突然记起了自己被从前线送到了医院里。

观看视频"沙蓉:分离性遗忘症"以了解更多关于分离性遗忘症的知识。

观看 沙蓉:分离性遗忘症

童年的性虐待记忆有时候会在心理治疗或催眠时恢复。这种记忆突然出现的情况在专业领域和社会领域里已经成为一个争论的焦点,我们将在下文的"批判地思考异常心理学 @问题:被恢复的记忆可靠吗?"中进行探索。

分离性遗忘症并不是一般所说的遗忘,比如忘记某人的名字或者忘记车钥匙放在哪里。分离性遗忘症的记忆丧失更为深刻或者范围更加广泛。分离性遗忘症根据记忆问题分为五种独立的类型:

1. 局限性遗忘。绝大多数局限性遗忘的案例,其遗忘的内容发生在一个特定的时间段内。例如,在战争或者车祸等应激或创伤性事件之后,个体无法回忆起事件之后数小时或者数天内的事情。

"有谁认识我吗？" 40岁的杰弗里·英格拉姆被诊断为分离性遗忘症，他用了一个多月的时间寻找任何可以告诉自己他是谁的人。最终他的家人在电视新闻里认出了他。即使是回家后，他仍然想不起任何关于自己身份的记忆，但他说有回家的感觉。据他的母亲介绍，他失去了早期的记忆，而且永远都无法恢复了。

2. 选择性遗忘。在选择性遗忘中，个体遗忘的仅仅是某个特定时间段中的某些特定事件。一个人可能会回忆起生活中有一段时间他经历了婚外情，但却记不得自己对事情本身的内疚。一个战士可能记得战争的大部分事情，但却不记得战友的死亡。

3. 广泛性遗忘。在广泛性遗忘中，人们忘记了他们的全部生活，自己是谁，做什么的，住在哪里，和谁一起生活，等等。这种遗忘症现在已经罕见，但是如果你整天看肥皂剧的话可能不会这么想。广泛性遗忘症患者虽然无法回忆起有关个人的信息，但是他们往往却保留了原有的习惯、品味和技能，如果你得了广泛性遗忘，你可能还是会知道如何阅读，但会记不起来你的小学老师们是谁。你可能还是更喜欢吃炸薯条而不是烤马铃薯——反过来也一样。

4. 持续性遗忘。在这种形式的遗忘症中，病人会把某个时间点至今所发生的每一件事情全部忘掉。

5. 系统性遗忘。在系统性遗忘中，遗忘的内容为某一种特定的信息，如有关一个人的家庭或者生活中特定人物的信息。

分离性遗忘症的病人通常忘记的生活事件部分往往是创伤性事件，那些创伤产生强烈的负面情绪，例如恐惧或者内疚。思考下面拉杰的案例。

拉杰：一个分离性遗忘症的案例

他被一个陌生人带到了医院的急诊室。他昏昏沉沉的，说他不知道自己是谁，住在哪里，那个带他来的人发现他的时候他正在街上游荡着。尽管他意识混乱，但并没有迹象表明他曾经喝酒或者吸毒，抑或是有能够引起他遗忘的生理性创伤。在医院待了一些天之后，他在痛苦中清醒了，他的记忆恢复了。他叫拉杰(Rutger)，他有重要的商业活动要出席。他想知道自己为什么会住院并且要求离开这里。在住院期间，拉杰像是患了广泛性遗忘症：他无法记起自己的身份和生活中所有的私人事件。但是现在他要求出院，而他表现出了局限性遗忘的症状，失去了从进入急诊室那天到早晨他恢复了对先前事情的记忆这段时间中的记忆。

拉杰说明了来住院前发生的事情，之后也得到了警察的证实。在拉杰的遗忘症发作那天，他开车撞死了一个行人。目击者和警察均证实，虽然拉杰遭受了严重的情感打击，但在这起事故中,他并没有过失。然而,拉杰还是接到了传讯,填写了一份事故报告,还要在审讯时出席。拉杰在一个朋友的家里填写了表格,仍然显得困窘,一不小心把钱包和身份证也忘在了那里。在将信件邮出后,拉杰就开始头晕,失去他的记忆。

虽然拉杰不用对这起交通事故负责,但他对那位路人的去世感到非常愧疚。他的遗忘可能与内疚感和对车祸的应激以及审讯时的担心有关系。

来源:摘自Cameron,1963,pp.355—356.

人们有时会说他们记不起生活中发生的某些特定事件,比如犯罪行为,对他人的承诺,等等。谎称自己患有遗忘症是一种逃避责任的手段,称为诈病,是指那些为了个人的利益而假装的症状和做出的表现。我们现在并没有有效的研究方法来区分真正的分离性遗忘症病人和那些诈病的人。但是有经验的临床医师可以做出有根据的猜测。

水中的女士:一个分离性遗忘症的案例

斯塔顿岛号渡轮的船长在水面的暗流中看见了一个起起伏伏的脑袋,大约处于曼哈顿最南端一英里处。那是一个脸朝下漂浮着的女人,令人不可思议的是,她竟然还活着。船员把她从河里救了上来,因为体温过低和脱水,她被送往医院治疗。通常这样的故事难以有好的结局:一个年轻女人神秘失踪,一具被发现漂浮在水里的身体。而这具身体正好符合对失踪女人的描述,警方会怀疑违法行为或是自杀。但这个案例是不一样的,非常不一样。

该案例的女主角是一个来自纽约名叫汉娜·艾米莉·艾普的23岁的教师。有一天她外出慢跑,而三个星期后却被人从河里救了上来。在她失踪的这三个星期里都发生了什么事情仍然是一个谜。她的医生提供了这样一个解释:分离性漫游症,一种分离性遗忘症的亚型,在该种遗忘症中,患者会突然忘记了他们的身份并且来到了另一个地方,有时会建立起全新的身份。这种个人记忆的丢失可能持续几个小时、几天甚至是几年。

汉娜最后是怎么到了河里的呢?至少我们可以确定,她不是从码头上跳入河里以尝试结束自己的生命,也不是被推下去的。在一种混沌的状态下,忍受着由于在曼哈顿几个星期的游荡而在脚上长出的水泡,她显然是希望通过在温暖的8月夜晚走入水中以寻求疼痛的缓解。汉娜后来回

汉娜·艾米莉·艾普在获救的几个月后,在她失踪当晚外出慢跑地点附近的公园里。

忆,"他们认为正如在地上游荡那样,我在水里游荡时是觉得自己在漫无目的地游荡。但我确实有一个很大的水泡,也许我就是不想再穿着鞋子了。"(摘自 Marx & Didziulis,2009,p. CY7)。

有那么多的疑问,却只有那么少的答案。她是如何在没有钱和身份证(她的钱包、手机和身份证在公寓里被发现)的数周里生存下来的呢?汉娜自己也无法给出答案。在被救几个月后的第一次访谈里,她谈及自己对于失踪这件事应该负的责任:"你怎么为一些根本不知道自己做了的事而感到内疚呢?这不是你的错,但却莫名其妙地发生在你头上。因此这让我彻底地重新考虑每一件事。在此之前我是谁?之后的我又是谁?那是我的一部分吗?我现在是谁呢?"(摘自 Marx & Didziulis,2009,p. CY7)。数月后,汉娜重新与朋友和家人取得了联系,填补她过去生活的空白,并试着和现在的自己达成妥协。

一种罕见的分离性遗忘症的亚型以"漫游"(fugue)为特征。漫游就像是"奔跑着"的遗忘。"Fugue"源于拉丁文"fugere",意思是"飞行"(和 fugitive 一词有着相同的出处)。在分离性漫游症中,患者会突然出人意料地从他/她的家里或者工作的地方出走,这种出走既有可能是故意为之,也有可能是在稀里糊涂的情况下闲逛。在神游状态下,个体回忆不起过去的个人信息,或者可能弄不清自己的身份,也有可能假定一个新的身份(部分或者完全不同)。除了这些怪异的行为,分离性漫游症患者表现得很"正常"并且没有表现出精神紊乱的迹象(Maldonado, Butler, & Spiegel,1998)。他们可能想不起过去的事情,或者是报告由虚构的记忆组成的过去,但却意识不到他们是虚假的。

对于遗忘症患者漫无目的地游荡来说,分离性漫游症患者则表现得更有目的性。他们会在公园、剧院待上一个下午,或者用假名字在旅馆住上一夜,通常会避免与其他人接触。但新的身份是稍纵即逝且不完全的。病人对漫游症之前的自我认知会在几个小时或者几天后重新回来。在一些罕见的案例中,患者的漫游可能会持续几个月到几年,他们漫游到很远的地方,虚构出一个新的身份和过去。他们可能虚构出一个比之前自然和善于交际的身份,通常是"安静的"和"普通的"。他们还有可能组建一个新的家庭并且获得事业上的成功。尽管这样的案例听起来非常奇怪,但是分离性漫游症并不被认为是精神病,因为分离性漫游症患者可以在他们新的生活环境中正常地思考和做事。然后突然有一天,当过去的记忆重新被唤醒并占据了他们大脑的时候。他们就会对漫游期间的经历毫无记忆。新的身份、新的生活——包括所有相关的事件和责任等——都会从记忆中消散。

分离性遗忘症相对很罕见,但最可能发生在战争年代,或者在其他的灾难或者极端的应激事件之后。这也暗示了分离性的状态在保护病人免受创伤性记忆、痛苦的情感经历或者冲突的折磨(Maldonado, Buler, & Spiegel, 1998)。

分离性遗忘症也很难和诈病区分开来。也就是说,有些人因为对过去的生活不满意可以假称自己患有遗忘症而以一种新的身份在一个新的地方重新开始生活。让我们来看看一个案例,它带来了不同的解读(Spitzer et al., 1989)。

> **"伯特还是吉尼?"一个分离性漫游症的案例**
>
> 一个42岁的男性白人,他在公司食堂时卷入了一场冲突。当警察来了以后,发现他没有带身份证。他告诉警察自己叫伯特·塔特(Burt Tate),几个星期前他不知怎么到了这个小镇,但想不起来在到这之前自己在哪住,在哪工作。警察没有起诉他,但还是劝他到急诊室进行诊断。"伯特"知道他现在所在的小镇,也知道当前的日期,也意识到他记不起他的过去有些异常,但他似乎并不在意这些。没有任何有关身体损伤、头部外伤、物质或者酒精滥用等的迹象。警察做了一些调查,发现伯特和一个失踪人口——吉尼·桑得斯的外形相吻合,这个吉尼·桑得斯(Gene Saunders)是一个月前从距此约2000英里远的城市失踪的。桑德斯夫人被警察找来,确认了"伯特"就是自己的丈夫。她报告了她的丈夫是一个制造公司的中层管理人员,失踪之前,他在工作上遇到了困难。他失去了晋升的机会,而且他的上司对他的工作进行了严厉的批评。工作的压力很显然影响了他在家庭中的行为。曾经易相处的、社会交往丰富的他变得内向,对妻子和孩子大加挑剔。而且,就在他失踪的前两天,还和18岁的儿子大吵了一架。他的儿子称他是个"失败的人"并且甩门出去了。两天之后,这个男人失踪了。当他和自己的妻子再次相见的时候,他声称不认识眼前的这个人,而且表现得特别紧张。
>
> 来源:摘自Spitzer et al., 1994, pp.254—255.

尽管现有的证据支持了分离性漫游症的诊断,临床医生发现区分真正的遗忘症和为了开始一段新的生活而伪装的遗忘症是十分困难的。

批判地思考异常心理学

@问题:被恢复的记忆可靠吗?

一位高层商业主管的舒适生活在遭到他19岁女儿指控他在她童年多次对她进行性骚扰的那天起土崩瓦解了。他不仅因此失去了他的婚姻,也失去了年薪40万美元的工作。但是他一直对这项指控进行辩解,说这些都不是事实。他起诉了女儿的治疗师,是他们帮助他的女儿恢复记忆。陪审团赞同这位父亲,判定两位治疗师支付他50万美元,以赔偿这件事对他造成的伤害。

这个案例仅仅是近期众多声称恢复了童年受到性虐待记忆的成人之中的一例。全国仍有数

伊莉莎白·洛夫塔斯　洛夫塔斯和其他人的研究证明了对从未发生过的事件的错误记忆可以通过实验诱发。该研究对恢复记忆的报告的可信度提出了质疑。

以百计的人被告上了法庭,都是由于这些唤起的童年受虐记忆,即使没有很确凿的证据,其中许多人被定罪并被判处长期监禁。关于创伤性经历是否可以被压抑——也就是说,由于痛苦经历所带来的情感痛苦而遗忘——仍是专业人士争论的话题(参见 Brewin & Andrews,2014;Patihis et al.,2014)。然而,事实上,许多记忆的恢复通常是由治疗师或者催眠师采取暗示性的检查之后产生的。心理学界与更广泛的社会团体对于恢复的记忆展开了激烈的争论。该争论的核心是:"恢复的记忆可信吗?"没有人会不同意童年的性虐待的确是现在社会面临的一个重大问题——但是恢复的记忆能够用来揭示事实的真相吗?

一些线索使我们对记忆恢复的有效性提出怀疑。实验证据表明,虚假回忆是可以被制造出来的,特别是在心理治疗中的引导或暗示问题的影响下(Gleaves et al.,2004;McNally & Geraerts,2009)。从未发生过的事件的记忆可能被制造出来,看起来就像真实事件的回忆一样(Bernstein & Loftus,2009)。如果有什么区别的话,真正的创伤事件更容易被记得,虽然对细节的回忆是比较粗略的(McNally & Geraerts,2009)。一位记忆研究的专家,心理学家伊莉莎白·洛夫塔斯(Elizabeth Loftus,1996,p.356)提到了将恢复的记忆作为揭示事实真相证据的危险性。

在产生虚假的记忆之后,无数"患者"破坏了自己的家庭,而不少无罪的人却被送进了监狱。这并不是说人们不会忘记那些发生在他们身上的可怕的事情,当然他们也可以忘记。但没有明显的证据证实来访者在常规治疗中呈现出大量受虐的回忆,他们对这些回忆全然不知,而只有将这些回忆从他们的无意识中再现出来,他们才能够得到帮助。

我们是否应该得出这样的结论——恢复的记忆都是假的?并非如此。假的记忆和恢复出来的真实记忆都可能存在(Gleaves et al.,2004)。因此,在恢复的记忆中有一些可能是真实的,而也有一些可能毫无疑问是虚构的(Erdleyi,2010)。

总之,我们不要把自己的大脑作为一种情感照相机,认为这种相机能够在事件发生的时候快速的记录下来保存成记忆的形式。尽管人们认为自己的记忆是准确的,但是记忆更多的是一个重建过程,在这个过程中,信息以字节来拼凑,有时候产生的记忆是歪曲事实的。不幸的是,我们还没有工具来区分真实记忆和虚假记忆。

在批判地思考这个议题时,请回答下列问题:

1.为什么我们不接受将恢复的记忆作为揭示真相的证据?
2.在记录事件和经历上,人类的记忆与照相机的工作方式有何不同?

人格解体/现实解体

6.3 描述人格解体/现实解体的主要特征

人格解体(depersonalization)是对我们所处现实的通常感觉的暂时丧失或改变。在人格解体的状态中,人们感到自己从他们所处的环境和本身脱离开来,他们可能感到像在做梦或者像一个机器人一样行动(Sierra et al.,2006)。

现实解体(derealization)是一种对于外部世界的不真实感,包括对周围环境感知的奇怪的改变。感知的人物或者物体可能从形状到大小发生改变,甚至声音听起来都不同。现实解体可能与焦虑感相联系,包括头昏,害怕发疯,或抑郁。

健康的人也会有偶尔的人格解体感和现实解体感。根据DSM,大约有一半的成年人有过单一短暂的解体感,特别是在极端的应激情境下(美国精神病学协会,2013)。人格解体/现实解体障碍患者会有更多的复发和麻烦的经历。[判断正误]

判断正误

我们之中只有很少的人会经历和自己的身体或思维活动奇怪地分离这种感觉。

☐ 错误 大约有一半的成年人有时候会经历人格解体,这是一种感到从他们自己的身体或精神中分离出来的过程。

问卷

分离性体验量表

短暂的分离性体验,比如暂时的人格解体感受在大部分人群中是很普遍的(Bernstein & Putnam,1986;Michal et al.,2009)。我们之中的大多数人至少在某个时候会有这样的感受。短暂的分离性体验可能很常见,但那些分离性障碍患者所报告的经历则比正常人更为持久和严重(Waller & Ross,1997)。分离性障碍涉及了持久与严重的分离性体验。

接下来列出了分离性体验问卷中的一些分离性体验的类型,其中的一些症状许多人都会经常碰到。需要注意的是短暂的分离体验是正常人和分离性障碍患者共有的,只不过发生的频率有所不同。我们建议,如果这些体验逐渐变得持久或普遍,或已经引起你的注意并且带给你痛苦,那么就可能值得同专业人士进行讨论了。

你曾经有如下的体验吗?

1.感到你周遭的人或事变得似乎不真实。
2.感觉就像是在雾中或梦中行走。
3.不确定自己是在梦中还是现实之中。
4.看着镜子,却不认识里面的自己。
5.发现自己行走在某个地方却不知道是怎么到那里的,也不知道到这儿来

人格解体 人格解体发生的症状是这样定义的：感到脱离了自己。可能会感觉在梦中行走，或在自己的身体之外观察周围环境或观察自己。

要做什么。
6. 感觉就像是在远处遥望自己一样。
7. 感到与自己分离或是剥开与自己之间的连接一般。
8. 在特定时刻不知道自己是谁或不知道自己身处何地。
9. 感到周围发生的事情与自己疏远。
10. 对熟悉的地方感到陌生。
11. 发现自己身处一个完全不记得是如何到达那里的地方。
12. 有一个幻想或者白日梦以至于觉得好像真的发生在自己身上一样。
13. 对过去的一段经历记忆犹新，就好像你现在再一次体验一样。
14. 感到你正在观察自己就仿佛你在观察另一个人一样。
15. 当你和某人对话时，你会感到迷茫，不知道对方在说什么。
16. 对于自己记不起是否已做过某事，或者是已经想好要去做的事而感到困惑。例如，忘记了你已经把信寄出去了还是正打算要去寄。

尽管这些感觉很奇特，但人格解体/现实解体患者仍然和现实保持联系，他们都能区分现实与非现实。与广泛性遗忘和漫游症患者不同，他们知道自己是谁，记忆是真实的，并且他们知道自己在哪，尽管他们不喜欢自己当前的感觉。解体感通常来得很突然，之后逐渐消失。

根据偶发性解体症状的共性，在随后我们将讨论的案例中，里奇的经历就显得并不罕见了。

里奇在迪士尼乐园的经历：一个人格解体/现实解体的案例

放学后，我们带着孩子来到奥兰多。我艰难地走着，但是时候离开了。我们在迪士尼世界玩了三天，在最兴奋的时候我们甚至都穿上印有米老鼠和唐老鸭的T恤，唱着迪士尼的歌曲。第三天，当我们正在灰姑娘城堡前观看那些美国中产阶级的象牙皂少年的唱唱跳跳表演时，我开始感到不真实和不舒服。天气开始凉了下来，可是我却出了一身汗。我开始感到晃晃悠悠和头晕，赶忙在一个四岁小男孩的手推车旁边的水泥台阶上坐了下来，也没想给（我妻子）一个解释。婴儿车、小孩子以及（大人们）的腿在我眼前晃来晃去，而由于一种奇怪的原因，我开始把注意力集中在撒落在地上的爆米花上。突然间我觉得周围的人都是愚笨的机械生物，就像"小人国"（展览）里的玩具或是"丛林历险"中的动物们。周围的事物似乎都慢了下来，他们的行为就好像是在吸食大麻一样，而有一堵隐形的棉花墙挡在我和其他人之间。

接着在音乐会结束之后妻子一脸的疑惑，像是在问"怎么了"，接着她问我是想去电子游行看烟花，还是生病了？当时我才开始怀疑我是不是疯了，我告诉她我有点不舒服，于是妻子搀扶着我离开，并开车带我们回到了索尼斯塔乡村旅馆。不知道怎么回事，我们又回到了单轨铁路上，

> 加入到散步的人之中。我像死人一样和一群(人)站在站台上,我的目光呆滞,望着头戴米老鼠耳朵、手拿米老鼠气球的孩子们。单轨铁路上的机械声几乎令我无法忍受,我开始浑身发抖。
>
> 　　我拒绝回到魔幻王国,我和家人去了海底世界。而翌日我把(妻子)和孩子留在魔幻王国玩,到晚上才去接他们。妻子以为我在偷懒或者有什么其他的原因,我们还大吵了一架,但是我们还有正常的生活要过,而我也需要那个心智健全的我回来。
>
> 来自作者的档案

　　里奇的人格解体经历并不是一个完整的发病过程,也不能作为人格解体/现实解体障碍的诊断标准。人格解体障碍只有在上述症状持续和反复发生,并且带来了显著的焦虑才能被确诊。人格解体/现实解体障碍可能会成为一个慢性或长期的问题。根据表6.3中的DSM诊断标准来判定人格解体/现实解体障碍。注意下面这个例子。

> **感到灵魂出窍:一个人格解体/现实解体的案例**
>
> 　　一名年仅20岁的大学生害怕自己就快要发疯了。两年来,他感到"灵魂出窍"的频率越来越高了,在这些症状下,他体验到一种身体死亡和不稳定的感觉,他经常撞在家具上,在公众场合症状发作时他经常会失去平衡,尤其是在他感到焦虑的时候。在这些症状发生的过程中,他的意识总是恍惚的,让他回想起5年前接受阑尾手术被麻醉时的那种感受。他通过告诉自己停下来或者摇动自己头的方式来和这些症状作斗争。这也许能够暂时使他的大脑放松,但那种灵魂出窍和死亡的感觉又会很快回来。这种令人烦恼的感受在几个小时后才会逐渐消失。在他寻求治疗期间,这种症状大约每星期会有两次,每次持续3到4个小时。由于他花在学习上的时间越来越多,在过去的几个月里他的成绩不但没有下降,反而有所提高。他曾经跟自己的女朋友吐露此事,但女友却觉得他让他自己深陷其中并且威胁说如果他不改变就要分手。她那时也已经开始和其他人约会了。
>
> 来源:摘自 Spitzer et al.,1994,pp.270—271.

表6.3　人格解体/现实解体障碍的重要特征

• 反复的人格解体、现实解体的症状,或是二者同时发作
• 发作时的特点是感到脱离自己的思想、感觉或感受(人格解体)或是脱离自己所处的环境(现实解体)
• 发作时可能会产生一种置身事外或是在观察自己的感觉
• 发作可能具有梦幻般的特征
• 在发作期间,个体仍能区分现实与幻觉

就可观察的行为和相关特征而言,人格解体和现实解体更接近焦虑障碍,例如恐惧症和惊恐障碍而不是分离性障碍。人格解体或现实解体障碍的患者倾向于对躯体症状作出夸大的灾难性的解释,而这些会引起焦虑(Hunter, Salkovskis, & David, 2014)。不像其他类型的分离性障碍对于自身免于焦虑困扰的保护,人格解体和现实解体似乎会导致焦虑的发生,从而避免了回避行为,正如我们在里奇的案例中看到的一样。

文化影响对于包括分离性症状(例如人格解体障碍)的发展和异常行为模式的表达有着相当重要的作用。例如,有证据显示人格解体的经历更多地出现在强调个人主义和自我认同的个人主义文化里(例如美国),而在一些强调群体认同和强调一个人的社会角色和义务的集体主义文化里则较少出现(Sierra et al., 2006)。正如我们接下来将要讨论的,分离性障碍在不同文化里可能会有不同的表现形式。

文化依存分离性综合征

6.4 鉴别两种带有分离性特征的文化依存综合征

西方关于分离性障碍的概念与世界上其他地区中的某种文化依存综合征具有相似性。例如,杀人狂症(amok)是一种文化依存综合征,主要出现在东南亚和太平洋岛屿文化范畴内,是指处于精神恍惚的人突然变得高度兴奋并且攻击他人或者毁坏物体(见第3章的表3.2)。"肆意妄为、乱砍乱杀"的人对当时发生的事情没有记忆或者只记得自己当时就像个机器人一样行动。另一个例子就是灵魂附体症(zar),一个主要在北非和中东国家使用的术语,用来指代那些体验到分离性状态的人。处于此种状态中的个体往往表现出非正常行为,包括大喊大叫或者用自己的头去撞墙。

理论观点

6.5 描述分离性障碍不同的理论观点

分离性障碍是一种令人着迷而又令人费解的现象。一个人对身份的感知是如何变得如此扭曲,以至一个人发展出了多重人格,清除了大部分的个人记忆,或者发展出新的身份?虽然这些障碍以不同的神秘方式存在着,但还是有一些线索提供了探究它们根源的方法。创伤史在分离性障碍的发展中扮演着重要的角色,尽管重要的是要认识到有些病例发生时没有任何创伤史(Stein et al., 2014)。

心理动力学观点 对于心理动力学家来说,分离性障碍涉及大量的自我压抑,导致这些难以接受的冲动和痛苦的记忆从人的意识中分离出来,通常涉及来自父母的虐待(Ross & Ness,2010)。分离性遗忘症可能是一种适应功能,它把创伤性的经历或者其他形式的心理痛苦或者冲突与个体的意识分离开。在分离性遗忘症和神游症中,自我会通过抹去令人苦恼的记忆或是分离有威胁的性冲动和攻击冲动来进行自我保护。在分离性身份识别障碍中,人们可以将自己无法接受的冲动通过交替出现的人格表达出来。而在人格解体中,患者处于自身之外以安全地远离内部情绪的混乱。

社会认知观点 根据社会认知理论的观点,我们可以把分离性概念化为分离性遗忘症或分离性漫游症,把它们看作是习得性地使个体自身远离痛苦记忆或情绪的行为或心理反应。在心理上远离困扰的习惯(例如把困扰从意识中分离出去),由于焦虑被缓解或罪疚感和羞耻感消除而得到负强化。例如,通过把与过去身体虐待或性虐待的记忆或情感屏蔽起来保护自己,从而避免了焦虑或由于这些经历产生的错误的内疚感。

一些社会认知心理学家,如早期的尼古拉斯·斯潘诺斯,就认为分离性身份识别障碍是一种通过观察学习和强化进行角色扮演的形式。分离性身份识别障碍与假装或者诈病不太一样;分离性身份识别障碍患者可以根据他们所观察到的特定的角色,诚实地组织自己的行为模式。他们也很可能在角色扮演上太过投入以至于"忘记了"自己是在扮演这个角色。

大脑功能紊乱 分离现象是否与潜在的大脑功能紊乱有关呢?该方面的研究还处在起步阶段,但初步的证据表明分离性身份识别障碍(DID)患者和健康个体的大脑中有关记忆和情感的区域存在结构性差异(Vermetten et al.,2006)。尽管这一发现令人兴奋,但这个用于解释DID的差异的有效性还有待检验。另一个研究则表明人格解体障碍患者的大脑与正常大脑的新陈代谢活动存在差异(Simeon et al.,2000)。这些指出大脑部分区域可能存在的功能紊乱与躯体的感知有关的发现有可能用于解释与人格解体相关的个体同自身分离的感受的原因。

最近的证据也表明睡眠期间大脑功能的另一异常。研究者认为,正常睡眠—觉醒周期的中断可能会导致在清醒状态下出现类似梦境的体验,从而导致分离体验,比如感觉与身体

想象的玩伴 对儿童来说,玩假装游戏,甚至是有想象的玩伴是很正常的。然而对于许多多重人格的案例,假装游戏和虚构的玩伴是对遭受虐待的心理防御。研究表明绝大多数多重人格都曾在童年期遭受虐待。

分离(van der Kloet et al., 2012)。因此,调节睡眠-觉醒周期可能有助于预防或治疗分离性体验。

素质—应激模型 尽管在分离性身份识别障碍的人群中,有很多患者在儿童期有过身体或性虐待创伤的证据,但却只有很少的受虐严重的儿童发展成多重人格(Boysen & VanBergen, 2014; Dale et al., 2009; Spiegel, 2006)。与素质—应激模型一致的是,有一些人格特质,比如说幻想倾向,较强的催眠易感性以及意识状态改变的开放性,很可能使个体倾向于在面对强烈的创伤性应激时产生分离体验(参见下文的"尝试将多种治疗方法相结合")。这些人格特质本身并不能导致分离性障碍,实际上,它们在人群中十分常见。但它们却会增加患病的风险,那些经历过严重创伤的人会将分离现象发展成一种生存机制(Bulter et al., 1996)。幻想倾向低和不易被催眠的人遭受创伤性应激事件后,最终很可能会体验以焦虑、侵入性思维等为特点的创伤后应激障碍(PTSD),而不是分离性体验(Dale et al., 2009)。[判断正误]

判断正误

在童年遭受身体虐待或性虐待的儿童中,有相当多的人在成年后会发展成多重人格。

□**错误** 尽管绝大多数有多重人格的个体都报告曾经在儿童时经受过严重的躯体虐待或性虐待,但只有非常少的在童年受过严重创伤的儿童会患上分离性身份认同障碍。

也许我们中的大多数人能够划分我们的意识,这样就能对我们能够正常关注到的事件"视而不见"——至少是暂时的。也许我们中有很多人能够逃离心中的不愉快并扮演各种不同的角色如家长、儿童、爱人、商人和士兵,从而帮助适应境况的需要。也许令人吃惊的不是注意力可以被分裂成小碎片,而是人类的意识竟然可以被正常地整合到一件有意义的事情上。

分离性障碍的治疗

6.6 描述分离性身份识别障碍的治疗方法

分离性遗忘症和漫游症通常只是短暂的转瞬即逝的经历,通常突然消失。人格解体的发病则是反复且持久的,并且很可能仅仅由轻度的焦虑和抑郁引起。临床医生对此类案例的治疗通常是着重处理焦虑和抑郁。尽管研究具有局限性,但许多证据表明治疗分离性障碍减少了分离症状、抑郁以及痛苦的感受(Brand et al., 2009, 2012)。

许多研究文献的注意力都集中于研究分离性身份识别障碍,尤其是如何将改变的人格整合于内聚的人格结构之中。为了达到这一目的,治疗师们帮助分离性身份识别障碍患者揭开并学习处理早期的童年创伤。在这一过程中,他们建议个体建立起主导与交替人格间的直接联系

(Chu,2011b;Howell,2011)。治疗师可能会要求来访者闭上眼睛然后等待着交替人格的出现(Krakauer,2001)。威尔伯(Wilbur,1986)指出精神分析学家能够和任何人格一起合作来主导治疗过程。治疗师要求所有的患者能够谈谈他们的记忆和梦,并保证能够帮助他们感知自身的焦虑能够安全地"回顾"创伤经历,同时保持他们的意识清醒。暴露被虐待的经历被认为是治疗过程中的关键(Krakauer,2001)。威尔伯嘱咐治疗师们要记住在治疗过程中经历的焦虑可能导致人格的转换,因为人格的改变被假定成应对焦虑的一种方法。但如果治疗成功的话,自我将会处理好创伤记忆,同时也不再需要逃入改变的"自我"中来避免与创伤有关的焦虑。因此,人格的重建就成为可能。

在整合的过程中,那些完全不同的元素,或者说"交替人格",会交织成一个内聚的自我。在这里,一名患者讲述了"制造自我"——将那些从自我分离出去的人格整合起来的过程。

"我""每个人都还在这儿"

整合让我第一次感到自己活着。当我现在感知事物时,我知道我已经感觉到它们了。我慢慢发觉所有的感觉都还不错,即使是那些不愉快的事情。而更有趣的是,我也开始感觉到了愉快,也不再担心自己的心智问题了。

即使是对那些试图了解整合对于一个"部分"存在了一辈子的人来说意味着什么的人,也难以解释清楚什么是"整合"。我有时仍用"我们"的方法来说话。我"整合之前"认识的一些朋友认为我现在正在重回到"自我"——无论这个"自我"是什么。他们没有意识到整合再次占据我的心灵。我不知道在某些情况下该有何种反应,因为我从来没有体验过。或者说我只知道一些零碎的反应方式。"悲伤"对于一个不常感受到它的人来说意味着什么呢?我不知道有时我感到悲伤时,自己是不是真的悲伤。这对于现在的我来说是个令人迷惑和不安的反应。

对我来说最舒服的整合,和我特别想让其他人格都知道的是:没有人会消失。每个人都还在我的心里,在他们正确的位置上而不是独立地控制我的身体。除了我每一个人都离开这种情况是永远不会发生的。我是一个完全不同的"全新"的个体。我曾经花好几个月去学习如何接纳交替人格的技能和情绪,而如今他们成为了我的一部分。我有着以前从未有过的平衡和感知。我感到幸福和满足。这无关死亡,而是对活出无限可能的庆祝。

来源:来自 Olson,1997.

威尔伯在一个女性分离性身份识别障碍患者案例中,描述了另一个治疗目标的形成过程。

> ### "孩子们"不该感到羞愧：一个分离性身份识别障碍的案例
>
> 一个45岁的女性，一生受尽了分离性身份识别障碍的折磨。她的主导人格表现为胆小、神经过敏且沉默寡言。但是，在她进行治疗后不久，很多"小家伙"显露出来，使她放声痛哭。治疗师要求和她人格系统中的某个人谈话，这个人要能够详细说明这些人格的存在。结果证实他们几个均为9岁以下的孩子，而且都遭受过来自叔叔、伯祖母和祖母的严重的令人痛苦不堪的性虐待。她的伯祖母是一个同性恋并且有几个喜好窥阴的同性恋朋友，她们会观看对孩童的性虐待，使孩子感到更多的惊恐、痛苦、愤怒、屈辱及羞耻。
>
> 在治疗中至关重要的是让这些"孩子们"明白，他们不应该感到羞愧，因为他们在抵抗虐待中是无助的。
>
> 来源：摘自C.B.Wilbur,1986.

这种治疗有效吗？我们尚未掌握足够的实际证据支持任何大致的结论（Brand et al.,2012）。在一项早期研究中，库斯（Coons,1986）跟踪调查了20个从14岁到47岁不等的"多重人格者"，对每个人的跟踪调查时间平均为3年零3个月。其中只有五个案例完成了对人格的再整合。其他治疗师的报告显示，即使对于那些没有成功实现整合的病人来说，对于分离症状和抑郁症状的测量结果都显示这些症状有了明显的改善。然而，报告显示，在那些达到重新整合的人中各种症状的改善是更加明显的（Ellson & Ross,1997）。

心理动力学疗法或其他形式的治疗，如行为治疗等的疗效报告都是基于对未控制的案例的研究。对于那些受实验控制的分离性身份识别障碍或者其他种类的分离性障碍的疗效分析仍有待报告。此类障碍的相对罕见，阻碍了进行控制组以及其他不同对照组的实验控制研究的努力。我们现在也没有任何证据表明，精神科药物或者其他生物学方法在将各种改变的人格整合起来方面具有效果。精神科药物，例如抗抑郁药"百忧解"，在治疗人格解体/现实解体障碍时也没能产生高于与安慰剂相关的治疗效果（Simeon et al.,2004;Sierra et al.,2012）。这种对药物反应的缺乏暗示了人格解体/现实解体障碍并不是一种抑郁的继发症。

治疗方法的结合

虽然科学家们在分离性现象的定义上存在分歧，但是证据指出了大部分案例中都有过童年期虐待的经历。最被广为接受的看法是分离性身份识别障碍代表一种应对方式和从严重反复的童年虐待中生存下来的方法，这种症状通常发生在5岁之前（Burton & Lane,2001;Foote et al.,

2005)。受严重虐待的儿童可能退回到交替的人格中,以此作为对于无法承受的虐待的心理防御。这些交替人格的构建给予了这些孩子在心理上逃脱或者远离痛苦的机会。在本章刚开头的案例中,其中一个交替人格,南希,承担了所有其他人格所承受的虐待。当无法诉诸其他方式的帮助时,分离就提供了一种逃脱的方法。面对持续的虐待时,这些交替的人格变得稳定,而当事人很难维持统一的人格。成年后,多重人格患者可能利用他们的交替人格来阻断童年时所受创伤的回忆以及情感上的反应,因此能够抚平心中的创伤而在交替人格的伪装下开始新的生活。这种改变的身份或人格还可能帮助他们的主体人格来处理没办法应对的应激情境或表达内心的愤恨。图6.1中提供了素质—应激模型的框架,它基于易感性因素(素质)和创伤性应激的结合,用以解释分离性人格障碍的概念模型。

引人注目的证据表明了暴露在童年创伤时(一般都是亲属或者养育者造成的),通常会导致分离性障碍尤其是分离性身份识别障碍的发展。分离性身份识别障碍患者中的大多数在童年时期遭到过身体或者性的虐待。在一些样本中报告儿童身体或性虐待的概率在76%到95%之间(Ross et al., 1990; Scroppo et al., 1998)。来自土耳其的一项跨文化相似性研究的结果表明,在同一个样本人群中的大多数分离性身份识别障碍患者报告了童年时遭到过身体或性虐待(Sar, Yargic, & Tutkun., 1996)。童年期虐待同样与分离性遗忘症具有相关性(Chu, 2011a)。

儿童期虐待并不是导致分离性障碍唯一的创伤来源。暴露于战争中的平民和士兵所受的创伤在一些分离性遗忘症案例中起着部分作用。对于处理严重的财务问题的应激,以及希望避免因社会所不能接受的行为而受到惩罚等,是导致分离性遗忘症或人格解体发作的其他致病因素。

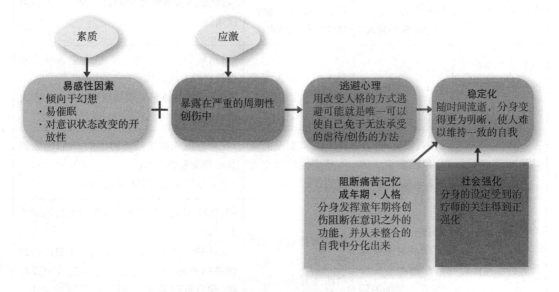

图6.1 分离性身份识别障碍的素质—应激模型

在该模型中,暴露于严重而反复的创伤(应激)中,并且伴随着某种易感因素(素质),会导致一些案例中交替人格的发展,这种交替人格经过一段时间将会逐渐变得稳定并在社会强化下得到加强以此来阻断令人痛苦的记忆。

躯体症状及相关障碍

"somatic",中文译作"躯体的",这个词来源于希腊语"soma",意思是"躯体"。**躯体症状及相关障碍**(somatic symptom and related disorder,曾译作"躯体形式障碍")的患者,以身体的(躯体)症状作为其临床表现,但是却不能证实其存在器质性损害。这些症状显著地影响了他们的生活,他们经常到医院以期找到一个从业医生能够解释并治疗他们的病痛(Rief & Sharpe,2004)。或者他们可能坚信自己病得非常严重,而不管医生一再作出的实际上没有病的保证。一些个体会伪装出或是制造出一些躯体症状,只是为了能够接受治疗。

躯体症状及相关障碍的概念假定了身体症状反映心理因素或心理冲突。例如,有些人抱怨呼吸或者吞咽困难,或者有喉咙被堵塞的症状。此类病症反映了自主神经系统中交感神经的过度兴奋,而这可能要归因于焦虑。总而言之,在医生接待的病人中,至少有20%的困扰无法用医学解释(Rief & Sharpe,2004)。

表6.4 主要的躯体症状及相关障碍概述

障碍类型	总体人群中终生患病率的估计值	描述	相关特征
躯体症状障碍	未知,但可能会影响总体人群中5%到7%的成人	异常行为的模式、观念,或是与躯体症状相关的感觉	·这些症状会导致频繁的就诊或严重的功能性损伤
疾病焦虑障碍	未知	对于患有重大疾病的先入为主的信念	·对疾病的恐惧持续性存在,尽管医学诊断会做出没有病的保证 ·倾向于将身体感觉或轻微疼痛解释为重大疾病的征兆
转换障碍	未知,但有5%涉及神经学临床的患者有相关报告	没有医学根据的身体功能性的转变或是缺失	·在冲突或应激性经历的情景下出现,致使其心理源头更为可信 ·可能与对症状的漠不关心有关
做作性精神障碍	未知,但预计在医疗系统中接受治疗的患者中有1%符合诊断的标准	在没有外显行为的情况下,伪装或是制造生理或心理的症状	·与诈病不同,这些症状不会带来任何明显的好处 ·有两种主要类型:一种是强加于自己的做作性精神障碍(在自己身上制造或引发症状,通常被称为曼丘森综合征)以及强加于他人身上的做作性精神障碍(在他人身上制造或诱发症状)

来源:Prevalence rates derived from American Psychiatric Association,2013.

躯体症状及相关障碍有多种不同的类型。在这里,我们来看看下列几种主要的形式:躯体症状障碍、疾病焦虑障碍、转换障碍,以及做作性精神障碍。表6.4提供了这些疾病的概述。

躯体症状障碍

6.7 描述躯体症状障碍的主要特征

大多数人在人生的某个时刻都会有躯体症状。关注自己的躯体症状并且寻求医疗帮助是十分正常的。然而,**躯体症状障碍**(somatic symptom disorder, SSD)患者不仅有困扰的身体症状,并且会极度关注他们的症状,以至于会影响他们在日常生活中的思想、情感和行为。因此,诊断强调的是生理症状的心理特征,而非症状的潜在原因或医学性解释。SSD的诊断要求躯体症状需要保持持续性的状态,并且通常需要持续六个月或以上的时间(尽管任何一种症状可能不会持续出现),并且会有与此相关的显著的个人痛苦或是日常功能性受影响。症状可能会涉及诸如腹胀气以及各种不同的疼痛。

SSD患者可能会对他们症状的严重性有过度的担忧。他们可能会为自己的症状背后的隐疾而烦恼,从而会花大量的时间寻医问诊,只为寻求治疗或是确认自己的担心是有效的。他们的担忧可能会持续数年之久,并会给自己、家人以及医生带来持续的沮丧感(Holder-Perkins & Wise,2002)。一项研究追踪了有着极度躯体忧虑的患者对于医疗服务的使用情况,发现他们会大量地诉诸医疗服务(Barsky, Orav, & Bates, 2015)。

DSM之前的版本囊括了一种被称为**疑病症**(hypochondriasis)的障碍,这种症状适用于那些认为自己的症状是由于一种严重的、未被发现的疾病(如癌症、心脏病)所引起的人群之中,尽管医学上的证明是与此相反的。例如,一名头痛患者可能会害怕自己是脑瘤,并且认为医生说这些恐惧是无根据的说法是错误的。疑病症的核心是对于健康状况的焦虑,过度关注一个人的身体症状是健康出问题的征兆(Abramowitz & Braddock,2011;Skritskaya et al.,2012)。疑病症被认为影响了总体人群中的1%到5%,其中有5%的患者会寻求医疗帮助(Abramowitz & Braddock,2011;Barsky & Ahern,2004)。

如视频"亨利:疑病症"中所示,躯体症状障碍显示了我们所想与我

该吃什么药好呢? 疑病症是一种尽管没有发现器质性病变基础,但个体仍持续性地担心或恐惧自己病得很严重的障碍。患有该种障碍的人经常使用非正常渠道获得一些药物来自己治疗,并从医生断言他们并没有什么健康问题来寻找一点点的慰藉。

观看

们实际所体验的躯体症状间的强烈关系。

疑病症这一术语仍在被广泛使用,但已不再是DSM-5中一个明确的诊断。绝大多数可能有四分之三被诊断为疑病症的病例,现在会被诊断为躯体症状障碍(American Psychiatric Association,2013)。

疑病症患者不会有意地伪造躯体症状。他们通常会体验到躯体不适,通常包括消化系统或其他类别的疼痛或痛苦。疑病症患者对生理感觉的变化过度敏感,例如心脏跳动的轻微变化和轻微的疼痛或痛苦(Barsky et al.,2001)。

对躯体症状的焦虑本身能够产生生理感受——例如大汗淋漓和头晕,甚至晕倒。因此,一个恶性循环便开始了。当他们的医生告知疑病症患者是他们自己的恐惧引起了躯体症状,他们会非常愤怒。他们频繁地求医问诊,希望在还来得及治疗的时候能有一个有能力且富有同情心的医生会注意到他们。医生同样也会得疑病症,就像我们将要看到的这个例子。

医生感到病了:一个疑病症的案例

罗伯特(Robert)是一位38岁的放射科专家,刚刚从一个著名诊断中心回来,他在那里住院观察了10天,接受了全方位细致的胃肠道检验。诊断结果证实他并没有任何显著的生理疾病,但这位放射科专家并没有感到轻松,相反地,他对于结果表现出愤怒和失望。他已经被各种生理症状困扰了好几个月,他的腹部有疼痛感,感到"饱胀"和"肠鸣音",觉得有"腹部紧实感"。他开始确信自己的症状是由结肠癌产生的,他已经习惯了每周做大便血液检查,每隔几天就躺在床上小心地检查腹部的"肿块"。他还偷偷给自己做了X射线检查。他13岁的时候曾检查出心脏有杂音,而且他的弟弟幼年时死于先天性心脏病。对于心脏的检查证明该杂音是没有危险的,他却开始担心检查是否忽略了什么部分。他开始相信心脏真的出了什么问题,当这种杂音症状逐渐减退消失后,这种担心却始终萦绕在他的脑海之中。在医学院读书时他就担心患上在病理学课堂上所学过的疾病。毕业后,他开始反复关注自己的健康状况,并且形成了一个常规的模式:注意特别的症状,专注于症状背后可能的隐疾。然而他进行了各种生理检查,结果都是显示正常。他九岁的儿子使他下定决心向精神病学家寻求咨询。儿子在他正在检查腹部时突然走进来问:"爸爸,你这次把它想成了什么?"当他说出这个事情时他描述了对自己的羞愧和愤怒之情,并且开始泪眼婆娑。

来源:摘自 Spitzer et al.,1994,pp.88—90.

疑病症患者经常报告说,他们小时候生病,常会因为健康原因缺课,经历过童年创伤,比如性虐待或身体暴力(Barsky et al.,1994)。疑病症和其他形式的躯体症状障碍可以持续数年之久,并经常伴随其他心理障碍一起发生,尤其是严重的抑郁和焦虑障碍。

约有四分之一的疑病症患者会抱怨自己将相对轻微的症状视作是重大的未经诊断的疾病的前兆。由于症状轻微,躯体症状障碍的诊断便不适用于此种情况(美国精神病学协会,2013)。然而,这些人表现出的对健康高度的焦虑和担忧,以至于他们很可能被诊断为DSM-5中一种新划分的疾病——疾病焦虑障碍。

疾病焦虑障碍

6.8 描述疾病焦虑障碍的主要特征

一种常见的错误概念是,疑病症患者的躯体症状是"虚构的"或者是"全存在于他们的大脑之中"。但是,在绝大多数病例之中,疑病症患者都有引起真实痛苦的真实症状,因此有必要诊断为躯体症状障碍(SSD)。然而,有一类疑病症患者,他们抱怨自己的症状相对较轻,被认为是一种严重的未确诊的疾病的前兆。DSM-5引入了一种全新的诊断类别以适用于此亚型疾病,将之命名为**疾病焦虑障碍**(illness anxiety disorder,IAD),将重点置于与疾病相关的焦虑,而不是症状所诱发的痛苦。对于此类患者来说,并不是他们发现的症状会令他们烦恼——这类症状往往是模糊的痛感或是腹部或是胸部的一种短暂的紧绷感。相反,是对这些症状背后可能存在的重大隐疾而感到的恐惧感会令他们苦恼。在某些情况下,根本没有症状的报告,但是个体仍然会对患有严重的未诊断的疾病表达出严重的担忧。

在某些疾病焦虑障碍的病例中,一个人有严重疾病的家族史(如阿尔兹海默病),那么他就会过分担心自己也会罹患该种疾病或是正在逐渐地患上此疾病。从而他就会对该种可怕的疾病在身体上出现的迹象表现出强烈的关注。

这种疾病有两种常见的亚型。其一是"小心回避型",适用于那些由于对可能会发现某些疾病的端倪而表现出高度的焦虑,从而推迟或逃避就医或实验检查的人群。第二类是"寻求治疗型",该亚型描述的是那些寻医问诊,通常来往于不同的医生之间,只为了从一个医生那证实自己关于患病的猜想。这类人可能会因为医生试图使他们相信自己的恐惧是毫无根据的而感到愤怒。

转换障碍

6.9 描述转换障碍的主要特征

转换障碍(conversion disorder,在DSM-5中被称为功能性神经症状障碍)以自主运动功能(例如无法行走或移动手臂)或感官功能受损(例如看不到、听不到、感觉不到诸如触觉、压力、温度或是疼痛的刺激)等症状或缺陷的影响为特征,将此类问题定性为心理障碍的原因是,机体功能的丧失或损伤与已知的医疗条件或疾病不匹配或不相容(Rickards & Sliver, 2014)。因此,转换障碍被认定为涉及到将情绪困扰转化为运动或感觉领域的显著症状(Becker et al., 2013; Reynolds, 2012)。然而,在某些情况下,所谓的转换障碍实际上是为了获取外部利益故意捏造或伪装出来的症状(诈病)。不幸的是,临床医生缺乏足够的能力让他们作出病患是否装病的可靠判断。

转换障碍中的生理症状通常在应激情境下突然出现,例如,一个战士的手可能会在激烈的战斗中"瘫痪"。而事实上,转换障碍会在应激情境中首先出现或者被加重说明了某种心理学方面的关联。这种疾病在普通人群中的流行程度尚不清楚,但据报道,大约有5%的患者会被转诊至神经学诊所(美国精神病学协会,2013)。同分离性身份识别障碍一样,转换性障碍也与童年创伤有关(Sobot et al., 2012)。

转换障碍的得名是基于心理动力学观点,这一观点认为它代表了性或攻击冲动的能量被压抑而转换或引导为躯体症状。转换障碍在以前的正式名称为癔症(hysteria)或癔症性神经官能症(hysterical neurosis),它在弗洛伊德的精神分析理论的发展中发挥了重要的作用(见第2章)。

癔症或转换障碍似乎在弗洛伊德的时代比现在更加普遍。

根据DSM,转换性症状类似神经病或一般的临床症状,涉及自主运动或感觉功能的问题。一些经典的症状形式表现为瘫痪、癫痫、协调障碍、失明和管状视野、听觉或嗅觉的丧失、肢体感觉丧失（麻醉感）。在转换障碍中发现的身体症状常常不符合患者认为的临床症状。例如,转换性癫痫患者不同于真正的癫痫患者,他可能在一次发作中仍然保持对膀胱的控制。声称自己视力很差的人可能在不撞到任何家具的情况下就能穿过医师的办公室。那些声称"不能"站立或行走的人,他们的另一条腿却还能正常运动。虽然如此,那些有潜在生理病症的人有时会被错误地诊断为癔症或转换症状（Stone et al., 2005）。[判断正误]

判断正误

一些人手脚完全失去知觉,尽管他们没有任何医学方面的问题。

☐ 正确 一些患有转换障碍的人失去了感觉或运动功能,尽管他们没有任何生理上的问题。（然而,一些被推断为转换障碍的人可能存在不被意识到的医学方面问题。）

如果你突然失明或是不能够移动你的双腿,你表现出担忧是可以理解的。但是那些转换障碍患者,就像分离性遗忘症患者一样,表现出和他们的症状不相符的漠视态度,这种现象称作"精神性漠视"（la belle indifférence; Stone et al., 2006）。然而,DSM中建议不要将这种对病症的漠视作为诊断的一个因素,因为很多人通过否认自己的痛苦或最小化自己的病痛来应对真正的生理疾病,这是能够缓解焦虑的——即使只是暂时的。

做作性精神障碍

6.10 解释诈病和做作性精神障碍的区别

做作性精神障碍（factitious disorder）是个令人困惑的障碍。患有这种疾病的个体会伪装或制造生理或心理的症状,但没有任何明显的动机。有时,他们完全是在过分地伪装,声称他们无法移动胳膊或腿,或是声称疼痛根本不存在。有时,他们会伤害自己或服用药物带来痛苦,甚至是危及生命的药物。令人困惑的地方在于这些欺骗行为缺乏动机。做作性精神障碍和**诈病**（malingering）不同,因为诈病是由外部奖励或激励引激发的,所以在DSM的框架下,它不被认为是一种精神障碍。假装身体不适来逃避工作或者假装有资格获得残疾人福利是一种欺诈的和不诚实的行为,但这不是一种心理障碍。

对做作性精神障碍来说,其症状并没有给患者带来明显的好处。其外部动机的缺失暗示了这些症状的表现满足了某种心理需要,因此被归类为心理障碍或情绪障碍。

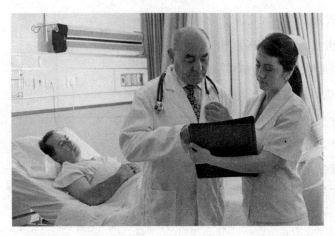

这个病人真的病了吗？ 曼丘森综合征的特征有以下几点：假装生理症状，但没有任何明显的从医院获得利益的目的。一些曼丘森综合征患者可能在尝试欺骗医生的过程中捏造出有生命危险的症状。

做作性精神障碍有两种主要的亚型：一种是强加于自身的做作性精神障碍（在自己身上制造或引发症状）以及强加于他人身上的做作性精神障碍（在他人身上制造或诱发症状）。

强加于自身的做作性精神障碍是这种障碍最常见的形式，通常被称为**曼丘森综合征**（Münchausen syndrome）。这是假装生病的一种形式，患者或者假装自己正在生病，或者故意让自己生病（例如，摄入有毒的物质）。虽然躯体形式障碍患者有可能会从生理症状中得到一些好处（比如博得他人的同情），但是他们并不是有意制造病症。即使他们的症状没有医学理论的基础，他们也并没有故意想要欺骗别人。但是曼丘森综合征并不是一种躯体形式障碍。它是一种做作性精神障碍，包括了没有明确目的却通过深思熟虑编造看起来貌似可信的躯体症状。

曼丘森综合征是以卡尔·凡·曼丘森男爵的名字命名的，一个史上著名的骗子。同时也是一个著名的男爵，18世纪的一名德国军官，他会讲荒谬的历险经历来取悦朋友。在方言中，曼丘森主义（Münchausenism）是用来描述那些讲夸张故事的人。在临床术语中，曼丘森综合征指的是患者向他们的医生编造荒谬的故事或谎言。曼丘森综合征患者常常体验到深深的痛苦，因为他们从一个医院转到另一个医院，使自己处于不必要的、痛苦的、有时可能是有风险的医学治疗甚至是手术之中。在"深入思考：曼丘森综合征"中，我们将进一步探讨这种奇怪的病症。

深入思考

曼丘森综合征

一个女人颤颤巍巍地走进了纽约市医院的急诊室。血从她的嘴里流出来，她紧紧地按住自己的胃，因疼痛而哭泣着（Lear, 1988）。尽管表面上她不停地流血，说自己胃痛，并且不断地哭泣着，然而在她的内心深处有一些东西，它们才是这些问题产生最根本的核心。她的痛苦远远比表现出来的更严重。她讲述了一段极其痛苦的经历：一个男人诱奸了她，然后绑住她，打她，并且强迫她交出钱和首饰。她觉得下身疼痛，并且伴有剧烈的头痛。她接受了检查。但是没有任何问题被发现,没有任何关于流血或者疼痛的原因。但是有一天,一个医院的护工在她的床头柜上发现了一个注射器和血液稀释剂。是的,进医院前她给自己注射了足够的血液稀释剂导致了出血的症状。她否认了这些说辞。她说那些东西不是她的,有人正试图陷害她。发现没有人相信她之后,她便很快结账离开,声称要找到一个真正关注她的医生。后来她就走掉了。之后,据说她又去了另外两家医院:同样的故事、同样的症状和同样的结果。

曼丘森患者会竭尽全力去寻求确诊,比如同意进行探索性手术,尽管他们知道自己没有任何问题。有些人就会给自己注射药物以引起皮疹等症状。当他们面对自己欺骗的证据时,他们就会变得凶恶并且坚持自己的立场。他们也有足够的技巧使别人相信他们对疾病的抱怨是真实的。

为什么曼丘森综合征患者要假装生病,或者使自己处于危险境地,例如让自己生病或受伤呢?也许扮演病人的角色从而在医院的环境中得到保护,能给他们提供一种在童年时期缺失的安全感;也许医院给他们提供一个可以表演的舞台,在这个舞台上他们可以表现出对医生和家长的愤恨,而这种愤恨从童年时期就开始酝酿了;也许他们在尽量扮演一个经常患病的家长的角色;或者也许在童年期他们就学会了通过扮演病人的角色来逃避反复的性虐待或其他的创伤经历,并且在成年后为了逃避生活应激源而继续扮演这一角色。没有人能够确定,而这种障碍也只是许多令人困惑的异常行为中的一种。

朱莉的案例显然是一起性质非常恶劣的虐待儿童的事件,叫作监护人的曼丘森综合征(Münchausen syndrome by proxy),而根据DSM-5现在的说法叫作强加于他人身上的做作性精神障碍(factitious disorder imposed on other),在这种症状中,人们故意伪造成诱导儿童(或依赖他们的人)产生生理或情绪疾病或伤害(Feldman, 2003)。

"我"生病了:强加于他人身上的做作性精神障碍

在朱莉·格里高利的名为《生病》的回忆录中,她叙述了在她还是孩子的时候接受了大量的X线检查及其他检查,并不是因为她身体有病,而是为了找到所谓的疾病来满足母亲认为她患有病症的想法(Gregory, 2003)。在13岁的时候,格里高利经受了一次侵入性医疗手术,心脏导管手术,手术是由于她母亲坚持要"弄清楚这件事情"而进行的。当心脏病专家告知朱莉的母亲,检查结果一切正常,她的母亲却要求做包括开胸手术在内的更加有侵入性的检查。当这一要求遭到医生的拒绝时,母亲当着朱莉的面质疑了他。

"我不相信!我不相信这件事情!你们竟然不愿找到原因,你们竟然不准备做开胸手术?我以为我们已经对于坚持到底达成一致了,迈克尔。我想你说过这件事你会负责的。"

"我是要负责找出朱莉的病,格里高利夫人。但是朱莉并不需要做心脏手术。通常家长都不愿意……"(医生的回复)

"哦,这就是全部了吗?这就是你所要做的?把这个烫手的山芋就这么丢给我了?我太伤心了,为什么我就不能像其他母亲一

> 样有一个普通的孩子呢？我是说我是一个好母亲……"（朱莉的母亲说）
>
> 我一直站在我母亲的左腿后面，我的眼睛盯着医生，向他的眼中发出求救信号："别让我走，别让她带走我。"（朱莉注视着这一切）
>
> "格里高利夫人，我没有说你不是一个好母亲，但是我不能在这里再做任何事情了。你需要放弃对孩子的心脏治疗。到此为止吧。"医生说完这些就转身离开了。
>
> "好吧，你会为此感到遗憾的，"妈妈尖叫着，"当这个孩子因你而死的时候，你将会为你自己曾经作为一个愚蠢的人而付出代价的。你连一个13岁小女孩得了什么病都找不出来！你疯了吧！这孩子病了，你听到了？她病了！"
>
> 来源：Gregory, 2003.

家长或护理者诱导自己的孩子或收养的孩子生病，并竭尽所能，通过照顾生病的孩子来博取同情或是体验控制他人的感觉。这种障碍还存在争议并且有待精神病学研究团体的进一步研究。争论的范围很广，因为它似乎是将虐待行为贴上了医学诊断的标签。但比较清楚的是这一障碍与极其可怕的针对孩子的犯罪行为有关(Mart, 2003)。在一个抽样案例中，一个母亲被怀疑故意让她3岁的孩子不断地染上痢疾(Schreier & Ricci, 2002)。令人伤心的是，孩子在专家介入之前就已经死了。在另一个案例中，养母被指控给孩子服用过量含有钾和钠的药物而造成了三个孩子的死亡。这些化学药品导致了孩子的窒息或心脏病发作。

回顾在科学刊物上登载的451例监护人的曼丘森综合征，数据显示其中有6%的受害者死亡了(Sheridan, 2003)。典型的受害者是4岁或者4岁以下的儿童。其中有四分之三的肇事者是其母亲。监护人的曼丘森综合征的案例通常包括孩子莫名其妙地发高烧，不明原因地突然癫痫发作和类似的症状。医生们发现此种案例的典型特点是病症都异乎寻常，而且持续时间长，又找不到病因。行为人具备一定的医学素养。

Koro和Dhat综合征：远东躯体症状障碍？

6.11 描述Koro综合征和Dhat综合征的主要特征

在美国，对那些患有疑病症的人来说，怀疑自己得了严重的疾病例如癌症而备受困扰是很普通的事情。远东地区的Koro综合征和Dhat综合征同疑病症的某些临床特点相似。虽然这些综合征似乎对北美读者很陌生，但是它们都与远东本身文化的民间传说有关系。

Koro综合征 正如我们在第3章中谈到的，有一种文化依存综合征，最初在中国和其他一些东南亚国家被发现，Koro综合征患者会为他们的生殖器萎缩并且缩回体内而感到恐惧不已,他们觉得这会导致死亡(Bhatia, Jhanjee, & Kumar, 2011)。尽管Koro综合征仍被归类为是一种文化依存综合征,但一些病例也出现在中国和远东国家之外(e.g., Alvarez et al., 2012; Ntouros et al., 2010)。这种综合征主要见于青年男性,尽管有些案例也有在女性中被报道。Koro综合征的发病过程较短,表现出对于生殖器萎缩的严重焦虑症状。这种焦虑的生理学信号常常表现得与惊恐障碍相类似,包括大汗淋漓、呼吸困难、心悸等症状。遭受Koro综合征折磨的男性会使用器械(例如筷子)试图阻止生殖器缩回到身体里去(Devan, 1987)。

在中国文化中,Koro综合征可以被追溯到公元前3000年。有成千上万的人都被报告染上了这种流行病,包括中国、新加坡、泰国、印度(Tseng et al., 1992)。在20世纪80年代的中国广东省,有多于2000名的患者患上了Koro综合征(Tseng et al., 1992)。与那些没有成为该疾病受害者的人相比,广东居民中的Koro综合征受害者表现得对此更加迷信,并且智力水平更为低下,他们也更相信民间与Koro综合征有关的传言(例如,阴茎缩小是一种致死因素)(Tsenget al., 1992)。直到医学上一再确保这种恐惧是缺乏根据的,因此才减缓了Koro综合征的流行(Devan, 1987)。Koro综合征在没有接受正确信息的人群中流行的情况可能会随着时间流失,但也可能会再次发作。[判断正误]

Dhat综合征 主要在亚洲印度的年轻男性中发病,Dhat综合征(dhat syndrome)患者会对遗精、排尿或是精液的流失感到过分恐惧(Bhatia, Jhanjee, & Kumar, 2011; Metha, De, & Balachandran, 2009),一些该综合征患者还相信(错误的想法)精液会在排尿时混合在尿液中被排出。患Dhat综合征的男性从一个又一个医生那里寻求帮助,想要找到能够防止遗精或防止(假想的)精液与尿液混合排出的方法。在印度文化中(和其他邻近及远东文化中)有一种广泛传播的观念,认为精液的流失会引起自身生理和心理能量的流失而对人有害。与其他文化依存综合征一样,必须要在相应的文化背景之下才能去了解Dhat综合征(Akhtar, 1988, p. 71)。在印度的传统文化中,精液被视作是非常重要的一种体液,一种保持健康、增加寿命的"长生不老药"。信奉印度教的人通常有这样一种观点:"四十顿饭形成一滴血,四十滴血融合成一滴骨髓,四十滴骨髓产生一滴精子"(Akhtar, 1988)。

判断正误
一些男性有一种心理障碍,即担心阴茎会萎缩或缩进身体里。
□正确 这种文化依存综合征在远东被发现,可能已经在中国存在了至少5000年了。

基于这种毕生都要保存精子的信念,那么一些印度男性对在排尿过程中不自觉地损失精子感到极度的焦虑这一现象就没什么好吃惊的了(Akhtar,1988)。Dhat综合征也与达到或者维持勃起的困难相关,显然是因为对于精液在射精时的流失过分关注而引起的(Singh,1985)。

理论观点

6.12 描述躯体症状及相关障碍的理论解释

转换障碍,或者说"癔症"都因古希腊伟大的内科医生希波克拉底而闻名,他将奇怪的身体症状归因为漫游的子宫(希腊语中的"hystera"),是它制造了机体内部的紊乱。希波克拉底注意到这些症状在已婚女性中比未婚女性中要较少出现。他基于这些观察,同时也基于这样一种理论假设,即怀孕会满足子宫的需要,并使器官正常工作,由此提出把婚姻作为一种"治愈"方式。怀孕促使激素的分泌和结构的改变,能够使一些女性减轻经期症状。但希波克拉底有关"机能紊乱的子宫"对女性身体问题的错误解释造成了几个世纪对女性的侮辱。尽管希波克拉底认为癔症应该是女性特有的,但是男性也会发作这种病症。[判断正误]

> **判断正误**
>
> "癔症"这一术语源于希腊语"睾丸"。
> □错误 该词源于hystera,在希腊语中的意思是"子宫"。

关于躯体形式障碍的生物学基础我们知道的还不是很多。对癔病性麻痹(虽然拥有健康的肌肉和神经,患者仍然声称某部分肢体无法运动)病人的脑成像研究指出大脑中控制运动和情绪反应的环路可能受到了破坏(Kinetz,2006)。这些成像研究指出正常的对运动的控制可能是由于涉及情绪加工的大脑环路被激活而受到抑制。我们必须保持谨慎,因为我们仅仅是在理解转换障碍的生物学基础的开始阶段,还有很多东西尚未了解。和分离性障碍一样,对转换障碍和其他躯体化障碍的科学研究已经基本接近心理学观点了,这也是我们所关注的。

心理动力学理论 癔症为19世纪心理学和生理学理论的一些争论提供了舞台。虽然催眠对于癔症的缓解可能是暂时的,但是沙可、布洛伊尔和弗洛伊德由此相信癔症是根植于心理原因而非生理原因,并且弗洛伊德因此发展出了无意识理论(见第2章)。弗洛伊德认为自我通过压抑等防御机制来控制本我产生的不可接受的或者危险的性冲动和攻击冲动。当人们注意到这些冲动的时候这种控制就会阻止可能产生的焦虑。在一些案例中,从威胁性冲动中被"扼杀的"或被切除的过剩情绪转换(Conver)成某种生理症状,例如癔症性麻痹或者失明。虽然早期关于癔症的心理动力学表述仍然被广泛采用,但是实验性证据还是比较缺乏的。弗洛伊德理论存在的一个问题是它没有解释从无意识冲突中剩下来的能量是如何转化为躯体症状的(Miller,1987)。

根据心理动力学理论,癔症症状是功能性的:它们允许人们获得初级收益(primary gain)和次级收益(secondary gain)。症状的初级收益是允许个体压抑内部的冲突。患者了解自己的躯体症状而不是躯体症状所表征的内部冲突。在这样的案例中,"症状"具有象征意义,它为个体提供对于潜在的冲突的部分解决方法。例如,癔症性麻痹可能是一种象征并且能够阻止患者实施被压抑的不可接受的性冲动(例如手淫)或攻击性冲动(例如谋杀)。这种压抑是在无意识中产生的,所以患者不会意识到潜在的冲突。"精神性漠视",是由沙可首次提出的概念,它被认为的发生原因是躯体症状帮助减轻了焦虑而没有导致焦虑。从心理动力学的观点来看,转换障碍同分离性障碍一样,都是有它的作用的。

来自症状的次级收益是指它允许个体避免繁重的责任并且能够从周围获得支持而不是获得谴责。例如,士兵有时候会突然感到手臂"麻木",而这正好能够使他们不需要再参加战斗。他们可能会被送到医院接受治疗而不是面对敌人的枪炮。这些案例中的症状可能不是故意发生的,跟一些案例中的诈病不相同。在二战期间,有一些轰炸机飞行员患上了癔症性"夜盲症",从而使他们免于执行危险的夜间任务。在心理动力学的观点中,他们的"盲视"可能促成了

"漫游"的子宫 古希腊内科医生希波克拉底认为癔症是女性特有的,由子宫机能的紊乱——"漫游"造成的。如果他自己有机会治疗二战中那些得了"癔症性夜盲症"而避免了执行夜间危险任务的男性飞行员,他会改变自己的观点吗?

夜盲 二战期间,有很多轰炸机飞行员抱怨说,夜盲使得他们无法执行危险的夜间任务。这可能是一种癔症的行为吗?心理动力学观点又是如何解释这些症状的呢?

初级收益,保护他们不会得到因为在平民区投递炸弹而产生罪恶感,同时也产生了帮助他们逃避危险任务的次级目的。

学习理论 包括心理动力学理论和学习理论在内的理论框架,专注于研究焦虑在解释转换障碍中所起的作用。然而心理动力学理论家们却在无意识的冲突中寻找焦虑的原因。学习理论专注于研究症状所带来的更为直接的强化作用以及它在帮助个体避免或逃避能够唤起焦虑的情境之中发挥的间接作用。

从学习的观点来看,在转换障碍及其他躯体形式障碍中产生的症状可能会为"病人"带来好处,或者说产生强化作用。转换障碍的患者可能可以从例如去上班或者操持家务这些杂务和责任中解脱出来(Mller,1987)。生病还常常能获得同情和支持。图6.2阐明了心理动力学理论

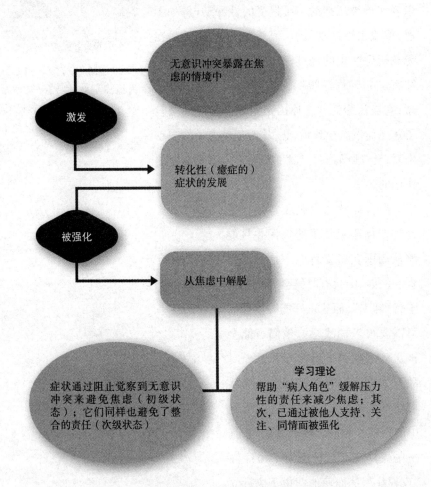

图6.2 转换障碍的概念模型

心理动力学和学习理论为转换障碍提供了概念模型,这种模型强调了转换障碍在逃避或减轻焦虑中的作用。

和学习理论中转换障碍的概念。

学习经验的不同解释了为什么历史上报道的女性转换障碍患者通常比男性多。西方文化中,女性通过扮演病人的角色来应对应激可能比男性表现得更为社会化(Miller,1987)。我们并不是说转换障碍患者都是装病的人。我们仅仅是指出人们可能会通过学会扮演角色进而导致了强化结果,而并不关注他们是不是故意扮演这些角色。

有一些学习观点理论家将疑病症和强迫症联系起来(e.g.,Weck et al.,2011)。在疑病症中,患者被强迫行为以及对于自身健康状况的焦虑所困扰。从一个医生到另一个医生那儿的奔波可能就是一种强迫行为,患者可以通过获得医生确定他们的担心是毫无根据的保证来得到暂时的放松,从而便强化了这种强迫行为。而令人苦恼的想法最终还是会回来,这样又促使他们的反复求医。这个循环就这样不断地反复。

认知理论　认知理论家推测某些疑病症案例可能代表一种自我设障的策略,是一种将自己很差的表现归咎于健康不佳的方式。在其他一些案例中,将注意力转移到躯体症状上可以作为一种逃避思考其他生活问题的方法。

另一种认知理论的解释则聚焦于思想扭曲的作用。疑病症患者倾向于夸大一些微小的躯体症状(Fulton,Marcus,& Merkey,2011;Hofmann,Asmundson,& Beck,2011)。他们将良性症状误解为严重疾病的信号,从而产生了焦虑,导致他们寻求一个又一个医生的诊断,试图找出他们害怕自己有那种致命的疾病。焦虑本身能够引起令人不舒服的躯体症状,也同样夸大了症状的严重性,从而导致了更加令人不安的认知。

疑病症和疼痛障碍都具有因健康问题而焦虑这一特征(Abramowitz,Olatunji,& Deacon,2008)。认知理论家推测,它们可能有一个同样的原因:一种扭曲的思考方式,从而导致患者将身体感觉的微小变化误解为即将到来的大灾难(Salkovskis & Clark,1993)。这两种障碍的差异的关键在于,将身体线索错误地解释为即将来临的威胁,从而导致了不断快速上升的焦虑(疼痛障碍),或者是将其曲解为长期的威胁而导致的对于潜在疾病的恐惧(疑病症)。鉴于了解了焦虑在疑病症和躯体化障碍中所起的作用,研究者质疑的是,这些障碍是否应该被划分为躯体症状障碍或是疾病焦虑障碍的一种形式,还是该被划至焦虑障碍的类别中去(Creed & Barsky,2004;Gropalis et al.,2012)。

大脑功能紊乱　近来,研究人员提出转换障碍可能涉及大脑中控制某些功能(例如言语)的部分与控制焦虑的其他部分之间的神经连接断开或受损(Bryant & Das,2012)。对躯体症状和相关疾病的生物学基础的研究仍处于起步阶段,但该项研究有望帮助阐明焦虑与脑功能之间的联系。

躯体症状及相关障碍的治疗

6.13 描述用于治疗躯体症状及相关障碍的方法

弗洛伊德提出的精神分析疗法始于对癔症的治疗,也就是现在所称的转换障碍。精神分析试图揭开童年的无意识冲突并使之进入意识层面。一旦冲突显露并且被治疗好了,症状也就没有再出现的理由,从而消失了。精神分析疗法是受到案例研究支持的,有些是弗洛伊德自己报告的,有些是他的追随者研究报告的。然而,在那个时代转换障碍发生的不频繁使得精神分析技术的科学研究成了难题(Rickards & Silver, 2014)。

行为疗法对于转换障碍和其他躯体形式障碍治疗的焦点在于去掉可能与躯体症状建立联系的次要强化(或次级收益)的来源。例如,家庭成员或其他人常常认为躯体形式障碍患者是病人而不能担负起普通人的责任。这种观念强化了患者的依赖性和躯体症状。行为治疗师会教给家庭成员用奖励的方式去假设责任的承担,而忽略唠叨和抱怨。行为治疗师也会直接接待患者,帮助他们学会更多应对应激或焦虑的适应方法(例如放松法或者认知重构法)。

认知行为疗法在治疗包括疑病症在内的多种躯体症状障碍中取得了良好的效果(e. g., Olatunji et al., 2014; Weck & Neng, 2015; Weck wt al., 2015)。例如,在治疗疑病症中,重构错误信念的认知技术帮助患者将夸大的与疾病相关的信念替换为合理信念。暴露与反应阻断的行为技术(在第5章被提到),能够帮助患者打破当他们一感到烦恼或者跟健康有关的担忧时便奔走于医生之间寻求健康保证的恶性循环。疑病症患者也能从打破问题行为中获益,例如反复上网搜索跟疾病有关的信息和阅读报纸上的讣告等(Barsky & Ahern,2004)。不幸的是,很多疑病症患者在被告知他们是心理问题而非生理问题时,他们都放弃了治疗。正如这一疗法的专家,亚瑟·巴斯基(Arthur Barsky)博士所说的那样"他们会说,'我不需要谈论这个,我需要有人将活体组织检查的针头插入我的肝脏,同时我需要反复做CAT扫描'"("Therapy and Hypochondriacs", 2004, p. A19)。

尽管CBT对躯体形式障碍来说是最好的基本治疗手段,但一些研究也同样支持了抗抑郁药物在治疗一些躯体症状障碍(疑病症),以及做作性精神障碍时取得的疗效(曼丘森综合征;Kroenke,2009;Rief & Sharpe,2004)。

总的来说,分离性障碍和躯体症状及相关障碍仍然以最令人困惑和难以理解的形式存在于异常行为之中。

影响身体健康的心理因素

躯体症状及相关障碍为我们理解扭曲的想法、行为和情绪在我们身体健康中的作用打开了一扇全新的窗口。在本节中,我们将对心理因素在身体健康中的作用进行更为广泛的探讨。躯体症状及相关障碍在本质上是行为的或心理的,而身体疾病是受心理因素影响的。在生理疾病中,心理因素被认为是起因果或促进作用的。传统上,我们把心理因素导致的身体病症称为**心身疾病**(psychosomatic disorder)。"psychosomatic"一词由希腊词根"psyche"发展而来,意思是"灵魂"或者"智力";"soma"的意思是"身体"。哮喘、头痛这些病传统上被划分为心身疾病,因为传统观念认为心理因素在这些病的发展过程中起着重要作用。

溃疡是另一个传统上被认为是心身疾病的微恙。在美国,约十分之一的人会患上溃疡。然而,由于最近一个标志性研究成果的出现,溃疡是否是心身疾病已经被重新评估。该研究显示一种称为幽门螺旋杆菌(peptic ulcers)的细菌(而不是压力或饮食)是引起消化性溃疡这类溃疡的主要原因,消化性溃疡是指胃部内壁或者小肠上部的疼痛(Jones,2006)。一旦这种细菌损伤了胃部和小肠内壁的保护性蛋白质,溃疡就产生了。使用抗生素的养生疗法可以直接杀死这种细菌,从而达到治愈的效果。目前我们还不清楚为什么携带这种细菌的人有的会患溃疡而有的不会。幽门螺旋杆菌中特殊病毒的毒性大小有可能决定了感染上这种细菌的人是否会患胃溃疡。尽管目前我们还缺乏明确的证据证明压力会使得人们更易受到疾病的困扰,但是压力有可能是原因之一(Jones,2006)。

心身疾病的药品领域在不断探索心理和身体在健康方面的联系。如今,有证据指出心理因素在更广泛的疾病范围中充当重要角色,这比传统意义上的心身疾病要多得多。在本节中,我们将讨论传统意义上的心身疾病,以及在其发展和治疗过程中心理因素起到重要作用的疾病:

心血管疾病、癌症和艾滋病。

头痛

6.14 描述心理因素在了解和治疗头痛中的作用

很多疾病都会伴有头痛的症状。如果仅仅只是头痛，而没有其他症状的话，这就被认为是压力引起的。到目前为止，紧张性头痛（tension headache）是最为常见的头痛。压力会使头皮、脸部、脖子和肩膀肌肉持续性地收缩，这样就会导致周期性或者慢性头痛。这种头痛会慢慢发展，其症状是头部两侧隐约的、持续的疼痛以及压力或紧张感。

偏头痛（migraine）就不仅仅是一种简单的头痛了，它影响着大约三千六百万的美国人（Gelfand，2014）。偏头痛是一种复杂的神经性障碍，一旦发作起来会持续几小时甚至几天。尽管这种疾病在理论上会影响不同性别以及所有年龄阶段的人，然而大约三分之二的病例发生在15岁至55岁的女性身上。偏头痛有可能每天发作一次，也有可能每隔一个月才发作一次，其症状是头部某侧或者是眼部后方尖锐、跳动的感觉。那种感觉有时候会强烈到无法忍受。在发作之前，患者有可能经历一段前兆或者是警示性的感觉。知觉扭曲，例如闪烁的灯光、怪异的图案或盲点都是典型的预兆。严重的偏头痛会带来不良的后果，例如降低生活质量，导致睡眠、心境和思维过程的紊乱。

理论观点 引起头痛的根本原因目前还不清楚，仍有待进一步研究。造成紧张性头痛的一个因素有可能是脸部和头部到大脑之间传输疼痛信号的神经变得更加敏感（Holroyd，2002）。偏头痛可能和更深层次的中枢神经系统的障碍有关，大脑中的神经和血管同属于这样一个系统。偏头痛还牵涉神经递质血清素。大脑中血清素水平下降有可能导致血管收缩（变窄）后扩张（爆裂）。这种过度拉伸会刺激敏感的神经末梢，产生偏头痛发作时尖锐的、跳动的疼痛。现在也有证据表明基因和偏头痛也有很大的关系（"Scientists Discover"，2003）。

偏头痛可能是多种因素触发的。这些因素包括情感压力、强光和荧光等的刺激、月经、失眠、海拔、天气和季节的变化、花粉、某些药物、用来加强食物味道的化学味精（MSG，谷氨酸钠）、酒精、饥饿以及天气或是季节更替（Sprenger，2011；Zebenholzer et al.，2011）。月经前和月经期间影响女性的激素

偏头痛！ 偏头痛会导致脑部一侧剧烈地疼痛，这有可能是由多种因素引起的，例如激素变化、强光照射、气压的变化、饥饿、花粉、红酒、某些药物甚至是味精的摄入。

变化也会触发偏头痛,因此女性中偏头痛的发生率约是男性的两倍。

治疗方法 普遍应用的止痛药,例如阿司匹林、布洛芬和乙酰,能够缓解或者消除与紧张性头痛有关的疼痛。收缩脑部膨胀的血管和控制血清素活动的药物都能够用来治疗偏头痛。有证据表明,心理干预,如正念冥想(详见"深入思考:降低唤醒水平的心理学方法")对治疗头痛会有帮助(Wells et al.,2014)。

心理治疗也可以在很多情况下帮助人们缓解紧张不安的情绪或是偏头痛症状。这些治疗包括生物反馈训练,放松疗法,应对技能训练和一些认知疗法(Holroyd,2002;Nestoriuc & Martin,2007)。**生物反馈训练**(biofeedback training,BFT)以听觉信号(如发出"哔"的声音)或视觉呈现的形式给予人们各种生理功能的信息(反馈),来帮助人们控制各种各样的人体功能,例如肌肉张力和脑电波。人们便学会往自己想要的方向改变这个信号。训练人们将放松技巧与生物反馈相结合,也是很有效的。肌电(electromyographic,EMG)生物反馈是生物反馈训练的一种形式,它依赖于额前肌肉紧张的信息。这样一来,肌电生物反馈加强了肌肉张力在这一部位的意识,帮助人们能够运用一定的信号来学着减少紧张的发生。

一些人通过手指升温来缓解偏头痛。这种生物反馈技术被叫作热生物反馈训练(thermal BFT),它改变了包括流向大脑的血液在全身流动的方式,从而帮助人们控制偏头痛(Smith,2005)。一种提供热反馈的方式是在手指上连接一个温度传感装置。根据手指温度的升高或降低,操纵台也相应地发出或快或慢的提示声。当更多的血液流向手指、远离头部时,温度便会升高。来访者可以想象手指慢慢变暖从而带来了这些体内血液流动的改变。[判断正误]

判断正误

人们可以通过提高指尖的温度来缓解偏头痛。

☐正确 一些人通过提高手指的温度能够缓解偏头痛。这种生物反馈技术改变了血液在身体中流动的方式。

深入思考

降低唤醒水平的心理学方法

压力会使身体产生一些反应,例如交感神经过度兴奋,这如果继续下去,可能会损害我们将自己调节到最佳状态的能力,而且会增加患上与压力有关的疾病的风险。心理治疗已经被证明能够降低可能由压力引起的机体唤醒状态。这里,我们来看看两种广泛应用的降低唤醒的心理学方法:冥想和渐进放松。

冥想

冥想（meditation）包括几种使意识变得狭窄从而调节外部世界的应激源的方法。瑜珈修行者（在这里指瑜伽哲学）学习花瓶或者曼陀罗的设计。古埃及人将他们的注意力放在点着火的灯上，这是受到了阿拉丁神灯传说的启示。在土耳其，伊斯兰神秘的苦修者注重调整他们的运动和呼吸节奏。我们已经了解到冥想对于治疗许多心理障碍和身体疾病有很明显的好处，特别是那些由于压力引起的障碍，例如高血压、慢性疼痛、失眠以及焦虑、抑郁甚至是饮食失调和药物滥用等问题（见 Armstrong & Rimes, 2016; Creswell & Lindsay, 2014; Davis & Zautra, 2013; Gu et al., 2015; Kocovskia et al., 2013; Meadows et al., 2013; Nyklíček et al., 2013; Slomski, 2014; Strauss et al., 2014; Sundquist et al., 2014; van der Velden et al., 2015; Williams et al., 2014）。

一项针对非裔美国人心脏病患者的研究表明，与健康教育（控制组）相比，每天冥想可以降低心脏病发作以及死亡的风险（Scheneider et al., 2012）。另一项与美国海军陆战队有关的重要研究表明，在正念冥想方面的训练可以改善对压力的适应能力的生理指标（Johnson et al., 2014）。

成千上万的美国人进行定期的超觉静坐（transcendental meditation, TM），这是一种简单的印度冥想方法，由瑜伽修行师马哈里什·马赫什·约吉（Maharishi Mahesh Yogi）于1959年传入美国。超觉静坐的练习者会重复祷文——诸如"ieng"和"om"这样的放松的声音。正念禅修是藏传佛教的一种冥想训练，人们集中精力在此时此刻的意识体验（思想、情感和感觉）上，不带任何的判断和评价。我们可以把这种练习比作观察一条流动的河流。正念禅修本身，或者当它和其他心理或医学治疗方法结合起来时，给诸如慢性疼痛、失眠、焦虑、PTSD 以及抑郁症等的治疗带来了新的希望。

功能性磁共振成像技术（fMRI）显示长期练习冥想的人的大脑和刚刚进行冥想训练初学者的大脑相比，在注意力和决策区域的激活水平上更高（Brefczynski-Lewis et al., 2007; 见图6.3）。这些发现使科学家们推测冥想的调节训练可能在某些方面改变了大脑的功能，可以作为治疗注意缺陷多动障碍（ADHD）（在集中注意力上有障碍）儿童的一种手段。（在第13章中将进一步讨论ADHD）。

fMRI研究领域中的权威研究者之一，威斯康辛大学心理学家理查德·戴维森（Richard Davidson）指出，通过常规的练习来训练大脑，使其在某些认知过程中和注意力方面更加高效是可行的。我们可以通过常规训练来锻炼我们的身体，同样地，通过注意力技巧的系统性练习也可以训练我们的大脑。随着这一系列研究的前景逐渐光明，我们期待系统的研究来验证冥想或其他心理技术是否能够改变大脑的注意过程。

尽管不同的冥想技术之间存在差异，下列建议阐明了冥想的普遍准则：

1. 试图一天内冥想一次或两次，每次在10到20分钟左右。
2. 当冥想的时候，不做比做更重要。因此，抱有一种被动的态度，告诉自己"顺其自然"。在冥想中，你会得到你想得到的。不要试图想得到更多。任何强加的努力会阻碍冥想的进行。

3. 把自己置身于一个安静、宁静的环境中。例如，不要直接面对着一盏灯。
4. 避免在冥想前一小时内进食。在冥想前至少两小时避免摄入含有咖啡因(包括咖啡、茶、各种碳酸饮料和巧克力)的东西。
5. 保持一种放松的姿势。如果有需要可以调整一下。如果你感觉有必要也可以抓痒或者打哈欠。
6. 想要进入精力集中的状态，你可以把注意力集中在呼吸上或者坐在一个静止的物体前面，例如一株植物或者是燃着的香。本森(Benson)建议每一次呼吸就"感知"(不是"默念")祷文一次。也就是说，想着这个词，但比你平常做的要"少一点积极"。有的研究者建议，在吸气时念想"进"，呼气时念想"出"或"啊——"。他们还建议诵读祷文，例如"ah-nam""rah-mah"和"shi-rim"之类的。

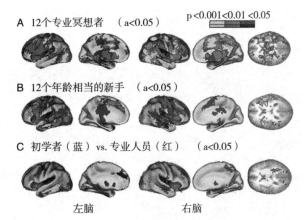

图6.3　一个训练良好的大脑

图中显示了冥想专家和冥想初学者在一项注意任务过程中的脑部扫描。高度活跃区域显示出红色和橙色。C行显示出了两组成员大脑区域的显著差异，他们在注意任务过程中脑部有更多的活跃区域，包括前额皮质(脑成像图像的右侧)。

来源：Adapted from Brefczynski-Lewis et al., 2007.

7. 当准备冥想时，大声重复你的祷文——如果使用祷文的话。享受祷文，然后越念越慢。闭上眼睛，注意力集中在祷文上。让想祷文变得越来越"消极"，这样你是"感知"到它而不是想到它。同样的，抱着一种"顺其自然"的态度，继续将注意力集中在祷文上。它也许变得更加轻柔或更大声或者减缓，之后再次出现。
8. 如果冥想时你还是无法将注意力集中，那就"由着"它们吧。不要想着去压抑那些思绪，否则你会变得紧张。
9. 记住要接受任何发生的事情。冥想和放松是不能强加的。你不能逼迫冥想的放松效果。就像睡觉，你只是为它创设了这样一个环境，然后让它自然发生。
10. 放逐自己的思绪。(你并不会迷失)顺其自然就好。

渐进放松

渐进放松最初是1938年由芝加哥大学心理学家艾德蒙德·杰格布森(Edmund Jacobson)提出来的。杰格布森注意到人们在压力下肌肉会紧张，会增强他们的不安。但是，他们试图忽视那些矛盾。杰格布森解释，如果肌肉紧缩导致不安，那么肌肉放松则会减缓紧张。但是那些被要求把注意力集中在放松肌肉的来访者经常不知所措。

杰格布森的渐进放松方法教人们怎么模拟出肌肉紧张和肌肉放松。使用这个方法，人们先

顺势而为 冥想是一种通过减少机体唤醒状态来调控来自于外部世界压力的流行方法。

紧张,然后放松,选择性地放松肌肉群,手臂肌肉、脸部、胸部、胃部和背部肌肉、臀部、大腿和口腔,等等。这个结果提高了人们关于肌肉紧张的意识并且帮助人们将紧张与放松区分开来。对这个技术的练习,逐渐地从一组肌肉进行到另一组肌肉群上。自从1930年开始,渐进放松已经被约瑟夫·沃尔普和阿诺德·拉扎勒斯在内的许多行为治疗师应用(1966)。

以下来自沃尔普和拉扎勒斯(1966,pp.177—178)的指导,说明了该技术如何应用于手臂放松。放松应该在一个宜人的环境中进行。背靠枕头仰坐在躺椅上、沙发上,或者床上。选一个你最不可能被打扰的时间和地方。使房间温暖舒适,灯光微弱。解开紧身的衣物。用尽全力,你要使全身三分之二的肌肉紧张起来。如果你感觉到肌肉要痉挛了,那么你就是太过于紧张了。紧张过后,完完全全地释放紧张。

观看 应激对健康的相关影响以及压力舒缓技术

观看视频"应激对健康的相关影响以及压力舒缓技术"以了解更多关于冥想与正念的技术,以及瑜伽对于与应激相关的疾病过程的影响。

手臂放松(时间:4-5分钟)

往后躺,尽可能地让自己舒适。尽最大的努力让自己放松……现在,当你能像那样放松,握紧你的右手,越来越紧,然后体会这种紧张。保持紧握,感受你右拳的紧张,然后是手掌,前臂……现在放松。松开你右手的手指,观察你感觉的不同……现在放松你自己,并且试图全身放松……再来一次,握紧你的右手……保持住,再次注意到紧张……现在放松,放松;你的手指伸直了,你再一次注意到不同的感觉……现在在你的左手上重复。当你身体放松时握紧你的左手;紧握拳头感受那种紧张……现在放松。再一次体会这种不同……

重复一次,握紧左手,紧握住,感到紧张……现在与紧张相反——放松,感受其中的不同。继续像刚才那样放松一会儿——双拳一起握紧,使双拳感到紧张、前臂紧张,体会这种感觉……然后放松;伸直你的手指,感受这种放松。继续放松你的双手和前臂,越来越放松……现在把你的手肘弯曲,绷紧你的二头肌,收紧它们,体会着紧张的感觉……好了,伸直你的手臂,让它们放松,再次感受其中的不同。让我们的放松继续……再来一次,收紧你的二头肌;保持住,仔细体会这种紧张……伸直手臂放松,尽可能地放松……每一次当你紧张和放松时,都仔细关注你的感受。现在,伸直你的手臂,伸直它们,这样你就可以感受到在手臂下方的三头肌达到足够的张力;伸直你的手臂并感受那种张力……现在放松。使你的手臂处于舒服的状态。继续保持这种放松。当你放松手臂时,你能感觉到一种沉重的舒展……再次将你的胳膊绷直以便感受三头肌肌肉的紧张;再绷直。感受这种紧绷感,然后放松。现在集中精力感受手臂上没有任何压力的纯粹放松的感觉。让手臂感到舒适,越来越放松。继续放松你的手臂。即使当你感觉似乎已经完全放松了,也要试着更进一步地放松,尝试着获得更深层次地放松。

心血管疾病

6.15 识别冠心病的心理风险因素

你的心血管系统,连接心脏与血管的网状组织,是你的生命高速公路。不幸的是,在这条高速公路上会遇到很多事故,那就是心血管疾病(cardiovascular disease,CVD),或者说心脏和动脉疾病。心血管疾病是美国人致死的主要元凶,每年约83万的死亡人数中,有大约三分之一的人死于心血管疾病,最常见的是心脏病或中风(American Heart Association,2009;Centers of Disease Controls,2015c)。冠心病(coronary heart disease,CHD)是心血管疾病的主要形式,在这些死亡人数中有将近50万人死于冠心病,大多以心脏病发作的形式出现(Centers of Disease Controls,2015a)。对于所有人而言,冠心病是导致死亡的主要原因,对女性而言,它比乳腺癌的死亡率还要高。

在冠心病中,流向心脏的血液不能够满足心脏的需求。冠心病的潜在疾病过程叫作动脉硬化,在这种环境下,动脉壁变厚变硬,弹性变小,从而导致了血液自由流动的困难。动脉硬化的根本原因是动脉粥样硬化,在这个过程中动脉壁内沉积了脂质,导致动脉阻塞斑块的形成。如果血块在一个由于动脉阻塞斑块而变窄的动脉中形成,那么它将几乎或是完全地阻塞住流向心脏的血液。这样便导致了心脏病(也被叫作心肌梗塞)的发作,心脏组织由于缺少富氧血液而死亡,导致生命威胁。当一个血块阻塞了脑血管的血液供应,就会发生中风,导致脑组织死亡,从而引起受失去血液那部分大脑控制的功能的丧失、昏迷,甚至死亡。

我们可以通过减少可控的风险因素来降低罹患心血管疾病的风险。有些诸如年龄和家族史的风险因素超过了我们的控制范围。但是其他一些主要危险因素是能够通过药物治疗和生活方式的改变来控制的,例如高血脂、高血压、吸烟、暴食、酗酒、高脂肪饮食以及导致久坐的生活方式等(e.g., Bauchuner, Fontanarosa, & Golub, 2013; Eckel, Foody et al., 2013; James et al., 2014; Mitka, 2013)。幸运的是,采取更健康的生活方式有益于心脏和循环系统(Roger, 2009)。甚至成天宅在家里的电视迷们都能够通过更多的体育锻炼来减少心血管疾病的危险(Borjesson & Dahlof, 2005)。另一个好消息是,几十年来,死于冠心病的人数一直在下降,这很大程度上要归功于医疗条件的改善以及吸烟等风险性因素的降低(Ma et al., 2015; McGinnis, 2015; National Center for Health Statistics, 2012a)。[判断正误]

判断正误

在美国,死于冠心病的人越来越多,这主要是由于吸烟率的增加。

□错误 实际上真实情况恰恰与此表述相反。

负面情绪 经常性的愤怒、焦虑、沮丧等情绪困扰会给心血管系统带来有害的影响(e.g., Allan & Fisher, 2011; Glassman, Bigger, & Gaffney, 2009; Lichtman et al., 2014)。这里,我们重点研究长期愤怒的后果。

偶尔的愤怒不会伤害健康人的心脏,但长期愤怒——人们大部分时间都处于愤怒状态,则会增加患冠心病的风险(Chida & Steptoe, 2009; Denollet & Pedersen, 2009)。愤怒与敌对情绪这些个人特质紧密相连,它表现在快速的愤怒,有责怪他人的倾向和用消极态度感知世界。敌对的人倾向于有火暴脾气,容易发怒。敌对情绪是A型行为模式(type A behavior pattern, TABP)的一个组成成分,这种行为模式表示人们具有的过于苛责,野心勃勃,急躁和高度竞争的个性。尽管,早期的研究将A型行为模式与冠心病的高发危险联系起来,但后来的研究对这种普遍的行为模式与冠心病危险两者间的关系提出了质疑(Geipert, 2007)。另一方面,有证据始终将属于A型行为模式中的敌对情绪与心脏疾病和其他负面健康结果的高风险联系起来(Chida & Steptoe, 2009; Eichstaedt et al., 2015; Everson-Rose et al., 2014; Kitayama et al., 2015)。处在敌对情绪的人大部分时间都处于愤怒中。

那么愤怒或其他的消极情绪是怎样增加冠心病的发病率的呢?尽管我们不能肯定地说应激激素肾上腺素和去甲肾上腺素扮演了重要的角色。焦虑和愤怒通过肾上腺引起这些应激激素的释放。这些激素增加了心率、呼吸率和血压,从而将更多的富氧血液送入肌肉组织,让它

第6章 分离性障碍、躯体症状和相关障碍以及影响身体健康的心理因素

们能够在面对威胁压力时，为战或逃的防御行为做准备。那些经常经历诸如愤怒焦虑等强烈消极情绪的人们的身体总是提供这些应激激素，最终给心脏和血管造成伤害。

激烈愤怒的发作能够引起那些已经患有心脏病的人心脏病发作或心源性死亡（Clay，2001）。此外，那些具有更高水平敌对情绪的人比敌对情绪较少的人倾向于拥有更多的心血管疾病危险因素，例如肥胖和吸烟（Bunde & Suls，2006）。愤怒和焦虑也会通过提升血液胆固醇水平、增加阻塞动脉的脂质和提高心脏病发作的风险来危害心血管系统（Suinn，2001）。帮助人们学会在激怒的情况下保持冷静对心脏和心理都是有益的。

情绪和心脏 持续的消极情绪压力，例如焦虑和愤怒，是和心脏有关的疾病。

抑郁症也可能会在冠心病中起作用，也许是因为它给身体带来了额外的压力（Everson-Rose et al.，2014；Gorden et al.，2011）。哈佛医学院的杰夫·胡夫曼是这一领域的一位主要研究人员，他指出："有一个很好的证据表明，如果一个人在心脏病发作后有抑郁症，那么在接下来的几个月和几年里，他更容易死于心脏病。"（引自"Depression Ups Risk，"2008）本来没有心脏病的人过度忧郁会遭受很大的患心脏病的危险（Penninx et al.，2000）。总之，关注我们的情绪健康会给身体带来好处。

深入思考

你会因心碎而死吗？

你可能听说过在一段失败的恋爱关系中"心碎"的表达。然而，心碎综合征是一种潜在的致命疾病。在高情绪压力下，身体释放大量的应激激素肾上腺素和去甲肾上腺素进入血流。医生们怀疑，在心碎综合征中，这些激素有效地"震撼"心脏，阻止它正常供血（Wittstein et al.，2006）。这些症状与真正的心脏病发作非常相似，包括胸痛和呼吸问题（"As Valentine's Day Approaches"，2012）。思考下面这个病例：

这位患者的心脏正在衰竭。她只有45岁，但是表现出所有心脏病发作的迹象。但这不是心脏病发作，如果它是的话，应该会出现心血管血液阻塞的情况。但是，血液顺

畅地流向了她的心脏。在这起案例中,这位女士的心脏衰竭是由于两天前她的丈夫在一起车祸中去世了,引起的感情冲击。她冲到了事故现场,在她丈夫的旁边崩溃,悲痛欲绝地大哭,拼命地想唤醒她的丈夫,但却没有成功。两天之后,她冲到医院抱怨胸痛和呼吸困难。这位女士的心脏仅仅只能供应所需血量的小部分。幸运的是,由于应激激素的含量减少和心脏恢复正常了供血水平,这位女士活了下来。之后,她告诉记者:"如果有人告诉我,你会因为一颗伤心的心而死去,我根本不会相信。但我几乎就是这样。"(Sanders,2006,p.28)

虽然心碎综合征之所以如此命名是因为它与强烈的悲伤有关,但它也可能是因为与焦虑、恐惧甚至是突然惊讶的强烈情绪反应有关的压力事件触发的(Naggiar,2012)。幸运的是,心碎综合征是一种罕见的情形,但是它能够解释人们在遭受诸如配偶突然死亡的感情冲击后的几天或几星期后的突然死亡现象。对于没有心脏病史的人,症状通常是短暂的,不像真正的心脏病发作,它们不会永久损害心脏("As Valentine's Day Approaches,"2012)。然而,冠状动脉心脏病的患者尤其容易由于强烈的情感应激而发生冠心病(Strike et al.,2006)。

社会环境应激 社会环境应激也会提高患冠心病的风险(Krantz et al.,1988)。诸如工作过度,流水线劳动以及矛盾冲突等因素都跟增加患冠心病的风险有关联(Jenkins,1988)。但应激与患冠心病风险的关系不是直接的,例如,高要求职业的影响可能受心理承受力和人们是否认为他们的工作有意义等因素的调节(Krantz et al.,1988)。

其他形式的压力也可能会增加患心血管疾病的风险(Walsh,2011)。瑞典的研究者发现,女性在婚姻中的压力使得她们患心血管疾病(包括心脏病发作和心脏猝死)的风险增加3倍(Foxhall,2001;Orth-Gomer et al.,2000)。

种族和冠心病 冠心病不是一个机会均等的破坏者。欧洲裔美国人(非西班牙裔白人)和非洲裔美国人(非西班牙裔黑人)冠心病死亡率最高(见图6.4;Ferdinand & Ferdinand,2009)。肥胖、吸烟、糖尿病和高血压都是引起冠心病及死亡的因素(CDC,2011b;Taubes,2012)。例如,非洲裔美国人比其他美国人有更高的高血压患病率,包括肥胖和糖尿病。此外,双重标准的护理限制了对少数人的医疗保健。那些患有心脏疾病的、经常罹患心脏病、中风或心脏衰竭的美国黑人,不能得到跟白人相同水平的医疗护理,也不能像白人一样得到最新的强心剂技术治疗,这可能是造成他们冠心病高整体死亡率(Chen et al.,2001;Peterson & Yancy,2009)的原因。这样的双重照顾标准可能反映了种族歧视及文化因素限制了服务,例如许多非洲裔美国人不信任定点医疗机构。

我们将用令人鼓舞的消息来结束这一节内容——美国人开始关心他们的心血管健康。由心脏病引发的冠心病及死亡率在过去的50年里已经有所下降,这归功于人们减少吸烟、改进冠心病的治疗方法和其他生活习惯的改变,例如减少脂肪的摄取量。受过良好教育的人们更多地去改变不健康的行为习惯并从改变中获得好处。这难道不能给你一个启示吗?

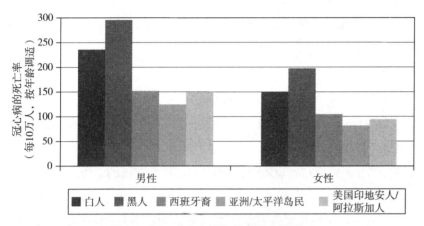

图6.4　冠心病死亡率与其种族有关联

由于冠心病引起的死亡在黑人男人和女人(非西班牙裔)中是不平衡的。

来源:National Center for Health Statistics,(2102b).

哮喘

6.16　识别可能诱发哮喘发作的心理因素

哮喘是一种主要气管的呼吸障碍——支气管——束紧且发炎,分泌大量黏液。当哮喘发作时,患者会大量喘息、咳嗽并努力呼吸新鲜空气,他们会感觉呼吸困难。

哮喘影响了2600万的美国人(CDC,2012b)。目前哮喘率在上升,在过去的30年中,哮喘率翻了两倍多。哮喘发作持续时间为几分钟到几小时不等,并且强度差异显著。一系列的哮喘发作可能危害支气管系统,导致黏液聚集并且肌肉失去弹性。有时候支气管系统变弱会导致其最终的致命性发作。

理论观点　哮喘有很多起因,包括过敏反应,暴露在污染的环境中(包括吸烟和烟雾),遗传的和免疫的因素。易感人群的哮喘反应可通过暴露于过敏原如花粉、霉菌孢子和动物皮屑引起;寒冷、干燥的空气和炎热潮湿的空气;以及情绪反应,例如愤怒或大笑。心理因素如压力、焦虑和抑郁会增加哮喘发作的易感性(Schreier & Chen,2008;Voelker,2012)。哮喘也具有心理影响。一些患者会避免剧烈的运动,包括锻炼,以免增加对氧气的需求量和突发性发作。

治疗方法 虽然哮喘不能完全治愈,但是可以通过减少暴露在过敏源和通过脱敏治疗法(过敏注射)帮助身体得到对过敏源的抵抗力。当哮喘发作时,通过滤气器和支气管扩张剂和抗炎药物(消炎药)使支气管通道通畅,同时减少将来哮喘发生的可能性。行为技术可能被用来帮助哮喘病人掌握呼吸和放松技巧去促进他们呼吸和有效地应对压力(e.g.,Brody,2009)。

癌症

6.17 识别癌症中的行为危险因素

癌症(cancer)是英语中最骇人听闻的词了,但理当如此,在美国死亡者中有四分之一是因为癌症。每年大约有50万人死于癌症。差不多60秒钟一个(疾病控制和预防中心,2015c)。男性在他们的生命中得癌症的概率有二分之一,女性是三分之一。目前有一个好消息值得一提:近年来癌症死亡率正在缓慢下降,这很大程度上归功于更好的检查和治疗(Hampton,2015)。

癌症涉及发育异常或突变的细胞,这些细胞形成扩散到健康组织的生长物(肿瘤)。癌细胞可以在任何地方生根:血液、骨骼、肺、消化道和生殖器官。当它早期不被控制时,癌症可能会扩散,或在整个身体中建立菌落,从而导致死亡。

引起癌症的因素有很多,包括遗传因素、致癌物质的暴露、甚至暴露于某些病毒中。但是,如果人们采取更健康的行为,尤其是避免吸烟、限制脂肪摄入、控制体重过重、减少饮酒、定期运动和减少在烈日中暴晒,可以预防超过一半的癌症(如,紫外线辐射引发皮肤癌;见 e.g.,Colditz,Wolin,& Gehlert,2012;Li et al.,2009)。例如,日本的癌症死亡率低于美国,因为美国人摄入更多的脂肪,特别是动物脂肪。他们的差别不是因为种族或基因,而是生活方式或饮食;日裔美国人的饱和脂肪摄入量接近于典型的美国饮食,他们的癌症死亡率和其他美国人一样。

应激和癌症 较弱的或者遭破坏的免疫系统可能增加癌症易感性。心理因素例如暴露在应激中,可能影响免疫系统。因此我们有理由相信处于应激中的人有增加患癌症的可能性。然而,应激和癌症的关联还不能被确定,这需要进一步调查研究(Cohen, Jannicki-Deverts, & Miller, 2007)。

另一方面,我们有足够的证据表明,心理咨询和团体支持项目能够帮助癌症患者治疗一些受破坏性情绪影响的疾病,包括抑郁、焦虑和无助感(e.g, Cleary & Stanton, 2015; de la Torre-Luque et al., 2015; Hopko et al., 2015; Stanton et al., 2013)。认知疗法与正念冥想训练相结合也有助于缓解癌症患者的抑郁和焦虑(Foley et al., 2010)。俄亥俄州立大学通过研究发现参与应对能力训练和学习掌握压力技术降低了女性患乳腺癌的概率(Anderson, Liu, & Kryscio, 2008)。

癌症患者会从旨在减轻癌症带来的压力和痛苦的应对能力训练计划中受益,比如,解决化疗的负面影响。与化疗相关的刺激物,比如医院本身的环境会成为患者在药物使用之前就引发恶心和呕吐的条件。相应的放松、愉悦的意象和有意分散注意力等方法能够有助于缓解由化疗引起的恶心和呕吐。

获得性免疫缺陷综合征

6.18 描述心理学家们在预防和治疗HIV/AIDS方面扮演的角色

获得性免疫缺陷综合征(AIDS,亦称"艾滋病")是一种由人体免疫缺陷病毒(human immunodeficiency virus, HIV)引起的疾病。HIV破坏免疫系统,使得身体不能抵抗疾病侵袭。AIDS/HIV是历史上最严重的流行病。在全球范围内,AIDS/HIV已经夺去了3900多万人的生命,目前感染人数大约3500万(WHO, 2014)。在美国,每年大概有5万例新的HIV的感染病例报道出来(CDC, 2015e)。

我们对于包括艾滋病在内的生理疾病的心理原因的分析有两个基本方面。首先,AIDS/HIV携带者通常在适应这种疾病的过程中会产生巨大的心理问题;其次,不安全的性生活和注射毒品等生活行为习惯在病毒感染和传播中占主导作用。

艾滋病病毒能够通过性接触传播——即阴道和肛门接触,口腔生殖器接触;直接注射有病毒的血液,意外地接触被病毒携带者或毒品注射者使用过的针头;或者通过怀孕、分娩和母乳喂养传染给孩子。艾滋病病毒不会通过献血、空气、昆虫传播,也不会通过一般接触传播,例如,共用公共厕所,和艾滋病病人握手及拥抱,共用食物器皿,跟艾滋病病人一起生活或上学。对艾滋病的血液供应进行常规筛查已将输血感染的风险降低到几乎为零。被感染艾滋病没有治愈方法或疫苗,但是引入高效的抗逆转录病毒药物已经彻底改变了该疾病的治疗情况(Thompson et al., 2012)。虽然不能治愈,但这些药物可以保持控制疾病几十年(Cohen, 2012)。幸运的是,近年来,随着抗病毒疗法的广泛应用,全世界与艾滋病有关的死亡人数有所下降。但缺少能够完全治愈或者有效的疫苗,意味着我们现在要把预防计划的重点放在减少或消除性交和注射可能引起的病毒感染,来控制这一传染病。

人们对艾滋病的适应性 考虑到疾病的性质和艾滋病人所遭受的耻辱,虽然不是全部的,但是有很多艾滋病病人产生了一系列心理问题,最常见的是焦虑和抑郁,这并不奇怪。

心理学家和其他精神健康专家参与到为艾滋病病人提供治疗的服务中。应对能力训练和认知行为疗法能改善艾滋病病人的内分泌反应,减少抑郁感和焦虑感,提高应对压力的能力和改善生活质量(McCain et al., 2008; Scott-Sheldon et al., 2008; Stout-Shaffer & Page, 2008)。这一治疗包括压力管理技术,例如放松训练和运用积极的心理意象,以及运用认知策略去控制消极的想法和偏见。

抗抑郁药能帮助病人减轻因为艾滋病给生活带来的抑郁。抑郁症治疗和掌控压力训练是否能提高艾滋病病人的免疫力或延长他们的生命还是一个有待解决的问题。

心理干预减少风险行为 单靠提供降低风险的信息不足以引起广泛的性行为方面的改变。尽管意识到了这些危险性,很多人还是继续进行不安全的性行为和注射毒品的行为。幸运的是,心理疗法能有效地帮助人们降低行为风险(e.g., Albarracín, Durantini, & Ear, 2006; Carey et al., 2004)。这些疗法能够帮助人们意识到行为风险和增强适应行为,比如坚定地拒绝不安全的性行为和更有效地与伴侣交流关于安全的性行为。安全的性行为也与在进行性行为前不摄入酒精和毒品有关,同时,也与"安全的性行为反映同伴群体中的社会规范(期望行为)"这样一种认知有关。

在这一章节中,我们着重分析了应激与健康和一些涉及健康的心理因素之间的关系。心理学可以为人们提供很多认识和治疗生理疾病的信息。心理学家帮助人们降低接触和发展成健康问题的风险,例如降低心血管疾病,癌症和AIDS的风险。心理神经免疫学等新兴领域承诺,将进一步加强提高关于我们的思想和身体之间错综复杂关系的知识。

总结

分离性障碍

分离性身份识别障碍

6.1 描述分离性身份识别障碍的主要特征,并解释为什么分离性身份识别障碍的概念是有争议的

在分离性障碍中,两个或两个以上的人格都会有具有各自不同的特质和记忆,它们并存于同一个体的体内,并反复控制着这个人的行为。一些理论家质疑,分离性身份识别障碍究竟是一种真正意义上的障碍还是一种"多重人格的"复杂角色扮演形式,而这种角色扮演由包括治疗师在内的其他人的关注所强化。

分离性遗忘症

6.2 描述分离性遗忘症的主要特征

在分离性遗忘症中,个体会丧失有关个人信息的记忆,而遗忘的原因却无法用机体的原因解释。而在伴随漫游症的分离性遗忘症中,个体会突然离开家或是工作场所,并会表现出对过去记忆的遗忘,体验着身份混淆,并会使用新的身份。

人格解体/现实解体

6.3 描述人格解体/现实解体的主要特征

在人格解体/现实解体中,个体表现出持续或反复的人格解体或足以引起严重痛苦或是功能性受损的现实解体的发作。

文化依存分离性综合征

6.4 鉴别两种带有分离性特征的文化依存综合征

两种具有分离性特征的文化依存综合征分别是以精神恍惚为特征的杀人狂症,以及表现出在民间文化中被视作是灵魂附体的分离行为的灵魂附体症。

理论观点

6.5 描述分离性障碍不同的理论观点

心理动力学观点将分离性障碍视作是一种心理防御机制,自我通过将记忆从意识中抹去的形式而保护自己不受困扰的记忆和无法被接受的冲动折磨。越来越多的文献记录了分离性障碍和早期童年创伤之间的联系。这支持了一种观点,即分离性可能有助于保护自我免受困扰的记忆的伤害。而对于学习和认知理论家来说,分离性体验涉及到一种学习方式,即不去思考某些可能会导致负罪感或羞耻感的令人不安的行为或想法。从焦虑中解脱出来反而会强化这种分离模式。而一些社会认知理论家则认为,多重人格可能代表一种角色扮演的行为。

分离性障碍的治疗

6.6 描述分离性身份识别障碍的治疗方法

治疗的主要形式是心理治疗,目前通过帮助分离性身份识别障碍患者发现和整合分离性的童年痛苦经历来实现人格的重新整合。

躯体症状及相关障碍

躯体症状障碍

6.7 描述躯体症状障碍的主要特征

躯体症状障碍指的是过分关注身体症状，以至于这种关注会影响个体在日常生活中的思想、情感以及行为。

疾病焦虑障碍

6.8 描述疾病焦虑障碍的主要特征

疾病焦虑障碍指的是人们认为一些轻微的身体症状反映的是潜在的重大疾病，尽管医学证据与之相反。

转换障碍

6.9 描述转换障碍的主要特征

转换障碍描述的是具有生理症状或是运动或感觉功能缺陷却无法找到医学原因解释的病例。

做作性精神障碍

6.10 解释诈病和做作性精神障碍的区别

诈病是指故意伪装或夸大症状，以获取个人利益或避免不必要的责任，因此不被认为是一种心理或精神障碍。做作性精神障碍的症状同样也是编造出来的，然而，由于没有明显的收益，做作性精神障碍被认为反映了潜在的心理需求，因此它们表现了心理或精神障碍的特征。曼丘森综合征是做作性精神障碍的主要表现形式，它是通过在没有明显的原因下故意编造身体症状而形成的，只是为了扮演病人的角色。

Koro和Dhat综合征：远东躯体症状障碍？

6.11 描述Koro综合征和Dhat综合征的主要特征

这是文化依存综合征的两个例子。Koro综合征主要在中国被发现，以患者过分担心自己的生殖器会缩回到体内为特征。而Dhat综合征主要在印度被发现，它涉及男性对精液流失的过度恐惧。

理论观点

6.12 描述躯体症状及相关障碍的理论解释

对躯体症状及相关障碍的理论关注主要集中在疑病症上，目前被归类为躯体症状障碍或疾病焦虑障碍。有一种学习理论模型将疑病症比作是强迫行为。疑病症的认知因素包括可能的自我设障策略以及涉及对个体健康状况夸大感知的扭曲的认知。精神动力学模型认为，它代表了转换为身体症状的剩余的情感或能量，阻断了不被接受的或威胁性的冲动进入意识。从某种意义上看，这种症状是功能性的，它允许个体同时获得初级收益与次级收益。学习理论家聚焦于转换障碍相关的强化，例如采用"病人角色"的强化效果。

躯体症状及相关障碍的治疗

6.13 描述用于治疗躯体症状及相关障碍的方法

精神动力学治疗师试图揭示并将源于童年的无意识冲突的意识水平提升至一个新的层级,这种冲突被认为是躯体症状及相关障碍的根源。一旦冲突被揭示并被解决,症状就会消失,因为不再需要症状作为潜在冲突的部分解决方案。行为疗法关注的是移除潜在的强化来源,这些来源可能会维持异常的行为模式。一般来说,行为治疗师会帮助躯体症状及相关障碍的患者学会更有效的应对引起紧张与焦虑的情境。此外,认知行为技术的结合,如暴露与反应阻断以及认知重构,都可能会被用于治疗疑病症。抗抑郁药物也可能会被证明有助于治疗一些躯体症状及相关障碍。

影响身体健康的心理因素

头痛

6.14 描述心理因素在了解和治疗头痛中的作用

最常见的头痛是紧张性头痛,通常与应激有关。放松训练和生物反馈的行为疗法有助于治疗各种类型的头痛。

心血管疾病

6.15 识别冠心病的心理风险因素

增加罹患冠心病风险的心理因素包括不健康的消费模式、久坐不动的生活方式,以及持续的负面情绪。

哮喘

6.16 识别可能诱发哮喘发作的心理因素

诸如应激、焦虑以及抑郁之类的心理因素可能会诱发易感人群的哮喘发作。

癌症

6.17 识别癌症中的行为危险因素

尽管应激与癌症之间的关系仍在研究之中,但癌症的行为风险因素包括不健康的饮食习惯(尤其高脂肪的摄入)、大量饮酒、吸烟,以及过分暴露在紫外线中。

获得性免疫缺陷综合征(AIDS)

6.18 描述心理学家们在预防和治疗HIV/AIDS方面扮演的角色

心理学家参与了减少可能导致艾滋病毒感染的危险行为的预防计划,以及治疗计划(如应对技能培训和认知行为疗法)的制定,旨在帮助艾滋病毒感染者。

评判性思考题

阅读完本章之后,请回答下列问题:

- 为什么分离性身份识别障碍的诊断存在争议?你认为分离性身份识别障碍患者不过是在

扮演他们习得的角色吗？为什么或为什么不呢？
- 分离性障碍和躯体症状障碍怎么同诈病进行区分？在试图做这些鉴别时会出现什么困难？
- 为什么转换障碍被视作异常心理学编年史中的宝藏？该障碍在异常行为的心理学模型发展中扮演了什么样的角色？
- Koro或Dhat综合征对你而言陌生吗？你的反应是怎样取决于你所成长的文化背景的？你能否举一个你所生长的文化中合理的、但可能在其他文化的成员看来是奇怪的行为模式的例子？

关键术语

1. 分离性障碍	1. 躯体症状及相关障碍	1. 曼丘森综合征
2. 分离性身份识别障碍	2. 躯体症状障碍	2. Koro综合征
3. 分离性遗忘症	3. 疑病症	3. Dhat综合征
4. 人格解体	4. 疾病焦虑障碍	4. 心身疾病
5. 现实解体	5. 转换障碍	5. 生物反馈训练(BFT)
6. 人格解体/现实解体障碍	6. 做作性精神障碍	6. 心血管疾病(CVD)
	7. 诈病	7. A型行为模式

第7章　心境障碍和自杀

学习目标

7.1　描述重度抑郁障碍的关键特征并评估那些可能导致女性抑郁率更高的因素。

7.2　描述持续性抑郁障碍（恶劣心境）的关键特征。

7.3　描述经前期烦躁障碍的关键特征。

7.4　描述双相情感障碍的关键特征。

7.5　描述循环性心境障碍的关键特征。

7.6　描述压力在抑郁症中的作用。

7.7　描述抑郁症的心理动力学模型。

7.8　描述抑郁症的人本主义模型。

7.9　描述抑郁症的学习理论模型。

7.10 描述贝克关于抑郁症的认知模型和习得性无助模型。

7.11 识别抑郁症中的生物学因素。

7.12 识别双相情感障碍的致病因素。

7.13 描述用于治疗抑郁症的心理学方法。

7.14 描述治疗抑郁症的生物医药方法。

7.15 识别自杀的危险因素。

7.16 识别自杀的主要理论视角。

7.17 当你认识的人有自杀想法时,运用你知道的关于自杀因素的知识采取具体的方法应对。

判断正误

正确☐ 错误☐ 感受到悲伤或抑郁是不正常的。

正确☐ 错误☐ 重度抑郁症影响着上百万的美国人,但幸运的是,他们中的大多数得到了所需的帮助。

正确☐ 错误☐ 在一些案例中,暴露于明亮的人造灯光下有助于缓解抑郁。

正确☐ 错误☐ 男性患重度抑郁障碍的人数可能是女性的两倍。

正确☐ 错误☐ 锻炼身体,不仅有助于增强体质,还有助于对抗抑郁。

正确☐ 错误☐ 膳食中高水平的鱼油可能会增加患双相情感障碍的风险。

正确☐ 错误☐ 在头皮上放置高能电磁极可以缓解抑郁症。

正确☐ 错误☐ 古希腊和古罗马人用一种化学物质来抑制情绪波动,并沿用至今。

正确☐ 错误☐ 那些以自杀作为威胁的人,通常是寻求关注的人。

观看 章节介绍:心境障碍和自杀

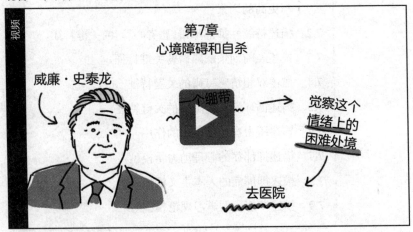

"我"黑暗觉察

《纳特·特纳》与《苏菲的选择》的作者,知名作家威廉·史泰龙(William Styron, 1925—2006)在他60岁时患上了十分严重的抑郁症,致使他打算自我了结。在1990年的回忆录中,他谈到他人生中的这段黑暗时光并提及他人生之路的重建。

"我发觉我自己处于恐怖和幻想的混沌之中,于是我开始做一些必要的准备:去邻镇见我的律师,——完成我的遗嘱——并且花了几个下午的时间胡乱地尝试着给我的子孙们放置告别信。结果是写了一封自杀遗书……这是我处理的最艰难的写作任务。

一个严寒的深夜,当我意识到我或许无法让自己度过第二天……我开始迫使自己看那种类型的电影……在那个电影的某一时刻……演员沿着音乐学院的走廊移动,在那堵看不见音乐家的围墙那边,传来了一段女高音,这是勃拉姆斯阿尔托狂想曲中的一段骤起的高音唱段。

这声音,就像所有的音乐那样,真的,像所有的欢乐那样——我曾已麻木数月而不曾感受过了——如匕首般刺入我心脏,在回忆中,我想起了在这座房子里发生过的所有快乐的事:孩子从房间之间飞奔而过,节日庆典,爱与工作,踏实的睡眠,那声音和那敏捷的骚动,那些老猫、老狗、老鸟……我意识到这一切都是我无法抛弃的……而这些力量使我意识到我不能自我亵渎。我吸收最后一丝清醒的光芒去觉察着我曾陷入的真实困境中可怕的一面。我叫醒了我的妻子,然后立即打了一通电话。第二天我被送进了医院。"

来源:来自 Darkness Visible William Styron.

一位卓越的作家站到了他自己人生的悬崖边上。抑郁症的阴霾笼罩着他并近乎透支了他的生命——这就是"黑暗觉察"——百万群众都不欢迎的伙伴。抑郁是一种情绪混乱,它在人生的方方面面投射出长久而深远的阴影。

情绪是使我们的精神生活多姿多彩的一些感觉状态。我们大都经历着情绪的变化:当我们获得好成绩、进步或是遇到所钟情的人时,我们会感到兴高采烈。当我们被约会对象拒绝,考试不及格或是经历账务失败时,我们感到低落和沮丧。为令人兴奋的事件而感到快乐与为令人忧郁的事情而感到压抑一样是寻常而又合理的事。面临悲剧或身处极令人失望的事情或氛围而不感到失望和沮丧才是不正常的事。然而,患有心境障碍(mood disorder)的人经历着情绪混乱,这意味着他们的情绪体验会非常地剧烈或漫长,以至于损

威廉·史泰龙 知名作家威廉·史泰龙患有极严重的抑郁症——一个"黑暗觉察"将他引向自杀的深渊。

什么时候我们认为情绪变化是不正常的？ 虽然应对生活中起起落落,情绪发生改变是很寻常的,但是持久的或剧烈的情绪变化,或欣快和失落循环往复地交替出现,就可能意味着出现了心境障碍。

伤他们的社会功能。一些人变得极为低沉,即便是事情正在变好或是遭遇那些其他人可以忽略的小的烦心事。而其他的一些经历着极大的情绪动荡:当他们周遭的世界很大程度上保持平稳的时候,他们的情绪却像坐过山车一般从高峰到深渊,令人目眩神迷。让我们从测验不同的心境障碍开始学习那些情绪问题吧。

心境障碍的类型

这一章节主要揭示两种主要的心境障碍形式:抑郁障碍和双相情感障碍(情绪动荡障碍)。不同于上一版的DSM,DSM-5没有关于心境障碍的一般范畴。取而代之的是,心境障碍如今被单独分为一类被称作抑郁障碍和双相情感障碍的范畴。我们对心境障碍的学习一分为二,这就是说,有两种抑郁障碍的类型:重度抑郁障碍及持续性抑郁障碍;以及两种主要的双相情感障碍:双相情感障碍和循环性心境障碍(也称循环性精神病)。我们将看到双相情感障碍由两种不同的障碍组成:Ⅰ类双相情感障碍和Ⅱ类双相情感障碍。

抑郁障碍也称作单相障碍,因为情绪的混乱只朝着一个方向或一极向下。相反,情绪动荡障碍称作双相情感障碍,因为它们同时包含抑郁和兴奋两个部分,两者通常交替出现。表7.1提供了那些障碍的概览,并提供了一条捷径去概念化那些对应着不同情绪状态的心境障碍,这些以心境温度计的形式呈现在图7.1中。

我们中的很多人——或者说是大多数——时不时会经历一段时间的悲伤。我们可能会感到气馁、想哭、对事物失去兴趣、难以集中精力、预料最糟的事会发生并且甚至想到自杀。我们中的大多数人,情绪变化会很快过去或者严重程度不足以干扰我们的生活步调或社会功能。对于患有心境障碍的人来讲,无论是抑郁障碍还是双相情感障碍,情绪变化都极其剧烈或持久,以至于影响到他们的日常功能。[判断正误]

判断正误

感到悲伤或抑郁是不正常的。
☐ 错误 在令人沮丧的事情发生时或压抑的氛围中,感到失落是正常的。

表 7.1 心境障碍概览

	障碍类型	近似患病率*	主要特点及症状	附言
抑郁障碍	抑郁症（MDD）	男性中的 12% 女性中的 21% 所有人中的 16.5%	以情绪低落感到无助和没有价值、睡眠模式或胃口改变失去动机、对寻常活动失去乐感为主要特征的重度抑郁发作	在抑郁发作之后，个体可能回到他正常的功能状态，但复发也很常见的。季节性情绪障碍是抑郁症的一种
	持续性抑郁发作（恶劣心境）	4.3%	一种慢性抑郁症	个体经历着慢性轻度或重度抑郁或在大多数时候感到气馁
	经前期烦躁障碍（PMDD）	未知	女性经前情绪显著变化	DSM-5 的一个新的诊断范畴，PMDD 存在争议；批评者称这是对女性不公平地污蔑，因女性以前有显著的症状而给她们贴上心理或精神障碍的标签
双相情感障碍	躁郁症	大约 1%	情绪能量水平和活动能力在狂躁和抑郁之间快速转变，有时也有处于两者之间的正常情绪；存在两种一般亚型：Ⅰ类双相情感障碍（存在一个或多个躁狂阶段）和Ⅱ类双相情感障碍（主要处于抑郁或轻躁狂阶段，但没有完全躁狂的时期）	躁狂阶段主要以言语急迫、骤增的能量和活动量、思维奔逸、低价值判断、高水平的躁动与兴奋，以及膨胀的情绪和自我感觉为特征
	循环性心境障碍	大约 0.4% 到 1.0%	情绪波动的严重程度比双相情感障碍轻	循环性心境障碍多起病于青年晚期或成人早期，之后转为多年持续

*患病率是指那些在人生中患过精神障碍的人占人口的百分比。

来源：Sources: Prevalence rates derived from American Psychiatric Association, 2013; Conway, Compton, Stinson & Grant, 2006; Merikangas et al., 2007; Merikangas & Pato, 2009; Van Meter, Youngstrom, & Findling, 2012. Table updated and adapted from J. S. Nevid (2013). Psychology: Concepts and Applications (Fourth Ed., p. 585). Belmont, CA: Wadsworth, Cengage Learning. Reprinted with permission.

重度抑郁障碍

7.1 描述重度抑郁障碍的关键特征并评估那些可能导致女性抑郁率更高的因素

重度抑郁障碍(major depressive disorder,也称重性抑郁症)的诊断是基于在无躁狂(mania)或轻躁狂(hypomania)病史的前提下,至少出现过一次重度抑郁发作(major depressive episode, MDE)包含一次临床显著的功能改变,功能改变包括一系列的抑郁症状,包括情绪低落(感到伤心、无望或"气馁")和/或对几乎所有事物失去兴趣或乐趣至少两周(American Psychiatric Association, 2013),表7.2列出了一些抑郁症的共同特征。重度抑郁发作的诊断标准见第355页的DSM诊断表。

重度抑郁障碍不是简单的伤心或"抑郁"状态。患有重度抑郁障碍(MDD)的人可能不思饮食、体重大幅增加或下降、有入睡困难或过多睡眠,以及变得坐立不安或——另一极端——显示出极端缓慢的肢体(举动)活动。以下是一位女性对抑郁的叙述,她称抑郁为"野兽"——抑郁影响着她生命的方方面面。

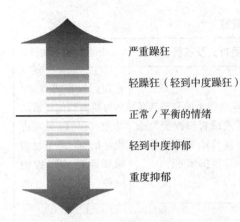

图7.1 一个情绪温度计

情绪状态可被概念化为是沿着光谱或连续体变化。一端代表重度抑郁另一端代表严重躁狂,这是双相情感障碍的基本特征。轻度或中度抑郁症通常被叫作"忧郁",但当它转为慢性时,我们也将它归类于心境障碍。在这个连续体的中间,是正常、平衡的情绪。轻度或中度的躁狂被叫作"轻躁狂",这是循环性心境障碍的特征。

"我"野兽归来

我的身体断断续续地疼痛,时重时轻,我好像得了疟疾似的。尽管没有食欲我还是吃了饭,仅仅是因为吃饭是我所剩无几的乐趣之一。我很疲倦,非常疲惫。我昨夜躺在那里就像一堆旧衣服一样,而当大卫来到床前我都无法移动身体。性是一个不相干的概念。今天工作时我很健忘,我造句困难并且说出的词汇很混乱。我看向我今天要做事情的清单,就这样一直看着它,看似什么都不会发生。对我而言,所有事都是令人悲伤的。今晨,我想起一个曾住在我们老房子里的女人,她告诉我说她每天去西尔斯买假蕾丝窗帘,为了节约一点儿钱而不能去买真蕾丝——这看上去很凄凉。(为什么?我头脑中有一个声音问道。她买的那些窗帘看起来美极了。)我感觉我的大脑就像是一团嵌入微电路的原生质,而且其中的一些电线短路了。有些微弱的电火花留在那里,剩余的只有脆弱的神经元在冒烟,满是残骸废墟。

我甚至不知道这种现实的困境是何时开始的——一周之前?一个月之前?发病是逐渐增强的,这是很难言喻的事情。我所知道的只有,"野兽"回来了。

它称作抑郁,而我与它共处的经历塑造了我的人生——改变了我的人格,影响了我的亲密关系,改变了我的人生轨迹——改变的地方之多,我可能永远无法完全觉知。

来源:来自 Thompson, 1995。

重度抑郁障碍损害人们承担日常生活中的责任的能力。患有重度抑郁障碍的人对他们原本大多数的活动和追求丧失兴趣,难以集中精力和做出决定,有想要死亡的想法,并且尝试自杀。他们甚至在驾驶模拟测试中显示出驾驶技能受损(Bulmash et al.,2006)。

表7.2 抑郁症的共同特征

情绪状态的变化	• 情绪的变化(长时间的低落、沮丧、悲伤或是忧郁) • 有哭泣或泪流满面的迹象 • 愈发地易激惹、易变化或易发脾气
动机的变化	• 动机缺乏,早晨出门甚至起床都很困难 • 社会参与水平或社会活动兴趣下降 • 对娱乐活动丧失乐感和兴趣 • 对性失去兴趣 • 对赞扬和奖励失去应答
功能和运动功能变化	• 走动或说话的速度与平时相比明显变慢 • 睡眠习惯改变(睡眠过多或过少,或醒得明显早于平时并且在早起之后难以再次入睡——因此称为清晨惊醒) • 食欲变化(吃得过多或过少) • 体重变化(体重增加或减少) • 工作或学习效率降低;无法承担社会责任并且忽视个人外貌形象
认知变化	• 难以集中注意力或无法清楚地思考 • 对自己和未来的想法很消极 • 对过去做过的错事感到内疚和悔恨 • 缺乏自尊或感到不能胜任 • 想要死亡或自杀

1841年,深陷抑郁深渊的阿伯拉罕·林肯(Abraham Lincoln)对他自己说道"我现在是这世界上最痛苦的人。如果把我所体验到的痛苦平分给这世界上所有的家庭,那地球上将不再有笑脸"。这些绝望的言语仅仅是痛切地表达了抑郁能令人无力的程度(Forgeard et al.,2012)。

很多人看上去并不理解临床抑郁症患者不能简单地"摆脱"或"脱离"抑郁。很多人仍把抑郁症看作是软弱无能的信号,而非可以被诊断的疾病。很多患有抑郁症的人认为他们能自己解决他们的问题。这些态度或许能够解释为什么有大约一半的患有抑郁症的美国人无法从专业的精神健康机构获得帮助,尽管安全且有效的治疗是可以获得的(González et al.,2010)。拉丁裔和非裔美国人比其他群体更不可能接受

患抑郁症的总统 阿伯拉罕·林肯在他人生中的大部分时间都在与抑郁症作斗争。

判断正误

重度抑郁症影响着上百万的美国人，但幸运的是，他们中的大多数得到了所需的帮助。

□ 错误　根据最近的研究结果，只有大约一半的患有重度抑郁症的美国人得到了专业的治疗，无论治疗的形式如何。

治疗。另一个可以解释缺乏治疗的事实是，很多抑郁症患者向他们的家庭医生寻求帮助，而家庭医生无法发现这是抑郁症或未能转介到专业的精神健康机构（Simon et al., 2004）。

观看视频"玛撒：重度抑郁障碍"，学习更多关于抑郁症的知识，玛撒的个案，展示了人生中的多重丧失是如何深刻影响功能的。

抑郁症是最常见的心境障碍诊断类型。根据美国全国代表性调查，本研究者报告抑郁症的患病率中，男性12%，女性21%，总体为16.5%（Conway et al., 2006; Forgeard et al., 2012; 见图7.2）。近8%的美国成年人现在患有抑郁症（National Center for Health Statistics, 2012a）。

重度抑郁症是一种主要的大众健康问题，不仅仅影响心理功能，而且还损害个体的学习、工作、家庭和承担社会责任的能力。正如在图7.3中看到的那样，80%以上患有中度以上抑郁症的人报告说他们的工作、家庭或社会功能受到损伤。[判断正误]

观看　玛撒：重度抑郁障碍

DSM-5诊断标准

重度抑郁障碍

A. 在以两周为期的一个周期内出现下列五个（及以上）症状，并且代表了与之前相比的一个功能改变；最少出现以下两种症状之一：(1)低落情绪；(2)兴趣缺乏或愉悦感丧失。

注意：不包括那些可清楚归因于另一种疾病的症状。

1. 一天中的大多数时候都情绪低落，几乎每天都是如此，由主观报告（例如：感到悲伤、空虚、无望）或他人观察所述（例如：表现得容易落泪）均可。（注意：对儿童或青少年而言，可以是易激惹的情绪。）

2. 几乎每天的大多数时候都对所有活动或近乎所有活动存在明显减弱的兴趣和愉悦感（主、客观观察所述均可）。

3. 在没有节食的情况下体重显著减少或增加（例如：一个月内体重改变超出总体的5%）或近乎每天的食欲都减少或增加（注意：对于儿童则考虑其未能实现预期的体重增长）。

4. 几乎每天都失眠或嗜睡。

5. 几乎每天都精神过激或迟滞（由他人客观观察所述，而不仅仅是主观感到坐立不安或变得迟钝）。

6. 几乎每天都感到疲劳或没有精力。

7. 几乎每天都感到没有价值或极度或不恰当的内疚（或许是妄想的）（不仅仅是自责或为自己生病而感到内疚）。

8. 几乎每天都思考，注意集中能力减弱或优柔寡断（主、客观报告均可）。

9. 反复考虑死亡（而不仅仅是惧怕死亡），反复出现自杀的念头却没有具体的计划，或有自杀的尝试，或有具体的自杀行为。

B. 这些症状造成了临床显著的对社会、事业或其他重要领域功能的危害和损伤。

C. 发作不能归因于某些物质造成的心理影响或是其他疾病。

注意：A—C的标准代表重度抑郁发作。

注意：对重大损失的反应（例如：亲人丧生、经济损失、自然灾害造成的损失、严重躯体疾病或残疾）可能包含强烈的悲痛感、对丧失的反刍、失眠、没食欲和体重减轻，就如诊断标准A中所写的那样，或许与抑郁发作相似。然而，这些症状对于丧失而言或许可以认为或考虑是合理的，在对丧失正常应答反应的基本上诊断是抑郁发作，应该要十分谨慎。做出这样的诊断不可避免地要求基于个体的成长史和其对于丧失背景下悲痛的文化价值标准来进行临床判断活动。

D. 重度抑郁发作的出现有分裂情感性障碍、精神分裂症、妄想障碍或指明和未指明的精神分裂症或其他精神障碍无法很好地解释。

E. 无躁狂发作或轻躁狂发作。

注意：当所有的疑似躁狂发作和疑似轻躁狂发作都是由药物或心理作用引发的情况下，此诊断标准不适用。

经《精神疾病诊断和统计手册》第五版允许转载（版权归美国精神卫生组织2013）。美国精神卫生组织。

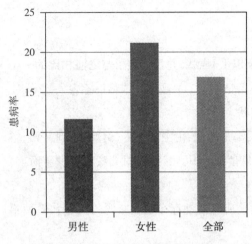

图7.2 重度抑郁障碍的终生患病率
女性患重度抑郁发作的人数是男性的两倍。
来源：Conway et al., 2006.

抑郁症造成的经济损失是令人震惊的，由于失去劳动力、离开工作岗位而造成数以亿计的损失。重度抑郁障碍每年造成的单个工作平均工时损失为27.2个工作日，双相情感障碍则多达65个工作日(Kessler et al., 2006)。患有抑郁症的工人与正常工人相比在相似的工作中至少减少10%的收入(McIntyre, Liauw, & Taylor, 2011)。世界范围内，抑郁症是导致残疾的首要疾病(Monroe & Anderson, 2015)。另一方面，对抑郁症的有效治疗不仅对心理方面有帮助，而且有助于稳定工作和增加收入，因为人们的生产力水平能恢复到更高水平。

重度抑郁障碍，特别是更为严重的发作，可能伴随着精神病症状，比如说妄想，会认为自己的身体正因疾病而腐烂。患有重度抑郁障碍的人可能会表现出精神病性行为，比如幻觉——"听到"有声音在谴责他们的不法行为。

下面的例子说明了重度抑郁障碍的特征范围。

慢性自杀：一个重度抑郁障碍的案例

一位38岁的女文员从她13岁起患上了反复发作的抑郁症。最近，她被工作的钟声所困扰，有时抑郁发作得太过突然，她没有足够的时间跑到洗手间把眼泪藏起来不让别人看见。她很难将注意力集中于工作，也无法从工作中获得乐趣，即便这份工作曾是她所喜爱的。她对未来极度悲观和愤怒，因为她的体重不断增加且她不注意护理她的糖尿病。她感到内疚，因为她没有好好关注自己的健康，她觉得自己正在慢慢杀死自己。她有时觉得自己就应该被杀死。过去的一年半时间里，她被过分嗜睡所困扰，而且她的驾照因她上个月开车时打瞌睡撞上电话线杆而被吊销了。她经常在睡醒后感到站立不住，但她仅是"忽略它"，然后一整天发困。她从来没有过稳定的男朋友，在家人之外再没有亲密的朋友，她只是和母亲一起在家安静地生活。在接受访谈期间，她一直频繁地哭泣并用低沉单调的声音回答问题，眼睛一直盯着地面。

来源：摘自 Spitzer et al., 1989, 59—62.

重度抑郁发作可能在一个月内解决，也可能持续一年甚至更久。有的人经历了一次性的重度抑郁发作，然后又恢复到了之前正常的心理状态(Eaton et al., 2008)，然而大多数患有重度抑郁症的人是一次又一次地反复发作(Hölzel et al., 2011; Reifler, 2006)。有证据证明反复抑郁发作

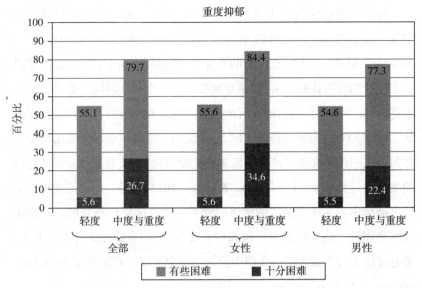

图7.3 在学习、工作、家庭和社会活动方面有困难的 12周岁以上的人的性别和抑郁严重程度百分比

抑郁症对人们的影响是多方面的。大多数(轻度抑郁:55.1%;中到重度抑郁:79.7%)的人报告在学习、工作、家庭和社会活动中有困难。

来源:Pratt & Brody,2008.

与基因影响和出现严重的躯体和精神疾病的风险相关(Burcusa & Iacono,2007;Richards,2011)。好消息是,一次重度抑郁发作的恢复期越长,恢复后再复发的风险就越低(Solomon et al.,2000)。

重度抑郁障碍的风险因素 许多因素都与增加患重度抑郁障碍的风险有关,包括年龄(发病最常发生于成年早期);社会经济状态(处于较低社会经济阶段的人较之富裕的人更易得);婚姻状态(那些分居或离异的人与那些婚姻状态良好或从未结过婚的人相比,患病率更高);以及性别(女性的患病率更高)有重度抑郁障碍家族史和那些童年期遭遇性侵的人患病风险较高(Klein et al.,2013)。

女性诊断出患重度抑郁障碍的人数是男性的两倍。女性患病的高风险始于青少年早期(13岁到15岁)并且至少持续到中年期(Costello et al.,2008;Hyde,Mezulis,& Abramson,2008)。这表明患重度抑郁障碍的性别差异是一回事,解释它却是另一回事(见"批判地思考异常心理学:什么导致了抑郁症的性别差异")。

季节性情绪失调 你在阴雨绵绵的季节是否闷闷不乐?在白昼短的冬天你是否容易发火?你是否在冬季漫长的黑夜里和春夏到来时的晴朗日子里容易忧郁阴沉?

即便你的情绪易受季节变化的影响,季节从夏至秋冬的变化可能引发一类抑郁症,它被称作季节性情绪(心境)失调(seasonal affective disorder,SAD)。在大多数SAD的个案中,抑郁症发病于春天。SAD不是一个单独的临床诊断范畴,而是重度抑郁的一个特征词或子类别。举例来讲,伴随季节发作的抑郁症可能被诊断为具有季节特征的重度抑郁发作。即使SAD的病因还是未知的,一个值得关注的可能因素是由季节变化而造成的光照变化可能改变躯体的生物节律,调节诸如体温和睡醒周期之类的过程(Oren,Koziorowski,& Desan,2013)。另一种可能是季节变化可能会影响冬季大脑内的情绪起到调节神经递质5-羟色胺的利用度或可利用性。认知因素或许也起到一定作用,与非抑郁症对照组相比,患有抑郁症的人报告说一年当中负性自动化思维出现次数更多(Rohan,Sigmon,& Dorhofer,2003)。

无论是什么潜在因素的作用,运用名为光线疗法的一种用人造亮光的治疗方法,通常对SAD的个案有帮助缓解其抑郁的作用(Knapen et al.,2014;Mårtensson et al.,2015;Rohan et al.,2015)。人造灯光的运用,弥补了个体所受到的日照不足。在接受治疗期内患者可以进行一般程度上的日常活动(例如:吃饭、阅读或写作)。疗效通常在接受治疗后的几天内就会显现,但治疗通常需要整个冬季。其他的治疗方法也有助于缓解SAD的抑郁,包括抗抑郁药品和认知-行为治疗(CBT;Lam et al.,2006;Rohan et al.,2016)。运用CBT治疗的效果在两个疗程后比用光疗更为持久(Rohan et al.,2015)。
[判断正误]

判断正误

在一些个案中,暴露于明亮的人造灯光下有助于缓解抑郁。
□正确 暴露于人造亮光中是一种有效缓解季节性情绪失调(SAD)的疗法。

产后抑郁症(postpartum depression) 许多新妈妈,大约80%,经历生产后心境的变化(Friedman,2009;Payne,2007)。那些心境变化通常被称作"产妇忧郁""产后忧郁"。她们的这种情况通常持续几天,这可能是由于产后激素变化及激素紊乱的作用,那些没有在产后短暂经历心境变化的大多数女性被视为"不正常"。然而,对一些新妈妈而言,新生儿出生前后一段时间内所产生的剧烈的心境变化可以归咎于一种重度抑郁,这被称作**产后抑郁症**(postpartum depression,PPD;有时也称产期抑郁)。

"产后(postpartum)"这个词来源于拉丁文"post",意为"ofter","papere",是"带来"的意思。PPD影响着10%到15%刚生产一年的美国女性

(CDC，2008)。这种情况可能持续几个月,也可能持续一年甚至更久。PPD往往伴随着食欲和睡眠紊乱、低自尊、难以集中精力和保持注意力。

产后抑郁是重度抑郁障碍的一种类型,它通常于新生儿出生后4周内首次抑郁发作(American Psychiatric Association,2003)。虽然抑郁症随着时间逐渐减轻,但有证据表明三分之一的女性在新生儿出生后的三年内会持续受到抑郁的干扰(Vilegen, Casalin & Luyten, 2014)。在有些个案中,产生抑郁症甚至会导致自杀。那也可能是PPD中的双相形式(Dudek et al.,2013)。

在怀孕之前就有抑郁症或焦虑症的女性患PPD的风险会增高(Norhayatia et al.,2015; Patton et al., 2015)。基因因素也可能导致易感性增加(Figueiredo et al.,2015; Zhang et al., 2014)。其他突出的风险因素如下(Helle et al.,2015; Kornfeld et al.,2012; Norhayatia et al.,2015; Viguera, et al.,2011):

灯光治疗 在秋季或冬季,每天暴露于明亮的人造灯光中几个小时,能够缓解季节性心境障碍。

- 单身妈妈或第一次当母亲;
- 有经济困难或婚姻问题;
- 有令人紧张的生活经历;
- 生下一个体重轻的婴儿;
- 遭受家庭暴力;
- 缺乏来自另一半或家庭成员的社会支持;
- 婴儿是不想要的、有疾病的或是性情不太好的。

产后抑郁会使得女性将来抑郁发作的风险增加。幸运的是存在有效的治疗方法,包括认知行为治疗和抗抑郁药品(Molyneaux, Trevillion, & Howard,2015; Sockol,2015)。

产后抑郁并不仅限于美国文化。研究者在南非女性(Cooper et al., 1999)和中国香港女性(Lee et al.,2001)中发现了更高的患病率。在南非样本中,缺少来自孩子父亲的心理和经济支持与产生障碍的高风险相关,这与美国样本互为镜像。产后抑郁症需要与更不常见、但更为严重的反应相区别开来,那就是产后精神病,有这种病的新妈妈会与现实失去联系并经历着诸如幻觉、妄想和非理性思维等症状。每1000个新生儿诞生就有一半的新妈妈会出现产后抑郁症,而这种病可能会变成危及生命的障碍。这就意味着必须立即得到救治(Vergink & Kushner,2014)。

问题在于是将这症状诊断为精神障碍还是一种具有精神病特征的双相情感障碍。

批判地思考异常心理学

@问题：什么导致了抑郁症的性别差异？

女性临床诊断出抑郁症的人数是男性的两倍，即大约12%的男性与大约21%的女性（Conway et al., 2006; Hyde, Mezulis, & Abramson, 2008）。世界卫生组织的一个跨文化研究显示，在世界不同地区的15个国家中，抑郁症在女性中的流行强度更大（Seedat et al., 2009）。问题在于，为什么会这样？

我们需要把一些因素考虑进来（Eagly et al., 2012），在一些个案中激素波动可能会导致抑郁，神经递质功能的性别差异也可能导致抑郁（Gray et al., 2015）。正如这方面的深入研究所示，我们也应归咎于当今社会女性所承担的不成比例的压力负荷，正如每个个体各自不同的应对精神损害的方式。与男性相比，女性更可能遭受有压力的生活事件，比如说，躯体或性虐待、贫困、单亲家庭和性别歧视，所有这些因素都可能导致抑郁症的易感性增加。抑郁的女性比男性倾向于更多地报告负性生活事件，尤其是那些年轻的成年女性。比如说失去爱人、改变生活圈子之类的事件（Harkness et al., 2010）。另一方面，世界卫生组织的一项跨文化研究表明，抑郁症的性别差异或许会缩小，可能是因为许多文化中的传统女性角色在逐渐消失（Seedat et al., 2009）。

已故的心理学家苏珊·诺纶-胡克森玛关注的应对方式的性别差异。她提出女性倾向于更多地反刍或反思她们的问题，而男性更可能做些能使他们分心的令人享受的事情。诸如去他喜爱的聚会，从而让自己的注意力从问题中转移出来（Nolen-Hoeksema, 2006, 2012）。沉思会增加情绪困扰，为抑郁和其他消极情绪创造条件，比如焦虑（Mor & Daches, 2015）。然而，用酒精或其他药物分散自己的注意力会导致药物相关心理和社会问题。

对抑郁症中性别差异的另一种观点是，女性的自尊——她们如何对待自己——可能更关键，正如男性更关注他们与同辈、朋友和恋人之间的人际关系（Cambron, Acitelli, & Pettit, 2009）。有证据表明，女性的抑郁症更容易与亲密、关爱关系中的问题联系在一起（Weissman, 2014）。亲密关系中的积极事件可能助长她们的自尊，但当问题产生时（争吵、拒

抑郁症的性别差异 女性患抑郁症的可能性是男性的两倍。这是什么原因？

绝之类）则自尊骤降。这种转变可能使女性反刍增长以考虑她们究竟错在何处，并且产生负面的人际行为，比方说，自我价值感的过度需求，这可能转而导致抑郁。

反刍不仅限于女性。对于男性和女性来讲，对个人问题的反刍或沉思都与增加抑郁的倾向相关，且时间越长，抑郁症状越重（Joormann, Levens, & Gotlib, 2011; Mandell et al., 2014）。那些持续沉思自己问题的人，容易被不好的想法困住。迈阿密大学的心理学家奥塔·约曼提出"他们主要是被一种思维倾向所困，那就是'我要从哪里重新开始''又会发生什么'……即便他们思考着，天哪，但却毫无帮助，我必须停止想这事，我必须继续生活——但他们停不下来"（摘自"People with Depression", 2011）。

反刍会加重人们当下正体验着的情绪，如果他们正感到失落，他们会更加悲伤和沮丧，如果他们正感到愤怒，他们会更加愤怒和气恼（Nolen-Hoeksema, 2008）。反思可能在其他不合理行为中也扮演着重要的角色，包括焦虑症和贪食症（Nolen-Hoeksema, Wisco, & Lyubomirksy, 2008）。

或许抑郁症的性别差异（男性抑郁被低估）至少被某个存在偏见的报告报道过？在我们的文化中，男性被期望是坚韧不拔的。于是，他们不太可能报告患抑郁症或寻求治疗。即便是医生们也不能避免这些社会期望。一个男性医生说道，"我是约翰·韦恩那代人……我认为抑郁是一种懦弱——这有点不光彩。一个真正的男人定能克服它"（引自Wartik, 2000, p.MH1）。与抑郁症联系在一起的耻辱感有减少的迹象——但并未消失。即使抑郁症长时间被男性视为懦弱的信号，但更多的男性正自愿接受治疗。大男子主义可能正在被经济危机和财政的不安全所击败。[判断正误]

判断正误

男性患重度抑郁障碍的人数可能是女性的两倍。

☐ 错误　实际上，女性患重度抑郁障碍的人数近乎是男性的两倍。

为了能充分理解抑郁症的性别差异，还需要更多的研究支持。值得庆幸的是，例如对激素影响、压力负担和反刍等因素的研究会推进制订更有针对性的措施来治疗有抑郁症的女性。而且，在了解了男性因文化因素而抗拒报告抑郁症，且临床医生可以帮助消除抑郁症后，更多患有抑郁症的男性将愿意寻找救治而非默默承受（Cochran & Rabinowitz, 2003）。

批判地思考后，回答下列问题：
- 一个生物心理学家从传统意义上会如何解释抑郁症的性别差异？
- 举例说明了解更多关于导致抑郁症性别差异的原因，为何能引导治疗方法的进步。
- 抑郁症的性别差异另一方面能解决什么问题——为什么很多患有抑郁症的男性会抗拒寻求救助？

持续性抑郁障碍（恶劣心境）

7.2　描述持续性抑郁障碍（恶劣心境）的关键特征

重度抑郁障碍是一种严重的、由个体先前的精神状态突然变化而成，发作几周或几个月后有所缓解的一种心境障碍。然而，有些形式的抑郁是长期状态，会持续多年。持续性抑郁障碍的临床诊断适用于慢性抑郁持续两年以上。患有持续性抑郁障碍（persistent depressive disorder）的人可能有慢性重度抑郁障碍或是慢性但较轻型的抑郁症，称作"恶劣心境（dysthymia）"。恶劣心境通常起病于童年期或青少年期并常是一个慢性过程，直至成年。"恶劣心境"一词来源于希腊词根"dys"（意为"不好的"或"艰难的"）以及词根"thymos"（意为"精神"）。

患有恶劣心境的人大多数时间都感到"精神不好"或"气馁"。但他们不会像重度抑郁障碍患者那样严重抑郁，反之，重度抑郁障碍倾向于严重但时间有限，恶劣心境则轻微而令人不得安宁，通常持续多年。复发的风险相当高，重度抑郁障碍的风险也相当高，心境恶劣的患者中90%会发展成为重度抑郁障碍（Friedman, 2002）。

恶劣心境在普通人的终生患病率为4%（Conway et al., 2004），就如重度抑郁障碍一样，恶劣心境在女性中更常见（见图7.4）。恶劣心境的诊断只在那些从未患过躁狂症和轻躁狂、双相情感障碍的人中进行（American Psychiatric Association, 2013）。

在抑郁症中，对抑郁的抱怨可能成为患者生活的一部分，以至于他们似乎认为这是他们人格的一部分。他们可能未意识到自己有可诊断的心境障碍。抱怨的持续存在可能导致他人认为心境障碍患者在发牢骚。尽管心境障碍没有重度抑郁症那么严重，但持续的抑郁情绪和低自尊会影响一个人的职业和社会功能，比如像下面这个案例。

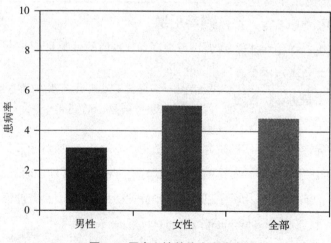

图7.4 恶劣心境的终生患病率
正如重度抑郁障碍一样，患有恶劣心境的女性是男性的两倍。
数据来源：Conway et al., 2006.

对生活的各方面都不满意：一个恶劣心境的案例

一位28岁的女性，职务是副总经理，抱怨说从16或17岁起就长期感到抑郁。尽管在大学成绩优异，她仍焦虑地认为他人都是"天才"。她感觉自己永远无法与喜欢的男性约会，因为她感觉自己低人一等。即便她在大学期间及毕业之后都接受了广泛的治疗，她仍无法回忆起她那些毫不抑郁的时光。她大学毕业后不久,就与交往的一个男性结婚,尽管她不认为他有什么"特别之处"。她只是觉得需要一个丈夫的陪伴,而他能给予。但他们很快开始争吵,近来她开始感觉与他结婚是个错误。她开始工作困难,在工作上变得马虎,除了基本工作之外,她什么也不做,并表现出缺少积极主动性。即使她对钱和物质有渴望,她不指望她的丈夫能让他们职业生涯崛起,因为她认为她与丈夫没有"关系"。她的社交关系以她丈夫的朋友及配偶为主,她不认为其他女性对自己有兴趣,并对生活的各方面都表达不满——她的婚姻、她的工作、她的社会生活。

来源:摘自 Spitzer et al.,1994.pp.110—112.

问卷调查

你抑郁吗?

这个自我测验可以用来了解你自己是否患了抑郁症。这不是要你自我诊断,但应该用于提升自我觉察,你或许想进一步讨论抑郁症。

	Yes	no
1. 我在几乎所有时间或所有时间都感到极度悲伤。	___	___
2. 我没力气。	___	___
3. 我独处时总哭。	___	___
4. 我对曾经喜爱的大多数活动都没有兴趣。	___	___
5. 我睡得较往常多得多(或少得多)。	___	___
6. 我体重骤增(减)。	___	___
7. 我出现注意力集中困难,回忆困难和决策困难。	___	___
8. 我对未来感到绝望。	___	___
9. 我觉得没有价值。	___	___
10. 我感到焦虑。	___	___
11. 我经常易怒,而我以前从不这样。	___	___
12. 我想到死亡或自杀。	___	___

评估你的回答:如果你赞同那些症状中的两个以上,且它们至少持续两周,那么你就应该寻求咨询,找一个心理健康专家为你做一个更完整的评估。如果问及你是否想到死亡或自杀时,你回答"是的",你应该立即寻求咨询。如果你不知道应该向谁救助,联系你大学里的咨询中心。

来源:D.Blum & M.Kirchner(1997).Depression at work.Customs Today,Winter issue.引用内容的使用经过美国精神卫生组织的批准。Blum & Kirchner的文章使用经过了作者的同意。

一些人同时受到恶劣心境和重度抑郁障碍的影响。双重抑郁(double depression)一词适用于那些重度抑郁发作并叠加较长时间的抑郁心境的人。通常双重抑郁患者的抑郁发作比仅患有重度抑郁障碍的患者更为严重(Klein et al.,2000)。

数字时代的异常心理学
脸书会使你更抑郁吗？社会比较的意外后果

脸书，源于哈佛集体宿舍的一个社会实验，已经成为了一个世界奇迹，它拥有15亿用户。当社会化媒体首次登场，许多观察家对此表示关注，认为他们可能导致孤独或导致一代人社会隔离的产生，他们只会在线互动。这些顾虑被证明是毫无依据的；证据显示在社交门户网站，如脸书上越活跃的人，在网络与真实世界中都有更多的朋友（Lönnqvista & Deters, 2006）。此外，社交门户网站还有诸如帮助人们维持和增强人际关系，而且或许能帮助社交焦虑患者建立自信（Indian & Griv, 2014; Wilson, Gosling, & Graham, 2012）。大多数人用脸书维持和增强他们在现实生活中建立的人际关系，而不是替代现实生活中的人际关系或建立新的人际关系（Lönnqvista & Deters, 2016）。然而，社交媒体也有阴暗面。

我们开始看到一些与社交门户网站（SNSs）不当使用相关的附带后果。举例来讲，德国最近有个研究显示，与过度使用SNS相关的网络成瘾与青少年较差的心理健康结果相关联（Müller et al., 2016）。其他欧洲研究者（大部分的研究数据来源）发现，更多地使用SNS与更差的学业表现相关，很大程度上是由于时间被从学习上挪走了（Tsitsika et al., 2014）。这些研究结果与美国最近的研究相吻合，美国有研究表明较多使用脸书的大一新生与那些较少使用的新生相比，成绩较差（Junco, 2015）。但脸书是成绩差的罪魁祸首吗？由于关于脸书的研究是基于相关证据，所以他们的成果不能精确指出两者间的因果关系。带领研究美国的专家认为脸书或许与其他分散注意力源头没有什么差别，比如看电视，都是消耗了学术工作所需的时间。更精深地研究数据后，这位专家发现，一些脸书的功能，例如添加好友和分享链接，实际上与更高的学业成绩相关。与其笼统地指控社交网站，还不如更好地理解不当使用那些服务是怎样导致不利后果的。

研究者揭示那些使用脸书或其他社交门户网站的阴暗面是关注于那些社会比较意料之外的后果，这些后果使SNS用户在退出登录后感到更加悲伤。即便人们可能期待社交网站可以使他们感觉好点儿，可它却总是让他们自我感觉更糟。正如一位研究者所说，"当你在一个网站，比如脸书，你将看到很多人发布的他们的现状。这将引发社会比较——你将感到你的生活不如你在脸书看到的人那样充实而富裕"（引自Hu, 2013）。令人不快的自己与他人的对比，为自尊的减弱奠定了基础且甚至可能抑郁。

脸书会使你心情低落吗？频繁地登录脸书会对你的健康心情与适应行为产生什么样的影响？

研究证明显示较长时间使用脸书之后会产生更多的消极情绪,所以剂量(暴露)水平是检查负面影响的关键决定要素(Sagioglou & Greitemeyer,2014)。我们也考虑过多使用社交媒体与增加抑郁的风险有关,但准确的因果关联性仍待确认(Lin et al.,2016)。

关于脸书和其他SNS服务用户的挑战尚未被卷入到他们互相比较的尝试中去。在线活动中社会比较的潜在有害影响,也与引发进食障碍相联,正如第10章讨论的另一种令人上瘾的互联网使用(网络性成瘾)所揭示的。

经前期烦躁障碍

7.3 描述经前期烦躁障碍的关键特征

经前期烦躁障碍(premenstrual dysphoric disorder, PMDD)是作为DSM-5中的一个诊断范畴来介绍的(Epperson,2013)。它在前一版的DSM中曾作为尚需进一步研究的拟议诊断。将其作为新的诊断范畴的目的是加强对经前心境动荡这一问题的关注,并加强对患有这种障碍女性的服务供给。

PMDD是在女性月经前期出现的一种较严重的经前综合征(premenstrual syndrome, PMS),它有一系列的躯体和情绪相关症状。PMDD的诊断是为了适用于月经前一周(在月经开始之后几天内开始改善)会经历一系列显著的心理症状的女性。PMDD的诊断症状,包括如心境动荡、突然流泪或悲伤的感觉、低落的情绪或无望感、易激惹或易怒、感到焦虑,处于紧张状态,对拒绝更敏感并对自己产生负面看法。这些症状也需要与显著的情绪低落或干扰到女性工作、学习和参加日常社交活动的功能相联系考虑。

对PMDD的诊断困难之处在于要建立正常与异常行为的清晰界线。大多数女性都有一些情绪相关的经前期症状,很多女性(超过50%)存在着中到重度的症状(Freeman,2011)。研究者报告说,近五分之一的女性在月经前有躯体或情绪相关症状,这些症状的严重程度足以干扰到她们的日常生活功能,比如缺勤或产生重大的情绪困境(Halbreich et al.,2006;Heinemann et al.,2010)。

导致经前综合征或经前期烦躁障碍的原因尚不清楚。研究者猜测在女性性激素与神经递质之间存在复杂的相互作用(Bäckström et al.,2003;Kiesner,2009)。心理因素,比如说女性对待月经的态度可能也起着重要作用。最近有研究提出正常水平的女性性激素水平会触发患有PMDD的女性的负面情绪反应,但不会对健康女性产生同类作用(Baller et al.,2013;Epperson,2013)。

对PMDD的诊断仍存在有争议。反对者担心它会使女性自然的月经周期病理化,给那些有严重经前期抱怨的女性贴上"精神病"诊断的标签是对她们的侮辱。即使新的PMDD诊断标准仅被应用于约2%到5%的女性,但问题在于这一诊断是否被过度延伸至一个更大范围的有经前期症状的女性群体。此外,即便相对较少的女性被诊断为PMDD,当她们可能患有躯体疾病时将她们归类于精神障碍,这是公正的吗?精神健康专家需要为这些问题而奋斗,因为PMDD诊断正越来越多地应用于临床实践之中。

接着,我们前文提到了重度抑郁障碍和恶劣心境单极情绪紊乱——向下——的抑郁障碍。然而,有心境障碍的人可能同时有两个方向的情绪波动超过正常水平,情绪在日常生活中的起起伏伏。这种类型的障碍被称作双相情感障碍。此外,我们关注于心境波动障碍、双相情感障碍和循环性心境障碍。

双相情感障碍

7.4 描述双相情感障碍的关键特征

双相情感障碍(bipolar disorder)是一种以极度动荡的心境和能量、活动水平变化为特征的心理障碍。

人们在几个星期或几个月内心境在兴高采烈和失落压抑间快速波动。个体首次发作可能是躁狂或抑郁。一次躁狂发作通常可能持续几周或一到两个月,但比重度抑郁障碍发作的时间短且会突然停止。

尽管人们可能认为,大多数患有双相情感障碍的人不会日复一日地在躁狂和抑郁中循环。然而,有些双相情感障碍个案表明,双相情感障碍以同时躁狂和抑郁发作的混合状况为特征(American Psychiatric Association,2013)。在这期间,个体的心境状态可能在躁狂和抑郁之间剧烈变化(Swann et al.,2013)。一些患有重度抑郁障碍的人也经历着这种混乱状况,他们会出现躁狂的症状,但次数不足或严重程度不足以诊断为双相情感障碍。

我们需要关注由"低落状态"转向躁狂阶段的自杀风险。个体可能会报告说愿意做几乎所有事,也许包括结束这一切以逃避即将发生的抑郁。生命对于双相情感障碍患者来讲,就像生活在一辆情绪的过山车上一般。

为了更多地了解双相情感障碍,请观看视频"安:双相情感障碍",在视频中描述了她对这一障碍的观点或感受,以及她的躁狂和"极速思维"

是如何影响她的行为的。

凯·雷德菲尔德·杰米森(Kay Redfield Jamison)是一个心理学家也是治疗双相情感障碍的权威,她自己也经历着这一障碍。在她成为UCLA精神科助理教授的前三个月,她变得用她自己的话说就是"精神错乱"。杰米森从她青少年期就患上了双相情感障碍,但直到她28岁才被诊断出来(Ballie, 2002)。

观看 安:双相情感障碍

"我""一颗不能平静的心灵"

在她1995年的回忆录《一颗不能平静的心灵》里,杰米森描述她早期较轻的躁狂发作是"绝对令人陶醉的兴奋引发了强烈的个人快感,无与伦比的思维奔逸和不枯竭的能量允许新点子不断转化为论文和课题"。但是后来:

"日复一日,我的情绪不停碰撞,我的大脑反复磨蹭和停顿。我对我的学业、朋友、阅读、好奇和白日梦都失去了兴趣。我不知道发生了什么,且我每天早晨醒来都有一种强烈的恐惧感,我不得不想方设法才能过完新的一天。我在大学图书馆中坐了一个又一个小时,也没能攒够力气去上课。我望着窗外,盯着我的书本,重新排列它们,再将它们打乱,却不翻开它们,并考虑从大学辍学……我对将要发生的事所知甚少,而且,我感觉只有死亡能将我从周围的不完善感和黑暗之中解脱出来。"

来源:来自Jamison, 1995.

DSM-5区分出两种双相情感障碍:Ⅰ型双相情感障碍和Ⅱ型双相情感障碍。两者的不同之处容易令人混淆,因此我们一起来整理一下。

对两者的区分是基于个体是否经历过一次充分完整的躁狂发作(Youngstrom, 2009)。Ⅰ型双相情感障碍的诊断适用于在人生中的某一时间段,曾经经历过至少一次充分完整的躁狂发作的人。通常,Ⅰ型双

凯瑟琳·泽塔-琼斯 凯瑟琳·泽塔-琼斯患有双相情感障碍。她说她希望自己的状况能使公众关注这一问题。

相情感障碍包括在躁狂发作和重度抑郁之间极端波动的心境，中间夹杂着正常的心境——但是Ⅰ型双相情感障碍也可能适用于没有躁狂发作病史的人。在那些个案中，我们认为重度抑郁障碍可能在过去被忽视，或者在将来被发展。

Ⅱ型双相情感障碍适用于同时具有轻躁狂发作（来源于希腊前缀"hypo"，意思是低于或少于）和至少一次重度抑郁发作病史，但无一次充分完整的躁狂发作的人。轻躁狂发作没有躁狂发作那么严重且不会伴随着与充分完整的躁狂发作相关的严重社交或职业困难(Tomb et al., 2012)。在轻躁狂发作期间，个体可能感到不同寻常的能量充沛，显示出高水平的活动力和自尊高涨感，并且可能更警觉、焦躁不安和比往常易激惹。这样的人可能可以工作很久都不感疲倦或不需睡眠。

有些但非全部的Ⅱ型双相情感障碍患者会发展成为Ⅰ型双相情感障碍(Nusslock et al., 2012)。问题在于，是应该把Ⅰ型或Ⅱ型双相情感障碍考虑为两种独立的障碍，还是仅将两者当作同一种双相情感障碍的两种不同的程度。大约1%的美国成年人在他们的一生中曾患过Ⅰ型或Ⅱ型双相情感障碍(Kupfer, 2005; Merikangas et al., 2007)。双相情感障碍通常于男、女性20岁左右时起病，并倾向于转变为一种慢性、反复的状态，需要长时程治疗(Frank & Kupfer, 2003; Tohen et al., 2003)。

与重度抑郁不同，双相Ⅰ型障碍的发病率在男性与女性中似乎是相等的(Merikangas & Pato, 2009)。然而，在男性中，双相Ⅰ型障碍的发病通常由躁狂发作开始；而在女性中则通常是从抑郁开始。目前仍不明确双相情感障碍的发病是否存在性别差异(American Psychiatric Association, 2013)。

在一些个案中会出现一种"快速循环"模式，个体一年内出现两次以上的躁狂与抑郁的完整循环，且没有出现正常状态(Schneck et al., 2004, 2008)。它通常短于一年，但与更严重的后果相联并且与更大数量的自杀尝试相关(Valentí et al., 2015)。

很多作家将注意力投注于心境障碍，尤其是双相情感障碍与创造力之间的关联之上(e.g., Kyaga, 2015; Johnson et al., 2011; Power et al., 2015)。许多著名作家、画家和作曲家似乎都患有重度抑郁障碍或双相情感障碍。患有心境障碍的名人名单可从画家米开朗基罗和文森特·

梵高到作曲家威廉·舒曼和彼特·柴可夫斯基,再到作家弗吉尼亚·伍尔夫和欧内斯特·海明威,以及诗人丁尼生、狄金森、惠特曼和希薇拉·普拉斯。

创造力与心理障碍是否相关尚不清楚。一个可能的联系是那些患有双相情感障碍的人貌似有无穷无尽的能量而患有躁狂的人好像思如泉涌,这使得躁狂症与创造力的表现相联。但我们应该认识到绝大多数作家和画家没有严重的心境障碍,创造力也通常不会诞生于心理紊乱。此外,并非所有的研究都发现了心理障碍与创造力的联系,所以最好抑制住对两者之间可能存在密切关联的评判(Bailey,2003)。

躁狂发作(manic episode)通常是突如其来的,并会在一天内加重。躁狂发作的标志性特征与轻躁狂类似,是能量和活动的增加(American Psychiatric Association,2013)。一个人可能看起来超速运转并有用之不尽的能量。完全的躁狂发作与轻躁狂的发作的根本差异在于个体的严重程度。当躁狂发作时,个体经历着突如其来的情绪提升或扩张并超乎寻常地感到振奋、欣快和乐观。个体可能变得极端友善随和,即使是那些对别人苛求和专横的人也是如此。其他人觉察到个体这种突变的心境状态,因为个体会过分强调其生活环境中发生的事。一个人因彩票中奖而得意洋洋是一回事,因为今天是周三而感到兴高采烈就是另一回事了。这里是一个患有双相情感障碍的自称"电动男孩"的青年男子对他眼中的抑郁发作的描述(Behrman,2002)。

天才与疯子之间有无联系? 有很多富有创造力的人,包括著名作家欧内斯特·海明威(Ernest Hemingway)(如图)和画家梵高,都患有心境障碍。无论创造力与心境障碍之间关系如何,我们都必须承认,绝大多数作家和画家没有严重的心境障碍。

"我"电动男孩

躁郁症就像在三天之内从苏黎世飞到马哈马再飞回苏黎世以平衡冷热天气(我的双相情感障碍"苦与乐"主题),在你回东京的途中,鞋子里装着100美元面值的20000美元钞票进入这个国家并且在酒吧找一个距你六个座位远的人做爱,只因他或她正好坐在那里。大多数日子里我要尽我所能地疯狂,尽可能地接近毁灭,以达到真的享乐——一次购物狂欢,一次持续4天的吸毒作乐,或一次环球旅行。其余日子则是简单的享乐——在杜安·里德店里行窃,只为得到一支牙刷或一瓶泰诺。我将承认:精神疾病带来了大量的欢乐,特别是与躁郁症相关的狂躁。它是一种类似于Oz的情绪状态,充满了兴奋、色彩喧闹和速度——一种超负荷的感官刺激,然而理智状态下的堪萨斯州却朴素而又简单、黑白分明、无趣单调。

躁狂是不顾一切地去追寻生活于一种

> 更激情的状态,借助于第二或第三方的帮助,诸如食物酒精、性爱和金钱,试图在一天内过完整个人生。单纯的躁狂就像我认为我已到达过的死亡一般。那种欣快似高兴、似恐慌。我的大脑充斥着急速变化的想法和需求;我的脑袋里混杂着鲜活的色彩、狂野的图像、离奇的想法、尖锐的细节、密码、符号和外国文字。
>
> 我想毁灭一切——聚会、人类、杂志、书籍、音乐、美术、电影和电视。
>
> 来源:Andy Behrnan,《Electroboy》.

躁狂发作的人倾向于表现得判断力差且喜欢争论,有时甚至破坏财物。室友也许会发现他们令人厌烦并与之保持距离。他们可能会变得极为慷慨大方,此外还可能做大量他们难以负担的慈善捐助并放弃高额财产。

躁狂发作的人倾向于说话语速快(语气急促)。他们的想法和语气从一个主题跳到另一个主题且意识飘忽。他人会觉得患者的言语很难理解。他们通常体验着自尊膨胀的感觉,这种膨胀感的范围从极度自信到大量的夸大妄想(Schulze et al.,2005)。他们可能觉得自己有能力解决世界上所有的问题,或能写交响乐,尽管他们没有超常的知识或天赋。他们可能会对自己一无所知的事物夸夸其谈,例如如何解决世界上的饥饿或建立新的世界规则。人们很快就能明白患者逻辑混乱且无法实现他们的计划。他们的注意力很不集中,很容易被无关刺激所吸引,例如钟表的"嘀嗒"声或隔壁房间里人们的交谈声。他们倾向于处理多重任务,即使没有这种控制能力。他们可能突然辞去工作为了被法律学校录取,在夜晚等桌位,在周末举办慈善活动,并在"空闲"时为写一部伟大的美国小说效力。他们可能做不到安闲地坐着且总是表现出没有睡眠需求。他们变得早起且不觉疲倦,即使已经没有能量剩余,也不能建设性地调用他们的能力。他们的欣快损伤了他们工作和维持正常人际关系的能力。

躁狂发作的人不能估计他们行为的后果。他们可能由于过分奢侈地花费、鲁莽驾驶或性爱而身陷困境。严重的个案,他们可能经历着幻想或严重的妄想——比如,相信自己与神有一段特殊的关系。

观看视频"弗里西亚诺:与双相情感障碍共处",进一步了解双相情感障碍对个体的强力影响和造成的精神症状特点。

观看　弗里西亚诺：与双相情感障碍共处

循环性心境障碍

7.5　描述循环性心境障碍的关键特征

循环性心境障碍（cyclothymia）一词来源于两个希腊词"kyklos"（意思是"循环"）与"thymos"（意思是"精神"）。圆周运动是个很贴切的描述，因为这种障碍是一种以轻度心境摇摆持续至少两年（对儿童和青少年来讲是一年）为特征的慢性循环性障碍。

循环性心境障碍（也称循环性精神病）通常起病于青少年晚期或成年早期，并持续多年。患此障碍的人很少，如果有，正常心境状态能持续至少一到两个月。然而，高昂和低落心境的严重程度不足以构成双相情感障碍的诊断依据。即便报告所说的循环性心境障碍的流行率大约范围是 0.4% 到 0.1%，但在临床实践中这些人通常都在诊断标准以下（American Psychiatria Association，2013）。

在至少两年的时间内，患有循环性心境障碍的成人会有多次出现轻躁狂症状，没有严重到轻躁狂发作的水平，还会出现多次轻度抑郁的症状，但也达不到重度抑郁发作的标准（American Psychiatric Association，2013）。实际上，人们经历着在较高的"高昂"和较低的"低落"两个时期的波动。当他们"高昂"时，循环性心境障碍患者显示出更高水平的活动状态，他们直接完成多个专业的或个人的项目——而当他们的心境倒转时，可能离开他们尚未完成的项目。然后，他们进入了一个轻度抑郁的心境状态，并感到无精打采、心灰意冷，但又没有演变成典型的和平时期的抑郁发作。社会关系可能因变化多端的心境而变得紧张，且工作也会受到损害。性兴趣也随着个体的心境而时起时落。

双相情感障碍与循环性心境障碍之间的界线并不清晰。有些形式的循环性情感心境可能代表了轻度、早期的双相情感障碍。即使循环性心境障碍比双相情感障碍要轻,但它会显著影响人们的日常功能(Van Meter, Youngstrom, & Findling, 2012)。估计有大约三分之一的循环性心境障碍患者会发展成为双相情感障碍(U.S.Department of Health and Human Services, 1999)。临床医生目前无法分辨哪些循环性心境障碍患者可能发展成为双相情感障碍。下面的个案介绍了一个轻微情绪波动的循环性心境障碍的范例。

"好时光和坏时光":一个循环性心境障碍的案例

一位29岁的汽车销售员报告说,他从14岁开始经历着"好时光"与"坏时光"之间的变换。在他"坏"的时期,通常要持续四到七天,他睡眠过量且感到没有自信、能量和动机,就像是"一株植物"。然后,他的心境突然变化,在之后的3到4天里,他通常很早就醒了,并感到充满自信且脑力很强。在那些"好时光"里,他忙于性滥交和饮酒,这一方面是为了增强他的好的感受,另一方面是为了能睡个好觉。这段"好时光"每次可持续7到10天,之后迅速变体成"坏时光",在那之前他往往是易暴躁的。

来源:摘自Spitzer, 1994, pp.155—157.

心境障碍的致病因素

抑郁障碍的最佳解释是一系列生物学和心理学因素之间复杂的交互作用。即便我们至今为止尚无完全地解释抑郁障碍和双相情感障碍的成因,但研究者已识别出了导致那些障碍的许多重要因素。在下一章,我们将审视当代对抑郁障碍和焦虑障碍共同致病因素的认识。

压力和抑郁症

7.6 描述压力在抑郁症中的作用

压力在生活事件导致了患心境障碍风险增加,诸如双相情感障碍和重度抑郁障碍(Hammen, 2015; Kendler & Gardner, 2010; Koenders et al., 2014)。大多数重度抑郁障碍患者——大约80%——报告在障碍首次起病前经历过重大生活压力源(Monroe & Reid, 2009)。与抑郁有关的生活压力源包括失去爱人、失恋、持续失业和经济困难、严重的躯体疾病、婚姻和人际关系问题、分居或离婚、遭遇种族歧视以及生活在不安全、不幸的环境中(e.g., Kõlves, Ide, & De Leo, 2010; National Center for Health Statistics, 2012b)。

任何重大丧亲之痛都能引发抑郁症(American Psychiatric Association, 2013)。DSM-5认为对重大丧亲之痛后产生一些极端严重的悲伤反应(例如一些有自杀想法或功能困难的个案)可能引发重度抑郁障碍。但仍不清楚的是执业医生能否辨别个体是对失去亲人悲伤的正常或可预料的反应,还是超过这种痛苦之外的抑郁障碍。

最近的研究提出人际关系问题,如朋友间、家庭成员间和恋人之间的关系问题,可能导致年轻人的抑郁症,但仅仅对于那些倾向于负性思维的人(Carter & Garber, 2011)。这提醒我们要考虑多重因素及它们之间的交互作用——在个案中是负性思维和压力——以理解导致精神障碍,如抑郁的原因。由于那些仍不清楚的原因,生活压力事件与第一次抑郁发作的相关性比之后的发作更为紧密(Monroe et al., 2007; Stroud, Davila, & Moyer, 2008)。

"必须有朋友" 来自朋友和家庭成员的社会支持似乎有缓冲压力的作用,而且能够降低患抑郁症的风险。那些缺少重要人际关系或很少参与社交活动的人更可能患上抑郁症。

压力和抑郁症之间的关系有两点:生活压力事件可能导致抑郁症,反之,抑郁症状可能使他们自己感到有压力导致其他压力源的产生,如离婚或失业(Liu & Alloy, 2010; Uliaszek et al., 2012)。举例来说,如果你感到压抑,你或许会感觉继续工作很困难,导致工作反馈给你更多的压力。与失业或经济困难相关的压力可能导致抑郁,但抑郁也可能导致失业和更低的收入(Whooley et al., 2002)。

即使压力通常意味着抑郁,但不是每个面对压力的人都变成了临床诊断的抑郁症患者。例如应对方式、遗传禀赋和可利用的社会支持等因素可能减少我们面对压力事件时抑郁的可能性。我们也需要考虑基因-环境的交互作用。抑郁症和自杀行为中的作用(Monroe & Reid, 2008; Shin ozaki et al., 2013)。与第3章所概述的压力—特质模型一致,那些拥有特定基因型的个体,如果有严重的生活压力史,诸如在童年遭受虐待,可能更容易患抑郁症(Fisher et al., 2013)。

我们需要进一步考虑早期生活经历的作用。在婴儿期或童年期缺乏与父母的安全型依恋也可能造成在之后的人生中遭遇失落、失败或其他生活压力事件时更易得抑郁症(Morley & Moran, 2011)。生命早期的不良经历,比如父母离异或遭到躯体暴力,可能在成年后更易得抑郁症(Wainwright & Surtees, 2002)。

一切心理因素可能在对抗压力时起到缓冲器的作用,在抵挡抑郁时起到保护作用。举例来讲,一段牢固的婚姻关系,在遭遇压力时可以成为提供支持的源泉。毫无意外的是,与婚姻关系良好的人相比,离婚或分居的人,缺乏来自婚姻关系的支持,显示出更高比例的抑郁和自杀率(Weissman et al., 1991)。那些独居的人,可能因此在获得社交支持中受限,也面临着更高的抑郁风险(Pulkki-Raback et al., 2012)。

心理动力学理论

7.7 描述抑郁症的心理动力学模型

关于抑郁症的经典心理动力学理论由弗洛伊德(1917, 1957)提出,并且他的支持者(e.g., Abraham, 1916, 1948)继续传承,他们的观点是:抑郁是指向个体内部而非指向重要他人的愤怒。在现下或将要失去重要他人时,可能变得指向攻击自我。

弗洛伊德认为哀悼或正常的丧亲之痛是一个健康的过程,通过最终从心理上将自己因死亡、离异、分居或其他原因而失去的人分开;然而心理哀悼并不能促使健康的分离,相反,它助长了挥之不去的抑郁。心理哀悼可能出现在那些有矛盾情绪的人身上——结合了积极(爱)与消极(愤怒和敌意情绪)——指向那些正故去或离去得令人恐惧的人。弗洛伊德的理论指出:当人们面对丧亲之痛时,他们的一个重要特征是感到矛盾,他们的愤怒感变强。然而愤怒会引发罪恶感,这反而会阻碍个体直接表露对丧失他人(叫作客体)的愤怒。

为了与已失去的客体保持心理上的联系,人们内化或向内投射出这个客体的替代物。他们因此将他人合并为自我的一部分。此时,愤怒转向个体内部,反抗着那代表着已丧失客体的替代物的部分自我。这就产生了自我憎恨,自我憎恨转而引发抑郁。

基于心理动力学的观点,双相情感障碍代表着个体人格中自我与超我的交替控制。在抑郁阶段,超我在主导,产生了对个体不当行为和罪恶感、无价值感的夸大观念。之后,自我扳回一城,产生了欣快感和自信,这也就是躁狂症的特点。自我的过度彰显最终引发罪恶感的回归,突然使个体进入抑郁。

即使他们强调丧亲的重要性,但最近的心理学模型转而关注个体的自我价值感

丧失与抑郁 心理动力学理论关注丧失在抑郁症发展中的重要作用。

和自尊。一个称为自我关注的模型考虑,个体在遭遇丧失,比如失去所爱的人或遭受个人失败或重大挫折之后,如何分配他们的注意力过程(Pyszczynski & Greenberg, 1987)。这个模型的观点是抑郁的人很难考虑除了自己和自己经历过的丧失之外的其他任何事情。

试想一个人必须应对恋爱失败的结局。有抑郁倾向的个体全神贯注于这段关系并考虑如何恢复它并开始新生活,而非认识到这样做是徒劳无功的。此外,失去的伴侣使有抑郁倾向个体的情感支持和维持自尊的源泉丧失,有抑郁倾向的个体感到被剥离了希望和乐观,因为那些积极的感受取决于丧失的客体。同样的,失去特定职业目标会导致自我关注并随之产生抑郁。只有放弃目标客体或失去目标并培养其他可替代的自我同一性和自我价值感来源才能打破恶性循环。

研究证据 心理学理论关注丧失在抑郁症中的作用。有证据显示失去重要他人(比如,无论是死亡还是离异)都与抑郁风险升高相关(Kender et al., 2003)。个人丧失也可能导致其他的心理障碍。目前,还缺少证据证明弗洛伊德的观点:对失去了的爱人的压抑愤怒会指向内部转化为抑郁。

有证据证明观点:自我关注的风格——一种向内或自我陶醉的注意力投注——与增加抑郁的风险有关,特别是对于女性而言(Mor & Winquist, 2002; Muraven, 2005)。然而,自我关注不仅限于抑郁症,而且也常常在焦虑症或其他心理障碍患者中体现出来。因此,自我关注和心理动力学可能限制了这一模型的价值,使它仅用于解释抑郁症。

人本主义理论

7.8 描述抑郁症的人本主义模型

人本主义理论认为,当人们不能赋予自己存在以意义或无法做出能引导他们自我实现的真正的选择时,他们就会抑郁。对他们来说,世界变得单调乏味。人们对生命意义的追寻给他们的生活增添了色彩和意义。当人们认为他们没有发挥出自己的潜能时,他们就会感到罪恶。人本主义心理学家要我们花长时间、认真地审视我们的生活。它们是有价值且充实的吗?或是单调而乏味的吗?如果是后者,或许我们使自己自我实现的需求受挫了。我们可能在虚度时光。虚度可能使凄凉感升高,这就能解释抑郁行为:无精打采、闷闷不乐和孤僻。

与心理动力学理论相似,人本主义理论关注自尊的丧失,并认为这会在人们失去朋友或家庭成员或遭遇职业上的挫折时出现。我们会倾向于将我们的自我认同和自我价值与我们的社会角色,比如:家长、配偶、学生或职工,联系在一起。当那些角色的同一性丧失时——例如,由于配偶去世、孩子离开自己去上大学或失去工作——我们的目标感和自我价值感就会被打破。抑郁是这些丧失的常见后果。尤其是在我们将自尊建立在职业角色和成就之上时。失业、降级、未能升职都是常见的抑郁症沉淀物,特别是对于那些将自尊建立于职业成功之上的个体而言。

学习理论

7.9 描述抑郁症的学习理论模型

与心理动力学的观点关注于内部的、通常是无意识的、动机的不同,学习理论强调环境因素,比如失去正强化。当强化水平与我们的努力相当时,我们表现得最好。强化的频繁而有力的变化使得平衡被打破,于是生活变得没有价值。

强化的作用 彼得·莱文森(Peter Lewinsohn, 1974)提出抑郁是由于行为和强化的不平衡所致。个体的努力得不到强化,就会削弱其动机并引发抑郁。无所作为和社会退缩降低了强化的可能,缺少强化又会使退缩加剧。抑郁症患者的低活动率可能也是一个二级强化物的来源。家庭成员和他人围绕着抑郁症患者,把他们从自己的社会责任中解放出来。同情因此变成了强化物的来源,使抑郁行为得以维持。

抑郁症患者典型的低活动也可能是二次强化的来源。家庭成员和其他人可能会围着患者转。因此,同情心也可能成为一种强化来源,推动抑郁行为产生。

降低强化水平可能引发很多思考。一个因患重病或受伤而在家休养的人可能找不到什么可以被强化的。当与我们很亲密的人死亡时——恰恰是这些亲密的人能提供给我们社会支持——我们的社会支持会骤降。遭受社会丧失的人更可能变得抑郁,特别是当他们缺乏建立新的人际关系的技能时。寡妇和鳏夫可能失去了建立新关系的能力。

生活环境的变化也可能打破努力与强化之间的平衡。长时间的裁员可能降低经济上强化,而这又可能转化导致生活风格上痛苦的消减。残疾或患重症,也会损伤

走出去将它解决掉 最近的研究显示常规躯体活动或锻炼可能有助于对抗抑郁症,特别是对那些面临重大生活压力源的人来讲。

个体确保获得源源不断的强化的能力。莱文森的模型:将抑郁与低水平的正强化相联已被研究所证实,且更重要的是,有研究证明支持抑郁症患者参加有奖活动或采取目标导向的行为,有助于缓解抑郁(Otto,2006)。支持抑郁症患者参加常规的躯体运动或锻炼也有助于对抗抑郁,尤其是应对主要的生活压力源(Carneiro et al.,2015;Cecchini-Estrada et al.,2015;Lindwall et al.,2014)。常规的躯体活动有助于我们预防抑郁,所以这也是我们所有人都要活动的另一原因(Mammen & Faulkner,2013)。一些临床医生现在建议将常规锻炼作为抑郁症患者治疗通用方案的一部分(Kerling et al.,2015)。[判断正误]

> **判断正误**
>
> 锻炼身体不仅有助于增强体质,还有助于对抗抑郁。
>
> □正确 有证据支持常规躯体活动和锻炼对治疗抑郁症有益。

相互作用理论 人际关系问题可能有助于解释正强化的缺乏。相互作用理论由心理学家詹姆斯·科因提出(James Coyne,1976),这一理论指出适应与抑郁症患者在一起的生活是件令人充满压力的事,因此,抑郁症患者的朋友和家庭成员会逐渐变得缺乏强化能力。

相互作用理论以"交互作用"观点为基础。我们的行为将影响他人对我们的应答方式,而他人的应答方式又会转而影响我们对他们的回应方式。相互作用理论认为有抑郁倾向的个体通过寻求或要求其伴侣或重要他人的安慰和支持的方式来应对压力(Evraire & Dozois,2011;Rehman,Gollan,& Mortimer,2008)。最初,这种寻求支持的努力可能会成功——但时间久了,持续地要求情感支持会引起的更多是愤怒和气恼而非表达支持。即使爱他们的人会将这种负性情绪隐藏起来,但那些负性情绪最终会由他们的拒绝而泛现出来。抑郁症患者可能会对这些拒绝行为做出反应,产生更低落的情绪并寻求更多的安慰,引发进一步拒绝和更深抑郁的恶性循环。他们可能因引发家庭悲剧而感到内疚,而这将进一步加剧他们对自己的消极情绪。

家庭成员可能会因适应抑郁症患者的行为而感到充满压力,尤其是后者的退缩、昏沉、拒绝和持续地要求安慰。毫不惊讶,抑郁症患者的配偶倾向于报告高于平均水平的情感痛苦(Benazon,2000;Kronmüller et al.,2011)。

证据大体上证明了科因的模型:抑郁症患者对安全感过度需求,使得被他们索取安全感和支持的人产生了拒绝行为(Rehman,Gollan,& Mortimer,2008;Starr & Davila,2008)。缺乏社交技巧也许能很好地解释这种拒绝。抑郁症患者倾向于在与人交往时表现得反应迟钝,漠不关心,甚至不礼貌。例如他们倾向于不与他人对视,回答他人问题时会花费过长的时间,极少赞同和肯定他人的价值并通常沉浸于他们自己的问题或消极情绪之中。他们甚至在与陌生人交往时也沉浸在自己的负性情绪中。实际上,他们将别人拒之门外为拒绝奠定了基础。因此,人际关系可以作用于两方面:不能满足双方心理需求或批评和伤害对方的人,会影响他人的情绪健康(Ibarra-Rovillard & Kuiper, 2011)。

认知理论

7.10 描述贝克关于抑郁症的认知模型和习得性无助模型

认知理论主张抑郁症的开始与持续是和人们对自己及周围环境的认知相联。最有影响力的认知理论学家、精神病专家阿隆·贝克(Beck & Alford, 2009; Beck et al., 1979)将抑郁症的产生与生命早期采取带有偏见的或扭曲的思维方式相联——抑郁症认知三联(cognitive triad of depression;见表7.3)。认知三联包括负面自我认知("我不好"),对环境和整个世界的消极看法("这个学校很差")和对未来消极态度("对我而言一切都不会变好")。认知理论认为,采用消极的认知方式的个体在遭遇压力或负性生活事件,比如成绩不好或失去工作时患抑郁症风险更高。

贝克认为那些对自我和世界的消极认知就与基于童年期或生命早期认知经验而建立起来的心理模型一样。儿童可能发现无论他们做什么,都无法做得好到足以使他们的家长和老师高兴。因此,他们开始将自己看作是基本不能胜任的并且未来前景惨淡。这会使他们易于将之后人生中遇到的所有失败和挫折理解成是某事物本质上就是错误的,或是不适合他们的。即使是一个很小的挫折也会变成毁灭性打击或一次彻底的失败,并能迅速地引发抑郁症状态。

这种将小失败的重要性夸大的倾向是贝克称为"认知歪曲(cognitive distortion)"的认知谬误中的一个例子。他认为认知歪曲为面对个人丧失

表7.3 抑郁症认知三联

对自我的消极看法	将自己看作是没有价值的、一无是处的、不胜任的、不值得被爱的和缺乏爱的必备技能的
对环境的消极看法	将环境看作是要求过高并且/或者有无法克服的障碍的,并将引起永恒的失败与丧失
对未来的消极看法	将未来看作是无望的,并坚信个体无力将任何事变得更好。个体预期未来仅有无尽的失败和无情的伤害和苦难

注:根据阿隆·贝克的观点,有抑郁倾向的人习惯于采用负性思维——即所谓的"抑郁症认知三联"。
来源:摘自 Beck & Young, 1985; Beck et al., 1979。

或负性生活事件的个体患抑郁症奠定了基础。贝克的一位同事大卫·伯恩斯(David Burns,1980),做出了一些关于抑郁症的认知歪曲的分类:

1. "全"或"无"的想法:以全好或全坏、全黑或全白的方式看待事物,没有灰色地带。例如个体会将一段以失败告终的关系看作完全消极的经历,尽管这段关系在过程中有些积极的感受和体验也不会改变这样的想法。完美主义就是一种"全"或"无"的想法。完美主义者将所有的结果都评价为完美的胜利或完全的失败。他们或许将"B"等级甚至是"A⁻"等级的成绩看作是等于"F"等级。完美主义与抑郁症易感性的增加和不佳的治疗结果都相关(Blatt et al.,1998;Minarik & Ahrens,1996)。

2. 过度概括:相信如果一个负性事件出现,那么这个负性事件在将来的相似情境下仍会出现。个体可能会将一件单独的负性事件理解为一系列无穷无尽的负性事件的先兆。举例来讲,收到一封潜在招聘者的拒绝信会使个体假想所有其他的求职申请也都将遭到相似的拒绝。

3. 心理过滤器:只关注事情的负面细节,从而拒绝个体经验中的正面特征。就像一滴墨水渲染开来染黑了整杯水,对单个负性细节的关注会使个体对现实的整体看法陷入黑暗。贝克将这种认知偏差称为"选择性概括(selective abstraction)",意为个体从事件中选出那些负性细节进行概括而忽略了那些积极的特征。因此,个体的自尊是建立在无能和失败而非积极特征或成功与失败的平衡点之上。例如个体接受了一次工作评价,包括积极和消极的评价,但个体只关注那些消极的内容。

4. 否定正面思考:一种通过抵消和压抑自己的成就而从胜利中获得失败的总结的倾向。例如驳回一次工作中的突出表现,通过想和说"哦,这不是什么了不得的事。任何人都能完成它"。事实上,从荣誉产生的地方得到荣誉正好帮助人们克服抑郁,因为能使他们建立他们有能力改变并将创造积极的未来的信念。

5. 草率定论:尽管缺少证据,却对事件做负面的解释。两个这种思维风格的例子,一是读心术(mind reading),二是算命谬误(fortune teller error)。在读心术中,个体随意地给出一个结论,他人不喜欢或不尊重他或她,就像将一个朋友的不接电话解释为一种拒绝。算命谬误是指那些关于坏事的预言总是实现。即使没有依据,个体也相信灾祸的预言是有事实基础的。例如,个体将胸闷归因于心脏病而不是其他较温和的疾病。

6. 夸大或缩小:小题大做的倾向,也被称为"灾难化"。这种类型的歪曲是指夸大负性事件的重要性、个人缺陷、恐惧或失误。缩小则是一种轻视或低估个体优点的认知歪曲。

7. 情感推理:基于情感的推理。例如有这种认知歪曲的人会想,"如果我感到内疚,那必然是因为我真的做错事了"。个体基于情感来理解情绪或事件而非通过对事件的理性思考。

8. 绝对化的要求:创造自我规则或个人戒条——"应该"或"必须"。例如,"我应该总是第一个发球就进!"或"我必须让克丽丝喜欢我!"通过创造不合实际的期望,奥尔波特·埃克斯将这种思维方式命名为——绝对化的要求——会使个体在遭遇挫折时,变得抑郁。

9. 贴标签或错贴标签:通过给自己或他人贴的负性标签来对行为进行解释。学生可能将他们一次测验成绩不好归因于他们自己"懒惰"或"愚笨"而非仅是没有为特定的考试做好准备——或者也许是生病了。乱贴标签包括情绪化地或不准确地使用标签,比如只因稍微超出了个体通常的食量就称自己为"猪"。

10. 个人化:认为个体为他人的问题和行为负责的倾向。举例来讲,个体可能因自己的搭档或配偶的哭泣而自责,而不是认为可能是其他因素造成的。

思考下面个案中说明的思维谬误。

"为什么我总是把事情搞糟?"认知理论认为个体对生活事件弄巧成拙的或歪曲的理解,比如倾向于自责而不是考虑其他因素,会给面临令人沮丧的生活经历的个体患抑郁症奠定基础。

克丽丝蒂的思维谬误:一个认知歪曲的案例

克丽丝蒂是一个33岁的房地产销售员,她遭受着频繁发作的抑郁症。无论何时,只要一笔交易失败,她都会自责:"只要我再工作努力一点,协商更好一点,说得更动听一点,这笔交易就能成功。"接连数次失败后,其实每个人都会反思,但她却感到自己彻底失败了。她的想法愈发地被负性思维所控制,这使她心情低落、自尊降低:"我是一个失败者;我永远不会成功;我不好且我永远无法在任何事上取得成功。"

克丽丝蒂思维中包含的认知谬误如下:(1)个人化(认为她自己是导致负性事件的唯一缘

> 由);(2)贴标签或错贴标签(将她自己贴上失败者的标签);(3)过分概括(基于现在的挫折,预测了一个惨淡的未来);(4)运用心理过滤器(完全以她的挫折为基础进行自我评价)。通过治疗,克丽丝蒂学会更现实地思考事情,并且当交易失败时,她不再像以前那样由对自己失败的自动思维直接得出结论,或者不仅基于自己的失败来自我评价或认为自己就是失败的。当挫折发生时,她开始用更现实化的思考去替代弄巧成拙式的思维方式,比如告诉自己"好吧,我失败了。我气馁。我对此感到厌恶。那又如何?这不意味着我永远不会成功。让我来找出是哪里出错,下次将它改正。我会向前看,而不是沉浸于过去的失败"。
>
> 来自作者的档案

歪曲的思维倾向于自动产生,就像突然在大脑中冒出来似的。自动化思维很可能被当作对事实的陈述而非对事件习惯性的解释方式,歪曲的思维不局限于特定文化。中国研究者最近报告说,湖南省的青少年有负性认知风格(换言之是高水平的功能失调的负性思维),预测了负性生活经历后较高的抑郁症状(Abela et al.,2011)。

贝克和他的同事构想出一个认知—特异性假说(cognitive-specificity hypothesis),这个假说提出不同的障碍具有不同特点的自动化思维。贝克和他的同事在抑郁症和焦虑患者中找到了一些有趣的、有差异的自动化思维(Beck et al.,1987;见表7.4)。被诊断出抑郁症的人通常会报告关于丧失、自我贬损和悲观主义主题的自动化思维。焦虑症患者则更常报告关于躯体威胁和其他危险的自动化思维。

调查研究表明与非抑郁对照组相比,抑郁症患者更倾向于表达歪曲的或功能失调的想法,这给贝克的模型提供了支持(e.g.,Beevers,well,& Miller,2007;Carson,Hollon,& Shelton,2010)。与非患者对照组相比,双相情感障碍患者也倾向于表现高水平的消极、功能失调的想法(Goldberg et al.,2008)。

其他证据支持了认知—特异性假说的基本原理:特定种类的负性思维与丧失和失败主题相关联,与抑郁症状相关,然而拒绝和批评相关的社交威胁则与焦虑症状存在强相关(Schniering & Rapee,2004)。抑郁患者倾向于感到不能胜任和自责于他们自己的失败(Zahn et al.,2015)。

然而,研究者需要考虑因果联系。即使功能失调的认知(消极、歪曲和悲观想法)在抑郁患者身上变得更常见,潜在的因果机制尚不明确。是负性或歪曲的思维可能导致抑郁,还是抑郁产生了负性歪曲的思维。一些证据确实表明抑郁导致负性思维,而不是反过来(La Grange et al.,

2011)。然而其他的研究表明歪曲的、消极的思维常发生于精神损伤之前，可能这的确起到引发精神损伤的作用(Baer, et al., 2012)。显然，需要更多的研究来理顺其中的前因后果。

表7.4 抑郁症和焦虑症的自动化思维

常见的关于抑郁症的自动化思维	常见的关于焦虑症的自动化思维
1.我是没有价值的	1.要是我生病或变成残疾人了会怎么样？
2.我不值得被他人关注和关爱	2.我将会受伤
3.我永远无法像别人那样优秀	3.要是没人能及时赶来救我怎么办？
4.我是个社交失败者	4.我可能会被困住
5.我不值得被爱	5.我不是一个健康人
6.人们一点儿也不尊重我	6.我将会发生意外事故
7.我永远无法解决我的问题	7.将会有东西使我毁容
8.我会失去我曾仅有的朋友	8.我将会心脏病发作
9.生活没有意义	9.一些糟糕的事将会发生
10.我比所有人都要差劲	10.我在意的人将会出事
11.谁也不会留下来帮助我	11.我正在失去理智
12.没有人在意我是活着还是死去	
13.我再也没有任何办法了	
14.我的体格变得没有吸引力	

来源：摘自 Beck & Young, 1985; Beck et al., 1979.

我们也应该认识到，因果关系有双重作用。换言之，想法可能会影响情绪，且情绪也可能影响想法。举例来讲，抑郁心境可能引发消极、歪曲的思维。抑郁症患者的思维越消极、歪曲，他们体验到的抑郁就越重，他们的思维也就变得越功能失调。然而，功能失调的思维也同样可以成为这个循环的第一步，作为对使人失落的生活经历的应答，负性思维或许会引发低落的心境。这可能转而加重负性思维，然后继续循环。研究者也面临着古老的"先有鸡还是先有蛋"的困境，在因果关系中哪个是先存在的：是负性思维，还是抑郁心境？多半是认知歪曲与消极情绪的交互作用在复杂的因素中引发了抑郁症。

习得性无助(归因)理论 习得性无助理论(learned helplessness)提出，人们会得抑郁症是因为他们学会将自己看作无力改善他们的生活的人。习得性无助这一观念的创始人是马丁·塞利格曼(Martin Seligman, 1973, 1975),人们在他们的经历中学会将自己看成是无能为力的。习得性无助模型因此跨越了行为和认知:环境因素培养了导致抑郁症的态度。

塞利格曼和他的同事基于早期在实验室中进行的动物实验,提出了习得性无助模型在那些实验中,被暴露于无可避免的电击中的狗,表现出了习得性无助反应,当电击是可以逃避时,也不去逃避(Overmier & Seligman, 1967; Seligman & Maier, 1967)。暴露于不可抗力中显然教会了动物它们无力改变环境(Forgeard et al., 2012)。已建立起习得性无助的动物与抑郁症患者有相似的行为,包括无精打采、缺乏动机和无力学习新技能(Maier & Seligman, 1976)。

塞利格曼(1975, 1991)提出,人们某些类型的抑郁可能是暴露于一些显然无力控制的情境中所致。这种经历会逐渐培养起人们关于"未来的结果是超出人力所能控制之外"的预期("为什么不尝试?我只能再次以失败告终")。一个残酷的恶性循环可能在抑郁症个案中上演。少许失败可能产生了无助感和进一步失败的预期。他们可能开始相信自己不能在数学上取得成功。他们可能因此认定学习研究生入学考试的数学部分就是在浪费时间。他们随之表现得更差,无法完成自我实现的预言,而这将进一步加剧无助感,引发更低的预期,并继续下去,进入一个恶性循环。

塞利格曼的模型虽然引起了很多关注,但它没有能说明抑郁症患者的低自尊特征的原因,也没有解释为什么有的人会持续抑郁,有的却不会。塞利格曼和他的同事(Abramson, Seligman, & Teasdale, 1978)提出了一个新的理论版本以弥补原版的缺陷。修正后的理论认为是缺乏对未来报偿或强化的控制的观念本身,因而有的人不能持续或严重抑郁。新理论依然认为考虑认知因素是必要的,尤其是人们解释自己失败或挫折的方式。

塞利格曼和他的同事依据社会心理学的归因风格观念重塑了习得性无助理论。归因风格是个性化解释方式。当挫折和失败出现时,我们可能用各式各样的方式去解释它们。我们可能自责(对内归因),也可能归咎于我们所处的环境(对外归因)。我们可能将糟糕的经历看作是典型事件(稳定归因)或是特例(不稳定归因)。我们可能将它们看作是更广泛问题的依据(广泛归因),或是精确、局限缺点的依据(特定归因)。

重建的习得性无助理论认为根据以下三种归因方式来解释致使负性事件(比如在工作、学习和恋爱中失败)的原因的人最易感抑郁。

1. 内部因素，相信失败反映了他们个人不能胜任，而不是由于外部因素(如环境因素)所致。
2. 广泛性因素，相信失败反映了个性中不可挽救的缺陷，而不是由于特定因素(如某个局部功能的限制)导致了失败。
3. 稳定因素，相信失败反映了稳固的个性因素，而不是由于不稳定因素导致了失败。

让我们用一个大学生进行了一场灾难性的约会的例子来说明归因风格。后来，他诧异地摇了摇头，并试图解释他的经历。对这一灾难的对内归因特征是自责，如"我真的把这弄得一团糟"。对外归因是将责任归咎于别处，如"有些情侣就是合不来"或"她肯定是心情不好"。而稳定归因会指出一个不能被改变的问题，如"这就是我的性格"。另一方面，不稳定的归因指向一个临时状态，如"这或许是因为我的头伤风了"。广泛性归因夸大了问题的广度，如"我真的不懂如何与人相处"。特定归因正相反，是将问题大事化小，如"我的问题在于如何展开一些闲聊以拉近人际关系"。

重建后的理论认为，各个归因维度都对抑郁情绪有特定的贡献。对负性事件的对内归因与低自尊相联。稳定归因有助于解释持续的——或用医学术语来说是长期慢性的——习得性无助认知。广泛性归因与负性事件后无处不在的(全部的)无助感相关。采用负性归因风格(即，将负性生活事件归因于内部的、稳定的和广泛的因素)是导致抑郁症、焦虑症的认知风险因素(Hamilton et al., 2015; Safford, 2008)。

生物因素

7.11 识别抑郁症中的生物学因素

越来越多的证据指出生物学因素，尤其是基因和神经递质，在抑郁症发展中起着作用。

基因因素 基因因素在决定心境障碍发生风险中起到重要作用，这里说的心境障碍包括重度抑郁障碍和双相情感障碍(e.g., Duffy et al., 2014; Duric et al., 2010; Malhotra et al., 2011; Nes et al., 2012)。研究者正钻研特定基因与心境障碍之间的关联(e.g., Zhang et al., 2014; Zhao et al., 2014)。

这个领域中有个新兴的模型关注基因与环境的交互作用，以及对重度抑郁障碍和其他心境障碍的影响(Jokela et al.,2007)。基于对社会心理因素与生物因素之间的相互作用的重要性的强调,研究者发现调节5-羟色胺的特定基因变异与个体面临生活压力时的抑郁风险增加有关(Karg et al.,2011)。5-羟色胺是抗抑郁药物(如百忧解和左洛复)的靶向神经递质,所以它在抑郁倾向中可能起到重要作用也就不足为奇了。

为我们所逐渐理解的是那些有高遗传风险的人在生活压力源的影响下更易发展成抑郁症患者(Lau & Eley,2010)。通过更好地理解特定基因在抑郁症中所起到的作用,可以使用基因疗法通过直接影响靶向基因的功能来治疗抑郁症(Alexander et al.,2010)。

让我们来具体看看支持基因因素对重度抑郁障碍起重要作用的证据。不只重度抑郁障碍具有家族遗传倾向,而且人们之间的基因关系越接近,他们同时患抑郁症的可能性越大。然而家族成员所处的环境也和基因一样是相似的。为了单独梳理出基因因素所起到的作用,研究者们倾向于做双生子研究。他们研究同卵双生子个案的或同样具有相同特征或障碍的双生子与异卵个案和兄弟、双生子相比较的相关百分比。双生子中的一个被确认具有特定特征或障碍,而另一个也具备这种特征和障碍的百分比被称为和合(一致)率。正如在第1章中所提到的,因为同卵双生子具有100%相同的基因,与具有50%相同基因的异卵双生子相比,同卵双生子中更高的和合率为基因的作用提供了强大的证据支持。

这方面开创性的研究显示同卵双生子患重度抑郁障碍的和合率是异卵双生子的两倍(Kendler et al.,1993)。这个证据强力支持了基因组成的作用,但这与只有基因作为唯一一个因素对那些障碍起作用的100%的和合率相距甚远。即便遗传在重度抑郁障碍中扮演重要角色,但它并非唯一的决定性因素,甚至不是最重要的决定性因素。环境因素以及基因与环境的相互作用的影响一样,可能是影响重度抑郁障碍的发展的重要因素。

在进一步研究之前,我们需要注意,不同的心理障碍可能与相同的基因相关联。

"这是我吗?" 换个方式来看习得性无助理论,我们对负性事件的归因方式,可以使我们更容易或更不易患抑郁症。通过内化的("那就是我")、广泛性的("我完全是毫无价值的")和稳定的("事情总是被我搞砸")方式来解释一段关系的破裂可能会导致抑郁。

一项在2013年发表的突破性的研究表明,五种不同的障碍——重度抑郁障碍、双相情感障碍、精神分裂症、孤独症和注意缺陷/多动症——都有一些共同的遗传变异(Cross-Disorder Group of Psychiatric Genomics Consortium,2013)。两个人可能有相同的遗传风险因素,但根据他们特定的生活经历或其他因素来看,他们会发展成非常不同的疾病(Kolate,2013)。理解各种心理障碍相关的共同基因风险因素,并考虑对遗传模式的理解和症状表现上的差异,可能指导新的障碍分类建立。

生物因素和脑异常 对心境障碍的生物基础的研究很关注大脑中神经递质的异常活动。50年前的研究显示,现在被我们称作抗抑郁药品的药物能提高大脑内神经递质,如5-羟色胺和去甲肾上腺素的水平,这通常能缓解抑郁症。

也许大脑内的特定神经机制的缺乏会导致抑郁症?研究者对这一观点不以为然,因为抗抑郁药物对大脑内神经递质水平的提高作用只能持续短短几天或甚至几个小时,但治疗疗效的实现往往要花上几周或数月(Cryan & O'Leary,2010;Shive,2015)。另外,研究未能证明重度抑郁障碍患者缺乏5-羟色胺或去甲肾上腺素(Belmaker & Agam,2008)。结论是抑郁症不可能仅是由于5-羟色胺的缺乏引起的,也不太可能仅因为抗抑郁药提高大脑内的神经递质水平的作用。

一种更为复杂的关于神经递质对抑郁症的作用的观点出现了。一种耐人寻味的可能性是,抑郁症患者可能在接受神经递质停靠的神经元上的感受器数目不规律(太多或太少),这些受体对特定神经递质的敏感性异常,或这些化学物质与受体结合不规则(Oquendo et al.,2007;Sharp,2006)。可以想象,抗抑郁药通过改变那些受体的密度或它们对神经递质的敏感性来起到缓解抑郁的作用,这个过程需要时间来展开(因此,抗抑郁药品的药效会滞后几周出现)。即使5-羟色胺在大脑中应用的不规则性可能与抑郁症相联(Carver,Johnson & Joormann,2008,2009),我们还不能对5-羟色胺和其他神经递质对抑郁症所起的作用或抗抑郁药治疗效果的机制有一个准确的答案。

另一研究途径通过关注脑异常来揭露抑郁症的生物基础结构。脑成像学研究显示,当心境障碍患者卷入常规认知加工过程,情绪和记忆的脑区(包括前额皮质和边缘系统)部位体积(规模)发生变化并进行低水平的代谢活动(e.g.,Kaiser et al.,2015;Klauser et al.,2014;Lai & Wu,2015;Schmaal et al.,2015)。前额叶皮质,是运动皮层前方的前额叶的一部分,负责高级心理功能,比如思考、问题解决和决策,以及组织思想和行为。神经递质5-羟色胺和去甲肾上腺素在调节前额皮质的神经冲动中扮演重要角色,因此这片脑区有不规则的现象毫不奇怪。部分边缘系统也参与到情绪过程和记忆加工之中,包括那些与情感经历有关的情绪过程记忆加工。

随着使用脑成像技术研究的继续进行,研究者可能对关于心境障碍患者与健康人大脑的不同之处有清晰的了解,甚至发现诊断和治疗那些障碍的更好方法。躯体的其他系统,比如说内分泌系统,在心境障碍的发展中也扮演了重要的角色,这一机制有待将来的研究帮我们验证。正如其他更复杂形式的异常行为,比如焦虑症和精神分裂症一样,抑郁症的潜在原因可能涉及多种因素(Belmaker & Agam, 2008)。

深入思考

脑部炎症,一个可能导致心境障碍的致病源

如今,一个引起研究者注意的可能性是一些心境障碍——包括抑郁症、双相情感障碍,甚至可能包括精神分裂症、孤独症——至少部分地与脑部炎症有关。当身体调动防御时,就会产生炎症防止感染或受伤。你可能对它的信号很熟悉——红肿,它出现在你受伤的时候。当躯体的免疫系统过分活跃时,例如,自身免疫性疾病,比如说关节炎和克罗恩病,慢性炎症就会产生,在躯体的关节、胃肠系统和其他躯体系统和结构敲响警钟(或许也包括脑部)造成损伤。

也许,脑部炎症与心理障碍(比如心境障碍)有关?这个研究领域才刚出现,但研究者已辨别出导致抑郁症和双相情感障碍患者产生炎症的原因(Barbosa et al., 2014; Friedrich, 2014; Jokela, et al., 2016; Kiecolt-Glaser, Derry, & Fagundes, 2015)。一项调查关注于脑部炎症是否会引起体验高兴的能力丧失(Felger et al., 2015)。如今研究者的激烈争议集中于,究竟脑部炎症是导致抑郁症的原因之一,还是抑郁症产生了脑部炎症,抑或是两者同时存在。研究者正致力于辨别哪个特定脑回路易受炎症影响,以及测试抗炎症药物是否有助于治疗心境障碍(Ayorech et al., 2015; Kim et al., 2015)。特定的膳食营养物质,比如在一些类型的鱼油中找到的N-3脂肪酸,也有抗炎作用,这也有助于解释为什么它们在治疗抑郁症中有作用

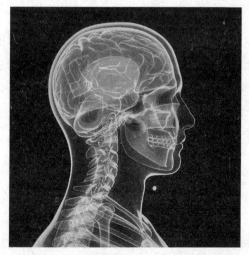

脑部炎症会导致抑郁症吗? 有证据提出脑部神经回路的炎症有可能与心理障碍,比如心境障碍有关。

(见"深入思考:关于这个心境障碍治疗的可疑之处")。

双相情感障碍的成因

7.12 识别双相情感障碍的致病因素

许多研究者认为是多重因素共同作用导致双相情感障碍的产生。脑成像研究发现,关于双相情感障碍患者有许多脑区异常的证据,尤其是那些参与情绪处理和调控的脑区(Cullen & Lim, 2014; Nenadic et al., 2015; Phillips & Swartz, 2014)。

基因因素在双相情感障碍中起到主要作用(Hyman, 2011)。在芬兰一项大规模研究中,研究者发现同卵双生子的和合率是异卵双生子的7倍以上(分别是43%与6%; Kieseppä et al., 2004)。基因在双相情感障碍中的作用,显然比在重度抑郁障碍中的作用要重要得多(Belmaker & Agam, 2008)。

2008年瑞典的一项引人注目的研究结果显示,双相情感障碍的高风险与孩子出生时父亲的年龄有关,尤其是父亲年龄大于55岁时(Frans et al., 2008)。我们应注意的是,母亲的年龄与后代患双相情感障碍的相关关系不明确,一个可能的解释是,父系关系与基因畸变在老年男性精子中出现的频率更高,所以这个缺陷可能使得他们的后代更易患心境障碍,包括双相情感障碍。

研究者正在积极追踪双相情感障碍中的特定基因(Lee et al., 2013),然而基因不是全部。如果双相情感障碍是完全由基因所致,那么基因完全一致的双生子,一个患有这一障碍,则另一个也必然患病,但事实并非如此。与素质—应激模型一致,充满压力的生活变化和潜在的生物因子可能与基因倾向产生相互作用,共同导致了个体患双相情感障碍的风险增加。此外,研究者发现生活压力事件会引发双相情感障碍患者的情绪发作(Miklowitz & Johnson, 2009)。负性生活事件(例如:失业、婚姻冲突)会先于抑郁发作出现,反之,负性和正性生活事件(例如,找到工作)都可能先于轻躁狂或躁狂发作出现(Aolly et al., 2005)。

研究者也了解了更多关于双相情感障碍的心理因素(Bender & Aolly, 2011)。例如,来自家庭成员和朋友的社会支持可以增强双相情感障碍患者的功能水平,为他们提供对抗压力的负性影响的缓冲器。此外,社会支持在帮助加速从心境障碍康复和降低复发率中扮演着重要角色。

深入思考

关于这个心境障碍治疗的可疑之处

你可能听过膳食中某种特定类型的鱼油,尤其是富含的Ω-3脂肪酸与降低患心血管疾病的风险有关。可你知道吗?高膳食水平的鱼油与降低重度抑郁障碍和双相情感障碍的患病风险也相关(Rechenberg, 2016; Saunder et al., 2015)。Ω-3脂肪酸是大脑功能优化所需的基础营养物质。即使这一领域的研究尚处于萌芽期,但早有研究指出,Ω-3脂肪酸在治疗抑郁症中可能存在有益疗效(e.g., Lin et al., 2012; Rechenberg, 2016)。

去钓鱼 鱼油有助于对抗心境障碍?我们无法明确回答,但有证据表示,也许在膳食中加入特定类型的鱼油对治疗抑郁症是有价值的,尤其是那种Ω-3脂肪酸含量高的。

有研究显示,膳食中鱼类含量高的人较之含量低的人更不易患抑郁症(Li, Liu & Zhang, 2015)。这是一项相关研究,但我们不能说吃鱼能避免患抑郁或不易患抑郁症的人都喜欢吃鱼。在鱼类中找到的Ω-3脂肪酸显示出提高脑部5-羟色胺活性的作用,这有助于解释它对抑郁症的可能影响(Patrick & Ames, 2015)。Ω-3脂肪酸具有抗炎作用,这有助于抑制脑部炎症,而脑部炎症被研究者假设为导致心境障碍(比如抑郁症和双相情感障碍)的原因(Ayorech et al., 2015)。我们目前缺乏足够的研究去做出坚定的声明,说Ω-3脂肪酸或吃鱼能够预防或者对抗抑郁症,但迄今所有有希望的证据都证明有必要对那些膳食成分是否与心境障碍有关,进行进一步的研究(Rechenberg, 2016)。

Ω-3脂肪酸不是研究者唯一关注的营养物质。姜黄色素,一种香料姜黄的成分,使芥末和印度咖喱呈现黄色,可能也对于与抑郁症有关的潜在生物过程有影响。在最近的实验研究中,研究者发现姜黄色素补充剂与安慰剂相比,更能显著改善情绪相关症状(Lopresti et al., 2014)。需要注意的是那些关于营养物质的抗抑郁症作用的研究还处于早期发展阶段,所以我们应该对这些营养供应剂是否能成为有用的治疗抑郁症或其他心理障碍的武器,持保留意见。

有来自跨文化的研究也显示使用富含Ω-3脂肪酸的海产品与降低心境障碍患病率相关(Parker et al., 2006)。有研究显示,在吃海产品最多的国家(冰岛)中双相情感障碍患病率低;反之,吃海产品少的国家(比如德国、瑞士、意大利和以色列)的双相情感障碍患病率高(Noaghiul & Hibbeln, 2003)。[判断正误]

我们应该注意,吃鱼油和降低患心境障碍风险之

判断正误

膳食中高水平的鱼油可能会增加患双相情感障碍的风险。

☐ **错误** 实际上,有证据证明膳食中高水平的鱼油与降低心境障碍患病率有关。

间的因果关系尚未查明。然而,这些联系支持着研究者进一步探究是否确实有一种膳食供给品可以作为很好的利于大脑的食品,是三文鱼还是其他的什么?

心境障碍的治疗方法

就如不同理论指出了众多可能导致心境障碍产生的因素,那些模型也产出了大量不同的治疗方法。在这里,我们将聚焦于那些当代主流的方法。

心理治疗

7.13 描述用于治疗抑郁症的心理学方法

抑郁症的典型治疗方法有心理疗法和生物医药疗法。心理疗法的类型有心理动力学疗法、行为疗法和认知疗法。生物医药疗法包括抗抑郁药物治疗和电休克治疗(ECT)。有时各种疗法的结合效果最好(Cuijpers et al., 2010; Maina, Rosso, & Bogetto, 2009)。在这里我们一起看看几种主流的心理疗法。

心理动力学疗法 传统的精神分析旨在帮助抑郁症患者理解他们对生活中重要他人的潜在矛盾(冲突)感,这些重要他人是患者失去或者将要失去的。通过消除对那些丧失客体的愤怒,人们能够将愤怒转向外部——通过口头表达情感——而不是放任它们腐烂并转向个体内部。

用传统的精神分析法来揭露和处理那些无意识的冲突可能要花费几年。现代心理动力学方法也是关注于无意识的冲突,但是它们更直接,相对简短,并且关注现在和过去的人际冲突(Rosso, Martini, & Maina, 2012)。一些心理动力学治疗专家也用行为主义的方法,去帮助来访者获得发展广阔的社交网络所需的社交技能。最近对研究结果的分析支持了短期心理动力学疗法对抑郁症治疗的有效性(Driessen et al., 2010, 2015)。

一个获得了大量研究关注的心理动力学治疗模型叫作人际关系心理治疗(interpersonal psychotherapy, IPT)。这是一种相对简短的疗法(通常持续时间不超过9到12个月),它强调人际问题在抑郁症中的作用,并且帮助来

人际关系心理治疗 IPT通常是一种理念,是一种心理动力学导向的疗法,它关注于个体现有的人际关系事件。就像传统的心理动力学疗法一样,IPT假设早期生活事件是适应的关键因素,但是IPT也关注现在——此处与此刻。

访者对其人际关系进行良性改变(Weissman, Markowitz, & Klerman, 2000)。IPT最开始作为治疗重度抑郁障碍的有效疗法,并有希望用于治疗其他的心理障碍,比如恶劣心境、贪食症和创伤后应激障碍(Lipsitz & Markowitz, 2013; Markowitz et al., 2015; Rieger et al., 2010; Weissman, 2007)。研究者也发现IPT对于世界其他地区的抑郁症患者也有疗效,包括撒哈拉沙漠以南的非洲地区(Bolton et al., 2003)。

即使IPT与传统心理动力学疗法有一些共同点(主要是相信早期生活经历和人格特点对心理适应有影响),它与传统心理动力学疗法的不同之处在于关注个体现在的人际关系,而非源于童年期的无意识内部冲突。

IPT帮助来访者处理未解决或推迟处理的悲伤反应,这些悲伤反应来自爱人的死亡以及现有的人际冲突。治疗师也帮助来访者识别他们现有人际关系的冲突之处。理解潜在的问题,并考虑解决之道。如果人际关系中的问题无法修补,治疗师会帮助来访者结束这段关系,并重建新的关系。让我们一起看看31岁萨尔的个案,他的抑郁症与婚姻冲突相关。

萨尔感到"麻木":一个抑郁症案例

在第五次治疗中,萨尔(Sal)开始揭露他的婚姻问题,当他开始详述他难以向妻子表露他的情感,他感到"麻木",开始变得泪眼迷蒙。他感觉过去一直"控制"着他的感情,而这种情绪正是造成了他和妻子的疏远。接下来的一次治疗聚焦于他与他父亲的相似——特别是他与妻子保持距离的方式与他父亲与他保持距离的方式如出一辙。第7次治疗中出现了转折,萨尔表示他和妻子开始变得"情绪化",并在上周中与彼此拉近了距离,并且他可以更开放地谈论他的感情,以及他和妻子能够共同为他们担心许久的资金问题做决定。后来他被公司解雇了,他去寻求妻子的意见,而不是将问题的责任推给她。令他吃惊的是,他的妻子积极响应——没有他所预期的"暴怒"——让他表达自己的感受。当他最后一次治疗时(第12次),萨尔表示治疗引发了他的自我"再觉醒"。让他尊重自己的感受,而不是独自承受——他希望与妻子共创一个更坦诚的关系。

来源:摘自Klerman et al., 1984, pp.111—113.

行为疗法 因为治疗师一般关注于帮助抑郁症患者发展更有效的社交或者人际技能,并使他们更多地加入愉快或有益的活动中。使用最广泛的行为治疗模式叫作行为激活。鼓励患者增加他们参与有益或愉

快的活动的频率(Chartier & Provencher, 2013)。行为激活能在治疗抑郁症中产生实质效果(Carlbring et al., 2013; Dimidjian et al., 2011; Hunnicutt-Ferguson, Hoxha, & Gollan, 2012)。行为疗法常与认知疗法一起运用于一个更广泛的治疗模式中,这一模式称作认知——行为治疗(cognitive-behavioral, CBT;也叫作认知行为疗法)。这一模式或许是如今运用更广泛的抑郁症治疗方法。

认知疗法　认知治疗师认为歪曲的思维或认知歪曲在抑郁症的发展中扮演着关键性角色。抑郁症患者通常关注于他们的感受是多么糟糕,而不是那些导致其消极感受的思维。阿伦·贝克和他的同事(Beck et al., 1979)建立了认知疗法,CBT的主要形式,以帮助人们识别或改正功能失调的认知模式。表7.5展示了一些常见的歪曲的自动化思维的例子,它们所代表的认知歪曲类型和可用于替换的理性替代应对。

表7.5　认知歪曲和理性应对

自动化思维	认知歪曲类型	理性应对
我孤零零地在这个世界上	"全"或"无"的思想	我或许感到孤独,但世上还是有关心我的人的
我什么事都解决不了	过度概括化	谁也不能预知未来,专注当下
我丑得无可救药	夸大	我的外貌虽不完美,但也远非不可救药
我要崩溃了,我控制不了这一切	夸大	有时我只是感到超出我的控制——但我从前处理过类似问题。我将一步步去完成它,并且定能成功
我猜我是个天生的失败者	贴标签和错贴标签	没有人的命运是做个失败者,我需要停止自我贬损
这次节食我只减轻8磅,我应该忘记节食这件事,我不可能成功	负性关注/缩小/使积极方被忽略/直接得出结论/"全"或"无"的思想	8磅是个好的开始。我不可能一夜变成瘦子,我需要期待自己花些时间去完成这事
我感觉很糟糕,我知道我肯定要出事了	情绪问题	感觉不是事实,若我无法看清事实,我的感受也将是歪曲的
我知道这门课我将会不及格	算命错误	只关注如何学完这门课,而不直接得出负性结论
我知道约翰的问题都是我的错	个人化	我需要停止为他人的问题而自责,约翰的问题有很多原因,但那与我无关

续表

自动化思维	认知歪曲类型	理性应对
其他我这个年纪的人应该比我做得好	应该化	我要停止将自己与他人进行比较,将自己与他人作比较能有什么益处?这只能说我对自己失望而非获得动力。我所能做的就是做最好的自己
我只是没有上大学的头脑	贴标签和错贴标签	我应该停止叫自己"蠢货",我能够做到的比我给自己定义的多
所有的事都是我的错	自责	我又来了,我应停止这场"自责游戏",自责已经太多了,更好的方法是忘记自责,并试着去考虑如何解决这个问题
如果苏拒绝我,那将糟透了	夸大	这可能令人沮丧,但除非我自己这么认为,不然不至于是糟透了
如果人们真的了解我,他们将会厌恶我	读心术	有什么证据证明这点?了解我后喜欢我的人,比了解我后不喜欢我的人多
如果有些事情不能好转,我会发疯	直接得出结论/夸大	这段时间我会处理那些事而不是放任不管,我只是需要再等等。事情没有看起来那么糟糕
我不敢相信我脸上又长了新的痘痘,这将毁了我整个周末	心理过滤	放轻松,一个痘痘不是世界末日,它不会毁了我整个周末的,别的长痘痘的人看起来都能享受周末

来源:摘自 Beck et al., 1987.

认知疗法与行为疗法相似,是一个相对简短,历时大约 14 到 16 周的治疗方法。治疗师通过认知和行为技术相结合,帮助来访者改变其消极的、功能失调的思维模式,建立更多适应性行为(Anthes, 2014)。举例来讲,他们帮助来访者将思维模式与消极情绪相联,通过全天使用思想日记或每天记录来显示他们每天经历的自动化负性思维。来访者记录他们负性思维何时何地出现,以及那时他们的感受。然后,治疗师帮助来访者去挑战这些负性思维并用更适应的思维体去代替它们。下面的个案将展示认知治疗师与来访者如何一起致力于挑战这些思维的正确性,这些思维反映出了选择性概括认知歪曲(自我评价完全基于特定的性格缺陷或者瑕疵的倾向)。这位来访者认为自己完全缺乏自我控制力,因为她在节食过程中吃了一块糖。

抑郁症的认知疗法

来访者: 我完全无法自我控制。

治疗者: 你这么说的依据是什么?

来访者：别人给我糖我就拒绝不了。

治疗者：你每天都吃糖吗？

来访者：不是，我只吃了这一次。

治疗者：那你上周有为坚持节食做什么有建设性的事情吗？

来访者：是的，我在每次去商店看到糖时，我没有屈服于诱惑。而且，除了那次有人给我糖果而我没能去拒绝外，我没吃过糖。

治疗者：如果你数数你能自我控制的次数和屈服的次数，你得到的比率会是多少？

来访者：大约100∶1。

治疗者：所以如果你能自我控制的次数是100次，不能自我控制的次数是1次，那这可以作为你是个彻头彻尾的弱者的证明吗？

来访者：我猜我不是——彻头彻尾的（微笑）。

认知行为治疗，包括贝克的认知疗法，在治疗重度抑郁障碍和降低复发上（Beck et al.，1979，p.68）产生了令人印象深刻的效果（e.g.，Hans & Hiller，2013；Hollon & Oonman，2010；Lutz et al.，2015；Rehm，2010）。认知行为疗法在治疗抑郁症，甚至是中度到重度抑郁障碍，都显示出可与抗抑郁药品相媲美的效果（Beck & Dozois，2011；Siddique et al.，2012；Weitz et al.，2015）。

生物医药治疗

7.14 描述治疗抑郁症的生物医药方法

最常见的治疗心境障碍的生物医药法就是运用抗抑郁药品和电休克疗法去治疗抑郁症，运用碳酸锂去治疗双相情感障碍。

抗抑郁药品 美国近来对抗抑郁药品使用增长迅猛，甚至每10个人中就至少有1个人正在使用抗抑郁症药品（Kuehn，2011a；B.J.Smith，2012）。抗抑郁药品的使用飞速增长，从1988年至今飞速增长近乎400%（Hendrick，2011）。一个似乎流行的统计数据显示，四分之一（23%）的40—59岁的美国女性正使用抗抑郁药品（Mukherjee，2012）。一个显而易见的关于对抗抑郁药品使用增多的结论是，与20世纪90年代相比，如今只有很少的人接受心理治疗（Dubovsky，2012；Fullerton et al.，2011）。虽然抗抑郁药品主要用于治疗抑郁症，但他们也被用于对其他心理障碍，包括焦虑症（见第5章）和贪食症（见第9章）。

抗抑郁药会增加大脑中神经递质的活性,但它们达成这种效果的方式不同(见图7.5)。正如在第2章表明的那样,有四种抗抑郁药品的主要分类:(1)三环抗抑郁剂(TCAs);(2)单胺氧化酶(MAO)抑制剂;(3)选择性5-羟色胺再摄取抑制剂(SSRIs)和(4)5-羟色胺和去甲肾上腺素再摄取抑制剂(SNRIs)。

三环抗抑郁剂包括丙咪嗪(盐酸丙咪嗪),氨三环庚素(盐酸阿密替林),去郁敏(盐酸去甲丙咪嗪),和多虑平(宁健),如此命名是因为它们的三环分子结构。它们能通过调节化学递质的再摄取过程(被传导细胞再吸收)增加大脑中神经递质去甲肾上腺素和5-羟色胺的水平。

观看视频"它对我有什么好处?你的大脑在吃药",了解更多关于各种药品如何在突触层面上工作,以影响神经递质的平衡和我们的知觉与行为。

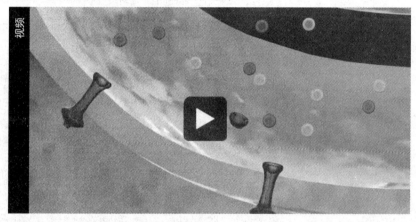

观看 它对我有什么好处?你的大脑在吃药

单胺氧化酶抑制剂,例如苯乙肼(硫酸苯乙肼),通过抑制单胺氧化酶的活动来增加神经递质的活性。单胺氧化酶是一种通常作用于突触中用以

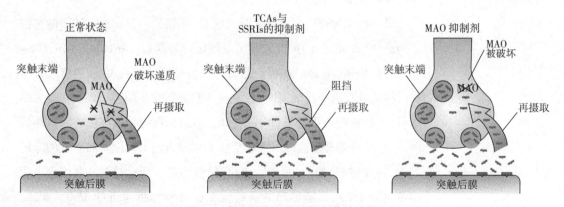

图7.5 在突触中各类抗抑郁药的功能

三环抗抑郁药和选择性再摄制取抑制剂(TCAs和SSRIs)通过防止神经递质被突触前神经元再摄取来增加神经递质的活性。MAO抑制剂通过抑制单胺氧化酶的活动来起作用。单胺氧化酶是通常在突触间隙中减少神经递质的酶。

减少或降低神经递质活性的酶。MAO抑制剂较其他抗抑郁药品使用范围并不广泛,因为它与特定食物和酒精类饮料之间有潜在的强相互作用。

SSRIs,例如氟西汀(氟苯氧丙胺)和舍曲林(左洛复),与TCAs的作用方式相似,通过调节神经递质的再摄取起效,但它对5-羟色胺有特殊影响。SNRIs,比如文拉法辛(郁复伸),选择性靶向再摄取5-羟色胺和甲肾上腺素,可以增加大脑中那些神经递质的水平。

研究者明白抗抑郁药是怎样影响神经递质水平的,但是,就如之前说明的那样,他们缓解抑郁的潜在作用机制尚不清楚。三环类药物和MAO抑制剂的潜在副作用包括口干、运动反应迟缓、便秘、视力模糊、性功能障碍和不频繁运动的尿潴留、麻痹性肠梗阻(一种肠道麻痹,妨碍肠内容物的通过)、混乱、谵妄和心血管并发症(比如低血压)。三环类药物也是高毒性的,如果在没有严密监督下用药,可能会导致自杀性过量服用的可能性增加。

研究证据显示,抗抑郁药有助于缓解重度抑郁障碍和恶劣心境的症状(Imel et al.,2008;Kennedy,Lam et al.,2009;Kennedy,Milev et al.,2009;Mori,Lockwood,& McCall,2005)。尽管制药公司在电视广告上将药效吹捧得神乎其神,在临床试验中只有1/3的患者在第一轮用抗抑郁药后会出现完全的症状缓解(减轻)(e.g. Kennedy,Young,& Blier,2011;McClintock et al.,2011)。很多患者继续经历着挥之不去的失眠、悲伤和注意力集中困难。此外,研究者发现抗抑郁药全部作用中的2/3可以解释为有安慰剂效应(Rief et al.,2009)。

当一种抗抑郁药无法带来症状缓解,换用另一种或加一种新的抗抑郁药品(比如安立复)可能带来更好的治疗效果(Casey et al.,2014;Coryell,2011;Nelson et al.,2010)。最近一项对患者的研究表明,当有人对一种抗抑郁药没有反应效果时,换一种不同的药品并同时加入认知行为疗法,比单独换药要更有效(Brent et al.,2012)。在评估抗抑郁药有效性的同时,也要考虑抑郁症的严重程度。一项对六组大规模对照研究的综述表明,与安慰剂(惰性"糖丸")相比,抗抑郁药有相对益处。在治疗重度抑郁症患者时,抗抑郁药的益处大于轻度抑郁症患者(Faurnier et al.,2010)。然而,根据最近调查人员的报告显示,抗抑郁药治疗轻度和重度抑郁症都有效(Gibbons et al.,2012)。需要更多的研究来明确抗抑郁药的疗效是否取决于个体的抑郁水平。

重要的是,有证据证明在不同的SSRIs之间,以及SSRIs与老版的三环抗抑郁剂之间存在较明显的效果差异(Gatrlehner et al.,2008;Roy-Byrne,2013)。该研究说,SSRIs与老药相比有两个关键优势,这就是它们能取代老款的原因:第一点优势在于,SSRIs毒性较小,因此对用药过量的个案危险性较小。第二,他们有较小的心血管效应和其他常见的与三环类和MAO抑制剂相关的副作用(比如,口干、便秘和增重)。但是它们并非没有副作用,比如氟苯氧丙胺和其他SSRIs可能引起肚子疼、头疼、焦虑、失眠、性欲缺乏和性反应损伤(e.g., Nurnberg et al., 2008; Schneitzer, Maguire, & Ng, 2009)。抗抑郁药可能的确加剧了抑郁症的一些相关特点,如睡眠问题(Morehouse, MacQueen, & Kennedy, 2011)。此外,更需重点关注的是,抗抑郁药的使用与一些儿童、青少年和青年人自杀想法的增加相关——我们将在第13章进一步讨论这个重要问题。

另一个需要重点关注的关于抗抑郁药的使用(我们在患者中发现的),当停用抗抑郁药时,存在高比例的复发问题(Mori, Lockwood, & McCall, 2015)。而且复发也会出现在那些仍在服药的患者身上,但当症状消失后继续服药数月时,复发风险可能会降低(Kim et al., 2011)。

认知—行为疗法与抗抑郁药品相比有更好的预防复发的效果。这或许是因为与只接受药物治疗相比,接受心理治疗的患者在治疗中学习了一些在治疗后可用于处理生活压力源和挫折的技巧(Beshai et al., 2011; Clarke et al., 2015; Spielmans, Berman, & Usitalo, 2011)。在药物治疗之余加入心理治疗,不仅能加强疗效,还能降低复发率,即便是停药之后也是如此(Friedman et al., 2004; Oestergaard & Møldrup, 2011)。我们可以将CBT比作一种心理接种,即在最初接触之后很长一段时间内,能持续提供抗抑郁保护(Smith, 2009)。

总的来讲,有大约50%到70%的抑郁症患者在接受门诊治疗安排时,对心理治疗或抗抑郁药治疗反应积极(美国卫生和公共服务部,1999)。一些对心理治疗没有反应的患者对抗抑郁药可能有反应,反之亦然;对药物治疗没有反应的患者对心理治疗方法有反应。然而,最近的研究指出,在药物治疗之外加入心理治疗是有益的(Cuijpers, 2014)。在药物治疗外加入心理治疗,不仅有助于增强疗效,也能降低复发率,甚至在停药之后也是如此(Guidi, Tomba, & Fava, 2016; Friedman et al., 2004; Oestergaard & Møldrup, 2011)。此外,一个重要的大数据多重研究显示,在治疗重度抑郁症时,将心理治疗与抗抑郁药物相结合的疗法,比单独使用抗抑郁药的治疗结果更好(Hollon et al.,2014;Thase,2014)。

电休克疗法 电休克疗法(electroconvulsive therapy,ECT),常被称作休克疗法,持续引发争议。让电流流过人的大脑,这主意看上去很野蛮,但有证据证明ECT是用于治疗重度抑郁症的一种安全而有效的疗法,并显示它可以用来缓解重度抑郁障碍,甚至是用在那些对药物治疗没有反应的个案之中(e.g., Mori, Lockwood, & McCall, 2015; Kellner et al., 2012; Oltedal et al., 2015)。报告显示,美国每年有大约100 000人接受ECT(Dahl, 2008)。

在ECT中,一道在70V到130V的电流被施于大脑以引发抽搐就像癫痫性发作。ECT通常控制在6到12次治疗内,每周三次,持续几周时间。患者用短暂的全身麻醉入睡,并给予肌肉放松剂,以避免可能造成伤害的全身抽搐。结果是,围观的人很难观察到痉挛。患者在操作后很快就会苏醒,并不会记得操作中所经历的事。尽管ECT最初被应用于多种心理障碍的治疗,包括精神分裂症和双相情感障碍,但美国精神卫生组织将ECT治疗只推荐用于对抗抑郁药没反应的重度抑郁障碍患者。

ECT对大多数抗抑郁药物无反应的重度抑郁障碍患者有显著改善(Hampton, 2012; Medda et al., 2009; Reifler, 2006),对缓解自杀思维也有显著的作用(Kellner et al., 2005)。没人知道ECT具体是如何起效的,一种可能性是ECT有助于大脑中神经递质活动的正常化。

尽管ECT是对严重抑郁症行之有效的一种短程疗法,但它不是包治百病的神药。患者、亲属和专家对可能存在的风险的担忧是可以理解的,尤其是对治疗前后发生的一些事件的失忆(Meeter et al., 2011)。另一种关于ECT的困扰是治疗后的高复发率(Sackheim et al., 2001)。许多专家将ECT视为最后依靠,只有在其他方法都试过且无用之后,才会考虑ECT。

总之,有效的心理学和药理学的治疗是可以用于治疗抑郁障碍的。有证据证明,心理治疗与药物治疗的效果具有可比性(Huhn et al., 2014; Wolf & Hopko, 2008)。然而,心理治疗与抗抑郁药物治疗在一些个案中的结合,可能比单独使用其中某一种更为有效(Cuijpers et al, 2010)。显而易见的是使用心理治疗比单独使用抗抑郁药的疗效更持久(Karyotaki et al., 2016)。并且侵入性治疗,比如ECT,也可以用于治疗那些对其他方法没有反应的严重抑郁症患者。

深入思考

针对抑郁的磁刺激疗法

麦斯麦应该自豪。费兰兹·弗里德里希·麦斯麦（Franz Friedrich Mesmer, 1734-1815），是18世纪奥地利物理学家，他的名字是"催眠（mesmerism）"一词的由来（我们有时说某人被某个事物"迷住（mesmerized）"了）。他认为癔症是由于人们体内磁流体分布的潜在失调——他认为这种问题能通过金属棒刺激人体来纠正。那时的科学委员会驳斥了麦斯麦的说法，并将其所获得的所有治疗效果，都归于自我幻想的自然恢复的效果（我们今天称之为暗示的力量）。这个委员会的主席不是别人，是本杰明·富兰克林（Benjamin Franklin），时任新独立的美国驻法国大使。即使麦斯麦的理论和实践是不足为信的，但是近年来自磁性治疗学的证据表明，他或许真的发现了什么。

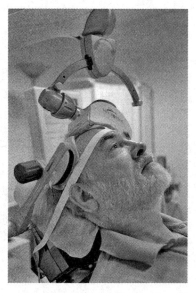

经颅磁刺激疗法 TMS是一种值得期待的治疗学疗法，其中强磁性被用帮助缓解抑郁症。
来源：NIH Photo Libery.

接下来的200年后，澳大利亚医生选出60名患有重度抑郁障碍且对各种抗抑郁药都无反应的患者（Fitzgerald et al., 2003）。在一个里程碑式的双盲控制设计中，他们要么用强磁性刺激作用于头部（称为经颅磁刺激，transcranial magnetic stimulation，简称TMS），要么伪装成治疗的假象，除了磁铁被倾斜以防大脑受到磁刺激外，所有的积极治疗步骤全都一样。头颅上被设置一个强大的电磁体经受TMS，产生了一个强大的磁场，这磁场经过头部并会影响脑电活动。治疗两周后，接受TMS的患者在抑郁症方面显示出临床上改善，与在控制组发现的极小的进步正好相反。改善程度适中且并非对所有患者都起作用。研究者认为，更长期的治疗（最少4周）对产生更有治疗学意义的效果也许是必要的。

许多研究者证明TMS具有抗抑郁作用（e.g., Holtzheimer & Mc Donald, 2014; Liu et al., 2014; Pallanti et al., 2014; Philip et al., 2015; Ren et al., 2014），能产生治疗效果所需的TMS的特定形式和强度仍在研究之中。我们也要注意TMS存在许多潜在风险，比如突然发作的可能性。然而，癫痫的风险可能随刺激频率的降低而有所减少。

总之，TMS有望成为治疗中度抑郁症的新疗法。即使它在加拿大已被批准用于医疗用途，但在美国仍处于试验性阶段。它也有望作为电休克疗法的替代性疗法，去治疗那些对药物疗法无反应的重度抑郁障碍患者。

TMS对治疗抑郁症有特别的帮助。因为抑郁症患者大脑左半球前额叶皮层缺乏活力，而大脑的这一部分可以被TMS直接影响（Henry, Pascual-Leone, & Cole, 2003）。然而，我们应注意的是，在TMS被推荐更广泛地用于治疗严重抑郁症之前，需要更多TMS有效性和安全性的证据，以及需确定它是否比其他替代性的疗法（如ECT）更有效（Knapp et al., 2008）。TMS可能对治疗其

判断正误

在头皮上放置一个高能电磁板可以缓解抑郁症。

☐ 正确 一些调查研究中对头部的磁刺激已显示出抗抑郁的效用。

判断正误

古希腊和古罗马人用一种化学物质来抑制情绪波动,并沿用至今。

☐ 正确 古希腊和古罗马人确实使用一种化学物质来抑制情绪动荡,如今依然广泛使用:它叫作锂。

他障碍也有治疗学上的益处,比如创伤后应激障碍和强迫症(Cohen et al., 2014; Nauczyciel et al., 2014)。[判断正误]

锂和其他安定剂 双相情感障碍的治疗最常用的是稳定情绪动荡的药物,包括锂和其他安定剂。古希腊和古罗马人首先使用锂作为一种化学药品来治疗心境障碍。他们给患有心境动荡的人含有锂的矿泉水,如今药物碳酸锂是金属元素锂的一种粉末形式,被广泛用于治疗双相情感障碍。[判断正误]

锂有助于减轻双相情感障碍患者的狂躁,稳定他们的情绪,并能降低复发风险(Lichta, 2010; Shafti, 2010)。双相情感障碍患者将可能被不定期用锂来控制他们动荡的情绪,就像糖尿病人持续使用胰岛素来控制病情一样。尽管被作为治疗药物已使用超过40年了,但研究者依然无法说明锂是如何起作用的。

尽管有益处,但锂也不是万能药。很多患者对这种药品没有反应或无法承受(Nierenberg et al., 2013)。使用锂必须严格监控,因为它有毒性和其他副作用。锂可能引发轻微的记忆问题,这可能会导致被停用。其副作用可能包括增重、嗜睡和昏睡以及运动功能的普遍减慢,长期使用可能导致肠胃不适和肝脏问题。

尽管锂依然被广泛使用,但其药物局限性促使人们努力寻找替代疗法。治疗癫痫和抗惊厥药物也有助于减轻双相情感障碍障碍患者的躁狂症状,稳定他们的情绪(Smith et al., 2010; vander Loos et al., 2009)。这些药物包括氨甲酰苯草(痛痉宁)、双丙戊酸钠(丙戊酸钠)和拉莫三嗪(利必通)。

抗惊厥药物能够帮助那些对锂无应答或是无法承受锂的副作用的双相情感障碍患者。抗惊厥药物通常产生的副作用小,或比锂的副作用要轻微(Ceron-Litvoc et al., 2009; Reid, Gitlin, & Alt-

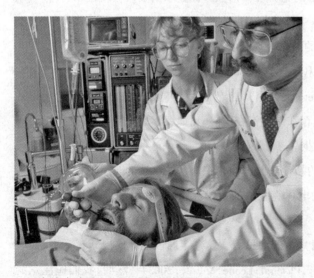

电休克疗法 ECT对很多其他形式的治疗无应答的、严重的或长时间抑郁的患者有帮助。然而,它的使用仍存在争议。

shuler,2013)。因为大多数躁狂患者没有一种药物能恰当应对,有时含有抗惊厥药物的多种精神药物结合治疗会被用于增强反应(Ogawa et al.,2014;The Balance Investigators,2010)。双相情感障碍的抑郁阶段是需要重点关注的,它是双相循环中的持久阶段,且对现如今使用的药物常存在耐药性。临床专家有时使用抗抑郁药去对抗抑郁,但他们这么做须很小心,因为有引发躁狂发作的风险(Pacchiarotti et al.,2013)。

心理治疗 心理治疗在治疗双相情感障碍中占有重要地位。即便情绪稳定剂仍用于基础治疗中,但心理治疗(比如CBT)、人际关系治疗和家庭治疗的加入,有助于增强疗效(Alloy et al.,2015;Parikh et al.,2014;Reinares,Sánchez-Moreno,& Fountoulakis,2014)。心理治疗有助于增强双相情感障碍患者对药物治疗的依从性(Rougeta & Aubry,2007)。

治疗方法的结合

心境障碍

心境障碍包括多重因素间的相互作用。与素质—应激模型相一致,抑郁症可能反映生物因素(比如基因因素、神经递质不规则性或大脑异常)、心理因素(比如认知歪曲或习得性无助)和社会与环境压力因素(比如离婚和失业)之间的相互作用。

图7.6基于素质—应激模型说明了一种可能的作用机制。让我们来将它分解:压力生活事件

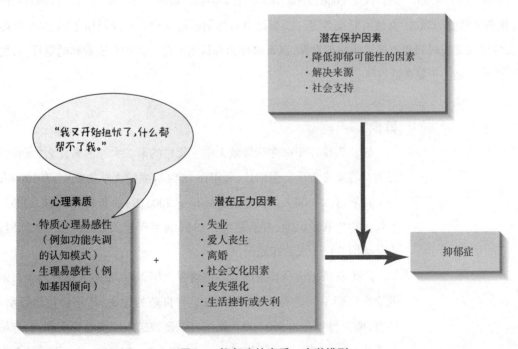

图7.6 抑郁症的素质—应激模型

（比如长期失业和离婚）可能通过降低大脑神经递质的活性来产生令人抑郁的作用。这些生化作用或许更易发生或表现在那些具有抑郁基因倾向或特质的人身上。然而，对于那些能使用有效处理方法或解决压力情景的人来说，抑郁障碍可能不会出现或者只出现轻微的抑郁障碍。例如，那些能够从他人处得到情感支持的人，可能比那些只能独自承受的人更能承受压力。这点对那些用更积极的方式应对生活中的挑战的人来说也是如此。

社会文化因素也能成为影响心境障碍产生和复发的压力源。这些因素包括：贫困；人口过密；遭受种族歧视、性别歧视和偏见；家庭和社区暴力；女性的不均衡的高压力负担；家庭破裂。其他可能导致心境障碍的压力源包括负性生活事件，比如失业和患严重的疾病；失恋和爱人的丧生。

抑郁症特质可能采取的形式有心理易感性，心理易感性包括抑郁的思维风格，这是以夸大负性事件后果的倾向为特征的一种思维方式，将责任堆叠在自己身上，并且认为自己已无力使事情发生积极改变。当遇到负性生活事件时，这种认知特性会增加患抑郁症的风险。在遭遇负性生活事件后，那些认知影响因素可能与基因素质相互作用，进一步导致了抑郁风险的增加。从他人那里可获得的社会支持能够帮助一个人培养在困难时期抵抗应激影响的能力。拥有更有效的社会技能的人，能够更好地获得和维持来自他人的社会援助力，因此比那些缺乏社交技能的人，能更好地对抗抑郁。然而，大脑内的生化变化可能使人们难以有效地处理生活压力事件，并从生活压力事件中复原。长时间的生化变化和低落的感受，可能加剧无助感，与最初的压力源的作用相混合。

与性别相关的应对风格差异可能也在发挥作用。根据诺伦-霍克森玛(Nolen-Hoeksema)和他的同事们(Nolen-Hoeksema, 2006, 2008; Nolen-Hoeksema, Morrow, & Fredrickson, 1993)的研究，在遇到情感问题时，女性可能反刍，反之，男性更可能烟酒精滥用。处理风格上的差异，可能使女性出现更长时间和更严重的抑郁发作，以及男性出现饮酒问题。正如你所看到的那样，心境障碍的成因是一个复杂的网络。

自杀

你认为排在车祸之后导致大学生死亡的第二大原因是什么？药物？谋杀？答案是自杀。据估计，每年在18到24岁的大学生之中，有1000人死于自杀，有24000人试图自杀(Lamberg, 2006; Rawe & Kingsbury, 2006)。不仅大学生有此风险，自杀是所有18到24岁年轻人致死的第二大原因，也是美国公民十大致死原因。

产生自杀想法是普遍的。在遭遇强大压力时，很多人都曾闪现自杀的念头。但幸运的是，大多数人只是有自杀的念头，却不会付诸行动。然而，美国每年有约500 000人试图自杀而被送入医院急诊室救治，有约41 000人"成功"地结束了他们的生命(CDC, 2015d, 2015e)。世界范围内据统计每年有800 000人结束自己的生命(Insel & Cuthbert, 2015)。

正如在美国政府统计报告中所看到的,自杀每年给国家带来重大的损失(见表7.6)。更多美国人是死于自杀而非车祸,超过半数已完成的自杀事件涉及枪支的使用(Sederer & Sharfstein, 2014)。

表7.6 自杀:国家的损失

·每15分钟,就有一个生命死于自杀。每天有大约100个美国人用自杀结束生命,有超过2500人试图自杀
·自杀是导致美国人死亡的第十大因素
·自杀导致死亡人数是他杀的2.5倍
·如今自杀导致的死亡人数是HIV/AIDS的3倍
·在他们自杀的前一个月,有75%的老年人看过医生
·超过一半的自杀出现在25到65岁的成年人身上
·许多试图自杀的人在尝试后,没有及时寻找专业的救助
·男性自杀的可能性是女性的4倍
·青少年和青年死于自杀比死于癌症、心脏病、AIDS、先天疾病、中风、急性肺炎和流行性感冒、慢性肺病的总和还多
·每年有40000美国人死于自杀

来源:美国卫生与公共服务部,2001;更新到CDC, 2015d, 2015e.

自杀行为本身不是一种心理障碍,但大多数自杀与心理障碍相联——通常是心境障碍,比如重度抑郁障碍和双相情感障碍(Schaffer et al., 2015; Sederer & Sharfstein, 2014; Tondo et al., 2015)——这也是为什么我们要在这一节展开讨论的原因。毫不奇怪,自杀企图更常见于重度抑郁症患者的抑郁发作期而非发作间隙(Holma et al., 2010)。大约60%的心境障碍患者会自杀(National Strategy for Suicide Prevention, 2001)。

自杀的风险因素

7.15 识别自杀的危险因素

在许多专业的观察者看来,自杀是一种十分极端的行为,只有"精神错乱"的人(意为与现实分离的人)才会自杀。然而,自杀思维并非一定意味着与现实脱离、深陷无意识冲突或人格障碍之中。有自杀的念头通常是因为他们认为用来解决自身问题的可选方法的选择范围缩小了,因此,他们会感到灰心丧气,觉得走投无路。

老年人自杀 即使青少年的自杀悲剧受更多关注——也该如此,但是压力最高的是中年人和老年人,尤其是老年白人男性(CDC,2009; Mills et al.,2013;见图7.7)。(我们将在第13章中进一步讨论青少年自杀。)研究结果显示,自杀率增长最快的是年龄在60岁到74岁之间的女性,这表明中年晚期女性对自杀思维的易感性很大程度上被忽视了(CDC,2013)。

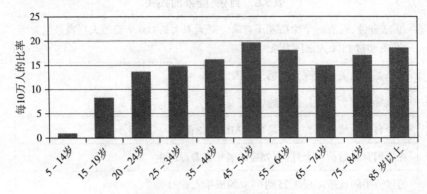

图7.7 各年龄段的自杀率

即使青少年自杀被更多地报道,但成年人——尤其是老年人——自杀率更高。

来源:CDC(2015e).Health,United States,2014.

尽管医疗保健有了长足的进步,但一些老年人的生活质量却不尽如人意。老年人容易患癌症和阿尔茨海默病,这会给他们留下无助和无望感,进而增加抑郁和自杀思维的风险(Starkstein et al.,2005)。

许多老年人也在经历接二连三地丧失朋友和爱人的痛苦,这使他们产生社交孤立。这种丧失加上失去健康和社会角色,可能会磨灭他们的生存意志。毫不奇怪,那些丧偶独居或社交孤立的老年人是老年人中自杀率最高的。对老年人自杀的社会接纳度增加可能也是一部分原因。不管是何原因,自杀对老年人来讲是个持续增加的危险。或许社会应该关注提高老人的生活质量,而不只是提供医疗保障以延长他们的寿命。

性别和人种/种族差异 试图自杀的多数是女性,自杀"成功"的多数是男性(Hawton et al.,2013)。每当有1个女性自杀就有大约4个男性自杀。男性更容易自杀成功,很大程度上是因为他们行动更快且采用的方法更致命,比如手枪。

自杀现象在(非拉美裔)美国白种人和美国土著人中比在非裔美国人和亚裔美国人和拉美裔美国人中更常见(Garlow, Purselle, & Heninger, 2005;Gone & Trimble,2012;O'Keefe et al.,2014;见图7.8)。美国白种人自杀的可能性是非裔美国人的两倍(Joe et al.,2006),然而美国自杀率最高的是美国土著的青少年和成年男性(Meyers,2007)。

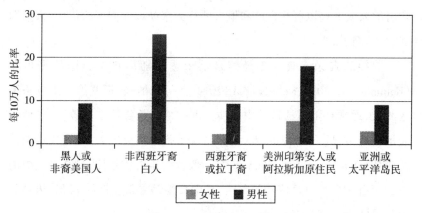

图7.8　种族和自杀率

男性的自杀率比女性的自杀率高,且非拉美裔美国人和土著美国人的自杀率比其他种族的人更高。

来源:CDC(2015e).Health,United States,2014.

无助感和暴露于那些试图自杀或自杀的他人事件中,可能是导致美国年轻人自杀率升高的原因。美国年轻人被养育在与美国社会相隔离的社区中的风险很高。他们认为自己在更大的社会中获得加入劳动力群体所必需技能的机会相对较少,且更容易物质滥用,包括酒精滥用。知晓朋辈有自杀企图或完成了自杀,这使自杀成为一种显而易见的逃避痛苦的方式。

自杀和心理障碍　在具有严重心境障碍的人群中,自杀风险更高,比如重度抑郁与双相情感障碍(Gonda et al .,2012;Hawton et al.,2013)。那些经受着严重的慢性心境障碍的人和那些反复重度抑郁发作的人风险甚至更高(Witte et al.,2009)。增加MDD患者试图自杀的风险是深刻的无价值感(Jeon et al.,2014)。然而,我们应该知道,自杀不仅局限于患有严重心境障碍的人。自杀和试图自杀也与许多其他心理障碍相联,包括酒精成瘾和药物依赖、焦虑障碍、厌食症、精神分裂症和边缘型人格障碍(e.g., Angelakis et al., 2015;Bentley et al., 2016;Conner et al., 2014;DeVylder et al., 2015;Jylhä et al., 2015;Pompili et al., 2013)。

然而自杀不只与心理障碍相联。一些患有顽固性疼痛和晚期疾病的人,也通过自我了结来逃离进一步的受苦。有些自杀被贴上"理性自杀"的标签,因为相信他们选择自杀是基于理性的决策,他们认为在持续的痛苦中生活已不再有价值。然而,许多这样个案的个人评价与推理能力受到潜在的可诊断的心理障碍的影响,比如抑郁症。有的自杀是被根深蒂固的宗教或政治信念所驱使的,就像那些牺牲自己来反抗他们所在政府的人或那些以轰炸自己和他人的行为来换取他们所相信的"来世的奖赏"的例子。

曾经的自杀未遂 曾经的自杀未遂是随后自杀企图的警报器(Bolton et al., 2010;Kessler et al., 2014)。可悲的是,那些第一次自杀未遂的人,通常在随后的自杀中成功。那些从自杀尝试中获救,但对他人表示希望自己已经死去的人,比那些表示犹豫不决的人,最终更可能自杀成功(Henriques et al., 2005)。与一般青少年群体相比,自杀未遂史的青少年有在之后自杀成功的危险,其中女性是寻常女性的14倍,男性是寻常男性的22倍(Olfson et al., 2005)。

压力的作用 生活压力事件在驱动易感群体的自杀企图中扮演着重要的角色,包括"离开事件",配偶、亲密朋友或亲戚的丧生;持续失业;重大经济挫折;离婚或分居(Barr et al., 2012; Liu & Miller, 2014; McFeeters, Boyda, & O'Neill, 2015)。那些在遇到压力时考虑自杀的人,可能缺乏问题解决技能,而且可能无法找到应对压力源的替代性方法。

自杀的理论视角

7.16 识别自杀的主要理论视角

经典心理动力学模型将抑郁症视作转向内部的愤怒和对内心表征的抗争,这些内心表征是代替失去的深爱的客体,进而自杀就代表着指向内部的愤怒变得凶残了。想自杀的人不是去寻求自我毁灭。作为代替,他们寻求发泄对其所爱客体的内化表现的愤怒。在这种情况下,他们也毁灭了自己。在弗洛伊德后来的著作中,他推断自杀是被"死本能"所驱动,是一种回归出生前的无张力状态的倾向性。存在主义和人本主义理论家,将自杀与生命变得无意义、空虚和基本无望感的观念相联。

19世纪时,社会思想家埃米尔·杜尔凯姆(Emile Durkheim, 1897—1958)表明,经历失范的人——感觉丧失、没有身份、没有根基——更有可能自杀。社会文化理论认为,疏离感在许多自杀中扮演重要角色。在现代这个流动社会,人们为了学习和工作频繁地搬迁成百上千里。很多人产生社交孤立,或许与他们的支持群体切断联系。此外,因为拥挤、过度刺激和对犯罪的恐惧,城市居民限制和不支持非正式社会接触。这就可以理解为什么当人们遇到危机时,常找不到支持者。与支持相联系的,那些社会支持水平较高的人通常较少出现想自杀的念头(Kleiman & Liu,2013)。因此在一些个案中,来自家庭成员的社会支持的易得性可能是无用的。家庭成员可能会当作是问题的一部分,而不是用来解决问题的。

学习理论很大程度上关注于解决问题的技能的缺乏,以至于不能应对重大生活压力。根据施奈德曼(Shneidman,1985)的观点,那些试图自杀的人是希望逃离无法承受的痛苦,并且认为没有其他可以解决问题的方法。那些威胁或试图自杀的人可能受到了来自爱人或他人的同情和支持,这也许会使他们在未来——甚至做更致命的——自杀尝试。这不是建议可以忽视自杀企图或举动。那些以自杀相威胁的人不仅仅是寻求关注。即使那些威胁说要自杀的人可能并不付诸行动,但也应被慎重对待。那些有自杀行为的人通常会把自杀意图或线索告诉他人。此外,许多人在实际采取自杀行动之前,就中断了他们的自杀企图。

社会认知理论提出,自杀可能是被个人期望驱使的,比如说相信自杀而死的人会被他人怀念或会使还活着的人感到自责曾经苛待了他,或认为自杀能一次性解决他们自己甚至他人的问题(例如,"他再也不用担心我了")。

社会认知理论也关注他人自杀行为的潜在示范作用,尤其是那些被学习和社会压力源所压倒的青少年。一起自杀事件在社区中的流传、传播可能引起大众的广泛关注。青少年似乎是这类示范作用的易感人群,且甚至可能将这种自杀行为美化为具有英雄气概的举动。自杀群体中约5%是青少年自杀(Richtel,2015)。当报告的自杀耸人听闻的时候,或许更可能引发盲目模仿行为。青少年可能期许他们的死亡能给家庭和社会带来意义重大的影响。

生物因素也能引起自杀,包括遗传因素和神经递质平衡,涉及情绪——调节的化学物质5-羟色胺(Petersen et al.,2014; Sullivan et al.,2015)。因为5-羟色胺与抑郁症有关,它与自杀有关系是毫不惊奇的。

星空 著名画家文森特·梵高经受着严重的抑郁发作,并在其37岁时自杀。在这张自画像中,梵高忧郁的姿势向世人传达出他所体验到的绝望。

5-羟色胺也有抑制或阻碍神经系统活动的作用,所以或许降低5-羟色胺活性会引起抑制,或释放冲动行为,导致易感个体的自杀行为。受遗传影响的大脑中5-羟色胺的规律性也与自杀有关(Crowell et al., 2008; Must et al., 2009)。

家庭成员患有心境障碍或者父母自杀,也许与个体的自杀风险相联。但其中的因果关系是怎样的呢?自杀未遂的人易患与自杀相关的心境障碍吗?家庭氛围会助长个体的孤独感吗?家庭成员中有人自杀,会给其他人带来自杀的念头吗?是否一个人自杀会给其他家庭成员创造他们终将自我了结的命运?这些都是研究者需要回答的问题。

自杀的动机往往是想要摆脱难以忍受的情感痛苦。已故的女演员帕蒂·杜克(Patty Duke)在童年时期出演电影《奇迹创造者》中的海伦·凯勒(Helen Keller)而受到赞赏。但她一生中大部分时间与双相情感障碍作斗争,她在以下的版块中表达了逃避痛苦的欲望如何引起她一生中许多次的自杀企图。

"我""请让他停下"

我甚至不能回忆起有多少次我试图杀死自己。实际上我并不是每次都是吃或消化那些药片,几乎总是服药自杀,我有时也尝试用剃刀。但我总是临阵退缩。好几次,我试图从行驶中的汽车上一跃而下,但我似乎并不愿意给自己造成躯体伤害。有些尝试仍是吸引注意力的,其他的则是为了从如此多的痛苦中解脱出来。我只是想让它停下来。我希望我有更多彩、更深刻的方式去描述它,但在我脑海中出现的想法只有"让它停下来"。请让我变得足够勇敢,可以去死,这样才能使这种痛苦停止。

来源:Duke & Hochman, 1992.9.12

判断正误

那些以自杀作为威胁的人,通常是为了寻求关注。

□错误 即便那些以自杀相威胁的人可能不会付诸行动,他的威胁也应该被严肃对待。那些采取自杀行为的人通常会留下线索,告诉他人自己的意图。

自杀涉及复杂的因素网络,且预测自杀并不简单。此外,关于自杀的传言大量存在(见表7.7)。显而易见的是,若一个想自杀的人接受针对他潜在障碍的治疗,那么自杀是可以预防的,这些障碍包括抑郁症、双相情感障碍、精神分裂症和酒精及物质滥用。我们也需要强调在遭受严重压力事件时,要心存有希望的策略。[判断正误]

预测自杀

7.17 当你认识的人有自杀想法时,运用你知道的关于自杀因素的知识采取具体的方法应对

"我不相信。我上周才见过他,而且他看上去好好的。"

"她那天还坐在这里,和我们中的其他人一起说笑。我们怎么会知道她内心正经受着什么?"

"我知道他抑郁,但我从未想过他会做这样的事。我一点线索都没发现。"

"她为什么不给我打电话?"

朋友和家庭成员通常会以不敢置信或对未能觉察个体临终行为的信号而感到内疚,来回应个体自杀的消息。然而,即便是受过专业训练的人,预测自杀也是很困难的。

有证据指出,对未来的无望感在预测自杀念头和自杀企图时起着关键作用(Kaslow et al.,2002;Hawton et al.,2013)。但无望感何时会导致自杀?

有自杀行为的人倾向于表明他们的自杀意图,他们通常直言不讳,比如告诉他人他们有自杀的念头,但也有人掩饰自己的意图。行为线索可能揭露自杀意图。埃德温·施耐德曼,一个具有引领性的研究者,发现90%的有自杀行为的人留下了清晰的线索,比如处置他们的财产

表7.7 有关自杀的传言

传言	事实
那些威胁说要自杀的人只是在寻求关注	并非如此。研究者表明,大多数自杀者会事先表明他们的意图或事先咨询卫生服务机构
意图自杀的人一定是精神病人	大多数企图自杀的人可能有无助感,但并没有精神病(即,无自知力)
与抑郁症患者谈及自杀,或许会促使他们去尝试自杀	与抑郁症患者公然谈论关于自杀的事并不会促使他们尝试自杀,实际上让他们承诺在给精神卫生工作者打电话或者约见之前,不尝试自杀,或许能很好地预防自杀
试图自杀和自杀未遂的人并不是严格意义的自杀	大多数自杀者在这之前已有过多次未遂的自杀尝试
有人威胁说他可能自杀,最好忽视他的说法,以免鼓励他再次做出威胁	即便有人用虚假的威胁来操纵他人,但是慎重起见,还是应将每个自杀威胁都当作真的且采取适宜的行动

来源:摘自 J.S.Nevid(2013).Psychology: Concepts and Applications (Fourth ED.).Belmont, CA: Cengage Learning. Reprinted by permission.

自杀热线 给那些有自杀念头或者冲动的人提供急救和咨询服务。如果你知道某个人正有自杀企图或者自杀危险，告诉精神卫生专家或打电话给你所在社会的自杀热线以寻求帮助。

(Gelman，1994)。试图自杀的人也可能突然试图处理好个人事务，比如起草遗书或买好墓地。他们可能突然购买手枪，即使以前对枪支没兴趣。当焦虑的人决定了要自杀，他们或许看起来突然变得平静；他们感到放松，因为他们不再需要与生活问题做斗争了。这突如其来的冷静，可能被误认为是希望到来的信号。其他与引起自杀风险的相关因素包括物质滥用、经济问题、最近发生的灾难、疾病和人际关系(Logan，Hall，& Karch，2011)。

对自杀的预测不是一种精密科学，即使经受专业训练也是如此。很多可观察的因素，比如无望感，看似与自杀相联，但就算真的如此，我们也无法精确预测一个有无望感的人会试图自杀。

深入思考

自杀的预防

想象你自己与一个亲近的大学同学克丽丝有一次亲密交谈。你又知道了一些不好的事儿，克丽丝的祖父六周前去世了，而且克丽丝与她祖父很亲近。克丽丝的成绩每况愈下，而且克丽丝和她的男朋友似乎正处于分手的边缘。此外，当你毫无准备时，克丽丝深思熟虑后说："我只是无法再忍受了。人生如此痛苦。我感觉不想再活下去了。我决定做我唯一能做的事，自杀。"

当有人表露他或她企图自杀时，你可能感到害怕和不知所措，好像肩负千斤重担，且一直如此。如果有人向你吐露自杀的想法，你的目标应该是说服他或她找个专家看看，或尽快提供你所有的专业知识。但是，如果那个想自杀的人拒绝与他人交谈或者你觉得你不能从这次访问中贸然离开，下面有一些你可以在那里做的事：

1. 把人拉出来。施奈德曼建议做框架式提问，例如，"发生了什么事儿？""你在何处受的伤？"或"你希望看到什么？"(Shneidman，1985，p.11)。这些问题有助于促进满足对表达挫折的心理需求，并提供放松的机会。他们也会给你时间去评估风险和盘算下一步行动。
2. 有同理心。表现出你对他人困境的理解。不要说类似于，"你只是有些犯傻。""你不是认真的。"
3. 发现除自杀外，其他解决个体问题的方法，有助于预防自杀，即使这些方法现在尚未显现。施奈德曼(1985)表明，想自杀的人通常只能看到两种解决他们问题的方法：要么自杀，要么存在什么能解决问题的魔法。专家试图帮助他们看到其他可行的替代方案。

4. 询问个体希望以何种方式自杀。有明确方案的人,通常也掌握了相应的工具(手枪或毒药)。这样是非常危险的。你可以询问是否可以替他保留手枪、药或者是其他东西一段时间。有时当事人会同意。
5. 提议对方立即和你一道去向专家咨询。许多学校、小镇或城市有热线,想自杀的个体可以用化名致电。其他可能性包括综合性医院的急救室、大学的健康中心或咨询中心、或校警、或片警。如若你不能与想自杀者保持联络,在你们分开后尽快联系专业救助。
6. 不要讲类似于"你说的太疯狂了"的话,这种行为会贬低或者伤害个体的自尊。不要强迫个体与特定的人联系,比如,家长或者配偶。与这些人的矛盾可能会加剧自杀的想法。

总之,牢记你的基本目标是与专业人士获得联系,而非在你能力之外独自处理。

总结

心境障碍的类型

重度抑郁障碍

7.1 描述重度抑郁障碍的关键特征并评估那些可能导致女性抑郁率更高的因素

心境障碍是持久而严重的情绪紊乱且严重程度足以损伤日常功能。心境障碍主要被划分为两种主要类型:(1)单相障碍(重度抑郁障碍、持续性抑郁障碍和经前期烦躁障碍,这些全都以向下的情绪紊乱为特征);(2)双相情感障碍(躁郁症和循环性情感气质障碍),以心境摇摆为特征。

重度抑郁障碍中,心境的严重变化使得个体功能受损。重度抑郁障碍相关症状包括:情绪低落;睡眠困难;对以前喜欢的活动感觉缺失;感到疲倦或缺乏能量;没有价值感;过度或为不值得的事自责;难以集中注意力、清晰思考或作出决策;反复考虑死亡或自杀;试图自杀;以及甚至有精神病行为(幻觉或者妄想)。女性患重度抑郁障碍的可能性是男性的两倍。原因很复杂,但或许涉及大量因素,包括许多女性肩负着的不断加大的压力、激素作用、处理问题风格的性别差异(反刍于分散注意力),女性人际关系和自尊的重要作用,和男性群体对自身抑郁的很少报告。

持续性抑郁障碍(恶劣心境)

7.2 描述持续性抑郁障碍(恶劣心境)的关键特征

持续性抑郁障碍涉及慢性重度抑郁障碍发作或者较轻的抑郁症。两种形式的抑郁以严重程度来划分,但都与社会功能和职业角色的损伤相联。

经前期烦躁障碍

7.3 描述经前期烦躁障碍的关键特征

经前期烦躁障碍以女性在经前期中的缓慢而显著的情绪变化为特征。

双相情感障碍

7.4 描述双相情感障碍的关键特征

双相情感障碍中,人们经历的心境状态的波动干扰着他们的功能。Ⅰ类双相情感障碍以一次或者多次躁狂发作和典型的转化为重度抑郁障碍来鉴别。躁狂发作以情绪的突然高涨和狂妄自大为特征，似乎感觉有几乎可说是无边无际的能量，极度活跃，极好交际，这通常带有苛求的和专横的特征。躁狂发作的人倾向于快速言语，快速"思维奔逸"，并且降低睡眠要求。Ⅱ类双相情感障碍以至少出现一次重度抑郁障碍发作和一次轻躁狂发作，但没有完整的躁狂发作为特征。

循环性心境障碍

7.5 描述循环性心境障碍的关键特征

循环性情感气质障碍以持久而轻微的心境波动为特征，有时会发展为躁郁症。

心境障碍的致病因素

压力和抑郁症

7.6 描述压力在抑郁症中的作用

暴露于生活压力之中与增加患有抑郁症的风险和心境障碍复发的风险有关，特别是重度抑郁障碍。然而，有些人面对压力的复原力更好，这或许是因为一些心理社会因素，比如说社会支持。

心理动力学理论

7.7 描述抑郁症的心理动力学模型

在传统心理动力学理论中，抑郁被看作是指向内部的愤怒，个体怀有对已丧失个体或者那些令人惊恐的丧失的强烈的矛盾感受，可能会导致个体未解决的愤怒指向他们内部的代理人，产生自我厌弃和抑郁。这些代理人是指个体已整合和内化为自我一部分的那些人。在心理动力学理论视角下，双相情感障碍被理解为在自我与超我间不断变化的平衡。近来更多心理动力学模型，比如说自我聚焦模型结合了心理动力学和认知理论两个视角，将抑郁解释为对丧失爱人的自我投注。

人本主义理论

7.8 描述抑郁症的人本主义模型

人本主义理论将抑郁症看作是对个体生活缺乏意义性和真实性的反映。

学习理论

7.9 描述抑郁症的学习理论模型

学习理论通过关注环境因素来解释抑郁症，诸如约束水平变化。当强化减少时，个体可能感到缺乏动力或抑郁，这可以导致个体没有活力，并进一步减少个体获得强化机会。科因的相互作用理论关注于消极家庭的相互作用，这种相互作用会导致抑郁症患者的家庭成员变得对他们的影响减少。

认知理论

7.10 描述贝克关于抑郁症的认知模型和习得性无助模型

贝克的认知模型关注抑郁症的负性或歪曲思维。抑郁倾向的个体对自身环境与未来存在着消极信念。抑郁症认知三联征会引发特定的认知谬误（或认知歪曲）以应答负性事件,转而引发抑郁症。

习得性无助模型是基于这样的信念:当个体将自己视作为无力控制他们所在环境中的强化和无力使自己的生活变好时就会变得抑郁。这个理论的一个关于强化的观点是人们解释事件的方式——他们的归因——决定了在他们面临负性事件时的抑郁倾向。对负性事件进行向内的、广泛的、稳定的归因,会使得个体容易患抑郁症。

生物因素
7.11 识别抑郁症中的生物学因素

基因显然在解释抑郁症中起到重要作用,比如对大脑中神经递质活性的紊乱起作用。素质—应激模型的解释框架是说明生物或心理特质与环境中的压力是如何相互作用以引发心境障碍,比如说是如何引发抑郁症的。

双相情感障碍的成因
7.12 识别双相情感障碍的致病因素

基因显然在双相情感障碍中扮演重要角色,然而令人产生压力的生活经历也起作用。或许对双相情感障碍最好的解释是将其看作是素质—应激模型下,多重因素共同作用的结果。社会支持也在加速从心境发作中康复和降低复发风险中起着重要作用。

心境障碍的治疗方法
心理治疗
7.13 描述用于治疗抑郁症的心理学方法

抑郁症的传统心理动力学疗法关注于帮助抑郁症患者揭露和处理对丧失客体的冲突感受,从而减轻了内心的愤怒。现代心理动力学方法倾向于更直接、简短且更关注与发展适应方式以实现自我价值和解决人际冲突。学习理论的方法关注于帮助抑郁症患者通过比如说增加参与令人愉悦的活动的比例,来增加其生活中强化的频率。认知治疗师聚焦于帮助人们辨别和纠正歪曲的或功能失调的思维,并学习更多的适宜性行为。

生物医药治疗
7.14 描述治疗抑郁症的生物医药方法

生物医药治疗抑郁症聚焦于抗抑郁药品的使用和其他生物治疗,比如说电休克疗法。抗抑郁药品有助于大脑中神经功能的正常化。双相情感障碍通常使用锂或抗惊厥药物来治疗。

自杀
自杀的风险因素
7.15 识别自杀的危险因素

心境障碍通常与自杀相联系。即便女性企图自杀的可能性更高,但男性自杀身亡者更多,或许是因为他们所选的自杀手段更致命。成人——而非青少年——更可能自杀。企图自杀的人通常是抑郁的,但他们一般都有自知力。或许他们可能缺乏有效的问题解决技能,并看不到除自杀以外,还有其他处理生活压力的方法。无望感在自杀中也有突出作用。

自杀的理论视角

7.16 识别自杀的主要理论视角

观点包括,传统心理动力学模型,自杀是由于愤怒转向内心;社会隔离的作用和习得性无助,社会——认知和基于生物学的观点。

预测自杀

7.17 当你认识的人有自杀想法时,运用你知道的关于自杀因素的知识采取具体的方法应对

你应该永不忽视一个以自杀相威胁的人。即便并非每个威胁说着要自杀的人都会付诸行动,但很多人会。要自杀的人往往会表露出他们的意图——例如,通过告诉别人他们想自杀。如果你认识的人想自杀,将他或她拉出来。谈论他或者她的感受,要有同理心,提出除自杀外,其他可以解决手中问题的方法,询问他或她的意图,并且最重要的是立即陪同他或她去获取专业救助。

评判性思考题

基于对本章的阅读,回答下列问题:
- "女性天生就比男性更有抑郁倾向。"对这一说法,你是否同意?阐明原因。
- 乔纳森在失业和失恋后得了慢性抑郁症。基于你对关于抑郁症的不同理论观点的回顾,解释为什么丧失事件会导致乔纳森的抑郁症。
- 如果你被诊断为抑郁症,你会选择哪种治疗方法?药物、心理,还是两者结合?解释原因。
- 你阅读了这篇文章后,是否改变了你在如何应对以自杀相威胁的朋友或者爱人上的想法?如果是,发生了哪些变化?

关键术语

1.心境障碍	1.持续性抑郁障碍	1.躁狂发作
2.重度抑郁障碍	2.双重抑郁	2.循环性心境障碍
3.躁狂	3.经前期烦躁障碍	3.抑郁的认知三联
4.轻躁狂	4.双相情感障碍	4.认知—特异性假说
5.产后抑郁症		5.习得性无助

第8章 物质相关及成瘾障碍

学习目标

8.1 识别DSM-5中主要的物质相关障碍的类型,并描述其主要特征。

8.2 描述成瘾及强迫行为的非化学形式。

8.3 解释生理依赖与心理依赖的区别。

8.4 明确药物依赖路径中的共同阶段。

8.5 描述镇静剂的作用和它们所带来的风险。

8.6 描述兴奋剂的作用和它们所带来的风险。

8.7 描述致幻剂的作用和它们所带来的风险。

8.8 从生物学角度描述物质使用障碍,并解释可卡因是如何影响大脑的。

8.9 描述物质使用障碍的心理学观点。

8.10 明确药物使用障碍的生物疗法。

8.11 明确与文化敏感性治疗方法有关的因素。

8.12 为有物质使用障碍的人确定一个非专业互助小组。

8.13 确定物质使用障碍患者暂居于相关机构治疗方法的两种主要类型。

8.14 描述药物滥用者的心理动力学治疗。

8.15 明确物质使用障碍的行为方法。

8.16 描述预防复发训练。

8.17 描述赌博障碍的主要特征。

8.18 描述治疗赌博障碍的方法。

判断正误

正确☐ 错误☐ 合法的物质使用比所有非法物质使用加起来所导致的死亡人数要多。

正确☐ 错误☐ 你不可能在心理上依赖药物而在生理上不依赖药物。

正确☐ 错误☐ 与其他原因相比,更多的青少年和年轻人死于与酒精相关的机动车事故。

正确☐ 错误☐ 让喝过酒的人睡一觉是安全的。

正确☐ 错误☐ 即使适量饮酒也会增加患心脏病的风险。

正确☐ 错误☐ 海洛因成瘾主要影响的是居住在衰败的市中心的人。

正确☐ 错误☐ 最初的可口可乐中含有可卡因。

正确☐ 错误☐ 如今,在高中高年级的学生中,吸食大麻现象已经超过了吸烟。

正确☐ 错误☐ 与大多数人相比,能"管住他们的酒"的人更容易成为问题饮酒者。

正确☐ 错误☐ 一种广泛应用于治疗海洛因成瘾的方法中包含了用一种成瘾药物代替另一种的情况。

第8章 物质相关及成瘾障碍

观看 章节引言：物质相关及成瘾障碍

"我""没有什么事和人能排在我的可卡因之前"

在我设法说服她相信我已经一个月没有服用可卡因之后，她又一次发现我服用了可卡因。当然，我每天都在吸食可卡因，但我还是比平时更小心地设法掩盖我的行踪。所以她对我说，我必须做出选择——要么选可卡因，要么选她。在她说完这句话之前，我就知道会发生什么事，所以我让她仔细思考她要说什么。我很清楚，没有选择。我爱我的妻子，但我不会选其他任何东西，除了可卡因。这是病，但这就是事情的发展。对我来说，没有任何事和人能排在可卡因之前。

资料来源：Weiss & Mirin, 1987, p.55.

来自41岁的建筑师尤金（Eugene）的这些评论，突显了可卡因等药物对人们生活的巨大影响。我们的社会中充斥着精神活性物质，这些物质会改变你的情绪并扭曲你的知觉——它们能让你振奋，让你冷静，也会让你神魂颠倒。许多年轻人开始使用这些物质是因为同伴压力，或者是因为父母和其他权威人士告诉他们不要这样做。对很多像尤金这样吸毒成瘾的人来说，对药物的追求和使用在他们的生活中占据了中心地位，甚至比家庭、工作或他们自己的福利更重要。

在这一章节里，我们研究几种主要药物的生理和心理效应。探究心理健康专业人士如何将与物质相关的障碍分类，并在使用和滥用之间划定界线。然后，我们研究当代对这些障碍起源的理解，以及心理健康专业人士如何帮助那些与之抗争的人。

物质相关及成瘾障碍的分类

使用精神活性物质会影响一个人的精神状态,这是正常的,至少按照统计频率和社会标准来说是这样的。从这个意义上来说,我们在一天开始的时候喝一杯含有咖啡因的咖啡或茶,随餐喝葡萄酒或咖啡,在工作后与朋友喝一杯,以及在睡前喝一杯,都是很正常的。这些物质的每一种都会影响到我们的精神状态,就咖啡因而言,它会使我们更加警觉,酒精饮料会使我们更加放松。很多人服用处方药,因为它们可以使我们平静下来,或者减少我们的痛苦。吸烟使血液中富含尼古丁是正常的,从某种意义上来说,大约五分之一的美国人是吸烟的。然而,使用一些精神活性物质,如可卡因、大麻和海洛因,是不正常的。从某种意义上来说,它们是非法的,偏离了社会标准。讽刺的是,两种对成年人而言是合法的物质——烟草和酒精——导致死亡的人数比所有非法药物加起来所导致的死亡的人数还要多。[判断正误]

判断正误

合法的物质使用比所有非法物质使用加起来所导致的死亡人数要多。

☐ 正确　两种合法物质——酒精和烟草,导致了更多人的死亡。

物质使用和滥用

8.1　识别DSM-5中主要的物质相关障碍的类型,并描述其主要特征

在DSM-5系统中,物质使用障碍的分类并不是基于一种物质是否合法,而是取决于一种物质的使用是如何损害人的生理和心理功能的。DSM-5划分出两类主要的物质相关障碍:物质诱发障碍和物质使用障碍。

物质诱发障碍　这些障碍的特征是由精神活性物质直接诱发异常行为模式。两种主要的**物质诱发障碍**(substance-induced disorder)是物质中毒和物质戒断。不同物质有不同的作用,所以一些障碍可能是由一种物质、少数物质诱导而成的,甚至几乎所有物质都能导致这些障碍。在第14章中,我们思考了一种叫作科尔萨科夫综合征的物质诱发障碍,这种障碍因多年的慢性酒精滥用而导致不可逆转的记忆丧失。

物质中毒(substance intoxication)是一种物质诱发障碍,涉及一种反复发作的醉酒状态,这种状态是一种"醉酒"或"喝高了"的状态,是由某种特定的药物引起的。中毒的特征取决于药物的摄入、剂量、使用者的生理反应,以及——从某种程度上来说——使用者的期望。中毒的迹象通常包括混乱、好斗、判断力减弱、注意力不集中、运动能力和空间能力受损。

需要注意的是，过量的酒精、可卡因、阿片类药物（麻醉剂）和苯环己哌啶（PCP）都会导致死亡（是的，你可能会死于酒精过量），要么是因为物质的生化效应，要么是因为行为模式——比如自杀——与使用药物所引起的心理痛苦或损伤判断有关。在美国，意外过量是造成事故死亡的第二大原因（排在机动车事故后），每年会造成超过27 000人死亡（Okie，2010）。

物质戒断（substance withdrawal）是一种物质诱发障碍，它会引起一连串症状。当一个人在长时间、大量使用（或在咖啡因提取、日常使用）中突然停止使用某物质时，就会出现一系列症状。重复使用一种物质可能会改变身体的生理反应，导致生理效应，如耐受性和明显的戒断综合征（也叫脱瘾综合征）的变化。

耐受性（tolerance）是身体对药物的一种习惯状态，由于经常使用，因此需要更高的剂量以达到同样的效果。戒断症状随特定的药物而异。酒精戒断的症状包括出汗、脉搏加快、手颤抖、短暂的幻觉或失眠、恶心或呕吐、过激行为和焦虑，甚至是癫痫发作。至于咖啡因的戒断症状一般比较温和，可能包括头痛、严重的嗜睡、抑郁的情绪、注意力集中问题、类似流感的症状、恶心、肌肉僵硬或疼痛。有戒断综合征的人通常会重新开始使用该物质，以减轻与戒断有关的不适，从而维持成瘾的模式。

在一些长期酗酒的人体内，戒断导致产生了一种震颤性谵妄（DTs）状态。震颤性谵妄通常仅限于长期酗酒者在酗酒多年后突然大幅度降低酒精摄入量。震颤性谵妄包括强烈的自主神经亢奋（大量出汗和心动过速）和谵妄——一种精神上的混乱状态，其特征是语无伦次、迷失方向和极度不安。可怕的幻觉——通常是令人毛骨悚然的爬行动物——也可能会出现。

定期或长期使用某些物质可能会导致**戒断综合征**（withdrawal syndrome），这是在突然停止使用该物质后出现的一连串心理和生理症状。可导致戒断综合征的精神活性物质有：酒精、阿片类药物（麻醉剂）、兴奋剂，如可卡因和安非他命、镇静剂和催眠药物（催眠药）、大麻和烟草（其中含有兴奋剂尼古丁）。由于致幻剂，如麦角酸二乙基酰胺和苯环己哌啶（PCP）和吸入剂（如胶水和气溶胶）不产生临床上的显著戒断作用，我们不认为它们产生了可识别的戒断综合征（美国精神病协会，2013）。

物质使用障碍（substance use disorder）是一种精神活性物质的适应不良的使用模式，导致个体产生严重的痛苦或功能受损。术语"物质使用障碍"是一种通用的诊断分类,但对于每一个病例来说,临床医生提供了一种特定的诊断,比如饮酒障碍,它可以确认为是与问题性使用相关的特定物质。除了因使用精神活性物质而引起的严重痛苦或功能受损这两个证据外,对物质使用障碍的诊断要求在一年期间出现两个或以上的特定特征或症状。

这种特定特征随药物种类而异。例如,饮酒障碍的特征如下(不需要呈现所有特征):

- 花费过多的时间去寻找或使用酒精,或从过度使用中恢复过来;
- 尽管一直想减少或控制酒精,但仍然持续存在问题;
- 超出个人意愿的过量饮酒;
- 由于酒精的使用而使预期的角色,如学生、职员和家庭成员,难以实现;
- 尽管会引起社会、人际、心理或医疗问题,但仍然继续使用酒精;
- 发展出与饮酒有关的耐受性或戒断综合征;
- 在危及人身安全或他人安全的情况下使用酒精,如反复饮酒开车;
- 有强烈的、持久的冲动或对酒精的渴望;
- 因使用酒精而不参与日常活动。

之前的DSM版本区分出两种类型的物质使用障碍:一种较轻的形式叫作物质滥用障碍,另一种更严重的形式称为物质依赖障碍。然而,由于这两类障碍之间的界限从未被明确界定过,DSM-5就将这两类障碍合并为一类物质使用障碍(Hasin et al., 2013)。DSM-5使临床医生通过明确障碍是轻微的、中度的还是重度的来确认障碍的严重性。人们可以将物质使用障碍扩展到广泛使用精神活性物质的范围,包括酒精、阿片类药物、镇静剂和催眠药,兴奋剂,如可卡因、安非他命和烟草。然而,使用最广泛的精神活性药物,咖啡因(一种在咖啡、茶、可乐,甚至是巧克力中都存在的温和的兴奋剂),并没有被认定为一种公认的物质使用障碍,因为它与导致功能受损和个体痛苦的问题性使用间没有可靠的联系。不过,为了进一步研究的需要,DSM-5在其附录中列出了咖啡因的使用障碍。DSM-5还指出,经常摄入咖啡因会导致一种物质戒断障碍,这种障碍是在长期摄入咖啡因后突然停止使用时出现的。

不是所有物质使用障碍的相关特征或症状都需要被诊断出来。因此,也不是所有具有相同诊断的人都有着相同的症状。例如,亨利可能显示出明显的戒断症状,尽管多次尝试,他仍然在减少酒精的使用上存

酒精使用和滥用的两个方面 酒精是我们使用和滥用最多的物质。很多人用酒精来庆祝成就和欢乐的场合,就像左边的照片里一样。不幸的是,正如右边照片里的人,有些人用酒精来掩盖他们的悲伤,而这可能只会加重他们的问题。究竟哪里才是物质使用的结束和物质滥用的开始呢? 当它导致破坏性后果时,就是物质滥用了。

在问题,而杰西卡的饮酒可能会导致她在工作或学校中反复出现问题,尽管有这些不良后果,也没有任何证据表明她在停止饮酒一段时间后,就出现了耐受性和戒断症状。

药物或精神活性物质的使用以及物质滥用是从何时开始的呢? DSM-5认为,当一种物质使用模式明显损害了一个人的职业、社交或日常生活,或者导致了严重的个人痛苦,我们就说物质滥用已经开始了。功能损害的例子如下:

- 作为学生、工人或家人,在履行自己的职责方面有困难;
- 从事对身体有危险的行为(如驾驶的同时服用毒品);
- 反复出现社会或人际问题(如喝酒以后经常打架)。

当人们一再因为喝醉或"睡过头"而缺席学校和工作时,他们的行为可能会显示出一种物质滥用的迹象。在朋友的婚礼上饮酒过量一次是不符合诊断标准的。只要不与任何不良行为有关,长期食用低量至适中的酒精也不是滥用行为。药物的摄入量和类型,以及药物的使用是否合法,都不是决定是否存在物质使用障碍的关键。相反,物质使用障碍的决定性特征是一种药物使用行为模式是否持续,即使它在日常功能或个人痛苦中造成了重大问题。虽然公众关注的焦点集中在与使用非法药物有关的问题上,但广泛使用的合法、有效的物质,酒精和烟草,才是与不良后果有关的物质。在此背景下,大约有10%的美国成年人形成了物质使用障碍,而对酒精的滥用估计高达29%(Compton et al., 2005; Grant et al.,2015,2016)。此外,尽管在减少吸烟方面取得了显著的进展,但仍然还有18%的美国人一直在吸烟。

虽然人们普遍认为,与药物有关的问题在少数民族中更为常见,但这一观点并没有得到证据的支持。相反,非裔美国人和拉丁裔美洲人与欧洲裔美国人(非拉丁裔白人)相比,有着差不多甚至更低的物质使用障碍率(Brealau et al.,2005;Compton et al.,2005)。

非化学成瘾及其他形式的强迫行为

8.2 描述成瘾及强迫行为的非化学形式

DSM-5中引入了一个新的诊断类别,即物质使用和成瘾障碍,包括物质使用障碍和赌博障碍(gambling disorder,之前称之病态赌博),这是一种非化学形式的上瘾。病态或强迫性赌博在DSM-4中被划分到冲动控制障碍的诊断范畴中,这个范畴包括其他一些问题行为,其特征是难以控制或抑制冲动性行为,如盗窃癖(强迫偷窃)和纵火癖(强迫纵火)。

诊断分类发生变化是因为理解了某些强迫性或成瘾性的行为模式同与药物有关的问题共有的重要特征。强迫性赌博、强迫性购物,甚至强迫性上网,都与一些药物成瘾或依赖有共同特征,如对行为以及问题行为突然停止后焦虑和抑郁等戒断症状发展的控制力减弱。DSM-5将来的版本可能会将一些其他行为的成瘾,如强迫性购物和强迫性上网(见下面的专题框),作为公认的障碍,但目前,我们认为这些类型的障碍是需要进一步研究的拟建议障碍。

数字时代的异常心理学

网络成瘾

你一天要花多少时间看电子屏幕?如果你是现在的普通美国青年,那么你每天花在屏幕上的时间可能超过10小时(StatistaInc.,2015)。如今的年轻人是发短信、用谷歌和脸书的一代,他从来不知道一个没有手机或互联网的时代是什么样的(Neivd,2011)。从他们刚学会走路开始,就被塞入一个又一个电子设备中。这些技术如今已经成为一种生活方式,不仅仅是"千禧一代"的生活方式。电子设备的使用就像吃饭、工作,甚至是呼吸一样,编织进我们的日常生活中。我们中的许多人宁愿不穿裤子出门,也不愿不带手机出门。短消息已经成为年轻人的首选交流方式。

大学生更是科技,尤其是智能手机的重度使用者(Roberts,yaya,& Manolis,2014)。智能手机在很大程度上取代了个人电脑,成为当今许多年轻人连接互联网的主要渠道,就像手机取代了电话线路一样。当然,我们应该指出,花费在使用智能手机上的时间其实很少,因为大多数年轻人主要用智能手机去发短信、发邮件、查看网站和社交网站。最近,一项对六个欧洲国家的研究发现,40%的青少年每天花在社交网站上的时间超过了2个小时(Tsitsika et al.,2014)。

在我们的日常生活中,互联网已经成为根深蒂固的东西,但是否存在这样一种观点,即网络的使用变得如此过度或者不适,以至于它跨越了一个成瘾的门槛,并对心理和情感健康造成了威胁?如今,对于绝大多数人来说,网络的过度使用已经与一系列心理问题产生有关了(Muller et al.,2016)。术语**网络成瘾障碍**(Internet addiction dirorder,IAD)被广泛用于描述一种非化学的成瘾形式,其特点是互联网使用适应不良(Young,2015)。网络成瘾障碍可能涉及过度或不适应地使用社交网站、网络聊天室、在线游戏和在线色情网站。网络成瘾障碍还包括人们通过各种方式使用互联网,如笔记本电脑、台式电脑、平板电脑以及智能手机。

网络成瘾障碍的患病率仍然未知。跨文化研究的差异估计很大,因为在有些国家只有1%,而在其他一些国家则高达20%甚至更高(Kuss et al.,2014;Muller et al.,2016;Wallace,2014)。虽然我们确实需要对这种障碍的流行程度进行更明确的研究,但很明显的是,网络成瘾障碍是一个日益严重的问题,特别是在互联网的重度使用者身上,如高中和大学的学生,甚至是小学生。

网络成瘾障碍不是精神病学界公认的障碍,至少目前不是。目前版本的诊断手册DSM-5,在其附录中列出相关障碍——网络游戏障碍,将其归类为潜在障碍,需要进一步的研究。研究员还发现,网络游戏有很大的上瘾潜力,尤其是涉及大量用户的扮演类游戏(Billieux et al.,2014)。许多用户沉迷于虚拟世界,以至于他们脱离了真实生活中的现实活动。然而,网络游戏只是更大的问题——网络成瘾——的一个方面。

在将网络功能定义为一种异常行为的过程中,需要重新审视我们的标准,以确定正常行为和异常行为之间的界限,这在第1章中讨论过。网络成瘾的概念并不取决于在屏幕前花了多少时间,也不是说每天花了很多时间在网上——甚至在醒着的大部分时间里都在上网、使用网络媒体以及连接社交网站——这些都已经成为我们社会的规范了,至少在年轻人当中是这样。回想一下在社会规范中属于正常的行为。我们需要依靠其他标准来定义异常行为,比如行为是否变得适应不良或与个人痛苦有关。在之前提到的一项大学调查中,60%的学生觉得自己对手机上瘾,有些人表示当看不见手机时,他们会感到心烦意乱或烦躁不安。实验室的研究中也观察到这种感觉或痛苦;调查人员报告说,与手机在自己手中相比,当大学生们与手机分开时,会感到更加焦虑,在解决问题的任务上表现也更差(Clayton,Leshner,& Almond,2015)。指向网络成瘾的个人痛苦迹象可能包括,当你暂时与手机分开(或者电池没电)以及无法连上网时,会感到烦乱和焦虑;有网瘾的人可能会觉得有必要去不断检查状态更新和短信。互联网使用适应不良可能包括深夜上网和过度游戏而导致睡眠不足,学习或上课时注意力分散而导致分数降低,以及在社交中频繁查看智能手机而导致人际关系问题。

危险是我们划分行为异常的另一个标准。与网络成瘾有关的一个问题是过度发短信或短信适应不良。在开车或使用其他机械设备,甚至走在街上或穿过交叉路口时发短信,那么肯定是一种危险的、让人分心的来源。强迫性发短信是一种适应不良的行为方式,其特点是需要不断地检

网络成瘾 网络成瘾的信号是什么？你自己或者你知道的某个人有上瘾的风险吗？

查短信，并在不考虑社会情况的条件下立即做出回应。

研究人员注意到，强迫性发短信对学业成绩的影响存在性别差异。一项针对美国中西部地区青少年的研究发现，与男孩相比，强迫性发短信与女孩成绩变差的联系更紧密（Lister-Landman, Domoff, & Dubow, 2015）。研究人员猜测，女孩们可能会更加专注于短信而心烦意乱，因为她们比男孩更倾向于发短信来维持和巩固关系，而不仅仅在于传递信息这一行为（美国心理学会，2015）。

尽管我们还处于网络成瘾研究的早期阶段，但对网络成瘾的青少年的脑成像研究却显示，其大脑活动的模式和神经递质功能与那些化学物质成瘾和有赌博障碍的人相似（Hong, Zalesky et al., 2013; Hong, Kim et al., 2013; Lin & Lei, 2015; Wallace, 2014）。随着对网络成瘾的了解越来越深，我们需要更清楚地分辨出问题性网络使用的不同形式，比如强迫性使用在线游戏网站和社交网站之间的区别（社会性网络服务；Muller et al., 2016）。

只有一种形式的非化学强迫行为——强迫赌博——目前被认为是一种可诊断的成瘾障碍。并非所有专家都认为网络成瘾应该归为一种明显的障碍，他们表示网络成瘾可能只是其他可诊断的障碍，比如强迫症（OCD）和冲动控制障碍的一种特征。我们需要更多的研究来确定网络成瘾是否应该被归类为明显的诊断。

我们才刚刚开始研究与网络成瘾有关的危险因素（Wallace, 2014）。与女性相比，男性——尤其是青少年和年轻男性——的发病率更高。自尊心较低以及有其他情绪问题的人，如抑郁和情绪不稳定，似乎处于较高的风险中。或许是因为他们更有可能通过进入一个网络虚拟世界，以暂时逃避现实生活中的问题。冲动是一个与过度使用网络有关的频发因素，因为它与其他形式的成瘾行为，如物质滥用和赌博障碍有关（Burnay et al., 2015）。

过度使用社交网络服务有关的人格特质不同于我们看到的存在问题性使用网络游戏的年轻人那样。例如，外向性可以预测脸书的过度使用，以及使用社交网络服务更有可能导致网络成瘾（Wang et al., 2015）。另一方面，攻击性、敌意和寻求刺激的特征可能与游戏成瘾有更紧密的联系（Wallace, 2014）。

外向性还能预测脸书的总体使用情况，所以我们应该谨慎区分一般性使用和问题性使用社会性网络服务。外向的人会比内向的人更积极地使用脸书，发布更多的照片和状态更新，并且有更多的脸书好友（Eftekhar, Fullwood, & Morris, 2014; Lee, Ahn, & Kim, 2014）。然而，那些表现出情绪不稳定特征的人，更有可能在脸书上发布理想化的个人资料，因为他们要么缺乏自尊，要么认为如果发布他们自己的真实资料，就不会有其他人在网上与他们互动（Michikyan, Subrahmanyam, & Dennis, 2014）。

当然，并非所有的互联网使用都是问题性的。随着逐渐了解网络成瘾的特征，我们可以开始辨别那些可能需要帮助控制他们使用网络的人。表8.1所示的自我评估可能会让你了解自己的互联网使用是否存在问题。

表8.1 你有得网瘾的风险吗？

网络成瘾并不是一种官方认可的诊断，但研究人员和临床医生越来越关注与互联网的使用适应不良有关的问题。下面的清单包含了一些调查人员认为与网瘾有关的维度。如果你赞同下列任何一种问题行为，那么可以咨询大学顾问或心理健康专家，进行更全面的评估，以确定你对互联网的使用如何影响到你的生活。

网络成瘾的信号	举例
互联网使用的负面结果	我的网络使用影响了我的学业和工作
	把智能手机一直放在床边我才能睡着
	我发现自己一直在看手机，即使是在应该睡觉的午夜
显著	我总是在思考我的在线活动——我发布的或者没有发布的，或者下次在线期间我需要做什么
	我似乎迫不及待地想要上网，即使是在工作或学校或与他人互动
情绪调节	我上网是为了让自己好受些
	当我感到沮丧或焦虑时，我会上网试着振作起来
社会舒适度	我觉得与网友互动比与面对面互动更舒服
	与网友打交道比与现实中的人打交道要容易得多
戒断症状	每当我离开互联网一段时间，我就开始感到激动和焦虑
	无法上网让我感到沮丧
逃避现实	我用网络来逃避我的负面情感
	我用网络来逃避我的生活
欺骗/隐藏	我试图隐藏我的在线行为
	我试图掩饰我对网络的使用程度
	我需要向别人隐瞒我的线上活动

来源：摘自Wallace, 2014，及其他来源。

术语澄清

8.3 解释生理依赖与心理依赖的区别

生理依赖或化学依赖是什么？我们怎么理解药物成瘾这个术语？心理依赖又是什么？专业人士和外行用来描述问题性药物使用的术语令人困惑。让我们花一点时间来阐明我们在课本中是如何使用这些术语的。

我们用**生理依赖**（physiological dependence，也称为化学依赖或身体依赖）来指一种药物使用行为模式，在这种模式中，某个人的身体由于定期使用药物而发生了改变，以致其现在需要更大量的药物来达到同样的效果（耐受性），或者在减少或停用药物后出现了令人不安的戒断症状（一种戒断综合征）。

然而，生理上的依赖并不等同于**成瘾**（addiction）。科学家们对成瘾没有一个公认的定义。就我们的目的而言，我们将"成瘾"定义为强迫性使用一种药物，同时伴有生理依赖的迹象。成瘾包括对药物的使用失去控制，尽管知道它会造成有害的后果。药物成瘾的人很难控制自己使用这些药物的剂量和频率。他们可能曾多次试图减少或停止用药，或一直有这种意愿，但却没有坚持到底。

DSM-5的研究人员决定用术语"物质使用障碍"代替"成瘾障碍"作为诊断目的。他们认为，较中性的物质使用障碍比成瘾有更少贬损和轻蔑的意味。并且他们也确实用"成瘾的"这个词来表示非化学形式的强迫行为，如问题性赌博。也就是说，"成瘾"这个术语的使用在专业人士和外行中都很普遍。

人们可能在生理上（或化学上）依赖于某种药物，但不会上瘾。例如，从手术中恢复的人经常服用源自鸦片的麻醉剂作为止痛药。有些人可能会产生生理依赖迹象，如耐受性和戒断综合征，但不会出现对这些药物使用的控制力受损。当他们不再需要用药物来止痛时，他们就可以停止用药。你（作者也一样）可能会产生化学性依赖咖啡因，如果你经常使用这种物质（比如说，在早晨喝咖啡），并且如果一两天不喝咖啡，可能会感到"不舒服"或者头痛。然而，如果用心去做的话，你可以毫不费力地控制你使用这种药物的次数或频率。

我们还可以考虑一些非化学性成瘾，如强迫性赌博的人。他们对行为的控制出现了问题，就像化学性成瘾的人很难控制自己的药物使用一样。如果他们减少或停止执行这些行为，他们也可能显示出有戒断症状的迹象。不过，他们的戒断症状通常是心理上的（如焦虑、易怒或焦躁不安),而不是生理本质上的(如震颤、手抖动或恶心)。

另一种问题性药物使用模式是对药物产生了心理依赖(psychological dependence)。对药物有心理依赖的人会强迫性地使用药物来满足其心理需求,例如依靠药物来缓解日常压力或焦虑。他们可能在化学上或生理上依赖于药物,但也可能没有产生依赖。我们可以考虑那些为了应对日常生活压力而不得不使用大麻(或咖啡因或其他药物)的人,当他们停止用药时,则需要更大量的物质来获得快感或者经历痛苦的戒断症状。[判断正误]

> **判断正误**
> 你不可能在心理上依赖药物而在生理上不依赖药物。
> ☐ 错误 你可能在心理上依赖药物而在生理上不依赖药物。

成瘾路径

8.4 明确药物依赖路径中的共同阶段

没有人想要对药物上瘾。刚开始可能只是尝试,但经过一个阶段之后,就发展为对药物的依赖或成瘾。就像不同的路径能达到相同的目的地一样,成瘾也有不同的路径。我们这里认为,在导致成瘾的过程中有一个公共的途径,包括了三个阶段(Weiss & Mirin, 1987)。

1. 尝试阶段。在尝试阶段,或者偶尔使用药物时,会暂时让使用者感觉良好,甚至产生兴奋。使用者会有控制感,并相信自己随时可以停止用药。
2. 日常使用。在接下来的这一阶段里,人们开始围绕追求和使用药物来构建自己的生活。否认在这个阶段扮演了重要的角色,因为使用者掩盖对自己和他人产生的不良后果。价值观发生了改变,在以前很重要的事情,如家庭和工作,现在都不如药物重要了。

   这里有一个案例说明了否认是如何掩盖现实的(Weiss & Mirin, 1987)。一个48岁的企业主被他的妻子带去咨询。妻子抱怨说,他的古怪行为损害了自己曾经成功的事业,并且变得脾气暴躁、喜怒无常。上个月他已经花了7,000美元在可卡因上了。因为使用可卡因,他在过去的两个月里已经有超过三分之一的时间没有去工作了。然而,他继续否认自己在可卡因的使用上存在问题。他告诉咨询师,这么多天不去工作并不是什么大问题,他的公司自己可以运作。在进一步的追问下,他仍然不愿意承认自己有药物使用问题,觉得自己只是不想去思考这件事。

   随着日常用药的继续进行,问题就会越来越严重。使用者会为药物投入更多的资源。他们破坏家庭银行账户,捏造理由向朋

成瘾 虽然没有人准备对药物上瘾，但当使用者感到自己无力控制药物的使用时，就会对日常的药物上瘾。

友和家人寻求"临时"贷款，并低价卖出传家宝和珠宝。说谎和伪造成为掩盖药物使用的一种生活方式。一位丈夫卖掉了家里的电视，却强行打开前门，伪造成入室盗窃的样子。另一位妻子声称遭遇了持刀抢劫，以解释金链子或订婚戒指的消失。随着否认的面具被粉碎，以及药物滥用的后果越来越明显，家庭关系也变得紧张起来：失业的日子，无法解释的离家出走，快速的情绪转变，家庭财务的枯竭，无法支付账单，从家庭成员那里偷东西，缺席家庭聚会或者孩子的生日聚会。

3.成瘾或依赖。当使用者感到无力抗拒药物时，日常使用就会变成成瘾或依赖。这要么是因为他们想体验那种用药的效果，要么是因为想要避免戒断的后果。在这一阶段，几乎没有什么别的事情是重要的，正如我们在开篇的尤金案例中看到的那样。

现在，让我们来看看不同类型的药物滥用所产生的影响，以及使用和滥用它们所带来的后果。

药物滥用

药物滥用一般分为三大类：(1)镇静剂，如酒精和阿片类药物；(2)兴奋剂，如安非他命和可卡因；(3)致幻剂，如墨斯卡灵和麦角酸二乙基酰胺。

镇静剂

8.5 描述镇静剂的作用和它们所带来的风险

镇静剂（depressant）是一种减缓或抑制中枢神经系统活动的药物。它能减少紧张和焦虑感，使运动变慢，并且会损伤认知过程。在高剂量的情况下，镇静剂可以抑制重要的功能并导致死亡。使用最广泛的镇静剂——酒精——剂量过大时会因其对呼吸的镇静作用而造成死亡。其他的一些影响是针对特定的镇静剂而言的。例如，有些镇静剂，如海洛因，会产生一种"快感"。让我们来了解一下几种主要的镇静剂。

酒精 酒精是美国以及世界范围内，滥用最多的物质。你可能不认为酒精是一种药物,也许是因为它很常见,或者是因为它是通过饮,而不是吸或注射来摄取的。然而,酒精饮料——如葡萄酒、啤酒和烈性酒——含有一种叫作酒精(乙醇)的镇静剂。酒精浓度随种类而异(葡萄酒和啤酒每盎司的纯酒精含量低于黑麦、杜松子酒或伏特加等蒸馏酒)。酒精之所以被归类为镇静剂,是因为它的生化作用类似于一类抗焦虑药或温和的镇静剂——苯二氮䓬类药物,其包含了著名的安定和利眠宁。我们可以认为酒精是一种非处方镇静剂。

大多数美国成年人至少会偶尔或适度饮酒——但许多人在饮酒时会产生严重的问题。正如在图8.1中看到的,大约有十分之三的美国成年人在一生中都存在酒精滥用障碍,且这种障碍在男性中更普遍(Grant et al., 2015)。图8.1显示了在一般人群中,终生和当前(过去一年里)的酒精使用障碍者的比率。

许多外行和专业人士会交替使用术语**酗酒**(alcoholism)和酒精依赖,我们也一样。我们采用任意一种术语,来指代对酒精使用的控制能力受损且已经产生了依赖的人的行为模式。估计有800万美国成年人有酗酒症状(Kranzler, 2016)。

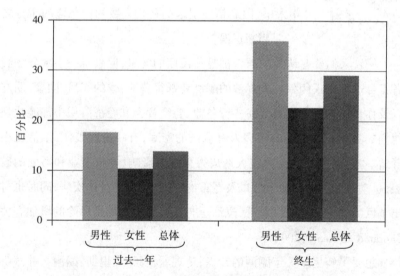

图8.1　人群中过去一年和终生的酒精使用障碍者占比
来源:Grant et al., 2015.

人们普遍认为酗酒是一种疾病模式,一种医学疾病。从这个角度来看,一旦一个酗酒的人喝了酒,这种药物对大脑的生化作用就会产生一种不可抗拒的要求更多的生理欲望。该疾病模型认为,酗酒是一种慢性的、永久性的疾病。同辈支持团体"匿名戒酒互助社"(Alcoholics

Anonymous，AA）支持这一观点，这从他们的口号"曾经是酒鬼，永远是酒鬼"中传递了出来。戒酒协会的人认为，酗酒或"康复"的人是从来没有被"治愈"的。尽管一些卫生保健提供者认为，至少有一部分酒精滥用者可以在没有"酒瘾复发"的情况下学会负责任地饮酒，这一想法仍然是该领域争议的根源。

酗酒的个人代价和社会代价超过了所有使用非法药物的总和。酗酒与低生产力、失业以及社会经济地位的下降有关。酒精在许多暴力犯罪中扮演了重要的角色，包括袭击和杀人在内，美国每年有超过180 000起强奸和性攻击案件（Bartholow & Heina，2006；Buddie & Testa，2005）。在美国，大约有三分之一的人会自杀，而与饮酒有关的非故意伤害（如机动车事故）造成的死亡率也大致相同（Sher，2005；Shneidman，2005）。与其他原因相比，更多的青少年和年轻人死于与酒精有关的机动车事故。总的来说，美国每年大约有88 000人死于酒精相关的疾病，其中大部分死于与酒精有关的机动车事故和疾病（"Heavy Toll"，2014；Kleiman，Caulkins & Hawken，2012）。在美国所有适龄工作的成年人中，因酒精而引起的死亡人数约占总体的十分之一。[判断正误]

判断正误

与其他原因相比，更多的青少年和年轻人死于与酒精相关的机动车事故。
□正确　与酒精相关的机动车事故是青少年和年轻人死亡的主要原因。

尽管人们普遍认为酗酒者都是贫民窟的醉鬼，但只有一小部分酗酒者符合这种刻板印象。大多数的酗酒者都很普通：你的邻居、同事、朋友以及你自己的家庭成员。在各行各业、各个社会和经济阶层中都能找到他们的身影。他们中有很多人有自己的家庭，有一份好工作，生活也很舒适。然而，酗酒也会对富人造成毁灭性的影响，导致事业和婚姻的破裂，机动车和其他交通事故以及严重的、危及生命的身体疾病，同时也付出了巨大的情感代价。此外，酗酒也与家庭暴力和离婚风险的增加有关（Foran & O'Leary，2008）。

想要了解更多关于酗酒的知识，请观看视频"克里斯：酗酒"，并倾听克里斯介绍自己从12岁时就开始酗酒和吸毒的故事。

没有一种单一的饮酒模式只与酗酒有关。有些人每天都在酗酒，而有些人只在周末狂欢。另一些人则可以在很长一段时间内不喝酒，但是会定期反弹，并持续几周或几个月地疯狂饮酒。

酒精是如今年轻人的首选，而不是可卡因或其他药物，同时也是主要滥用药物。尽管许多大学生还未成年，但喝酒已经成为大学生活的重要组成部分。它本质上是一种规范,与参加周末足球比赛或篮球比赛一样,是大学生活的一部分。酒精才是校园中的大毒品,而不是可卡因、海洛因,甚至大麻都不是。

大学生饮酒现象往往在周末以及学术

观看 克里斯:酗酒

要求较轻松的学期初会更严重(Del Boca et al.,2004),并且大学生会比不上学的同龄人喝得更多(Slutske,2005)。研究人员描述了大学生们一系列与酒精有关的问题,从轻微的问题如逃课,到极端的问题行为,如因饮酒而被捕(Ham & Hope,2003)。在"深入思考:纵情狂饮,大学里一种危险的消遣方式"中,我们关注已经成为当今大学校园的一个主要问题的酗酒形式。

调查问卷

你上瘾了吗?

你依赖酒精吗?如果你在不喝酒的时候会颤抖、战栗,经受"地狱"般的折磨,那么答案就显而易见了。然而有时候,这些线索是难以发现的。在下面的测验题中,给每个项目的对或错打钩。然后在章节末处检查自己的答案。

	是	否
1.你会因为喝酒或吃垃圾食品而不吃正餐吗?	___	___
2.你会在喝酒之后感到沮丧吗?	___	___
3.你比你认识的大多数人都嗜酒吗?	___	___
4.你喝得比平常更多吗?	___	___
5.你会偶尔酗酒吗?	___	___
6.你会因为彻夜饮酒而睡到第二天早上吗?	___	___
7.你会因为喝酒而缺席学校、工作,或者回家很晚吗?	___	___
8.你是否对自己的酗酒感到尴尬或内疚而一直回避家人和朋友?	___	___
9.你觉得一两天不喝酒很难吗?	___	___
10.你是否需要喝更多的酒,只是为了喝醉?	___	___
11.你是否因为喝酒而变得更暴躁?	___	___
12.当你喝酒了之后,有没有做过后悔的事情?	___	___

深入思考

纵情狂饮，大学里一种危险的消遣方式

酗酒是当今大学校园一个主要的药物使用问题。酗酒通常被定义为在某个场合喝了5杯（对于男性而言）或4杯以上（对于女性而言）。在之前的一个月里，有超过五分之二的大学生报告自己存在酗酒的情况（Patrick & Schulenberg, 2011; Squeglia et al., 2012）。同时，大约有四分之一的高中生也存在酗酒的情况（24%; Johnson et al., 2012）。总的来说，近五分之一的美国成年人（17%）在过去的一个月内存在酗酒的经历（CDC, 2012c）。

一项危险的消遣 快速喝啤酒和酗酒很快就会导致酒精过量，是一种会产生致命后果的紧急医疗事件。许多大学行政人员认为酗酒是校园里主要的药物问题。

对酗酒的担忧是有依据的。酗酒与各种各样的问题有关，如与警察发生冲突、发生不安全的性行为、严重的机动车事故或其他事故、意外怀孕、暴力行为、成绩下降，以及产生酗酒和其他药物使用问题（e.g., CDC, 2012c; Wechsler & Nelson, 2008）。情况可能会更糟，就像弗吉尼亚大学的学生莱斯利（Leslie）的悲剧案例所示的那样。莱斯利作为一名艺术专业的学生，教授们都认为她的作品很有前途，莱斯利的平均绩点为3.67，并且她正在撰写毕业论文关于一位波兰裔雕塑家的作品（Winerip, 1998）。然而她再也不能完成这件事了，因为有一天在酗酒之后，她从楼梯上摔下来死了。我们可能听到更多的是关于海洛因或可卡因过量而导致学生死亡的消息，但像莱斯利这样，每年有超过1000名大学生死于与酒精相关的因素，如过量饮酒和酒精引发的事故（Yaccino, 2012）。

死于酒精 19岁的科罗多州立大学学生萨曼塔·斯巴迪（Samamntha Spady），在和朋友喝酒时昏倒了，并且再也没有醒来。萨曼塔死于酗酒所致的酒精过量。你能发现酒精过量的信号吗？当一个朋友或熟人出现过量症状时，你能采取或者应该采取什么样的步骤来帮助他们呢？

酗酒是很常见的，甚至在某些情况下是具有仪式化的，比如庆祝达到法定饮酒年龄21岁（Neighbors et al., 2012）。密苏里大学的一项调查显示，约三分之一的男大学生和四分之一的女大学生在自己21岁生日时至少喝了21杯。这意味着会重度中毒，并且会导致重大健康风险，包括昏迷甚至死亡（Rutledge, Park, & Sher, 2008）。密苏里大学的研究结果可能也是许多大学校园的缩影。

在一篇颇有影响的评论文章中，心理学家琳达西·汉姆

和德布拉·霍普（Lindasy Ham & Debra Hope，2003）发现了两类明显处于危险中的大学生。第一类学生主要是为了社交或娱乐目的而喝酒。他们往往是男性、欧洲裔美国人，参与了希腊组织或其他社会组织，在这些组织中，大量饮酒是可以接受的。第二类学生是为了舒缓压力或来缓解负面情绪而使用酒精的。她们更多的是女性，并且都因为焦虑或抑郁而烦恼。这些资料的综合，可能会帮助心理咨询师和卫生保健服务提供者们确认处于形成问题性饮酒模式风险的年轻人。

酗酒和相关的饮酒问题（如快速喝啤酒）会使人们面临因酒精过量而亡的重大风险。许多学生在玩这些游戏时，不到喝醉或喝得不能继续之前是不会停下来的。如果你看到一个朋友或者一个熟人因酗酒而丧失行为能力或昏倒了，你该怎么办？你能判断一个人是不是喝得太多了吗？你是应该管好自己的事，还是向别人求助呢？

你不能简单地通过观察一个人来判断他或她是否过量饮酒了，但是一个失去知觉的或反应迟钝的人是需要立即就医的。不要认为一个人只是睡着了：他或她可能永远醒不过来了。注意潜在过量的信号，如下（摘自 Nevid & Rathus，2013）：

- 当与之谈话或对之叫喊时没有反应；
- 被捏到、摇晃或戳到时没有反应；
- 不能自己站起来；
- 醒不过来或者没有意识；
- 略带紫色或者湿冷质感的皮肤；
- 脉搏跳动过快或心律不齐，血压低，呼吸困难。

如果你怀疑一个人饮酒过量，不要留下他独自一人。在救护人员到达之前，给病人寻求医疗帮助或紧急援助。如果这个人有反应了，看看他或她是否服用了什么药物或者其他可能与酒精相互作用的药。此外，要弄清楚这个人是否有潜在的疾病，如糖尿病或癫痫。[判断正误]

判断正误

让因喝酒而昏迷的人睡一觉是安全的。

☐ **错误** 难过的是，这个人可能永远也醒不过来了。因饮酒而昏迷需要被当做紧急医疗事件来对待。

不采取行动只是从这个人身边走过可能会很轻松，但是扪心自问：如果你自己出现了过量饮酒的迹象，你希望别人做什么呢？难道你不想让你的朋友救你的命吗？

酗酒的风险因素 许多因素都会增加人们出现酗酒和与酒精有关问题的风险。包括以下几个因素：

1. 性别。男性酗酒的可能性是女性的两倍多（Hasin et al.，2006）。这种性别差异的一种可能原因是社会文化；或许是对女性施加了更严格的文化控制。然而，酒精对女性的影响可能更大，这不仅是因为女性通常比男性轻。酒精似乎"进入女人的头脑"快于男人。其中一个原因可能是女性体内的一种代谢酒精的酶比男性

女性和酒精 女性不太可能会出现酗酒症状,部分原因是对女性酗酒有更严格的文化限制,也可能是因为女性比男性吸收了更多的纯酒精在血液中,这使得她们在与男性有着相同的饮酒量时,会对酒精的影响更加敏感。

更少。女性血液中吸收的每盎司的酒精量都比男性多。因此,她们喝的酒可能会比男性少,并且她们的身体限制过量饮酒的速度可能会比男性快。

2. 年龄。绝大多数的酒精依赖症都发生在成年早期,通常在20到40岁之间。尽管女性出现酒精使用障碍要比男性稍晚一些,但是与男性一样,出现这些障碍的女性也会在中年时遇到类似的健康、社会和职业问题。

3. 反社会人格障碍。青春期或成年期的反社会行为会增加日后酗酒的风险。而另一方面,许多存在酗酒问题的人在青春期也并没有表现出反社会倾向,许多反社会的青少年在成年后也没有出现滥用酒精或其他药物的情况。

4. 家族史。存在酒精滥用的家族史似乎是最能预测一个人成年后是否会出现酗酒症状的。饮酒的家庭成员可能像一个模板一样("树立了一个糟糕的榜样")。此外,有酒精依赖的人的血亲也可能遗传到一种易感性,使他们更容易出现与酒精有关的问题。

5. 社会人口因素。在低收入和受教育程度较低的人群中,酒精依赖程度普遍较高,并且独居的人也更容易对酒精产生依赖。

种族和酒精使用及酒精滥用 在美国的种族群体中,酒精使用和酗酒的比率各不相同。一些群体——犹太人、意大利人、希腊人和亚洲人——的酗酒率相对较低,这主要是因为他们对过度饮酒和未成年人饮酒有严格的社会控制。总的来说,亚裔美国人的饮酒量比其他人群更少(Adelson,2006)。不仅因为亚洲家庭对过度饮酒有着强烈的文化限制,而且潜在的生物学因素也可能在抑制饮酒方面发挥了作用。亚裔美国人比其他人更有可能对酒精产生脸红的反应(Peng et al.,2010)。脸红的特点在摄入较高剂量的酒精,恶心、心悸、眩晕和头痛时,脸上有发红和温暖的感觉。控制酒精代谢的基因是调节脸红反应的因素(Luczak,Glatt & Wall,2006)。因为人们倾向于去逃避不太愉快的经历,所以,脸红可能是一种通过抑制过量的酒精摄入,来防止酒精中毒的自然防御反应。

拉丁裔美国男性和非拉丁裔白人男性在使用酒精和酒精相关的生理问题上的比率相似。然而，与非拉丁裔白人女性相比，拉丁裔美国女性使用酒精和酗酒的比率要更低。为什么呢？一个重要的因素可能是文化期望。传统的拉丁裔美国文化对女性使用酒精的限制非常严格，尤其是对酗酒。然而，随着文化适应的加强，在美国的拉丁裔女性对酒精的使用和滥用情况越来越接近欧洲裔美国女性了。

酒精滥用给非裔美国人造成了不好的影响（Zapolski et al., 2014）。例如，他们的肝硬化（一种与酒精相关的可能致命的肝脏疾病）患病率是非拉丁裔美国白人的两倍。不过，非裔美国人的酒精滥用和酒精依赖比率却低于（非拉丁裔的）美国白人。那么，为什么非裔美国人更容易受到酒精相关问题的困扰呢？

社会经济因素可能有助于解释这些差异。非裔美国人有更多的失业和经济上的压力，这些压力可能会加重酗酒对于身体所造成的伤害。而且非裔美国人也因为缺乏医疗服务，而不太可能接受到因酒精滥用而造成的医疗问题的早期治疗。

酒精滥用和酒精依赖的比率因部落而异，但美国原住民的酗酒率和酒精相关问题——如肝硬化、致命的异常疾病、汽车和其他事故相关的死亡，都比其他种族要高（Henry et al., 2011; Spillane & Smith, 2009）。最近一项针对青少年的全国性调查发现，在美国本土青少年中，有物质使用以及包括酒精和药物在内的物质使用障碍的人的比例最高（Wu et al., 2011）。

许多美国本土居民认为，传统文化的丢失是他们造成高比例的饮酒相关问题的主要因素（Beauvais, 1998）。对印第安人土地的侵占所造成的对印第安传统文化的破坏，以及欧洲裔美国人从他们的传统文化中分离出印第安人，在对他们

酒精和种族多样性 酒精滥用的破坏性影响似乎对非裔美国人和美国原住民造成了最大的伤害。尽管非裔美国人有更少的可能形成酒精滥用或酒精依赖障碍，但他们与酒精有关的肝硬化的患病率几乎是美国白人的两倍。美国犹太人出现酒精相关问题的比率相对较低，这可能是因为他们倾向于让儿童在童年期就习惯于酒的仪式性使用，并且对过度饮酒有强烈的文化限制。亚裔美国人的饮酒量比其他大多数美国人都要少，部分原因是文化限制，也可能是因为他们对酒精的生物忍耐性较低，正如他们对酒精会表现出强烈的脸红反应所示。

完全进入主流文化进行否定的同时,也导致了严重的文化和社会混乱(Kahn,1982)。由于受到这些问题的困扰,印第安人也容易出现对儿童的虐待和忽视。虐待和忽视会导致青少年感到绝望和抑郁,他们可能会利用酒精和其他药物来逃避自己的感受。

酒精的心理作用 酒精或其他药物的作用因人而异。在很大程度上,它们反应了(a)物质的生理作用以及(b)我们对这些影响的解释。大部分人想从酒精中获得什么呢?人们经常会持有这种刻板印象,即酒精会减少紧张感,加强愉悦体验,洗去烦恼,并提升社交能力。但是实际上,酒精都做了些什么呢?

从生理的角度来看,酒精似乎与苯二氮卓类(一种抗焦虑药)一样,通过增强神经递质(见第5章)的活性来起作用。因为GABA是一种抑制性神经递质(它会降低神经系统的活动性),增强GABA的活动会产生一种放松的感觉。当人们饮酒时,他们的感觉会变得模糊,平衡和协调性也会受到影响。不过较高剂量的酒精仍然会作用于大脑的某些部位,监管心率、呼吸频率和体温等非自愿性重要功能。

人们在喝酒后可能会做很多清醒时不会做的事情,一部分是因为对药物的期望,一部分是因为药物对大脑产生了影响。例如,他们可能会变得轻浮或性欲更强,会说一些或做一些他们后来会后悔的事。他们的行为也许反映了他们的期望,即酒精释放了这种影响,并为他们的问题行为提供了一个借口。然后,他们就会说,"都是酒精的问题,不是我。"酒精还可能会通过干扰信息处理功能来损害大脑抑制冲动、冒险或暴力行为的能力。调查人员发现,酒精使用和包括家庭暴力、性侵犯在内的许多形式的暴力行为有密切关系(Abbey et al.,2004;Fale-Stewart,2003;Marshal,2003)。

酒精可能会让人们感到更加放松和自信,但它也会影响判断力,使人们更难衡量自己行为的后果。在酒精的影响下,人们也许会做出他们通常都拒绝的选择,如发生危险性行为(Bersamin et al.,2012;Orchowski,Mastroleo & Borsari,2012;Ragsdale et al.,2012)。长期酗酒会影响人的认知能力,比如记忆力、问题解决能力以及注意力。

酒精的诱惑之一是,它会导致暂时的欣快感和兴奋感,从而淹没自我怀疑和自我批评。酒精还会降低人们对自己行为的不幸后果的觉察力。

酒精使用可以抑制性唤起或性兴奋,并削弱性行为。作为一种兴奋剂,酒精也会妨碍协调能力和运动能力。这些影响有助于解释为什么在美国,三分之一的意外死亡都与酒精使用有关。

生理健康与酒精 长期酗酒会直接或间接地影响每一个器官和身体系统。酗酒会增加患包括肝病在内的许多严重健康问题,以及患某些癌症、冠心病和神经系统疾病的风险。酒精性肝病有两种主要形式,一是酒精性肝炎,一种严重的、危及生命的肝脏炎症;二是肝硬化,一种潜在的致命疾病,患这种病的人身体内的健康肝细胞都被瘢痕组织所取代。

习惯性饮酒者往往都营养不良,这可能会使他们面临因营养不良而引起的并发症的风险。因此,长期酗酒就与营养相关的疾病有关,如肝硬化(与蛋白质的缺乏有关)和科尔萨科夫综合征(与维生素B的缺乏有关),并且后者的特点是有明显的混乱、迷失方向以及失去对最近事件的记忆。

孕妇饮酒的话,有增大婴儿死亡、出生缺陷、中枢神经系统功能失调等的可能性。孕期饮酒的母亲生下的孩子可能也会患上胎儿酒精综合征(FAS),一种具有面部特征有缺陷,如扁平的鼻子和间距过宽的眼睛,以及智力迟钝和社交能力不足特点的综合征。据悉,多达5%的美国儿童在某种程度上都受到了FAS(胎儿酒精谱系障碍,2014;May et al.,2014)的影响。尽管女性在怀孕期间酗酒导致胎儿患FAS的风险更大,但在那些每周只喝半杯酒的母亲所生的孩子身上,也发现了这种综合征(Carroll,2003)。由于孕妇饮酒没有"安全"这一极限,所以最安全的做法是,当知道或怀疑自己怀孕了的女性就不要喝酒了(Feldman et al.,2012;Stein,2012)。事实上,胎儿酒精综合征是一种完全可以预防的先天缺陷。

适量饮酒:对健康有益处吗? 尽管大量饮酒会产生很多负面影响,但相关证据表明,适量饮酒(女性每天大约喝一杯,男性每天大约喝两杯)可以降低心脏病和中风的风险,并能在总体上降低死亡率。[判断正误]

尽管适度饮酒有可能对心脏和循环系统有保护作用,但公共卫生人员并不支持出于这个原因而饮用酒精,这主要是因为担心这种认可会增加饮酒问题的风险。此外,研究人员也缺乏来自实验的明确证据,证明酒精的使用与降低健康问题的风险有因果关系(Rabin,2009)。我们还应

判断正误

即使适量饮酒也会增加患心脏病的风险。

□错误 最近的研究发现,适度饮酒可以降低心脏病发作的风险,并降低死亡率。

该认识到,即使是适量饮酒,也会增加女性患乳腺癌的风险(Jayasekar et al.,2015;Kaunitz,2011;Narod,2011)。应该更好地引导我们找到比适度饮酒更好的方法来促进健康,而不是鼓励人们饮酒,比如人们可以通过戒烟、降低饮食中脂肪和胆固醇的摄入量以及更有规律地锻炼来促进健康。

巴比妥酸盐　大约有1%的美国成年人会因在生活中使用巴比妥酸盐、睡眠药物(安眠药)或抗焦虑药物,而形成物质使用障碍。巴比妥酸盐(barbiturates)诸如阿莫巴比妥、戊巴比妥、苯巴比妥和司可巴比妥,都属于抑制剂(或称镇静剂)。这些药物有多种医疗用途,如缓解焦虑和紧张,减轻疼痛,以及治疗癫痫和高血压。使用巴比妥酸盐很快就会使心理和生理上产生依赖。

巴比妥酸盐也是一种受欢迎的街头毒品,因为它能让人放松,产生一种轻微的欣快感,或者变"兴奋"。高剂量的巴比妥酸盐,如酒精,会使人产生嗜睡、口齿不清、运动损伤、易怒和判断力变差的症状——当这些药物的使用与机动车的操作结合起来时,会产生特别致命的联合作用。巴比妥酸盐的作用会持续3到6个月。

由于这种协同效应的存在,所以巴比妥酸盐和酒精的混合物的威力是单独使用这两种药物的四倍。女演员玛丽莲·梦露(Marliyn Monroe)和朱迪·加兰(Judy Garland)的死亡都与巴比妥酸盐与酒精的结合使用有关。即使是像安定和利眠宁这样广泛使用的抗焦虑药物,在单独使用时也有很宽的安全界限,但是在与酒精结合使用时它们也可能会变得很危险。

有生理依赖的人需要谨慎地停用镇静剂、巴比妥酸盐和抗焦虑药物,并且要遵从医嘱。突然停止使用这些药物可能会产生谵妄状态,并在视觉、触觉或听觉上产生幻觉,以及对思维过程和意识过程产生干扰。使用的时间越长,使用的剂量越高,出现严重戒断反应的风险就越大。如果一个人不及时去治疗,突然发生戒断的话,他可能会癫痫大发作,甚至导致死亡。

阿片类药物　阿片类药物被归为麻醉品(narcotics)——具有止痛和催眠作用的强力成瘾药物,包括从罂粟植物中提取的自然形成的鸦片剂(吗啡、海洛因和可卡因),以及具鸦片类效果的合成药物(如杜冷丁和维柯丁)。古苏美尔人把罂粟植物命名为"鸦片(opium)",意为"欢乐的植物"。

阿片类药物会产生一种冲动，或强烈的快感，这就是它们成为街头毒品的一个主要原因。它们也会使人对自己的问题感到麻木，这对寻求逃避心理压力的人来说很有吸引力。阿片类药物之所以能产生愉悦的效果，是因为它们能直接作用于大脑的愉悦回路——同一个大脑网络——产生性快感和吃饱饭的快感。

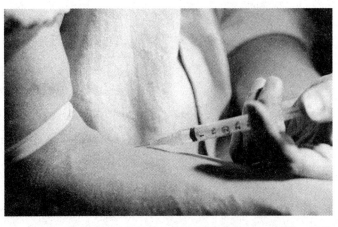

注射 海洛因使用者通常会将这种物质直接注入静脉。海洛因是一种强力的抑制剂，它能提供一种欣快感。使用者经常声称海洛因令人愉快，因为它能消除任何有关食物和性的想法。

不管是天然的还是合成的，阿片类药物的主要医疗用途就是缓解疼痛，或者说镇痛。然而，阿片类药物的医疗使用却受到了严格的监管，因为过量服用会导致昏迷甚至死亡。许多街头使用阿片类药物的情况都与致命的过量和意外事故有关。在美国的一些城市，年轻人死于过量吸食海洛因的可能性比死于车祸的可能性更大。

在12岁及以上的美国成年人中，约有1.6%的人在生活的某个阶段曾使用过海洛因，以及大约有0.2%（1000个人中有2个）的人在前一年使用过海洛因（SAMHSA，2012）。一旦产生了依赖，通常就会变成慢性的，只有在短暂的节制期才能得到缓解。生理依赖一般在规律使用药物几周后就会形成（Brady，McCauley，& Back，2016）。

另一个问题就是处方类阿片类药物，一种用于止痛的处方药，而当它们被非法用于街头毒品时，就会成为药物滥用。许多年轻人已经开始对处方类阿片类药物（如奥施康定和维柯定）产生了依赖，他们从医生那里得到过量的处方药或者从街头商人那里非法购买（Bakes，2013；Whiteside et al.，2013）。

20世纪70年代的两项发现表明，大脑产生的化学物质具有类鸦片的效果。一项发现是，大脑中的神经元有受体部位，其中阿片类药物就像是锁上的钥匙一样。第二种是人体自己产生的鸦片物质，与阿片类药物停在相同的受体部位。这些天然物质，或者说**内啡肽**（endorphins），在调节快感和疼痛的自然状态中发挥着重要作用。阿片类药物通过停靠在内啡肽的受体部位，缓解疼痛并刺激产生愉悦感觉的大脑中枢，来模仿内啡肽的作用。这有助于解释为什么使用麻醉药物会增加快感（多巴胺的释放是另一个影响因素）。调查人员最近了解到，饮酒可刺激大脑内啡肽的释放，这可能有助于解释为什么酒精会让人感觉良好（Mitchell et al., 2012）。

与阿片类药物有关的戒断综合征可能会非常严重，并且是从最后一次剂量的四到六小时内开始的。其类似流感的症状是由焦虑、烦躁不安的感觉、易怒以及对药物的渴望所致。在几天之内，症状会发展到脉搏混乱、高血压、抽筋、震颤、潮热和冷汗以及不舒服，但通常不会造成破坏性，尤其是开了处方药物缓解之后。

吗啡（morphine）——名字来源于希腊的梦幻之神墨菲斯（Morpheus）——大约在美国内战时期被引入。这种强力的阿片衍生物广泛使用于缓解伤口疼痛。对吗啡的生理依赖被称为"士兵病"。在吗啡成为受限物质之前，几乎与依赖性没什么关系。

海洛因（heroin）是使用最广泛的鸦片制剂，它是一种强力的抑制剂，可以使人产生欣快感。海洛因吸食者声称，海洛因令人愉快，它可以消除任何有关食物和性的想法。海洛因是在1875年被开发的一种药物，它可以像吗啡一样有效缓解疼痛，但不会导致成瘾。化学家海因里希·德瑞瑟（Heinrich Dreser）将吗啡转化为一种具有"英雄"效果的药物，可以在不成瘾的情况下缓解疼痛，这就是为什么它被称为海洛因了。然而不幸的是，海洛因确实会导致个体产生强烈的生理依赖。

大约有400万美国人在他们一生中的某个阶段使用过海洛因，并且有约30万人现在仍然是吸食者（SAMHSA, 2012）。目前有超过一半的吸食者沉溺于海洛因，并且大多数都是25岁以上的男性，他们首次吸食海洛因的平均年龄大约在22岁。海洛因成瘾不仅仅局限于市中心的衰败区域，事实上，它现在主要影响的是那些生活在大城市外的20多岁的男性和女性（Cicero et al., 2014）。[判断正误]

海洛因通常是直接注射在皮肤下（皮下注射）或静脉中（静脉注射）。其效果是即刻出现的。会有一种强烈的冲动，持续时间从5分钟到15分钟，并伴随3到5小时的满足感、欣快感和幸福感。在这种状态下，所有的正向驱动似乎都被满足了。所有负面的负疚、紧张和焦虑感都会消失。随着时间的延长，就发展成为上瘾。许多海洛因依赖者通过交易（贩卖海洛因）、卖淫或贩卖赃物以支撑他们的生活习惯。然而，海洛因是一种镇静剂，它的化学作用不会直接刺激犯罪或攻击行为。

判断正误

海洛因成瘾主要影响的是居住在衰败的市中心的人。

☐ 错误　海洛因成瘾现在在大城市以外的社区内更为普遍。

兴奋剂

8.6 描述兴奋剂的作用和它们所带来的风险

兴奋剂(stimulants)是增加中枢神经系统活动的精神活性物质,可以增强警觉性,并能产生愉悦感甚至是欣快感,其效果因特定药物而异。

安非他命 安非他命(amphetamines)是一类合成兴奋剂。兴奋剂的街头名称包括:speed,uppers,bennies(即苯丙胺硫酸盐,商品名为苯丙胺)、冰毒(即甲基苯丙胺,商品名为梅太德林)、德克西斯(即右旋安非他命,商品名为中枢神经刺激剂)。

使用高剂量的安非他命是为了获得欣快感的刺激,通常以药片的形式服用,或以相对较纯的形式(冰毒或晶体脱氧麻黄碱)吸入。最有效的安非他命,液体甲基安非他命,是直接注射到静脉中的,并且会产生一种强烈而直接的冲动感。一些使用者会连续几天一直注射甲基安非他命,以维持高潮状态。最终,这种欣快高潮感会结束。长期处于高潮状态的人有时会"崩溃",并陷入深度睡眠或抑郁状态。有些人还会在剂量减退的过程中自杀。高剂量的安非他命会导致个体产生烦躁、易怒、幻觉、偏执妄想、食欲不振以及失眠。

在12岁及以上的美国人中,大约有5%的人说他们在一生的某个阶段吸食过冰毒,并且约有0.3%的人在过去一年内吸食过冰毒(SAMHSA,2012)。总而言之,有超过1200万的美国人在自己生活的某个时刻吸食过冰毒(Jefferson,2005)。生理依赖可以从使用安非他命开始发展起来,并导致脱瘾综合征,其特点是抑郁和疲劳,以及令人不快的、栩栩如生的梦境,失眠或嗜睡(过度睡眠),食欲增加和运动行为的减缓或激动(美国精神病学协会,2013)。在使用安非他命作为应对压力或抑郁的人群中,产生心理依赖是最为常见的。

甲基苯丙胺的滥用会导致脑损伤、学习和记忆上的缺陷,并造成其他影响(Thompson et al.,2004;Toomey et al.,2003)。长期使用也会导致抑郁、攻击性行为和社交孤立(Homer et al.,2008)。特别是在药物被吸入或静脉注射时,还可能会发生暴力的冲动行为。安非他命精神病的幻觉和妄想情况类似于偏执型精神分裂症,这就鼓励研究人员研究安非他命所引起的化学变化,从而为精神分裂症的潜在病因提供了线索。

摇头丸 摇头丸,或称MDMA(3,4-亚甲基二氧甲基苯丙胺),是一种化合致幻药,一种化学仿制品,其化学结构类似于安非他命。它能产生轻微的欣快感和幻觉。在千禧年的最初几年里,青少年使用摇头丸的比率显著下降，接着使用率上升了几年，最后又下降了（Johnston et al.，2012）。也许是年轻人已经接收到了关于摇头丸的危险信息了。

摇头丸会产生不良的心理影响，包括抑郁、焦虑、失眠，甚至是偏执狂和精神病。这种药物会导致大脑损伤，并损害认知、学习和记忆方面的表现（Di Iorio et al.，2011；de Win et al.，2008）。摇头丸用的量越大，他们的大脑遭受长期变化的风险就越大。科学家们怀疑这种药物会杀死或破坏能产生神经递质——多巴胺和血清素的神经元，这是大脑调节情绪状态和从日常生活中获得快乐的关键化学物质（Di Iorio et al.，2011；van Zessen et al.，2012）。生理上的副作用包括心跳加速、血压升高、下颌紧张或颤抖，以及身体变暖或发冷。服用高剂量的该药物可能会致命。

可卡因　你可能会惊讶地发现，可口可乐最初的配方中含有一种可卡因（cocaine）提取物。然而，在1906年，可口可乐公司从其秘密配方中撤除了可卡因。这种饮料起初被描述为"大脑滋补品和智力饮料"，其部分原因是它的可卡因含量。可卡因是一种天然的刺激物，从植物古柯的叶子中提取出来——可乐的名字就是从这种植物中而来的。可口可乐仍然用一种古柯植物提取物来调味，但众所周知，它具有精神活性作用。
[判断正误]

判断正误

可口可乐最初含有可卡因。
☐正确　可口可乐最初的配方中含有一种可卡因提取物。

长期以来，人们一直都认为可卡因不会让人上瘾。然而，这种药物会让人产生耐受性和不可否认的戒断综合征，其特点是情绪低落，并会干扰睡眠和食欲。同时，也有可能出现对药物的强烈渴望，以及失去体验快乐的能力。戒断症状的持续时间通常较短，可能会在突然戒断后发生崩溃或出现严重抑郁和疲惫的时期。

可卡因通常是以粉末形式喷鼻，或以"克勒克"（crack，亦称"碎石"）形式——可卡因的一种坚硬形式，其纯度可超过75%——吸入。由于看起来像白色小鹅卵石，所以被称为"碎石"。"碎石"是小的、随时可吸入的，并且是最容易上瘾的街头毒品。"碎石"会产生一种迅速而有力的冲击，并在几分钟内就消失掉。吸食可卡因粉末的冲击比较温和，需要一段时间才能形成，但它的持续时间要比"碎石"的冲击更长。

加热精炼可卡因也会增强它的作用。在加热精炼时，粉末形式的可卡因和乙醚一起加热，释放出药物的基础精神活性物质，然后再用于吸食。但是，乙醚是高度易燃的。

可卡因是仅次于大麻的在美国使用最广泛的违禁药物。在12岁及以上的美国人中,近15%的人使用过可卡因,并且约2%的人在前一年使用过可卡因(SAMHSA,2012)。

可卡因的作用　和海洛因一样,可卡因可以直接刺激大脑的奖励或愉快回路。它还会导致血压突然升高和心跳加速,从而导致潜在危险,甚至是致命的心律不齐。过量服用会引起不安、失眠、头痛、恶心、抽搐、颤抖、幻觉、妄想,甚至会因呼吸或心血管性虚脱而死。定期吸食可卡因会导致严重的鼻腔问题,包括鼻孔里的溃疡在内。

重复和高剂量使用可卡因会导致抑郁和焦虑。抑郁症可能会严重引发自杀行为。最初的使用者和常规使用者都存在崩溃的情况(狂欢后的抑郁情绪),尽管在长期、高剂量使用者中这种情况更常见。使用可卡因和安非他命所诱发的精神病性行为,往往会随着持续使用而变得更加严重。这些精神病症状可能包括强烈的视听幻觉和被害妄想。

尼古丁　吸烟不仅仅是一种坏习惯:它是对兴奋剂尼古丁(nicotine)产生的一种生理依赖,其中尼古丁存在于烟草产品中,如香烟、雪茄和无烟烟草。吸烟是致命的,美国每年有超过48万人死于吸烟,并且吸烟也被公认为是全国范围内可预防的主要致死原因(美国疾病控制与预防中心,2015a)。大多数与吸烟有关的死亡是由肺癌和其他肺部疾病,以及心血管(心脏和动脉)疾病引起的。不过,吸烟也会引起一系列其他的严重疾病,从糖尿病到结肠直肠癌和肝癌,甚至是勃起功能障碍和异位妊娠(Tavernisejan,2014)。

总而言之,吸烟是美国最重要的健康风险,比其他任何原因造成的过早死亡都要更多,使吸烟者的寿命平均缩短了10年(Jha et al., 2013; Schroeder, 2013)。美国死亡人数的五分之一都是由吸烟造成的,并且吸烟也会将人们在79岁前死亡的风险增加一倍(Benowitz, 2010; Jha et al., 2013)。图8.2显示了美国由吸烟导致的死亡原因分类。但好消息是,在任一年龄开始戒烟都会大大降低(但不能消除)与吸烟有关的死亡风险(Jha & Peto, 2014; Thun et al., 2013)。

全世界约有三分之一的成年人吸烟,每年有三百多万人死于与吸烟有关的疾病(Ng, Freeman et al., 2014; Schroeder & Koh, 2014)。另一个好消息是,在过去的几十年里,全世界和美国吸烟者的比例急剧下降。在美国,成年吸烟者的比例从20世纪60年代中期的超过40%下降到今天的18%(CDC, 2015a; Friden, 2014)。青少年吸烟率也在下降,但高中高

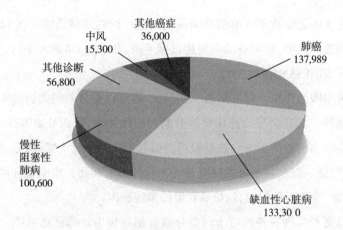

图8.2　美国每年因吸烟而死亡的人数

吸烟每年会夺取超过48万美国人的生命,其中大部分人是死于肺癌、心脏病和慢性阻塞性肺病。

来源:美国疾病控制与预防中心,2016.

年级学生的吸烟率仍然过高(男孩和女孩占18%;CDC,2015a;Lenza et al.,2015)。

美国吸烟人数的减少相当于预防了800万人的过早死亡(Holford et al.,2014)。也就是说,吸烟对公众健康的挑战依然存在,因为有近五分之一的美国成年人正继续吸烟,吸烟率下降的速度正在放缓(美国疾病控制与预防中心,2015;Koh & Sebelius,2012)。你可能会惊讶地发现,有更多的女性是死于肺癌,而不是包括乳腺癌在内的其他癌症。尽管戒烟对女性和男性的健康都有好处,但不幸的是,这并不能将风险降低至正常(不吸烟)水平。教训显而易见了:你不吸烟,那就不要开始;如果你吸烟,那就戒掉。

吸烟率的种族差异如图8.3所示。除了美国原住民(美洲印第安人/阿拉斯加人)外,每个民族的女性吸烟的可能性都比男性要低。吸烟也越来越集中在低收入和教育水平较低的人群中(Blanco et al.,2008)。

尼古丁是通过烟草制品被运送到人体内的。作为一种兴奋剂,它能提高警觉性,但也会引起感冒、湿冷的皮肤、恶心和呕吐、头晕和晕眩,以及腹泻,这些都是导致新烟民感到不适的原因。尼古丁还会刺激肾上腺素的释放,这种激素会引起自主神经系统的急促活动,包括快速的心跳和血糖储存。尼古丁会抑制食欲,并提供一种心理上的"刺激"。它还会导致内啡肽的释放,这是大脑中产生的类似鸦片的激素。这可能解释了与烟草使用有关的愉悦感受。

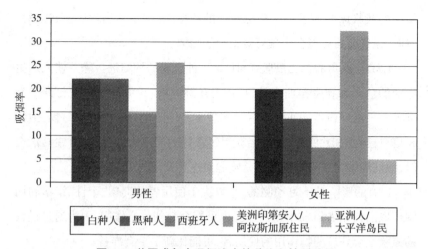

图8.3　美国成年人吸烟比率的种族和性别差异

男性吸烟率高于女性,而美国原住民(美洲印第安人和阿拉斯加原住民)吸烟率要高于美国其他主要种族/民族群体。

来源:CDC,2015h.

习惯性使用尼古丁会导致对药物产生生理依赖。尼古丁依赖与耐受性(在平稳之前,摄入量上升到一天一包或两包的水平),以及特征性戒断综合征有关。尼古丁戒断综合征有各种特征,如缺乏活力、情绪低落、易怒、沮丧、紧张、注意力不集中、头晕目眩、困倦、头痛、疲劳、失眠、痉挛、心率降低、心悸、食欲增加、体重增加、出汗、震颤以及对吸烟的强烈渴望。大约有50%的吸烟者戒烟两天或更长时间后,就会表现出戒烟障碍的迹象(美国精神病学协会,2013)。

吸烟几乎可以立即"激发"兴奋剂尼古丁。香烟中的尼古丁从头几次吸入开始,就占据了大脑中的尼古丁受体。

致幻剂

8.7　描述致幻剂的作用和它们所带来的风险

致幻剂(hallucinogens),也称迷幻剂,是一类产生感觉扭曲或幻觉的药物,包括对颜色感知和听觉的重大改变。致幻剂还可能有其他作用,如放松和欣快,或在某些情况下,会引起恐慌。

致幻剂有麦角酸二乙酰胺(LSD)、裸盖菇素和梅斯卡林。与致幻剂类似的精神活性物质是大麻和苯环己哌啶(PCP)。梅斯卡林源自仙人掌,在美国西南部、墨西哥的美国原住民及中美洲的宗教仪式中,已经使用了几个世纪,如从某些蘑菇中得到的裸盖菇素。LSD、PCP和大麻是美国最常见的致幻剂。

虽然可能会对致幻剂产生耐受性,研究人员缺乏使用致幻剂能导致持续的或临床的显著性戒断综合征的证据(美国精神病学协会,2013)。然而,在戒断后可能会出现对致幻剂的渴望。

LSD 麦角酸二乙酰胺(LSD)是一种合成的致幻剂。除了使人产生生动的色彩和视觉扭曲之外,使用者还称它能"扩大意识",并打开了新世界——就好像他们正在审视一些现实之外的世界一样。有时候,他们相信自己在LSD"旅程"中已经获得了很好的洞察力,但当LSD逐渐消失时,他们通常无法追随到甚至是唤起对这些发现的记忆。

LSD的影响是不可预测的,它取决于使用者的期望、个性、情绪和周围环境。使用者以前用药的经验也可能会起到一定作用,因为通过过去的经验学会处理药物作用的使用者,可能比新手更有准备。

一些使用者对这种药物有不愉快的体验,或者说是"糟糕的旅程",他们可能会产生强烈的恐惧和恐慌,害怕失去控制或理智。有些经历会让人害怕死亡。在LSD使用期间,有时还会发生致命的事故。闪回,一种典型的涉及对"旅行"的感知失真的重新体验,可能在几天、几个星期,甚至几年后发生。闪回往往是突然发生的,而且没有任何预兆。感知失真包括几何形态、颜色闪烁、颜色增强、后像,或在物体周围出现光环,等等。这些症状可能源于之前使用了该药物引起了大脑的化学变化。闪回的触发因素包括进入黑暗的环境、药物使用、焦虑或疲劳,或者压力。心理因素,如潜在的人格问题,也可以解释为什么有些使用者会经历闪回。在某些情况下,闪回还可能涉及LSD经验的想象重演。

苯环己哌啶 苯环己哌啶(phencyclidine,简称PCP)——在街头被称为"天使粉"——在20世纪50年代被开发为麻醉剂,但发现它有致幻的副作用时,就终止使用了。20世纪70年代,一种可吸食形式的PCP成为街头的流行毒品。然而,它的知名度已经减弱了,主要是因为其不可预测的影响。

与大多数药物一样,PCP的影响与剂量有关。除了引起幻觉外,PCP还使心率加快、血压升高,并导致出汗、脸红和麻木。PCP被归为谵妄药——一种能够产生谵妄状态的药。它也具有离解作用,让使用者觉得他们和所处的环境之间存在着某种无形的障碍。根据使用者的期望、情绪和设置等等,离解可以是愉快的,也可以是引人入胜的,或者是令人恐惧的。过量服用PCP会导致嗜睡和空白凝视、抽搐和偶尔昏迷,偏执狂和攻击行为,以及在中毒状态下因感知扭曲或判断力受损而导致的悲剧性事故。

大麻　大麻（marijuana）源自大麻类（学名"cannabis sativa"）植物。大麻通常被归为致幻剂，因为它可以导致感知扭曲或轻微幻觉，特别是高剂量或在易感人群中使用时。大麻中的精神活性物质是δ-9-四氢大麻酚，或者简称THC。THC存在于植物的枝叶中，但雌性植物的树脂中含量最高。哈希什（hashish），或称哈希（hash），也是来自于树脂，比大麻作用更大，但产生的效果相似。

你知道在过去的一个月里，有更多的十二年级学生（21.4%）吸食大麻而不是吸烟（19.2%）吗（Lenza et al., 2015）？大麻使用量的增加与青少年吸食可卡因和吸烟的急剧下降形成了鲜明的对比。[判断正误]

判断正误
如今，在高中高年级的学生中，吸食大麻现象已经超过了吸烟。
□正确　如今有更多的十二年级学生说他们最近吸食的大麻比香烟更多。

总的来说，约有10%的美国成年人在上一年度吸食了大麻（Hasin et al., 2015；SAMHSA, 2012）。吸食大麻的成年人人数正在上升，自2000年以来已经增长了一倍（Hasin et al., 2015）。男性比女性更容易患上大麻使用障碍，且这类障碍在18到30岁人群中的发病率最高。

低剂量的药物可以产生类似喝酒的放松情绪。一些使用者报告说，这种药物在低剂量下，能使他们在社交聚会中感觉更舒适。然而，更高的剂量则通常会让使用者产生抵触。一些使用者认为，这种药物会增加他们的自我洞察力或创造性思维的能力，尽管在药物的影响过去之后，其影响的洞察力似乎并没那么深刻。人们可能会求助于大麻或其他药物，以帮助他们应对生活中的问题或在压力下工作。产生强烈陶醉的人们会认为时间过得更慢，一首几分钟的歌可能会持续一个小时。人们越来越能意识到身体的感觉，比如感受到心跳。吸烟者也报告说，强烈的陶醉感会增加性感觉。同时，也可能会产生视觉幻觉。

强烈的陶醉感可能会导致吸烟者变得迷失方向。如果他们的情绪是欣快的，那么迷失方向就可能被解释为与宇宙和谐相融。不过，一些吸烟者也发现了强烈的陶醉感会令人不安。加速的心率和对身体感觉的敏锐认知会使一些

大麻合法化　2013年，科罗拉多州成为第一个大麻合法化的州。你是否认为大麻应该是一种合法的但却受管制的物质，如酒精或烟草那样呢？为什么呢？

吸烟者担心自己的心脏会"跑掉"。还有一些吸烟者会因迷失方向而感到害怕,害怕自己再也"回不来"。中毒过深有时候还会引起恶心和呕吐。

与生理依赖相比,大麻的使用与强迫性使用或心理依赖的关系更大。虽然长期使用大麻会产生耐受性,但一些使用者报告说,对药物的反向耐受性或敏感化,会使他们在反复使用药物时对其影响也更敏感。虽然没有可靠的证据证实存在明确的戒断综合征,但有证据表明,长期、重度使用者突然停止用药后,会出现明显的戒断综合征(Allsop et al., 2012; Mason et al., 2012)。研究人员还发现,当已经产生依赖的大麻使用者被植入fMRI装置并接触到与大麻有关的线索(操纵大麻管)时,其大脑中被激活的部分与可卡因吸食者对可卡因线索的反应类似(Filbey & Dunlop, 2014)。这表明,大量使用大麻可能与成瘾药物(如可卡因)具有共同的神经通路。

在通往失去智商的道路上?最近的证据表明,从青少年期开始经常吸食大麻与中年时期智商下降有关。

脑部扫描也显示出长期吸食大麻的人脑部有异常的迹象(Filbey et al., 2014)。经常使用大麻会导致学习和记忆受损,尤其是对重度使用和经常使用的人而言(Bossong et al., 2012; Han et al., 2012; Meier et al., 2012)。在使用大麻后的24小时内,个体的记忆功能和集中注意的能力可能被破坏了,这也许会影响学生的学习能力,也会影响工人在使用大麻后第二天的工作能力(Moore, 2014)。更令人不安的是,有证据表明,从青春期开始持续使用大麻与中年时智商下降有很大联系(Meier et al., 2012)。

还有证据表明,大麻的使用与日后使用较难治愈的药物如海洛因和可卡因,也有联系(Kandel, 2003)。但是否使用大麻是使用较难治愈的药物的原因,目前还不清楚。不过很明显的是,大麻会损害知觉和运动协调,从而使驾驶和操纵其他重型机械变得很危险。最近的证据显示,在开车三小时内使用大麻的司机造成撞车的可能性,是那些未受药物影响的司机的两倍(Asbridge, Hayden, & Cartwright, 2012)。

尽管吸食大麻诱发了许多使用者的积极情绪变化,但仍有一些人报告说他们会焦虑和困惑,偶尔也会有关于偏执或精神病反应的报告。大麻会使心率和血压升高,并且还会增加心脏病患者心脏病发作的风险。像吸烟一样,吸食大麻也会损伤肺部组织,导致严重的呼吸道疾病,如慢性支气管炎,并可能增加患肺癌的风险(Singh et al., 2009; Zickler, 2006)。

理论视角

人们出于各种原因开始使用精神活性物质。一些青少年因为同辈压力而开始使用毒品，或者是因为他们认为毒品能使他们变得更老练或更成熟。有些人把使用毒品作为他们反抗父母或整个社会的一种方式。不管人们为什么开始使用毒品，他们仍然会继续下去，因为毒品会产生令人愉快的效果，或者因为他们发现自己很难停下来了。然而，大多数青少年饮酒只是为了获得快感，而不是为了证明自己是成年人。许多人吸烟也是为了其提供的快感，而其他人抽烟是为了帮助自己在紧张的时候放松，或者说在他们感到疲倦的时候反过来踢自己一脚或给自己一个提升。很多人想要戒烟，但发现很难去戒掉这种瘾。

那些对自己的工作或社交生活感到焦虑的人，可能会被酒精、大麻（一定的剂量）、镇静剂和止痛药的镇静作用所吸引。缺乏自信和自尊的人可能会被安非他命和可卡因的刺激作用所吸引。很多贫穷的年轻人试图通过使用海洛因和类似药物来摆脱贫困、痛苦，以及乏味的城内生活。更富裕的青少年可能依靠毒品来完成从依赖到独立的过渡，以及与就业、大学和生活方式有关的重大生活改变。接下来，我们将会讨论几个关于药物使用和滥用的重要理论观点。

生物学观点

8.8 从生物学角度描述物质使用障碍，并解释可卡因是如何影响大脑的

研究人员开始更多地了解药物使用和成瘾的生物学基础。最近的许多研究都集中在神经递质，特别是多巴胺和遗传因素的作用上。

神经递质 许多滥用的药物，包括尼古丁、酒精、海洛因、大麻，特别是可卡因和安非他命，都是通过增加神经递质多巴胺的可用性来产生愉悦的作用，多巴胺是一种参与激活大脑奖赏或愉悦回路——产生愉悦感的神经网络的关键化学物质（Flagel et al., 2011; Whitten, 2009）。当我们因为饥饿而吃东西，或者因为口渴而喝水的时候，大脑的奖赏通路里就充满了多巴胺，产生与参与这些维持生命活动有关的愉悦感。神经科学家发现，在酒精依赖的人群中，即使仅接触与酒精有关的词语，也可能激活其大脑中的奖赏通路，这是由相互连接的神经元组成的网络所产生的愉悦感（见图8.4）。

多巴胺的作用更复杂，它促使我们注意与奖励行为和基本生存需要

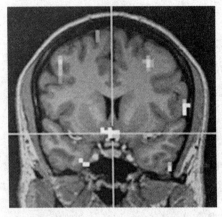

图8.4 你的大脑对酒精词语的回应

在一项fMRI的研究中,有酒精依赖组的女性在对酒精线索词(如小桶、狂欢)的反应时,其大脑边缘系统和额叶(用黄色/橙色表示)显示出的大脑活动水平比轻度社交饮酒组的女性更高。大脑中的这些部位通过使用酒精或其他药物而参与激活了奖赏通路。这些发现表明,在酒精依赖的人群中,仅仅接触与酒精有关的词语就可能在大脑中产生与药物本身类似的结果。

来源:Tapert et al., 2004.

的有关物质,比如我们饥饿时的食物、有威胁性的动物或其他危险(Angier, 2019)。对成瘾者来说,来自使用毒品产生的多巴胺稳定地涌入,使他们很难专注于除了获得与使用毒品之外的其他事情,哪怕毒品已不再产生"快乐"。

随着时间的推移,经常使用可卡因、酒精和海洛因等药物,可能会损害到大脑自身所产生的多巴胺。因此,大脑的自然奖赏系统——产生与生活中日常奖赏活动有关的愉悦状态的"感觉良好"回路,如吃一顿令人满意的饭,参与一次愉快的活动——就会变得迟钝(Dubovsky, 2006)。基于脑成像的证据表明,可卡因依赖者的大脑中,自然产生的多巴胺水平较低(Martinez et al., 2009)。成瘾者的大脑可能会依赖于药物的供应,以产生任何愉悦或满足的感觉(Denizet-Lewis, 2006)。没有了这些药物,生活似乎就没有价值了。

多巴胺系统的变化可能有助于解释药物戒断所产生的强烈渴望和焦虑,以及人们维持禁欲的困难。然而其他神经递质,如血清素和内啡肽,似乎也在药物滥用和依赖中发挥着重要的作用(Addolorato et al., 2005; Buchert et al., 2004)。

内啡肽是一类具有类似阿片类药物(如海洛因)的止痛特性的神经递质。正如我们前面所讨论的,内啡肽和阿片类药物在大脑内部有相同的受体部位。通常,大脑会产生一定量的内啡肽,以维持心理的稳定状态,并有可能体验到快感。然而,当身体习惯了有阿片类药物的供应时,它可能就会停止产生内啡肽。这就让使用者对阿片类药物产生了依赖,以获得舒适感、快感,缓解疼痛。当习惯性使用者停止使用海洛因或其他阿片类药物时,不适的感觉和轻微的疼痛感可能会被放大,直到身体恢复到能产生足够的内啡肽为止。这种不适至少在一定程度上,解释了那些对海洛因或其他阿片类药物成瘾的人为什么会出现令人不快的戒断症状。然而,这个模型仍然是推测性的,我们需要更多的研究来证明内啡肽的产生和戒断症状之间的直接关系。

遗传因素 有证据表明,遗传因素在一系列涉及酒精、安非他命、可卡因、海洛因,甚至是烟草的物质使用障碍中扮演了重要的角色(e.g.,

Ducci et al.,2011;Frahm et al.,2011;Hartz et al.,2012;Kendler et al.,2012;Ray et al.,2012)。有物质使用障碍家族史的人,自己患上这些障碍的概率要高出四到八倍(Urbanoski & Kelly,2012)。环境因素,如家庭影响和同辈压力,在青少年早期开始使用药物方面似乎起着更重要的作用,而遗传因素则在解释成年早期和中期继续使用药物方面发挥着重要的作用(Kendler et al.,2008)。

研究人员已经开始寻找设计酒精、药物滥用和依赖的特定基因了(e.g., Anstee et al.,2013;Ray,2012;Sullivan et al.,2013)。我们重点关注酒精依赖的遗传基础,因为这一直是研究兴趣最大的领域。然而,一些与酗酒有关的基因也涉及其他形式的成瘾,如可卡因、尼古丁(经常吸烟)以及海洛因成瘾(Ming & Burmeister,2009)。

酗酒倾向于在家庭中流传。基因关系越紧密,患病风险就越大。家族模式仅提供遗传因素的暗示性证据,因为家庭成员有共同的环境和共同的基因。更确切的证据来自双胞胎和被收养者的研究。

同卵双生子(MZ)有相同的基因,而异卵双生子(DZ)只有一半的基因是相同的。如果涉及遗传因素,我们预计同卵双生子对酗酒的一致性比异卵双生子更高。我们收集的证据表明了遗传对酗酒影响很大(MacKillop,McGeary, & Ray,2012)。首先,有大量证据表明,同卵双生子对酗酒的一致性比异卵双生子要高,这与对酒精中毒的遗传贡献一致。其次,被收养在非酗酒家庭中的孩子中,有酗酒家族史的比没有酗酒家族史的更容易形成酗酒的习惯。

如果饮酒和酗酒都受到遗传的影响,那么遗传的到底是什么呢?有一些线索就浮出水面了(e.g., Corbett et al.,2005;Radel et al.,2005)。酗酒、尼古丁依赖和阿片类药物成瘾与决定大脑中多巴胺受体结构的基因有关。正如我们所注意到的,多巴胺参与调节快乐的状态,所以有一种可能性是遗传因素增强了酒精引起的愉快感。

酗酒的遗传易感性可能必须涉及多种因素的综合作用,例如从酒精中获得更大的快感,以及提高对药物的生物耐受性。可以忍受大剂量的酒精而不会引起胃部不适、头晕和头痛的人,可能很难知道什么时候应该停止喝酒。因此,那些可以更好地"喝酒"的人也许更容易出现酗酒问题。他们可能需要依靠其他线索,如计数饮酒,以及限制自己的饮酒。那些身体更易"踩刹车"的人,不

判断正误

与大多数人相比,"管住他们的酒"的人更容易成为问题饮酒者。
□错误 对酒的高物理耐受性可能会导致一个人过度饮酒,这可能为发生酗酒问题奠定了基础。

太可能在适度饮酒方面出现问题。[判断正误]

无论基因在酒精依赖和其他物质依赖形式中扮演什么样的角色,它都不能决定行为。环境,以及环境和遗传因素的相互作用也起着作用。例如,研究人员报告说,对于那些有父母高度支持的年轻人来说,他们有基因风险增加的可能,但发生药物滥用问题的风险则会减少(Brody et al., 2009)。同样地,其他研究人员报告说,由不酗酒的父母养育长大的人,他们有与酒精相关问题的高遗传风险,但其患酒精相关障碍的风险则较低(Jacob et al., 2003)。实际上,良好的教育方式可以降低坏基因的影响。总之我们可以说,遗传因素与环境和心理因素共同作用于物质使用障碍的发展过程中。

深入思考

可卡因是如何影响大脑的?

可卡因会影响大脑对多巴胺的使用(见图8.5)。它会干扰再摄取过程,而多余的多巴胺分子要通过再摄取过程被传递神经元重新吸收。结果,高水平的多巴胺仍然活跃在大脑神经网络的神经元之间的突出间隙中,这些神经元控制着愉快的感觉,过度刺激产生愉悦感的神经元,包括与可卡因的使用高度相关的欣快感。实际上,可卡因和其他药物,如海洛因和酒精,也会影响对多巴胺的良好感觉,因为它们对大脑的奖赏或愉悦网络中的多巴胺有很大的影响。不过,随着时间的推移,经常使用可卡因会降低大脑自身产生多巴胺的能力。因此,可卡因滥用者在停止使用可卡因时就会崩溃,因为他们的大脑被剥夺了对这种愉悦化学物质的供应。

观看视频"在真实世界中:神经递质",了解更多关于神经递质多巴胺及其在我们生活的各个方面中的作用,包括多巴胺因自然原因或药物支持而不平衡时所发生的情况。

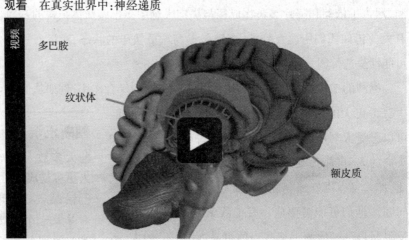

观看　在真实世界中:神经递质

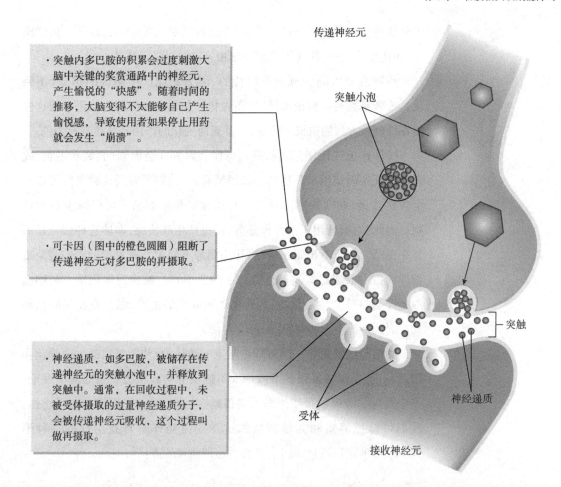

图 8.5　可卡因对大脑的影响

来源：摘自美国药物滥用研究所、美国公共健康服务部和美国国立卫生研究院。研究报告系列：可卡因的滥用和成瘾。美国国立卫生研究院出版物编号 99-4342，修订于 2004 年 11 月。再版自 J.S.Nevid《心理学：概念和应用》2009 年，已获得 Cengage Learning 的允许。

心理学观点

8.9　描述物质使用障碍的心理学观点

理解物质使用和滥用的心理学方法主要是借鉴学习理论、认知理论、心理学理论和社会文化理论。

学习理论观点　学习理论学家提出，物质使用行为主要是后天习得的，原则上也可以不学习。他们关注的是操作性和经典性调节以及观察学习的作用。与药物有关的问题并不被视为是疾病的症状，而是被看作问题性习惯。尽管学习理论学家并不否认遗传或生物因素可能会增加药物滥用问题的易感性，但他们强调了学习在发展和维持这些问题行为中的作用。他们还认识到，患有抑郁症或焦虑症的人可能会将酒精当作缓解这些情绪状态的一种方式,不管这种缓解效果有多么短暂。情绪压力,如焦虑或抑郁,往往为发展药物相关问题提供了基础。

药物使用可能会成为习惯性的,因为它能产生愉悦的感觉(正强化),或者是暂时缓解消极情绪(负强化),如焦虑和抑郁。像可卡因这样能直接刺激大脑愉悦机制的药物,其正面强化的作用是直接且有力的。

操作性条件作用 人们最初可能会因为社会影响、尝试和错误,或者社会观察而使用某种药物。就酒精而言,他们了解到这种药物可以产生强化效果,如欣快感以及减少焦虑和紧张。酒精还可以减少行为抑制。因此,当酒精用于治疗抑郁症(通过产生欣快感,即使这种感觉是短暂存在的),用于对抗紧张情绪(作为镇静剂使用),或者帮助人们避免道德冲突(例如,通过提高对道德禁令的意识)时,就成为强化物。药物滥用还能提供社会性强化物,如药物滥用同伴的批准,以及在使用酒精和兴奋剂的情况下,(暂时)克服社交羞怯。

酒精与缓解紧张 学习理论学家一致认为,使用酒精的主要强化作用之一,就是缓解紧张状态或令人不愉快的唤起状态。根据减压理论,一个人为了缓解紧张或焦虑而喝得越多,他的这种习惯就会变得越强。我们可以把酒精和其他药物的这种用途当作是自我治疗的一种形式——一种使用药片或药水来暂缓心理痛苦的方法。

"我""带走我所受到的伤害"

"我用它们(药片和酒精)来带走我内心的痛苦。"乔斯林(Joceyln),36岁,两个孩子的妈妈,她被她的丈夫菲尔(Phill)虐待。"我没有自尊。我只是觉得我什么都做不了。"她告诉她的治疗师。为了逃离家庭暴力,乔斯林17岁就结婚了,她希望婚姻能给她更好的生活。前几年里她都没有受到虐待,但当菲尔失业了并开始酗酒时,一切都变了。那个时候,乔斯林已经有了两个年幼的孩子,并感觉自己被困住了。她把自己不幸的家庭生活、菲尔的酗酒、儿子的学习障碍都归咎于自己。"我唯一能做的事就是喝酒或吃药。至少在那时我不用考虑任何事。"尽管药物使用暂时缓解了她情绪上的痛苦,但其成瘾负担的长期成本则会更高。

虽然尼古丁、酒精和其他药物能暂时缓解情绪困扰,但它们无法解决潜在的个人或情感问题。与学习解决这些问题相比,那些依赖于酒精和其他药物并将其作为自我治疗形式的人,往往会发现自己将面临着附加的物质使用问题。

负强化和戒断 一旦人们产生了生理依赖,负强化就会在维持药物习惯方面发挥作用。换句话说,人们可能会恢复用药来缓解令人不快的戒断症状。在操作性条件作用下,缓解令人不快的戒断症状是恢复用药的一个负强化物(Higgins, Heil, & Lussier, 2004)。例如,吸烟者在戒烟后会很快恢复到吸烟的状态,以抵御戒断带来的不适。

渴望的调解模式 经典条件作用也许能帮助解释某些形式的药物渴望。在某些情况下,渴望可能代表着一种与先前使用该物质有关的环境线索的条件反应(Kilts et al., 2004)。有药物相关问题的人,一闻到酒精饮料的气味,或者看到注射器及其

自我治疗? 通过酒精或其他药物来平息不安情绪的人,可能会发展出物质使用障碍加重问题。

针头等线索时,这些东西就可以成为条件刺激,引起他们强烈的药物渴望的条件反应。例如,与某些伙伴("酒友")交往,甚至只是路过卖酒的店,都有可能引起一种习惯性的渴望。为了支持这一理论,酗酒的人在看到酒精饮料的图片时,其在控制情绪、注意以及食欲行为的大脑区域的活动会有明显的变化(Geroge et al., 2001)。相比之下,社交性饮酒者就没有表现出这种大脑活动模式。

负性情绪(如焦虑和抑郁)过去曾与使用毒品与酒精相联系,可能也引起渴望。以下案例说明了对环境线索的渴望。

每当地铁门打开时:一个条件性药物渴求的案例

一名29岁的男子因海洛因成瘾而入院治疗。经过4周的治疗后,他回到了以前的工作岗位,他需要乘地铁经过自己以前买药的那一站。每天,当地铁的门在这一站打开时,(他)都会产生对海洛因的强烈渴望,并伴有流泪、流鼻涕、腹部绞痛和鸡皮疙瘩。而在门关上之后,他的症状就消失了,然后他继续去工作。

来源:Weiss & Mirin, 1987.

同样地,有些人主要是"刺激性吸烟者"。他们会在存在吸烟相关刺激物的情况下吸烟,如看到别人吸烟或者闻到了烟味。吸烟成了一种强烈的条件性习惯,因为它与许多情境线索一起反复出现——看电视、吃晚饭、开车、学习、喝酒或与朋友交往、性活动,以及对有些人来说,是使用浴室时。

早期研究支持渴望的条件模型,这表明酗酒者在看到或闻到酒精

时,比其他人更容易分泌唾液(Monti et al.,1987)。巴甫洛夫的经典实验通过反复将铃声(一种条件刺激)与食物粉末(一种无条件刺激)的呈现配对,以使狗有条件地分泌唾液。酗酒者的唾液分泌也可以被看作是对酒精相关线索的一种条件反应。有饮酒问题的人,他们对酒精线索的反应更大,并且最有可能会复发。他们可能从旨在消除酒精相关线索反应的、以条件为基础的治疗中获益。

在一种名为"线索暴露训练"的酒精中毒治疗方法中,一个人坐在酒精相关的线索(如被打开的酒精饮料)前,但禁止他摄入酒精(Dawe et al.,2002)。线索(酒瓶)与非强化物(通过防止饮酒)的配对可能导致条件性的渴望反射消失。然而,这种渴望可以在治疗后恢复,而且通常在人们回到他们平时所处的环境时恢复(Havermans & Jansen,2003)。

观察学习 建模或者说观察学习在确定药物相关问题的风险方面起着重要的作用。建模不当,或过度饮酒,或使用非法药物的父母,可能会为其孩子的适应不良的药物使用奠定了基础(Kieisci, Vanyukov, & Tarter,2005)。有证据表明,父母吸烟的家庭中的青少年,比那些父母都不吸烟的家庭中的青少年去吸烟的风险要更大(Peterson et al.,2006)。其他研究人员发现,有朋友吸烟会影响青少年也开始吸烟(Bricker et al.,2006)。

认知观点 有证据支持认知因素在药物使用中的作用——尤其是积极的预期,如认为饮酒会提高一个人受欢迎的程度,或者消除紧张或焦虑的状态(Pabst et al.,2014)。对药物使用抱有积极的期望,如相信饮酒能使你更受欢迎或更加外向,能增加个体使用这些物质的可能性(e.g., Cable & Sacker,2007;Mitchell, Beals,2006)。青少年的预期结果——他们预期药物的影响将会是怎么样——强烈受到他们所处的社会环境中其他人(包括父母和朋友)的信念的影响(e.g., Donovan, Molina, & Kelly,2009;Gunn & Smith,2010)。

酒精或其他药物的使用也可能会提高自我效能预期——我们对自己成功完成任务的能力的预期。如果我们认为自己需要喝一两杯(或者更多)来"走出自己的壳",并且与他人交往,我们可能就会在社交场合中依赖酒精了。

预期可能是导致"一杯效应"的原因,这种效应是指长期酗酒者一旦喝了酒就会产生酗酒状态的倾向。已故心理学家G.艾伦·马拉特(G. Alan Marlatt,1978)将"一杯效应"解释为一种预言的自我实现。如果有酒精相关问题的人认为仅仅一杯就会让其失控,那么他们在喝酒的时候就会认为结果是确定的,甚至连喝一杯也有可能升级为酗酒。这种期望就是阿隆·贝克所谓的绝对主义思想的一个例子。当我们坚持用非黑即白,而不是灰色的阴影——将结果视为完全的成功或完全的失败——来看待这个世界时,我们可能把一小口甜点作为我们在节食的证明,或者把一根香烟作为我们再次被吸引住了的证明。而不是告诉自己,"好吧,我弄错了,但仅此而已。我不需要更多了。"我们把自己的失误视为灾难,并认为它们会故态复萌。尽管如此,那些认为如果自己只喝一杯也可能变成酗酒的酒精依赖者还是应该戒酒。

心理动力学观点 根据传统的心理动力学理论,酗酒反映了一种口头依赖型人格(oral-depenclent persanality)。心理动力学理论还将过量饮酒与其他口腔特征联系起来,如依赖性和抑郁,并追溯这种在婴儿性心理发展的口唇期固着的起源。成年后的过度饮酒或吸烟,象征着一个人在努力获得口头上的满足。

对这些心理动力学概念研究的评价褒贬不一。尽管酗酒的人经常表现出依赖的特征,但是问题性饮酒是否会导致依赖,现在仍然不清楚。例如,长期饮酒与失业和社会地位的下降有关,这两种情况都会使饮酒者更依赖他人的支持。此外,依赖和酗酒之间的经验性联系,并不能确定酗酒是一种可以追溯到婴儿发育期的口欲滞留。

然后,许多——当然不是所有的——酗酒者都有反社会型人格,他们的特点是通过叛逆和拒绝社会及法律规范来表达自己的独立追求。总而言之,似乎没有一个单独的酗酒人格。

社会文化观点 饮酒在某种程度上取决于我们生活的地方,我们崇拜的人,以及规范我们行为的社会或文化规范。文化态度会推动或阻止问题性饮酒。正如我们已经看到的,不同种族和宗教群体酒精滥用的比率有所不同。让我们来看看其他一些社会文化因素。例如,教堂出勤通常与戒酒有关。也许那些更愿意参加文化背景认可的活动(如去教堂)的人,也更有可能遵守文化背景认可的禁令,不会去过度饮酒。

同辈压力和处于药物亚文化下,是决定年轻人和青少年物质使用的重要影响因素(Dishion & Owen, 2002; Hu, Davies, & Kandel, 2006)。与晚年才开始饮酒的人相比,15岁以前就开始喝酒的儿童在成年后形成酒精依赖的风险增加了5倍(Kluger, 2001)。但对西班牙裔和非裔美国青少年的研究表明,家庭成员的支持可以减少药物使用的同龄人对青少年使用烟草和其他药物的负面影响(Farrell & White, 1998; Frauenglass et al., 1997)。

物质使用障碍的治疗

有很多非专业的、生物的以及心理学的方法来治疗药物滥用和药物依赖的问题。然而,治疗往往是一种令人沮丧的尝试。在许多(也可能是大多数)病例中,有药物依赖的人可能没有准备好或者没有动机去改变他们的药物使用行为,又或者说他们可能不会自己去寻求治疗。药物滥用咨询师可能会使用一些诸如动机性访谈这样的技巧,来提高客户对于改变自己生活的准备程度(Martins & McNeil, 2009; Miller & Rollnick, 2002)。咨询师以一种替代而非对抗性的方式,帮助客户重新认识药物使用所带来的问题,以及他们继续使用药物所面临的风险。然后,咨询师们将重点放在提高客户的意识上,使他们了解自己目前的处境和自己希望的生活之间有什么不同,以及他们需要采取哪些步骤来做出这些改变。

当药物依赖者准备好摆脱药物时,帮助他们度过戒断综合征是重要的第一步。然而,帮助他们追求一种没有自己喜欢的物质的生活更成问题。治疗要在一种环境中进行——例如治疗师的办公室、支持小组、住宅中心或者医院——在这种环境下,节制是被重视和鼓励的。然后,个体回到工作中、家中或者街道环境中,他们的药物滥用和药物依赖又被煽动起来,得以维持了。因此,复发的问题比最初治疗的问题更麻烦。

深入思考

可卡因成瘾者大脑反应的阈下知觉

我们注意到,接触药物相关线索,如看到一瓶苏格兰威士忌或者一个针头和注射器,就可能会引起有药物相关问题的人的渴望——但最近的一项对可卡因滥用者的研究有了更进一步的发现。研究人员以病人无法察觉的速度快速呈现与酒精有关的图像(见图8.6)。然而,这些"看不见"的线索激活了大脑边缘系统的某些部位——大脑内部相互关联的部分,这些部分涉及了基本的情绪反应——与药物渴求和药物寻求行为有关(Childress et al., 2008; 见图8.7)。美国国家药物滥用研究所(NIDA)所长诺拉·沃尔科夫(Nora Volkow)博士说:"这是第一个证据,表明不被人们所意识到的线索会触发药物寻求行为回路的快速激活。"(引自 Subconscious Signals, 2008)。

这项研究强调了可卡因和其他药物滥用问题患者所面临的问题。他们每天都接触这些图片——甚至仅仅只是一瞥——就会激活大脑中的神经网络,从而引发对药物渴望的反应。正如

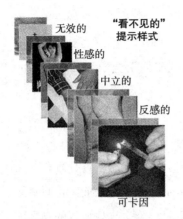

图8.6 阈下线索研究中使用的视觉刺激

这些是给男性可卡因患者快速呈现视觉线索的例子,以确定即使看不见刺激线索,涉及奖赏途径的大脑回路是否仍然会对其做出反应。

来源:Childress et al., 2008.

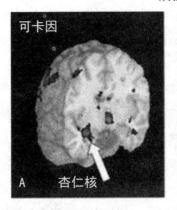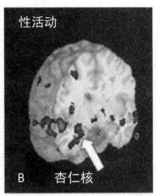

图8.7 边缘系统对"看不见"的药物相关刺激的反应

包括杏仁核(这里用amyg表示)在内的大脑边缘系统的一部分,对快速呈现的可卡因相关图像做出反应时变得活跃起来,以至于这些图片并没有被意识到。在"看不见"的性线索中发现了类似的激活模式,这表明,药物相关线索激活了大脑中与性线索相似的奖赏途径。

来源:Childress et al., 2008.

NIDA所长Volkow所说,"病人往往不能准确指出他们何时或者为何对药物产生渴望。了解大脑如何提高对药物的强烈渴望对治疗成瘾至关重要。"

进一步需要解决的问题是,由药物相关的阈下线索激活的大脑部位,也会对性图像产生积极反应。对药物的渴望可能与诸如性满足和吃食物等基本奖励的奖励系统一样。

另一个并发症是,许多有药物相关问题的人也有其他心理障碍。然而,大多数诊所和治疗方案都侧重于药物或酒精问题,或其他心理障碍,而不是同时处理所有问题。这一狭窄的焦点导致了较差的治疗结果,包括使那些具有双重诊断的患者更频繁地住院。

生物学方法

8.10 明确药物使用障碍的生物疗法

越来越多的生物方法正在用于治疗物质使用障碍(Quenqua, 2012; Wessell & Edwards, 2010)。对于产生了化学依赖的人来说,治疗方法通常以**戒毒**(detoxification)来开始——也就是帮助他们戒除成瘾物质。

戒毒 通常在医院环境下,戒毒能更安全地进行。在酒精或巴比妥酸盐成瘾的情况下,住院使医务人员能监测和治疗有潜在危险的戒断症状,如抽搐。抗焦虑类药物,如苯二氮卓类药物利眠宁和安定,可能有助于阻断严重的戒断症状,如癫痫发作和谵妄。酒精戒毒大概需要一个星期。戒毒只是保持清洁的重要一步，但它只是一个开始。大约有一半的药物滥用者会在戒毒的一年内复发（Cowley，2001）。继续的支持和结构化治疗——如行为咨询——治疗药物的可能使用会增加长期成功的机会。

许多治疗药物被用于治疗有化学依赖的人，而更多的化合物还处于测试阶段。在这里，我们调查了目前使用的一些主要治疗药物。

双硫仑 由于药物和酒精的结合会产生由恶心、头疼、心悸和呕吐组成的剧烈反应，因此，药物双硫仑（disulfiram，安塔布司）能阻止酒精的摄入。在某些极端的情况下，将双硫仑和酒精结合会导致血压的急剧下降，并导致个体休克甚至死亡。尽管双硫仑已经被广泛应用于治疗酒精中毒，但由于许多想继续饮酒的患者只是简单地停止使用该药物，因此其效果是有限的。其他人停止使用这种药物是因为他们相信，没有药物他们也可以继续戒毒。但不幸的是，很多人又回到了无控制饮酒的状态。另一个缺点是，对患有肝病的人来说，药物的毒性作用是一种常见的疾病。几乎没有证据能证明该药物的长期功效。

戒烟药物 抗抑郁药物安非他酮（bupropion，耐烟盼）用于缓解对尼古丁的渴求，但这种药物在帮助人们成功戒烟方面只起到了一点作用（Croghan et al.，2007）。另一种药物，瓦伦尼克林，通过对大脑中的尼古丁受体起作用，来减弱尼古丁的愉悦效果，帮助预防戒断症状。这种药物在研究中出现了好坏参半的结果，因此我们应该对其有效性进行判断（e.g., Ebbert et al.，2015；Muller et al.，2014）。将瓦伦尼克林与尼古丁替代疗法结合起来，可提高其疗效（Koegelenberg et al.，2014）。然而，瓦伦尼克林的使用与严重的并发症相关，包括与其他戒烟治疗相比，更容易出现抑郁和自杀行为（Chantix Unsuitable，2011；Moore et al.，2011）。

尼古丁替代疗法 大多数经常吸烟的人，也许是绝大多数吸烟者，都产生了尼古丁依赖。使用处方口香糖（尼可戒）、透皮（皮肤）贴剂、润喉糖和鼻腔喷雾剂形式的尼古丁替代品，可帮助吸烟者避免不愉快的戒断症状和烟瘾（Strasser et al.，2005）。戒烟后，吸烟者可以逐渐戒除尼古丁替代品。然而，尽管这些产品在电视广告上取得了成功，但一年后，使用尼古

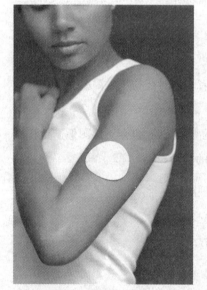

戒烟之路是否很远？ 如此处所示，以透皮（皮肤）贴剂形式的尼古丁替代疗法，以及尼古丁口香糖和润喉糖，使人们能够在戒烟时继续摄入尼古丁。尽管尼古丁替代疗法在帮助人们戒烟方面安慰剂更有效，但它没有解决尼古丁成瘾的行为成分（如在吸烟时喝酒的习惯）。因此，如果将尼古丁替代疗法与侧重于改变吸烟习惯的行为疗法结合起来，则可能更有效。

丁替代法的吸烟者的戒烟率只有20%左右,甚至更少(Baker et al., 2016; Siu, 2015)。我们还应该补充一点,虽然尼古丁替代品有助于抑制戒断的生理成分,但它对成瘾的行为模式没有影响,如在饮酒或社交时吸烟的习惯。因此,尼古丁替代法可能无法促进长期变化,除非它与促进患者适应性行为改变的行为疗法相结合。

美沙酮维持计划 美沙酮(methadone)是一种合成的阿片类药物,它能降低对海洛因的渴望,并有助于抑制伴随戒断而产生的令人不快的症状。因为正常剂量的美沙酮不会产生很兴奋的效果,也不会让使用者感到被麻醉,因此它可以帮助海洛因成瘾者保住工作,并使他们的生活重回正轨(Schwazrtz et al., 2006)。不过和其他阿片类药物一样,美沙酮是很容易上瘾的。因此,用美沙酮治疗的人实际上是从依赖一种药物变成了依赖另一种药物。由于大多数美沙酮项目都是公共资助的,这就减轻了海洛因成瘾者需要依靠犯罪活动来支持自己吸毒习惯的情况。尽管美沙酮比海洛因更安全,但它的使用还是需要严格的监控,因为过量服用美沙酮可能会致命,并且它很有可能被滥用为街头毒品(Veilleux et al., 2010)。

自引入美沙酮治疗依赖,阿片类药物依赖有了显著的下降(Krantz & Mehler, 2004)。对美沙酮治疗的一种常见批评是,许多患者继续无期限地服用这种药物,甚至是终身服用,而不是彻底戒掉它。然而,美沙酮治疗的支持者指出,衡量治疗成功的标准应该是人们能否照顾好自己和家人,并且能负责任地行事,而不是他们继续接受治疗的时间(Marion, 2005)。即便如此,也不是每个人都能治疗成功。有些病人转而服用其他药物,如可卡因,以获得兴奋感,或者又返回去使用海洛因。其他人则退出了美沙酮计划,恢复吸食海洛因。

丁丙诺啡(buprehorphine)是另一种与吗啡化学性质相似的合成阿片类药物,它可以阻断戒断症状和对药物的渴望,而不会产生强烈的麻醉快感(D'Onofrio et al., 2015; Ling et al., 2011)。很多治疗者更喜欢用丁丙诺啡而不用美沙酮,是因为丁丙诺啡产生的镇静效果更少,并且可以每周三次以药片的形式服用,而美沙酮则需要以液体形式每天服用。另一种合成的抗阿片剂左沙美醇的持续时间也比美沙酮长,并且可以每周服用三次。纳入诸如咨询和康复服务在内的心理治疗,可以帮助增强对美沙酮或其他治疗药物治疗的依从性(Veilleux et al., 2010)。[判断正误]

判断正误

一种广泛应用于治疗海洛因成瘾的方法中包含了用一种成瘾药物代替另一种。

☐ 正确 美沙酮是一种合成的麻醉药,广泛应用于治疗海洛因成瘾。

纳曲酮(naltrexone)是一种药物,它可以帮助阻断由酒精、阿片类药物,如海洛因和安非他命所产生的兴奋感或快感。这种药并不能阻止人们喝一杯或者使用另一种药物,但它似乎能够抑制个体对这些药物的渴望(Anton,2008;Myrick et al.,2008)。阻断由酒精或其他药物所产生的愉悦,可能有助于打破喝一杯或使用某种药物而产生更多欲望的恶性循环。然而,关于纳曲酮有效性的证据是混合的,而且这种药物最多只能产生中等的效果(e.g., Anton et al., 2011; Harris et al., 2015; Mann et al., 2014; Oslin et al., 2015)。

像纳曲酮、双硫仑和美沙酮这样的药物有一个令人困扰的问题,就是那些药物成瘾的人可能会退出治疗项目,或者干脆停止用药,并且很快就恢复了药物滥用行为。这些药物也不能提供替代来源,以取代被滥用的药物所产生的愉快状态。这些治疗药物只有在包括心理咨询和类似技能成分,如工作和压力管理训练的更广阔的治疗方案中,才能有效果。这些疗法为人们提供了融入主流文化生活所需的技能,并找到了非药物应对压力的方法(Fouquereau et al., 2003)。

批判地思考异常心理学

@问题:我们应该使用药物去治疗药物滥用吗?

有很多治疗药物被用于治疗药物成瘾,包括用于治疗酗酒的双硫仑,用于治疗烟瘾的尼古丁替代物,用于治疗可卡因依赖的抗抑郁药物,以及最有争议的、用于治疗阿片类药物海洛因成瘾的阿片类药物——美沙酮。用药物来治疗药物问题似乎颇具讽刺意味——实际上,这是自相矛盾的。

批判性地思考用药物去治疗药物滥用的议题,请思考下列问题:
- 如果有的话,你认为在用药物去治疗药物成瘾方面有什么缺点吗?
- 应该向海洛因成瘾者免费提供由政府负责的美沙酮吗?为什么或者为什么不呢?
- 是否应该在接受美沙酮治疗一段时间后就要求人们戒毒,或者是否允许他们在任何需要的时候都可以服用美沙酮?

物质滥用障碍的文化敏感性治疗

8.11 明确与文化敏感性治疗方法有关的因素

少数民族的成员可能会因为感到被排斥在全面参与社会之外,而抵制传统的治疗方法。例如,女性美国原住民对传统的酗酒咨询服务的反应不如白人女性(Rogan,1986)。将这种差异归因于女性美国原住民对"白人"权威的抵制,这表明,美国本土咨询师可能在克服这种抵制方面上会更成功(Hurlburt & Gade,1984)。

使用来自客户自身族群的咨询师是文化敏感性治疗方法的一个例子。文化敏感性项目涉及人类的所有方面,包括种族和文化认同,以培养自尊心,帮助人们抵制在处理化学物质带来的压力时所产生的诱惑。文化敏感性治疗方法已经延伸到其他形式的药物依赖上了,如戒烟项目(e.g.,Nevid & Javier, 1997; Nevid, Javier, & Moulton, 1996)。

文化敏感性治疗 文化敏感性疗法涉及一个人的所有方面,包括种族因素以及培养个体对自己文化认同的自豪感。种族自豪感可以帮助人们抵制在处理酒精和其他物质带来的压力时所产生的诱惑。

我们需要了解预测少数民族群体的治疗反应的具体文化因素。例如,最近的一项研究指出,社会支持对于成功预测美国印第安人和阿拉斯加原住民在酒精和药物治疗项目上是非常重要的(Spear et al.,2013)。研究人员还强调代表了客户种族背景的价值观和文化信念,对激励客户努力改变问题性饮酒行为的重要性(Field,Cochran,& Caetano,2013)。有一个例子是西班牙人对于家庭主义的价值观,或者说对于家庭的重视与问题性饮酒的后果有关。

如果治疗者认识到了,并将本土形式的治疗方法融入治疗当中,他们也许会更成功。例如,灵性是传统美国原住民文化的一个重要方面,灵性主义者扮演着自然治疗者的重要角色。寻求灵性主义者的帮助可能有助于改善咨询关系。同样,考虑到教会在非裔美国人和西班牙裔美国人文化中的重要性,当咨询师寻求神职人员和教会成员的帮助时,对这些群体中有酒精使用障碍的人的咨询可能会更成功。

非专业互助小组

8.12 为有物质使用障碍的人确定一个非专业互助小组

尽管导致药物滥用的因素很复杂,但药物治疗服务通常是由门外汉或非专业人士提供的,并且这些人经常会有或者曾经有过同样的问题。例如,自助小组的会议是由诸如匿名戒酒协会(Alcoholics Anonymous)、匿名戒毒协会(Narcotics Anonymous)以及匿名戒可卡因协会(Cocaine Anonymous)等组织赞助的。这些团体提倡节制,并为在团体支持的环境下为成员提供一个讨论他们感受和经验的机会。经验丰富的团体成员

治愈途经 匿名戒酒协会等自助团体为酗酒和吸毒问题患者提供支持。

（或赞助者）可以在新成员的危机期或潜在复发期为其提供支持。这些会议是由名义上自愿的捐款来维持的。

匿名戒酒协会是使用最广泛的非专业项目，其基础是认为酗酒是一种疾病，而并非罪恶。匿名戒酒协会的理论认为，无论戒酒的时间有多长，酗酒者永远都不会被治愈；而那些能保持"干净和清醒"的人，则被视为"正在恢复的酗酒者"。该理论还假定酗酒的人无法控制自己饮酒，需要别人帮助去戒酒。匿名戒酒协会在北美有超过50 000个分会。该组织深深扎根于帮助专业人士的意识中，其中有很多人自发地将新近戒酒人员推荐给匿名戒酒协会，以作为后续机构。匿名戒酒协会大约有一半的成员在使用非法药物，以及酒精方面存在问题。

匿名戒酒协会的经验一部分是精神上的，一部分是团体支持性的，还有一部分是认知上的。该组织遵循12步骤法，重点在于接受人们对酒精的无能为力，并将自己的意愿和生活转化为更高的权力。这种精神成分可能对一些参与者有帮助，但其他人对此却很反感。(其他组织，如理智恢复协会，他们采用的是一种非精神的方法。)匿名戒酒协会所采用的方法的后续步骤集中在检查个体的性格缺陷，承认自己的错误行为，接纳更强的帮助力量以克服自己的性格缺陷，弥补他人，并在第12步中，将匿名戒酒协会的信息带给其他有酗酒症状的人。新成员被督促去祈祷或者冥想，以帮助他们接触到更强的力量。这些会议本身也提供了团体支持，就像伙伴、赞助者和整个系统一样，能够鼓励成员在想要喝酒的时候相互打电话以提供支持。

匿名戒酒协会的成功率仍然存疑，这很大程度上是因为它没有保存其成员的记录，不过也有在匿名戒酒协会中无法进行随机临床试验的原因。然而，我们确实有证据表明，参加匿名戒酒协会或12步骤项目会带来更好的结果，如饮酒的频率和强度会更低（Bergman et al., 2013；Ferri, Amato, & Davoli, 2006；Ilgen et al., 2008）。即便如此，还是有很多人退出了匿名戒酒协会以及其他的治疗项目。那些更有可能和匿名戒酒协会一起做得更好的人,往往是那些对节制做出了承诺的人,那些表达出想避免与酒精使用有关的高风险情境的意图的人,以及那些参与这个项目时间更长的人(e.g.,McKellar,Stewart, & Humphreys,2003;Moos & Moos,2004)。

家庭互助会,成立于1951年,是匿名戒酒协会的衍生,给那些酗酒者的家人和朋友以支持。匿名戒酒协会的另一个衍生——父母嗜酒青少年互助会,为那些父母酗酒的孩子提供帮助,帮助他们了解到,自己不应因父母的酗酒而被责怪,也不用因此而感到内疚。

暂居于相关机构的治疗方法

8.13 确定物质使用障碍患者暂居于相关机构治疗方法的两种主要类型

暂居于相关机构的治疗方法需要留在医院或治疗住所。当药物滥用者不能在正常环境中进行自我控制,不能忍受戒断症状,或出现自毁、危险行为时,就建议他们暂居于相关机构进行治疗。在戒断症状不太严重的情况下,病人的门诊治疗费用较低,并且门诊承诺可以改变他们的行为。而且支持系统,如家庭,可以帮助病人过渡到一种不吸毒的生活方式中去。绝大多数有酒精依赖的病人都是在门诊接受治疗的。

大多数住院病人都有一个额外的28天的排毒期。在最初的几天里,治疗的重点是帮助有戒断症状的病人。然后,治疗重点转移到咨询关于酒精的破坏性影响,以及打击扭曲的想法或合理化。目标是与疾病模型一致以及节欲。

不过,大多数酒精使用障碍者并不需要住院治疗。一篇经典的综述文章显示,门诊病人和住院病人的复发率是相同的(Miller & Hester,1986)。然而,由于医疗保险并不总是覆盖门诊治疗,所以许多可以受益于门诊治疗的病人不得不选择住院治疗。

很多相关机构治疗的社区也正在使用中。有些有兼职或者全职的专业工作人员,其他的则完全由外行人管理。病人们将不再继续使用药物,并对自己的行为负责。他们经常面临着对自己负责,以及了解药物滥用对他们所造成的伤害的挑战。他们分享自己的生活经验,帮助彼此形成有效处理压力的方法。

与匿名戒酒协会一样,相关机构治疗项目缺乏来自对照试验的能证明其有效的证据。同样地,治疗社区也有大量早期退出的人。此外,许多病人在回到外部世界之后就又复发了。

心理动力学方法

8.14 描述物质滥用者的心理动力学治疗

精神分析学家将酒精和药物问题视为植根于童年经历中的冲突症状。治疗师试图去解决这些潜在冲突,并认为滥用行为会随着病人寻求更加成熟的满足感而产生消退。尽管在治疗有物质使用问题的人上有很多成功的案例,但缺乏可控制和可复制的研究。因此,治疗酒精和药物相关问题的心理动力学方法的有效性仍然没有得到证实。

行为方法

8.15 明确物质使用障碍的行为方法

治疗酒精相关和药物相关问题的行为方法侧重于改变滥用和依赖的行为模式。行为导向的治疗师的关键问题不在于酒精相关和药物相关问题是否属于疾病,而是滥用者在面对诱惑时能否学会改变自己的行为。

自我控制策略 自我控制训练可以帮助滥用者培养可用于改变其滥用行为的技能。行为治疗师主要关注三个成分——物质滥用的ABC疗法:

(1)提示或触发滥用的先行词或刺激物(A_s);

(2)滥用行为(B_s)本身;

(3)维持或阻止滥用的强化或惩罚后果(C_s)。

表8.2展示了用于修正药物滥用ABC疗法的各种策略。

应急管理程序 学习理论学家认为,我们的行为是由奖惩决定的。想想你做过的每件事,从去上课到看到红灯停下来,再到去工作以获得薪水,你所做的事情都会受到强化或奖赏(金钱、表扬、批准)以及惩罚(交通罚单、指责)的影响。应急管理程序(CM)根据表现出的令人满意的行为(如提供负性药物尿样),来给予强化(奖赏)(Petry et al., 2005; Poling et al., 2006; Roll et al., 2006)。有一个例子是,一组病人有机会从一个碗中抽取奖金(奖赏),价值从1美元到100美元不等(Petry & Martin, 2002)。奖金取决于是否提交了干净的可卡因和阿片类药物尿样。平均而言,应急管理(奖赏)组比标准美沙酮治疗组的节制期持续时间更长。研究人员发现,即使对节制进行适当的奖励,也有助于改善药物滥用者的治疗结果(Dutra et al., 2008; Higgins, 2006)。

厌恶条件反射 在厌恶条件反射下,将痛苦或厌恶的刺激与药物滥用或滥用相关的刺激物结合起来,从而调节对药物相关刺激的消极情绪

表8.2　用于修正药物滥用ABC疗法的各种策略

1. 控制物质滥用的As（先行词）

那些滥用或者依赖精神活性物质的人，会受到各种外在（环境）和内在（身体状态）刺激的制约。他们可能会通过以下方式来打破这些刺激反应联结：

- 从家里除去喝酒和吸烟用具——包括所有的酒精饮料、啤酒杯、玻璃水瓶、烟灰缸、火柴、烟盒、打火机等等。
- 限制允许饮酒或吸烟的刺激环境，只有在家中如车库、浴室或地下室这种缺少刺激物的区域内，才允许饮酒或吸烟。所有可能与饮酒或吸烟有关的刺激物都要从这些区域中移除——例如，没有电视、阅读材料、收音机或者电话。
- 避免与有物质滥用问题的人交往，避免与会出现物质滥用的地点——酒吧、街头、保龄球馆等等发生联系。
- 经常待在无烟、酒、毒品等物质的环境中——讲座或音乐会、健身房、博物馆、夜校——与非物质滥用者交往，以及在没有酒水许可证的餐馆就餐。
- 管理内部触发滥用的因素。这可以通过练习自我放松和冥想来实现，而不是在紧张的时候就使用这些物质；通过写下来或自我断言来表达愤怒的感觉，而不是通过使用这些物质；通过寻求咨询来解决长期的抑郁，而不是使用酒精、药片或香烟。

2. 控制物质滥用的Bs（行为）

人们可以通过以下方式预防和阻断物质滥用：

- 使用预防应对措施——通过物理上阻止滥用习惯的发生或使它们变得更难以完成，来改变滥用的习惯（例如，不把酒带回家或者把香烟留在车上）。
- 在受到诱惑时使用竞争反应；通过准备好处理物质使用情境的适当弹药：薄荷糖、无糖口香糖等等；通过沐浴或淋浴，遛狗，绕着街道散步，开车，打电话给朋友，在无烟、酒、毒品等物质的环境中消磨时间，练习冥想或放松，或者在受到诱惑时进行锻炼，而不是去使用这些物质。
- 让滥用变得更加费力：一次买一罐牛肉，把火柴、烟灰缸和香烟放得很远；用金属薄片包装香烟，使吸烟变得更麻烦；当有想喝酒、抽烟，或者使用另一种物质时，停顿10分钟，然后问自己："我真的需要这个吗？"

3. 控制物质滥用的Cs（结果）

药物滥用具有直接的积极效果，如愉悦，缓解焦虑、戒断症状和刺激。人们可以通过以下方式来抵消这些内在奖励，并改变力量的平衡以有利于非滥用：

- 奖励自己不滥用的行为，并对滥用行为进行惩罚。
- 转而选择自己不喜欢的啤酒和香烟品牌。
- 制定渐进的物质减少计划，并奖励自己的坚持。
- 没有到达减少物质使用的目标就惩罚自己。有物质滥用问题的人可以评估自己，例如说，为每张单据留出特定的现金罚款，并把现金因为某个令人不快的原因捐出去，比如给不喜欢的姐夫买生日礼物。
- 排练激励的想法或自我陈述——比如在索引卡片上写出戒烟的理由。例如：
  每一个不抽烟的日子，都为我的人生延长了一天。
  戒烟可以帮助我再次深呼吸。
  当我戒烟的时候，食物的味道和气味会更好。
  想想不抽烟的话我能省多少钱。
  想想不抽烟的话我的牙齿和手指会有多干净。
  我将会很自豪地告诉别人我改掉了这个坏习惯。
  我每天不抽烟的话，我的肺部就会变得更清洁。
  吸烟者可以列出20到25个这样的陈述，并在一天中多次阅读。它们会成为一个人日常生活的一部分，一个不断提醒自己的目标。

反应。在问题性饮酒的情况下,喝酒精饮料通常与引起恶心或电击的药物配对。因此,酒精可能会引起不愉快的情绪或生理反应。不幸的是,厌恶条件反射的效果通常是暂时性的,并且无法推广到现实生活中去,因为在现实生活中,厌恶刺激将不会被使用。不过,它也许可以作为更广的治疗项目中一个有用的治疗成分。

社交技能训练 社交技能训练有助于人们在促进物质滥用的社交场合中发展有效的人际关系反应。例如,自信心训练可以用来训练酒精滥用者来抵御社会压力。行为婚姻疗法旨在改善婚姻沟通和解决问题的技巧,目的是缓解可能引发滥用的婚姻压力。夫妻可以学习如何使用书面行为合同。例如,有物质滥用问题的人可能会同意戒酒或者服用安塔布司,而配偶则会同意不对其过去的饮酒行为,以及将来失误的可能性发表评论。

控制饮酒:是一个可行的目标吗? 根据酗酒的疾病模型,即使只喝一杯也会导致酗酒者失去控制并继续狂饮。然而,一些专业人士认为,许多酗酒或有酒精依赖的人可以发展自我控制技术,让他们可以控制饮酒——可以喝上一两杯而不会旧瘾复发(Sobell & Sobell, 1973a, 1973b, 1984)。然而,这个论点仍然是有争议的。酗酒疾病模型的支持者们强烈反对试图去教授控制社会性饮酒。不过,受控制的饮酒项目对于那些不愿意参加节制治疗项目的人来说,可能代表了一种戒酒的途径(Glaser, 2014; Tatarsky & Kellogg, 2010)。也就是说,受控制的饮酒计划也许是彻底戒酒的第一步。通过提供适度的治疗目标,控制饮酒计划可能会影响到许多拒绝参加戒酒治疗项目的人。

预防复发训练

8.16 描述预防复发训练

复发(relapse)一词源自拉丁语,意思为"倒退"。由于药物滥用项目的复发率很高,因此,认知行为治疗师设计了一些被称为预防复发训练的方法。这种训练旨在帮助物质滥用者识别高风险情境,并学习有效的应对技巧以处理这些情况,而不是转向使用酒精或药物(Witkiewicz & Marlatt, 2004)。高风险情况包括消极的情绪状态,如抑郁、愤怒或焦虑;人际冲突,如婚姻问题或与老板起冲突;以及对社会有利的情境,如"这些家伙们聚在一起"(Chung & Maisto, 2006)。受训者学习如何去处理这些情况——例如,通过学习放松技巧来应对焦虑,以及学习抵制社交压力下的饮酒。他们还能学习一些避免导致复发的做法，如在朋友面前喝酒。

预防复发训练还注重防止失误变成全面的复发。个体能了解他们对于任何失误的解释或可能发生的失误的重要性，如抽第一根烟，或者在戒酒失败后第一次喝酒。通过改变他们对失误的看法，教会他们不要过度反应。例如，他们会知道，如果把失误归因于个人的软弱，并感到羞愧和内疚，而不是归因于一个外部的或暂时的事件，那么这样的人将更容易会复发。想想一个在冰上滑倒的滑冰运动员（Marlatt & Gordon, 1985）。这个滑冰运动员是否会重新站起来并继续表演，很大程度上取决于他是否认为这是一次偶然的、可修正的事件，还是"完全失败"的一个标志。因为戒烟者在对戒断症状进行反应的过程中经常会出现失误，所以，帮助吸烟者学会处理这些症状的方法而不是恢复吸烟行为是非常重要的（Piasecki at al., 2003）。参加预防复发训练的人会学习将失误视为暂时的挫折，这些挫折为了解何种情境能导致诱惑以及学习如何避免或处理诱惑提供了机会。如果他们能够学会这么想，"好吧，我有一次失误，但这并不意味着一切都完了，除非我自己是这么认为的"，那么他们就不太可能会复发。

总之，对于治疗有酗酒和药物问题的人的努力显示出好坏参半的结果。尽管很多滥用者更愿意去使用这些物质以避免其负面结果，但如果可能的话，他们确实不想停止使用。不过，很多治疗方法，包括12步骤法和认知行为疗法，当它们被很好地传递以及个体渴望改变时，疗效都还不错（DiClemente, 2011; Moos & Moss, 2005）。

有效的治疗方案包含了很多符合物质滥用者需求的方法，还能处理其他心理障碍的共病（共同出现）。诸如焦虑症、情绪障碍以及人格障碍等问题，现在是物质滥用治疗设施里的规则，而非例外（Arias at al., 2014; Pettinati, O'Brien & Dundon, 2013; Vorspan at al., 2015）。正如在下面的第一人称叙述中指出的，有物质滥用的共病使其他心理障碍的治疗变得更加复杂了。

> **"这显然不能怪啤酒"：一个酒精成瘾和双相情感障碍的案例**
>
> 一个30岁的有酒精成瘾和双相情感障碍的男子，一直在努力戒掉酒精，他曾经用酒精来治疗抑郁症躁狂症。他后来讲述了在他反复因躁狂发作而多次住院的那段黑暗岁月里，酒精，尤其是啤酒，是如何成为他最好的朋友的。也就是在住院期间，他被告知需要戒酒。他清楚地记得自

> 己的回答："他们说的肯定不是啤酒吧！"他完全否认酒精是如何损害他的身体，并阻止他从治疗双向情感障碍的药物中获益。直到他的父母威胁他，如果他再次因为酗酒而住院治疗的话，就取消他们的情感和财务支持，他才决定参加匿名戒酒协会。随着时间的推移，最终他成功戒酒，并使双相药物也发挥了作用。他停止使用酒精，包括啤酒，是其成功康复的重要一步，让他能够和医生一起控制情绪上的波动。
>
> 来源：改编自一个在线支持网站——纽约之声上的文章。

虽然有效的治疗项目是可行的，但只有少数有酒精依赖的人才会接受治疗，即使治疗的定义已经广泛到足以包括匿名戒酒协会（Kranzler, 2006）。这一结果与加拿大安大略省的一项研究结果一致。该研究选取了1000多个患有酒精滥用或酒精依赖的人，发现他们当中只有三分之一的人曾接受过治疗（Cunningham & Breslin, 2004）。很显然，在帮助患有药物相关问题的人上还有更多的工作需要做。

对于已经陷入街头毒品和绝望境地的城内年轻人来说，进行文化敏感性的药物咨询和职业培训，对他们承担更有成效的社会角色有很大的帮助。挑战是显而易见的：要开发出具有成本效益的方法，帮助人们认识到物质的负面影响，并放弃物质提供的强力而直接强化。

治疗方法的结合
一个物质依赖的生物心理社会学模型

物质滥用障碍涉及物质滥用和物质依赖的适应不良模式，反映了生物因素、心理因素和环境因素的相互作用。通过对每个个案的独特因素的调查，可以最好地理解这些问题。没有单个的模型或一组因素可以解释每一个案例，这就是为什么治疗师需要了解每个人的独特特征和个人历史，并以此为指导相应地进行治疗。图8.8显示了物质依赖的生物心理社会模型，说明了这些因素是如何相互作用的。

正如你在图8.8中所看到的，遗传因素可以为药物相关问题的发展创造一种倾向或素质（Young-Wolf, Enoch, & Prescott, 2011）。有些人可能天生就对酒精有较高的耐受性，这可能会使他们难以规范酒精的使用——知道"什么时候该说什么"。其他人可能有会导致他们变得异常紧张或焦虑的遗传倾向。可能他们会转向酒精或其他药物来缓解自己的紧张。遗传易感性可以与环境因素相互作用，从而增加药物滥用和药物依赖的可能性——诸如同伴使用药物的压力，过度饮酒或吸毒的父母模型，以及家庭破裂，都会导致有效引导和支持的缺失。认知因素，尤其是对药物的积极预期（例如，认为使用药物会提高一个人的社交技能或性能力），会增加酒精或药物使用的可能性。在青春期和成年期，这些积极的期望再加上社会压力和文化约束的缺失，影响着年轻人开始使用药物以及继续使用药物的决定。呼应了遗传因素和环境因素在解释异常行为模式

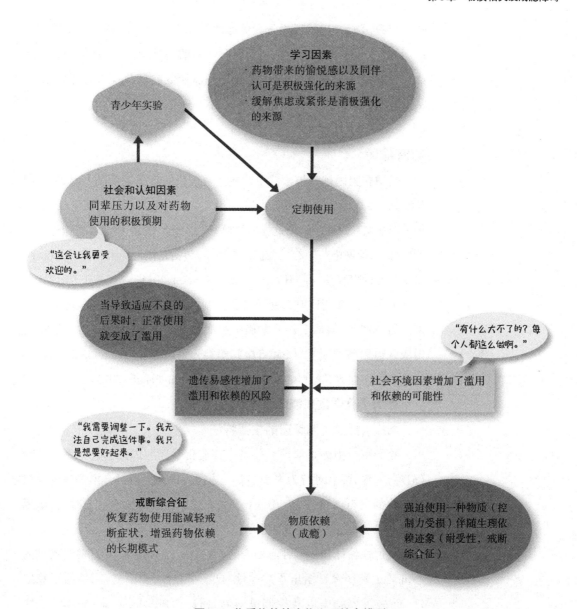

图 8.8 物质依赖的生物心理社会模型

中的重要性,研究人员认为,遗传因素可能增加了人们在压力下转向酒精或其他药物的风险(Dong et al.,2011;Yager,2011)。

社会文化因素和生物因素也在这个因素矩阵中:酒精和其他药物的可获得性;是否存在文化限制;美化流行媒体中的药物使用以及在摄入酒精后更容易发生脸红的遗传倾向(例如在亚洲人之间)(Luczak,Glatt,& Wall,2006)。

学习因素也很重要。药物的使用可能会通过愉悦的作用(也许是通过大脑中多巴胺的释放或者通过激活内啡肽受体来调节)而产生正强化。也有可能通过减轻紧张和焦虑的抑制性药物，如酒精、海洛因和镇静剂，产生负强化。在一个悲伤而又讽刺的转折中，有药物依赖的人可能会继续使用药物，仅仅是因为这样可以让他们在没有药物的情况下，从戒断症状和渴望中解脱出来。

赌博障碍

赌博在美国越来越来越受欢迎。合法化的赌博包括很多形式，如国家彩票、场外赛马（OTB）店、由宗教和兄弟会组织赞助的赌场之夜，以及像大西洋城和拉斯维加斯这样的赌博圣地。近年来，尽管法律机构进行了严厉打击，但网络赌博的机会仍然在激增，包括在体育赛事和赛马上投注，以及在线纸牌游戏（e.g., Hodgins, Stea, & Grant, 2011; King et al., 2013）。

大多数人在赌博时都能够自我控制，并且只要自己愿意就能够停下来。另一些人，就像下一节案例中的那个人一样，陷入了一种问题性赌博或强迫赌博的模式，DSM-5将其归类为赌博障碍（gambling disorder），一种非化学性的成瘾（Rennert et al., 2014; Rumpf et al., 2015）。

作为非化学性成瘾的强迫赌博

8.17 描述赌博障碍的主要特征

我们可以把强迫赌博看作是一种非化学性的成瘾。它与物质依赖（成瘾）一样，都会对行为失去控制。当行为得到表现时会出现高度唤起和愉快的兴奋体验，以及当一个人减少或者停止强迫性行为时，会出现头痛、失眠、食欲不振等戒断症状。

强迫性赌徒和化学性滥用者的人格特征也有重叠，对这两组被试的心理测试资料都显示出了冲动性、自我中心性、刺激需求、情绪不稳定性、低挫折容忍度以及控制欲等特征（e.g., Billieux et al., 2012; Clark, 2012; MacLaren et al., 2011）。强迫性赌徒也有一些边缘型人格障碍者的特征（在第12章中讨论），比如冲动性、不稳定的自我形象以及与他人关系不和（Brown, Allen, & Dowling, 2014）。强迫性赌徒也表现出特有的认知错误，比如赌徒谬论（相信在一系列特定的结果之后，如反复正面朝上地抛硬币，出现硬币背面的可能性就会越大），以及控制偏差的错觉（相信个体对赌博结果的控制力比实际情况更大；Coodie & Fortune, 2013）。强迫性赌徒和酒精依赖患者在神经心理学测试中也显示出类似的结果，表明大脑中负责控制冲动行为的前额叶皮层失调（Goudriaan et al., 2006）。研究人员还发现，强迫性赌博和物质使用障碍之间的共病率很高(e.g., Dannon et al., 2006)。像其他形式的异常行为一样,有证据表明,强迫性赌博中有重要的遗传成分(Shaffer & Martin, 2011; Slutske et al., 2011, 2013)。

虽然DSM-5将赌博障碍归为物质相关和成瘾障碍,但成瘾模型可能更适用于某些强迫性赌徒。比起物质使用障碍,某些形式的强迫性赌博可能更接近于心境障碍或强迫症。例如,有证据表明,赌博障碍常常与双相情感障碍一起发生,尤其是在赌博障碍更严重的情况下(Di Nicola et al., 2014)。

强迫性赌博有很多种形式,从过度投注赛马、纸牌游戏和赌场,到奢侈地投注不确定的体育赛事的股票。许多强迫性赌徒只有在遭受了经济危机或情感危机时,如破产或离婚,才会去寻求治疗。

第一次关于问题性赌博的全国性调查显示,大约有2%的14岁到21岁的美国年轻人(共约750 000人),在过去的一年中有问题性赌博行为(Welte et al., 2008)。问题性赌博表现为用于赌博的钱比其想要得更多,或者是偷钱去赌博。大约有0.4%到1.0%的普通人在一生中会形成赌博障碍(美国精神病学协会,2013)。强迫性赌博或问题性赌博正在上升,部分原因是合法化赌博形式的日益扩散(Carlbring & Smit, 2008; Hidgins, Stea, & Grant, 2011)。问题是,我们应该如何在娱乐性赌博和强迫性赌博之间划分界线呢?

强迫性赌徒或病态赌徒经常说在自己赌徒生涯的早期,他们也经历过一次巨大的胜利或者一系列胜利。然而,最终,他们的损失开始增加,带着越来越多的绝望继续赌博,以扭转运气并挽回损失。损失有时候会从第一个赌局开始,而强迫性赌徒常常会陷入一种下注的恶性循环,即使自己的损失以及债务已经成倍增加,他们仍然会更频繁地押注。在某种程度上,大多数强迫性赌徒都跌入谷底,这种绝望状态的特征是缺乏对赌博的控制,经济上的破产,企图自杀以及破碎的家庭关系。他们可能会尝试通

赌博,一种美国风格 在美国,赌博是一项大生意。尽管大多数赌徒都能控制自己的赌博行为,但强迫性赌徒们却无法抗拒赌博的冲动。许多强迫性赌徒只有在他们陷入经济危机或者情感危机时才会寻求帮助。

过更频繁的赌博来减少不断增加的损失,希望能有一次"大赚"使他们"进入有利的财务境况中"。他们有时候会充满活力或者过度自信,有时候又会感到焦虑并充满失望。一个名为埃德(Ed)的强迫性赌徒讲述了他是如何寻求一次大赚以摆脱经济上的困境的。

"我""大赚一笔"

我看着自己欠下的钱,觉得我不可能靠出去找份工作就能把债务还清了。为了做到这一点,我必须要大赚一笔。我要不断地追逐,却没有意识到自己一直都在陷入一个洞中。当赌博控制了我正在做的事情而不是自己能控制时,生活就变得难以管理了。我就去借钱。我不应该这么做。我在赌博这件事上说了谎,我也不应该这么做。它[赌博]夺走了我生命中其他的东西——我的家庭生活、我的职业生涯,所有的这些事情都因为我在赌博而受苦。

来源:摘自Speaking Out: Videos in Abnormal Psychology Pearson Education,2008. 保留所有权利。

许多强迫性赌徒深受自卑之苦,并且在童年期被父母拒绝或虐待(Hodgins et al., 2010)。赌博就可能成为他们通过证明自己是赢家而提升自尊的方法。然而,在通常情况下,赢钱是难以捉摸的,而损失则会增加。失败只会增强他们消极的自我形象,从而导致抑郁甚至自杀。在这里,Ed评价了赢钱是如何提升他的自尊,以及损失是如何被粉饰的。

"我""我比别人聪明"

我知道现在发生的一些事情是由我性格上的缺陷导致的。作为一名运动员,我失败;作为一名学生,我也失败。我在最初的目标——成为一名牧师——也失败了。我会在什么事情上获得成功呢?我将会成为一个成功的裁判员(在灰色猎犬比赛中)。我满怀激情地追赶着这个目标。我觉得如果我能成功,我会是一名出色的裁判员,并能靠这份工作赚很多钱。最重要的不是赢得了大量的钱或者类似的东西,而是做了正确的事。人们会问,你是怎么选择的?这就是我的智慧了,我比别人聪明。在将灰色猎犬放入箱子里之前,我会有一种明确的兴奋感,就像一种紧张的期待。当事情发生的时候,你几乎处于一种紧张的恍惚状态,感受将要发生的事情,并根据最终结果来选择是因为胜利而感到欣快,还是因为发生了什么事而感到沮丧。不是你做了错误的选择,而是发生了这样的事影响到你会怎么做……我想让人们看着我说,"哇,你是怎么做到的,你看起来好聪明。"……他们听说过我的成功,却没有听说过我的失败。

来源:摘自Speaking Out: Videos in Abnormal Psychology Pearson Education,2008. 保留所有权利。

观看视频"埃德:赌博障碍",了解埃德更多的故事,他意识到是赌博控制了他的生活,而不是他控制了自己的赌博。

观看 埃德:赌博障碍

强迫性赌博的治疗

8.18 描述治疗赌博障碍的方法

强迫性赌博(赌博障碍)的治疗仍然是一个挑战。专业帮助人士面对与强迫性赌徒之间的艰苦斗争,这些人与有人格障碍和物质使用障碍的人一样,做出了适应不良的选择但却对自己问题的原因知之甚少。他们不愿意接受治疗,还可能会抵触为帮助他们所做出的努力,并且只有由赌博导致了经济问题或情感问题时,才会去寻求治疗(Valdivia-Salas et al.,2014)。尽管面临着这些挑战,但还是有关于成功治疗的努力的报道,如专注于帮助赌徒纠正认知偏差的认知行为项目(他们认为自己能够控制赌博的结果,而实际上这是由机会支配的,并倾向于因为赢钱而相信自己,把自己的失败解释过去)(e.g., Gooding & Tarrier, 2009; Okuda et al., 2009; Petry et al., 2008; Shaffer & Martin, 2011)。使用抗抑郁药物和情绪稳定药物也有很好的效果,这表明了强迫性赌博和心境障碍可能有共同的特征(e.g., Dannon et al., 2006; Grant, Williams, & Kim, 2006)。

许多治疗项目都涉及到同伴支持项目——像匿名戒赌协会(GA)一样,它是以匿名戒酒协会为模型的。该项目强调个人对自己的行为负责,并确保小组成员的匿名性,以鼓励人们参与和分享自己的经验。在一个支持性的小组环境中,成员们可以深入了解自己的自我毁灭行为。在某些情况下,可能会使用基于医院的或是住院治疗方法来隔离强迫性赌徒,以便能够帮助他们摆脱平常的破坏性行为。在出院后,仍然鼓励他们继续参加匿名戒赌协会或类似的项目。为了确保匿名性,像匿名戒赌协会这样的项目不会保存参与者的记录,所以很难评估其成功性。尽管如此,匿名戒赌协会在很多情况下似乎还是有帮助的,但不幸的是,参与者的戒赌率还是很低(Petry et al.,2006;Tavares,2012)。

一些强迫性赌徒表现出了自己的进步,事实上,有些赌徒没有任何症状,甚至也没有得到任何正规的治疗。但问题在于,研究人员不知道赌徒们能自行改善什么样的问题。对美国两个具有全国代表性的样本的数据分析显示,在过去的一年中,10个强迫性赌徒中大约有4个没有任何症状(Slutske,2006)。

总结

物质相关及成瘾障碍的分类

物质使用和滥用

8.1 识别DSM-5中主要的物质相关障碍的类型,并描述其主要特征

DSM-5将物质相关障碍分为两大类:物质诱发障碍(反复发作的毒瘾和戒断症状的发展),以及物质使用障碍(物质使用不良造成心理困扰和功能受损)。

非化学成瘾及其他形式的强迫行为

8.2 描述成瘾及强迫行为的非化学形式

强迫行为的模式,如强迫性赌博和强迫性购物,甚至过度使用互联网,都可能代表了非化学形式的成瘾。这些行为模式与突然停止使用药物时出现的药物依赖或成瘾的典型症状有关,包括对行为控制的受损以及诸如焦虑或抑郁的戒断症状。

术语澄清

8.3 解释生理依赖与心理依赖的区别

生理依赖包括由于经常使用某种物质而导致身体发生变化,如形成了耐受性和戒断综合征。心理依赖涉及习惯性地使用某种物质以满足心理需求,无论该物质是否有生理依赖性。

成瘾路径

8.4 明确药物依赖路径中的共同阶段

在药物依赖路径中三个共同的确定阶段是(1)试验,(2)常规使用,(3)成瘾或依赖。

药物滥用

镇静剂

8.5 描述镇静剂的作用和它们所带来的风险

镇静剂是减缓神经系统活动的药物,包括酒精、镇静剂和阿片类药物。其影响有中毒、协调能力受损、说话含糊不清以及智力功能受损。慢性酒精滥用与健康风险有关,包括科尔萨科夫综合征、肝硬化、胎儿酒精综合征以及其他身体健康问题。巴比妥酸盐是一种抑制剂或镇静剂,在医学上被用于短期缓解焦虑和治疗癫痫,以及其他用途。和酒精一样,它们也会影响驾驶能力,在过量的情况下也会很危险,尤其是将巴比妥酸盐和酒精结合使用时。吗啡和海洛因等阿片类药物源自罂粟,而其他的则是合成的。阿片类药物在医学上被用于缓解疼痛,但非常容易上瘾,并且过量服用会导致致命的后果。

兴奋剂

8.6 描述兴奋剂的作用和它们所带来的风险

兴奋剂加强了中枢神经系统的活动。安非他命和可卡因都是兴奋剂,能增加大脑中神经递质的可用性,从而导致唤起和愉悦状态的增强。高剂量可以产生类似偏执型精神分裂症的精神病反应。经常使用可卡因会造成各种健康问题,过量使用还会导致猝死。反复使用尼古丁——一种在烟草中发现的温和刺激物,会产生生理依赖。

致幻剂

8.7 描述致幻剂的作用和它们所带来的风险

致幻剂是一种扭曲感官知觉并能引起幻觉的药物,包括LSD、裸盖菇素和梅斯卡林。其他有类似效果的药物是印度大麻(大麻)和苯环己哌啶,后者是一种可以引起精神错乱或谵妄状态的谵妄药。虽然致幻剂可能不会引起生理依赖,但却可能产生心理依赖。人们还担心重度大麻使用者的大脑受损可能会影响其学习和记忆能力。

理论视角

生物学观点

8.8 从生物学角度描述物质使用障碍,并解释可卡因是如何影响大脑的

生物学观点侧重于揭示可能的解释生理依赖机制的生理通路。生物学的观点催生了疾病模型,认为酗酒和其他形式的物质依赖都是一个疾病过程。可卡因阻断了传递神经元对多巴胺的再吸收,这意味着更多的多巴胺被留在了突出间隙中,通过过度刺激大脑网络中的接收神经元,从而产生高度的欣快感和愉悦感。

心理学观点

8.9 描述物质使用障碍的心理学观点

学习理论的观点将物质使用问题视为习得的行为模式,在经典性和操作性条件作用以及观察学习中起着作用。认知观点侧重于态度、信念和期望在物质使用和物质滥用方面的作用。社会文化观点强调了药物使用模式背后的文化、群体和社会因素,包括同辈压力在决定青少年药物使用方面的作用。心理动力学理论认为药物滥用问题,如过度饮酒和习惯性吸烟,是一种口唇期固着的迹象。

物质使用障碍的治疗

生物学方法

8.10 明确药物使用障碍的生物疗法

药物使用障碍的生物疗法包括戒毒,使用治疗药物,如双硫仑、美沙酮、纳曲酮和抗抑郁药物以及尼古丁替代疗法。

物质滥用障碍的文化敏感性治疗

8.11 明确与文化敏感性治疗方法有关的因素

文中强调的因素有:使用来自个体自身种族群体的咨询师,提供社会性支持,在治疗方案中融入特定的文化价值和本土形式的治疗,并利用神职人员和教会成员的帮助。

非专业互助小组

8.12 为有物质使用障碍的人确定一个非专业互助小组

非专业互助小组的一个主要例子是匿名戒酒协会,该组织提倡在一种支持性的团体环境中进行戒酒。

暂居于相关机构的治疗方法

8.13 确定物质使用障碍患者暂居于相关机构治疗方法的两种主要类型

住院治疗法包含为药物滥用患者提供专门服务和治疗住所的医院。

心理动力学方法

8.14 描述物质滥用者的心理动力学治疗

心理动力学治疗的重点是揭露和解决源自童年期的内在冲突,这些冲突可能是物质滥用的根源所在。

行为方法

8.15 明确物质使用障碍的行为方法。

行为治疗师专注于帮助有物质使用问题的人通过使用诸如自我控制训练、厌恶条件作用以及技能训练等方法,来改变其问题行为。

预防复发训练

8.16 描述预防复发训练

不管治疗技术最初的成功与否,在治疗物质滥用问题的人群中,复发仍然是一个紧迫的问题。预防复发训练采用认知行为技术,帮助物质滥用者恢复应对高风险的情境,并通过以较少破坏性的方式解释失误,防止失误复发。

赌博障碍

作为非化学性成瘾的强迫赌博

8.17 描述赌博障碍的主要特征

赌博障碍或者说强迫性赌博可以被比作一种非化学性成瘾,在这种情况下,人们会失去对行为的控制。当进行赌博时,人们会处于一种高度唤起或愉悦的兴奋状态,而当他们停止赌博时,就会出现戒断症状。有这种障碍的人通常还有一些并发症,尤其是物质使用障碍和心境障碍。

强迫性赌博的治疗

8.18 描述治疗赌博障碍的方法

已经开发出一些有前景的强迫性赌博的治疗方法,包括抗抑郁药物和情绪稳定药物,以及用于纠正可能导致强迫性赌博的认知偏差的认知行为疗法。许多强迫性赌徒都参加了同伴支持团体,如匿名戒赌协会,这些团体可以帮助他们了解自己的自我挫败行为,并改变他们的强迫行为模式。

评判性思考题

在阅读本章的基础上,请你回答下列问题:

- 决定药物使用成为药物滥用或药物依赖的依据是什么?你自己或者你认识的人有没有超过使用和滥用之间的界限?你依据什么做出这个判断的?
- 你或者你认识的人是否表现出了非化学形式的上瘾,如强迫购物、强迫性赌博或强迫性行为?这种行为是如何影响你(或他/她)的生活的?你(或他/她)能做些什么来克服这种行为?
- 你如何看待用麻醉药物美沙酮去治疗另一种麻醉药物海洛因成瘾的想法?这种方法的优缺点是什么?你认为政府应该支持美沙酮维持项目吗?为什么或者为什么不呢?
- 如今,许多青少年的父母都在自己年轻时曾吸食过大麻或使用过其他毒品。如果你是这些父母中的一员,你会告诉孩子关于毒品的什么事情呢?

关键术语

1. 物质诱发障碍	1. 镇静剂	1. 可卡因
2. 物质中毒	2. 酗酒	2. 克勒克(碎石形态可卡因)
3. 物质戒断	3. 巴比妥酸盐	3. 致幻剂
4. 耐受性	4. 麻醉品	4. 大麻
5. 戒断综合征	5. 内啡肽	5. 戒毒
6. 物质使用障碍	6. 吗啡	6. 美沙酮
7. 网络成瘾障碍	7. 海洛因	7. 纳曲酮
8. 生理依赖	8. 兴奋剂	8. 赌博障碍
9. 成瘾	9. 安非他命	
10. 心理依赖	10. 安非他命精神病	

心理学经典译丛

异常心理学:
换个角度看世界

[美]杰弗瑞·S.纳维德
Jeffrey S.Nevid

[美]斯宾塞·A.拉瑟斯
Spencer A.Rathus

[美]贝弗里·A.格里尼
Beverly A.Greene

著

赵凯 杨旸 等 译

赵凯 审校

（第10版）
下

华东师范大学出版社
全国百佳图书出版单位
上海

第9章 进食障碍和睡眠—觉醒障碍

学习目标

9.1 描述神经性厌食症的主要特征。
9.2 描述神经性贪食症的主要特征。
9.3 描述神经性厌食症和神经性贪食症的病因。
9.4 评估神经性厌食症和神经性贪食症的治疗方法。
9.5 描述暴食症的主要特征,并明确暴食症的有效治疗方法。
9.6 描述失眠性障碍的主要特征。
9.7 描述过度嗜睡症的主要特征。

- 9.8 描述嗜睡症的主要特征。
- 9.9 描述与呼吸相关的睡眠障碍的主要特征。
- 9.10 描述昼夜节律性睡眠—觉醒障碍的主要特征。
- 9.11 明确异睡症的主要类型,并描述它们的主要特征。
- 9.12 评估用于治疗睡眠—觉醒障碍的方法,并运用你的知识来确定更适合的睡眠习惯。

判断正误

正确□ 错误□ 尽管有人认为她们非常瘦,但患有神经性厌食症的女性仍然认为自己太胖了。

正确□ 错误□ 尽管神经性厌食症是一种严重的心理障碍,但实际上,与一般女性相比,患有神经性厌食症的女性自杀的可能性更小。

正确□ 错误□ 患有神经性贪食症的女性只在暴饮暴食后催吐。

正确□ 错误□ 抗抑郁药物可用于治疗神经性贪食症。

正确□ 错误□ 肥胖在美国是最常见的心理疾病之一。

正确□ 错误□ 当人们的体重开始显著下降时,他们的身体反应就好像自己在挨饿一样。

正确□ 错误□ 继圣诞老人之后,孩子们最常认出的人物形象是罗纳德·麦当劳。

正确□ 错误□ 许多人遭受睡眠发作,在没有任何预兆的情况下突然发生的。

正确□ 错误□ 有些人在睡眠期间没有意识到自己会喘息上百次。

观看 章节引言 进食障碍和睡眠—觉醒障碍

> **"我""那是怎么回事?"**
>
> 每天晚上吐的时候,我都会忍不住担心自己的心跳会停止,或者有其他的事情会发生。我只是祈祷,并希望我在死之前可以停止这种呕吐。我恨这种暴食症,而我停不下来。我现在很难去暴饮暴食和呕吐了(冰箱是锁着的),而且我再也受不了了。我就是不能这么快吃完那么多食物,然后再吐出来。我真的不想这样。
>
> 前几天,朱莉来教室接我,她用一个大勺子吃着碗里的干糖饼干。我感到惊慌失措。我浑身颤抖,出着汗,呼吸困难,脑子里思绪涌动,无法集中注意力。我没有吃,但是我闻到了它的味道,听到了朱莉大口咀嚼时糖晶体的嘎吱声。然后她开始吃纸杯蛋糕。我没办法处理了。她给了我几个,而我一想到她的提议就感到非常恶心。当她让我下车的时候,我马上冲进屋子里,去控制这种不可思议的暴饮暴食。我感到惊恐和恶心,看到自己因扭曲的视觉而体重增加,于是立刻服用了泻药。尽管我什么都没吃,但我仍然想要用泻药来摆脱我内心深处所有的禁忌食物。
>
> 平静下来之后,我意识到了现实的情况,我觉得自己很愚蠢,很疯狂,并且彻底地失败了……我甚至不需要暴饮暴食就能让自己的清除循环达到一种很强烈的程度。那是怎么回事呢?

写这篇小短文的年轻女性患有神经性厌食症,一种以反复发作的暴饮暴食和排便为特征的进食障碍。我们如何解释像神经性贪食症或者神经性厌食症——一种自我饥饿的心理障碍,会导致严重的后果,甚至是死亡——这样的进食障碍呢?进食障碍主要影响高中或大学年龄段的年轻人,尤其是年轻女性。即使你不认识任何一个被诊断患有进食障碍的人,但你也可能认识那些饮食行为紊乱的人,比如偶尔的暴饮暴食和过度节食。你可能还认识一些患有肥胖的人,这是一个影响到越来越多美国人的主要健康问题。

本章主要探讨三种主要的进食障碍:神经性厌食症、神经性贪食症和暴食症。我们还研究了导致肥胖的因素,这是一个在我们社会中已经达到流行病程度的健康问题。我们在这一章的重点还延伸到另一组常见的影响年轻人的问题:睡眠—觉醒障碍。失眠性障碍——是睡眠—觉醒障碍的一种最常见形式,影响到很多在这个世界上谋生的年轻人,他们往往会把自己的担忧和忧虑带到床上。

进食障碍

在一个富裕的国家,有些人确实会饿着自己——有时甚至会饿死。他们痴迷于自己的体重,并想要达到一种夸张的苗条形象。另一些人则进入了一种反复的循环,在这个循环中,他们暴饮暴食,然后试图排出过量的食物,比如通过呕吐来实现。这些功能失调模式分别是两种主要的进食障碍类型:神经性厌食症(anorexia nervosa)和神经性贪食症(bulimia nervosa)。

进食障碍(eating disorder)包括饮食行为紊乱和控制体重的适应不良方式。进食障碍通常与其他心理障碍一起发生,如抑郁、焦虑障碍和物质滥用障碍(Jenkins et al., 2011)。表9.1概述了我们在本章中讨论的三种进食障碍类型。

表9.1 进食障碍概述

障碍类型	终生患病率(约)	描述	相关特征
神经性厌食症	0.9%的女性;约0.3%的男性	自我饥饿,导致一个在其正常的年龄、性别、身高、身体健康以及发育水平上,有异常低的体重	·对体重增加或变胖的强烈恐惧 ·扭曲的自我形象(尽管已经很瘦了,但仍然认为自己很胖) ·两种一般亚型:暴饮暴食型/净化型,限制型 ·潜在严重的,甚至致命的并发症 ·通常影响年轻的欧洲裔美国女性
神经性贪食症	0.9%至1.5%的女性;0.1%至0.5%的男性	反复发作的暴饮暴食,紧接着就是排便	·体重通常维持在一个正常范围内 ·过分关注体型和体重 ·暴饮暴食/净化发作可能会导致严重的医疗并发症 ·通常影响年轻的欧洲裔美国女性
暴食症	3.5%的女性;2%的男性	没有补偿性排便的反复暴饮暴食	·暴食症的人常常被描述为强迫性的暴食者 ·通常影响比受厌食症和贪食症影响的女性年龄更大的肥胖女性

来源:患病率来自Hudson, Hiripi et al., 2006; Smink, van Hoeken & Hoek, 2012.

绝大多数神经性厌食症和神经性贪食症发生在年轻女性身上。虽然进食障碍可能在成年中期甚至晚期形成，但它们通常开始于青春期或成年早期，在那个时期想要变瘦的压力是最大的。一项大型社区调查的证据显示，约有0.9%的女性患有神经性厌食症(Hudson, Lalonde et al., 2006)。神经性贪食症据说影响了0.9%至1.5%的女性(Smink, van Hoeken, & Hoek, 2012)。也有很多人有厌食的或贪食的行为，但这些行为不足以被诊断为进食障碍。

据估计，男性患神经性厌食症的比率约为0.3%，患神经性贪食症的比率约为0.1%至0.5%(Hudson, Lalonde et al., 2006; Smink, van Hoeken, & Hoek, 2012)。很多患有神经性厌食症的男性参加摔跤之类的体育运动，这些会给他们施加压力，将体重维持在一个狭窄的范围内。

神经性厌食症

9.1 描述神经性厌食症的主要特征

"厌食症(anorexia)"这个词来源于希腊语词根"an"——意为"没有"，"orexia"——意为"对……的渴望"。因此，神经性厌食症的意思是"没有对食物的欲望"，其实这有点用词不当，因为神经性厌食症患者很少会失去食欲。不过，他们可能会对食物感到反感，拒绝吃超过绝对必要量的食物，以保持在他们那个年龄段和身高段的最小体重。通常他们会让自己饿着，直到陷入一种危险消瘦的程度。神经性厌食症（通常被称为"厌食症"）一般发生在12岁到18岁之间，尽管有时候会在更早或更晚的时候发生。

神经性厌食症：凯伦的案例

凯伦(Karen)，22岁，是一位著名英语教授的女儿。她在17岁时开始了自己充满希望的大学生涯，但是两年前，在发生"社交问题"之后，她回到了家里，并且在当地一所大学里学习着越来越轻松的课程。凯伦从来没有超重过，但大约在一年前，她的母亲注意到她似乎正在逐渐"变成一副骷髅"。凯伦几乎每天都要在超市、肉店和面包店花上几个小时，为她的父母和弟弟妹妹制作美食。关于她的生活方式和饮食习惯的争论，把这个家庭划分成两个阵营。由她父亲领导的阵营要求耐心；而她母亲领导的阵营则要求对抗。她的母亲担心凯伦的父亲会"保护她的权利直到进入坟墓"，并希望凯伦"为了自己的利益"而接受暂居于相关机构的治疗。她的父母最终在门诊评估上做出了妥协。

身高5英尺的凯伦看起来像个11岁的青春期前的孩子。她的鼻子和颧骨轮廓分明。她的嘴唇是饱满的,但红润得不自然,好像葬礼上涂了太多油漆的尸体。凯伦的体重只有78磅,但她穿了一件时髦的丝绸衬衫和一条宽松的裤子,戴着围巾,这样她的身体就没有一寸是露出来的。

凯伦极力否认自己有问题。她的身材"差不多就是我想要的",而且她每天都做有氧运动。他们达成了一项协议,只要凯伦不再减重,并且恢复到至少90磅,就可以尝试门诊治疗。治疗包括白天在一家医院接受团体治疗,并且一日安排两餐。但有消息说,凯伦很巧妙地玩弄着她的食物——把它切开,舔一舔,然后放在盘子里移动——而不是吃掉它。3个星期后,凯伦又瘦了1磅。这时,她的父母就能够劝说她去参加暂居于相关机构的治疗项目,在这个项目中,她的进食行为可以得到更仔细的监控。

来自作者的档案

我如何看待自己? 扭曲的身体印象是进食障碍的常见特征。

神经性厌食症最突出的症状是由于严格限制卡路里摄入,或自我饥饿所导致的体重急剧下降。其他常见的特征如下:

- 尽管身体已经异常消瘦了,但仍然过度担心体重增加或者变胖。
- 一种扭曲的身体印象,反映在自己认为自己的身体或身体的某些部位很胖,即使别人认为这个人已经很瘦了。
- 未能认识到保持低体重所带来的风险。

一种常见的神经性厌食症开始于月经初潮后,当女孩们注意到增加体重并坚持一定要减肥。青春期女性体内脂肪的增加是正常的:从进化的意义上来说,脂肪的增加是为了生育和哺乳做准备。然而,患有厌食症的女性试图摆脱任何额外增加的重量,因此会转向极端解释,并经常会过度运动。不过,即使在家人和朋友表示关心之后,这些努力在最初的减肥目标实现之后仍然有增无减。另一种常见的模式是,年轻女性离开家去上大学时,她们很难适应大学生活和独立生活的要求。神经性厌食症在从事舞蹈或模特工作的年轻女性中也很常见,这两个领域都非常强调保持一种不切实际的苗条身材(Tseng et al., 2013)。

观看视频"娜塔莎:厌食症",了解更多关于娜塔莎患了厌食症后的生活经历。

观看　娜塔莎：厌食症

患有神经性厌食症的青春期女孩和女性,几乎总是否认自己减肥过多。她们可能会争辩说,她们能进行压力性锻炼正证明了她们的健康。患有进食障碍的女性比正常女性更容易有扭曲的身体印象。其他人可能认为她们已经"皮包骨"了,但患有厌食症的女性仍然认为自己太胖了。尽管她们可能真的会饿死自己,但她们仍然会花很多时间思考和讨论食物,甚至为别人准备精美的饭菜。[判断正误]

判断正误

尽管其他人认为她们非常瘦,但患有神经性厌食症的女性仍然认为自己太胖了。

□正确　其他人可能认为她们已经"皮包骨"了,但有厌食症的女性的身体印象扭曲了,她们可能仍然认为自己太胖了。

神经性厌食症的亚型　这种障碍有两种常见的亚型,一种是暴饮暴食/净化型,暴饮暴食/净化型的特点是在前3个月经常出现暴饮暴食或净化发作(如自我催吐或过量使用泻药、利尿剂或灌肠);另一种是限制型,则没有暴饮暴食和清除发作。神经性厌食症亚型之间的区别有人格模式的差异。暴饮暴食/清除型的人在控制冲动方面有困难,这可能会导致物质滥用问题。他们倾向于在刚性控制和冲动行为之间交替。那些限制型的人则倾向于严格控制自己的饮食和外表,甚至是强迫性地控制。

神经性厌食症的医疗并发症　神经性厌食症会导致严重的医疗并发症,在极端情况下可能会致命(Franko et al., 2013)。体重可能会下降35%,也可能会出现贫血。患有神经性厌食症的女性可能会出现皮肤问题,如干燥、皲裂的皮肤;细细的、绒毛状的头发;甚至在体重恢复后可能持续数年的皮肤泛黄变色。心血管并发症包括心脏不正常、低血压(血压很低),以及站起来会引起眩晕,有时候会导致意识暂时丧失。食物摄入减少会导致肠胃问题,如便秘、腹痛,或者是肠梗阻。月经不规律在患有厌食症的女性中很常见,比如闭经(没有月经或抑制月经)。还可能会发生肌无力和骨骼异常生长,并导致身高下降和骨质疏松症。

然而不幸的是,死亡的风险增加了,有5%到20%的死亡案例是由神经性厌食症患者自杀或饥饿引起的营养不良导致的(Arcelus et al.,2011;Haynos & Fruzzetti,2011)。患有神经性厌食症的年轻女性自杀的可能性是普通人群中年轻女性的8倍(Yager,2008)。在一项对数百名厌食症患者(其中95%是女性)的研究中发现,近五分之一(17%)的人曾经尝试过自杀(Bulik et al.,2008)。[判断正误]

判断正误

尽管神经性厌食症是一种严重的心理障碍,但实际上,与一般女性相比,患有神经性厌食症的女性自杀的可能性更小。

☐ 错误　事实上,患有神经性厌食症的年轻女性自杀企图率远高于普通人群中的年轻女性。

神经性贪食症

9.2　描述神经性贪食症的主要特征

尼科尔(Nicole)患有神经性贪食症(通常称为贪食症)。贪食症(bulimia)一词来源于希腊语词根"bous"(意为公牛或母牛)以及"limos"(意为饥饿)。该术语的起源激发了一幅令人不安的画面,它是一种持续不断的进食,就像一头牛在反刍一样。神经性贪食症是一种进食障碍,其特征是反复地狼吞虎咽大量的食物,然后用不恰当的方式来弥补过量的饮食,以防止体重增加。神经性贪食症的典型特征是频繁发作的暴饮暴食(狼吞虎咽),其次是自我催吐,泻药、利尿剂或灌肠的滥用等代偿性行为;或者是过度运动。神经性贪食症的其他常见症状如下:

- 在暴饮暴食期间对进食缺乏控制的感觉。
- 过度害怕体重增加。
- 过分强调身材以及体重对自我形象的影响。

DSM-5对神经性贪食症的诊断要求是暴饮暴食的发作,以及在3个月内,至少平均每周发生一次代偿性行为(American Psychiatric Association,2013)。患有神经性贪食症的人可能会使用两种或两种以上的清除策略,如呕吐和泻药。尽管神经性厌食症患者非常瘦,但神经性贪食症患者通常将体重维持在一个健康的范围内(Bulik et al.,2012)。然而,她们过分关注自己的体型和体重,并可能会依靠净化来避免体重的增加。

神经性贪食症患者通常会通过恶心自己来催吐。大多数人试图隐藏自己的行为。担心体重增加是一个常数因素。然而,神经性贪食症患者并不像神经性厌食症患者那样追求极端苗条。她们的理想体重与那些没有进食障碍的女性相似。

> **神经性贪食症:尼科尔的案例**
>
> 尼科尔刚睁开眼,她就已经希望现在是睡觉的时候了。她害怕度过这一天,就像最近的这几天一样。每天早晨她都在想,这一天她是否还能过得下去,而不被食物的想法所困扰。还是她整天都要狼吞虎咽呢?今天是她重新开始的日子,她向自己保证着。然而,她并不相信这真的能够取决于她自己。
>
> 尼科尔以鸡蛋和吐司作为一天的开始。然后她去做饼干,甜甜圈,涂着黄油、奶油芝士和果冻的百吉饼,格兰德,糖果棒,还有一碗麦片和牛奶——所有这些都需要45分钟。然后她就不能再吃更多东西了,并将注意力转移到排出她所吃的东西上。她走进浴室,扎起头发,打开淋浴,来掩盖她发出的任何声音,喝一杯水,并让自己呕吐起来。然后她发誓:"从明天开始,我要做出改变。"但她怀疑,明天可能只是同一个故事的另一章而已。
>
> 来源:改编自Bosking-White & White,1983,p.29

暴饮暴食通常是秘密发生的,一般是在比较随意的下午或傍晚。一次暴饮暴食可能会持续30到60分钟,并且一般食用的都是甜的、富含脂肪的禁食。暴饮暴食者通常会感到对自己的这种行为缺乏控制,并可能消耗多达5 000至10 000的卡路里。一位年轻的女性描述说,她能吃掉冰箱里所有的食物,甚至用手指从容器中舀出人造黄油来。这一情节会一直持续下去,直到暴饮暴食者吃饱了或者精疲力尽了,遭受着痛苦的胃胀气,催吐或者食物吃完了为止。困意、内疚和抑郁通常会随之而来,但由于从饮食限制中解脱出来了,暴饮暴食在最初的时候是令人愉悦的。

神经性贪食症通常会影响处于青春期晚期或成年早期的女性,在这个时期她们会对节食产生关注,以及对她们那个身高的身形或体重感到不满。尽管人们普遍认为,进食障碍在较富裕的人群中最为常见,但现有证据表明,这些障碍与社会经济水平之间并没有很强的联系(Mitchison & Hay,2014;Swanson et al.,2011)。认为进食障碍与高社会经济地位有关的想法,可能反映了富裕患者寻求和获得治疗的倾向。或者,也可能是社会压力迫使年轻女性努力追求一种过瘦的理想体型,现在在所有社会经济阶层上都普遍存在着。

神经性贪食症的医疗并发症 与神经性厌食症一样，神经性贪食症也和许多医疗并发症有关。这些症状中有许多是由反复呕吐引起的：因经常接触胃酸而引起的嘴唇周围的皮肤过敏、唾液腺堵塞、牙釉质酸蚀以及龋齿。呕吐物中的酸性物质可能会损害味蕾上的味觉感受器，使人对反复排出的呕吐物的味道变得不那么敏感。对呕吐物的厌恶感的敏感度降低可能有助于保持净化行为。暴饮暴食和呕吐的循环也许会导致腹痛、食管裂孔疝和其他腹部症状，以及月经功能紊乱。对胰腺的压力还可能会产生胰腺炎（胰腺的炎症），这是一种临床急症。过量使用泻药可能会导致带血的腹泻，并对泻药产生依赖，以致个体没有泻药就不能正常排便。在极端情况下，肠道会失去对来自无用物质的压力的反射性消除反应。大量食用高盐食物还会引起抽搐和肿胀。反复呕吐或滥用泻药会导致缺钾、肌无力、心跳不规则，甚至猝死——尤其是在使用利尿剂时。与厌食症一样，贪食症也可能会导致月经停止。也和厌食症患者一样，贪食症患者与一般人群相比，早死率也更高，其死亡原因多种多样，如自杀、物质滥用以及医疗障碍（Crow et al., 2009）。尽管贪食症患者自杀企图率高得惊人，估计在25%到35%之间，但他们的自杀完成率是否高于平均水平尚不清楚（Franko & Keel, 2006）。

神经性厌食症和神经性贪食症的病因

9.3 描述神经性厌食症和神经性贪食症的病因

与其他心理障碍一样，神经性厌食症和神经性贪食症涉及许多因素间复杂的相互作用。也许最重要的就是社会压力导致年轻女性将自我价值建立在外表上，尤其是体重上。

社会文化因素 社会文化理论家指出，我们社会对年轻女性的压力和期望是导致进食障碍的因素（The Mcknight Investigators, 2003；Mendez, 2005）。对瘦的渴望以及对身型的不满在进食障碍中占据了重要地位（Brannan & Petrie, 2011；Chernyak & Lowe, 2010）。把自己的身体不适宜地同他人的外表进行比较，会导致对自己身体的不满（Myers & Crowther, 2009）。年轻女性开始用"完美身材"这一不切实际的标准来衡量自己，这一标准在超瘦的模特和演员的媒体形象上都有体现，并成为对自己身

对身体的不满开始得很早 研究人员发现，即使是8岁的孩子，女孩对自己身体的不满也比男孩多。

体不满意的理由(Bell & Dittmar, 2011; Rodgers, Sales, & Chabrol, 2010)。对身体的不满反过来可能导致过度节食和饮食行为紊乱。研究人员发现,即使是8岁的孩子,女孩对自己身体的不满也比男孩多(Ricciarhelli & McCabe, 2004)。大学样本显示了实现超瘦理想身材的压力,七分之一(14%)的女性表示在商店里买一块巧克力棒会让她们感到尴尬(Rozin, Bauer, & Catanese, 2003)。来自朋友的保持苗条身材的同辈压力,也成为年轻女性贪食症行为的强烈预测因子(Young, McFatter, & Clopton, 2001)。对身体的不满意也与年轻男性的进食障碍有关(Olivardia et al., 2004)。

从1920年到1990年,美国小姐选美大赛冠军的**体重指数**(body mass index, BMI)发生了变化,由此可见女性对苗条的理想化的变化(Rubinstein & Caballero, 2000;见图9.1)。体重指数是身高调整后的体重的衡量标准,18.5被认为是健康体重的最低标准。注意这个下降趋势。到2010年,美国小姐选美大赛冠军的平均BMI进一步下降至16.5,远低于18.5这一被认为是正常或健康体重的最低标准(Mapes, 2013)。(想要检查你自己的BMI,你可以在网上找一个体重指数计算器来计算。)这一趋势会向年轻女性和男性传递关于女性美的什么信息呢?

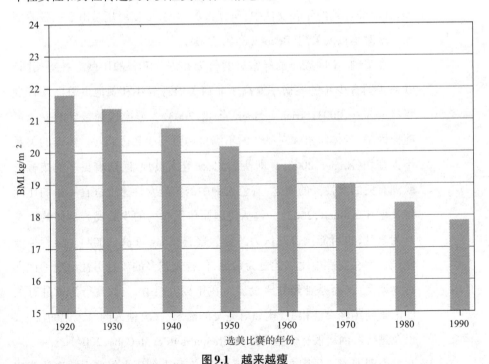

图9.1 越来越瘦

请注意,随着时间的推移,美国小姐选美大赛的冠军的体重指数水平呈下降趋势。这些数据可能表明了社会对女性理想形态的看法有什么变化呢?

来源:Rubinstein & Caballero, 2000。

变瘦的压力如此普遍,以至于节食已经成为美国年轻女性的标准饮食模式。在美国,有五分之四的年轻女性在18岁生日之前就开始节食了。一项针对女大学生的调查显示,不管她们的体重是多少,绝大多数(约80%)的女性都报告自己节食过(Malinauskas et al., 2006)。人们对变瘦的社会压力的关注,使女性暴露出理想化的身体印象,其中包括最著名的超瘦理想型:芭比(见后文"批判地思考异常心理学:芭比娃娃应该被禁止吗?")。

支持社会文化模式的证据表明,进食障碍在非西方国家并不常见,因为这些国家没有把瘦和女性美联系在一起(Giddens, 2006)。但即使在像东非这样的非西方文化中,年轻女性出现进食障碍症状的比例也与接触西方媒体以及去西方国家旅行的程度有关(Eddy, Hennessey, & Thompson-Brenner, 2007)。研究人员还发现,韩国男性和女性中学生的身体不满意度以及饮食行为紊乱程度都很高(Jung, Forbes, & Lee, 2009)。中国台湾省有一项研究发现年轻女性对身体的不满意预示着她们的减肥意图(Lu & Hou, 2009)。

发展中国家的进食障碍可能与过度关注体重以外的因素有关。例如,在非洲加纳的年轻女性中,研究人员发现,极度消瘦是出于宗教原因而不是对体重的关注(Bennett et al., 2004)。

在美国,不同族群的异常进食行为和进食障碍的比例也各不相同,欧裔美国青少年的发病率就高于非裔美国青少年和其他少数民族青少年(Lamberg, 2003; Striegel-Moore et al., 2003)。造成这种差异的一个可能原因是,身体印象和对身体的不满这两点与少数民族女性体重的关系不太密切(Angier, 2000)。即便如此,研究人员预计,随着更多地接触与欧洲有关的女性美的概念,有色人种中的年轻女性患上进食障碍的比例将会增加(Gilbert, 2003)。包括美国原住民在内的少数民族群体的饮食行为紊乱,也可能比普遍认为的更为普遍(Shaw et al., 2004)。尽管神经性厌食症在女性中比男性更为常见,但越来越多的年轻男性出现了饮食行为紊乱,甚至是神经性厌食症。在年轻男性中,与饮食行为紊乱有关的因素同年轻女性相似,比如对完美的需求、来自他人的对减肥的压力,以及进行对消瘦很有价值的运动(Ricciardelli & McCabe, 2004)。

心理因素 尽管在进食障碍方面,文化上的压力促使女性遵从超瘦的理想型,但绝大多数受到这些压力的年轻女性并没有患上进食障碍。所以还必须考虑其他因素。一方面,对于患有神经性贪食症和神经性厌食症的女性而言，过度限制的节食模式是很常见的。患有进食障碍的女性通常会在饮食方面采取非常严格的规定和做法，比如吃什么、吃多少、多久吃一次。然而，重要的是要认识到，进食障碍会涉及更深层次的情感问题，包括不安全感、对身体的不满以及利用食物来获得情感上的满足。

神经性贪食症也与人际关系有关。患有贪食症的女性往往害羞，几乎没有亲密的朋友，提高贪食症女性的社交技能可帮助提高她们的社交质量，并可能减少她们以适应不良方式来进食的倾向。

批判地思考异常心理学

@问题：芭比娃娃应该被禁止吗？

我们并不是说把芭比娃娃和她的随从们驱逐出去，上演一场现代版的"波士顿倾茶事件"，也不是说禁止商店销售这些受欢迎的玩具。然而，通过提出这样一个有挑衅性的问题，我们希望鼓励你去批判性地思考这些解剖学意义上不正确的形象以及可能对年轻女性造成的心理影响。免得你认为芭比娃娃已经50多岁了、不过是老一代的古老遗物，如今有92%的3到12岁美国女孩都拥有芭比娃娃（美国全国广播公司，2016）。

正如作家劳拉·凡德卡姆（Laura Vanderkam）在她的文章《芭比娃娃和肥胖是一个女权主义问题》中指出的，芭比被设计成迎合男性理想的丰满胸部和难以置信的苗条女性形象，然后卖给那些长大后希望长得像她的女孩。社会工作者阿比盖尔·纳坦逊（Abigail Natenshon），《当你的孩子有进食障碍》一书的作者，认为芭比娃娃和超瘦的女模特、女演员们的形象印在年轻女性的脑海中，让她们对自己的外表产生了期望。尽管很多因素确实会导致进食障碍，但是父母是否应该把芭比娃娃放在一边而不是带回家呢？或者，他们应该欢迎芭比娃娃，但是要帮助自己的女儿看到超瘦的身材不是女性的理想身材，并且还要帮助她们理解，自尊不应该用浴室里的磅秤来衡量？

虽然瘦得不现实的芭比娃娃仍有数百万的销量，但在2016年，芭比娃娃的制造商美泰公司（Mattel）推出了几种不同版本的芭比娃娃，包括丰满的芭比娃娃（"曲线芭比"）以及其他肤色较深的芭比娃娃。一个看起来更像我们其他人的芭比娃娃会取代原来的芭比娃娃吗？你对此的预测是什么？

就这一点而言，父母是否应该告诉他们的儿子，强壮的摔跤手、肌肉发达的电影英雄，甚至是电子游戏中的动作玩偶，都不是他们应该追求的榜样？甚至是游戏《特种部队》（GI Joe）的动作模型（也就是玩偶），在今天也比早期版本显得更有肌肉感。

过度男性化的男性形象可能会给男孩带来压力，从而导致进食行为紊乱。有证据表明，许多男性对自己的身体表示不满（Murray et al., 2013; Tiggemann, Martin, & Kirkbride, 2007）。对于男性和女性来说,接触媒体和广告中的"完美"身材似乎强化了"正常"体型是不可接受的这一观点。

另一方面,凡德卡姆提醒我们不要把芭比娃娃和洗澡水一起倒出去(为这个双关语道歉)。鉴于我们社会所面临的肥胖流行趋势,也许我们应该提倡芭比娃娃所体现的积极、充满活力的生活方式。你认为呢?

在批判地思考这个议题时,回答下列问题:

- 假设你是一个小男孩或小女孩的父母,你是否会基于适当的体型和体重来限制购买的玩具种类呢?为什么或者为什么不呢?
- 对于孩子经常看到的过于苗条和男性化的形象,父母应该向他们传达什么样的信息呢?

变得像芭比娃娃一样 长久以来,芭比娃娃一直是超瘦的女性形象的代表,这种女性形象在当今社会的文化中已经被理想化了。你认为典型芭比娃娃的形象传达给年轻女孩什么样的信息?2016年推出的丰满芭比娃娃可能会改变这一信息吗?

这正常吗? 对身体的不满并不局限于年轻女性。经常看到肌肉化的男性形象可能会强化"正常"体型是不可接受的这一观点。

"我""我的声音,我的呼救声"

我从13岁开始节食。当我现在回头看时,我发现,当我挣扎于人际关系、身份和性行为时,我会有不安全感。那时我觉得自己太胖了。当我的身体开始从一个正常、发育不全的孩子变成一个圆圆的、更有曲线的女人时,我坚持认为我在媒体上看到的那些非常瘦的、高挑的、强壮的身体才是被定义为美丽的理想型,我的身型是错误的。我所有的情感挣扎和不安全感都被放置于我的身体上。我在节食的第一天,就不再倾听我自己身体的智慧和真理了。相反,我开始强迫自己遵守文化标准,而这个标准是我不可能做到的。我的灵魂在我生命中的一个无法抵抗的、令人困惑的时期渴求着爱、安慰、安全感和情感疏解。我唯一知道如何安慰自己的方法就是吃东西。我唯一知道如何被接受的方法就是节食。我的声音,我的呼救声被掩埋在对节食和暴饮暴食、暴饮暴食和净化的痴迷与强迫之下。

来源:Normandi & Rorak,1998,p.3.

情感因素 患有神经性厌食症的人可能会限制自己的食物摄入,通过寻求掌握或控制自己的身体来缓解不适的情绪,这是一种被误导的意图(Merwin,2011)。患有神经性贪食症的年轻女性通常比其他节食者有更多的情感问题和更低的自尊心(Jacobi et al.,2004)。消极的情感状态,如焦虑和抑郁,可能会引起暴饮暴食的发作(Reas & Grilo,2007)。神经性贪食症通常伴随着其他可诊断的障碍,如抑郁症、强迫症以及相关障碍。这表明某些形式的暴饮暴食代表了应对情绪困扰的尝试。不幸的是,暴饮暴食和净化的循环只会加剧情绪问题,而不能解决它们。患有神经性贪食症的女性比其他女性更有可能在童年时期遭受了性虐待和身体虐待(Kent & Waller,2000)。在某些情况下,神经性贪食症可能会发展成为一种应对虐待的无效手段。暴饮暴食可能代表了一种管理或抚慰消极情绪的尝试,因为有证据表明消极情绪状态与暴饮暴食有关(Haedt-Matt & Keel,2011)。

学习视角 从学习的角度来看,我们可以将进食障碍定义为一种体重恐惧症。患神经性贪食症的女性通常在患上贪食症之前有轻微的超重,而且一般在严格节食减肥一段时间之后才会出现暴饮暴食—净化循环。

典型的情况是,严格的饮食控制会失败,导致抑制失败(抑制解除),从而促进了暴饮暴食的发作。暴饮暴食会引发对体重的恐惧,进而导致自我催吐和过度锻炼。一些患有神经性贪食症的人甚至在每顿饭之后都会呕吐。清除是一种负强化,因为它能够缓解,至少部分缓解了厌食症增加体重的症状。就像厌食症一样,对食物的排斥行为(暴饮暴食/清除亚型的情况下进行清除),能通过减轻对体重的焦虑而得到负面强化。[判断正误]

判断正误

患有神经性贪食症的女性只在暴饮暴食后催吐。

☐ 错误 有些患有贪食症的女性会在每顿饭后都催吐。

饮食抑制似乎在神经性贪食症中对那些有高度遗传性疾病的女性发挥了更加突出的作用(Racine et al., 2011)。这再次说明,有必要检查心理社会因素(饮食抑制)和遗传因素在心理障碍发展过程中的相互作用。

认知因素 在许多进食障碍病例中,完美主义和过分关注错误的作用很突出(Boone, Soenens, & Luyten, 2014; Martinez & Craighead, 2015; Wade et al., 2015)。有进食障碍的人倾向于以完美主义者来给自己施加压力,要求自己拥有一个"完美的身体",并给自己施加强烈的控制需求,这种控制是以极端的节食形式出现的。他们也倾向于拥有控制感和独立感,这是他们感觉自己在生活中的其他方面所缺乏的。在下面的叙述中,一位患有神经性厌食症的女性讲述了她在决定不吃东西时所感受到的力量。

"我""我感受到了力量"

我总是把自己和别人比较……这是绝对不可避免的事……只是看着每个人,我心里就会在想,"哦,天呐,我看起来像那样吗?"我只会去找最瘦的人……这就是我眼睛注视的地方,去看最瘦的人……我就是这样想的,"我想和他们一样。"我不害怕体重增加,我……只是想继续减肥,如果我没有减肥,那就有问题了。或者是如果我的牛仔裤不合身,或者裤子不够宽松……又或者是我的大腿碰到了一起——那才是我的大事——或者我的手臂在抖动……但我认为我的手臂在抖动是因为我的皮肤在移动……(如果你的身体在抖动的话,那是什么意思呢?)……如果我的身体在动,那就是我很胖的意思,那就意味着我不会在那一天,或者晚上,或者周末再吃东西了。无论我做出了什么决定,那就是我感受到的人们所谈论的力量感和控制感,那就是我欺骗自己去做的事。

来源:摘自 *Speaking Out: Videos in Abnormal Psychology*, Pearson Education, 2008. 保留所有权利。

与贪食症作斗争的人倾向于用二分法或者"非黑即白"的方式来思考。因此,他们期望能完美地遵守自己严格的饮食规则,而一旦有稍微的偏离,他们就认为自己是完全失败了。他们还会因为暴饮暴食和净化而严厉地评判自己。他们还可能对体重增加的负面影响持有夸大的看法,这进一步导致了饮食紊乱。研究人员发现,患有进食障碍的女性通常会把负面事件都归咎于自己,而自我责备很可能导致了她们维持紊乱的饮食行为(Morrison, Waller, & Lwason, 2006)。

对身体的不满意也是进食障碍的一个重要影响因素。对身体的不满可能会引发适应不良的尝试——自我饥饿和清除——以达到理想的体重或身材。患有进食障碍的女性往往对自己的体重和身材极为关注（Jacobi et al., 2004）。与体重相关的过度关注甚至影响到许多更年幼的儿童，并且有可能为青少年时期或成年早期进食障碍的发展奠定了基础。

心理动力学观点 心理动力理论家认为，患有神经性厌食症的女孩很难与家人分离，也很难巩固自己独立的个性化身份（e.g., Bruch, 1973; Minuchin, Rosman, & Baker, 1978）。也许厌食症代表了一个女孩对保持青春期前孩子身份的无意识努力。利用童年的外表，青春期的女孩可能会避免处理成人的一些问题，如加强独立性和与家人分离，性的成熟以及承担成年人的责任。

家庭因素 进食障碍往往是在家庭问题和冲突的背景下发展起来的。一些理论学家认为自我饥饿是由父母所造成的残酷影响。他们认为，有些青少年通过不吃东西来表示他们在家里感受到的孤独和疏远，以此来惩罚他们的父母。

患有进食障碍的年轻女性通常来自功能失调的家庭背景，其特点是家庭冲突程度高，父母一方面倾向于过分保护，另一方面又缺乏教养和支持（e.g., Gioedano, 2005; Holtom-Viesel & Allan, 2014）。父母往往不太能促进女儿的独立，甚至不允许女儿拥有自主权。然而，这些家庭模式是否会导致进食障碍，或者进食障碍是否会以这些方式破坏家庭动态，目前尚不清楚。真相可能在两者的相互作用之中。正如汉弗莱（Humphrey, 1986）所言，暴饮暴食可能是一种隐喻式的努力——以帮助女儿通过食物来获得家庭中缺失的养育和安慰吗？

从系统的角度来看，家庭是以减少冲突的公开表达和改变需要的方式进行自我规范的系统。从这个角度来看，患有神经性厌食症的女孩可能会通过将家人的注意力从家庭冲突和婚姻紧张转移到她们身上的方式，来帮助维持功能失调家庭的平衡与和谐。这个女孩可能会成为"被识别的病人"，尽管实际上出了问题的是家庭成员。

死于饥饿 巴西著名女模特安娜·卡罗莱娜·雷斯顿（Ana Carolina Reston）于2006年因厌食症并发症去世，年仅21岁。在她死的时候，5英尺7英寸高的雷斯顿只有88磅重。神经性厌食症在当今的时尚模特中，仍然是一个普遍存在的问题。

不管引起进食障碍的因素是什么,社交强化都可能会使它们得到维持。患有进食障碍的儿童可能很快就成为家人关注的焦点,从父母那里得到关注,而不这样的话就无法得到关注。

生物因素 科学家们怀疑,控制饥饿感和饱腹感的大脑机制异常与神经性贪食症有关,最有可能与大脑的化学物质5-羟色胺有关。5-羟色胺在调节情绪和食欲方面起着关键作用,尤其是对碳水化合物的渴望(Hildebrandt et al., 2010)。5-羟色胺水平的异常,以及它在大脑中如何产生作用可能会导致暴饮暴食的发作。这一思路得到了研究结果的支持。研究发现,针对5-羟色胺的抗抑郁药物,如百忧解和左洛复,有助于减少贪食症中暴饮暴食的发作(Walsh et al., 2004)。我们也知道,许多有进食障碍的女性都患有抑郁症或者有抑郁史,而5-羟色胺失衡则与抑郁症有关。

遗传学似乎在进食障碍的发展中起着重要的作用(Baker et al., 2009;Kaye, 2009)。我们知道进食障碍倾向于在家族中遗传,这与基因的作用是一样的(Kendler et al., 1991)。研究人员发现,同卵双生子(MZ)中神经性贪食症的一致率比异卵双生子(DZ)高得多,前者为23%,后者为9%。(还记得吗?一致率是指两个双生子有共同特点或紊乱的百分比。)同卵双生子中神经性厌食症的一致率也比异卵双生子高,分别为50%和5%(Holland, Sicotte, & Treasure, 1988)。尽管如此,遗传因素还不能完全解释进食障碍的发展。与应激模型一致,影响大脑神经递质活动调节的遗传倾向可能与社交和家庭压力相关的压力相互作用,从而增加进食障碍的风险。

使用脸书和对身体不满 研究人员担心,在社交网站上花费时间将自己与他人进行比较,可能会影响人们对自己身体的印象。你怎么认为的呢?

数字时代的异常心理学

我该如何塑形?使用社交网站对身材造成的潜在危机

"魔镜,墙上的魔镜,谁是世界上最美丽的人?"如今,墙上的镜子可能是脸书"墙"上的镜子,它反映了你社交网络中其他人的形象。社交网站可能是与朋友和熟人保持联系的好方法,但不断地将自己与他人进行比较可能会成为一种情感上的代价。在第7章中,我们探讨了与查看在线个人资料和好友状态更新有关的社会比较所产生的意想不到的情感后果。我们发现,使用社交网络可能会让人们对自己感觉更糟糕,甚至可能为他们的抑郁埋下伏笔,因为他们不断受到那些似乎过着更丰富、更令人兴奋生活的人的图片轰炸。

社会比较也会对身材造成损害。最近,研究人员对232名女大学生在脸书上的使用进行了为期四周的研究。那些使用脸书与他人进行比较的女性表示,她们对自己身体的不满程度更高,而对身体较高的不满程度反过来又与高频率的贪食行为和暴饮暴食有关(Smith, Hames, & Joiner, 2013)。我们还从另一项最近的对960名女大学生进行的研究中得知,那些花更多时间在脸书上的人的进食行为紊乱程度更高(Mabe, Forney, & Keel, 2014)。我们可以从这些发现中得出一个建议:限制使用社交网站的时间,可能有助于降低对身体的不满意度以及问题进食行为的风险。我们也应该再次注意到社交网站用户所面临的挑战,即陷入将自己与他人进行比较的困境中。

神经性厌食症和神经性贪食症的治疗

9.4 评估神经性厌食症和神经性贪食症的治疗方法

神经性厌食症和神经性贪食症通常很难治疗,而且在很多情况下,结果仍然不尽如人意(Galsworthy-Francis, 2014; Pennesi & Wade, 2016)。然而,在治疗这些具有挑战性的疾病方面已经取得了重大进展(Grave et al., 2016; Holmes, Craske, & Graybiel, 2004; Thompson-Brenner, 2013)。不幸的是,大多数患有进食障碍的人因其特殊的疾病,而没有接受适当的医疗或精神治疗(Hart et al., 2011; Labbe, 2011)。

神经性厌食症的治疗可能需要住院,尤其是在体重下降严重或体重迅速下降的情况下(Martinez & Craighead, 2015)。在医院里,病人们通常要接受严密监控的再喂食方案。行为疗法是常用的,奖励取决于是否遵守了再喂食协议。常用的强化物有病房特权和社交机会。然而,复发很常见,超过50%的神经性厌食症患者在出院后一年内会重新入院(Haynos & Fruzzetti, 2011)。推荐进行个人或家庭治疗,以便在住院后提供持续护理。

有研究证据支持了认知行为疗法对治疗神经性贪食症是有益处的(Byrne et al., 2011; Glasofer & Devlin, 2013; Masheb, Grilo, & Rolls, 2011)。最近一项大规模研究表明,认知行为疗法能使三分之二的以暴饮暴食为核心症状的进食障碍患者消除暴饮暴食的发作(Striegel-Moore et al., 2010)。

认知行为疗法(CBT)被用于应对关于进食和身体形象的适应不良的治疗(Galsworthy-Francis, 2014)。CBT治疗师帮助有贪食症的患者挑战自我节食的想法和信念,比如对节食和体重的不切实际的、完美的期望。另一种常见的功能失调型思维模式是二分法(全有或全无)思维,这种思维使得人们容易在严格控制饮食时出现哪怕一点失误就进行了清除行为。CBT也挑战了在定义自我价值时过分强调外表的倾向。为了控制自我催吐,治疗师可能会使用为治疗强迫症患者而开发的暴露与反应预防的行为技术。在这项技术中,神经性贪食症患者会接触到被禁止吃的食物,而治疗师则会站在一旁阻止其呕吐,直到净化的冲动消失。因此,患有贪食症的人会学会忍受违背他们严格的饮食规则而不是求助于净化行为。

心理动力学疗法也可以用来探究心理冲突(Zipfel et al., 2013),家庭疗法也可以用来帮助解决潜在的家庭冲突(Agras et al., 2014; Ciao et al., 2015; Le Grange et al., 2015)。住院治疗有时可能有助于打破神经性贪食症的暴饮暴食—净化循环,但似乎只有在进食行为明显失控,门诊治疗失败,或出现严重的医疗并发症、自杀想法或企图、药物滥用时,才有必要采取这种方法。

人际心理疗法(IPT)是一种结构化的心理动力学疗法,它对治疗神经性贪食症很有帮助,并且在CBT治疗无效的情况下也很有用(Rieger et al., 2010)。IPT致力于解决人际关系问题,其基础是相信更有效的人际功能将导致人们采用更健康的饮食习惯和态度。

判断正误

抗抑郁药物可用于治疗神经性贪食症。
□正确 是真的,但是它们的疗效有限。

选择性血清素再吸收抑制剂类药物,如百忧解和左洛复,也对治疗神经性贪食症有效,但其疗效是有限的(Mitchell, Roerig, & Steffen, 2013)。这些药物通过使血清素水平正常化减少暴饮暴食的冲动——血清素是参与调节大脑食欲的化学物质。使用抗抑郁药或其他药物治疗精神性厌食症的效果不好或好坏参半,许多患者没有效果反应(Miniati et al., 2015; Mitchell, Roerig, & Steffen, 2013)。[判断正误]

尽管在治疗进食障碍方面取得了进展,但仍有相当大的改进空间。即使CBT被认为是治疗贪食症最有效的方法,但也有相当一部分患者使用该方法没有成功(Wilson, Grilo, & Vitousek, 2007)。使用抗抑郁药物进行药物治疗,也可能对那些对认知行为疗法没有反应的贪食症患者有帮助(Walsh et al., 2000)。我们还不能确定CBT/药物联合治疗方案是否比它们各自单独治疗要更有效。

进食障碍可能是顽固的持久问题,尤其是当对体重的过度担忧以及对身材追求的扭曲超出了积极治疗的范围时(Fairburn et al.,2003)。尽管从厌食症中恢复过来往往是一个漫长而又不确定的过程,但有证据表明,认知行为疗法可以帮助延缓甚至防止厌食症的复发,这使我们深受鼓舞(Carter et al.,2009)。治疗进食障碍的困难仅仅证实了制定有效预防方案的必要性。最近的研究表明,在参与了针对混乱的进食行为和态度的项目后,进食障碍的风险有所降低,这些方面有了一些进展(e.g., Becker et al.,2008;Stice,Marti,& Cheng,2014)。

暴食症

9.5 描述暴食症的主要特征,并明确暴食症的有效治疗方法

患有**暴食症**(binge-eating disorder,BED)的人会不停地暴食,但与神经性贪食症不同的是,他们在暴食后没有补偿性行为以减轻体重——例如,没有自我催吐、过度使用泻药或者过度锻炼。暴食症中的暴食发作平均每周至少一次,并持续三个月(American Psychiatric Association,2013)。这种暴食发作的特点是缺乏对进食的控制,且消耗的食物量远远多于人们一般在同一时间段内进食的量。在暴食期间,一个人可能比平时吃得快得多,并且尽管感觉不舒服,但仍然继续吃下去。这个人可能会因为在别人面前吃得太多感到尴尬而自己一个人暴饮暴食。之后,他们可能会对自己感到厌恶,感到沮丧,或者被内疚的感觉所折磨。

暴食症比厌食症和贪食症更常见,大约有3.5%的女性和2%的男性在其一生中的某个阶段会出现这种症状(Hudson et al.,2006)。据估计有八百万美国人在与暴食症作斗争(Ellin,2012)。暴食症患者通常比厌食症或贪食症患者年纪大,且这种疾病往往形成于人生后期,一般在一个人三四十岁的时候。与超重的人相比,患有暴食症的人抑郁程度更高,并且有更多紊乱的进食行为(Grilo et al.,2008)。尽管神经性贪食症患者的体重通常在正常范围内,但许多(不是所有)暴食症患者要么超重,要么肥胖(Bulik et al.,2012;Hudson et al.,2006)。暴食症还与抑郁症以及失败的减肥和保持体重的历史有关。与其他进食障碍一样,暴食症在女性中更常见,并可能具有遗传成分。不过,与其他进食障碍相比,暴食症在男性中出现得更频繁。这里,一名39岁的患有暴食症的男子把暴食和对自己的负面情绪联系在一起:"最终,这是关于麻木和自我厌恶的行为……我脑子里有个声音在说,'你一无是处,毫无价值',于是我就转向了食物。"(Ellin, 2012)。

暴食症可能属于更广泛的强迫性行为领域,其特征是对过度适应不良行为的控制能力受损,如强迫性赌博和物质使用障碍。节食史可能对某些暴食症病例起作用,但可能不会达到对贪食症的那种程度。

认知行为疗法已经成为治疗暴食症的治疗选择(e.g., Fischer et al., 2014; Hilbert et al., 2015)。抗抑郁类药物,尤其是像百忧解这样的选择性5-羟色胺再吸收抑制剂类药物,也可以通过帮助大脑中的5-羟色胺水平正常化来减少暴食的发作(Mitchell, Roerig, & Sfeffen, 2013)。不过在治疗12个月后的随访评估中,认知行为疗法显示出比抗抑郁药物治疗更好的效果(Grilo, Masheb, & Crosby, 2012)。研究人员最近的报告显示,在使用一般用于治疗儿童多动症的兴奋剂药物来减少暴食症患者暴食症状方面,取得了很有希望的成果(McElroy et al., 2015; Slomski, 2015)。

观看　斯泰西：暴食症

了解更多关于暴食症的信息,请观看视频"斯泰西：暴食症"。在"深入思考：肥胖——一种全球性的流行病"中,我们将关注与暴饮暴食密切相关的健康问题：肥胖。

深入思考
肥胖——一种全球性的流行病

判断正误

肥胖在美国是最常见的心理疾病。
☐ 错误　肥胖是一种医学疾病,而不是心理疾病。

肥胖(obesity)问题再一次引发了复杂的身心之间的相互关系。肥胖被归为一种医学疾病,不是心理或精神疾病,但是心理因素在其发展和治疗过程中起着重要作用,这也是我们关注的焦点。[判断正误]

肥胖不仅在美国,而且在全世界范围内都已经达到了流行的程度。全球肥胖人口已经超过了2亿(Ng, Gakidou et al., 2014)。自20世纪60年代政府开始追踪肥胖问题以来,如今美国超重的人数比以往任何时候都要多。约有69%的美国成年人被卫生官员列为超重或肥胖,大约有35%是符合健康标准的(CDC, 2015e; Yang, & Coldiz,

2015)。近年来,随着体重的增加,我们的腰围也在增加(Ford, Maynard, & Li, 2014)。在美国青少年中,大约有三分之一的儿童和青少年超重或者肥胖(Tavernise, 2012; Weir, 2012a)。

官方卫健部门对肥胖的担忧是正确的,因为它是许多慢性病和对生命有潜在威胁疾病的风险因素,如心脏病、中风、糖尿病、呼吸系统疾病和某些形式的癌症(Gorman, 2012; Khoo et al., 2011; Taubes, 2012)。总的来说,在美国,每年由肥胖造成的死亡人数超过16

危险的腰围 肥胖确实对健康和长寿有危害。

万,比一般人预期的寿命少6到7年(Flegal et al., 2005; Fontaine et al., 2003; Freedman, 2011)。还有证据表明,体重过轻的人面临着与肥胖人群一样的过早死亡风险(Cao et al., 2014)。那些超重但是不肥胖的人呢?答案并不完全清晰:最近的研究结果表明,临床上不肥胖的超重人群实际上比正常体重人群的早死风险要低(Flegal et al., 2013; Heymsfied & Cefalu, 2013)。

体重本质上是能量平衡的函数。当热量摄入量超过能量输出时,多余的热量会以脂肪的形式存储在体内,从而导致肥胖(见图9.2)。尽管我们在减肥产品和减肥计划上花费了大量的金钱和精力,但我们的整体腰围却越来越大——健康专家认为,这是美国人摄入了太多热量而锻炼太少的结果(Lamberg, 2006; Pollan, 2003)。为什么呢?人们的一餐含有过多高脂肪、高热量和超大分量的食物,并且在需要久坐的活动中花费了更多时间。

防止肥胖的关键是使能量消耗与能量(卡路里的)摄入保持一致。不幸的是,说起来容易做起来难。研究表明,导致能量摄入和消耗之间不平衡的因素有很多,包括遗传因素、代谢因素、生活方式因素、心理因素以及社会经济因素。还有一些好消息要报道:近年来,美国人的日常饮食显示出了热量消耗和膳食脂肪的减少情况(Beck & Schatz, 2014)。也许美国人已经明白了这一点,并采取了有益健康的措施来遏制肥胖的流行。

遗传因素

肥胖是一种复杂的疾病,涉及多种因素(Hamre, 2013)。有证据表明基因在起作用,但是基因并不能说

图9.2 体重——一种平衡

体重是由以食物热量形式摄入的能量与一天中通过身体活动和维持身体新陈代谢所使用的能量之间的平衡决定的。当从食物中摄入的热量超过所消耗的热量时,我们的体重就会增加。为了减肥,我们需要使摄入的热量少于消耗的热量。体重控制涉及热量摄入与热量消耗之间的平衡。

来源:Physical Activity and Wight Control, National Institutes of Diabetes and Digestive and Kidney Diseases(NIDDK).

明一切(Freedman,2011;Small et al.,2011)。环境因素(饮食和运动模式)也是重要的影响因素。

代谢因素

代谢速率(身体燃烧卡路里的速度)的遗传差异可能在决定肥胖的风险方面起着重要作用。同样,当人们的体重开始大幅度下降时,身体就会通过减慢代谢速率来保存能量资源,就好像正在挨饿一样(Freedman,2011)。这就使得人们很难再继续减肥,甚至难以维持减肥后的体重。大脑的机制控制着身体的新陈代谢,使体重控制在一个受基因影响的设定值左右。当卡路里摄入量减少时,身体调节代谢速率下降的能力可能有助于人类祖先在饥荒时期幸存下来。然而,这种机制对于今天那些试图减肥并保持减肥后体重的人来说,则是一种祸害。[判断正误]

> **判断正误**
>
> 当人们的体重开始显著下降时,他们的身体反应就好像自己在挨饿一样。
>
> □正确　身体会通过减缓代谢速率做出反应,使节食者更难减掉额外的体重或保持减肥后的体重。

人们可以通过更缓慢的减重和更剧烈的运动方案来抵消这种代谢调节。剧烈运动可以直接燃烧卡路里,并可以通过用肌肉代替脂肪组织来提高代谢速率,特别是如果运动计划涉及负重活动的话。而且,每盎司肌肉组织消耗的热量比脂肪组织要多。在开始运动方案之前,请咨询你的医生以确定哪种类型的运动最适合你的整体健康状况。

脂肪细胞

脂肪细胞是储存脂肪的细胞,它构成了人体的脂肪组织。肥胖的人比不胖的人有更多的脂肪细胞。严重肥胖的人可能有大约2 000亿个脂肪细胞,而相比之下,正常体重的人只有250到300亿个。为什么这很重要?进食后,随着时间的推移,血糖水平下降,并从这些脂肪细胞中抽出脂肪,为身体提供更多的营养。当大脑的下丘脑检测到这些细胞中的脂肪消耗殆尽时,就会引起饥饿感。饥饿是一种促进进食的动力,进而补充脂肪细胞。不幸的是,即使我们在减肥,我们也不能减掉脂肪细胞(Hopkin,2009)。在因有更多脂肪组织从而有更多脂肪细胞的人身上,他们的身体向大脑发送脂肪消耗的信号比有较少脂肪细胞的人多;因此,他们会更快地感受到食物缺乏,从而使他们更难减肥或维持减肥后的体重。

生活方式因素

饮食习惯是在改变,而不是在改善。在电视广告、平面广告等诸如此类的广告中,与食物相关的暗示不断轰炸着我们,并对我们个人和集体的腰围造成了很大的影响。如今的餐馆在谁能把最多的食物放在越来越大的餐盘上相互竞争。比萨店正在使用更大的平底锅,快餐店也在加大餐量——所有的这些都对腰围造成了影响。64盎司的"大杯"软饮料含有800卡路里的热量(Smith,2003)!最近的一项研究显示,当使用更大的盘子吃中式自助餐时,人们会给自己多拿52%的食物,并多吃了45%的食物(Wansink & van Ittersum,2013)。快餐店的顾客也倾向于低估他们所吃食物中卡路里的含量(Block et al.,2013)。你能猜到在圣诞老人之后,孩子们最常能认出哪个角色吗？答案是：麦当劳叔叔(Parloff, 2003)。

[判断正误]

美国日益增多的郊区和由此带来的汽车依赖文化，是导致人们腰围不断增长的另一个因素(McKee, 2003)。城市居民可以通过在城市周围远足来消耗一些额外的卡路里，但郊区居民必须依靠他们的汽车，在郊区分散的社区里，从一个地方跑到另一个地方。研究人员怀疑，比起摄入更多的卡路里，过去20年里，身体活动和运动的减少是导致美国人腰围增大的主要原因。

判断正误

继圣诞老人之后，孩子们最常认出的人物形象是罗纳德·麦当劳。

□ 正确　罗纳德是孩子们第二能认出的人物形象。他的受欢迎程度与我们痴迷快餐文化有什么关系呢？

心理因素

根据心理动力学的理论，进食是主要的口腔活动。心理动力理论学家认为，那些被依赖性和独立性相关的冲突固着于口腔期的人，可能会在压力过大的情况下退行到过度进食等口腔活动中去。其他与暴饮暴食和肥胖有关的心理因素包括自卑、缺乏自我效能感、家庭冲突和消极情绪。

社会经济因素

肥胖在低收入人群中更为普遍。因为在我们的社会中，有色人种的社会经济地位比美国白人（非西班牙裔）低，所以我们不应该惊讶于黑人成年人和西班牙成年人的肥胖率更高(见图9.3)。

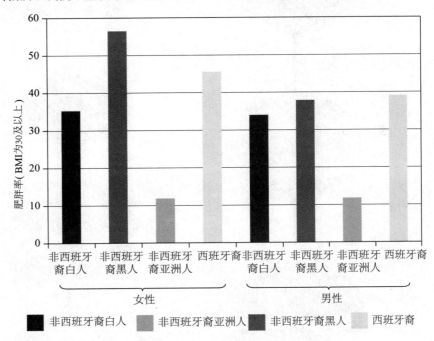

图9.3　肥胖率(20岁及以上)

这个数字显示了美国成年人肥胖率与种族和民族的关系。

来源：Health, United States, 2015, CDC, 2015g, National Center for Health Statistics, Office of Analysis and Epidemiogy.

为什么处于社会经济阶层低端的人群患肥胖的风险更大呢？原因之一是，越富裕的人就越容易获得有关营养和健康的信息,并且更有可能参加健康教育课程。他们也可能有更多的机会获得高质量的医疗保健。穷人也不像富人那样经常锻炼。更富裕的人更有可能有时间、收入和锻炼的空间。城市中心的很多穷人也将食物转化为应对贫穷、歧视、拥挤和犯罪压力的方式。

文化适应也有可能会导致肥胖,至少当它涉及采用不健康饮食习惯的东道国文化时是这样的。想一下,生活在加利福尼亚和夏威夷的日裔美国男性比日本男性吃更高脂肪的食物。毫不意外的是,日裔美国男性肥胖的患病率比生活在日本的男性高两到三倍(Curb & Marcus, 1991)。

面对肥胖的挑战

尽管很有吸引力,但快速节食减肥法并不奏效。绝大多数节食的人,可能超过90%的人,减肥后体重又反弹了。抗肥胖药物和减肥药也不是解决问题的办法,因为它们最多只能带来暂时的效益,而且可能会产生显著的副作用。要想在"减肥之战"中取得长期成功,就必须坚持合理、

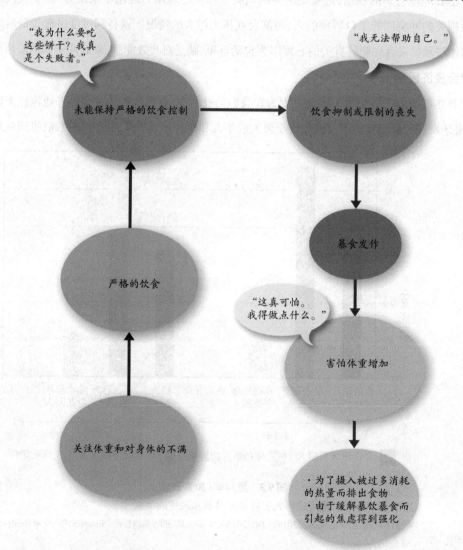

图9.4 神经性贪食症的潜在致病过程

低热量、低脂肪的饮食,并定期进行体育锻炼(Bray et al.,2012;Van Horn,2014;Wadden et al.,2014)。即使是那些受肥胖基因遗传的人也可以通过合理的饮食、增加运动和锻炼水平以及养成更健康的饮食习惯,来控制自己的体重。

治疗方法的结合
进食障碍

我们可以把进食障碍概念化到一个多因素的框架中,在这个框架中,心理社会影响和生物影响在紊乱进食行为的发展中相互影响。图9.4显示了一种解释神经性贪食症发展的潜在致病途径。请注意,以减轻增重的焦虑的形式进行的负强化,在增强和维持适应不良的控制体重的方法中起着重要作用,其中神经性厌食症患者是通过拒食行为来控制体重,而神经性贪食症患者则是通过净化来控制体重的。不幸的是,负强化是一个很强大的影响源,并有助于维持适应不良行为。

睡眠—觉醒障碍

睡眠是一种生物功能,在某些方面仍然是个谜。我们知道睡眠是恢复性的,大多数人每晚需要7个或更多个小时的睡眠才能达到最佳状态。然而,我们还不能明确睡眠期间发生了什么可以说明其恢复功能的特定生化反应。我们也知道,我们当中的很多人都有睡眠问题,尽管其中一些问题的原因仍然模糊不清。太过严重和频繁的睡眠问题足以导致明显的个人痛苦,或者是社会、职业或其他角色的功能受损,在DSM-5系统中,这被归类为睡眠—觉醒障碍(sleep-wake disorder; Reynolds & O'Hara,2013)。术语睡眠—觉醒障碍取代了较早的诊断术语睡眠障碍,以强调这一事实:这些障碍包括了在睡眠期间或者在睡眠和清醒的阈值之间发生的问题。睡眠—觉醒障碍也经常和其他心理障碍(如抑郁症)和医疗状况(如心血管疾病)一起发生,因此,对被评估为患有睡眠—觉醒障碍的人来说,进行全面的心理和医学评估是很重要的。

由于工作效率的下降和缺勤率的增加(其中包括了超过2.5亿的病假),睡眠问题对全国工人的经济和心理都造成了重大的影响。据估计,美国企业因失眠相关问题而损失的生产力大约为630亿美元(Weber,2013)。表9.2概述了本章讨论的睡眠—觉醒障碍的主要类型。睡眠—觉醒障碍的类型有很多,包括我们在这里讨论的主要类型:失眠性障碍、过度嗜睡症、嗜睡症、与呼吸相关的睡眠障碍、昼夜节律睡眠—觉醒障碍和异睡症。

表9.2　主要睡眠—觉醒障碍的概述

障碍类型	终生患病率(大约)	描述
失眠性障碍	6%到10%	持续性地难以入睡、保持睡眠状态或获得充足安稳的睡眠
过度嗜睡症	1.50%	白天极度嗜睡模式
嗜睡症	0.05%	在白天突然入睡
与呼吸相关的睡眠障碍	随年龄增长而变化,从儿童的1%到2%,到老年人的20%以上	睡眠因呼吸困难而反复中断
昼夜节律睡眠—觉醒障碍	在一般人群中占1%或更少,但在青少年中更普遍	由于睡眠模式的时间变化而导致内部睡眠—觉醒周期的中断
异睡症		
睡惊症	未知	反复的睡惊症导致突然惊醒
梦游	在儿童中估计有1%到5%	梦游反复发作
快速眼动睡眠行为障碍	0.38%到0.5%	在快速眼动睡眠期间发出声音或抖动
梦魇症	未知	由于噩梦而反复醒来

来源:Prevalence rates drawn from American Psychiatric Association ,2013;Bootzin & Epstein,2011;Ohayon et al.,2012;Ohayon,Dauvilliers,& Reynolds,2012;Scammell,2015;Smith & Perlis,2006.

美国和加拿大各地都建立了高度专业化的睡眠中心,以提供比在典型的办公室环境中更全面的睡眠相关问题的评估和诊断。患有睡眠—觉醒障碍的人可能会在睡眠中心度过几个晚上,在那里他们会与可以追踪其生理状态的设备相连接。这种评估形式被称为多导睡眠描记(polysomngraphic,PSG)记录,因为它涉及同时测量不同的生理反应,包括脑电波、眼动、肌肉运动和呼吸。从心理评估、对睡眠障碍的主观报告和睡眠日记中获得相关信息(即:由问题睡眠者写每日日志,以追踪其在上床睡觉和入睡之间的时间长度、睡眠时间、夜间醒来、白天小睡等情况)。由医生和心理学家组成的多学科团队对这些信息进行筛选,得出诊断结果,并提出治疗方法,以解决当前的问题。

失眠性障碍

9.6 描述失眠性障碍的主要特征

失眠(insomnia)一词来源于拉丁语"in"(意为"不"或"没有"),当然还有"somnus"(意为"睡眠")。偶尔几次失眠,尤其是在压力大的时候,并不是异常的——但持续性失眠(其特点是反复地难以入睡或保持睡眠状态)是一种异常行为模式(Harvey & Tang,2012)。据估计,有6%到10%的美国成年人患有最常见的睡眠—觉醒

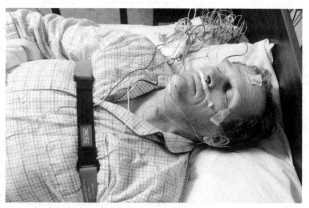

睡眠中心 有睡眠—觉醒障碍的人通常在睡眠中心进行评估,他们的生理反应可以在睡眠时得到监控。

障碍:**失眠性障碍**(insomnia disorder,以前称为"primary insomnia",意为"原发性失眠";Bootzin & Epstein,2011;Smith & Perlis,2006)。对失眠性障碍的诊断要求其已经存在了至少三个月,而且每周至少有三晚发生失眠(American Psychiatric Association,2013)。慢性失眠也可能是潜在生理问题或心理障碍的一个特征,如抑郁、物质滥用或身体疾病。如果这个潜在问题得到了成功的治疗,那么很有可能会恢复正常的睡眠模式。尽管复发性失眠问题主要影响40岁以上的人,但许多青少年和年轻人也受到其影响(Roberts,2008)。患有失眠性障碍的人会抱怨他们的睡眠总量或质量。他们一直难以入睡,难以保持睡眠状态,难以实现恢复性睡眠(让人感觉神清气爽的睡眠),或者早上很早醒来,并无法重新入睡。这种障碍伴随着明显的个人痛苦或在日常履行日常责任方面的功能受损——例如抱怨经常感到疲劳、困倦或精力不足;在学习或工作上记忆困难或注意力不集中;情绪低落;或者表现出行为障碍,如多动、冲动或攻击性。总之,失眠问题会严重影响生活质量(Karlson et al.,2013)。

患有失眠性障碍的年轻人经常抱怨要花费太长时间才能入睡。老年人则更有可能抱怨在夜间频繁醒来,或者早上醒得太早。有趣的是,许多失眠性障碍患者低估了自己实际上睡了多少觉——当他们真的在打瞌睡时,他们以为自己是醒着躺在床上的(Harvey & Tang,2012)。

与失眠有关的睡眠剥夺是要付出代价的。研究证据显示,睡眠不足的大脑更难集中注意力、快速反应、解决问题以及记住最近获得的信息(Florian et al. 2011;Lim & Dinges,2010)。慢性睡眠剥夺——经常睡眠不足——与一系列严重的身体健康问题有关,如较差的免疫系统功能(Carpenter, 2013)。免疫系统可以保护身体免受疾病的侵袭,所以研究人员报告说每晚睡7个小时的人在接触感冒病毒后发生普通感冒的风险,比每晚睡8个小时甚至更久的人要高三倍也就不足为奇了(Cohen et al., 2009;Reinberg, 2009)。

如果我们错过了几个小时的睡眠时间,第二天我们可能会感觉到昏昏沉沉,但还是很有可能蒙混过去的。不过随着时间的推移,持续的睡眠不足会影响我们发挥最佳状态的能力,导致日间疲劳,并在我们平时的社交、职业和学习等其他角色中造成困难。不出所料,失眠性障碍患者通常还有其他心理问题,尤其是焦虑症和抑郁症。

心理因素会导致原发性失眠。饱受失眠困扰的人往往会把他们的焦虑和担忧带到床上去,这将他们的身体觉醒提升至可以阻止自然睡眠的水平。焦虑的另一个来源以表现焦虑的形式出现,或者是认为自己必须睡上一整晚才能在第二天正常工作而产生的压力(Sanchez-Ortuno & Edinger, 2010)。与失眠作斗争的人可能会试图强迫自己入睡,这通常会造成更多的焦虑和紧张,从而导致更难以入睡。很值得注意的是,睡眠是不能被强迫的。我们只有在疲倦和放松的时候上床为睡眠创设环境,让睡眠自然而然地发生。

经典条件作用原理可以帮助解释持续性睡眠的发展(Pollack, 2004b)。在将几个焦虑的、失眠的夜晚与卧室相关的刺激物配对之后,仅仅是进入卧室过夜就足以引起身体唤醒,从而影响睡眠的开始。因此,高度唤醒状态成为由卧室条件刺激引起的条件反应——甚至仅仅是看到床。

过度嗜睡症

9.7 描述过度嗜睡症的主要特征

过度嗜睡(hypersomnolence)一词来源于希腊语"hyper",意为"超过"或"超出正常",以及拉丁语"somnus"(意为"睡眠")。有几种主要的"超过正常睡眠"或过度嗜睡症的类型,但它们都有一些常见的症状,如在白天过度嗜睡或者突然睡着。

过度嗜睡症(hypersomnolence, disorder,原称为"primary hypersomnia",意为"原发性嗜睡"),有时也叫作睡眠醉酒症(sleep drunkenness),是一种日间极度嗜睡模式,每周至少3天,持续至少3个月(American Psychiatric Association, 2013)。患有过度嗜睡症的人可能每晚要睡9个小时甚至更久,但在醒来后仍然不会觉得精神焕发。他们可能会在白天感受到一种无法抗拒的睡眠需求而反复发作,或者在需要保持清醒的时候不停打盹,或者在看电视时不小心打瞌睡(Ohayon,Dauvilliers,& Reynolds,2012)。日间小睡通常持续1个小时或更长时间,但这种睡眠并不会让人感到神清气爽。这种障碍不能归咎于夜间睡眠不足,是一种心理或生理疾病,或者是药物使用。

虽然我们当中的很多人会在白天有时感到困倦,甚至在看书或看电视时也会打瞌睡,但患有过度嗜睡症的人会有持续的嗜睡期,会在日常功能上造成个人痛苦或困难,比如错过重要的会议。根据最近的一项估计,大约有1.5%的人符合过度嗜睡(睡眠过度)的一般标准(Ohayon,Dauvilliers,& Reynolds,2012)。

这种障碍可能与大脑中睡眠—觉醒机制的缺陷有关,一般会使用兴奋剂药物来帮助患者保持白天的清醒状态。最近的一项研究表明,在某些过度嗜睡的病例中,大脑中的一种物质通过增加GABA(γ-氨基丁酸)的活性而起到天然安眠药的作用,γ-氨基丁酸是大脑中能诱发睡意的一种神经递质。GABA是一种大脑化学物质,受安定和黄原胶等抗焦虑药物的影响(见第5章;Rye et al.,2012)。

嗜睡症

9.8 描述嗜睡症的主要特征

嗜睡症(narcolepsy)一词来源于希腊语"narke"(意为"昏迷"),以及"lepsis"(意为"袭击")。嗜睡症患者在三个月内至少每周三次有无法抗拒的睡眠需求,或突然睡着或小睡。在睡眠发作期间,个体会在没有任何预兆的情况下突然睡着,并持续15分钟左右。这个人可能正在谈话中,但一会儿就瘫倒在地板上睡着了。

嗜睡症的发生与从清醒状态到快速眼动睡眠(rapid eye movement,REM,主要与做梦有关的睡眠阶段)的立即转换有关。快速眼动睡眠之所以如此命名,是因为睡眠者的眼睛往往在闭着的眼皮下快速转动。正常情况下,一个人在进入快速眼动睡眠之前,会在其他睡眠阶段之间转换。最常见的一种嗜睡症,称为嗜睡症/虚证型缺陷综合征,涉及大脑中下视丘分泌素(也称食欲肽)的缺乏。下视丘分泌素是一种由下丘脑产生的类蛋白质分子,它在调节睡眠—觉醒周期中起着重要作用。

嗜睡症通常与**猝倒症**(cataplexy)有关,猝倒症是一种医学病症,患者会经历肌肉张力的丧失,从腿部的轻微无力到完全失去肌肉控制,并造成患者的崩溃。猝倒症最常(但并不总是)发生在嗜睡症患者身上。它是由强烈的情绪反应引起的,如喜悦、哭泣、愤怒、突然的恐惧或激烈的笑声。与嗜睡症一样,猝倒症也涉及大脑化学成分下视丘分泌素的缺乏。在猝倒发作期间,个体可能会瘫倒在地板上,几秒钟甚至几分钟都无法动弹,但仍然是有意识的。经历猝倒发作的人可能会感到视觉模糊,但他们能够听到和理解周围发生的一切。然而在某些情况下,患有猝倒症的人可能突然就进入快速眼动睡眠阶段。马莉(Mali)是一个长期患有嗜睡症的女性,她在下面的叙述中描述了自己猝倒发作的经历。

"我""像木偶一样"

猝倒症是指由于(强烈的)情绪而突然失去肌肉张力……实际上,每个人在快速眼动睡眠阶段都有同样的肌肉张力丧失感。它也像被剪断线的木偶一样。你不会像一块木板一样掉下来……通常情况下人们不会伤到自己,但更多的是摔倒,就像有人按下了电灯开关一样,你失去了所有的肌肉张力,但在几秒也可能是几分钟后就又恢复了。我完全能听到每个人说的话,当我从猝倒状态中恢复过来时我可以重复所有的事情,所以这是一种警报状态,尽管对某些人来说,看到一个人猝倒就像是那个人刚结账离开然后去睡觉一样。

来源:摘自Speaking Out: Videos in Abnormal Psychology,Pearson Education,2010.保留所有权利。

嗜睡症患者也可能会经历**睡瘫**(sleep paralysis),这是一种醒来后无法移动或说话的暂时状态。他们还可能会报告有**入睡前幻觉**(hypnagogic hallucinations),这是一种通常在开始睡觉前或醒来后不久出现的令人恐惧的幻觉。在这里,马莉描述了自己睡瘫和入睡前幻觉的经历。

"我""一个发生在正常时间的不正常事件"

睡瘫与快速眼动睡眠中正常的肌肉张力丧失一样,而睡瘫的不同之处在于,你的意识是清醒的,但所有肌肉是瘫痪的,你无法说话或者移动……这对我来说很正常,[但]也还是很可怕。对我而言,睡瘫常常伴随着睡前麻痹,这也是一个发生在正常时间里的不正常事件。当[你]处于快速眼动睡眠阶段时……你是无意识的,并且在做梦,如果你[后来]记得你的梦,那么它就是你梦的记忆。患有嗜睡症的人可以同时在两个世界中穿行。所以,即使你是在做梦,你的大脑中也有一部分是有意识的、清醒的,并且会让这个梦非常非常真实。如果你有一个消极的或可怕的梦,那它可能就会有点恐怖……对我来说,不是做了多少可怕的梦,而是我做了很多梦……这[让我想知道]我真的与某个人交谈过……[或者]我真的那样做了,真的那样说了吗……我曾常常在早晨醒来,摇了摇头,想知道什么是真实的,什么不是真实的。

来源:摘自 Speaking Out: Videos in Abnormal Psychology, Pearson Education, 2010. 保留所有权利。

了解更多马莉的情况以及嗜睡症如何影响她的日常生活,请观看视频"马莉:嗜睡症"。

值得庆幸的是,嗜睡症并不常见,估计每2000个人中有1人患有这种病(0.05%; Scammell, 2015)。男性和女性受到的影响是一样的。与过度嗜睡症不同,过度嗜睡症是白天睡眠发作,并伴随着一个睡意增加的时期,而嗜睡症则是突然发作的,且患者在醒来后会感觉神清气爽。这种发作可能是危险和可怕的,尤其是当这个人在开车、使用重型设备或尖锐的工具时。

观看 马莉:嗜睡症

大约有三分之二的嗜睡症患者在开车时睡着了,有五分之四的患者则在工作时睡着了(Aldrich, 1992)。不足为奇的是,这种疾病经常与糟糕的日常功能有关。由跌倒而引起的家庭事故也很常见。嗜睡症的病因尚不清楚,但怀疑的焦点集中在遗传因素和下丘脑中负责产生下视丘分泌素的大脑细胞的缺失上(Goel et al., 2010; Hor et al., 2011)。最近,研究人员发现的证据表明,嗜睡症可能是遗传易感人群中的一种自身免疫疾病,在这种疾病中,人体的免疫系统会错误地攻击产生下视丘分泌素的脑细胞(De La Herran-Arita et al., 2014)。[判断正误]

判断正误

许多人遭受的睡眠发作,在没有任何征兆的情况下突然发生。

□错误 睡眠发作相对少见。它们是一种叫作嗜睡症的疾病的特征。

和呼吸相关的睡眠障碍

9.9 描述与呼吸相关的睡眠障碍的主要特征

呼吸相关睡眠障碍(breathing-related sleep disorder)患者,由于呼吸系统的问题,会经历反复的睡眠中断。这些频繁的睡眠中断会导致失眠或日间极度嗜睡。

这种疾病的亚型是根据呼吸问题的潜在原因进行区分的。最常见的亚型,**阻塞性睡眠呼吸低通气综合征**(obstructive sleep apnea hypopnea syndrome, 俗称 obstructive sleep apnea, 意为"阻塞性睡眠呼吸暂停"),通常包括在睡觉时反复打鼾或呼吸困难、呼吸暂停或异常浅呼吸。(呼吸暂停一词来源于希腊语前缀"a",意为"不"或"没有",以及"pneuma",意为"呼吸"。)呼吸浅慢(hypopnea,字面意思为"呼吸不足")指的是呼吸浅或呼吸减少,但并不像呼吸完全暂停那样严重。

阻塞性睡眠呼吸暂停通常伴有大声的打鼾,这是一个相对常见的问题,估计影响了2800万美国人(Moloo, 2014; O'Connor, 2012)。睡眠呼吸暂停可能是由于在睡眠中呼吸完全或部分受阻造成的。这种疾病会导致白天极度嗜睡、疲劳,以及对失眠的抱怨。阻塞性睡眠呼吸暂停最常见于中老年人,并且其对少数民族的影响比对白人大(Chen, Wang et al., 2015)。在50岁之前,这种疾病更容易影响男性,而在50岁时,男女发病率则相近。这种疾病在肥胖人群中也更为常见,这显然是因为他们的上呼吸道因软组织增大而趋于缩小。

呼吸困难是由上呼吸道气流阻塞引起的,这通常是结构缺陷导致的,例如过厚的上颚、扁桃体肿大或腺状体肿大。在完全阻塞的情况下,睡眠者可能会在夜间停止呼吸15到90秒,并多达500次!当发生这些呼吸失误时,睡眠者也许会突然坐起来,喘气,做几次深呼吸,然后重新入睡,而不会醒来或意识到自己的呼吸被打断了。[判断正误]

尽管在短暂的呼吸暂停后,生物反射会迫使人们喘口气,但由于呼吸暂停所导致的正常睡眠的频繁中断,会让人们在第二天感到困乏,并使他们难以有效工作。

不足为奇的是,患有睡眠呼吸暂停综合征的人通常会报告生活质量受损。与不受这种疾病影响的人相比,他们的抑郁水平也更高(Peppard et al., 2006)。睡眠呼吸暂停也是一个健康问题,因为它与高血压和其他心血管问题,以及糖尿病等严重健康问题的风险增加有关(Bratton et al., 2015; Campos-Rodriguez et al., 2012; Kapur & Weaver, 2012; Kendzerska et al., 2014; Macey et al., 2013)。

判断正误

有些人在睡眠期间没有意识到自己会喘息上百次。

□正确 患有睡眠呼吸暂停综合征的人可能在夜里呼吸数百次而自己没有意识到。

睡眠呼吸暂停 大声打鼾可能是阻塞性睡眠呼吸暂停的信号,这是一种睡眠相关的障碍,患有这种障碍的人,在夜里的睡眠期间可能会暂停呼吸多达500次。响亮的鼾声被床伴们描述为达到了工业噪声污染的程度,当呼吸被打断或暂停时,它会与短暂的沉默交替出现。

研究还指出了另一个令人担忧的问题：在呼吸暂停发作期间的反复缺氧，可能会导致轻微的脑损伤，影响心理功能，如思考能力（Macey et al., 2008；Thorpy, 2008）。另一个值得关注的问题是，患有睡眠呼吸暂停的人患癌症的风险更高（O'Connor, 2012）。不幸的是，约有四分之三的睡眠呼吸暂停病例仍然没有得到治疗（Minerd & Jasmer, 2006）。

与呼吸有关的睡眠障碍的另一个亚型是中枢性睡眠呼吸暂停（central sleep apnea），睡眠期间的呼吸问题对呼吸阻力的依赖性（气道阻塞）较小，可能与心脏相关问题或服用阿片类药物有关。而另一种亚型，与睡眠相关的低通气（sleep-related hypoventilation，"hypoventilation"意为"低呼吸"）的特征是呼吸问题，通常可追溯到肺部疾病或影响肺功能的神经肌肉问题。

睡眠剥夺 工作轮班的频繁变化会扰乱身体的自然睡眠—觉醒周期，导致昼夜节律睡眠觉醒障碍，使人感到睡眠被剥夺。

昼夜节律性睡眠—觉醒障碍

9.10 描述昼夜节律性睡眠—觉醒障碍的主要特征

大多数人的身体机能都遵循一个内部节律周期——昼夜节律——持续约24小时（Azzi et al., 2014；Dubovsky, 2014a；Sanchez-Romera et al., 2014）。即使人们摆脱了预定的活动和工作责任，并将他们置于无法知道一天时间的环境中，他们通常也会遵循相对正常的睡眠—觉醒时间表。

昼夜节律性睡眠—觉醒障碍（circadian rhythm sleep-wake disorder）涉及对一个人自然的睡眠—觉醒周期的持续扰乱。这种对正常睡眠模式的扰乱会导致失眠或过度嗜睡，并导致白天昏昏欲睡。这种疾病会造成严重的痛苦，或损害个体在社交、职业或其他角色上的能力。伴随时差反应在时区间移动或频繁的工作班次的改变（例如护士会遇到的），会导致更持久的或反复出现的问题，从而做出昼夜节律睡眠—觉醒障碍的诊断。治疗可能包括一个逐步调整睡眠时间表的程序，以使个人的昼夜节律系统与睡眠—觉醒时间表的变化保持一致。

异睡症

9.11 明确异睡症的主要类型，并描述它们的主要特征

睡眠周期通常为90分钟左右，每个周期都是由轻度睡眠到深度睡眠，再到快速眼动睡眠阶段（大部分梦发生的阶段）。然而，对于某些人

来说,他们的睡眠会被睡眠期间的部分或不完全唤醒所打断。在这些部分唤醒期间,个体可能会显得困惑、孤立或与环境脱节。睡眠者可能对其他人试图唤醒他们或安慰他们的企图无动于衷。睡眠者通常在第二天起床后没有任何关于这些部分唤醒发作的记忆。

  DSM-5将与部分或不完全唤醒相关的异常行为模式定义为**异睡症**(parasomnias),一种睡眠—觉醒障碍,可进一步细分为与快速眼动睡眠相关的障碍、与非快速眼动睡眠相关的障碍这两类。异睡症一词字面上的意思是睡眠周围,表示在觉醒和睡眠之间的边界出现了部分或不完全唤醒的异常行为。与其他睡眠—觉醒障碍一样,异睡症会导致严重的个人痛苦,或干扰个体履行预期的社交、职业或其他重要生活角色的能力。在这里,我们讨论与非快速眼动睡眠(睡惊症,梦游)和与快速眼动睡眠(快速眼动睡眠障碍和梦魇症)相关的主要类型的异睡症。

  睡惊症 睡惊症(sleep terrors)的特征是由恐惧诱发的唤醒的反复发作,通常是以恐慌的尖叫为开始(American Psychiatric Association,2013)。这种唤醒一般是从夜间响亮、刺耳的尖叫声开始的。即使是睡得再熟的父母也会像被加农炮击中了一样,被召唤到孩子的卧室。孩子(大多数病例是儿童)可能会坐起来,表现出惊恐和极度兴奋——大量出汗并伴有剧烈心跳和呼吸急促的迹象。他还可能会开始语无伦次地说话,或者活蹦乱跳,但并没有完全清醒。如果孩子完全清醒过来了,他或她可能会认不出父母或者试图推开父母。几分钟后,孩子重新进入深度睡眠,在早晨醒来后,他也不能回忆出这段经历。这些可怕的攻击或睡惊症比普通的噩梦更加强烈。与噩梦不同的是,睡惊症往往发生在夜间睡眠的前三分之一和深度的非快速眼动睡眠期间。

  如果在睡惊症发作时醒来,个体通常会出现几分钟的困惑和迷失。他可能会有一种模糊的恐惧感,并报告一些零碎的梦境图像,但不是像典型的噩梦般的详细梦境。大多数时候,这个人会重新入睡,并且第二天早上醒来以后不会记得这个经历。

  大多数有睡惊症的儿童在青春期时就会因长大而不再出现这种症状。受睡惊症影响的男孩比女孩更多,但在成年人中,男女比例差不多。在成年人中,这种疾病往往会遵循一个慢性的过程,在这个过程中,发作的频率和强度会随着时间的推移而变化。关于这种疾病的流行数据还很缺乏,但是据估计,大约有37%的18个月大的孩子、20%的30个月大的孩子,以及2%的成年人患有睡惊症症状(American Psychiatric Association, 2013)。造成睡惊症的原因仍然是个谜, 但人们怀疑基因是一个影响因素(Geller, 2015)。

梦游 在**梦游**(sleepwalking)时, 正在睡觉的人会反复出现这种情况:他们在屋子里走来走去, 但同时仍然还是睡着的。在梦游发作期间, 个体是部分清醒的, 并能做出复杂的运动反应, 比如起床和走到另一个房间里去。这些运动行为是在没有意识的情况下进行的, 并且这个人在第二天早上完全醒过来时不会记得昨晚发生的事情。因为这些情况往往发生在不会做梦的深度睡眠(非快速眼动睡眠)阶段, 所以梦游似乎并不涉及梦境的设定。

梦游症在儿童中最常见, 据估计, 有1%到5%的儿童患有梦游症(美国精神病学协会, 2013)。据统计, 有10%到30%的孩子至少发生过一次梦游。这种疾病在成年人中的发病率未知, 发病原因也不清楚。偶尔的梦游并不罕见。大约有4%的成年人报告说自己在前一年经历过梦游(Ohayon et al., 2014)。然而, 持续的或反复的发作则可能会被诊断为梦游症。在下面的叙述中, 一名男子讲述了他童年时期梦游的故事, 这是诸如此类事件中的一次。

"我""他只是在梦游"

我所有的五个姐妹都记得我是家里的梦游者。[我姐姐]香农回忆说, 有一天深夜当我出现时, 她正在小房间里帮妈妈叠衣服。也许是洗衣房的气味, 像熏香一样, 吸引了我。我穿着睡衣在电视机前停了下来, 睁着眼睛, 开始大喊大叫。香农记得这些是胡言乱语, 但背后令人窒息的愤怒让人担忧。尽管这种行为本身就很奇怪, 但我发现她的故事最吸引人的地方是我母亲的反应——泰然自若, "他只是在梦游,"她低声说道, 好像晚报报童送报迟了一样普通, 我能想象到她随后平静地说, "好吧, 香农, 我们现在从毛巾开始。"

来源:Hayes, 2010, p.99.

我们不知道是什么导致了梦游, 但研究人员认为, 这与遗传因素和(未指明的)环境因素有关(Brooks & Kushida, 2002; Geller, 2015)。梦游者的脸上往往会出现茫然的凝视。虽然他们常常会避免撞上东西, 但偶尔也会发生事故。梦游者通常对他人没有反应, 并且很难被唤醒。在第二天早上醒来的时候, 他们几乎没有关于梦游经历的回忆。如果他们在梦游发作的时候被唤醒, 他们可能会迷失方向或困惑几分钟(就像睡惊症的情况一样), 但很快就

会恢复全部的警觉性。认为在梦游发作期间唤醒他们是有害的这一观点是没有根据的。梦游与单独的暴力行为事件有关,但这种情况很少见,它很可能还涉及其他形式的精神病理学。

快速眼动睡眠行为障碍 快速眼动睡眠行为障碍(rapid eye movement sleep behavior disorder, RBD)涉及在快速眼动睡眠过程中,以说出部分梦境或剧烈移动的形式反复表现自己的梦境。通常,在快速眼动睡眠期间,肌肉活动会被阻断,以至于身体肌肉(除了呼吸和其他重要身体功能所需的肌肉外)基本上处于麻痹状态。这是幸运的,因为肌肉麻痹可以防止做梦者突然将梦境表现出来时可能发生的伤害。然而,在快速眼动睡眠行为障碍的情况下,肌肉麻痹是不存在的或不完整的,并且在快速眼动睡眠期间,个体可能会突然踢腿或甩他们的胳膊,导致自己或床伴受伤。

快速眼动睡眠行为障碍大约影响了0.5%的成年人,最常发生在老年人中,通常是帕金森等神经退行性疾病所造成的结果(Sixel-Doring et al., 2011)。实际上,快速眼动睡眠行为障碍在某些情况下,可能是帕金森发病的早期征兆(Postuma et al., 2012)。它还可能是由于戒酒引起的,或是使用某些药物而引起的并发症(Aurora et al., 2010)。

梦魇症 患有梦魇症(nightmare disorder)的人在快速眼动睡眠期间会反复出现令人不安的、记忆深刻的噩梦。这些噩梦是冗长的,像故事一样,做梦者试图避免迫在眉睫的威胁或身体上的危险,如被追逐、袭击或者受伤的情境。个体通常在醒来后会清楚地回忆起那个噩梦。尽管恐惧是最常见的情绪影响,但令人不安的梦境还可能会引发其他负面反应,如愤怒、悲伤、沮丧、内疚、厌恶或困惑。做梦者可能会在噩梦中突然醒来,但由于噩梦带来的恐惧挥之不去,所以其很难重新入睡。这些梦魇般的梦或由此造成的睡眠中断,会造成严重的困扰以及对日常功能中重要方面的干扰。

虽然很多人都会偶尔做噩梦,但有那种强烈的、反复的噩梦体验以至于被诊断为梦魇症的人的比例仍然不清楚。噩梦一般与创伤经历有关,通常发生在个体处于压力之下时。

噩梦一般发生在快速眼动睡眠阶段,即大多数梦发生的阶段。快速眼动睡眠的周期往往会越来越长,而在夜间睡眠的后半段,快速眼动睡眠期间发生的梦境会更激烈,因此噩梦通常发生在深夜或临近早晨的时候。尽管噩梦本身可能涉及大量剧烈的运动,比如逃离攻击者的噩梦,但做梦者几乎是没有肌肉活动的。激活梦境——包括噩梦——的生理过程会抑制身体的运动,导致一种瘫痪状态。这的确是幸运的,因为这样阻止了做梦者从床上跳下来,撞到梳妆台或墙壁,以试图逃避梦中一直在追赶的攻击者。

睡眠—觉醒障碍的治疗

9.12 评估用于治疗睡眠—觉醒障碍的方法,并运用你的知识来确定更适合的睡眠习惯

在美国,治疗睡眠—觉醒障碍最常用的方法是使用睡眠药物。然而,由于这些药物的相关问题,非药物治疗法——主要是认知行为疗法——已经脱颖而出。

生物疗法 抗焦虑药物经常被用于治疗失眠症,包括苯二氮䓬类抗焦虑药物(如,安定和安定文)(正如我们在第5章中看到的,这些精神药物也被广泛用于焦虑症的治疗)。其他睡眠诱导剂如唑吡坦(zolpidem,商品名"安必恩"),既能缩短失眠患者的入睡时间,又能延长其睡眠时长(Roth et al.,2006)。

当用于短期失眠症的治疗时,睡眠药物通常会减少入睡时间,增加总的睡眠时长,并能减少夜间醒来的次数。它们通过降低唤醒和诱导冷静的感觉来增加γ氨基丁酸(一种神经递质)的活性,来抑制中枢神经系统的活动(见第5章;Pollack,2004a)。

尽管有这些好处,睡眠药物在治疗失眠症方面也存在明显的缺陷。它们往往会抑制快速眼动睡眠,这可能会干扰睡眠的一些恢复功能。它们还会导致第二天的遗留或"宿醉",与白天的嗜睡和表现下降有关。随着用药的停止可能会出现反跳性失眠症,造成比原来情况更严重的失眠症。不过,反跳性失眠症可以减轻,但要通过逐渐减少药物而不是突然停药来实现。这些药物在给定剂量范围内很快就会失效,因此必须逐步加大剂量才能达到同样的效果。高剂量可能很危险,尤其是在睡前将它们与酒精饮料混合服用的情况下。

如果长期使用,睡眠药物也会产生化学依赖,并导致抗药性(Pollack,2004a)。一旦建立了依赖性,当人们停止使用这些药物的时候,就会出现戒断症状,包括焦虑、震颤、恶心、头痛,在严重的情况下还会出现幻觉。

使用者也会对安眠药产生心理依赖。也就是说,他们会对药物产生

心理上的需求,并认为没有药物就无法入睡。因为担心会增加身体的兴奋,所以这种自我怀疑很可能会成为自我预言的实现。此外,使用者可能将自己的成功入睡归功于安眠药,而不是他们自己,这就加强了他们对药物的依赖,从而更难放弃使用药物。

依赖安眠药不能解决问题的根本原因,也不能帮助人们学习更有效的应对方法。如果完全使用睡眠药物(如苯二氮䓬类药物),应该只在短时间内使用,最多用几个星期。治疗的目的应该是提供一个暂时的缓解,这样治疗师就可以帮助病人找到更有效的方法来处理导致失眠症的压力和焦虑。

很多有睡眠问题的人转向喝酒来帮助他们入睡。使用酒精可能有助于入睡,但它会降低睡眠质量,减少快速眼动睡眠的时间(快速眼动睡眠阶段是做梦的阶段,在这个阶段中,为了完全恢复和获得神清气爽的睡眠,个体可能会做梦)(Ebrahim et al., 2013)。此外,经常使用酒精作为睡眠辅助剂还会造成酒精依赖。苯二氮䓬类抗焦虑药物和三环类抗抑郁药物也用于治疗深度睡眠障碍,如睡惊症和梦游。它们似乎对减少深度睡眠时间,减少在生理和心理依赖之间产生部分唤醒的风险都有好处。因此,睡眠药物只能在严重情况下使用,而且只能作为"打破循环"的临时手段。

如前所述,兴奋剂通常用于增强过度嗜睡症患者的清醒度,以及用于对抗他们的日间嗜睡症状(Morgenthaler et al., 2007)。每天小睡10到60分钟,以及心理健康专家或自助团体的帮助也可能有助于治疗过度嗜睡症。

睡眠呼吸暂停症的首选治疗方法是使用机械设备,通过保持上呼吸道的畅通,来帮助在睡眠过程中保持呼吸(Marin et al., 2012; Strollo et al., 2014)。在某些情况下,可以通过外科手术来扩大上呼吸道。

心理疗法　　总的来说,心理疗法仅限于治疗原发性失眠症。认知-行为技术在侧重降低身体唤醒,建立规律的睡眠习惯,并用适应性的想法取代产生焦虑想法方面的效果是短期的。认知-行为治疗师通常使用综合技术,包括刺激控制、采用规律的睡眠—觉醒周期、放松训练和理性重组。

刺激控制涉及改变与睡眠有关的环境。我们一般会把床和卧室与睡觉联系在一起,因此暴露在这些刺激物之下会引起睡意。然而,当人们在床上进行其他活动时——比如吃饭、看书、计划一天的活动和看电视——床就会失去与睡意的联系。此外,失眠者在床上辗转反侧、担心睡不着的时间越长,床就越会成为焦虑和沮丧的线索。

刺激控制技术通过将床上的活动尽可能限制在睡觉上,来加强床与睡眠之间的联系。换句话说,为了养成更健康的睡眠习惯,床应该留作睡觉(和性生活)之用(Bootzin & Epstein, 2011)。通常情况下,一个人不要在床上躺超过10到20分钟还在试图入睡。如果在此期间没有睡着,那就应该离开床,去另一个房间,在重新回到床边前恢复放松的心情——例如,安静地坐着,看书,或者练习放松。

这幅图有什么不对之处? 除了睡觉之外,人们还在床上进行其他活动,如吃饭、看书和看电视,那么他们可能会发现躺在床上失去了其作为入睡线索的价值。行为治疗师用刺激控制技术帮助失眠症患者创造与睡眠有关的刺激环境。

认知行为治疗师通过建立一个持续的睡眠—觉醒周期,来帮助患者为自己的身体提供规划。这包括了每天在相同的时间睡觉和起床,周末和假期也包含在内。睡前使用放松技巧(如第6章描述的渐进式放松技术)有助于将生理唤醒降低到利于睡眠的水平。

理性重组涉及用理性的替代方法取代自我挫败、适应不良的想法或信念(见"深入思考:去睡,也许会做梦")。认为睡不好觉会导致不行甚至是灾难性后果的想法会降低第二天入睡的可能性,因为这会提高焦虑水平。如果失眠,甚至失去了一整晚的睡眠,我们中的大多数都能够正常工作。

认知行为疗法被认为是治疗失眠的首选方法(Trauer et al., 2015)。越来越多的证据表明,认知行为疗法对失眠症的治疗效果显著,这可以通过缩短入睡时间和提高睡眠质量来衡量(e.g., Blom et al., 2015; Harvey et al., 2014; Jarnefelt et al., 2014; Kaldo et al., 2015; McCrae et al., 2014; Trockel et al., 2014; Wu, Appleman et al., 2015)。从长期来看,认知行为疗法也会产生比睡眠药物更好的效果。毕竟,服用药物并不能帮助失眠症患者学习更多适应性的睡眠习惯。睡眠药物可能很快就能起作用,但行为疗法通常能产生更持久的效果(Pollcak, 2004a, 2004b)。然而,某些情况下,在短期内向认知行为疗法中增添睡眠药物可能会比单独使用认知行为疗法更好,但如果连续几个月都服用睡眠药物,则不会增加疗效(Morin et al., 2009)。

深入思考

去睡，也许会做梦

我们中的许多人都时不时难以入睡或保持睡眠状态。虽然睡眠是一种自然功能，不能被强迫，但我们可以养成更多适应性的睡眠习惯，来帮助我们更容易睡着。然而，如果失眠或其他睡眠相关问题持续存在，或与白天的工作困难有关，那么就有必要让专业人士对这个问题进行评估了。这里有一些你可以采取的步骤，以发展更健康的睡眠模式。

1. 建立一个规律的睡眠—觉醒周期。每天都在相同的时间睡觉和醒来。为了弥补睡眠不足而睡到很晚，会打乱你身体内的生物钟。不管你睡了多少小时，每天早上把闹钟设置在同一时间，然后起床。

2. 尽可能把你在床上的活动限制在睡觉内。避免在床上看电视。

3. 不要醒着在床上躺太久。如果在床上躺了10到20分钟后你无法入睡，那就下床去另一个房间，通过看书、听一些平静的音乐，或者练习自我放松来放松自己。

4. 避免日间小睡。如果你在下午小睡了一会儿，那么你在睡觉时间就会不那么困了。

5. 避免在床上反思。当你尝试入睡时，不要把注意力集中在问题上。告诉你自己，当明天来临时你再考虑明天的事。通过参与一场心理幻想或心灵旅行，或者让所有想法从意识中溜走，来使自己进入一种更有睡意的思维模式。把它略记在便利贴上，这样你就不会把它弄丢了。如果想法一直持续存在，那么站起来，去别的地方思考它们。

6. 入睡前让自己处于一种放松状态。有些人在睡前通过看书来放松自己；另一些人则喜欢看电视或只是安静地看书。做你觉得最轻松的事。你可能会发现，在你的常规睡眠中加入一些本文前面所讨论的用于降低唤醒水平的技术，如冥想或渐进式放松法，是有帮助的。

7. 制定一个有规律的日间锻炼计划。白天有规律的锻炼（不直接在睡觉时间之前）可以帮助你在就寝后入睡。

8. 避免在傍晚和下午的晚些时候喝含有咖啡因的饮料，如咖啡和茶。另外，还要避免喝含有酒精的饮料。即使在睡前6小时前是喝酒了，酒精也会干扰正常的睡眠模式（总睡眠量减少、快速眼动睡眠和睡眠效率下降）。

9. 减少睡前照明。任何光源，包括智能手机、电子阅读器、平板电脑、电视，甚至明亮的浴室灯，都会干扰个体的昼夜节律。

10. 练习理性重组。用理性的想法代替自我挫败的想法。这里有一些例子：

自我挫败的想法	理性的替代想法
"我现在必须睡觉了,否则我明天就会累垮的。"	"我可能会觉得累,但我以前睡得很少也能通过考试。我可以早点睡觉来弥补明天的损失。"
"我为什么睡不着觉啊?"	"我不能因为睡不着就责怪自己。我不能控制睡眠。不管发生什么,我都顺其自然。"
"如果我现在不睡觉,明天我就不能专心于考试(讨论会,会议等)。"	"我的注意力可能会下降,但我不会崩溃。夸大事实是没意义的。我宁愿起床看一会儿电视,也不要躺在这里想着这事。"

总结

进食障碍

神经性厌食症

9.1 描述神经性厌食症的主要特征

神经性厌食症的特征是自我饥饿,不能维持正常体重,极度害怕超重以及有扭曲的身体印象。

神经性贪食症

9.2 描述神经性贪食症的主要特征

神经性贪食症包括痴迷于控制体重和身材、反复地暴饮暴食以及定期净化以保持体重。

神经性厌食症和神经性贪食症的病因

9.3 描述神经性厌食症和神经性贪食症的病因

进食障碍通常开始于青春期,并且女性比男性更容易受影响。神经性厌食症和神经性贪食症与痴迷于控制体重,以及试图保持体重的适应不良方式有关。它们的发展与许多因素都有关,包括年轻女性遵守不切实际的瘦身标准的社会压力,控制问题,潜在的心理问题和家庭内部的冲突,特别是关于自主权的问题。

神经性厌食症和神经性贪食症的治疗

9.4 评估神经性厌食症和神经性贪食症的治疗方法

情况严重的厌食症病例通常在住院环境中进行治疗,在这种环境下,可以密切监视再喂食方案。包括心理治疗和家庭治疗在内的行为矫正和其他心理干预也可能有所帮助。大多数贪食症患者都是在门诊治疗的,有证据支持了认知行为疗法(CBT)、人际关系心理治疗以及抗抑郁药物的疗效。

暴食症

9.5 描述暴食症的主要特征,并明确暴食症的有效治疗方法

暴食症(BED)涉及一种反复发作的暴食模式,这种模式不伴有如清除这样的补偿行为。暴食症患者往往比厌食症或贪食症患者年龄更大,也更容易肥胖。已证明认知行为疗法和抗抑郁药物可有效治疗暴食症。

睡眠—觉醒障碍

失眠性障碍

9.6 描述失眠性障碍的主要特征

失眠性障碍包括难以入睡和保持睡眠状态的模式,通常与担心和焦虑有关,尤其是与过度担心睡眠不足相关的表现焦虑有关。

过度嗜睡症

9.7 描述过度嗜睡症的主要特征

过度嗜睡症是指白天过度嗜睡的人,尽管他们有足够的睡眠,但在白天醒来时仍感觉精神不清,昏昏欲睡。

嗜睡症

9.8 描述嗜睡症的主要特征

嗜睡症的特征是在清醒时突然发生睡眠发作,这可能与遗传因素,以及能产生一种觉醒调节的化学物质的下丘脑细胞的丧失有关。

与呼吸相关的睡眠障碍

9.9 描述与呼吸相关的睡眠障碍的主要特征

呼吸相关的睡眠—觉醒障碍涉及在睡眠期间短暂性呼吸停止的反复发作,并通常与白天的嗜睡有关。阻塞性睡眠呼吸低呼吸综合征是一种最常见的和呼吸相关的睡眠障碍,它一般是由睡眠期间干扰正常呼吸的呼吸问题引起的。

昼夜节律性睡眠—觉醒障碍

9.10 描述昼夜节律性睡眠—觉醒障碍的主要特征

昼夜节律性睡眠—觉醒障碍患者有不规则的睡眠—觉醒周期,这通常是由于工作日程的频繁改变或在时区间的旅行而导致的,这些时区会扰乱个体的自然睡眠—觉醒周期。

异睡症

9.11 明确异睡症的主要类型,并描述它们的主要特征

异睡症涉及与睡眠期间的部分或不完全觉醒相关的异常行为模式。包括在非快速眼动睡眠期间发生的两种障碍——睡惊症(睡眠中反复出现纯粹恐惧)和梦游(在睡眠过程中反复行走)——以及在快速眼动睡眠期间发生的两种与睡眠障碍有关的障碍——快速眼动睡眠行为障碍(RBD;快速眼动睡眠期间的抖动或发声)和梦魇症(持续性的噩梦)。

睡眠—觉醒障碍的治疗

9.12 评估用于治疗睡眠—觉醒障碍的方法,并运用你的知识来确定更适合的睡眠习惯

睡眠—觉醒障碍最常见的治疗方法是使用抗焦虑药物。然而,这些药物的使用应该是有时间限制的,因为除了其他问题之外,使用这些药物还可能导致潜在的心理/生理上的依赖。认知行为干预已成为慢性失眠患者的首选治疗方法。

健康的睡眠习惯包括以下几点:(1)建立一个规律的睡眠—觉醒周期;(2)尽可能将在床上进行的活动限制在睡眠上;(3)如果你在床上10到20分钟了还无法入睡并恢复宁静的心情,那么请你起床;(4)避免在白天打盹和在床上沉思;(5)制定一个有规律的日间锻炼计划;(6)避免在傍晚饮用含有咖啡因的饮料;以及(7)用适应性的替代方法取代自我挫败的想法。

评判性思考题

根据你对本章的阅读,回答下列问题:

- 你认为为什么神经性厌食症和神经性贪食症患者尽管出现了医疗并发症,但仍然会继续他们的自我挫败行为呢?请解释。
- 社会文化因素在进食障碍中起着什么作用?我们如何改变可能造成年轻女性紊乱进食习惯的社会态度和社会压力?
- 你认为肥胖是因为缺乏意志力吗?为什么或为什么不?
- 你的睡眠习惯是有助于还是妨碍了你的睡眠?请解释。

关键术语

1.神经性厌食症	1.失眠性障碍	1.阻塞性睡眠呼吸低通气综合征
2.神经性贪食症	2.过度嗜睡症	2.昼夜节律性睡眠—觉醒障碍
3.进食障碍	3.嗜睡症	3.异睡症
4.体重指数	4.猝倒症	4.睡惊症
5.暴食症	5.睡瘫	5.梦游
6.肥胖	6.睡前幻觉	6.快速眼动睡眠行为障碍
7.睡眠—觉醒障碍	7.与呼吸相关的睡眠障碍	7.梦魇症
8.失眠		

第10章 性别与性相关障碍

学习目标

10.1 描述性别焦虑的主要特征,并解释性别焦虑和同性恋的区别。
10.2 评估变性手术的心理结果。
10.3 描述跨性别认同的主要理论观点。
10.4 定义性功能障碍,并明确性功能障碍的三种主要类型以及每个种类的具体障碍。
10.5 描述引起性功能障碍的原因。
10.6 描述治疗性功能障碍的方法。
10.7 定义性欲倒错并明确其主要类型。
10.8 描述性欲倒错的理论观点。
10.9 明确治疗性欲倒错的方法。

判断正误

- 正确☐ 错误☐ 男同性恋者和女同性恋者都对异性有性别认同。
- 正确☐ 错误☐ 性高潮是一种反射。
- 正确☐ 错误☐ 肥胖与勃起障碍有关。
- 正确☐ 错误☐ 每天快走2英里,可以将男性的勃起功能障碍的风险降低一半。
- 正确☐ 错误☐ 使用抗抑郁药物会影响使用者的性高潮反应。
- 正确☐ 错误☐ 穿暴露的泳衣是一种露阴癖。
- 正确☐ 错误☐ 有些人除非经历痛苦和羞辱,否则不能产生性唤起。
- 正确☐ 错误☐ 相比于熟人,女大学生更易被陌生人强奸。
- 正确☐ 错误☐ 强奸犯患有精神病。

观看 章节引言:性别与性相关障碍

"我""焦虑性阳痿"

在工作中,我能控制我自己的行为。但是在性方面,无法控制自己的性器官。我知道我的大脑可以控制我的双手——但是却无法支配我的阴茎。我开始将性视作一场篮球比赛。我在大学曾常常打篮球。每当我准备比赛的时候,我总是在想,"我那晚需要防守谁?"我试着让自己兴奋起来,在脑海中勾勒如何防守这个人,思考每一个可能的跑动和投射。在性方面,我也开始这么做。假如我在与某个人约会,那我整个晚上都在想着会在床上发生什么。我始终在为结果做准备。我会在脑海中构思我将如何抚摸她,以及要求她做些什么。但是在整个过程中,直到晚餐或看电影的时候,我都在担心自己不能勃起。我在心里描绘她的脸,想着她会有多么失望。等到我们真的开始上床睡觉的时候,我已经因焦虑而阳痿了。

来自作者档案中的"一个勃起障碍案例"

性别和性的障碍涉及我们心理功能最私密的方面。它们涉及与缺乏性兴趣和性行为困难等有关的问题，与性别认同有关的痛苦，以及性吸引的非典型模式。与在其他类型的行为一样，性行为中的正常行为和异常行为之间没有公认的或明确的界限。性和进食一样是一种自然功能。同样地，性行为在个人和文化中也有很大的差异。我们的性行为深受文化、宗教以及道德信仰、习俗、民俗和迷信的影响。在性行为方面，我们对正常和不正常的观念受到在家庭、学校以及宗教组织学习到的文化所影响。

如果以发生频率为指示标准的话，许多性行为的模式，如手淫、婚前性行为、口交，在当代美国社会中是很正常的。然而，发生频率并不是衡量正常行为的唯一标准。当行为偏离社会准则时，就常常会被贴上异常的标签。例如，在西方文化中，亲吻是一种非常流行的行为，但是在南美和一些尚无文字的非洲国家中被认为是不正常的行为（Rathus, Nevid, & Fichner-Rathus, 2014）。当部落的人第一次目睹欧洲游客接吻时，他们感到很震惊。一个人惊呼道："看啊，他们在吃彼此的唾液和污垢。"我们会发现，有的与性相关的行为在一些精神卫生专业人员眼中（如同接吻之于聪加人）是不正常的，——举个例子，相比于性伴侣，衣服更容易引起一个人的性唤起的情况，或者对性失去兴趣，或者即使受到足够的刺激也无法被性唤醒。

当一些行为是自我挫败的，对别人有害，或者引起大众不适的时候，我们也可能认为这些行为是不正常的。本章中，我们将讨论心理障碍如何应对不同的异常标准。在探究这些障碍时，我们会涉及一些正常与异常之间界限的问题。例如，性唤醒困难或难以达到性高潮是不正常的吗？精神卫生专业人员是如何定义露阴癖和窥阴症的？什么时候看别人脱衣服是正常的，什么时候是不正常的？我们如何划定这些界限？

在这一章，我们探讨了涉及性别和性的一系列心理障碍。我们还会谈到一种异常行为——强奸，这种行为不属于心理障碍，但对受害者有毁灭性的心理和生理影响。

我们从性别焦虑入手，这是一种可诊断的疾病，涉及人类作为性存在的经历的最基本部分——我们认为自己是男性还是女性。

性别焦虑

性别认同（gender identity）是指在心理上认为自己是男性还是女性。对大多数人来说，性别认同与他们的生理性别或者遗传性别一致。**性别**

焦虑(gender dysphoria,先前被称为"gender identity disorder",意为"性别认同障碍")的诊断适用于那些由于解剖学上的性别和性别认同(他们的男性或女性意识)发生冲突而造成个人重大痛苦或功能受损的人。"焦虑"(dysphoros) 这个词(来源于希腊语"dysphoros",意为"难以忍受"),指感到不愉快或不舒服,在此处表示对自己特定的性别感到不适。

为了阐明我们的术语,在这里,"性别"是一个区分男性与女性的心理社会概念,如性别角色(对适合男性和女性的不同行为的社会期望)和性别认同——我们在心理上认为自己是男性还是女性。而性(sex)或性的(sexual)这一术语,指的是一个物种的男性和女性之间的生物学区分,如性器官(sexual organs)而不是性别器官。

观看　特拉维斯：性别焦虑（第1部分）

观看视频"特拉维斯:性别焦虑(第1部分)",了解特拉维斯在性别焦虑方面的经历。

性别焦虑的特征

10.1　描述性别焦虑的主要特征,并解释性别焦虑和同性恋的区别

跨性别认同(transgender identity)者在拥有另一种性别的性器官同时,也有一种归属于另一种性别的心理感觉。并非所有的跨性别认同者都会产生性别焦虑或其他可诊断的障碍。性别焦虑的诊断仅适用于因跨性别认同而产生显著不适的人群(Zucker,2015)。这些严重的不适感伴随着严重的情绪痛苦或功能受损。性别焦虑的诊断是有争议的,特别是在跨性别者中,他们认为自己的性别认同与解剖学性别之间的不匹配是自然学上的错误,不应被视为心理健康问题。(详见"批判地思考异常心理学:跨性别认同的人患有精神障碍吗?")

性别焦虑的诊断可能适用于儿童或者成年人,尽管这类问题通常在童年阶段就开始了。患有性别焦虑的儿童发现,他们的解剖学性别是其持续且强烈的痛苦的根源。这个诊断不是简单地给孩子们贴上"假小

凯特琳·詹纳　在65岁时,布鲁斯·詹纳(Bruce Jenner)——曾经的奥运会金牌得主,同时也是卡戴珊家族真人秀节目的前成员,给自己取名"凯特琳(Caitlyn)",然后向世界宣布,"我是一个女人。"

第10章　性别与性相关障碍

· 529 ·

子"或者"娘娘腔"的标签。相反,它旨在适用于那些以多种方法否定其生物学和相关特征的孩子,正如表10.1中所描述的。

我们对"性别焦虑有多普遍"这一问题尚无可靠的证据,但是我们有理由假设这种情况是相对罕见的。我们确切地知道性别焦虑有多种表现路径。童年时期的性别焦虑有可能在青春期之前就结束了,因为孩子们会逐渐接受自己的生物学性别,或者产生跨性别的认同;但若他们持续挣扎于自己跨性别者的身份,这种焦虑也可能持续到青春期或者成年期。因为生活在一个被污名化、虐待和歧视的世界里,很多跨性别者也饱受抑郁的折磨。

性别认同不应该与性取向相混淆。男同性恋和女同性恋者对自己性别中的其他成员有性兴趣,但是他们的性别认同(对于自己是男性或者女性的感觉)与其解剖学性别是一致的。他们既不想成为另一种性别中的一员,也不鄙视自己的生殖器,而性别焦虑者则通常相反。[判断正误]

判断正误

男同性恋者和女同性恋者都对异性有性别认同。

□错误 性别认同不应该与性取向相混淆。男同性恋和女同性恋者对自己性别中的其他成员有性兴趣,但是他们的性别认同与其解剖学性别是一致的。

表10.1 童年期性别焦虑的主要特征

- 强烈渴望成为另一种性别中的一员,或表达出自己是另一个性别(或某种可替代的性别)的成员的强烈信念
- 强烈偏好同另一种性别的成员一起玩,以及偏爱与另一种性别相关的玩具、游戏或活动
- 强烈厌恶自己的性器官,或对此产生强烈的个人痛苦
- 强烈渴望某些与个人性经历有关的身体特征(如第一性征或第二性征)
- 在假装或幻想游戏中扮演另一性别角色的强烈偏好
- 强烈偏好穿另一种性别相关的典型服饰,而拒绝自己性别相关的典型服饰

变性手术

10.2 评估变性手术的心理结果

不是所有的性别焦虑患者都会寻求做变性手术。外科医生会试图给要做手术的人建构与异性相似的外生殖器官。通常男性变女性的变性手术比女性变男性的更成功。激素治疗可以促进再造的第二性征的发展,如在男性变女性的手术中乳房脂肪组织的生长,以及女性变男性的手术中胡须和体毛的生长。

批判地思考异常心理学

@问题：跨性别认同的人患有精神障碍吗？

长期以来，"是否将跨性别认同归类为精神障碍"作为最有争议的问题之一，一直困扰DSM系统。之前的DSM版本——DSM-4认为，如果跨性别者对他们既有的性别或性别角色感到明显不适，那么就会被诊断为患有性别认同障碍（GID）。然而，很多人——包括跨性别者的拥护者——都认为"差异"不应被等同于"疾病"，而且认为性别认同障碍这一术语是暗示他们由于自己的性别认同而患有精神疾病，这样会不公平地侮辱了身份认同异于常人的群体。

我们注意到，在DSM-5中，"性别认同障碍"被一个新的诊断学术语——"性别焦虑"所取代。这一新的诊断强调了跨性别者可能会因其性别认同与既有性别不符而产生的强烈的不适或痛苦。这种标签上的改变凸显了我们不应将性别认同本身看作是一种精神疾病的观点。相反，由个体既有性别与感知上性别认同的不匹配而引起的不适才是关注的重点。然而，使用更中性的"性别焦虑"这一术语能否平息这个问题的争论目前尚不清楚。有些人认为，无论跨性别者经历了多少痛苦，都不足以反映他们在性别认同的问题上做出的斗争，甚至不能反映出他们为了适应这个对他们有诸多污蔑和诋毁的社会而面对的各种压力和困难。

让我们从精神疾病的角度来感知性别认知的更广泛的含义。性别差异在不同文化之间以及文化内部都有差异，而且在特定文化中，性别观念也会有所不同。举个例子，曾经有一段时间，女性被我们社会博士生项目拒之门外，因为高等教育被认为是男性的特权领域。而如今，女性是许多研究所和专业学校的中坚力量，包括一些心理学领域中的博士生项目。我们对性别认同的大多数假设是建立在性别的社会结构之上——一种对立的、相互排斥的类别，即一个人不是男性就是女性。不过，这种假设受到了文化研究的挑战，因为一些文化方面的研究表明，一部分人的公认社会认同既不是典型的男性也不是典型的女性。这些人能被他们的社会接纳，并不会被当作是不正常的或不受欢迎的。

例如，在19世纪晚期，平原印第安人和其他很多西方的部落就可以接受部落中的年轻人扮演和自己性别相反的角色（Carocci, 2009; Tafoya, 1996）。在现存的超过半数的土著语言中，都有词语用来描述既不属于男性也不属于女性的第三性别者。土著部落的成员认为，所有人的身上都有男性和女性的元素。在很多部落中，双灵（two-spirit）一词被用来形容那些具有更高层次的男女精神融合的人。有时候，一个双灵人在生物学上属于男性，而在部落中也承担女性的角色，但这个人既不会被当作男性也不会被当作女性。另一方面，女性也可以在部落中扮演男性的角色并表现出相应的行为。她可以以男性身份成年，并扮演男性的角色和活动，包括与女性结婚。

这些文化差异着重强调了在对焦虑行为做出判断时，考虑文化背景是非常重要的。考虑到我们在不同文化中所观察到的性别角色和身份的延展性，我们也许会质疑将跨性别认同定义为一种心理障碍的正确性。

那些对自身生物学性别感到不满的人可能是非典型的，或是与大多数人不同的，但这是否意味着他们的行为是精神病理学的一种形式呢？也许某些社会坚持认为，人只能属于任意指定的两种性别中的一种，并严厉地对待那些所谓的异类，而这些来自社会的敌意对待，可能是造成跨性别者情绪痛苦的原因。跨性别儿童所经受的许多痛苦来自于与其他孩子相处困难或者难以被他们接受，而并不来自于他们的性别认同本身。

这里对跨性别者所面临的困境与同性恋者做一个比较。同性恋者遭受的困境主要来源于他们在更广阔的社会范围中可能遇到的对他们性取向的敌意和辱骂。从这个角度来看，他们的痛苦并不是关于性取向的内在冲突的直接结果，而是他们对从他人甚至是所爱之人那里得到的消极对待做出的一种可理解的反应。同样地，精神病诊断系统的批评者认为，临床医生不应该把人们对自身生物学性别的不满作为诊断精神障碍的依据。相反，他们认为人们对非典型的性别认同者的虐待会造成情感上的痛苦，而性别认同本身并不是痛苦的根源(Reid & Whitehead, 1992)。因为如果没有相互排斥的性别分类，这些障碍将不复存在。正如人们对于性取向的观点随着时间推移而变化一样，也许对于跨性别者更高的容忍度和对人类性别表达多样性的更高的接受度，会帮助我们更灵活地概念化性别认同。然而，在这种情况发生之前，医学/精神病学同跨性别群体之间的斗争仍会继续。

在批判地思考这个议题时，回答下列问题：

- 你认为一个人对自身生物学性别的不满应该被看作异常行为或性别表达的变异吗？解释你的答案。
- 对于性别焦虑的诊断是否应该被保留在DSM系统中，如果需要保留，是否应该做出修改（如果是的话，要怎么修改？），或者干脆删除这个概念？解释原因。

什么是正常的，什么又是异常的？ 在定义性行为和与性有关的行为领域的正常和异常时，必须考虑文化背景。在不同文化中，关乎性的实践都有很大的差异，甚至在人们遮掩或暴露自己身体的方式上也是如此。

经历了变性手术的人可以有性行为，甚至能达到性高潮，但是他们不能怀孕或生育，因为他们缺乏被重塑的性别的内部生殖器官。研究人员发现，变性手术对跨性别个体（也称变性人）的心理调节和生活质量有积极的影响（Cohen-Kettenis & Klink，2015；Rolle et al.，2015；Wierch et al.，2011）。最近一项对32名完成变性手术患者的研究表明，没有人对此感到后悔，而且几乎所有人都对手术结果感到满意（Johansson et al.，2010）。

术后调整对女性变男性的手术更有利（Parola et al.，2010）。其中一个原因可能是相比于想变成女性的男性，社会对那些想变成男性的女性更能接受一点（Smith et al.，2005）。进行女性变男性手术的个体可能在术前就经历了更好的调整，因此她们良好的术后调整也可能代表了一种选择因素。

寻求变性手术的男性人数大约是女性的三倍（Spack，2013）。大多数想要变成男性的女性个体并不追求完整的变性手术。相反，她们可能会将其内部性器官（卵巢、输卵管和子宫）连同乳房的脂肪组织一起移除（Bockting & Fung，2006）。睾酮（雄性激素）治疗增加了肌肉量并促进了胡须的生长。只有少数想要变成男性的女性会通过一系列手术来构造一个人造阴茎，这主要是因为构建的人造阴茎并不能很好地行使功能，而且这项手术也非常昂贵。因此，大多数从女性变成男性的变性人的生理变化仅限于子宫切除、乳房切除和睾酮治疗。

观看 特拉维斯：性别焦虑（第2部分）

观看视频"特拉维斯：性别焦虑（第2部分）"，了解特拉维斯从女性变为男性的转变过程，包括她的变性手术。

跨性别认同的理论视角

10.3 描述跨性别认同的主要理论观点

跨性别认同的起源目前尚不清楚。心理动力理论学家指出，这与极其亲密的母子关系、疏离的亲子关系、失去父亲或与父亲关系疏离有关。这几类家庭环境可能培养了年轻男性对母亲的强烈认同，导致预期的性别角色和身份发生逆转。那些有一个懦弱无能的母亲和一个强大阳刚父亲的女孩可能会过度认同自己的父亲，并形成一种"小男人"的心理感觉。

学习理论家也同样指出，在这类男孩案例中的父亲缺席——也就是说，没有强大的男性榜样。有些父母希望他们的孩子是另一个性别，并且鼓励孩子的跨性别着装和游戏模式，这样的家长培养出的孩子可能会学习到社会化模式，并产生与自身性别相反的性别认同。

尽管如此，绝大部分有心理动力学和学习理论家所描述的那些家庭历史类型的人并没有长成跨性别者。这可能是心理社会影响与生物学倾向在影响跨性别认同发展过程中相互作用的结果。我们知道，许多有跨性别认同的成年人在其童年早期就表现出了对玩具、游戏以及服饰的跨性别偏好(Zucker, 2005a, 2005b)。如果关键的早期学习经历在跨性别认同中发挥了作用的话，那么它们很可能出现得很早。

一些男性跨性别者回忆说，他们小时候就更喜欢玩洋娃娃，喜欢穿有褶边的连衣裙，不喜欢粗暴的打闹游戏。一些女性跨性别者称，她们在小时候就不喜欢穿裙子，像个"假小子"，她们更喜欢和男孩们一起玩"男孩的游戏"。女性跨性别者可能比"娘娘腔男孩"过得更轻松一点。即使在成年期，与一个体格健壮的男人扮成一个女人相比，一个女性跨性别者穿着男性衣服以及被"当作"一个稍有成就的男人也更容易。

跨性别认同的发展很可能是由于在产前雄性激素的变化作用于发育着的大脑而造成的(Diamond, 2011; R. A. Friedman, 2015; Savic, Garcia-Falgueras, & Swaab, 2010)。我们可以推测，妊娠期内分泌（激素的）环境的紊乱会导致胎儿的大脑在一个方向上发展出不同的性别认同，而其生殖器官在另一个方向上正常发展。研究人员发现，跨性别认同者的大脑是不同的，但这些差异对跨性别认同的发展意味着还有事情尚待明确(Kranz et al., 2014)。重要的是，我们仍然缺乏能够解释跨性别认同发展的产前发育过程中激素平衡异常的直接证据。即使这些激素因素已经被证明了，它们依然不可能是唯一的原因。

总之，基因和激素的结合可能与早期生活经历相互作用产生了一种倾向，从而导致了跨性别认同的形成(Glicksman, 2013)。然而，对于跨性别认同形成的解释并不能直接告诉我们决定性别焦虑的因素。很多跨性别者不能被诊断作性别焦虑，因为他们没有表现出明显的完全满足诊断标准的日常功能上的痛苦或损伤的证据。我们目前还缺乏导致跨性别认同者发展成为性别焦虑的轨迹所需的知识基础。

性功能障碍

性功能障碍(sexual dysfunctions)指在性兴趣、性唤起或性反应方面持续性问题。表10.2提供了本章所述的性功能障碍。

表10.2 性功能障碍的概述

障碍类型	人口中的近似患病率	描述
涉及缺乏性兴趣或缺乏性冲动或性唤起的障碍		
男性性欲减退障碍	在全年龄范围中占8%到25%不等,年老男性患病率更高	缺乏性兴趣或对性活动的欲望
女性性兴趣/性唤起障碍	在全年龄范围中占10%到56%不等,年老女性患病率更高	缺乏性兴趣或性冲动,以及在达到或维持性唤起上存在问题
勃起障碍	年龄差异很大;估计40岁以下的男性有1%到10%,在60多岁的男性中有20%到40%,在年老男性中患病率甚至更高	在性活动中难以达到或维持勃起
涉及受损的性高潮反应的障碍		
女性性高潮障碍	研究表明有10%到42%不等	女性难以达到性高潮
延迟射精	研究表明只有不到1%至10%	男性难以达到性高潮或射精
早泄	研究表明有超过30%的男性报告有快速射精的问题,包括约有1%到2%的男性在插入的一分钟内就会射精	男性高潮(或射精)过早
与性交或(女性)插入时的疼痛有关的障碍		
生殖器-骨盆疼痛/插入障碍	各项研究结果不同,但在北美,约有15%的女性报告说在性交过程中会反复出现疼痛	在性交时或者尝试插入环节会疼痛,或对性交、插入有关的疼痛的恐惧,或骨盆肌肉紧张或收紧,使插入困难或产生疼痛

来源:患病率来自Lewis et al.,2010,以及基于最近对全球研究的综述,并根据DSM-5进行了更新。

注意:患病率反映了报告有这种问题的成人的百分比,可能不符合性功能障碍的临床诊断。有关性疼痛和高潮过早的报告是基于过去12个月间性活动较多的个体。

关于性问题的报道非常普遍。近期的一篇全球综述估计,有40%到45%的成年女性和20%到30%的成年男性在其生命的某些时刻会受到性功能障碍的影响(Lewis et al., 2010)。表10.2列出了对于某些特定类型的性功能障碍患病率的估计。

女性会更常报告说有关性交疼痛、难以达到性高潮以及缺乏性欲的问题。而男性则更多的是过早达到性高潮(早泄)。我们应该注意到,在表格中所示的性问题意味着有这样一个显著的问题,而不是必然存在着一种可诊断的疾病。我们仍然缺乏有效的证据来表明大众人群中可诊断的性功能障碍患者的潜在比例。

性功能障碍可以分为两大类:终身性性功能障碍和获得性性功能障碍,以及情境性功能障碍和广义性性功能障碍。个体一生中都存在的性功能障碍问题称为终身性性功能障碍。获得性性功能障碍在一段时间的正常表现之后才会出现。情境性功能障碍通常发生在某些特定的情况下(例如,和配偶在一起时),而与其他人(例如,和情人在一起或自慰时)则没有问题,或是只在某些特定的时间段有问题,而其他时候则没有。广义性性功能障碍发生在所有情境中,以及每次个体进行性行为时都会出现。

尽管人们认为性功能障碍很普遍,但只有相对较少的人会寻求治疗。人们也许并不知道有效的治疗方案是存在的,或是他们不知道去哪里获得帮助,又或者他们可能会因为承认性功能缺陷长期被污名化而逃避寻求帮助。

性功能障碍的类型

10.4 定义性功能障碍,并明确性功能障碍的三种主要类型以及每个种类的具体障碍

如表10.2所示,我们可以将性功能障碍分为三类:

(1)涉及性兴趣、性欲以及性唤起的障碍;

(2)涉及性高潮反应问题的障碍;

(3)涉及性交或插入时疼痛的问题(在女性中)。

在对性功能障碍做诊断的时候,临床医生必须确定问题不是由于药物使用;其他医疗条件;恶劣的关系困扰,如伴侣暴力;或是其他严重压力源造成的。这一障碍还必须在日常功能上造成个人严重的痛苦损害。

性兴趣和性唤起障碍　这种障碍包括性兴趣或性唤起方面的缺陷。患有**雄性性欲减退障碍**(male hypoactive sexual desive disorder,MHSDD)的男性对性活动的欲望一直很少(如果有的话),或者缺乏性爱方面的想法或幻想。缺乏性欲在女性中比男性更常见(Geonet, De Sutter, & Zech, 2012)。然而,认为男人总是渴望性的想法只是一个神话。

患有**雌性性兴趣/唤起障碍**(female sexual interest/arousal disorder, FSIAD)的女性要么缺乏性兴趣,要么被大大降低了性兴趣、性欲或性唤醒。患有性唤醒问题的女性可能缺乏性快感或者性兴奋感这类常伴随性唤醒出现的感觉,或者她们可能很少甚至没有性兴趣或性愉悦。她们在性交过程中可能有很少或是没有生殖器快感。一项针对低性兴趣或性欲的女性的研究表明,与没有性欲障碍的女性相比,她们的性生活活跃度很低,且在她们对两性关系的满意度也较低。

临床医生并不一定同意被认为"正常"的确定性欲水平的标准。他们会评估多种因素才作出FSIAD的诊断,如患者的生活方式(例如,父母因孩子的要求而导致缺乏进行性行为的精力),社会文化因素(文化限制性的态度可能会抑制性欲或性冲动),亲密关系的质量(亲密关系中的问题可能导致性兴趣的缺失),以及患者的年龄,性欲通常会随着年龄的增长而衰减(McCarthy, Gindberg, & Fucito, 2006; West et al., 2008)。

性功能障碍　不同类型的性功能障碍有哪些?有哪些治疗方法可以帮助有性问题的人?

性研究者接着讨论应该如何定义性功能障碍,特别是在女性中。例如,一些研究者认为,给缺乏性欲的女性贴上"性功能障碍"的标签,是给女性强加了一个正常的男性的模式(Bean, 2002)。研究者们也在争论,女性性功能障碍的诊断应该以缺乏性欲、难以达到性高潮为基础,还是以性经历会造成痛苦为基础(Clay, 2009)。请记住,除非一方的性欲高于另一方,否则缺乏性欲通常不会引起健康伴侣的注意。也就是说,性兴趣较低的一方就会被贴上性功能障碍的标签——但问题仍然是,性冲动或性兴趣的"正常"与"不正常"的界限在哪。

在男性的性唤起问题通常表现为无法达到或维持足以完成性活动勃起。几乎所有的男人都会在性交过程中偶尔遇到勃起困难或难以维持勃起的问题,但是有持续性勃起障碍的男性就有可能被诊断为勃起障碍（erectile disorder，ED，也称为 erectile dysfunction，勃起功能障碍）。他们也许难以勃起或维持勃起以完成性活动，或者勃起的硬度不够以至于不能有效地进行性行为。这一诊断需要这个问题持续6个月或者更久，并且在这段时间内的性活动过程中，这一情况总是发生或发生概率很高（约为75%到100%）。

由于疲劳、酒精，或是面对新伴侣的焦虑等因素，偶尔难以完成或维持勃起是很正常的。一个男人越在意自己的性能力，就越有可能出现表现焦虑。随着我们的进一步探索，表现焦虑会造成反复的勃起失败，并可能形成焦虑和失败的恶性循环。

勃起障碍的风险随着年龄的增长而增加。在40—70岁的男性中，大约有50%的男性会出现不同程度的勃起功能障碍（Saigal，2004）。总的来说，估计有1 600万到2 000万的美国男性都患有勃起功能障碍（Fang et al.，2015）。

判断正误

性高潮是一种反射。
□正确　人们不能自己控制性高潮。他们也不能控制其他的性反应，如勃起和阴道润滑。试图控制这些反应通常会适得其反，只会增加焦虑。

性高潮障碍　高潮或性高潮是一种无意识的反射，会导致骨盆肌肉的节律性收缩，并通常伴随着强烈的快感。对男性来说，这些收缩会伴随着精液排出。性高潮问题有三种类型：**女性性高潮障碍**（female orgasmic disorder）、**延迟射精**（delayed ejaculation）以及**早泄**（premature ejaculation）。[判断正误]

在女性性高潮障碍和延迟射精中，女性达到性高潮和男性射精会有明显的延迟，或者很少甚至没有性高潮或射精出现。这些障碍的诊断要求这个问题要持续6个月或更久，这些症状会引起明显的痛苦，并且在这段时间内的性活动过程中，这一情况总是发生或发生概率很高（且对于男性来说，没有要延迟射精的欲望）。考虑到正常性反应中存在的广泛差异，临床医生需要判断是否存在着达到要性高潮所需的"足够的"刺激量和刺激类型（Ishak et al.，2010）。有没有可能一个女性难以和她的性伴侣达到性高潮是因为缺乏有效的刺激，而不是因为她患有性高潮障碍呢？例如，许多女性需要在阴道性交期间有直接的阴蒂刺激（通过她们自己的手或伴侣的手）来达到性高潮。这不应该被认为是异常的，因为女性最敏感的性器官是阴蒂而不是阴道。

DSM-5扩大了判断女性性高潮障碍的标准，将女性高潮感觉急剧下降的情况也囊括在内了。DSM-5的起草者认为，性高潮并不是一种"全或无"的经历,有些女性有一个较低水平的性高潮,这可能会成为她们的一个问题。

延迟射精在临床文献中很少受到关注。有这种问题的男性可以通过自慰射精,但在与伴侣性交时难以射精,或者无法射精。尽管延迟射精可能会让男性延长性行为,但这种经历通常会使双方都感到沮丧(Althof,2012)。

早泄(过早射精,PE)是在插入阴道后约一分钟内,男性有想要射精的欲望之前就已经射精了的反复出现的射精模式(美国精神病学协会,2013)。患有早泄的男性认为,他们缺乏控制延迟射精的能力(Althof et al.,2014)。在某些情况下,快速射精发生在插入之前或者仅仅在阴茎插入之后。偶尔的快速射精经历,如男性和新的性伴侣在一起时的性接触不频繁或者处于高度性兴奋状态,都不会被视为异常。只有当这个问题一直存在,并且造成了情绪困扰或关系问题时,才会被诊断为早泄。

生殖器—骨盆疼痛/插入障碍 这种障碍发生在有性疼痛经历,以及/或者难以进行阴道性交或插入的女性身上。在某些情况下,女性会在进行阴道性交或试图插入时感受到生殖器或骨盆疼痛。这种疼痛不能用潜在的身体状况来解释,因为被认为是具有心理成分在内。然而,由于许多(如果不是大多数的话)性交过程中的疼痛可能追溯到未被诊断出的身体状况,如润滑不足或尿路感染,所以关于性交或插入过程中的性疼痛是否应该被归为精神疾病的争论仍然存在(van Lankveld et al.,2010)。

一些**生殖器—骨盆疼痛/插入障碍**(genito-pelvic pain/penetration disorder)会涉及**阴道痉挛**(vaginismus),这是阴道周围的肌肉在试图被插入时产生的一种不自主收缩,并使性交疼痛或无法完成性交的情况。阴道痉挛不是一种医学疾病,而是一种条件反应,在这种条件反应中,阴茎与女性生殖器的接触会引起阴道肌肉的不自主痉挛,在其插入或者试图插入时产生疼痛。

理论观点

10.5 描述引起性功能障碍的原因

性功能障碍的形成与许多因素有关,包括心理、生物学以及社会文化视角方面的因素。

心理学观点 当代关于性功能障碍的主要观点强调焦虑、性技巧的缺乏、非理性的信念、事件的感知原因以及关系问题在其中的作用。在这里，我们探讨几个潜在的因果途径。

身体或心理上的创伤性性经历可能导致性接触会产生焦虑，而不是产生唤起或快感。由性创伤或强奸史造成的条件性焦虑可能会导致与性唤起或达到性高潮有关的问题，也可能在插入过程中导致女性产生疼痛（Colangelo & Keefe-Cooperman, 2012; Ishak et al., 2010）。有性唤起问题的女性也可能会对自己的伴侣怀有根深蒂固的愤怒和怨恨。对性行为的潜在罪恶感和伴侣的无效刺激也是导致性唤起困难的一个可能原因。

生命早期的性创伤可能会使男性或女性在发展亲密关系时难以做出性反应。有性创伤史的人也许会充满无助感、无法解决的愤怒感以及错位的罪恶感。当他们与他人发生性关系时，可能会出现以前被性虐待的闪回，从而阻止他们被性唤起或达到性高潮。他们还可能会形成其他与性功能障碍一起产生的心理问题，特别是抑郁和焦虑（Rajkumar & Kumaran, 2015）。情绪障碍在某些情况下可能会导致性问题的产生。

性功能障碍的另一种主要焦虑形式是表现焦虑，它表现为对成功完成性活动的过度关注。当人们在经历性活动并开始怀疑自己的性能力时，就会产生表现焦虑。受表现焦虑困扰的人会成为性活动过程中的旁观者而不是参与者。他们的注意力集中在自己的身体是否对性刺激做出了反应。他们被没有充分表现（"她会怎么看我？"）而导致预期的负面结果的颠覆性想法所困扰，而没有专注于自己的性爱体验。有表现焦虑的男性可能难以达到或维持勃起，或者会早泄（Althof et al., 2014）；而女性则可能无法充分被唤起或难以达到高潮（McCabe & Connaughton, 2014）。随之而来的恶性循环可能会使每次失败的经历都能引发更深层次的怀疑，从而导致性接触时产生更多的焦虑，以及反复失败的情况等等。这个恶性循环如图10.1所示。

在西方文化中，男人的性表现和他的男子气概之间有着根深蒂固的联系。一再表现不佳的男人可能会失去自尊，变得消沉，或者觉得自己不再是个男人了。尽管在生活中是取得了其他成就，但他还是可能会认为自己是个彻头彻尾的失败者。性机会被解释为对他男子气概的考验，他可能会以屈服和试图（强迫）勃起来作为回应。强迫勃起可能会适得其反，因为勃起是一种无法强迫的反射。每当他在性交时的自尊感都很强烈，所以表现焦虑会上升到能抑制勃起的程度也不足为奇了。勃起反射由自主神经系统的副交感神经分支控制。当我们焦虑或处于压力下时，交感神经系统的激活可以阻断副交感神经的控制，从而阻止勃起反

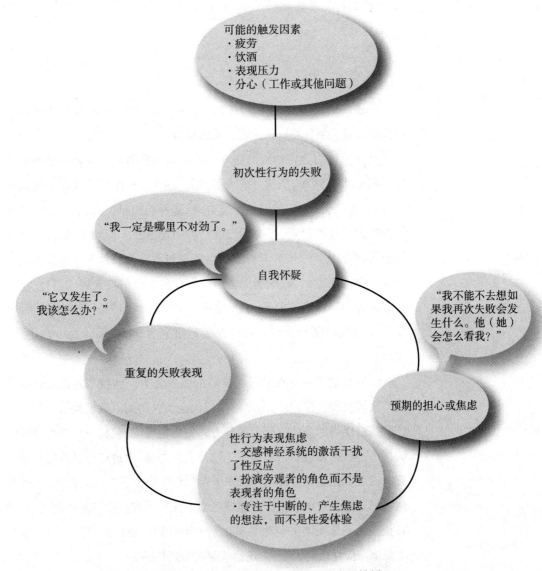

图 10.1 表现焦虑和性功能障碍：一个恶性循环

射的发生。相比之下，射精是在交感神经系统的控制下进行的，所以提高唤起的水平，如出现表现焦虑，可以引发快速（过早）射精（Althof et al., 2014）。表现焦虑和性功能障碍之间的关系可能会成为恶性循环。一位勃起功能障碍的患者以这种方式来描述他的性机能不全：

> 我总是觉得很自卑，就好像我还在试用期一样，不得不去证明自己。我感觉自己是在撞墙。你无法想象这有多尴尬。就像你走到观

众面前,你以为这是一个裸体主义者大会,结果却是个无尾礼服大会。

来自作者的档案

在这一章的开头,你已经读到了另一个患者的故事,他的表现焦虑使他像准备一场比赛一样为性关系做准备。

女性也可能会将她们的自尊与她们达到频繁而又强烈的高潮的能力等同起来。然而,当男性和女性试图去唤起或者润滑或者强迫高潮时,他们可能会发现,他们越是努力,就越不能如愿。几代人以前,关于性的压力往往围绕着"我应不应该?"的问题展开。而如今,男性和女性的压力往往更多的是基于与达到性高潮和满足伴侣性需求相关的表现目标。我们注意到,表现焦虑会影响男性和女性的性表现。不过,澳大利亚最近的一项研究显示,表现焦虑与男性的性问题的关系更紧密,而伴侣关系问题则与女性的性问题关系更紧密(McCabe & Connaughton, 2014)。

性满足也是建立在学习性技巧的基础之上。性技巧或性能力像其他类型的技能一样,是通过新的学习机会而获得的。我们要学习我们自己和我们伴侣的身体如何以各种方式做出性反应,包括与伴侣的反复尝试,自我探索(如自慰),阅读关于性技术的内容,也许还可以通过与他人交谈或观看性爱影片或录像带来了解我们自己的性反应。然而,那些对性感到罪恶或焦虑的孩子可能缺乏学习性知识和性技巧的机会,因而会对获得性满足所需的刺激类型仍然一无所知。他们也可能会以焦虑和羞耻来回应性机会,而不是达到唤醒或得到快感。

像阿尔伯特·埃利斯(Albert Ellrs, 1977)这样的认知理论学家指出,对性的潜在非理性信念和态度会导致性功能障碍。想一下这样的两个不合理信念:(a)我们必须要一直得到对我们而言很重要的人的认可,以及(b)我们必须完全胜任我们所做的每一件事。如果我们不能接受他人对我们偶尔的失望,那么我们可能会小题大做地扩大一次令人沮丧的性行为的重要性。如果我们坚持认为每一次性经历都应该是完美的,那么我们就是在为无法避免的失败创造条件。

我们如何根据感知到的事情的原因来评估情境也发挥了作用。将勃起困难的原因归咎于自己("我是怎么了?")而不是情境("我喝醉了"

或"我累了")会破坏日后的性功能。

关系问题也会导致性功能障碍，特别是涉及酝酿已久的怨恨和冲突时。一段不和谐的关系可能会对性欲产生影响，就像其他生活压力事件一样，如失业、家庭危机或重病（Heiman，2008）。性关系的质量通常不如其他方面的关系或婚姻关系。对彼此怀有怨恨的夫妻可能会选择将性生活当作战斗。此外，沟通问题也与一般的婚姻不满有关。那些难以表达自己性欲的夫妻可能缺乏帮助彼此成为有效爱人的手段。

下面的案例说明了性唤起障碍是如何与亲密关系中的问题联系在一起的。

皮特和宝拉：一个性唤起障碍的案例

在一起生活了6个月之后，皮特（Pete）和宝拉（Paula）正认真考虑结婚的问题。但是一个问题把他们带到了性治疗诊所。宝拉向治疗师解释说，在过去的两个月里，皮特在性交过程中一直无法维持勃起。皮特26岁，是一名律师；宝拉24岁，是一家大型百货公司的采购员。他们都是在郊区的中产阶级家庭中长大的，通过共同朋友介绍认识的，在交往几个月之后，他们毫无困难地开始了性生活。在宝拉的催促下，皮特搬进了她的公寓，尽管皮特不确定自己是否准备好了要迈出这一步。一周后，皮特开始难以在性交过程中维持勃起，尽管他对伴侣有着强烈的欲望。当他萎下去以后想尝试再次勃起，但会失去性欲而无法勃起。经过几次这样的事情之后，宝拉变得非常生气，以至于她开始敲打着皮特的胸口，并朝他尖叫。皮特的体重有200磅，是宝拉的两倍多，他选择直接走开，而这让宝拉更加愤怒。很明显，性并不是他们这段关系中的唯一问题。宝拉抱怨说，皮特更喜欢跟朋友在一起去看棒球比赛，而不愿意花时间跟她在一起。当他们一起在家的时候，皮特会专注于电视上的体育赛事，并对宝拉喜欢的活动——去剧院、参观博物馆等等——不感兴趣。因为没有证据表明皮特是因为器质性问题或抑郁而导致性困难，所以对他做出了男性勃起障碍的诊断。皮特和宝拉都不愿意跟治疗师讨论他们之间与性无关的问题。虽然他们的性问题通过模仿性学家玛斯特和约翰逊（Master & Johnson）发明的技术（稍后讨论）而得以成功解决，并且他们后来也结婚了，但皮特的矛盾心理仍然继续着，甚至在他们的婚姻中也是如此，而且他们未来依旧会出现性问题。

来源：摘自 Spitzer et al.，1994，pp.198—200.

生物学观点 诸如低睾酮水平和疾病等生物因素会抑制性欲并降低反应能力。睾酮，一种男性激素，在激发男性和女性的性欲及性活动中起着关键作用（Davis et al.，2008）。男性和女性体内都会产生睾酮，不

过女性分泌的睾酮量较少。对男性来说,睾酮分泌的减少会导致性兴趣和性活动的丧失,并且难以完成勃起(Maggi,2012;Montorsi et al.,2010)。肾上腺和卵巢是女性体内产生睾酮的部位(Buvat et al.,2010)。由于侵入性疾病而切除这些器官的女性不会再产生睾酮,并可能会逐渐失去性兴趣或性反应能力下降(Davis & Braunstein,2012;Wierman et al.,2010)。我们也有证据表明,低睾酮水平与某些男性患上了抑郁有关,以及抑郁可能会抑制性欲(Stephenson,2008)。然而,性功能障碍患者体内的性激素水平一般是正常的。

涉及流向或流经阴茎的血流受损的心血管问题会导致勃起障碍——随着男性年龄的增长,这个问题会变得越来越普遍(Miner,2011)。勃起功能障碍可能与心血管疾病(心脏和动脉疾病)有着共同的危险因素,这应该提醒医生,勃起功能障碍可能是潜在心脏病的早期预警信号,应该对其进行医学评估。

判断正误

肥胖与勃起障碍有关。
□正确 是的,这是真的。肥胖不仅对身体健康有威胁,而且对男性的勃起功能也有影响。

勃起功能障碍还与肥胖(心血管问题)、前列腺和泌尿问题有关(Martin et al.,2014;Tan,Tong,& Ho,2012)。肥胖与循环系统的问题相关,因此它与勃起障碍的联系并不令人惊讶。好消息是,减肥并增加了活动量的肥胖男性可能会得到勃起功能上的改善(Martin et al.,2014)。[判断正误]

糖尿病患者患上勃起功能障碍的风险也增加了(Skeldon et al.,2015)。糖尿病会损害血管和神经,还包括阴茎。有勃起功能障碍的男性患糖尿病的概率是没有勃起功能障碍的男性的两倍多(Sun et al.,2006)。在最近的一项研究中,有39%的糖尿病患者有勃起功能障碍(Chakraborty et al.,2014)。

勃起障碍和延迟射精也可能是多发性硬化症(MS)引起的。在多发性硬化症中,神经细胞失去了保护涂层,而这种保护涂层有利于神经冲动的平稳传递(Baranzini et al.,2010)。其他形式的神经损伤,以及慢性肾病、高血压、癌症和肺气肿,包括能抑制睾酮分泌的内分泌失调,都有可能会损害勃起反应(Koehler et al.,2012;Miner,2011)。

哈佛大学公共卫生学院的艾瑞克·瑞姆(Eric Rimm,2000)对2 000名男性进行了一项颇具影响力的研究,结果发现,勃起功能障碍与腰围过大、缺乏运动以及过量饮酒(或者根本不喝酒)有关。这些因素之间的共同联系可能是高水平的胆固醇。胆固醇会妨碍血液流向阴茎,就像它妨碍血液流向心脏一样。锻炼、减肥和适量饮酒都有助于降低胆固醇水平,但我们不建议戒酒者用饮酒来回避或治疗勃起问题。然而,马萨诸塞州男性老龄化研究的结果表明,经常锻炼可以降低患勃起功能障碍的风险(Derby et al.,2001)。在这项研究中,每天在体力活动中消耗200及以上卡路里(每天快速步行2英里可达到的数量)的男性,患勃起功能障碍的风险大约是久坐不起的男性的一半。锻炼有助于防止动脉堵塞,保持动脉畅通以使血液流入阴茎。[判断正误]

女性在性交过程中还会出现肌肉或神经紊乱,影响生殖器的血液流动,减少润滑和性兴奋,从而使她们感到疼痛,降低达到高潮的能力。和男性一样,随着女性年龄的增长,这些问题也会变得越来越普遍。

在我们转向讨论心理因素之前,我们还需要注意,处方药和精神药物包括抗抑郁药和抗精神病药物,都会损害勃起功能并导致性高潮障碍(Olfson et al.,2005)。大约有三分之一的女性使用选择性5-羟色胺再摄取抑制剂(SSRI;如左洛复或帕罗西汀)后,性高潮反应受损或完全不能达到性高潮(Ishak et al.,2010)。诸如安定和阿普唑仑这类的镇静剂可能会造成男性和女性的高潮障碍。一些用于治疗高血压和高胆固醇的药物也会干扰到勃起反应。[判断正误]

诸如酒精、海洛因和吗啡这类的抑制药物会降低性欲,损害性唤起。麻醉剂(如海洛因)也会抑制睾酮的分泌,从而抑制性欲,导致勃起失败。经常使用可卡因会导致勃起障碍或延迟射精,并且还能降低男性和女性的性欲。有些人说,一开始使用可卡因会增加性快感,但重复使用可能会导致对性兴奋药物的依赖,长期使用则可能会减少性快感。

社会文化观点 20世纪初,一名英国妇女的话被引用,说当她的丈夫接近她并履行"婚姻义务"时,她就会"闭上眼睛,想起英格兰"。这种老式的刻板印象表明,性快感曾被认为只是男性独有的——对于女性来说,性首先是一种责任。母亲们通常会在婚礼前告知女儿们关于婚姻的义务,而女孩则将性行为视为女性满足他人需要的一种方式。对女性性行为持有这种刻板态度的女性不太可能意识到自己的性潜力。此外,性焦虑还可能会把消极的期望变成自我实现的预言。男性的性功能障碍

判断正误

每天快走2英里,可以将男性的勃起功能障碍的风险降低一半。

☐ 正确 最近的一项研究显示,经常锻炼的男性(达到每天快走2英里的那种水平),患上勃起功能障碍的风险只有久坐不动的男性的一半。

判断正误

使用抗抑郁药物会影响使用者的性高潮反应。

☐ 正确 使用5-羟色胺再摄取抑制剂类的抗抑郁药物会损害性高潮反应。

也可能与极端严格的社会文化信仰和性禁忌有关。其他有关性的消极信念可能会干扰性欲,比如认为性欲不适合已经过了生育年龄的老年人(Geonet, De Sutter, & Zech, 2012)。

我们的同僚,心理学家拉斐尔·哈维尔(Rafeal Javier, 2010)注意到,在许多西班牙文化中,人们对源于圣母玛利亚的玛利亚主义(marianismo)的刻板印象很理想化。从这种社会文化角度来看,理想化的贤惠女性会"默默地忍受",因为她把自己的需要和欲望淹没于丈夫和孩子的需要和欲望中,即使在面对自己的痛苦或挫折时也是快乐的提供者。不难想象,那些接受了这些刻板印象的女性会发现很难表达自己对性满足的需求,并且可能会通过变得性反应迟钝来抵触这种文化理想。

社会文化因素在勃起功能障碍中也起着重要的作用。研究人员发现,在对女性婚前性行为、婚姻中的性行为以及婚外性行为持有更为严格的态度的文化中,勃起功能障碍的发生率更高(Welch & Kartub, 1978)。这些文化中的男性更容易产生性焦虑或负罪感,从而干扰到他们性行为的表现。

在印度,将精液的流失和男人生命能量的流失联系在一起的文化信仰是Dhat综合征(一种对精液流失的非理性恐惧,在第6章中讨论过)形成的基础。有这种情况的男性有时会出现勃起功能障碍,这是因为他们担心浪费宝贵的精液会影响他们进行性行为的能力(Shulka & Singh, 2010)。

性功能障碍的治疗

10.6 描述治疗性功能障碍的方法

到20世纪60年代女性性学研究者威廉·玛斯特(William Masters)和弗吉尼亚·约翰逊(Virginia Johnson)进行的开创性研究为止,大多数性功能障碍都没有有效的治疗方法。精神分析疗法治疗性功能障碍是用间接的方法。这种疗法认为性功能障碍代表了潜在的冲突,因此其治疗重点就是通过精神分析来解决这些冲突。这种方法的有效性还缺乏相应的证据证明,所以这导致了更直接的关注性问题的方法的出现。

大多当代治疗师认为,性功能障碍可以通过直接改变夫妻的性行为而得以治疗。由玛斯特和约翰逊首创的性治疗法使用认知行为技术,以一种简短的治疗形式帮助个体提高他们的性伙伴关系(性知识和性技巧),并减轻表现焦虑。尽管现在的治疗师可能并没有严

玛斯特和约翰逊 性治疗师威廉·玛斯特和弗吉尼亚·约翰逊

格遵守玛斯特和约翰逊的技术，但仍然继续采用了他们的许多方法（Althof,2010）。在可行的情况下，伴侣双方都应该参与治疗。但是在某些情况下，我们会看到，个别治疗可能更为可取。

在考虑这些具体的方法之前，我们应该注意到，由于性问题通常是嵌在问题关系中的，所以治疗师也可能会使用夫妻疗法来帮助夫妻在他们的关系中分享权力，提高沟通技巧，以及协商分歧（Coyle,2006;McCarthy,Ginsberg,& Fucito,2006）。

在过去的25年里，性功能障碍的治疗发生了重大的变化。如今，人们更加注重性问题发展和医疗手段中的生物或有机因素，如使用药物西地那非（伟哥）来治疗男性勃起功能障碍等医学治疗手段。勃起药物非常受欢迎，以至于它们现在代表着制药商50亿美元的收入来源，并被数千万男性使用着（Wilson,2011）。让我们来看看一些治疗性功能障碍的常用技术。

性欲低下 性治疗师可以通过自我刺激（自慰）练习和性幻想来帮助性欲低下的人重燃性欲。当与伴侣一起接受治疗时，治疗师会建议夫妻双方可以在家中做一些相互愉悦的练习，或者鼓励他们增加自己的性技巧，为他们的性生活增添新奇和刺激。当性欲缺乏与抑郁有关时，治疗的重点就是治疗潜在的抑郁了。夫妻治疗可解决夫妻关系中导致性欲缺乏的问题（Carvahlho & Nobre,2010）。当性欲或性兴趣低下的问题是由深层次原因引起的时，一些性疗法会使用以洞察力为导向（心理动力的）的方法来帮助揭示和解决潜在问题。

当快乐的源泉变为痛苦的源泉 性功能障碍可能会引起个人的痛苦，并导致伴侣之间的摩擦。缺乏沟通是性功能障碍出现和持续的原因。

还有一些性欲低下的案例是与激素的缺乏有关，尤其是缺乏男性性激素——睾酮。使用睾酮凝胶贴片，将其贴在皮肤上，当作激素使用，可以增加性欲，改善睾酮水平异常低下的男性的性功能（Granata et al.,2012;Montorsi et al.,2010）。睾酮治疗可能会有严重的并发症，如肝损伤和可能的前列腺癌，因此应该谨慎进行。不过睾酮治疗的长期安全性尚未完全确定下来（Heiman,2008）。

睾酮还能增强更年期女性的性欲和性兴趣，但它对绝经前的女性的效果尚不清楚（Brotto et al.,2010;Kingsberg,2010）。然而，由于睾酮疗法对提高女性患乳腺癌和其他疾病风险的长期影响尚不清楚，所以寻求睾酮治疗的女性需要咨询自己的医疗服务提供者，以权衡潜在的风险和益处。这些激素治疗也可能会导致面部毛发和痤疮的生长。

性唤起障碍 性唤起会引起生殖器区域的血液聚集，并导致男性的勃起和女性阴道部位的润滑。这些血液流动的变化是对性刺激的反射反应，而不是受意愿控制的。有性唤起困难的女性和有勃起问题的男性首先要知道这样一个事实，即他们不需要"做"任何事就可以被唤起。只要他们的问题是心理上的，而不是器质性的，他们只需要在放松、没有压力的情况下接触性刺激，这样，干扰的想法和焦虑就不会抑制反射反应了。

玛斯特和约翰逊让一对夫妻通过参与性感知集中训练来对抗表现焦虑。这些都是非命令性的性接触——感官练习，不需要以阴道润滑或勃起的形式来要求性唤起。伴侣开始相互摩擦而不触碰生殖器。他们通过跟随被给定的口头指示，引导彼此的双手，学会"取悦"对方以及"被对方取悦"。这种方法既可以促进交流，培养性技巧，又能够消除焦虑，因为不需要被性唤起。经过几个疗程之后，直接摩擦生殖器也要囊括进取悦对方的方式里了。即使出现了明显的性兴奋迹象(润滑或勃起)，这对夫妻也不直接进行性交，因为性交可能会产生表现需求。在持续达到性兴奋之后，这对夫妻要进行一系列放松的其他性行为，最后才进行性交。

用性治疗技术治疗勃起障碍个案的成功率各不相同，而且我们缺乏从严谨的方法学研究中获得的确切证据来支持这些技术的有效性(Fruhauf et al., 2013)。在下面的案例中，我们将说明性治疗技术在治疗勃起功能障碍中的应用。

维克托：一个勃起障碍的案例

44岁的音乐会小提琴家维克托(Victor)急于向治疗师展示他的巡回音乐会。作为一名拥有一支杰出的管弦乐队的小提琴独奏家，维克托的生活围绕着练习、表演和评论展开。作为一名音乐演奏家，维克托对自己的身体，尤其是他的手，有着精细的控制。不过，他无法以同样的方式去控制自己的勃起反应。自从7年前离婚以来，维克托一直饱受勃起失败的困扰。他一次又一次地建立新的关系，但却发现自己无法进行性行为。由于害怕重蹈覆辙，他断绝了自己的亲密关系。他也无法只面对一个观众。有一段时间他很随便约会，直到他遇到了米歇尔。

米歇尔是一个热爱音乐的作家。他们是天造地设的一对，因为音乐家维克托也热爱文学。米歇尔35岁，离异，但是她令人兴奋、朴实、感性而又宜人。这对夫妻很快就形影不离了。他在练琴的时候她在写作——主要是诗歌，当然也有短小的杂志文章。不像维克托遇到的一些不认识巴赫和巴托克的女人，米歇尔可以在纽约著名的餐厅"萨迪里"与维克托的朋友和音乐家朋友们一边享受深夜晚餐，一边交谈。他们各自有着自己的公寓，因为维克托需要自己的空间和独处用来练琴。

在他们交往的9个月里,维克托无法在他最在乎的一个舞台——他的四柱床上表演。他说,这太令人沮丧了,"我能勃起,然后就在要插入她的时候,嘭!我就泄出来了。"维克托的夜间勃起以及在轻轻抚摸下的勃起历史表明,他基本上是患有表现焦虑。他拼命地想要勃起,就像他试图学习难学的小提琴演奏指法一样。每晚都是一场指挥式的表演,维克托在这场表演中扮演着最严厉的评论家。并非专注于他的伴侣,维克托的注意力都集中在他的阴茎大小上。正如已故的伟大钢琴家弗拉基米尔·霍洛维茨(Vladimir Horowitz)所指出的,一个钢琴家所做的最糟糕的事就是在表演的时候看着他的手指;也许一个有勃起问题的男人所做的最差劲的事就是在进行性行为时看着自己的阴茎吧。

为了打破维克托的焦虑、勃起失败以及更焦虑的恶性循环,维克托和米歇尔采用了以玛斯特和约翰逊疗法为模型的性疗法(Rathus & Nevid,1977)。其目的是恢复性活动的乐趣,而不再受到焦虑的束缚。最初这对夫妻被要求避免性交,以使维克托免于所有要求他表现的压力。这对夫妻通过一系列的步骤取得了进展:

1. 赤裸着在一起放松,没有任何接触,比如在一起看书或者看电视。
2. 性感知集中训练。
3. 用手或口交的方式来刺激对方的生殖器以达到高潮。
4. 非命令的性交(即男方不需要取悦他的伴侣,在没有任何压力的情况下进行性交)。之后,男方可以通过手的或口腔的刺激来帮助他的伴侣达到高潮。
5. 恢复剧烈性交(包括更有力地插入和使用侧重于相互满足的替代位置和技术)。这对夫妻被指示不要对任何可能偶尔出现的问题小题大做。

这个治疗项目帮助维克托克服了他的勃起障碍。维克托不再需要用在命令下实现勃起来证明自己了。他放弃了评论家的位置,一旦聚光灯从床上消失,他就成了一个参与者而不是观众了。

来自作者的档案

性高潮障碍 患有性高潮障碍的女性通常都有一种潜在的信念,即认为性是肮脏的或是罪恶的。她们可能被教导过不要抚摸自己。她们对性生活感到焦虑,也没有认识到,可以通过反复试验来了解什么样的性刺激可以唤起她们,并帮助其达到高潮。这些案例的治疗就要包括对性的消极态度的改变。当性高潮障碍反映了女性对伴侣的感觉或与伴侣之间的关系时,治疗也应该设计加强他们之间的关系。

不管是否涉及关系问题,玛斯特和约翰逊都更愿意让这对夫妻一起来进行治疗,他们会首先使用性感聚焦训练来减轻表现焦虑,打开沟通渠道,并帮助这对夫妻掌握性技巧。在使用这项技术时,这位女性要指导她的伴侣用爱抚和技巧来刺激她。通过掌握主动权,这位女性能从心理上摆脱被动、顺从的女性角色的刻板印象。

玛斯特和约翰逊也倾向于在女性有性高潮功能障碍的情况下让这对夫妻一起接受治疗,但其他性治疗师则更喜欢单独让这名女性接受治疗,指导她私下里练习自慰。经指导下的自慰让女性有机会按照自己的节奏去了解自己的身体,并且成功率可达70%到90%(Leiblum & Rosen, 2000)。它使女性摆脱了依赖或取悦伴侣的需要。一旦女性确实能够通过自慰达到高潮,以夫妻为导向的治疗就可以朝着促进与伴侣产生高潮的训练方向转移。最近的证据对女性性高潮障碍的心理治疗的有效性给予了很大的支持(Frühauf et al., 2013)。

延迟射精在临床文献中很少受到重视,但它也可能与诸如恐惧、焦虑、敌意和关系困难之类的心理因素有关(Rowland et al., 2010)。标准的治疗方法,除了潜在的器质性问题之外,更侧重于增加性刺激和减少表现焦虑(Althof, 2012)。

使用最广泛的治疗早泄的行为疗法称为停启技术或时行时止技术,于1956年由一位名叫詹姆斯·塞曼斯(James Semans)的泌尿科医生介绍。该疗法的重点是帮助男性掌握性技巧以延迟射精(Althof et al., 2014)。通常,当男性即将射精时,伴侣会受到指示而暂停性活动,然后当他的感觉消退下去时再恢复刺激。反复的练习可以让男性更好地调节射精,使他对射精反射前的线索变得更敏感,并且更清楚自己的"一触即发点",即触发射精反射的点。治疗师报告说,停启法获得了很大的成功,但仍然缺乏更多的基于受控的研究成果路径的证据(Althof et al., 2014;Frühauf et al., 2013)。

生殖器疼痛障碍 治疗性交疼痛一般需要医疗干预,以确定和治疗任何可能导致疼痛的潜在生理问题,如尿路感染(van Lankveld et al., 2010)。在阴道痉挛导致疼痛的案例中,对阴道痉挛的心理治疗可能有助于减轻疼痛。

阴道痉挛是一种条件反射,涉及阴道口的不自主收缩。它代表了基于心理上的对插入的恐惧,而不是一个医学问题。阴道痉挛的治疗可能包括一系列的行为疗法,包括放松技术和逐渐暴露法。这些方法通过让女性在保持放松的同时,将手指或不断扩大的塑料扩张器插入阴道,使阴道肌肉组织对插入脱敏(Reissing, 2012;ter Kuile et al., 2013)。尽管治疗师通常报告说,使用逐渐暴露法有良好的效果,但仍然基于对照试验来支持其有效性的证据是有限的或缺乏的,许多类型的性功能障碍也是如此(Fruhauf et al.,2013;van Lankveld et al.,2010)。因为很多有性疼痛或阴道痉挛的女性都有被强奸或性虐待的经历,于是心理治疗往往是一种更加全面的治疗方案的一部分,以帮助她们应对创伤经历的心理后果。

性功能障碍的生物疗法 勃起障碍经常会有器质性病因,所以其治疗变得越来越医学化也就不足为奇了。

男性和女性的性唤起都依赖于生殖器的充血。增加阴茎血流量的药物,如伟哥和西力士,可以安全有效地帮助勃起功能障碍患者达到更可靠的勃起(Lue et al.,2010;Qaseem et al.,2009)。然而,将心理疗法与伟哥等药物结合起来比单独用药更有效(Aubin et al.,2009)。当服药无效时,诸如在阴茎中自我注射能增加阴茎血流量的药物,或者使用像阴茎泵一样的真空勃起装置,可能会更有帮助(Monstorsi et al.,2010)。

勃起障碍药物 伟哥和其他勃起障碍药物在电视上甚至广告牌上都打了广告。你认为这些药物应该在大众媒体上大肆宣传吗?为什么或为什么不呢?

研究人员正在探索针对女性性功能障碍的生物医学疗法,包括使用伟哥等勃起功能障碍药物。对这些药物治疗女性性高潮障碍的有效性研究得到了不同的结果,但在某些情况下,这些药物可能是有用的(Ishak et al.,2010)。

如上所述,男性性激素睾酮可能会增加男性的性欲,并对绝经后性欲或性兴趣减退的女性也有同样的作用。但是,我们不应该认为所有性欲低下的案例都应该用激素来治疗。正如一位领先的性健康专家所说,"如果有人对她的配偶不满意,那么再多的睾酮也无法解决这个问题"(引自Clay,2009,p.34)。我们不应该孤立地去对待性欲问题,而应该在考虑心理、文化和人际关系等因素的更大的背景下处理它(Leiblum,2010b)。例如,性欲的缺乏可能反映了一段关系中存在的问题,在这种情况下,可以使用夫妻疗法来更多地关注这段关系本身。就目前而言,性欲问题的治疗通常比其他类型的性功能障碍治疗更复杂,效果也更差(LoPiccolo,2011)。尽管在2015年批准了一种用于治疗女性性欲低下的新药(这种药对大脑中的神经递质有影响),但这种药的安全性和有效性仍然值得关注(Clarke & Pierson,2015;Fox,2015a)。

在极少数堵塞的血管阻止血液流向阴茎,或者阴茎在结构上有缺陷的情况下，手术可能是有效的治疗方法。诸如抗抑郁药氟西汀(百忧解)、帕罗西汀以及舍曲林(左洛复)等选择性5-羟色胺再摄取抑制剂，可以通过增加神经递质5-羟色胺的作用来治疗性功能障碍。大脑中5-羟色胺的增加会产生延迟射精的副作用，这可以帮助有早泄问题的男性(Althof et al., 2014; Mohee & Eardley, 2011)。

性功能障碍治疗的医学化很有前景，但没有任何药物或生物力学设备能提高一段关系的质量。如果个体与其伴侣间有严重的问题，吃一片药或者涂一点药膏是不太可能解决问题的。总而言之，通过心理或生物学疗法治疗性功能障碍的成功率是令人鼓舞的，特别是当我们还记得在几代人以前还没有有效的治疗方法时。

性欲倒错障碍

性欲倒错(paraphilias)一词源于希腊词根"para"(意为"侧面")以及"philos"(意为"爱")。患有性欲倒错的人有着不寻常的或非典型的性吸引模式，这些模式涉及对非典型刺激(正常唤起刺激的"侧面")的性唤起("爱")。这些非典型的性唤起模式可能会被他人贴上异常、怪异或"古怪"的标签(Lehne, 2009)。性欲倒错包括对非典型刺激的强烈和反复的性唤起，像被幻想、冲动或行为(由于冲动而做出行为)所证明的那样。"非典型性"的刺激物包括非人类物品，如内衣、鞋子、皮革或丝绸制品；对自己或对伴侣痛苦的羞辱或痛苦经历；或者是儿童以及其他未经同意的人(Fisher et al., 2011)。

DSM-5将这些异常的行为模式归为一种叫作"性欲倒错障碍的精神障碍"。然而，性欲倒错和性欲倒错障碍之间有一个重要的区别。在某些情况下，性欲倒错行为与自己或他人的不安或痛苦后果没有关联。因此，这些行为不会被归为精神或心理障碍。举个例子，一个恋鞋者在家里会有私下的恋鞋行为，但这个没有任何的负面影响。要想被诊断为性欲倒错障碍，这种性欲倒错行为必须在日常功能的重要领域中引起个人痛苦或损害，或者涉及现在的或过去的为了满足性冲动而伤害他人或有伤害他人风险的行为——这与其他诊断类别不同(American Psychiatric Association, 2013)。因此，性欲倒错本身是诊断性欲倒错障碍的必要非充分条件。

对于某些人来说，性欲倒错行为是获得性满足的唯一途径(Lehne, 2009)。除非使用某些实际的或幻想的刺激，否则他们是不可能被性唤起的。其他人则是偶尔或者有压力的情况下才会借助这些非典型的或异常刺激。尽管性欲倒错和性欲倒错障碍的患病率尚不清楚,但我们知道,除了一些性受虐病例和一些其他障碍的个案之外,女性几乎从未诊断出这些行为。

性欲倒错的类型

10.7 定义性欲倒错并明确其主要类型

性欲倒错障碍位于精神健康和法律的交界面(Calvert, 2014)。有些性欲倒错涉及犯罪行为,如露阴癖、恋童癖、性虐待以及窥阴癖。这些性欲倒错还可能涉及对未经同意的受害者造成伤害的行为,有时甚至是严重伤害。其他性欲倒错是没有受害者以及相对无害的,因此不涉及违法行为其中包括恋物癖和异装癖。这里,我们关注的是性欲倒错本身,但要记住的是,对性欲倒错障碍的诊断要求这种性欲倒错在现在或者过去的一段时间里,发生了造成个人痛苦、损害其功能,或者对他人造成了伤害或有造成伤害的风险的性欲倒错行为。

露阴癖(exhibitionism,"暴露")的性欲倒错的行为特征是,以强烈且反复的冲动、幻想,或者为了达到性唤起而将生殖器暴露给毫不知情的人。通常,一个人会试图去惊吓,震惊受害者或者激起受害者的欲望。这个人可能会在幻想或者实际裸露自己的时候去自慰(几乎所有的情况都涉及男性)。受害者也几乎都是女性。

由于作恶者往往很快就逃离现场,因此报警的案件相对较少,甚至逮捕的人也更少。一个因露阴癖而被捕的案例是一名25岁的男子,他多年来一直向毫无戒心的女性裸露自己(Balon, 2015)。他一般会在车里裸露自己,不管是对着停车场上的女性还是街上路过的女性。有一次,他迫害的那名女性在他开车离开后记下了他的车牌,并向警方报了案,这才使得他被逮捕。当他被捕时,他声称感到很绝望,因为他无法阻止自己。

露阴癖 露阴癖是一种性欲倒错的类型,是指那些通过将自己裸露在毫无戒心的受害者面前来寻求性唤起或性满足的人。裸露自己的人通常对与受害者的实际性接触不感兴趣。

一项全国性的调查发现,大约有4%的男性(和2%的女性)报告说,出于性唤起的目的,他们会裸露自己的生殖器(Murphy & Page, 2008)。被诊断为露阴癖的人通常不是为了寻求与被害人的性接触,但有些裸露自己生殖器的人是为了向更严重的性侵发展(McLawsen, Scalora, &

Darrow, 2012)。无论露阴癖者是否寻求身体接触,受害者都可能认为自己处于危险之中,并因此受到了创伤。如果可能的话,最好的建议是,受害者不要对暴露狂表现出任何的反应,就继续走自己的路。侮辱露阴癖者是不明智的,要避免激怒他们做出暴力反应(McNally & Fremouw, 2014)。我们也不建议夸张地表现出震惊或恐惧,这往往会加强裸露行为。

表现出裸露行为的男性以此作为间接表达对女性敌意的手段,这也许是因为他们过去受到了女性的虐待。表现出裸露行为的男性通常是害羞的,孤独的,有依赖性的,缺乏社交技巧以及在与女性交往或者建立关系时有困难(Griffee et al., 2014; Murphy & Page, 2008)。有些人是因为怀疑自己的男子气概,并怀有自卑感而做出裸露行为。受害者的厌恶或恐惧增强了他们对情境的掌控感,并加强了他们的性唤起。思考一下下面这个露阴癖的例子。

迈克尔:一个露阴癖的案例

迈克尔(Michael)是一个26岁的已婚男人,英俊且看起来像个大男孩,他有一个3岁的女儿。他一生中大约有四分之一的时间是在少管所和监狱里度过的。在青少年时期,他是一个纵火犯。到成年后,他开始出现裸露自己的行为。他在妻子不知情的情况下来到诊所,因为他开始越来越频繁地裸露自己——每天最多三次——他担心自己最后会被捕,并再次被送入监狱。

迈克尔说他喜欢与妻子发生性关系,但这不像裸露自己那么令人兴奋。他无法抑制自己的露阴癖——尤其是现在,当他还在忙于工作,并担心家里下个月的房租从何而来的时候。他爱自己的女儿胜过一切,也无法忍受与她分离的想法。

迈克尔的操作方法如下:他会去寻找苗条的青春期女性,一般在初高中学校附近寻找。当他开车靠近一个女孩或一小群女孩的时候,他会把自己的阴茎从裤子里拿出来把玩。他会把车窗摇下来,继续把玩自己的阴茎,然后向女孩们问路。有时候女孩们看不到他的阴茎,那没关系。有时候她们看见了,却没有反应,那也没关系。当她们看到了并且变得慌张害怕时,那是最好的。他会开始更用力地自慰,然后在女孩们离开之前,想办法射精。

迈克尔的童年是不稳定的。他的父亲在他出生之前就离开了家,而他的母亲总是喝得烂醉如泥。他的整个童年都在各个寄养家庭中进进出出。在他10岁之前,他就和邻居男孩有过性行为了。男孩们有时候也会强迫邻居女孩去抚摸他们,而当女孩们不高兴时,迈克尔的心情也很复杂。他为她们感到难过,但他同时也很享受。有几次,女孩们看到他的阴茎时都吓了一跳,这让他"真的觉得自己像个男人。你知道,看到那种表情,是和一个女孩,不是一个女人,而是一个女孩——一个苗条的女孩,这就是我想要的。"

来自作者的档案

虽然有些案例发生在女性中,但几乎所有的露阴癖都与男性有关(Hugh-Jones, Gough, & Littlewood, 2005)。那些裸露自己的人的动机是希望毫不知情的观察者能感到震惊和惊慌,而不是去炫耀他们身体的吸引力。因此,在临床意义上,穿暴露的泳衣或其他暴露的衣服并不属于露阴癖。异国情调的舞者或脱衣舞女通常也不属于露阴癖。她们一般不会因为想要把自己暴露在毫无戒心的陌生人面前,以引起他们的注意或让他们感到震惊。脱衣舞女的主要动机通常是为了谋生(Philaretou, 2006)。[判断正误]

判断正误

穿暴露的泳衣是一种露阴癖。

☐错误 从临床意义上来说,穿暴露的泳衣不是一种露阴癖。被诊断患有这种障碍的人——实际上都是男性——动机是希望毫不知情的观察者能感到震惊和惊慌,而不是去炫耀自己身体的吸引力。

恋物癖 法语单词"fétiche"源自葡萄牙语"feitico",指的是一种"魔法"。在这种情况下,"魔法"在于物体能够唤起个体的性欲。恋物癖(fetishism)的主要特征是反复出现的、强烈的性冲动、性幻想,或者涉及无生命物体的行为,如一件衣服(胸罩、内裤、袜子、靴子、鞋子、皮革、丝绸等等;Kafka, 2010)。男人在看到、感觉到和闻到他们爱人内衣时所引起的性唤起并不反常。然而,有恋物癖的男人可能更喜欢这个人的物件而不是这个人本身,如果没有这个物件的话,他们可能无法产生性唤起。他们经常会通过爱抚它、摩擦它、闻它的气味,或者让伴侣在性活动期间佩戴它,然后自慰以获得性满足。

恋物癖的起源在很多情况下可以追溯到儿童早期。在早期的研究样本中,大多数迷恋橡胶的人都能回忆起在4岁到10岁的某个时间里,第一次体验到对橡胶的盲目迷恋。

异装癖 异装癖(transvestism)是指那些因穿着异性的服装而被性唤起,从而出现反复的强烈的冲动、幻想或行为的人。尽管其他有恋物癖的男性可以通过操纵女性的衣服来自慰以获得满足,但异装癖的男性是想要穿女性的衣服。他们可能会穿着完整的女性服装,而且还化着妆,或者是喜欢一件特定的服饰,比如女士长袜。尽管有些异装癖的男人是同性恋,但是在异性恋的男性中也有异装癖(Långström & Zucker, 2005; Taylor & Rupp, 2004)。有异装癖的男人通常在私底下穿着异性服装,想象自己是一个女人,而且在自慰的时候抚摸着她。有些人则频繁地出入异装癖俱乐部,或者参与到一种异装癖亚文化中去。

有些异装癖的男人还会因为幻想自己的身体是女性的而感到性兴奋（J.M.Bailey，2003a）。

有跨性别认同的男性可能会穿着异性的服装以"冒充"女性，或者因为他们穿男性服装会感到不舒服。有些男同性恋者也会穿异性服装，也许是为了陈述过于刻板的性别角色，但并不是因为他们在寻求性唤起。因为男同性恋者和跨性别者之间的异装行为是出于性唤起或性满足之外的原因，所以他们的行为不被归为异装恋物癖之内。为了戏剧目的而穿异性服装的女演员也没有某种形式的异装癖。

大多数有异装癖的男人都结婚了，并都与妻子发生性行为，但他们会通过打扮成女人来寻求额外的性满足，如下例所示。

亚奇：一个异装癖的案例

亚奇(Archie)是一个55岁的水管工，多年来一直穿着异性服装。曾经有一段时间，他会以女性的身份出现在公众面前，但随着他在社区的知名度越来越高，他也越来越害怕被人发现这件事。他的妻子麦娜(Myrna)知道他的"小瑕疵"，尤其是因为他借了她很多衣服，而且她还鼓励亚奇待在家里，主动提出帮他解决他的"古怪"。多年来，他的性欲倒错仅限于在家里表现。

在妻子的敦促下，这对夫妻来到了诊所。麦娜描述了20年来亚奇是如何将自己的意志强加于她的。亚奇会穿上麦娜的内衣，并且在麦娜告诉亚奇他有多恶心时自慰。(这对夫妻还经常进行"正常的"性交，这也是麦娜所享受的。)当十几岁的女儿走进了这对夫妻的卧室，而他们当时正在进行着亚奇的幻想，于是这种异装的情况到了一个非解决不可的地步。

在麦娜离开诊室后，亚奇解释说，他是在一个有几个姐姐的家庭中长大的。他描述了内衣是如何一直被挂在浴室里直到晾干的。在青少年时期，亚奇就尝试过摩擦内衣，并穿上它们。有一次，当他在镜子前穿着内裤当模特时，一个姐姐走了进来。她告诉他，他是一个"社会疏通者"，而这让他立刻感受到了无与伦比的性兴奋。当她离开房间后，亚奇就开始自慰，而这次高潮是他年轻时最强烈的一次。

亚奇不认为穿女性的内衣和自慰有什么不对。无论他的婚姻是否因此被摧毁，他都不打算放弃异装。麦娜最关心的是最后她会因为亚奇的"病"而和他分开。只要他自己做这些，她就不在乎他做什么了。"适可而止吧。"她说。

这是这对夫妻在婚姻疗法中做出的妥协。亚奇将独自沉浸在他的幻想中，他会选择麦娜不在家的时候去做这些事，而麦娜也不会知道他的活动，他也会非常非常小心地去选择孩子们不在的时候去做。

6个月后，这对夫妻还在一起并且感到满足。亚奇用异装性施虐与性受虐狂杂志代替了对麦娜的幻想。麦娜说:"我看不到、听不到也闻不到任何邪恶的东西。"他们仍然会进行性交。过了一阵子之后,麦娜甚至会忘记查看哪件内衣被穿过了。

来自作者的档案

窥阴癖 窥阴癖(voyeurism,"偷窥")指的是强烈的、反复出现的性冲动、性幻想或行为。其中,个体会因为看到毫无戒心的人(通常是陌生人)赤身裸体、脱衣服而产生性冲动。有窥阴癖的人通常不寻求与被观察者发生性行为,而是通过偷看这个行为来引起性唤起。就像露阴癖一样,几乎所有的窥阴癖行为都发生在男性身上(Langstrom,2010)。

看你的伴侣脱衣服或者观看色情电影是窥阴癖的一种形式吗?答案是否定的。被观察的人知道自己在被伴侣或者电影观众看着。为了性刺激而参加脱衣舞俱乐部也是正常的,因为它不涉及通过观察不知情的人来寻求性唤起。人们经常光顾脱衣舞俱乐部的原因除了性满足之外,还有其他原因,比如与朋友建立亲密关系的体验。

窥阴者一般会在偷看或幻想偷看这个动作时自慰。窥阴者往往缺乏性经验,还可能有很深的自卑感或不足感(Leue, Borchard,& Hoyer, 2004)。偷窥可能是窥阴者唯一的性发泄途径。有些人会因为偷窥行为而把自己置于危险的境地,被发现或受伤的可能性显然增加了他们的兴奋感。

摩擦癖 法语单词"frottage"指的是通过摩擦凸起的物体来制作绘画的艺术技巧。**摩擦癖**(frotteurism)的主要特征是反复出现的、强烈的性冲动、性幻想,或通过摩擦或触摸毫不知情的人而产生性冲动的行为。摩擦癖,也称"骚扰(mashing)",经常发生在拥挤的地方,比如地铁或站台、公交车或电梯里(Clark et al., 2014)。引起男性的性冲动的是摩擦或触摸,而不是强制的行为。他可能会想象自己与受害者有一种独有的、深情的性关系。因为身体接触是短暂而隐秘的,所以那些表现出摩擦癖的人很少有被当局抓住的机会。甚至是受害者也可能没有意识到当时发生了什么,也没有提出太多抗议。在下面的案例中,一名男子在几年内迫害了大约1000名女性,但只被逮捕了两次。

地铁上的碰撞:一个摩擦癖的案例

一名45岁的男子因在地铁上对一名女子性摩擦而第二次被捕后,精神病医生再次去看了他。当一个20多岁的女性走进地铁站时,他会选择她作为目标。他会站在她身后的站台上,等

他刚做了什么？ 骚扰，或者不受欢迎的性摩擦或性接触，这最常在拥挤的地方发生，如高峰时期的地铁车厢内。

> 待着列车进站。然后，他会跟着她进入车厢，当车门关闭时，他就开始撞到她的臀部，同时幻想着他们正在以一种充满爱意和两相情愿的方式享受着性交。大约有一半的次数里，他会达到性高潮。然后他会继续去上班。有时候他还没有达到高潮的话，他就会换一辆地铁去寻找另一个受害者。尽管他在每次发作之后都有一段时间的内疚，但他很快沉浸到下一次邂逅的想法中去了。他从来没有考虑过他的受害者对他所做的事情会有什么感受。尽管他已经结婚25年了，但是他在社交上表现得笨拙和谦逊，尤其是和女性在一起的时候。
>
> 来源：摘自Spitzer et al.，1994，pp.164.

恋童癖 恋童癖（pedophilia）一词源自希腊语"paidos"，意为"孩子"。有恋童癖的人会对儿童（通常为13岁或更小）有着反复的、强烈的冲动或幻想，或者与儿童发生性行为。要被诊断为恋童癖，这个人必须至少要有16岁，并且至少比他有性吸引的孩子或者被他迫害的孩子大5岁。然而，该诊断并不适用于那些处于青春期后期，并与12岁或13岁的孩子保持一定关系的人（American Psychiatric Association，2013）。在某些情况下，有恋童癖的人只会被孩子所吸引，而另一些人则会同时被孩子和成年人吸引。

尽管大多数恋童癖者都是被儿童吸引的男性，但恋童癖者包括了寻求与男孩或女孩发生性接触的男性或女性。有些有恋童癖的人的越轨行为只是看着孩子或者脱掉孩子的衣服，而另一些人则热衷于露阴癖、接吻、爱抚、口交和肛交，对女孩来说则表现为阴道性交。由于不谙世事，孩子们经常会被猥亵者利用，这些猥亵者会告诉孩子自己正在"教他们"，"给他们看一些东西"，或者做一些他们会"喜欢"的事。

有些有恋童癖的男人只是与作为家庭成员的孩子乱伦，发生性关系，而另一些男人只会骚扰别人家的孩子。对儿童的性骚扰是一种犯罪行为，而且理应如此。然而，并非所有的儿童猥亵者都有恋童癖，也不是所有有恋童癖的人都有猥亵儿童的行为（Berlin，2015）。有些被诊断为患有恋童癖的人经常会对与孩子进行性行为产生反复的冲动和幻想，并且可能会在幻想的时候自慰，但他们不会因为自己的冲动而去猥亵孩子。另一方面，有些猥亵儿童的人只是偶尔会有恋童癖的冲动，也许是在有机会的时候才会有这种冲动,因此就不符合对他做出恋童癖的临床诊断的标准——有反复的冲动。

尽管有这种刻板印象,但大多数恋童癖案件并不包含穿着雨衣在学校操场上徘徊的"肮脏老男人"。有这种障碍的男性(几乎所有的案例都牵扯男性)通常(原本)都是三四十岁的遵纪守法、受人尊敬的公民。大多数是已经结婚或者离婚,并且有了自己的孩子的。他们一般很熟悉受害者,这些受害者都是家人的亲戚或朋友家的小孩。许多恋童癖案件并不是单独事件。这些案件通常在孩子还很小的时候就发生了,并且会持续多年,直到恋童癖者被发现或者他们的关系被中断。

恋童癖的起源是复杂多样的。有些案例符合对那种害羞、被动、社交无能、孤僻的男人的刻板印象,他们因为对与成年女性的关系感到威胁,因此转向不那么挑剔和苛刻的孩子们。研究人员发现,与其他男性相比,有恋童癖的男性较少拥有恋爱关系,而且他们拥有的恋爱关系也往往不那么令人满意(Seto,2008)。在某些情况下,童年时期与其他孩子的性经历可能令人非常愉快,以至于成年后,这个男人还试图重拾早年的兴奋感。而在另一些情况下,则是因为童年遭受过性虐待的男性想要扭转局势而努力建立一种掌控感。

性虐待对儿童的影响 近年来新闻中的一些备受瞩目的案件,如前宾夕法尼亚州立大学橄榄球助理教练杰瑞·桑达斯基(Jerry Sandusky)被定罪,都显现出了儿童性虐待问题。儿童性虐待的发生比许多人猜想的还要普遍得多。

最近一项对现有研究的综述显示,有近8%的成年男性和近20%的成年女性报告说,他们在18岁之前受到过某种形式的性虐待(Pereda et al.,2009)。另一项最新的估计值显示,儿童期受到性虐待的频率甚至更高——在女孩中占30%,男孩中占15%(Irish,Kobayashi,& Delahanty,2010)。典型的施虐者不是隐藏在阴影中的陌生人,而是孩子的亲戚或继亲,家人的朋友或邻居——这些持有并滥用孩子的信任的人(Beauregard,Proulx,& LeClerc,2014;LeClerc et al.,2014)。

无论造成性虐待的人是家庭成员、熟人还是陌生人,它都会造成巨大的心理伤害。受到虐待的儿童可能会患上一系列心理问题,包括愤怒、焦虑、抑郁、进食障碍、不适当的性行为、攻击行为、药物滥用、自杀未遂、创伤后应激障碍、低自尊、性功能障碍和脱离感(e.g. Castellini,Maggi,& Ricca,2014)。在儿童期遭受性虐待的成年人有更高的风险患上心理障碍、身体健康问题,以及记忆力和认知功能方面的问题(Gould et al., 2012; Irish, Kobayashi,& Delahanty, 2010)。一项英国的研究表明,儿童期被性虐待的人在成年后出现自杀行为(威胁说要自杀或自杀未遂)的可能性比一般人要高出6到10倍(Bebbingtong et al., 2009)。

我们还应该注意到,性虐待对儿童的心理影响是多变的,没有一种单一模式适用于所有情况(Whitelock, Lamb,& Rentfrow, 2013)。性虐待也可能会导致生殖器损伤和心理障碍,如胃痛和头痛。

年幼的孩子有时会发脾气,或者表现出攻击性行为或反社会行为。年龄大一点的孩子则经常出现物质滥用问题。有些孩子会变得很孤僻,沉迷于幻想或者拒绝离开家。受到虐待的孩子也可能表现出退行性行为,如吮吸拇指、害怕黑暗和陌生人。很多童年时期受到性虐待的幸存者患上了创伤后应激障碍。他们会遭受病理重现、噩梦、情绪麻木,以及感觉与他人疏离(Herrera & McCloskey, 2003)。

受虐儿童的性发展可能会转向功能失调的方向。例如,受虐儿童可能在青春期或成年期过早地发生性行为或者滥交(Herrera & McClosey, 2003)。遭受过性虐待的女孩比同龄人更容易发生性行为。

童年期性虐待产生的影响对男孩和女孩来说趋于相似(Maikovich-Fong & Jaffee, 2010),例如,他们都会变得恐惧和难以入睡。然而,一些研究人员报告说,在受虐的影响中存在着性别差异,其中最明显的差异是,男孩会更多地通过身体攻击来使他们的问题外部化。女孩则更常将自己的困难内化——例如,变得抑郁(Edwards et al., 2003)。

心理问题可能会以创伤后应激障碍、焦虑、抑郁、物质滥用和人际关系问题的形式持续到青春期和成年期。青春期晚期和成年早期对于儿童性虐待的幸存者来说是尤其困难的时期,因为未解决的愤怒、罪恶感和深深的不信任感会阻碍亲密关系的发展。有证据表明,与没有受到虐待的女性相比,那些将被虐待归咎于自身的女性会有更低的自尊心和更高程度的抑郁(Edwards et al., 2003)。童年期的性虐待也与其后来边缘型人格障碍的发展有关,这是我们在第12章中讨论的一种障碍。

性受虐癖 性受虐癖(sexual masochism)源自奥地利小说家利奥波德·范·萨克·马索克(Ritter Leopold von Sacher Masoch, 1835-1895),他写了一些故事和小说,讲述了男人通过对自己施加痛苦(被殴打或鞭打)的形式,来从女人身上寻求性满足。性受虐癖包括了强烈的性冲动、性幻想,或一个人在被羞辱、束缚、鞭打或被其他方式折磨时而被性唤起的行为。在性受虐障碍的情况下,这些冲动要么作用于个人痛苦,要么引起严重的个人痛苦。在某些性受虐癖的案例中,个体在没有痛苦或羞辱的情况下无法获得性满足。性受虐癖是女性中常见的一种性欲倒错形式,而在男性中则更为常见(Logan,2008)。

在某些情况下,性受虐癖还包括了在自慰或性幻想过程中将自己捆住或自残。在其他情况下,伴侣会参与进来,限制(束缚)住这个人,蒙住其眼睛(感觉束缚),划桨,或者鞭打这个人。有些伴侣是妓女,另一些是自愿的伴侣,他们要求扮演虐待狂的角色。在某些情况下,出于性满足的目的,这个人可能会想要被小便或被排便,或者是遭受口头的虐待。[判断正误]

性受虐最危险的一种表现形式是性窒息(hypoxyphilia),即参与者因缺氧而被性唤起——例如,在性行为(如自慰)过程中使用套索、塑料袋、化学物质或对胸部施加压力。缺氧通常伴随着对窒息或是被爱人窒息的幻想。这样做的人通常在失去知觉之前就会停止活动,但据报道,偶尔会有人因此而窒息身亡。

性施虐癖 性施虐癖(Sexual sadism)是以臭名昭著的萨德(de Sade)侯爵命名的,这位18世纪的法国人曾写过关于通过对他人施加痛苦或羞辱来获得性快感的故事。性施虐癖是性受虐癖的另一面。它的特点是反复的、强烈的性冲动、性幻想,或一个人通过对另一个人造成肉体或心理上的痛苦或羞辱而产生性冲动的行为。

有性虐待幻想的人有时会招募自愿的伴侣,她们可能是有受虐倾向的恋人、妻子,或者是被雇来扮演受虐角色的妓女。然而,有些性施虐癖——一小部分人——会跟踪毫不知情的受害者,并通过对她们造成痛苦或折磨而激起自己的性欲(Yates,Hucher,& Kingston,2008)。性施虐癖的强奸犯就属于这个群体。实验室证据也表明,性施虐癖倾向于在性环境中被暴力或伤害的场景所激起生殖器唤起(Seto et al.,2012)。但是,我们需要注意到,大多数强奸犯不会因为对受害者造成痛苦而被性唤起;许多人甚至在看到受害者的痛苦时就失去了性兴趣。

许多人偶尔会有虐待狂或受虐狂的幻想,或者与伴侣进行模拟或轻度形式的**施虐受虐癖**(sadomasochism)的性游戏。施虐受虐癖指的是一种相互满足的性行为,既包括虐待狂也包括受虐狂行为。可以采取用羽

判断正误
有些人除非经历痛苦和羞辱,否则不能产生性唤起。
☐ 正确 *这些人有一种被称为性虐癖的性欲倒错。*

角色扮演还是背叛? 施虐受虐是一种性角色扮演的形式–在双方同意的伴侣之间扮演角色。这种行为何时会越界变为一种背叛?

毛刷"黏住"自己伴侣的刺激形式，这样就不会产生实际的疼痛。这种和其他类型，如爱痕、揪头发，以及在相互同意的关系中的轻微抓痕，是属于人类性行为的正常范围(Laws & O'Donohue, 2012)。有些会上演诸如"主人和奴隶"游戏之类的仪式，就好像戏剧中的场景一样。性施虐与性受虐癖经常转变角色。除非这些性行为性冲动或性幻想导致了个体的痛苦，或对个体在社会、职业或其他角色中发挥作用的能力造成负面影响，或有对他人造成伤害的风险或是实际造成了伤害，否则对性受虐癖或性施虐癖的临床诊断是不成立的。

要了解更多关于性施虐和性受虐的知识，以及什么时候能将他们视为一种障碍(无论是造成心理上的还是生理上的痛苦)，请观看视频"乔斯林：探索施虐狂和受虐狂"。

观看　乔斯林：探索施虐狂和受虐狂

其他性欲倒错　还有很多其他的性欲倒错。这些性欲倒错包括打猥亵电话(电话秽语癖)、恋尸癖(与尸体接触时会有性冲动或性幻想)、部分体变(只对身体的一部分产生性兴趣，如乳房)、恋兽癖(与动物接触时会有性冲动或性幻想)，以及与排泄物有关的性唤起(嗜粪癖)、灌肠癖(灌肠控)和嗜尿癖(恋尿癖)。

我们会在"数字时代的异常心理学：虚拟性爱成瘾———一种新的心理障碍？"中讨论现代新的心理障碍是什么。

理论观点

10.8　描述性欲倒错的理论观点

像许多其他的心理障碍一样，了解性欲倒错原因的方法强调了心理和生理因素。

心理学观点　心理动力学理论认为，许多性欲倒错的人都是在性心理发育的生殖器阶段对残余的阉割焦虑的防御(见第2章)(Friedman & Downey, 2008)。在弗洛伊德理论中，男孩会对他的母亲产生性欲，并将其父亲视为对手。阉割焦虑———一种无意识的恐惧，即害怕父亲会除去与自慰获得性快感相关的器官而进行报复——促使男孩放弃与母亲乱伦的渴望,并与侵犯者——父亲,产生认同。然而,如果不能成功解决这一冲突,可能会导致个体在成年后有的残余阉割焦虑。即无意识认为,在与成年女性性交过程中"阴茎的消失"同阉割的风险相等。在无意识层面,残余阉割焦虑促使男性将性唤起转移到"更安全"的性行为上,比如与女性的内衣发生性接触,偷偷地看别人脱衣服,或者与自己可以轻易控制的孩子发生性行为。在暴露自己生殖器的时候,露阴癖者可能会无意识地寻求自己的阴茎是否安全的保证,就好像他在宣布,"看!我有一个阴茎!"关于性欲倒错起源的心理动力学观点仍然存在猜测性和争议性。我们没有任何证据能表明,有性欲倒错的男性会因未解决的阉割焦虑而残疾。

数字时代的异常心理学
虚拟性爱成瘾——一种新的心理障碍?

"我如何与现在在我们床上的他脑袋里的数百名匿名者竞争呢?我们的床上挤满了数不清的不认识的人,而在这里我们曾亲密无间。"

——一位与部长结婚14年的34岁的女性

"色情网站每个月的访问量比网飞(Netflix)、亚马逊(Amazon)和推特(Twitter)加起来的量还要多。"

——《赫芬顿邮报》

"网上的性爱就像海洛因。它抓住了[人们],并接管了他们的生活。这很难治疗,因为受到影响的人不想放弃。"

——Mark Schwartz,玛斯特和约翰逊研究所

近年来,互联网的使用呈爆炸式增长,虚拟性爱是导致这一增长的主要因素。虚拟性爱包括上网浏览色情网站、与网络聊天室的人进行在线性行为,以及与在线宣传其服务的人进行现实生活中的性接触行为。很多人,大部分是男性,每周要花几十个小时浏览互联网色情内容(Cooper et al., 2004; Daneback, Ross, & Månsson, 2006)。有亲密恋爱关系的人细读网络色情作品时可能不会觉得他们在做的事是欺骗或者不忠的(Jones & Hertlein, 2012)。

对于某些人来说,虚拟性爱的吸引力可能是一种相对无害的娱乐追求。然而,专家们担心,对于其他人来说,轻易获得虚拟性爱正引发了一种新型的心理障碍,即虚拟性爱成瘾(Green, Carnes, & Carnes, 2012)。据估计,有6%的互联网成人用户在其网络行为中表现出性强迫的迹象,如当他们有一段时间不使用互联网时就会出现戒断症状(J.M.Bailey, 2003b)。沉迷于虚拟性爱的人可能

虚拟性爱成瘾 非常容易获得虚拟性爱可能会导致一种新的心理障碍，叫作虚拟性爱成瘾。许多强迫性的在线色情内容的用户否认自己有问题，即使他们的行为会严重扰乱他们的工作和家庭生活。

会在对真实伴侣产生性欲方面有问题，因为他们认为伴侣的吸引力不如色情演员（Griffiths，2012）。

有虚拟性爱强迫症的人可以被比作吸毒者，他们利用网络来获得满足感，就像吸毒者使用一种选择的药物来获得满足一样（Ayres & Haddock，2009；Schneider，2005）。心理学家阿尔·库珀（Al Cooper）和他的同僚们（Cooper, Delmonico, & Burg, 2000）对9265名承认自己上网是为了性爱的男性和女性进行了调查，他们得出的结论是，网络是"性爱强迫症的可卡因"，至少有1%的受访者严重沉迷于虚拟性爱。虽然有一些研究发现，沉迷于虚拟性爱的男性在现实生活中有充足的性机会，但其他研究则发现，他们其实比其他男性更孤独（Yoder, Virden, & Amin, 2005）。

医生珍妮弗·施耐德（Jennifer Schneider, 2003, 2004）对94个受虚拟性爱成瘾影响的家庭成员进行了一项调查，发现即使是在拥有良好关系和大量性机会的人群中，也会出现这种情况。"虚拟性爱太诱人了，而且它很容易被人偶然间发现，易受影响的人在意识到这一点之前就上瘾了。"（Brody, 2000, p.97）

施耐德认为，虚拟性爱成瘾是一种真正的成瘾现象，其特征是"失去控制，尽管有明显的不良后果，仍然将行为继续下去，并且专注于或者迷恋于获得追求行为的药物"（Schneider, 2005, p.76）。虽然行为上瘾不包括服用药物，但它们可能会引起大脑的变化，比如释放内啡肽——大脑中的一种化学物质，其作用类似于麻醉剂吗啡——从而维持这种行为。

性唤起和性高潮也强化了虚拟性爱成瘾行为。正如研究者马克·施瓦茨（Mark Schwartz）所指出的："通过几次敲击键盘就能获得虚拟高潮，这是一种强有力的强化。虚拟性爱提供了一种轻松、廉价的途径，可以让你与自己理想的伴侣进行无数次仪式化的接触。"（Brody, 2000, p.F7）

和其他成瘾行为一样，对虚拟性爱的耐受性也会增强。并促使个体承担越来越大的风险，以重新获得最初的快感。最初作为一种无害娱乐活动的在线观看可能会变得非常耗费精力，甚至会导致真正的强迫行为，有时会忽略他们的伴侣和孩子，并冒着失去工作的危险。许多公司会监控员工的在线活动，而访问性网站则可能会让员工失去工作。施耐德还报告了其他的负面影响，包括关系破裂。伴侣们也经常报告说，感觉自己被背叛、被忽视了，无法与网络幻想竞争。

一位结婚14年的34岁的女性想知道，她要怎么才能与她丈夫从脑海里带上床的所有匿名女性竞争。她觉得她的床，曾经是她和丈夫亲密的地方，而现在却挤满了这些不知名的陌生人（Brody, 2000）。

虚拟性爱成瘾还没有被确认为官方诊断类别，我们也不能明确地确定，个体对网络性材料的使用到什么程度是娱乐性的,到什么程度是强迫性的。然而,虚拟性爱强迫的问题仍在继续增加,特别是随着宽带的普及,它能让露骨的视频编程传输到世界各地的电脑屏幕上去。

最近,理论家们推测,性受虐癖之类的性欲倒错行为可能是对平凡自我的逃避(Knoll & Hazewood,2009)。专注于当下的痛苦和快乐的感觉以及作为性对象的体验上,可能会暂缓保持成熟、负责任的自我意识的责任。

学习理论家从条件作用和观察学习的角度来解释性欲倒错。某些物体或活动无意中就与性唤起有关。例如,金赛研究所(Kinsey Institute)的研究员琼·赖尼施(June Reinisch,1990)推测,最早的性唤起反应(如勃起)可能与橡胶裤或尿布有关。一个人把这两者联系在一起,为发展橡胶恋物癖奠定了基础,或者一个男孩在自慰的时候瞥见了毛巾架上挂着母亲的长袜,于是他就发展了对长袜的恋物癖(Breslow,1989)。在物体存在的情况下,性高潮加强了两者之间的联系,尤其是当这个物体反复出现的时候。然而,如果恋物癖是通过机械联想而习得的,我们可能会认为那些有恋物癖的人会不注意地、反复地将刺激物与性活动联系起来,如床单、针头,甚至是天花板。但他们不是这样的。刺激物的意义在其中起着主要作用。恋物癖的发展可能依赖于将某些类型的刺激(如女性内衣)与性幻想、自慰仪式结合在一起。

家庭关系也可能发挥了作用。一些有异装癖的男性报告说,他们在童年时曾有过"衬裙惩罚",也就是说,他们因为穿着女孩的服装而蒙羞。也许成年了的异装癖男性在心理上试图通过勃起和性行为将羞辱转化为掌控感,尽管他们穿着女性服装。

生物学观点 研究人员正在调查生物学因素在性欲倒错行为中的可能作用。研究人员发现,有证据表明,患有性欲倒错的男性的性欲高于平均水平,他们性幻想和性冲动的频率更高,以及他们在自慰达到高潮后的不应期也会更短,例如,重新性唤起所需的时间长度(Haake et al.,2003;Jordan et al.,2011)。一些专业人士认为,性欲增强可能适用于某些性欲倒错的病例,这种情况被称为性欲亢奋唤起障碍——与性欲减退障碍正好相反。在这种情况下,一个人可能一再难以控制做出非法的或适应不良行为的冲动,比如频繁地嫖妓、在公共场所自慰或不受控制地使用色情图片(Levine,2012)。

其他研究人员还发现,在对性欲倒错(恋物癖和施虐受虐癖)图像与控制组(裸体女性、生殖器性交、口交)图像的反应上,有性欲倒错的男性与控制组男性的脑电波模式存在差异(Waismann et al.,2003)。这些差异的含义尚不清楚,但有可能是,在患有性欲倒错的男性大脑对不同类型的性刺激的反应不同于其他男性。最近,研究人员发现,他们可以通过检查看到裸体儿童和裸体女性图像大脑反应,将有恋童癖的男性和(没有恋童癖的)健康男性区分开来,且准确率接近100%(Ponseti et al., 2012)。尽管还需要进一步的研究,但可以想象的是,涉及性唤起的大脑网络紊乱可能会增加一般人群对恋童癖的易感性,也有可能增加童年有创伤或有虐待史的男性对恋童癖的易感性。

随着时间的推移,我们可以期待能更多地了解性欲倒错行为的生物学基础。和其他性模式一样,性欲倒错可能有多种生物、心理和社会根源。因此,我们对它们的理解是否可以从一个包含多种视角的理论框架中得到最好的体现呢?例如,性研究者约翰·莫尼(John Money,2000)就将恋童癖的起源追溯到了童年期。他认为,童年的经历在大脑中蚀刻了一种模式,他称之为"爱情地图"。"爱情地图"决定了引起性唤起的刺激和活动类型(Goldie,2014)。在性欲倒错中,"爱情地图"可能会因为早期的创伤经历而被扭曲或"毁坏"。确实有证据显示,在许多情况下,童年早期的情感创伤或性创伤与后来的性欲倒错形成有关(Barbaree & Blanchard,2008)。研究员格雷戈里·莱恩(Gregory Lehne)指出,"一个遭受性虐待的男孩可能会形成包括与男孩发生性行为的性欲倒错幻想……小时候穿异性服装作为惩罚或感到尴尬,可能会导致一些男孩对这种经历产生性欲,这就是后来我们所说的异装癖"(2009,p.15)。

性欲倒错障碍的治疗

10.9 明确治疗性欲倒错的方法

治疗性欲倒错障碍的一个主要问题是,许多表现出这些行为的人通常没有动力去改变。他们可能不想改变自己的行为,除非他们认为治疗将减轻对他们的严重惩罚,如监禁或失去家庭生活。因此,他们通常不会自己寻求治疗。他们一般在被判犯有性侵犯罪(如露阴癖、窥阴癖或猥亵儿童),或者被法庭转介给治疗机构后,才会在监狱里接受治疗。在这种情况下,性犯罪者抗拒治疗就不足为奇了。治疗师认识到,当患者缺乏改变行为的动力时,治疗有可能是徒劳的。尽管如此,某些形式的治疗,主要是认知行为疗法,就可能对那些试图改变自己行为的性犯罪者有所帮助(Abracen & Looman,2004)。

精神分析 精神分析学家试图将童年期的性冲突(通常是俄狄浦

斯情结)带入意识中,以便根据个体的成人性格来解决问题(Laws & Marshall,2003)。文献中不时会出现个案研究的良好结果,但仍缺乏可控的研究来支持精神动力学疗法对性欲倒错的疗效。

认知行为疗法 传统精神分析涉及一个漫长的对童年期问题根源的探索过程。认知行为疗法则更简洁,且直接关注改变问题行为。认知行为疗法包括许多特殊技术,如厌恶条件作用、内隐致敏和社交技能训练,以帮助消除性欲倒错行为和加强适当的性行为(Kaplan & Krueger, 2012; Marshall & Marshall, 2015)。在很多情况下,会使用多种方法的组合。

厌恶条件反射(也称厌恶疗法)的目的是诱导个体对不可接受的刺激或幻想产生负面的情绪反应。应用条件反射模型,将包括儿童在内的性刺激反复地与令人厌恶的刺激(例如,难闻的气味,如氨气)配对,希望个体会对这种性欲倒错的刺激产生条件性厌恶(Seto, 2008)。厌恶条件反射可以减少对将儿童作为刺激物的性唤起,但这些影响能持续多久仍然是个问题(Marshall & Marshall, 2015; Seto, 2008)。

内隐致敏是厌恶疗法的一种变体,在这种疗法中,性欲倒错幻想会与想象中的厌恶刺激相结合。在一项具有里程碑意义的研究中,有恋童癖的男性和有露阴癖的男性首先被要求幻想恋童癖场景或露阴癖场景(Maletzky, 1980)。然后:

> 达到某个点之后……当性快感被唤起时,就呈现令人厌恶的画面……示例可能包括:一个恋童癖者在吮吸孩子的阴茎,但发现男孩的阴茎上有一个溃烂的疮;一个有露阴癖的人正将自己暴露于一位女性面前,但突然被他的妻子或警察发现;或者一个恋童癖者让一个男孩躺在田地里,但发现躺在他旁边的只有一堆狗屎(Maletzky, 1980, p.308)。

在对接受过类似治疗的7275名性犯罪者进行的为期25年的追踪研究中,研究者(Maletzky & Steinhauser, 2002)发现,许多露阴癖者的情况得到了改善,但是恋童癖者改得却很少。不过,在这段时间过去之后,只能联系到50%的原始参与者。

社交技能训练可以帮助一个人提高自己与成年伴侣发展和维持关系的能力。治疗师可能会首先建模一个期望的行为，比如约一位女性出去约会或者处理拒绝的情况。然后患者可能会排练这种行为，由治疗师来扮演这位女性的角色。治疗师会提供反馈和额外的指导和建模，以帮助患者进一步提高其社交技能。

虽然对于虚拟性爱成瘾或其他形式的性成瘾治疗的有效性研究受限于缺乏对照研究（Rosenberg, Carnes, & O'Connor, 2015），但从个别病例的心理学和药理学治疗方面是有一些有希望的结果的（Dhuffar & Griffiths, 2015）。

生物医学疗法 对于性欲倒错，没有什么灵丹妙药或其他药物可以治愈它。然而，据报道，在使用百忧解等5-羟色胺再摄取抑制剂治疗露阴癖、窥阴癖和恋物癖方面取得了一些进展（Assumpcao et al., 2014; Thibaut, 2012）。为什么用5-羟色胺再摄取抑制剂？我们在第5章中提到了，5-羟色胺再摄取抑制剂类药物常常有助于治疗强迫症，一种以反复的强迫观念和强迫行为为特征的心理障碍。性欲倒错似乎反映了这些行为，这表明它们可能属于强迫性谱系行为的范畴。患有性欲倒错的人通常会对性欲倒错的物体或刺激产生强迫性的想法或图像，比如对幼儿出现侵入性的、反复的心理图像。许多人还觉得被迫反复实行性欲倒错行为。

表10.3　性欲倒错的概述

性欲倒错的主要类型：性满足的非典型或异常模式；除了受虐症之外，这些疾病几乎只发生在男性身上	
露阴癖	在公共场所暴露自己的生殖器而获得性满足
窥阴癖	通过观察那些毫无戒心的人的裸体、脱衣服或被性唤起而获得性满足
性受虐癖	性满足与接受羞辱或痛苦有关
恋物癖	对无生命物体或特定身体部位的性吸引
摩擦癖	性满足与毫不知情的陌生人发生碰撞或摩擦有关
性施虐癖	性满足与对他人施加羞辱或痛苦有关
异装癖	性满足与穿异性服装有关
恋童癖	对孩子实施性诱

抗雄激素药物可以降低血液中睾酮的水平。睾酮能激发性冲动，所以使用抗雄激素可能会减少性冲动和性欲，包括性侵犯和相关的幻想在

内,特别是当它们与心理治疗结合使用时(Assumpcao et al.,2014;Fisher & Maggi,2014;Kellar & Hignite,2014)。然而,抗雄激素并不能完全消除性欲倒错的冲动,也不能改变能够吸引患者的性刺激的类型。

在继续之前,你可能需要浏览一下表10.3和表10.4,其中表10.3提供了关于性欲倒错的概述,而表10.4提供了关于它的病因和治疗方法的概述。

表10.4 性欲倒错的概述:病因和治疗方法

病因:可能涉及多种原因	
学习观点	由于先前与性活动进行配对,非典型性刺激成为性唤起的条件性刺激
	非典型性刺激可能通过融入性幻想和自慰幻想中而变得情欲化
心理动力学观点	童年时期未解决的阉割焦虑导致性唤起被转移到更安全的物体或活动上
多因素观点	童年时期的性虐待或身体虐待可能会破坏正常的唤起模式
治疗方法:结果仍然是有问题的	
生物医药学疗法	帮助个体控制不正常的性冲动或减少性冲动的药物
认知行为疗法	包括厌恶条件作用(将不正常的刺激与厌恶刺激配对),内隐致敏(将不良行为与想象中的厌恶刺激配对),以及非厌恶性方法,如帮助个体获得更多适应性行为的社交技能训练

深入思考

强奸犯是否有精神疾病?

在美国,**强奸**的发生率高得惊人。根据美国司法部的统计,2014年,美国报告了284350起强奸案,这是可获得的最新数据(Truman & Langton,2015)。然而,这些统计数据大大低估了强奸的实际发生率,因为绝大多数的强奸案都没有向当局报告或起诉。很多女性不报告强奸,是因为她们害怕受到刑事司法系统的羞辱。还有一些女性害怕遭到家人或强奸犯本人的报复。许多女性错误地认为,强迫性行为只有在强奸犯是陌生人或使用武器时才算是强奸。

根据美国疾病预防和控制中心的数据,19.3%的女性和1.7%的男性报告他们曾经遭到强奸(Breiding et al.,2014)。虽然所有年龄的女性都有被强奸的危险,但三分之二的强奸涉及年龄在11岁至24岁之间的年轻女性,以及约有80%强奸涉及年龄在25岁以下的女孩和年轻女性(CDC,2011a)。

根据美国司法部的统计,约六分之五(83%)的强奸是熟人强奸——受害者认识的人实施的强奸(Truman & Langton,2015)。强奸幸存者可能不会将熟人的性侵视为强奸。即使向警方报案了,也可能被视为"误会"或"恋人吵架",而非暴力犯罪。在一项针对性侵的大规模的全国大学调查中,只有大约四分之一遭受性侵的女性认为自己是强奸的受害者(Koss & Kilpatrick,2001;Rozee & Koss,2001)。这一点值得重申:只有大约四分之一的女大学生将自己遭受性侵时发生的事贴上"强奸"的标签。

判断正误

相比于熟人,女大学生更易被陌生人强奸。

□错误　根据一项大规模的大学调查,大多数的女大学生都是被认识的男性强奸的。

图10.2显示了强奸犯和受害者的关系模式,这是基于同样大规模的针对女大学生的美国一项全国性调查得出的。绝大多数的女大学生被强奸都是由她们认识的男性实施的,包括约会对象、不是恋人的熟人以及家庭成员。在大学样本中,近90%的强奸案里的女性都认识袭击者。在美国,任意一年里都约有3%的女大学生遭受强奸或强奸未遂(Fisher et al.,2003)。[判断正误]

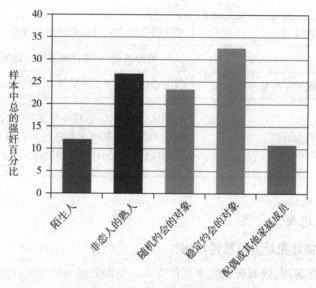

图10.2　陌生人强奸和熟人强奸的相对百分比

一位叫安的年轻女性讲述了她在大学聚会上被一位男性强奸的经历。

"我""我从没想过这种事会发生在我身上"

我第一次见到他是在一个聚会上。他长得真的很帅,而且笑起来很灿烂。我想去见他,但不知道要怎么做。我不想显得太着急。然后他就过来了,并作了自我介绍。我们聊了聊,发现彼此有很多共同之处。我真的很喜欢他。当他请我去他家喝一杯时,我觉得应该没关系的。他是个很好的倾听者,而且我也想让他再约我出去。

> 当我们到了他的房间时，唯一能坐的地方就是床上。我不想让他误会，但我还能做些什么呢？我们谈了一会儿，然后他就采取行动了。我很震惊。他开始吻我。我真的很喜欢他，所以亲吻的感觉很好。接着他就把我推倒在床上。我试图站起来，并叫他停下。但他比我强壮很多。我害怕了，然后开始哭了起来。我僵住了，于是他强奸了我。
>
> 这只花了几分钟，而且非常可怕，他太粗暴了。事情结束后，他不停地问我怎么了，就好像他不知道似的。他只是强压在我身上，而且觉得这并没有什么。他开车送我回家，说他还想再见我。我很害怕以至于并不想再见到他。我从没想过这种事会发生在我身上。
>
> "安的案例"，来自作者的档案

和安一样，大学校园里有成千上万的女性被约会对象或熟人强奸。这里，我们来看一下吉米——那个强奸了安的男人——的描述。

> **"我""她为什么要有这么激烈的反抗？"**
>
> 我第一次见到她是在一个聚会上。她看起来很性感，穿着一件性感的连衣裙，并炫耀着她的好身材。我们立刻就开始交谈了。我知道她喜欢我，因为她说话的时候一直微笑着抚摸着我的胳膊。她看起来很放松，所以我邀请她去我家喝一杯……当她答应的时候，我就知道我会很幸运的！
>
> 在我们到了我家之后，我们坐在床上接吻。起初，一切都很好。然后，当我开始把她放倒在床上的时候，她开始扭动身体并说她不想这样。大多数女人都不想显得太随便，所以我知道她只是在装腔作势而已。当她停止挣扎时，我就知道在我们开始之前她必须要流些眼泪。
>
> 事后她还是很难过，我就是不明白！如果她不想跟我发生性关系，为什么要跟我一起回房间呢？你可以通过她的穿着方式来判断她不是处女，所以我不知道她为什么要有这么激烈的反抗。
>
> "吉米的案例"，来自作者的档案

从男性特权的角度来看，男性通常会将约会视为男人和女人之间的一场对抗性比赛，克服女人的抗拒是约会仪式的一部分。然而，强迫性侵犯不是一种游戏，也不是一种约会仪式，这是一种性暴力行为。在误解他人的暗示或意图的基础上也是不可原谅的。

强奸犯有精神疾病吗？在DSM系统中，强奸并未被归类为精神疾病，许多强奸犯也没有任何可诊断的精神疾病。尽管有些强奸犯确实在心理测验中表现出精神病理学的证据，尤其是反社会或心理病态的特征,但多数强奸犯却没有这些特征(Lalumiere et al.,2005)。诸如明尼苏达多项人格调查表(MMPI;见第3章)等心理测验,无法根据一组人格特质识别出任何特定的强奸犯特征(Gannon et al.,2008)。许多强奸犯在心理学仪器上的使用正常情况表明,年轻男性的社会化在创造性攻击气氛方面有着重要的作用。

虽然强奸不是一种精神障碍的症状,但它是暴力性行为的一种形式,它将其完全置于一个更广泛的异常行为的背景之下。此外,强奸幸存者通常会经历一系列的身心健康问题。许多强奸幸存者都因这段经历而受到心理创伤(e.g.,Bryant-Davis,2011;Senn et al.,2015)。她们可能会难以入睡,并经常哭泣。她们可能会报告自己有饮食问题、膀胱炎、头痛、易怒、情绪变化、焦虑和抑郁,以及月经不调。幸存者可能会变得孤僻、郁郁寡欢和多疑。被强奸的女性可能或多或少地都会责怪自己,这就导致了内疚和羞愧。情绪困扰往往在遭受袭击后大约三周内达到顶峰,并且在开始下降之前通常会持续一个月左右的时间(Duke et al.,2008;Littleton & Henderson,2009)。许多幸存者在之后的数十年里都会有遗留问题。一些幸存者还受到了身体上的伤害和性传播感染,甚至得了艾滋病。

判断正误

强奸犯患有精神病。
□错误 强奸是一种暴力犯罪,而不是精神障碍的症状。许多强奸犯并没有显示出精神病理学的证据。强奸是社会越轨行为的一种形式,强奸犯应该为他们的暴力行为承担法律责任。

[判断正误]

研究人员报告说,有10%到14%的已婚女性遭受到了婚内强奸(Martin,Taft,& Resick,2007)。思想传统的丈夫可能会认为,只要他想,他就有权随时和妻子发生性关系。他可能将性视为妻子的责任,即使她不愿意也是如此。然而,不管女性的婚姻状况如何,强奸就是强奸。受过良好教育且不太接受关于男女关系的传统刻板印象的男性,不太可能会实施婚内强奸(Basile,2002)。

人们普遍认为,男性不会成为强奸的受害者(Peterson et al.,2010)。尽管女性被强奸的可能性要大得多,但最近的估计显示,约有1%到3%的男性曾经成为强奸的受害者——被定义为口交或肛交(Rabin,2011)。大多数强奸男性的男性都是异性

误导性的线索? 许多约会强奸犯误解了社交信息,比如认为女性经常光顾单身酒吧或类似场所就表明了她们愿意发生性关系。

恋者。他们的动机通常包括统治和控制,复仇和报复,虐待狂和堕落,以及——当强奸是由团伙成员实施时——地位和从属的关系(Krahe, Waizenhofer, &Moller, 2003)。性动机通常很少或者不存在。与被强奸的女性一样,遭受强奸的男性幸存者通常会遭受严重的身心伤害(Peterson et al., 2010;Rabin, 2011)。

有些约会强奸犯会错误地认为,接受约会意味着愿意发生性关系。他们可能会认为,他们带出去吃饭的女人应该用性来付款。男性可能会觉得,经常光顾单身酒吧和类似场所的女性会自愿发生性关系。一些强奸犯认为,那些拒绝的女性只是想让自己看起来不那么"容易得到"。这些人将抵抗误解为"性之较量"中的一种策略。就像吉米在宿舍里强奸了安一样,他们可能会认为,当一个女人说"不"的时候,她的意思是肯定的,尤其是当一段性关系已经确立的时候。

社会态度和文化迷思也助长了强奸的高发(Davies, Gilston, & Rogers, 2012)。很多人都持有有关强奸的荒诞传言,比如"女人说'不'的时候,她们的意思其实是'肯定'的"。另一个荒诞传言是"女性在内心深处是想要被强奸的"。当然,当大众媒体把一位女性描述成先是抗拒一个男人的追求,然后又屈服于他那不可抗拒的阳刚之气时,这种信念就得到了助长。这些荒诞传言具有在公众眼中指责受害者以及将强奸合法化的效果。虽然女性和男性都相信一些强奸荒诞传言,但研究人员发现,男大学生比女大学生更有可能持有这种信念(Osman, 2003;Stewart, 2014)。即使是在上了旨在挑战这些观点的约会强奸教育课程之后,男性还是比女性更固执地相信这些约会荒诞传言(Maxwell & Scott, 2014)。以下这份问卷将帮助你评估自己是否认同"使强奸合法化"的信念。

强奸有很多动机基础。女权主义者认为,强奸是男性想要主宰和贬低女性的欲望的表达,是对女性建立无可置疑的力量和优越感的表达。其他理论家则认为,性动机在许多强奸中起着关键作用,尤其是熟人强奸、约会强奸和婚内强奸(Baumeister, Catanese, & Wallace, 2002;Bushman et al., 2013)。在这种情况下,动机可能主要是性方面的,但毫无疑问——任何形式的强迫性行为都是一种暴力行为。强奸通常发生在其他形式的暴力行为的背景之下(Gannon et al., 2008)。对一些强奸犯来说,暴力线索似乎会增强性唤起,因此他们会被激发将性与攻击性结合起来。一些在童年期受到虐待的强奸犯可能会羞辱女性,将其作为他们表达对女性的愤怒和权力,以及进行报复的方式。

或许,正如一些研究人员所主张的,我们的社会通过将男性社会化为在社会的和性方面占据主导地位的角色而滋生了强奸犯(Malamuth, Huppin, & Paul, 2005;Steinfeldt & Steinfeldt, 2012)。从童年时期开始,男性常因为好斗和竞争行为而得到强化。他们可能不惜一切代价去学习"得分",不管是在球场上还是在卧室里。这种社会化的影响也可能导致男性拒绝诸如温柔和同理心等,从而会抑制攻击性的"女性化"特质。再在这种混合物中加入酒精,则会进一步增加性侵犯的风险。强奸犯可能就像邻家男孩一样;而实际上,他可能就是邻家的男孩。鉴于许多实施过强奸的男性表面上都很正常,让我们最后提出两个问题来引发一些更深入的探讨:我们要教自己的儿子什么?我们怎样才能以不同的方式教他们?

问卷
强奸信念量表
把"正确"或"错误"圈起来,以表明你认为下列每个陈述是正确的或错误的。然后用本章末尾的计分键来解释你的回答

1.正确	错误	一个女人和一个男人在酒吧里喝酒只是为了发生性关系
2.正确	错误	当女人无法承认自己想要发生性关系时,她们就会觉得自己被强奸了
3.正确	错误	当一个女人以某种方式触摸一个男人时,她应该是同意这个男人对她做任何事
4.正确	错误	穿着诱惑的女人基本上只是"自讨苦吃"
5.正确	错误	大多数女人都可以阻止男人占她们的便宜,如果她们真的想这样做的话
6.正确	错误	当一个女人说"不"的时候,通常是因为她不希望男人认为她很容易被得到
7.正确	错误	女人可能很难承认,但她们是真的希望男人能够制服她们
8.正确	错误	约会强奸基本上是男人和女人之间沟通不畅而导致的问题
9.正确	错误	很多说自己不想发生性关系的女人对自己并不诚实
10.正确	错误	一个女人不会在约会结束后陪男人回到他的房间,除非她真的想发生性关系

总结

性别焦虑

性别焦虑的特征

10.1 描述性别焦虑的主要特征,并解释性别焦虑和同性恋的区别

患有性别焦虑的人会将其生物学性别视为持续的、强烈的痛苦根源。他们可能会寻求将自己的性器官改变为类似于另一性别的器官,通过激素治疗以及/或者手术来达到这一目的。

在性别焦虑中,一个人对男性或女性的心理感觉,与其严重的痛苦或不适有关的解剖性别之间是不匹配的。性取向与一个人的性吸引方向有关——被自己同性别或另一性别成员所吸引。与有性别焦虑的人不同,有男同性恋或女同性恋性取向的人具有与其生理性别一致的性别认同。

变性手术

10.2 评估变性手术的心理结果

有证据表明,手术对心理调节和高满意度有积极的影响。结果可能更有利于女性变男性。

跨性别认同的理论视角

10.3 描述跨性别认同的主要理论观点

尽管跨性别认同的成因仍不清楚,但心理动力学理论家们强调了更加亲近的母子关系以及父亲缺席或离开的作用,而学习理论家们关注的则是鼓励跨性别行为发展的社会化模式。生物学解释关注的是影响胎儿发育过程中性激素释放的遗传因素,这些因素涉及沿着男性路线还是女性路线塑造胎儿的大脑。在产前发育过程中起作用的生物因素,可能会产生一种与早期生活经验相互作用的倾向,从而导致跨性别认同的发展。

性功能障碍

性功能障碍的类型

10.4 定义性功能障碍,并明确性功能障碍的三种主要类型以及每个种类的具体障碍

性功能障碍是一种持续的或反复出现的模式,包括性欲缺乏、性唤起方面的问题以及/或达到性高潮方面的问题。性功能障碍可分为以下三大类:(1)涉及性欲低下、性唤起受损的障碍(女性性兴趣/性唤起障碍、男性性欲减退障碍、勃起障碍);(2)涉及性高潮反应受损的障碍(女性性高潮障碍、延迟射精、早泄);(3)涉及性疼痛的障碍(生殖器—骨盆疼痛/插入障碍)。

理论观点

10.5 描述引起性功能障碍的原因

性功能障碍可能源自生物因素(如疲劳、疾病、衰老的影响,或是酒精或其他药物的影响)、心理因素(如表现焦虑、缺乏性技巧、破坏性的认知或关系问题)和社会文化因素(如性限制型的文化学习)。

性功能障碍的治疗

10.6 描述治疗性功能障碍的方法

性疗法是一种认知-行为疗法,通过提高自我效能预期、教授性技巧、改善沟通、减少表现焦虑,来帮助人们克服性功能障碍。生物医学方法包括激素治疗,最常见的是使用药物促进血液流向生殖器区域(伟哥及其化学类似物)或延迟射精(选择性5-羟色胺再摄取抑制剂)。

性欲倒错障碍

性欲倒错的类型

10.7 定义性欲倒错并明确其主要类型

性欲倒错是指涉及对非典型刺激物[如非人类物体(例如,鞋子或衣服)、羞辱或者对自己或伴侣或孩子身上的疼痛经历]产生性唤起模式的一种性偏差。性欲倒错包括露阴癖、恋物癖、异装癖、窥阴癖、摩擦癖、恋童癖、性受虐癖和性施虐癖。尽管有些性欲倒错在本质上是无害的(比如恋物癖),但另一些性欲倒错,如恋童癖和对毫不知情的人进行性施虐,肯定会伤害受害者的。

理论观点

10.8 描述性欲倒错的理论观点

精神分析学家认为,许多性欲倒错是对阉割焦虑的防御措施。学习理论家把性欲倒错归因于早期学习经历,其中,不恰当的刺激与性唤起相配对了。也有可能还涉及生物因素,例如高于正常水平的性欲和毁坏的性唤起模式。

性欲倒错障碍的治疗

10.9 明确治疗性欲倒错的方法

治疗性欲倒错的方法包括精神分析疗法;认知行为疗法,包括厌恶条件作用、内隐致敏和社交技能训练;以及生物疗法,包括使用抗抑郁药物选择性血清素再摄取抑制剂和抗雄激素药物。

评判性思考题

根据你对这一章的阅读,回答下列问题:

- 跨性别认同与男同性恋或女同性恋性取向有什么区别?
- 你认为有露阴癖、窥阴癖以及与孩子发生性行为的人应该受到惩罚、治疗,还是两者兼而有之? 请解释一下。
- 你能想到一些你在自己生活中被表现焦虑所影响到的例子吗? 对此你做了什么?
- 如果你患有性功能障碍,你愿意去寻求帮助吗? 为什么或为什么不呢?

强奸信念量表的计分键

该量表包含了一系列关于强奸的常见荒诞传言。如果你对以上任何一项都回答了"正确",那么你可能应该运用你批判性的思维技巧来重新审视你的信念。例如,认为"女性真的想被男性制服"的想法是强奸犯用来为自己行为辩解的一种常见的合理化说法。除非另一个人自己表达出来,否则一个人怎么可能知道另一个人真正想要的是什么?强奸荒诞传言经常被用作解释不可接受的行为的自私理由。很明显,当有人在性情境中说"不"的时候,意思就是"不"。不是"可能",不是"也许",也不是几分钟后——就只是不。此外,同意某些形式的亲密接触,无论是接吻、爱抚还是口交,并不意味着同意生殖器性交或其他性活动。同意必须是直接表达出来的,不是假设的或想当然的。而且,一个人总能保留在任何时候说"不",或者对他或她愿意做的事设限的权利。

关键术语

1.性别认同	1.女性性高潮障碍	1.异装癖
2.性别焦虑	2.延迟射精	2.窥阴癖
3.跨性别认同	3.早泄	3.摩擦癖
4.性功能障碍	4.生殖器—骨盆疼痛/插入障碍	4.恋童癖
5.男性性欲减退障碍	5.阴道痉挛	5.性受虐癖
6.女性性兴趣/性唤起障碍	6.性欲倒错	6.性窒息
7.勃起障碍	7.露阴癖	7.性施虐癖
	8.恋物癖	8.性施虐受虐癖
		9.强奸

第11章 精神分裂症谱系障碍

学习目标

11.1 描述精神分裂症的发展过程。
11.2 描述精神分裂症的主要特征和患病率。
11.3 描述精神分裂症的心理动力学、学习理论、生物学以及家庭观点。
11.4 明确和评估精神分裂症的治疗方法。
11.5 描述短暂性精神障碍的主要特征。
11.6 描述类精神分裂症的主要特征。
11.7 描述妄想障碍的主要特征。
11.8 描述分裂情感性障碍的主要特征。

判断正误

正确 □ 错误 □	幻视("看见东西")是精神分裂症患者最常见的幻觉类型。
正确 □ 错误 □	尽管对指令性幻觉有担忧,但精神分裂症患者的大多数幻听都被认为是友善的和支持性的声音。
正确 □ 错误 □	人们在晚上产生幻觉是正常的。
正确 □ 错误 □	如果你的父母都患有精神分裂症,那么几乎可以肯定你自己也会患上精神分裂症。
正确 □ 错误 □	如果你是被患有精神分裂症的父母领养的,那么你患精神分裂症的概率和其亲生孩子差不多。
正确 □ 错误 □	科学家们认为某个特定基因的缺陷会导致精神分裂症,但他们还不能识别出这个缺陷基因。
正确 □ 错误 □	尽管我们普遍认为精神分裂症是一种脑部疾病,但仍然缺乏精神分裂症患者大脑功能异常的证据。
正确 □ 错误 □	我们现在拥有的药物不仅可以治疗精神分裂症,而且在很多情况下还可以治愈精神分裂症。
正确 □ 错误 □	有些人会有自己正被某个名人爱着的妄想。

观看 章节引言:精神分裂症谱系障碍

精神分裂症通常发展于青春期晚期或成年早期,此时正是年轻人从家庭走向外部世界的时候(Dobbs,2010;Tandon,Nasrallah,& Keshavan,2009)。对于一个叫萝莉·席勒(Lori Schiller)的年轻女性来说,她在去年夏天的夏令营中出现了第一次精神病发作,或称作与现实割裂("第一次割裂")。

> **"我""我听见了一些你听不到的东西"**
>
> 那是1976年8月一个炎热的夜晚,我17岁那年的夏天,当时,不请自来、不经宣布的这些声音就占据了我的生活。
>
> 我快要进入高三了,所以这是我参加夏令营的最后一年。大学,工作,成年,责任——它们即将到来。但就目前而言,我除了过好一个有趣的夏天之外,还没有准备做别的任何事情。我当然也没有准备好让生活永远改变……
>
> "你必须死!"其他声音也加入进来,"你必须死!你会死的!"
>
> 起初我不知道自己在哪里。我是在湖边吗?我睡着了吗?我是醒着的吗?然后我又回到了当下。我一个人在营地里。我的夏日时光早已远去,已经过去两年了。那个很久以前的场景在我的脑海中出现,独自上演着。但当我意识到我还在自己的床铺上,醒着的时候——我的室友还在平静地睡觉——我知道我必须要跑了。我必须要摆脱这些可怕的、邪恶的声音……
>
> 从那时起,我就无法完全摆脱这些声音了。那个夏天刚开始时,我感觉很好,自认为是一个快乐、健康的女孩,有着正常的头脑和心灵。夏天结束的时候,我病了,我不知道自己身上发生了什么,也不知道为什么发生。随着那种声音逐渐演变成一种全面的疾病,我后来才知道那叫精神分裂症,它夺走了我的安宁,夺走了我的自控力,它甚至几乎夺走了我全部的生活。
>
> 这一路上我失去了很多东西:我本可能会追求的事业,我本可能会结婚的丈夫,以及我本可能会拥有的孩子。在朋友们结婚、生孩子、搬进我曾经梦想居住的房子里的那些年,我一直躲在被锁起来的门后面,与那些占据了我生活的声音抗争,而那些声音甚至没有经过我的允许就闯入了我的生活。
>
> 来源:来自Schiller & Bennett, 1994.

精神分裂症也许是最令人困惑以及可致残的心理障碍了。这是最符合大众对疯狂或精神错乱的概念的状况。尽管研究人员正在探索精神分裂症的心理和生理基础,但这种疾病在很大程度上仍然是一个谜。在本章中,我们将思考对精神分裂症的了解以及仍然需要学习的内容。精神分裂症并不是唯一一种与现实割裂的精神疾病:在这一章中,我们还思考了其他精神障碍,包括短暂性精神障碍、类精神分裂症、分裂情感性障碍以及妄想障碍。这些疾病以及精神分裂症,与一种叫作精神分裂型人格障碍一起,在DSM-5中被归为一系列精神分裂症相关疾病,称作"精神分裂症谱系和其他精神障碍"。这些障碍——除了分裂型人格障碍,这将在第12章中讨论——是我们本章研究的重点,我们先从精神分裂症开始。

精神分裂症

精神分裂症(schizophrenia)是一种慢性的、使人衰弱的疾病，涉及受影响者生活的方方面面。精神分裂症患者会与社会日益脱节。他们无法在学生、工作者或配偶的角色中发挥预期的作用，而他们的家人和社区也越来越难以容忍他们的变态行为。

精神分裂症的发展过程

11.1 描述精神分裂症的发展过程

我们已经注意到了，精神分裂症通常发生在青春期晚期或成年早期。在某些情况下，这种疾病的发作是急性的，就像萝莉·席勒的情况一样。它会在几个星期或几个月内突然发生。个体可能已经很好地适应了，并且几乎没有表现出行为障碍的迹象。然后，人格和行为迅速转变，并导致急性精神病发作。

在大多数情况下，功能会缓慢地、逐渐地衰退，与伊恩·乔维尔(Ian Chovil)一样。伊恩是一个从17岁开始就患有精神分裂症的年轻男性，他分享了自己的故事，并希望下一代受到这种使人衰弱的疾病影响的人们可以免受他所经历的一些痛苦。

发展历程　精神分裂症通常发生在青春期晚期或成年早期，这是一个年轻人开始走向世界的时期。

"我""我和我，跳舞的傻瓜，以决斗来挑战世界"

"阴险(insidious)"是描述我所经历的精神分裂症发作一个恰当的词汇。我渐渐失去了我所有的人际关系，首先是我的女朋友，然后是我的直系亲属，接着是我的朋友和同事。我经历了很多情绪上的波动和社交焦虑。后来我就从加拿大安大略省彼得伯勒的特伦特大学毕业了，但去年我几乎每天都在吸大麻。我很有创造力，却发现要真正读懂什么东西是越来越难了。我的职业抱负是成为一名拉斯特法里教社会生物学家。在第一段恋情结束后，我已经无法维持长期的恋爱关系了。在哈利法克斯的研究生院时，我住院了几个星期，我觉得精神崩溃了。尽管医生给我开了氯丙嗪和三氟拉嗪(两种抗精神病药物)，但没有人向我和我的父亲(一个家庭医生)提及精神分裂症。我试图完成还剩一年的学业，但因为有些课程没有完成，我被研究生院开除了。

不到两年，我就成为了卡尔加里(译注：加拿大西南部城市)无家可归者中的一员，睡在城市公园或单身男子公寓，因为不能经常吃东西而感到饥饿。有一位二战的英雄想要伤害我，因为我发现了这场战争是由1918年的流感引起的。我所到之处，佛教徒都能读懂我的心思，因为在那年的早些时候，我用我天生的密宗能力为他们制造了圣海伦斯火山的爆发。10年来，我差不多就是这样生活的，生活在赤贫之中，没有任何朋友，妄想的情况很严重。起初我想要成为一名佛教圣徒，然后我在一场决定人类命运的性与反性的秘密战争中做了一个小卒,再然后我意识到了我正在与未来的外星人接触。那时会有一场核浩劫,会把大陆板块炸裂,海洋将从熔岩中蒸发。外星人会来接我和一个女人。这里所有的生命都将被毁灭。我和我未来的妻子将成为外星人,拥有永恒的生命。

这与我当时的实际情况形成了鲜明的对比。我住在多伦多市中心的一间公寓里,家里只有蟑螂当朋友,我在一家大型百货商店做着换下坏灯泡的工作。这是一份我可以全职做的工作,但我很讨厌。我担心我的敌人想把我变成一个同性恋者,我和我未来的妻子不断进行心灵感应的对话,在业余时间听摇滚乐来传递外星人的信息。一天晚上,我惹上了法律的麻烦,因为我对外星人没有将我的思想转移到另一个人的身上而大发雷霆。法官判我3年缓刑,条件是我要去看我当时的精神科医生……

我在本科时写了一首诗,并发表在报纸上,第一句是"我和我,跳舞的傻瓜,以决斗来挑战世界"。我打算尽我所能挑战世界,直到像我这样的人能够通过最有效的治疗策略获得尽可能高质量的生活。

来源:来自Chovil,2000.经美国国家精神卫生研究所批准后再版。
Reprinted with permission of the National Institute Mental Health.

在这个病例中,尽管早期的恶化迹象可能被观察到,但精神病行为却可能在几年后逐渐出现。这种逐渐恶化的时期被称为**前驱期**(prodromal phase)或前驱症状。其特点是有轻微的症状,包括不寻常的想法或异常感知(但不是完全的妄想或幻想),以及对社交活动兴趣减退,难以履行日常生活中的责任,在涉及记忆和注意力的问题、语言的使用以及计划和组织人们活动的能力上出现认知能力受损的现象。

前驱症状的最初迹象之一往往是缺乏对自己外表的关注。一个人可能不会定期洗澡,或者反复穿同样的衣服。随着时间的推移,这个人的行为会变得越来越奇怪。他在工作表现或功课上都有失误。讲话变得含糊而漫不经心。这些性格上的变化是如此缓慢,以至于一开始很少能引起朋友和家人的关注。这些变化可能归因于这个人正在经历的"一个阶段"。然而,随着行为越来越怪异——例如囤积食物,收集垃圾,或在街上自言自语——这种疾病的急性阶段就开始了。坦白地说,就是会出现精神病症状,如狂乱的幻觉、妄想以及越来越怪异的行为。

在急性发作之后,一些精神分裂症患者会进入**残余期**(residual phase),在这个时期,他们的行为会恢复到前驱期的水平。虽然没有不可容忍的精神病行为,但个体仍然受到明显的认知、社交和情感缺陷的损害,比如对事物情感淡漠,思考困难或难以清晰地说话,以及有一些隐匿的不寻常的想法,如对心灵感应和透视的信仰。这些认知和社交缺陷可能会使精神分裂症患者难以在其社会和职业角色中发挥有效作用(Hartmann et al.,2015;Harvey,2010)。在接下来的第一人称描述中,伊恩·乔维尔观察到,尽管在使用抗精神病药物奥氮平治疗之后情况有所改善,但他的功能仍然被这些缺陷所损害——也就是他自己所说的"贫困"。

"我""贫困"

我的生活每年都有所改善,尤其是在使用奥氮平之后,但我仍然对自己很不确定。我仍然有着我所谓的"贫困",像思想、情感、朋友和现金上的贫困一样。我的社交生活似乎是最难改善的。我四个娱乐朋友中的三个当中,只有一个没有精神疾病,也只有一个我能够经常见到。我现在还能经常见到露斯玛丽(Rosemary),她住在一套两居室的公寓里,直到政府改变了关于同居的规定,我们才不得不分开住,要么每个月损失近400美元的收入。现在我住在一个很不错的补贴公寓里,我第一次感到很开心,因为奥氮平和我在霍姆伍德酒店的职位,让我接触到了很多人。

来源:来自Chovil,2000.经美国国家精神卫生研究所批准后再版。
Reprinted with permission of the National Institute Mental Health

---

尽管精神分裂症是一种慢性疾病,但多达一半甚至三分之二的精神分裂症患者的病情会随着时间的推移而得到显著的改善(USDHHS,1999)。然而,完全恢复正常行为并不常见,尽管在某些案例中确实发生过这样的情况。通常情况下,患者会形成一种慢性模式,其特点是偶尔出现急性发作,在精神病发作期间持续出现认知、情感和动机障碍。

精神分裂症的主要特征

11.2 描述精神分裂症的主要特征和患病率

精神分裂症的急性发作涉及与现实的割裂,以及出现这些症状特征如妄想、幻觉、不合逻辑的思维、不连贯的言语和怪异的行为。在急性发作期间,精神分裂症患者可能会有持续性的缺陷,比如无法清晰地思考,只能用平直的语调说话,难以感知他人的面部表情,以及自己的面部表情也很少(Comparelli et al.,2013;Gold et al.,2012;Yalcin-Siedentop et al.,2014)。认知和情感功能上的持续性缺陷使精神分裂症患者很难承担包括工作在内的日常生活的责任。更积极的一点是,有40%或者更多的精神分裂症患者有持续一年或更长时间的长期缓解期(即,在某种程度上没有令人不安的症状和有工作能力;Jobe & Harrow,2010)。尽管有些患者即使在没有药物治疗的情况下,也能在数年内摆脱令人不安的症状,但我们仍然缺乏明确的预测指标,以了解哪些患者可能会自行康复,哪些患者需要持续服药以降低复发的风险(De Hert et al.,2015)。

精神分裂症患者约占全世界人口的1%,在美国,这一数字相当于200多万人(Balter,2014;Carey,2015)。美国每年有近100万人接受了精神分裂症的治疗,其中约三分之一的患者需要住院治疗。

男性患精神分裂症的风险略高于女性,而且往往在年龄更小时就发展成为精神分裂症(Tandon,Keshavan,& Nasrallah,2008)。男性首次出现精神病症状的高峰期是在二十五六岁,而女性则为二十八九岁(American Psychiatric Association,2013)。女性在发病前往往具有更高的功能水平,且病程比男性要轻。患有精神分裂症的男性与女性相比,通常会认知障碍更多,行为缺陷更严重,以及对药物治疗的反应更差。这些性别差异引起研究人员推测,男性和女性可能会发展出不同形式的精神分裂症。也许精神分裂症影响了男性和女性大脑的不同区域,这可能解释了这种疾病形式或特征不同的原因。

虽然精神分裂症可能在不同文化中普遍存在,但其病程和特殊的症状也可能因文化而异。例如,幻视在一些非西方文化中是很常见的(Ndetei & Singh,1983)。此外,妄想或幻觉中所表达的主题,如特定的宗教或种族主题,在不同文化中也是各不相同的。

精神分裂症往往引起的是恐惧、误解和谴责,而不是同情和关切。它击中了一个人的心脏,剥离了思想和情感之间的亲密联系,使其充满了扭曲的感知、错误的想法和不合逻辑的观念,就如下面的例子所示。

安吉拉的"地狱男爵":一个精神分裂症的案例

19岁的安吉拉(Angela)被男友杰米(Jaime)带到急诊室,因为她割腕了。当有人询问她时,她的注意力还在游离。她似乎被空中的某种生物或者她可能听到的东西迷住了。她好像有一个隐形的耳机。

安吉拉解释说,她是在"地狱男爵"的命令下割腕的。然后她惊恐万分。后来她又说"地狱男爵"曾经告诫过她不要透露他们的存在。安吉拉害怕"地狱男爵"会因为她的轻率而惩罚她。

杰米说,安吉拉和他在一起住了快一年了。他们最初在镇上合租了一套普通的公寓,但是安吉拉不喜欢和其他人在一起,于是说服杰米在乡下租了一间小屋。在那里,安吉拉花了很多时间去制作奇异的妖精和怪物草图。她偶尔会变得烦躁不安,表现得好像有隐形生物在

> 发号施令一样。她的话变得很跳跃。
>
> 杰米试图说服她去寻求帮助,但她拒绝了。然后,在大约9个月前,安吉拉开始割腕。杰米确定自己已经把所有的刀和刀片收走,以保证房内的安全——但安吉拉总能找到锋利的物品。
>
> 然后,杰米不顾安吉拉的反抗,将她带到医院。经过缝合伤口后,安吉拉被观察一段时间,并接受药物治疗。她说自己之所以会割腕是因为"地狱男爵"告诉她,她很坏,必须得死。住院几天后,安吉拉否认能听到"地狱男爵"的声音,并坚持要求出院。
>
> 杰米只好把她带回家。但这种模式还会重复下去。
>
> 来自作者的档案

精神分裂症是一种普遍存在的疾病,它影响到认知、情感和行为等各种心理过程。精神分裂症的DSM标准规定在病程的某一阶段中出现精神病行为,精神病症状至少要持续6个月,并且必须保持至少一个月的活跃和显著地位(如果没有得到成功治疗的话)。有较短形式的精神病患者会有其他的诊断,如短暂性精神障碍(本章稍后讨论)。

表11.1提供了精神分裂症的概述。精神分裂症的诊断特征见DSM-5标准。请注意,DSM-5的精神分裂症诊断要求至少有两种精神分裂症的特征存在(不仅仅是单独的妄想信念或幻想),且这些特征中至少有一个必须包括妄想、幻觉或混乱(联系松散、不连贯或怪异的)言语在内的主要症状。

表11.1 精神分裂症的临床特征

混乱的思维过程	妄想(固定的错误想法)和思维混乱(思维瓦解和言语不连贯)
注意力缺陷	难以注意到相关刺激并筛选出无关刺激
感知障碍	幻觉(在没有外部刺激情况下的感官知觉)
情绪障碍	平淡(钝化的)或不恰当的情绪
其他类型的障碍	对个人身份的困惑,缺乏意志,易激动的行为或麻木状态,奇怪的姿态或怪异的面部表情,与他人相关的能力受损,或可能发生的紧张症行为,或对运动行为和方向的严重干扰(在这种情况下,个体行为可能会减缓到麻木状态,但不会突然转向高焦虑状态)

精神分裂症患者在职业和社交功能方面有明显的下降(Ekinci, Albayrak, & Ekinci, 2012; Kim, Park, & Blake, 2011)。他们可能在交谈、建立友谊、工作或注意个人卫生方面都有困难。然而,没有一种行为模式是精神分裂症独有的。精神分裂症患者曾经或其他时期可能会出现妄想、

美丽心灵 在电影《美丽心灵》中,演员罗素·克劳(Russell Crowe)扮演了诺贝尔奖得主约翰·纳什(John Nash)(1928-2015),一位杰出的科学家。他的头脑捕捉到了数学公式的精妙之处,但也被精神分裂症的妄想和幻觉所扭曲。这是纳什在1994年的一张照片。

联想思维问题和幻觉,但以上症状不一定要同时出现。症状的多样性或异质性导致一些研究者怀疑,我们所说的精神分裂症实际上是一系列精神分裂综合征或精神分裂症(Arnedo et al., 2014; Tandon, Nasrallah & Keshavan, 2009; Yager, 2014)。

精神分裂症与各种异常行为有关,包括思维、言语、注意和知觉过程,情感过程以及自愿行为。常见的将精神分裂症特征分类的一种方式是区分阳性和阴性症状(Kring et al., 2013; Strauss et al., 2012):

- **阳性症状**(positive symptoms)是非典型的脱离现实的过度行为,包括幻觉和妄想思维。
- **阴性症状**(negative symptoms)是行为缺陷或缺乏典型行为,并影响到个体的日常生活功能。包括缺乏情绪反应或表达(保持一种空白的情绪表达),失去动力,在正常的愉快活动中丧失快乐,缺乏社交关系或戒断或孤立,以及有限的言语表达("言语贫乏")。即便阳性症状减轻了,阴性症状还会持续下去,并且其对患者适应日常生活的能力的影响比阳性症状更大(Barch, 2013; Fusar-Poli et al., 2014)。阴性症状对抗精神病药物的反应也不如阳性症状。

让我们仔细看看精神分裂症的几个关键特征或症状。

DSM-5标准

精神分裂症

A. 以下两项(或更多)在1个月期间内,每项都出现了相当长的时间(如果被成功治疗的话,则时间减少)。其中至少一项必须是1,2或3中的:

(1)妄想。

(2)幻觉。

(3)语无伦次的言语(例如频繁的思想脱轨或言语不连贯)。

(4)严重的紊乱或紧张症行为。

(5)阴性症状(例如,情绪表达减少或无意志力)。

B. 在混乱发生后的很长一段时间里,在一个或多个主要领域(例如工作、人际关系)上的功能水平远低于发病前的水平(或者在童年期或青少年期发病时,未能达到人际、学术或职业功能上的预期水平)。

C. 混乱的连续症状至少持续出现6个月。这6个月期间必须包括至少1个月(如果被成功治疗的话,则时间减少)的症状符合标准A(例如,活跃期症状),并可能包含前驱症状或残留症状时期。在这些前驱期或残余症状时期,混乱迹象可能仅表现为阴性症状,或者以标准A中列出的两种或更多症状以衰减的形式出现(例如,奇怪的信仰,不寻常的感知经验)。

D. 分裂情感性障碍和抑郁或有精神病特征的双相情感障碍已经被排除在外了,因为,1)没有与活跃期症状一起出现的重度抑郁和躁狂发作,或,2)如果活跃期症状中出现了情绪发作,它们在疾病的活跃期和残余持续时间中只占少数。

E. 这种紊乱不能归因于物质(例如,一种药物的滥用,一种治疗药物)或另一种医疗状况的生理效应。

F. 如果有孤独症谱系障碍病史或儿童期发病沟通障碍病史,则精神分裂症的附加诊断条件为:除了其他所需的精神分裂症症状之外,至少还要有1个月出现明显的妄想或幻觉(如果被成功治疗,则时间减少)。

来源:经《精神疾病诊断和统计手册(第五版)》许可后转载(版权2013)。美国精神病学协会。

混乱思维和言语 精神分裂症的特点是阳性症状,包括混乱思维,以及通过连贯、有意义的言语来表达思想上的混乱。思维的内容和形式中都可能存在着异常思维。

思维的异常内容 妄想涉及以错误信念的形式存在的混乱思维内容,尽管它们的基础并不合理,而且缺乏证据支持,但它们仍然固定于个体的头脑中。即使面对不确定的证据,混乱的思维内容也不会动摇。妄想可能有很多形式。下面是一些最常见的类型:

· 被害妄想和偏执狂(例如,"中央情报局在外面想抓我")。
· 关系妄想("公交车上的人在谈论我"或者"电视上的人在取笑我")。
· 控制妄想(认为自己的思想、情感、冲动或行为是由外力控制的,如魔鬼机构)。
· 夸大妄想(认为自己是耶稣,或者认为自己有特殊的使命,或者有宏伟但不合逻辑的拯救世界的计划)。

一幅由精神病患者画的画 精神分裂症患者的绘画往往反映了他们思维模式的怪异特质,并隐退到一个私人的幻想世界。

其他妄想包括:认为自己犯下了不可饶恕的罪行,认为自己正因某种可怕的疾病而腐烂,认为这个世界或者自己其实并不存在,或者,像下面这个例子一样,认为自己迫切地需要去帮助别人。

> **北极医院：一个精神分裂症的案例**
>
> 尽管精神分裂症患者可能会觉得被魔鬼或世俗的阴谋所困扰，但马里奥（Mario）的妄想却带有救世主的特质。"我得离开这里，"他对他的精神医生说。"你为什么要离开呢？"精神医生问道。马里奥回答道，"我的医院。我要回到我的医院去。""哪个医院？"他被问道。"我有一家医院。它的一切都是白色的，并且我们找到了治愈人们一切疾病的方法。"马里奥被问到他的医院在哪里。"一直往上直到北极，"他回答道。他的精神医生问道，"但是你怎么去那里呢？"马里奥回答说，"我就是到了那里。我不知道怎么去。我就是到了那里。我得去工作了。你什么时候让我走，好让我去帮助别人？"
>
> 来自作者的档案

其他常见的妄想包括思维播散（认为自己的思想通过某种方式被传到了外部世界，使得他人能听见），思维插入（认为自己的思想是被外界来源植入到大脑里的），思维剥夺（认为自己的思想从脑海中被移除了）。梅勒（Mellor, 1970）提供了以下几个例子：

- 思维播散：一名21岁的学生报告说，"我认为，我的想法将我的头脑置于一个自动收报磁带上。每个人只要把磁带传到他们的脑子里，就能知道我的想法了。"

- 思维插入：一位29岁的家庭主妇报告说，当她从窗户向外看时，她就会想，"花园看起来很漂亮，草地看起来很酷，但我想起了[一个男人的名字]。脑中没有别的想法，只有他的……他把我的头脑当作一个屏幕，在上面闪现他的想法，就像闪现一张图片那样。"

- 思维剥夺：一名22岁的女性有这样的经历："我正在想我的母亲，突然，我的思绪被一个颅相真空提取器吸走了，我的脑子里什么都没有了，是空的。"

思维的异常形式　除非我们在做白日梦，或者有目的地让自己的思想游离，否则我们的思维都是紧密结合在一起的。我们思维之间的连接（或联系）往往是合乎逻辑的或有连贯性的，相反，精神分裂症患者则倾向于以杂乱无章的、不合逻辑的方式思考。在精神分裂症中，思维过程的形式或结构，以及它们的内容常常会受到干扰。临床医生将这种类型的障碍归为**思维障碍**（thought disorder）。

思维障碍是精神分裂症的阳性症状，包括思维的组织、处理和控制故障。联系的松散是思维障碍的主要标志。精神分裂症患者的言语模式常常是杂乱无章的或乱七八糟的,用部分词汇不连贯地拼凑在一起,形成无意义的押韵。他们的言语可能会毫无联系地从一个话题跳到另一个话题。有思维障碍的人往往不知道自己的思想和行为看起来是不正常的。在严重的情况下,他们的言语可能会变得完全不连贯或完全不能理解。

另一种常见的思维障碍症状是言语贫乏(言语一致,但说话速度很慢,数量有限,或者少许信息传达含糊不清)。不太常见的迹象包括新词(对别人而言没有多少意义或者没有意义的、自创的单词),持续言语(不恰当地重复相同的词或思路),发出叮当声(根据押韵将单词或声音串接在一起,如"我知道我是谁(Who I am),但我不知道桑姆(Sam)是谁"),以及阻塞(非自愿的、言语或思维突然中断)。

许多精神分裂症患者(但不是全部)都表现出思维障碍。有些患者能够连贯地思考和说话,但是思维内容混乱,就像是在妄想一样。思维混乱不是精神分裂症患者特有的;它甚至在没有心理障碍患者身上以较温和的形式出现,尤其是当他们感到疲累或处于压力之下时。在诸如躁狂患者的其他诊断组中也会有思维混乱。然而,经历躁狂发作的人的思维障碍往往是短暂而可逆的。在精神分裂症患者身上,思维障碍往往要更持久或者会反复发作。思维障碍通常发生在急性发作期间,但可能会停留在残余相。

深入思考

精神分裂症是认知障碍吗?

我们一般倾向于根据精神病症状,如幻觉和妄想,来思考精神分裂症,但现在的研究人员可能会怀疑潜在的认知缺陷也许是精神障碍的核心(Haut et al., 2015)。精神分裂症患者往往会表现出一系列的认知缺陷,如记忆力、知觉、学习、问题解决、推理和注意力等方面的问题。这些缺陷通常出现在童年时期,早在更加严重的精神分裂症症状——幻觉、妄想和思维障碍——第一次出现之前就已经存在了。研究人员怀疑,精神分裂症的核心可能是认知障碍,而精神失常行为是由于大脑执行基本认知过程的能力衰退而出现的第二特征,这使得我们能够清楚地思考和理解现实(Hechers, 2013)。当在童年期或青春期,或许是在精神病症状出现之前的几年里出现认知问题时,将精神分裂症视为认知障碍的这种思想转变,可能会使我们更注重发展干预措施或早期治疗(Kahn & Keefe, 2013)。

注意力缺陷 要阅读这本书,你必须屏蔽背景噪声和其他环境刺激。注意力,即专注于相关刺激而忽略无关刺激的能力,是学习和思考的基础。精神分裂症患者往往难以过滤无关刺激,以致他们几乎不可能集中注意力,组织自己的想法,并筛出无关紧要的信息。一位精神分裂症患者的母亲描述了她儿子在过滤多余声音时所遇到的困难:

> 他的听力在他生病时是不同的。当他的病情恶化时,我们首先注意到的是他增强的听觉。他无法筛出任何东西,并以同样的强度去倾听周围的每一个声音。他能听到街上、院子里和屋子里的声音,而且这些声音都比正常的要大得多。
>
> 匿名引自 Freedman et al.,1987,p.670.

精神分裂症患者似乎也是过度警觉的,或者对外界声音极度敏感,尤其是在精神障碍的早期阶段。在急性发作期间,他们可能会被这些刺激淹没,其理解周围环境的能力也被压倒了。与精神分裂症有关的大脑异常可能导致了过滤并分散声音和其他外部刺激的能力上的缺陷。遗传因素可能是精神分裂症患者感觉过滤有缺陷的原因。

注意力缺陷和精神分裂症之间的联系得到了有关注意力的心理生理学方面的各种研究的支持。在这里,我们来回顾一些研究。

眼动功能障碍 很多精神分裂症患者都有某种形式的眼动功能障碍(eye movement dysfunction),例如难以追踪视野中缓慢移动的目标("Eye Movements",2012)。他们用一种不平稳的运动方式,一会儿撤回追踪,一会儿跟上目标,而不是用眼睛稳定地追踪着目标。眼动功能障碍似乎与大脑中控制视觉注意力的缺陷有关。

眼动功能障碍在精神分裂症患者,以及他们的直系亲属中很常见(父母,孩子,兄弟姐妹),这表明其可能具有基因传播特征,或者与精神分裂基因相关的生物指标(Keshavan et al.,2008)。最近,研究人员根据一组眼动指标报告说,从健康控制组中区分出精神分裂症患者的准确率为98%(Benson et al.,2012)。然而,眼动功能障碍作为精神分裂症的生物学指标的作用是有限的,因为它不是精神分裂症特有的。患有其他心理疾病的人,如双相情感障碍,有时候也会表现出功能障碍。也不是所有的精神分裂症患者或他们的家人都有眼动功能障碍。我们所知道的是,眼动功能障碍可能是导致精神分裂症的许多不同遗传途径之一的生物指标。

异常的事件相关电位 研究人员还研究了脑电波模式,称作事件相关电位(event-related potentials ERPs),它发生在对外界刺激进行反应的过程中,如对声音和闪光的反应。事件相关电位可以被分解为不同的成分,它们在刺激出现后以不同的间隔出现(Guillaume et al., 2012)。通常情况下,大脑中的感觉门控机制会抑制事件相关电位,使其在刺激出现后的第一个百分之一秒内产生重复的刺激。这个门控机制使大脑能够忽略无关刺激,比如滴答滴答的钟声,但对许多精神分裂症患者来说,它似乎并不能发挥有效作用(Keri, Beniczky, & Kelemen, 2010; Sanchez-Morla et al., 2013)。因此,精神分裂症患者在过滤分散注意力的刺激时可能会有更大的困难,并导致感觉超载(sensory overload)和感觉混乱。

过滤无关刺激 你可能不难过滤掉无关刺激,比如街头的声音——但是精神分裂症患者可能会被无关刺激分散注意力,无法过滤掉它们。因此,他们可能会很难集中注意力以及组织自己的思维。

精神分裂症患者也会在声音或闪光出现后的300毫秒(十分之三秒)左右表现出较弱的事件相关电位(e.g., Turetsky et al., 2014; Xiong et al., 2010)。这些事件相关电位涉及将注意力集中在刺激上,以从刺激中提取有用信息的过程。

我们从这些关于事件相关电位的研究中得出的结论是,许多精神分裂症患者似乎都被高水平的感觉信息所淹没,这些信息会冲击他们的感觉器官,但却很难从这些刺激中提取出有用信息。因此他们可能会感到很困惑,并发现很难过滤掉那些会分散注意的刺激。

声音,魔鬼和天使:一个感知障碍的案例

在每次面谈期间,每隔一段时间,萨莉都会朝着办公室门的方向看着她的右肩,并微微一笑。当被问及为什么一直盯着门时,她说门外的声音在谈论我们俩,她想听听他们在说什么。"为什么要微笑?"萨莉被问道。"他们在说一些有趣的事情,"她回答道,"像你认为我很可爱或者别的什么事情之类的。"

汤姆在精神科的大厅里疯狂地挥舞着手臂。他的额头上似乎冒出了汗水,眼睛躁动地四处扫视。他被制服了,并被注入了氟哌啶醇(商品名为Haldol)以减轻他的躁动。当他即将被注射时,他开始大喊:"原谅他们的无知吧……原谅他们……"他的话开始变得混乱起来。

后来，在他平静下来之后，他报告说，病房服务员像魔鬼或邪恶的天使一样对待他。他们浑身发红，还在燃烧着，并且从他们的嘴里还有蒸汽冒出来。

来自作者的档案

感知障碍

精神分裂症中，最常见的感知障碍是**幻觉**(hallucinations)，即在没有外界刺激的情况下所经历的感官知觉。精神分裂症患者很难区分出现实。对于萨莉(Sally)来说，尽管没有人在那里，但咨询室外面的声音很真实。幻觉可能包含了各种感觉。一个人可以看到、感觉到、听到以及闻到不存在的东西。幻听（"听见声音"）是最常见的幻觉形式，影响了大约四分之三的精神分裂症患者（Goode, 2003）。触幻觉（比如刺痛、电击感或灼烧感）和躯体性幻觉（比如感觉到蛇在肚子里爬行）也很常见。幻视（看到不存在的东西）、味幻觉（尝到了不存在的东西）以及嗅幻觉（闻到了不存在的气味）就更加罕见了。[判断正误]

观看　拉里：精神分裂症

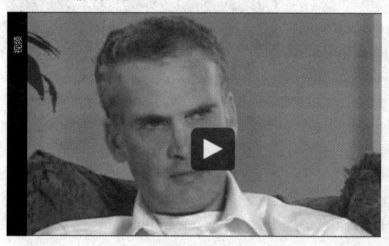

判断正误

幻视（"看见东西"）是精神分裂症患者最常见的幻觉类型。

□ **错误**　幻听，而不是幻视，才是精神分裂症患者最常见的幻觉类型。

精神分裂症患者经历的幻听，既可能是女性也可能是男性的声音，或者既可能来自大脑内部也可能是在大脑外部。幻听者可能会听到有人用第三人称谈论他们，争论他们的优点或缺点。这种谈论通常是重复的，并可能以连续的评论的形式出现（McCarthy-Jones et al., 2014）。有些声音可能是支持的和友好的，但大多数是批评甚至是恐吓。

了解更多关于精神分裂症患者的各种显著影响社会和/或职业功能的症状，请观看视频"拉里：精神分裂症"。

有些精神分裂患者会经历指令性幻觉，这种幻觉是有一个声音指令患者执行某些行为，比如伤害自己或他人。例如安吉拉就被"地狱男爵"指使去自杀。有过指令性幻觉的精神分裂症患者常常出于担心自己可能会伤害他人而住院治疗,这是有充分理由的,因为有证据表明,指令性幻觉与较高程度的暴力行为风险有关(Shawyer et al.,2008),一些听到指令要求去伤害他人的患者确实会行动(Braham, Trower, & Birchwood, 2004)。然而,由于病人否认或不愿意讨论这些症状,指令性幻觉通常不会被专业人士察觉。[判断正误]

判断正误
尽管对指令性幻觉有担忧,但精神分裂症患者的大多数幻听都被认为是友善的和支持性的声音。
□错误 大多数声音是批评的,甚至是恐吓的。

幻觉并不是精神分裂症特有的。患有重度抑郁症或双相情感障碍、或其他精神障碍的人,有时候也可能会出现幻听,一些没有被诊断为有精神疾病的人也是如此(Woods et al.,2015)。在没有精神病的人群中,幻觉往往伴随着高烧,丧亲状态(听见逝去的爱人的声音),以及异常的低水平的感官刺激,比如长时间躺在黑暗的隔音室里,或面临着单调地驾车穿越沙漠或行驶在空旷的路上(Sacks,2012)。穿越沙漠的人看到了"海市蜃楼"就是这样一个例子。这些不同寻常的经历是暂时的,而不是持久的,因为它们是在有精神分裂症或其他精神病状态的情况下发生的。同时,一般人群中经历短暂幻觉的人也会意识到这些幻觉不是真实的。总而言之,在一般人群中,大约有5%的人在其生命的某个阶段会经历幻听或幻视(McGrath et al.,2015)。

人们有时候会在宗教经验或宗教仪式的过程中出现幻觉。他们可能会说有稍纵即逝的恍惚状态,并伴有视觉或其他奇怪感官经验。然后,我们也会在夜间的梦里产生幻觉,在梦中,我们可以在没有任何外界刺激的情况下,在我们的大脑剧场里听到和看到东西。[判断正误]

判断正误
人们在晚上产生幻觉是正常的。
□正确 幻觉——在没有外部刺激,如视觉图像、气味等感知体验的情况下——会以梦的形式出现在夜间。

清醒状态下的幻觉也可能发生在对迷幻药的反应过程中,如麦角酸二乙基酰胺。药物诱发的幻觉往往是视觉上的,通常涉及抽象的形状,如圆形、星星或闪光。相反,精神分裂症幻觉一般更加完整和复杂。在震颤性谵妄(the DTs)期间也可能出现幻觉(例如,皮肤上有虫在爬),这经常发生在慢性酒精中毒戒断综合征期间。幻觉也有可能在药物的副作用或神经紊乱过程中发生,如帕金森。

幻觉的成因 精神病性幻觉的成因尚不清楚,但各种猜测比比皆是。有怀疑认为是脑化学受到干扰所致。神经递质多巴胺与此有关,主要是因为抑制多巴胺活性的抗精神病药物也能减少幻觉。相反,导致多巴胺分泌增加的药物,如可卡因,则会引起幻觉。由于幻觉类似于梦境状态，因此它们可能与大脑机制的失灵有关，这种机制通常会阻止个体在清醒时受到梦境图像的侵入。

精神分裂症患者的幻听可能代表了一种内心言语（沉默的自言自语；Alderson-Day & Fernyhough, 2015）。我们当中的许多人，也许是所有的人，都会时不时地自言自语，尽管我们通常会把自己的喃喃自语藏在心底（默读），并认为我们"听到"的声音就是自己的声音。有没有可能精神分裂症患者的幻听是将自己的内部言语或自言自语投射到外部来源上了呢？

一种有趣的可能性是，产生幻觉的病人的大脑错把内部言语当成了外部声音。研究人员发现，大脑中负责处理听觉刺激的听觉皮层，在没有真正声音的情况下，会在幻听期间变得活跃起来（Allen et al., 2012）。幻听可能是内部言语的一种形式，由于未知的原因，它会被归因为外部来源而不是自己的想法（Alderson-Day & Fernyhough, 2015; Arguedas, Stevenson, & Langdon, 2012）。这一系列的研究已经引起了一种治疗方式，即认知行为治疗师试图教幻觉者将他们听到的声音重新归因为他们自己，并改变他们对声音的反应（Turkingtong & Morrison, 2012）。例如，"我的声音不会让我生气，这就是我对声音的看法"。患者还被训练去识别与他们幻觉有关的情境线索——例如：

听见声音 幻听——听见声音——是精神分裂症患者最常见的幻觉形式。最近的证据表明，幻听可能涉及到将内部言语投射到外部来源上。

> 有一名患者……她意识到自己的声音会在家人争吵后变得更糟。她意识到自己的声音内容反映了她对家人的感觉和想法，但她无法表达出来。然后制定具体的目标，使她能够和家人一起解决这些困难，并采用诸如排练、问题解决和认知重组等技术来帮助她实现这些目标。
>
> Bentall, Haddock, & Slade, 1994, p.58.

认知行为疗法已经成为帮助控制精神分裂症患者的幻觉和妄想思维的药物疗法外的一种有益补充（e.g., Grant, Fathalli et al., 2012; Turner et al., 2014; Waller et al., 2012）。然而，即使将内部言语与幻听联系起来的理论经得起进一步的科学研究，但它们也不能解释其他感觉形式的幻觉，如幻视、触幻觉或嗅幻觉。

引起幻觉的大脑机制可能涉及许多相互关联的系统。一个有趣的可能性是,大脑更深层结构的缺陷可能会导致大脑创造自己的现实。这种可供选择的现实是不受限制的,因为位于大脑皮层额叶的大脑高级思维中心可能无法对这些图像进行"现实检查",以确定它们是真实的、想象的还是幻觉的。因此,人们可能误把自己内心产生的声音归为外部来源。

科学家们怀疑,大脑中神经元之间连接的异常可能会破坏正常情况下能让我们区分现实和幻想之间的大脑回路。正如我们稍后将会看到的,脑成像研究的证据表明,精神分裂症患者的额叶前额皮层存在异常。另一项研究表明,大脑神经元之间突触连接的异常可能会破坏神经元网络内所需的交流,而这种交流通常能使我们清晰地思考,并区分哪些是真实的,哪些不是(Dhindsa & Goldstein, 2016; Sekar et al., 2016; Zalesky et al., 2015)。

情绪障碍 精神分裂症患者混乱的情绪反应可能包括一些阴性症状,如正常情绪表达的丧失,被归为是情感钝化或情感贫乏(flat affect)。当人们表现出情感贫乏时,我们观察到他们的面部和声音里缺乏情感的表达。精神分裂症患者可能说话很单调,并且保持着面无表情的状态,或者叫作"面具"。他们可能不会对人或事物有正常范围的情绪反应。他们也可能表现出阳性症状,包括夸大的或不恰当的情感。例如,他们可能会无缘无故地笑出来,或者因坏消息而傻笑。

然而,目前还不清楚精神分裂症患者的情绪钝化是否会影响他们表达情绪,报告情绪的存在,或实际体验情绪的能力。最近的研究表明,精神分裂症患者的面部表情往往较少,但在情绪状态的内在体验上与其他人是相似的(Mote, Stuart, & Kring, 2014)。换句话说,精神分裂症患者可能内心经历着情绪体验,而情绪的外在表现仍然是迟钝的。基于实验室的证据也表明,精神分裂症患者经历的负面情绪比对照组更强烈,但正面情绪却没有控制组强烈(Myin-Germeys, Delespaul, & deVries, 2000)。换言之,精神分裂症患者可能会经历强烈的情绪体验(特别是负面情绪),即使他们的这种经历不会通过面部表情或行为传达给外界。精神分裂症患者可能缺乏向外部表达情感的能力。

其他类型的障碍 精神分裂症患者可能会对其个人身份产生困惑,即把自己定义为个体、赋予生活意义和方向的一系列属性和特征。他们可能无法认识到自己是独特的个体,也不清楚他们所经历

紧张症 处于紧张症状态下的人可能会保持着不寻常的、困难的姿势，即使他们的四肢已经变得僵硬或肿胀，也可能会持续数小时。在发作期间，他们似乎对自己所处的环境一无所知，也无法回应与他们交谈的人。

的其实是自己的一部分。在精神动力学术语中，这种现象有时候被称为自我界限的丧失。他们可能难以采纳第三方的观点；无法理解自己的行为和语言在特定情况下是不适合社交的，因为他们无法从他人的角度去看待事物（Carini & Nevid, 1992）。他们也难以识别或感知他人的情绪，或识别他们的面部表情（Csukly et al., 2014）。

意志障碍最常出现在残余状态或慢性状态。这些阴性症状表现为情感淡漠（apathy），包括缺乏追求目标导向活动的动力或主动性（Hartmann et al., 2015）。精神分裂症患者可能无法执行计划，并缺乏兴趣或驱力。矛盾心理可能起到了一定的作用，因为在不同行动方案中进行选择上的困难可能会阻碍目标导向的活动。精神分裂症患者似乎被困在了地狱的边缘，无法将欲望和目标转化为有效的目标导向行动。功能性磁共振成像扫描显示，精神分裂症患者的大脑机制中存在缺陷，影响了他们将欲望和目标转化为行动的能力，这可能有助于解释他们为什么难以完成诸如找工作、交友、接受教育等基本任务上（Morris et al., 2014）。

在某些情况下，精神分裂症患者可能会表现出紧张症行为，包括认知和运动功能严重受损。患有**紧张症**（catatonia）的人可能对周围的环境浑然不觉，保持着固定的或僵硬的姿势——甚至是一种怪异的、明显费力的姿势，有时长达数小时，即使他们的四肢变得僵硬或肿胀也是如此。他们可能会表现出奇怪的姿势和面部表情，或者变得反应迟钝，并抑制自发运动。他们还可能会做出高度兴奋但毫无目的的行为，或者逐渐进入麻木状态。尽管在以前的诊断手册中，紧张症被认为是精神分裂症的一个独特的亚型，但是DSM-5将它作为一种说明符，来进一步描述其发生时的精神状态（美国精神病学协会，2013）。

紧张症的另一个引人注目但不太常见的特点是蜡样屈曲（waxy flexibility），包括患者保持着一种被他人摆弄的固定姿势不动。在这个期间内，他们不会回答问题或评论，并且可能会持续几个小时。但是，后来他们可能会说自己当时能听到其他人在说些什么。

"你叫什么名字？"：一个紧张症的案例

一个24岁的男人一直在默默思考着自己的生活。他声称自己感觉不好，但无法解释他这些不好的感觉。在住院期间，他起初寻求着与人接触，但几天后，他被发现保持着呈雕像般

> 的姿势,双腿笨拙地扭曲着。他拒绝与任何人说话,装作看不见或听不到。他的脸是一副没有表情的面具。几天后,他开始说话了,不过是以模仿言语的方式。例如,他会用"你叫什么名字?"来回答"你叫什么名字?"这个问题。他无法满足自己的需要了,只好被人喂食。
>
> 来源:摘自Arieti,1974,p.40.

紧张症并不是精神分裂症所特有的。其他疾病中也会有,如脑失调、药物中毒和代谢失调。事实上,与精神分裂症患者相比,紧张症在情绪障碍患者中更常见(Grover et al.,2015;Taylor & Fink,2003)。

精神分裂症患者的人际关系也明显受损。他们远离社交活动,沉浸在私人的想法和幻想中,或者是极度依赖他人,以至于让他人感到不舒服。他们可能会被自己的幻想支配,从而根本上和外界失去了联系。甚至在出现精神病行为之前,他们就已经很内向和古怪了。这些早期症状可能与精神分裂症的易感性有关,至少对患精神分裂症有遗传风险的人来说是如此。

理论观点

11.3 描述精神分裂症的心理动力学、学习理论、生物学以及家庭观点

我们已经从各个主要的理论角度探讨了精神分裂症。尽管精神分裂症的潜在原因仍然难以捉摸,但人们认为,它们涉及了与心理、社会和环境影响相结合的脑部异常(USDHHS,1999)。首先,让我们考虑一下心理动力学和学习理论的观点。

心理动力学观点 在心理动力学的观点中,精神分裂症代表了自我被原始的性本能或攻击驱力或来自本能的冲动所压倒。这些冲动威胁着自我,并引起了强烈的内心冲突。在这种威胁下,个体会退行到口唇期的早期阶段,也就是原型自恋。在这个期间,婴儿还尚未了解到这个世界与自己是不同的。因为自我调节了其与外部世界之间的关系,这种自我功能的崩溃解释了脱离现实(这是典型的精神分裂症)的原因。来自本我的输入导致幻想被误认为现实,从而产生幻觉和妄想。原始冲动也许比社会规范更有力量,并表现为奇怪的、社会不恰当的行为。

弗洛伊德的追随者,如哈里·斯塔克·沙利文(Harry Stack Sullivan),更强调人际关系因素而不是内心因素。沙利文(1962)一生致力于研究精神分裂症,他强调,受损的母子关系为逐渐与他人疏远创造了条件。在童年早期,孩子与父母之间焦虑和敌对的互动使得孩子会去一个私人的幻想世界中寻求庇护。一个恶性循环随之而来：孩子越是退缩，就越没有机会培养其对他人的信任感，以及建立亲密关系所需的社交技巧。然后，孩子与他人之间的脆弱联系引发了社会焦虑和进一步的退缩。这个循环一直持续到成年早期。然后，在面对学校、工作以及亲密关系中日益增长的需求，个体开始变得焦虑不安，并完全退缩到幻想世界中去了。

弗洛伊德观点的批评者指出，精神分裂症患者的行为和婴儿的行为是不同的，所以精神分裂症不能用退化来解释。还有一些弗洛伊德的批评者和现代心理动力学理论家指出，心理动力学的解释是事后的，或者说是回顾性的。早期的儿童-成人关系是从成年人的有利位置而不是纵向观察被召回的。精神分析学家还未能证明，假设的早期童年经历或家庭模式能导致精神分裂症。

学习理论观点　虽然学习理论不能对精神分裂症提供完整的解释，但某些形式的精神分裂症行为的发展可以从条件作用和观察学习的原则来理解。从这个观点来看，精神分裂症患者学习表现出某些怪异行为时，则这些行为比正常行为更容易被强化。

思考一个操作性条件反射的经典研究案例。豪顿和艾伦（Haughton & Ayllon，1965）让一名54岁的患有慢性精神分裂症的女性紧握一把扫帚。一名工作人员先给她一把扫帚让她拿着，当她照做时，另一个工作人员又给她一根香烟（一种强化物）。这种模式重复了好几次。很快，这个女性就离不开扫帚了。然而，强化可以影响人们进行特殊行为的事实并不能证明精神分裂症的怪异行为特征是通过强化来塑造的。

社会认知理论家认为，精神分裂症行为的建模可以发生在精神病院，在那里，患者可能开始仿效那些行为怪异的病友。医院的工作人员也可能通过给予表现出怪异行为的患者更多的关注，而无意中强化了精神分裂症行为。这种理解与以下观点一致：扰乱课堂秩序的学童比行为端正的学童更能吸引老师的注意。

也许某些类型的精神分裂症行为可以用建模和强化的原则来解释。然而，许多人在事先没有接触其他精神分裂症患者的情况下却表现出了精神分裂症行为模式。事实上，精神分裂症行为模式发作相比住院治疗来说，更有可能导致精神分裂症患者住院。

生物学观点　尽管我们对精神分裂症的生物学基础还有很多需要学习的，但研究人员认识到，生物学因素在精神分裂症的发展中起着关键作用。

遗传因素　大量证据表明，遗传因素在精神分裂症的发展中起着重要的作用(e.g., Cannon, 2016; Franke et al., 2016; Pocklington et al., 2015; Ruzzo & Geschwind, 2016)。精神分裂症患者与其家庭成员之间的亲缘关系越近,其亲属患精神分裂症的可能性也就越大。总的来说,精神分裂症患者的一级亲属(父母、子女或兄弟姐妹)患精神分裂症的风险比普通人群高十倍(American Psychiatric Association, 2000)。

图11.1 显示了1920年至1987年间,欧洲对精神分裂症家族发病率研究的汇总结果。然而,家庭成员共享共同的环境以及共同的基因这一

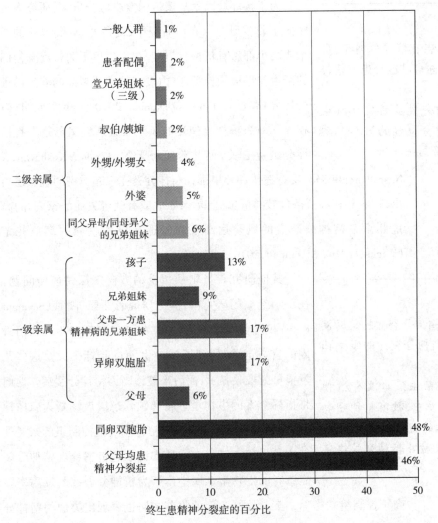

图11.1 精神分裂症的家族性风险

一般而言,一个人与精神分裂症患者的关系越紧密,他自己患精神分裂症的风险就越大。同卵双胞胎的遗传基因相同,比基因重叠50%的异卵双胞胎更有可能出现精神分裂症的一致性。

来源:摘自 Gottesman, McGuffin, & Farmer, 1987.

事实，要求我们深入探索精神分裂症的遗传基础。

关于精神分裂症遗传因素的更直接证据来自双胞胎研究，研究显示，同卵双胞胎的一致率（患同一障碍的百分比）约为48%，这一比例是异卵双胞胎的两倍多（约为17%；Gottesman, 1991；Pogue-Geile & Yokley, 2010）。不过，我们应该小心一点，不要对双胞胎研究的结果做过度的解释。同卵双胞胎不仅具有100%的遗传相似性，而且其他人对待他们的方式可能比对待异卵双胞胎也更为相似。因此，环境因素可能有助于在同卵双胞胎中发现更高的一致性。[判断正误]

判断正误

如果你的父母都患有精神分裂症，那么几乎可以肯定你自己也会患上精神分裂症。

□**错误** 有精神分裂症的父母所生的孩子患上精神分裂症的概率不到50%（见图11.1最后一行）。

为了将环境因素从遗传因素中区分出来，研究人员转向了收养研究。在该研究中，高危儿童（父母中的一个或两个都患有精神分裂症）在出生后不久就离开他们的亲生父母被领养了，并由没有精神分裂症的养父母进行抚养（Wicks, Hjern, & Dalman, 2010）。事实证明，被收养儿童患精神分裂症的风险与其亲生父母是否有精神分裂症有关，而与养父母无关（Tandon, Keshavan, & Nasrallah, 2008）。支持遗传和环境都在精神分裂症中起作用的观点还指出，被收养在经济条件较差的家庭（单亲家庭或有父母失业的家庭）的高危儿童患精神分裂症的风险远高于在舒适环境中收养的高危儿童（Wicks, Hjern, & Dalman, 2010）。[判断正误]

判断正误

如果你是被患有精神分裂症的父母领养的，那么你患精神分裂症的概率和其亲生孩子差不多。

□**错误** 在那些亲生父母没有精神分裂症的领养儿童中，被有精神分裂症的养父母收养的孩子患精神分裂症的概率，并不比被非精神分裂症父母收养的孩子高。

其他研究人员则从相反的方向来探讨遗传问题。在一项经典的研究中，美国研究者西摩·凯蒂（Seymour Kety）和丹麦同僚一起（Kety et al., 1975, 1978），利用丹麦的官方记录，找到了33个儿童的指标个案。这些儿童很早就被收养了，而后来被诊断为精神分裂症。他们将指标个案的生物学亲属和领养亲属被诊断为患精神分裂症的比率，同一个没有精神病史的控制组的亲属进行比较。研究结果有力地支持了遗传解释。精神分裂症患者的生物学亲属中诊断为精神分裂症的发病率要高于控制组。指标个案和控制案例的收养亲属也表现出类似的精神分裂症的低发病率。这些发现和其他研究表明，精神分裂症的家族联系遵循的是共享基因，而不是共享环境。

另一种将遗传因素从环境因素中分离出来的方法叫作交叉培养研究（cross-fostering study），它比较了亲生父母是否患有精神分裂症的孩子和养父母是否患有精神分裂症的孩子的精神分裂症发病率。在丹麦进行的一项经典研究中，温德尔（Wender）和他的同事们（Wender et al.,1974）发现，孩子患精神分裂症的风险与其亲生父母是否患精神分裂症有关，而与他们的养父母无关。与亲生父母没有精神分裂症的孩子相比，高危儿童（其亲生父母患有精神分裂症）患精神分裂症的可能性几乎是他们的两倍，而不管其是否被有精神分裂症的父母抚养。同样值得注意的是，亲生父母都没有精神分裂症的被收养者，被有精神分裂症的养父母抚养，其患上精神分裂症的风险并不比养父母没有精神分裂症的被收养者高。总之，与精神分裂症患者的遗传关系似乎是导致精神分裂症最主要的风险因素。

快进到现在：很多研究人员正关注着与精神分裂症有关的特定基因（e.g., Dickinson et al., 2014; Greenhill et al., 2015; Schizophrenia Working Group, 2014; Siegert et al., 2015）。但是，我们要清楚这一点：没有一个基因单独导致了精神分裂症（Escudero & Johnstone, 2014; Walker et al., 2010）。相反，许多不同的基因引起大脑的异常发展，再加上紧张的环境影响，从而导致了精神分裂症（Agerbo et al., 2015; International Schizophrenia Consortium, 2009）。这些基因中的任何一个单独的基因可能只会产生很小的影响，但当多个基因的影响结合在一起时，一个人患上这种疾病的风险就更大了。[判断正误]

精神分裂症易感性的增强可能涉及了某些特定基因的共同变异、基因突变或影响各种大脑功能的基因缺陷的偶然组合（Levinson et al., 2011; Li et al., 2011; Pocklingtong et al., 2015）。科学家们还发现，年长父亲的后代患精神分裂症和孤独症的风险会增加，大概是因为年长男性的精子更容易发生突变（D'Onofrio et al., 2014; Kong et al., 2012）。然而，在年长母亲的身上却没有发现基因突变会增加的风险（Carey, 2012c）。

判断正误
科学家们认为某个特定基因的缺陷会导致精神分裂症，但他们还不能识别出这个缺陷基因。
□错误　科学家认为，许多基因，而不是任何一个基因，都参与了增加精神分裂症发展的可能性这个过程。

在继续之前，让我们注意一下遗传本身并不能完全决定一个人患精神分裂症的风险。环境影响也起着重要的作用。思考一下这个事实：许多有精神分裂症高患病风险的人最后并没有得这种病。事实上，正如我们前面所提到的，尽管同卵双胞胎携带着相同的基因，但他们之间的一致性比率远低于100%。当今关于精神分裂症的流行观点以素质—应激模型为代表（详见章节后面的治疗方法的结合），该模型认为，有些人在紧张的生活经历面前，继承了形成精神分裂症的倾向或弱点。例如，遗传缺陷或特定基因变异的组合，加上早年的紧张经历，可能会导致大脑发育异常，从而后期增加患精神分裂症的风险（Kim et al., 2012; Walker et al., 2010）。

现在，让我们思考其他生物因素在精神分裂症中的作用，包括生化因素、可能的病毒性感染和大脑异常。

生化因素 证据表明了在复杂的大脑神经元网络中多巴胺使用的不规则性（Howes et al., 2012; Keshavan, Nasrallah, & Tandon, 2011）。精神分裂症的主要生化模型，即**多巴胺假说**（dopamine hypothesis），认为精神分裂症涉及了大脑中多巴胺传递的过度活跃。

多巴胺模型的主要证据来源是抗精神病药物——精神安定剂的作用。第一代的精神安定剂是一种叫作吩噻嗪类的药物，包括诸如氯丙嗪、硫醚嗪以及氟奋乃静等药物。精神安定剂可以阻断多巴胺受体，从而降低多巴胺的活性。因此，精神安定剂抑制了神经冲动的过度传递，这可能会引起精神分裂症的阳性症状，如幻觉和妄想思维。

证明多巴胺在精神分裂症中作用的另一个证据来源是基于安非他命（一种兴奋剂药物）的作用。这些药物通过阻断突触前神经元的摄取来增加突触间隙中多巴胺的浓度。当给正常人大剂量服用时，这些药物会导致类似偏执型精神分裂症的症状。

总的来说，现有的证据表明，精神分裂症患者的大脑中使用多巴胺的神经通路存在异常——而这种异常可能是由基因决定的（Huttunen et al., 2008）。该异常的具体特性还在研究中。精神分裂症患者的大脑中似乎没有过多的多巴胺，而是大脑中的多巴胺系统过于活跃，或是对作用于多巴胺受体的刺激反应过度（Grace, 2010; Valenti et al., 2011）。另一种值得深入研究的可能性是，多巴胺受体的过度反应可能是阳性症状的原因，而其反

观看 精神分裂症

精神分裂症症状
阴性
▲ 平淡的情绪反应
▲ 言语贫乏
▲ 缺乏主动性和毅力
▲ 社会退缩
阳性
▲ 难以保持注意力
▲ 精神运动速度低
▲ 学习和记忆方面有缺陷
▲ 抽象思维差
▲ 问题解决能力差

应的减少可能有助于解释阴性症状的发生。我们也有证据能表明包括血清素、乙酰胆碱、谷氨酸和γ-氨基丁酸(GABA)在内的其他神经递质的作用(Dobbs,2010;Rasmussen et al.,2010;Walker et al.,2010)。这些神经递质在精神分裂症中的具体作用有待进一步探索。

观看视频"精神分裂症",了解更多关于该疾病的生化因素。

病毒性感染 是否有可能至少有一些形式的精神分裂症是由一种慢性病毒引起的,而这种病毒会攻击胎儿或新生儿正在发育中的大脑呢?产前风疹(德国麻疹)是一种病毒性感染,是导致智力缺陷的原因。会不会有另一种病毒能导致精神分裂症呢?我们现在还不知道,但是有证据表明,产前感染与精神分裂症的后期发展之间存在着联系(Brown et al.,2009;Canetta et al.,2014)。例如,研究人员报告说,他们发现在产前三个月内接触过流感病毒(流感)的个体,患精神分裂症的风险增加了7倍(Brown et al.,2004)。此外,在北半球的冬季和早春月份内出生的人,患精神分裂症的风险更大,而这种时候也更容易患上流感(King, St-Hilaire, & Heidkamp,2010)。在产前发育过程中,病毒药剂可能会作用于正在发育中的大脑,从而增加日后患精神分裂症的风险。瑞典的一项大规模研究的最新证据表明,产前感染所带来的风险可能仅限于母亲患有精神疾病的子女,这可能是因为产前感染和遗传易感性的相互作用(Blomstrom et al.,2015)。然而,即使发现了精神分裂症的病毒基础,它也可能仅占了病例的一小部分。

大脑异常 精神分裂症患者的脑部扫描显示出了结构异常和脑功能受损的证据(e.g., Hulshoff Pol et al.,2012;Kubota et al.,2013;Sun et al.,2015)。最明显的结构异常是精神分裂症患者的脑组织(灰质)的缺失或变薄(e.g., Guo, Liu et al.,2015;Zhang et al.,2015)。图11.2显示了患有早发型(童年期)精神分裂症的青少年大脑的视觉表征。脑组织恶化最明显的迹象是脑室异常增大,即大脑中的空洞(见图11.3;Kempton et al.,2010)。

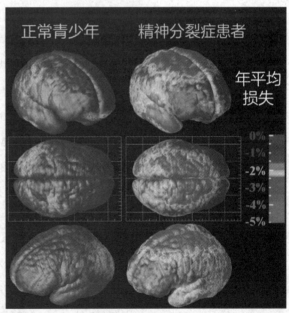

图11.2 患有早发型精神分裂症的青少年脑组织的缺失

患有早发型精神分裂症的青少年大脑(右图)显示出大量的灰质缺失。青春期通常会出现一些灰质萎缩(左图),但患有精神分裂症的青少年的灰质萎缩更加明显。

来源:Thompson et al.,2011.

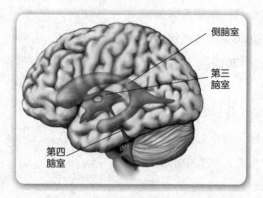

图11.3 脑室

精神分裂症患者的脑室通常会异常增大,这是脑组织恶化或缺失的征兆。脑室是一种中控的腔体,其中含有能缓冲大脑的液体。这里,我们看到了大脑左侧脑室的位置。

在精神分裂症中,由于遗传因素或环境因素(例如,病毒性感染、胎儿营养不足),或者可能是产伤或并发症,大脑可能在产前发育过程中就受损或未能正常发育(King, St-Hilaire, & Heidkamp, 2010;Walker et al., 2010)。一个可能的产前并发症的迹象是发现了低出生体重——产前发育问题的标志——与后来的精神分裂症之间有关联(Abel et al., 2010)。然而,我们需要记住,并非所有的精神分裂症病例都涉及脑组织的结构性损伤。可能有几种形式的精神分裂症有不同的因果过程。

对精神分裂症患者的脑部扫描显示,他们的大脑功能异常,脑组织缺失,尤其是前额叶皮层(PFC;Kong, Bachmann et al., 2012;Mechelli et al., 2011;Zhang et al., 2015)。前额叶皮层是大脑的思维、计划和组织中心,这就是为什么它经常被称作大脑的"执行中心"。

前额叶皮层位于前额的正后方,运动皮层(大脑中控制自主身体运动的部分)的前部。它负责大脑许多高阶或执行型的功能,如调节注意力、组织思想和行为、确定信息的优先级以及制定目标——这些正是精神分裂症患者经常出现的各种类型的缺陷。研究人员认为,前额叶的异常在很大程度上可能是有遗传起因的(Bakken et al., 2011)。我们现在有证据表明,精神分裂症的基因变异与精神分裂症患者前额叶皮层突触连接的变薄或减少有关(Dhindsa & Goldstein, 2016;Sekar et al., 2016;见后文的"深入思考:寻找精神分裂症中的遗传内表型")。

前额叶皮层作为一种心理剪贴板,用于保存指导和组织行为所需的信息。前额叶的异常也许可以解释为什么精神分裂症患者经常在工作记忆(我们用来记住信息并处理这些信息的记忆系统)方面有困难(Heck et al., 2014;Kaller et al., 2014;Slifstein et al., 2015)。我们经常使用工作记忆来处理头脑中的信息,例如在进行心算,或者在脑海中将声音保存足够长的时间,为了进行对话而把它们转化为可以识别的单词时。工作记忆受损可能会导致在精神分裂症患者身上经常出现的那种混乱、无序的行为。工作记忆的缺陷和涉及工作记忆的大脑回路异常通常在精神分裂症的第一次临床症状出现之前就已经出现了(Schmidt et al.,2013)。[判断正误]

脑成像研究也显示,与健康的对照组相比,精神分裂症患者的前额叶皮层不够活跃(e.g., Minzenberg et al., 2009;见图11.4)。例如,当进行算术问题时,与健康的对照组相比,精神分裂症患者的前额叶皮层的神经活动较低(Hugdahl et al., 2004)。前额叶皮层神经活动的减少,或者说前额叶功能低下(hypofrontality,"hypo"的意思是"低下"),可能反映了结构上的损伤,如脑组织的缺失。研究人员最近提出了另一种可能性——精神分裂症患者的大脑前额叶皮层中的通路(将其视为道路)可能相对较少,通路能将信息从一个神经元传递到另一个神经元中去(Cahill et al., 2009)。因此,信息可能会在大脑中经历名副其实的"交通堵塞"而被封闭起来(就像洲际公路上的司机由于施工需要而挤进一条车道里一样)。这反过来又可能导致混乱和无序的思维。

最近的证据还指出,连接前额叶皮层和大脑下部结构的脑回路出现了异常,包括丘脑和参与调节情绪和记忆的部分边缘系统(e.g., Baker et al., 2014; Kubota et al., 2013)。大脑的"思维部分"(前额叶皮层)和大脑

> **判断正误**
>
> 尽管我们普遍认为精神分裂症是一种脑部疾病,但仍然缺乏精神分裂症患者大脑功能异常的证据。
>
> □错误 越来越多的证据表明,许多精神分裂症患者的大脑结构和功能都存在着异常。

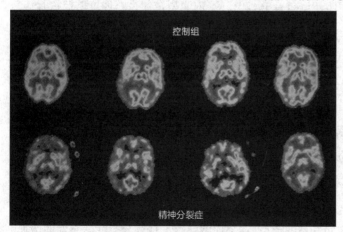

图11.4 对精神分裂症患者和正常人的PET扫描

正电子发射断层扫描(PET)显示,精神分裂症患者大脑额叶的代谢活动相对较少(表示为较少的黄色和红色)。最上面一行显示了四名控制组被试(正常人)的大脑PET扫描,下面则是四名精神分裂症患者的大脑PET扫描。

来源:Monte Buchsbaum, M.D., Mt.Sinai (Medical center), New York, NY.

中负责调节情绪和记忆过程的下部区域之间可能存在着脱节(Freedman, 2012; Park & Thakkar, 2010)。神经网络的连通性问题可能会损害信息在大脑各区域间的传递,导致集中注意力、清晰思考、有效规划、组织活动和处理情绪所需的高级心理功能及信息处理能力的崩溃(Bohlken et al., 2016)。这些大脑异常可能在早期就已经存在于那些后来发展成为精神分裂症的人身上了(Anticevie, Murray, & Barch, 2015)。

综上所述,越来越多的证据表明,精神分裂症是一种神经发育障碍,涉及了影响大脑不同部位的复杂神经元网络的异常。证据一致显示,遗传因素导致了大脑神经元网络中神经元之间的连接缺陷,使得精神分裂症患者清晰思考、组织和执行目标导向活动以及区分现实和幻想的能力更差。尽管精神分裂症的生物学基础证据仍在不断增加,但我们也应该意识到其长期以来与精神病医生托马斯·沙茨(Thomaz Szasz)医生有关的不同观点,而这位医生在他去世之前的很多年里一直强烈反对精神疾病这个概念(见本章后面的"批判地思考异常心理学:精神疾病只是个神话?")

深入思考

寻找精神分裂症中的遗传内表型

尽管仍处于起步阶段,但研究人员对内表型(endophenotypes)的科学研究正在逐渐兴起(Greenwood et al., 2016; Lowe et al., 2015; Riesel et al., 2015)。内表型是什么?你可以把它看作是一个潜在的过程或机制,并且人眼是看不到的,它解释了编码生物体DNA中的遗传指令是如何影响生物体的可观察特征或表型的(Gottesman & Gould, 2003)。表型是特征的外在表现,如眼睛的颜色或可观察到的行为。我们可以把内表型看作是基因在行为、生理特征或疾病中得以表达的机制或关键环节。

为了更好地理解基因在精神分裂症或其他疾病发展中的作用,我们需要挖掘出解释基因如何造成特定疾病发展的特定过程或机制的表象——内表型。研究人员目前正在研究一些疾病可能的内表型,如精神分裂症、抑郁症、双相障碍和强迫症(e.g., Fears et al., 2014; Goldstein & Klein, 2014; Hamiton, 2015; Peterson, Wang et al., 2014; Roussos et al., 2015; Yao et al., 2015)。图11.5是一个代表候选基因和可能的内表型之间联系的模型,这个模型导致了精神分裂症易感性的增加。

对精神分裂症中内表型的寻找主要集中在脑回路的紊乱、工作记忆的缺陷、注意力和认知过程受损以及神经递质功能异常上(e.g., Hill et al., 2013; Ivleva et al., 2013; Turetsky et al., 2014)。将脑回路中的异常视为一种可能的内表型。连接前额叶皮层和大脑下部区域(包括边缘系统在内)的脑回路参与了组织思维、感知、情绪和注意过程。这个回路中的缺陷可能造成了这些过程的崩溃,从而导致了精神分裂症的阳性特征,如幻觉、妄想和思维紊乱。

研究人员开始阐明导致大脑回路缺陷的潜在过程。2016年,一项具有里程碑意义的研究,将与精神分裂症有关的基因变异同大脑前额叶皮层中神经元之间突触连接的过度减弱联系在一起,这一过程就像修剪一棵树一样(Dhindsa & Goldstein, 2016; Sekar et al., 2016)。大脑会脱落一些随着成熟而变得多余或虚弱的突触连接(Carey, 2016)。这项新的研究表明,精神分裂症患者大脑中突触连接的过度脱落可能导致负责思考、注意、感知和情绪处理的大脑神经元网络之间出现沟通问题。为了进一步支持这一观点,有其他证据表明,精神分裂症患者和双相障碍患者的大脑异常与其大脑不同部位的沟通和信号的中断有关(Skudlarski et al., 2013)。

随着对精神分裂症隐藏机制的研究继续进行,我们应该明白,科学家们还没有发现任何一种存在于每个精神分裂症患者身上的大脑异常。也许"一刀切"的模式并不适用。精神分裂症是一种复杂的疾病,以不同的亚型和症状复合体为特征。大脑中不同的因果过程可以解释不同形式的精神分裂症。我们现在所说的精神分裂症实际上可能不仅仅是一种疾病。

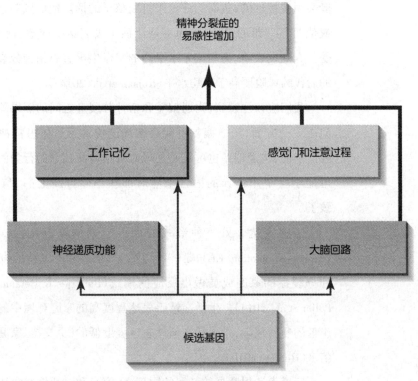

图 11.5 从基因到易感性

来源:摘自 Gottesman & Gould, 2003.

在一些女权主义认为是历史性的精神病性别歧视观点中,精神分裂症的母亲被描述为冷淡、冷漠、过分保护并且专横跋扈的。其特点是剥夺孩子的自尊心,扼杀他们的独立性,迫使他们依赖于她。由这样的母亲抚养,如果孩子的父亲很被动,并且不能抵消母亲的致病影响,那么孩子就有患上精神分裂症的特殊风险。值得庆幸的是，"精神分裂症母亲"这个概念不足为信，因为研究人员发现，精神分裂症患者的母亲并不符合这种刻板印象（e.g. Hirsch & Leff, 1975）。

如今，对家庭影响感兴趣的研究人员已经转向思考家庭内部的不正常沟通模式，以及针对精神分裂症的家庭成员的侵扰性和负面评论的影响了。

沟通偏差　沟通偏差（communication deviance, CD）是一种不清晰、模糊、有破坏性或分散的沟通模式，经常出现在精神分裂症患者的父母和家庭成员身上。沟通偏差是一种难以理解的言语，很难从中提取出任何共同的含义。沟通偏差高的父母往往很难集中精力听孩子在说什么。他们会在口头上攻击自己的孩子，而不是提出建设性的批评。他们还可能会用侵扰性的、负面的评论来打断孩子的话。他们倾向于告诉孩子她或他"真正"想的是什么，而不是让孩子去表达她或他自己的想法和感受。有证据表明，沟通偏差水平高的父母生出有患精神分裂症谱系疾病的后代的风险要高于平均水平（Roisko et al., 2014）。

我们应该注意到，沟通偏差和精神分裂症之间的因果关系可能是双向的。一方面，沟通偏差可能会增加遗传易感个体患精神分裂症的风险。然而，沟通偏差也可能是父母对有精神病孩子的行为的反应。父母可能学会了用怪异的语言来应对那些不停打断他们、与他们对峙的孩子。

情感表达　另一种形式的令人不安的家庭沟通，情感表达（expressed emotion, EE），是一种以敌对、批判和不支持的方式对患有精神分裂症的家庭成员做出反应的模式（Banerjee & Retamero, 2014; von Polier et al., 2014）。生活在情感表达程度高的家庭环境中的精神分裂症患者的复发风险，是生活在情感表达程度低的（更支持）家庭环境中的两倍多（Hooley, 2010）。

情感表达程度高的亲属的同理心、宽容和灵活性通常比情感表达程度低的亲属要少，并认为他们的精神分裂症亲属可以更好地控制自己令人不安的行为（Weisman et al., 2006）。亲属中的情感表达也与其他心理障碍的更糟糕的结果有关，包括重度抑郁、进食障碍以及创伤后应激障碍（PTSD; e.g. Barrowclough, Gregg, & Tarrier, 2008）。与情感表达程度高的亲属生活在一起，似乎会给那些受到精神障碍困扰的人带来更大的压力（Chambless et al., 2008）。

情感表达程度低的家庭实际上可以保护有精神分裂症的家庭成员免受外界压力的不利影响,或给他们一个缓冲,并有助于防止病情的反复发作(见图11.6)。然而,家庭互动是双向的:家庭成员和患者相互影响着对方。患有精神分裂症的家庭成员的破坏性行为会使其他家庭成员感到沮丧,促使他们以不那么支持、更加批判和敌对的方式对患者做出反应。这反过来又会导致精神分裂症患者的破坏性行为。

我们需要仔细观察精神分裂症患者家庭成员的情感表达频率的文化差异,以及这些行为对患者的影响。研究人员发现,情感表达程度高的家庭在诸如美国和加拿大这样的工业化国家中比印度等发展中国家要更常见(Barrowclough & Hooley, 2003)。

跨文化证据显示,墨西哥裔美国人、英美人以及情感表达程度高的中国家庭,比情感表达程度低的家庭更有可能把患有精神分裂症的家庭成员的精神病行为视为在个体的控制范围内(Weisman et al., 1998)。情感表达程度高的家庭成员的愤怒和批评可能是源于这样一种观念,即患者能够而且应该对自己的异常行为施加更大的控制。

在一项关于情感表达文化差异的研究中,研究人员发现,在英美家庭中,家庭成员高水平的情感表达与精神分裂症患者的负面结果关系更大,但在墨西哥裔美国家庭中却并非如此(Lopez et al., 2004)。对于墨西

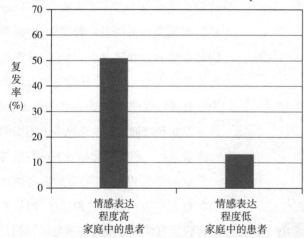

图11.6　情感表达程度高、低家庭中精神分裂症患者的复发率

在情感表达程度高的家庭中的精神分裂症患者的复发率比在情感表达程度低的家庭中的精神分裂症患者高。情感表达程度低的家庭可能有助于保护有精神分裂症的家庭成员免受环境压力的影响,而情感表达程度高的家庭则可能会给他们带来额外的压力。

来源:摘自 King & Dixon, 1999.

哥裔美国家庭而言,家庭的温暖程度,而不是情感表达本身,与受影响家庭成员的精神分裂症的积极进程有关;而对于英美家庭中的患者来说,家庭温暖与此类结果无关。在另一项研究中,研究人员认为,情感表达程度高的非裔美国人患者实际上与正面结果有关(Rosenfarb, Bellack, & Aziz, 2006)。为什么会出现这种明显的矛盾呢?研究人员指出,对于非裔美国人来说,在家庭互动中发表的侵入性的批评言论可能被视为关心和关注的标志,而非拒绝。这些结果强调了通过文化视角来观察异常行为模式的重要性。

精神分裂症患者的家属通常几乎没有做任何来应对照顾他们的压力的准备。比起过分关注情感表达程度高的家庭成员的负面影响,也许我们更应该去帮助家庭成员学习更多相关的建设性方法来相互支持。作为综合治疗方案的一部分,治疗师需要与精神分裂症患者的家属合作,以降低情感表达的水平。

精神分裂症中的家庭因素:是压力的原因还是来源? 消极的家庭互动直接导致精神分裂症的观点没有得到证据的支持。相反,如果生活在保守家庭和社会压力困扰的环境中,那么对精神分裂症具有遗传易感性的人可能更容易患上精神分裂症(Reiss, 2005; Tienari et al., 2004)。

家庭如何概念化精神障碍与他们同患有这些障碍的亲属间的关系有关。例如,"精神分裂症"一词在我们的社会中被不少人视为一种"耻辱",而随之而来的是一种预期,即这种病是持久的。相比之下,对于许多墨西哥裔美国人来说,精神分裂症患者被认为患有神经症("神经"),一种与焦虑、精神分裂症和抑郁症等一系列令人不安的行为联系在一起的文化标签——与精神分裂症的标签相比,带有更少耻辱感和更积极的期望的标签。"神经症"的标签可能为患有精神分裂症的家庭成员摘掉了"耻辱"的帽子。

家庭成员对患精神分裂症的亲属的反应可能不同,他们更愿意将其行为的某些方面归因于一种暂时的或可治愈的条件,认为意志力可以改变这种疾病,而

有着怎样的名称? 显然,有很多。许多墨西哥裔美国人认为精神分裂症患者患有神经症("神经")。与精神分裂症的标签相比,神经症的标签所承载的耻辱感更少,期望也更积极。

不是认为这种行为是由永久性的大脑异常所引起的。亲属们对患有精神分裂症的家庭成员控制自己疾病的程度,可能是他们如何应对这些疾病的关键因素。对于患有精神分裂症的家庭成员,其他家庭成员可以采取一种平衡的观点,承认精神分裂症患者可以对自己的行为保持一定的控制,但他们的一些怪异的或破坏性的行为是其潜在疾病的产物。家庭成员概念化精神分裂症的不同方式是否与受影响的家庭成员的疾病复发率的差异有关还有待观察。

治疗方法的结合

素质—应激模型

1962年,心理学家保尔·米尔(Paul Meehl)提出了一个精神分裂症的综合模型,从而导致了素质—压力模型的发展。米尔认为,某些人具有精神分裂症的遗传倾向,但只有在压力环境中长大才会表现出精神分裂症的行为(Meehl,1962,1972)。

后来,祖宾和斯普林(Zubin & Spring)提出了素质—应激模型,该模型将精神分裂症的发展归结为素质的相互作用或结合,或发展障碍的遗传易感性,以及有压力的生活因素,尤其是超过个人压力阈值或应对资源的环境压力(有关精神分裂症的素质—应激模型的表示,请参见图11.7)。还需要注意的是,保护因素的存在可能会潜在地缓冲生活压力的影响,从而降低精神分裂症的遗传易感性在疾病发展过程中表达出来的可能性。

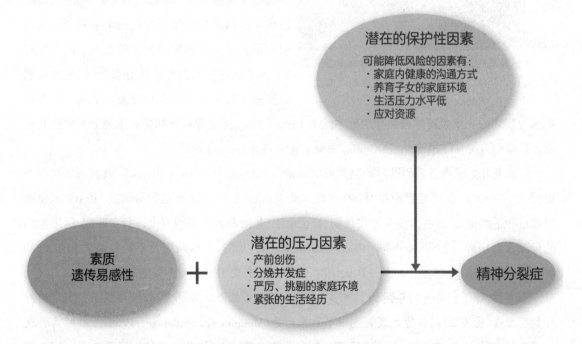

图11.7　精神分裂症的素质—应激模型

环境压力源可能包括心理因素,如家庭冲突、虐待儿童、情感剥夺或失去支持性的身材,以及物理环境影响,如早期脑外伤或损伤。另一方面,如果环境压力仍然低于人的压力阈值,精神分裂症可能永远不会发展,即使是在有遗传风险的人群中也是如此。

研究证据支持了素质—应激模型

有几个证据支持了素质—应激模型。一是精神分裂症往往发展于青春期后期或成年早期,大约往往是在年轻人面临的压力增大的时候,而这些压力与形成独立性和寻找在生活中的角色有关。其他证据还表明,心理社会应激,如情感表达,会使精神分裂症患者的症状恶化,并增加其复发的风险。其他的压力因素,如经济困难和生活在贫困社区,也可能导致精神分裂症的因果矩阵中遗传易感性的相互作用。然而,压力是否会直接触发遗传易感个体的精神分裂症的最初发作,仍然是一个悬而未决的问题。

高危儿童的保护因素　一个支持性的和培育性的环境可以降低高危儿童患精神分裂症的可能性。

对素质—应激模型更直接的支持来自对高危儿童的纵向研究,这些儿童由于父母一方或双方患有精神分裂症而增加了自身患上精神分裂症的风险。对高危儿童的纵向研究支持了素质—应激模型的核心原则:遗传与环境的相互作用决定了精神分裂症的易感性。纵向研究对个体进行了长期的追踪。理想的情况是,他们在患者的疾病或问题行为模式出现之前就开始研究,并遵循疾病的进程。通过这种方式,研究人员可以确定疾病的早期特征并预测未来发展。这些研究需要多年的承诺和巨大的投入。因为仅有1%的普通成年人会患精神分裂症,研究人员就把注意力放在了高危儿童身上。父母一方患有精神分裂症的儿童患精神分裂症的概率约为10%到25%,而父母双方都患有精神分裂症的儿童患病概率约为45%(Erlenmeyer-Kimling et al., 1997;Gottesman, 1991)。

对高危儿童的最著名的纵向研究是由萨尔诺夫·梅德尼克(Sarnoff Mednick)及其同事在丹麦进行的。1962年,梅德尼克小组对207名高危儿童(他们的母亲患有精神分裂症)和104名参照对象进行了鉴定,对这些参照对象在性别、社会阶层、年龄和教育等因素上进行了匹配,但是他们的母亲没有精神分裂症(Mednick, Parnas, & Schulsinger, 1987)。这两组儿童的年龄从10岁到20岁不等,平均年龄为15岁。在第一次面谈时,没有孩子表现出有令人不安的迹象。

五年后,孩子们的平均年龄到了20岁,并重新接受了检查。在那个时候,尽管不一定是精神分裂症发作,但有20名高危儿童表现出了异常行为(Mednick & Schulsinger, 1968)。然后将表现出异常行为的儿童(称为高危"病态"组),与原始样本中的20名表现良好的高危儿童(高危"健康"组)匹配组和20名低危被试匹配组进行了比较。结果表明,高危"健康"后代的母亲比高危"病态"组或低危组的母亲更容易怀孕和分娩。70%的高危"病态"儿童的母亲在怀孕或分娩期间有严重的并发症。也许与素质—应激模型一致的是,诸如怀孕、分娩期间的并发症或出生后不久的大脑损伤等压力因素,与遗传易感性相结合,会导致人生后期出现严重的精神障碍。

在另一项经典的研究中,芬兰的研究人员还发现了胎儿以及出生后的异常与成年后精神分裂症的发展之间的联系(Jones et al.,1998)。在丹麦的研究中,高危"健康"组在怀孕和分娩过程中的并发症发生率较低,表明了正常的怀孕和分娩有助于高危儿童避免出现异常行为模式(Mednick, Parnas,& Schulsinger,1987)。

与丹麦的研究结果相反,来自近140万新生儿的追踪证据显示了一个有趣的联系,支持了在产前发育过程中母体应激的作用。若一个母亲在妊娠早期内经历了高压力事件(比如亲属去世),那么她的后代,比普通母亲的后代患精神分裂症的概率要高(Khashan et al.,2008)。这一证据表明,妊娠早期的严重压力源可能会对胎儿的大脑发育造成不利影响。

积极的环境因素,如良好的教养,可能有助于预防那些遗传风险增加的孩子患上精神分裂症。梅德尼克和他的同事发现,那些后来患上精神分裂症的高危儿童与父母的关系比那些没有患精神分裂症的高危儿童要差,这也支持了早期环境影响的作用(Mednick, Parnas, & Schulsinger,1987)。儿童期行为问题的存在也可能是高危儿童的精神分裂症相关疾病后期发展的标志(Amminger et al.,1999)。

治疗方法

11.4 明确和评估精神分裂症的治疗方法

精神分裂症无法治愈。治疗通常是多方面的,包括药理学、心理学和康复疗法。大多数在有组织的精神健康环境中接受精神分裂症治疗的人,都会接受某种形式的抗精神药物,这种药物用于控制幻觉和妄想等症状,并降低反复发作的风险。

生物学方法 20世纪50年代,抗精神病药物——也被称为主要的镇静剂或精神抑制药——的出现,彻底改变了精神分裂症的治疗方法,并为精神病患者的大规模出院(去机构化)提供了动力。抗精神病药物有助于控制更严重的精神分裂症行为模式,如妄想思维和幻觉,并减少长期住院治疗的需要。

对于许多患有慢性精神分裂症的病人而言,进医院就像是通过旋转门:他们要反复地住院和出院。许多人一旦依靠药物稳定下来以后,几乎得不到后续治疗(如果有的话),就会被直接送到街上。这通常会导致长期无家可归的模式,并不断出现短暂的住院情况。

第一代抗精神病药物包括吩噻嗪氯丙嗪(托拉嗪)、甲硫哒嗪(硫醚嗪)、三氟哌拉嗪(三氟拉嗪片)以及氟苯嗪(普罗辛)。氟哌啶醇与吩噻嗪在化学上是不同的,但会产生类似的结果。

抗精神病药物会阻断大脑中的多巴胺受体,降低大脑中多巴胺的活性,并有助于缓解更明显的症状,如幻觉和妄想。抗精神病药物的有效性在双盲、安慰剂对照试验中一再得到证实(Geddes, Stroup, & Lieberman, 2011; Nasrallah et al., 2009)。即便如此,这些药物也并不能帮助所有的精神分裂症患者,而且即使是那些一直在服药的患者,也可能并且确实会发生复发。

长期使用精神抑制药的主要风险是潜在的致残副作用,被称为迟发性运动障碍(tavdive dyskinesia, TD)。迟发性运动障碍有多种不同的形式,其中最常见的是频繁眨眼。这种障碍的常见症状包括不自主的咀嚼和眼球运动,咂嘴和唇部皱缩,面部扭曲以及四肢和躯干的不自主运动。在某些情况下,运动障碍会严重到使患者呼吸、说话或进食都有困难。在很多情况下,即使不服用抗精神病药物了,这种障碍还会持续下去。

迟发性运动障碍在老人和女性中最常见。尽管迟发性运动障碍会逐渐改善或在一段时间内稳定下来,但许多患有该障碍的人仍然长期处于重度残疾状态。对这种令人不安的副作用,目前缺乏有效和安全的治疗方法。这种潜在致残副作用的风险要求医生要仔细权衡长期药物治疗的风险和益处。

第二代抗精神病药物,被称为非典型抗精神病药物,已经在很大程度上取代了早期的抗精神病药物。非典型抗精神病药物具有与第一代抗精神病药物同等的功效,但其具有神经副作用较少,迟发性运动障碍风险较低的特点(e.g., Harvey, James, & Shield, 2016; Rosenheck & Lin, 2014; Yu et al., 2015)。

更常用的非典型抗精神药物包括氯氮平(商品名"可致律"),利培酮(商品名"维思通")以及奥氮平(商品名"再普乐")。对于在夏令营期间经历了第一次精神失常的女人萝莉·席勒来说,当接受了氯氮平治疗后时,那些声音就变得更加轻柔了。

"我""那些声音变得轻柔"

好像它从[我的大脑]里流出来一样。我　　的脑子里塞满了黏糊糊的东西,像是融化的橡胶或机油。现在,所有那些黏糊糊的东西都流了出来,只剩下我的大脑了。慢慢地,我开始思考得更清楚了。

那些声音呢?那些声音变得更加轻柔了。声音越来越轻柔了吗?它们是越来越轻柔了!它们开始四处移动,从我的头骨外面到里面,然后又到外面。但它们的分贝确实是在下降的。

这确实发生了。我自由了。我祈祷能寻求一些平静,我的祈祷终于得到了回应……我想要活着。我想要活着。

来源:Schiller & Bennet,1994.

随着时间的推移,那些声音逐渐模糊在背景中,最后消失了。萝莉需要学会离开这些声音而生活,并且创造属于自己的生活。她开始大胆地走出医院的限制。她住进了一个中途之家,开始走向更加独立的生活。萝莉在中途之家住了三年半,现在已经独立生活了。

抗精神病药物有助于控制精神分裂症的症状,但它们不是治愈方法。慢性精神分裂症患者一旦急性症状有所减轻,通常会维持抗精神病药物的剂量。然而,许多患者即使继续服药也会复发。对于停止服药的患者来说,其复发的风险则更大。不过,不是所有的精神分裂症患者都需要抗精神病药物来独立生活(Jobe & Harrow,2010)。不幸的是,我们还不能预测哪些患者可以在不继续用药的情况下有效地进行治疗。[判断正误]

判断正误

我们现在拥有的药物不仅可以治疗精神分裂症,而且在很多情况下还可以治愈精神分裂。

□错误 抗精神病药物有助于控制精神分裂症的症状,但不能治愈精神分裂症。

非典型抗精神药物也有明显副作用的风险,包括如心脏性猝死、体重增加以及与心脏病和中风导致死亡风险增加相关的代谢紊乱等严重的医疗并发症(e.g., Abbott,2010)。此外,非典型抗精神分裂症药物氯氮平也有导致潜在致命疾病的风险,这种疾病会使身体产生的白血球供应不足。由于这种风险的严重性,接受这种药物治疗的患者需要定期进行血液检查。总之,医生们面临着一个艰难的选择,他们必须平衡治疗的益处和随之而来的潜在严重副作用风险(Stroup et al.,2016)。

无论抗精神病药物的益处可能是什么,单靠药物是无法满足精神分裂症患者多方面需求的。精神类药物可以改善更明显的症状,但对人的一般社会功能、生活质量和阴性症状的再用药的影响有限(Friedman,2012;Turkington & Morrison,2012)。因此,药物治疗需要辅以心理治疗、康复治疗、认知(记忆力和注意力)训练、社会技能训练(包括帮助患者解读他人的面部表情),以及旨在帮助精神分裂症患者适应社区生活的多种需求的社会服务（e.g., Hooker et al., 2012; LeVine, 2012; Strauss, 2014）。在一个综合的护理模型中需要更广泛的治疗成分参与进来，包括使用抗精神病药物、医疗保健、心理治疗、家庭治疗、社会技能训练、危机干预、康复服务、住房以及其他社会服务。治疗方案还必须确保医院与社区之间的持续护理。

治疗中的社会文化因素　　对精神药物和剂量的反应可能因患者的种族而异（USDHHS, 1999）。例如，亚裔和拉美裔美国人可能比欧裔美国人所需要的精神抑制剂的剂量要低。亚裔美国人在同样的剂量下也会有更多的副作用。精神分裂症患者的治疗方式也因种族而异：例如，在一项研究中，非裔美国患者接受新一代非典型抗精神药物的可能性要低于欧裔美国患者（Kuno & Rothbard, 2002）。

在家庭参与治疗中，种族也发挥了作用。在一项针对26名亚裔和26名非拉美裔美国白人精神分裂症患者的研究中发现，亚裔美国患者的家人会更频繁地参与到治疗方案中（Lin et al., 1991）。例如，亚裔美国患者的家庭成员更有可能会陪着他们参加药物评估会。亚裔美国人更多的家庭参与可能反映出亚洲文化中相对强烈的家庭责任感。非拉美裔美国白人则更可能强调个人主义和自我责任。

保持精神分裂症患者与家庭和更大的社区之间的联系是许多亚洲文化以及世界其他地区（如非洲）文化传统的一部分。例如，中国的重度精神分裂症患者与他们的家庭和工作场所都保持着密切的联系，这有助于增加他们重新融入社区生活的机会（Liberman, 1994）。在非洲治疗精神分裂症的传统康复中心，患者从家人和社区成员那里得到的强有力的支持以及以社区为中心的生活方式是治疗得以成功的重要因素（Peltzer & Machleidt, 1992）。

心理动力学疗法　　弗洛伊德并不认为传统的精神分析很适合精神分裂症的治疗。从精神分裂症的幻想世界中解脱出来，会阻碍精神分裂症患者和精神分析师形成有意义的关系。弗洛伊德写道，古典精神分析的技术必须"被其他技术所取代，但我们还不知道是否能成功找到替代品"（引自Arieti, 1974, p.532）。

其他精神分析学家，如哈里·斯戴塔·沙利文和弗里达·弗洛姆-赖希曼，采用了专门用于治疗精神分裂症的精神分析技术。然而，研究未能证明精神分析或心理动力学疗法在治疗精神分裂症上的有效性。尽管人们对以学习为基础的疗法研究较少，但据报道，一种基于素质—应激模型的改良型心理动力学疗法可以帮助患者应对压力,并培养其社交技能,如学习如何应对他人的批评(Bustillo et al., 2001)。

基于学习的疗法 尽管很少有行为疗法认为错误的学习会导致精神分裂症,但基于学习的干预措施已经被证明可有效改善精神分裂症行为,并能帮助精神分裂症患者发展有助于他们更有效地适应社区生活的行为。治疗方法包括以下几种:

1. 选择性地强化行为,如关注适当的行为,并通过不注意来消除怪异的言语。
2. 代币制,指的是在病房内的病人会因其适当的行为而受到代币奖励,如塑料芯片等替代物,并可以用来换取具体的强化物,如所需的物品或特权。
3. 社交技能训练,通过指导、建模、行为演练和反馈,向患者传授会话技能和其他适当的社会行为。

虽然代币制有助于提高住院精神病人的良好行为,但近年来,它们在精神病院里已经基本不被使用了(Dickerson, Tenhula, & Green-Paden, 2005)。部分问题在于,它们是时间型和人员密集型的。要使这些方法取得成功,必须有强有力的行政支持、熟练的治疗领导者、广泛的员工培训和持续的质量控制,所有这些都可能会限制其实用性。

社交技能训练(SST)项目能帮助个体获得一系列的社会技能和职业技能。精神分裂症患者往往缺乏社区生活所需的基本社交技能,如自信、面试技巧和一般的会话技巧。社交技能训练可以帮助他们提升社交技能和一般的社交功能水平(e.g., Granholm et al., 2014; Hooley, 2010; Lecomte et al., 2014)。然而,一旦患者出院了,社交技能训练对降低复发率的作用就不大了。

社交技能训练的基本模式包括了在小组内的角色扮演练习。参与者会练习一些技巧,比如开始或保持与新认识的人之间的对话,并从治疗师和小组其他成员那里得到反馈和强化。第一步可能是进行演练,让参与者角色扮演目标行为,如向陌生人询问公交车的方向。然后,治疗师和小组其他成员赞扬他们的努力,并提供建设性的反馈。角色扮演通过诸如建模(观察治疗师或其他小组成员扮演的期望行为)、直接指令(扮演期望行为的具体方向)、塑造(对目标行为连续逼近的强化),以及指导(在角色扮演中使用口头或非语言提示来引导出特定的期望行为)等来得到增强。参与者还有家庭作业,要求他们在自己居住的环境中练习这些行为,如在医院病房或社区内。目的是推广训练结果,或将其迁移到其他环境中去。训练课程也可以在商店、餐馆、学校以及其他现实环境中进行。

另一种以学习为基础的治疗精神分裂症被更广泛实践的药物治疗的附属品是认知行为疗法(CBT;Turkington et al., 2014;Turneret al., 2014;Wykes, 2014)。认知行为疗法致力于改变思维模式,以此来帮助精神分裂症患者通过将他们的声音重新归因于其内心的声音或者是自我,来控制他们的幻觉。认知行为疗法还可以帮助患者避免认知错误,如过早地得出结论;用替代性的解释代替妄想信念;以及对抗阴性症状,如由于缺乏动力和冷漠而使他们难以适应社区生活的需求。越来越多的证据表明,使用认知行为疗法和其他类似的技术可以有效治疗精神分裂症患者(e.g., Hazellet al., 2016;Lecomte et al., 2014;Morrisonet al., 2014;Shiraishiet al., 2014)。认知行为疗法的重点是帮助精神分裂症患者形成适应性的生活技能,促使我们将心理社会性康复的作用视为多方面治疗方法的一部分。

培养技巧 社交技能训练小组帮助精神分裂症患者形成社交和职业技能,以适应更加独立的社区生活。

心理社会性康复 精神分裂症患者通常在社会和职业角色上,以及在从事依赖于包括注意力和记忆在内的基本认知能力的工作上都有困难。即使没有明显的精神病行为,这些问题也限制了他们适应社区生活的能力。据报道,认知康复训练在帮助精神分裂症患者增强注意力和记忆力等认知技能方面有很好的效果(Moritz et al., 2014;Wykes, 2014)。

许多自助俱乐部(一般称为俱乐部会所)和康复中心如雨后春笋般涌现出来,以帮助精神分裂症患者在社会中找到自己的一席之地。许多中心是由非专业人士或精神分裂症患者自己创办的,这主要是因为精神卫生机构往往无法提供类似的服务。俱乐部会所不是家;相反,它是一个独立的社区,为成员提供社会支持,帮助他们找到教育机会和有偿就业。

多服务康复中心通常会提供住房、工作和教育机会。这些中心经常利用技能训练的方法来帮助患者学习如何处理金钱,解决与家人的纠纷,发展友谊,乘坐公交车,自己做饭,购物等等。

家庭干预项目 家庭冲突和消极的家庭干预会给患有精神分裂症

的家庭成员带来压力,增加复发的风险。研究人员和临床医生已经与精神分裂症患者的家属展开了合作,来帮助他们应对护理负担,并发展合作的、不那么对抗的与他人相处的方式。家庭干预的这些具体组成成分各不相同,但它们通常具有一些共同点,比如关注日常生活的实际方面,教家庭成员关于精神分裂症的知识,教他们如何以一种不那么敌对的方式与患有精神分裂症的家庭成员相处,改善沟通,培养有效的解决问题和应对的技巧。结构化的家庭干预可以减少家庭中的摩擦,提高精神分裂症患者的社会功能,甚至能降低其复发率(Addington, Piskulic, & Marshall, 2010; Guo et al., 2010)。然而,这些益处似乎是相对微弱的,关于复发是被阻止了还是仅仅被推迟了的问题依然存在。

达成共识——需要采用综合的方法 一项针对404名首次发病的精神分裂症患者的大规模、有影响力的研究表明,许多临床医生早就已经认识到,药物治疗与心理治疗结合在一起,比单独使用标准药物治疗更有效(Carey, 2015; Kane et al., 2015)。该研究中的患者被随机分组,接受标准的抗精神病药物治疗,或由低剂量药物(以使副作用最小化)、职业和学术援助、向家庭成员传授精神分裂症相关知识、以及个体一对一心理治疗组合在一起的治疗。在心理治疗中,患者将学习各种技能,比如应对自己头脑中声音的方式——例如,与它们顶嘴或无视它们——获得建立社会关系所需的社交技能,以及学会控制抑郁症状。

总之,没有一种单一的治疗方法可以满足精神分裂症患者的所有需求。精神分裂症作为终身疾病的观念强调了长期治疗干预措施的必要性,包括使用抗精神病药物、家庭治疗、支持性或认知行为疗法、职业训练、住房和其他社会支持服务。为了帮助个体达到最大程度的社会适应,这些干预措施应该在一个综合的治疗模式中进行协调和整合。

批判地思考异常心理学

@问题:精神疾病只是个神话?

1961年,精神病学家托马斯·沙茨(Thomas Szasz, 1920—2012)大胆宣称精神疾病是不存在的,这震惊了精神病学界。在颇具争议的著作《精神疾病的神话》中,曾长期批评精神病院的沙茨认为,精神病是一个神话,一个被用来污蔑和压制那些被认为是不正常的、古怪的或怪异行为的人的虚构社会(Szasz, 1960, 2011)。对沙茨来说,所谓的精神疾病实际上是"生活中的问题",而不是像流感、高血压和癌症一样的疾病。沙茨并没有质疑被诊断为精神分裂症或其他精神疾病的人的行为是特殊的或紊乱的,也没有否认这些人有情绪问题或难以适应社会。然而,他挑战了传

托马斯·沙茨 已故精神病学家托马斯·沙茨与机构精神病学进行了长期的斗争。沙茨认为精神疾病是一个神话,精神健康问题是生活中的问题,而不是医学疾病。

统观点,即奇怪或古怪的行为是潜在疾病的产物。沙茨认为,把问题当作"疾病"来对待可以让精神科医生把社会中不正常的人送进医疗机构。对沙茨来说,非自愿住院治疗是一种伪装成治疗的暴政。它剥夺了人们的尊严,剥夺了他们最基本的人权:自由。

精神分裂症患者的种种问题——妄想、幻觉和语无伦次——仅仅是"生活中的问题",还是潜在疾病过程的症状呢?认为精神疾病是一种神话或社会结构的信念很难与大量的证据相协调,这些证据显示了精神分裂症患者的大脑结构和功能上的差异,以及增加患这种疾病的风险的遗传因素。

自从沙茨声称精神疾病不存在以来,我们已经对精神或心理疾病的生物学基础有了很多了解,尽管还有很多需要学习。我们对包括癌症和阿尔兹海默病在内的许多疾病的病因的了解也不完整,但缺乏知识并不能使它们更不像疾病了。许多专业人士认为,像沙茨这样的激进理论家过分强调精神疾病只是社会捏造出来的一种假象,是为了给社会上的离经叛道者抹黑。

证据表明,生物因素在许多异常行为模式中扮演着重要的角色,包括精神分裂症、心境障碍和孤独症。我们应该把疾病模型扩展到什么程度呢?反社会型人格障碍是一种疾病吗?或者注意力缺陷多动障碍是一种疾病吗?或者具体的恐惧症,如害怕飞行,都是一种疾病?将异常行为模式视为疾病与将其视为生活中的问题相比,有什么意义呢?

DSM本身并没有表明精神疾病(如果有的话)是以生物学为基础的。它认识到,大多数精神疾病的原因仍然不确定:有些障碍可能有纯粹的生物学原因;有些可能有心理原因;还有一些,可能是大多数,涉及生物、心理和社会环境因素的相互作用。

总而言之,沙茨和其他精神卫生机构的批评者的观点,有助于为社会精神病机构在保护患者权利方面取得急需的改进。他们还把我们的注意力引向了对越轨行为的反应对社会和政策的影响。也许最重要的是,他们要求当我们把不良行为当作疾病的征兆而不是适应问题时,要检查我们的假设。

在批判性地思考这个议题后,回答下列问题:

· 说精神分裂症是一种生活问题而不是一种疾病,这意味着什么?治疗有什么影响?社会是如何回应那些行为异常的人的?

· 根据沙茨第一次写书积累的知识,哪些精神疾病应该被归为生活问题?哪些应该被归为疾病?

其他精神分裂症谱系障碍

DSM-5将一系列心理障碍归为精神分裂症谱系障碍。它们包括轻度形式的无组织或不寻常的思维,与精神分裂症型人格障碍相关的其他困难(将在第12章中讨论),以及精神病性障碍,如短暂性精神障碍、类精神分裂症、妄想障碍、分裂情感性障碍以及精神分裂症本身。

短暂性精神障碍

11.5 描述短暂性精神障碍的主要特征

有些短暂性精神障碍不会发展成精神分裂症。**短暂性精神障碍**(brief psychotic disorder)的诊断类别适用于持续一天到一个月的精神障碍,其特征至少包括以下一种:妄想、幻觉、无组织的语言,或严重无组织的或紧张症行为。最终会完全回归到个体先前的功能水平。短暂性精神障碍通常与重大压力源有关,如失去亲人或在战时遭受残酷的创伤。女性有时会在分娩后出现这种障碍。

类精神分裂症

11.6 描述类精神分裂症的主要特征

类精神分裂症(schizophreniform disorder)包括与精神分裂症相同的异常行为至少持续1个月,但不超过6个月。因此,他们还没有证明精神分裂症的诊断是正确的。虽然有些病例有良好的结果,但在其他病例中,类精神分裂症会持续6个月以上,并可能被重新归类为精神分裂症,或者可能归为另一种形式的精神疾病,如分裂情感性障碍。然而,关于诊断有效性的问题仍然存在。更适当的诊断方法是,对那些最近出现精神病症状的人进行分类,直到有更多的信息明确指出哪些是特定的病症适用。

妄想障碍

11.7 描述妄想障碍的主要特征

我们中的许多人,可能甚至是大多数人,有时候会对他人的动机产生怀疑。我们可能会觉得别人厌恶我们,或者认为别人在背后议论我们。然而,对于我们大多数人而言,偏执的想法并不是彻底的妄想的形式。**妄想障**

有人试图去伤害你吗? 患有妄想障碍的人经常在他们的脑海中编织出偏执的幻想,以至于与现实相混淆。

碍(delusional disorder)的诊断适用于那些有持续的、明显的妄想信念的人,通常会涉及偏执的主题。妄想障碍是罕见的,在10000人中估计有20人会在自己的一生中患上这种疾病(American Psychiatric Association,2013)。

在妄想障碍中,妄想信念可能是怪异的(例如,认为外星人在人的头部植入了电极),或可能属于看似合理的范围内,比如没有根据地认为配偶对其不忠,被他人迫害,或者吸引了名人的喜爱。其中一些看似合理的观点可能会导致其他人与其认真地谈论这些观点,并在得出这些观点是毫无根据的结论之前对它们进行检查。除了妄想之外,个体的行为可能没有表现出明显的奇怪或怪异行为的证据,正如我们在下面这个例子中所看到的。

杀手:一个妄想障碍的案例

波尔森先生是一位42岁的已婚邮政工人,他的妻子把他送进了医院,因为他坚持认为自己的生活中有一份合同。他告诉医生,这个问题大约在四个月前开始出现,当时他的主管指控他篡改了包裹,这可能会让他丢掉工作。虽然主管在正式听证会上被免除了,但他感到愤怒,并感觉是在当众受辱。他接着说,他的同事们很快就开始避开他,当他走过时,他们会转过身去,好像不想见到他似的。他开始认为他们在背后谈论他,虽然他搞不清楚他们在说什么。他逐渐确信他的同事们在回避他,因为他的老板在他的生活中另有一份合同。他说,他注意到有几辆白色的大轿车在他住的那条街上来回巡航。他认为这些车里有杀手,并拒绝在没有陪同的情况下出门。除了报告他的生活处于危险之中外,他的思维和行为在面谈中显得完全正常。他否认有任何的幻觉,除了他对自己的生活处于危险之中的不寻常信念之外,他没有表现出其他任何精神病行为的迹象。诊断为迫害型妄想障碍似乎是最合适的,因为没有证据表明他的生活中真的有一份合同(因此,它被认为是一种迫害妄想),也没有其他明确的精神病迹象可以支持精神分裂症的诊断。

来源:摘自 Spitzer et al.,1994,p.177—179.

波尔森先生认为"重装警察"正在追捕他,不过他在医院接受了抗精神病药物的治疗,大约三周以后,他的妄想信念就消失了。然而,关于自己是被"袭击"对象的这一想法却在他脑海中挥之不去。住院一个月后,他说,"我想我的老板取消了合同。他现在不能在没有公开的情况下侥幸逃脱了"(Spitzer et al.,1994,p.179)。

尽管精神分裂症患者经常会产生妄想,但妄想障碍与精神分裂症是不同的。妄想障碍的患者不会表现出混乱或跳跃性的思维。幻觉出现的时候,是不那么明显的。精神分裂症中的妄想隐藏在大量被扰乱的思想、知觉和行为之中。在妄想障碍中,妄想本身可能是异常的唯一明显的标志。

表11.2描述了DSM-5中各种类型的妄想障碍。像其他形式的精神病一样,妄想障碍通常会对抗精神病药物产生反应(Morimoto et al., 2002; Sammons, 2005)。然而,一旦这种妄想被建立起来,它可能会持续下去,尽管个体对它的担忧会随着时间而起起落落。在其他情况下,妄想可能会在一段时间内完全消失,然后又复发。有时候,妄想还会永远消失。

表11.2 妄想障碍的类型

类型	描述
被爱妄想障碍	认为别人——通常是社会地位较高的人(如电影明星或政治人物)——爱上了自己的一种妄想信念,也称为钟情妄想障碍
自大妄想障碍	对自己的价值、重要性、权力、知识或身份的膨胀信念,或认为自己与神或名人之间有特殊关系。那些相信自己有特殊的神秘能力的邪教领袖可能会有这种类型的妄想症
嫉妒型妄想障碍	基于嫉妒的妄想,一个人可能会在没有正当理由的情况下,确信他或她的伴侣不忠。妄想者可能会把某些线索误认为不忠的迹象,比如床单上的斑点
被害妄想障碍	最常见的一种妄想,被害妄想,涉及被密谋、跟踪、欺骗、监视、毒害或被用药,或者被诽谤或虐待等主题。有这些妄想的人可能会反复对他们认为的为自己的虐待负责的人采取法律行动,甚至可能对他们实施暴力行为
躯体妄想障碍	包括对身体或健康状况的妄想。有这些妄想的人可能会认为,自己的身体散发出难闻的气味,或者体内的寄生虫正在吞噬他们
混合型妄想	不止有一种单一主题的其他类型的妄想

深入思考

钟情妄想

钟情妄想障碍(erotomanic),或称被爱妄想,是一种罕见的妄想障碍,患有这种病的个体认为自己被某个人所喜爱着,通常是某个名人或社会地位高的人。在现实中,这个人与所谓的情人之间只有一种过去的或不存在的关系。被爱妄想障碍患者一般都是失业的,并被社会孤立(Kennedy et al.,2002)。尽管钟情妄想曾经被认为主要是一种女性疾病,但最近的报告显示,在男性中这种病也可能并不罕见。虽然有被爱妄想障碍的女性在被拒绝时可能会有潜在的暴力倾向,但有这种情况的男性似乎更有可能在追求他们单相思的目标时进行威胁或实施暴力行为(Goldstein,1986)。这种病难以治疗,支持使用抗精神病药物的证据在很大程度上也仅限于病例报告(Roudsari, Chun, & Manschreck, 2015)。我们也缺乏足够的证据表明心理疗法可以帮助被爱妄想障碍患者。因此,预后很黯淡,被爱妄想障碍患者可能会骚扰他们的爱情对象很多年。心理健康专家需要意识到,在处理那些被爱妄想障碍患者的过程中存在着暴力的可能性。下面的案例提供了一些被爱妄想障碍的例子。[判断正误]

判断正误

有些人会有自己正被某个名人所爱着的妄想。

☐ 正确 有些人确实有被某个名人所爱着的妄想。据说他们有一种妄想障碍,或称被爱妄想障碍。

三个被爱妄想障碍案例

35岁的A先生被描述为美国前总统的女儿的"痴情"追求者。他因屡次骚扰这名女子以试图赢得她的爱而被逮捕,尽管他们实际上是完完全全的陌生人。他拒绝遵守法官的警告,不去纠缠这名女子,他在监狱里给她打了无数个电话,后来被转移到精神科,但仍然宣称他们非常相爱。

B先生因涉嫌违反法庭命令,不停止纠缠一名流行歌手而被捕。44岁的农民,B先生,追随着这名流行歌手在全国各地跑,并不断地用浪漫的姿态轰炸她。他被送进了一家精神病院,但仍然坚信她会一直等着他。

然后是C先生,一个32岁的商人,他认为一位著名的女律师在一次偶然的会面后爱上了他。他不停地打电话、送花、写信以及宣告他的爱情。尽管女律师一再拒绝他的示爱,并最终以骚扰罪提起诉讼,但他觉得,她只是在试探他的爱情,在他的追求之路上设置障碍。他抛弃了妻子和生意,生活也每况愈下。当这名女子继续拒绝他时,他开始给她写恐吓信,并被送进了精神病院。

来源:摘自Goldstein,1986,第802页。

分裂情感性障碍

11.8 描述分裂情感性障碍的主要特征

分裂情感性障碍(schizoaffective disorder)有时被称为症状的"混合体",因为它包括与主要情绪障碍(重度抑郁发作或躁狂发作)同时发生的精神分裂症(如幻觉和妄想)相关的精神病行为。在疾病过程中的某些时刻,妄想或幻觉至少会持续两周,但不会出现严重的情绪障碍(以便将其与具有精神病特征的情绪障碍区分开来)。

就紊乱行为的严重程度而言,分裂情感性障碍介于下端的情绪障碍和上端的精神分裂症之间(Rink et al.,2016)。据估计,该病的终生患病率在一般人群中为0.3%(美国精神病学协会,2013)。与精神分裂症一样,分裂情感性障碍往往遵循一个慢性过程,其特点是在适应成年生活的需求方面有持续性的困难。同样地,分裂情感性障碍的精神病特征通常对抗精神病药物也有良好的反应(McEvoy et al.,2013)。

分裂情感性障碍和精神分裂症有共同的基因联系(Cardno & Owen,2014)。我们需要去发现,为什么这种常见的遗传基质或遗传易感性会导致这一种疾病而不是另一种。然而,关于分裂情感性障碍是否应该继续作为一种明确的诊断,或者在两种症状同时出现的情况下,单独应用精神分裂症和情绪障碍的诊断是否更有用的问题仍然存在(Kotov et al.,2013)。

总结

精神分裂症

精神分裂症的发展过程

11.1 描述精神分裂症的发展过程

精神分裂症通常发生在青春期晚期或成年早期。它可能是突然发病或逐渐发病。逐渐发作的精神分裂症包括一个前驱期,即在急性症状出现之前的逐渐恶化期。急性发作可能在一生中定期出现,以明显的精神病症状为典型代表,如幻觉和妄想。在急性发作期间,这种疾病的特征是出现残余相,在这个阶段内,个体的功能水平与前驱期的功能水平相似,但仍然在认知、情感和社会功能领域存在缺陷。

精神分裂症的主要特征

11.2 描述精神分裂症的主要特征和患病率

精神分裂症是一种慢性精神病,其特点是急性发作,涉及与现实的割裂,表现为诸如妄想、幻觉、不合逻辑的思维、语无伦次的言语和怪异行为等症状。主要的诊断特征包括混乱的思维内容(妄想)和思维形式(思维混乱),以及感知扭曲(幻觉)和情感障碍(平淡或不恰当的情感)。在大脑调节对外界刺激的注意力的活动过程中,也有存在潜在的功能障碍。精神分裂症患者大约占一般人群的1%。

理论观点

11.3 描述精神分裂症的心理动力学、学习理论、生物学以及家庭观点

在传统的心理动力学模型中，精神分裂症代表着一种与婴儿期早期相对应的心理状态的回归，在这种状态下，本我的刺激产生了怪异的、社会偏离的行为，并导致了幻觉和妄想。学习理论学家提出，某些形式的精神分裂症行为可能是由于缺乏社会强化，从而导致逐渐脱离社会环境，并增加了对内心幻想世界的关注。对怪异行为的建模和选择性强化可以解释在医院环境中的某些精神分裂症行为。基于心理动力学和基于学习的精神分裂症模型的证据，在解释精神分裂症的发展方面价值有限。

对精神分裂症的家庭模式的研究、对双胞胎的研究以及对领养的研究，都有力地证明了精神分裂症有很强的遗传成分。基因传播的方式尚不清楚。大多数研究人员认为，神经递质多巴胺在精神分裂症中发挥了作用，尤其是在解释精神分裂症更明显的特征时，如幻觉和妄想。病毒因素也可能有所涉及，但缺乏确切的关于病毒介入的证据。证据还表明，精神分裂症涉及了大脑结构和功能的异常。素质—应激模型假定精神分裂症是由遗传易感性（素质）和环境压力因素（例如家庭冲突、虐待儿童、情感剥夺、失去支持以及早期的大脑创伤）的相互作用引起的。

家庭因素，如沟通偏差和情感表达，可能是压力的来源，并增加有精神分裂症遗传易感性的人形成或复发精神分裂症的风险。

治疗方法

11.4 明确和评估精神分裂症的治疗方法

现代治疗方法往往是多方面的，包括药理学和心理社会学方法。抗精神病药物并不是一种治愈方法，但它可以帮助控制更严重的疾病特征，减少入院治疗的需要和复发的风险。心理社会干预，如代币制系统、社交技能训练和心理治疗的结构形式，能帮助患者学会更有效的应对和发展更多适应性的行为。心理社会性康复可以帮助患者更成功地适应社区中的职业和社会角色。家庭干预项目能帮助家属处理照顾病人的负担，更清楚地沟通，并学习更有用的与患者相关的方式。

其他精神分裂症谱系障碍

短暂性精神障碍

11.5 描述短暂性精神障碍的主要特征

短暂性精神障碍是一种精神分裂症谱系障碍，持续时间不到一个月，并可能会对严重的压力源产生反应。

类精神分裂症

11.6 描述类精神分裂症的主要特征

类精神分裂症是一种精神分裂症谱系障碍，其症状与精神分裂症相同，但持续时间为1个月到6个月。

妄想障碍

11.7 描述妄想障碍的主要特征

妄想障碍是一种精神分裂症谱系障碍,其特征是出现特定的妄想——通常具有偏执性——这可能是思维或行为紊乱的唯一标志。

分裂情感性障碍

11.8 描述分裂情感性障碍的主要特征

分裂情感性障碍是一种精神分裂症谱系障碍,其特征是精神病症状和明显的情绪障碍。

评判性思考题

根据你对本章的阅读,回答下列问题:

- 精神分裂症可能是最能致残的精神或心理障碍类型。是什么原因造成的呢?
- 你觉得听到那些声音会是什么感觉?你认识能听到那些声音的人吗?如果你被诊断为患有精神分裂症,你希望别人如何对待你呢?
- 你认识被诊断为精神分裂症的人吗?你有什么关于这个人的家族历史、家庭关系和压力性生活事件的信息,而这些信息可能有助于了解精神分裂症的发展吗?
- 素质—应激模型是如何解释精神分裂症的发展的?有什么证据是支持这个模型的吗?
- 抗精神病药物的相对风险和益处是什么?为什么仅靠药物不足以治疗精神分裂症呢?你认为精神分裂症患者是否应该无限期地使用抗精神病药物进行治疗?为什么或为什么不呢?

关键术语

1. 精神分裂症	1. 幻觉	1. 类精神分裂症
2. 前驱期	2. 紧张症	2. 妄想障碍
3. 残余期	3. 多巴胺假说	3. 钟情妄想
4. 阳性症状	4. 内表型	4. 分裂情感性障碍
5. 阴性症状	5. 迟发性运动障碍	
6. 思维障碍	6. 短暂性精神障碍	

第12章 人格障碍与冲动控制障碍

学习目标

> 12.1 明确DSM系统中使用的三组人格障碍。
> 12.2 描述以古怪行为为特点的人格障碍的主要特征。
> 12.3 描述以戏剧化的、情绪化的或不稳定的行为为特点的人格障碍的主要特征。
> 12.4 描述以焦虑或恐惧行为为特点的人格障碍的主要特征。
> 12.5 评估与人格障碍分类相关的问题。
> 12.6 描述人格障碍发展的心理动力学观点。
> 12.7 描述人格障碍发展的学习理论观点。
> 12.8 描述家庭关系在人格障碍发展中的作用。
> 12.9 描述人格障碍发展的生物学观点。

> 12.10 描述人格障碍发展的社会文化观点。
> 12.11 描述治疗人格障碍的心理动力学疗法。
> 12.12 描述治疗人格障碍的认知行为疗法。
> 12.13 描述治疗人格障碍的药物疗法。
> 12.14 描述冲动控制障碍的主要特征。
> 12.15 描述盗窃癖的主要特征。
> 12.16 描述间歇性冲动障碍的主要特征。
> 12.17 描述纵火癖的主要特征。

判断正误

正确	错误	
正确☐	错误☐	具有分裂样人格障碍的人对动物的感情可能比对人的感情更深。
正确☐	错误☐	我们所说的有精神变态的人都是精神病患者。
正确☐	错误☐	有反社会人格的人必然会违反法律。
正确☐	错误☐	最近的研究结果普遍支持将心理变态的杀人犯视为"冷血"杀手的说法。
正确☐	错误☐	历史上的许多著名人物,从阿拉伯的劳伦斯到阿道夫·希特勒,甚至是玛丽莲·梦露,都显示出了边缘型人格障碍的人格特质。
正确☐	错误☐	给自己施加痛苦有时是被用作逃避精神痛苦的一种手段。
正确☐	错误☐	有依赖型人格障碍的人很难独立作出决定,以至于他们可能会让父母决定自己的结婚对象。
正确☐	错误☐	尽管经过多年的尝试,但我们仍然缺乏证据证明心理疗法能帮助患有边缘型人格障碍的人。
正确☐	错误☐	盗窃癖,或强迫性偷窃,通常是由贫困引起的。

观看 章节引言:人格障碍与冲动控制障碍

> **"我""我的黑暗地带"**
>
> 她在网络公告板上写了自己的故事,与陌生人分享自己的痛苦,希望别人了解她遭受了多大的痛苦。她写道,有时她会进入一个"黑暗的地方",在那里,她会有一种冲动,想在身体不同的地方割伤自己,大部分是在手臂和腿上。后来她了解到自己的自残或割伤是边缘型人格障碍(BPD)的症状。她无法逃避或隐藏这些割伤自己的冲动,感到无法控制它们。她讲述了从自己还是个八岁的小女孩儿时便开始割伤自己以及如何与抑郁症作斗争的故事。割伤自己可以带来短暂的解脱感并可以发泄消极的情绪。奇怪的是,这成为一种她能够安慰自己并阻止自己内心产生更大痛苦的方式。现在,作为一个青年的她发现自己必须找到一种能够减轻内心痛苦的方式,但这将是一个伴随着大量工作及治疗繁复而漫长的过程。
>
> 来源:改编自一个在线支持网站的匿名发帖——纽约城市之声

像她这种患有边缘型人格障碍的人常常伴随着严重抑郁,为了逃避情感痛苦而扭曲自己进行自残——但他们的问题比抑郁更严重。医学上将它们涉及的这种僵化的、顽固的、难以适应的行为模式归类为人格障碍。这些行为模式涉及性格特征适应不良的表现,这对一个人的心理调节和与他人的关系处理有着深远的影响。

我们每个人都有自己独特的行为方式和与他人的相处模式。有些人做事有条不紊,另一些人则做事马虎;有些人喜欢追求孤独,而另一些人则更喜欢社交;有一些人是追随者,而另外一些人喜欢做领导者;有一些人以幽默的方式应对拒绝,而另一些人则因为害怕被拒绝而避免社交活动。当人们的这种固定且不随意改变的行为模式会造成严重的个人困扰并且危害社交及职业职能时,这类人就有可能被归类为人格障碍。

在这一章的后面,我们将讨论另一种也具有不适应行为模式特征的障碍,称为冲动控制障碍。对于冲动控制障碍,如盗窃癖和间歇性爆发性障碍,不适应行为表现为无法抵抗导致有害后果的冲动。人格障碍和冲动障碍的另一个共同特征是,被诊断为这些障碍的人往往看不到他们自己的行为是如何严重地扰乱他们的生活的。

作为一个历史记录,"赌博"在早期版本的DSM模式中被认为是一种冲动控制障碍(亦称为病理性赌博),因为它的特点是难以控制赌博冲动。然而,强迫性赌博与成瘾障碍之间的密切关系致使DSM-5将其重新归类为一种成瘾障碍,即赌博障碍(gambling disorder,详见第8章)。

人格障碍的类型

> 大多数人到了三十岁时，性格就像石膏一样坚硬，而且永远不会松软。
>
> ——威廉·詹姆斯

人格障碍（personality disorders）的核心特征是在行为及与他人相处的方式上表现出过度僵化和不适应的行为模式，这些都反映了潜在人格特征的极端差异，如过度怀疑、过度情绪化和冲动。这些问题特征在青春期或成年早期变得明显。这些人格障碍大多会在他们成年后继续存在，并变得根深蒂固，以至于他们往往非常抗拒改变。基于障碍、抑郁、焦虑和不成熟的行为问题，人格障碍的警告信号可能出现在儿童阶段。据估计有6%到10%的普通人被认为有人格障碍（Samuels，2011）。

有人格障碍的人往往看不到他们自己的行为是如何严重地扰乱他们的生活。他们可能会因为自己的问题而责怪别人，而不是或更多的时间盯着镜子看。花点时间想想那个在浴室镜子里盯着你看的人。那个人是什么样的人？你如何描述那个人的性格或行为特征？这些特质是如何影响这个人的行为和与他人的关系的？这个人是内向还是外向？可靠和认真，还是懈怠和不可靠？焦虑还是平静？是什么让这个人与众不同？是什么原因导致了一个人在不同的地点和时间下的行为的一致？

首先我们来定义一下"人格"这个词。心理学家用"人格（personality）"一词来描述一组独特的心理特征和行为特征，这些特征使我们每个人都独一无二，并有助于解释我们行为的一致性。没有两个人是完全相同的，甚至是同卵双胞胎。我们每个人都有自己独特的与他人相处以及与整个世界互动的方式。然而，有人格障碍的人有夸大或过度的人格特征，导致他们个人的苦恼或严重干扰他们在自己的家庭、学校、工作环境和居所有效进行活动的能力。

尽管他们的行为会产生自我挫败的后果，但患有人格障碍的人通常不认为他们需要改变。DSM指出，用心理动力学术语来阐释，有人格障碍的人倾向于将他们的性格特征视为**自我和谐**（ego syntonic）——即他们自身的自然部分。因此，人格障碍患者更有可能被他人以及心理健康专家注意到，而不是自己寻求帮助。相比之下，焦虑障碍患者（第5章）或心境障碍患者（第7章）倾向于把他们的焦虑行为视为**自我矛盾**

(ego dystonic)。他们不把自己的行为视为自我认同的一部分,因此更有可能寻求帮助,以减轻这些行为带来的痛苦。尽管在30岁以后,每个人的性格特征可能不会像著名的早期心理学家威廉·詹姆斯所认为的那样硬化,但我们发现的人格特征的极端变化往往会随着时间的推移而趋于稳定。

人格障碍的分类

12.1 明确DSM系统中使用的三组人格障碍

DSM将人格障碍分为三类,称为群体(clusters):

- 群体A:被认为是古怪或怪异的人。这个群体包括副神经病、精神分裂和分裂型人格障碍。
- 群体B:行为过于戏剧化、情绪化或飘忽不定的人。这个群体包括反社会、边缘型、表演型和自恋型人格障碍。
- 群体C:经常表现出焦虑或恐惧的人。这一群体包括逃避、依赖和强迫型人格障碍。

表12.1 人格差异概述

障碍	终生患病率(大约)	描述
以古怪行为为特征的人格障碍		
偏执型人格障碍	样本中的2.3%到4.4%	对他人动机的怀疑无处不在,但没有彻底的偏执妄想
分裂样人格障碍	样本中的3.1%到4.9%	社会冷漠、浅薄或迟钝的情绪
分裂型人格障碍	4.6%(基于美国的样本)	在形成密切的社会关系方面存在持续的困难并且有奇怪或特殊的信仰和行为,没有明确的精神特征
以戏剧性、情绪化或不稳定行为为特征的人格障碍		
反社会人格障碍	超过6%的男性,1%的女性	长期的反社会行为,对待他人无情,对待行为不负责任,并且对不道德行为缺乏悔恨
边缘型人格障碍	1.6%到5.9%	暴躁的情绪及糟糕的人际关系,不稳定的自我形象,缺乏冲动控制
表演型人格障碍	1.8%	过于戏剧化和情绪化的行为;需要成为被关注的中心;需要过度的安慰、表扬和认可
自恋型人格障碍	低于样本的1%到6.2%	过分的自我意识;极需要赞美
以焦虑或恐惧行为为特征的人格障碍		

续表

障碍	终生患病率(大约)	描述
回避型人格障碍	0.5%到1%	长期处于因害怕被拒绝而避免社交关系的模式
依赖型人格障碍	少于1%	过度依赖他人,难以独立决策
强迫型人格障碍	样本中的2.1%到7.9%	对秩序和完美主义的过度需求,对细节的过度关注,与他人建立死板僵硬的人际关系

资料来源:患病率源自American Psychiatric Association,2013;Cale & Lilienfeld,2002; Kessler et al.,1994.

表12.1概述了本章讨论的人格障碍类型。我们还应该注意到,人格障碍患者通常有其他可诊断的心理障碍。例如,一个人可能同时被诊断为重度抑郁症和人格障碍,如边缘型人格障碍。

用古怪行为描述人格障碍

12.2 描述以古怪行为为特点的人格障碍的主要特征

这类人格障碍包括妄想狂、精神分裂和分裂型人格障碍。患有这些疾病的人往往很难与他人建立联系,或者对发展社会关系没有兴趣或表现出很少兴趣。在这里,我们考虑偏执和精神分裂的人格障碍。

偏执型人格障碍 定义为**偏执型人格障碍**(paranoid personality disorder)的特征是普遍怀疑——倾向于把别人的行为解释为故意地威胁或贬低。患有这种疾病的人极度不信任他人,他们的人际关系也因此受到影响。虽然他们可能怀疑同事和上司,但他们一般都能保住工作。

下面的例子说明了偏执性格的人具有毫无根据的怀疑和不愿向他人吐露心事的典型特征。

总是怀疑他人:一个偏执型人格障碍的案例

一位85岁的退休商人接受了一名社会工作者的采访,以确定自己和妻子的医疗保健需求。这个人没有精神疾病的治疗史。他看上去身体和精神都很好。他和他的妻子已经结婚60年了,看来他的妻子是他唯一真正信任的人。他总是怀疑别人。除了他的妻子,他不会向任何人透露个人信息,因为他认为其他人会利用他。他拒绝其他熟人的帮助,因为他怀疑他们的动机。当他接电话时,直到他确定了来电者的业务性质才会透露自己的姓名。他总是忙于"有用的工作"来打发时间,在他退休的20年里他花了大量时间监控自己的投资,并与他的股票经纪人发生了争执,当时他的月度报表出现错误,导致他怀疑他的经纪人试图掩盖欺诈性交易。

资料来源:改编自Spitzer et al.,1994,p.211—213.

患有偏执型人格障碍的人往往对批评过于敏感,无论这些批评是真实的还是自己想象的,哪怕是最微不足道的小事,他们也会生气。当认为自己受到了虐待时,他们很容易生气并心怀怨恨。他们不太能够信任别人,因为相信自己的个人信息可能会被用来攻击自己。他们质疑朋友和同事的真诚和可信度。微笑或一瞥可能会被他们怀疑地看待。因此,他们几乎没有朋友和亲密的关系。当与人建立亲密关系时,即使没有证据他们也可能会怀疑对方的不忠。他们往往保持高度警惕,好像他们必须提防伤害。即使人们对他们错误行为的指责是正确的,他们也会否认,而且他们被别人认为是冷漠的、冷淡的、诡计多端的、狡诈的、缺乏幽默感的。他们倾向于争辩,并可能对那些他们认为虐待他们的人提起诉讼。

临床医生在诊断偏执型人格障碍时,需要权衡文化和社会政治因素。例如,移民或少数族群的成员、政治难民或来自其他文化的人可能会表现出戒心,但这种行为可能反映出他们对主流文化的语言、习俗、规则和制度的不熟悉,或者由于历史上的忽视或压迫而产生的文化不自信。这种行为不应与偏执型人格障碍混淆。

尽管患有偏执型人格障碍的人有夸大和毫无根据的怀疑,但他们并没有偏执型妄想,即偏执型精神分裂症患者的思维模式(例如,相信联邦调查局〔FBI〕会抓住他们)的特点。有偏执性格的人不太可能寻求治疗,他们认为是别人造成了他们的问题。据报道,在普通人群中,偏执型人格障碍的患病率从2.3%到4.4%不等(American Psychiatric Association, 2013)。在接受心理健康治疗的人群中,男性比女性更容易诊断出这种疾病。

分裂样人格障碍 社会隔离是**分裂样人格障碍**(schizoid personality disorder)的主要特征。通常被描述为独行侠或怪人,具有分裂型人格的人对社会关系缺乏兴趣。这个人的情绪通常显得浅薄或迟钝,但没有精神分裂症的程度(见第11章)。患有这种疾病的人很少经历强烈的愤怒、喜悦或悲伤。他们可能显得与他人疏远或冷漠。他们的脸上没有流露出任何感情的表情,在交流中也很少微笑或点头。他们似乎对批评或赞扬无动于衷,似乎被抽象的思想所包裹,而不是被人的思想所包裹。尽管他们更喜欢与他人保持距离,但与精神分裂症患者相比,他们能

分裂样人格障碍 在表达自己的感受时保持沉默是很正常的,尤其是在陌生人之间,但具有分裂样人格障碍的人很少表达自己的情感,并且疏远冷漠。然而,他们的情绪并不像精神分裂症患者那样肤浅或迟钝。

更好地与现实保持联系。这种疾病在普通人群中的流行程度仍不清楚。患有这种疾病的男人很少约会或结婚。患有这种疾病的女性更有可能被动地接受爱情的发展并结婚，但她们很少主动谈恋爱或对伴侣产生强烈的依恋。

我们可能会发现分裂样人格障碍患者的外表和内心活动不一致。例如，他们似乎对性没有什么兴趣，但怀有偷窥的愿望，或者沉迷于色情。然而，分裂样人格障碍患者所表现出的明显的社会距离和冷漠可能是表面的。他们可能怀有细腻的感情，对人的好奇心，以及无法表达的对爱的渴望。在某些情况下，敏感性表现在对动物的深切感情中，而不是人。[判断正误]

分裂型人格障碍

患有分裂型人格障碍(schizotypal personality disorder, SPD)的人在与他人建立亲密关系、表现行为、行为举止以及思维模式看起来奇特或古怪，但并不是精神错乱（不是"与现实分裂"）进而被诊断为精神分裂症(Garakani & Siever, 2015)。

患有分裂型人格障碍的人缺乏一致的自我意识。他们可能有扭曲的自我概念或缺乏自我导向（例如，不知道自己的人生走向）。他们也可能缺乏感同身受的能力，不能理解自己的行为如何影响他人，或者会误解他人的行为及动机。他们可能在社交场合特别焦虑，即使是和熟悉的人交往也依然会焦虑。他们很难建立亲密的关系，甚至是任何关系，我们也可以在其他文化中看到关于分裂型人格的报告，比如在新加坡的中国人(Guoa et al., 2010)。分裂型人格患者的社交焦虑通常与偏执思维（例如，担心别人会伤害他们）有关，而不是担心被别人拒绝或负面评价。患有分裂型人格障碍的人通常有同样的情绪障碍，如重度抑郁和焦虑症，甚至增加自杀行为的风险(Lentz, Robinson, & Bolton, 2010)。

患有分裂型人格障碍的人可能会经历不同寻常的知觉或错觉，比如在房间里感受已故亲人的存在。然而，他们会意识到这个人实际上并不存在。他们可能会变得过分怀疑他人或偏执于自己的想法。他们可能会有自我想法的参考，比如去相信别人在背后议论他们。他们可能会产生奇幻的想法，比如相信自己拥有"第六感"（比如能预知未来），或者相信别人能感知自己的感觉。他们可能会给单词赋予不同寻常的含义。他们自己的演讲可能含糊不清或异常抽象，但并非语无伦次或像精神分

判断正误

具有分裂样人格障碍的人对动物的感情可能比对人的感情更深。

☐ 正确　具有分裂样人格障碍的人可能对人不感兴趣，但对动物有强烈的感情。

裂症所表现的思维散乱。他们可能显得凌乱,行为举止奇怪,并表现得不同寻常,比如在别人面前自言自语。他们的思维过程也显得很奇怪,以模糊、隐喻或刻板的思维为特征。他们的表情可能没有什么感情。他们可能不会和别人交换微笑或点头,他们甚至看起来很傻,在错误的时间微笑或大笑。他们倾向于孤僻,很少有亲密的朋友或知己。他们似乎对不熟悉的人特别焦虑。在下面的例子中,我们可以看到社会冷漠和幻觉的证据,这些通常与分裂型人格障碍有关。

乔纳森:一个分裂型人格障碍的案例

27岁的乔纳森(Jonathan)是一名汽车修理工,他几乎没有朋友,喜欢读科幻小说,不喜欢与人交往。他很少参与谈话。有时,他似乎沉浸在自己的思想中,当他在修理汽车的时候他的同事不得不通过吹口哨的方式使他集中注意力。他的脸上经常露出奇怪的表情。也许他的行为中最不寻常的地方就是他在报告中提到的,会时不时"感觉"他死去的母亲站在附近。这些幻想使他安心,他盼望着它们的发生。乔纳森意识到它们不是真的。他从来没有试图伸手去触摸这个幽灵,因为他知道一旦靠近它,他的梦就会破碎。他说能感觉到她的存在已经够了。

来自作者的档案

分裂型人格障碍在男性中可能比女性稍多一些,分裂型人格障碍被认为正在影响约4.6%的人群(American Psychiatric Association, 2013)。调查人员还发现,非裔美国人比白种人或西班牙裔美国人更容易患上这种疾病(Chavira et al., 2003)。然而,临床医生需要注意的是,不要将反映文化决定的信仰或宗教仪式(比如巫毒教的信仰和其他魔法信仰)贴上分裂型人格的标签。

正如第11章所讨论的,分裂型人格障碍被DSM-5概念化为精神分裂症谱系障碍的一部分。精神分裂症和分裂型人格障碍似乎具有共同的遗传基础和某些大脑异常(Chemerinski et al., 2012; Ettinger et al., 2014)。一个例外是前额皮质——大脑的思维中心——似乎在统计过程诊断而不是精神分裂症中得以保留(Ettinger et al., 2014; Hazlett et al., 2014)。这就产生了一种有趣的可能,即SPD中保护前额叶的功能可以保护一个有分裂障碍的人免受精神分裂症带来的分裂性行为(Hazlett et al., 2014)。另一种推测是,具有共同遗传倾向的人出现精神分裂症可能是由其他因素决定的,比如压力下的生活经历。我们更确定的是,被诊断为分裂型人格障碍的少数人会最终会发展成精神分裂症或其他精神疾病(American Psychiatric Association, 2000)。

以戏剧化的、情绪化的或不稳定的行为为特点的人格障碍

12.3 描述以戏剧化的、情绪化的或不稳定的行为为特点的人格障碍的主要特征

这类人格障碍包括反社会型、边缘型、表演型和自恋型。患有这些疾病的人表现出过度的、不可预知的或以自我为中心的行为模式；他们同样很难建立和维持社会关系，并表现出反社会行为。

反社会人格障碍 具有反社会人格障碍(antisocial personality disorder)的人是反社会的，因为他们经常侵犯他人的权利，无视社会规范和习俗，有时甚至违法。他们对侵犯他人权利和利用他人谋取私利表现出漠不关心或麻木不仁的态度。我们应该注意到，他们并不以通俗意义上的"反社会"来寻求回避他人。

具有反社会人格的人往往容易冲动，无法履行对他人的承诺(Swann et al., 2009)。然而，他们通常看起来虚伪，甚至智商一般。在面临威胁的情况下，他们通常很少有焦虑感，而在做了坏事之后，他们也不会感到内疚或自责(Kiehl, 2006)。惩罚对他们的行为可能几乎没有影响。虽然父母和其他人通常会因为他们的不当行为而惩罚他们，但他们坚持过不负责任和冲动的生活。

反社会人格 连环杀手泰德·邦迪(Ted Bundy)，在他行刑前就表现出了，他在没有感觉和悔恨的情况下被处死，但也展示了在一些反社会人格障碍的人身上可以看到的一些普遍存在的魅力。

反社会人格障碍在男性中比在女性中更常见，基于社区样本的患病率从女性的1%到男性的近6%不等(见图12.1)。诊断仅限于18岁及以上的人。然而，具有反社会人格障碍特征的反社会行为模式始于童年或青春期，通常在8岁时开始，并一直延续到成年。18岁之前的反社会行为模式通常被诊断为行为障碍(在第13章中将进一步讨论)。如果反社会行为持续到18岁以上，诊断就会转化为反社会人格障碍。在童年和青少年时期我们看到的反社会行为形式通常包括逃学、逃避、挑起肢体冲突、使用武器、强迫某人从事性活动、对人或动物实施身体虐待、故意毁坏财物或纵火、撒谎、偷窃、抢劫和攻击他人。

临床医生曾经用"精神变态者"和"反社会者"等词来代指今天被归类为具有反社会人格的人——那些行

判断正误

我们所说的有精神变态的人都是精神病患者。

☐ 错误 我们所说的精神变态者都患有精神病人格。他们可能被诊断为反社会人格障碍，但不受精神病的影响(表现为与现实脱节，如精神分裂症)。

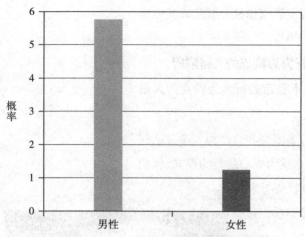

图12.1　按性别划分患有反社会人格障碍的概率

在男性中患反社会人格障碍的概率是女性的五倍多。然而，近年来，这种疾病在女性中的流行速度越来越快。

资料来源：Kessler et al., 1994.

为是非道德的、社会的、冲动的、缺乏悔恨和羞愧的人。一些临床医生继续将这些术语与反社会人格互换。精神变态狂这个词最关注的是在个体的心理功能中存在某种异常（病理）。反社会的根源在于人的社会越轨行为。[判断正误]

随着时间的推移，与疾病相关的反社会和犯罪行为会随着年龄的增长而减少，并可能在40岁时消失，但与疾病相关的潜在的人格特征则不是这样，如以自我为中心、喜欢操纵他人、缺乏认同感、内疚和悔恨；即使是随着年龄的增长，这些麻木不仁也似乎是相对稳定的（Harpur & Hare, 1994）。

这一章我们主要关注反社会人格障碍。从历史上看，这是学者和研究者最广泛研究的人格障碍。

社会文化因素和反社会人格障碍　反社会人格障碍跨越了所有种族和民族。然而，这种疾病在社会经济地位较低的人群中最为常见。一种解释是，反社会人格障碍患者的职业倾向于下降，可能是因为他们的反社会行为使他们难以保住稳定的工作或取得晋升。社会经济水平较低的人也更有可能有模仿有着反社会行为的父母。然而，这一诊断也可能会将生活在贫困社区的人们用一种看似反社会的行为作为一种生存策略行为的误判（American Psychiatric Association, 2013）。

反社会行为和犯罪　我们倾向于认为反社会行为是犯罪行为的同义词。虽然反社会人格障碍与犯罪风险增加有关（Kosson, Lorenz & Newman, 2006），但并不是所有的罪犯都有反社会人格，也不是所有有着反社会人格障碍的人都成为罪犯。许多有反社会人格障碍的人在他们的职业生涯中是守法和成功的，即使他们可能以冷酷无情和麻木不仁的方式对待别人。[判断正误]

研究者已经开始把反社会人格看成是两个相对独立维度的组合。第一个是人格维度：它包括虚伪、自私、缺乏同情心、冷酷无情地利用他人、漠视他人的感情和帮助等特征。这种类型的精神病态人格适用于那

判断正误

有反社会人格的人必然会违反法律。

☐ **错误**　并不是所有的罪犯都有精神病迹象，也不是所有有精神病的人都会成为罪犯。

些有这些精神病态特征但没有违反法律的人。

第二个维度是一个行为维度:它的特点是由不稳定和反社会的生活方式所导致的,包括经常出现的法律问题、糟糕的就业历史和不稳定的关系。这两个维度并不是完全独立的,许多反社会的个体都表现出这两种特征。

我们还应该注意到,有些人不是因为人格失常而成为罪犯或犯罪,而是因为他们是在奖励犯罪行为的环境或亚文化环境中长大的。虽然犯罪行为与整个社会格格不入,但从亚文化的标准来看是正常的。此外,缺乏悔恨是反社会人格障碍的主要特征,但这并不是所有罪犯的特征。一些罪犯为他们的罪行感到后悔,法官和假释委员会在判决或推荐犯人假释时会考虑他们有关悔恨的证据。

犯罪还是反社会人格障碍?很多囚犯可能被诊断为反社会人格障碍,然而,人们成为罪犯或犯罪可能不是因为人格失常,而是因为他们是在鼓励和奖励犯罪行为的亚文化环境中长大的。

尽管人们普遍认为罪犯都是精神病患者,反之亦然,但大约只有一半的囚犯被诊断为反社会人格障碍(Robins, Locke, & Reiger, 1991)。此外,只有少数被诊断为反社会人格障碍的人违反了法律。在《沉默的羔羊》(*The Silence of the lamb*)等电影中流行的那种心理变态的杀手形象就更少了(谢天谢地!)。

反社会人格的剖析　与反社会人格或精神变态有联系的特征很多,包括不能遵守社会规范,不负责任,盲目或缺乏长期目标和计划,行为冲动,缺乏法律意识,暴力,长期失业,有婚姻问题,缺乏悔恨和认同感,滥用药物或酗酒,无视真相及他人的情感和需求。哈维·克莱克利(Hervey Cleckley, 1976)在1941年出版的一部该领域的经典著作中指出,心理变态或反社会人格的特征——以自我为中心,不负责任,冲动,对他人的需求不敏感——不仅存在于罪犯之中,也存在于社区中许多受尊重的成员之中,包括医生、律师、政治家和企业高管。

该领域的研究者认为,精神变态者的特征可以分为四个基本方面或维度(Mokros et al., 2015; Neumann & Hare, 2008):(1)以肤浅、夸大和欺骗为特征的人际因素;

穿着体面的"蛇蝎心肠"?并非所有精神病患者都是暴力罪犯。臭名昭著的金融家伯纳德·麦道夫(Bernie Madoff)从未犯过暴力罪,但目前正在联邦监狱服刑,因为他盗窃了数十人的毕生积蓄,却没有表现出明显的悔恨或对他所伤害之人的关心。

(2)以缺乏悔恨、缺乏认同感、无法对自己的错误行为承担责任为特征的情感因素;(3)以冲动和缺乏目标为特征的生活因素;(4)以无法控制自身行为和反社会行为为特征的反社会因素。

不负责任是反社会人士的一个共同特征,这一特点会在他的人生中反复出现,如毫无理由地旷工、没有其他工作机会的情况下放弃工作,或者长期失业。缺乏责任的表现通常延伸到财务方面,在这个方面中可能反复出现不偿还债务、不支付子女抚养费或不向家庭和受抚养人承担其财务责任的情况。反社会人格障碍的主要临床特征见表12.2。并不是每个反社会人格障碍的案例都会出现所有的这些行为。

表12.2　反社会人格障碍的主要特征

特征	例子
不遵守社会规则、社会规范及法律法规的行为	从事可能会导致被逮捕的犯罪行为,如破坏财产、从事非法职业、偷窃或骚扰他人
缺乏责任感	不断地与他人发生身体上的冲突和争斗,攻击他人,甚至是自己的孩子或配偶
缺乏行为管理	由于长期缺勤、迟到或在有报酬的情况下不能主动寻求工作,而未能维持工作;不履行财政义务,如不履行子女抚养责任或拖欠债务;不能建立或维持稳定的一夫一妻制关系
行为冲动	行事冲动,不会事先计划或考虑后果;在没有任何明确的就业机会或目标的情况下四处旅游
缺乏真实性	反复撒谎,欺骗他人,为了个人利益或乐趣而使用化名
行为鲁莽	做出的行为会对自己或他人的安全造成不必要的风险,例如以不安全的速度驾驶或醉酒驾驶
缺乏对罪行的悔恨	不为自己的行为对他人造成的伤害感到关心或懊悔,或合理化对他人造成的伤害

下面的例子代表了一些反社会的特征。

"扭曲姐妹":一个反社会行为的案例

这名19岁的男子由于可卡因中毒被救护车送往医院急诊室。他穿着一件上面写着"扭

> 曲姐妹(Twisted Sister)"的T恤,还留着朋克风格的发型。他的母亲给他打电话时,他的声音昏昏沉沉、迷迷糊糊;医生告诉这位母亲必须来医院,后来她告诉医生,她的儿子因入店行窃及酒驾被捕。尽管没有直接证据,但她仍怀疑他吸毒。她认为他在学校表现很好,并且一直是篮球队的明星。
>
> 原来她儿子一直在骗她。事实上,他并未完成高中学业,也从未参加过篮球队。第二天,他的头脑清醒了。病人几乎是自吹自擂地告诉他的医生,他从13岁就开始吸毒和酗酒了,到17岁的时候,他经常使用各种精神活性物质,包括酒精、脱氧麻黄碱(一种兴奋剂)、大麻和可卡因,最近他更喜欢可卡因。他和他的朋友经常参加毒品和酒精狂欢。有时,他们每个人每天都要喝一箱啤酒,同时还要喝其他药物。他偷了停在路边的汽车里的收音机和妈妈的钱来维持他吸毒的习惯。他采用这种"罗宾汉的态度"(也就是只从有很多钱的人那里拿钱来)证明自己行为的合法。
>
> 资料来源:改编自Spitzer et al.,1994,p.81—83.

尽管这一病例暗示了反社会人格障碍,但由于诊断医生无法确定该异常行为(撒谎、偷窃、逃学)是否开始于15岁之前,所以该诊断仍是临时性诊断。

边缘型人格障碍 边缘型人格障碍(borderline personality disorder, BPD)具有强烈的空虚感和不稳定的自我形象及混乱且不稳定的人际关系史、戏剧性的情绪变化、冲动、难以调节消极情绪、有自我伤害行为、反复的自杀行为等特征(e.g. Krause-Utz et al.,2013; Lazarus et al.,2014; Santangelo et al.,2014; Schulze, Schmahl, & Niedtfeld,2015)。

BPD患者往往不确定自己的个人身份——价值观、目标、职业甚至是性取向。这种自我形象或个人身份的不稳定性让他们感到空虚和无聊。他们不能容忍孤独,不顾一切地试图避免被遗弃的感觉。对被抛弃的恐惧导致他们在人际关系中变得更为黏人和苛求,但他们的执着往往会推开他所依赖的人。这种拒绝可能会激怒他们,使他们的关系更加紧张。他们对别人的感情要求是强烈的,是多变的。他们在极端的奉承(当他们的需要得到满足时)和厌恶(当他们感到被蔑视时)之间交替。他们倾向于把别人看成要么是完美的,要么全部都是坏的,他们对别人的评价会突然从一个极端转向另一个极端。因此,他们可能会在一系列短暂而暴风雨式的关系中频繁更换朋友。当一段感情结束,或者当他们觉得别人不能满足他们的需要时,他们就会轻蔑地对待曾经被自己理想化的朋友。

深入思考

"冷血":探视变态杀人魔的内心想法

我们对心理变态杀人犯的普遍印象是"冷血"杀手,他们的动机是为了进行有计划的、有预谋的谋杀。这想法有确凿的证据支持吗?

在一项影响深远的研究中,加拿大研究人员仔细观察了125名被监禁的杀人犯,并将精神变态罪犯犯下的凶杀案与非心理变态罪犯犯下的凶杀案进行了比较(Woodworth & Porter, 2002)。他们认为,精神病罪犯犯下的杀人罪符合冷血杀手的特征,而非精神病罪犯犯下的杀人罪则是"激情犯罪"(冲动的、热血的、对挑衅情况的愤怒反应)。

样本来自于加拿大的两个联邦机构,一个在不列颠哥伦比亚省,另一个在新斯科舍省。调查人员使用了一种被广泛使用的、经过充分验证的方法去辨别这些罪犯是否归类为心理变态者。研究结果支持了这样一种假设:心理变态的罪犯更有可能犯下冷血杀人罪,他们的目标是获得毒品、金钱、性或报复等目标,但没有任何情感上的触发。超过90%(93%)的凶杀案都符合这一特征,相比之下,有48%的凶杀案不是精神变态所为。

有趣的是,"冷血"精神病杀手的形象并不符合人们长久以来的认知,即精神病患者通常会冲动地做出行为。研究人员认为,心理变态的罪犯可能会通过抑制他们的冲动来进行像谋杀这样的极端行为,从而产生选择性冲动的现象。涉及如此严重的利害关系(例如,如果罪名成立,将被判终身监禁),精神变态的罪犯在实施这些行为时可能会扮演已预谋好的角色。

无论本研究的结果如何令人寒心,它们都有助于我们更好地了解凶杀案的心理层面。在这方面,他们可以帮助凶杀案调查人员缩小调查范围,将注意力集中在可能犯下特定类型罪行的人的性格特征上。

[判断正误]

判断正误

最近的研究结果普遍支持将心理变态的杀人犯视为"冷血"杀手的说法。

☐ 正确　加拿大研究人员发现,因杀人而被监禁的精神病杀人犯比其他被监禁的杀人犯更有可能犯下冷血杀人案。

判断正误

历史上许多著名人物,从阿拉伯的劳伦斯到阿道夫·希特勒,甚至是玛丽莲·梦露,都表现出边缘型人格障碍的人格特质。

☐ 正确　许多著名的公众人物都表现出与边缘型人格障碍相关的人格特质。

我们相信边缘型人格障碍大约影响了1.6%到5.9%的普通成年人(American Psychiatric Association, 2013; Kernberg & Michels, 2009; Paris, 2010年)。尽管女性比男性更频繁地接受诊断,但这一性别差异是反映了诊断实践,还是反映了男性和女性在该病患病率上的潜在差异,这尚不确定。这种障碍在拉美裔美国人中似乎比白人、欧裔美国人和非裔美国人更为常见(Chavira et al., 2003)。这些种族差异的原因需要进一步研究。许多

知名人士被描述为具有BPD相关的人格特征,包括玛丽莲·梦露,阿拉伯的劳伦斯,阿道夫·希特勒和哲学家索伦·克尔凯戈尔。[判断正误]

"边缘型人格"一词最初是指那些行为似乎介于神经症和精神病之间的人。患有边缘型人格障碍的人通常比精神病人更容易与现实接触,尽管他们在压力时期可能会表现出短暂的精神病行为。一般来说,他们比大多数有神经症的人更严重,但不像那些有精神障碍的人一样功能失调。

BPD的一个中心特质是难以调节情绪(Baer et al., 2012)。BPD患者的情绪变化从大怒、愤怒到抑郁和焦虑(Köhling et al., 2015; Zimmerman & Morgan, 2014)。他们往往会被强烈的痛苦情绪和长期的愤怒情绪所困扰,这通常会导致愤怒的爆发。空虚感和羞耻感并伴随着长期存在的负面自我形象是常见的(Gunderson, 2011)。他们往往缺乏事先深思熟虑及计划自己行动的能力,并且会冲动行事,不考虑后果(Gvirts et al., 2012; Millon, 2011)。他们可能喜欢和别人打架或砸东西。他们可能只是由于他人的玩笑或者毫无理由地愤怒起来,正如以下一位女士对她丈夫的描述。

"我""如履薄冰"

他们可能只是由于他人的拒绝的迹象或者毫无理由地愤怒起来。

和一个边缘型人格的人生活在一起,就像这个女人说的,"如履薄冰"。她形容她的有边缘型人格的丈夫有两个人格,一个"快乐的杰基尔"和一个"可怕的海德"。她说和他住在一起,前一分钟是天堂,下一秒就是地狱。他常常会在刹那间勃然大怒,有时是因为她话说得太快,有时是因为语气不对,甚至可能是因为她的面部表情不对。任何事情都会让他动之以情晓之以理地长篇大论。我们应该认识到,边缘型人格的愤怒掩盖了更深层次的情感痛苦。这可能掩盖了他们对被抛弃、被拒绝或因需要而伤害他人的深层恐惧,因为他们自己已经被他人伤害或虐待过。

资料来源:改编自Mason & Kreger, 1998.

边缘型人格的人往往行事冲动,比如和刚认识的人私奔。冲动和不可预测的行为通常是自我毁灭,包括自残(如割伤)和实际尝试自杀,尤其是当潜在的被遗弃的恐惧被点燃时(Gunderson, 2011, 2015; Leichsenring et al., 2011)。不适应性行为,如自残、使用药物、愤怒地责骂,可能是试图控制强烈的负面情绪(Baer et al., 2012)。大约四分之三的边缘型人格障碍

判断正误

给自己施加痛苦有时是被用作逃避精神痛苦的一种手段。

☐正确 边缘型人格的人在试图逃避精神痛苦时可能会给自己施加痛苦。

患者会尝试自杀,大约十分之一的人最终会自杀。[判断正误]

患有边缘型人格障碍的女性倾向于表现出更多的内在攻击性,比如割伤或其他形式的自残。患有边缘型人格障碍的男性倾向于表现出更多的攻击性(Schmahl & Bremner,2006)。自杀企图和非自杀式的自残行为可能是出于逃避不安情绪的欲望。

观看　丽兹:边缘型人格

要了解更多关于愤怒、冲动和强迫以及与BDP相关的自杀想法的信息,请观看视频"丽兹:边缘型人格"。

尽管边缘型人格障碍的症状通常在青春期出现,但常在成年早期才被确诊(Gunderson, 2011)。冲动性行为可能包括疯狂消费、赌博、滥用毒品、不安全的性行为、鲁莽驾驶、暴饮暴食或入店行窃。自残的冲动行为,如本章开篇所描述的自残行为,也可能包括抓挠手腕,甚至用燃烧的香烟触碰手臂。下面的对话说明了这种行为。

来访者:我有一种压抑的愤怒;发生了什么……我感觉不到它;我很焦虑。我抽了太多的香烟因为我非常紧张。所以我到底怎么了,以至于我这么容易爆发。哭泣或自残或者无论什么,因为我不知道如何处理这些混乱的情感。

咨询师:有什么最近发生这种"爆发"的例子?

来访者:几个月前我一个人在家,我很害怕!我试图联系我的男朋友但我不能……哪里也找不到他。我所有的朋友似乎很忙,晚上没有人跟我聊天……我越来越紧张,越来越激动。最后,我爆发了! 我拿出一支香烟,点燃它,插进我的小臂。我不知道我为什么这么做,因为我对他并不是很

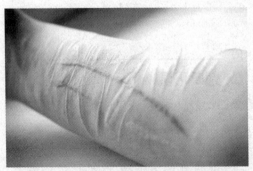

割伤　具有边缘型人格的人可能会做出自残的冲动行为,比如割伤自己,可能是为了暂时阻止或逃避情感上的、深深的痛苦。

关心。我想我觉得我必须做点疯狂的事情……

——改编自 Stone, 1980, p.400.

  自残有时是愤怒的表现或操纵他人的手段。这种行为可能是为了抵消自我反馈的"麻木感",尤其是在压力大的时候。患有边缘型人格障碍的人往往与家人和他人的关系很不融洽(Gratz et al., 2008; Johnson et al., 2006)。他们往往有令人不安的童年经历,如父母的缺失或分居、严厉的惩罚或虐待、父母的忽视或缺乏教养,甚至是目睹暴力。他们往往认为自己的人际关系充满敌意,并认为总是被他人拒绝和抛弃。他们也很难使用心理治疗(Silk, 2008)。他们往往要求治疗师给予大量的支持,在任何时候都可以打电话给治疗师,或采取自杀的行为来获得支持,或过早退出治疗。他们对治疗师的感情与对其他人的感情一样,在理想化和愤怒之间迅速变化。精神分析学家把这种感情的突然转变解释为**分裂**(splitting)的迹象,或者是无法调和自己和他人经历的积极和消极方面。

  患有边缘型人格障碍的人可能会绝望地依附于他们最初理想化的人,但当他们认为另一个人——治疗师、爱人、家人、亲密的朋友——拒绝他们或无法满足他们的情感需求时,他们会突然转向完全的蔑视。不幸的讽刺的是,他们为了获得情感上的支持而不顾一切地向他人提出不合理的要求,这可能导致他人产生排斥的感觉,最终导致他们认为对方从未真正"为他们而存在"。

  值得庆幸的是,边缘型人格的许多特征,包括自杀、思维紊乱、自我伤害和冲动,往往会在数年内得到改善(Bateman, 2012; Gunderson et al.,

观看 玛丽:无自杀倾向的自残

2012）。研究者也说过冲动倾向会随着年龄的增长而"耗尽"（Stevenson, Meares, & Comerford, 2003）。

请观看视频"玛丽：无自杀倾向的自残"以了解更多关于这种情况的信息，这不是DSM-5中的"官方"确定的疾病，但被列为进一步研究的条件，以便在以后的DSM版本中的纳入提供可能。

表演型人格障碍 表演型人格障碍（histrionic personality disorder）的特点是情绪过度，需要成为人们关注的中心。这个词来源于拉丁语"histrio"，意思是"演员"。有表演型人格障碍的人具有戏剧性和情绪化的特点，但他们的情感似乎肤浅、夸张、不稳定。这种障碍以前被称为歇斯底里人格（hysterical personality）。下面的例子说明了具有表演型人格障碍的人典型的过度戏剧化的行为。

玛塞拉：一个表演型人格障碍的案例

玛塞拉（Marcella）今年36岁，很有魅力，但她打扮得过于夸张，穿着紧身裤和高跟鞋。她的头发像是鸟巢的造型，那是她十几岁时流行的发型。她的社交生活似乎只是从一段感情到另一段感情，从危机到危机。当时玛塞拉向心理医生寻求帮助，因为她17岁的女儿南希因割腕而住院。南希和玛塞拉以及玛塞拉的现任男友莫里斯住在一起，在公寓里经常发生争吵。玛塞拉讲述了一系列非常戏剧性的争端，她挥着手，拨弄手腕上的手镯，然后紧紧地抓着自己的胸口。让南希住在家里很困难，因为南希的品味很独特，她"总是在寻求他人的注意"，并向莫里斯"炫耀她的青春"。玛塞拉认为自己是一个溺爱孩子的母亲，并否认自己与女儿有竞争关系。

玛塞拉来咨询了几次，在这段时间里，她基本上是在倾诉自己的感受，并被鼓励做出一些可能会减轻她和女儿压力的决定。每次会谈结束时，她都说"我感觉好多了"，并感谢这位心理学家。在"治疗"结束时，她亲切地握紧心理学家的手："太谢谢你了，医生。"她说着离开了。

来自作者的档案

用"表演的（histrionic）"取代"歇斯底里（hysterical）"，即相关的词根"hystera（意为子宫）"被"histrio"替换，让专业人士远离了"这种疾病与女性有着错综复杂的联系"的观念。尽管一些采用结构化访谈法的研究发现，男性和女性患这种疾病的概率相近，但在临床实践中，女性患这种疾病的概率要高于男性（American Psychiatric Association, 2013）。临床实践中的性别差异是否反映了潜在疾病的发生率、诊断偏差或未发现的因素

的真实差异,这仍然是一个悬而未决的问题。

具有表演型人格的人可能会因为一件悲伤的事情而变得异常沮丧,也可能因一件令人愉快的事情而流露出夸张的喜悦。他们可能一看到血就晕过去,或者因为稍稍失礼而脸红。他们往往要求别人满足他们对关注的需要,当别人做不到的时候,他们就扮演受害者的角色。他们也倾向于以自我为中心,不容忍自己的满足延迟:他们想要什么就要得到什么。在日常生活中当他们渴望新奇和刺激时,很快就会变得焦躁不安。他们会被时尚所吸引。其他人可能认为他们在装腔作势,尽管他们可能表现出某种魅力。太沉浸在自己发展的亲密关系或对别人的深刻感情中,使他们往往看起来是轻浮的和诱人的。其结果可能是他们的联想往往是暴风骤雨,最终却令人不满意。他们倾向于用自己的外表来吸引别人的注意。患有这种疾病的男性可能会以一种过于"男性化"的方式行事和着装,而女性可能会选择有很多装饰的、有女性特点的服装。绚丽花哨的装饰盖过了服饰本身。

夸大的? 并不是所有穿着怪异或耀眼的人都有夸张的个性。表演型人格障碍患者的其他人格特征是什么?

具有表演人格的人可能会被诸如模特或表演之类的职业所吸引,在这些职业中他们可以独霸聚光灯下。尽管外表成功,但他们缺乏自尊,努力给别人留下深刻印象,以提升自己的自我价值。如果他们遭受挫折,或者在失去了他们在聚光灯的位置之后,压抑在内心的怀疑就会出现。

自恋型人格障碍在希腊神话中纳喀斯索(Narcissus)是一个英俊的青年,他爱上了自己在泉水里的倒影。由于他过分自恋,众神把他变成了我们所知道的那朵水仙花。

自恋型人格障碍(narcissistic personality disorder)患者对自己有膨胀或浮夸的感觉,极度需要赞美。他们吹嘘自己的成就,并期望别人对他们大加赞扬。他们希望别人注意到他们的特殊品质,即使他们的成就很普通,他们也喜欢被人奉承。他们自私,对他人缺乏同情心。尽管他们与表演人格有某些共同的特征,比如要求成为人们关注的中心,但他们对自己的看法要膨胀得多,也不像那些有表演人格障碍的人那样戏剧化。与边缘型人格障碍患者相比,自恋型人格障碍患者通常更能组织自己的思想和行为。他们往往在事业上更成功,也更有能力晋升到有地位和权力的位置。他们的人际关系也比那些有边缘型人格障碍的人更稳定。

数字时代的异常心理学

你是脸书中的外向者,还是推特中的自恋狂?

线上、线下或两者都外向的人? 在现实世界和虚拟世界中,外向的人更倾向于与他人互动。

我们在脸书(Facebook)上向世界展示的可能是我们所希望成为的理想中的人,尤其是那些在现实生活中存在有关于自尊和情感不稳定的问题上苦苦挣扎的人。不太适应的年轻人(例如,那些高神经质的特质)更倾向于在他们的Facebook上设立一个理想的虚假自我人设,也许是因为内心缺乏自尊,或是因为他们相信如果他们的资料反映真实的自我时,其他Facebook用户不会想要与他们交流(Michikyan, Subrahmanyam, & Dennis, 2014)。另一方面,外向的年轻人更有社交信心,更有自尊心,他们也更积极地使用Facebook。平均来看,相较于内向的用户,他们发布更多的照片和状态更新,并有更多的Facebook好友(Eftekhar, Fullwood, & Morris, 2014; Lee, Ahn, & Kim, 2014)。

调查人员研究了与使用Twitter有关的个性特征,如果网站是由自恋者设计的。具有自恋特质的人往往会对自己有很高的评价,喜欢那些支持他们自我形象的追随者,对于Twitter这样的网站来说,这似乎是一种完美的契合。最近的一项研究支持了这一观点,表明Twitter是大学时期自恋者社交网络的首选(Davenport et al., 2014)。相比之下,在大学年龄段的样本中,更积极地使用Facebook与自恋无关。

资料来源:经John Wiley & Sons Inc.许可,转载自Nevid & Rathus, 2016.

被诊断为自恋型人格障碍的人更多是男性,但正如我们在后面的章节中所讨论的,我们不能说在普通人群中患病率是否存在潜在的性别差异。某种程度的自恋可能是对不安全感的有益调整,是对批评和失败的保护,或者是成就的动机。过度自恋会变得不健康,尤其是在自己的渴望无法得到满足时。在某种程度上,自恋可以促进成功和幸福。在更极端的情况下,这种自恋会破坏人际关系和事业。

具有自恋人格的人倾向于幻想成功和力量、理想的爱情以及对辉煌或美丽的认可。就像有表演个性的人一样,他们可能会被模特、表演或政治之类的职业所吸引。尽管他们往往夸大自己的成就和能力,但许多自恋型人格的人在职业上是相当成功的——但他们嫉妒那些取得更大成功的人。贪得无厌的野心可能促使他们孜孜不倦地工作。他们被驱使着去成功,与其说是为了钱,还不如说是为了伴随着成功而来的奉承。

具有自恋人格的人对任何拒绝或批评的暗示都极为敏感。这些自恋的伤害,正如他们所称的,是如此的深刻,因为它们重新打开了非常古老的心理创伤。即使是一个看似微不足道的评价也会让人陷入混乱,就像下面一个女人斯蒂芬妮(Stephanie)的例子,她丈夫的批评暴露了曾经的不足之处。此外,他温和的责备非但没有使她疼痛消失,反而使伤害更加严重。

"我""在伤口上撒盐"

"看球,"(打网球时)她对自己说:"侧身,击球,结束……"有那么几个珍贵的时刻,经过一段不错的表演,她感觉很在"状态",没有失误、发挥良好而所有人都欢呼。

她偷偷地笑着,享受着一种不正当的快感,不知道她的丈夫道格(Doug)是否也注意到了她今天打得有多好。这个时候,一个重心下旋的球飞到她身后,她伸出球拍,吸一口气,击中了球的边缘,球飞出场地。"你从来没有见过这种旋转。"道格在场地的另一边说。"从来没有。"斯蒂芬妮重复着,突然觉得自己好像泄了气的轮胎。痛苦在她身上流淌,然后直逼胸口……"我再也打不好网球了。"她痛苦地想,然后把剩下来的三个球放到袋子里。刚才的愉悦消失了,取而代之的是一种绝望的无能感。斯蒂芬吞下泪水,觉得自己心里备受打击。"你真是个窝囊废。"她准备收拾行李回家时自言自语道。"你又在骗我了?"道格喊道。他只是开了个玩笑,想把她哄回场地,但是他的话就像盐撒在伤口上一样。今天她不会再打网球了。

资料来源:Hotchkiss,2002.

自恋型人格的人际关系总是变得紧张,因为他们强加要求给他人,并且自身缺乏对他人的同情心和关心。他们寻求拍马屁者的陪伴,尽管他们通常表面上很有魅力、很友好,但他们对人的兴趣是片面的:他们寻找的人会为他们的利益服务,并培养他们的自尊心。他们有权力的欲望,这导致他们剥削他人。他们倾向于在恋爱关系中采用游戏的方式,而不是寻求真正的亲密关系,显然是因为他们需要权力和自主权(Campbell, Foster, & Finkel, 2002)。他们把性伴侣当作是自己的消遣或维持自尊的工具,就像比尔的例子一样。

> **比尔：一个自恋型人格障碍的案例**
>
> 大多数人都认为，比尔（Bill）这位35岁的投资银行家有某种魅力。他聪明伶俐，很有吸引力。他具有敏锐的幽默感，在社交聚会上能够吸引人们的注意。他总是停留在房间的中央，在那里他可以成为大家注意的中心。谈话的主题总是集中在他的"交易"，他遇到的"富人和名人"，以及他对对手的操纵上。他的下一个项目总是比上一个更大胆。比尔喜欢观众。当别人对他的生意成功表示赞扬或赞赏时，他就会变得开心起来，但这些赞扬通常是夸大的。当谈话转到其他人身上时，他就会失去兴趣，找借口去弄杯饮料或打电话给他的答录机。在举办宴会时，他会希望客人待到很晚，如果不得不提前离开，他会感到受伤；他对朋友们的需要一点都不敏感，也没有意识到朋友们有什么需要。
>
> 这些年来，他所结交的几个朋友都接受了比尔为人处世的方式。他们认识到他需要满足自己的自尊，从而变得冷静和超然。
>
> 比尔也曾与女性有过一段时间的恋爱关系，特别是和那些仰慕他的，愿意为了他牺牲自我的女性。但她们最后总是会对单方面的人际关系感到疲倦，或由于他不能履行义务和发展进一步的关系而变得沮丧。由于缺乏同情心，比尔无法理解他人的感受和需求。他只是想从倾慕者身上得到持续的关注，并非出于自私，而是出于一种需要，以避免产生缺乏信心和自尊心的需求。他的朋友们认为他很悲哀，他需要别人给予他如此多的关注和奉承，再多的成就也不足以平息他内心的疑虑。
>
> 来自作者的档案

以焦虑或恐惧行为为特征的人格障碍

12.4 描述以焦虑或恐惧行为为特点的人格障碍的主要特征

这类人格障碍包括回避型、依赖型和强迫型。尽管这些疾病的特征不同，但它们都有恐惧或焦虑的成分。

回避型人格障碍 回避型人格障碍（avoidant personality disorder, APD）的人非常害怕被拒绝和批评，他们可能因不愿意与他人建立联系，而得不到认可。因此，除了直系亲属之外，他们可能很少有亲密的关系。他们也不喜欢在集体中任职或参加娱乐活动，因为他们害怕被拒绝。他们喜欢一个人在办公桌前吃午饭。他们不参加公司的野餐和聚会，除非他们完

回避型人格？ 有回避型人格的人常常因为害怕被拒绝而保持自我。

全有把握被接受。回避型人格障碍在男性和女性中同样普遍,我们相信这影响了0.5%到1.0%的人群(American Psychiatric Association,2013)。

与具有分裂型人格的人不同,他们有逃避社交的特征,回避型人格的人对其他人有兴趣,也有温暖的感觉。然而,害怕被拒绝阻止了他们努力去满足自己对爱和接受的需要。在社交场合,他们倾向于独处,避免与他人交谈。他们害怕在公共场合的尴尬,害怕别人看到他们脸红,哭泣,或者表现得很紧张。他们倾向于坚持自己的常规,夸大尝试新事物的风险或努力。他们可能会以太晚开车回家不方便为理由拒绝参加一个小时后的聚会。思考下面的例子。

哈罗德:一个回避型人格障碍的案例

哈罗德(Harold)是一位24岁的会计,很少和女人约会,并且这些女人都是通过家人介绍认识的。他从来没有足够的自信去接近一个女人。也许是他的腼腆吸引了史黛西(Stacy),她是和哈罗德一起工作的一位22岁的秘书,问他是否愿意下班后聚一聚。一开始哈罗德拒绝了,说了些理由,但当史黛西一个星期后再问时,哈罗德同意了,认为如果她愿意追他,她一定很喜欢他。这种关系发展得很快,很快他们就几乎每晚都在约会。然而,他们的关系是紧张的,哈罗德解释说,只要她声音中有一点犹豫,他就觉得那是她缺乏兴趣。他一再请求她要关心自己,他分析每一个字,每一个手势,以证明她的感情。如果史黛西说她因为劳累或生病不能见他,他就认为她是在拒绝他,并寻求进一步的安慰。几个月后,史黛西觉得她再也无法接受哈罗德的唠叨,于是两人的关系结束了。哈罗德认为史黛西从来没有真正关心过他。

来自作者的档案

回避型人格障碍通常与社交恐惧症(Friborg et al.,2013)并存。这两种疾病的重叠表明它们可能有共同的遗传因素(Torvik et al.,2016)。结果可能是,回避型人格障碍实际上是一种更为严重的社交恐惧症,而不是与之截然不同的诊断。

与此观点一致的是,有证据表明,与健康对照组相比,APD患者的扁桃体活跃程度更高,而健康控制组的人会预期出现的负面反馈(Denny et al.,2015)。(回想一下,杏仁体在受到威胁刺激时被激活。)然而,就目前而言,社交恐惧症和回避型人格障碍在DSM-5中仍然是不同的诊断。

依赖型人格障碍 依赖型人格障碍(dependent personality disorder)是指那些过度需要别人照顾的人。这使他们在人际关系中过于顺从和黏人,并且极度害怕分离。患有这种疾病的人很难自己做事情。即使是最小的决定,他们也要征求意见。有问题的儿童或青少年可能会向他们的父母寻求帮助,选择他们的衣服、饮食、学校或大学,甚至是他们的朋友。患有这种疾病的成年人允许其他人为他们做重要的决定。有时候,他们是如此依赖别人,以至于他们允许父母决定他们要和谁结婚,就像马修(Matthew)的案例一样。

马修:一个依赖型人格障碍的案例

　　34岁的单身会计师马修(Matthew)和母亲住在一起,当他和女友的关系走到尽头时,他便寻求治疗。他的母亲反对他结婚,因为他和他的女友信仰不同,而且因为"血浓于水",马修顺从了母亲的意愿,结束了这段关系。然而,他对自己和自己的母亲都很生气,因为他觉得母亲占有欲太强了,根本不允许他按自己的意愿结婚。他形容自己的母亲是一个跋扈的女人,在家里"当家",习惯了自己的方式。马修在憎恨母亲和认为母亲知道什么是对他最有利的想法之间摇摆不定。

　　马修在工作中的地位比他的才能和教育水平都要低几个层次。他好几次拒绝升职,以避免承担更多的责任,而这些责任要求他监督他人并做出独立的决定。他从小就和两个朋友保持着密切的关系,每天都和其中一个朋友一起吃午饭。在他的朋友打电话请病假的日子里,马修感到很失落。除了一年的大学生活外马修一生都待在家里,因为他想家。

资料来源:改编自 Spitzer et al.,1994,p.179—180.

判断正误

有依赖型人格障碍的人很难独立作出决定,他们可能会让父母决定自己的结婚对象。

□正确　在我们的文化中,有依赖型人格障碍的人可能是非常依赖他人,以至于他们允许自己的父母决定他们要和谁结婚。

　　在结婚后,有依赖型人格障碍的人可能会依靠他们的配偶来做决定,比如他们应该住在哪里,该交往什么样的邻居,该如何管教孩子,该做什么工作,该如何理财,该去哪里度假。像马修一样,有依赖型人格障碍的人会避免承担责任。他们拒绝挑战和晋升,并在潜能之下工作。他们往往对被批评、被拒绝和被遗弃的恐惧过于敏感。他们可能会因为亲密关系的结束或独自生活的前景而崩溃。由于害怕被拒绝,他们常常把自己的需要和需求置于他人的需要之下。他们可能会认同一些关于自己的古怪言论,并且会贬低自己以取悦他人。[判断正误]

　　在进一步讨论之前,我们应该注意到,依赖需要从文化的角度来审视。在一些传统文化中,包办婚姻是常态,所以那些在让父母决定自己要嫁给谁的文化背景下的人不会被归类为有依赖型人格障碍。同样,在强烈的父权制文化中,女性可能期望在做许多人生决定时听从父亲和丈夫的意见,即使是很小的日常决定也依然如此。

然而,我们不需要超越自己的社会去考虑文化的作用。有证据表明,在我们的文化中,依赖型人格障碍在女性中被诊断的频率高于男性(American Psychiatric Association, 2013)。这种诊断通常适用于那些害怕被遗弃的妇女,她们容忍那些公然欺骗她们、虐待她们或甚至因为赌博输光家产的丈夫。潜在的不足感和无助感使她们不愿采取有效的行动。在一个恶性循环中,她们的被动助长了对方进一步的虐待,使她们感到更加无力和无助。将诊断应用于这种类型的女性是有争议的,并且可能被认为是不公平的"责备受害者",因为在我们的社会中,女性经常被社会化到从属角色。在现代生活中,女性不但通常比男性承受更大的压力,而且更大的社会压力是消极的、矜持的或恭敬的。因此,女性的依赖行为可能反映文化影响,而不是潜在的人格障碍。

研究人员将依赖型人格障碍与心理障碍(如情绪障碍和社交恐惧症)增加的风险与自杀和健康问题(如高血压、心血管疾病、溃疡和结肠炎等胃肠道疾病)联系起来(e.g., Samuels, 2013)。依赖型人格与精神动力理论学家所称的"口腔"行为问题(如吸烟、饮食失调和酗酒)之间似乎也存在关联(Bornstein, 1999)。心理动力学理论家将依赖行为归因于新生儿的完全依赖,以及婴儿通过口腔方式寻求营养(哺乳)。食物可能成为爱情的象征,有依赖型的人可能会吃得太多,象征着爱。有依赖型人格的人通常把他们的问题归结于生理原因而非情感原因,并向医学专家而不是心理学家或心理咨询师寻求支持和建议。

强迫型人格障碍 定义强迫型人格障碍(obsessive-compulsive personality disorder)是指过度寻求秩序、完美主义、僵化和需要控制自己的环境(Pinto, 2016)。估计该疾病在人群中的患病率在2.1%到7.9%不等(American Psychiatric Association, 2013)。这种疾病在男性中的患病率大约是女性的两倍。与强迫症不同的是,强迫症患者不一定会有完全的强迫或强迫症。如果他们这样做了,两种诊断都可能被认为是合适的。

患有强迫症的人太过专注于追求完美,以至于不能按时完成工作。他们的努力不可避免地没有达到他们的期望,所以他们重新做他们的工作,或者他们反复思考如何优先处理他们的工作,他们似乎从来没有开始工作。他们专注于别人认为微不足道的细节。常言

有地方放所有的东西,并且所有东西都有自己的位置么? 有强迫症的人可能发明了这句格言。许多这样的人在他们的环境中对秩序的需求过多,正如劳里·西蒙斯(Laurie Simmons)的这张照片《红色图书馆2》所暗示的那样。

道,他们看不到森林中的树木。他们的僵化影响了他们的社会关系。他们坚持按自己的方式做事,不妥协。他们对工作的热情使他们无法参与或享受社交及休闲活动。他们往往对钱很吝啬。他们发现很难做出决定,因为害怕做出错误的选择而推迟或避免做出决定。他们往往在道德和伦理问题上缺乏灵活性,在人际关系上过于拘谨,很难表达自己的感情。他们很难放松和享受愉快的活动,他们担心这种转移的成本。参考下面的例子。

杰瑞:一个强迫型人格障碍的案例

34岁的杰瑞是一名系统分析师,他追求完美,过于关注细节,行为刻板。杰瑞娶了一位平面艺术家马西娅。他坚持把他们的空闲时间一小时一小时地安排好,当偏离他的日程时,他会感到不安。他会在一个停车场里反复寻找合适的停车位,以确保另一辆车不会刮坏他的车。一年多来他拒绝给公寓刷漆,因为他不能决定颜色。他把书架上的书按字母顺序排列并整理好,坚持把每本书都放在适当的位置。

杰瑞似乎从不放松。即使是在度假时,他也会因为工作的想法而烦恼,担心自己会失去工作。他不明白人们怎么能躺在沙滩上,让夏天的空气把所有的烦恼都蒸发掉。他想,有些事情总是会出错的,那么人们怎么能让这些烦恼自己走掉呢?

来自作者的档案

维度还是类别? 一个主要的争议点在于人格障碍是否应该用普通人群中的一系列极端人格变化的特征来定义,或者作为相互独立的异常行为的分类。

人格障碍分类的问题

12.5 评估与人格障碍分类相关的问题

关于DSM系统中人格障碍的分类和诊断标准的问题仍然存在。在这里,我们主要关注临床医生和研究人员对于这些行为模式的分类和诊断。

人格障碍:类别还是维度? 对人格障碍最好的理解是以特定症状或行为特征为特点的不同类型的心理障碍吗?我们应该把它们看作是普通人群中常见人格维度的极端变化吗?DSM采用分类模型,根据特定的诊断标准将异常行为模式划分为特定的诊断类别。

我们以反社会人格障碍为例。要确诊为反社会人格障碍,一个人必须表现出一系列与表12.2(见P640)所列的相似的临床特征,但是表中列出的7个特征中有多少被满足才能诊断为反社会人格障碍呢?三个,四个,或者全部?根据诊断手册，答案是有三个或更多标准出现时即可诊断。为什么三个？基本上，这个决定代表了DSM编制者的一致意见。一个人可能会大量地表现出其中的两种特征，但仍然不会被诊断为反社会人格障碍，而表现出三种较温和的特征的人应该得到诊断。在应用诊断类别时，在何处划定界限的问题在整个DSM系统中引发了许多批判人士的担忧，他们担心该系统过于依赖任意的一组结论或诊断标准。

分类模型的另一个问题是，许多与人格障碍和其他诊断类别（如情绪障碍、焦虑障碍）有关的特征在大众中有普遍出现。因此，很难区分这些特征（或特点）的正常变化和异常变化（Skodol & Bender, 2009）。例如，患有反社会人格障碍的人可能无法提前计划，表现出行为冲动，或为了个人利益而撒谎——但许多没有反社会人格障碍的人也是如此。

人格障碍的维度模型为DSM（e.g., Suzuki et al., 2015; Widiger, Livesley, & Clark, 2009）。维度模型将人格障碍描述为大众中常见的不适应和极端的人格特征变异，而不是离散的诊断类别。

你可能还记得心理学家托马斯·威迪格（Thomas Widiger）在第3章讨论了人格障碍诊断的维度方法。威迪格和他的同事提出，人格障碍可以被描述为人格的五个基本特征的极端或不适应变化，这些特征构成了人格的五因素模型（即所谓的"大五"）：(1)神经过敏或情绪不稳定；(2)倾向性；(3)开放性经验；(4)亲和性或友好性；(5)责任心（Widiger & Mullins-Sweatt, 2009）。在维度模型中，像反社会人格障碍这样的紊乱可能在一定程度上表现为责任心和亲和力极低（Lowe & Widiger, 2008）。具有这些特点的人通常被描述为无目标和不可靠，以及操纵和剥削他人。同样，其他人格障碍也可以被映射到五大维度的极端末端。越来越多的证据显示了人格障碍和五大人格特质之间的联系（e.g., Gore & Widiger, 2013）。维度模型的一个局限性是，我们缺乏明确的准则来确定人格量表的分数线，以确定一个特质在临床意义上需要多么极端（Skodol, 2012）。

DSM-5的开发人员目前正在研究如何更好地诊断人格，以准备下一个版本的DSM-5，被称为DSM-5.1。目前正在考虑几种可供选择的模型，包括部分类别和部分维度的混合维度分类模型。维度模型基于五大人格特征。在拟议的计划中，人格障碍的诊断将基于满足特定疾病的特定标准（分类方法），以及对极端或病理特征（维度方法）的评级。这种混合模型与用于诊断医学疾病的方法是一致的，这些方法依赖于两种特定的标准(如活检发现的癌细胞、传染病症状)和连续维度的极端测量(如基于高血压读数的高血压诊断)。评估和诊断在维度上结合的优势是允许研究者做出基于极端程度和病理特征的严重程度的判断,而不仅仅是对特殊障碍做出的是、否或两向判断。

许多维数模型的支持者认为,提出的混合模型在维度框架中表达功能障碍人格方面做得不够。他们声称将继续支持压倒一切的绝对模型。我们希望随着辩论继续展开,关于DSM是否应该是分类的、维度的,或者是这两种模型的一种混合,它将根据不同分类模型的效用和有效性进行使用。

区分人格障碍和其他临床症状的问题 一个令人困扰的问题是,人格障碍能否可靠地与其他临床症状区分开来。例如,临床医生常常难以区分强迫症和强迫型人格障碍。临床症状被认为是随时间变化的,而人格障碍通常被认为是更持久的紊乱模式。然而,随着时间的推移,人格障碍的特征可能会随着环境的变化而变化,而一些其他的临床症状(如心境恶劣)则会遵循一个或多或少的慢性过程。

障碍之间的重叠 人格障碍之间存在高度的重叠。大多数被诊断为人格障碍的人都满足一个以上的标准(Skodol, 2012)。虽然有些人格障碍具有明显的特点,但许多都有共同的特点,如人际关系中的问题。例如,一个人可能具有反社会人格障碍和边缘型人格障碍的特征(例如冲动、不稳定的关系模式)。人们也可能具有依赖型人格障碍(无法独立做出决定或发起活动)和回避型人格障碍(极度社交焦虑和对批评敏感)的特征。

不同人格障碍的共现(称为共病)相当普遍(Grant et al., 2005)。这表明,DSM系统中特定类型的人格障碍可能彼此之间没有明显的区别。有些人格障碍实际上可能不是明显的障碍,而是其他人格障碍的亚型或变体。

辨别正常行为和异常行为的困难 人格障碍诊断的另一个问题是,它们涉及的人格特征在较小程度上描述了大多数正常个体的行为。时不时地感到怀疑,并不意味着你患有偏执型人格障碍。倾向于夸大自己的重要性,并不意味着你自恋。你可能会因为害怕尴尬或被拒绝而避免社交互动,而不是有回避型人格障碍;你可能会在工作中特别认真,而不是有强迫型人格障碍。因为这些疾病的定义属性是常见的人格特征,所以临床医生应该只在这些模式普遍到干扰个人功能或引起严重的个人痛苦时才使用这些诊断标签。我们仍然缺乏我们需要的证据来确定人格特质在什么时候会变得不适应,并证明对人格障碍的诊断是正确的。

混乱的标签与解释　很明显,我们不应该混淆诊断标签的解释,但在实践中,这种区别有时是模糊的。如果我们混淆标签的解释,我们可能会落入循环推理的陷阱。例如,下列语句的逻辑有什么问题?

1. 约翰的行为是反社会的。
2. 因此,约翰有反社会人格障碍。
3. 约翰的行为是反社会的,因为他有反社会人格障碍。

这些语句演示了循环推理,因为它们(a)以行为进行诊断,然后(b)以诊断作为行为的解释。我们在日常讲话中可能会犯循环推理的错误。想想下面的句子:"约翰从不按时完成他的工作,因此,他是懒惰的。约翰不把他的工作做完,因为他懒惰。"这个标签在日常对话中可能是可以接受的,但它缺乏科学的严谨性。对于像懒惰这样的词汇来说,要具备科学的严谨性,我们需要了解懒惰的原因以及保持懒惰的因素。我们不应该把我们附加在行为的原因上的标签与行为的原因混淆起来。

此外,将行为令人不安的人贴上人格障碍的标签忽视了行为的社会和环境背景。创伤性事件的影响,可能发生在某一特定性别或文化群体成员的更大范围或强度,是不良行为的一个重要的潜在因素。然而,人格障碍的概念基础并不考虑文化差异、社会不平等以及性别或文化群体之间的权力差异。例如,许多被诊断患有人格障碍的女性都有童年时期的身体疾病和性虐待史。人们对待虐待的方式可能被认为是他们性格上的缺陷,而不是虐待关系背后的功能失调的社会因素的反映。

人格障碍是识别无效和自我挫败行为的常见模式的标签,但标签并不能解释它们的行为。然而,准确描述系统的发展是科学解释的重要一步。建立可靠的诊断类别,为有效研究因果关系奠定了基础。

性别歧视的偏见　某些人格障碍的构建可能有性别歧视的基础。刻板的女性化行为似乎比刻板的男性化行为更经常被诊断标准贴上病态的标签。以表演型人格为例,这似乎是对女性人格的传统刻板印象的一种讽刺:轻浮、情绪化、浅薄、诱人、引人注目。

在人格障碍的概念中是否存在性别歧视?表演型人格障碍的概念似乎是对高度刻板的女性人格的讽刺。那么,为什么没有一种类似于男子气概的男性人格障碍呢?

如果女性的刻板印象与可诊断的精神障碍相对应，难道我们不应该有一个诊断类别来反映男性的刻板印象吗？我们可能会说，过度男性化的特征可能与某些男性显著的痛苦以及社会或职业功能的损害有关。例如，高度男性化的男性可能会卷入争斗，并在为女性老板工作时遇到困难。然而，目前还没有一种人格障碍与"男子气概"的刻板印象相对应。

依赖型人格障碍的诊断是否不公平地给那些被社会化成依赖型角色的女性贴上了人格障碍的标签？仅仅因为临床医生认为这些模式在女性中普遍存在，或者因为女性比男性更容易被社会纳入这些行为模式，女性就更有可能被诊断为组织型或依赖型人格障碍。

边缘型人格障碍、表演型人格障碍和依赖型人格障碍在女性中更常被诊断出来，而自恋型人格障碍和反社会人格障碍在男性中更常被诊断出来。这是因为性别差异导致了这些疾病的流行，还是因为社会预期和潜在的偏见导致一些人格障碍在一个或另一个性别中被诊断得更频繁？我们对这个问题没有最终的答案，但我们确实有证据表明性别偏见存在于诊断中。最近，研究人员要求接受培训的心理学家对出现模棱两可症状的假想案例做出诊断判断(Braamhorst et al.，2015)。这些未来的心理学家表现出了性别偏见，当病人被确诊为女性时，这类假想病例更经常被诊断出患有边缘型人格障碍，而当病人是男性时，他们又被诊断为自恋型人格障碍。性别歧视也存在于判断女性有表演型人格障碍和男性有反社会人格障碍，即使他们表现出相同的症状(Garb，1997)。考虑一下你自己的态度：你是否曾经认为女人"只是依赖或歇斯底里"，或者男人"只是自恋或反社会"？

理论观点

在这一部分，我们将考虑人格障碍的理论观点。许多关于人格障碍的理论描述都源自心理动力学模型。因此，我们从回顾传统和现代心理动力学模型开始。

心理动力学观点

12.6 描述人格障碍发展的心理动力学观点

传统的弗洛伊德理论关注的是由俄狄浦斯情结所引发的问题，如异常行为的基础，包括人格障碍。弗洛伊德认为，儿童通常通过放弃对异性父母乱伦的意愿和认同同性父母来解决俄狄浦斯情结。因此，他们以自我人格结构的形式吸收父母的道德观念，而这样的人格结构成为超我。许多因素可能会妨碍适应自身身份和偏离正常的发展过程,妨碍儿童形成道德约束和对于反社会行为的罪恶感或悔恨感。弗洛伊德关于道德发展的论述主要集中在男性的发展上。人们批评他未能解释女性道德发展的原因。

最近的心理动力学理论通常关注的是早期的恋母期,大约18个月到3年,在此期间,婴儿开始形成与父母不同的身份。这些理论关注的是自我意识在解释自恋和边缘型人格障碍等方面的发展。

汉斯·科胡特 现代心理动力学概念的主要塑造者之一是汉斯·科胡特(HANS KOHUT),他的理论被称为"自我心理学",因为他强调发展内聚性自我意识的过程。弗洛伊德认为俄狄浦斯情结的解决是成人人格发展的核心。科胡特不同意这一观点,他认为最重要的是如何发展自我——一个人是否能够发展自尊、价值观以及一种有凝聚力的、现实的自我意识,而不是膨胀的、自恋的人格(Anderson, 2003;Goldberg, 2003)。

科胡特(1966)认为,自恋的人会假装自己很重要,以此来掩盖自己内心深处的不足。自恋者的自尊就像一个蓄水池,需要不断地用源源不断的赞美和关注来补充,以免干涸。浮夸的感觉能帮助自恋的人掩饰他们内在的无价值感。失败或失望可能会暴露这些感受,使人陷入沮丧的状态。为了抵御绝望,人们试图贬低失望或失败的重要性。

患有自恋型人格障碍的人或许会对于那些不能保护自己或使自己失望的人以及对自己的保证、赞扬、羡慕逐渐减少的人感到愤怒。哪怕是最轻微的批评都会激怒他们,不管他们的意图有多好。他们可能会以一种冷漠的态度来掩盖自己的愤怒和自卑感。他们可能成为心理治疗的困难户,因为当治疗师戳穿他们膨胀的自我形象,帮助他们发展更现实的自我概念时,他们可能会变得愤怒。

对科胡特来说,早期的童年是一个正常的自恋阶段。婴儿感到强大,仿佛世界围绕着他们转。婴儿通常也会将父母视为理想化的力量,并希望像父母一样拥有强大的力量。会共情的父母影响了孩子,让他们觉得一切皆有可能,并且增强了他们的自我价值(例如,告诉他们是多么了不起和宝贵)。然而,即使是会共情的父母也会时不时地批评孩子,刺穿他们对自我的夸大感,或者无法达到孩子对他们理想化的看法。渐渐地,不切实际的期望消失了,取而代之的是对自己和他人更现实的评估。在青春期,童年的理想化被转化为对父母、老师和朋友的现实崇拜。在成年后,这些想法发展成一套内在的理想、价值观和目标。

然而,缺乏父母的同情和支持,就会导致病态的自恋。得不到父母重视的孩子无法培养出坚定的自尊心。他们发展出受损的自我概念,感到无法被爱和赞美。病态自恋指的是构建一种宏大的自我完善的假象,以掩盖人们认为的不足之处。然而,这种假象总是处于崩溃的边缘,而且必须通过源源不断的让人感到特别和独特的保证来支撑。这使得一个人的自尊心很容易受到打击,从而导致无法实现社会或职业目标。

科胡特为那些有自恋人格的患者提供了一个治疗方法,让他们一开始就有机会夸大他们的自我价值。然而,随着时间的推移,治疗师会帮助他们探究自恋的童年根源,并指出来访者和治疗师的不足之处,以鼓励来访者去构造自己和他人更真实的形象。

奥托·科恩伯格 奥托·科恩伯格(Otto Kernberg, 1975)是一位领先的精神动力理论家,他认为边缘型人格指的是童年早期未能在自己和他人的形象中形成一种坚定性和统一性。从这个角度来看,边缘型人格障碍患者无法将自身和他人的矛盾(积极和消极)因素合成为完整、稳定的整体。他们没有把生命中重要的人看作是有时爱,有时拒绝,而是在纯粹的理想化和彻底的仇恨之间来回切换。这种在视他人为"全是好的"或"全是坏的"之间快速切换的现象被称为"分裂"。

科恩伯格讲述了一个30多岁的女人对他态度的摇摆不定。女人会在一次治疗中认为他是最出色的治疗师,她觉得所有的问题都解决了;几次治疗后,她会转而反对他,指责他冷酷无情,控制欲太强,对治疗不满,并威胁要退出(引自Sass, 1982)。

在科恩伯格看来,甚至是最优秀的父母也不能满足孩子的所有需求。因此,婴儿在早期就面临着整合的挑战,即怎样把温柔可亲的"好母亲"和霸道爱打人的"坏母亲"的形象联系在一起。如果不能将这些对立的形象转化为现实的、统一的、稳定的父母形象,可能会在恋母情结前期的性心理发展阶段对孩子产生心理上的固定作用。因此,作为一个成年人,可能会继续迅速转变对治疗师和其他人的态度,一会儿将他们理想化,一会儿又将他们拒之门外。

玛格丽特·马勒 另一位颇具影响力的现代精神动力学理论家玛格丽特·马勒(Margaret Mahler)将边缘型人格障碍解释为儿童时期与母亲形象的分离。马勒和她的同事(Mahler & Kaplan, 1977; Mahler, Pine, & Bergman, 1975)认为在第一年,婴儿会对他们的母亲产生一种共生依附关系。"共生(symbiosis)"或"相互依赖"是一个源于希腊语词根的生物学术语,意思是"生活在一起"。在心理学中,共生是一种统一的状态,在这种状态中,孩子的身份与母亲的身份相融合。通常情况下,孩子们会逐渐将自己的身份或自我感觉与母亲区分开来。这个过程,分离—个体化(separation-individuation),是一种从母亲(分离)和个人特征识别中分离出来的心理和生物特性的发展。分离—个体化可能是一个暴风雨般的过程。孩子们可能会在寻求更大的独立和靠近母亲(或"跟随"母亲)之间犹豫不决,这被视为团聚的愿望。母亲可能会通过拒绝放开孩子或过快地推动孩子走向独立来扰乱正常的分离个体化。具有边缘型人格特征的人对他人有矛盾的反应和爱恨交替的倾向,暗示了分离—个性化过程中早期的矛盾心理。边缘型人格障碍可能是由于未能掌握这种发展挑战而产生的。

心理动力学理论提供了理解几种人格障碍发展的方法。然而,这一理论的局限性在于,它主要基于从成年人的行为和回顾性描述中得出的推论,而不是基于对儿童的观察。我们也可能会质疑将正常的童年经历与成年期的异常行为进行比较是否有效。例如,成人边缘型人格特征的模棱两可,可能只与儿童在分离个性化过程中在亲密与分离之间的犹豫不决有一种潜在的关系。

童年时期的虐待与日后人格障碍的发展之间的联系表明,未能与童年时期的父母监护者建立密切的关系在人格障碍的发展中起着关键作用。我们将在本章后面探讨虐待与人格障碍之间的联系。

学习理论观点

12.7 描述人格障碍发展的学习理论观点

学习理论关注的是不适应行为,而不是人格障碍。他们感兴趣的是识别导致人格障碍诊断和强化的不良行为的学习历史和环境因素。

学习理论认为,童年经历形成了与他人交往的不良习惯、构成人格障碍。例如,不经常鼓励孩子说出自己的想法或探索周围环境可能会形成一种依赖的行为模式。父母管教过度可能导致强迫行为。心理学家西奥多·米隆(Theodore Millon, 1981)认为,孩子的一举一动都受到严格的控制,甚至有的会因为一些小的错误就受到父母惩罚的话,那么他们可能会发展出僵化的、完美主义的标准。随

分离—个体化 心理动力学理论家玛格丽特·马勒称,幼儿经历了一个分离—个体化的过程,在这个过程中,他们学会了区分自己与母亲的身份。她认为,如果不能成功地掌握这种发展的挑战,可能会导致边缘型人格的发展。

着这些孩子的成熟,他们努力在自己擅长的领域发展自己,比如学业或体育运动,以此来避免父母的批评或惩罚——但由于过分关注某一特定的发展领域,会使得他们并没有变得全面发展。因此,他们压制自发性的表达,避免风险。他们也可能对自己提出完美主义的要求,以避免惩罚或责备,或发展其他与强迫症人格模式相关的行为。

社会认知理论强调,强化解释反社会行为在起源方面的作用。乌尔曼和克拉斯纳(Ullmann & Krasner, 1975)在一项早期有影响力的研究中提出,具有反社会性格的人无法学会将他人作为潜在的强化物来回应。大多数孩子学习把别人当作强化剂,因为别人用表扬他们的好行为和惩罚他们的坏行为来强化他们。强化和惩罚提供反馈,帮助孩子修改他们的行为,以最大化未来奖励的机会和最小化未来惩罚的风险。因此,孩子们对他人(通常是父母和老师)的要求变得敏感,并学会相应地调整自己的行为。他们因此适应了社会期望:他们学会了做什么,说什么,如何着装,如何行动以获得他人的赞扬和认可(社会强化)。

相反,具有反社会人格的人可能不会以这种方式融入社会,因为他们早期的学习经历缺乏一致性和可预测性。也许他们有时会因为做了"正确的事情"而得到奖励,但往往不是这样。他们可能受到了随意施加的严厉体罚的冲击。作为成年人,他们不太重视别人的期望,因为作为孩子,他们看不到自己的行为和强化之间的联系。虽然乌尔曼和克拉斯纳的观点可能解释了反社会人格障碍的一些特征,但他们可能没有充分论述"迷人的"反社会人格的发展;这个群体的人善于解读他人的社交暗示,并利用它们为自己谋利。一些精神病患者在他们的工作领域非常成功,在他们的工作习惯上比其他精神病患者更加认真可靠(Mullins-Sweatt et al., 2010)。然而,心理学家保罗·巴比亚克(Paul Babiak)和大卫·黑尔(David Hare)在他们的书《穿西装的蛇》(Snakes in Suits)中指出,大多数具有精神病态人格的人为了使自己能够掌握商业领域,会用一些手段或魅惑去控制别人,从而造成对别人的伤害,造成这些伤害的人数远远超过坐牢者或者社会所能承受的范围(Babiak & Hare, 2006)。

社会认知理论家阿尔伯特·班杜拉(Albert Bandura)研究了观察性学习在攻击性行为中的作用,这是反社会行为的一个常见组成部分。在一项经典的研究中,他和他的同事(Bandura, Ross, & Ross, 1963)表明,儿童通过观察他人的行为获得技能,包括攻击性技能。接触暴力可能来自于看暴力电视节目或观察父母的暴力行为。然而,班杜拉并不认为儿童和成人会以机械的方式表现出攻击性行为。相反,人们通常不会模仿攻击性行为,除非他们被激怒,并且相信他们更可能因此得到奖励而不是惩罚。孩子们最有可能模仿暴力行为的榜样,这些人通过攻击性的行为和别人打成一片。如果孩子们发现这些行为有助于他们避免责备或操纵他人,他们也可能会养成反社会的行为,如欺骗、欺凌或通过直接的强化手段撒谎。

社会认知心理学家还发现,人格障碍患者对社会经历的解读方式会影响他们的行为。与健康对照组相比,好斗、反社会(精神病态)的人更容易将他人模糊的面部表情解读为怀有敌意的迹象(Schönenberg & Jusyte,2014)。将他人的意图理解为敌意会促使他们在社交场合做出积极的反应。反社会的青少年也有敌对的认知偏见;他们错误地将他人的行为理解为威胁(Dodge et al., 2002)。通常,可能是由于他们的家庭和社会经验,使他们认为别人会把他们当做坏人,尽管他们并没有。治疗师经常使用一种解决问题的方法来帮助有攻击性、反社会的儿童和青少年将冲突情况重新定义为需要解决的问题,而不是需要积极应对的威胁。孩子们学会了用非暴力的方式解决社会冲突,并且像科学家一样测试最有效的方法。在生物学观点部分,我们也看到,可能有生理学基础解释为什么具有反社会人格的人可能无法从惩罚经验中学习。

总之,人格障碍的学习方法,就像心理动力学方法一样,有其局限性。它们是基于理论,而不是基于预示人格障碍发展的家庭互动观察。需要进行研究来确定由心理动力学和学习理论家提出的童年经历是否真的如假设的那样导致了特定人格障碍的发展。

家庭观点

12.8 描述家庭关系在人格障碍发展中的作用

许多理论家认为家庭关系的混乱是人格障碍发展的基础。与心理动力学公式一致,边缘型人格障碍患者比其他心理障碍患者更倾向于认为他们的父母控制欲更强,更不关心他人(Zweig-Frank & Paris, 1991)。当患有边缘型人格障碍的人回

反社会人格障碍的根源是什么? 那些发展出反社会性格的青少年大部分是"不社会化"的,因为他们早期的学习经历缺乏一致性和可预测性,而这些一致性和可预测性可以帮助其他孩子将他们的行为与奖惩联系起来。或者他们很"社会化",但被社会化以模仿其他反社会青年的行为? 犯罪行为或帮派成员身份在多大程度上与反社会人格障碍重叠?

忆起他们最早的记忆时,他们比其他人更有可能把重要的人描绘成恶毒或邪恶的人。他们把他们的父母和其他亲近的人描述成可能伤害他们或者没有保护他们(Nigg et al.,1992)。

证据表明童年时期受虐待或性虐待或被忽视与人格障碍的发展有关,包括BPD(e.g.,Martin-Blanco et al.,2014)。也许在BPD患者中观察到的分裂是由于他们学会了应对来自父母或其他看护人的不可预知和严厉的行为。此外,在BPD患者中,由于死亡或离婚而失去父母的数据也很常见。

同样与心理动力学理论一致的是,家庭因素,如父母的过度保护和专制主义("我说什么就做什么"的家教方式)与依赖型人格特征的发展有关(Bornstein,1992)。也可能涉及对被遗弃的极度恐惧,可能是由于父母的忽视、拒绝或死亡而未能与童年时期的父母建立依恋、安全的联系。随后,这些人形成了对被重要的人抛弃的长期恐惧,导致依赖型人格障碍的典型表现是黏在一起。该理论还提出,强迫型人格障碍可能会出现在一个高道德和刻板的家庭环境中,这甚至不会对预期的角色或行为产生任何微小的偏差(例如,Oldham,1994)。

虐待儿童 儿童被虐待和被忽视在人格障碍(包括边缘型人格障碍)患者中尤为突出。与童年时期被虐待和忽视相关的情感后果是什么?

与边缘型人格障碍一样,研究人员发现童年时期的虐待、父母的忽视或缺乏父母的养育是成年期反社会人格障碍发展的重要危险因素(Johnson et al.,2006;Lobbestael & Arntz,2009)。迈克考德(McCord & McCord,1964)最早提出了一种具有影响力的观点,认为父母的排斥或忽视在反社会人格障碍的发展过程中扮演着重要角色。他们建议孩子们通常要学会把父母的认可与父母的行为和价值观的一致性联系起来,把不赞成与不服从联系起来。当有越轨行为时,孩子们会对失去父母的爱感到焦虑。焦虑是孩子抑制反社会行为的信号。最终,孩子会认同父母,并以良心的形式将这些社会控制内化。当父母不爱他们的孩子时,这种认同就不会发生。孩子们不害怕失去爱,因为他们从未拥有过爱。原本可以用来抑制反社会和犯罪行为的焦虑就消失了。

被父母抛弃或忽视的孩子可能不会对他人产生温馨的依恋。他们可能缺乏同情他人感受和需要他人的关心,他们培养了一种冷漠的态度,或者他们可能仍然希望发展爱的关系,但缺乏体验真实感受的能力。

虽然家庭因素可能牵涉一些反社会人格障碍的情况,许多被忽视的儿童后来并没有表现出反社会或其他异常行为。我们只能做出其他的解释来预测哪些被剥夺的孩子会发展出反社会的性格或其他不正常的行为,哪些不会。

生物学观点

12.9 描述人格障碍发展的生物学观点

人格障碍的生物学基础还有待进一步研究。研究界的大部分注意力都集中在反社会人格障碍和构成该障碍的人格特征上,这是我们讨论的重点。

遗传因素 有证据表明,基因因素在几种类型的人格障碍中起作用,包括反社会型、自恋型、偏执型和边缘型人格障碍(Ficks, Dong ,& Waldman, 2014; Gunderson, 2011; Kendler et al. , 2008; Meier et al. , 2011; Reichborn-Kjennerud et al. , 2013)。患有人格障碍的人,如反社会型、分裂型和边缘型,他们的父母和兄弟姐妹比一般人群更容易被诊断患有这些疾病(American Psychiatric Association, 2013)。遗传因素似乎也参与了心理病态人格的发展,如冷酷无情、反社会行为、冲动和不负责任(Larsson, Andershed, & Lichtenstein, 2006; Van Hulle et al., 2009)。研究人员还在特定染色体中发现了与边缘型人格障碍相关的遗传指标(Distcl et al., 2008)。

虽然我们有证据表明遗传因素对人格特征的影响与人格障碍有关,但重要的是要认识到环境因素起着重要的作用。例如,受到环境的影响,成长在一个功能失调或有问题的家庭,可能会使人倾向于发展人格障碍,如反社会或边缘型人格障碍。我们还应该注意到,与特定人格障碍相关的人格特征可能代表了遗传因素和生活经历的相互作用。沿着这些思路,研究人员发现一种特定基因的变体与成年男性的反社会行为有关,但只与那些在童年时期受到虐待的人有关(Caspi et al., 2002)。

缺乏情感上的反应 根据理论家哈维·克莱克利(Hervey Cleckley, 1976)的观点,具有反社会性格的人在压力大的情况下能够保持镇静,而这种情况下大多数人都会感到焦虑。对威胁情境的反应缺乏焦虑可能有助于解释惩罚并不能使反社会者放弃反社会行为。对我们大多数人来说,害怕被抓或被惩罚的心理足以抑制反社会冲动。然而,具有反社会性格的人往往无法抑制过去导致惩罚的行为,这可能是因为他们很少

(如果有的话)对被抓和惩罚感到恐惧或预期焦虑。

当人们焦虑时,他们的手心容易出汗。这种皮肤反应被称为皮肤电反应(GSR),是自主神经系统交感神经分支(ANS)激活的标志。黑尔(Hare,1965)在一项早期研究中发现,当人们期待痛苦的刺激时,具有反社会性格的人的GSR水平低于正常对照组。显然,那些具有反社会性格的人在预期即将到来的痛苦时很少感到焦虑。

黑尔(Hare)关于反社会人格人群中GSR反应较弱的发现已经被多次重复,研究表明心理变态或反社会人格人群的生理反应较低(e.g., Fung et al.,2005;Zimak,Suhr,& Bolinger,2014)。这种情感上的缺乏可能有助于解释为什么惩罚的威胁似乎对阻止他们的反社会行为影响甚微。可以想象,具有反社会性格的人的ANS对威胁的刺激反应不足。

渴望—刺激模型 其他研究人员则试图解释反社会人格缺乏情感反应的原因,原因在于维持最佳唤醒水平所必需的刺激水平。

具有反社会或精神病态人格的人往往渴望兴奋或刺激(Prins, 2013)。也许他们需要高于正常的刺激阈值来维持最佳的唤醒状态。换句话说,他们可能需要比其他人更多的刺激来保持兴趣和正常的功能。

对高水平刺激的需求可能解释了为什么具有反社会性格特征的人容易感到无聊,并倾向于从事刺激但有潜在危险的活动,比如使用酒精和其他药物、骑摩托车、跳伞、高风险赌博或高风险的性冒险。高于正常水平的刺激阈值不会直接导致反社会或犯罪行为;毕竟,宇航员、士兵、警察和消防员在某些方面也必须表现出这种特质。然而,厌倦的威胁和无法忍受单调的生活可能会使一些寻求刺激的人走向犯罪或鲁莽的行为。

问卷调查

感觉—寻求量表

你渴望刺激还是寻求感觉?你是否满足于阅读或看电视,还是你必须冲浪或摩托车在沙丘上颠簸?心理学家马文·祖克曼(Marvin Zuckerman,2007)用"感觉探索者"一词来描述那些对唤起和持续刺激有强烈需求的人。他们有强烈追求刺激和冒险的需求,很容易厌倦常规。尽管一些寻求刺激的人滥用毒品或触犯法律,但许多人将寻求刺激的行为限制在合法的活动中。因此,寻求刺激本身不应被解释为犯罪或反社会。

下面的问卷可以帮助你评估你是否是个寻求感觉的人。对于以下每一项,选择最适合描述您的选项a或b。然后将你的回答与这一章末尾的关键字进行比较。

1.___a.我喜欢在晚上的任何时候到城里去。

or___b.我喜欢在家里度过一个安静的夜晚。

2.___a.我喜欢使人惊恐的游乐园设施。

or___b.我尽量避开游玩令人惊恐游乐园设施。

3.___a.我是那种渴望刺激体验的人。

or___b.我是那种喜欢安静、放松活动的人。

4.___a.我一直在跳伞,或者想去跳伞。

or___b.跳伞对我来说不合适。

5.___a.每隔一段时间,我都喜欢在我的生活中寻求一些刺激。

or___b.我喜欢使事情保持平静和圆熟。

6.___a.旅行时,我更喜欢按照计划好的路线旅行。

or___b.旅行时,我喜欢去没有明确计划的地方。

7.___a.我基本上是习惯的产物。

or___b.我很容易对例行公事感到厌烦。

8.___a.我几乎有胆量做任何事。

or___b.如果可能的话,我尽量避免冒险。

9.___a.我喜欢热闹的聚会。

or___b.我喜欢在家放松或和朋友出去玩。

10.___a.我应该活得精彩。

or ___b.我喜欢缓慢而稳定的事物。

11.___a.我喜欢在寒冷、清爽的天气里出门,仅仅是为了寻求皮肤上的刺激。

or ___b.天冷的时候我更喜欢待在室内。

12.___a.我是那种喜欢和平安宁的人。

or ___b.我是那种需要高刺激才能感到活力的人。

大脑异常 脑成像研究将边缘型人格障碍和反社会人格障碍与大脑中控制情绪和抑制冲动行为,尤其是攻击性行为的部分功能失调联系起来(Calzada-Reyes et al., 2012; Carrasco et al., 2012; Schiffer et al., 2014)。

与这些疾病最直接相关的大脑区域是前额皮质(位于额叶前部)和边缘系统的深层大脑结构。前额皮质负责控制冲动行为,权衡行动的后果,以及解决问题。它是一种"紧急刹车",防止冲动在暴力或攻击性行为中表现出来(Raine, 2008)。边缘系统参与处理情绪反应和形成新的记忆。

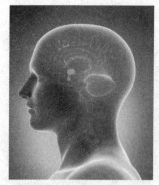

大脑回路 大脑前额皮质(大脑的思维中枢)和边缘系统之间的脑回路异常可能会导致边缘型人格障碍患者的冲动控制问题。边缘系统是大脑中负责调节情绪处理和记忆形成的原始部分。杏仁核是大脑边缘系统的一部分,参与触发恐惧。

我们在反社会人格障碍或精神病患者身上看到的缺乏认同感和对他人的关心可能也有神经学基础。当变态人格的人被要求在实验室想象有人在经历疼痛,在人们体验同理心时不活跃的大脑部分通常变得活跃,包含显示快乐部分的大脑变得更加兴奋(Decety et al.,2013)。这些发现表明,心理变态的人实际上可以从想象某人在痛苦中获得快乐。

一个正在进行的研究包括试图识别大脑中可能构成人格障碍的神经网络,这可能使我们更好地了解这些障碍,并可能拥有更有效的治疗。最近使用脑成像技术的研究表明,具有反社会人格的人的大脑中存在差异,其中包括连接杏仁核(边缘系统中产生恐惧的中心)和前额皮质(负责衡量行为后果的大脑部分)的脑回路(Boen et al.,2014;Motzkin et al.,2011)。这些异常可能有助于解释我们在许多边缘型人格障碍和反社会人格障碍患者中看到的冲动控制问题。在边缘型人格障碍的案例中,一个有趣的可能性是,在强烈的负面情绪面前,前额皮质不能抑制或抑制冲动行为(Silbersweig et al.,2008)。

社会文化观点

12.10 描述人格障碍发展的社会文化观点

社会条件可能有助于人格障碍的发展。由于反社会人格障碍在社会经济地位较低的人群中最为常见,弱势家庭遇到的各种压力因素可能会导致反社会行为模式。许多市中心社区被社会问题所困扰,比如酗酒和吸毒、青少年怀孕、家庭混乱和分裂。这些压力与虐待儿童和忽视儿童的增加可能有关,这反过来可能会导致孩子的自尊心下降,并在孩子中滋生愤怒和怨恨情绪。忽视和虐待可能转化为缺乏同理心和对与反社会人格有关的对他人的无情漠视。

在贫困中长大的孩子也更有可能接触到不良的榜样,比如附近的毒贩。在学校的不适应可能导致在更大社会中的疏离感和挫折感,导致反社会行为。因此,解决反社会人格问题可能需要在社会一起努力纠正社会不公正和改善社会条件。

关于其他文化中人格障碍发病率的信息很少。世界卫生组织(WHO)和美国酒精、药物滥用和精神健康管理局(ADAMHA)联合发起了一项这方面的倡议。该项目的目标是开发和标准化诊断仪器,这些仪器可用于世界范围内的精神病诊断。这一努力的结果之一是发展了国际人格障碍检查(IPDE),一种用于诊断人格障碍的半结构化访谈协议（Carcone, Tokarz, & Ruocco, 2015）。

治疗方法的结合

反社会人格障碍发展的多因素路径

在整篇文章中，我们都赞同多因素异常行为模型的价值，即心理障碍是由心理、社会文化和生物因素组成的复杂网络造成的。我们对人格障碍的理解也不例外。童年时期遭受虐待、疏忽或惩罚的父母，以及对社交活动非自信产生恐惧的学习经历可能是人格障碍（如反社会人格障碍）发展的基础。社会认知因素，如塑造攻击性行为和认知偏见的结果，使人们倾向于误解他人的行为是具有威胁性的，也会影响与他人交往的不适应方式的发展，这些方式会被认为是人格障碍。遗传因素也是有助于产生这样结果的因素。

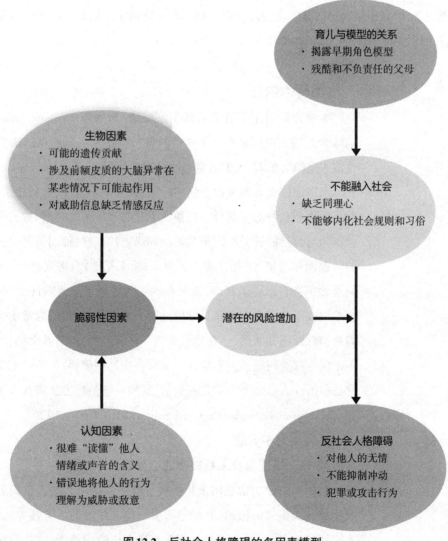

图 12.2 反社会人格障碍的多因素模型

其他与反社会人格障碍相关的生物学因素包括对威胁信号缺乏情感反应，对刺激的过度需求，以及潜在的大脑异常。社会文化因素，如与贫困和生活在一个支离破碎、犯罪猖獗的社区有关的社会压力因素，更可能与虐待儿童和忽视儿童有关，这反过来又为挥之不去的怨恨和对他人缺乏同情心奠定了基础，而这正是反社会人格的典型特征。

这些因素是如何联系在一起的？通常情况下，我们会在特定人格障碍的发展过程中发现共同的问题，例如在反社会人格的情况下严厉或惩罚性的父母教育。然而，我们需要允许不同因素和因果路径的组合发挥作用。例如，一些有反社会人格障碍的人在经济条件贫乏的环境中长大，缺乏一致的教养。其他人在中产阶级家庭中长大，但经历过被忽视或严厉的教育。临床医生需要评估每个人的发展历史如何影响了他或她与他人相处的方式。

图12.2展示了基于多因素模型的反社会人格障碍发展的潜在因果路径。这只是导致相同结果的许多可能的因果途径之一。在这种因果关系中，父母教养和行为模式的不良影响会导致孩子社交能力差，但孩子是否会继续发展为反社会人格障碍可能取决于特定的脆弱性风险因素的存在，这些因素会增加这种障碍的风险潜力。

人格障碍的治疗

本章开篇引用了著名心理学家威廉·詹姆斯（William James）的话，他认为人的人格似乎在某个年龄时就"固定"了。詹姆斯的观点适用于许多人格障碍患者，他们通常对改变非常抗拒。

人格障碍患者通常把他们的行为，甚至是不适应、自我挫败的行为，看作是他们自身的一部分。即使在不开心和痛苦的时候，他们也不太可能认为与自己的行为是因果关系。和玛塞拉一样，他们可能会因为自己的问题而谴责别人，并且相信其他人，而不是他们，需要改变。因此，他们通常不会自己寻求帮助，而是在别人的敦促下勉强默许治疗，但他们会退出或不与治疗师合作。即使他们去寻求帮助，他们通常也会因为焦虑或抑郁而不知所措，一旦他们找到一些缓解的方法，就会终止治疗，而不是深入探究问题的根本原因。尽管存在这些障碍，但有证据支持心理疗法在治疗人格障碍方面是有效的，其中一些治疗方法将在以下章节讲述(e.g., Muran, Eubanks-Carter, & Safran, 2010; Paris, 2012)。

心理动力学方法

12.11 描述治疗人格障碍的心理动力学疗法

心理动力疗法常被用来帮助被诊断为人格障碍的人意识到他们自我挫败行为模式的根源，并学习更多与他人相处的适应性方法。然而，人格障碍患者，尤其是边缘人格和自恋人格障碍患者，往往会对治疗师提出特殊的挑战。例如,患有边缘型人格障碍的人往往与治疗师的关系不稳定,有时会将他们理想化,有时会指责他们不关心。

在运用有组织的心理动力学方法定向治疗人格障碍方面取得了较好的成果(e.g.,Gunderson,2011;Paris,2008)。这些疗法提高了客户对他们的行为如何在亲密关系中造成问题的意识。心理治疗师采取了一种更直接、更具对抗性的方式来解决客户的防御问题,这与传统的边缘型人格障碍精神分析相比,精神动力治疗师帮助客户更好地理解自己和他人在亲密关系背景下的情绪反应(Bateman & Fonagy,2009)。

认知行为方法

12.12 描述治疗人格障碍的认知行为疗法

认知行为治疗关注的是改变客户的不适应行为和不正常的思维模式,而不是他们的人格结构。他们可能会使用行为学技术,如通过建模和强化来帮助客户开发更多的适应性行为。例如,当客户被教导的行为可能再被其他人强化时,新的行为可能会得到很好的维护。CBT在治疗焦虑障碍方面有很好的效果,因此它在治疗以焦虑为特征的人格障碍,尤其是回避型人格障碍方面也有很好的效果也就不足为奇了(Rees & Pritchard,2015)。

尽管在治疗边缘型人格障碍方面存在困难,以亚伦·贝克(e.g.,Beck et al.,2003)和玛莎·莱恩汉(e.g.,Linehan et al.,2006)为首的两组治疗师报告了使用认知行为技术治疗的益处。贝克的方法侧重于帮助个体识别和纠正扭曲的思维,比如倾向于认为自己是完全缺陷的、坏的和无助的。莱恩汉的方法被称为辩证行为疗法(DBT),专门用于治疗边缘型人格障碍。DBT结合了认知行为疗法和佛教正念冥想(在第6章中讨论),帮助边缘型人格障碍患者接受和忍受强烈的负面情绪,并学习更多与他人相处的适应性方法。DBT在治疗BPD患者中一直显示出治疗效果(e.g., Linehan et al.,2015;Neacsiu et al.,2014;Wilks et al.,2016)。DBT似乎也能帮助那些反复进行自残行为的边缘型特征(割伤或伤害自己; Courtney-Seidler,Klein,& Miller,2014;Mehlum et al.,2014)。[判断正误]

辩证法(dialectis)这个词来源于古典哲学,它适用于一种推理的形式,在这种形式中,你考虑一个论点的两面,一个论点和一个反论点,并试图通过理性的讨论来调和它们。正如DBT所应用的那样,辩证的方法包括试

判断正误

尽管经过多年的尝试,我们仍然缺乏证据证明心理疗法可以帮助边缘型人格障碍患者。

☐ **错误** 几种治疗边缘型人格障碍的方法,包括精神动力疗法、认知行为疗法和DBT疗法,都显示出治疗效果。

图调和接受和改变的对立或矛盾。DBT治疗师认识到,有必要通过确认人们的感受,同时温和地鼓励他们在行为上做出适应性的改变,来显示对边缘型人格障碍患者的接纳。治疗师帮助病人认识到他们的感觉和行为是如何在他们的生活中造成问题的,并鼓励他们找出与他人相处的其他方式。接受和温和鼓励变革之间的紧张关系构成了辩证的方法。

DBT整合了行为技术来帮助客户改善他们与他人的关系,发展解决问题的技能,并学习更适应的方式来处理混乱的感觉。它还包括认知行为技巧,专注于帮助人们学会控制自己的情绪和专注力技巧(见第4章),目的是帮助人们接受和容忍自己令人不安的情绪。因为患有边缘型人格障碍的人往往对哪怕是最轻微的拒绝信号都过于敏感,治疗师会提供接受和支持,甚至当客户变得控制欲太强或要求过高时也是如此。

一些反社会的青少年通常是通过法院的命令被安排在住宿和寄养照顾项目中,这些项目包含了许多行为治疗的组成部分。这些项目有具体的规则和明确的奖励。一些住宅项目依赖于象征性经济,在这种经济模式下,亲社会行为会得到一些象征性的奖励,比如可以用来换取特权的塑料芯片。虽然参加此类活动的人通常表现出改善的行为,但仍不清楚此类活动是否能降低青少年反社会行为持续到成年的风险。

"我""我不会死于懦弱"

2011年,68岁的著名心理学家玛莎·莱恩汉(Marsha Linehan)站在一群朋友、家人和同事面前,揭露了一个忧伤的秘密:她也患有边缘型人格障碍。她首先解释了自己最终走出来的原因:"这么多人恳求我出来,我也觉得,我必须这么做。我欠他们的。我不能死于懦弱"(引自B.Carey,2011,p. A1)。

她手臂上烧伤、割伤、虐待留下的痕迹证明了她年轻时所承受的痛苦,从她17岁被送入精神病住院治疗期间,她反复用烟头烫自己的手腕,敲打自己的头,割伤自己的手臂和身体的其他部分。她接受了电击疗法,但似乎没有什么能减轻她内心深处的痛苦。她在医院里住了26个月,是医院里最不安的病人之一。回首往事,她告诉一名记者,"我在地狱……我发誓:当我离开的时候,我会回来把其他人带出去。"这条路并不容易。后来又有了自杀企图和另一次的住院治疗。她最终转向了天主教信仰,找到把她的生活步入正轨的内在力量。在一家保险公司找到工作,学习大学课程,并最终完成临床心理学博士学位,从那里开始作为一个领先的研究人员和临床医生,进入一个漫长、杰出的职业生涯。通过她在DBT的发展,她为很多有自杀想法和内心痛苦的人提供了帮助。回顾她的生活,她告诉采访者她现在是一个非常快乐的人。她继续说,是的,她仍然有她的起起落落,"但我认为没有人比自己更重要。"

生物学方法

12.13 描述治疗人格障碍的药物疗法

药物治疗不能直接治疗人格障碍。然而,抗抑郁药物和抗焦虑药物有时被用于治疗人格障碍患者的抑郁和焦虑。神经递质活动也与边缘型人格障碍患者的攻击性行为有关。神经递质5-羟色胺帮助抑制冲动行为,包括冲动攻击行为(Carver, Johnson, & Joormann, 2008; Seo, Patrick, & Kennealy, 2008)。选择性5-羟色胺再摄取抑制剂(SSRI)类(如百忧解)的抗抑郁药可以增加神经元间突触连接的5-羟色胺的可用性,并有助于缓和愤怒的感觉。然而,我们还没有看到抗抑郁药物在治疗边缘型人格障碍方面产生任何实质性的益处(Gunderson, 2011)。非典型抗精神病药物(第11章讨论)在控制边缘型人格障碍患者的攻击性和自毁行为方面可能有好处,但是效果有限,而且这些药物具有严重的潜在副作用(Gunderson, 2011; Stoffers & Lieb, 2015)。此外,药物本身并不针对长期存在的不良适应行为模式,而这些模式正是人格障碍的典型特征。

关于与人格障碍患者合作,还有很多东西需要学习。主要的挑战包括招募那些不认为自己有障碍的人进入治疗并促使他们对自己的弄巧成拙或有害行为有更深入的了解。目前帮助这些人的努力经常让人想起一句古老的对句:

> 违背自己意志的人,
>
> 仍有自己的意见。
>
> ——塞缪尔·巴特勒,《休迪布拉斯》

冲动控制障碍

边缘人格的人往往难以控制自己的冲动。但是冲动控制的问题并不仅限于人格障碍患者。DSM包括一种被称为**冲动控制障碍**(Impulse-control disorder)的精神障碍,其特征是难以控制或抑制冲动行为。

冲动控制障碍的特征

12.14 描述冲动控制障碍的主要特征

你有没有在销售项目上挥霍过你的预算?你曾经下过你付不起的赌注吗?你是否曾经失去它,对着某人大喊大叫,即使你知道你应该保持冷静?我们大多数人在大多数时候都能控制自己的冲动。虽然我们有时会屈服于一种诱人的甜点,或偶尔在生气时脱口而出一句脏话,但我们通常会控制自己的冲动行为。然而,有冲动控制障碍的人,在抑制有害的冲动、诱惑或行为方面有持久的困难。在冲动行为之前,他们会经历一种紧张或兴奋的上升,然后在行为完成后,他们会感到放松或放松。他们通常有其他的心理障碍,尤其是情绪障碍,这一事实导致研究者质疑这些障碍是否应该被归入更广泛的情绪障碍范畴。

DSM-5中的冲动控制障碍被归类为更广泛的破坏性冲动控制和行为障碍,也包括行为障碍和对立违抗性障碍。其他冲动控制问题,如强迫性上网和强迫性购物,目前正在考虑纳入以后版本的诊断手册。我们的重点是三种冲动控制障碍:盗窃癖、间歇性暴发障碍和纵火癖。

盗窃癖

12.15 描述盗窃癖的主要特征

盗窃癖(kleptomania)源自希腊语"kleptes",意为"小偷",而"mania"(狂躁)的意思是"madness(疯狂)"或"frenzy(狂暴)",其特征是强迫性偷窃的重复行为。被偷的物品对于取走它们的人来说通常没有什么价值或用处。这个人可能会把它们送走,秘密归还,丢弃,或者把它们藏在家里。在大多数情况下,有盗窃癖的人很容易买得起他们偷的东西。就连有钱人也被认为是强迫性商店扒手。盗窃行为显然不是出于愤怒或报复。这些罪行通常是一时冲动造成的,计划不周,有时导致逮捕。

判断正误

盗窃癖,或强迫性偷窃,通常是由贫穷引起的。

☐ **错误** 有盗窃癖的人通常会偷窃对他们来说没什么价值的东西,而不是他们买不起的必需品。

虽然入店行窃很常见,但盗窃癖是强迫性偷窃的一种反复出现的模式。盗窃癖被认为是一种罕见的疾病,影响不到普通人群的1%,但在女性中发生频率更高,比例约为3:1(American Psychiatric Association, 2013; Shoenfeld, 2012)。关于盗窃癖,几乎没有科学证据来指导我们对这种疾病的理解。盗窃癖患者存在一种不可抗拒的、重复的行为模式,这同强迫症患者具有共同的特征。然而,有一个重要的区别。强迫焦虑障碍患者在进行强迫行为时,只能暂时缓解焦虑;相比之下,有盗窃癖的人在强迫性偷窃时,会感到愉悦、兴奋或满足。另一个不同之处在于,盗窃癖本身似乎是一种目的,而强迫焦虑障碍中的强迫行为是为了避免潜在的不幸事件(比如反复检查煤气喷口以防止瓦斯爆炸)。[判断正误]

总之,一些盗窃癖的形式可能类似于强迫焦虑障碍,而另一些形式可能与药物使用或情绪障碍有更多的共同之处(Grant, Odlaug, & Kim,

2012)。也许偷窃的刺激是一些人试图抵御抑郁情绪的一种方式。通过更好地了解其类型,我们可以学会更好地定制更有效的治疗方法。就目前情况而言,仅有的几项单独的治疗研究也仅限于少数病例。

传统的心理动力学理论认为偷窃癖是女性对无意识的阴茎嫉妒和男性对阉割焦虑的一种防御。经典的精神动力理论认为,有盗窃癖的人会有动机去偷阴茎的东西(阴茎的符号),这是一种保护自己不受阴茎明显丧失(女性)或威胁丧失(男性)的魔法方式(Fenichel,1945)。这种理论推测是否有价值仍然不确定,因为我们缺乏任何支持这些无意识过程的证据。

关于盗窃癖的治疗,目前还没有正式的研究。在下面的案例中,我们描述了一种治疗盗窃癖的行为方法。

"婴儿鞋":一个盗窃癖的案例

这名来访者是一名56岁的妇女,她在过去14年里每天都在商店行窃。她对偷窃的强迫性冲动符合临床标准,可以将盗窃癖与其他类型的入店行窃区分开来,尽管她的战利品对她来说没有明显的意义。典型的战利品可能包括一双婴儿鞋,尽管她家里没有孩子,她可以把鞋子送给他们。偷窃的冲动如此强烈,以至于她觉得无力抗拒。她告诉她的心理医生,她希望自己能"被锁在墙上"(Glover,1985,p.213),以防止自己行为出格。她表达了自己的愤怒,因为从超市偷东西太容易了,实际上她是在责怪自己的不当行为。

她的治疗方法被称为"隐蔽敏感化"(hidden sensitivity),它涉及在想象中把令人厌恶的刺激与不受欢迎的行为结合起来。治疗师指示这名妇女想象在偷窃时感到恶心和呕吐。她被要求想象自己在超市里,接近一个她想要偷的东西,让她试图取走商品前觉得恶心和想呕吐,这引起了其他购物者的厌恶。接着在指导下,她想象着自己把东西放回原位,并感到恶心的感觉有所缓解。

在随后的实验中,她想象着当她靠近那个物体时开始恶心,但是当她转过身而不是移开它时,恶心就消失了。她还被要求在一周内独自练习想象场景作为家庭作业。她报告说在治疗过程中偷窃行为有所减少,在治疗完成的19个月的随访评估期间只有一次入店行窃。

资料来源:摘自Glover,1985.

治疗有效吗?也许吧。然而,不受控制的案例研究无法确定因果关系。例如,我们不知道是治疗本身还是其他因素(比如病人改变生活的动机)导致了她行为的改变。需要进行对照研究来评估治疗的有效性。

间歇性冲动障碍

12.16 描述间歇性冲动障碍的主要特征

愤怒:这是荷马史诗《伊利亚特》中关于特洛伊战争的第一个词,为整部作品确立了一个主题。荷马的诗,写于公元前750年,按时间顺序记录那些随着狂怒而展开的悲惨后果,它们导致了战争、杀戮和毁灭。

人们一直在关注人类的愤怒能力,以及它常常在远古时期引发的暴力行为。在精神疾病诊断与统计手册中,愤怒并不是诊断精神或心理疾病的标准。然而,愤怒往往是间歇性冲动障碍(intermittent explosive disorder,IED)的一个特征,这是一种冲动控制障碍,特点是反复发作的冲动,不可控制的攻击,其中人们攻击他人或破坏财产(Kessler,Coccaro et al.,2012)。间歇性冲动障碍的核心特征是冲动攻击,倾向于失去对攻击性冲动的控制(Coccaro,2010)。

患有间歇性冲动障碍的人会出现暴怒的症状,他们会突然失去控制,并试图撞击他人或砸碎物体。一名患有间歇性冲动障碍的男子曾出现过一触即发的狂怒,他会把手边的任何东西砸碎,包括手机、键盘、遥控器、桌子,甚至石膏板。即使是轻微的挑衅或被察觉到的侮辱都可能导致与情况严重不相称的攻击性爆发。患有间歇性冲动障碍的人通常会在他们的暴力爆发前经历一种紧张状态,然后有一种解脱的感觉。通常,间歇性冲动障碍患者试图为自己的行为辩护,但他们也会因为自己的行为造成的伤害而感到真正的懊悔或后悔。路怒症和家庭暴力事件经常发生在间歇性冲动障碍的案例中。早期的研究表明,间歇性冲动障碍可能是一种罕见的疾病,但最近的研究表明,间歇性冲动障碍可能和许多其他精神疾病一样常见(Coccaro,2012;Taman,Eroglu,& Paltaci,2011)。儿童创伤、暴力行为和间歇性冲动障碍的发展之间似乎也存在联系(Lee,Meyerhoff,& Coccaro,2014)。

最近对间歇性冲动障碍的研究主要集中在其生物学基础上,尤其是神经递质血清素的可能作用。你们还记得在之前的章节中血清素的作用是阻止冲动行为,包括与间歇性冲动障碍相关的冲动攻击行为。这一领域的研究尚处于初步阶段,但它指出了间歇性冲动障碍患者大脑中血清素传播的不规律性(Coccaro,Lee,& Kavoussi,2010)。支持这一观点的证据是,抗抑郁药物如百忧解(Prozac)在治疗间歇性冲动障碍引起的冲动攻击方面显示出了希望(Coccaro & McCloskey,2010)。前额皮质是大脑中控制冲动行为的部分,其功能也可能受损。以愤怒管理训练的形式进行的心理治疗可以帮助间歇性冲动障碍患者更好地控制导致冲动行为的愤怒爆发,学会在行动前停下来思考。

愤怒和气愤通常是心理障碍的一个特征,但DSM不包括愤怒障碍这一类别。在下文的"批判地思考异常心理学:愤怒障碍与DSM"中,科罗拉多州立大学的杰里·德芬巴赫(Jerry Deffenbacher),一位杰出的研究人员,提出了一个有争议的问题,即DSM是否应该包括"愤怒障碍"这一类别。

批判地思考异常心理学

@问题:愤怒障碍与DSM:所有的怒气都去了哪?——杰里·德芬巴赫

你可能还记得第4章的研究证据表明慢性愤怒与严重的健康问题有关,包括冠心病。愤怒也会导致一系列的问题行为,比如下面列出的(e.g., Dahlen et al., 2012; Deffenbacher, Stephens, & Sullman, in press; Shorey, Comelius, & Idema, 2011; Spector, 2011):

- 虐待父母。
- 攻击行为,包括亲密伴侣暴力和攻击性(以及危险的)驾驶。
- 在工作中的问题。
- 个人的消极情绪。

愤怒也是一个"危险信号",预示着心理治疗的不良结果和药物滥用成功治疗后复发的更大风险(Patterson et al., 2008)。然而,愤怒并不一定是问题。当愤怒在程度上是轻度或中度并有建设性的表达时,它会导致积极的结果,比如为自己辩护,设置适当的限制,动员自己努力解决人际关系中的问题。当愤怒变得过于强烈或表达不当时,问题就出现了。这些形式的愤怒会导致各种各样的负面影响,如个人痛苦的状态(例如,尴尬、内疚、自责),消极的物理结果(例如,自我和他人受伤),法律金融问题(例如,阻止攻击或扰乱和平,法律账单,财产损失),教育问题(例如,大学退学),职业的问题(例如,失业),人际关系问题(例如,关系受损或终止),以及角色行为受损(例如,虐待或不正常的育儿方式)。与适应不良的愤怒相关的个人痛苦和代价超过了异常行为的阈值。

有这么多与愤怒相关的负面后果,你可能会认为愤怒在异常行为模式的分类中起着重要作用,但事实并非如此。的确,愤怒通常是某些心理障碍临床表现的一部分,包括重度抑郁障碍、双相情感障碍、创伤后应激障碍以及反社会和边缘型等人格障碍。然而,愤怒并不是这些疾病的必要诊断特征。一些患有这些疾病的人表现出愤怒的问题,但很多人并没有。对他人表现出冲动的侵犯行为而造成严重人身伤害或财产损失的人可能被诊断为间歇性冲动障碍。如本章所述,间歇性冲动障碍是一种冲动控制障碍,在这种障碍中,一个人表现出控制冲动的能力受损。在患有间歇性冲动障碍的人群中,不受控制的攻击行为与任何挑衅或引发压力的因素严重不成比例。

杰里·德芬巴赫博士，ABPP（美国专业心理学会） 杰里·德芬巴赫（Jerry Deffenbacher）博士荣誉退休教授，前荣誉教授，科罗拉多州立大学心理学系临床培训主任。他经常在大学部教授异常心理学课程。在讨论他如何对与愤怒相关的问题感兴趣时，他指出，30多年前在临床监督期间，他实际上是无意中发现了这个问题。研究生需要帮助治疗愤怒的客户，但他意识到自己对愤怒的治疗知之甚少。当他和学生搜索科学文献时，他们发现这方面的文献很少。然后他开始对帮助有愤怒问题的人感到好奇，并从那时起就参与了有问题的愤怒的研究。

攻击性的行为必须是冲动的或基于愤怒的，而不是有预谋的或致力于实现某些目标的（例如胁迫他人，追求权力或金钱）。然而，尽管强烈的愤怒通常与间歇性冲动障碍联系在一起，但诊断是基于无法控制的攻击冲动，而不是愤怒本身。

简单地说，DSM系统中没有适用于成年人的纯粹基于愤怒的疾病：没有以愤怒为最基本的特征而被诊断的疾病。将成年后没有出现与愤怒相关的障碍与涉及其他两种主要消极情绪（焦虑和抑郁）的可诊断障碍进行比较。当然，焦虑是焦虑症的主要特征，如惊恐障碍、广泛性焦虑障碍、恐惧症等，也是强迫症的一个重要特征。抑郁是情绪障碍的主要特征，如重度抑郁障碍和持续性抑郁障碍（心境恶劣）。

DSM系统中没有愤怒障碍并不意味着这些问题不存在。人们确实遭受着与愤怒相关的问题，在某些情况下，这些问题给其他人带来了相当大的痛苦。

我曾与其他业内人士一起（e.g., Deffenbacher, 2003）提出，影响成年人的愤怒障碍应该包括在DSM系统中。在我提出的方案中，功能失调的愤怒至少涉及四种触发事件：

(1) 特定的情况，如开车。

(2) 不同类型的情况，如工作和家庭中的问题。

(3) 一种可识别的心理社会压力源，如关系的破裂。

(4) 原因不明地出现迅速而强烈的愤怒。

然后，我们可以使用这个方案来分类四种对应的愤怒障碍：(1) 情境性愤怒障碍；(2) 广义愤怒障碍；(3) 带有愤怒的适应障碍；(4) 愤怒发作。因为不适应的愤怒可能与攻击行为有关，我们也可以详细描述这些愤怒障碍中的每一种需要注意的明显的攻击性。这种诊断方案可能有助于使愤怒和由愤怒给人们带来的问题合法化，为治疗这些问题临床服务保险报销提供基础，并为其病因和治疗的急需研究提供资金（Fernandez, 2013）。

并不是所有的专家都同意诊断系统应该扩大到包括愤怒障碍。在DSM系统中包括失调在内的疾病可能借口于攻击或暴力行为发生在这样的愤怒标签，如这些愤怒来自于精神疾病或这些行为会得到诊断系统的庇护，这将导致案件中实施暴力行为的人不用完全承担他们的行为。与之相关的一个担忧是，诊断愤怒障碍可能会破坏减少亲密伴侣暴力的努力。诊断手册的未来修订是否会包括与愤怒相关的疾病还有待观察。

批判地思考是否应该将愤怒相关的疾病纳入诊断手册,回答以下问题:
- 你知道某人有严重的愤怒问题吗?他或她的行为应该被认为是不正常的吗?将这些问题诊断为精神或心理疾病的类型,会产生什么法律、道德和伦理后果?
- 如果有与愤怒有关的问题的人进入愤怒减轻治疗,保险公司是否应该按照与焦虑或抑郁治疗相同的比例赔偿治疗费用?如果是,为什么?如果没有,为什么不呢?
- 一个人在愤怒的状态下对别人采取暴力行为,是否应该对他或她的行为负全部责任?为什么或为什么不呢?

纵火癖

12.17 描述纵火癖的主要特征

"纵火癖(pyromania)"一词来源于拉丁语词根"pyr",意为"火",而希腊语"mania(狂躁)"一词则意为"疯狂"或"暴怒"。只有一小部分纵火犯被诊断为纵火癖。纵火最常见的动机似乎是愤怒和报复,而不是精神错乱(Grant & Odlaug, 2009)。其他纵火行为可能是由财政激励引起的,例如,破产企业的业主为了非法收取保险赔偿金,安排将其房屋烧毁。在一些有品行障碍(一种影响儿童和青少年的心理障碍,在第13章讨论)的青少年中也会发生故意纵火。与品行障碍相关的纵火行为是一种更大的反社会、故意残忍或有害行为模式的一部分。

纵火癖被认为是一种罕见的疾病,也许这可以解释为什么人们对它仍然知之甚少。纵火者在放火的时候会有一种释放的感觉或心理上的解脱感,也可能会有一种赋权的感觉,这是消防队员冲到火灾现场以及他们带来的重型消防设备的结果。纵火者还可以通过观看甚至参与消防工作来体验愉悦的兴奋感。纵火癖的起源至今仍不清楚,但从很小的时候就有一种对火的病态迷恋(Lejoyeux & Germain, 2012)。在下面的叙述中,一名女大学生因强迫性纵火而被送进精神病院,她讲述了自己的经历。

"我""词汇中的一部分"

在我上幼儿园的时候,"火"就成了我词汇的一部分。每年夏天,我都会期待着火灾季节的开始和秋天的到来……可能会感到被遗弃、孤独或无聊,这会在火灾发生前引发焦虑或情绪激动……我想看到我或其他人造成的混乱和破坏。(大火熄灭后)我感到悲伤和痛苦,想再放一堆火。

资料来源:Wheaton, 2001, 引自 Lejoyeux & Germain, 2012, p.139.

纵火癖的治疗可包括认知行为疗法,重点是帮助一个人识别引发纵火冲动的想法和情境线索,并练习使用应对反应来抵制它们。然而,在这里我们仍然缺乏对治疗效果的对照研究。

总结

人格障碍的类型

人格障碍的分类

12.1 明确DSM系统中使用的三组人格障碍

DSM系统中的人格障碍按照以下特征被分为三个主要类别:(1)古怪或怪异的行为;(2)戏剧性的、情绪化的或不稳定的行为;(3)焦虑或恐惧的行为。

用古怪行为描述人格障碍

12.2 描述以古怪行为为特点的人格障碍的主要特征

涉及古怪或怪异行为的人格障碍包括偏执型人格障碍、分裂型人格障碍和分裂样人格障碍。患有偏执型人格障碍的人过分怀疑他人,不信任他人,以致于他们的人际关系受到伤害,但他们并不像精神分裂症患者那样抱有更明显的偏执妄想。分裂型人格障碍描述的是那些对社会关系不太感兴趣的人,他们的情绪表达范围有限,而且显得冷漠。具有分裂样人格障碍的人在他们的思想、举止和行为上显得古怪或怪异,但不像精神分裂症那么古怪。

以戏剧化的、情绪化的或不稳定的行为为特点的人格障碍

12.3 描述以戏剧化的、情绪化的或不稳定的行为为特点的人格障碍的主要特征

涉及戏剧性、情绪化或不稳定行为的人格障碍包括反社会人格障碍、边缘型人格障碍、自恋型人格障碍和表演型人格障碍。边缘型人格障碍指的是自我形象、人际关系和情绪不稳定。边缘型人格障碍患者经常做出冲动行为,这往往是自我毁灭。有表演型人格障碍的人在他们的行为上倾向于高度戏剧化和情绪化,而被诊断为自恋型人格障碍的人有一种夸大或夸大的自我意识,就像那些有表演型人格障碍的人一样,他们要求成为注意力的中心。

以焦虑或恐惧行为为特点的人格障碍

12.4 描述以焦虑或恐惧行为为特点的人格障碍的主要特征

涉及焦虑或恐惧行为的人格障碍包括回避型人格障碍、依赖型人格障碍和强迫型人格障碍。回避型人格障碍指的是那些害怕被拒绝和批评的人,他们通常不愿进入一段关系,除非他们保证接受对方。有依赖型人格障碍的人过度依赖他人,他们很难独立行动或自己做出最小的决定。强迫症患者具有秩序、完美主义、僵化和过分关注细节等各种特征,但没有与强迫症(焦虑症)相关的真正的强迫症和强迫性行为。

人格障碍的分类问题

12.5 评估与人格障碍分类相关的问题

在人格障碍的分类中，存在着各种各样的争议和问题，包括类别间的重叠、难以区分正常行为和异常行为的差异、解释标签的混淆以及潜在的性别歧视倾向。

理论观点

心理动力学观点

12.6 描述人格障碍发展的心理动力学观点

早期的弗洛伊德理论关注的是在解释正常和异常人格发展过程中未解决的恋母冲突。近期的精神动力学理论家关注前俄狄浦斯时期来解释人格障碍的发展，比如自恋和边缘型人格。

学习理论观点

12.7 描述人格障碍发展的学习理论观点

学习理论家从行为的不适应模式而不是人格特征的角度来看待人格障碍。学习理论家试图找出早期的学习经历，并提出强化模式来解释人格障碍的发展和维持。反社会的青少年更有可能将社会暗示解释为恶意的挑衅或意图。这种认知偏见可能会导致他们在与同伴的关系中产生对抗情绪。

家庭观点

12.8 描述家庭关系在人格障碍发展中的作用

许多理论家认为，受干扰的家庭关系在人格障碍的发展中起形成作用。例如，理论家将反社会人格与父母的排斥或忽视以及父母对反社会行为的模仿联系起来。

生物学观点

12.9 描述人格障碍发展的生物学观点

反社会人格的生物学解释主要集中在对身体威胁刺激缺乏情绪反应和ANS反应水平降低的可能作用，以及需要更高水平的刺激来维持反社会人格的最佳唤醒水平。

社会文化观点

12.10 描述人格障碍发展的社会文化观点

社会文化理论关注贫困、城市枯萎病和药物滥用在导致家庭混乱和解体方面的作用，这使得儿童不太可能得到他们需要的抚育和支持，以发展更适应社会的个性。社会文化理论认为，这些因素可能是人格障碍，尤其是反社会人格障碍发展的基础。

人格障碍的治疗

心理动力学方法

12.11 描述治疗人格障碍的心理动力学疗法

精神动力治疗试图帮助人格障碍患者意识到他们自我挫败的行为模式的潜在根源，并学习在亲密关系背景下与他人相处的更适应的方式。

认知行为方法

12.12 描述治疗人格障碍的认知行为疗法

CBT的重点是帮助客户改变他们的不适应行为和不正常的思维模式,而不是他们的人格结构。人格障碍的认知行为治疗有两种主要形式:贝克的认知治疗法和莱恩汉的辩证行为治疗法。

生物学方法

12.13 描述治疗人格障碍的药物疗法

药物治疗仅限于帮助人格障碍患者控制困扰的情绪状态,如抑郁和焦虑,发脾气或愤怒的情绪,并帮助控制攻击性和自我毁灭的行为。然而,它并不能直接帮助人格障碍患者改变长期存在的不适应行为模式。

冲动控制障碍

冲动控制障碍的特点

12.14 描述冲动控制障碍的主要特征

冲动控制障碍是一种心理障碍,其特征是反复无法抵抗冲动,无法抵抗做出对自己或他人造成有害后果的行为。受这些障碍影响的人在行为发生之前会经历一种紧张或兴奋的上升,然后当行为发生时,会有一种放松或释放的感觉。

盗窃癖

12.15 描述盗窃癖的主要特征

盗窃癖的特征是有偷窃的冲动,通常涉及对人来说没有什么价值的物品。

间歇性冲动障碍

12.16 描述间歇性冲动障碍的主要特征

间歇性冲动障碍(IED)涉及冲动攻击行为,可能涉及大脑5-羟色胺传递的不规则性。

纵火癖

12.17 描述纵火癖的主要特征

纵火癖,或强迫性纵火,人们对此知之甚少,但他们的动机可能部分是为了控制消防队员的反应,甚至帮助他们工作。

评判性思考题

根据你对这一章的阅读,回答以下问题:

· 精神变态行为与精神病行为有何不同?这种区别在电影或电视节目中是如何被混淆的?

· 由于基于性别的社会期望,一些人格障碍更可能在男性或女性中被诊断出来吗?你是否曾经认为女人"只是依赖或歇斯底里",或者男人"只是自恋或反社会"?像这样的潜在假设会对医生和研究人员造成什么样的麻烦？
- 你认识哪些人的性格特点或行为给他们的人际关系造成了重大困难？以何种方式？你认为这一章所讨论的人格障碍是否适用于这个人？解释你的答案。这个人曾经向心理健康专家寻求过帮助吗？如果是,结果是什么？如果没有,为什么不呢？
- 什么因素使治疗师难以治疗人格障碍患者？如果你是一名治疗师,你会如何克服这些困难？

感官—刺激量表

虽然我们没有任何可适用的规范,但符合以下关键字的答案暗示了感觉寻求。朝这个方向输入的答案越多,你寻找感觉的需求可能就越强。

1. A	4. A	7. B	10. A
2. A	5. A	8. A	11. A
3. A	6. B	9. A	12. B

关键术语

1. 人格障碍	1. 边缘型人格障碍	1. 强迫型人格障碍
2. 自我和谐	2. 分裂	2. 冲动控制障碍
3. 自我矛盾	3. 表演型人格障碍	3. 盗窃癖
4. 偏执型人格障碍	4. 自恋型人格障碍	4. 间歇性冲动障碍
5. 分裂样人格障碍	5. 回避型人格障碍	5. 纵火癖
6. 分裂型人格障碍	6. 依赖型人格障碍	
7. 反社会人格障碍		

第13章 儿童和青少年的异常行为

学习目标

> 13.1 解释儿童和青少年正常行为与异常行为的区别,以及文化信仰在确定异常方面的作用。
> 13.2 描述儿童与青少年心理健康问题的患病率。
> 13.3 明确儿童和青少年心理障碍的危险因素并描述虐待儿童的影响。
> 13.4 描述孤独症的主要特征。
> 13.5 明确孤独症的病因。
> 13.6 描述孤独症的治疗方法。
> 13.7 描述智力缺陷的主要特征和原因。

13.8 描述用于帮助智力缺陷儿童的干预措施。

13.9 明确与学习障碍有关的缺陷种类,并描述理解与治疗学习障碍的方法。

13.10 描述语言障碍的主要特征。

13.11 描述心理障碍所涉及的发音障碍的主要特征。

13.12 描述社交(语用)沟通障碍的主要特征。

13.13 描述注意缺陷/多动障碍的主要特征,识别其病因,并评估治疗方法。

13.14 描述品行障碍的主要特征。

13.15 描述对立违抗性障碍的主要特征。

13.16 描述儿童和青少年中的焦虑相关障碍的主要特征。

13.17 描述儿童期抑郁的共同特征,并明确与儿童期抑郁相关的认知偏差和治疗儿童期抑郁的方法。

13.18 明确青少年自杀的危险因素。

13.19 描述遗尿症的主要特征,并评估尿床的治疗方法。

13.20 描述大便失禁的主要特征。

判断正误

正确☐ 错误☐ 许多在儿童身上被认为是正常的行为模式在成人身上就是异常的。

正确☐ 错误☐ 大约有十分之一的成人的心理障碍开始于18岁之前。

正确☐ 错误☐ 男孩比女孩更容易患上焦虑障碍和心境障碍。

正确☐ 错误☐ 当涉及到虐待儿童时,那(伤害)不仅仅是"棍棒和石头"造成的伤害。

正确☐ 错误☐ 儿童疫苗会导致孤独症。

正确☐ 错误☐ 一位美国前副总统在算数方面糟糕到他永远无法平衡收支。

正确☐ 错误☐ 人们常给多动的儿童服用镇静剂以帮助他们平静下来。

正确☐ 错误☐ 学习困难、问题行为以及躯体不适事实上可能是儿童期抑郁症的前兆。

正确☐ 错误☐ 经典条件反射技术可以帮助儿童改变尿床的习惯。

观看 章节介绍：儿童和青少年的异常行为

一名孤独症患者多娜·威廉姆斯（Donna Williams）向我们展示了孤独症儿童是什么样的。下面的文章摘自她的回忆录《孤独之境》，其中她提到自己必须远离外部世界。三岁时，父母出于对她营养不良的担忧而带她去看了医生。

"我" "我自己创造的世界"

"我的父母以为我得了白血病，就带我去做血液检查。医生从我的耳垂上取了血，我很配合。医生给我的彩色卡纸轮吸引到了我。我还做了听力测试，因为尽管我总是在模仿，但看上去我就像个聋子一样。父母站在我的身后，然后突然发出了巨大的声响，而我却一点儿反应都没有，连眼睛都没有眨。'外面的世界'根本与我无关……我越是察觉到周围的世界，就越感到害怕。其他人都是我的敌人，他们伸向我的手就是他们的武器，只有一些人是例外——我的祖父母、父亲和琳达姑妈。"

多娜还回忆道，对她而言，人们是如何变成东西，并且这些存在的东西是如何为她提供保护，将她带离一种脆弱的恐惧：

"我收集彩色的花绒布碎片，把手指放到这些布片的洞里，这样我才能安心入睡。对我而言，我喜欢的人就像是这些东西，而这些东西（或者类似的东西）能够保护我远离我不喜欢的东西——也就是远离其他人的伤害。

如果我珍爱的物品丢了或者被拿走了，那些可怕的东西就会伤害我。收集和摆弄这些象征物的习惯就像是神奇的咒语，保护我免受这样的伤害。我的行为并不是精神错乱或者幻觉的产物，这仅仅是我因无法抵挡的脆弱的恐惧而产生的无害的想象……

人们总是说我没有朋友，实际上，我的世界里充满了朋友。它们远比其他的孩子更加神奇、可靠、可预测和真实，并且他们更有保证。这是一个我自己创造的世界，在那里，我不需要去控制我自己，或者控制那些只是简单存在于我的存在中的物品、动物和自然。"

来源：Williams, 1992, pp. 5, 6, 9.

儿童和青少年的心理障碍通常都会异常强烈，也许没有哪一种障碍更甚于孤独症带来的痛苦了。这些障碍在孩子们还没有多少能力应对的时候影响着他们。其中一些像孤独症和智力缺陷（之前被称为精神发育迟滞）这类的障碍，使得孩子们无法实现潜能的发展。一些儿童和青少年的心理障碍与成年人一样，例如心境障碍和焦虑障碍。有些情况是儿童特有的，例如分离性焦虑障碍。而在其他情况中，诸如注意缺陷/多动障碍（attention-deficit/hyperactivity disorder, ADHD）这类心理障碍，在儿童期和成年期均有发生，只是障碍本身的表现不同。

儿童与青少年的正常行为和异常行为

判断一个儿童的行为是不是异常取决于我们对于特定年龄、特定文化中正常儿童的期望。我们需要考虑一个儿童的行为是否超出了发展的范围和文化规范的范围。例如，要确定7岁的吉米是不是多动，就取决于相同年龄和文化背景下被视为正常的孩子的行为类型（Drabic & Kendall, 2010; Kendall & Drabic, 2010）。

许多问题最初是在孩子入学以后才被发现的。尽管这些问题可能很早就已经存在了，但在家中，它们可能会被容忍或者不被当作异常。有时，开学的压力会导致他们发病。然而，请记住，在一个特定年龄中出现的能够被社会所接受的行为，例如九个月大时对陌生人的强烈恐惧，在年龄更大一点的时候也许就不能被社会接受了。

我们也许会认为许多行为模式（例如对陌生人的强烈恐惧，缺乏控制膀胱的能力）发生在成人身上是不正

爸爸，我是否正在经历一个正常的童年呢？
来源：@Lee Lorenz/The New Yorker Collection/www.cartoonbank.com

判断正误

许多在儿童身上被认为是正常的行为模式在成人身上就是异常的。

□正确　我们也许会认为许多行为模式(例如对陌生人的强烈恐惧,缺乏控制膀胱的能力)发生在成人身上是不正常的,而对于特定年龄段儿童来说是相当正常的,而对于特定年龄段儿童来说是相当正常的。当临床医生未能将发展预期考虑在内的时候,很多儿童就会被误诊。研究者估计,有近一百万的美国儿童可能在幼儿园被误诊为患有注意缺陷/多动障碍,并仅仅因为他们是班上年级最小的而接受了药物治疗("Nearly One Million", 2010)。正如首席研究员托德·埃德勒(Todd Edler)告诉记者的那样,"如果一个孩子表现不好,不能集中注意力,不能安静地坐着,那可能只是因为他才5岁,而其他的孩子有6岁了。"[判断正误]

在DSM-5里面,许多影响儿童和青少年的心理障碍都被划分到**神经发育障碍**(neurodevelopment disorders)这一类别里。这些涉及大脑功能受损或者发育受损的障碍会影响儿童的心理发展、认知发展、社会化发展或者情感发展。这类精神障碍包括我们在本章中讨论的下面几种类型的精神障碍:

· 孤独症谱系障碍;

· 智力障碍;

· 特定学习障碍;

· 沟通障碍;

· 注意缺陷/多动障碍。

在这一章里,我们也会回顾影响儿童和青少年的其他障碍,包括破坏性行为障碍(对立违抗性障碍和品行障碍),与焦虑和抑郁有关的问题,以及排泄障碍。

关于正常与异常的文化信仰

13.1　解释儿童和青少年正常行为与异常行为的区别,以及文化信仰在确定异常方面的作用

文化信仰有助于我们判定人们视某种行为为正常或异常。因为儿童很少认为自己的行为是异常的,对于"正常"的定义很大程度上依赖于儿童的行为是如何透过文化被影响的(Callanan & Waxman, 2013;Norbury & Sparks, 2013)。文化差异

游戏疗法　在游戏疗法中,儿童可以用玩偶或木偶表演出一些场景,这些场景象征性地代表了发生在家里的冲突。

影响了人们将行为类型划分为不可接受或异常。在一项说明性调查研究中,研究者向美国父母组和泰国父母组展示了两个孩子的两段文章,其中一个孩子有"过度控制"(例如害羞和恐惧)的问题,而另一个孩子有"不受控制"(例如违抗和打架)的问题。比起美国父母,泰国父母认为这两种问题的严重程度和引发担忧的程度没有那么高(Weisz et al, 1988)。而且,泰国父母还认为,即便不采取任何治疗,文章中的儿童问题也会随着时间的推移而改善。这些观点基于传统的泰国佛教信仰和价值观,这种信仰和价值观能容忍儿童行为的广泛差异,并且认为这些变化是不可避免的。

和人们对异常行为的界定一样,对儿童的治疗方法也是不同的。儿童也许不能用口语能力来通过语言表达他们的感受,其注意力持续时间(注意广度)也不足以让他们安静坐着等待一个典型治疗过程结束。治疗方法必须根据儿童的认知、身体、社会和情感发展水平来设计。例如,心理动力学治疗师已经开发出游戏治疗技术,在这种治疗中,儿童可以通过游戏活动,像是和玩偶或者木偶做游戏,来象征性地表演家庭冲突。或者给他们画画的材料,让他们画画,治疗师们认为孩子的画可以反映出他们的潜在感受。

与其他的治疗形式(见第4章)一样,儿童治疗也需要在一种文化敏感性的框架下进行。治疗师需要根据儿童的文化背景、社会以及语言需要来设计干预手段,以建立一个有效的治疗关系。

儿童与青少年心理健康问题的患病率

13.2 描述儿童与青少年心理健康问题的患病率

在美国儿童和青少年中,心理健康问题常见吗?不幸的是,非常普遍。在过去的一年中,十个青少年中大约有四个(40.3%)患有可诊断的心理障碍(Kessler, Avenevoli et al., 2012)。十个儿童里大约有一个患有严重到足以影响其发育的心理障碍("儿童心理疾病'危机'", 2001)。需要关注儿童与青少年的精神健康问题的另一个原因是,一半成人的心理障碍始发于14岁(Insel, 2014)。[判断正误]

判断正误

大约有十分之一的成人的心理障碍开始于18岁之前。

□错误 实际上,大约有二分之一的成人心理障碍始发于14岁。

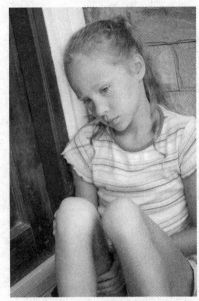

需要但得不到的治疗 悲哀的是，大部分可诊断为心理障碍的儿童和青少年，甚至那些有严重干扰行为的孩子，没有获得心理健康治疗。不到半数的孩子获得了他们所需要的帮助。

在6—17岁的孩子中，学习障碍(11.5%)和注意缺陷多动障碍是最常被诊断的心理障碍(8.8%；Blanchard, Gurka, & Blackman, 2006)。如果我们把范围缩小到青少年，那么焦虑相关的障碍就列于最常被诊断的障碍名单的榜首(Kessler, Avenevoli et al., 2012)。在一项基于美国12岁到17岁孩子的全国概率样本的电话调查中发现，抑郁也是非常常见的。这项调查还发现，在前6个月的时间里，有7%的男孩和14%的女孩会患重度抑郁症(Kilpatrick et al., 2003)。

尽管儿童期心理障碍的患病率如此之高，但绝大部分患儿并没有得到他们所需要的治疗。只有约三分之一被诊断为心理障碍的青少年，以及不到一半有严重缺陷或行为失常的儿童和青少年接受了任何形式的心理健康治疗(Merikangas et al., 2011; Olfson, Druss, & Marcus)。比起存在破坏性或干扰别人这种外化问题(指表现出来的，或攻击性的行为)的孩子，存在内化问题，特别是焦虑和抑郁的孩子更不容易获得治疗。

儿童心理障碍的危险因素

13.3 明确儿童和青少年心理障碍的危险因素并描述虐待儿童的影响

许多因素都会造成发展性障碍风险的提高，包括遗传易感性，产前对大脑发育的影响，环境压力源(例如社会经济水平低、生活在衰败的街区)和家庭因素(例如不一致或严苛的家教、忽视、身体虐待或性虐待)(e.g, Hicks et al., 2013; Lewis et al., 2013; Plasschaert & Bartolomei, 2013; Salvatore et al., 2015)。抑郁的父母也会使孩子更容易形成心理障碍，这也许是因为父母的抑郁会导致家庭压力水平的提高(Essex et al., 2006; Weissman et al., 2006)。那些来自贫穷的、经济条件差的家庭，有行为问题的孩子更容易被打上"坏孩子"的标签，而不是接受诊断和专业的帮助。

种族和性别是另外的判别因子。由于某种未知的原因，少数民族的孩子患有诸如注意缺陷/多动障碍(ADHD)、焦虑障碍和抑郁障碍这类发展性问题的风险更高(Anderson & Mayes, 2010; Miller, Nigg, & Miller,

---

判断正误

男孩比女孩更容易患上焦虑障碍和心境障碍。

☐ 正确　但是，从青春期开始，焦虑障碍和心境障碍在女性身上更常见。

2009)。男孩更容易发生儿童期障碍,从孤独症到多动,再到排泄障碍。比起女孩,男孩也更容易患上焦虑障碍和抑郁症。然而到了青春期,焦虑障碍和心境障碍在女孩身上更常见,并且会一直持续到成年期(USDHHS, 1999)。[判断正误]

儿童虐待——包括忽视、躯体虐待、性虐待或情感虐待——与大量儿童期和成年期的生理、心理问题都有关（e.g., Fuller-Thomson, West, & Baird, 2015；Geller, 2013；Herringa et al., 2013; Paul & Eckenrode, 2015; Whitelock, Lamb, & Rentfrow, 2013）。(第10章里探讨过儿童遭受性虐待的影响)。

尽管人们普遍相信,躯体虐待和性虐待比情感虐待和忽视更有伤害力,但是证据显示,不同形式的儿童虐待会对其行为和情绪健康产生相同的、广泛的、消极的影响(Vachon et al., 2015)。事实上,最新的一项重要报告发现,比起其他形式的虐待,情感虐待和忽视与形成抑郁间的关系更强(Infurna et al., 2016)。同样需要考虑的是,即使是童年期较为温和的体罚形式,例如打屁股、打巴掌和推搡,也许不会产生和躯体虐待或者忽视一样的后果,但是会增加成年期患焦虑和心境障碍的风险(Afifi et al., 2012)。

遭受躯体虐待或被忽视的儿童通常难以形成健康的同伴关系和与他人的良好依恋关系。他们可能缺乏共情能力或没有形成良知或对他人利益的关注。他们的行为也许会反映出他们生命中所经历过的残忍,例如折磨或杀害小动物、纵火或欺负弱小的孩子。其他常见的忧郁忽视和虐待造成的心理影响,包括低自尊、抑郁、幼稚的行为(例如尿床或吮吸拇指)、自杀未遂和自杀想法、学习不良、行为问题以及不能走出家门去探索外面的世界。儿童虐待的行为后果和情绪后果往往会延续到成年期,并增加他们患上抑郁和其他心理健康问题的可能性(Miller-Perrin, Perrin, & Kocuer, 2009; Nakai et al., 2014)。

儿童性虐待和躯体虐待并不是一个单独的问题。美国每年向当局报告约350万起虐待儿童的案件。最近一项来自美国和其他21个国家的国际性研究的数据表明,大约有8%的男性和20%的女性在18岁以前遭受过性虐待(Pereda et al., 2009)。在美国,八分之一(12%)的儿童会遭受到记录在案的虐待,包括忽视、躯体虐待、情感虐待或性虐待。悲哀的是,美国每年有1000至2000个儿童死于虐待或忽视,这个比例(已根据人口规模调整)是英国、法国、加拿大、日本的两倍多(Koch, 2009)。跟

判断正误

当涉及虐待儿童时,那(伤害)不仅仅是"棍棒和石头"造成的伤害。
☐ 正确 言语虐待能够导致更深的情绪伤害。

这些数据一样可怕的是,人们对这个问题轻描淡写,以至于大多数虐待儿童事件从来没有公开报道过。

对躯体虐待的担忧是可以理解的,但是我们不能忽视心理虐待所带来的情绪后果——父母的严厉责备、轻视或咒骂自己的孩子,或者让孩子感到自己是不被爱的、没人要的。的确,"棍棒和石头"可以造成骨折,但是伤人的言语却能够造成更大的情感伤害。心理虐待所带来的伤害相等于或超过了躯体虐待或性虐待(Spinazzola et al., 2015)。在家庭暴力或配偶虐待的家庭中生活也与儿童高水平的行为问题和情绪问题有关(Evans, Davies, & Dilillo, 2008)。[判断正误]

我们现在来看看儿童期和青少年期心理障碍的具体类型。我们将会探讨这些障碍的特点、病因以及用来帮助患病儿童的治疗措施。首先,浏览一下表13.1,它提供了儿童期和青少年期各种障碍的概况。

表13.1 儿童期和青少年期心理障碍概况

障碍类型	描述	主要类型/估计患病率(已知的)	特征
孤独症谱系障碍	不同严重程度变化的孤独症相关疾病	• 1%—2%	• 功能受损,存在与他人建立联系的障碍;语言和认知功能受损;活动和兴趣狭窄
智力缺陷(智力发育障碍)	认知功能和社会功能发展的广泛性延误	• 缺陷严重程度从轻到重不等(总体约为1%)	• 诊断基于IQ分数低和适应性能力差
特定学习障碍	在至少有平均智力水平和接受教育的背景下,表现为特定的学习能力缺陷	• 可能涉及数学、写作、阅读、执行功能缺陷;有5%—15%的学龄儿童在阅读、写作、数学上存在缺陷	• 数学有障碍,难以理解基础的数学或算术运算 • 写作有障碍,写作能力严重不足 • 阅读有障碍,难以辨认词汇或者理解书面文字 • 执行能力存在缺陷,计划或组织能力不足
沟通障碍	在理解和使用语言方面存在困难	• 语言障碍 • 发音障碍(以前称之为语音障碍) • 儿童期发病的发音流畅性障碍(口吃;1%) • 社交(语用)沟通障碍	• 难以理解或者使用口语 • 发音困难 • 难以没有中断地流利说话 • 在对话和社交场合中与他人交流有障碍

续表

障碍类型	描述	主要类型/估计患病率（已知的）	特征
注意缺陷/多动障碍和破坏性行为障碍	通常会扰乱他人并影响适应性社会功能的破坏性行为模式	• 注意缺陷/多动障碍约10% • 品行障碍（男孩12%，女孩7%） • 对立违抗性障碍（1%—11%）	• 存在冲动、注意力不集中和多动的问题 • 做出违反社会规则、侵犯他人利益等反社会行为 • 做出不服从、消极、反抗的行为
焦虑障碍、心境障碍	影响儿童和青少年的情绪障碍	• 分离性焦虑障碍（4%—5%） • 特殊恐惧症 • 社交恐惧症 • 广泛性焦虑障碍 • 重度抑郁（儿童5%，青少年20%） • 双相心境障碍	• 儿童和青少年的焦虑和抑郁与成人有相似的特征，但也存在一些差异 • 儿童也许会得学校恐惧，这是分离性焦虑障碍的一种形式 • 患有抑郁症的儿童可能无法表达抑郁的感觉，或表现出掩饰抑郁的行为，例如品行问题和躯体障碍
排泄障碍	持续存在控制排尿或排便的问题，但不能用器质性病变来解释	• 遗尿症（不能控制排尿，5岁大的孩子中有5%—10%存在该问题） • 大便失禁（不能控制排便，5岁大的孩子中有1%存在该问题）	• 夜间遗尿是最常见的类型 • 最常发生在白天

资料来源：Prevalence rates derived from American Psychiatric Association, 2013; CDC, 2012a; Frick & Silverthorn, 2001; Galanter, 2013; Kasper, Alderson, & Hudec, 2012; Masi, Mucci, & Millipiedi, 2001; Nock et al., 2006; Rohde et al., 2013; Shear et al., 2006; Wingert, 2000; Yeargin-Allsopp et al., 2003.

孤独症与孤独症谱系障碍

孤独症是最严重的儿童行为障碍之一，它是一种慢性的终身疾病。尽管父母努力在自己与孩子的鸿沟之间搭建桥梁，但像彼得一样患有孤独症的儿童，似乎在这个世界上还是绝对地孤独。

> **彼得：一个孤独症的案例**
>
> 彼得（Peter）得到了悉心的照顾，他在预期的年龄里学会了坐立和行走。但他的一些行为仍然让我们隐约感到不安。他从来不把任何东西放到嘴里，不论是手指还是玩具——任何

> 东西都不放……
>
> 更让人不安的是，彼得从来不看我们，也不笑，他也不玩那些似乎婴儿期孩子们都玩的游戏。他几乎不笑，而当他因为某些事而笑的时候，那些事情对我们来说并不好笑。他不抱我，只是直直地坐在我的膝盖上，即使我晃动他，他也不会抱住我。但是每个孩子是不同的，我们很愿意让彼得做他自己。虽然彼得是我们的第一个孩子，但他并不孤单。我经常把他放到屋前的游戏围栏里，小学生经过时会停下来逗他玩。不过，他同样无视了他们。
>
> 一直到3岁时，彼得仍停留在婴儿咿呀学语的阶段，并没有学会说话。他的游戏单调且重复。他把纸撕成长条状，用它们来编篮子，每天如此。他把盖子从罐子上拧下来，如果我们试图移开他，他就会变得很沮丧。只有极少数的时候我能够对上他的眼神，接着就会发现他的注意力会从我转移到我眼镜的反光上。
>
> 彼得在我们郊区街坊里的冒险活动并不愉快。他无视"要把沙子必须放进沙箱里"的规则，于是其他孩子就惩罚了他。他留下了一个悲伤而孤单的身影，和一个他只带着、却从来不玩的玩具飞机一起走着。那个时候，我从来没有听过会有这样一个词，它将支配我们的生活，充斥在每一次对话中，萦绕在我们的每顿饭旁边——那个词就是"孤独症"。
>
> 来源：摘自 eberhardy, 1967.

"孤独症(autism)"一词起源于希腊语"autos"，意为"自我"。这个术语在1906年由瑞士精神病医生厄根·布洛伊勒(Eugen Bleuler)第一次使用，用来形容精神分裂症病人的一种特殊思维风格。孤独症的思维风格倾向于认为自己是宇宙的中心，并且相信外部事件都和自己有关。1943年，另一个精神病医生，利奥·肯纳(Leo-Kanner)，对一组似乎不能与其他人建立关系的，就好像生活在自己世界中的儿童做出"早发型婴儿孤独症"的诊断。不同于智力缺陷儿童，这些儿童不接受任何来自外部世界的输入，创造出一种"与现实隔绝的孤独"(Kanner, 1943)。

观看 泽维尔：孤独症谱系障碍

观看视频"泽维尔：孤独症谱系障碍"，来了解泽维尔的案例，尽管她有在孤独症患者身上可以看到的典型缺乏交

流的特点,但是她会与其他人交往,并能够表达自己。

DSM-5将孤独症(先前称为自闭性障碍,autistic disorder)划分到一个更加广义的诊断范畴内,即孤独症谱系障碍(autism spectrum disorder, ASD),这一范畴包含了一系列不同程度的孤独症相关障碍。DSM-5基于一组常见的行为来识别ASD,这些行为表现为有持续性的在交流和社会互动方面的缺陷,兴趣狭窄或固定,以及重复行为(表13.2)。不是所有的行为问题都需要表现出来,但是必须有证据表明在一系列环境和背景下一定有行为问题。临床医生需要根据ASD的严重程度,将其分为轻度、中度和重度。问题越严重,所需要的证据支持程度也就越高。

表13.2 孤独症谱系障碍(ASD)的主要特征

问题行为	例子
交流和社会互动能力受损	•不能保持正常的来回对话 •不能发起社会互动或对社会互动予以回应 •不能在社会互动中表现出社会互惠,或者不能与其他人分享感受或想法,或者不能和其他人进行想象游戏 •语言缺陷,包括从完全丧失语言能力到口语迟缓 •可能存在言语异常,例如言语刻板或重复,就像在模仿语言一样;用词古怪;用第二或第三人称指代自己(使用"你"或"他"指代"我") •与他人的非语言沟通存在障碍,例如无法保持眼神交流,或者使用奇怪的肢体语言或动作 •缺乏与同龄人交往的兴趣或者交友困难,或难以维持关系,或难以理解关系的基础
受限的、重复的以及刻板的行为模式	•表现出兴趣范围狭窄或者专注于特定的兴趣或不寻常的物体(例如带着一根绳子) •坚持千篇一律或固定不变(例如总是以相同的路线从一个地方到另一个地方,每天吃同样的食物,或坚持给玩具排队),当出现一点变化时,就会极端沮丧,过程中难以转移注意力或改变活动 •表现出刻板或重复的动作(例如弹手、撞头、摇晃、旋转) •表现出专注于物体的某些部分(例如重复旋转玩具汽车的轮子) •表现出对环境刺激反应不足或反应过度(例如可能对疼痛或温度的变化不能做出反应,可能会对光特别痴迷,可能对某种声音或噪声感到特别痛苦)

在DSM之前的版本中,阿斯伯格综合征(Asperger's disorder)是一种独特的诊断,但在DSM-5里面,它被归类为孤独症谱系障碍——但前提是满足了ASD的诊断标准。阿斯伯格综合征是一种涉及不善社交、行为刻板或重复的异常行为模式,但没有与更加严重的孤独症谱系障碍类别相关的语言或认知障碍。患有阿斯伯格综合征的孩子没有表现出我们在典型孤独症儿童身上发现的智力、语言、自理能力方面的严重缺陷

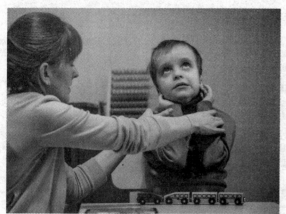

孤独症 孤独症儿童缺乏与他人联系的能力，似乎只活在自己的个人世界中。

（Harmon，2012）。他们也许有非常卓越的语言能力，例如他们在五六岁的时候就能够读报纸，可能会对某个模糊或狭窄的主题，(如州际公路系统)产生浓厚的兴趣，形成知识体系，以及像一个案例中的那样，对真空吸尘器感兴趣（Osborne，2002；Wallis，2009）。许多阿斯伯格综合征患儿的父母都不认为他们的孩子符合DSM-5里面的孤独症谱系障碍的诊断结果，因此他们没有得到所需的治疗服务，或者没能获得这些服务的补偿资格（Carey，2012a；Mestel，2012）。

在过去的二十年中，ASD的患病率持续稳定增长（CDC，2014a）。官方研究人员估计，每五十个儿童中就会有一个儿童(美国有超过一百万的儿童)患有孤独症谱系障碍，而到了2007年这一比例为八十六分之一（Blumberg et al.，2013）。这个估计是基于全国家长的电话访问而不是根据个案诊断得来的。但是，政府官员相信这个估计反映了与某种形式的孤独症障碍作斗争的家庭的比例。近几年报道的孤独症个案暴增不意味着这种疾病越来越多。专家把患病个案的增加归因于诊断体系的改变和健康服务人员疾病意识的提高（Blumberg et al.，2016；Hansen，Schendel，& Parner，2014）。

科学家们正在调查是否有其他因素(可能是在胎儿期或儿童期感染，或是环境因素，例如生活在环境毒素下)会导致患病率的增加（Weintraub，2011；Xiang et al.，2015）。正如第11章里面所提到的，研究人员发现，父亲年龄较大的孩子患上孤独症和精神分裂症风险会增加(但是，非常奇怪的是，母亲年龄大的孩子则不会出现这种现象；Kong，Frigge，et al.，2012）。这种与父亲年龄的联系可以解释为，年长男性的精子中随机基因突变更普遍，这可能导致了孤独症患病率的真正增加，因为比起前几辈的人，现在的夫妻都会推迟生育（Carey，2012c）。不过，年长男性的后代患病风险仍然相对较低，父亲年龄在四十岁及以上的孩子患病率为2%。

有关患上孤独症风险的一个担忧来源是，患儿的父母普遍怀疑，孩子是受广泛使用的MMR(麻疹、腮腺炎、风疹)疫苗中的一种化学防腐剂的感染。但是，调查者没有在孤独症与儿童疫苗的使用之间发现任何联

系(Jain, et al., 2015; King, 2015; Weintraub, 2011)。[判断正误]

患有孤独症的男孩几乎是女孩的五倍(CDC, 2014a)。科学家怀疑男性的大脑比女性的大脑对有害的基因改变或变异更加敏感,这造成了神经发育类型的障碍(Jacquemont, et al., 2014)。近期的证据也显示孤独症男孩比孤独症女孩有着更严重的重复、固定行为——诸如保持常规和重复动作的要求,如重复拍手(Supekar & Menon, 2015)。

判断正误

儿童疫苗导致孤独症。

☐ 错误　调查者没有在孤独症与儿童疫苗的使用之间发现任何联系。

孤独症儿童通常在婴儿期的时候,被父母描述为"乖宝宝"。这通常意味着他们要求得不多。然而,随着孩子长大,他们开始拒绝身体爱抚,例如依偎、拥抱以及接吻。他们的言语发展开始落后于其他正常儿童。通常在孩子一岁之前会出现梳理社会的迹象,例如无法正视别人的脸。虽然在孩子两三岁大时就能够被确诊为ASD,但是孤独症孩子得到诊断的平均年龄为6岁。诊断上的延误是有害的,因为孤独症孩子越早得到诊断和治疗,就越能恢复正常。诸如缺乏非言语沟通能力的孤独症迹象可能在孩子十二至十八个月大时就会表现出来(CDC, 2014a; Norton, 2012; Pramparo et al., 2015)。

孤独症的特征

13.4　描述孤独症的主要特征

也许孤独症最令人心疼的特征就是儿童的绝对孤独。其他特征包括社交技巧、语言和沟通有严重缺陷,以及仪式化的、刻板的行为。这些孩子可能是不说话的,或者即使表现出一些言语技能,也是一些特殊用法,就像处于模仿言语的阶段(孩子用尖锐的单音机械地重复自己听到的东西);代名词翻转(用"你"或"他"来指代"我");使用只有那些对孩子有深刻了解的人才理解的词语;以及在句子的末尾提高声调,就像在问问题一样。非言语沟通可能也是受损或缺失的。例如,孤独症儿童可能会避开眼神接触,并且没有任何面部表情。他们对于吸引他们注意力的成年人回应很迟缓——如果他们注意到的话。虽然他们可能不会对其他人做出回应,但是他们会表现出强烈的情绪,特别像是愤怒、悲伤和恐惧等强烈的消极情绪。

孤独症的一个首要特征是重复的、无目的的、刻板的行为——没完没了地转圈、拍手或在膝盖周围前后摆动双臂(Leekam, Prior, & Uljarevic, 2011)。一些孤独症儿童则会伤害自己,即使这样会让他们疼得哭起来。他们可能会砰砰地敲自己的头、打自己的脸、咬自己的手和肩膀或者拽自己的头发。他们有时也会突然发脾气或恐慌。孤独症的另一个特征就是讨厌环境的变化——这个特征被称为"保持统一性（preservation of sameness）"。当熟悉的物品从平时的位置移走，哪怕只是稍微挪动了地方，孤独症儿童都可能大发脾气或不停地哭喊。孤独症儿童甚至会坚持每天吃一样的食物。

孤独症儿童被仪式束缚着。一个5岁的孤独症女孩的老师学会每天早上在问候她时说："早上好，莉莉，见到你我非常、非常高兴"（Diamond, Baldwin, & Diamond, 1963）。虽然莉莉（Lily）对老师的问候从来没有做出回应，但是如果老师仅仅漏掉了一个"非常"，她就会尖叫。

就像在本章开头所提到的多娜·威廉姆斯女士的童年经历一样，孤独症儿童通常将人们视作威胁。一名患有高功能孤独症的年轻人在回顾童年时谈到，他需要保持同一性和进行重复、刻板的行为。对这名年轻人来说，他人是一种威胁，因为人们并不总是一样的，而且由一些很不相称的部分组合而成。

"我""我不知道他们为了什么"

我喜欢重复。我每次打开灯的时候都知道会发生什么。当我打开开关，灯就亮了。这带给我一种奇妙的安全感，因为它每次都是同样地发生。控制板上有两个开关，这让我更高兴；我真的很好奇哪个开关控制的是哪盏灯。即使我知道了，我还是会忍不住一次又一次地打开开关。那总是一样的。

人们让我感到困扰。我不知道他们有什么目的或他们想对我做什么。人们总是不能保持不变，和他们在一起我一点安全感都没有。甚至对我很好的人有时也会不一样。对我而言，人身上的东西并不适合放在一起。即使我看他们看得再多，他们在我眼里仍然是一堆碎片，我无法把他们与任何事物联系起来。

来源：Barron & Barron, 2002, pp.20—21.

孤独症儿童似乎缺少差异化的自我概念，即将自己作为独立个体的感觉。尽管他们的行为不常见，但通常很有吸引力，并给人一种"看上去很聪明"的感觉。然而，根据标准化测验的计分结果显示，他们的智力发展远远低于正常水平（Matson & Shoemaker, 2009）。虽然有一些孤独症儿童的IQ分数是正常的，但是许多孤独症儿童都有智力缺陷的迹象（Mefford, Batshaw, & Hoffman, 2012）。甚至那些智力没有受损的孤独症儿童也难以获得象征能力,例如识别情绪、进行象征性游戏和概念性地解决问题。他们也难以完成需要与他人合作的任务。不过,孤独症与智力之间的关系仍是不明确的,因为很难给孤独症儿童实施测验。实施标准化IQ测验需要合作,而孤独症儿童恰恰缺乏这种能力。因此,我们最多只能评估他们的智力能力。

关于孤独症的理论观点

13.5 明确孤独症的病因

一种早期的但现在受到质疑的观点认为,孤独症儿童的冷漠是对他们父母冷淡和疏离的一种反应——这是一些被称为"情感冷冻者"的父母,他们缺乏与孩子建立温暖关系的能力。

心理学家O.伊瓦尔·洛瓦茨(O . Ivar Lovaas)和他的同事(Lovaas, Koegel, & Schreibman, 1979)提出了孤独症的认知学习观。他们认为孤独症儿童存在知觉缺陷,这种缺陷限制了他们,使他们每次只能对一个刺激进行加工。因此,他们若通过经典条件作用(刺激联结)的方式进行学习,进展就会非常慢。根据学习理论的观点,儿童是通过食物或拥抱等初级强化物,对主要照料者产生依恋的。然而,孤独症儿童的注意力要么集中于食物,要么集中于拥抱,无法把它们与孤独症儿童的父母联系起来。

孤独症儿童经常难以将不同感觉中的信息整合起来。有时,他们似乎对刺激过度敏感,而有些时候他们又变得非常不敏感,以至于观察者怀疑他们是不是聋子。知觉和认知能力缺陷似乎降低了他们利用信息的能力——理解和运用社会规则的能力。

我们至今仍然不知道孤独症的病因,但是,越来越多的证据表明孤独症的神经学基础包括了大脑神经元之间的异常连接以及脑组织的丢失(e.g., Cheng et al., 2015; Ecker et al., 2013)。产前影响导致大脑通路发育异常的可能性非常大,而这为孤独症行为奠定了基础(Valasquez-Manoff, 2012; Wolff et al., 2012)。

孤独症儿童大脑发育异常似乎是由于遗传因素和环境因素(目前未知)的共同作用导致的(e.g., Colvert et al.., 2015; Gori et al., 2013; Meek et al., Pramparo et al., 2015; Yi et al., 2015)。在症状出现之前,我们就看到婴儿大脑发育异常的证据,而这些婴儿后来都形成了孤独症(Wolff et al., 2012)。大脑的异常发育也许在出生之前就开始了(Stoner et al., 2014)。孕期母体感染等产前危险因素会增加后代孤独症的遗传风险

建立联系 针对孤独症儿童的主要治疗任务之一就是建立人际关系。行为治疗师使用强化物来增加社会适应行为,例如注意到治疗师,以及和其他孩子一起玩。行为治疗师可能也会使用温和的惩罚来阻止自残。

(Atladóttir et al., 2012; Mazina et al., 2015)。这些因素都可能会对胎儿大脑发育产生不利影响。

比起其他儿童,孤独症儿童负责语言和社会行为的大脑区域发育要慢很多(Hua et al., 2011)。研究者 Xua Hua 解释说:"因为孤独症儿童的大脑在生命的关键期发展缓慢,所以这些孩子可能更难形成个人同一性、进行社会互动以及提高情绪技巧"(引自"Autistic Brains,"2011)。大脑发育迟缓也许会一直延续到青少年期。

孤独症易感性涉及了多种基因。世界各地的实验室正在进行研究,以寻找可能的相关基因(e.g., Campbell, 2015; Deriziotis et al., 2014; Griesi-Oliveira et al., 2014)。研究者发现,特定基因的突变至少和一些孤独症个案有关(Carey, 2012b; Sanders et al., 2012)。科学家也在孤独症相关基因对大脑功能的影响的研究上取得了进展,那就是某些基因的表达如何导致与孤独症相关的大脑异常(e.g., Clarke, Lupton, et al., 2015; King, Yandava, et al., 2013; Willsey et al., 2013)。

孤独症的治疗

13.6 描述孤独症的治疗方法

虽然孤独症没有治愈方法,基于学习原理的强化和早期行为治疗方案能够显著改善孤独症儿童的学习和语言技巧、社会适应行为(Eikeseth et al., 2012; Howard et al., 2014; MacDonald et al., 2014)。这些基于学习的方法涉及应用行为分析(applied behavior analysis, ABA)治疗模型。没有其他治疗方法能够产生与之相较的效果。应用操作性条件作用方法,治疗师和父母要小心地合作,系统地运用奖励和温和的惩罚来提高孩子照顾他人、与其他儿童一起玩的能力,发展学习技能以及减少或者消除自残行为。

目前使用最广泛的治疗方案是高度集约化和结构化的,并提供大量个别、一对一的指导。在一个经典研究中,洛瓦茨(Lovaas, 1987)对孤独症儿童在至少两年的时间里进行每周超过40个小时的行为治疗,取得了令人印象深刻的治疗效果。后续研究显示,长程的强化行为治疗对孤独症儿童的言语发展、智力功能、社会功能和其他适应行为的获得等方面有显著的治疗效果(Eikesekh, et al., 2012; Virues-Ortega, 2010)。早期治疗开始后(5岁之前),治疗强度越大,取得的治疗效果也就越好(Vismara & Rogers, 2010)。

塑造模仿行为的早期训练也能让孤独症幼儿从中获益,这些训练侧重于建立模仿技能,帮助幼儿建立社会互动奠定基础(Kuehn, 2011b; Landa et al., 2011)。不幸的是,这种高密度的一对一治疗训练非常昂贵,而家长们要寻求公共资助项目又要面临长时间的等待。

我们没有治愈孤独症的有效药物。生物医学治疗在很大程度上都只是使用抗精神病药物来控制破坏性行为,例如孤独症儿童的乱发脾气、攻击性行为、自残行为以及刻板行为。当治疗涉及父母参加训练方案,教他们如何应对儿童的破坏性行为时,抗精神病药物的效果会更好(Scahill et al., 2012)。

孤独症通常是一种慢性病程,并且一般会持续影响个体成年后的功能(Frith, 2013)。有些孤独症儿童可以获得大学学位并独立工作,但是其他孤独症儿童一生都需要治疗,甚至需要机构照顾。似乎有一小部分的孤独症儿童是可以痊愈的。2013年一项颇具影响力的研究表明,在童年晚期或青春期时,有一小部分先前诊断被为孤独症的儿童没有任何孤独症症状,人数虽少,但很明显(Carey, 2013; Fein et al., 2013)。尽管这些发现给孤独症儿童和他们的家人带来了希望,但是我们也应该注意到,只有少数的孤独症儿童能够达到这种程度的改善。

数字时代的异常心理学
帮助孤独症儿童交流:我们有了助此实现的 APP

今天,手机几乎涵盖了所有事物,包括帮助孤独症儿童沟通。例如,iMean™就是孤独症儿童丹尼尔的父亲迈克尔·伯格曼的劳动成果("iPad App Helps Autistic", 2012)。这个APP能够将iPhone转换为带有单词预测功能的大按键键盘。许多缺乏精确运动控制力的儿童,需要在普通键盘或电话显

是的,助此实现的软件 iMean软件的发明者迈克尔·伯格曼在用iPad演示这款软件。他和用字母板来表达抽象想法的儿子丹尼尔一起演示。

示器上打字。这个APP的大字母显示允许用户输入特定字母,并在显示屏上看到整个单词的预测。孤独症儿童可以独立使用它提高沟通技能。这个APP后来的版本也加入了语音识别功能。

iPad为孤独症儿童提供了与外部世界交流以及接受教学训练的另一种方式。一个9岁孤独症男孩的家长为孩子对iPad的反应感到震惊(Kendrick,2010)。他的儿子立即开始使用iPad,在接受了一点训练之后,就开始使用各种各样的教育工具,如拼写、计数游戏和功能。像iPad那样的电子设备预示着接触和教育孤独症儿童潜在的革命性的方法。

智力缺陷

普通人群中大约有1%的人患有**智力缺陷**(intellectual disability, ID;也被称为智力发育障碍, intellectual developmental disorder, IDD)。智力缺陷的首要特征就是智力发育的广泛性受损。智力缺陷原先被称为智力落后(mental retardation),是一个适用于在智力和适应行为上存在明显且广泛的缺陷或限制的个体的诊断术语(例如,缺乏日常生活的基本概念、社交和实践技能)。智力缺陷儿童往往在推理和解决问题的能力、抽象思维技能、判断力以及学校表现方面存在缺陷。

智力缺陷开始于18岁之前的儿童发展阶段,而且伴随终生。然而,随着时间的推移,许多智力缺陷儿童的情况会好转,特别是当他们得到支持性、指导性和丰富的教育机会时。而那些生活在贫困环境中的智力缺陷儿童也许不会好转或进一步恶化。

智力缺陷的特征及其成因

13.7 描述智力缺陷的主要特征和原因

智力缺陷的诊断是基于18岁以前IQ分数得分低以及适应能力受损,从而导致满足独立工作和承担社会责任的预期标准方面存在重大缺陷。这些障碍可能涉及在以下三个领域中的特定文化背景下,难以执行同龄人被期望在日常生活中完成的常见任务:(1)概念(与语言、阅读、写作、数学、推理、记忆和问题解决有关的技能);(2)社交(察觉他人感受的技能、与他人有效交流的能力以及与他人形成友谊的能力);(3)实践(与满足个人护理需求、履行工作职责、管理金钱、与他人一起上学和上班有关的能力)。虽然DSM早期的版本要求做出智力缺陷诊断的依据是IQ分数必须低于70(平均分是100),但是现在DSM-5则对IQ分数没有特定要求。诊断依据是个体的适应能力水平,而不仅仅依靠IQ分数。

智力缺陷的严重程度取决于儿童的适应能力,或者是儿童满足家庭或学校期望时所要求的能力。大部分智力缺陷儿童(85%)属于轻度范围。这些孩子通常能够满足基本的学术要求，比如学习阅读简单的段落。成年后，他们虽然可能需要一些指导和帮助，但通常也能够独立生活和工作。表13.3描述了与不同程度智力缺陷相关的适应性技能以及获得持续性支持的需求。

表13.3 智力缺陷水平和适应行为类型

严重程度	适应能力的典型水平和对支持的需求
轻度（大约占智力缺陷人数的85%，典型的IQ分数范围为50—70）	实践技能、阅读能力和算数能力能够达到三至六年级水平；能够工作，自给自足，并且在获得少量帮助（如协助制定更加复杂的个人预算和营养计划）后，能够在社会上独立生活
中度（大约占智力缺陷人数的10%，典型的IQ分数范围为35—49）	言语发展和运动发展有明显的延迟，但是也能学会基本的交流技巧；能够接受安全习惯和简单的操作技能的培训，但在阅读和算术上可能无法达到功能水平；缺乏社会判断和独立做出生活决定的能力，需要持续的指导和支持；可以在不需要概念化和社会技能的环境中或者在庇护所独立工作；也许能够独立生活和照顾自己，但是需要适度的帮助，如在集体宿舍生活
重度（占智力缺陷人数的3%—4%，典型的IQ分数范围为20—34）	言语发展和运动发展有明显的延迟，但交流技巧也能得到改善，并且能够达到初级自理的水平，如自己吃饭；需要在受保护的环境中有持续的支持和安全监督，但是也许能够完成常规重复任务；需要支持性住宅
极重度（占智力缺陷人数的1%—2%，典型的IQ分数低于20）	严重智力缺陷；在所有发展领域中，发展水平都是最低的；缺乏独立生活能力，通常需要昼夜不停地支持和照顾，并要有密切的监督；可能有基本的言语和沟通技巧，能够参与身体和社会活动，但是缺乏照顾自己的能力；有其他方面的身体缺陷或先天畸形

智力缺陷的病因有生物因素、心理社会因素，或者是这些因素联合作用。生物原因包括染色体和基因异常、传染病和母亲孕期酗酒。心理社会原因包括生活在贫困的家庭中，这种家庭环境使儿童在童年期缺少智力上的刺激活动。

唐氏综合征和其他染色体异常 智力缺陷最常见的病因是**唐氏综合征**（Down syndrome，以前又被称为Down's syndrome），它已被鉴别出来的特点是第21对染色体上多了一条染色体，这样就有了47条染色体，而不是正常的46条（Einfeld & Brown, 2010; Mefford, Batshaw, & Hoffman, 2012）。大约每800个婴儿中就有1个唐氏综合征婴儿。当第21对染色体在卵子或精子内不能正常分裂时，就会产生1条额外的染色体。染色体异常的可能性会随着父母年龄的增长而提高，所以30多岁或以上的准夫妻通常要进行产前基因检测，来检测唐氏综合征和其他基因异常。大约90%的唐氏综合征是由母亲卵子的染色体缺陷引起的,而其余10%则可归因为父亲精子的染色体缺陷(Genetic Science Learning Center, 2012)。

凭借独特的身体特征就能鉴别出唐氏综合征患者:圆脸;又宽又平的鼻子;眼睛内侧角皮肤皱襞导致看起来像是斜眼;舌头伸出;又小又方的手,短短的手指;小指弯曲;与身体不成比例的短胳膊、短腿。几乎所有的患病儿童都会有智力缺陷,而且许多儿童会患诸如心脏畸形和呼吸困难之类的身体疾病。在过去的几十年中,唐氏综合征患者平均预期寿命一直在提高,从1983年的25岁提高到现在的60岁(National Down Syndrome Society, 2015)。唐氏综合征患者在晚年会表现出记忆力丧失和儿童样情绪的倾向,这是痴呆的一种表现形式。不幸的是,我们没有治疗唐氏综合征的方法,但是科学家希望通过了解21号染色体上受影响的基因,找到控制它们、改善大脑功能的方法(Einfeld & Brown, 2010)。

唐氏综合征儿童在学习和发育方面存在各种缺陷(Sanchez et al., 2012)。他们缺乏协调性,没有适当的肌肉张力,这让他们很难从事体力活动,也不能像其他孩子一样玩耍。他们也有记忆障碍,特别是以语言形式呈现的信息,这就使他们很难在学校进行学习。他们跟不上老师的讲解,也无法用言语清楚地表达自己的想法或需求。尽管他们存在一些缺陷,但是如果得到适当的教育和鼓励,他们中的大部分还是可以学会阅读、写作和简单的算术的。

虽然不如唐氏综合征常见,性染色体上的异常也会导致智力缺陷,比如克莱费尔特综合征(Klinefelter syndrome)和特纳综合征(Turner syndrome)。克莱费尔特综合征仅发生在男性身上,其特点是存在额外的X染色体,造成了XXY的染色体组型,而不是正常的XY组型。据估计,每1000个新生男婴中就有1到2个克莱费尔特综合征患者(Morris et al., 2008)。这些男孩无法发育出正常的第二性征,睾丸小且发育不全,精子产量低,乳房肥大,肌肉发育不良,无生育能力。智力缺陷和学习障碍(又称为学习困难)也是非常常见的。患有克莱费尔特综合征的男性在检查出不孕症之前往往无法发现病情。

特纳综合征只发生在女性身上,其特征是只有单个的X染色体,而不是正常的两个染色体(或仅有一部分的第二X染色体;Freriks et al., 2015; Hong, Dunkin, & Reiss, 2011)。患有特纳综合征的女性外生殖器发育正常,但是卵巢发育不完全,分泌的雌激素较少。她们可能比正常女性更矮小,且不能生育,患有内分泌和心血管问题。她们也有轻度的迟钝,特别是在数学和自然科学上表现得更明显。

X染色体易损综合征和其他遗传异常 科学家已经识别了几个智力缺陷(之前被称之为智力迟钝)的遗传原因。最常见的遗传病因就是X染色体易损综合征(Fragile X syndrome),它影响了约1/1500到1/1000的男性以及1/2500到1/2000的女性(Hall et al., 2008; Maher, 20077)。这种病是仅次于唐氏综合征的智力缺陷的第二种常见形式。其病因是X染色体上一个易损区域的单个基因突变造成的,也因此而得名(Hall et al., 2013)。

努力实现 如果提供学习机会,并且鼓励他们,大部分的唐氏综合征儿童能掌握基本学术技能。

X染色体易损综合征的影响从轻度学习障碍,到严重得几乎无法说话和工作的重度智力缺陷。正常情况下,女性有两个X染色体,男性有一个X染色体。对于女性来说,当两个染色体中的一个出现致病基因时,拥有两个X染色体的形式似乎可以提供一定的保护,通常只会造成程度较轻的智力缺陷。这就可以解释为什么这种障碍对男性的影响比对女性大。但是这种变异并不总是显性的。许多携带X染色体易损变异基因的人并没有表现出任何临床症状。而这些变异基因携带者也会将此综合征遗传给他们的后代。

基因检测可以检测出造成X染色体易损综合征的基因缺陷。虽然目前还没有治疗这一综合征的方法,但是针对鉴定出该疾病分子病理的基因研究,有朝一日可能会形成有效的治疗方法(Bar-Nur, Caspi, & Benvenisty, 2012; Colark et al., 2014; Jacquemont et al., 2011)。

苯丙酮尿症(phenylketonuria, PKU)是一种遗传疾病,新生儿的患病率约为1/15000到1/10000(Widaman, 2009)。这种病是由一种隐性基因引起的,这种基因会阻止儿童对食物中氨基酸苯丙氨酸的代谢。结果使得氨基酸苯丙氨酸及其衍生物苯丙酮酸在人体内积累,导致中枢神经系统受损,造成重度智力缺陷。通过分析血液样本和尿液样本可以检测新生儿是否有苯丙酮尿症。尽管目前还没有方法能够治愈苯丙酮尿症,但是如果在患儿出生后不久就给他们吃苯丙氨酸含量少的食物,那么患儿受到的损害可能就会变少,甚至能够正常发育。这些儿童需要补充蛋白质来弥补损失的营养。

如今已经有多种多样的产前检查来检测出染色体异常和基因障碍。在受孕后14-15周进行的羊膜穿刺术中,先用注射器从包含胎儿的羊膜囊里采集羊水样本。然后,从羊水中分离出胎儿的细胞,在一定的培养环境任其生长,再对细胞进行检测,看是否存在包括唐氏综合征在内的畸变。血液检测用于检查其他疾病的携带者。

产前因素　一些智力缺陷是由于孕期母体感染和物质滥用造成的。例如,如果孕妇患有风疹(又称德国麻疹),就会传染给胎儿,造成大脑损伤,引发智力缺陷。这种传染也可能导致孤独症。即使孕妇可能只出现轻微的症状或者完全没有症状,也会对胎儿产生巨大的影响。其他可能引发儿童发育迟缓的母体感染包括梅毒、巨细胞病毒和生殖器疱疹。

怀孕之前给女性进行风疹免疫以及在孕期进行梅毒检测等广为使用的措施可以减少母体传染胎儿的概率。大部分从母亲那里感染生殖器疱疹的孩子都是在分娩时被产道中的疱疹病毒感染的。因此,剖腹产(C-section)可以预防分娩过程中的病毒传染。

母亲在怀孕期间摄入的药物可能通过胎盘传染给孩子。有些药物可能会造成严重的新生儿畸形和智力缺陷。孕妇饮酒会使胎儿患上胎儿酒精综合征(见第8章),这是导致智力缺陷的最突出的病因之一。

出生并发症,比如缺氧或头部受伤,都会增加孩子患上包括智力缺陷在内的神经系统疾病的风险。早产也会导致孩子智力缺陷和其他发育问题的风险增加。例如脑炎和脑膜炎,或婴儿期和儿童早期的头部创伤,都会导致智力缺陷和其他健康问题。儿童误服毒素,比如含铅的油漆片,也有可能造成大脑损伤,导致智力缺陷。

文化—家庭因素　大部分患者都属于轻度范畴,没有明显的生物学原因或躯体特征。这些个案通常有文化—家庭的原因,例如在贫穷的家庭或社会中长大,在缺乏智力刺激活动的文化环境中长大,或者因忽视和虐待而遭受折磨。

贫困家庭的孩子可能没有玩具、书籍,或者缺乏机会以智力刺激的方式与家长互动交流。结果导致他们可能无法形成正常的语言技能,或没有学习动机。经济负担,如需要维持繁重的工作,可能会使得父母没有时间读书给孩子听,无法和孩子说太多的话,也不能和孩子玩创造性的游戏或活动。这些孩子们的大部分时间都会花在电视机上。而他们的父母大部分可能也缺乏阅读和沟通技能,无法帮助孩子发展这些方面的技能。贫困与智力发展贫困(落后)的恶性循环在一代又一代人身上重复着。

深入思考　学者综合征

有时间吗？试试下面的题目：

1. 不要看日历，计算一下2079年3月15日是星期几。
2. 列出1到10亿之间的质数（提示：从1，2，3，5，7，11，13，17……开始）。
3. 逐字复述你今早喝咖啡时在报纸上读的故事。
4. 准确地唱出贝多芬第九交响曲第一小提琴手演奏的每一个音符。

想要放弃吗？不要对自己感到失望，因为只有很少一部分人能够达到这样的智力专长。讽刺的是，能够完成这些任务的人很可能患有孤独症、智力缺陷或者两者兼而有之。临床医生用"学者综合征"来指代这些有着严重心理缺陷，同时也有着超常智力能力的人。通常，这些人被称为"学者"（"学者"，Savant，这个术语起源于法语"savoir"，意为"了解"）。学者综合征患者会表现出非凡的心理技能，例如计算日期和罕见的音乐天赋。这与他们有限的一般智力形成了鲜明的对比。一位青年男子可以在几秒钟之内告诉你某个指定日期是星期几——例如1996年10月23日是星期几（Thioux et al., 2006）。另一位患者在孩提时代就可以画出非同寻常的画，但却几乎不会说话（Selfe，2011）。

也有一些案例中失明的患者，仍能演奏任何音乐片段，不论它们是多么复杂，或者即使重复长篇的外语段落也不会漏掉一个音节。有些患者可以准确地估计时间。据说有人可以逐字逐句地重复他所听到的报纸上的内容；有的可以从后向前重复他刚刚读到的话（Tradgold，1914；Treffert，1988）。

学者综合征在男性中更加常见，大概每6个人中就有1个。学者综合征患者的特殊技能会突然出现，也可能会突然消失。

科学家们提出了许多理论试图解释学者综合征，但尚未达成共识。有一种理论认为，学者综合征患者会同时继承两组遗传因子，一组是智力缺陷，另一组是特殊记忆能力。还有理论家推测，学者综合征患者的大脑是被某种特殊的环路围绕着，使他们能够集中精力完成具体的和狭义的定义任务，例如感知数量

学者综合征　莱斯理·兰姆克（Leslie Lemke）是一位失明的孤独症学者音乐家。虽然他没有接受任何音乐方面的教育，但他能依然能很好地演奏他所听到的或自己创作的音乐。在他14岁的某一天晚上，他听了一遍柴可夫斯基的《第一钢琴协奏曲》后，第二天就可以准确、完整无误地将这支曲子演奏出来了。

关系（Treffert，1998）。而强化学者综合征患者能力的环境，给他们提供实践机会以及让他们精力集中的环境，都进一步推动了这些特殊能力的

发展。尽管如此，学者综合征仍然是一个谜。

向患有这种形式智力障碍的儿童提供丰富的学习经验，特别是在很小的时候，他们很可能会出现明显的反应。像"Head Start"这样的社会机构，已经帮助了许多有文化—家庭性智力缺陷儿童在正常的智力范围内生活和工作。

智力缺陷的干预

13.8 描述用于帮助智力缺陷儿童的干预措施

对于智力缺陷儿童的治疗取决于智力缺陷的严重程度及类型。通过适当的训练，轻度智力缺陷儿童可以达到六年级的能力水平。他们可以获得工作技能，并从事有意义的工作。很多这样的儿童能够被编入正常班级内。而在另一个的极端情况下，患有重度或极重度智力缺陷的儿童则需要安置在专门的机构中接受照料，或者住进像集体之家这样的社区居民照料服务中心里。把他们安置在机构中通常是出于控制他们的破坏性行为或攻击性行为需要的考虑，而不是根据其智力受损的严重程度。下面是一个中度智力缺陷儿童的案例。

无法控制他的行为：一个智力缺陷的案例（中度）

一位母亲恳求急诊室的内科医生收治她15岁大的孩子，她说她无法再忍受了。她的儿子是一个IQ得分为45的唐氏综合征患者。从8岁起，她的儿子就开始辗转于各种机构和家中。每个探视日，儿子都会恳求母亲带他回家，在机构里过了大概一年，她接儿子回家后，却发现自己已经无法控制孩子的行为了。当孩子发脾气的时候，他会又摔盘子又毁坏家具，甚至最近的一次冲突时，当她试图阻止孩子不停地用扫帚砸地板时，结果孩子竟然对她进行身体攻击，打了她的胳膊和肩膀。

来源：摘自Spitzer et al., 1989, pp. 338—340.

教育者有时会将有智力缺陷的儿童编入正常班级还是特殊教育班级的问题产生争执。虽然有些中等智力缺陷的儿童在被编入正常班级后获得了更好的发展，但是另一些儿童却不这样。他们可能发现跟不上这些班级，甚至要退学。现在有一种新的倾向，即很多严重智力缺陷患者的去机构化，这在很大程度上是因为先前存在于服务这个群体的机构中的骇人听闻的消息引发的公众愤怒。美国国会于1975年通过的《发展性残疾援助法案》和《权利法案》规定，智力迟钝（现在被称为智力缺陷）

患者有权利在不受限制的治疗环境中接受适当的治疗。在法规出台后的几年内,全国范围内的智力缺陷群体收治机构中的病人数量减少了近三分之二。相比安置在大型收治机构中的患者,那些在社区中能正常生活的智力缺陷患者有权接受限制程度更小的照料。他们中很多人有在机构之外生活的能力,在有监管的集体之家中。这里的居住者通常会分担家庭责任,并且被鼓励参加一些有意义的日常活动,如参加训练项目或在保护下做一些工作。另外一些人则和家人生活在一起,并且参加结构化的每日训练。智力缺陷成年人通常会从事一些户外工作,他们住在自己的公寓里,或者和其他轻度智力缺陷患者住在一起。虽然患者大规模地从精神病治疗机构涌入社区,造成了大量的社会问题,会使得美国无家可归者的数量更加膨胀,但是让智力缺陷患者从专业收治机构中解放出来,很大程度上是一个维护珍贵尊严的成功故事(Hemming, 2010; Lemay, 2009)。

智力缺陷患者很容易会患上其他心理障碍,比如焦虑、抑郁和行为问题(Maston & Williams, 2013; Melville et al., 2016)。不幸的是,智力缺陷人群的情感生活在文献中很少被提及。许多专家甚至(错误地)假设智力缺陷患者能以某种方式对心理问题产生免疫,或者缺乏从心理治疗中获益所需要的语言技能。然而,证据显示,智力缺陷患者是能够从治疗抑郁或者其他情感问题的心理治疗中获益的(McGillivray & Kershaw, 2013; Vereenooghe & Langdon, 2013)。

智力缺陷人群经常需要心理援助以适应社会生活(McKenzie, 2011)。许多人都很难交到朋友并变得孤立于社会中。自尊问题也是常见的,特别是智力缺陷患者经常被贬低或嘲笑。心理咨询辅以行为技术可以帮助患者获得某些方面的技能,如在个人卫生、工作以及社会关系等方面的技能。结构化的行为注意方法通常被用来教导智力缺陷更加严重的人群来掌握基本卫生行为,如刷牙、自己穿衣服和梳头等。其他行为治疗技术包括:旨在增强与让人保持有效关系的能力的社交训练,以及为帮助患者学会有效管理冲突而不至于失控的愤怒管理训练。

学习障碍

纳尔逊·洛克菲勒(Nelson Rockefeller)是纽约州州长,也是美国前副总统。他才华横溢,受过良好教育。然而,尽管有最好的老师,他还是在阅读上存在困难。他患有**阅读障碍**(dyslexia),这个症状名字起源于希腊

判断正误

一位美国前副总统在算数方面糟糕到他永远无法平衡收支。

☐ 错误　纳尔逊·洛克菲勒，20世纪70年代福特政府时期的副总统，患有阅读障碍，在阅读方面有困难，而非算数方面。

词根"dys"，意为"糟糕"，"lexikon"意为"词语"。阅读障碍是最常见的**学习障碍**（learning disorder），也被称作学习困难，学习障碍中约有80%的人是阅读障碍。尽管事实上阅读障碍患者的智力至少处于平均水平，但他们在阅读方面还是存在困难。[判断正误]

学习障碍的特征、成因及其治疗

13.9　明确与学习障碍有关的缺陷种类，并描述理解与治疗学习障碍的方法

学习障碍是一种典型的慢性疾病，会影响儿童的发展直至成年期。考虑到他们的智力水平和年龄，患有学习障碍的儿童在学校的表现很糟糕。老师和家人经常把他们视作失败者。患有学习障碍的儿童通常也有其他诸如低自尊的心理问题，也不会不足为奇。他们还有很高的风险会患上 ADHD。

DSM-5 适用于特定学习障碍的单一诊断，涵盖各种类型学习障碍或缺陷，如在阅读、写作、算术和数学以及执行功能上存在显著缺陷。这些缺陷还严重影响了他们的学业表现。这类疾病在小学阶段就会表现出来，但是在学业需求超过个人能力（比如引入限时测试）之前可能不会得到认可。做出这种诊断还要求不能用广泛性智力发育延迟（例如智力缺陷）或者神经系统和医疗条件来更好地解释学习缺陷。诊断者还需要明确与学业、社会或者职业功能有关的特定学习缺陷，或者通常是特定缺陷的组合。

阅读障碍　儿童所患有的特定学习障碍包括在基础阅读技能上存在持续性问题的阅读困难。虽然 DSM-5 没有使用术语阅读障碍，但是这个术语仍然被老师、临床医师和研究者用来描述阅读技能上的显著缺陷。

阅读障碍儿童可能难以理解或认识他们读到的单词或词组，或者他们读得可能很慢，或者以停顿的方式来读。大约4%的学龄期儿童患有阅读障碍，并且比起女孩，这种病在男孩身上更常见（Rutter et al., 2004）。患阅读障碍的男孩也比患阅读障碍的女孩更容易在课堂上表现出破坏性行为，因此也更容易被评估诊断。

阅读障碍患儿在大声朗读时，可能语速很慢，并且很困难，还可能会错读、漏读，或者把单词替换掉。他们很难识别字母及字母的组合，也无法用正确的发音读出它们（Meyler et al., 2008）。他们在识别字母时可能会上下颠倒（例如将"w"看成"m"）或者左右颠倒（例如将字母"b"看成"d"）。阅读障碍一般会在孩子7岁（二年级）的时候表现出来，尽管有时也会在6岁儿童身上发现。患有阅读障碍的儿童和青少年容易出现抑郁、低自我价值感和ADHD之类的问题。

阅读障碍的发生率因母语而异。在英语国家和法语国家中，患病率比较高，因为这些国家的语言有着大量拼写不同但读音相同的单词（例如单词"toe"和"tow"有着相同的发音）。这种情况在意大利语中就很少出现，因为在意大利语中，发音相同的单词组合较少（Paulesu et al., 2001）。

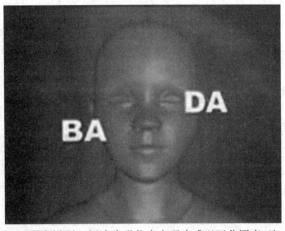

语音辨别 阅读障碍儿童表现为难以区分语音，比如ba和da，而且也难以将这些读音与字母表中对应的字母联系起来。

书写障碍 这种缺陷的特征有：拼写、语法或标点符号的错误，书写的流畅性和易读性存在问题以及难以写出清晰的、组织良好的句子或段落。重度书写困难通常在7岁（二年级）的时候就会表现出来，而轻度患者可能直到10岁（五年级）或者更晚的时候才会被发现。

计算和数学推理技巧障碍 有的孩子可能在理解基本的算术知识方面有问题，如加减法运算、执行计算、学习乘法表或者解决数学推理问题。这个问题可能早在一年级（6岁）的时候就很明显，但是通常在二年级或者三年级时才会被发现。

执行功能障碍 执行功能技能是涉及任务管理和分配所需的组织、计划以及协调的高级心理能力。尽管很多儿童都面临着这些类型的挑战，但有执行功能缺陷的儿童在组织和协调与学校有关的活动方面存在着显著和持续性的困难。他们可能经常在学业上落后，无法记录布置的家庭作业，或者不能提前做计划保证按时完成作业。

理解与治疗学习障碍 大部分关于学习障碍的研究都集中在阅读障碍上，越来越多证据表明大脑异常会影响视觉信息（书面语）和听觉信息（口语）的处理（Golden, 2008; Nicolson & Fawcett, 2008; Underwood, 2013）。阅读障碍患者难以把发音和与其对应的字母联系起来（例如看到"f"或者"ph"或者"gh"后，在脑海中说出或听到"f"的发音）。他们也

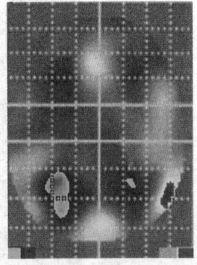

图13.1 阅读障碍成年患者的脑影像学研究

对在执行阅读任务的患者进行的脑部扫描显示，非阅读障碍患者的良好阅读技能与左半球阅读系统的较强激活有关（图中的黄色区域）。相较之下，完全的阅读障碍患者更加依赖右半球（图中蓝色区域）。更多完全的阅读障碍患者似乎依赖不同于普通读者的神经回路。通过研究大脑特定区域激活的差异，科学家希望了解更多关于阅读障碍的神经基础。

难以区分语音,比如"ba"和"da"的发音。证据显示,这些潜在的脑部缺陷与遗传因素的影响有关(Gabrieli, 2009; Paracchini et al., 2008)。

研究者推测,阅读障碍有两种常见形式,一种受遗传影响多一些,另一种则受环境影响多一点(Morris, 2003; Shaywitz et al., 2003)。受遗传影响的形式似乎是由于用来机加工语音的脑内神经回路存在缺陷(Shaywitz, Mody, & Shaywitz, 2006)。患有这种遗传形式的阅读障碍的儿童通过依靠其他脑功能来弥补这些缺陷,尽管他们依旧读得很慢。受环境影响较大的患者的神经回路虽然是完好无损的,但是他们更多依赖于记忆而不是编码来理解书面语。第二种类型可能在来自不良教育环境的儿童中更加普遍,并且与更加持久的阅读障碍有关(Kersting, 2003)。

将学习障碍与负责处理感觉信息(视觉和听觉)的大脑回路缺陷联系起来,可能促使有助于儿童适应其感官能力的治疗方案的发展(见图13.1)。

阶段1　阅读较好＞阅读较差(矫正前)

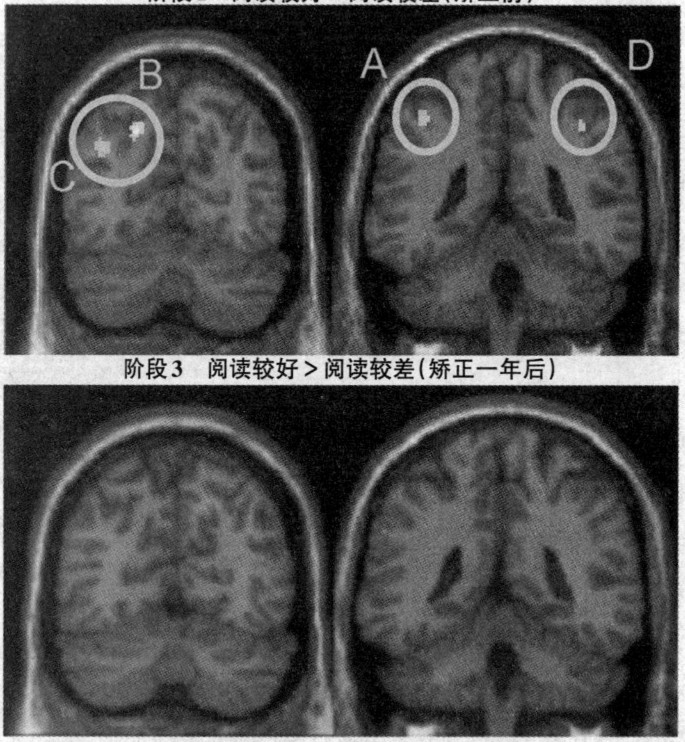

阶段3　阅读较好＞阅读较差(矫正一年后)

A ＝ 左下小叶　　B ＝ 左上小叶
C ＝ 左角回　　　D ＝ 右下小叶

图13.2　阅读障碍儿童和非阅读障碍儿童大脑活跃度的差异

现在我们来看一下阅读较好的读者和阅读较差的读者大脑活跃度较高的区域(黄色部分)。每幅图的左边呈现的是右半脑区,右边呈现的是左半脑区。大脑活跃度的差异在经过矫正阅读教育(矫正后)及1年的随访评估后几乎已经消失了。

来源:图片来自 Marcel Just of Carnegie Mellon University

治疗师需要根据特定类型的缺陷和教育需要来制定适合每个孩子的策略。例如,用口语教一个能更好处理听觉信息而非视觉信息的孩子可能效果更佳——也许可以通过录音而不是书面材料。其他干预方法则侧重于评估孩子的学习能力以及制定帮助他们获得完成基本数学任务的技能,例如算术和阅读技能(Solis et al., 2012)。此外,语言专家也可以帮助阅读障碍儿童掌握单词的结构和用法。

深入思考

阅读障碍患儿的脑部训练

最近的研究证据显示,对阅读障碍儿童进行矫正性的阅读教学可以改善其大脑功能(Meyler et al., 2008)。在训练之前,与健康的对照组相比,这些儿童大脑皮层中负责书面字母的编码并将其连接成词、成句的区域不够活跃。然而,在经过100小时的强化训练之后,这些大脑区域的神经活跃水平提高了。在随后的一年,神经活跃度进一步增强,并最终消除了与控制组之间在大脑活跃度的差异(见图13.2)。

研究者之一,卡内基梅隆大学的马塞尔·贾斯特(Marcel Just)指出,我们可以看到矫正阅读教学如何改变大脑功能的实际证据。他详细解释道:"任何一种教育都是对大脑的训练。阅读能力较差的人学习阅读时,其特定脑区不能像正常人那样被激活,而矫正阅读训练可以激活这些脑区"。正如贾斯特教授所指出的那样,研究结果证明"阅读能力较差的读者可以在帮助之下形成较好的大脑"(引自"Remedial Instruction",2008)。

沟通障碍

沟通障碍(communication disorders)是指在理解和使用语言或者说话清晰流畅上存在持续性困难。由于日常生活中说话和言语的重要性,这些障碍会极大影响一个人在学校、工作场所以及社交情境中的表现。这里,我们着重看几种沟通障碍的主要类型。

语言障碍

13.10　描述语言障碍的主要特征

语言障碍(language disorder)涉及产生或理解口语的能力受损。可能存在一些特定的缺陷,如词汇发展缓慢、时态错误、单词回忆困难,以及难以说出符合个人年龄的适当长度和复杂性的句子等。患儿可能也会有语音(发音)障碍,这使得他们的语音问题更加复杂化。

有语言障碍的儿童可能难以理解单词或者句子,在某些情况下,他们也要费力地理解特定的单词类型(如表示数量差异的单词,大、巨大或极大)、空间术语(如近或者远),或者句子的类型(如以单词"unlike"开头的句子)。其他个案也是以难以理解简单的单词或句子为标志的。

发音障碍

13.11 描述心理障碍所涉及的发音障碍的主要特征

患有发音障碍的孩子可能也无法流利而清晰地讲话。在发音障碍(speech sound disorder)中(之前也被称为语音障碍),患者的口头语音机制或神经系统没有缺陷,但却难于发音。患病儿童可能会省略、替换某些特定的声音或者把某些特定声音发错音——特别是ch,f,l,r,sh,th,而这些是大部分儿童在学龄早期就可以掌握的。他们发出的声音听起来可能像"儿语"。

而问题更加严重的孩子甚至在学龄前都不能掌握b,m,t,d,n,h的发音。言语治疗是有用的,轻度患者通常在他们8岁之前就可以自愈。

持续性的口吃以发音流畅性受损为特征,在DSM-5里面归类为一种沟通障碍,称作儿童期发作性流畅障碍(childhood-onset fluency disorder)。口吃患者难以在合适的说话时机流利地说话。口吃通常发生在2—7岁(美国精神病学协会,2013)。这种障碍具有以下一个或多个特点:(1)重复语音和音节;(2)延长某些语音;(3)插入不合适的发音;(4)断断续续的话,例如说话中不断出现停顿;(5)语言停滞;(6)迂回表述(将不确定的词换成其他替代的词);(7)说话时身体过于紧张;(8)重复整个单音节词,例如"I—I—I—I am glad to meet you(我—我—我——我很高兴见到你)"。

男性患有口吃的比例是女性的3倍。好消息是,大多数(80%以上)的口吃儿童通常在16岁之前都可以不治而愈。

虽然口吃的具体原因仍有待研究,但是遗传因素在其中扮演着重要的角色,可能涉及影响参与产生言语的肌肉控制的基因(Fibiger et al.,2010)。科学家最近发现了和持续性口吃有关的一个特定基因的变异(Kang et al., 2010)。

口吃的产生也有情绪成分。有口吃的孩子比正常孩子更加情绪化;当面对应激性或挑战性的情境时,他们会表现得更烦躁或更兴奋(Karrass et al., 2010)。他们也常常因过度担心他人如何评价自己的社交焦虑而困扰(Kraaimaat, Vanryckeghem, & Van Dam-Baggen, 2002)。由于尴尬,口吃通常还会伴随着说话焦虑或逃避说话情境。

社交(语用)沟通障碍

13.12 描述社交(语用)沟通障碍的主要特征

社交(语用)沟通障碍[social (pragmatic) communication disorder]是DSM-5里面最新被确认的一种障碍。这种诊断适用于在自然背景——学校、家里或在游戏中,与他人的言语沟通和非言语沟通存在持续性的、严重的问题的孩子。这些孩子也难以与别人进行对话,并且和其他孩子在一起的时候就会沉默。他们在掌握、使用口头语和书面语方面也存在困难。然而,他们没有表现出可以解释他们与他人交流困难的低水平语言或心理能力。沟通障碍使他们很难完全参与社会交往,并对他们的学习和工作表现产生了消极影响。

沟通障碍的治疗通常是通过专门的发音、语言治疗或者流畅训练来进行的,包括学习说得更慢,调整呼吸,以及从简单词句到复杂词句的学习(美国国家聋哑及其他交流失调协会,NIDCD,2010)。口吃治疗还包括针对口吃患者经常在说话情境中感到的焦虑而进行的心理咨询。

问题行为:注意缺陷/多动障碍、对立违抗性障碍、品行障碍

我们把这些疾病联系在一起,因为它们都涉及严重影响孩子在学校、家庭和操场上表现的问题行为。这些障碍都是具有社会破坏性的,并且对其他人而言,这些障碍本身比被诊断出患有这些障碍的孩子更加让人心烦。这些疾病的共病率(共同出现)很高(Beauchaine, Hinshaw, & Pang, 2010)。

注意缺陷/多动障碍

13.13 描述注意缺陷/多动障碍的主要特征,识别其病因,并评估治疗方法

许多父母认为孩子的注意力不在自己(父母)身上——他们会一时兴起地跑开,并按照自己的方式做事。注意力不集中的现象,特别在童年早期,是非常正常的现象。然而,患有注意缺陷/多动障碍(attention-deficit/hyperactivity disorder, ADHD)的孩子所表现出的冲动、注意力不集

中以及多动,都和他们的发育水平是不相称的。

为了了解更多与ADHD有关的多动和冲动症状,请观看视频"吉米:注意缺陷/多动障碍"。

观看 吉米:注意缺陷/多动障碍

ADHD是美国儿童最常见的心理障碍,其在6—17岁的人群中患病率为10%,总计有超过400万儿童患有此病(CDC,2015f;Pastor et al.,2015)。近70%也就是大约350万的患病儿童都会进行兴奋剂和其他精神科药物治疗(Stein,2013;Visser et al.,2014)。ADHD经常和其他疾病一起发作,特别是学习障碍、行为障碍、焦虑抑郁障碍以及沟通障碍(Harvey,Breaux,& Lugo-Candelas,2016;Larson et al.,2011;Stein,2011)。

男孩患注意缺陷的人数是女孩的3倍(CDC,2015f)。比起欧美儿童,黑人儿童和西班牙儿童患病的可能性较小(Pastor et al.,2015)。这种疾病通常在孩子处于小学阶段,平均年龄为7岁的时候被首次诊断出来,这个时候,注意力缺陷或者多动障碍使得孩子很难适应学校的生活("By the Numbers",2015)。然而,ADHD的注意力不集中、多动和冲动这些特征会在12岁之前的任意时间里表现出来。

ADHD的相关症状除了注意力不集中外,还包括只能静坐几分钟、欺凌、脾气暴躁、固执以及拒不接受处罚。在某些ADHD的病例中,相关症状仅仅

注意缺陷/多动障碍 ADHD更多出现在男孩身上,并且以注意力不集中、坐立不安、冲动、过度运动行为(不停地乱跑或攀爬)以及突然发脾气为特点。

局限在基本的注意力缺陷上,而在其他的一些病例中,多动或冲动性的行为则是主要症状。此外,也有某些病例同时具有注意力与多动或冲动性行为两种特点。ADHD儿童可能也会患有诸如焦虑和抑郁之类的病症(Meinzer, Pettit, & Viswesvaran, 2014)。ADHD的主要特征见表13.4。

表13.4 注意缺陷多动障碍(ADHD)的主要特征

问题行为	具体行为模式
注意缺陷	不能注意细节或做作业出现粗心的错误 做作业或玩的时候难以维持注意力 似乎不能把注意力集中于别人说了什么 不能遵循指示或完成作业 难以组织工作或其他活动 回避需要持续注意力的活动 丢三落四(比如铅笔、书、作业和玩具) 变得容易分心 在日常活动中表现出健忘
多动	坐立不安,在座位上扭曲身体 在要求就座的情境下(如教室)离开座位 经常到处乱窜或攀爬 难以安静玩耍
冲动	经常在教室里大声喧哗 无法在队列、游戏以及类似情境下耐心等待

注意缺陷/多动障碍儿童在学校中会碰到许多问题。他们似乎不能静静地坐着。他们在座位上坐立不安,扭曲身体,插手其他孩子的游戏,会突然发脾气,有时候也可能做一些危险的事情,例如在不看路的情况下就冲上街。总之,他们会让老师和家长都感到绝望。

与年龄相符的"正常"活跃在哪里结束,又从哪里开始算起就变成多动了呢?因为许多正常的儿童时常被诊断为"多动",所以多动行为程度的评估就至关重要了。一些对ADHD诊断标准提出批评的人认为,这些诊断标准仅仅是依据心理错乱或失调来给孩子打上"难以控制"的标签。大多数孩子,尤其是男孩,在学龄初期都是很活跃的,正常的多动和ADHD之间有着质的区别。正常多动的儿童通常都是目标明确的,并且可以自由控制他们的行为,但是ADHD儿童的多动是没有理由的,并且他们似乎无法根据老师和父母的需求来控制行为。换种说法,多数儿童如果愿意的话,他们就可以静坐或集中精力一会儿;而多动的孩子似乎做不到这点。

尽管注意缺陷/多动障碍儿童的智力水平一般或者高于平均水平,但他们学业成绩通常不好。他们经常在课堂上捣乱,总是和别人打架(特别是男孩)。他们通常跟不上或记住老师的指令,或无法完成作业。相比较于那些没有患ADHD的儿童,他们更容易患上学习障碍,从而导致留级,并被安排到特殊教育班级中。小学时期注意力不集中会导致青少年期和成年早期的学业不佳,从而增加了在成年早期之前无法完成高中学业的可能性(Gau, 2011; Pingault et al., 2011)。ADHD儿童的工作记忆(为了处理信息而记住信息)缺陷也使得他们难以集中精力完成手头的任务(Chinag & Gau, 2014; Kasper, Alderson, & Hudec, 2012)。

ADHD儿童更容易患心境障碍和焦虑障碍,也难以与家庭成员相处融洽。调查者发现患有ADHD的男孩们缺乏同理心,无法理解他人的感受(Braaten & Rosen, 2000)。患病儿童毫无意外地不被同学们喜爱,并且比起其他孩子,也更容易被人拒绝(Hoza et al., 2005)。比起他们的同辈,他们到了青少年期和成年早期后也很有可能会吸毒,找不到工作,接受不到高等教育;出现不法行为和反社会行为;患有心境障碍和焦虑障碍,且如果是年轻女性的话,还可能会患上饮食障碍(Biederman et al., 2010; Klein et al., 2012; Kuriyan et al., 2013; Lee et al., 2011)。

注意缺陷/多动障碍的症状会随着年龄的增长而减轻,但是这种障碍可能会以较轻微的形式持续到青少年期和成年期。美国大约有4%的成年人患有不同程度的注意缺陷/多动障碍(Kessler et al., 2006)。成年期的ADHD通常表现为注意力不集中、工作记忆和注意力分散的问题,而不是多动——思维像潮水般活跃而不是在房间里到处跑(Finke et al., 2011; Gonzalez-Gadea et al., 2013; B. L. Smith, 2012)。

理论观点 越来越多的证据都指出遗传因素在ADHD形成中的重要作用(例如,Colvert et al., 2015; Harold et al., 2013; Pingault et al., 2015; Stergiakouli et al., 2012)。研究者发现,同卵双胞胎比异卵双胞胎有着更高的ADHD共病率,这与基因导致ADHD的研究结果是一致的(Burt, 2009; Waldman & Gizera, 2006)。

基因无法单独起到作用,我们需要考虑导致ADHD的环境因素,以及遗传与环境的交互作用。与ADHD有关的环境因素包括孕期母亲吸烟和情绪压力、剧烈的家庭冲突以及处理儿童不良行为时的糟糕育儿技巧。近期,研究者还将儿童接触铅与ADHD的症状(多动和注意力不集中)联系起来了(Goodlad, Marcus, & Fulton, 2013)。科学家也正在寻找与ADHD有关的具体基因,以及环境因素如何与易感基因发生交互作用。如今在研究者中的一个新兴观点认为,大脑执行控制功能出现故障可能会导致ADHD,该控制功能与组织和贯彻目标导向行为所必需的注意加工和抑制冲动行为有关(Casey & Durston, 2006; Winstanley, Eagle, & Robbins, 2006)。这一观点得到了脑功能成像的证据支持,ADHD儿童的大脑中负责调节注意力和控制冲动行为的区域(尤其是前额叶皮层)发育异常或延迟成熟(e.g., Klein, 2011; Nakao et al., 2011; Shaw et al., 2011; 见图13.3)。而另一种有趣的可能是,比起其他孩子,ADHD儿童大脑的奖赏回路反应更迟钝,这就解释了为什么ADHD儿童对常规活动更容易厌烦,他们需要比同龄人更强的刺激(Friedman, 2014b)。

研究者也发现学龄前ADHD儿童大脑异常发育的迹象(Mahone et al., 2011)。这些大脑的异常发育可能也为孩子以后在学校患上注意和学习障碍奠定了基础。

治疗 乍一看可能觉得很奇怪,用来帮助ADHD儿童平静下来并使他们在学校表现更好的药物事实上是一种兴奋剂。例如,现在广为使用的兴奋类药物利他林和一些长效兴奋药物哌甲酯制剂(一种每天都要服用一次的药物)。然而,如果我们知道兴奋剂药物实际上是激活了与ADHD行为表现相关的、调节注意过程和控制冲动行为的脑区——前额叶皮层,这就不奇怪了。[判断正误]

兴奋剂能够减少ADHD儿童的冲动、多动行为,提高注意广度(Chronis, Jones, & Raggi, 2006; Van der Oord et al., 2008)。虽然兴奋剂的使用也受到了批判,但是这些药物能够帮助ADHD儿童安静下来,更好地将注意力集中到任务和学校的功课上,而这也许是他们人生中第一次这样的经历。然而,这些药物并不能教给他们所需的能够在学校正常生活的行为能力,特别是组织能力和有效学习的能力。因此,专家也认识到了在进行ADHD的药物治疗时,辅以注重能力训练的行为治疗的重要性(Schwarz, 2013)。和其他精神药物一样,兴奋剂治疗的一个常见问

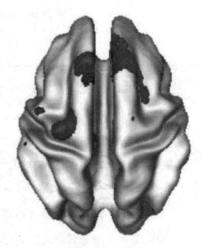

图13.3 前额叶皮质区域

蓝色/紫色所标出的大脑区域是多动症儿童比正常儿童发育更差的区域。这些大脑区域是调节注意力和运动活动过程的。注意,大脑前部位于这个图像的上方。

判断正误

人们常给多动的儿童服用镇静剂以帮助他们平静下来。

□错误 患有多动症的儿童经常服用像利他林这样的兴奋类药物,而不是镇静剂。这些刺激物有一种看似矛盾的作用,能产生让他们安静下来的效果,并延长他们的注意力持续时间。

题就是,一旦停止服药后的高复发率。所以药物治疗的作用是有限的,就如下述案例所体现的。

埃迪很难保持静坐不动:一个注意缺陷/多动障碍的案例

9岁的埃迪(Eddie)是班里的一个麻烦。他的老师抱怨说他经常坐立不安,也让班上其他的孩子无法集中注意力听课。他几乎无法安静地坐着。他不停地运动,不断地在教室里走来走去,和正在学习的孩子聊天。他也多次因为自己的粗暴行为而被惩罚,最近的一次是他挂在一个荧光灯上来回晃动,最后自己都没办法下来。

他的妈妈也说,从埃迪才学会走路开始,他就成了一个大麻烦。他从来不需要太多的睡眠,而且总是比家里任何人都起得早,醒来后自己冲下楼梯,打碎客厅和厨房的东西。他总是焦躁不安而且要求苛刻。在他4岁的时候,有一次他打开了前门,在来往的车流中游走,最后被一个路人救了回来。

心理测验表明,埃迪的学习能力处于平均水平,但是存在"事实上并不存在"的注意。他对于电视、游戏或玩具等这些需要注意力的东西都没有兴趣。他在同龄人中不受欢迎,更爱独自骑着他的自行车或者和他的狗玩。他开始变得在家里和学校里都无法无天,还从父母和同学那里偷过一些钱。

埃迪曾接受过哌醋甲酯(利他林)治疗,但是由于该药物对他的不守纪律和盗窃行为无效而没有持续下去。然而,这个药似乎能够减少他的坐立不安,并且能够增加他在学校的注意广度。

来源:摘自 Spitzer et al., 1989, pp. 315—317.

接着就是副作用的问题。虽然短期的副作用(例如食欲减退、失眠)在几周之内就会消退,或者可以通过降低摄入量来减轻,但是使用兴奋剂可能会产生包括身体发育减慢在内的其他副作用(DeNoon et al., 2006)。幸运的是,服用兴奋剂的孩子的身体素质最终也会赶上同龄人。

第一批被允许用于治疗ADHD的非兴奋剂药物是托莫西汀(通用名为阿托西汀)。托莫西汀不同于兴奋剂,它是一种选择性去甲肾上腺素再摄取抑制剂。这意味着它可以通过增强传输神经元的再摄取方式来干扰神经元,增加大脑中神经递质去甲肾上腺素的有效性。虽然我们并不是十分清楚药物在治疗ADHD中的作用,但是去甲肾上腺素的使用可以增强大脑控制冲动行为和注意力的能力。虽然托莫西汀的作用不如利他林强,但是在治疗ADHD时似乎比安慰剂更有效(Newcorn et al., 2008)。

不论ADHD的药物治疗有多么强的优势,药物都无法教会患者新的技能，因此在帮助孩子养成适应性行为时，心理干预是必须的。例如行为矫正方案用以训练老师和家长对适宜行为采用后效强化（比如老师表扬安静端坐的孩子），也可以与认知矫正结合起来（比如训练儿童平静地按步骤说出对具有挑战性的学术问题的解决过程）。认知行为治疗师帮助 ADHD 患儿学会在表达愤怒、冲动和破坏性行为之前要停下来思考。有证据支持认知行为的干预在治疗 ADHD 方面的有效性，尽管其效果没有兴奋剂那么强（Battagliese et al., 2015；Toplak et al., 2008）。

一些儿童仅仅使用药物治疗就可以获得良好效果，对另一些儿童则可以只采用认知行为疗法（CBT），尽管如此，仍然有一部分儿童需要两种治疗方式的结合才能产生明显疗效（Pelham et al., 2005）。采取药物治疗的 ADHD 成人也可以获益于认知行为疗法（Safren et al., 2010）。最近研究者发现，有 ADHD 的成年人通过注重组织建设、计划和安排时间的认知训练也能获得治疗效果（Solanto et al., 2010）。

品行障碍

13.14 描述品行障碍的主要特征

虽然**品行障碍**（conduct disorder，CD）也涉及破坏性行为，但是品行障碍与 ADHD 在一些重要方面还是存在着差异。ADHD 儿童表面上看似乎不能控制自己的行为，但是品行障碍儿童则是有目的地做出一些违反社会规则、损害他人权益的反社会行为。ADHD 儿童只是发脾气，但是品行障碍儿童则是故意表现得残酷并具有侵犯性。他们经常攻击他人，欺辱或威胁其他孩子，并发生肢体冲突。就像反社会的成年人一样，许多品行障碍儿童冷酷无情，并很明显不会为他们的错误行为感到羞愧或悔恨（Frick et al., 2014）。当还是个孩子的时候，他们就可能会为了他们想要的东西说谎、欺骗他人，偷窃或毁坏财物，放火，闯入他人家中；当他们长大后，就会犯下诸如强奸、持械抢劫，甚至杀人等严重罪行。当他们懒得去学校的时候，就欺骗学校，撒谎掩饰自己的行踪。他们经常会出现物质滥用的情况，并经常发生性行为。

令人非常惊讶的是，品行障碍是如此常见的一个问题，它影响了约 12% 的男性和 7% 的女性（总计 9.5%；Nock et al., 2006）。男孩不仅比女孩更容易患品行障碍，而且男孩和女孩品行障碍的表现形式也有所不同。男孩的品行障碍更容易表现为在学校偷窃、打架、破坏财物或者纪律问题。而女孩更容易表现为说谎、逃学、逃跑、物质滥用和卖淫。品行障碍儿童也经常患有诸如 ADHD、重度抑郁以及物质滥用这类障碍

(Burke, Waldman, & Lahey, 2010; Olino, Seeley, & Lewinsohn, 2010)。

尽管有时发生得早一些,有时发生得晚一些,品行障碍的平均发病年龄(中位数)为11.6岁(Nock et al., 2006)。品行障碍是一种典型的慢性或持久性疾病。虽然品行障碍与反社会行为密切相关,但是也有其他一些常见特征,比如冷酷无情(漠不关心、吝啬、残忍)以及与他人交往缺乏情感(Frick et al., 2014)。

对立违抗性障碍

13.15 描述对立违抗性障碍的主要特征

品行障碍和**对立违抗性障碍**(oppositional defiant disorder, ODD)通常合称为"品行问题"。虽然它们之间也许有关系,但是对立违抗性障碍是一个单独的诊断类型,而不仅仅是轻度品行障碍的表现形式。对立违抗性障碍更多涉及非违法性(消极的或反抗的)行为障碍,而品行障碍则包含更多彻头彻尾的违法行为,比如逃学、偷窃、说谎以及攻击等行为。但是对立违抗型障碍通常出现得更早,可能会在后期发展成为品行障碍。也就是说,只有一小部分对立违抗性障碍儿童日后会发展成为品行障碍(Burke & Loeber, 2010)。

对立违抗性障碍 对立违抗性儿童对父母、老师和其他权威人物的指示会表现出消极的反抗行为。他们可能会恶意或者报复性地对待他人,但是不会出现典型的品行障碍相关特点,如残酷行为、攻击性行为和违法行为。

对立违抗性障碍儿童往往过于消极或对立。他们经常通过与老师、父母争吵,拒绝服从要求或指示来否定权威。他们可能会故意惹恼其他人,变得容易生气或发脾气,敏感或易激惹,因为自己的错误或不当行为而去责怪他人、憎恨他人,并对他人采取恶意或报复性行为。他们很容易发脾气,并且经常表现出生气或烦躁的情绪。他们也会对让他们感到委屈的人采取恶意或报复性行为。这种疾病通常发生在8岁之前,并在数月到数年的时间里逐渐恶化。这种障碍一般开始于家庭环境中,之后可能会延伸到其他环境下,例如学校。

对立违抗性障碍是儿童中最常被诊断出的症状之一。据估计,这种障碍影响了1%到11%的儿童和青少年(American Psychiatric Association, 2013)。在12岁或更小的孩子中,男孩患病人数比女孩患病人数多,但是青少年或成年人是否存在性别差异尚不可知(American Psychiatric Association, 2013)。相比之下,大部分研究都发现,在所有年龄组中都是男孩比女孩更常发生品行障碍。

关于对立违抗性障碍和品行障碍的理论观点 对立违抗性障碍的病因尚不明确。有些理论家学认为,对立性是被描述为"困难儿童"的潜在气质的一种表现(Rey, 1993)。另有一些人则认为,尚未解决的亲子冲突及父母过于严格的控制是这种障碍产生的根源。心理动力学家则将对立违抗性障碍视为心理性欲发育过程中肛门期固着的一个迹象,在该阶段对孩子进行排便训练的时候,父母和孩子出现了冲突。尚未解决的冲突后来可能会以反抗父母的形式表现出来。

学习理论认为,对立违抗性行为是由于父母不合理地使用强化策略而引起的。在这种观点之下,当孩子拒绝服从父母的意愿时父母作出了让步,这种做法不恰当地强化了孩子的对立行为,从而形成了一种模式。

品行障碍的发展还牵涉到了家庭因素。一些品行障碍模式与无效的家庭教养方式有关,比如对适当行为不能提供正强化,而用严苛和不一致的规则处理错误行为(Berkout, Young, & Gross, 2011)。品行障碍儿童所在家庭的家庭互动方式通常是否定的、强制互动的。

品行障碍儿童通常有很多要求,而且不服从他们的父母和其他家庭成员。家庭成员也经常消极的行为方式来回应他们,比如威胁、冲着孩子大声斥责,或者采用强迫的方式。父母对待有品行障碍的儿童通常采用攻击性的方式,包括推搡、捉弄、甩耳光、打屁股、掌掴或踢打。我们不难推测出,父母的反社会行为会导致孩子的反社会行为。一些品行障碍儿童在成年以后也会患有反社会人格障碍(Burk, Waldman, & Lahey, 2010)。

品行障碍往往在父母痛苦的情境下发生,例如婚姻矛盾。父母的强制管教和不良的监护管理也与品行障碍的风险增加有关(Kigore, Snyder, & Lentz, 2000)。诸如严苛的纪律、缺乏监管等这类糟糕的父母教养方式,可能会导致孩子对他人缺乏共情,以及出现无法控制破坏性行为等我们会在品行障碍患儿身上发现的行为。

有破坏性行为障碍(比如品行障碍或者是对立违抗性障碍)的儿童也会趋向于表现出用偏见的方式对社会信息进行加工(Crozier et al., 2008)。例如,他们可能会错误地假设其他人对他们心怀恶意。他们经常会因为自己惹上麻烦而很快就去责备别人。即便没有证据,他们也会倾向于认为别人对他们不公正。他们还会表现出其他认知缺陷,如他们对社交冲突无法形成可选择的、非暴力的回应方式。

和许多心理障碍一样,有证据指出,遗传和环境交互作用,共同影响着品行障碍的形成过程(Jian et al., 2011; Kendler, Aggen, & Patrick, 2013; Lahey et al., 2011)。比如,证据显示早期的身体虐待和严厉的父母教养方式的经验会增加品行障碍的风险,但仅有特定基因档案的人符合此特点。此外,遗传因素也可能与对立违抗性障碍的形成有关。

治疗方法　在父母训练项目中,父母学习使用行为技术转变孩子的攻击性、破坏性和对立性行为,同时增加他们的适应性行为(Battagliese et al., 2015)。治疗通常有几个目标,包括帮助父母制定更为一致有效的纪律策略,增加正强化(当孩子出现期望的行为时,给予孩子奖励和表扬)的使用,以及增加与孩子间积极互动的频率(Rajwan, Chacko, & Moeller, 2012)。因此,父母不仅需要学会如何转变孩子的破坏性行为,而且还要关注孩子,并在孩子表现出适当行为时及时给予奖励。愤怒控制训练在治疗儿童的愤怒困扰以及攻击行为方面可能也很有效(Sukhodolsky et al., 2005)。

下面的例子描述了父母参与对患有对立违抗型障碍的孩子的行为治疗情况。

比利:一个对立违抗性障碍的案例

比利(Billy)是一个7岁的二年级学生,由父母带来咨询。由于父亲是一名海军军人,所以他们经常搬家。当由父亲照顾时,比利表现得规规矩矩,但他不听妈妈的话,并且在妈妈对他下命令时就冲她大吼大叫。为了照顾他,妈妈承担了很大的压力,尤其是当她的丈夫还在海上的时候。

比利在一年级时就成为学校和家里的一个大麻烦。在学校和家中他都会忽视并违反规则。他不能处理自己的日常事务,经常冲弟弟大声叫喊,并且打他弟弟。当他出现这些行为时,他的父母就会把他关在房间或院子里,剥夺他的特权、没收玩具、打屁股,但是所有的这些方法都没有被一致贯彻。比利有时还会在他家附近的铁轨上玩,并且曾经有两次因为向车厢扔石头而被警察带回家。

一份家庭观察资料显示,比利的母亲经常向他提出不适当的要求。她尽可能不和孩子交流,从不口头表扬孩子,不与孩子进行亲密的身体接触,也没有微笑或者展示鼓励性的面部表情和姿势。当比利不顺从她时,她就会对他大声斥责,并企图抓住他以逼迫他顺从自己。这时比利就会笑着跑掉。

比利的父母得知,孩子的行为是不当的提示技术(糟糕的监管)的产物,是缺乏对合适行为的正强化,以及缺乏对不当行为的坚决制止的反映。他们被授以适当地应用强化、惩罚以及暂停等技能。之后父母要列出比利的问题行为以便获得一个清晰的概念,即是什么引发和维持了这些行为。他们学会了如何强化可接受的行为以及如何应用暂停计数来作为对不当行为的一个一致的惩罚。比利的母亲也会接受放松训练,以此帮助她减少对比利破坏性行为的敏感性,并用生物反馈技术增加她的放松反应。

在一个15天的基线期里,比利大约每天会出现4次反抗行为。当治疗开始后,比利的反抗行为直接下降到大约每两天一次。随访数据显示,比利的反抗行为已经被保持在一个可容忍的程度,大约每天一次。尽管没有直接被提及,据报告,他在学校的行为问题也变少了。

来源:摘自 Kaplan, 1986, pp. 227—130.

患有品行障碍的孩子有时会被安置在一个有明确规则,并且清楚奖赏和轻微惩罚(比如撤销权利)规则的社区治疗项目中。许多患有品行障碍的儿童,特别是男孩子,都会有攻击性行为并难以控制自己的愤怒。他们中很多人会从那些转为帮助儿童形成冲突管理技能而不再诉诸攻击行为而设计的项目中获益。如今,许多治疗方案都是基于系统模型来进行的。这种模型提供了很多致力于影响儿童在学校、邻里、同龄人、家庭中表现的治疗(Weiss et al., 2013)。

认知行为疗法也被用来指导具有攻击性的儿童,指导他们将社会挑衅作为问题来解决而不是作为用暴力来应对的挑战。这些儿童学着用冷静的自我说服的方式来抑制冲动行为并控制愤怒,寻找并应用非暴力方法来解决社会冲突。

儿童焦虑和抑郁

焦虑和恐惧是童年期的一个正常特征,就像它们是成年人生活中的正常特征一样。儿童期对黑暗或小动物的恐惧是很常见的,大部分的孩子长大后自然而然地就不再有这些困扰。焦虑是正常的,但是,当焦虑过度或者与干扰了正常的学习和社交功能,或者变得困扰或长期存在时,那就不正常了。许多孩子都会患焦虑和抑郁障碍(Cummings, Caporino, & Kendall, 2014; Ginsburg et al., 2015)。焦虑和抑郁障碍在少数民族儿童中更加常见,这就提醒我们去寻找是哪些类型的应激源导致这些少数民族儿童有更高的患此类障碍的风险(Anderson & Mayes, 2010)。

儿童与青少年中的焦虑相关障碍

13.16 描述儿童与青少年中的焦虑相关障碍的主要特征

焦虑障碍是青少年人群中最常见的心理障碍(Kessler, Avenevoli et al., 2012)。儿童期患上焦虑相关障碍后,其影响可能会持续到成年期,这些障碍包括恐惧症和广泛性焦虑症（GAD）、强迫症（OCD）以及创伤后应激障碍（PTSD）。它们也可能会发展成一种典型的儿童早期焦虑障碍：**分离性焦虑障碍**（separation anxiety disorder）。

儿童焦虑经常无法确诊或者被低估的部分原因是，专业人士难以从极端的焦虑相关障碍形式中识别出儿童正常水平的害怕、担心以及害羞。影响正确诊断的另一个问题是，许多焦虑的孩子只讲述自己的躯体症状，比如头疼和胃疼。他们可能无法用言语表达出"恐惧""担心"这一类的情绪状态。或者由于他们会躲开那些让他们感到害怕的事物或情境，所以他们的症状也就被掩盖了。例如，有社交障碍儿童会避开和其他儿童社交的机会。无法确诊焦虑障碍是非常不幸的事，一部分是因为该障碍是可以得到有效治疗的，另一部分原因则是童年期未被诊断出的焦虑障碍会导致在今后生活中患物质滥用、焦虑、抑郁障碍的风险增加（Emslie, 2008）。

社交焦虑 社交焦虑儿童表现出过度害羞和退缩以及难以和其他儿童交流。

分离性焦虑障碍 对幼儿来说，当他们与照料者分开时表现出焦虑是正常的。著名的依恋研究者玛丽·爱因斯沃斯（Mary Ainsworth）记录了依恋行为的发展，发现分离性焦虑障碍通常会在孩子1岁时开始。由依恋关系而提供的安全感显而易见地鼓励孩子探索周围的环境，并逐渐从照料者中独立出来。和母亲之间强烈的依恋关系有助于缓冲日后生活应激事件造成的影响。相比更有安全依恋关系的婴儿，那些表现出不安全依恋的婴儿更容易出现问题行为，例如在随后的儿童期阶段面临家庭消极生活事件的经历时会形成焦虑（Dallaire & Weinraub, 2007）。

当孩子和看护者或依恋人物分离时所产生的焦虑或恐惧所维持的时间与孩子的发展水平不相适应时，就可以诊断为分离性焦虑障碍。也就是说，3岁的孩子上学前班时不会因为焦虑而恶心、呕吐。同样的，6岁的孩子上一年级时不会一直害怕有不好的事情会发生在他或者他父母身上。患有分离性焦虑障碍的孩子会靠在父母身边，跟着他们。他们会担心死亡或者垂死，坚持睡觉的时候有人在身边。这种病症的其他特征还包括梦魇、胃痛、恶心、呕吐，当预期的分离要发生时（如上学日），他们就会恳求父母不要离开，或者当父母离开时发脾气。孩子们也可能会因为害怕父母离开后,父母会发生什么不好的事情而拒绝上学。

儿童分离性焦虑障碍患病率为4%到5%,而且分离性焦虑障碍也是12岁以下的儿童中最常见的焦虑障碍(American Psychiatric Association, 2013; Shear et al., 2006)。女孩更容易患这种障碍,而且这种障碍通常和学校有关。分离性焦虑障碍通常会伴随着社交焦虑出现(Fredinand et al., 2006)。这种障碍会延续到成年期甚至在成年期才开始发病,患者会过度关心自己孩子和配偶的幸福,并无法容忍任何形式的分别(Silove et al., 2015)。

在过去,分离性焦虑障碍通常被称作学校恐惧症(school phobia)。然而,分离性焦虑障碍也可能会发生在学龄前。在幼儿中,拒绝上学通常会被认为是分离性焦虑。而人们则经常会将拒绝上学的青少年与学习和社交问题联系在一起,这样分离性焦虑障碍的标签就不适用了。

分离性焦虑障碍的形成通常是在某个应激性生活事件之后,比如疾病、亲人或宠物的去世、转学或家庭变故。在接下来的案例中,艾莉森的问题是来自祖母的去世。

艾莉森对死亡的恐惧:一个分离性焦虑障碍的案例

艾莉森(Alison)7岁的时候,她的祖母去世了。父母决定同意她去敞开的棺材边上瞻仰祖母遗体的要求。艾莉森穿过房间,从她父亲的怀抱里试探性地瞥了一眼,然后就要别人把她带出房间。她5岁的妹妹则很轻松地近看了一下,并没有明显的哀伤。

在那之前,艾莉森已经关注死亡有两三年了,但祖母的去世给她带来一系列新的问题:"我会死吗?""每个人都会死吗?"诸如此类。她的父母试图向她反复地保证,说:"祖母年纪大了,心脏也不好。而你年纪很小,身体也很健康,你还有很多很多年才需要考虑死亡。"

艾莉森无法单独待在家中的任何一个房间。无论到哪里她都要拉着爸爸妈妈,或者让妹妹跟她一起。她还说会做到关于祖母的噩梦,并且在接下来的几天内都非常坚持地要求,和父母睡在同一个的房间内。幸运的是,艾莉森的恐惧没有泛化到学校里。老师说,虽然艾莉森有时也会谈到她的祖母,但是学习成绩并没有受到明显的影响。

艾莉森的父母决定给她一点时间来"克服"这个问题。艾莉森谈到死亡的次数越来越少,3个月后,她可以独自进入家中的任何一个房间。然而,她还是想继续睡在父母的卧室中。于是她的父母和她做了一笔"交易",如果艾莉森同意,他们可以将她独自回房睡觉的时间推迟到学年结束(还有一个月的时间)。作为进一步的鼓励,在回房睡觉的第一个月里,父母一方仍然会陪着她直到入睡。通过这种方式,艾莉森顺利地克服了焦虑问题。

来自作者的档案

理解与治疗儿童焦虑障碍 精神分析学认为,成年人患焦虑障碍的部分原因是儿童期的焦虑。精神分析理论家指出,儿童期的焦虑和恐惧就像和他们情况类似的成年人一样,象征着无意识冲突。认知学派专家则关注认知偏见的作用。焦虑的儿童通常会表现出在成年焦虑症患者身上发现的认知扭曲类型,包括把社交情景解释成威胁性的,或预期有坏的事情发生(Dudeney, Sharpe, & Hunt, 2015; Micco et al., 2013; Muris & Field, 2013)。他们也倾向于陷入消极的自我对话中(Kendall & Treadwell, 2007)。预期最坏的结局,再加上缺乏自信,促成了对恐惧活动的回避——和朋友在一起,在学校以及其他任何地方。消极的预期会增加他们的焦虑情绪,以至于学习和体育成绩都受到了影响。

学习理论家认为,广泛性焦虑障碍可能是因为对于失败和被拒绝的恐惧。对拒绝或缺陷感的潜在恐惧可能会泛化到社交活动和社会成就的大部分领域。遗传因素似乎也会导致儿童焦虑障碍的发展,包括分离性焦虑障碍和特殊恐惧症(Bolton et al., 2006)。

无论导致焦虑障碍的可能原因是什么,焦虑障碍儿童都能够从治疗成人焦虑的相同的认知行为疗法中获益,比如逐渐暴露于恐惧刺激和放松训练(详见第5章对这些技术的描述;e.g., Krebs & Heyman, 2014; Mohatt, Bennett, & Walkup, 2014; Ost, Cederlund, & Reuterskiold, 2015)。认知行为疗法可以帮助儿童找到产生焦虑的念头,并用一些冷静的替代性想法来代替焦虑想法。证据显示,认知行为疗法在治疗儿童和青少年焦虑中都获得了良好疗效(e.g., Holmes et al., 2014; Manassis, 2013; van Steensel & Bogels, 2015; Wu, Salloum, et al., 2015)。

选择性5-羟色胺再摄取抑制剂(SSRIs)类抗抑郁药,如氟伏沙明(商品名Luvox)、舍曲林(Zoloft)和氟西汀(百忧解)等在对治疗儿童和青少年焦虑障碍方面有着很好的效果(Beidel et al., 2007; Dobson & Strawn, 2016)。在最近的一次大规模研究中,488名患分离性焦虑障碍、广泛性焦虑障碍和社交恐惧的儿童会被随机分配到四种治疗情境中〔认知行为疗法、抗抑郁药物治疗(舍曲林)、认知行为疗法和抗抑郁药物联合治疗、安慰剂〕。研究人员发现,与安慰剂相比,认知行为疗法和抗抑郁药物的效果更佳,但效果最好的仍然是认知行为疗法和抗抑郁药物联合治疗(Walkup et al., 2008)。不过,比起抗抑郁药物治疗,接受认知行为疗法治疗的孩子较少报告出现失眠、疲劳、镇静状态或焦躁不安。父母可能会因为这些副作用而拒绝让他们的孩子接受抗抑郁药物治疗。

儿童期抑郁

13.17 描述儿童期抑郁的共同特征,并明确与儿童期抑郁相关的认知偏差和治疗儿童期抑郁的方法

我们可能会认为童年是人一生中最快乐的时光。绝大多数孩子都会有父母保护他们,不用被成年人的责任拖累。从成人的角度看,孩子的身体就像是橡胶制成的,从不觉得疼痛,似乎有着无穷的精力。然而,许多儿童和青少年也会患上可诊断的心境障碍,包括重度抑郁和双相情感障碍。重度抑郁是其中最常见的一种,它在5岁到12.9岁的儿童中患病率为5%,13岁到17.9岁的青少年患病率上升到20%(Rohde et al., 2013)。重度抑郁甚至有可能发生在学龄前儿童身上,尽管这种情况非常少见。女孩很可能在儿童期或青少年期首次发病(重度抑郁),但是在复发的可能性上,没有性别差异(Rohde et al., 2013)。

和抑郁症的成年患者一样,有抑郁症的儿童和青少年通常也会表现出绝望、扭曲的思维模式、容易为一些消极事件自责,且自尊心低,缺乏自信,感知能力不足。他们报告出现悲伤、哭泣、冷漠、失眠和疲劳。他们可能会食欲不振,体重减轻,但通常不会出现体重增加或食欲增加的情况(Cole et al., 2012)。他们还会有自杀的想法或者企图自杀。

患有抑郁症的儿童也有一些独有的特征,比如拒绝上学、害怕父母死亡并紧跟着父母等。一些看似无关的行为可能会掩盖掉儿童抑郁症。行为问题、学习问题、躯体问题甚至是多动症等,都可能是由未被察觉的抑郁引发的。在青少年中,攻击性行为和性生活也可能是抑郁症的一种迹象。

患有抑郁的儿童和青少年可能不会将他们所感受到的说成是抑郁。尽管在别人看来他们表现得很沮丧悲伤,但她们可能还是不会承认自己的感受。这可能一部分是由于认知发展水平所致。儿童7岁之前通常没有能力察觉自己的内心感觉。他们甚至不能界定自身诸如抑郁之类的消极情感状态。有些儿童则更多地表现为厌恶或愤怒,而非悲伤,至少在抑郁的早期阶段是如此的。[判断正误]

判断正误

学习困难、问题行为以及躯体不适事实上可能是儿童期抑郁症的前兆。

☐正确 儿童可能不会将他们的感觉说成是抑郁,或者不能将他们感受到的用语言表达出来。抑郁症通常会隐藏在品行问题、学习困难和躯体不适之下。

朋友相对较少的孩子患抑郁症的风险会增大（Schwartz et al., 2008）。儿童晚期，孩子与朋友圈或小集体的隔绝则预示其在青少年早期会患抑郁症（Witvliet et al., 2010）。抑郁症儿童通常缺乏学习技能和运动技能，也缺乏形成友谊的社交技能。他们可能感到很难专注于学校事务，并有可能经受着记忆功能受损的困扰，这导致他们难以提高成绩。他们经常隐藏起自己的情绪，使得父母无法发现问题并向他人求助。抑郁症患儿可能通过发脾气、闷闷不乐或焦躁不安、与父母产生冲突等方式来发泄自己的负性情绪，而这些反过来又会加重并延长抑郁情绪。

儿童期或青少年期的重度抑郁障碍可能会持续长达一年甚至更久的时间，也可能在他们以后的生活中复发。不过，儿童期抑郁很少会自行复发。抑郁儿童通常会有其他的明显的心理问题，包括焦虑障碍、品行障碍或对立违抗障碍，在青春期女孩中，还会有饮食障碍。约有半数焦虑或抑郁儿童在成年早期也会有类似的问题（Patton et al., 2014）。

理解与治疗儿童期抑郁　儿童期抑郁和自杀行为通常与家庭问题和家庭冲突有关。儿童和青少年暴露于影响家庭的应激性生活事件（如父母冲突或失业）会增加患抑郁症的风险（Rudolph, Kurlakowsky, & Conley, 2001）。诸如失恋或与朋友关系紧张这类的应激性生活事件则会降低一个人的自我价值感、效能感和求知欲，并会触发敏感脆弱的青少年产生抑郁（Hammen, 2009）。对女孩而言，紊乱的饮食行为和青春期后的身体不满通常预示着青春期重度抑郁障碍的形成（Stice et al., 2000）。

消极的思维方式随着儿童的成熟和他们认知能力的发展开始发挥作用（Garber, Keiley, & Martin, 2002）。与成年人类似，抑郁症儿童和青少年倾向于表现出下列扭曲的思维模式：

- 糟糕至极（悲观主义）。
- 对负性事件的结果作出灾难性的预计。
- 即使毫无根据，也会因失望或负性结果产生自责。
- 弱化成就，并只关注事情的消极面。

研究者在其他文化中也发现了抑郁症患儿扭曲的思维模式。例如一项对582名中国香港中学生的研究发

孩子太小，就不会患抑郁症了吗？　虽然我们倾向于认为童年是一生中最快乐、最无忧无虑的时期，但是抑郁症在稍大一点的儿童和青少年身上是很常见的。抑郁症儿童可能会报告对以前愉快的活动感到悲伤和缺乏兴趣。然而，许多孩子不会报告说或者没有意识到抑郁的感觉，即使在外人看来他们是抑郁的。抑郁也可能被其他诸如行为问题、学习相关障碍、躯体症状和多动这类问题所掩盖。

现,抑郁感受与扭曲的思维方式有关,这种思维模式倾向于弱化成就、过分宣传失败和自己的缺点(Leung & Poon,2001)。欧洲研究人员将几种思维模式与青少年抑郁症联系在一起,包括:为一件无关自己错误的事情责备自己,反复思考自己的难题(在脑海中一遍又一遍地琢磨),夸大事实(Garnefski, Kraaij, & Spinhoven, 2001)。

虽然认知因素和抑郁有关,但是我们不知道哪个因素是第一位的;也就是说,究竟是消极的思维方式导致了抑郁症,还是抑郁症导致了消极、扭曲的思维方式。很有可能它们之间的关系是相互的,即抑郁影响思维模式的同时,思维模式也影响着情绪状态。

青春期女孩比男孩有着更严重的抑郁症状,这项研究成果反映了成人抑郁症的性别差异(Stewart et al., 2004)。采用消极、多虑应对风格(例如,反复思考并执着于自己遇到的难题)的女孩可能最容易发展成抑郁症。

证据显示,CBT疗法在治疗儿童和青少年抑郁症方面存在显著疗效(Brunwasser, Gillham, & Kim, 2009; Chorpita et al., 2011)。最近一项研究中,75%接受认知行为疗法的抑郁症青少年在治疗结束时不再出现任何抑郁症症状(Weisez et al., 2009)。认知行为疗法通常包括社交技能训练(例如学习如何开始一段对话或交朋友),问题解决技能训练,增加奖励性活动的频率以及对抗抑郁的思维模式。此外,家庭治疗可以帮助解决潜在的家庭冲突,重新组建家庭成员之间的关系,从而使成员之间更能相互支持。

SSRI型抗抑郁药物,如氟西汀(品牌名:百忧解)、舍曲林(左洛复)和西酞普兰(elexa),在治疗儿童和青少年抑郁症时能够发挥有效作用(Qin et al., 2014)。而认知行为疗法和抗抑郁药物联合治疗的效果比单独使用其中一种的效果更强(March & Vitiello, 2009)。然而,包括兴奋剂和镇静剂在内的精神药物在治疗儿童期障碍时被过度使用这个问题已经引起了热烈的争议,正如下文:批判地思考异常心理学@问题:我们是否对孩子们过度用药了?

批判地思考异常心理学
@问题:我们是否对孩子们过度用药了?

近年来,在治疗儿童ADHD、抑郁症和其他心理障碍时越来越多地使用精神类药物已经不是什么爆炸性的新闻了。美国有超过6%的儿童和青少年都服用精神病药物,最常见的是治疗ADHD的兴奋剂药物("By the Numbers,"2015; Mann, 2013; Olfson, Druss, & Marcus, 2015)。

近年来,使用兴奋剂药物治疗 ADHD 的人数比 20 世纪 80 年代增加了约 20 倍(Srofe, 2012)。超过 70% 的 ADHD 患儿都会接受兴奋剂药物治疗(疾病防治中心,2015f)。2 到 5 岁的学前儿童也在使用这些药物,而且人数正在增加(Novotney, 2015)。近 3% 的年轻人也在服用抗抑郁药物以治疗抑郁症、恐惧症和进食障碍。越来越多的年轻人还服用了其他精神病药物,包括情绪稳定剂(抗惊厥药)、抗焦虑药、睡眠药物甚至强效抗精神病药(Olfson, King, & Schoenbaum, 2015)。

争议的两个导火线是关于强效抗精神病药物的使用,以及利他林和其他控制多动行为的兴奋药物的使用。治疗 ADHD 时,也会广泛使用像是利培酮和利普西(在第 11 章中讨论过)这类用于治疗成人精神分裂症的抗精神病药物,尽管这类药物并不允许用于治疗 ADHD,而且它们对大脑发育的影响也是未知的(Correll & Blader, 2015; Olfson, King, & Schoenbaum, 2015)。这类药物存在严重的副作用,包括会导致体重显著增加和高血胆固醇水平的代谢紊乱,并可能导致不可逆转的抽动障碍,如迟发性运动障碍(也在第 11 章讨论过)。强效抗精神病药物也被用于治疗有破坏性行为(包括攻击性行为和冲动性行为)的儿童(Correll & Blader, 2015)。比起女孩,男孩更容易接受抗精神病药物治疗这一事实表明,比起治疗精神病症状,这类药物更多是用于治疗破坏性行为(深入讨论见后文的"批判地思考异常心理学@问题:双相情感障碍的儿童")。

由于有众多儿童接受强效抗精神病药物的治疗,批评者指出,我们太过于轻率地为问题行为寻找"快速解决"的方法,而不是去查找影响因素,例如家庭冲突,因为这可能会耗费更多的时间和精力。如果一个孩子不能安静地坐在他或她的桌子上做功课,那就有去寻求其他措施的压力了。习惯使用强效精神病性药物来控制消极情绪的年轻人可能会被劝阻寻找其他方法(Sharper, 2012)。

一位儿科医生表达了他对年轻患者过度用药的担忧,"父母、老师坐下来和孩子交谈需要花费一些时间……而让孩子服用一片药要花费少得多的时间"(Hancock, 1996, p.52)。美国疾病预防控制中心副主任伊利亚那·阿里亚斯(Ileana Arias)这样说:"我们不知道精神药物对小孩子的大脑发育和身体发育的长期影响是什么。因为行为疗法是治疗 6 岁以下儿童 ADHD 中最安全的方法,在采用药物治疗之前应该先用行为疗法。"(CDC, 2015f)也就是说,据疾病预防控制中心估计,美国只有 44% 的 ADHD 儿童和青少年接受了任意形式的行为治疗。

辩论双方观点鲜明。批评者认为我们过度使用了精神病药物,特别是利他林。他们指出潜在的麻烦是副作用的风险,比如利他林会造成体重下降和失眠;还表达了一些担忧,即兴奋剂和其他强效精神病药物会如何影响发育中的大脑也是未可知的(e.g., Geller, 2006; Stambor, 2006)。我们也不能排除 ADHD 药物是否会导致儿童和青少年患上心血管疾病(Kratochvil, 2012; Vitiello et al., 2012)。

兴奋剂的作用也是有限的——非常有限。兴奋剂在短时间内能提高孩子的注意力,但随着时间的推移,药物的作用就会逐渐降低,并且无法广泛地提高学生的学业成绩(Sroufe, 2012)。

ADHD的主要研究者,心理学家L.阿兰·斯鲁夫(L. Alan Sroufe)评论说,单一寻找解决儿童行为问题的药物这种行为是目光短浅的,"儿童行为问题可以用药物治疗这种假象阻止了我们作为社会的一分子去寻找更多复杂但却必须的解决措施"(Srufe, 2012, p.6)。正如Srufe所指出的,我们不能指望用药物治疗生命中遇到的各种疾病。批评者指出,尽管像认知行为疗法这类可替代的治疗措施已经出现,但是与处方药相比,它们仍然没有得到充分的利用。

而辩论的另一方,药物治疗的支持者则指出了用药物治疗ADHD和抑郁症这类障碍所取得的疗效。兴奋剂药物能够让多动儿童安静下来,并且改善他们的注意力。抗抑郁剂能够减轻焦虑和抑郁。然而,我们缺乏对青少年使用精神药物是安全并长期有效的证据。

美国食品和药物管理局(FDA)也警告称,使用抗抑郁药物治疗的青少年和成年早期的人自杀行为会有小幅增加。这种现象只会出现在25岁以下的成年人身上(Stone et al., 2009)。然而,这种自杀行为的小幅增加也许意味着药物提供者和家庭成员需要仔细留意年轻患者自杀行为的警告信号(Reeves & Lader, 2009)。临床医生也需要意识到,服用抗抑郁药物可能会增加青少年自我伤害的风险,例如出现自杀想法、家庭冲突和服用毒品(Brent et al., 2009; Sharma et al., 2014)。我们也应该认识到,较高SSRI剂量水平会增强自杀企图和自杀意念(Brent & Gibbons, 2013; Miller et al., 2014)。

FDA的警告已经奏效了,自从警告发出以后,医生给青少年开的抗抑郁药物的处方数量已经减少了(Clarke et al., 2012; Friedman, 2014a)。一些临床医生担心,不能用抗抑郁药物治疗儿童和青少年抑郁的后果要比使用抗抑郁药物产生的自杀想法的后果严重得多(Friedman, 2014a)。此外,抗抑郁药物的使用减少并没有伴随着其他精神药物或者心理治疗方法的使用而增加。

数百万的儿童正在服用精神病性质的药物,而且大约有一百六十万儿童正在同时服用两种或两种以上的药物,有时甚至是三种或三种以上。例如,许多孩子都会同时服用治疗ADHD的兴奋剂和治疗情绪障碍的抗抑郁药物、情绪稳定剂。然而我们有极少数的证据显示可以同时服用两种精神病性质的药物,也没有证据显示可以同时服用三

这个孩子应该使用药物吗? 近几年,使用精神病性药物治疗儿童的情况迅猛增加。你知道有哪些孩子因为服用了精神病药物而获益吗?这些药物的使用引发了怎样的忧虑?其他可替代措施是什么?

种及三种以上的药物(Harris, 2006)。儿童精神病性药物使用权威精神病专家丹尼尔·塞弗(Daniel Safer)指出,"没有人能够证明儿童同时服用这些药物的好处多于坏处"(引自Harris, 2006, p.A28)。

争论双方都同意对患有心理疾病的儿童和青少年单独采取药物治疗是不够的。学习困难儿童和低自尊儿童所需要的不仅仅是药片（或者药物的联合治疗）。任何药物的使用都需要以心理干预作为补充,帮助问题儿童培养适应性行为。也许,当非药理方法被证明是无效的时候,药物治疗才应该被考虑为二线治疗方法。有时,两者的联合治疗效果是最好的。

在批判性思考这个问题时,请回答以下问题:
- 为什么治疗儿童障碍中开具兴奋剂和抗抑郁药物会引发争议?
- 在许多可比较的国家里,儿童期障碍的处方药使用频率低于美国,这意味着什么?

儿童与青少年的自杀

13.18 明确青少年自杀的危险因素

在儿童期和青少年早期自杀的人是比较少见的,但到了青少年晚期或成年早期,自杀就变得较为常见了。在大学生中,自杀是仅次于交通事故的第二大死亡原因(Rawe & Kingsbury, 2006)。在15岁到24岁的青年人中,自杀是位于交通事故和被杀之后的第三大最为常见的死亡原因(NIMH, 2003; Winerman, 2004)。在这个年龄段中,每10000人中就有1个人(0.01%)实施自杀。官方的数据只是按照自杀事件统计的,一些像是从窗户边摔落的明显意外死亡也很有可能是自杀。

尽管人们普遍认为,谈论自杀的儿童和青少年只是在宣泄他们的情感,但是大部分年轻人在自杀前都会发出一些信号(Bongar, 2002)。事实上,那些谈论过自杀计划的人就是最容易真正实施自杀行为的人。不幸的是,父母们往往不会把孩子们的自杀性谈话当回事。

除了年龄增长之外,与儿童和青少年高自杀风险相关的其他因素还包括下列几项(e.g., Dervic, Brent, & Oquendo, 2008; Fergusson & Woodward, 2002; NIMH, 2003; Pelkonen & Marttunen, 2003):

- 性别。和所有妇女一样,女孩企图自杀的概率是男孩的3倍。然而,和所有成年男性一样,男孩自杀更有可能成功,这也许是因为他们和成年男性一样,倾向于使用像枪这样的致命性手段。
- 地理。人口较少的地区青少年更有可能实施自杀。美国西部地区青少年自杀率最高。
- 种族。非裔、亚裔和西班牙裔美国青少年自杀率比(非西班牙裔)白人青少年低大约30%到60%。然而,正如第7章所指出的那样,自杀率最高的是美国本土青少年和年轻成年男性(Meyers, 2007)。

- 抑郁和绝望。和成年人自杀受到抑郁症影响一样,青少年自杀也显著地受到抑郁症的影响,特别是抑郁症还伴随着绝望感和低自尊时。
- 先前自杀行为。试图自杀的青少年中有四分之一并不是第一次这么做。80%以上的青少年在自杀以前就和别人讨论过。自杀的青少年可能会携带致命性武器、谈论死亡、制定自杀计划或做出冒险或危险行为。
- 早期性虐待。在澳大利亚,童年遭受过性虐待的年轻人的自杀率高于平均自杀率的10倍(Plunkett et al., 2001)。而且,比起没有受虐待的控制组,三分之一遭受过虐待的人都会试图自杀。
- 家庭问题。家庭问题会增加青少年自杀企图和实际自杀的风险。这些问题包括家庭冲突和不稳定,躯体虐待或性虐待,由于死亡或离婚而少了父母中的一方,以及糟糕的亲子沟通。
- 应激性生活事件。许多年轻人自杀是由应激性或创伤性事件直接引起的。比如失恋、意外怀孕、被逮捕、在学校里出现问题、转学或是不得不参加的重要考试。
- 物质滥用。青少年家庭中的成瘾现象,或者青少年自己的物质滥用也是一个因素。
- 社会感染。青少年自杀有时会成群发生,特别是一个或一组自杀时间被广泛宣传时。青少年会把自杀浪漫化,将其看作是一种带有反抗性质的英勇行为。青少年自杀者的父母、兄弟姐妹、朋友或者其他成年亲属也常有自杀行为或自杀尝试。也许家庭成员或者同学的自杀赋予了自杀一种更加"真实"的选择(的含义),以此应对压力或惩罚他人。也许其他人的自杀留给青少年一种他或她"注定"要自杀的印象。青少年的自杀可能会在社会上成群出现,尤其当他们忍受着繁重的学业压力时,例如竞争入学。比如下面帕姆、基姆和布雷恩的例子。

帕姆、基姆和布雷恩:一个多重自杀的案例

帕姆(Pam)是一个非常具有吸引力的17岁女孩,她在割腕后被送到了医院,"在我们搬到纽约郊区的中产阶级小镇之前,"她告诉心理学家,"我是班上最聪明的女孩。老师们都很喜欢我。如果学校有校刊的话,我会是里面最成功的一个。但是我们搬离那里了,突然间我就感到受了打击。这里的每个人都很聪明,或者努力变得很聪明。而我突然间就变成了众多准

> 备考大学的普通学生之一。"
>
> "老师们对我也很好,但是我不再特别,这让我很受伤。后来,我们都要申请大学了,这个学校90%的高中生都能进大学——我指的是四年制的大学,你知道吗?而我们所有人都知道——或者猜测——好学校在这里的招生是有限的。我的意思是,我们的毕业班里能够去耶鲁、普林斯顿或韦尔斯利的学生不到30人,你明白吗?你最好还是申请犹他州的大学吧。"
>
> "后来基姆(Kim)收到了来自布朗大学提前申请的拒绝信。基姆是班里的第一名。没有人相信这是真的。她的父亲已经去了布朗大学,她的SATs分数接近1500分。有几天里她完全处于出离的状态——我是说,她不来学校也不做任何事情。后来,突然间,她走了。她结束了自己,自杀了,死了,结束了。接下来是布雷恩(Brian),他被康奈尔大学拒绝了。几天后,他也走了。而我呢,这些孩子都比我好。我的意思是,他们的成绩和SATs的分数比我高,而我想要申请布朗大学或者康奈尔大学。我就想,我又有什么机会呢,何苦呢?"
>
> 来自作者的档案

在这些悲剧事件中,你可以看到灾难性想法如何起作用。和成人自杀的文献研究一致,企图自杀的年轻人不会采用积极的问题解决策略来处理应激性情境。他们可能在感知到的失败或应激情境中看不到其他出路。和成年人一样,帮助这些自杀儿童的一种方法就是帮助他们挑战扭曲的思维,找到可替换的策略来应对问题和应激源。有效的干预计划,包括以学校为基础的技能训练项目,已经发展起来但支持其有效性的证据还有待搜集、考察(Gould et al., 2003)。

批判地思考异常心理学

@问题:双相情感障碍的儿童

当6岁的克莱尔(Claire)开心地在她最喜欢的网站上看搞笑视频时,她卧室的门被敲响了(Egan, 2008)。她用玩具箱子挡住门,然后把玩具和其他重物堆在箱子上,"如果是我的哥哥,"她对一个来访记者说,"别开门。"她说,她不在乎自己这样做是不是太坏了,但她不信任她的哥哥。她的哥哥总是以一种糟糕而可怕的方式突然跳出来。

她的哥哥,10岁的詹姆斯(James),两年前被诊断为患有双相情感障碍。和其他双相情感障碍的孩子一样,詹姆斯有攻击性行为并会爆发情绪愤怒。他可能这会儿把手伸向妈妈,渴望引起她的注意,随后又勃然大怒,发疯似的从她身边跑开,但是一会儿又跑回来寻求母亲的抚摸、拥抱,甚至黏着她。在10年或者更早的时候,像詹姆斯这样的孩子会被诊断为ADHD或对立违抗障碍。但在20世纪90年代,许多专业人士将詹姆斯这样的孩子诊断为以前很少用于儿童的双相障碍。随着近年来儿童双相障碍的诊断出现,像抗精神病药、抗惊厥药以及锂盐等治疗成人双相心境障碍的强效药物也被用到儿童患者。

在20世纪初的时候,美国有1%的儿童和青少年患有双相情感障碍,这一比率是20世纪90年代的40倍(Holden, 2008; Moreno et al., 2007)。批评家称,双相情感障碍的实际增长率并非如此,而是心理健康治疗师将以前可能被诊断为ADHD或品行障碍等其他障碍的儿童重新诊断为双相情感障碍(Holtmann, Bolte, & Poustka, 2008)。

对过度诊断的重视源于心理健康国际机构的调查,其结果显示80%双相情感障碍儿童并不满足双相情感障碍的诊断标准(Carey, 2012d; Egan, 2008)。争论的另一方则表示,儿童双相情感障碍患病人数已经超过了许多心理健康专家的估计,诊断医师仅仅是注意到之前被忽视了很多年的障碍。

一些批评者们称制药商为了从治疗双相障碍的药物中赢取较高的利益,鼓励治疗师通过过度诊断症状使用最新的药物来治疗双相情感障碍(Holden, 2008)。正如华盛顿大学的精神病学家杰克·麦克莱伦(Jack McClellan)所说的,"治疗双相情感障碍首先是用药,其次仍然是用药,最后还是用药……但如果这些孩子有行为障碍,那么行为治疗应该被放到第一位"(引自 Carey, 2010, p. A17)。

双相情感障碍明显的躁狂发作和抑郁发作为特征,因此,专业人士在诊断前需要确定儿童同时呈现出心境系列的两端特征。儿童青少年双相情感障碍的过度诊断使得DSM-5中儿童双相障碍的诊断标准发生了变化。在DSM-5中,分裂型情绪失调症(disruptive mood dysregulation disordr, DMDD)这种新的诊断障碍适用于那些情绪极端易怒,经常发很大脾气但又没有情感变化、自尊膨胀、压力性语言等与双相障碍有关的其他症状的儿童(像先前说的詹姆斯)(Roy, Lopes, & Klein, 2014)。

患有分裂型情绪失调症的儿童有失控的倾向,表现出激烈、持久的愤怒反应。这种频繁的愤怒通常与其所处的情境极不相符,并伴有攻击他人身体、损坏财物的行为,或者也会伴随着愤怒的言语表达(Axelson, 2013)。如果要做出这种诊断,那么愤怒行为的频率应该至少达到一周三次且持续至少一年的标准。近期一项关于DMDD儿童的研究结果表明,他们在成年早期的时候更容易患抑郁障碍或者焦虑障碍,这表明这些孩子即便度过青春期,其心理机能依然是受损的(Copeland et al., 2014)。

分裂型情绪失调症目前有很大的争议,因为它可能导致儿童常见行为问题医学化或病理化,例如经常发脾气。不过,这种情况可能被夸大了。近期调查显示,只有1%的学龄儿童符合分裂型情绪失调症的所有诊断标准(Copeland et al., 2013)。然而,我们也应该意识到,愤怒发作可能是注意缺陷/多动障碍、品行障碍、对立违抗性障碍以及双相障碍等其他疾病的信号。总之,这种新的分裂型情绪失调症会在实际应用中产生怎样的效果还有待观察(Carey, 2012d)。

孩子被诊断为双相障碍还是ADHD这件事为何如此重要?最主要的原因是诊断指导治疗。像利他林这种用来治疗ADHD的兴奋剂会引发或加重躁狂发作,而像锂盐这类用来治疗双相障碍的药物如果用来治疗ADHD是无效甚至有潜在危害的。

争议还围绕着将治疗成人精神分裂症和双相心障碍的强效精神药物用于儿童和青少年身上是否会产生潜在风险(Olfson, King, & Schoenbaum, 2015)。尽管诸如利培酮这类非典型抗精神病药物可以缓解愤怒和情绪爆发,但是它们同时与增肥(大约7%或者更多)和导致糖尿病和心脏病等新陈代谢紊乱相联系(Correll et al., 2009; Varley & McClellan, 2009)。其他药物,如用于治疗癫痫的锂盐和抗惊厥药物,也有明显的副作用和并发症风险。谁也不能确定这些药物会对儿童和青少年大脑发育中产生怎样的长期影响(Kumra et al., 2008)。

另一个问题是,那些经常发脾气的儿童是否也要采取药物治疗,因为提出了新的诊断——分裂型情绪失调症。许多专业人士认为,分裂型情绪失调症的诊断只会加剧儿童过度用药的现象,因为人们只会把注意力集中在寻找控制儿童破坏性行为的药物上,而不是帮助孩子们调节负面情绪,让他们学会适应性行为。

显然,双相障碍患儿的严重行为问题会给他们自己和家人带来巨大的麻烦。随着研究的深入,我们希望能更多地掌握确定和治疗"双相障碍儿童"的最好方法。

在批判性思考这个问题时,请回答以下问题:
- 你认为近年出现的对儿童作出双相障碍诊断的原因是什么?
- 存在行为问题并导致双相障碍诊断的儿童是应该用强效精神病药物治疗,还是应该用其他形式的治疗?请说明原因。

排泄障碍

胎儿和新生儿都可以反射性地进行排泄。随着孩子的发育和排便训练,他们会形成一致自然反射的能力,从而控制排尿和肠蠕动。然而,对于一些孩子而言,控制排泄的问题会一致延续发展成遗尿和大便失禁,这两种障碍并不是由机体原因造成的。

遗尿症

13.19 描述遗尿症的主要特征,并评估尿床的治疗方法

"遗尿(enuresis)"一词起源于古希腊词根"en"意为"在内部","ouron"意为"尿"。遗尿症指在达到能够控制排尿的"正常"年龄时仍然不能控制排尿。临床医生在什么年龄算是控制排尿的"正常年龄"的概念上也存在争议。

根据DSM,如果要诊断为遗尿症,孩子必须满5岁,或者达到同等的发育水平,并要符合以下标准:
- 反复尿床或尿裤子(不论是有意还是无意)。

- 连续三个月每周至少两次尿床或尿裤子,或者造成严重的痛苦或功能受损。
- 这种障碍没有医学或器质性基础,也不是由药物的使用或药物引起的。

和许多其他发育障碍一样,遗尿症在男孩身上更加常见。在整个美国,大约有七百万以上的6岁及6岁以上的儿童会尿床(Lim, 2013),大约5%到10%的5岁儿童满足遗尿症的诊断标准(American Psychiatric Association, 2013),这种障碍最晚会在孩子进入青春期后自行消退,但是仍有1%会持续到成年期。

正如你会猜测到的,遗尿会让人非常痛苦,特别是对于年龄较大的孩子而言(Butler, 2004)。尿床可能只在夜晚睡觉时发生,也可能只在白天清醒时,或者是夜晚睡觉和白天清醒时都会发生。夜间遗尿是最常见的类型,在睡觉时发生的遗尿被称为尿床。在夜间实现对膀胱的控制比在白天时更难。当在夜里睡着时,孩子们必须学会在感受到膀胱充盈的压力时醒来,并到厕所排尿。"接受训练"的孩子越小,他或她就越有可能在晚上尿床。尿床通常发生在深度睡眠阶段,反映了神经系统的不成熟。遗尿症的诊断适用于5岁及5岁以上的反复尿床或尿裤子的儿童。

理论视角 心理动力学观点认为,遗尿症代表的是儿童由于严苛的排便训练而产生的对父母的敌意表达。它也代表着孩子的退行,作为对弟弟妹妹的诞生或其他应激源或生活改变(如开学、经历父母一方或亲属的死亡等)。学习理论家则认为,遗尿症最常发生在那些父母试图对其进行早期训练的孩子身上。早期的失败可能将努力控制膀胱与焦虑联系起来。当孩子感到焦虑的时候,就会诱发排尿而不是抑制排尿。

原发性遗尿症是这种障碍最常见的形式,它指的是那些持续尿床并且从未形成排尿控制的孩子。这是由于遗传所造成的成熟延迟(Mast & Smith, 2012; Wei et al., 2010)。我们至今还不清楚遗尿症的遗传机制,但可能涉及这样一些基因,这些基因通过大脑皮层调节对排泄反射的运动控制的发展速率。虽然遗传因素似乎也影响了原发性遗尿症,但是环境和行为因素好像也在决定该障碍的发展与进程中起到了一定的作用。另一种遗尿症,继发性遗尿症,显然是不受遗传影响的,它指的是在已经建立起排尿控制后形成的偶然性尿床问题的孩子。

治疗 遗尿通常会随着儿童的成熟而自行痊愈。然而,当遗尿持续给父母或者儿童带来巨大困扰时,行为方法就显得十分有效。这种方法使儿童形成膀胱充盈时就醒来的条件反射。一种可靠的例子是排尿警示器的使用,这种方法是由心理学家O.Hobart Mowrer在20世纪30年代引进的。

遗尿的问题在于,尽管膀胱的紧张能够唤醒大部分的孩子,而遗尿患儿则会继续睡觉(Butler,2004)。结果他们一碰到创伤就会反射性地排尿。Mowrer开创了排尿警报器的使用,它是一种放置在孩子身下的含有湿度激活警报的装置。当孩子尿床时,传感器就会发出声响从而唤醒孩子(Lim,2003)。经过多次反复,大部分的孩子都能学会在报警器响之前醒来以作为对膀胱紧张的反应。该技术通常用经典条件作用的原理来进行解释。儿童膀胱紧张与一个在他们尿床时唤醒他们的刺激(警报)反复配对出现。膀胱紧张(条件刺激)与警报引起了一样的反应(醒来—条件反应)。[判断正误]

遗尿症的治疗通常是有效的,一般包括排尿警示器技术或者是药物治疗(Houts,2010)。某些精神病性药物也可以取得疗效,如氟伏沙明(商标名Luvox),一种作用于控制排尿的大脑系统的SSRI型抗抑郁剂。然而,在已有的治疗中,排尿警示器技术的治愈率最高、复发率最低(Glazener,Evans & Peto,2000;Thiedke,2003)。药物治疗较高的复发率强调了这样一个事实,即治疗药物本身无法教会患者任何新的技能或适应性行为,而这些技能和行为是可以在积极治疗阶段之后继续保持的。

大便失禁

13.20 描述大便失禁的主要特征

术语"大便失禁(encopresis)"起源于希腊词根"en",意为"在里面",以及"kopros",意为"排泄物"。大便失禁是由于非器质性原因所引起的肠道排便控制不足。患儿的实龄必须至少达到4岁,或者智力受损儿童其心理年龄至少为4岁。大约1%的5岁儿童患有大便失禁(American Psychiatric Association,2013)。和遗尿症一样,大便失禁在男孩身上最为常见。粪便可能会自主或不自主地排出,并且该问题不是由器质性因素引起的,便秘的情况除外。可能的诱因包括不一致或不完全的排便训练和心理应激源,例如弟弟妹妹的出生或开始上学。

判断正误

经典条件反射技术可以帮助儿童改变尿床的习惯。

□正确 尿液警报器能够能够建立遗尿症儿童感受到膀胱满了的压力的时候醒来的反射,在这个范式中,什么是无条件刺激,什么是条件刺激。

遗粪不同于遗尿,它更可能发生在白天而不是晚上。因此它会使孩子们感到特别难堪和尴尬。同学们经常会远离或者嘲笑患儿。因为排泄物有强烈的臭味,老师们也很难装作什么都没有发生过。父母最终也会因为孩子反复地遗粪而感到苦恼,可能会提高他们对孩子自我控制的要求,并对孩子的失败采取强有力的惩罚措施。其结果是,孩子们可能会把污物藏在内衣裤里,自己远离同学,或假装生病而待在家里。他们的焦虑水平也会因为遗粪而提高。而由于焦虑引起自主神经系统的交感神经分支的唤醒,促进肠道蠕动,对肠道的控制就更加困难。毫无意外的是,大便失禁儿童的情感和行为问题比正常儿童更多(Joinson et al.,2006)。

当遗粪不自主地发生时,它通常与造成随后粪便溢出的便秘、阻生或者压紧或潴留有关。便秘可能与心理因素有关,比如,由于在一个特殊的地方排便而感到的恐惧或者是有更普遍的否定或违抗行为模式。极少见的情况下,大便失禁是故意的。

大便失禁经常发生在儿童因为一次或几次意外事件而受到严厉惩罚之后,特别是那些已经高度紧张或焦虑的儿童更容易发生这种情况。严厉的惩罚可能会使孩子将注意力集中到遗粪这件事上。之后他们可能会反复思考遗粪这件事,致使焦虑水平不断提高,最后导致自我控制受损。

行为治疗技术对治疗大便失禁很有帮助(Loening-Baucke, 2002)。治疗手段一般包括家长奖励(通过表扬或者其他方式)成功的自我控制尝试,对连续出现的意外采用温和的惩罚(例如温柔地提醒孩子更密切地注意肠道紧张,以及让孩子清理自己的内衣裤)。当大便失禁始终无法好转时,我们建议采用彻底的药物治疗和心理评估以确定可能的原因和合适的治疗方法。

排尿警示器 排尿警示器被广泛应用于夜间遗尿的治疗中。这种方法是如何阐述经典条件反射的原理的呢?

总结

儿童和青少年的正常行为和异常行为

关于正常与异常的文化信仰

13.1 解释儿童和青少年正常行为与异常行为的区别,以及文化信仰在确定异常方面的作用

除了在第1章中提到的从广义上鉴别正常与异常时,我们还需要考虑儿童的年龄和文化背景,以判定儿童或青少年的行为是否已经偏离了发展和正常的标准。我们也需要考虑文化规范以确定在特定文化中的某种行为是否被视为异常。

儿童与青少年心理健康问题的患病率

13.2 描述儿童与青少年心理健康问题的患病率

不幸的是,心理健康障碍在年轻人身上非常常见。在过去的一年中,大约有40%的青少年患有可诊断的心理障碍,每10个儿童中就有1个患有严重到会影响他们发育的心理障碍,但是大多数的心理健康障碍患儿无法获得他们所需的治疗。

儿童心理障碍的危险因素

13.3 明确儿童和青少年心理障碍的危险因素并描述虐待儿童的影响

儿童和青少年心理障碍的高风险相关的因素包括:遗传易感性;产前因素对大脑发育的影响;环境压力源(如是否生活在衰败的社区中);家庭因素,特别是不一致的教育或者严厉的纪律,忽视,或者是躯体虐待、性虐待;少数民族在诸如注意缺陷/多动障碍、焦虑和抑郁障碍等的立场问题;性别,即男性更常受到诸如孤独症、多动、排泄障碍以及童年期的焦虑和抑郁障碍,而女性更常在青少年期患上焦虑和抑郁。

虐待儿童的影响包括从躯体伤害(甚至死亡)到情绪后果,例如难以形成健康的依恋、低自尊、自杀想法、抑郁症、不能探索外部世界,以及其他问题。在儿童时期受到虐待和忽视的影响会一直延续到成年期。

孤独症与孤独症谱系障碍

孤独症的特征

13.4 描述孤独症的主要特征

孤独症谱系障碍患儿跟他人似乎是分离的或者完全孤独的,并且在社会互动、发展、维持关系的能力上存在缺陷,有重复或限制性的运动,兴趣狭窄或固定,试图保持同一性和一贯性,以及特殊的语言习惯,如重复性语言、回声性言语、代词颠倒和特殊语言等。

关于孤独症的理论观点

13.5 明确孤独症的病因

孤独症的原因目前尚不可知,但是越来越多的证据指向了遗传因素和大脑发育异常,以及这些也可能与某种未知的环境因素共同发挥作用。

孤独症的治疗

13.6 描述孤独症的治疗方法

与孤独症儿童交流或者进行社会互动是实施治疗计划的关键,应用行为分析(ABA)这种高强度的行为治疗方法能够提高孤独症儿童的学习能力和社交能力。这种方法依赖于对孤独症儿童进行密集的、一对一的指导。

智力缺陷

智力缺陷的特征及其成因

13.7 描述智力缺陷的主要特征和原因

智力缺陷的特点是智力和适应功能严重受损。这可以通过智力测验和功能能力测量实现。大部分患者都属于轻度智力缺陷。智力缺陷可能是由于染色体异常引起的,例如唐氏综合征;也可能是基因引起的,如X染色体易损综合征和苯丙酮尿症;也可能是产前因素,例如孕期母亲患病、饮酒;以及与智力贫乏的家庭或社会环境有关的家庭文化因素。

智力缺陷的干预

13.8 描述用于帮助智力缺陷儿童的干预措施

干预措施需要根据智力缺陷的严重程度和功能受损的情况来制定,心理教育干预通常用于帮助孩子们获得职业技能,为有意义的工作做准备。机构或住宅护理仅限于患有重度智力缺陷的儿童。

学习障碍

学习障碍的特征、成因及其治疗

13.9 明确与学习障碍有关的缺陷种类,并描述理解与治疗学习障碍的方法

学习障碍是指在阅读、写作、算术和数学以及执行功能上存在特定缺陷。其病因仍有待研究,但可能涉及潜在的大脑功能障碍,这使得对视觉、听觉信息的加工或编码变得困难,干预措施主要侧重于纠正特定功能缺陷的尝试上。

沟通障碍

语言障碍

13.10 描述语言障碍的主要特征

语言障碍的特点是在说出或者理解口语的上存在缺陷,它可能与词汇发展缓慢、时态错误、单词回忆困难,以及难以说出符合个人年龄的适当长度和复杂性的句子有关。

发音障碍

13.11 描述心理障碍所涉及的发音障碍的主要特征

这种障碍涉及在发音清晰度和流畅度上存在缺陷。发音障碍是一种无法用生理缺陷来解释的持续性发音困难。儿童期发作性流畅障碍也称作口吃,口吃患者难以在适当的说话时间说出流畅的话语。

社交（语用）沟通障碍

13.12 描述社交(语用)沟通障碍的主要特征

这种障碍适用于在学校、家里和游戏中，与他人的言语沟通和非言语沟通存在持续性的严重问题的孩子。

问题行为：注意缺陷/多动障碍、对立违抗性障碍、品行障碍

注意缺陷/多动障碍

13.13 描述注意缺陷/多动障碍的主要特征，识别其病因，并评估治疗方法

注意缺陷/多动障碍（ADHD）以冲动、无法集中注意力和多动为特征。注意缺陷多动障碍患病的偶然因素是遗传与环境的交互作用，例如不一致的养育方式、糟糕的育儿技巧，都会影响大脑执行控制功能的发展。兴奋剂药物能够让ADHD儿童安静下来并集中注意力，但是却没有办法提高学业成绩。行为主义治疗也许能让ADHD儿童更好地在学校生活，而且行为主义还能够纠正品行障碍儿童和对立违抗性障碍儿童的行为。

品行障碍

13.14 描述品行障碍的主要特征

品行障碍儿童经常会有意识地做出反社会行为，在和他人的交往时，也是非常具有攻击性和冷漠的。他们可能会有欺凌或恐吓行为，或和别人打架，就像反社会的成年人一样，他们铁石心肠，也不会为自己的错误行为感到焦虑和羞愧。

对立违抗性障碍

13.15 描述对立违抗性障碍的主要特征

对立违抗性障碍儿童通常会有消极的或违抗性行为，但却不彻底，也不是品行障碍的那种反社会行为。

儿童焦虑和抑郁

儿童与青少年中的焦虑相关障碍

13.16 描述儿童与青少年中的焦虑相关障碍的主要特征

儿童和青少年人群中常见的焦虑障碍包括特殊恐惧症、社交恐惧症和广泛性焦虑障碍。与成年人一样，错误的认知在焦虑障碍的儿童和青少年身上非常常见，如糟糕至极、消极的自我对话、把社交情景解释成威胁性的等。

患有分离性焦虑障碍儿童在与父母分离时，会表现出与他们的发展水平不相适应的极度焦虑。这种障碍通常会表现为噩梦、胃病和恶心，当预期的分离到来时，例如送他们上学，他们就会请求父母不要离开他们，或者当父母离开时，他们就会乱发脾气。

儿童期抑郁

13.17 描述儿童期抑郁的共同特征,并明确与儿童期抑郁相关的认知偏差和治疗儿童期抑郁的方法

抑郁症患儿,特别是小孩子,很可能不会说、也不知道表达抑郁的感觉。抑郁可能会被毫不相关的行为,如品行障碍所掩盖掉。

抑郁症患儿也会表现出抑郁症成年患者所具有的消极思维风格和认知基础,例如悲观解释以及消极、错误的想法。儿童期抑郁可以采取认知行为疗法、抗抑郁药物治疗,或者心理药物联合治疗。

儿童与青少年的自杀

13.18 明确青少年自杀的危险因素

造成青少年自杀的危险因素包括基因、年龄、地理位置、种族、抑郁、先前自杀行为、紧张的家庭关系、压力、物质滥用以及社会传染。

排泄障碍

遗尿症

13.19 描述遗尿症的主要特征,并评估尿床的治疗方法

遗尿症是指对排尿的控制能力的持续性受损,这是不能用器质性原因来解释的,也不符合儿童发展水平的标准。这种障碍在男孩中更为常见。治疗尿床的最佳办法是排尿警示器,这是一种帮助遗尿症儿童在排尿前醒来以应对膀胱紧张的技术。

大便失禁

13.20 描述大便失禁的主要特征

大便失禁涉及控制肠道蠕动的持续性损害,且不符合儿童发育水平的标准。而这很可能是涉及不一致或不完整的排便训练,以及心理社会压力,例如弟弟妹妹的出生或上学。

评判性思考题

根据你阅读的本章内容,回答以下问题:

- 你认为智力缺陷儿童应该放在普通班级中吗?为什么?
- 你认为学习障碍患者在进行标准化测验(比如SAT)时,应该被给予额外的时间吗?应该被给予特殊照顾吗?为什么?
- 如果你的孩子患有注意缺陷/多动障碍,你会考虑使用像利他林这样的兴奋剂吗?为什么?
- 你认识的孩子中有被诊断为心理障碍的吗?他们接受了怎样的治疗?治疗结果如何?

关键术语

1.神经发育障碍	1.沟通障碍	1.注意缺陷/多动障碍
2.孤独症谱系障碍	2.语言障碍	2.品行障碍
3.智力缺陷	3.发音障碍	3.对立违抗性障碍
4.唐氏综合征	4.儿童期发作性流畅障碍	4.分离性焦虑障碍
5.X染色体易损综合征	5.社交(语用)沟通障碍	5.遗尿症
6.苯丙酮尿症(PKU)		6.大便失禁
7.阅读障碍		
8.学习障碍		

第14章　神经认知障碍和衰老相关障碍

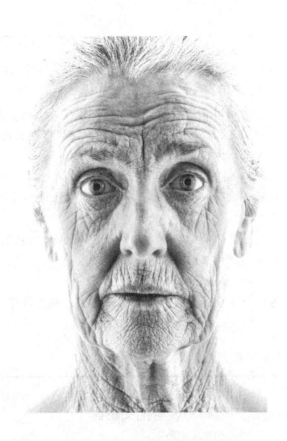

学习目标

14.1 描述神经认知障碍的诊断特征,并明确三种主要类型。
14.2 描述谵妄的主要特征和病因。
14.3 描述重度神经认知障碍的主要特征和病因。
14.4 描述轻度神经认知障碍的主要特征。
14.5 描述阿尔兹海默病的主要特征和病因,并评估目前的治疗方法。

14.6 明确其他神经认知障碍亚类型。
14.7 明确老年人的焦虑相关障碍的病因及治疗方法。
14.8 明确与老年人抑郁症相关的病因及治疗方法。
14.9 明确老年人失眠的相关原因及治疗方法。

判断正误

正确	错误	痴呆是衰老过程中的正常现象。
正确	错误	大部分患有轻度认知障碍(MCI)的老年人在5到10年内会患上阿尔兹海默病。
正确	错误	随着年龄增长,人们偶尔会健忘,这可能是阿尔兹海默病的早期症状。
正确	错误	幸运的是,我们现在已经有了可以延缓阿尔兹海默病恶化的药物,甚至在有些案例中可以治愈病症。
正确	错误	近期证据表明,有规律的锻炼可以保护大脑不受阿尔兹海默病的影响。
正确	错误	经历一次摩托车事故后,一个医学学生认不出几个星期前和他结婚的爱人。
正确	错误	一位著名的歌唱家兼作曲家被误诊为酗酒,被送入精神病院多年,直到诊断得到纠正。
正确	错误	有一种痴呆和疯牛病有关。
正确	错误	老年群体中最常见的心理障碍是焦虑相关障碍,甚至比抑郁症还常见。

观看 章节介绍:神经认知障碍和衰老相关障碍

"你应祈盼在健全的身体里有健全的头脑。"

——Juvenal, Roman poet, 55—127 B.C.E.

在下面简短的叙述中,一位女性在和母亲的阿尔兹海默病做了10年的抗争后,失去了她的母亲,她讲述了在这种可怕的疾病所带来的每日痛苦中度过的快乐时光。

"我""玛丽的故事"

当我看到母亲的情况每天都在变得更糟时,我的身心就像被撕裂了一般。然而,因为阿尔兹海默病会带来毁灭,所以我的家人们在某种程度上也把握住了生命的每一分每一秒,每一份希望和爱……

当和母亲坐在钢琴旁边的时候,我会扮演她的宠儿。有时音乐唤起了她的记忆,她也会跟着唱。但更多的时候,她只是在微笑……

如果我离开了……我可能就不会哭得这么频繁了,但我也不会有某一个夜晚的特别记忆……我走进家门,亲了亲我的爸爸,然后走到妈妈身边,跟她打招呼"嗨,妈妈",然后弯腰亲吻她,就像我之前做的那样。但是今晚,她不仅仅给了我一个微笑,还给了我一个吻。在今晚,她第一次鼓掌喊"玛丽(Mary)"。然后她笑了,就只有这样,再没有其他话了。只有"玛丽"。这是我最后一次听她喊我的名字,这个传到我耳中的声音是多么美妙啊!就像多年前妈妈没有认出我时的那种揪心的感觉一样,不知怎么的,这种感觉令人振奋……你想象不到在那一刻我有多么高兴。

来源:摘自"玛丽的故事",发表于阿尔兹海默病协会网站,www.alz.org.

"健全的身体里面有健全的头脑"是健康和幸福生活的古老处方。然而,脑部疾病和脑损伤会让我们身心都不健康。当外伤或者中风使大脑受到损伤时,认知、社交和工作能力都会出现迅速而严重的恶化。像阿尔兹海默病这种以渐进形式恶化的疾病,其心理功能的下降是渐进的,但最终会导致一种真正的无助,就像玛丽的母亲一样。

在这一章中,我们把注意力集中在这类叫作神经认知障碍的心理障碍上。这类由外伤或疾病引发的障碍最终会影响大脑,包括阿尔兹海默病在内的某些疾病,主要影响到老年人。但其他类型的神经认知障碍则会影响各年龄组的人,不仅仅是老年人。我们首先来回顾一下各类神经认知障碍。

神经认知障碍

我们的认知功能——思考、推理、存储和回忆信息——依赖于我们大脑的功能。不论是大脑本身受伤,还是疾病、毒素造成的大脑功能的丧失,抑或是使用或滥用精神病药物,都会引发神经认知障碍(neurocognitive disorders)。大脑损伤越厉害,大脑功能受损也就越严重。

神经认知障碍没有心理基础,它是由于身体疾病、药物的使用或戒断所造成的大脑机能衰退。某些时候,我们可以找到神经认知障碍的具体病因,但有时候则不能。虽然这类障碍有生物学基础,但起关键作用的是身体机能缺失的严重程度和范围、个体如何面对这种情况以及心理因素和环境因素。

神经认知障碍的种类

14.1 描述神经认知障碍的诊断特征,并明确三种主要类型

神经认知障碍的诊断基于认知功能缺陷,反映了个体功能水平的显著变化以及大脑损伤或功能障碍。而大脑功能受损的程度和位置也在很大程度上决定了认知缺陷的范围和严重性。受损的位置也是非常关键的,因为许多大脑结构和区域都有着独特的功能。例如,颞叶受损会导致记忆力和注意力的缺陷,枕叶受损会导致视觉空间障碍,例如著名的P博士(Dr.P.),一位杰出的音乐家和教师,丧失了识别物体(包括脸部在内)的视觉能力。

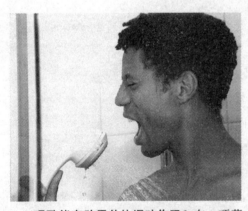

唱歌能有助于他协调动作吗? 在一项著明的研究中,奥利弗·萨克斯对P博士案例进行了研究。P博士患有脑部肿瘤,其视觉信号的传译功能受损。但他仍然可以吃饭、洗澡、穿衣甚至唱歌。

在《误把妻子当帽子》一书中,已故神经学家奥利弗·萨克斯(Oliver Sacks)详细记录了P博士是怎样在音乐学校无法认出自己学生的脸的情形。但是当学生说话时,P博士却能够准确认出他们的声音。而且他不仅在视觉上无法辨认出面孔,还会看到压根不存在的面孔。他会把消防栓和停车计时器当成孩子并轻拍它们,而对于家具上的圆形把手,他也是非常热情的。P博士和他的同事们也会把这些事情当成玩笑,毕竟P博士是以古怪的幽默和诙谐闻名的。由于他的音乐是一如既往地完美,他的总体健康状况也很好,所以这些失误也就没有值得关注的地方了。

直到三年后,P博士去寻求神经学评估时,他的眼科医生才发现,虽然P博士的眼睛很正常,但是在处理输入的视觉刺激上却存在问题,所以,P博士被转介到神经学家萨克斯处。当P博士和萨克斯交流时,他的眼睛奇怪地注视着萨克斯脸部的各个部位——眼睛,然后是右耳,最后是下巴,感知他脸上的各个部分。但显然,他无法把这些部分连接成一个有意义的整体。当P博士结束身体检查去穿鞋时,他把鞋穿错了。而当他们离开的时候,P博士四处找他的帽子,他……

P博士伸出手,抓住他妻子的头,试图拿下来,戴到自己的头上。很明显,他把妻子当成了帽子,而他的妻子看起来已经习惯了这种事情(Sacks, 1985, p.10)。

P博士的某些行为对有些人来说是非常有趣的,但是视觉感知能力的丧失是一件非常悲惨的事情。虽然P博士可以辨认出抽象的形状,如立方体,但是他却无法认出家人的以及他自己的面孔。不过特殊面孔上的某些特征能够让这些面孔被识别出来,他可以从独特的头发和胡子认出爱因斯坦的照片,根据正方形的下颚和大牙齿认出他兄弟的照片,但这些都是对单独的特征做出的反应,而不是将面部作为一个整体进行辨认。

最后一次测试被安排在初春某个特别寒冷的一天,当P博士正要离开办公室时,萨克斯拿起一只手套问他"这是什么?",P博士仔细检查了它,戴上它仔细地看,但是在描述时,他仅仅把它描述为一个几何形状,一个"连续的界面"。P博士继续说道,"它有五个伸出的分支,如果可以这么描述的话。""但是这是什么?"萨克斯继续问,P博士回答说:"某种容器。"萨克斯继续问它可以用来装什么,P博士笑着说:"它会装它应该装的东西!"也许,他继续说,这是一个钱包,用来装五种不同大小硬币。萨克斯继续着,却毫无效果。萨克斯悲伤地得出了结论,"他的脸上没有希望的光芒,没有孩子会说出'连续的界面'这种表述,任何一个孩子,甚至是婴儿,都知道手套就是手套,会平淡地看着它,戴上它,但是P博士却无法做到。他无法用正常的方式看待任何东西。从视觉的角度来说,他迷失在一个毫无生气的抽象世界里。"(Snacks, 1985, p.13)

我们可能再补充一点,后来P博士无意间将手套戴在了自己的手上,他立刻反应过来,"上帝啊,这是副手套!"(Snacks, 1985, p.13)。虽然他大脑中的视觉中心无法从整体上解释他所看到的形状,但是他的大脑却抓住了触觉信息。也就是说,P博士缺乏处理视觉信息的能力——表现为一种被称为**视觉失认症**(agnosia,这个词起源于希腊词根,意为"没有知识")的症状。但是,P博士的音乐能力和语言能力却完好无损。他可以通过唱各种各样的歌——例如吃饭歌、穿衣歌——来帮助他协调自己的行动,他可以自己穿衣服、洗澡和吃饭。但是如果他在穿衣服时唱穿衣歌被人打断了,他的思路也就中断了,不仅无法看出妻子放的衣服,也认不清自己的身体。当音乐停止,他就失去了认清世界的能力。萨克斯后来意识到,P博士的大脑中处理视觉信息的区域长了一个巨大的肿瘤,而P博士显然也不知道他的缺陷,并且用音乐能力弥补了视觉缺陷,让他的生活具有意义和目的性。

P博士的情况是罕见的,但是这也说明了心理功能普遍依赖于脑部完整性。他的案例也说明了有些人是如何适应自身躯体和器官问题的——有时这种调整是非常缓慢的,以至于几乎察觉不出什么变化。P博士的视觉障碍如果发生在一个没太有天赋或者缺乏社会支持的人身上,那会是更加悲惨的事。P博士的悲惨案例也说明了心理因素和环境因素如何影响着机能缺失的严重程度和范围,以及个体应对这种症状的能力。

患有神经认知障碍的人可能需要完全依赖他人来满足吃饭、洗澡和美容等基本需求。而在其他一些情况中,虽然可能需要一些协助来满足日常生活的需要,但是人们在某种程度上仍然可以半独立生活。P博士的认知缺陷——视觉失认症,就是痴呆症的特征之一。痴呆症是一种心理功能普遍退化的严重神经认知障碍。

为了区分神经认知障碍,DSM-5重组了"运动区域",用于对神经认知障碍进行分类,划为三大类:谵妄、重度认知神经障碍和轻度认知神经障碍。见表14.1。

表14.1 神经障碍总览

类型	亚型或指示语	终身患病率(大约)	描述	相关症状
谵妄	•一般医学问题所致谵妄 •物质中毒性谵妄 •物质戒断谵妄 •药物所致谵妄	估计总体为1%到2%,但是老年人的患病率更高一些	极端的精神错乱,并且注意力和连贯说话的能力都受到了影响	•无法忽略无关刺激或转移注意力;言语激动但却没有什么意义 •时间和空间定向障碍;恐怖的幻觉或其他知觉歪曲 •运动行为可缓慢变得木僵或在木僵和呆滞之间转换 •心理状态在短暂意识清醒和混乱之间交替

续表

重度神经认知障碍	以下详述	65岁的老年人患病率为1%到2%，而80岁老人的患病率则上升为30%	心理功能严重退化	•大多数种类，例如阿尔兹海默病所引起的痴呆症，都是不可逆的和逐渐加重的 •认知功能明显下降
轻度神经认知障碍	以下详述	65岁老人患病率为2%到10%，85岁老年人患病率则为5%—25%	随时间变化，认知功能轻度或中度损伤；也被称为轻度认知功能损害(MCI)	•认知功能的衰退必须通过认知功能的正式测试来检测 •患者可以独立工作，但是却难以进行他们曾经习以为常的心理活动 •少数病例会变成阿尔兹海默病
轻、重度神经认知障碍的亚型	•神经认知障碍病因：阿尔兹海默病、创伤性脑损伤、帕金森病、HIV感染、亨廷顿氏舞蹈症、朊病毒病 •血管性神经认知障碍 •额颞叶神经认知障碍 •物质滥用或药物所致神经认知障碍 •路易小体神经认知障碍	患病率随基础条件而异	由于潜在的身体疾病或脑功能障碍所造成的认知功能受损	•认知损害的严重程度可以从轻度到重度 •治疗措施取决于脑功能障碍的根本病因

来源：患病率来自美国精神病学协会，2000，2013；Hebert et al.，2003.

谵妄

14.2 描述谵妄的主要特征和病因

谵妄(delirium)一词起源于拉丁词根"de"(意为来自)，以及"lira"(意为航线或犁沟)。可理解为个体在认知、理解和行为上偏离了规范或者标准。谵妄是一种精神状态极端混乱的状态，患者难以集中注意力，说话不清晰、不连贯，难以适应环境(见表14.2)。谵妄患者很难将注意力从无关刺激上移开，或无法将注意力转移到新的任务上。他们可能高谈阔论，但说的话却没什么意义；经常发生时间定向障碍(不能确定当前日期、星期及时间)和地点定向障碍(不知道在哪里)，但对人不会发生定向障碍(辨认自己及他人)。谵妄患者可能会经历可怕的幻觉，尤其是幻视。症状的严重程度在一天中有波动的趋势(American Psychiatric

Association, 2013）。

表 14.2 谵妄的特征

范围	严重程度		
	轻度	中度	重度
情感	担心	害怕	恐惧
认知和理解	精神错乱、思维如潮	定向障碍、错觉	无意义的喃喃自语，明显的幻觉
行为	震颤	肌肉痉挛	癫痫发作
自主活动	心跳异常加快	出汗	发烧

来源：摘自 Freedom, 1981, p.82.

感知异常经常发生，比如对感觉刺激的误解（把闹钟声当成火警铃声）或者幻觉（比如感觉床好像有通电控制）。动作可能会戏剧性地变慢，直到一种类似医学紧张症的程度。也可能会在焦躁不安与木僵中急速、频繁转变。焦躁不安表现为失眠、易激惹、无目的运动，甚至会突然从床上跳起或冲向不存在的物体。另外，其间可能会有一段时间，患者会保持意识清醒。

引起谵妄的原因非常多，包括头部外伤；由发烧所引发的感染；代谢障碍如血糖过低（低血糖）；药物相克反应；潜在医疗状况，如严重的感染或心力衰竭；药物滥用或戒断；电解质失衡；癫痫发作（癫痫）；维生素 B 缺乏；脑损伤；影响中枢神经系统功能的多种疾病，包括中风、阿尔兹海默病和帕金森病；病毒性脑炎（一种脑部感染）；肝部疾病或肾脏疾病（e.g., Jones, 2014; Oldenbeuving et al., 2011）。

谵妄的总体患病率约为 1% 到 2%，但是 85 岁以上人群的患病率则上升到了 14%（Inouye, 2006）。谵妄常见于住院病人身上，尤其是做过外科手术的重症监护患者和老年病人（Marcantonio et al., 2014; Mark et al., 2014; Reade & Frnfer, 2014）。患有谵妄的重症监护者的预后较差，包括有较高的早亡风险（Salluh et al., 2015）。

接触有毒物质（例如吃毒蘑菇），某种药物副作用，毒品或者酒精中毒也可能会引发谵妄。年轻人患谵妄的最常见原因是精神药物，特别是酒精的突然戒断。然而，如果老年人群出现谵妄，就往往是危及生命的医学状况的征兆（Inouye, 2006）。

慢性酒精中毒患者突然停止饮酒的话,可能就会出现震颤性谵妄(delirium tremens,或称为DTs)。震颤性谵妄的症状是身体震颤、躁动、易怒、精神错乱、没有方向感以及出现可怕的幻觉,如"虫子在墙上爬"或在皮肤上爬动。震颤性谵妄的症状可以持续一周或更长时间,而且最好接受住院治疗,因为在医院中会得到细心的照料,有适量镇静剂治疗以及环境支持。尽管目前谵妄有很多已知病因,但在很多案例中,仍然很难确定特定病因。

无论谵妄的潜在病因是什么,谵妄所造成的大脑功能的大范围损坏可能是由于特定神经递质的失衡造成的(Inouye,2006)。因此,个体可能无法处理传入的信息,从而出现普遍困惑的状态。个体可能无法清楚地表达或思考,也无法理解自己所处的环境。由癫痫或者头部受伤等情况所造成的谵妄可能会突然发生,而感染、发烧、代谢紊乱等情况导致的谵妄则可能经过几小时、几天才逐渐发作。在谵妄发作的过程中,患者在清醒(间歇性清醒,大多在早晨)、意识错乱和定向障碍中反复转换。在黑暗中以及睡不着的夜晚里谵妄会加重。

不同于痴呆症和其他形式的重度神经认知障碍(稍后讨论),这些疾病的个体心理功能是逐渐恶化的,而谵妄则是在几小时或者几天之内就会迅速恶化,而且注意力和意识会受到明显的破坏(Wong et al., 2010)。当然,也不同于痴呆这种慢性、渐进的疾病,当潜在的医学问题或者药物相关的原因得到解决之后,谵妄往往会自动消失。有时会用精神病性药物来治疗谵妄。但是如果根本病因持续存在,或者药物造成了进一步的恶化,那么谵妄可能就会出现功能障碍、昏迷甚至死亡(Inouye,2006)。

重度神经认知障碍

14.3 描述重度神经认知障碍的主要特征和病因

重度神经认知障碍(major neurocognitive drsorder,通常称之为"痴呆")的特征是:记忆、思维、注意力和判断能力严重受损所造成的心理功能衰退或恶化。详细的认知缺陷见表14.3。重度神经认知障碍或者痴呆的病因非常多,但最常见的病因就是阿尔兹海默病这种脑部疾病。而其他病因包括诸如皮克病的脑部疾病,以及损害大脑功能的感染或疾病,例如脑膜炎、HIV感染和脑炎。在某些病例中,重度神经认知障碍或者痴呆是可以停止恶化甚至是可逆的,特别当病因是某种类型的肿瘤、癫痫、代谢紊乱、可治愈的感染或是由抑郁或物质滥用引起时。但悲哀的是,大部分的病例(包括阿尔兹海默病在内)都是逐渐形成的不可逆转的过程。

表14.3 痴呆造成的认知缺陷

认知缺陷类型	描述	具体例子
失语症	理解或产生言语的能力受损	接受性失语症患者难以理解口头语或者书面语,但是却能够用言语表达自己的想法。运动性失语症患者用言语表达自己想法的能力受损,可能无法说出日常用品的名称或者说出的单词是乱序的,但却可以理解口头语
失用症	尽管运动功能没有任何缺陷,但是做出目的性运动的能力受损	尽管患者的手或者胳膊是很正常的,他们也能够说出该怎样系鞋带或扣子,但就是没有办法系鞋带或扣子。患者难以用手使用日常用品(例如梳头)
失认症	尽管感觉系统完好无损,但是却无法辨别物体	失认症可能会仅限于某些特定的感觉通道。视觉失认症患者的视觉系统非常完整,却无法辨认出叉子,但是如果让他们用手触摸或者使用,他们就可以识别物体;听觉失认症是人们识别声音的能力受损;触觉失认症是指人们无法通过握住或触摸物体来识别物体(例如硬币或钥匙)
执行功能障碍	计划、组织、安排活动的能力或者抽象思维能力受损	安排预算或日程的办公室主管失去了安排办公室工作和适应新环境的能力。英语老师丧失了理解诗歌和故事的能力

"某种痴呆是由细菌所引起的"这一发现在心理障碍的医学模型发展史上具有重大历史意义。这种痴呆被称为**麻痹性痴呆**(general paresis,来自希腊语"parien ai",意为"放松"),或者是大脑的消极"放松"。由神经梅毒所引起的痴呆是梅毒的晚期形式,也是梅毒螺旋体所导致的性传播疾病。在神经梅毒中,细菌会直接攻击大脑,从而导致痴呆。19世纪,关于痴呆、某种具体躯体疾病与梅毒之间关系的发现强化了医学模型,并且为寻找其他异常行为模式的机体原因开辟了先河。

麻痹性痴呆患病人数一度超过了精神科医院入院人数的30%。然而,检测技术的提高以及用抗生素治疗感染的医学技术的进步,极大降低了晚期梅毒的发病率和麻痹性痴呆的恶化。不过治疗的有效性则取决于何时引入抗生素治疗以及大脑受损的严重程度。当脑组织广泛受损的时候,抗生素可以抑制感染、预防进一步的恶化,并在一定程度上改善智力表现,但却无法让人恢复到原先的功能水平。

阿尔兹海默病所致痴呆的最主要特征是记忆力减退,但其他类型的神经认知障碍也会引起不同认知功能的减退，比如语言功能严重受损。具体的缺陷类型取决于潜在的大脑受损区域。虽然痴呆这个术语已经不再作为一个诊断标签了，但它依旧被广泛使用，用于描述老年人的认知功能减退。不过，它对患有认知障碍的年轻病人的适用性有限。DSM-5的撰写者认为"痴呆"是一个带有贬义色彩的术语，所以他们用另一个描述性更强的术语——重度神经认知障碍——来代替它。就像是他们对另一个贬义色彩的术语智力迟钝（现在用智力残疾来代替）所做的一样。然而，因为痴呆仍然被广泛用于某些类型的认知功能减退上，特别是老年人，所以，我们仍会继续使用这个术语。

痴呆通常会发生在80岁以上的老年人身上，65岁以后开始发作的痴呆被称为迟发性痴呆（late-onset dementia），65岁以前发作的痴呆被称为早发性痴呆（early-onset dementia）。虽然年龄越大，患上痴呆的风险也越大，但是痴呆却不是正常衰老的结果。它是阿尔兹海默病这类退化性脑部疾病的征兆。[判断正误]

判断正误

痴呆是衰老过程中的正常现象。
□错误　痴呆并非年龄增长所致的正常现象。它是由影响大脑功能的潜在疾病所导致的。

轻度神经认知障碍

14.4　描述轻度神经认知障碍的主要特征

轻度神经认知障碍（mild neuarocognitive disorder）是DSM-5里面新列出来的疾病，适用于轻、中度认知功能减退的人。这种减退还不足以被诊断为重度神经认知障碍。考虑到个体的认知功能检测需要由临床医生用正规的神经认知测验测量其记忆、注意力和解决问题等技能。所以临床医生需要知道正常衰老时的认知功能（如预期的记忆失误和正常的健忘）以及认知功能出现标志着神经认知障碍的严重问题时，两者之间的差异。认知老化不是一种疾病，而是一种自然而然的过程，从每个人出生开始，就会伴随人的一生（Jacob, 2015b）。

轻度神经认知障碍是一种被广泛认定为轻度认知受损（mild cognitive impairment, MCI）的临床综合征的新名称。轻度认知功能障碍或者轻度认知受损患者能够独立工作生活，完成工作生活中的日常任务，但是相较于以前，他们需要付出更多的努力。他们可能会用补

我把钥匙放哪儿了？忘记钥匙放在哪里是一种普通的健忘，随着年龄的增长，这种健忘会变得越来越普遍。忘记钥匙的作用是一种可能的神经认知障碍的信号，这还需要进行更彻底的评估。

判断正误

大部分患有轻度认知受损（MCI）的老年人在5到10年内会患上阿尔兹海默病。

☐ 错误　的确，有些人会患上阿尔兹海默病，但是大部分人不会发展为阿尔兹海默病。

偿性的方法来维持自立能力，例如将工作责任转移到其他人身上，用电子设备来维持他们滞后的记忆。临床医生一直用临界值来区分轻度认知受损和正常衰老的认知功能，特别是记名字和心算。

轻度认知受损通常发生在像阿尔兹海默病等神经退行性疾病以及脑外伤、HIV感染、物质滥用等造成的脑部疾病和糖尿病的早期阶段。例如，阿尔兹海默病会随着时间的推移逐渐恶化，并且大部分的病例都始发于轻度认知受损所造成的记忆衰退，通常其症状彻底显现出来还需要好几年的时间（Cooper et al., 2014；Vos et al., 2015）。但是，多数轻度认知受损患者不会患上阿尔兹海默病。［判断正误］

将轻度神经认知障碍列入到DSM-5中是非常重要的。首先，确诊轻度认知受损病例有助于预防某些恶性疾病的发生。当认知功能进一步受到损害时，药物或者认知再训练等早期干预手段可能是无效的。其次，诊断疾病有助于研究人员识别可能愿意参与研究试验的被试，这些试验的重点是找到防止轻度认知损伤发展成为重度的方法。

接下来关注的是神经认知障碍的特定亚型，其中认知障碍的程度从轻度到重度不等。我们重点关注的是阿尔兹海默病，因为它是重度神经认知障碍的最主要原因。

阿尔兹海默病所引发的神经认知障碍

14.5　描述阿尔兹海默病的主要特征和病因，并评估目前的治疗方法

阿尔兹海默病（Alzheimer's disease, AD）是一种退行性脑部疾病，会导致渐进性和不可逆性痴呆，它的特点是记忆丧失和认知功能的退化，如判断和推理能力。在美国，阿尔兹海默病是第六大死亡原因，每年会造成85000人死亡（疾病防治中心，2015b，2015c）。随着年龄的增长，阿尔兹海默病的患病风险也会增加（Hebert et al., 2013；Querfurth & LaFerla, 2010）。超过99%的阿尔兹海默病都发生在65岁以上的老年人身上（Al-

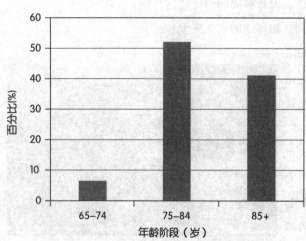

图14.1　老年人口的阿尔兹海默病患病率

75岁以上的老年人阿尔兹海默病的患病风险高于65-74岁之间的老年人。

来源：Hebert et al., 2003.

zheimer's Society, 2008)。随着美国老年人口的增加，预计到2050年，大约有1600百万人会罹患该病。而65岁以前就出现阿尔兹海默病的症状则似乎和更严重的疾病有关。

大部分的阿尔兹海默病都发生在65岁以上的人群中，最典型的是在70多岁和80多岁的人群中(见图14.1)。其中，女性比男性的患病风险更高，这可能是因为女性活得比男性更长。我们需要再次强调一下，虽然阿尔兹海默病与衰老有关，但是它是一种脑部退行性疾病，不是正常衰老的结果。

与阿尔兹海默病有关的痴呆表现为记忆力、语言、问题解决等心理能力的渐进性退化。中年时期偶尔记忆力缺失或遗忘（比如忘记把眼镜放在哪里了）是很正常的，而且这也不是阿尔兹海默病早期阶段的标志。在后来的日子里，人们（以及我们中一些年事未高的人）会开始抱怨记不起那些曾经对他们来说习以为常或很熟悉的名字。[判断正误]

判断正误

随着年龄增长，人们偶尔会健忘，这可能是阿尔兹海默病的早期症状。
□错误 偶尔健忘是老年化的正常现象。

忘记把钥匙放在哪很正常，但是忘记住在哪就不正常了。这里一位阿尔兹海默病早期患者讲述了她的记忆如何开始消失。她描述了某天她从丈夫的办公室开车回家的经历。

"活在迷宫中"：一个早发性阿尔兹海默病的案例

我很无助地迷路了，不知道回家的路……我害怕地发抖，并忍不住哭起来。发生了什么事？

前方不远处是一个公园管理处。我颤抖着擦干眼泪，深呼吸，试图冷静下来……警卫笑着问我是否需要帮助。

"我好像迷路了。"我说……

"你要到哪里去？"警卫礼貌地问我。

当我意识到我无法记忆起自己家的街道时，不禁打了个寒颤。泪水顷刻涌了出来，我不知道自己要去哪里……

我努力搜索记忆，却发现大脑一片空白，顿时感到恐惧侵袭全身。突然，我想起来，我经常带着孙子到这个公园来。那就意味着我一定住得很近。

"离这里最近的小区是哪里？"我颤抖地问。

"离奥兰多(Orlando)最近的小区是松山(Pine Hills)。"他试探地说道。

"对了！"我感激地喊道。我终于记起了小区的名字。

我根据他提供的具体方向小心地开着车,寻找每个交叉路口……终于……我发现了小区的入口。

回到家中,放松的感觉带来了更多的泪水……我躲在漆黑的主卧里,坐在床上蜷缩着,双臂紧紧抱住自己。

来源:摘自 McGowin, 1993.

阿尔兹海默病 许多名人都患有阿尔兹海默病,包括美国前总统罗纳德·里根(Ronald Reagan)。图为他被诊断为阿尔兹海默病后首次和他的妻子南希(Nancy),在公共场合露面。他于2004年6月死于该病。

当认知功能受损变得越来越严重和广泛,已经影响到个体的日常工作和社交基本功能时,就需要怀疑是否患了阿尔兹海默病了。在阿尔兹海默病的病程中,患者可能会迷失在公园、商场,甚至是自己的家中迷路。一位阿尔兹海默病患者的妻子讲述了这种疾病是如何影响她丈夫的:"阿尔兹海默病让患者不知道自己是谁,而且没有治愈的希望。每当看到理查德(Richard)因为找不到车门而绕着汽车团团转时是多么痛苦。"(Morrow, 1998)在患病过程中经常出现躁动、乱走、抑郁和攻击行为。

当阿尔兹海默病患者意识到他们的心理功能下降,却不知道为什么会这样时,他们可能会变得抑郁、意识混乱,甚至产生妄想。他们在出现记忆力减退之前,可能就已经出现了抑郁和躁动(Master, Morris, & Roe, 2015)。随着病情的加重,患者可能会出现幻觉和其他精神疾病的特征。心理困惑和恐惧可能导致偏执妄想或坚信自己的爱人已经背叛自己、在剥削自己或根本不关心自己。他们可能会忘记爱人的名字或认不出他们。他们甚至可能会忘记自己的名字。

德国医生爱罗斯·阿兹海默(Alois Alzheimer, 1864—1915)于1907年最早对阿尔兹海默病进行了描述。在他对一位患有重度痴呆症的56岁妇女进行尸检时发现,患者的大脑有两处异常,现已将其作为阿尔兹海默病的标志:黏性肿块的斑块(由β淀粉样蛋白的纤维蛋白碎片沉积组成)以及尿囊纤维缠结(tau蛋白的扭曲纤维束;见图14.2;Ossenkoppele et al., 2015; Underwood, 2015)。β淀粉样蛋白异常可能会在患者出现阿尔兹海默病症状前的20年或者30年就存在了。下面的一系列照片中的红色部分就是阿尔兹海默病患者脑内的斑块。

阿尔兹海默病的诊断 许多医学和心理因素可能引起与阿尔兹海默病非常相似的症状,例如重度抑郁导致的记忆丧失。因此,误诊现象经常发生,特别在阿尔兹海默病的早期阶段。所以,医生在诊断阿尔兹海默病时也需要额外小心。2012年,新兴的大脑扫描技术首次让医生能基于大脑扫描来诊断阿尔兹海默病,这项技术可以显示疾病所造成的斑块以及记忆丧失的临床证据(Kolata, 2012)。大脑扫描技术可以诊断出那些可能会恶化为阿尔兹海默病的轻度认知障碍患者(Chen et al., 2011;Jack et al., 2011)。

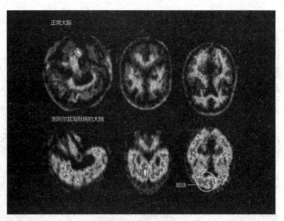

图14.2 正常大脑和阿尔兹海默病患者大脑的脑部正电子扫描图

(注意阿尔兹海默病患者大脑中标红的区域表示斑块的存在。)

阿尔兹海默病的症状 患者在阿尔兹海默病早期阶段时,记忆力会出现一定的问题,个性也会发生细微的改变。起初,他们的财务管理会出现失误;记不住最近发生的事情;也记不住诸如电话号码、区号、邮政编码、孙子的名字这类非常常见的信息;无法进行简单的数值计算。一位曾经管理过数百万美元的商业主管可能连简单的数值计算都算不出来。还会出现轻微的性格改变,如本来性格很张扬,现在却变得唯唯诺诺;本来很绅士的人却变得脾气暴躁。在发病早期,患者一般显得整洁文雅、表现合作,能够进行适当的社交活动。

有些阿尔兹海默病患者并不知道他们的问题,有些拒绝承认患有此病。发病初期他们可能将问题归咎于其他原因,如压力或疲劳。拒绝承认患有此病能使早期或轻微患者意识不到自己的智力正在下降。而如果意识到自己的心理状态正在恶化,则可能引起抑郁。

中等严重程度的阿尔兹海默病患需要别人协助处理日常事务。在这个阶段,阿尔兹海默病患者可能无法找出合适的衣服,或想不起自己的家庭住址及家庭成员的姓名。驾车时经常犯错误,看到停车标志时不停车,该踩刹车的时候却踩油门。他们上厕所或者洗澡的时候可能都会遇到麻烦。他们有时甚至认不出镜子中的自己、讲不出完整的句子、口头反应也仅限于有限的几个词语。

观看视频"阿尔文:痴呆(阿尔兹海默病类型)",了解更多关于阿尔兹海默病的信息,以及处理诊断疾病的经验。

观看　阿尔文：痴呆（阿尔兹海默病类型）

运动功能和协调功能会进一步恶化。中度阿尔兹海默病患者的步伐会变得更慢更小。即使在别人的帮助之下，他们可能也无法签名。他们可能连刀叉都拿不起来。易怒成为此阶段的一个显著特征。患者好像在与一个无法控制的局面作斗争。他们时而快步走，时而坐立不安，时而做一些攻击性的行为，如大喊大叫、投掷和敲打。患者有时因焦躁不安或找不到回家的路而游荡。

阿尔兹海默病患者进入重症期后可能会开始自言自语，出现幻视或类偏执妄想。他们认为有人想要伤害他们或偷他们的东西，或者配偶对自己不忠，他们甚至认为自己的配偶是另外一个人。

到了最严重的时候，患者的认知功能会下降到任何事都无能为力的程度。他们会丧失说话能力和控制运动的能力。他们会失去自制力，无法交流、行走甚至站起来，吃饭、上厕所都需要外界帮助。最后会出现癫痫、昏迷甚至死亡。

阿尔兹海默病不仅会给患者带来痛苦，也会给患者的家人们带来严重影响。家人们眼睁睁看着自己亲人的病情一步步恶化，用他们的话说，就像参加一个"一场永远结束不了的葬礼"（Aronson，1988）。重度阿尔兹海默病的各种症状，如到处迷路、攻击、破坏、无法自制、尖叫，以及晚上不睡觉，都给照料者带来了巨大的压力。和一个重度阿尔兹海默病患者生活在一起就像是和一个陌生人生活在一起一样，因为患者的个性和行为都发生了根本性的变化。所以，阿尔兹海默病患者的照料者比非照料者更容易患上各类健

你知道我是谁吗？阿尔兹海默病可以摧毁一个病人的家庭。配偶通常提供大量的日常照料，还要忍受看着爱人日复一日地溜走的情感成本。

康疾病,应激激素水平也会偏高(Vitaliano, Zhang, & Scanlan, 2003)。典型的情况是,大多数照顾病人的重任落到家庭中女儿的身上,她们往往是中年妇女,常常自己就像是一块"三明治",被夹在患病父母和自己的孩子之间。

病因 我们不知道阿尔兹海默病的病因是什么,但理解了阿尔兹海默病患者脑中的绒毛状凝块的形成过程,或许可以提供一些线索(Ossenkoppele et al., 2015; Zhao et al., 2015)。近期研究显示,淀粉样斑块的帽状积聚会导致大脑中的炎症,而这反过来又影响了记忆形成和记忆储存的神经元网络(Bie et al., 2014; ScienceDaily, 2014a)。

科学家们发现,阿尔兹海默病是从大脑皮层中对记忆起关键作用的区域开始逐渐扩散到大脑皮层的其他部分(Khan et al., 2013)。深入研究患上阿尔兹海默病的生物化学过程,可以使科学家们深入了解阿尔兹海默病的分子基础,找到阿尔兹海默病的治疗和预防方法(Tsai & Madabhusi, 2014)。沿着这个思路,阿尔兹海默病患者在大脑自我清理淀粉样蛋白质毒性上存在的异常也许在大脑斑块的形成中扮演了某种角色(Keaney et al., 2015)。

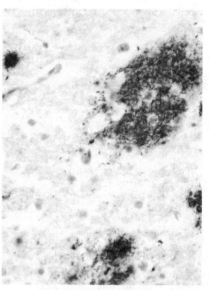

与阿尔兹海默病相关的斑块 阿尔兹海默病患者脑部神经组织出现退化,形成绒毛状凝块或由β淀粉样蛋白碎片组成的斑块。这里显示的是脑部皮层的斑块区域(图中虚线勾勒部分)的一个切片。

另一个研究重点就是遗传因素(Tanzi, 2015)。科学家现在已经找到了和阿尔兹海默病有关的大量基因(e.g., Heck et al., 2015; Hooli et al., 2015; Lu et al., 2014)。疾病的表现形式不同,基因的组合可能也就不同。某些形式的阿尔兹海默病与患者大脑中β淀粉样蛋白的产生,或者与淀粉样蛋白的异常聚集和神经纤维的缠结有关(Zhao et al., 2015)。那些患有ApoE4基因变异的人日后患阿尔兹海默病的风险较高,比正常人高出三倍以上(Bien-Ly et al., 2012)。

环境因素可能也与阿尔兹海默病有关(Sotiropoulos et al., 2011)。我们至今不知道哪种特定的环境因素会导致阿尔兹海默病,但是压力是"疑犯"之一。科学家们目前正在致力于研究遗传因素如何与环境因素发生交互作用,从而导致这种疾病的产生。

健身有利于身心健康 遵循健康计划,避免吸烟,多做一些刺激认知功能的活动,规律性地锻炼,可以提高老年人的认知功能。

治疗和干预 目前用于治疗阿尔兹海默

病的、可获得的最好药物也只是在减慢认知功能的下降速度和恢复认知功能上起到一定的作用,现在并没有能够彻底治愈阿尔兹海默病的药物。目前应用最多的药物是多奈哌齐(商标名为安理申),它可以用来增加神经递质乙酰胆碱(ACh)。阿尔兹海默病患者的乙酰胆碱较少,可能是由于大脑中生产乙酰胆碱区域内脑细胞的死亡造成的。然而,这种药物对中度到重度阿尔兹海默病患者的认知功能的恢复仅有轻微的或适当程度的改善(Howard et al., 2012; Kuehn, 2012a)。而另一种药物,美金刚(商标名 Axura),则阻断了患者大脑中的浓度非常高的神经递质谷氨酸(Rettner, 2011)。高浓度的谷氨酸会损伤脑细胞。不幸的是,目前没有证据表明安慰剂能够对轻度阿尔兹海默病起到治疗作用(Schneider et al., 2011)。抗精神病性药物可被用来控制痴呆患者的攻击性行为和躁动行为,但这些药物具有明显的风险(Corbett & Ballard, 2012; Devanand et al., 2012)。[判断正误]

判断正误

幸运的是,我们现在已经有了可以延缓阿尔兹海默病恶化的药物,甚至在有些案例中可以治愈病症。

☐ 错误　虽然目前的研究致力于研发这种药物,但是目前仍然没有能够抑制疾病恶化的药物或者是能够治愈这种疾病的药物。目前的药物充其量只是减缓认知衰退的速度。

在阿尔兹海默病形成过程中大脑炎症起到了关键作用,因此,研究人员正在评估抗炎药物潜在的治疗效果,例如常见的止痛药物布洛芬(商标名"雅维")。医学专家警告说,在搞清这类药物是否能够降低患上阿尔兹海默病的风险以及延缓阿尔兹海默病的恶化之前,不要广泛使用这类药物。不幸的是,目前没有药物能够阻止或者延缓阿尔兹海默病的恶化(Kolata, 2010)。科学家们怀疑,阿尔兹海默病中涉及的生物学进程在痴呆症状出现的20年之前就已经开始了(Bateman et al., 2012)。所以,科学家们呼吁,研发药物应该着重研发针对病症早期阶段而不是晚期阶段的药物(Buchhave et al., 2012; Selkoe, 2012)。

做一些刺激认知功能的活动——例如解谜语、读报纸、玩文字游戏等等——都可以帮助轻度、中度阿尔兹海默病患者提高认知能力(Woods et al., 2012)。而记忆训练也可以帮助患者更好地利用他们剩余的能力。而未来,我们的希望就是可以研发出有效预防这种破坏性疾病的疫苗(Michaud et al., 2013)。

在预防阿尔兹海默病方面,观察研究显示,某些生活方式和低阿尔兹海默病患病率以及一般水平的认知功能衰退是有关系的,例如定期锻炼、避免吸烟、吃低动物脂肪的食物以及多吃蔬菜和鱼(Eggneberger et al., 2012; Nisbett et al., 2012; Smith et al., 2014; Gill & Seitz, 2015)。其他证据显示,健康生活方式可以提高老年人的认知功能(Eggneberger et al., 2015; Ngandu et al., 2015; Vidoni et al., 2015)。我们也有观察性证据显示,成年中期的身体健康与成年晚期的痴呆症低风险有关(DeFina et al., 2013)。但是,我们仍然需要直接的实验证据表明调整生活方式有助于保护大脑不受到阿尔兹海默病的伤害。[判断正误]

判断正误

近期有证据表明,有规律的锻炼可以保护大脑不受阿尔兹海默病的影响。

☐ 错误　这也许是真的,但目前我们还是得把它当成错误的,因为没有直接的实验性证据可以证明锻炼能够预防阿尔兹海默病。

深入思考

从脸书中选取一页:神经科学家在阿尔兹海默病患者中检验其大脑网络

脸书网(Facebook),是一个受欢迎的社交网站,通过共同的朋友或爱好建立相互间的联系。人们之间共同的联系被称为中心——例如,"嘿,我发现我们有共同的狗狗美容师,你想加入我们的遛狗小组吗?"在这个例子中,狗狗美容师就是联系两个或更多人的中心。你最终可能会碰到使用共同狗狗美容师的其他顾客,但是脸书却能让大家的联系更快、更便捷。

斯坦福大学医学院的神经科学家比较了阿尔兹海默病患者和正常人大脑中相互联系的神经元或"中心"(Conger, 2008a, 2008b; Supekar et al., 2008)。功能性磁共振成像(fMRI)扫描结果

图14.3　你在脸书上的大脑

脸书基于存在共同认识的人或兴趣模式而将人们联系起来。神经科学家发现阿尔兹海默病患者的脑部有较少的联系较好的运作中心或神经元联系,这可能有助于解释记忆和思维过程中的认知损害。

来源:www.thetechbrief.com/……/facebook-network-31.jpg.

显示,阿尔兹海默病患者较好的脑神经联系相对较少。因此,阿尔兹海默病患者大脑中的工作中心非常少。脑活动中心或相互联系的中心的破损可能会有助于解释阿尔兹海默病患者的记忆损害或意识混乱(见图14.3)。因此,脑部神经元的相互交流变得很困难,因为它们不像正常神经活动那样紧密联系。

通过对神经网络进行分析,科学家可以以75%的准确率区分出阿尔兹海默病患者和正常人。这项研究也许是发展新的区别早期阿尔兹海默病和其他脑部障碍的诊断工具的第一步。

其他神经认知障碍

14.6 明确其他神经认知障碍亚类型

虽然阿尔兹海默病是神经认知障碍中最常见的,但是还有一系列破坏大脑认知功能的障碍。我们先从血管性神经认知障碍开始讨论。

血管性神经认知障碍 脑部像其他活体组织一样,依靠血液供给氧气和葡萄糖,并带走其代谢废物。中风,通常也被称之为**脑血管意外**(cerebrovascular accident,CVA),当血液供给中断引发部分大脑受损时就会发生,而这通常都是由于大脑供血动脉血液形成凝块,阻塞血液循环造成的(Alder,2004)。大脑的某些区域会受损,导致运动、言语、认知功能受损,也有可能导致死亡。

血管性神经认知障碍(vascular heurocognitive disonder,以前也被称之为血管性痴呆或者多梗塞性痴呆)是由于伤害大脑的脑血管事件(中风)所引发的轻度或中度神经认知障碍(Staekenborg et al.,2009)。血管性痴呆是仅次于阿尔兹海默病的第二大常见类型痴呆,老年人群更容易患上该病,但是一定程度上,该病发病早于阿尔兹海默病痴呆。这种疾病的男性患病率比女性更高,且每5个痴呆患者中就有1个患者患有该种疾病。虽然任何一个患中风的个体都会有严重的认知受损,如失语症(aphasis),但是中风通常不会引起痴呆那样更加广泛的认知功能减退。血管性痴呆是由于在不同的时间里多次中风所造成的,这对心理功能造成了累计性的伤害。

血管性神经认知障碍的症状与阿尔兹海默病痴呆的患者症状相似,包括记忆力和语言能力受损、焦虑、情绪不稳定和缺乏自理能力。然而,阿尔兹海默病的特点是隐匿性发作以及心理功能逐渐下降,而血管性痴呆通常是突然发作,逐步恶化,其认知功能的快速下降被认为是多次中风的结果。血管性痴呆患者的某些认知功能在病程的早期仍然保持相对完整,这是斑块恶化的形式,某些心智能力保持完整,而其他能力却受到严重损害,这取决于大脑因多次中风而受损的区域。

额颞叶神经认知障碍 这种障碍的特征是大脑皮质额叶和颞叶的脑组织退化(变薄或萎缩)。它的症状和阿尔兹海默病很像,也是渐进性痴呆的形式。其症状包括记忆丧失、社会化行为不当,如不谦虚,以及公开进行性行为。这种形式的痴呆最初被称为皮克病(iPck's disease),因为医生发现某些痴呆病人大脑中的皮克小体结构异常。要确诊该疾病,必须解剖尸体,确认缺少阿尔兹海默病会存在的神经纤维缠结和斑块,而神经细胞中存在皮克小体。痴呆疾病中的6%到12%都是皮克病(Kertesz, 2006)。不同于阿尔兹海默病,这种疾病通常开始于中年期,而不是在晚年期,但是有时候,二十几岁的年轻人也会患上这种病(Love & Spillantini, 2011)。70岁以后,患病风险就会降低。男性的患病率高于女性。皮克病通常都是家族性的,有证据指向遗传因素(Love & Spillantini, 2011)。

击打头部导致痴呆 美国橄榄球联盟调查发现,前职业橄榄球运动员患上阿尔兹海默病或其他记忆相关疾病的概率远远高于平均水平很多倍。在运动场上多次的头部撞击可能会导致痴呆和其他形式的认知损害。

外伤性脑损伤所导致的痴呆 在事故或袭击中发生的外伤、撞击以及切割脑组织而引发的头部创伤都会伤害大脑,有时这种伤害是非常严重的。由于外伤性脑损伤所造成的渐进性痴呆有很大的可能性是因为多次头部创伤所造成的(在从业过程中,拳击手的头部就会遭受多次击打),而不是单次击打或头部外伤。足球运动员由于在球场上头部会反复受伤,所以他们脑损伤的风险更高。全国橄榄球联盟(NFL)一项广泛性的调查发现,退役足球运动员痴呆症患病率和严重记忆障碍患病率要远远高于正常人的患病率(Schwarz, 2009)。另一项研究发现,患过脑震荡的NFL退役运动员出现了大脑退化的早期信号(Barrio et al., 2015)。不仅仅是著名的运动员会这样:近期研究显示,大学足球运动员大脑中负责形成记忆的区域也变小了,而且他们踢足球的时间越长,变小的就越明显(Singh et al., 2014)。

虽然头部受伤次数越多,大脑受到伤害的风险也就越大,但是,一次简单的头部受伤都可能会导致神经认知障碍。如果创伤性脑损伤足够严重的话,那么就会直接导致个体身体残疾,甚至是死亡。受脑外伤后,个体个性的具体变化与损伤的严重程度和部位等因素有关。例如,在额叶受伤后，情绪的改变就涉及情感和个性的改变。

失忆症（amnesia，即记忆力丧失）经常是由于头部受击打、触电和大型外科手术等外伤所引发的，一次头部受伤就可以让人记不起事故发生前不久发生的事件。交通事故的受害者可能记不得进入车内以后发生的任何事情。一名足球运动员在比赛中头部受到撞击，在离开更衣室后，就记不起任何事了，他患上了失忆症。在某些案例中，人们会记得很久以前发生的事情，却记不起最近发生的事情。例如，失忆症患者可以很容易回忆起童年期发生的事情，却想不起昨晚的晚饭。

"她是谁？"一个失忆症的案例

一个从摩托车上摔下去的医学生被紧急送往医院。当他醒来时，他的父母正在身边陪着。当他的父母正在解释他身上发生了什么的时候，门突然打开了，和他结婚几周的新婚妻子冲了进来，跑到床前抚摸他，庆幸他伤得不重。妻子表达了几分钟的爱意离开之后，她的丈夫，这个慌乱的学生看着他的母亲，问："她是谁？"

来源：摘自 Freemon, 1981, p.96.

判断正误

经历一次摩托车事故后，一个医学学生认不出几个星期前和他结婚的爱人。

☐ **正确**　在一次事故之后，一名学生虽然认识他的父母，但却不认识刚结婚几周的妻子。

医学生所丧失的长时记忆不仅包括事故发生时的记忆，还包括结婚以及遇到他妻子之前的记忆。就像大多数失忆症患者一样，这名学生最终也恢复了全部的记忆。[判断正误]

失忆症有两种类型：**逆行性失忆症**（retrograde amnesia；表现为忘记过去发生的事和个人信息）和**顺行性失忆症**（anterograde amnesia；表现为不能或很难形成、或储存新的记忆）。离开更衣室后不记得发生了什么的足球运动员属于前者。但是医学频道也报道过一些案例，某些患者对于字面信息是"左耳朵进，右耳朵出"，因为他们没办法形成新的记忆。这些人所患的就是顺行性失忆症。没有办法形成新的记忆，可能会通过患者无法记住5分钟或10分钟以前遇到的人的名字体现出来。在失忆症发作时，瞬时记忆（重复一系列数字）似乎没有受到影响。不论怎样锻炼，一个人是不太可能会记住数字序列的。

在一个著名的医学案例中，一个名字首字母为H.M.的癫痫症病人，为了控制癫痫发作，做了一个手术，而手术的并发症就是顺行性失忆症（Carey, 2009a）。在这次手术之后，他没有办法学习新知识，接收新信息。他每次逛商店都好像是第一次逛商店，他一次又一次地遇上新熟人，却没法想起之前曾经见过这个人。他曾引用过一句话："无论我有过怎样的快乐和悲伤，这一天仍是孤独的。"

失忆症患者可能也会患上定向障碍，比起自身定向障碍（不知道自己的名字）、地点定向障碍（不知道自己在哪）和时间定向障碍（不知道是哪一天，哪一个月，哪一年）更加常见。他们可能不知道自己的记忆障碍或者试图否定、掩盖他们的记忆缺陷，甚至当证据摆在他们面前时也是如此。他们可能会用想象的事情去填补记忆的空白，或者他们也会承认自己的记忆出现了问题，但是会表现得漠不关心，情绪平淡。

H.M. 顺行性失忆症患者H.M.，是医学史上研究最多的病例之一。病人亨利·莫莱森（Henry Molaison）于20世纪70年代在他家外面拍摄了这张照片，他于2008年去世，如果你遇见他，然后离开几分钟，他会像第一次见到你那样向你打招呼。

虽然失忆症患者的记忆会严重丧失，但是他们的智力会保持在正常范围内。不过像阿尔兹海默病这类渐进性痴呆症的记忆功能和智力功能都会受到损害。尽早找到记忆障碍的病因是至关重要的，因为根本的病因被解决了，患者也就会痊愈。

除了脑外伤之外，失忆症的其他原因包括脑部手术；**缺氧**（hypoxia）或大脑供氧突然不足；脑部感染或疾病；**梗塞**（infarction）或者是供养大脑的血管堵塞；长期大量使用某些精神活性物质，最常见的就是酒精。

物质滥用或药物所引发的神经认知障碍 使用或者不再使用精神活性物质或者药物会通过许多途径损害大脑功能，导致轻度或重度神经认知障碍。最常见的例子就是科尔萨科夫综合征（Korsakoff's syndrome），它是由于维生素B1（硫胺素）缺乏引发脑损伤，最终导致了不可逆性记忆丧失。这种疾病与慢性酒精中毒有关，因为滥用酒精的人通常不会注意自己的营养摄入，不会吃足够的含有维生素B1的食物，或者他们那已经被酒精浸泡的肝脏可能无法有效代谢维生素。即使患者戒酒多年以后，这种记忆障碍仍然会存在。然而，科尔萨科夫综合征并不止局限在慢性酒精中毒患者身上，在其他群体中也会存在，例如战俘这类群体在被剥夺期间也会患上硫胺素缺乏症。

科尔萨科夫综合征患者会丧失大量过去的记忆,学习新信息上也存在明显障碍。尽管他们的记忆丧失了,但是他们的智力不变,他们也经常被描述为表面非常友好,但是缺乏洞察力,无法分清现实和他们用来填补记忆空白的荒诞故事。他们有时会有严重的定向障碍,需要人监护。

科尔萨科夫综合征通常尾随着韦尼克氏病(Wernicke's disease)的急性发作,这是另外一种发生在酒精中毒患者身上的,由于缺乏硫胺素所引发的脑部疾病(Charness, 2009)。韦尼克氏病的特征是混乱(ataxia)、定向障碍;行走时难以保持平衡,控制眼球的肌肉瘫痪。这些症状可能会消失,但是很多患者却患上了科尔萨科夫综合征以及持久的记忆障碍。韦尼克氏病如果及时用大量的维生素B1治疗,那么患者可能就不会患上科尔萨科夫综合征。

路易小体神经认知障碍 路易小体神经认知障碍是仅次于阿尔兹海默病的第二大常见渐进性神经认知障碍,大约130万美国人患有该病(NINDS, 2012; ScienceDaily, 2014c)。痴呆老年人中的10%患有该病。这种病兼具阿尔兹海默病和帕金森病的特征。**路易小体**(Lewy bodies)是在大脑某些部分的细胞核内形成的异常蛋白质沉积物,会破坏控制记忆和运动控制的过程。这种疾病的显著特征除了和阿尔兹海默病非常像的认知功能严重衰退以外,还有注意力和警觉性的波动,表现为困倦和愣愣地看着;反复出现的幻视,僵硬的躯体运动和典型的帕金森病僵硬的肌肉。患有路易小体痴呆的人可能也患有抑郁症。这种疾病可能会在个体50—85岁时发病,而且现在没有治愈方法,科学家们也不知道路易小体为什么会在某些人的大脑细胞中积聚。

帕金森病引发的神经认知障碍 帕金森病(Parkinson's disease)是一种缓慢恶化的疾病,在美国,包括前重量级拳击冠军穆罕默德·阿里(Muhannad Ali)和演员迈克尔·J.福克斯(Michae J. Fox)这样的名人在内,大约有50万到100万美国人患有该病,且病因未明。男性和女性在该病的患病率上是持平的,50岁到69岁是最常见的患病年龄段,而65岁以上的人群中超过1%的人患有该病。帕金森病经常会发展为痴呆,据估计,接近80%的帕金森病患者最终都会在患病过程中患上痴呆(Shulman, 2010)。

帕金森病的特点是控制不住地摇晃或震颤、肌强直、姿势中断(向前倾),控制不了躯体运动,帕金森病患者可能能够控制他们的摇

罗宾·威廉姆斯 2014年,著名艺人罗宾·威廉姆斯(Robin Williams)的自杀事件对他的数百万粉丝来说,就像是重磅炸弹。据报道,威廉姆斯患有路易小体痴呆和抑郁症。而他之前没有出现任何即将自杀的迹象。

晃或震颤,但控制时间非常短暂;有些人甚至没法走路,而有些人则会蹲下,艰难地行走;有人难以做出随意运动,控制不好精细的运动,像手指运动;有些人则会反应迟钝。他们可能看起来面无表情,就好像戴着一副面具,这可以明显反映控制面部肌肉的大脑组织病变的情况。而且对他们来说,做出一系列的复杂运动,如签名,是一件非常困难的事。帕金森病患者可能无法同时协调两种运动,比如帕金森病患者就难以一边走路一边拿出钱包。

> **运动障碍:一个帕金森病的案例**
>
> 一位58岁的老人穿过旅店的走廊去付账。他把手伸进夹克的口袋掏钱包。做这个动作时,他停止了行走,在一个陌生人面前站住了。他意识到自己动作的停滞,于是继续向收银台走去,但是他的手留在了衣内口袋中,就好像他藏了一件武器,一走到收银台前就会逃出来。
>
> 来源:摘自 Knight, Godfrey, & Shelton, 1988.

出于未知的原因,帕金森病患者体内缺少多巴胺能神经元,而这种神经元位于黑质下,它可以调控身体运动(Laguna et al., 2015; Palfreman, 2015)。虽然根本的原因尚不可知,但是科学家怀疑是遗传因素与某些可能的环境因素,如某些毒素,共同发生了交互作用(Dai et al., 2012; Mortiboys et al., 2015; NIH Research Matters, 2015)。就像某位专家说的:"多巴胺就像是汽车发动机里的油,如果油还在,那么汽车就能够正常运转,如果油没了,那么汽车就会卡住。"(Carroll, 2004, p.F5)

在这种疾病的早期阶段,虽然运动功能会严重受损,但是认知功能似乎仍保持着完整。痴呆通常会在疾病晚期或者在疾病更加严重的时候才会出现。帕金森病导致的痴呆通常会表现为思维过程减慢,抽象思维能力受损,动作计划、组织能力受损,检索记忆的能力受损。总体而言,与帕金森病有关的认知障碍比阿尔兹海默病更加微妙。帕金森病患者通常也会抑郁(Torbey, Pachana, & Dissanayaka, 2015),而这可能是因为要对抗疾病,又或者是疾病对大脑的潜在影响。

对抗帕金森病 演员迈克尔·J.福克斯一直在与帕金森病进行斗争,并且让国家注意到需要找到更有效的治疗方法来对抗这种脑退行性疾病。

不论这种疾病的根本病因或者(表面)病因是什么,帕金森病的这些症状,控制不住地摇晃或震颤,僵硬的肌肉,行走困难,都与大脑中多巴胺含量的不足有关(Sahin & Kirik, 2012)。20世纪70年代引入的药物左旋多巴给帕金森病患者带来了希望。这种药物可以在大脑中转化成多巴胺(Devos, Moreau, & Destee, 2009)。

帕金森病仍是渐进性的不治之症,但是,左旋多巴可以控制该病的症状,延缓其进展。然而,在经过几年的治疗之后,左旋多巴就会丧失其作用,疾病会继续恶化。其他几种药物正在实验阶段,这可以为治疗提供新的希望。而基因研究可能会在未来的某一天为治疗帕金森病找到基因的理论基础,深层脑结构的电刺激研究也在进行中(Schuepbach et al., 2013;Tanner, 2013)。

亨廷顿氏舞蹈症引发的神经认知障碍 亨廷顿氏舞蹈症(Huntington's disease)也被称为亨廷顿氏病(Huntington's chorea),由神经学家乔治·亨廷顿(George Huntington)于1872年发现。亨廷顿氏舞蹈症患者用以调节身体运动和姿势的大脑基底神经节会逐渐退化。

这种病最突出的身体症状就是面部(扮鬼脸)、颈部、四肢和躯干的非自愿的抽搐,这与典型的帕金森病的运动困难相反。这种抽搐就像在跳舞(choreiform),这个词来源于希腊词根"choreia",意思是"跳舞"。情绪不稳定,焦虑、抑郁、冷漠在该病的早期阶段很常见。随着疾病的发展,偏执可能也会出现,人们可能会变得"自杀式"抑郁。疾病早期的检索记忆困难后来可能就会发展为痴呆。最终,在疾病发作后的15至20年内,个体的身体机能就会丧失,最终死亡("Huntington's Disease Advance,"2011)。

在美国,大约每10000人里面就有1个人患有亨廷顿氏舞蹈症,最多有30000人患有该病("A Step toward Controlling,"2011)。该病通常会在成年期的全盛时期,30—45岁之间开始发病,著名的民歌歌唱家伍迪·格斯里(Woody Guthrie),也就是唱出"这片土地是你的土地(This Land Is Your Land)"的歌手,在和病魔抗争了22年后,于1967年死于该病。和许多其他患者一样,格斯里也被误诊为酗酒。在做出正确的诊断之前,他在精神病院呆了几年。[判断正误]

亨廷顿氏舞蹈症是由于一个基因的缺陷所引起的(Chung et al., 2011)。这种基因缺陷会在大脑神经细胞中产生异常的蛋白质沉积(Biglan et al., 2012; Tsunemi et al., 2012)。这种疾病是由父母当中的任意一方遗传给任意性别的孩子。遗传了这种基因的人最终都会患上这

判断正误

一位著名的歌唱家兼作曲家被误诊为酗酒,送入精神病院多年,直到诊断得到纠正。

☐正确 这位歌唱家兼作曲家就是伍迪·格斯里,他在确诊为亨廷顿氏舞蹈症之前被误诊了好多年。

种病。虽然目前这种病无法治愈，也没有有效治疗的手段，但是科学家们正试图阻断或者抵消这种缺陷基因，这为潜在的突破性治疗带来了希望（Aronin & Moore, 2012; Olson et al., 2011; Song et al., 2011）。

基因检测可以确定一个人是否携带了这种基因。父母中有一方是亨廷顿氏舞蹈症的人是否应该接受基因检测，这是一个有争议的、个人的、尖锐的问题，就像我们在"批判地思考异常心理学@问题：潜在的危机——你是否想知道？"中所说的。

HIV感染引发的神经认知障碍　引发艾滋病的人类免疫缺陷病毒（HIV）也可以侵入到中枢神经系统，造成轻度或重度神经认知障碍。HIV感染所引发的主要认知障碍包括健忘、注意力和问题解决能力下降。在艾滋病还没有完全扩散的情况下，HIV携带者很少会患上痴呆。HIV痴呆的常见行为特征是冷漠和社会退缩。随着艾滋病病情的加重，痴呆也会变得更加严重，可能会发展为妄想、定向障碍、记忆和思维能力进一步受损，甚至可能发展为谵妄。在后期，痴呆可能会和重度阿尔兹海默病患者的严重缺陷非常相似（Clifford et al., 2009）。

朊病毒引发的神经认知障碍　朊病毒是在体细胞中的一种蛋白质分子。当朊病毒发病时，异常朊病毒簇就会形成，并且具有感染性，能够将其他的朊病毒也变成异常的，具有感染性。当异常朊病毒分子扩散到大脑中时，大脑就会受到损伤。目前，最著名的朊病毒病就是克雅氏病，这是一种罕见却致命的脑部疾病。该病的特点是大脑中会形成小孔，就像海绵上面的小洞那样。这种疾病会损害大脑，通常情况下会引发痴呆（重度神经认知障碍）。当人到五十多岁，接近六十岁时，这种疾病的症状就会显现。这种疾病没有治疗方法，且发病后通常会在数月内死亡。大部分类型的克雅氏病没有明显的病因，但是在少数案例中，遗传因素（从父母一方中继承了异常朊病毒）可能是病因。变异型克雅氏病与疯牛病有关，这是通过食用染病牛肉传播的致命性疾病。[判断正误]

判断正误

某种痴呆和疯牛病有关。
☐正确　某一类型的痴呆就是人类感染疯牛病造成的。

与衰老有关的心理障碍

人的身体会随着衰老产生很多变化。钙代谢方式的改变会导致人的骨骼变得脆弱，更加容易跌倒。皮肤不再富有弹性，会出现皱纹和褶皱。感觉也不再敏锐，所以老年人看和听也不是十分准确。不论是开车，还是参加智力测试，老年人都需要更多的时间（反应时）对刺激做出反应。

例如：老年司机需要用更多的时间对交通信号灯和其他车辆做出反应。免疫功能也会随着年龄的增长而下降，所以老年人也更容易患各种疾病。

认知功能也会发生一定的变化。对一个老年人来说，记忆能力和一般认知能力（比如用智力测验和IQ测验测出的能力）的衰退是非常正常的。尤其是在一些时间性非常强的项目上，衰退会非常非常明显，例如韦克斯勒成人智力量表（在第3章讨论过）。相反，词汇或者知识的积累存储会一直保持得很好，甚至会随着时间的推移而有所提高。除了偶尔忘记某人的名字而引起社交尴尬事件，在大多数情况下，认知功能不会下降到无法满足一个人社交或工作的需求。认知功能的下降在某种程度上可以由增加的知识和生活经验所补偿。

认识到痴呆不是正常衰老这一点十分重要，相反，它是退行性脑部疾病的信号。通过筛查、测试神经和神经心理功能，可以辨别正常衰老和痴呆。一般来说，痴呆患者的智力能力下降得更为迅速和严重。

当我们变老时，我们会变成什么样？这又会怎样影响我们的心情？ 虽然当我们变老时，我们的身体功能和认知功能都会下降，但是那些依然保持活跃并忙于各种有意义活动的老人依然对他们的生活感到满足。

总而言之，每5个老年人中，就有1个患有心理障碍，包括痴呆症所带来的焦虑和抑郁障碍（Karel, Gatz, & Smyer, 2012）。这里，我们只谈几种重要的障碍，先从焦虑障碍开始，这是老年人最常见的心理障碍类型。

批判地思考异常心理学

@问题: 潜在的危机——你是否想知道？

一直以来，父母患有亨廷顿氏病的儿童必须等到出现症状——一般在中年——才能确定是否遗传了该病。不过现在已经有一种基因测定方法能够测出哪些是缺陷基因的携带者，哪些最终会患上此病的人可能会活得足够长久。最终，也许有一天基因技术能够修复此基因缺陷或影响。因为研究人员尚未找到治愈或者控制亨廷顿氏舞蹈症的方法，所以，一些潜在的携带者宁愿不知道自己是否携带了这种基因。一个著名的例子就是乡村歌手阿洛·格里斯(Arlo Guhrie)，他和他的父亲伍迪·格里斯(Woody Guthrie)一样（伍迪·格里斯最经典的歌曲是"*This Land Is Your Land, This Land Is My Land*"），也是民歌歌唱家。他的父亲因为该病死于1967年。阿洛并不想知道自己是否携带着这种基因，也从未进行基因测试。幸运的是，他摆脱了他父亲的厄运。

如果你处在阿洛的位置,那你想不想知道你是否遗传了这种疾病,或者你更愿意生活在自己的世界里并尽可能很好地生活?

那么阿尔兹海默病呢?你想不想知道你是否患上了阿尔兹海默病或者携带有高危基因?新兴大脑扫描技术使得对这种疾病的诊断变成了现实,但是知道自己患上阿尔兹海默病会给你带来巨大的打击。没有有效的治疗手段,也没有能够延缓发病的方法,那么还有知道的必要吗?大脑扫描呈阳性的患者仍然很可能被长期医疗保险拒之门外(Kolata, 2012)。然而,测试的支持者认为,提供信息可以减少不确定性,从而帮助人们尽可能地做好准备,找到实验性治疗方案的候选人,而这可以促进治疗技术或者防治技术的进步。在最近的一项调查中,被问到的大部分人都表示,他宁愿不知道自己是否携带着阿尔兹海默病的基因(Miller, 2012)。

你想知道吗? 民谣歌手阿洛·古思里认为他没有。如果你处在阿洛的位置,你会怎么做?

在批判性思考这个问题时,你可能想要挑战一些共识,例如知道总比无知好。当知识可以避免或者控制疾病时,那它就是有价值的,但是当知识无法带来任何健康益处时,那又该怎样做呢?也许无知会比获识更好?通过基因检测来探查致病基因是个人选择,但是对于那些可能是遗传疾病潜在携带者的人来说,在决定是否生育孩子之前,明确遗传风险就是一个有争议的伦理或道德问题。我们提出这个问题是为了鼓励你更加辩证地思考这个问题。你是否认为那些有遗传风险的人在做父母前有义务去确认一下他们的遗传风险?然后再进一步思考,那些知道自己携带潜在致死性或致残基因的人有道德(或法律)的义务不生孩子吗?如果你是一个正统基督教徒、传统犹太教徒、佛教徒或穆斯林,你看待这个问题会有什么不同呢?

遗传在本章所提到的许多疾病中都起了作用,例如帕金森病和阿尔兹海默病。基因还与很多身体疾病有关,如Tay-Sachs病、镰状细胞病和囊性纤维化病。随着我们拥有越来越多的预测疾病的知识和能力,保险公司可能会要求想要生育的父母进行基因检测。有关遗传导致疾病的知识已经深入人心。

在批判性思考这个问题时,回答以下问题:

· 应该要求人们接受缺陷基因测试吗?

· 我们是否应该把各种疾病的患病风险作为获得健康保险或获得工作的筛选条件？如果将其作为筛选条件，那会带来什么影响？如果不作为筛选条件又会怎样呢？

问卷
审视你对衰老的态度
你认为成年晚期是什么样子的？你认为与青年人相比，老年人在行为方式与外表上是否发生了根本性的变化，或者仅是变得更加成熟？
为了评估你对衰老的准确态度，请在下面每个项目的"对"或"错"上做出选择，答案在本章的最后。

	对	错
1.到60岁时，大多数夫妻就丧失了满足性关系的能力。	___	___
2.老年人会迫不及待地退休。	___	___
3.随着年龄的增长，人们会变得更加以外部为导向，而很少和自我沟通。	___	___
4.随着年龄的增长，人们变得不太能够适应环境的变化。	___	___
5.当人们变老时，人们对生活的总体满意度就会下降。	___	___
6.随着年龄的增长，人们会变得更加同质化，也就是说，老年人们在很多方面都是一样的。	___	___
7.对于上了年纪的人，拥有稳定而亲密的关系不再重要。	___	___

续表

8.老年人比年轻人和中年人更容易患上各种心理障碍。	___	___
9.大部分老年人的大部分时间都是在抑郁中度过的。	___	___
10.到教堂做礼拜的次数会随着年龄的增加而增多。	___	___
11.通常情况下,老年人的工作表现不如年轻人。	___	___
12.大部分老年人都不会学习新的技能。	___	___
13.与年轻人相比,老年人会倾向于思考过去,而不是现在和将来。	___	___
14.大部分老年人都无法独立生活,他们会住在护理他们的家庭中,或者类似的机构中。	___	___

来源:摘自 Nevid & Rathus(2013). Psychology and challenges of life: Adjustment and modern life (12th ed), p.484. Hoboken, NJ: Jhon Wiley and Sons. Reprinted with permisson.

焦虑与衰老

14.7 明确老年人的焦虑相关障碍的病因及治疗方法

虽然焦虑症可能在生命中的任何一个时间点发生,但是这种疾病在年轻人身上比在老年人身上更加常见。可是,焦虑症仍然是老年群体中最常见的心理障碍,甚至比抑郁症还要常见。大约每10个55岁以上的老年人中就会有一个患上达到诊断标准的焦虑症(USDHHS, 1999)。老年女性比老年男性更容易患上焦虑症(Bryant, Jackson, & Ames, 2008)。[判断正误]

判断正误

老年群体中最常见的心理障碍是焦虑相关障碍,甚至比抑郁症还常见。

☐正确　老年人最常见的心理障碍是焦虑相关障碍。

老年人身上常见的焦虑障碍是广泛性焦虑障碍(GAD)和恐怖症。虽然不太常见,但是每100个老年人中就会有1个患上惊恐障碍(Chou, 2010)。大部分病例中,老年人患上广场恐惧症是最初的起源,这可能与配偶或好友的死亡所造成的社会支持系统的丧失有关。某些虚弱的老年人可能会有害怕在街上跌倒这种现实性的恐惧,如果他们拒绝单独离开家中,就会被误认为是恐惧症。广泛性焦虑障碍可能来源于个体感到无法控制自己的生命的感知,这是因为老年人身体虚弱,失去了亲人和朋友,赚钱的机会也减少了。老年人社交焦虑障碍(社交恐惧症)的患病率为2%—5%,但是这似乎对他们的晚年生活没多大影响(Chou, 2009)。

抗焦虑药物如苯二氮䓬类药物(某种安定药物)和SSRI抗抑郁药物(如舍曲林)可以用于治疗老年人焦虑症(Aalka et al., 2014; Wether et al., 2013)。例如认知行为疗法这种心理干预可以缓解老年人的焦虑症,而且不会有药物的副作用以及潜在的依赖性(Mohlman, 2012; Zou et al., 2012)。

抑郁与衰老

14.8 明确与老年人抑郁症相关的病因及治疗方法

对于许多老年人来说,抑郁是一个常见的问题,特别是那些有抑郁病史的人(Reppermund et al., 2011)。对很多老年人来说,晚年抑郁症经常是一种终身模式的延续。

目前,大约有1%-5%的老年人患上了达到诊断标准的抑郁症(Fiske, Wetherell, & Gatz, 2009; Luijendijk et al., 2008)。而且更高比例的老人,估计三人中就会有一个表现出抑郁症状,可能还达不到诊断标准,但是已经严重到影响生活了(Meeks et al., 2011)。某些群体的老年人抑郁情绪会更高,像是养老院里的老人。尽管老年人比年轻人患重度抑郁的人数更少,但是自杀人数却比年轻人自杀人数多,特别是老年白人男性(见第7章;Bruce et al., 2004; Eddleston, 2006)。另一个需要关注的原因是,临床上非常明显的抑郁症随着时间的推移会逐渐恶化,这和老年痴呆患病风险的增加是有关的(Kaup et al., 2016)。

有色人种的老年人经常会承担额外的压力。在一项研究中,在美国东北部两个大城市中心通过老年人项目招募了127名非裔美国老年人,测量了他们的种族相关压力、生活满意度和对于健康的关注(Utsey et al., 2002)。调查发现,比起女性,男性会报告更高水平的、长期的、大量的种族主义。调查人员则表明,他们对这个结果一点也不惊讶,非裔美国男性历来受到社会种族主义歧视和压迫。更进一步说,调查人员表示,长期的种族压力与低质量的心理健康有关。调查当中,许多老年人都在他们早年和中年的生活中经历了长期制度化的种族主义(如政府在住房、教育、就业、医疗保健和公共政策方面的歧视）。这个研究进一步验证了越来越多的文献中的观点，非裔美国人的种族压力和心理健康有关。

其他研究者则调查了移民家庭的老年人文化适应压力。一项关于墨西哥裔美国老年人的研究表明，比起那些高文化适应的人或者是双文化个体，难以适应美国社会的人有着较高的抑郁症患病率（Zamanian et al., 1992）。

例如阿尔兹海默病、帕金森病、中风等各类脑部疾病患者也会经常患上抑郁症。老年人会不成比例地患上这些病（e.g., Bomasang-Layno et al., 2015; Even & Weintraub, 2012; Richard et al., 2012）。就像是帕金森病，抑郁不仅仅是因为和疾病对抗，也是因为疾病所引发的大脑神经生物方面的变化。

社会支持可以缓解压力、丧亲、疾病的不良影响。社会支持对于那些面对身体残疾的老年人特别重要。当志愿者或者参加宗教组织也和社会支持一样富有意义。

老年人很容易患抑郁，是因为他们要面对生活变化所带来的压力：退休、生病、失能、住在疗养院、配偶、兄弟姐妹、挚友的死亡，或者是照顾身体健康正在恶化的配偶。退休，无论是自愿还是强迫，都会导致角色认同的丧失。亲朋好友的死亡会带来悲伤，提醒着老年人他们自己的高龄以及社会支持的不断减少。老年人可能会对建立新的友谊，找到新的朋友感到无能为力。长期面对家中的阿尔兹海默病患者会导致看护者抑郁，即便看护者在这之前没有自发性的抑郁（Mittelman et al., 2004）。

尽管抑郁症在老年人身上很常见，但是医生经常无法做出正确的诊断或者采取正确的治疗措施（Bosanquet et al., 2015）。医疗工作者可能很少注意到老年人的抑郁症，因为他们更加倾向于关注老年人的身体问题，老年人的抑郁症经常会被躯体症状和睡眠障碍所掩盖。

老年抑郁症的有效治疗方法包括抗抑郁药物，认知行为疗法，人际心理治疗（e.g., Lavretsky et al., 2015; Sheline et al., 2012; Scogin & Shah, 2012; Thurlond et al., 2015; Titov et al., 2015）。有效治疗的证据显示人们应该放弃"心理治疗或精神药物治疗不适合老年人"的这种错误信念（Taylor, 2014）。此外，随着老年抑郁症而

广场恐惧症或许需要支持？ 一些老年人拒绝独自离开家门是因为怕在街上摔倒这类现实的问题。他们需要的是社会支持，而不是治疗。

晚年抑郁症 许多老年人易患临床抑郁症，什么因素导致成年后期的抑郁？

来的记忆问题得到解决,其伴随的记忆障碍也会得到减轻。

睡眠问题与衰老

14.9 明确老年人失眠的相关原因及治疗方法

睡眠障碍在老年人身上很常见,50%以上的老年人都会患该病(McCall & Winkelan, 2015)。失眠是老年人最常见的睡眠障碍,比抑郁症还常见。老年人的失眠症总是和抑郁、痴呆、焦虑障碍等心理障碍和身体障碍有关。许多案例都与孤独、失去伴侣后难以单独入睡等心理社会因素密切相关。错误的思维方式,像是过度关注睡眠不足,对控制睡眠的绝望无助的看法,都是老年人睡眠障碍的另一个原因。

睡眠药物常常被用于治疗老年人的失眠症,但是和在年轻人的使用中一样,它们可能会产生副作用,造成依赖性(McCall & Winkelan, 2015)。幸运的是,就像在第9章中所描述的那样,行为疗法可以提供一种安全且有效的替代方法,其治疗效果就算不比睡眠药物好,也和睡眠药物的效果一样好,而且不会有药物的副作用和依赖性(Belanger, Leblanc, & Morin, 2011; Bootzin & Epstein, 2011; Buysse et al., 2011)。而且和年轻人一样,老年人也能够从行为治疗中获益。

总结

神经认知障碍

神经认知障碍的种类

14.1 描述神经认知障碍的诊断特征,并明确三种主要类型

记忆或思维能力存在缺陷的这类神经认知障碍代表了认知功能的严重衰退。这是由于身体原因或者是疾病原因或者是药物的使用、停用破坏了大脑功能。DSM-5列出了三种主要的神经认知障碍:谵妄、重度神经认知障碍、轻度认知神经障碍。

谵妄

14.2 描述谵妄的主要特征和病因

谵妄是一种精神状态极端混乱的状态,它以注意功能下降、定向障碍、杂乱无章的思维、漫无目的的言语、意识水平的下降、知觉障碍为特点。大部分谵妄是因为戒酒造成的,像是DTs的形式之一。但是在重症监护患者身上,特别是做了重大手术的人身上也会发生。

重度神经认知障碍

14.3 描述重度神经认知障碍的主要特征和病因

重度神经认知障碍(如痴呆)是一种认知功能明显退化或受损的疾病,已证实的认知功能退化记忆障碍、判断能力下降、人格变化以及高等级认知功能(如解决问题和抽象思维的能力)的紊乱。痴呆,不是正常衰老的结果,相反,它是退行性脑部疾病的信号。重度神经认知障碍的病因包括:阿尔兹海默病(AD)、皮克病、脑部感染和疾病。

轻度神经认知障碍

14.4 描述轻度神经认知障碍的主要特征

之前被称为轻度认知受损(MCI)的轻度神经认知障碍,是指认知功能轻度下降。患者能够工作学习生活,但是这需要付出巨大的努力或者用补偿性策略来弥补认知功能的下降。

阿尔兹海默病所引发的神经认知障碍

14.5 描述阿尔兹海默病的主要特征和病因,并评估目前的治疗方法

阿尔兹海默病是以记忆逐渐丧失、认知功能逐渐丧失、人格变化和自理能力逐渐下降为特征的渐进性脑部疾病。现在无法治愈,也没有有效的治疗措施。目前可用的药物治疗也只能起到一定的作用。该病的病因可能是遗传因素和大脑中淀粉样斑块的聚集。

其他神经认知障碍

14.6 明确其他神经认知障碍亚类型

能够导致神经认知障碍的其他疾病包括:血管疾病、皮克病、帕金森病、亨廷顿氏病、朊病毒病、HIV感染以及头部外伤。

与衰老有关的心理障碍

焦虑与衰老

14.7 明确老年人的焦虑相关障碍的病因及治疗方法

老年人群中最常见的焦虑障碍包括广泛性焦虑障碍和恐惧症。焦虑障碍可以用抗焦虑药物或者是认知行为疗法这类心理学方法治疗。

抑郁与衰老

14.8 明确与老年人抑郁症相关的病因及治疗方法

病因包括老年人要面对的生活变化:退休,生病,失能,住在疗养院,配偶、兄弟姐妹、终身朋友、熟人的死亡,或者是照顾身体健康正在下降的配偶。在移民人群和有色人种中,病因也有文化适应、种族歧视。和年轻人一样,老年人的抑郁症治疗包括:抗抑郁药物治疗、认知行为疗法和人际关系疗法。

睡眠问题与衰老

14.9 明确老年人失眠的相关原因及治疗方法

睡眠障碍,特别是失眠,在老年人中非常常见,比抑郁症还常见。失眠通常和其他心理障碍、医学疾病以及心理社会因素有关,如孤独和失去伴侣后难以单独入睡等。和年轻人一样,行为疗法能有效治疗老年人的失眠症。

评判性思考题

根据你阅读的本章内容，回答以下问题：

- 你认为人们会随着年龄的增长而患上痴呆症吗？如果是，你的根据是什么？
- 你认为为何老年人抑郁如此常见？抑郁与我们社会对老年人较低的角色期待之间有怎样的联系？社会可以怎样向老年人提供更多富有意义的社会角色？
- 儿童是否可以被允许玩那些可能会导致脑震荡或其他脑部伤害的肢体接触游戏？为什么可以或为什么不可以？如果儿童参加这些运动，应该采取怎样的保护措施？
- 你认识的人里面有患阿尔兹海默病的吗？他们的行为受到了怎样的影响？这个人和他的家人获得了什么帮助？你认为是否应该或可以做更多？请解释。

"审视你对衰老的态度"问卷计分键

1. 错误 大部分健康的夫妻在他们七八十岁时仍然保持着令人满意的性活动。
2. 错误 这种说法过于笼统。对自己的工作感到满意的人并不那么渴望退休。
3. 错误 到了成年晚期的时候，人们会更加关注自己的内部情况——身体功能和情绪。
4. 错误 在整个成年期，个体的适应能力都保持相对稳定。
5. 错误 年龄本身与生活满意度的显著下降没有关系。当然，人们会对疾病和丧失做出消极的反应，例如配偶的死亡。
6. 错误 虽然我们可以预测老年人的一些一般倾向，但是我们也可以对年轻人做出这样的预测。老年人和年轻人一样，在性格和行为模式上也存在异质性。
7. 错误 拥有稳定亲密关系的老年人满意度更高。
8. 错误 人们在各个年龄段都会很容易患上各种各样的心理障碍。
9. 错误 只有一小部分人会患上抑郁。
10. 错误 实际上，教堂的出勤率下降了，这是因为人们不用口头表达宗教信仰。
11. 错误 虽然反应时间可能会增加，一般学习能力会略微下降，但是老年人在自己熟悉的工作任务上很少或几乎没有什么困难。
12. 错误 学习时间可能会变得稍长一些。
13. 错误 老年人并不比年轻人更多地回忆过去。不管年龄多大，如果人们手上有时间，他们可能会花更多时间去做白日梦。
14. 错误 只有不到10%的老年人需要某种形式的机构护理。

关键术语

1. 神经认知障碍	1. 阿尔兹海默病	1. 顺行性失忆症
2. 视觉失认证	2. 脑血管意外	2. 缺氧
3. 谵妄	3. 血管性神经认知障碍	3. 梗塞
4. 重度神经认知障碍	4. 失语症	4. 科尔萨科夫综合征
5. 麻痹性痴呆	5. 皮克病	5. 韦尼克氏病
6. 迟发性痴呆	6. 失忆症	6. 共济失调
7. 早发性痴呆	7. 逆行性失忆症	7. 路易小体
8. 轻度神经认知障碍		8. 帕金森病
		9. 亨廷顿氏舞蹈症

第15章 异常心理学与法律

学习目标

- 15.1 解释民事拘禁和刑事拘禁之间的差异。
- 15.2 评估心理健康工作人员危险性预测能力。
- 15.3 确定警告义务的定义及评估治疗师为此面临的困境。
- 15.4 识别重大案件中精神病人的权利。
- 15.5 描述引用具体法律案件和美国法律协会提出的指导方针,阐述精神错乱辩护的历史脉络。
- 15.6 描述确定刑期长度的法律依据。
- 15.7 描述确定受审能力的法律依据。

判断正误

正确□ 错误□	为人古怪或者行为奇特可以让一个人被拘禁在精神病院中。
正确□ 错误□	大部分精神障碍患者都会暴力犯罪。
正确□ 错误□	精神障碍患者所造成的暴力犯罪案件比例异常之高。
正确□ 错误□	即便是病人已经对某个特定人士发出了死亡威胁,治疗师可能也不会违反保密协议。
正确□ 错误□	精神病院的患者可能需要做一般性的家务。
正确□ 错误□	上百万的群众通过电视看到试图刺杀美国总统的人被判无罪。
正确□ 错误□	精神错乱辩护出现在大量的审判中,通常非常成功。
正确□ 错误□	因为精神障碍被判无罪的人在精神病院待的时间比他们被判有罪而在监狱中待的时间更长。
正确□ 错误□	有能力接受审判的被告人仍然会因为精神错乱而被判无罪。

观看 章节介绍:异常心理学与法律

"我""近距离"

2011年1月,在一个阳光灿烂的日子里,亚利桑那州女议员加比(加布里艾尔·吉弗兹,Gabrielle Giffords Gabby)正在超市外面和选民打招呼。一个枪手独自从后面走了过来。她没有收到任何警告,也没有看到袭击者。子弹在非常近的距离射穿了她的头部,她受了很重的伤,但却奇迹般地存活了下来。不幸的是,六名旁观者在枪击案中丧生,另外有13个人受伤。她从重症监护室离开后,进入了康复中心,开始了漫长而艰难的恢复过程。但她仍然接受了来自众议院同事的祝福,甚至领导了2012年美国民主党全国代表大会的宣誓效忠(环节)。随后,为了治病,她从众议院辞职了,但是她许诺在未来的某一时刻会继续为公众服务。

所谓的枪手,22岁的贾里德·洛克纳

（Jared Loughner）在做什么呢？他的大学同学将他描述为"问题少年"，说班里没有人愿意坐在他的旁边（Lipton, Savage, & Shane, 2011）。他的行为如此让人不安，以致同学们都怀疑他是否服用了致幻剂。媒体报道的他的形象是一个非常愤怒，有着很深困惑的年轻人，他和社会脱节越来越严重，会表现出奇怪，甚至是怪诞的行为和想法。洛克纳在社交网站上发布的一些短视频是杂乱无章的，不一致的。在他的视频中，他将自己描述为"新货币的掌控者"，控制"英语语法"结构。他还提到了"洗脑"，他相信自己有控制人心的能力。

洛克纳在美国直属法院出庭受审前，被判定没有受审能力，并被遣返回联邦机构以进一步评估他的心理能力。甚至是他自己的辩护律师也将他描述为"严重精神病患者"（"Ariz, Shooting Spree Suspect," 2011）。我们从来没有对洛克纳在枪击时的心理状态进行评估，因为他在随后的审判中被判有罪。

那么24岁的詹姆斯·霍尔姆斯（James Holmes）呢？2012年，他在科罗拉多州奥罗拉市一家电影院开枪射击，导致12人死亡，58人受伤。据报道，霍尔姆斯在读大学的时候，接受了科罗拉多大学精神科医生的治疗。枪击案后，他第一次出庭时很茫然，染着像火一样的橘红色头发。尽管他因为精神错乱而认罪，但是法院拒绝了他在杀人时正处于合法的精神错乱状态这种说法，认为他杀死12个人，打伤70个人是违法的（CNN, 2015）。他被判终身监禁。相似的是，在2015年埃迪·劳斯（Eddie Routh）这起高调的案件中，他被指控杀了包括海豹突击队克里斯·凯尔（Chris Kyle；电影《美国狙击手》的原型）在内的两个男人，他的精神错乱辩护被法院驳回了（Payne, Ford, & Morris, 2015）。

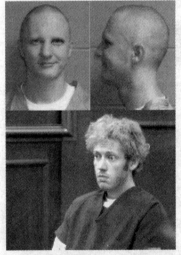

贾里德·洛克纳（上面）和詹姆斯·霍尔姆斯（下面） 惩罚还是治疗？抑或者是两者兼顾，面对严重违法的重度心理失常者，社会应该怎么办？

发生在亚利桑那州和科罗拉多州的悲剧以及其他大量的谋杀案都强调了异常行为与法律之间的交界。这引发了人们对重度精神障碍患者潜在风险的担忧，这是可以理解的。当某人被指控为暴力犯罪，杀人，表现出怪异的行为，但是这个人却缺乏心智能力甚至理解不了诉讼程序，我们的社会应该做些什么？如果被告理解诉讼程序，并且有着可以信赖的辩护，但是却声称犯罪行为是精神缺陷或者疾病的结果，又该怎么办？被告是否应该承担全部的责任，不论他或她当时的精神状况如何？如果一个人因为精神障碍被判无罪，那么这个人是否应该在监狱中待着，或者在精神病院里接受治疗，时间是多长？

在这一章，我们会讨论精神错乱辩护在美国法律史上的发展，以及使用它的法律和道德论据。我们也将审视精神病人的法律权利以及精神健康护理者告知第三方关于患者危险性的法律责任。我们也会讨论如何平衡个人权利和社会权利这一普遍问题。某个明显患有精神障碍的人是否有权利拒绝治疗？精神病机构是否有权违背患者的意愿对他们使用抗精神病药物和其他药物？那些具有破坏性行为史和暴力行为史的精神病人在病情稳定后是否应该无限期住院或者住在社区的监督居民区内？当严重心理失常的人违反了法律，社会应该用刑事执法系统还是精神健康系统来应对他们？

精神健康治疗的法律问题

我们通过讨论民事或精神障碍拘禁的概念以及民事拘禁和刑事拘禁的区别，来开始异常心理与法律的讨论。没有经过个人的同意就将个体拘留在精神病院这类机构中，这种情况使得个人权利与社会权利的交接成为焦点。在表15.1中，我们列出了几件在精神病人权利和社会权利中具有里程碑意义的法院案件。

表15.1　精神健康与法律

案件	争议焦点
杜伦诉美国（Durham v. United States，1954）	精神错乱辩护
怀亚特诉斯蒂克尼（Wyatt v. Stickney，1972）	最低护理标准
奥康纳诉唐纳森（O'Conner v. Donaldson，1975）	病人权利
杰克逊诉印第安纳州（Jackson v. Indiana，1972）	受审能力
泰瑞索夫诉加利福尼亚大学校董事会（Tarasoff v. the Regents of the University of California，1976）	警告的职责
罗杰斯诉奥金（Rogers v. Okin，1979）	拒绝治疗的权利
扬伯格诉罗密欧（Youngberg v. Romeo，1982）	拘禁在受限较少的机构中的权利
琼斯诉美国（Jones v. United States，1983）	刑事拘禁的期限
梅迪纳诉加利福尼州（Medina v. Califomia，1992）	心理能力的举证责任
塞尔诉美国（Sell v. United States，2003）	强制精神病被告用药

民事拘禁与刑事拘禁比较

15.1　解释民事拘禁和刑事拘禁之间的差异

在未经精神病患者同意的情况下，对他们的合法安置被称为**民事拘禁**（civil commitment；也被称为精神障碍拘禁，psychiatric commitment）。通过民事拘禁，那些被判定患有精神障碍，会对自己和他人造成威胁的人将会被关在精神治疗中心接受治疗，保证自己和其他人的安全。民事拘禁区别于自愿住院,自愿住院指个体可以自愿寻求精神病机构的治疗,并且可以得到相关信息,当个体想要离开的时候可以随时离开。即使在这种情况下,当医院的工作人员认为自愿的患者会对自己或他人的利益造成威胁时,他们可以请求法院将患者的法律地位从自愿改为强制。

我们也需要区分出民事拘禁和**刑事拘禁**(Criminal commitment)。因精神错乱而被判无罪的个体被安置在精神病院中接受治疗,在刑事拘禁中,被告人的违法行为是由法院根据心理障碍进行审判的,被告人的辩护也是由对其进行治疗的精神病院提供的,而不是将被告人关在监狱里。

精神病院的民事拘禁通常需要亲属或医生向法院递交请愿书,这份请愿书可以授权精神科检查人员对患者进行检测。法官也会听取精神科专家的证词,然后判断这个人是否有罪。在拘禁的情况下,需要定期对患者进行法律审查和重新鉴定,以确定患者被强制的必要性。这个法律程序的目的是保证患者在精神病院不被无限期地"仓储",工作人员必须证明继续住院治疗的必要性。

法律保障措施可以保证个体在拘禁期间的公民权利。就像是被告人有权按照程序行事,得到律师的帮助。然而,当个体被认为会明确对自己或他人造成的威胁近在眼前时,法院可以命令他直接住院,直到可以正常拘禁时。这种紧急权利通常只有在72小时内才有用(Failer, 2002; Strachen, 2008)。如果正式的拘禁请愿书无法在此期间提交法院,那么个体就有权利被释放。

在过去的一代人中,精神障碍的拘禁标准已经提高了。在走拘禁的诉讼程序时,个人权利也更加被严格地保护起来,在过去,精神虐待是非常常见的,个体在没有明确证据证明他们会造成威胁时就被拘禁起来。直到1979年,美国最高法院——在阿丁顿诉得克萨斯州一案中(Addington v. Texas),——规定如果要让一个人强制住院,那么必须同时证明这个人既有精神病,又明确对自己和他人构成了现实中的威胁。所以,人们不会因为他们离奇的行为或思想而被关起来了。[判断正误]

尽管现在已经很少有人对严格保护个人权利的民事拘禁法进行争论,但是精神科的某些批评家们仍然呼

判断正误

为人古怪或者行为奇特可以让一个人被拘禁在精神病院中。

☐ 错误 人们不会因为为人古怪而被拘禁在医院中,美国最高法院规定,这个人被证明既有精神病,又明确对自己和他人构成了现实中的威胁,才能被拘禁在精神病院中。

吁废除精神障碍拘禁,因为拘禁以治疗的名义剥夺了个人自由的权利,而这种自由的剥夺不适合于这个自由的社会。在2012年去世的精神病学家托马斯·沙茨(Thomas Szasz)也许是民事拘禁最有说服力和最持久的抗议者(Szasz,1970，2003a，2003b，2007)。他认为精神疾病这个标签是社会的发明,将对社会的偏离转换为对疾病的治疗。在他看来,人们不应该因为他们的行为是具有破坏性的或者偏离社会的而剥夺他们的自由。沙茨将强制住院比作奴隶制度(Szasz,2003b)。在沙茨看来,那些违反法律的人应该被追究刑事责任,而不是被关在精神病院中。虽然对精神病人的拘禁可以阻止一些暴力犯罪,但是剥夺无辜的人的最基本的自由权利就是对他们的暴力。

我们说,精神病人可能是危险的:他可能会伤害自己或其他人。但是我们这个社会就是危险的:

我们剥夺他的名誉和自由,把对他的折磨称为"治疗"。

——沙茨,1970

只有被指控犯有某些罪行的人才应该被监禁,这是英国法律和美国法律最基本的原则。尊重他人生命权、财产权和自由权的人享有对自己生命、财产、自由的不可剥夺的权利。

——沙茨,2003a

沙茨对精神病院的强烈反对和他对精神障碍拘禁的谴责都是着眼于精神病治疗的虐待。许多经历过精神障碍拘禁的人都会反对这种做法。

沙茨说服了许多专业人士来质疑强制精神病治疗的法律、伦理和道德基础。然而,许多关心这个问题的相关专家绝不同意废除精神障碍拘禁,他们认为当威胁自杀或伤害他人时,病人不会考虑按最大利益原则行事,又或者,当病人的基本利益无法得到满足时,他们的行为就会变得杂乱无章(McMillan,2003; Sayers,2003)。包括美国和加拿大在内的大部分国家都有对严重精神病患者进行拘禁的法律(Appelbaum,2003)。精神障碍拘禁仍然会继续引发讨论,正如我们在"批判地思考异常心理学 @问题:我们该拿'西96号大街的野人'怎么办?"所讨论的那样。

批判地思考异常心理学

@问题：我们该拿"西96号大街的野人"怎么办？

拉里·霍格（Larry Hogue）的案例触及了社会应当怎样安置无家可归的精神病患者这个问题。我们先来认识一下霍格——"西96号大街的野人"。在20世纪90年代初，霍格是一名无家可归的越战老兵，他居住在曼哈顿富人区西区的小巷子里和门廊。冬天，他光着脚，从垃圾桶里捡食物，喃喃自语。他在报纸上被描述为恐吓邻居，吸烟时会变得特别暴力。有一次，他因为在校车前推搡一名女学生而被捕（Shapiro，1992）（这名学生奇迹般地没有受伤）。

霍格在州精神病院和监狱里来来回回进出超过40次，他于2009年再次上了新闻，他从纽约市皇后区精神病院逃回了曼哈顿西96号大街，仅仅是他的出现，就吓到了居民。一位居民告诉记者，"人们互相打电话，说'他回来了'，十七年之后，没有人问他是谁"（"Wild Man"，2009）。

西96号大街的野人　拉里·霍格，被称为"西96号大街的野人"的男人，他已经成为刑事司法、社会服务和精神健康系统不健全的符号。

我们不知道霍格的踪迹，他很不幸地成为精神健康系统没有照顾好的那些患有重度、持久精神病的人，而让他们成为流落街头的代言人。拉里·霍格成为这个体系不健全的国家的象征。在美国，在许多乡村城镇和城市街道上，还有很多像霍格这样的人。对霍格来说，刑事司法、社会服务和精神健康系统只不过是旋转门而已。通常，霍格在经过简短的医院治疗后就会好转，只是当他回去的时候，没有精神病药物，他又恶化了。

2008年，公众的焦点在一个恶性谋杀案件之后再次聚焦到不健全的精神健康系统上面（"Queen's Man Arraigned"，2008）。这次的案件虽然也发生在纽约，但是它也可以在任何地方发生。受害者，凯瑟琳·法奥给博士（Dr. Kathryn Faughey），一名曼哈顿心理学家，她被发现死于自己的办公室中。她被一把切肉刀和一把9英寸的刀刺了15下，39岁的嫌犯大卫·塔洛夫（David Tarloff）很快被逮捕，并被拘留审判。在提审听证会上，他显得焦躁不安。警察指出了他的作案动机。他来到办公室很明显是为了抢劫被杀害的心理学家的同事，这名同事为他治疗了许多年的病。塔洛夫告诉警察，他没打算杀害法奥给博士，而且一开始也不知道她在办公室。随后，嫌犯的兄弟提供了一些背景资料，他告诉记者，这个家庭已经帮助了塔洛夫许多年。多年以来，塔洛夫多次住院并出院。塔洛夫的邻居将塔洛夫描述成"有奇怪行为的布谷鸟"。

难道社会公众没有权利保护自己不受像霍格和塔洛夫这样的人的伤害吗？那些行为看似奇

怪或者偏离正常标准的但是却没有威胁或伤害他人的人应该怎样处理？像那些睡在走廊黑暗的角落，睡在人行道暖气口，喃喃自语却拒绝接受精神治疗的人该怎么办？

社会公众当然有权利保护自己不受到那些会造成他人身体受伤或威胁的人的伤害。但是很明显，一个人道主义的社会有责任为无法照顾自己的人提供帮助。像托马斯·沙茨这样批判精神治疗系统的人认为，根据自由社会的本质，人们可以自由做出决定，即使这些决定不利于他们的健康或者利益。沙茨认为，如果这些人对他人造成了伤害，或者威胁他人，那么这些人就应该用刑事司法体系来处罚，而不是精神障碍拘禁。

现在让我们来扩大一下论点，如果社会有责任保护个体不自己伤害自己，例如自杀这种情况，那么社会是否也有责任保护那些用其他方式伤害自己的人，像吸烟者、过度饮酒者、肥胖者，界线在哪里？

那么那些暴力犯罪的精神病人呢？谢天谢地，这样的情况比较少见，只有小部分精神病人会暴力犯罪。在随后的章节中，我们要考虑一个重要问题，犯下罪行的精神障碍患者是否应该承担责任，但是首先，让我们讨论一下如何平衡社会公众权利和个人权利这个更加普遍性的问题吧，还有与之相随的几个挑战我们批判性思考的小问题。

在批判性思考这个问题时，回答以下小问题：

- 自由社会中的人们是否有权利住在不干净的街道上？
- 那些明显患有精神障碍的人是否有权利拒绝接受治疗？
- 那些曾经有过破坏性行为或攻击行为的精神病人是否应该被永久住院？或者当他们的情况一旦稳定下来，是否应当允许他们住在社区中的监管性住所呢？
- 只要精神障碍患者不违反任何法律，他们是否有权利单独离开？或者你是否同意精神病专家富勒·托里（E. Fuller Torrey）和律师玛丽·兹达诺维奇（Mary Zdanpwicz, 1999）的观点——"对于那些由于严重精神疾病而导致大脑受到伤害的患者，捍卫他们保持生病状态的权利是愚蠢的"？
- 当严重精神障碍患者违反了法律的时候，应该用刑事司法系统处罚他们，还是用精神健康系统来治疗他们？

预测危险

15.2 评估心理健康工作人员危险性预测能力

作为司法体系的一部分，精神卫生专业人员经常被要求判断病人是否会对自己或他人带来危险，以此来确定这个人是否应该强制住院或者继续强制住院。专业人员对于危险的预测能有多么准确？这些专业人员有什么特殊技巧或者临床知识能够让他们的预测非常准确，或者说，他们的预测和外行一样不准确？[判断正误]

判断正误

大部分精神障碍患者都会暴力犯罪。
☐ 错误 事实上，只有一小部分精神障碍患者会暴力犯罪。

不幸的是,心理学家及其他进行临床诊断的心理健康工作者在涉及对他们的病人进行危险性评估时,都不会特别准确。心理健康工作者会对危险性过度预测——也就是说,会将那些本不危险的病人贴上"危险"标签。临床医生们倾向于谨慎预测潜在的危险行为,也许他们认为,无法预测到暴力行为会比过度预测的后果更加严重。然而,对危险性的过度预测会剥夺人们的自由。在沙茨和其他批判者看来,许多人为了防止少数人暴力犯罪而拘禁他们是违反基本宪法原则的强制拘留(Szasz,2007)。

美国心理学会(1978)和美国精神病学协会(1998)两大主要机构都指出,心理学家和精神病科医生都无法可靠地预测暴力行为。该领域的权威人士,弗吉尼亚大学的约翰·莫纳什(John Monahan)指出:"当涉及预测暴力行为时,我们的水晶球也会乌云密布。"(Rosenthal,1993)

比起基于以往暴力行为的证据预测暴力行为,临床医生预测的准确性通常都会有些低(Odeh, Zeiss, & Huss, 2006)。临床医生也没有任何高于普通人的专业知识和能力来预测暴力行为。事实上,向一个外行人提供个体以往暴力行为的信息,会比一个仅仅依靠临床访谈做出未来危险性判断的临床医生预测得更加准确(Mossman,1994)。不幸的是,虽然以往暴力行为是未来暴力的最好预测源,但是医院工作人员并没有途径获得以往犯罪记录,或者没有时间和资源追踪这些资料。没有危险性是民事拘禁的标准,而预测已经被一些人视为没有危险性的理由了。

为什么预测危险性如此困难?研究者已经找到了一些会导致无法准确预测的原因。

事后 在暴力事件发生后,认识到暴力倾向(事后)要比事先预测它更加容易。也就是常说的事后诸葛亮。就像是放马后炮一样,在人们暴力犯罪之后,将其先前行为的碎片拼凑为暴力倾向的证据是很容易的。然而,预测事情发生之前的暴力行为是非常困难的。

从一般到具体 对暴力行为"一般倾向性"的预测可能无法预测某一准确的暴力行为。大多数"一般暴力倾向"个体永远不会表现出暴力行为。诊断也不会和攻击性行为、危险行为有关,像是反社会人格障碍,是预测个体特定暴力行为的充分基础。

对危险的定义 预测危险性的难点之一就是缺乏什么样的行为是暴力或者危险的统一观点。大多数人都同意谋杀、强奸、殴打是暴力行为,但是还有一些行为,即使是在权威人士之间也没有统一观点,例如鲁莽驾驶、对配偶和孩子严厉批评、破坏财物、贩卖毒品、在酒馆中推搡他人、偷车,这些行为的标签是暴力还是危险。同时也要考虑企业主和企业高管的行为,尽管人们普遍知道吸烟会让人生病、死亡,但是他们仍在生产、贩卖香烟。显然,确定哪些行为是危险的,涉及一定社会背景下道德和法律的判断。

基础率 危险性预测的复杂性还基于这样一个事实,那就是例如谋杀、殴打、自杀这类暴力行为在正常人群中也是少见的,即使是报纸头条,也只是定期让这类事件轰动一下。而像地震这类其他罕见的事件,也是很难预测会在何时、何地发生。

危险预测 心理健康专家和学校管理人员是否应该看出即将到来的暴力事件的迹象——赵承熙(Seung hui Cho)到弗吉尼亚理工大学杀人。事实上,把人们先前行为的碎片拼凑成即将来临的暴力行为的迹象是容易的。但是即使对于专业人士,在暴力事件发生之前对它做出预测是一件非常困难的事。

对发生不频繁以及罕见的事件进行预测的相对性难度称为基础率。以对自杀的预测为例,如果某一年的自杀率很低,大约临床人群的自杀率为1%,那么预测的这个人群中的任意一人自杀的可能性都会很小。如果你预测这个人群中的某一人在这一年中不会自杀,那么在99%的时间里,你是正确的。但是如果你预测每一个人都不会自杀,那么当少数人自杀的时候,你就会出现错误。所以,预测100个人当中某一人自杀的可能性也许是非常棘手的。当临床医生进行预测的时候,他们也会衡量漏报的风险(预测某一暴力行为不会发生,但是它却发生了)和误报的风险(预测某一暴力行为会发生,但它却没有发生)。临床医生常常会犯误报和过度预测危险性的错误。在他们看来,谨慎行事的错误不会有任何损失。然而这种预测习惯使得那些不会出现伤害自己和他人行为的个体被继续拘禁,失去了他们的自由。

不吐露直接暴力威胁的可能性 一个真正危险的人不会向正在评估他的人或他自己的治疗师吐露暴力意图的可能性有多大?治疗中的患者不会告诉治疗师:"下周三早上,我要去杀死……"这种威胁更可能是一种模糊的,非特定的,像是"我真是受够了""我要杀了她""我发誓是他逼我去杀人的"。在这些案例中,治疗师必须从敌对的姿态和隐蔽的威胁中推测出危险性。比起具体而直接的威胁,模糊而不直接的威胁并不是危险性的可靠指标。

从医院中的行为预测社区中的行为的困难性 心理健康专业人员在做出长期危险的预测时是非常短视的。对于从医院离开的病人是否会变得危险这一点,他们经常弄错。原因之一就是他们的预测都是基于病人在医院的行为——而暴力或危险行为都是在特定情境中发生的。一个能够适应精神病院结构化环境的模范病人不一定能够适应独立的社区生活中的压力。我们可以推测临床医生基于患者先前社区生活的行为的预测要比基于在控制的精神病院的行为的预测更加准确。

总而言之,虽然他们也经常不准确,但临床医生对于危险性的预测明显好于仅仅依靠运气的预测(Kaplan, 2000)。虽然他们的水晶球可能遍布乌云,但是在精神病院中工作的精神卫生专业人员仍然需要做出预测,决定谁被拘禁,谁出院,这种预测仍是基于对潜在暴力的判断(McNiel et al., 2003)。研究者们现在也正在开发一种更好的决策工具,例如更加客观的筛查方法、暴力评定手册,以此来指导暴力风险评估,而不再是单单依靠临床医生的临床判断(e.g., McNiel et al., 2003; Yang, Wong, & Coid, 2010)。

这些努力有助于提高临床医生预测暴力行为可能性的能力,至少是短期预测(McNiel et al., 2003; Mills, Kroner, & Morgan, 2011)。相较于仅考虑任意单一因素,临床医生通过以上各种因素,包括过去暴力行为的证据预测暴力行为可能会更加成功。但是,公平地说,预测未来的暴力行为是非常困难的,目前可用的方法还远远不够完善(Yang, Wong, & Coid, 2010)。当临床医生进行危险性的短期预测时,准确性也会更高(Mills, Kroner, & Morgan, 2011)。

暴力与严重精神障碍 开发预测危险性的工具在于可以证明比起正常人,诸如患有精神分裂症、双相情感障碍这类严重精神障碍的人暴力的可能性会增大(e.g., Douglas, Guy, & Hart, 2009; Friedman, 2014c)。患有被害妄想或者是有暴力行为史、或者是没有接受过治疗的精神病人,其暴力行为的风险会更大(Keer et al., 2013)。也就是说,只有小部分重度精神病患者,甚至包括那些没有接受过治疗的精神病患者会暴力犯罪(Torrey, 2011)。总体而言,不到10%的暴力犯罪案件

判断正误

精神障碍患者所造成的暴力犯罪案件比例异常之高。

□错误 近期证据显示,不到10%的暴力犯罪案件和精神障碍有关。

和精神障碍有关(Peterson, Skeem, et al., 2014)。[判断正误]

一般公众都会认为精神障碍很危险,因为媒体所报道的少数广为人知的病例吸引了众多注意力,危险性也被夸大了。媒体所报道的少数重度精神障碍患者强化了公众对精神障碍的刻板印象,也对精神障碍造成了污名化(Kuehn, 2012b)。相较于精神障碍,酒精和物质滥用更加能预测暴力行为(Friedman, 2014c; Luo & McIntire, 2013)。

对证据进行深度挖掘后,又揭示了精神分裂症患者暴力行为风险增加的确定因素(Elbogen & Johnson, 2009)。比起普通人,那些酒精或者其他药物滥用的精神分裂症患者暴力犯罪的可能性要高出四倍及以上(Fazel et al., 2009; Luo & McIntire, 2013; Volavka & Swanson, 2010)。此外,精神分裂症的某些症状与高风险暴力犯罪有关,像被害妄想、反社会行为(Bo et al., 2011; Harris & Lurigio, 2007; Swanson et al., 2006)。

有着命令式幻觉的精神分裂症患者暴力行为风险会更大,命令式幻觉是有种声音命令着他们去伤害自己或他人(McNeil, Lam, & Binder, 2000)。经济欠发达地区的严重精神障碍患者潜在暴力风险也比较大(Appelbaum, 2006)。我们已经注意到精神障碍患者暴力行为的可能性较大,同样相较于普通人,重度精神障碍患者有很大的可能性成为暴力犯罪的受害者(Teplin et al., 2005)。比起成为肇事者,心理障碍患者更容易成为暴力行为的受害者。

警告义务

15.3 确定警告义务的定义及评估治疗师为此面临的困境

当治疗师需要评估病人对他人威胁的严重性时,就会出现问题。治疗师是否有警告的职责?——警告他们威胁目标的法律义务。警告的职责是异常行为的社会责任所引发的众多问题之一。在接下来的部分,我们将会讨论主要的法律问题,像是病患的权利、精神错乱辩护以及精神病客户拒绝接受治疗的权利。"深入思考:警告义务"讨论了警告义务标准的窘境。

深入思考

警告义务

治疗师们面临的最大的窘境就是究竟要不要泄露保密信息来保护第三方免受伤害。困难的原因之一在于要确定这是否是来访者真实的威胁。另一方面就是在心理治疗过程中客户所吐露的信息是作为特殊的沟通权利所保护起来的,它拥有保密的权利。然而这种权利也不是绝对的,某些州的法院已经确定在特定情况下治疗师有义务违反保密协议,例如有明显而令人信服的证据证明来访者会对其他人造成严重威胁。

1976年,法院在加利福尼亚"泰瑞索夫诉加利福尼亚大学校董事会"一案中作出的裁决奠定了**警告义务**(duty to warn)的法律基础(Jones, 2003)。1969年,加利福尼亚大学伯克利分校的研究生普罗森吉特·波达尔(Prosenijit Poddar),一个印度人,当他对年轻女孩塔蒂亚娜·泰瑞索夫(Tatiana Tarasoff)的爱意被回绝时,他变得沮丧。波达尔在学生保健机构做心理咨询,并且告诉治疗师,他准备在塔蒂亚娜暑假结束返校时杀了她。治疗师担心波达尔有潜在暴力倾向,在和同事商量后,就告知校警波达尔的危险性,建议他们带波达尔去接受精神病治疗。

校警采访了波达尔,他们认为波达尔很正常,所以在他承诺不靠近塔蒂亚娜之后,他们就释放了波达尔。波达尔随后和心理咨询师解除了治疗关系,并且在短时间内杀害了塔蒂亚娜。三名精神病专家证明他的精神能力有问题,患有偏执狂精神分裂症,所以他没有犯谋杀罪,而法院对他做出了故意杀人罪的从轻判决。根据加利福尼亚州的法律,他精神能力的问题使得对于控诉他谋杀所必需的、证明他蓄意的证据无法找到。而他在监狱服刑之后回到了印度,过起了新的生活(Schwitzgebel & Schwitzgebel, 1980)。

然而,塔蒂亚娜的父母起诉了大学,他们认为,学生保健机构有责任告诉塔蒂亚娜关于波达尔要杀她的事。加利福尼亚州最高法院认同了这对父母。法院随后规定,那些有着充足理由相信来访者会对另一个人造成严重威胁的治疗师有义务警告该当事人潜在的危险,而不仅仅只是通知警察。这条裁定规定了当来访者表现出对其他人的潜在的危险时,治疗师有警告义务。[判断正误]

这条判决使被蓄意谋杀的受害者权利比保密的权利更加重要。泰瑞索夫案之后,治疗师不仅有权利打破保密协议,告诉潜在的受害者所面临的危险,而且法律上也有义务要告诉潜在的受害者。

警告义务这个条款让治疗师面对着伦理和实践的窘境。治疗师可能仅仅是怀疑他们的来访者有暴力意图,就会有感于自己有义务通过违反保密协议来保护自己和他人的利益,但是来访者实际上很少会按照自

判断正误

即便是病人已经对某个特定人士发出了死亡威胁,治疗师可能也不会违反保密协议。

☐ **错误** 在某些州的法律中规定,当来访者表现出对其他人的暴力威胁时,治疗师有义务违反保密协议。

塔蒂亚娜·泰瑞索夫和普洛森吉特·波达尔 波达尔是杀害塔蒂亚娜的凶手,因为塔蒂亚娜拒绝了波达尔的求婚。波达尔在大学保健中心向治疗师吐露了要伤害塔蒂亚娜的意图。波达尔随后被判决为故意杀人罪,塔蒂亚娜的父母对学校的诉讼具有里程碑式的意义,法院随后规定当来访者表现出对其他人的暴力威胁时,治疗师有义务警告第三方。

已说的那样伤害其他人。泰瑞索夫案件可能否定了许多其他来访者的保密权利,而这仅仅是为了防止少数情况的发生。虽然有一些治疗师会因为泰瑞索夫案件"过度反应",而且在没有充足证据的情况下,就违反保密协议,但是这可以说是少数潜在受害者的利益大于许多可能会遭受秘密泄露的人的利益。

另一个问题就是治疗师缺乏预测危险的特殊能力。然而,泰瑞索夫的裁决却迫使治疗师判断他们的来访者所说的信息是否表现出了伤害他人的潜在意图(VanderCreek & Knapp, 2001)。泰瑞索夫案件中,这种伤害他人的意图非常明显,但是在大多数情况下,这种威胁表达的并不是十分清晰。而且也没有明确的标准规定治疗师在暴力行为发生之前,就"应该知道"来访者的危险性。在没有具体规定治疗师应该履行警告职责的指导意见之前,他们必须依靠自己的临床判断。

当治疗师面对的来访者是HIV感染者时,伦理问题会更加模糊,因为HIV感染者可能会通过隐藏他们HIV感染者的身份让其伴侣处在危险之中。治疗师必须在警告义务和为病人保密的责任之间保持平衡。目前,心理学家缺少可以解决这些窘境的专业标准(Huprich, Fuller, & Schneider, 2003)。治疗师必须遵循法律为他们的感染HIV的来访者保密身份,又必须知道违反保密性的任何例外(Barnett, 2010)。

泰瑞索夫案件和州际法律对于警告义务的规定引发了临床医生的许多顾虑,他们试图履行泰瑞索夫案件中规定的义务和对来访者的义务。虽然泰瑞索夫案件的裁定是为了保护潜在的受害者,但是在应用到临床实践后,也可能会在无意中增加暴力事件的可能性,例如在以下情况中(Weiner, 2003):

1. 来访者不太愿意向他们的治疗师倾诉,这让治疗师难以疏导他们的暴力情绪。
2. 潜在的暴力来访者不太愿意接受治疗,因为他们担心分享给治疗师的信息会被泄露。
3. 治疗师会为了避免法律上的复杂程序而不愿意探测来访者的暴力倾向。他们可能会避免询问来访者暴力倾向的问题,或者避免治疗被认为具有暴力倾向的来访者。

泰瑞索夫案的裁定只在加利福尼亚州有效,其他州有着不同的法律规定(Pabian, Welfel, & Beebe, 2009)。如上所述,治疗师必须清楚他所在的州对于警告义务的规定。有些州允许治疗师为了警告第三方而违反保密协议,但是不强迫治疗师必须这么做。大部分州都会强迫治疗师在某些情况下履行警告义务(有时也被称为保护义务),像来访者针对某一个特定人士的威胁,或者这种暴力威胁迫在眉睫(American Psychiatric Association, 2012)。而在另外一些州,当来访者威胁要随便杀人或者伤害他人,即便在没有特定的目标人士这种没有明确的受害者目标的情况下,治疗师也有责任承担警告的职责(American Psychiatric Association, 2011)。

不同州的法律也规定了应该如何警告,比如向警察提交报告,采取让客户住院这种方式避免暴力犯罪。

虽然治疗师法律上的义务是遵循当地法律的,但是,当法律问题出现时,他们也不能忽视对来访者的主要治疗责任。他们必须在履行警告职责的条件下,平衡义务、承担责任,帮助来访者疏导引发他们暴力行为的愤怒情绪。

病患的权利

15.4 识别重大案件中精神病人的权利

我们已经讨论了让会对自己和他人造成伤害的精神病患者强制住院的社会权利,但是在拘禁之后又该如何呢?被强制的患者是否有权利接受或要求治疗呢?或者我们的社会让他们永远待在精神病院中,而且不对他们采取任何治疗措施。让我们也考虑一下相反的一面:也许被强制住院的人会拒绝治疗?这些问题(具有里程碑意义的法律案件让这些问题进入公众视野)都是属于病患权利的一部分。总而言之,就像《飞越疯人院》这部非常流行的电影所描述的精神健康体系的混乱历史那样,我们应当让护理体系更加严格,并且采用法律的形式来保护病人的权利。

精神障碍患者有哪些权利? 杰克·尼克尔森(Jack Nicholson)主演的《飞越疯人院》这部非常受欢迎的电影,描述了发生在精神病院的辱骂和虐待。近几年,更为严格的护理标准和法律体系的采用更好地保护了精神病人的权利。

治疗的权利 我们假设让病人接受治疗的精神病院会提供治疗。直到1972年,具有里程碑意义的联邦法律案件怀亚特诉斯蒂克尼(Wyatt v. Stickney)中,联邦法院规定了医院应该提供的最低护理标准。这起案件是针对亚拉巴马州精神健康委员会,名为斯蒂尼克(Stickney)的集体诉讼,代表人是瑞奇·怀亚特(Ricky Wyatt,一名智力缺陷患者)以及塔斯卡卢萨县州公立医院和学校的其他病人。

亚拉巴马州联邦地区法院认为,医院未能对怀亚特和其他病人提供治疗,并且医院的生活条件较差,让人失去人性。法院将医院描述为"仓库结构",无法提供任何私人空间。浴室里没有隔间,病人穿着劣质衣服,房间脏乱拥挤,厨房不卫生,食物也不合格。除此之外,员工不足,治疗也很差。怀亚特诉斯蒂克尼案件确立了包括不需要为了让精神病院正常运行而工作在内的病患权利。法院规定,精神病院至少应该提供以下服务(Wyatt v. Stickney, 1972):

(1) 病人文化的心理和物质环境。

(2) 为保证对患者进行充分的治疗，必须保证足够数量的合格员工。

(3) 个体化的治疗方案。[判断正误]

法院认定，该州有义务保证强制住在精神病院的患者接受充足的治疗。法院还进一步裁定了强制将病人送进精神病院治疗却不提供治疗，是损害了法律规定的病患享有的权利。

判断正误

精神病院的患者可能需要做一般性的家务。

☐ 错误　怀亚特诉斯蒂克尼案件确立了包括不需要为了让精神病院正常运行而工作在内的病患权利。

表15.2　怀亚特诉斯蒂克尼规定的患者的部分权利

1.病人享有隐私权和有尊严地接受治疗的权利
2.病人应当在最低束缚状态下接受治疗，以此满足拘禁是为了治疗的目的
3.除非有特殊的限制，否则病人享有探视权和打电话的权利
4.病人有权拒绝不必要的或者过度的药物治疗，此外，也不能将药物当作惩罚手段
5.除非发生紧急情况，即他们的行为会对自己和其他人造成伤害，以及更少的限制性束缚不可取时，否则不能对病人进行束缚或者隔离
6.除非患者的知情同意权受到保护，否则不得进行实验性研究
7.病人有权拒绝具有潜在危险性或者不同寻常的治疗方式，如：前脑叶白质切除术、电击休克或厌恶行为疗法
8.除非不利于治疗或者有危险性，否则患者有权穿着自己的衣服，拥有自己的物品
9.病人有权进行规律性锻炼和户外运动
10.病人适当享有与异性互动的机会
11.患者有权享有人性化和体面的生活环境
12.同一间房间内不能住6名以上的患者，而且必须有提供隐私感的屏幕或窗帘
13.不应让8名以上的患者共用一间卫生设施，而且卫生设施要设有供个人使用的位置
14.病人有权保持营养均衡
15.病人不应该为了保证医院正常运行而工作

表15.2列出了一些法院规定的强制住院的精神病患者所享有的权利。虽然这些规定只是在亚拉巴马州适用,但是其他州也修订了精神病院条例,保证强制住院患者的基本权利。其他法院案件也将进一步澄清病患权利。

奥康纳诉唐纳森案(O'Conner v. Donaldson) 1975年的肯尼恩·唐纳森(Kenneth Donaldson)案是病患权利的又一标志性案件。唐纳森是佛罗里达州一家医院的原患者,他以自己没有表现出对自己和他人会造成严重威胁,但被强制医疗14年没有得到任何治疗为由起诉了两名医生。唐纳森最初会被拘禁是因为他的父亲认为他患有妄想症而提交的请愿书所造成的。虽然唐纳森没有接受任何治疗,但是他却丧失了权利,不能接受职业培训。他一再要求出院,却被拒绝了。当他威胁要起诉医院时,他终于被释放了。当他出院后,他立刻起诉了他的医生,并从医院院长奥康纳(O'Conner)那里获得了38500美元的赔偿。这个案件最终在美国最高法院那里引发了辩论。

法庭证词证实,虽然医院工作人员并不认为唐纳森是危险人物,但是他们拒绝释放他,医生们认为唐纳森无法适应社区生活,需要继续住院。虽然医生们开了抗精神病药物,但是唐纳森因为他的基督教信仰拒绝服用。所以,他只能得到监护。

1975年,最高法院根据奥康纳诉唐纳森案做出了说明,"精神疾病不是(独立)政府违背某人意志而将其关押起来并进行简单看护的正当理由"。如果这些人不会对任何人产生危险,他们可以自由地居住在安全地带,没有任何可以强制治疗这些人的宪法依据。这项裁定适用于不被认为是危险分子的精神病患者。目前,被认定为危险分子的精神病患者是否拥有相同的宪法权利尚不清楚。

在奥康纳诉唐纳森的判决中,最高法院仍然没有解决一个更大的关于病人接受治疗的权利的问题。这项判决没有直接强制国家机构去治疗那些强制医疗、没有危险性的人们,因为这些机构可能会选择释放他们。

最高法院确实触及了更大的社会权利的问题,即为了保护自己不受到被认为是危险分

肯尼恩·唐纳森 唐纳森指着美国最高法院的裁决。那些被认为患有精神障碍但是并不危险的人,如果能够保证在社区中安全生活,那么就不应该违背他们的意愿将他们强制拘禁。

子伤害的权利。为了传达法庭的意见，法官波特·斯图尔特（Potter Stewart）写道：

> 国家是否可以在那些没有伤害性的精神病患者周围围上栅栏，以保护公民免受他们不同形式的伤害？人们不妨问问国家是否可以为了避免公众的不安，可以把那些身体上没有吸引力、也不古怪的人拘禁起来？

扬伯格诉罗密欧（Youngberg v. Romeo） 1982年，扬伯格诉罗密欧的案件中，美国最高法院为更直接地解决了患者的治疗权问题。即便如此，它似乎将怀亚特诉斯蒂克尼案件中确定的患者权利进行了否定。尼古拉斯·罗密欧（Nicholas Romeo），一个患有严重智力缺陷的男性，他无法说话或者照顾自己，他也曾经在宾夕法尼亚州的一所公立医院和学校接受过治疗。在这些机构里，他有暴力伤害自己行为的历史，而且身体经常被束缚。患者的母亲提起了诉讼，她认为医院疏忽大意，无法保护患者不受伤，而且在无法提供充足治疗的情况下长期使用物理拘禁。

最高法院规定，像尼古拉斯这类强制医疗的病人有权在限制最少的环境中接受治疗，像是在合适的情况下不需要身体上的束缚。最高法院的裁决还包括对病人的治疗权的有限承认。法院认为，住院病人有权进行最低限度的充足训练，以此来帮助他们不受身体的束缚，且只有在合理的安全条件下才能提供这种培训。法院认定，应当由高水平的专家来判断合理性。法院认为，联邦法院不应该干涉机构的内部运作，因为"没有理由认为法官或陪审团比专业人员更有资格做出这样的决定"。当合格的专业人士的判断偏离了专业的实践标准时，法院才可以猜测他们的判断。然而，最高法院仍然没有解决更加广泛的问题，即强制医疗的患者接受能够让他们在医院之外独立生活的训练。

而另一个相关问题就是，居住在社区中的重度精神病患者在宪法上是否有权利接受精神卫生服务（以及国家是否有义务提供这些服务），现在这个问题仍然在州法院和联邦法院中争论。

拒绝接受治疗的权利 考虑到以下权利，约翰·希曾（John Citizen）在精神病院中接受了强制医疗。医院的工作人员认为约翰患有精神障碍，偏执性精神分裂症,应该采用抗精神病药物治疗。但是约翰决定不接受治疗,他宣称医院没有权力违背他的意愿对他进行治疗。医院工作人员向法院寻求执行治疗的命令,他们认为如果医院没有权力按照他们认为合适的治疗方式治疗病患,那么强制医疗就是没有意义的。

像约翰这样的非自愿患者,是否有权利拒绝接受治疗呢?如果可以,那么这项权利是否与国家规定的强制医疗(让患者在精神病院中接受治疗)相冲突呢?人们也想知道那些强制医疗的病人是否有能力决定哪些治疗符合他们的最大利益。

在1979年罗杰斯诉奥金(Rogers v. Okin)的案件中通过了强制医疗的患者拒绝接受精神病药物治疗的权利,马萨诸塞州联邦地方法院在波士顿州医院强制推行禁令,除了当病人的行为对自己和他人造成重大威胁时等紧急状况发生时,不允许强制让病人服药。法院知道,病人可能会不理智地拒绝服药,但是不论病人有没有精神障碍,他们都有权利做出错误的判断,只要"错误"不会产生"对自己、其他病人和医院工作人员的身体伤害"。

尽管州与州之间的法规和规章有所不同,但是患者拒绝服药首先要由独立审查小组进行裁定。如果独立审查小组没有通过,那么案件就会提交到法官那里,法官会对是否强制病人服药做出最终判决(Rolon & Jones,2008)。在实践中,相对较少的病人(大约只有10%)会拒绝服药。此外,绝大多数到达终审环节的拒绝案件都会被否决。

现在我们的法律问题与违法行为的探讨转向了精神错乱辩护的争论。

精神错乱辩护

2011年,约翰·辛克利的枪击案让我们想起了另一起高调的枪击案,美国总统罗纳德·里根在华盛顿希尔顿酒店外遭到枪击,当时,数百万美国人都通过电视看到了这次枪击案。但是袭击者约翰·辛克利,一个25岁流浪者,由于精神错乱的原因被判无罪,并且强制医疗。[判断正误]

三月份寒冷的某一天,枪声响起,特勤人员在总统身边形成了一道人墙,一个人把总统推到一辆正在等待中的豪华轿车,然后送往医院。总统受伤了,但是非常幸运的是,他康复了。而他的新闻秘书詹姆斯·布雷迪(James Brady)

判断正误

上百万的群众通过电视看到了试图刺杀美国总统的人被判无罪。

☐ 正确　数百万电视机前的目击者都看到了约翰·辛克利试图刺杀总统里根,根据法律,他由于精神错乱而被判无罪。

被一颗子弹打碎了脊椎，导致他身体部分瘫痪。联邦特工抓住了枪手约翰·辛克利（John Hinckley）。

辛克利留在宾馆中的一封信（其中一部分在后面转载）表明他希望通过暗杀总统给年轻的女演员朱迪·福斯特（Jodie Foster）留下深刻印象。辛克利从未见过福斯特，但却迷恋上了福斯特。

在辛克利的审判中，没有任何人怀疑是不是辛克利开出的那伤人的一枪，但是检察官有责任合理怀疑。辩方提供的证词将辛克利描述为一个"功能不全型精神分裂症患者"，他会出现幻觉，杀害总统能够将他和福斯特"奇妙地结合在一起"。陪审团站在被告方的立场上，认定他因精神错乱而无罪，他被安置到联邦精神病院，华盛顿的伊丽莎白医院。2005年，联邦法官裁定50岁的辛克利可以在父母的陪同下回家3—4个晚上，2009年，法院允许他在家的时间延长到一次9天。2016年，法院允许他的母亲对他进行拘留。

辛克利或者其他因精神错乱而被判无罪的精神病人可能有一天会被彻底释放，这对许多人来说是令人不安的，他不应该在精神病院中接受治疗而是是应该被监禁的吗？社会应该怎样对待那些犯了罪的精神病患者呢？并且，辛克利是否应该被判有罪呢？他也许已经被释放或者假释了。

因精神错乱而被判无罪 当他射杀总统时，是否处于精神错乱中？1981年，试图刺杀总统罗纳德·里根的约翰·辛克利因精神错乱而被判无罪，公众对辛克利判决的愤怒导致许多州重新审视对精神错乱的辩护。

"我""请聆听你的心声"

亲爱的朱迪：

因为我试图刺杀里根，所以我一定会被杀死的。而现在我给你写这封信也是十分合理的。

正如你所知道的，我非常爱你。在过去的7个月里，我为你写了几十首诗、信以及充满爱意的信息。希望你能对我产生兴趣……

朱迪，如果我能够赢得你的心，那么我会立刻放弃刺杀里根这个想法，和你共度余生，不论是默默无闻还是怎样。

我承认，我刺杀里根的原因是我无法等待你对我产生印象。我现在必须做些什么，让你明白，我是为了你而做下这一切的。我将牺牲我的自由和生命来改变你对我的看法。这封信是在我离开希尔顿大酒店前一个小时写的。朱迪，我希望你能够聆听你的心声，给我一个机会,让我用这次历史事件来赢得你的尊重和爱。

约翰·辛克利写给朱迪·福斯特的信,
在1981年3月31日,刺杀总统罗纳德·里根前的很短的时间内写下的
来源:Linder,2004,"The John Hinckley Trial"

判断正误

精神错乱辩护出现在大量的审判中,通常很成功。

□错误 重罪案件很少会使用精神错乱辩护,而能够用这种辩护来赢得无罪释放的案件就更少了。

对于**精神错乱辩护**(insanity defance)的看法往往是偏离事实的,与精神错乱辩护用起来非常广泛而且非常成功的看法相反,事实上,它经常用不上,且通常也不会成功。只有不到1%的重罪案件会用它辩护,并且只有其中的一小部分(也许只有四分之一或者更少)会成功宣告无罪(Cevallos, 2015; L.Friedman, 2015)。所以,精神错乱辩护用得非常少,能够用这种辩护来赢得无罪释放的案件就更少了。[判断正误]

公众也高估了因为精神错乱而被判无罪,自由释放而不是被强制医疗的被告的比例,低估了在精神病院中强制医疗的时间长度(Silver, Cirincione, & Steadman, 1994)。那些因精神错乱辩护而被判无罪的人在精神病院接受治疗的时间比本应该在监狱中待的时间更长(Lymburner & Roesch, 1999)。所以,精神错乱辩护改革或者废除最终结果是虽然可以防止某些案件明目张胆地用它,但是它们也无法为公众提供更加广泛的保护。

辛克利的裁决引发了公众的强烈抗议,许多人呼吁废除精神错乱辩护。而反对者则基于这样一个事实,即一旦被告提供了支持精神错乱辩护的证据,那么检察官就有责任合理怀疑被告是神志正常的。目前,充分证明某个人是神志正常或者不正常的是很困难的事。所以,想象一下,在犯罪行为发生后,证明某人无罪这个问题被解决了。

在辛克利无罪释放之后,一些州采取了新的判决,有罪但存在精神障碍(GBMI)判决。有罪但存在精神障碍的裁定需要提交给陪审团认定被告患有精神障碍,但是精神障碍却不会让被告犯罪。被判有罪但存在精神障碍的人会入狱,但是会在监禁时接受治疗。

有罪但存在精神障碍的裁决引发了大量的争论,虽然它的目的是减少因精神错乱辩护而被判无罪的人数,但是它失败了(Melvile & Naimark, 2002; Slovenko, 2009)。有罪但存在精神障碍的判决被广泛认为是一个无法证明其有效性的社会实验(Palmer & Hazelrigg, 2000)。批判

者认为这一判决不过是对被判有罪,却又患有精神障碍的人的污蔑。现在美国只有不到半数的州仍存有GBMI判决(Kutys & Estesman, 2009)。

精神错乱辩护的法律基础

15.5 描述引用具体法律案件和美国法律协会提出的指导方针,阐述精神错乱辩护的历史脉络

虽然公众对辛克利案件和其他著名的精神错乱辩护案件的愤怒导致了大家对精神错乱辩护的重新审视,但是社会长久以来坚持自由意志原则作为确定不法行为的基础。自由意志原则,适用于刑事责任,要求只有人们在犯罪时处于可以控制自己的行为的状态中,才可以被判有罪。法院不仅要在合理的怀疑的基础上确定被告犯了罪,还必须考虑到个体在实施犯罪时的心理状态。因此,法院不仅需要裁定被告是否犯了罪,还需要判断被告是否有道德上的责任,以及是否应该接受惩罚。精神错乱辩护是基于这样一种信念:当犯罪行为源于扭曲的心理状态,而不是自由意志的结果,那么个体就不应该受到惩罚,而且应该对其潜在的精神障碍进行治疗。精神错乱辩护在法律上有着悠久的历史。

历史上有三次关于精神错乱辩护的重大裁决,第一次发生在1834年的俄亥俄州,案件的裁决规定,如果一个人因为无法抵抗的冲动而被迫犯罪,那么这个人就不能对此负责。

第二次精神错乱辩护的重大法律裁决被称为米克诺滕氏条例。它是以1843年英国的案件为基础的。当时,苏格兰人丹尼尔·M'南顿(Daniel M'Naghten)试图刺杀英国首相罗伯特·皮尔(Robert Peel),但是他杀死了皮尔的秘书,因为他认错了人。M'南顿宣称"是上帝的声音命令"他杀死皮尔的,英国法院以他精神错乱为由而将他无罪释放,因为被告是"由于心理上的疾病,导致理性缺失而犯案,所以他不知道自己所做的行为的性质和本质,或者他知道,但是他不知道自己在做的事情是错的"。米克诺滕氏条例规定,如果个体由于精神疾病而不知道自己的行为,也无法区分对错,那么他就不用承担刑事责任。米克诺滕氏条例问题就在于,它关注的是判断对错的认知能力存在缺陷,而不是在控制自己行为的能力上(Cevallos, 2015)。

为现代精神错乱辩护奠定基础的是第三个案件,发生在1954年的杜伦诉美国(Durham v. United States)案件。该案判决,如果被告人的违法行为是精神病或者精神缺陷的产物,那么被告人不用负刑事责任。根据杜伦案的裁决,陪审团不仅要决定被告是否患有精神疾病或者精神缺

陷,还需要考虑这种精神状况与犯罪行为是否有因果关系。美国联邦上诉法院认为犯罪意图是刑事责任的前提条件:

> 西方世界的法律传统和道德传统需要那些有着自由意志和邪恶意图却违反法律的人对违法行为负有刑事责任。我们的传统也要求对源于精神疾病和精神缺陷的行为不应追究道德责任,也不应承担刑事责任。

杜伦案判决的目的是摒弃过时的两种精神错乱标准:不可抗拒的冲动和正确—错误的判断(或者说是米克诺滕氏条例),法院认为对正确和错误的判断已经过时了,因为精神疾病的概念比判断是非的能力更加广泛,精神错乱的法律规定不应该仅仅根据精神障碍的一个特征(像是推理能力不足)进行设定。不可抗拒的冲动会被否定是因为法院认识到在某些情况下,由"精神疾病"和"精神缺陷"所引发的犯罪行为可能是以一种冷酷或者严密计算的方式发生的,而不是以突然的、不可理喻的冲动方式发生。被告可能知道他们在犯罪,但是却不是由于不可抗拒的冲动所驱使的(Sokolove, 2003)。

由于以下几个原因,杜伦案的判决被证明是不成功的。像是精神疾病或者精神缺陷并没有明确定义,再比如,法院无法弄清人格障碍是否是疾病的一种。陪审团也很难确定个体精神疾病是否是他违法行为的原因。由于术语没有明确或者清晰的定义,陪审团只能依靠精神病专家的证词。在很多情况下,判决仅仅是对精神病专家证词的赞同之词。但是,作为专家的精神病专家陪审团对于同一被告的诊断无法达成一致使得杜伦案的判决无法产生应有的效果(Bazelon, 2015)。

1972年,在许多辖区,美国法律研究所(ALI)所规定的法律准则替代了杜伦案的判决,而这可以界定精神错乱的法律基础(Van Susteren, 2002)。这些准则将米克诺滕氏条例和无法控制的冲动原则结合起来,它包含以下规定(American Law Institue, 1962):

1. 如果一个人的违法行为是由于精神疾病和精神缺陷所引发的,且在行为当时,个体缺乏判断行为违法性(错误性)的实质性能力或者缺乏遵守法律的实质性能力时,那么这个人可以不对违法行为负责。

2. 术语"精神疾病或者精神缺陷"并不包含重复犯罪或反社会行为等异常表现。

第一条准则包含了米克诺滕氏条例（无法判断对错）和无法控制的精神错乱冲动（不能遵循法律的行为）。第二条准则说明重复的犯罪行为（像是毒品交易），自身不足以成为可以让个体逃脱法律制裁的精神疾病和精神缺陷。虽然许多法律机构都认为这些准则相较于以往的规定是一种提升，但是仍然存在的问题是，由普通人所组成的陪审团，即便有专家的证词，也难以对被告的精神状态做出复杂的判断，特别是有些案件连专家也无法达成一致意见(Sadoff, 2011)。在所有的ALI准则之下，陪审团必须确定被告是否缺乏足够的能力认识外界或者使自己的行为符合法律要求。通过在法律条例中增加实质能力这个术语，ALI准则拓宽了精神错乱辩护的法律基础，意味着被告人不需要完全无法控制自己的行为才能满足因精神错乱而无罪的法律要求。

在目前的情况下，州与州之间没有一个统一的精神错乱辩护标准。不同的州有不同的法律标准，五个州（蒙大拿州、犹他州、内华达州、爱达荷州、堪萨斯州）废除了精神错乱辩护。尽管如此，正如我们所看到的，精神错乱辩护仍然可以从不同的视角去看。

精神错乱辩护的视角 精神错乱辩护给陪审团带来了压力。在对刑事责任进行评估时，陪审团不仅要确定被告犯下的罪行还要考虑被告当时的心理状态。在不使用杜伦案判决后，法院也就不需要精神病专家和其他专家证明被告行为是否是精神疾病或精神缺陷的产物。陪审团能够比精神病专家更好地评估被告的精神状态这种假设是否合理，特别是陪审团如何评估那些连专家都没有一致意见的案件呢？由于被授权决定被告在犯罪当时精神状态是否失常，陪审团的任务变得更加艰巨了。被告在法庭上的行为可能会和他/她在犯罪时的行为没有相似之处。

托马斯·沙茨和其他否定精神疾病存在的人对精神错乱辩护提出了新的挑战：如果精神疾病不存在，那么精神错乱辩护也就没有意义了。沙茨认为，精神错乱辩护是终极的退化。因为它剥夺了人们对自己行为的责任。沙茨认为，违反法律的人是罪犯，就应该被起诉和判决，因精神错乱而宣告被告无罪，是将其视为非人，是没有享有自由选择、自我决定和个人责任等基本人类权利的不幸者。在沙茨看来，我们应当对自己的行为负责,也应当为自己的过错负责。

沙茨认为,精神错乱辩护在历史上被援引于那些对社会高层人士犯了极度恶劣的罪行的案件,当社会地位低的人对社会地位高的人做出违法行为时,精神错乱辩护能够转移公众对引发犯罪的社会弊病的注意。尽管沙茨的论点是这样的,但是精神错乱辩护也经常援引于许多并不耸人听闻的案件和相似社会阶层的人的案件中。

所以我们应该怎样评价精神错乱辩护呢?废除它将会逆转几百年法律传统。几百年的法律传统认为,当精神疾病或精神缺陷损害了个体控制自己的能力,那么个体就不需要为自己的违法行为负责。

思考一下这个假设的例子,约翰·希曾违法了,他犯了杀人这种严重的罪行,因为他那幻想的信念告诉他受害者要谋杀他。电视机里的声音告诉他暗杀者的身份,并命令他杀死那个人来拯救自己和其他受害者。像这类的案件罕见,一小部分精神错乱的人,甚至是一小部分精神病患者会犯罪,而杀人的就更少了。

陪审团在做出精神错乱的判决时,他们应该考虑是否有法律适用于约翰·希曾的案件,或者是否有适用于所有人的刑事责任标准。如果立法者在某些情况下认定了精神错乱辩护的合法性,那么他们也需要一套能够让普通公民组成的陪审团解释和使用的标准。公众对辛克利案件的判决表明精神错乱辩护这个问题仍然没有得到解决,而且在未来很长的一段时间内也不会得到解决。

在美国司法体制之下,陪审团要确定刑事责任,不仅需要考虑犯罪行为本身,还要考虑一系列复杂问题。而那些因为精神错乱被判无罪的人,他们是否应该被监禁在精神病院中,因为他们本可能会被关在监狱这类机构,或者他们的拘禁是否是不确定的,是否释放他们要取决于他们的精神状态。能够回答这些问题的法律依据在迈克尔·琼斯的案件中得到了确立。

刑事拘禁时限的判定

15.6 描述确定刑期长度的法律依据

迈克尔·琼斯(Michael Jones)诉美国(Jones v. United State)的案件探讨了确定性和不确定性的问题,他在1975年因试图从华盛顿百货公司里面偷一件夹克衫这样的轻微盗窃罪而被逮捕。琼斯先是被关在圣伊丽莎白(St'Elizabeth)这家公立精神病院中(约翰·辛克利也被拘禁在这家医院中)。琼斯被诊断为患有精神分裂症,而且一直住了6个月的院,他才受审。琼斯提出了因精神错乱而无罪的申请,而法院也没有为难他,让他回到了圣伊丽莎白医院,虽然琼斯的罪行被判了一年的监禁,但是琼斯在随后的法院听证会上一再被拒绝释放。

在琼斯住院7年后,美国最高法院最终听取了他的申诉并在1983年完成了判决。它否决了琼斯的上诉,认同了下级法院将他留在医院的判决。最高法院由此确立了一个原则,因精神错乱被判无罪的人"组成了一个特殊的群体,这个群体应该与违法的个体区别对待"(Morris, 2002)。他们会基于需要比民事诉讼案件要求更不严格的危险性证明这一标准而被无限期地拘禁在精神病院中。因此,相较于因违法而被判处监禁的人在监狱中待的时间,那些因精神错乱而被判无罪的人可能要在医院中待的时间更长。[判断正误]

除此之外,美国最高法院在琼斯诉美国的案件中还规定,法律对特定罪行的惯常和习惯性判决与刑事拘禁没有关系。用最高法院的话来说:

判断正误
因为精神障碍被判无罪的人在精神病院待的时间比他们被判有罪而在监狱中待的时间更长。
☐ 正确　因精神错乱而被判无罪的人在医院待的时间可能要比他们本应该在监狱中待的时间多出许多年。

> 出于不同的考虑,我们会无罪释放精神错乱的患者。他没有罪,所以他不应该被惩罚。他的拘禁时间应当取决于他的疾病和危险性。罪行的严重程度与接受治疗的时间长短没有必然的联系。

最高法院裁定,违法的人可能会被关在"精神病院中,直到他恢复理智,不再对社会造成危害"。正如迈克尔·琼斯的案件那样,那些因精神错乱而被判无罪的人可能在精神病院中待的时间比本应该在监狱中待的时间更长。如果他们的精神状态有所改善,他们也可以提早释放。然而,公众对于提早释放,特别是重大案件的提早释放的不满,会阻止提早释放的发生。

刑事拘禁的不确定性引发了各种各样的问题。像迈克尔·琼斯这样的人,由于一个很小的违法行为,像是小的盗窃罪,就无限期的甚至是终身监禁是否合理呢?另一方面,由于精神错乱,那些疯狂犯罪的人被无罪释放是正义的体现,那么如果他们被专业人士认定可以重新加入社会,是否要提早释放呢?

最高法院对于琼斯诉美国案件的裁定似乎意味着我们应当将法律

量刑的概念和刑事拘禁的概念区分开。法律量刑依赖于刑罚应和罪行相适应：罪行越严重，惩罚也就越严重。然而，在刑事拘禁中，在法律面前，因精神错乱而无罪释放的个体是没有罪的，他们被拘禁的时间长短取决于个体的精神状态。

受审能力

15.7 描述确定受审能力的法律依据

那些被指控有犯罪行为的人必须能够理解对他们的指控和诉讼，并且能够自我辩护，这是一项基本的法律规定。受审能力这个概念不应该与精神错乱辩护相混淆。被告人能够受审，但是又能因为精神错乱被判无罪。例如，一个明显的妄想症患者可以理解法庭诉讼并且能够与辩护律师交涉，但是仍然因精神错乱而被判无罪。另一方面，一个人可能无法在特定时间内受审，那么当他的能力恢复时，可以再次受审（Zapf & Roesch, 2011）。患有精神障碍的被告、失业的被告和那些有精神病住院史的被告比其他人更容易被判断为没有受审能力（Pirelli, Gottdiendr, & Zapf, 2011）。[判断正误]

比起精神错乱判决，缺乏接受审判的心理能力的人更可能被拘禁在精神病院中（Roesch, Zapf, & Hart, 2010）。被认为没有受审能力的个体通常会被拘禁在精神病院中，直到他们有能力受审，或者能够肯定他们受审能力不会再恢复了。然而，如果被告一直在等待受审，那么他们有可能遭受虐待。1972年，美国最高法院在杰克逊诉印第安纳州（Jackson v. Indiana）的案件中规定，个体在精神病院中等待审判的时间不应该长于确定治疗是否能够恢复受审能力的时间。这个案件的规定，让精神科的检查者必须确定被告在可预见的将来能否通过治疗恢复受审能力（Hubbard, Zapf, & Ronan, 2003）。如果一个人即使经过治疗，也没有办法恢复能力，那么根据民事拘禁的程序，这个人要么被释放，要么被拘禁。然而杰克逊的标准一直没有得到统一，有些州在确定个体永久丧失受审能力之前的最短治疗时间不同（如5年）（Morris, 2002）。

1992年，美国最高法院在梅迪纳诉加利福尼亚州的案件中认为确定被告人受审能力的举证责任不是国家。2003年，美国最高法院在塞尔诉美国（Sell v. United States）案件中认为，至少在某些情况下，可以让精神障碍被告强制服药以让他们有能力受审（Bassman, 2005）。如果在医学上允许，不会产生副作用，也不会损害审判的公正性，那么可以强制被告

判断正误

有能力接受审判的被告人仍然会因为精神错乱而被判无罪。

□正确　是的，被告人能够受审，但是又能因为精神错乱被判无罪。

接受治疗（Heilbrun & Kramer，2005）。该判决可以让许多缺乏受审能力的人而推迟接受审判。

尽管印象中我们中间只有一部分人有异常行为，但实际上，异常行为以某种方式影响着我们每一个人开启了这本书的学习。那么现在让我们以句话来结束本书的学习，如果我们一起努力去探究异常行为的病因、治疗和干预措施，也许我们就能够应对异常行为对我们的生活造成的各种挑战。

缺乏受审能力 图片中，在受审能力听证会上，詹森·罗德里格兹（Jason Rodriguez）（被指控犯有一级谋杀罪和在佛罗里达州奥兰多枪击案中的五起谋杀未遂罪）和他的公共辩护律师正在交谈。在听取了三名精神病专家和心理学专家的关于罗德里格兹目前没有受审能力的证词后，法官判决他到精神病院接受治疗。

总结

精神健康治疗的法律问题

民事拘禁与刑事拘禁比较

15.1　解释民事拘禁和刑事拘禁之间的差异

违背个人的意愿将个人安置在精神病院的法律程序被称为民事拘禁或精神障碍拘禁。民事拘禁是为了向被认为患有精神疾病且会对自己和他人造成威胁的人提供治疗。相较之下，刑事拘禁是将因精神错乱而无罪释放的个体安置在精神病院接受治疗。自愿住院则是患者自愿向精神病院寻求治疗，而且可以随时根据自己的意愿离开，除非法院不同意。

预测危险

15.2　评估心理健康工作人员危险性预测能力

虽然只有被判定为危险的个体才能强制安置在精神病院中，但是心理健康专家并没有特殊技能来预测其危险性。可能导致危险性预测失败的原因包括以下几点：(1)事后意识到暴力倾向要比事前预测它简单；(2)对暴力行为"一般倾向性"的预测可能无法预测某一准确的暴力行为；(3)暴力或危险缺乏一致性的定义；(4)基础率使预测发生频率较低的事情很困难；(5)潜在的攻击者不太可能会直接说出他们的暴力意图；(6)在医院时的行为表现可能和在社区生活中的行为表现不同。

警告义务

15.3　确定警告义务的定义及评估治疗师为此面临的困境

虽然顾客告诉治疗师的信息享有保密条例，但是泰瑞索夫案件的判决规定，治疗师有责任和义务告知他们的客户会威胁到第三方。对于治疗师而言,这是一个道德和实践的窘境,虽然治疗师没有特殊的能力来预测个体以后的危险性,但是他们却要根据病人对于其他人的敌意意图以及执行这种意图的判断,来决定自己是否要违背保密条例。

病患的权利

15.4 识别重大案件中精神病人的权利

在怀亚特诉斯蒂克尼的案件中,亚拉巴马州法院规定了最低服务标准。在奥康纳诉唐纳森的案件中,美国最高法院规定,没有危险性的精神障碍患者如果能够在以后的社区生活中继续保持其安全性,那么可以不用违背他们的意志,将他们关在精神病院中。在扬伯格诉罗密欧的案件中,美国最高法院规定强制住院的患者有权利接受限制最少的治疗,并且接受让他们能够工作学习的训练。像是发生在马萨诸塞州的罗杰斯诉奥金的案件规定,患者有权利拒绝接受治疗,除非是在某些紧急状况下。

精神错乱辩护

精神错乱辩护的法律基础

15.5 描述引用具体法律案件和美国法律协会提出的指导方针,阐述精神错乱辩护的历史脉络

三个案件开创了精神错乱辩护的法律先例。1834年,俄亥俄州的案件将不可控制的冲动作为精神错乱辩护的基础。1843年,发生在英国的M'南顿案件将无法判断行为的对错作为精神错乱的法律基础。1954年,发生在美国的案件使得杜伦案判决应运而生,即如果被告人的违法行为是精神病或者精神缺陷的产物,那么被告人不用负刑事责任。美国法律所规定的法律准则,将米克诺滕氏条例中的个体不具有判断对错的能力和使得个体由于精神障碍或精神缺陷而无法控制冲动,并进一步做出不符合法律要求行为的原则结合起来。

刑事拘禁时限的判定

15.6 描述确定刑期长度的法律依据

确定刑事拘禁期限的法律条款指出,犯罪的人们可能会被无限期地安置在医院中,而他们何时释放则取决于他们的精神状况。

受审能力

15.7 描述确定受审能力的法律依据

被指控为犯罪,却没有能力理解对他们的指控,为自己辩护的人可能是缺乏受审能力,需要安置到精神病院。在杰克逊诉印第安纳州案件中,美国最高法院对被判定为没有受审能力的人待在精神病院中的时限做出了规定。

评判性思考题

根据你阅读的本章内容,回答以下问题:

- 你是否认为对于那些漫步在城市街道上喃喃自语、生活在纸箱里的精神病患者,应该违背他们的意愿,让他们住院,为什么?
- 如果你被叫去判断一个人是否会对他自己或者其他人造成威胁,你会基于什么样的标准进行判断?而你又需要什么样的证据做出判断呢?
- 你认为当客户对其他人造成威胁时,治疗师是否有义务违背保密条例?为什么?治疗师对警告的义务提出了怎样的担忧,你认为他们的担忧是应该的吗?
- 你认为精神错乱判决是应当被废除还是应当被判有罪但存在精神障碍等其他类型的判决所替代。为什么?

关键术语

1. 民事拘禁
2. 刑事拘禁
3. 警告义务
4. 精神错乱辩护
5. 受审能力

关键术语表

A

异常心理学（Abnormal psychology） 描述异常行为模式的表现、原因和治疗方法的心理学分支。

文化适应应激（Acculturative stress） 适应宿主和主流文化的压力。

急性应激障碍（Acute stress disorder） 创伤性事件发生一个月内表现出的创伤应激反应。

成瘾（Addiction） 某种控制使用某种药物的能力受损，即便这种药物的使用会带来有害的后果。

适应性障碍（Adjustment disorder） 以超出正常预期的功能损害和情感痛苦为特征的确定性压力源适应不良。

养子研究（Adoptee studies） 将被收养的儿童的特质与行为模式同亲生父母和养父母进行比较的研究。

失认症（Agnosia） 感知觉出现问题，且通常是视觉出现问题。

广场恐惧症（Agoraphobia） 对于开放或公共场所的过度、不合理恐惧。

警戒反应（Alarm reaction） 一般适应综合征的第一阶段，其特征是交感神经系统兴奋。

酗酒（Alcoholism） 产生严重的个体问题、社会问题、工作问题、健康问题的酒精成瘾或酒精依赖。

阿尔兹海默病（Alzheimer's disease，AD） 渐进性脑部疾病，以记忆力丧失、智力下降、人格改变、最终失去自理能力为特征。

失忆症（Amnesia） 多见于外伤所造成的记忆丧失，如：头部撞击、触电、重大外科手术。

安非他命精神障碍（Amphetamines psychosis） 服用安非他命所引发的、以幻觉和妄想为特征的精神状态。

安非他命类（Amphetamines） 一种能提高中枢神经系统活性，产生高强度的兴奋感和愉悦感的合成兴奋剂。

神经性厌食症（Anorexia nervosa） 刺激中枢神经系统，产生兴奋和快感的合成兴奋剂。

顺行性失忆症（Anterograde amnesia） 储存或组织新记忆的能力受损或丧失。

抗焦虑药（Antianxiety drugs） 对抗焦虑、减少肌肉紧张状态的药物。

抗抑郁药(Antidepressants) 影响大脑神经递质可用性的、治疗抑郁症的药物。

抗精神病药物(Antipsychotic drugs) 治疗精神分裂症和其他精神障碍的药物。

反社会人格障碍(Antisocial personality disorder) 以反社会和不负责任的行为、对错误行为没有悔恨感为特征的人格障碍。

焦虑(Anxiety) 以生理唤起、不愉快的紧张感、忧虑或不祥的预感为特征的情感状态。

焦虑障碍(Anxiety disorder) 一类以过度的或无法适应的焦虑反应为特征的心理障碍。

失语症(Aphasia) 理解言语或表达言语的能力受损。

原型(Archetypes) 荣格提出的存在于集体潜意识中的原始形象或概念。

共济失调(Ataxia) 肌肉无法协调运动。

注意缺陷/多动障碍(Attention-deficit/hyperactivity disorder, ADHD) 以活动过度、不能集中注意力为特征的行为障碍。

孤独症谱系障碍(Autism spectrum disorder) 以交流(能力)和社交(能力)存在严重缺陷、兴趣狭窄或固定、刻板行为为特征的发育障碍。

自主神经系统(Autonomic nervous system) 调节腺体活动、不受意志控制的周围神经系统的分化。

回避型人格障碍(Avoidant pesonality disorder) 由于害怕被排斥而回避社交关系的人格障碍。

轴突(Axon) 神经元长而薄的部分,神经冲动沿着它传递。

B

巴比妥酸盐类(Barbiturates) 一种具有高成瘾性的镇静剂。

基底神经节(Basal ganglia) 调节动作和协调性的前脑基底神经元的集合。

行为疗法(Behavior therapy) 基于学习技术的治疗策略。

行为评估(Behavior assessment) 以客观记录和描述问题行为为中心的临床评估方法。

行为主义(Behaviorism) 将心理学定义为研究可观察的行为,着眼于学习在行为解释中的角色的心理学学派。

暴食症(Binge-eating disorder, BED) 以反复暴饮暴食且进食后不会自我诱导食物排出为特征的进食障碍。

生物反馈训练(Biofeedback training, BFT) 向个人提供身体机能的信息,以便于个体在一定程度上能够控制身体机能的方法。

生物心理社会模型(Biopsychosocial model) 从生物、心理、社会文化因素相互作用的角度解释异常行为的综合模型。

双相情感障碍(Bipolar disorder) 以情绪在极端兴奋与极端抑郁之间摇摆不定为特征的心

理障碍。

盲设计(Blind)　一种不知道是实验性治疗还是安慰剂起到了作用的状态。

躯体变形障碍(Body dysmorphic disorder, BDD)　以全神贯注于对想象的或夸大的身体缺陷为特征的心理障碍。

身体质量指数(Body mass index, BMI)　同时考虑到身高和体重的测量标准。

边缘型人格障碍(Borderline personality disorder, BPD)　以情绪突然变化、行为缺乏连贯性、不可预知的、冲动行为为特征的人格障碍。

睡眠呼吸障碍(Breathing-related sleep disorders)　因呼吸困难而反复中断睡眠的睡眠障碍。

短暂性精神障碍(Brief psychotic disorder)　在遭遇重大压力源后，持续一天到一个月的精神病性疾病。

神经性贪食症(Bulimia nervosa)　以反复暴饮暴食，且自我诱导食物排出，对身体体型和体重过度关注为特点的进食障碍。

C

心血管疾病(Cardiovascular disease, CVD)　像冠心病和高血压这类心血管系统疾病。

个案研究(Case studies)　基于临床访谈、观察、心理测试的细致入微的传记。

猝倒(Cataplexy)　由于强烈情绪反应所造成的肌肉张力丧失、随意肌肉控制力丧失，让人跌倒在地的躯体状况。

紧张症(Catatonia)　运动活动和认知功能严重紊乱，像是处于紧张状态和昏迷状态。

中枢神经系统(Central nervous system)　大脑和脊髓。

小脑(Cerebellum)　与协调和平衡有关的后脑结构。

大脑皮层(Cerebral cortex)　负责处理感官刺激和控制像思维和语言这类高级心理功能的大脑表面褶皱区域。

脑血管意外(Cerebrovascular, CVA)　由于脑供氧血管的破裂或阻塞而造成的中风或脑损伤。

儿童期发作性流畅障碍(Childhood-onset fluency disorder)　以发音流畅性受损为特征的持续性口吃。

昼夜节律性睡眠障碍(Circadian rhythm sleep-wake disorders)　以个体正常的睡眠—清醒周期与环境要求不一致为特点的睡眠障碍。

民事拘禁(Civil commitment)　即使违背个体的意愿，也要将个体安置在精神卫生机构的法律程序。

经典条件反射(Classical conditioning)　通过配对或联结两种刺激，使得对其中一种刺激的反应也能发生在另一种刺激中。

可卡因(Cocaine) 从古柯植物叶子中提取的兴奋剂。

认知评估(Cognitive assessment) 测量与情绪问题有关的思维、信念、态度。

认知重构(Cognitive restructuring) 用理性思维代替非理性思维的认知治疗方法。

认知疗法(Cognitive therapy) 一种帮助来访者识别和纠正错误认知(思维、信仰和态度)的治疗方式,这些错误认知是情绪问题和不适应行为的基础。

抑郁的认知三联征(Cognitive triad of depression) 一种认为抑郁的想法源于对自己、对环境、对整个世界以及未来的消极看法。

认知行为疗法(Cognitive-behavioral therapy) 基于认知和行为技术的学习疗法。

认知特异性假说(Cognitive-specificity hypothesis) 不同情绪障碍与特定类型的自动化思维有关。

沟通障碍(Communication disorders) 一类以理解、使用语言困难为特征的心理障碍。

受审能力(Competency to stand trial) 被告人理解控诉、被起诉和自我辩护的能力。

强迫(Compulsion) 个体感到被迫执行的重复或仪式化行为。

有条件的积极关注(Conditional positive regard) 根据他人的行为是否能够得到人们的赞许来评价他人。

条件反应(Conditioned response) 在经典条件作用下,对先前中性刺激的习得反应。

条件刺激(Conditioned stimulus) 开始时是中性刺激,在与无条件刺激重复联结后,能够诱发无条件刺激所诱发的反应,即条件反应。

品行障碍(Conduct disorder, CD) 以破坏行为、反社会行为为特征的儿童和青少年心理障碍。

保密性(Confidentiality) 通过安全记录和不泄露参与者身份的方式来保护参与研究的人。

一致性(Congruence) 个体思维、行为和感受的一致性。

意识(Conscious) 弗洛伊德提出的,与我们当下觉知相对应的心灵的那一部分。

结构效度(Construct validity) (1)在实验中,治疗效果可以由理论框架中的自变量来解释的程度。(2)在测量中,测量符合其假设结构的程度。

内容效度(Content validity) 测验或测量测出预期要测量的品质的程度。

对照组(Control group) 实验中,不接受实验处理的一组。

转化性障碍(Conversion disorder) 以没有明显器质性原因的身体功能丧失或受损为特征的躯体形式疾病。

相关系数(Correlation coefficient) 在-1.00和+1.00之间变换的表示两个变量之间关系强度的统计数据。

相关法(Correlational method) 研究因素和变量之间关系的科学研究方法。

反移情(Countertransference) 在精神分析中,咨询师把对生活中某个人物的情感、态度转移到了来访者身上。

婚姻治疗(Couple therapy) 专注于解决痛苦的夫妻之间的冲突的治疗方式。

克勒(Crack) 一种可卡因硬化、可燃的形式。

刑事拘禁(Criminal commitment) 限制精神病患者因精神错乱而被判无罪的法律程序。

效标效度(Criterion validity) 测试与一个独立的外部标准相关的程度。

批判性思维(Critical thinking) 采取质疑的态度,仔细检查证据的论点和描述。

文化依存综合征(Culture-bound syndromes) 在占主导地位的一种或几种文化中存在的异常行为模式。

循环性情感气质障碍(Cyclothymic disorder) 以长期的心境不稳,但是不如双相情感障碍严重的心境障碍。

D

防御机制(Defense mechanisms) 自我为了个体不受到焦虑的困扰而采取的现实扭曲策略。

去机构化(Deinstitutionalization) 一种针对重度或慢性精神健康障碍患者的护理方式的转变,将他们从精神病院转移到社区机构。

延迟射精(Delayed ejaculation) 尽管性兴趣和性唤起很正常,但是个体存在性高潮持续性或复发性的延迟,或者无法达到性高潮。以前被称为男性性高潮障碍。

谵妄(Delirium) 精神错乱、定向障碍和注意力不集中的状态。

妄想障碍(Delusional disorder) 以持续性妄想、带有偏执狂的性质,但是不具备精神分裂症特征的精神障碍。

树突(Dendrites) 神经末梢像根一样的结构,接受来自其他神经元的神经冲动。

依赖型人格障碍(Dependent personality disorder) 以独立决策困难和过度依赖行为为特征的人格障碍。

因变量(Dependent variables) 为了确定自变量所产生的效果而观察的因素。

人格解体/现实解体障碍(Depersonalization/derealization disorder) 以持续或反复发作的去人格化或脱离现实为特征的分离性障碍。

人格解体(Depersonalization) 对自我或身体的不真实的或分离的体验。

镇静剂(Depressant) 降低中枢神经系统活跃度的药物。

现实解体(Derealization) 外部世界的不真实感。

戒毒(Detoxification) 在受到监控的条件下戒除酒精或其他药物的过程。

Dhat综合征(Dhat syndrome) 主要存在于亚洲印第安人身上的文化依存综合征,其特征是过分担心精液流失。

素质(Diathesis) 对某种疾病的易感性和脆弱性。

素质—应激模型(Diathesis-ress model)　假定异常行为问题涉及:(1)脆弱性和易感性;(2)压力生活事件和经历相互作用的模型。

分离性遗忘(Dissociative amnesia)　在没有任何确定的机体原因的情况下,个体经历了记忆丧失的分离性障碍。

分离性障碍(Dissociative disorders)　以身份、记忆、意识的分离为特征的疾病。

分离性身份识别障碍(Dissociative identity disorder)　一个人有两种或者两种以上截然不同的性格的分离性障碍。

多巴胺假说(Dopamine hypothesis)　精神分裂症与大脑多巴胺过度传递有关的假说。

双重抑郁症(Double depression)　重度抑郁症和心境恶劣同时发生。

唐氏综合征(Down syndrome)　一种由于在第21对染色体上出现了一条额外染色体而引起的疾病,表现为心理发育迟滞以及多种生理异常。

向下漂移假设(Downward drift hypothesis)　通过表明问题行为会导致人的社会经济地位的下降来试图解释低社会经济地位和问题行为之间关系的理论。

警告义务(Duty to warn)　治疗师有义务提醒第三方他的病人会造成的威胁。

失读症(Dyslexia)　以阅读能力受损为特征的阅读障碍。

E

早发性痴呆(Early-onset dementia)　65岁之前发作的痴呆症。

进食障碍(Eating disorders)　以失调进食模式和不当的体重控制方式为特征的心理障碍。

折衷疗法(Eclectic therapy)　将各种系统和理论的原理、技术加以结合的心理治疗方法。

自我(Ego)　与自我概念相对应的心理结构,受现实原则支配,并以容忍挫折的能力为特征。

自我矛盾(Ego dystonic)　指行为与自我认同不相容。

自我心理学(Ego psychology)　更多关注于自我意识的努力,而非假设的本我无意识的功能的现代心理动力学。

自我协调(Ego syntonic)　被认为是自我正常部分的行为或感觉。

电休克疗法(Electroconvulsive therapy, ECT)　通过头部电休克治疗重度抑郁症的方法。

情绪指向性应对(Emotion focused coping)　通过忽视、逃避压力源而不是直接解决它来减少压力源影响的应对方式。

同理心(Empathy)　从他人角度理解他人经历和感受的能力。

大便失禁(Encopresis)　四岁及四岁以上的儿童对肠道运动控制能力不足,但这不是由于器官问题造成的。

内分泌系统(Endocrine system)　让激素直接进入血流的无管腺系统。

内表型(Endophenotypes) 用以解释生物体遗传编码如何影响个体可观察的特征和表征的肉眼不可见的测量过程和机制。

内啡肽(Endorphins) 在大脑中起神经递质作用的天然物质,其作用类似于阿片类物质。

遗尿症(Enuresis) 在一个人已经到了能够控制排尿的预期年龄时仍然不能控制排尿。

流行病学方法(Epidemiological method) 追踪不同人群中特定疾病的发生率的研究。

表观遗传学(Epigenetics) 在DNA这种存储遗传密码的化学物质本身没有改变的情况下,对影响基因表达的遗传变化过程的研究。

勃起障碍(Erectile disorder) 以在性活动中难以达到或维持勃起为特征的男性性功能障碍。

钟情妄想(Erotomania) 以持有相信自己被社会地位高的人所爱的信念为特征的妄想障碍。

衰竭阶段(Exhaustion stage) GAS的第三阶段。特点是忍耐力降低,副交感神经系统活动增加,最终体力衰退。

露阴癖(Exhibitionism) 一种几乎只发生在男性身上的性反常行为,男性会经历持续性的、反复的性冲动和性唤起幻想,也会将他的生殖器暴露于毫无防备的陌生人面前。

预期(Expectancies) 对结果的预期。

实验组(Experimental group) 在实验中接受实验处理的小组。

实验方法(Experimental method) 通过操纵自变量观察因变量变化发现因果关系的科学方法。

外部效度(External validity) 实验结果能够推广到其他环境或背景的程度。

快速眼动脱敏再处理(Eye movement desensitization and reprocessing, EMDR) 一种可控的创伤后应激障碍治疗方法,当病人回想创伤经历时,让病人的眼睛追踪视觉目标。

F

人为失调(Factitious disorder) 在没有明显获得利益的情况下,故意制造心理或身体症状。

家庭治疗(Family therapy) 以家庭而不是个人作为治疗单位的治疗方法。

恐惧等级(Fear-stimulus hierarchy) 一系列有序的、越来越可怕的刺激。

女性性高潮障碍(Female orgasmic disorder) 尽管有足够的刺激,但是仍然难以达到高潮的性功能障碍。

女性性兴趣/性唤起障碍(Female sexual interest/arousal disorder) 在性活动中难以性唤起或者缺乏性兴奋和性欢乐的女性性功能障碍。

恋物癖(Fetishism) 个体使用无生命物体作为性兴趣的焦点或者是性唤起的来源的一类性欲倒错。

战或逃反应(Fight-or-flight reaction) 用战斗或逃跑来应对威胁的本能反应。

固着(Fixation) 弗洛伊德的理论中,由于性心理发展特定阶段满足感过多或过少而产生的一系列相关人格特征。

冲击疗法(Flooding)　通过暴露于高水平恐惧刺激的环境中来克服恐惧的行为治疗技术。

X染色体易损综合征(Fragile X syndrome)　由于X染色体上的基因变异所造成的遗传性智力发育障碍。

自由联想(Free association)　在没有有意编辑或审视的情况下,将想法表达出来的方法。

摩擦癖(Frotteurism)　未经同意的情况下,为了性满足而碰撞摩擦他人的涉及性冲动、性唤起幻想的性欲倒错。

G

赌博障碍(Gambling disorder)　以习惯性赌博和行为控制力受损为特征的成瘾性疾病。

性别焦虑(Gender dysphoria)　以对生理性别或解剖性别存在强烈、持久的不适和痛苦为特征的心理障碍。

性别认同(Gender identity)　个体对于自己是男人或女人的心理感觉。

一般适应综合征(General adaptation syndrome, GAS)　机体面对长时间或强烈压力的三阶段反应阶段,包括警觉阶段、搏斗阶段、衰竭阶段。

广泛性麻痹(General paresis)　由于梅毒细菌侵入脑部所引起的一种退行性的脑部病变。

广泛性焦虑障碍(Generalized anxiety disorder, GAD)　一种以广泛的恐惧感和预感以及强烈的躯体唤醒状态为特点的焦虑障碍。

生殖器—骨盆疼痛/插入障碍(Genito-pelvic pain/penetration disorder)　在阴道性交或尝试插入时存在持久性和复发性的疼痛。

基因型(Genotype)　个体遗传编码所指定的一组性状。

真诚(Genuineness)　认识和表达个体真实感情的能力。

逐级暴露(Gradual exposure)　(1)通过直接暴露于越来越可怕的刺激来克服恐惧的行为治疗技术。(2)通过逐步暴露于想象或现实生活中越来越可怕的刺激来克服恐惧的行为治疗方法。

团体治疗(Group therapy)　有着相似问题的一群来访者一起见同一名治疗师的治疗方式。

H

幻觉(Hallucinations)　在没有外部刺激的情况下产生的感知,与现实相混淆。

致幻剂(Hallucinogens)　引起幻觉的物质。

健康心理学家(Health psychologist)　研究心理因素与身体健康之间相互关系的心理学家。

海洛因(Heroin)　由吗啡制取的强成瘾性毒品。

表演型人格障碍(Histrionic personality disorder)　以过度寻求关注、赞扬、安慰和认可的人格障碍。

囤积障碍(Hoarding disorder) 以强烈地需要、拒绝丢弃大量看似无用或者不需要的财产为特征的心理障碍。

激素/荷尔蒙(Hormones) 内分泌腺分泌的物质,调节身体机能、促进身体发育。

体液(Humors) 古代希波克拉底的观点中重要的身体液体(血液、黄胆汁、黑胆汁、黏液)。

亨廷顿氏舞蹈症(Huntington's disease) 一种以抽搐、扭转运动、偏执、精神退化为特征的遗传变性疾病。

过度嗜睡症(Hypersomnolence disorder) 持续性的白天过度嗜睡。

入睡前幻觉(Hypnagogic hallucinations) 在清醒和睡眠之间出现的幻觉及睡醒后不久出现的幻觉。

疑病症(Hypochondriasis) 将身体症状误认为是潜在疾病的重大征兆的异常行为模式,现在被归类为躯体症状障碍或疾病焦虑障碍。

轻躁狂(Hypomania) 相对温和的躁狂状态。

下丘脑(Hypothalamus) 前脑中调节提问、情绪和动机的结构。

假设(Hypothesis) 通过实验验证的预测。

缺氧(Hypoxia) 脑供氧或其他器官供氧不足。

性窒息(Hypoxyphilia) 通过套索、塑料袋、化学药品或者和按压胸部的方式剥夺氧气寻求性满足的性异常行为。

I

本我(Id) 在出生时就存在的无意识心理结构,包含原始本能,由快乐原则支配。

疾病焦虑障碍(Illness anxiety disorder) 即便躯体症状不存在或者很轻,也会过度担心或焦虑自己患有重大疾病的躯体性症状障碍。

免疫系统(Immune system) 人类防御疾病的系统。

冲动控制障碍(Impulse-control disorders) 因无法控制冲动、抵制诱惑或欲望,造成对自己或他人的伤害为特点的心理障碍。

发生率(Incidence) 在特定的一段时间内,某种疾病病例的新发数。

自变量(Independent variables) 在实验中操纵的变量。

梗塞(Infarction) 由于供应组织的心血管堵塞造成的梗塞(组织死亡或区域死亡)。

知情同意(Informed consent) 参与者在接受治疗前应当知道治疗的所有信息以自由决定是否参与治疗的原则。

精神病辩护(Insanity defense) 一种因刑事被告人精神错乱而进行的无罪辩护。

失眠症(Insomnia) 入睡困难,难以持续性睡眠或再次入睡困难。

失眠性障碍(Insomnia disorder) 不是由于其他生理或心理障碍、药物、毒品所引发的慢性或持续性失眠为特征的睡眠觉醒障碍。

智力缺陷(Intellectual disability) 智力和适应能力整体发展滞后或受损。

间歇性冲动障碍(Intermittent explosive disorder) 以冲动性攻击为特征的冲动控制障碍。

内部效度(Internal validity) 操纵自变量造成因变量变化的程度。

网络成瘾(Internet addiction disorder) 以过度或不适当使用互联网为特征的非化学性成瘾。

K

盗窃癖(Kleptomania) 以强迫性偷窃为特征的冲动控制障碍。

Koro综合征(Koro syndrome) 文化依存综合征的一种,最初发现于中国,人们害怕自己的生殖器会萎缩回体内。

科尔萨科夫综合征(Korsakoff's syndrome) 以记忆丧失和迷路为特征的慢性酒精中毒综合征。

L

语言障碍(Language disorder) 以理解困难或语言使用困难为特征的沟通障碍。

迟发性痴呆(Late-onset dementia) 65岁以后才会发作的痴呆。

习得性无助(Learned helplessness) 以被动和缺乏控制感为特征的行为模式。

学习障碍(Learning disorder) 在智力发展正常,接触到良好的学习环境的情况下,在某一具体学习能力上存在缺陷。

路易小体(Lewy bodies) 脑细胞中的异常蛋白质沉积,会造成某种形式的痴呆。

边缘系统(Libic system) 涉及情绪处理、记忆、饥饿、口渴、攻击等基本驱动力的前脑结构。

纵向研究(Longitudinal study) 随着时间推移而进行的研究。

M

重性抑郁障碍(Major depressive disorder) 以重度抑郁发作为特点的重度情感障碍。

重度神经认知障碍(Major neurocognitive disorder) 认知功能的严重退化,其特征是记忆、思维、说话上存在缺陷。在DSM的早期版本中,被称为痴呆。

男性性欲减退性疾病(Male hypoactive sexual desire disorder) 男性持续或反复性缺乏性兴趣和性幻想。

诈病(Malingering) 装病来逃避工作或责任。

躁狂症(Mania) 异常兴奋、有精力、活跃的状态。

躁狂发作(Manic episode) 以行为混乱或判断能力受损为特征的高度兴奋、极度躁动、过度活跃的阶段。

大麻(Marijuana)　从大麻的叶和茎制取的迷幻药。

医学模型(Medical model)　将异常行为视为潜在疾病症状的生物学观点。

髓质(Medulla)　后脑调节心跳呼吸血压的区域。

心理状态检查(Mental status examination)　确定来访者各方面心理功能的结构化临床评估。

美沙酮(Methadone)　合成鸦片。使用适当时不会产生令人兴奋的感觉，但是当海洛因成瘾者停止使用海洛因服用它时不会出现戒断症状。

轻度认知神经障碍(Mild neurocognitive disorder)　认知功能的轻度退化，个体在付出极大的努力或者用其他的方式来弥补受损的功能，才能完成日常的生活任务。

示范法(Modeling)　(1)通过观察和模仿他人的行为进行学习；(2)在行为治疗中，通过观察治疗师和其他人演示目标行为，然后进行模仿，以此帮助个体习得目标行为的治疗技术。

情感障碍(Mood disorders)　通常表现为剧烈或长期情绪紊乱的心理障碍。

吗啡(Morphine)　由罂粟所提取的能够缓解疼痛，产生幸福感的强成瘾性麻醉剂。

曼丘森综合病征(Munchausen syndrome)　以人为制造的医疗症状为特点的虚假疾病。

髓鞘(Myelin sheath)　轴突的绝缘层或保护层，有助于加快神经递质的传导。

N

纳曲酮(Naltrexone)　一种阻断酒精和鸦片的药物。

自恋型人格障碍(Narcissistic personality disorder)　以膨胀的自我形象和极度需要关注和敬佩为特征的人格紊乱。

嗜睡症(Narcolepsy)　以突然的、不可抗拒的睡眠发作为特征的睡眠障碍。

麻醉剂(Narcotics)　缓解疼痛但具有强成瘾潜力的药物。

自然观察法(Naturalistic observation method)　在自然环境中对某种行为进行观察和测量的研究方法。

负强化物(Negative reinforcers)　当移除此强化物时，能够增强之前行为的发生频率。

阴性症状(Negative symptoms)　与精神分裂症相关的缺陷行为，像是社会技能不足，社会退缩，情感障碍，言语思维贫乏，心理动作迟钝，无愉悦体验。

认知神经障碍(Neurocognitive disorders)　一类以认知功能和日常功能受损为特点的心理障碍，它通常涉及到潜在的大脑病变和异常。

神经发育障碍(Neurodevelopmental disorders)　DSM-5里面影响儿童和青少年的精神障碍的一大类别，涉及到大脑功能受损和发育受损。

神经元(Neurons)　神经细胞。

神经心理评估(Neuropsychological assessment) 可以探测出潜在的脑损伤和脑部缺陷的测量。

神经递质(Neurotransmitters) 将信息从一个神经元传递到另一个神经元的化学物质。

梦魇症(Nightmare disorder) 由于噩梦导致的反复惊醒的睡眠障碍。

非特异性治疗因素(Nonspecific treatment factors) 不是针对某一特定心理疗法的因素,比如治疗师的注意与支持、对变化的积极预期。

O

肥胖(Obesity) 身体脂肪过剩的状态;一般由体重指数进行定义。

客观性测验(Objective tests) 以相关研究为基础,可以客观打分的自陈式人格测验。

客体关系理论(Object-relations theory) 强调父母和其他重点依恋人物的人格内化的影响的心理动力学理论。

强迫观念(Obsession) 个体无法控制的反复出现的思维、形象和冲动。

强迫症(Objective-complusive disorder, OCD) 以反复出现的痴迷、强迫或者两者兼而有之为特征的焦虑症。

强迫型人格障碍(Objective-complusive personality disorder) 以与他人交往方式僵化、倾向于完美主义、缺少自发性、过分注重细节为特征的人格障碍。

阻塞性睡眠呼吸低呼吸综合征(Obstructive sleep apean hypopnea syndrome) 呼吸相关睡眠障碍的亚型,通常被称为阻塞性睡眠呼吸暂停。通常表现为在睡眠时反复发作的打鼾、喘息、呼吸暂停或者异常浅呼吸。

操作性条件反射(Operant conditioning) 当行为被强化时,行为就会习得或者强化的一种学习行为。

对立违抗性障碍(Oppositional defiant disorder, ODD) 以过度反抗或者拒绝父母和其他人要求的趋势为特征的儿童和青少年心理障碍。

P

惊恐障碍(Panic disorder) 以反复发作的极度焦虑或恐慌为特点的焦虑障碍。

偏执型人格障碍(Paranoid personality disorder) 过度怀疑他人动机,但是达不到妄想程度的人格障碍。

性欲倒错(Paraphilias) 个体对非生命物体(如:衣服)、不同意或者不合适的伴侣(如:儿童)、对自己或伴侣进行辱骂或伤害时反复出现的性冲动和性幻想,是性吸引的一种模式。

异睡症(Parasomnias) 与部分或者完全觉醒相关的睡眠—觉醒障碍。

副交感神经系统(Parasympathetic nervous system) 自主神经系统的分化,可以减轻觉醒状态,调节补充能量储备的身体过程。

帕金森病(Parkinson's disease) 一种以肌肉震颤或颤抖、僵硬、行走困难、难以控制精细运动、缺乏面部肌肉张力、某些情况下会出现认知损害为特征的渐进性疾病。

恋童癖(Pedophilia) 和儿童性吸引有关的性欲倒错。

周围神经系统(Peripheral nervous system) 躯体神经系统和自主神经系统。

持续性抑郁障碍(Persistent depressive disorder) 慢性抑郁障碍。

人格障碍(Personality disorders) 过度僵化的行为模式以及与他人交往的方式,最终会演变为自我挫败。

以人为中心疗法(Person-centered theraphy) 通过与来访者建立温暖、可接受的亲密关系让来访者自由地进行自我探索和自我接受。

表现型(Phenotype) 个体实际或表现的特质。

苯丙酮尿症(Phenylketonuria, PKU) 一种阻止丙酮酸代谢的遗传障碍,除非严格控制饮食,否则会导致智力发育障碍。

恐惧症(Phobia) 一种过分的、不合理的恐惧。

生理依赖性(Physiological dependence) 因经常使用药物而引起的身体变化,如耐受性和戒断综合征(也被称为化学依赖)。

生理学鉴定(Physiological assessment) 异常行为相关的生理反应的测量。

皮克病(Pick's disease) 痴呆症之一,类似于阿尔兹海默病,但是其神经细胞的异常之处(皮克小体)、神经元纤维缠结的缺失、斑块是不同的。

安慰剂(Placebo) 旨在控制预期效果的惰性药物和伪疗法。

快乐原则(Pleasure principle) 本我的原则,即时满足需求。

桥脑(Pons) 后脑中和身体活动、注意力、睡眠、呼吸有关的结构。

积极心理学(Positive psychology) 着重于人类行为积极属性的当代不断发展的心理学流派。

正强化物(Positive reinforcers) 当引入这种强化物时,能够增强之前行为的频率。

阳性症状(Positive symptoms) 与精神分裂症的明显症状,如:幻觉、妄想、怪异的行为和思维。

产后抑郁症(Postpartum depression, PPD) 分娩后发生的持续且剧烈的情绪变化。

创伤后应激障碍(Posttraumatic stress disorder, PTSD) 对创伤性事件严重适应不良。

前意识(Preconscious) 弗洛伊德提出,思维的内容可以在当前的意识之外,但可以通过集中注意力而被注意到。

早泄[Premature(early) ejaculation)] 性活动期间不必要的快速射精的性功能障碍。

经期前焦虑性障碍(Premenstrual dysphoric disorder, PMDD) 女性月经前情绪变化显著的心理障碍。

老年痴呆症(Presenile dementias) 65岁以后开始发作的痴呆症。

流行率(Prevalence) 一段特定时期内，人口患病的总体病例数。

先证者(Proband) 某种疾病首次确诊的病例。

问题指向性应对(Problem-focused coping) 直接面对压力源的应对方式。

前驱期(Prodromal phase) 精神分裂症中，第一次急性精神病发作之前功能下降的时期。

投射测验(Projective test) 通过向测试者呈现模棱两可的刺激投射出他们的个性或无意识动机的心理测验。

精神分析(Psychoanalysis) 西格蒙德·弗洛伊德提出的心理治疗方法。

精神分析理论(Psychoanalytic theory) 弗洛伊德提出的人格结构模型，其理论基础是心理问题源于儿童时期无意识的动机和冲突，也被称为精神分析。

心理动力学模型(Psychodynamic model) 弗洛伊德及其追随者的理论模型，其中，异常行为被视为人格内部冲突力量的产物。

心理动力疗法(Psychodynamic therapy) 帮助个体洞察和解决潜意识中深层次冲突的疗法。

心理依赖(Psychological dependence) 强迫使用药物以满足心理需要。

心理障碍(Psychological disorder) 心理功能或行为受损的异常行为模式。

心理坚韧性(Psychological hardiness) 以承诺、挑战、控制为特征的应激缓冲特质。

精神药理学(Psychopharmacology) 研究治疗药物或精神药物效果的研究领域。

精神病(Psychosis) 以解释现实的能力和满足生活需求的能力受损为特征的严重被破坏的行为形式。

心身障碍(Psychosomatic disorders) 心理因素是原因的躯体障碍。

心理治疗(Psychotherapy) 由心理框架衍生出来的结构化的治疗形式，由来访者和治疗师之间一个或多个言语互动或治疗会话组成。

惩罚(Punishment) 用厌恶或痛苦的刺激减少行为频率。

纵火癖(Pyromania) 一种以强迫性纵火为特征的冲动控制障碍。

R

随机分配(Random assignment) 将研究对象随机分配给实验组或对照组以平衡组成人员特征的方法。

随机抽样(Random sample) 以每个人群的成员都有平等的机会被包括在内的方式抽样。

强奸(Rape) 任何身体部位或物体强迫性地穿过阴道或肛门，或者让性器官强迫性地穿过口腔(在2012年之前，执法人员所运用的强奸的定义仅局限在强迫性性交)。

合理情绪疗法(Rational emotive behavior therapy) 帮助客户将不合理的、不适应的信念转化为合理的信念的治疗方法。

现实原则(Reality principle) 支配自我的原则,会考虑社会接受性和实践性。

现实验证(Reality testing) 准确感知世界、区分现实和幻想的能力。

焦虑反弹(Rebound anxiety) 不再使用镇静剂后所体验到的强烈焦虑。

受体部位(Receptor site) 接受神经元上受体的一部分,其作用是接受神经递质。

强化(Reinforcement) 能够增加之前行为频率的刺激或事件。

信度(Reliability) 心理评估中,测量、诊断工具或系统的一致性。

快速眼动睡眠行为障碍(REM sleep behavior disorder) 以在睡梦中发声或发抖为特点的睡眠—觉醒障碍。

残留期(Residual phase) 在精神分裂症中,位于急性期之后的阶段,其特征是恢复到前驱期阶段的能力水平。

拮抗阶段(Resistance stage) 一般适应综合征的第二阶段,机体试图忍受长时间的压力,并力图保护资源。

网状激活系统(Reticular activating system) 涉及到注意力、睡眠、觉醒过程的脑结构。

逆行性失忆症(Retrograde amnesia) 回忆过去的能力丧失或受损

逆向设计(Reversal design) 在一系列交替基线和治疗阶段重复测量受试者行为的实验设计。

S

性施虐与性受虐症(Sadomasochism) 性活动中,伴侣之间通过施加、接受痛苦和屈辱来获得满足。

精神卫生(Sanism) 被认定为精神病患者的消极刻板印象。

分裂性情感障碍(Schizoaffective disorder) 个体会出现严重情绪障碍和精神分裂症相关特征的精神障碍。

分裂样人格障碍(Schizoid personality disorder) 以对社会关系缺乏持续兴趣、情感平淡以及社会退缩为特征的人格障碍。

精神分裂症(Schizophrenia) 以行为、思考、情感和知觉的严重失常为特点的长期精神障碍。

分裂样精神障碍(Schizophreniform disorder) 精神分裂症持续时间少于6个月,具有类似精神分裂症的特征。

分裂型人格障碍(Schizotypal personality disorder) 以缺乏亲密的人际关系,思维或行为怪异,但没有明显精神病特征为特点的人格障碍。

科学方法(Scientific method) 进行科学研究的系统方法,其理论和假设都是根据证据提出的。

选择因素(Selection factor)　一种误差,实验组和对照组之间的差异是由于组内被试的差异所造成的,而不是自变量所造成的。

自我实现(Self-actualization)　人本主义心理学中,努力成为自己所能成为的人的倾向,驱使人充分发挥潜力、表现自己独特能力的动机。

自我效能预期(Self-efficacy expectancies)　应对挑战、完成特定任务能力的信念。

自我监控(Self-monitoring)　观察或记录自己行为、想法、情绪的过程。

半结构化面试(Semistructured interview)　临床医生为收集基本信息,按照大纲上的问题进行访谈,但可以自由地按任何顺序提出问题,也可以向其他方向提出问题。

分离焦虑障碍(Separation anxiety disorder)　以与父母或者其他看护者分离产生的极端恐惧为特征的儿童心理障碍。

性功能障碍(Sexual dysfunctions)　性兴趣、性唤起、性反应上的持续性或复发性问题。

性受虐症(Sexual masochism)　通过接受羞辱或痛苦来引发性冲动和性唤起为特征的性欲倒错。

性施虐狂(Sexual sadism)　通过向性伴侣施加屈辱或身体疼痛来引发性冲动和性唤起的性欲倒错或性偏离。

单被试研究设计(Single-case experimental design)　被试作为自身的控制因素。

睡瘫(Sleep paralysis)　觉醒时,肌肉暂时性麻痹的状态。

睡惊症(Sleep terrors)　以睡觉时所诱发的惊恐觉醒为特征的睡眠—觉醒障碍。

睡眠—觉醒障碍(Sleep-wake disorders)　会造成压力和功能受损持续性或反复性睡眠问题。

梦游(Sleepwalking)　反复梦游的睡眠觉醒障碍。

社交(语用)沟通障碍[Social (pragmatic)communication disorder]　以在社会环境中与他人沟通有困难为特征的沟通障碍。

社交焦虑障碍(Social anxiety disorder)　对社会交往或者社交情境极端恐惧,也被称为社交恐惧症。

社会因果关系模型(Social causation model)　相较于社会经济地位较高的人群,在社会经济地位较低的人群中,例如贫困之类的社会压力源是严重心理障碍患病风险增加的原因。

社会—认知理论(Social-cognitive theory)　以学习理论为基础,强调观察学习以及认知变量在行为决定中的作用。

躯体神经系统(Somatic nervous system)　周围神经系统的分支,将信息从感觉器官传递到大脑,并将信息从大脑传递到骨骼肌。

躯体症状及相关障碍(Somatic sympyom and related disorders)　以与躯体症状有关的持续性情绪或行为问题为特征的心理障碍。

躯体症状障碍(Somatic symptom disorder)　过度关注身体症状的心理障碍。

特定恐惧症(Specific phobia)　对某一特定对象或某一特定环境的恐惧。

发音障碍(Speech sound disorder)　以发音困难为特征的沟通障碍。

分裂(Splitting)　无法调和自己与他人积极和消极方面,导致对他人积极和消极情绪的突然转变。

兴奋剂(Stimulants)　用于增强中枢神经系统活跃性的精神活性物质。

应激(Stress)　有机体对适应或调节的要求。

应激源(Stressor)　压力的来源。

结构性访谈(Structured interview)　以特定顺序预先设定一系列问题的临床访谈。

物质中毒(Substance intoxication)　以反复中毒为特征的物质所引发的疾病。

物质使用障碍(Substance use disorders)　以精神活性物质的不当使用造成的功能严重受损或者个体痛苦为特征的物质相关障碍。

物质戒断(Substance withdrawal)　物质使用引发的疾病,特点是生理依赖性形成以后,精神活性物质突然停用和减少出现的一系列症状。

物质诱发障碍(Substance-induced disorders)　精神活性物质使用所引发的一类物质相关障碍。

超我(Superego)　心理结构,它将父母和其他重要他人的价值观和功能作为道德良知。

调查方法(Survey method)　通过问卷和访谈等调查工具对被试进行询问的研究方法。

交感神经系统(Sympathetic nervous system)　自主神经系统的分化,其活动导致觉醒。

突触(Synapse)　一个神经元和另一个神经元之间的连接,这个连接可以传递神经冲动。

综合征(Syndromes)　可指示特定疾病和病症的症状群。

系统脱敏(Systematic desensitization)　在逐渐暴露于更可怕的刺激下(通过想象或看幻灯片)的同时,保持深度放松,从而克服恐惧症的行为疗法。

T

迟发性运动障碍(Tardive dyskinesia)　由于长期使用抗精神病药物而引起的面部、嘴部、颈部、躯干或四肢的不自主运动。

末梢(Terminals)　轴突末端的小分支结构。

丘脑(Thalamus)　前脑中的结构,将感觉信息传递给大脑,并调节睡眠和注意力。

理论(Theory)　观察到的活动潜在关系的公式化。

思维障碍(Thought disorder)　以思维逻辑关系的分解为特征的思维紊乱。

代币行为矫正法(Token economy)　这是一种行为治疗程序,通过创建一个受控的环境,在这个受控的环境中,被期望的行为可以通过奖励用于交换需要的物品的代币来进行强化。

耐受性(Tolerance)　躯体对于药物的适应。药物的频繁使用使得更高的剂量才能达到相同的效果。

跨诊断模型(Transdiagnostic model) 根据不同的诊断类别中相同的过程和特点来理解异常行为。

移情关系(Transference relationship) 在精神分析中,来访者将自己对生命中重要他人的感觉和态度转移到或概化到分析师身上。

跨性别认同(Transgender identity) 个体作为男性或女性的自我心理体验与身体性别或遗传性别相反的性别认同。

异装癖(Transvestism) 通过异装来获得性欲和性幻想的一种性欲倒错,也被称为"移情恋物癖"。

环钻术(Trephination) 为了释放恶魔,而在人的头骨上挖洞的残酷的史前疗法。

两因素模型(Two-factor model) 基于经典条件反射和操作性条件反射提出的用于解释恐惧反应的发展的理论模型。

A型行为模式(Type A behavior pattern, TABP) 以时间紧迫感、有竞争感和敌意感为特征的行为模式。

U

无条件积极关注(Unconditional positive regard) 不管人们在特定时间的行为如何,而将他们视为是有价值的。

无条件反应(Unconditioned response) 无需学习就会的反应。

无条件刺激(Unconditioned stimulus) 引起未习得反应的刺激。

无意识(Unconscious) 弗洛伊德提出,在意识之外的包含本能冲动的心灵部分。

非结构化访谈(Unstructured interview) 临床医生不需要遵循任何标准化模式,而采用自己的提问方式的临床访谈。

V

阴道痉挛(Vaginismus) 当试图穿过阴道时,阴道周围肌肉自发痉挛,使得性交难以继续下去。

效度(Validity) 测试或诊断系统能够测出预期所要测出的品质或结构的程度。

血管性神经认知障碍(Vascular neurocognitive disorders) 大脑由于多次中风受到损伤,最终引发的痴呆。

虚拟现实疗法(Virtual reality therapy, VRT) 暴露疗法的一种形式,在虚拟现实环境中暴露恐惧刺激。

窥阴症(Voyeurism) 性倒错的一种类型。通过偷窥毫无防备的陌生人的裸体、脱衣或进行性活动从而产生性兴奋和性唤起。

W

韦尔尼克氏病(Wernicke's disease) 与慢性酒精中毒相关的脑部疾病,以混乱、定向障碍、走路时无法保持平衡为特征。

戒断综合征(Withdrawal syndrome) 停止使用精神活性物质后出现的一组生理心理症状。

参考文献

Abbey, A., Zawackia, T., Bucka, O., Clinton, A. M., & McAuslan, P. (2004). Sexual assault and alcohol consumption: What do we know about their relationship and what types of research are still needed? Aggression and Violent Behavior, 9, 271 – 303. doi: 10.1016/S1359–1789(03)00011-9

Abbott, A. (2010). Schizophrenia: The drug deadlock. Nature, 468, 158 – 159. doi:10.1038/468158a

Abel, K. M., Wicks, S., Susser, E. S., Dalman, C., Pedersen, M. G., Mortensen, P. B., & Webb, R. T. (2010). Birth weight, schizophrenia, and adult mental disorder: Is risk confined to the smallest babies? Archives of General Psychiatry, 67, 923 – 930. doi: 10.1001/archgenpsychiatry.2010.100

Abela, J. R. Z., Stolow, D., Mineka, S., Yao, S., Zhu, X. Z., & Hankin, B. L. (2011). Cognitive vulnerability to depressive symptoms in adolescents in urban and rural Hunan, China: A multiwave longitudinal study. Journal of Abnormal Psychology, 120, 765 – 778. doi:10.1037/a0025295 escents

Abracen, J., & Looman, J. (2004). Treatment of sexual offenders with psychopathic traits: Recent research developments and clinical implications. Trauma, Violence, & Abuse, 9, 144 – 166.

Abraham, K. (1916/1948). The first pregenital stage of the libido. In D. Bryan & A. Strachey (Eds.), Selected papers of Karl Abraham, M. D. London: The Hogarth Press.

Abramovitch, A., Abramowitz, J. S., & Mittelman, A. (2013). The neuropsychology of adult obsessive- compulsive disorder: A meta-analysis. Clinical Psychology Review, 33, 1163 – 1171. doi:10.1016/j.cpr.2013.09.00

Abramowitz, J. S. (2008). Cognitive-behavioral therapy for OCD. Clinical Psychology Review, 21, 683 – 703.

Abramowitz, J. S., & Braddock, A. E. (2011). Hypochondriasis and health anxiety: Advances in psychotherapy—evidence-based practice. Cambridge, MA: Hogrefe Publishing.

Abramowitz, J. S., Olatunji, B. O., & Deacon, B. J. (2008). Health anxiety, hypochondriasis, and the anxiety disorders. Behavior Therapy, 38, 86 – 94. doi: 10.1016/j.beth.2006.05.001

Abramson, L. T., Seligman, M. E. P., & Teasdale, J. D. (1978). Learned helplessness in humans: Critique and reformulation. Journal of Abnormal Psychology, 87, 49 – 74.

Achenbach, T. M., & Dumenci, L. (2001). Levent advances in empirically based assessment: Revised cross-informant syndromes and new DSM-oriented scales for the CBCL, YSR, and TRF: Comment on Lengua, Sadowski, Friedrich, and Fisher (2001). Journal of Consulting and Clinical Psychology, 69, 699 – 702. doi: 10.1037/0022–006X.69.4.699

Adam, M. B., McGuire, J. K., Walsh, M., Basta, J., & LeCroy, C. (2005). Acculturation as a predictor of the onset of sexual intercourse among Hispanic and white teens. Archives of Pediatrics & Adolescent Medicine, 159, 261 – 265.

Addington, J., Piskulic, D., & Marshall, C. (2010). Psychosocial treatments for schizophrenia. Current Directions in Psychological Science, 19, 260 – 263. doi: 10.1177/0963721410377743

Addolorato, G., Leggio, L., Abenavoli, L., Gasbarrini, G., & on behalf of the Alcoholism Treatment Study Group. (2005). Neurobiochemical and clinical aspects of craving in alcohol addiction: A review. Addictive Behaviors, 30, 1209 – 1224. doi:10.1016/ j.addbeh.2004.12.011

Adelson, R. (2006, January). Cultural factors in alcohol abuse. Monitor on Psychology, 37(1), 32.

Adler, A. (2014). One in four high school students uses tobacco. NEJM Journal Watch. Retrieved from http://www.jwatch. org/fw109528/2014/11/14/ one-four-high-school-students-uses-tobacco

Adler, J. (2004, March 8). The war on strokes. Newsweek, 42 – 48.

Afifi, T. O., Asmundson, G. J. G., Taylor, S., & Jang, K. L. (2010). The role of genes and environment on trauma exposure and posttraumatic stress disorder symptoms: A review of twin studies. Clinical Psychology Review, 30, 101 – 112. doi:10.1016/j.cpr.2009.10.002

Afifi, T. O., Mota, N. P., Dasiewicz, P., MacMillan, H. L., & Sareen, J. (2012). Physical punishment and mental disorders: Results from a nationally repre- sentative U. S.

sample. *Pediatrics, 130*(2), 184 – 192. doi: 10.1542/peds.2011-2947

Agerbo, E., Sullivan, P. F., Vilhjálmsson, B. J., Pedersen, C. B., Mors, O., Børglum, A. D.,...Mortensen, P. B. (2015). Polygenic risk score, parental socioeconomic status, family history of psychiatric disorders, and the risk for schizo- phrenia: A Danish population-based study and meta-analysis. *JAMA Psychiatry, 72,* 635 – 641. doi: 10.1001/jamapsychiatry.2015.0346

Agras, W. S., Lock, J., Brandt, H., Bryson, S. W., Dodge, E., Halmi, K. A., ...Woodside, B. (2014).Comparison of 2 family therapies for adolescent anorexia nervosa: A randomized parallel trial. *JAMA Psychiatry, 71,* 1279 – 1286. doi:10.1001/ jamapsychiatry.2014.1025

Agren, T., Engman, J. Frick, A., Bjorkstrand, J., Larsson, E.-M., Furmark, T., & Fredrikson, M. (2012). Disruption of reconsolidation erases a fear memory trace in the human amygdala. *Science, 337,* 1550. http://dx. doi. org/10.1126/science.1223006

Ainsworth, M. D. S. (1989). Attachments beyond infancy. *American Psychologist, 44,* 709 – 716.

Akhtar, S. (1988). Four culture-bound psychiatric syndromes in India. *The International Journal of Social Psychiatry, 34,* 70 – 74.

Alaka, K. J., Noble, W., Montejo, A., Dueñas, H., Munshi, A., Strawn, J. R., ...Ball, S. (2014). Efficacy and safety of duloxetine in the treatment of older adult patients with generalized anxiety disorder: A randomized, double-blind, placebo-controlled trial. *International Journal of Geriatric Psychiatry, 29,* 978 – 986. doi:10.1002/gps.4088

Alarcón, R. D., Becker, A. E., Lewis-Fernández, R., Like, R. C., Desai, P., Foulks, E., ...Primm, A. (2009). Issues for DSM-V: The role of culture in psychiatric diagnosis. *The Journal of Nervous and Mental Disease, 197,* 559 – 660. doi:10.1097/NMD.0b013e3181b0cbff

Alarcón, R. D., Oquendo, M. A., & Wainberg, M. L. (2014). Depression in a Latino man in New York. *American Journal of Psychiatry, 171,* 506 – 508. doi: 10.1176/appi.ajp.2013.13101292

Albarracín, D., Durantini, M. R., & Ear, A. (2006). Empirical and theoretical conclusions of an analy- sis of outcomes of HIV-prevention interventions. *Current Directions in Psychological Science, 15,* 73 – 78.

Alderson-Day, B., & Fernyhough, C. (2015). Inner speech: Development, cognitive functions, phenom-enology, and neurobiology. *Psychological Bulletin, 141,* 931 – 965. http://dx.doi.org/10.1037/bul0000021

Aldrich, M. S. (1992). Narcolepsy. *Neurology, 42*(7, Suppl. 6), 34 – 43.

Aleccia, J. (2014, March 5). Alzheimer's deaths may rival cancer, heart disease, study finds. Retrieved from msnbcnews.com

Alexander, B., Warner-Schmidt, J., Eriksson, T., Tamminga, C., Arango-Llievano, M., Ghose, S., ... Kaplitt, M. G. (2010). Reversal of depressed behaviors in mice by p11 gene therapy in the nucleus accumbens. *Science Translational Medicine, 2,* 54ra76. doi: 1s0.1126/ scitranslmed.3001079

Ali, M., Farooq, N., Bhatti, M. A., & Kuroiwa, C. (2012). Assessment of prevalence and determinants of post- traumatic stress disorder in survivors of earthquake in Pakistan using Davidson Trauma Scale. *Journal of Affective Disorders, 136,* 238 – 243.

Allan, R., & Fisher, J. (2011). *Heart and mind: The practice of cardiac psychology* (2nd ed.). Washington, DC: American Psychological Association.

Allderidge, P. (1979). Hospitals, madhouses and asylums: Cycles in the care of the insane. *British Journal of Psychiatry, 134,* 1476 – 1478.

Allen, D. N., Thaler, N. S., Ringdahl, E. N., Barney, S. J., & Mayfield, J. (2011). Comprehensive trail making test performance in children and adolescents with traumatic brain injury. *Psychological Assessment, 24,* 556 – 564. doi: 10.1037/a0026263

Allen, P., Modinos, G., Hubl, D., Shields, G., Cachia, A., Jardri, R., ...Hoffman, R. (2012). Neuroimaging auditory hallucinations in schizophrenia: From neuroanatomy to neurochemistry and beyond. *Schizophrenia Bulletin, 38,* 695 – 703. http://dx.doi. org/10.1093/schbul/sbs066

Allgulander, C., Dahl, A. A., Austin, C., Morris, P. L. P., Sogaard, J. A., Fayyad, R., ...Clary, C. M. (2004). Efficacy of sertraline in a 12-week trial for generalized anxiety disorder. *American Journal of Psychiatry, 161,* 1642 – 1649.

Alloy, L. B., Abramson, L. Y., Urosevic, S., Bender, R. E., & Wagner, C. A. (2009). Longitudinal predictors of bipolar spectrum disorders: A behavioral approach system perspective. *Clinical Psychology: Science and Practice, 16,* 206 – 226. doi:10.1111/j.1468-2850.2009.01160.x

Alloy, L. B., Abramson, L. Y., Urosevic, S., Walshaw, P. D., Nusslock, R., & Neeren, A. M. (2005). The psychosocial context of bipolar disorder: Environmental, cognitive, and developmental risk factors. *Clinical Psychology Review, 25,* 1043 – 1075.

Allsop, D. J., Copeland, J., Norberg, M. M., Fu, S., Molnar, A., Lewis, J., & Budney, A. J. (2012). Quantifying the clinical significance of cannabis withdrawal. *PLOS ONE, 7*(9), e44864. doi:10.1371/journal.pone.0044864

Althof, S. E. (2010). What's new in sex therapy? *Journal of Sexual Medicine, 7,* 5 – 13.

Althof, S. E. (2012). Psychological interventions for delayed ejaculation/orgasm. *International Journal of Impotence Research, 24,* 131 – 136. doi:10.1038/ijir.2012.2

Althof, S. E., McMahon, C. G., Waldinger, M. D., Serefoglu,

E. C., Shindel, A. W., Adaikan, P. G., ...Torres, L. O. (2014). An update of the International Society of Sexual Medicine's guidelines for the diagnosis and treatment of premature ejaculation (PE). *Journal of Sexual Medicine, 6*, 1392–1422. doi:10.1111/jsm.12504

Alvarez, P., Puente, V. M., Blasco, M. J., Salgado, P., Merino, A., & Bulbena, A. (2012). Concurrent Koro and Cotard syndromes in a Spanish male patient with a psychotic depression and cerebro-vascular disease. *Psychopathology, 45*, 126–129. doi:10.1159/000329739

Alzheimer's Society. (2008, October). Genetics and dementia. Retrieved from http://alzheimers.org.uk/site/scripts/documents_info.php?documentID=

Ameli, R. (2014). *25 lessons in mindfulness: Now time for healthy living.* Washington, DC: American Psychological Association.

American Heart Association. (2009). Heart disease and stroke statistics 2009 update: A report from the American Heart Association Statistics Committee and Stroke Statistics Subcommittee. *Circulation, 119*, e21–e181. doi:10.1161/CIRCULATIONAHA.108.191261

American Law Institute. (1962). *Model penal code: Proposed official draft.* Philadelphia, PA: Author.

American Psychiatric Association. (1998). *Fact sheet: Violence and mental illness.* Washington, DC: Author.

American Psychiatric Association. (2000). *DSM-IV-TR: Diagnostic and statistical manual of mental disorders* (4th ed., Text Revision). Washington, DC: Author.

American Psychiatric Association. (2013). *DSM-5: Diagnostic and statistical manual of mental disorders* (5th ed.). Washington, DC: Author.

American Psychological Association. (1978). Report of the task force on the role of psychology in the criminal justice system. *American Psychologist, 33*, 1099–1113.

American Psychological Association. (2002). Ethical principles of psychologists and code of conduct. *American Psychologist, 57*, 1060–1073.

American Psychological Association. (2007a, October 24). Stress in America Survey. Retrieved from http://74.125.45.104/search?q=cache:UAeL3kDHQdoJ:apahelpcenter.mediaroom.com/file.php/138/Stress%2Bin%2BAmerica%2BREPORT%2BFINAL.doc+Stress+in+America+Survey&hl=en&ct=clnk&cd=1&gl=us

American Psychological Association. (2007b, October 25). Stress a major health problem in the U.S., warns APA. Retrieved from http://www.apa.org/releases/stressproblem.html

American Psychological Association. (2010). Stress in America 2011: Executive summary. Retrieved from http://www.apa.org/news/press/releases/stress-exec-summary.pdf

American Psychological Association. (2011). A matter of law: Psychologists' duty to protect. http://www.apapracticecentral.org/business/legal/profes-sional/secure/duty-protect.aspx

American Psychological Association. (2012, Winter). Dealing with threatening client encounters: Good practice. Retrieved from www.apa.org

American Psychological Association. (2014, June 25). APA applauds landmark Illinois law allow-ing psychologists to prescribe medications. Retrieved from http://www.apa.org/news/press/releases/2014/06/prescribe-medications.aspx

American Psychological Association. (2015, October 2). Compulsive texting associated with poorer school performance among adolescent girls, study finds. Retrieved from http://www.sciencedaily.com/releases/2015/10/151005095738.htm

Amir, N., Beard, C., Burns, M., & Bomyea, J. (2009). Attention modification program in individuals with generalized anxiety disorder. *Journal of Abnormal Psychology, 118*, 28–33. doi:10.1037/a0012589

Amminger, G. P., Pape, S., Rock, D., Roberts, S. A., Ott, S. L., Squires-Wheeler, E., ... Erlenmeyer-Kimling, L. (1999). Relationship between childhood behavioral disturbance and later schizophrenia in the New York High-Risk Project. *American Journal of Psychiatry, 156*, 525–530.

Amstadter, A. B., Broman-Fulks, J., Zinzowa, H., Ruggiero, K. J., & Cercone, J. (2009). Internet-based interventions for traumatic stress-related mental health problems: A review and suggestion for future research. *Clinical Psychology Review, 29*, 410–420. doi:10.1016/j.cpr.2009.04.001

Andero, R., Heldt, S. A., Ye, K., Liu, X., Armario, A., & Ressler, K. J. (2011). Effect of 7,8-dihydroxyflavone, a small molecule TrkB agonist, on emotional learn-ing. *American Journal of Psychiatry, 168*, 163–172. doi:10.1176/appi.ajp.2010.10030326

Anderson, E. M., & Lambert, M. J. (2001). A survival analysis of clinically significant change in outpa-tient psychotherapy. *Journal of Clinical Psychology, 57*, 875–888.

Anderson, E. R., & Mayes, L. C. (2010). Race/ethnicity and internalizing disorders in youth: A review. *Clinical Psychology Review, 30*, 338–348. doi:10.1016/j.cpr.2009.12.008

Anderson, J. W. (2003). "Mr. Psychoanalysis" breaks with Freud. *Contemporary Psychology: APA Review of Books, 48*, 855–857.

Anderson, J. W., Liu, C., & Kryscio, R. J. (2008). Blood pressure response to transcendental meditation: A meta-analysis. *American Journal of Hypertension, 21*, 310–316.

Anderson, P. L., Price, M., Edwards, S. M., Obasaju, M. A., Schmertz, S. K., Zimand, E., ...Calamaras, M. R. (2013). Virtual reality exposure therapy for social anxiety disorder: A randomized controlled trial. *Journal of Consulting and Clinical Psychology, 81,* 751–760. doi: 10.1037/a0033559

Anderson, P. L., Price, M., Edwards, S., M., Obasaju, M. A., Schmertz, S. K., Stefan, K., ...Calamaras, M. R. (2013). *Journal of Consulting and Clinical Psychology, 81,* 751–760. doi:10.1037/a0033559

Andersson, E., Hedman, E., Enander, J., Djurfeldt, D. R., Ljótsson, B., Cervenka, S., ...Rück, C. (2015). D-cycloserine vs. placebo as adjunct to cognitive behavioral therapy for obsessive-compulsive disorder and interaction with antidepressants: A randomized clinical trial. *JAMA Psychiatry, 72,* 659–667. doi:10.1001/jamapsychiatry.2015.0546

Andersson. E. Hedman, E., Ljótsson, B., Wikström, M., Elveling, E., Lindefors, N., ...Rück, C. (2015). Cost-effectiveness of Internet-based cognitive behavior therapy for obsessive-compulsive disor- der: Results from a randomized controlled trial. *Journal of Obsessive-Compulsive and Related Disorders, 4,* 47–53. doi:10.1016/j.jocrd.2014.12.004

Ang, R. P., Rescorla, L. A., Achenbach, T. M., Ooi, Y. P., Fung, D. S. S., & Woo, B. (2011). Examining the Criterion validity of CBCL and TRF problem scales and items in a large Singapore Sample. *Child Psychiatry & Human Development, 43,* 70–86. doi: 10.1007/s10578-011-0253-2

Angelakis, I., Gooding, P., Tarrier, N., & Panagioti, M. (2015). Suicidality in obsessive compulsive disorder (OCD): A systematic review and meta- analysis. *Clinical Psychology Review, 39,* 1–15. doi:10.1016/ j.cpr.2015.03.002

Angier, N. (2000, November 7). Who is fat? It depends on culture. *The New York Times,* pp. F1–F2.

Angier, N. (2009, October 26). A molecule of motiva- tion, dopamine excels at its task. *The New York Times.* Retrieved from www.nytimes.com

Anson, M., Veale, D., & de Silva, P. (2012). Social- evaluative versus self-evaluative appearance concerns in body dysmorphic disorder. *Behaviour Research and Therapy, 50,* 753–760.

Anstee, Q. M., Knapp, S., Maguire, E. P., Hosie, A. M., Thomas, P., Mortensen, M., ...Thomas, H. C. (2013). Mutations in the Gabrb1 gene promote alcohol con- sumption through increased tonic inhibition. *Nature Communications, 4,* 2816. doi:10.1038/ncomms3816

Anthes, E. (2014). Depression: A change of mind. *Nature, 515,* 185–187. doi:10.1038/515185a

Anticevic, A., Murray, J. D., & Barch, D. M. (2015). Bridging levels of understanding in schizophrenia through com- putational model- ing. *Clinical Psychological Science, 3,* 433–459. doi:10.1177/2167702614562041

Antidepressant medication augmented with cognitive- behavioral therapy for generalized anxiety disorder in older adults. *American Journal of Psychiatry, 170,* 782–789. doi:10.1176/appi.ajp.2013.12081104

Anton, R. F. (2008). Naltrexone for the management of alcohol dependence. *New England Journal of Medicine, 359,* 715–721.

Anton, R. F., Myrick, H., Wright, T. M., Latham, P. K., Baros, A. M., Waid, L. R., ...Randall, P. K. (2011). Gabapentin combined with naltrexone for the treat- ment of alcohol dependence. *American Journal of Psychiatry, 168,* 709–717.

Antony, M. M., Ledley, D. R., Liss, A., & Swinson, R. P. (2006). Responses to symptom induction exercises in panic disorder. *Behaviour Research and Therapy, 44,* 85–98.

APA Presidential Task Force on Evidence-Based Practice. (2006). Evidence-based practice in psychol-ogy. *American Psychologist, 61,* 271–285.

Appelbaum, P. S. (2003). Dangerous persons, moral panic, and the uses of psychiatry. *Psychiatric Services, 54,* 441–442.

Appelbaum, P. S. (2006). Violence and mental dis- orders: Data and public policy. *American Journal of Psychiatry, 163,* 1319–1321.

Arbisi, P. A., Ben-Porath, Y., S., & McNulty, J. A. (2002). A comparison of MMPI-2 validity in African American and Caucasian psychiatric inpatients. *Psychological Assessment, 14,* 3–15.

Arcelus, J., Mitchell, A. J., Wales, J., & Nielsen, S. (2011). Mortality rates in patients with anorexia nervosa and other eating disorders: A meta-analysis of 36 studies. *Archives of General Psychiatry, 68,* 724.

Arguedas, D., Stevenson, R., J., & Langdon, R. (2012). Source monitoring and olfactory hallucinations in schizophrenia. *Journal of Abnormal Psychology, 121,* 936–943. doi:10.1037/a0027174

Arias, F., Szerman, N., Vega, P., Mesias, B., Basurte, I., Morant, C., ...Babin, F. (2014). Alcohol abuse or dependence and other psychiatric disorders: Madrid study on the prevalence of dual pathology. *Mental Health and Substance Use, 4,* 122–129.

Arieti, S. (1974). *Interpretation of schizophrenia.* New York, NY: Basic Books.

Ariz. shooting spree suspect incompetent for trial. (2011, May 25). *MSNBC.com.* Retrieved from http://www.msnbc.msn.com/id/43165830/ns/ us_news-crime_and_courts/

Armfield, J. M. (2006). Cognitive vulnerability: A model of the etiology of fear. *Clinical Psychology Review, 26,* 746–768.

Armstrong, L., & Rimes, K. A. (2016). Mindfulness-based cognitive therapy for neuroticism (stress vulnerability): A pilot randomized study. *Behavior Therapy,* in press.

Arnedo, J., Svrakic, D. M., del Val, C., Romero-Zaliz, R., Hernández-Cuervo, H., Fanous, A. H., ...Zwir, I. (2014).

Uncovering the hidden risk architecture of the schizophrenias: Confirmation in three inde- pendent genome-wide association studies. *American Journal of Psychiatry, 172,* 139 – 153. doi:10.1176/appi. ajp.2014.14040435

Arnow, B. A., Steidtmann, D., Blasey, C., Manber, R., Constantino, M. J., Klein, D. N., ... Kocsis, J. H. (2013). The relationship between the therapeutic alliance and treatment outcome in two, distinct psychothera- pies for chronic depression. *Journal of Consulting and Clinical Psychology, 81,* 627 – 638. doi:10.1037/a0031530

Aronin, N., & Moore, M. (2012). Hunting down Huntingtin. *New England Journal of Medicine, 367,* 1753 – 1754. doi:10.1056/NEJMcibr1209595

Aronson, M. K. (1988). Patients and families: Impact and long-term-management implications. In M. K. Aronson (Ed.), *Understanding Alzheimer's disease* (pp. 74 – 78). New York, NY: Charles Scribners and Sons.

Asbridge, M., Hayden, J. A., & Cartwright, J. L. (2012). Acute cannabis consumption and motor vehicle collision risk: Systematic review of observational studies and meta-analysis. *British Medical Journal, 344,* e536.

Assumpção, A. A., Garcia, F. D., Garcia, H. D., Bradford, J. M. W., & Thibaut, F. (2014). Pharmacologic treatment of paraphilias. *Psychiatric Clinics of North America, 37,* 173 – 181.

Atladóttir, H. O., Henriksen, T. B., Schendel, D. E., & Parner, E. T. (2012). Autism after infection, febrile episodes, and antibiotic use during pregnancy: An exploratory study. *Pediatrics.* doi:10.1542/ peds.2012-1107

Aubin, S., Heiman, J. R., Berger, R. E., Murallo, A. V., & Yung-Wen, L. (2009). Comparing sildenafil alone vs. sildenafil plus brief couple sex therapy on erectile dysfunction and couples' sexual and marital quality of life. *Journal of Sex and Marital Therapy, 35*(2), 122 – 143.

Aurora, R. N., Zak, R. S., Maganti, R. K., Auerbach, S. H., Casey, K. R., Chowdhuri, S., ... Standards of Practice Committee, American Academy of Sleep Medicine. (2010). Best practice guide for the treat- ment of REM sleep behavior disorder (RBD). *Journal of Clinical Sleep Medicine, 6,* 85 – 95.

Autistic brains develop more slowly than healthy brains, researchers say. (2011, October 20). *ScienceDaily.* Retrieved from www.sciencedaily.com

Axelson, D. (2013). Taking disruptive mood dys- regulation disorder out for a test drive. *American Journal of Psychiatry, 170,* 136 – 139. doi: 10.1176/appi.ajp.2012.12111434

Aybek, S., Nicholson, T. R., Zelaya, F., O'Daly, O. G., Craig, T. J., David, A. S., ...Kanaan, R. A. (2014). Neural correlates of recall of life events in conversion disorder. *JAMA Psychiatry, 71,* 52 – 60. doi:10.1001/jamapsychiatry.2013.2842

Ayers, J. W., Hofstetter, C. R., Usita, P., Irvin, V. L., Kang, S., & Hovell, M. F. (2009). Sorting out the competing effects of acculturation, immigrant stress, and social support on depression: A report on Korean women in California. *The Journal of Nervous and Mental Disease, 197,* 742 – 747. doi:10.1097/ NMD.0b013e3181b96e9e

Ayorech, Z., Tracy, D. K., Baumeister, D., & Giaroli, G. (2015). Taking the fuel out of the fire: Evidence for the use of anti-inflammatory agents in the treatment of bipolar disorders. *Journal of Affective Disorders, 174C,* 467 – 478. doi:10.1016/j.jad.2014.12.015

Ayres, M. M., & Haddock, S. A. (2009). Therapists' approaches in working with heterosexual couples struggling with male partners' online sexual behav- ior. *Sexual Addiction & Compulsivity, 16*(1), 55 – 78.

Azrin, N. H., & Peterson, A. L. (1989). Reduction of an eye tick by controlled blinking. *Behavior Therapy, 20,* 467 – 473.

Azzi, A., Dallmann, R., Casserly, A., Rehrauer, H., Patrignani, A., Maier, B., ...Brown, S. A. (2014). Circadian behavior is light-reprogrammed by plastic DNA methylation. *Nature Neuroscience, 17,* 377. doi:10.1038/nn.3651

Babiak, P., & Hare, R. D. (2006). *Snakes in suits:When psychopaths go to work.* New York, NY: HarperBusiness.

Bäckström T., Andreen, L., Birzniece, V., Bjorn, I., Johansson, I. M., Nordenstam-Haghjo, M., Nyberg, S., ...Zhu, D. (2003). The role of hormones and hormonal treatments in premenstrual syndrome. *CNS Drugs, 17*(5), 325 – 342.

Baer, R. A., Peters, J. R., Eisenlohr-Moula, T. A., Geiger, P. J., & Sauer, S. E. (2012). Emotion- related cognitive processes in borderline personality disorder: A review of the empirical literature. *Clinical Psychology Review, 32,* 359 – 369. doi:10.1016/j.cpr.2012.03.00

Bailey, D. S. (2003, November). The "Sylvia Plath" effect. *Monitor on Psychology, 34* (10), 42 – 43.

Bailey, J. M. (1999). Homosexuality and mental illness. *Archives of General Psychiatry, 56,* 883 – 884.

Bailey, J. M. (2003a). *The man who would be queen: The science of gender-bending and transsexualism.* Washington, DC: Joseph Henry Press.

Bailey, J. M. (2003b). Personal communication.

Baker, J. H., Maes, H. H., Lissner, L., Aggen, S. H., Lichtenstein, P., & Kendler, K. S. (2009). Genetic risk factors for disordered eating in adolescent males and females. *Journal of Abnormal Psychology, 118,* 576 – 578. doi: 10.1037/a0016314

Baker, J. T., Holmes, A. J., Masters, G. A., Yeo, B. T. T., Krienen, F., Buckner, R. L., & Öngür, D. (2014). Disruption of cortical association networks in schizophrenia and psychotic bipolar disorder. *JAMA Psychiatry, 71,* 109 – 118. doi:10.1001/ jamapsychiatry.2013.3469

Baker, T. B., Piper, M. E., Stein, J. H., Smith, S. S., Bolt, D.

M., Fraser, D. L., ...Fiore, M. C. (2016). Effects of nicotine patch vs. varenicline vs. combination nicotine replacement therapy on smoking cessation at 26 weeks. *Journal of the American Medical Association, 315,* 371–379. doi:10.1001/jama.2015.19284

Bakes, K. (2013, December 12). Sedative and opioid abuse in adolescents. *NEJM Journal Watch Psychiatry.* Retrieved from http://www.jwatch.org/na32837/2013/12/12/sedative-and-opioid-abuse-adolescents?query=etoc_jw-peds

Bakken, T. E., Bloss, C. S., Roddey, J. C., Joyner, A. H., Rimol, L. M., Djurovic, S., ...Schork, N. J. (2011). Association of genetic variants on 15q12 with cortical thickness and cognition in schizophrenia. *Archives of General Psychiatry, 68,* 781–790. doi:10.1001/archgenpsychiatry.2011.81

Baldwin, D. S., Anderson, I. M., Nutt, D. J., Allgulander, C., Bandelow, B., den Boer, J., ...Wittchen, H.-U. (2014). Evidence-based pharmacological treatment of anxiety disorders, post-traumatic stress disorder and obsessive-compulsive disorder: A revision of the 2005 guidelines from the British Association for Psychopharmacology. *Journal of Psychopharmacology, 28,* 403–439. doi: 10.1177/0269881114525674

Baller, E. B., Wei, S.-M., Kohn, P. D., Rubinow, D. R., Alarcón, G., Schmidt, P. J., ...Berman, K. F. (2013). Abnormalities of dorsolateral prefrontal function in women with premenstrual dysphoric disorder: A multimodal neuroimaging study. *American Journal of Psychiatry, 170,* 305.

Ballie, R. (2002, January). Kay Redfield Jamison receives $500,000 "genius award." *Monitor on Psychology.* Retrieved from http://www.apa.org/monitor/jan02/redfield.html

Balon, R. (2015). Paraphilic disorders. In L. W. Roberts & L. K. Louie (Eds.), *Study guide to DSM-5.* Washington, DC: American Psychiatric Association.

Balter, M. (2014). Talking back to madness. *Science, 343,* 1190–1193. doi:10.1126/science.343.6176.1190

Bandura, A. (1986). *Social foundations of thought and action: A social-cognitive theory.* Englewood Cliffs, NJ: Prentice Hall.

Bandura, A. (2004). Swimming against the mainstream: The early years from chilly tributary to transformative mainstream. *Behaviour Research and Therapy, 42,* 613–630.

Bandura, A. (2006). Toward a psychology of human agency. *Perspectives on Psychological Science, 1,* 164–180.

Bandura, A., Ross, S. A., & Ross, D. (1963). Imitation of film-mediated aggressive models. *Journal of Abnormal and Social Psychology, 66,* 3–11.

Bandura, A., Taylor, C. B., Williams, S. L., Medford, I. N., & Barchas, J. D. (1985). Catecholamine secretion as a function of perceived coping self-efficacy. *Journal of Consulting and Clinical Psychology, 53,* 406–414.

Banerjee, A., G., & Retamero, C. (2014). Expressed emotion—a determinant of relapse in schizophrenia: A case report and literature review. *Journal of Psychiatry and Brain Functions.* Retrieved from http://www.hoajonline.com/psychiatry/2055-3447/1/4#ref12

Baranzini, S. E., Mudge, J., van Velkinburgh, J C., Khankhanian, P., Khrebtukova, I., Miller, N. A., ...Kingsmore, S. F. (2010). Genome, epigenome and RNA sequences of monozygotic twins discordant for multiple sclerosis. *Nature, 464,* 1351. doi:10.1038/nature08990

Barbaree, H. E., & Blanchard, R. (2008). Sexual deviance over the lifespan. In D. R. Laws & W. T. O'Donohue (Eds.), *Sexual deviance: Theory, assessment, and treatment* (pp. 37–60). New York, NY: Guilford Press.

Barbosa, I. G., Morato, I. B., de Miranda, A. S., Bauer, M. E., Soares, J. C., & Teixeira, A. L. (2014). A preliminary report of increased plasma levels of IL-33 in bipolar disorder: Further evidence of pro-inflammatory status. *Journal of Affective Disorders, 157,* 41–44. doi:10.1016/j.jad.2013.12.042

Barch, D. M. (2013). The CAINS: Theoretical and practical advances in the assessment of negative symptoms in schizophrenia. *American Journal of Psychiatry, 170,* 133–135. doi:10.1176/appi.ajp.2012.12101329

Barnett, J. (2010, August 12). Is there a duty to warn when working with HIV-positive clients? *American Psychological Association, Division of Psychotherapy, Div. 29.* Retrieved from http://www.divisionofpsychotherapy.org/ask-the-ethicist-hiv/

Bar-Nur, O., Caspi, I., & Benvenisty, N. (2012). Molecular analysis of FMR1 reactivation in fragile-X induced pluripotent stem cells and their neuronal derivatives. *Journal of Molecular Cell Biology, 4,* 180–183. doi:10.1093/jmcb/mjs007

Barr, B., Taylor-Robinson, D., Scott-Samuel, A., McKee, M., & Stuckler, D. (2012). Suicides associated with the 2008–10 economic recession in England: Time trend analysis. *British Medical Journal, 345,* e5142. doi: 10.1136/bmj.e5142

Barrio, C. J. R., Small, G. W., Wong, K.-P., Huang, S.-C., Liu, J., Merrill, D. A., ...Kepe, V. (2015). In vivo characterization of chronic traumatic encephalopathy using [F-18]FDDNP PET brain imaging. *Proceedings of the National Academy of Sciences, 112,* E2039–E2047. doi: 10.1073/pnas.1409952112

Barron, J., & Barron, S. (2002). *There's a boy in here.* Arlington, TX: Future Horizons.

Barrowclough, C., Gregg, L. & Tarrier, N. (2008). Expressed emotion and causal attributions in relatives of posttraumatic stress disorder patients. *Behaviour Research and Therapy, 46,* 207–218.

Barrowclough, C., & Hooley, J. M. (2003). Attributions and

expressed emotion: A review. *Clinical Psychology Review, 23,* 849–880.

Barsky, A. J., & Ahern, D. K. (2004). Cognitive behav-ior therapy for hypochondriasis: A randomized controlled trial. *Journal of the American Medical Association, 291,* 1464–1470.

Barsky, A. J., Ahern, D. K., Bailey, E. D., Saintfort, R., Liu, E. B., & Peekna, H. M. (2001). Hypochondriacal patients' appraisal of health and physical risks. *American Journal of Psychiatry, 158,* 783–787.

Barsky, A. J., Orav, E. J., & Bates, D. W. (2005). Somatization increases medical utilization and costs independent of psychiatric and medical comorbidity. *Archives of General Psychiatry, 62,* 903–910.

Barsky, A. J., Wool, C., Barnett, M. C., & Cleary, P. D. (1994). Histories of childhood trauma in adult hypochondriacal patients. *American Journal of Psychiatry, 151,* 397–401.

Bartholow, B. D., & Heinz, A. (2006). Alcohol and aggression without consumption alcohol cues, aggressive thoughts, and hostile perception bias. *Psychological Science, 17,* 30–37.

Basch, M. F. (1980). *Doing psychotherapy.* New York, NY: Basic Books.

Basile, K. C. (2002). Attitudes toward wife rape: Effects of social background and victim status. *Violence & Victims, 17(3),* 341–354.

Bassman, R. (2005). Mental illness and the freedom to refuse treatment: Privilege or right. *Professional Psychology: Research and Practice, 36,* 488–497.

Bateman, A., & Fonagy, P. (2009). Randomized controlled trial of outpatient mentalization-based treatment versus structured clinical man- agement for borderline personality disorder. *American Journal of Psychiatry, 166(12),* 1355–1364. doi:10.1176/appi.ajp.2009.09040539

Bateman, A. W. (2012). Treating borderline personality disorder in clinical practice. *American Journal of Psychiatry, 169,* 560–563. doi:10.1176/appi. ajp.2012.12030341

Bateman, R. J., Xiong, C., Benzinger, T. L. S., Fagan, A. M., Goate, A., Fox, N. C., ...Morris, J. C. (2012). Clinical and biomarker changes in dominantly inherited Alzheimer's disease. *New England Journal of Medicine, 367,* 795–804. doi.org/10.1056/ NEJMoa1202753

Battagliese, G., Caccetta, M., Luppino, O. I., Baglioni, C., Cardi, V., Mancini, F., ...Buonanno, C. (2015). Cognitive-behavioral therapy for externalizing disorders: A meta-analysis of treatment effective- ness. *Behaviour Research and Therapy, 75,* 60–71. doi:10.1016/j.brat.2015.10.008

Bauchner, H. (2011). A snapshot of children with ADHD. *Journal Watch Medicine.* Retrieved from http://generalmedicine. jwatch. org/cgi/content/ full/2011/317/4? q= etoc_jwgenmed

Bauchner, H., Fontanarosa, P. B., & Golub, R. M. (2013). Updated guidelines for management of high blood pressure: Recommendations, review, and responsibility [Editorial]. *Journal of the American Medical Association, 311,* 477–478. doi:10.1001/ jama.2013.284432

Baucom, B. R., Atkins, D. C., Rowe, L. S., Doss, B. D., & Christensen, A. (2015a). Prediction of treatment response at 5-year follow-up in a randomized clini- cal trial of behaviorally based couple therapies. *Journal of Consulting and Clinical Psychology, 83,* 103–114. http://dx.doi.org/10.1037/a0038005

Baucom, B. R., Sheng, E., Christensen, A., Georgioud, P. G., Narayanand, S. S., & Atkins, D. C. (2015b). Behaviorally-based couple therapies reduce emo- tional arousal during couple conflict. *Behaviour Research and Therapy, 72,* 49–55.

Bauer, S., Okon, E., Meermann, R., & Kordy, H. (2012). Technology-enhanced maintenance of treatment gains in eating disorders: Efficacy of an intervention delivered via text messaging. *Journal of Consulting and Clinical Psychology, 80,* 700–706. doi:10.1037/a0028030

Baumeister, R. F., Catanese, K. R., & Vohs, K. D. (2001). Is there a gender difference in strength of sex drive? Theoretical views, conceptual distinctions, and a review of relevant evidence. *Personality & Social Psychology Review, 5,* 242–273.

Baumeister, R. F., Catanese, K. R., & Wallace, H. M. (2002). Conquest by force: A narcissistic reactance theory of rape and sexual coercion. *Review of General Psychology, 6,* 92–135. doi:10.1037/1089-2680.6.1.92

Bazelon, E. (2015, June 21). Better judgment. *The New York Times Magazine,* 46–51.

Beals, J., Novins, D. K., Whitesell, N. R., Spicer, P., Mitchell, C. M., & Manson, S. M. (2005). Prevalence of mental disorders and utilization of mental health services in two American Indian reservation popula- tions: Mental health disparities in a national context. *American Journal of Psychiatry, 162,* 1723–1732.

Bean, J. L. (2002). Expressions of female sexuality. *Journal of Sex & Marital Therapy, 28*(Suppl. 1), 29–38.

Beauchaine, T. P. Hinshaw, S. P., & Pang, K. L. (2010). Comorbidity of attention-deficit/hyperactivity disorder and early-onset conduct disorder: Biological, environmental, and developmental mechanisms. *Clinical Psychology: Science and Practice, 17,* 327–336. doi: 10.1111/j.1468-2850.2010.01224.x

Beauregard, E., Proulx, J., & LeClerc, B. (2014). Offending pathways: The role of lifestyle and pre- crime factors in extrafamilial child molesters. In E. Beauregard, J. Proulx, & B. LeClerc (Eds.), *Pathways to sexual aggression* (pp. 137–155). New York, NY: Routledge.

Beauvais, F. (1998). American Indians and alcohol. *Alcohol Health and Research World, 22,* 253–259.

Bebbington, P. E., Cooper, C., Minot, S., Brugha, T. S., Jenkins, R., Meltzer, H., ... Dennis, M. (2009). Suicide attempts, gender, and sexual abuse: Data from the 2000 British Psychiatric Morbidity Survey. *American Journal of Psychiatry, 166,* 1135 – 1140. doi: 10.1176/ appi.ajp.2009.09030310

Beck, A. T. (2005). The current state of cognitive therapy: A 40-year retrospective. *Archives of General Psychiatry, 62,* 953 – 959.

Beck, A. T., & Alford, B. A. (2009). *Depression: Causes and treatment* (2nd ed.). Baltimore, MD: University of Pennsylvania Press.

Beck, A. T., Brown, G., Steer, R. A., Eidelson, J. I., & Riskind, J. H. (1987). Differentiating anxiety and depression: A test of the cognitive content-specificity hypothesis. *Journal of Abnormal Psychology, 96,* 179 – 183.

Beck, A. T., & Dozois, D. J. A. (2011). Cognitive therapy: Current status and future directions. *Annual Review of Medicine, 62,* 397 – 409. doi: 10.1146/ annurevmed-052209-100032

Beck, A. T., Freeman, A., Davis, D. D., & Associates. (2003). *Cognitive therapy of personality disorders* (2nd ed.). New York, NY: Guilford.

Beck, A. T., Rush, A. J., Shaw, B. F., & Emery, G. (1979). *Cognitive therapy of depression.* New York, NY: Guilford Press.

Beck, A. T., & Young, J. E. (1985). Depression. In D. H. Barlow (Ed.), *Clinical handbook of psychological disorders* (pp. 206 – 244). New York, NY: Guilford Press.

Beck A. T., & Weishaar, M. E. (2011). Cognitive therapy. In R. J. Corsini & D. Wedding (Eds.), *Current psychotherapies* (9th ed.). Belmont, CA: Brooks/Cole.

Beck, M., & Schatz, A. (2014, January 17). American eating habits take a healthier turn. *Wall Street Journal,* pp. A1, A3.

Becker, B., Scheele, D., Moessner, R., Maier, W., & Hurlemann, R. (2013). Deciphering the neural sig- nature of conversion blindness. *American Journal of Psychiatry, 170,* 121 – 122. doi:10.1176/appi. ajp.2012.12070905

Becker, C. B., Bull, S., Schaumberg, K., Cauble, A., & Franco, A. (2008). Effectiveness of peer-led eating disorders prevention: A replication trial. *Journal of Consulting and Clinical Psychology, 76,* 347 – 354.

Beesdo, K., Lau, J. Y. F., Guyer, A. E., McClure-Tone, E. B., Monk, C. S., Nelson, E. E., ...Pine, D. S. (2009). Common and distinct amygdala-function perturba- tions in depressed vs. anxious adolescents. *Archives of General Psychiatry, 66,* 275 – 285.

Beevers, C. G., Wells, T. T., & Miller, I. W. (2007). Predicting response to depression treatment: The role of negative cognition. *Journal of Consulting and Clinical Psychology, 75,* 422 – 431.

Behrman, A. (2002). *Electroboy: A memoir of mania.* New York, NY: Random House.

Beidel, D. C., Turner, S. M., Sallee, F. R., Ammerman, R. T., Crosby, L. A., & Pathak, S. (2007). SET-C ver- sus fluoxetine in the treatment of childhood social phobia. *Journal of American Academy of Child and Adolescent Psychiatry, 46,* 1622 – 1632.

Beitman, B. D., Goldfried, M. R., & Norcross, J. C. (1989). The movement toward integrating the psychotherapies: An overview. *American Journal of Psychiatry, 146,* 138 – 147.

Bélanger, L., LeBlanc, M., & Morin, C. M. (2011). Cognitive behavioral therapy for insomnia in older adults. *Cognitive and Behavioral Practice, 68,* 991 – 998. doi:10.1016/j.cbpra.2010.10.003

Belkin, L. (2005, May 22). Can you catch obsessive- compulsive disorder? *The New York Times.* Retrieved from http://www.nytimes.com

Bell, B. T., & Dittmar, H. (2011). Does media type matter? The role of identification in adolescent girls' media consumption and the impact of differ- ent thin-ideal media on body image. *Sex Roles, 65,* 478 – 490. doi: 10.1007/s11199-011-9964-x

Belluck, P. (2015, May 19). Studies confirm brain plaque can help predict Alzheimer's. *The New York Times.* Retrieved from http://www. nytimes. com/2015/05/20/health/studies-confirm-brain- plaque-can-help-predict-alzheimers.html

Belmaker, R. H., & Agam, G. (2008). Major depressive disorder. *New England Journal of Medicine, 35,* 55 – 68.

Benazon, N. R. (2000). Predicting negative spousal attitudes toward depressed persons: A test of Coyne's interpersonal model. *Journal of Abnormal Psychology, 109,* 500 – 554.

Bender, R. E., & Alloy, L. B. (2011). Life stress and kindling in bipolar disorder: Review of the evidence and integration with emerging biopsychosocial theories. *Clinical Psychology Review, 31,* 383 – 398. doi: 10.1016/j.cpr.2011.01.004

Bennett, D. (1985). Rogers: More intuition in therapy. APA Monitor, 16, 3.

Bennett, D., Sharpe, M., Freeman, C., & Carson, A.(2004). Anorexia nervosa among female secondary school students in Ghana. British Journal of Psychiatry, 185, 312 – 317.

Benowitz, N. L. (2010). Nicotine addiction. New England Journal of Medicine, 362, 2295 – 2303.

Benson, P. J., Beedie, S. A., Shephard, E., Giegling, I., Rujescu, D., & St. Clair, D. (2012). Simple viewing tests can detect eye movement abnormalities that distinguish schizophrenia cases from controls with exceptional accuracy. Biological Psychiatry, 72, 716. doi: 10.1016/j. biopsych.2012.04.019

Bentall, R. P., Haddock, G., & Slade, P. (1994). Cognitive

behavior therapy for persistent auditory hallucinations: From theory to therapy. *Behavior Therapy, 25,* 51–66.

Bentley, K. H., Franklin, J. C., Ribeiro, J. D., Kleiman, E. M., Fox, K. R., & Nock, M. K. (2016). Anxiety and its disorders as risk factors for suicidal thoughts and behaviors: A meta-analytic review. *Clinical Psychology Review, 43,* 30–46. doi:10.1016/ j.cpr.2015.11.008

Berenson, K., R., Downey, G., Rafaeli, E., Coifman, K. G., & Paquin, N. L. (2011). The rejection – rage con- tingency in borderline personality disorder. *Journal of Abnormal Psychology, 120,* 681–690. doi:10.1037/ a0023335

Berger, T., Boettcher, J., & Caspar, F. (2014). Internet-based guided self-help for several anxiety disorders: A randomized controlled trial comparing a tailored with a standardized disorder-specific approach. *Psychotherapy, 51,* 207–219. doi:10.1037/a0032527

Bergeron, J. Langlois, J., & Cheang, H. S. (2014). An examination of the relationships between can- nabis use, driving under the influence of cannabis and risk-taking on the road. *Revue Européenne de Psychologie Appliquée/ European Review of Applied Psychology, 4,* 101–109.

Bergman, B. G., Greene, M. C., Hoeppner, B. B., Slaymaker, V., & Kelly, J. F. (2013). Psychiatric comorbidity and 12-step participation: A longi- tudinal investigation of treated young adults. *Alcoholism: Clinical and Experimental Research, 38,* 501–510. doi:10.1111/acer.12249

Berkout, O. V., Young, J. N, & Gross, A. M. (2011). Mean girls and bad boys: Recent research on gen- der differences in conduct disorder. *Aggression and Violent Behavior, 16,* 503–511. doi:10.1016/j.avb .2011.06.001

Berle, D., Starcevic, V., Hannan, A., Milicevica, D., Lamplugh, C., & Fenech, P. (2008). Cognitive factors in panic disorder, agoraphobic avoidance and agora- phobia. *Behaviour Research and Therapy, 46,* 282–291.

Berlim, M. T., McGirr, A., den Eynde, F., Fleck, M. P. A., & Giacobbe, P. (2014). Effectiveness and acceptability of deep brain stimulation (DBS) of the subgenual cingulate cortex for treatment-resistant depression: A systematic review and exploratory meta-analysis. *Journal of Affective Disorders, 159,* 31–38.

Berlin, F. S. (2015). Pedophilia and DSM-5: The importance of clearly defining the nature of a pedophilic disorder. *Journal of the American Academy of Psychiatry and the Law, 42,* 404–407.

Bernstein, D. M., & Loftus, E. F. (2009). The conse-quences of false memories for food preferences and choices. *Perspectives on Psychological Science, 4,* 135–139. doi:10.1111/j.1745-6924.2009.01113

Bernstein, E. M., & Putnam, F. W. (1986). Development, reliability, and validity of a dissocia- tion scale. *Journal of Nervous and Mental Disease,174,* 727–735.

Bersamin, M. M., Paschall, M. J., Saltz, R. F., & Zamboanga, B. L. (2012). Young adults and casual sex: The relevance of college drinking settings. *Journal of Sex Research, 49,* 274–281. doi: 10.1080/002 24499.2010.548012

Beshai, S., Dobson, K. S., Bockting, C. L. H., & Quigley, L. (2011). Relapse and recurrence prevention in depression: Current research and future prospects. *Clinical Psychology Review, 31,* 1349–1360.

Bhatia, M. S., Jhanjee, A., & Kumar, P. (2011). Culture bound syndromes: A cross-sectional study from India. *European Psychiatry, 26,* 448.

Bianchi, R., Schonfeld, I. S., & Laurent, E. (2015). Burnout – depression overlap: A review. *Clinical Psychology Review, 36,* 28–41.

Bie, B., Wu, J., Yang, H., Xu, J. J., Brown, D. L., & Naguib, M. (2014). Epigenetic suppression of neuroligin 1 underlies amyloid-induced memory deficiency. *Nature Neuroscience, 17,* 223–231. doi:10.1038/nn.3618

Biederman, J., Petty, C. R., Monuteaux, M. C., Fried, R., Byrne, D., Mirto, T., Faraone, S. V. (2010). Adult psychiatric outcomes of girls with attention deficit hyperactivity disorder: 11-year follow-up in a longitudinal case-control study. *American Journal of Psychiatry, 167,* 409–417. doi:10.1176/ appi. ajp.2009.09050736

Bien-Ly, N., Gillespie, A., K., Walker, D., Yoon, S. Y., & Huang, Y. (2012). Reducing human apolipoprotein e levels attenuates age-dependent Aβ Accumulation in mutant human amyloid precursor protein trans- genic mice. *The Journal of Neuroscience, 32,* 4803–4811. doi:10.1523/ JNEUROSCI.0033-12.2012

Biesheuvel-Leliefeld, K. E. M., Kok, G. D., Bockting, C. L., H., Cuijpers, P., Hollon, S. D., van Marwijka, H. W. J., ... Smit, F. (2015). Effectiveness of psychological interventions in preventing recurrence of depressive disorder: Meta-analysis and meta-regression. *Journal of Affective Disorders, 174,* 400–410.

Biglan, K. M., Dorsey, E. R., Evans, R. V. V., Ross, C. A., Hersch, S., ... Kieburtz, K. (2012). Plasma 8-hydroxy-2-deoxyguanosine levels in Huntington disease and healthy controls treated with coen- zyme Q10. *Journal of Huntington's Disease, 1,* 65–69. doi:10.3233/JHD-2012-120007

Billieux, J., Deleuze, J., Griffiths, M. D., & Kuss, D. J. (2014). Internet gaming addiction: The case of massively multiplayer online role-playing games. In N. el-Guebaly, G. Carrà, & M. Galanter (Eds.), *Textbook of addiction treatment: International perspectives* (pp. 1515–1525). New York, NY: Springer-Verlag.

Billieux, J., Lagrange, G., Van der Linden, M., Lançon, C., Adida, M., & Jeanningros, R. (2012). Investigation of impulsivity in a sample of treatment-seeking pathological gamblers: A multidimensional perspec- tive. *Psychiatry*

Research, 198(2), 291–296.

Birnbaum, M. H., Martin, H., & Thomann, K. (1996). Visual function in multiple personality disorder. *Journal of the American Optometric Association, 67,* 327–334.

Bjornsson, A. S., Sibrava, N. J, Beard, C., Moitra, E., Weisberg, R. B., Benítez, C. I., ...Keller, M. B. (2014). Two-year course of generalized anxiety disorder, social anxiety disorder, and panic disorder with agoraphobia in a sample of Latino adults. *Journal of Consulting and Clinical Psychology, 82,* 1186–1192. Retrieved from http://dx.doi.org/10.1037/a0036565

Bjornsson, A., Dyck, I., Moitra, E., Stout, R. L., Weisberg, R. B., Keller, M. B., & Phillips, K. A. (2011). The clinical course of body dysmorphic disorder in the Harvard/Brown Anxiety Research Project (HARP). *Journal of Nervous & Mental Disease, 199,* 55–57. doi:10.1097/NMD.0b013e31820448f7

Black, B. S., Johnston, D., Rabins, P. V., Morrison, A., Lyketsos, C., & Samus, Q. M. (2013). Unmet needs of community-residing persons with dementia and their informal caregivers: Findings from the maximizing independence at home study. *Journal of the American Geriatrics Society, 61,* 2087. doi:10.1111/jgs.12549

Blair, K., Geraci, M., Devido, J., McCaffrey, D., Chen, G., Ng, M. V. P., Hollon, N., ...Pine, D. S. (2008). Neural response to self- and other referential praise and criticism in generalized social phobia. *Archives of General Psychiatry, 165,* 1176–1184.

Blanc, J., Bui, E., Mouchenik, Y., Derivois, D., & Birmes, P. (2015). Prevalence of post-traumatic stress disorder and depression in two groups of children one year after the January 2010 earthquake in Haiti. *Journal of Affective Disorders, 172,* 121–126.

Blanchard, E. B., & Hickling, E. J. (2004). *After the crash: Psychological assessment and treatment of survivors of motor vehicle accidents* (2nd ed.). Washington, DC: American Psychological Association.

Blanchard, L. T., Gurka, M. J., & Blackman, J. A. (2006). Emotional, developmental, and behavioral health of American children and their families: A report from the 2003 National Survey of Children's Health. *Pediatrics, 117,* 1202–1212.

Blanco, C., Heimberg, R. G., Schneier, F. R., Fresco, D. M., Chen, H., Turk, C. L., Liebowitz, M. R. (2010). A placebo-controlled trial of phenelzine, cognitive behavioral group therapy, and their combina- tion for social anxiety disorder. *Archives of General Psychiatry, 7,* 286–295.

Blanco, C., Okuda, M., Wright, C., Hasin, D. S., Grant, B. F., Liu, S. M., & Olfson, M. (2008). Mental health of college students and their non-college-attending peers: Results from the National Epidemiologic Study on Alcohol and Related Conditions. *Archives of General Psychiatry, 65,* 1429–1437.

Blatt, S. J., Zuroff, D. C., Bondi, C. M., Sanislow, C. A., & Pilkonis, P. (1998). When and how perfection-ism impedes the brief treatment of depression: Further analyses of the National Institute of Mental Health Treatment of Depression Collaborative Research Program. *Journal of Consulting and Clinical Psychology, 66,* 423–428.

Blessitt, E., Voulgari, S., & Eisler, I. (2015). Family therapy for adolescent anorexia nervosa. *Currrent Opinions in Psychiatry, 28,* 455–560. doi:10.1097/YCO.0000000000000193

Block, J. P., Condon, S. K., Kleinman, K., Mullen, J., Rifas-Shiman, S. & Gillman, M. W. (2013). Consumers' estimation of calorie content at fast food restaurants: Cross sectional observational study. *British Medical Journal, 346,* f2907.

Blom, K., Tillgren, H. T., Wiklund, T., Danlycke, E., Forssén, M., Söderström, A., ...Kaldo. V. (2015). Internet- vs. group-delivered cognitive behavior therapy for insomnia: A randomized controlled non-inferiority trial. *Behaviour Research and Therapy, 70,* 47–55. doi:10.1016/j.brat.2015.05.002

Blomsted, P., Sjoberg, R. L., Hansson, M., Bodlund, O., & Hariz, M. I. (2011). Deep brain stimulation in the treatment of depres- sion. *Acta Psychiatrica Scandinavica, 123,* 4–11. doi:10.1111/j.1600-0447.2010.01625.x

Blomström, A., Karlsson, H., Gardner, R., Jörgensen, L., Magnusson, C., & Dalman, C. (2015). Associa- tions between maternal infection during pregnancy, childhood infections and the risk of subsequent psy- chotic disorder: A Swedish cohort study of nearly 2 million individuals. *Schizophrenia Bulletin.* Retrieved from http://schizophreniabulletin.oxfordjournals.org/content/early/2015/08/23/schbul.sbv112.abstract

Blum, H. P. (2010). Object relations in clinical psychoanalysis. *International Journal of Psychoanalysis, 91,* 973–976.

Blumberg, S. J., Bramlett, M. D., Kogan, M. D., Schieve, L A., Jones, J. R., & Lu, M. (2013). Changes in prevalence of parent-reported autism spectrum disorder in school-aged U. S. children: 2007 to 2011–2012. *National Health Statistics Report, 65,* 1–12.

Blumberg, S. J., Clarke, T. C., & Blackwell, D. L. (2015, June). Racial and ethnic disparities in men's use of mental health treatments. *NCHS Data Brief, 206.* Retrieved from http://www.cdc.gov/nchs/data/databriefs/db206.htm-June 2015

Blumberg, S. J., Zablotsky, B., Avila, R. M., Colpe, L. J., Pringle, B. A., & Kogan, M. D. (2016). Diagnosis lost: Differences between children who had and who currently have an autism spectrum disorder diagnosis. *Autism,* in press.

Bo, S., Abu-Akel, A., Kongerslev, M., Haahrc, U. H., & Simonsen, E. (2011). Risk factors for violence among patients with schizophrenia. *Clinical Psychology Review, 31*, 711–726. doi:10.1016/j.cpr.2011.03.002

Boag, S. (2006). Freudian repression, the common view, and pathological science. *Review of General Psychology, 10*, 74–86.

Bockting, C. L., Hollon, S. D., Jarrett, R. B., Kuyken, W., & Dobson, K. (2015). A lifetime approach to major depressive disorder: The contributions of psychological interventions in preventing relapse and recurrence. *Clinical Psychology Review, 41*, 16–26. doi: 10.1016/j.cpr.2015.02.003

Bockting, W. O., & Fung, L. C. T. (2006). Genital reconstruction and gender identity disorders. In D. B. Sarwer (Ed.), *Psychological aspects of reconstructive and cosmetic plastic surgery: Clinical, empirical, and ethical perspectives* (pp. 207–229). New York, NY: Lippincott Williams & Wilkins.

Bøen, E., Westlye, L. T., Elvsåshagen, T., Hummelen, B., Hol, P. K., Boye, B., ...Malt, U. F. (2013). Regional cortical thinning may be a biological marker for borderline personality disorder. *Acta Psychiatrica Scandinavica, 130*, 193–204. doi:10.1111/acps.12234

Bögels, S. M., Wijts, P., Oort, F. J., & Sallaerts, S. J. M. (2014). Psychodynamic psychotherapy versus cognitive behavior therapy for social anxiety disorder: An efficacy and partial effectiveness trial. *Depression and Anxiety, 31*, 5, 363–373. doi:10.1002/da.22246

Bohlken, M. M., Brouwer, R. M., Mandl, R. W., Van den Heuvel, M. P., Hedman, A. M., De Hert, M., ...Hulshoff Pol, H. E. (2016). Structural brain connectivity as a genetic marker for schizophre- nia. *JAMA Psychiatry, 73*, 11–19. doi:10.1001/jamapsychiatry.2015.1925

Bollmann, F., Art, J., Henke, J., Schrick, K., Besche, V., Bros, M., ...Pautz, A. (2014). Resveratrol post- transcriptionally regulates pro-inflammatory gene expression via regulation of KSRP RNA binding activity. *Nucleic Acids Research, 42*, 12555–12569. doi:10.1093/nar/gku1033

Bolton, D., Eley, T. C., O'Connor, T. G., Perrin, S., Rabe-Hesketh, S., Rijsdijk, F., ...Smith, P. (2006). Prevalence and genetic and environmental influences on anxiety disorders in 6-year-old twins. *Psychological Medicine, 36*, 335–344.

Bolton, J. M., Pagura, J., Enns, M. W., Grant, B., & Sareen, J. (2010). A population-based longitudinal study of risk factors for suicide attempts in major depressive disorder. *Journal of Psychiatric Research*. Retrieved from http://www.ncbi.nlm.nih.gov/pubmed/20122697

Bolton, P., Bass, J., Neugebauer, R., Verdeli, H., Clougherty, K. F., Wickramaratne, P., Speelman, L., ...Weissman, M. (2003). Group interpersonal psychotherapy for depression in rural Uganda: A randomized controlled trial. *Journal of the American Medical Association, 289*, 3117–3124.

Bomasang-Layno, E., Fadlon, I., Murray, A. N., & Himelhoch, S. (2015). Antidepressive treatments for Parkinson's disease: A systematic review and meta-analysis. *Parkinsonism & Related Disorders, 21*, 833–842. doi:10.1016/j.parkreldis.2015.04.018

Bonanno, G. A., Galea, S., Bucciarelli, A., & Vlahov, D. (2006). Psychological resilience after disaster: New York City in the aftermath of the September 11th terrorist attack. *Psychological Science, 17*, 181–186.

Bongar, B. (2002). *The suicidal patient: Clinical and legal standards of care* (2nd ed.). Washington, DC: American Psychological Association.

Boodman, S. G. (2012). Docs: Antipsychotics often prescribed for "problems of living." Retrieved from http://vitals.msnbc.msn.com/_news/2012/03/18/10724080-docs-antipsychoticsoften-prescribed-for- problems-of-living

Boone, L., Soenens, B., & Luyten, P. (2014). When or why does perfectionism translate into eating disor- der pathology? A longitudinal examination of the moderating and mediating role of body dissatisfac- tion. *Journal of Abnormal Psychology, 123*, 412–418. doi: 10.1037/a0036254

Boot, E., Kant, S. G., Otter, M., Cohen, D., Nabanizadeh, A., & Baas, R. W. J. (2012). Overexpression of Chromosome 15q11-q13 gene products: A risk factor for schizophrenia and associated psychoses? *American Journal of Psychiatry, 169*, 96–97. doi:10.1176/appi.ajp.2011.11091382

Bootzin, R. R., & Epstein, D. R. (2011). Understanding and treating insomnia. *Annual Review of Clinical Psychology, 7*, 435–458. doi:10.1146/annurev.clinpsy.3.022806.091516

Borjesson, M., & Dahlof, B. (2005). Physical activ- ity has a key role in hypertension therapy. *Lakartidningen, 102*, 123–124, 126, 128–129.

Borkovec, T. D., Newman, M. G., Pincus, A. L., & Lytle, R. (2002). A component analysis of cognitive- behavioral therapy for generalized anxiety disorder and role of interpersonal problems. *Journal of Consulting and Clinical Psychology, 70*, 288–298.

Bornstein, R. F. (1992). The dependent personality: Developmental, social, and clinical perspectives. *Psychological Bulletin, 112*, 3–23.

Bornstein, R. F. (1999). Dependent and histrionic personality disorders. In T. Millon, P. H. Blaney, & R. D. Davis (Eds.), *Oxford textbook of psychopathology* (Oxford textbooks in clinical psychology, Vol. 4, pp. 535–554). New York, NY: Oxford University Press.

Bosanquet, K., Mitchell, N., Gabe, R., Lewis, H., McMillan, D., Ekers, D., ...Gilbody, S. (2015). Diagnostic accuracy of the Whooley depression tool in older adults in UK primary care. *Journal of Affective Disorders, 182*, 39–43. doi:10.1016/j.jad.2015.04.020

Boskind-White, M., & White, W. C. (1983). *Bulimarexia: The binge–purge cycle.* New York, NY: W. W. Norton.

Bossong, M. G., Jansma, J. M., van Hell, H. H., Jager, G., Oudman, E., Saliasi, E., ...Ramsey, N. F. (2012). Effects of 9-tetrahydrocannabinol on human work- ing memory function. *Biological Psychiatry, 71,* 693.

Bousman, C. A., Twamley, E. W., Vella, L., Gale, M., Norman, S. B., Judd, B., ...Heaton, R. K. (2011). Homelessness and neuropsychological impair- ment: Preliminary analysis of adults entering outpatient psychiatric treatment. *Journal of Nervous & Mental Disease, 198,* 790–794. doi:10.1097/ NMD.0b013e3181f97dff

Boysen, G. A., & VanBergen, A. (2014). Simulation of multiple personalities: A review of research comparing diagnosed and simulated dissociative identity disorder. *Clinical Psychology Review, 34,* 14–28. doi: 10.1016/j.cpr.2013.10.008

Braamhorst, W., Lobbestael, J., Emons, W. H. M., Arntz, A., Witteman, C. L. M., Cilia, L. M., ...Bekker, M. H. J. (2015). Sex bias in classifying borderline and narcissistic personality disorder. *Journal of Nervous & Mental Disease, 203,* 804–808. doi:10.1097/ NMD.0000000000000371

Braaten, E. B., & Rosén, L. E. (2000). Self-regulation of affect in attention deficit–hyperactivity disor-der (ADHD) and non-ADHD boys: Differences in empathic responding. *Journal of Consulting and Clinical Psychology, 68,* 313–321.

Brady, K. R., McCauley, J. L., & Back, S. E. (2016). Prescription opioid misuse, abuse, and treatment in the United States: An update. *American Journal of Psychiatry, 173,* 18–26.

Braham, L. G., Trower, P., & Birchwood, M. (2004). Acting on command hallucinations and dangerous behavior: A critique of the major findings in the last decade. *Clinical Psychology Review, 24,* 513–528.

Braje, S. E., & Hall, G. C. N. (2015). Cross-cultural issues in assessment. *The encyclopedia of clinical psy- chology,* 1–9. doi:10.1002/9781118625392.wbecp435

Brand, B. L., Classen, C. C., McNary, S. W., & Zaveri, P. (2009). A review of dissociative disorders treatment studies: Collapse box. *The Journal of Nervous and Mental Disease, 197,* 646–654. doi:10.1097/ NMD.0b013e3181b3afaa

Brand, B. L., Lanius, R., Vermetten, E., Loewenstein, R. J., & Spiegel, D. (2012). Where are we going? An update on assessment, treatment, and neurobiologi- cal research in dissociative disorders as we move toward the DSM-5. *Journal of Trauma & Dissociation, 13,* 9–31. doi: 10.1080/15299732.2011.620687

Brand, B. L., Myrick, A. C., Loewenstein, R. J., Classen, C. C., Lanius, R., McNary, S. W., ...Putnam, F. (2012). A survey of practices and recommended treatment interventions among expert therapists treating patients with dissociative identity disorder and dissociative disorder not otherwise specified. *Psychological Trauma: Theory, Research, Practice, and Policy, 4,* 490–500. doi:10.1037/a0026487

Brandt, M. J., IJzerman, H., Dijksterhuis, A. P., Farach, F. J., Geller, J., Giner-Sorolla, R., ...van 't Veer, A. (2013). The replication recipe: What makes for a convincing replication? *Journal of Experimental Social Psychology, 50,* 217–224. doi:10.1016/j.jesp.2013.10.005

Brannan, M. E., & Petrie, T. A. (2011). Psychological well-being and the body dissatisfaction-bulimic symptomatology relationship: An examination of moderators. *Eating Behaviors, 12,* 233–241. doi:10.1016/j.eatbeh.2011.06.002

Brannigan, G. G., & Decker, S. L. (2006). The Bender- Gestalt II. *American Journal of Orthopsychiatry, 76,* 10–12.

Bratton, D. J., Gaisl, T., Wons, A. M., & Kohler, M. (2015). CPAP vs. mandibular advancement devices and blood pressure in patients with obstructive sleep apnea: A systematic review and meta-analy-sis. *Journal of the American Medical Association, 314,* 2280. Retrieved from http://dx.doi.org/10.1001/ jama.2015.16303

Bray, G. A. (2012). Diet and exercise for weight loss. *Journal of the American Medical Association, 307,* 2641–2642. doi:10.1001/jama.2012.7263

Brefczynski-Lewis, J. A., Lutz, A., Schaefer, H. S., Levinson, D. B., & Davidson, R. J. (2007). Neural correlates of attentional expertise in long-term meditation practitioners. *Proceedings of the National Academy of Sciences, 104,* 11483–11488.

Breiding, M. J., Smith, S. G., Basile, K. C., Walters, M. L., Chen, J., & Merrick, M. T. (2014, September 5). Prevalence and characteristics of sexual vio-lence, stalking, and intimate partner violence victimization—National Intimate Partner and Sexual Violence Survey, United States, 2011. Surveillance Summaries, Centers for Disease Control and Prevention. *Morbidity and Mortality Weekly Report, 63*(SS08), 1–18.

Brent, D. A., & Gibbons, R. (2013). Initial dose of antidepressant and suicidal behavior in youth: Start low, go slow. *JAMA Internal Medicine, 174,* 909–911. doi: 10.1001/jamainternmed.2013.14016

Brent, D. A., Emslie, G. J., Clarke, G. N., Asarnow, J., Spirito, A., Ritz, L., ...Keller, M. B. (2009). Predictors of spontaneous and systematically assessed suicidal adverse events in the Treatment of SSRI- Resistant Depression in Adolescents (TORDIA) Study. *American Journal of Psychiatry, 166,* 418–426. doi:10.1176/appi.ajp.2008.08070976

Brent, D., Emslie, G., Clarke, G., Wagner, K. D., Asarnow, J. R., Keller, M., ...Zelazny, J. (2008). Switching to another SSRI or to venlafaxine with or without cognitive behavioral therapy for adoles- cents with SSRI-resistant depression: The TORDIA randomized controlled trial. *Journal of the American Medical Association, 299,* 901–913.

Breslau, J., Aguilar-Gaxiola, S., Kendler, K. S., Su, M., Williams, D., & Kessler, R. C. (2006). Specifying race-ethnic differences in risk for psychiatric disorder in a USA national sample. *Psychological Medicine, 36,* 57–68.

Breslau, J., Kendler, K. S., Su, M., Gaxiola-Aguilar, S., & Kessler, R. C. (2005). Lifetime risk and persistence of psychiatric disorders across ethnic groups in the United States. *Psychological Medicine, 35,* 317–327.

Breslow, N. (1989). Sources of confusion in the study and treatment of sadomasochism. *Journal of Social Behavior and Personality, 4,* 263–274.

Brewin C. R., & Andrews B. (2014). Why it is sci- entifically respectable to believe in repression: A response to Patihis, Ho, Tingen, Lilienfeld, and Loftus (2014). *Psychological Science, 25,* 1964–1966.

Bricker, J. B., Peterson, A. V., Jr., Andersen, M. R., Rajana, K. B., Leroux, B. G., & Sarasona, I. G. (2006). Childhood friends who smoke: Do they influence adolescents to make smoking transitions? *Addictive Behaviors, 31,* 889–900.

Brody, G. H., Beach, S. R. H., Philibert, R. A., Chen, Y.-F., Lei, M.-K., Murry, V. M., & Brown, A. C. (2009). Parenting moderates a genetic vulnerability factor in longitudinal increases in youths' substance use. *Journal of Consulting and Clinical Psychology, 77,* 1–11. doi:2283, 35400018793225.0010

Brody, J. E. (2000, May 16). Cybersex gives birth to a psychological disorder. *The New York Times,* pp. F7, F12.

Brody, J. E. (2009, November 3). A breathing tech- nique offers help for people with asthma. *The New York Times,* p. D7.

Brooks, S., & Kushida, C. (2002). Behavioral parasom- nias. *Current Psychiatric Reports, 4,* 363–368.

Brotto L. A., Bitzer, J., Laan, E., Leiblum, S., & Luria, M. (2010). Women's sexual desire and arousal disor- ders. *Journal of Sexual Medicine, 7,* 586–614.

Brown, A. S., Begg, M. D., Gravenstein, S., Schaefer, C. A., Wyatt, R. J., Bresnahan, M., ...Susser, E. S. (2004). Serologic evidence of prenatal influenza in the etiology of schizophrenia. *Archives of General Psychiatry, 61,* 774–780.

Brown, A. S., Vinogradov, S., Kremen, W. S., Poole, J. H., Deicken, R. F., Penner, J. D., ...Schaefer, C. A. (2009). Prenatal exposure to maternal infection and executive dysfunction in adult schizophrenia. *American Journal of Psychiatry, 166,* 683–690. doi: 10.1176/appi.ajp.2008.08010089

Brown, M. J. (2006). Hypertension and ethnic group. *British Medical Journal, 332,* 833–836.

Brown, M., Allen, J. S., & Dowling, N. A. (2014). The application of an etiological model of per- sonality disorders to problem gambling. *Journal of Gambling Studies, 31,* 1179–1199. doi:10.1007/ s10899-014-9504-z.1-21

Browne, H. A., Hansen, S. N., Buxbaum, J. D., Gair, S. L., Nissen, J. B., Nikolajsen, K. H., ...Grice, D. E. (2015). Familial clustering of tic disorders and obsessive-compulsive disorder. *JAMA Psychiatry, 72,* 359–366. doi:10.1001/jamapsychiatry.2014.2656

Bruce, M. L., Ten Have, T. R., Reynolds, C. F., III, Katz, I. I., Schulberg, H. C., Mulsant, B. H., ...Brown, G. K. (2004). Reducing suicidal ideation and depressive symptoms in depressed older primary care patients: A randomized controlled trial. *Journal of the American Medical Association, 291,* 1081–1091.

Bruch, H. (1973). *Eating disorders: Obesity, anorexia and the person within.* New York, NY: Basic Books.

Brunet, A., Orr, S. P., Tremblay, J., Robertson, K., Nader, K., & Pitman R. K. (2007). Effect of post-retrieval propranolol on psychophysiologic responding during subsequent script-driven traumatic imagery in post-traumatic stress disorder. *Journal of Psychiatric Research, 42,* 503–506.

Brunwasser, S. M., Gillham, J. E., & Kim, E. S. A. (2009). A meta-analytic review of the Penn Resiliency Program's effect on depressive symp- toms. *Journal of Consulting and Clinical Psychology, 77,* 1042–1054.

Bryant, C., Jackson, H., & Ames, D. (2008). The prevalence of anxiety in older adults: Methodological issues and a review of the literature. *Journal of Affective Disorders, 109,* 233–250.

Bryant, R. A., Moulds, M. L., Guthrie, R. M., Dang, S. T., & Nixon, R. D. V. (2003). Imaginal exposure alone and imaginal exposure with cognitive restructuring in treatment of posttraumatic stress disorder. *Journal of Consulting and Clinical Psychology, 71,* 706–712.

Bryant, R., & Das, P. (2012). The neural circuitry of conversion disorder and its recovery. *Journal of Abnormal Psychology, 121,* 289–296. doi:10.1037/ a0025076

Bryant-Davis, T. (Ed.). (2011). *Surviving sexual violence.* Lanham, MD: Rowman & Littlefield.

Buchert, R., Thomasius, R., Wilke, F., Petersen, K., Nebeling, B., Obrocki, J., ...Clausen, M. (2004). A voxel-based PET investigation of the long-term effects of "ecstasy" consumption on brain serotonin trans- porters. *American Journal of Psychiatry, 161,* 1181–1189.

Buchhave, P., Minthon, L., Zetterberg, H., Wallin, A. K., Blennow, K., & Hansson, O. (2012). Cerebrospinal fluid levels of b-Amyloid 1–42, but not of tau, are fully changed already 5 to 10 years before the onset of Alzheimer dementia. *Archives of General Psychiatry, 69,* 98–106. doi:10.1001/ archgenpsychiatry.2011.155

Buchman, A. S., Boyle, P. A., Yu, L., Shah, R. C., Wilson, R. S., & Bennett, D. A. (2012). Total daily physical activity and the risk of AD and cognitive decline in older adults. *Neurology, 78,* 1323 – 1329. doi: 10.1212/WNL.0b013e3182535d35

Buddie, A. M., & Testa, M. (2005). Rates and predic-tors of sexual aggression among students and nonstudents. *Journal of Interpersonal Violence, 20,* 713 – 724.

Buhlmann, U., Marques, L. M., & Wilhelm, S. (2012). Traumatic experiences in individuals with body dysmorphic disorder. *Journal of Nervous and Mental Disease, 200,* 95 – 98. doi:10.1097/ NMD.0b013e31823f6775

Bulik, C. M., Marcus, M. D., Zerwas, S., Levine, M. D., & La Via, M. (2012). The changing "weightscape" of bulimia nervosa. *American Journal of Psychiatry, 169,* 1031 – 1036. doi:10.1176/appi.ajp.2012.12010147

Bulik, C. M., Thornton, L., Poyastro, Pinheiro A., Plotnicov, K., Klump, K. L., ...Brandt, H. (2008). Suicide attempts in anorexia nervosa. *Psychosomatic Medicine, 70,* 378.

Bullmore, E. (2012). The future of functional MRI in clinical medicine. *NeuroImage, 62,* 1267 – 1271. doi: 10.1016/j.neuroimage.2012.01.026

Bulmash, E. L., Moller, H. J., Kayumov, L., Shen, J., Wang, X., & Shapiro, C. M. (2006). Psychomotor disturbance in depression: Assessment using a driving simulator paradigm. *Journal of Affective Disorders, 93,* 213 – 218.

Bunde, J., & Suls, J. (2006). A quantitative analysis of the relationship between the Cook-Medley Hostility Scale and traditional coronary artery disease risk factors. *Health Psychology, 25,* 493 – 500.

Burcusa, S. L., & Iacono, W. G. (2007). Risk for recurrence in depression. *Clinical Psychology Review, 27,* 959 – 985.

Burke, J. & Loeber, R. (2010). Oppositional defiant disorder and the explanation of the comorbidity between behavioral disorders and depression. *Clinical Psychology: Science and Practice, 17,* 319 – 326. doi:10.1111/j.1468

Burke, J. D., Waldman, I., & Lahey, B. B. (2010). Predictive validity of childhood oppositional defiant disorder and conduct disorder: Implications for the DSM-V. *Journal of Abnormal Psychology, 119,* 739 – 751. doi: 10.1037/a0019708

Burnay, J., Billieux, J., Blairy, S., & Larøi, F. (2015). Which psychological factors influence Internet addiction? Evidence through an integrative model. *Computers in Human Behavior, 43,* 28 – 34. doi:10.1016/j.chb.2014.10.039

Burns, D. D. (1980). *Feeling good: The new mood therapy.* New York, NY: Morris.

Burrow-Sanchez, J. J, & Wrona, M. (2012). Comparing culturally accommodated versus standard group CBT for Latino adolescents with substance use disorders: A pilot study. *Cultural Diversity and Ethnic Minority Psychology, 18,* 373 – 383. doi:10.1037/ a0029439

Burt, A. (2009). Rethinking environmental contribu- tions to child and adolescent psychopathology: A meta-analysis of shared environmental influences. *Psychological Bulletin, 135,* 608 – 637. doi:10.1037/ a0015702

Burton, N., & Lane, R. C. (2001). The relational treat- ment of dissociative identity disorder. *Clinical Psychology Review, 21,* 301 – 320.

Bushman, B. J., Bonacci, A. M., van Dijk, M., & Baumeister, R. F. (2003). Narcissism, sexual refusal, and aggression: Testing a narcissistic reactance model of sexual coercion. *Journal of Personality and Social Psychology, 84,* 1027 – 1040.

Busscher, B., Spinhoven, P., van Gerwen, L. J., & de Geus, E. J. C. (2013). Anxiety sensitivity moderates the relationship of changes in physiological arousal with flight anxiety during in vivo exposure therapy. *Behaviour Research and Therapy, 51,* 98 – 105

Bustillo, J., Lauriello, J., Horan, W., & Keith, S. (2001). The psychosocial treatment of schizophrenia: An update. *American Journal of Psychiatry, 158,* 163 – 175.

Butcher, J. N. (2011). *A beginner's guide to the MMPI-2* (3rd ed.). Washington, DC: American Psychological Association.

Butler, A. C., Chapman, J. E., Forman, E. M., & Beck, A. T. (2006). The empirical status of cognitive- behavioral therapy: A review of meta-analyses. *Clinical Psychology Review, 26,* 17 – 33.

Butler, L. D., Duran, R. E. F., Jasiukaitus, P., Koopman, C., & Spiegel, D. (1996). Hypnotizability and traumatic experience: A diathesis-stress model of dissociative symptomatology. *American Journal of Psychiatry, 153*(Suppl. 7), 42 – 63.

Butler, R. J. (2004). Childhood nocturnal enuresis: Developing a conceptual framework. *Clinical Psychology Review, 24,* 909 – 931.

Buvat, J., Maggi, M., Gooren, L., Guay, A.T., Kaufman, J., Morgentaler, A., ... Zitzmann, M. (2010). Endocrine aspects of male sexual dysfunctions. *Journal of Sexual Medicine, 7,* 1627 – 1656.

Buysse, D. J., Germain, A., Moul, D. E., Franzen, P. L., Brar, L. K., Fletcher, M. E., ...Monk, T. H. (2011). Efficacy of brief behavioral treatment for chronic insomnia in older adults. *Archives of Internal Medicine, 171,* 887 – 895.

By the numbers. (2015, September). *Monitor on Psychology, 46*(8), 13.

Byrne, S. M., Fursland, A., Allen, K. L., & Watson, H. (2011). The effectiveness of enhanced cognitive behavioural therapy for eating disorders: An open trial. *Behaviour Research and Therapy, 49,* 219 – 226. doi:10.1016/j.brat.2011.01.006

Cable News Network. (2015, August 8). James Holmes sentenced to life in prison for Colorado movie theater murders. Retrieved from http://www. cnn. com/2015/08/07/us/

james-holmes-movie- theater-shooting-jury/

Cable, N., & Sacker, A. (2007). The role of adolescent social disinhibition expectancies in moderating the relationship between psychological distress and alco- hol use and misuse. *Addictive Behaviors, 32,* 282–295.

Caetano, R. (1987). Acculturation and drinking patterns among U.S. Hispanics. *British Journal of Addiction, 82,* 789–799.

Cahill, M. E., Xie, Z., Day, M., Photowala, H., Barbolina, M. V., Miller, C. A., ...Penzes, P. (2009). Kalirin regulates cortical spine morphogenesis and disease-related behavioral phenotypes. *Proceedings of the National Academy of Sciences, 106,* 31, 13058–13063. doi: 10.1073/pnas.0904636106

Cai, D., Pearce, K., Chen, S., & Glanzman, D. L. (2011). Protein kinase M maintains long-term sensitiza- tion and long-term facilitation in aplysia. *Journal of Neuroscience, 31,* 6421–6431. doi:10.1523/ JNEUROSCI.4744-10.2011

Cain, S. (2011, June 25). Shyness: Evolutionary tactic? *The New York Times.* Retrieved from http://www. nytimes.com

Cale, E. M., & Lilienfeld, S. O. (2002). Sex differences in psychopathy and antisocial personality disorder: A review and integration. *Clinical Psychology Review, 22,* 1179–1207.

Callanan, M., & Waxman, S. (2013). Commentary on special section: Deficit or difference? Interpreting diverse developmental paths. *Developmental Psychology, 49,* 80–83. doi:10.1037/a0029741

Calvert, C. (2014). Voyeurism and exhibitionism. *The encyclopedia of criminology and criminal justice.* Retrieved from http://onlinelibrary.wiley.com/ doi/10.1002/9781118517383.wbeccj009/abstract? userIsAuthenticated=false&deniedAccessCustomi sedMessage=

Calzada, E. J., Fernandez, Y., & Cortes, D. E. (2010). Incorporating the cultural value of respeto into a framework of Latino parenting. *Cultural Diversity and Ethnic Minority Psychology, 16,* 77–86.

Calzada-Reyes, A., Alvarez-Amador, A., Galán-García, L., & Valdés-Sosa, M. (2012). Electroencephalographic abnormalities in antisocial personality disorder. *Journal of Forensic and Legal Medicine, 19,* 29–34. doi:10.1016/j.jflm.2011.10.002

Cambron, M. J., Acitelli, L. K., & Pettit, J. W. (2009). Explaining gender differences in depres- sion: An interpersonal contingent self-esteem perspective. *Sex Roles, 61,* 751–894. doi:10.1007/ s11199-009-9616-6

Cameron, N. (1963). *Personality development and psychopathology: A dynamic approach.* Boston, MA: Houghton Mifflin.

Campbell, B., Caine, K., Connelly, K., Doub, T., & Bragg, A. (2014). Cell phone ownership and use among mental health outpatients in the USA. *Personal and Ubiquitous Computing, 19,* 367. doi:10.1007/s00779-014-0822-z

Campbell, D. B. (2015). Genetic investigation of autism-related social communication deficits. *American Journal of Psychiatry, 172,* 212–213. Retrieved from http://dx.doi.org/10.1176/appi.ajp.2014.14121503

Campbell, T. (2000). First person account: Falling on the pavement. *Schizophrenia Bulletin, 26,* 507–509.

Campbell, W. K., Foster, C. A., Finkel, E. J. (2002). Does self-love lead to love for others?: A story of narcissistic game playing. *Journal of Personality and Social Psychology,* Vol 83(2), 340-354. Retrieved from http://dx.doi.org/10.1037/0022-3514.83.2.340

Campos-Rodriguez, F., Martinez-Garcia, M. A., de la Cruz-Moron, I., Almeida-Gonzalez, C., Catalan-Serra, P., & Montserrat, J. M. (2012). Cardiovascular mortality in women with obstructive sleep apnea with or with- out continuous positive airway pressure treatment: A cohort study. *Annals of Internal Medicine, 156,* 115.

Canetta, S. E., Bao, Y., Co, M. D. T., Ennis, F. A., Cruz, J., Terajima, M., ...Brown, A. S. (2014). Serological documentation of maternal influenza exposure and bipolar disorder in adult offspring. *American Journal of Psychiatry, 171,* 557–563. doi:10.1176/appi. ajp.2013.13070943

Cannon, T. D. (2016). Deciphering the genetic com- plexity of schizophrenia. *JAMA Psychiatry, 73,* 5–6. doi: 10.1001/jamapsychiatry.2015.2111

Cao, S., Moineddin, R., Urquia, M. L., Razak, F., & Ray, J. G. (2014). J-shapedness: An often missed, often miscalculated relation: The example of weight and mortality. *Journal of Epidemiology and Community Health, 68,* 683–690. doi:10.1136/jech-2013-203439

Carcone, D., Tokarz, V. L., & Ruocco, A. C. (2015). A systematic review on the reliability and validity of semistructured diagnostic interviews for bor- derline personality disorder. *Canadian Psychology/ Psychologie Canadienne, 56,* 208–226.

Cardeña, E., & Carlson, E. (2011). Acute stress disorder revisited. *Annual Review of Clinical Psychology, 7,* 245–267. doi:10.1146/annurev-clinpsy-032210-104502

Cardno, A. G., & Owen, M. J. (2014). Genetic relationships between schizophrenia, bipolar disorder, and schizoaffective disorder. *Schizophrenia Bulletin.* Retrieved from http://schizophreniabulletin. oxfordjournals. org/con- tent/early/2014/02/21/schbul.sbu016.short

CareLoop. (2015). University of Manchester. Retrieved from http://www. population-health. manchester. ac. uk/healthinformatics/research/Careloop/

Carey, B. (2005, October 18). Can brain scans see depression? *The New York Times.* Retrieved from http://www.nytimes.com

Carey, B. (2009a, December 3). Dissection begins on famous

brain. *The New York Times*, A27.

Carey, B. (2009b, November 26). Surgery for men-tal ills offers both hope and risk. *The New York Times*. Retrieved from http://www.nytimes.com/2009/11/27/health/research/27brain.html?_r=1&scp=1&sq=psychosurgery&st=cse

Carey, B. (2010, February 10). Revising book on disorders of the mind. *The New York Times*. Retrieved from www.nytimes.com

Carey, B. (2011). Expert on mental illness reveals her own fight. *The New York Times*, pp. A1, A17.

Carey, B. (2012a, January 19). New autism definition may exclude many, study suggests. *The New York Times*. Retrieved from www.nytimes.com

Carey, B. (2012b, April 4). Scientists link gene muta-tion to autism risk. *The New York Times*. Retrieved from nytimes.com

Carey, B. (2012c, August 23). Study finds risk of autism linked to older fathers. *The New York Times*. Retrieved from www.nytimes.com

Carey, B. (2012d, December 11). A tense compromise on defining disorders. *The New York Times*, pp. D1, D6.

Carey, B. (2013, January 16). Some with autism diag-nosis can overcome symptoms, study finds. *The New York Times*. Retrieved from nytimes.com

Carey, B. (2015, October 2). Talk therapy found to ease schizophrenia. *The New York Times*. Retrieved from http://www.nytimes.com/2015/10/20/health/talk-therapy-found-to-ease-schizophrenia.html

Carey, B. (2016, January 28). Scientists home in on cause of schizophrenia. *The New York Times*, pp. A1, A17.

Carey, M. P., Carey, K. B., Maisto, S. A., Gordon, C. M., Schroder, K. E. E., & Vanable, P. A. (2004). Reducing HIV-risk behavior among adults receiv- ing outpatient psychiatric treatment: Results from a randomized controlled trial. *Journal of Consulting and Clinical Psychology, 72*, 252–268.

Carini, M. A., & Nevid, J. S. (1992). Social appropri- ateness and impaired perspective in schizophrenia. *Journal of Clinical Psychology, 48*, 170–177.

Carlbring, P., & Smit, F. (2008). Randomized trial of Internet-delivered self-help with telephone support for pathological gamblers. *Journal of Consulting and Clinical Psychology, 76*, 1090–1094.

Carlbring, P., Hägglund, M., Luthström, A., Dahlin, M., Kadowaki, A., Vernmark, K., & Andersson, G. (2013). Internet-based behavioral activation and acceptance-based treatment for depression: A randomized controlled trial. *Journal of Affective Disorders, 148*, 331–337.

Carlsson, E., Frostell, A., Ludvigsson, J., & Faresjo, M. (2014). Psychological stress in children may alter the immune response. *The Journal of Immunology, 192*, 2071. doi:10.4049/jimmunol.1301713

Carneiro, L. S. Fl., Fonseca, A. M., Vieira-Coelho, M. A., Mota, M. P., & Vasconcelos-Raposo, J. (2015). Effects of structured exercise and pharmacotherapy vs. pharmacotherapy for adults with depressive symp- toms: A randomized clinical trial. *Psychiatry Research, 71*, 48–55. doi: 10.1016/j.jpsychires.2015.09.007

Carocci, M. (2009). Written out of history: Contemporary Native American narratives of enslavement. *Anthropology Today, 25*, 18–22. doi:10.1111/j.1467-8322.2009.00668.x

Carpenter, S. (2013, January). Awakening to sleep. *Monitor on Psychology, 44*, 40–45.

Carrasco, J. L., Tajima-Pozo, K., Díaz-Marsá, M., Casado, A., López-Ibor, J. J., Arrazola, J., & Yus, M. (2012). Microstructural white matter damage at orbi- tofrontal areas in borderline personality disorder. *Journal of Affective Disorders, 139*, 149–153. Retrieved from http://dx.doi.org/10.1016/j.jad.2011.12.019

Carroll, L. (2003, November 4). Fetal brains suffer badly from effects of alcohol. *The New York Times Online*. Retrieved from http://www.nytimes.com

Carroll., L. (2004, February 10). Parkinson's research focuses on links to genes and toxins. *The New York Times*, p. F5.

Carson, R. C., Hollon. S. D., & Shelton, R. C. (2010). Depressive realism and clinical depres- sion. *Behaviour Research and Therapy, 48*, 257–265. doi: 10.1016/j.brat.2009.11.011

Carter, J. C., McFarlane, T. L., Bewell, C., Olmsted, M. P., Woodside, D. B., Kaplan, A. S., & Crosby, R. D. (2009). Maintenance treatment for anorexia nervosa: A com- parison of cognitive behavior therapy and treatment as usual. *International Journal of Eating Disorders, 42*, 202–207. doi:10.1002/eat.20591

Carter, J. D., Crowe M. T., Jordan, J., McIntosh, V. V. W., Frampton, C., & Joyce, P. R. (2015). Predictors of response to CBT and IPT for depression: The con- tribution of therapy process. *Behaviour Research and Therapy, 74*, 72–79. doi:10.1016/j.brat.2015.09.003

Carter, J. S., & Garber, J. (2011). Predictors of the first onset of a major depressive episode and changes in depressive symptoms across adolescence: Stress and negative cognitions. *Journal of Abnormal Psychology, 120*, 779–796. doi:10.1037/a0025441

Carvalho, J., & Nobre, P. (2010). Gender issues and sexual desire: The role of emotional and relationship variables. *Journal of Sexual Medicine, 7*, 2469–2478.

Carver, C. S. (2014). Dispositional optimism. *Trends in Cognitive Sciences, 18*, 293–299. Retrieved from http://dx.doi.org/10.1016/j.tics.2014.02.003

Carver, C. S., Johnson, S. L., & Joormann, J. (2008). Serotonergic function, two-mode models of self-regulation, and vulnerability to depression: What depression has in common with impulsive aggres- sion. *Psychological Bulletin, 134,* 912–943.

Carver, C. S., Johnson, S. L., & Joormann, J. (2009). Two-mode models of self-regulation as a tool for conceptualizing effects of the serotonin system in normal behavior and diverse disorders. *Current Directions in Psychological Science, 18,* 195–199. doi:10.1111/j.1467-8721.2009.01635.x

Casey, B. J., & Durston, S. (2006). From behavior to cognition to the brain and back: What have we learned from functional imaging studies of attention deficit hyperactivity disorder? *American Journal of Psychiatry, 163,* 957–960.

Casey, D. E., Laubmeier, K. K., Eudicone, J. M., Marcus, R., Berman, R. M., Rahman, Z., ...Sheehan, T. (2014). Response and remission rates with adjunc- tive aripiprazole in patients with major depressive disorder who exhibit minimal or no improvement on antidepressant monotherapy. *International Journal of Clinical Practice, 68,* 1301–1308.

Casey, L. M., Oei, T. P. S., & Newcombe, P. A. (2004). An integrated cognitive model of panic disorder: The role of positive and negative cognitions. *Clinical Psychology Review, 24,* 529–555.

Casey, P., Maracy, M., Kelly, B. D., Lehtinend, V., Ayuso-Mateose, J.-L., Dalgard, O. S., & Dowrick, C. (2006). Can adjustment disorder and depressive episode be distinguished? Results from ODIN. *Journal of Affective Disorders, 92,* 291–297.

Caspi, A., McClay, J., Moffitt, T. E., Mill, J., Martin, J., Craig, I. W., Taylor, A., ... Poulton R. (2002). Role of genotype in the cycle of violence in maltreated children. *Science, 297,* 851–854.

Castellini, G., Maggi, M., & Ricca, V. (2014). Childhood sexual abuse and psychopathology. In G. Corona, E. A. Jannini, & M. Maggi (Eds.), *Emotional, physical and sexual abuse* (pp. 71–91). New York, NY: Springer.

Cecchini-Estrada, J.-A., Méndez-Giménez, A., Cecchini, C., Moulton, M., & Rodríguez, C. (2015). Exercise and Epstein's TARGET for treatment of depressive symptoms: A randomized study. *International Journal of Clinical and Health Psychology, 15,* 191–199.

Centers for Disease Control and Prevention. (2008, April 11). Prevalence of self-reported postpar- tum depressive symptoms: 17 states, 2004–2005. *Morbidity and Mortality Weekly Report, 57,* 361.

Centers for Disease Control and Prevention. (2009). Suicide: Facts at a glance, summer 2009. National Center for Injury Prevention and Control. Retrieved from www.cdc.gov/injury/wisqars/index.html

Centers for Disease Control and Prevention. (2011a, December 14). The National Intimate Partner and Sexual Violence Survey (NISVS). Retrieved from www.cdc.gov/ViolencePrevention/NISVS/index.html

Centers for Disease Control and Prevention. (2011b). Prevalence of coronary heart disease: United States, 2006–2010. *Morbidity and Mortality Weekly Report, 306,* 2084–2086.

Centers for Disease Control and Prevention. (2011c). Vital signs: Current cigarette smoking among adults aged ≥ 18 years: United States, 2005–2010. *Morbidity and Mortality Weekly Report, 60,* 1207–1212.

Centers for Disease Control and Prevention. (2011d). Vital signs: Prevalence, treatment, and control of hypertension: United States, 1999–2002 and 2005–2008. *Morbidity and Mortality Weekly Report, 305,* 1531–1534.

Centers for Disease Control and Prevention (2012a, March 29). CDC estimates 1 in 88 children in United States has been identified as having an autism spectrum disorder. Retrieved from www.cdc.gov/media/releases/2012/p0329_autism_disorder.html

Centers for Disease Control and Prevention. (2012b). Trends in asthma prevalence, health care use, and mortality in the United States, 2001–2010. Retrieved from www.cdc.gov/nchs/data/databriefs/db94.htm

Centers for Disease Control and Prevention. (2012c). Vital signs: Binge drinking prevalence, frequency, and intensity among adults: United States, 2010. *Morbidity and Mortality Weekly Report, 307,* 908–910.

Centers for Disease Control and Prevention. (2013a). Suicide among adults aged 35–64 years: United States, 1999–2010. *Morbidity and Mortality Weekly Report, 62,* 321. Retrieved from www.cdc.gov/mmwr/preview/mmwrhtml/mm6217a1.htm?s_cid=mm6217a1_w

Centers for Disease Control and Prevention. (2013b). Suicide now claims more U.S. lives than vehicular crashes. *Journal of the American Medical Association, 309,* 2432. doi: 10.1001/jama.2013.6689

Centers for Disease Control and Prevention. (2014a). Autism spectrum disorder up by 30%. *Journal of the American Medical Association, 311,* 2058. doi: 10.1001/jama.2014.5107

Centers for Disease Control and Prevention. (2014b). Early release of selected estimates based on data from the National Health Interview Survey, January–March 2014. Retrieved from www.cdc.gov/nchs/data/nhis/earlyrelease/earlyre- lease201409_08.pdf

Centers for Disease Control and Prevention. (2015a). Current cigarette smoking among adults in the United States. Retrieved from www.cdc.gov/tobacco/data_statistics/fact_sheets/adult_data/cig_smoking/index.htm

Centers for Disease Control and Prevention. (2015b, April 8). Fast stats: Alzheimer's disease. Retrieved from www.cdc.gov/nchs/fastats/alzheimers.htm

Centers for Disease Control and Prevention. (2015c, February 2). Fast stats: Deaths and mortality. Retrieved from www.cdc.gov/nchs/fastats/deaths.htm

Centers for Disease Control and Prevention. (2015d, April 29). Suicide - Facts at a Glance. Retrieved from www.cdc.gov/ViolencePrevention/pdf/ Suicide-DataSheet-a.pdf

Centers for Disease Control and Prevention. (2015e). Health, United States, 2014 (Updated May 6, 2015). Retrieved from www.cdc.gov/nchs/hus.htm

Centers for Disease Control and Prevention. (2015f). Too little behavioral therapy for kids with ADHD. *Journal of the American Medical Association, 313*, 2016. doi:10.1001/jama.2015.4969

Centers for Disease Control and Prevention, National Center for Health Statistics, Office of Analysis and Epidemiology. (2015g) Rates of obesity (age 20 or higher). Retrieved from www.cdc.gov/obesity/ data/adult.html

Centers for Disease Control and Prevention. (2015h). Current Cigarette Smoking Among Adults—United States, 2005 - 2014. *Morbidity and Mortality Weekly Report, 64* (44), 1233 - 1240.

Centers for Disease Control and Prevention. (2016, February 18). Annual deaths attributable to ciga- rette smoking-United States, 2005 - 2009. Retrieved from www.cdc.gov/tobacco/data_statistics/tables/ health/infographics/index.htm#annual-deaths

Centre for Addiction and Mental Health. (2014, March 31). Two new genes linked to intel- lectual disability discovered. *ScienceDaily*. Retrieved from www.sciencedaily.com/releases/2014/03/140331114332.htm

Ceron-Litvoc, D., Soares, B. G., Geddes, J., Litvoc, J., & de Lima, M. S. (2009). Comparison of carbamaze- pine and lithium in treatment of bipolar disorder: A systematic review of randomized controlled trials. *Human Psychopharmacology: Clinical and Experimental, 24*, 19 - 28. doi:10.1002/hup.990

Cesario, J. (2014). Priming, replication, and the hard- est science. *Perspectives on Psychological Science, 9*, 40 - 48. doi:10.1177/1745691613513470

Cevallos, D. (2015, July 17). Don't rely on insan- ity defense. *CNN.com*. Retrieved from http:// www.cnn.com/2015/02/11/opinion/ cevallos-insanity-defense/

Chakraborty, K., Mondal, M., Neogi, R., Chatterjee, S., & Makhal, M. (2014). Erectile dysfunction in patients with diabetes mellitus: Its magnitude, predictors and their biopsycho-social interaction: A study from a developing country. *Asian Journal of Psychiatry, 7*, 58 - 65. http://dx.doi.org/10.1016/j.ajp.2013.10.012

Chambless, D. L., Floyd, F. J., Rodebaugh, T. L., & Steketee, F. S. (2008). Expressed emotion and familial interaction: A study with agoraphobic and obsessive-compulsive patients and their relatives. *Journal of Abnormal Psychology, 116*, 754 - 761.

Chantix unsuitable for first-line smoking cessation use, study finds. (2011, November 2). *ScienceDaily*. Retrieved from http://www.sciencedaily.com/

Charness, M. E. (2009). Functional connectivity in Wernicke encephalopathy. *Journal Watch Neurology*. Retrieved from http://neurology.jwatch.org/cgi/ content/full/2009/623/4?q=etoc_jwneuro

Chartier, I. S., & Provencher, M. D. (2013). Behavioural activation for depression: Efficacy, effectiveness and dissemination. *Journal of Affective Disorders, 145*, 292 - 299.

Chasson, G. S., Buhlmann, U., Tolin, D. F., Rao, S. R., Reese, H. E., Rowley, T., ...Wilhelm, S. (2010). Need for speed: Evaluating slopes of OCD recovery in behavior therapy enhanced with d-cycloserine. *Behaviour Research and Therapy, 48*, 675 - 679. doi: 10.1016/j.brat.2010.03.007

Chavira, D. A., Golinelli, D., Sherbourne, C., Stein, M. B., Sullivan, G., Bystritsky, A., ...Craske, M. (2014). Treatment engagement and response to CBT among Latinos with anxiety disorders in primary care. *Journal of Consulting and Clinical Psychology, 82*, 392- 403. doi:10.1037/a0036365

Chavira, D. A., Grilo, C., Carlos, M., Shea, M. T., Yen, S., Gunderson, J. G., ...McGlashan, T. H. (2003). Ethnicity and four personality disorders. *Comprehensive Psychiatry, 44*, 483 - 491.

Chemerinski, E., Byne, W., Kolaitis, J. C., Glanton, C. F., Canfield, E. L., Newmark, R. E., ...Hazlett, E. A. (2012). Larger putamen size in antipsychotic-naïve individuals with schizotypal personality disorder. *Schizophrenia Research, 43*, 158 - 164. doi:10.1016/j. schres.2012.11.00

Chen, J., Rathore, S. S., Radford, M. J., Wang, Y., & Krumholz, H. M. (2001). Racial differences in the use of cardiac catheterization after acute myocardial infarction. *New England Journal of Medicine, 344*, 1443 - 1449.

Chen, L., Liu, Y.-H., Zheng, Q-W., Xiang, Y.-T., Duan, Y.-P., Yang, F.-D., ...Si, T. M. (2014). Suicide risk in major affective disorder: Results from a national survey in China. *Journal of Affective Disorders, 155*, 174 - 179. doi:10.1016/j.jad.2013.10.046

Chen, L., Zhang, G., Hu, M., & Liang, X. (2015). Eye movement desensitization and reprocessing versus cognitive-behavioral therapy for adult post- traumatic stress disorder: Systematic review and meta-analysis. *Journal of Nervous & Mental Disease, 203*, 443 - 451.

Chen, X., Wang, R., Zee, P., Lutsey, P. L., Javaheri, S., Alcántara, C., ...Redline, S. (2015). Racial/ethnic differences in sleep disturbances: The Multi-Ethnic Study of Atherosclerosis (MESA). *Sleep, 38*, 877.

Chen, Y., Wolk, D. A., Reddin, J. S., Korczykowski, M., Martinez, P. M., Musiek, E. S., ... Detre, J. A. (2011). Voxel-level comparison of arterial spin- labeled perfusion

MRI and FDG-PET in Alzheimer disease. *Neurology, 77,* 1977 - 1985. doi:10.1212/ WNL.0b013e31823a0ef7

Cheng, W., Rolls, E. T., Gu, H., Zhang, J., & Feng, J. (2015). Autism: reduced connectivity between cortical areas involved in face expression, theory of mind, and the sense of self. *Brain, 138,* 5, 1382 - 1393. doi:10.1093/brain/awv051

Chernyak, Y., & Lowe, M. R. (2010). Motivations for dieting: Drive for thinness is different from drive for objective thinness. *Journal of Abnormal Psychology, 119,* 276 - 281. doi:10.1037/a0018398

Cheung, F. M. (1991). The use of mental health services by ethnic minorities. In H. F. Myers, P. Wohlford, L. P. Guzman, & R. J. Echemendia (Eds.), *Ethnic minority perspectives on clinical training and services in psychology* (pp. 23 - 31). Washington, DC: American Psychological Association.

Cheung, F. M., Kwong, J. Y. Y., & Zhang, J. (2003). Clinical validation of the Chinese Personality Assessment Inventory. *Psychological Assessment, 15,* 89 - 100.

Chiang, H.-L., & Gau, S-F. (2014). Impact of executive functions on school and peer functions in youths with ADHD. *Research in Developmental Disabilities, 35,* 963-972. doi:10.1016/j.ridd.2014.02.010

Chida, Y., & Steptoe, A. (2009). The association of anger and hostility with future coronary heart disease: A meta-analytic review of prospective evidence. *Journal of the American College of Cardiology, 53,* 936 - 946. doi: 10.1016/j.jacc.2008.11.044

A children's mental illness "crisis": Report: 1 in 10 children suffers enough to impair development. (2001, January 3). *MSNBC.com.* Retrieved from http://www.msnbc.com/news/510934.asp

Childress, A. R., Ehrman, R. N., Wang, Z., Li, Y., Sciortino, N., Hakun, J., ...O'Brien, C. P. (2008). Prelude to passion: Limbic activation by "unseen" drug and sexual cues. *PLOS ONE, 3*(1), e1506. Retrieved from http://www.plosone.org/article/ info:doi/10.1371/journal.pone.0001506

Chioqueta, A. P., & Stiles, T. C. (2007). Dimensions of the Dysfunctional Attitude Scale and the Automatic Thoughts Questionnaire as cognitive vulnerability factors in the development of suicide ideation. *Behavioral and Cognitive Psychotherapy, 35,* 579 - 589.

Chorpita, B. F., Daleiden, E. L., Ebesutani, C., Young, J., Becker, K. D., Nakamura, B. J., ... Starace, N. (2011). Evidence-based treatments for children and adolescents: An updated review of indicators of efficacy and effectiveness. *Clinical Psychology: Science and Practice, 18,* 154 - 172. doi:10.1111/j.1468-2850.2011.01247.x

Chou, K.-L. (2009). Social anxiety disorder in older adults: Evidence from the National Epidemiologic Survey on Alcohol and Related Conditions. *Journal of Affective Disorders, 119,* 76 - 83.

Chou, K.-L. (2010). Panic disorder in older adults: Evidence from the National Epidemiologic Survey on Alcohol and Related Conditions. *International Journal of Geriatric Psychiatry, 25*(8), 822 - 832. doi:10.1002/gps.2424

Chou, T., Asnaani, A., & Hofmann, S. G. (2012). Perception of racial discrimination and psychopa- thology across three U.S. ethnic minority groups. *Cultural Diversity and Ethnic Minority Psychology, 18,* 74 - 81. doi: 10.1037/a0025432

Chovil, I. (2000). First person account: I and I, dancing fool, challenge you the world to a duel. *Schizophrenia Bulletin, 26,* 745 - 747.

Chow, C. K., Redfern, J., Hillis, G. S., Thakkar, J., Santo, K., Hackett, M. L., ...Thiagalingam, A. (2015). Effect of lifestyle-focused text messaging on risk factor modification in patients with coronary heart disease: A randomized clinical trial. *Journal of the American Medical Association, 314,* 1255 - 1263. doi:10.1001/jama.2015.10945

Christensen, A., Atkins, D. C., Baucom, B., & Yi, J. (2010). Marital status and satisfaction five years following a randomized clinical trial comparing traditional versus integrative behavioral couple therapy. *Journal of Consulting and Clinical Psychology, 78,* 225 - 235. doi: 10.1037/a0018132

Chronis, A. M., Jones, H. A., & Raggi, V. L. (2006). Evidence-based psychosocial treatments for children and adolescents with attention-deficit/hyperactivity disorder. *Clinical Psychology Review, 26,* 486 - 502.

Chu, J. A. (2011a). Falling apart: Dissociation and the dissociative disorders. In J. A. Chu (Ed.), *Rebuilding shattered lives: Treating complex PTSD and dissociative disorders* (2nd ed., pp. 41 - 64). Hoboken: John Wiley & Sons.

Chu, J. A. (2011b). The rational treatment of dissocia- tive identity disorder. In J. A. Chu (Ed.), *Rebuilding shattered lives: Treating complex PTSD and dissocia- tive disorders* (2nd ed., pp. 205 - 227). Hoboken: John Wiley & Sons.

Chung, D. W., Rudnicki, D. D., Yu, L., & Margolis, R. L. (2011). A natural antisense transcript at the Huntington's disease repeat locus regulates HTT expression. *Human Molecular Genetics, 20,* 3467 - 3477. doi:10.1093/hmg/ddr263

Chung, T., & Maisto, S. A. (2006). Relapse to alcohol and other drug use in treated adolescents: Review and reconsideration of relapse as a change point in clinical course. *Clinical Psychology Review, 26,* 149 - 161.

Church, D., Feinstein, D., Palmer-Hoffman, J., Stein, P. K., & Tranguch, A. (2014). Empirically sup- ported psychological treatments: The challenge of evaluating clinical innovations. *Journal of Nervous & Mental Disease, 202,* 699 - 709. doi:10.1097/ NMD.0000000000000188

Ciao, A. C., Accurso, E. C., Fitzsimmons-Craft, E. F., & Le Grange, D. (2015). Predictors and moderators of psychological changes during the treatment of adolescent bulimia nervosa. *Behaviour Research and Therapy, 69,* 48–53. doi:10.1016/j.brat.2015.04.002

Cicero, T. J, Ellis, M. S., Surratt, H. L., & Kurtz, S. P. (2014). The changing face of heroin use in the United States: A retrospective analysis of the past 50 years. *JAMA Psychiatry, 71,* 821–826. doi:10.1001/jamapsychiatry.2014.366

Clark, D. M. (1986). A cognitive approach to panic. *Behaviour Research and Therapy, 24,* 461–470.

Clark, L. (2012). Epidemiology and phenomenology of pathological gambling. In J. E. Grant & M. N. Potenza (Eds.), *The Oxford handbook of impulse con- trol disorders* (pp. 94–116). New York, NY: Oxford University Press.

Clark, R. (2006). Perceived racism and vascular reac- tivity in Black college women: Moderating effects of seeking social support. *Health Psychology, 25,* 20–25.

Clark, S. K., Jeglic, E. L., Calkins, C., & Tatar, J. R. (2014). More than a nuisance: The prevalence and consequences of frotteurism and exhibitionism. *Sexual Abuse, 4,* 3–19. doi:10.1177/1079063214525643

Clarke, J., Proudfoot, J., Birch, M. R., Whitton, A. E., Parker, G., Manicavasagar, V., ... Hadzi-Pavlovic, D. (2014). Effects of mental health self-efficacy on outcomes of a mobile phone and web interven- tion for mild-to-moderate depression, anxiety and stress: Secondary analysis of a randomised con- trolled trial. *BMC Psychiatry, 14,* 272. doi:10.1186/s12888-014-0272-1

Clarke, K., Mayo-Wilson, E., Kenny, J., & Pilling. S. (2015). Can non-pharmacological interventions prevent relapse in adults who have recovered from depression? A systematic review and meta-analysis of randomised controlled trials. *Clinical Psychology Review, 39,* 58–70. doi:10.1016/j.cpr.2015.04.002

Clarke, T., & Pierson, R. (2015, August 19). FDA approves "female Viagra" with strong warning. *Reuters News Service.* Retrieved from http://www.reuters.com/article/2015/08/19/us-pink-viagra-fda-idUSKCN0QN2BH20150819

Clarke, T. -K., Lupton, M. K., Fernandez-Pujals, A. M., Starr, J., Davies, G., Cox, S., ...McIntosh, A. M. (2015). Common polygenic risk for autism spectrum disorder (ASD) is associated with cognitive abil- ity in the general population. *Molecular Psychiatry, 21*(3), 419–425. doi:10.1038/mp.2015.12

Clarke., G., Dickerson, J., Gullion, C. M., & Debar, L. L. (2012). Trends in youth antidepressant dispensing and refill limits, 2000 through 2009. *Journal of Child and Adolescent Psychopharmacology, 22,* 11–20.

Clarkin, J. (2014). Raising the bar in the empirical investigation of psychotherapy. *American Journal of Psychiatry, 171,* 1027–1030. doi:10.1176/appi.ajp.2014.14060792

Clay, R. A. (2001, January). Bringing psychology to cardiac care. *Monitor on Psychology, 32*(1), 46–49.

Clay, R. A. (2009). The debate over low libidos: Psychologists differ on how to treat a lack of desire among some women. *Monitor on Psychology, 40* (4), 32.

Clayton, R. B., Leshner, G., & Almond, A. (2015). The extended iSelf: The impact of iPhone separation on cognition, emotion, and physiology. *Journal of Computer-Mediated Communication, 20,* 119–135. doi:10.1111/jcc4.12109

Cleary, E. H., & Stanton, A. L. (2015). Mediators of an Internet-based psychosocial intervention for women with breast cancer. *Health Psychology, 34,* 477–485. Retrieved from http://dx.doi. org/10.1037/hea0000170

Cleckley, H. (1976). *The mask of sanity* (5th ed.). St. Louis, MO: Mosby.

Clifford, D. B., Fagan, A. M., Holtzman, D. M., Morris J. C., Teshome M., Shah, A. R., ...Kauwe, J. S. (2009). CSF biomarkers of Alzheimer disease in HIV-associated neurologic disease. *Neurology, 73,* 1982–1987.

Cloitre, M. (2014). Alternative intensive therapy for PTSD. *American Journal of Psychiatry, 171,* 249–251. doi:10.1176/appi.ajp.2013.13121695

Cloud, J. (2010, January 6). Why your DNA isn't your destiny. *Time Magazine.* Retrieved from http://www.time.com/time/magazine/article/ 0,9171,1952313-1,00.html

Clough, B. A., & Casey, L. M. (2011). Technological adjuncts to enhance current psychotherapy prac- tices: A review. *Clinical Psychology Review, 31,* 279–292. doi:10.1016/j.cpr.2010.12.008

Clough, B. A., & Casey, L. M. (2015). The smart thera- pist: A look to the future of smartphones and mHealth technologies in psychotherapy. *Professional Psychology: Research and Practice, 46,* 147–153. Retrieved from http://dx.doi.org/10.1037/pro0000011

Cludius, B., Stevens, S., Bantin, T., Gerlach, A. L., & Hermann, C. (2013). The motive to drink due to social anxiety and its relation to hazardous alcohol use. *Psychology of Addictive Behaviors, 27,* 806–813. doi:10.1037/a0032295

Coccaro, E. F. (2010). A family history study of inter- mittent explosive disorder. *Journal of Psychiatric Research, 44,* 1101–1105.

Coccaro, E. F. (2012). Intermittent explosive disorder as a disorder of impulsive aggression for DSM-5. *American Journal of Psychiatry, 169,* 577–588. doi:10.1176/appi.ajp.2012.11081259

Coccaro, E. F., & McCloskey, M. S. (2010). Intermittent explosive disorder: Clinical aspects. In E. Aboujaoude & L. M. Koran (Eds.), *Impulse control disorders* (pp. 221–232). Cambridge, UK: Cambridge University Press.

Coccaro, E. F., Lee, R., & Kavoussi, R. J. (2010). Aggression, suicidality, and intermittent explosive disorder: Serotonergic correlates in personality disorder and healthy control subjects. *Neuropsychopharmacology, 35,* 435–444. doi:10.1038/npp.2009.148

Cochran, S. D., Sullivan, J. G., & Mays, V. M. (2003). Prevalence of mental disorders, psychological distress, and mental health services use among lesbian, gay, and bisexual adults in the United States. *Journal of Consulting and Clinical Psychology, 71,* 53–61.

Cochran, S. V., & Rabinowitz, F. E. (2003). Gender-sensitive recommendations for assessment and treatment of depression in men. *Professional Psychology: Research and Practice, 34,* 132–140.

Cohen, H., Kaplan, Z., Kotler, M., Kouperman, I., Moisa, R., & Grisaru, N. (2004). Repetitive transcra-nial magnetic stimulation of the right dorsolateral prefrontal cortex in posttraumatic stress disorder: A double-blind, placebo-controlled study. *American Journal of Psychiatry, 161,* 515–524.

Cohen, J. (2012). The many states of HIV in America. *Science, 6091,* 168–171. doi: 10.1126/science. 337.6091.168

Cohen, J. (2013, November). Breathing easier. *Monitor on Psychology, 44*(1), 42.

Cohen, S., & Janicki-Deverts, D. (2009). Can we improve our physical health by altering our social networks? *Perspectives on Psychological Science, 4,* 375–378. doi: 10.1111/j.1745-6924.2009.01141

Cohen, S., Doyle, W. J., Alper, C. M., Janicki-Deverts, D., & Turner, R. B. (2009). Sleep habits and susceptibility to the common cold. *Archives of Internal Medicine, 169,* 62–66. doi:10.1001/ archinternmed.2008.505

Cohen, S., Doyle, W. J., Turner, R., Alper, C. M., & Skoner, D. P. (2003). Sociability and susceptibility to the common cold. *Psychological Science, 14,* 389–395.

Cohen, S., Janicki-Deverts, D., & Miller, G. E. (2007). Psychological stress and disease. *Journal of the American Medical Association, 298,* 1685–1687. doi: 10.1001/jama.298.14.1685

Cohen, S., Janicki-Deverts, D., Doyle, W. J., Miller, G. E., Frank, E., Rabin, B. S., ...Turner, R. B. (2012). Chronic stress, glucocorticoid receptor resistance, inflammation, and disease risk. *Proceedings of the National Academy of Sciences of the United States of America, 109,* 5995–5999. doi:10.1073/ pnas.1118355109

Cohen, S., Kozlovsky, N., Matar, M. A., Kaplan, Z., Zohar, J., & Cohen, H. (2012). Post-exposure sleep deprivation facilitates correctly timed interactions between glucocorticoid and adren-ergic systems, which attenuate traumatic stress responses. *Neuropsychopharmacology, 37,* 2388–2404. doi:10.1038/npp.2012.94

Cohen-Kettenis, P. Y., & Klink, D. (2015). Adolescents with gender dysphoria. *Best Practice & Research Clinical Endocrinology & Metabolism, 29,* 485–495.

Coila, B. (2009). What is epigenetics? Retrieved from http://bridget-coila.suite101.com/what- is-epigenetics-a104553

Colak, D., Zaninovic, N., Cohen, M. S., Rosenwaks, Z., Yang, W. -Y., Gerhardt, J., ... Jaffrey, S. R. (2014). Promoter-bound trinucleotide repeat mRNA drives epigenetic silencing in Fragile X Syndrome. *Science, 343,* 1002. doi:10.1126/science.1245831

Colangelo, J. J., & Keefe-Cooperman, K. (2012). Understanding the impact of childhood sexual abuse on women's sexuality. *Journal of Mental Health Counseling, 34,* 14–37.

Colas, E. (1998). *Just checking.* New York, NY: Simon & Schuster.

Colditz, G. A., Wolin, K. Y., & Gehlert, S. (2012). Applying what we know to accelerate cancer prevention. *Science Translational Medicine, 4,* 127. doi: 10.1126/scitranslmed.3003218

Cole, D. A., Cho, S.-J., Martin, N. C., Youngstrom, E. A., March, J. S., Findling, R. L., ...Maxwell, M. A. (2012). Are increased weight and appetite useful indicators of depression in children and adolescents? *Journal of Abnormal Psychology, 121,* 838–851. doi:10.1037/ a0028175

Collier, L. (2014, December). Envisioning healthy weight. *Monitor on Psychology, 45*(11), 58–59.

Colvert, E., Tick, B., McEwen, F., Stewart, C., Curran, S. R., Woodhouse, E., Gillan, N., ...Bolton, P. (2015). Heritability of autism spectrum disorder in a UK population-based twin sample. *JAMA Psychiatry, 72,* 415–423. doi: 10.1001/jamapsychiatry.2014.3028

Comas-Diaz, L. (2011a). Multicultural psychothera- pies. In R. J. Corsini & D. Wedding (Eds.), *Current psychotherapies* (9th ed., pp. 536–567). Belmont, CA: Brooks/Cole.

Comas-Diaz, L. (2011b). *Multicultural care: A clini- cian's guide to cultural competence.* Washington, DC: American Psychological Association.

Comas-Diaz, L., & Greene, B. (Eds.). (2013). *Psychological health of women of color: Interections, challenges, and opportunities.* Santa Barbara, CA: ABC-CLIO.

Comparelli, A., Corigliano, V., De Carolis, A., Mancinelli, I., Trovini, G., Ottavi, G., ...Girardi, P. (2013). Emotion recognition impairment is present early and is stable throughout the course of schizo-phrenia. *Schizophrenia Research, 143,* 65–69.

Compton, W., Conway, K. P., Stinson, F. S., Colliver, J. D., & Grant, B. F. (2005). Prevalence and comor-bidity of DSM-IV antisocial syndromes and specific drug use disorders in the United States: Results from the National Epidemiologic Survey on Alcohol and Related Conditions. *Journal of Clinical Psychiatry, 66,* 676–685.

Conger, K. (2008a, June 26). Facebook concepts indi- cate brains of Alzheimer's patients aren't as net- worked, Stanford study shows. *Stanford University School of Medicine News Release.* Retrieved from http://med.stanford.edu/news_releases/2008/ june/alzheimers21.html

Conger, K. (2008b, July 9). Taking a page from Facebook: Researchers track brain networks in Alzheimer's. *Stanford University School of Medicine News Release.* Retrieved from http://med.stanford. edu/mcr/2008/alzheimers-0709.html

Connelly, M. (2013). Cognitive behavioral therapy for treatment of pediatric chronic migraine. *Journal of the American Medical Association, 310,* 2617–2618. doi:10.1001/jama.2013.282534

Conner, B. T., & Lochman, J. E. (2010). Comorbid conduct disorder and substance use disorders. *Clinical Psychology: Science and Practice, 17,* 337–349. doi:10.1111/j.1468-2850.2010.01225.x

Conner, K. R., Bossarte, R. M., Hea, H., Arora, J., Lu, N., Tua, X. M., ...Katz, I. R. (2014). Posttraumatic stress disorder and suicide in 5.9 million individuals receiving care in the veterans health administration health system. *Journal of Affective Disorders, 166,* 1–5. doi:10.1016/j.jad.2014.04.067

Connolly, B. S., & Lang, A. E. (2014). Pharmacological treatment of Parkinson disease: A review. *Journal of the American Medical Association, 311,* 1670–1683. doi:10.1001/jama.2014.3654

Conway, C. C., Rutter, L. A., & Brown, T. A. (2016). Chronic environmental stress and the temporal course of depression and panic disorder: A trait- state-occasion modeling approach. *Journal of Abnormal Psychology, 125,* 53–63. Retrieved from http://dx. doi. org/10.1037/abn0000122

Conway, K. P., Compton, W., Stinson, F. S., & Grant, B. F. (2006). Lifetime comorbidity of DSM-IV mood and anxiety disorders and specific drug use dis- orders: Results from the National Epidemiologic Survey on Alcohol and Related Conditions. *Journal of Clinical Psychiatry, 67,* 247–257.

Cook, J. M., Biyanova, T., & Coyne, J. C. (2009). Comparative case study of diffusion of eye movement desensitization and reprocessing in two clinical settings: Empirically supported treat- ment status is not enough. *Journal of Consulting and Clinical Psychology, 40,* 518–524.doi:10.1037/ a0015144

Cooney, G. M., Dwan, K., Greig, C. A., Lawlor, D. A., Rimer, J., Waugh, F. R., ...Mead, G. E. (2013). Exercise for depression. *The Cochrane Library.* doi: 10.1002/14651858.CD004366.pub6

Coons, P. M. (1986). Treatment progress in 20 patients with multiple personality disorder. *The Journal of Nervous and Mental Disease, 174,* 715–721.

Cooper, A., Delmonico, D. L., & Burg, R. (2000). Cybersex users, abusers, and compulsives: New findings and implications. *Sexual Addiction & Compulsivity, 7,* 5–29.

Cooper, A., Delmonico, D. L., Griffin-Shelley, E., & Mathy, R. M. (2004). Online sexual activity: An examination of potentially problematic behaviors. *Sexual Addiction & Compulsivity, 11*(3), 129–143.

Cooper, A., Scherer, C. R., Boies, S. C., & Gordon, B. L. (1999). Sexuality on the Internet: From sexual exploration to pathological expression. *Professional Psychology: Research & Practice, 30*(2), 154–164.

Cooper, C., Sommerlad, A., Lyketsos, C. G., & Livingston, G. (2014). Modifiable predictors of dementia in mild cognitive impairment: A system- atic review and meta-analysis. *American Journal of Psychiatry, 172*(4), 323–334. doi:10.1176/appi. ajp.2014.1407087

Copeland, W. E., Angold, A., Costello, E. J., & Egger, H. (2013). Prevalence, comorbidity, and correlates of DSM-5 proposed disruptive mood dysregula- tion disorder. *American Journal of Psychiatry, 170,* 173–179.

Copeland, W. E., Shanahan, L, Egger, H., Angold, A., & Costello, E. J. (2014). Adult diagnostic and func- tional outcomes of DSM-5 disruptive mood dysreg-ulation disorder. *American Journal of Psychiatry, 171,* 668–674. doi:10.1176/appi.ajp.2014.13091213

Corbett, A., & Ballard, C. (2012). Antipsychotics and mortality in dementia. *American Journal of Psychiatry, 169,* 7–9. doi:10.1176/appi. ajp.2011.11101488

Corbett, J., Saccone, N. L., Foroud, T., Goate, A., Edenberg, H., Nurnberger, J., ...Rice, J. P. (2005). Sex adjusted and age adjusted genome screen for nested alcohol dependence diagnoses. *Psychiatric Genetics, 15,* 25–30.

Coronado, S. F., & Peake, T. H. (1992). Culturally sen- sitive therapy: Sensitive principles. *Journal of College Student Psychotherapy, 7,* 63–72.

Correll, C. C., & Blader, J. C. (2015). Antipsychotic use in youth without psychosis: A double-edged sword. *JAMA Psychiatry, 72,* 859–860. doi: 10.1001/ jamapsychiatry.2015.0632

Correll, C. U., Manu, P., Olshanskiy, V., Napolitano, B., Kane, J. M., & Malhotra, A. K. (2009). Cardiometabolic risk of second-generation anti- psychotic medications during first-time use in children and adolescents. *Journal of the American Medical Association, 302,* 1765–1773. doi:10.1001/ jama.2009.1549

Cortina, L. M., & Kubiak, S. P. (2006). Gender and posttraumatic stress: Sexual violence as an explana-tion for women's increased risk. *Journal of Abnormal Psychology, 115,* 753–759.

Coryell, W. (2011). The search for improved anti-depressant strategies: Is bigger better? *American Journal of Psychiatry, 168,* 664–666. doi:10.1176/appi. ajp.2011.11030510

Coryell, W., Pine, D., Fyer, A., & Klein, D. (2006). Anxiety responses to CO_2 inhalation in subjects at high risk for panic disorder. *Journal of Affective Disorders, 92,* 63–70.

Costello, D. M., Swendsen, J., Rose, J. S., & Dierkera, L. C. (2008). Risk and protective factors associated with trajectories of depressed mood from adoles-cence to early adulthood. *Journal of Consulting and Clinical Psychology, 76,* 173–183.

Costello, E. J., Compton, S. N., Keele, G., & Angold, A. (2003). Relationships between poverty and psy- chopathology: A natural experiment. *Journal of the American Medical Association, 290,* 2023–2029.

Costin, C. (1997). *Your dieting daughter: Is she dying for attention?* New York, NY: Brunner/Mazel.

Courtney-Seidler, E. A., Klein, D., & Miller, A. L. (2014). Borderline personality disorder in adolescents. *Clinical Psychology: Science and Practice, 20,* 425–444.

Cowley, G. (2001, February 12). New ways to stay clean. *Newsweek,* 45–47.

Cox, B. J., MacPherson, P. S., & Enns, M. W. (2005). Psychiatric correlates of childhood shyness in a nationally representative sample. *Behavior Research and Therapy, 43,* 1019–1027.

Cox, B. J., MacPherson, P. S., Enns, M. W., & McWilliams, L. A. (2004). Neuroticism and self- criticism associated with posttraumatic stress disorder in a nationally representative sample. *Behaviour Research and Therapy, 42*(1), 105–14.

Coyle, J. P. (2006). Treating difficult couples: Helping clients with coexisting mental and relationship disorders. *Family Relations: Interdisciplinary Journal of Applied Family Studies, 55*(1), 146–147.

Coyne, J. C. (1976). Toward an interactional description of depression. *Psychiatry, 39,* 14–27.

Cramer, P. (2000). Defense mechanisms in psychology today: Further processes for adaptation. *American Psychologist, 55,* 637–646.

Cramer, P. E., Cirrito, J. R., Wesson, D. W., Lee, D., Karlo, J. C., Zinn, A. E., Casali, B. T., ... Landreth, G. E. (2012). ApoE-directed therapeutics rapidly clear β-amyloid and reverse deficits in AD mouse mod-els. *Science, 335*(6075), 1503–1506. doi:10.1126/ science.1217697

Craske, M. G., Niles, A. N., Burklund, L. J., Wolitzky- Taylor, K. B., Vilardaga, J. C., Plumb, A., ...Lieberman, M. D. (2014). Randomized controlled trial of cognitive behavioral therapy and acceptance and commitment therapy for social phobia: Outcomes and moderators. *Journal of Consulting and Clinical Psychology, 82,* 1034–1048. Retrieved from http://dx.doi.org/10.1037/a0037212

Craske, M. G., Roy-Byrne, P. P., Stein, M. B., Sullivan, G., Sherbourne, C., & Bystritsky, A. (2009). Treatment for anxiety disorders: Efficacy to effectiveness to implementation. *Behaviour Research and Therapy, 47,* 931–937. doi:10.1016/j.brat.2009.07.012

Creed, F., & Barsky, A. (2004). A systematic review of the epidemiology of somatisation disorder and hypochondriasis. *Journal of Psychosomatic Research, 56,* 391–408.

Creswell, J. D., & Lindsay, E. K. (2014). How does mindfulness training affect health? A mindfulness stress buffering account. *Current Directions in Psychological Science, 23,* 401–407. doi:10.1177/0963721414547415

Crino, R. D. (2015). Psychological treat- ment of obsessive compulsive disorder: An update. *Australas Psychiatry, 23,* 347–349. doi:10.1177/1039856215590030

Critic calls American Psychiatric Association approval of DSM-V "a sad day for psychiatry." (2012, December 3). Retrieved from healthnewsreview.org

Crits-Christoph, P., Gibbons, M. B. C., Hamilton, J., Ring-Kurtz, S., & Gallop, R. (2011). The dependabil- ity of alliance assessments: The alliance – outcome correlation is larger than you might think. *Journal of Consulting and Clinical Psychology, 79,* 267–278. doi: 10.1037/a0023668

Croghan, I. T., Hurt, R. D., Dakhil, S. R., Croghan, G. A., Sloan, J. A., Novotny, P. J., ...Loprinzi, C. L. (2007). Randomized comparison of a nicotine inhaler and bupropion for smoking cessation and relapse prevention. *Mayo Clinic Proceedings, 82,* 186–195.

Cross-Disorder Group of the Psychiatric Genomics Consortium. (2013, February 28). Identification of risk loci with shared effects on five major psychiat- ric disorders: A genome-wide analysis. *The Lancet.* Retrieved from http://press.thelancet.com/psychi- atricdisorders.pdf

Crouse, K., & Pennington, B. (2012, November 13). Panic attack leads to hospital on way to golfer's first victory. *The New York Times,* pp. A1, A3.

Crow, S. J., Peterson, C. B., Swanson, S. A., Raymond, N. C., Specker, S., Eckert, E. D., & Mitchell, J. E. (2009). Increased mortality in bulimia nervosa and other eating disorders. *American Journal of Psychiatry, 166,* 1342–1346. doi:10.1176/appi. ajp.2009.09020247

Crowell, S. E., Beauchaine, T. P., McCauley, E., Smith, C. V., Vasilev, C. A., & Stevens, A. (2008). Parent- child interactions, peripheral serotonin, and self- inflicted injury in adolescents. *Journal of Consulting and Clinical Psychology, 76,* 15–21.

Crozier, J. C., Dodge, K. A., Fontaine, R. G., Lansford, J. E., Bates, J. E., Pettit, G. S., ...Levenson, R. W. (2008). Social information processing and cardiac predictors of adolescent antisocial behavior. *Journal of Abnormal Psychology, 117,* 253–267.

Cruchaga, C., Karch, C. M., Jin, S. C., Benitez, B. A., Cai, Y., Guerreiro, R., Harari, O., ...Goate, A. M. (2014). Rare coding variants in the phospholipase D3 gene confer risk for Alzheimer's disease. *Nature, 505,* 550 - 554.

Cryan, J. F., & O'Leary, O. F. (2010). A glutamate pathway to faster-acting antidepressants? *Science, 329,* 913 - 914. doi:10.1126/science.1194313

Csordas, T. J., Storck, M. J., & Strauss, M. (2008). Diagnosis and distress in Navajo healing. *Journal of Mental and Nervous Disease, 196,* 585 - 596.

Csukly, G., Stefanics, G., Komlósi, S., Czigler, I., & Czobor, P. (2014). Event-related theta synchroniza-tion predicts deficit in facial affect recognition in schizophrenia. *Journal of Abnormal Psychology, 123,* 178 - 189. doi:10.1037/a0035793

Cuijpers, P. (2014). Combined pharmacotherapy and psychotherapy in the treatment of mild to moderate major depression? *JAMA Psychiatry, 71,* 747 - 748. doi:10.1001/jamapsychiatry.2014.277

Cuijpers, P., Clignet, F., van Meijel, B., van Straten, A., Lid, J., & Andersson, G. (2011). Psychological treatment of depression in inpatients: A system- atic review and meta-analysis. *Clinical Psychology Review, 31,* 353 - 360. doi:10.1016/j.cpr.2011.01.002

Cuijpers, P., Li, J., Hofmann, S. J., & Andersson, G. (2010). Self-reported versus clinician-rated symp- toms of depression as outcome measures in psycho- therapy research on depression: A meta-analysis. *Clinical Psychology Review, 30,* 768 - 778.

Cuijpers, P., Muñoz, R. F., Clarke, G. N., & Lewinsohn, P. M. (2009). Psychoeducational treat- ment and prevention of depression: The "Coping with Depression" course thirty years later. *Clinical Psychology Review, 29,* 449 - 458. doi:10.1016/j. cpr.2009.04.005

Cuijpers, P., Sijbrandij, M., Koole, S., Huibers, M., Berking, M., & Andersson, G. (2014). Psychological treatment of generalized anxiety disorder: A meta-analysis. *Clinical Psychology Review, 34,* 130 - 140.

Cuijpers, P., van Straten, A., Schuurmans, J., van Oppen, P., Hollon, S. D., & Andersson, G. (2010). Psychotherapy for chronic major depression and dysthymia: A meta- analysis. *Clinical Psychology Review, 30,* 51 - 62. doi: 10.1016/j.cpr.2009.09.003

Cullen, K. R., & Lim, K. O. (2014). Toward under- standing the functional relevance of white matter deficits in bipolar disorder. *JAMA Psychiatry, 71,* 362 - 364. doi:10.1001/jamapsychiatry.2013.4638

Cummings, C. M., Caporino, N. E., & Kendall, P. C. (2014). Comorbidity of anxiety and depression in children and adolescents: 20 years after. *Psychological Bulletin, 140,* 816 - 845. doi:10.1037/a0034733

Cummings, C. M., Caporino, N. E., Settipani, C. A., Read, K. L., Compton, S. N., March, J., ...Kendall, P. C. (2013). The therapeutic relationship in cognitive-behavioral therapy and pharmacotherapy for anxious youth. *Journal of Consulting and Clinical Psychology, 81,* 859 - 864. doi:10.1037/a0033294

Cunningham, J. A., & Breslin, F. C. (2004). Only one in three people with alcohol abuse or dependence ever seek treatment. *Addictive Behaviors, 29,* 221 - 223.

Curb, J. D., & Marcus, E. B. (1991). Body fat and obesity in Japanese-Americans. *American Journal of Clinical Nutrition, 53,* 1552S - 1555S.

Cusack, K., Jonas, D. E., Forneris, C. A., Wines, C., Sonis, J., Middleton, J. C., ...Gaynes, B. N. (2015). Psychological treatments for adults with post- traumatic stress disorder: A systematic review and meta-analysis. *Clinical Psychology Review, 43,* 128 - 141. doi:10.1016/j.cpr.2015.10.003.

D'Onofrio, B. M., Rickert, M. E., Frans, E., Kuja-Halkola, R., Almqvist, C., Sjölander, A., ...Lichtenstein, P. (2014). Paternal age at childbearing and offspring psychiatric and aca- demic morbidity. *JAMA Psychiatry, 71,* 432 - 438. doi:10.1001/jamapsychiatry.2013.4525

D'Onofrio, G., O'Connor, P. G., Pantalon, M. V., Chawarski, M. C., Busch, S. H., Owens, P. H., ...Fiellin, D. A. (2015). Emergency department - initi- ated buprenorphine/naloxone treatment for opioid dependence: A randomized clinical trial. *Journal of the American Medical Association, 313,* 1636 - 1644. doi:10.1001/jama.2015.3474

da Silva Costa, L., Alencar, A. P., Netoa, P. J. N., do Socorro Vieira dos Santos, M., Gleidiston, C., da Silva, L., ...Neto, M. L. R. (2014). Risk factors for suicide in bipolar disorder: A systematic review. *Journal of Affective Disorders, 170,* 237 - 254. doi:10.1016/j.jad.2014.09.003

Dahl, M. (2008, August 6). Shock therapy makes a quiet comeback. Retrieved from http://www.msnbc.msn.com/id/26044935/

Dahlen, E. R., Edwards, B. D., Tubre, T., Zyphur, M. J., & Warren, C. (2012). Taking a look behind the wheel: An investigation into personality predictors of aggressive driving. *Accident Analysis and Prevention, 45,* 1 - 9.

Dai, Y. B., Tan, X. J., Wu, W. F., Warner, M., & Gustafsson, J. A. (2012). Liver X receptor pro-tects dopaminergic neurons in a mouse model of Parkinson disease. *Proceedings of the National Academy of Sciences, 109,* 13112. doi:10.1073/pnas.1210833109

Dale, K. Y., Berg, R., Elden, A., Ødegård, A., & Holte A. (2009). Testing the diagnosis of dissociative identity disorder through measures of dissociation, absorption, hypnotizability and PTSD: A Norwegian pilot study. *Journal of Trauma and Dissociation, 10,* 102 - 112. doi:10.1080/15299730802488478

Dalenberg, C. J., Brand, B. L., Gleaves, D. H., Dorahy, M. J., Loewenstein, R. J., Cardeña, E., ...Spiegel, D. (2012). Evaluation of the evidence for the trauma and fantasy models of dissociation. *Psychological Bulletin, 138,* 550

- 588. doi:10.1037/a0027447

Dallaire, D. H., & Weinraub, M. (2007). Infant-mother attachment security and children's anxiety and aggression at first grade. *Journal of Applied Developmental Psychology, 28,* 477–492.

Dalley, S. E., Buunk, A. P., & Umit, T. (2009). Female body dissatisfaction after exposure to overweight and thin media images: The role of body mass index and neuroticism. *Personality and Individual Differences, 45,* 47–51. doi:10.1016/j.paid.2009.01.044

Dalton, V. S., Kolshus, E., & McLoughlin, D. M. (2014). Epigenetics and depression: Return of the repressed. *Journal of Affective Disorders, 155,* 1–12.

Daneback, K., Ross, M. W., & Månsson, S. (2006). Characteristics and behaviors of sexual compulsives who use the Internet for sexual purposes. *Sexual Addiction & Compulsivity, 13*(1), 53–67.

Dannon, P. N., Lowengrub, K., Aizer, A., & Kotler, M. (2006). Pathological gambling: Comorbid psychiatric diagnoses in patients and their families. *Israel Journal of Psychiatry and Related Sciences, 43,* 88–92.

D'Astous, M., Cottin, S., Roy, M., Picard, C., & Cantin, L. (2013). Bilateral stereotactic anterior capsulotomy for obsessive-compulsive disorder: Long-term follow-up. *Journal of Neurology, Neurosurgery & Psychiatry, 84,* 1208–1213. doi:10.1136/jnnp-2012-303826

Davenport, S. W., Bergman, S. M., Bergman, J. Z., & Fearrington, M. E. (2014). Twitter versus Facebook: Exploring the role of narcissism in the motives and usage of different social media platforms. *Computers in Human Behavior, 32,* 212–220.

Davies, M., Gilston, J., & Rogers, P. (2012). Examining the relationship between male rape myth acceptance, female rape myth acceptance, victim blame, homophobia, gender roles, and ambivalent sexism. *Journal of Interpersonal Violence, 27,* 2807–2823.

Davis, A. W. (2014). Ethical issues for psychologists using communication technology: An Australian perspective on service provision flexibility. *Professional Psychology: Research and Practice, 45,* 303–308. Retrieved from http://dx.doi.org/10.1037/a0037081

Davis, M. C., & Zautra, A. J. (2013). An online mindfulness intervention targeting socioemotional regulation in fibromyalgia: Results of a randomized controlled trial. *Annals of Behavioral Medicine, 46,* 273–284. doi:10.1007/s12160-013-9513-7

Davis, M. C., & Zautra, A. J. (2013). An online mindfulness intervention targeting socioemotional regulation in fibromyalgia: Results of a randomized controlled trial. *Annals of Behavioral Medicine, 46,* 273–284. doi:10.1007/s12160-013-9513-7

Davis, M., Ressler, K., Rothbaum, B. O., & Richardson, R. (2006). Effects of D-cycloserine on extinction: Translation from preclinical to clinical work. *Biological Psychiatry, 60,* 369–375.

Davis, S. R., & Braunstein, G. D. (2012). Efficacy and safety of testosterone in the management of hypoactive sexual desire disorder in menopausal women. *The Journal of Sexual Medicine, 9,* 1134–1148.

Davis, S. R., Davison, S. L., Donath, S., & Bell, R. J. (2005). Circulating androgen levels and self-reported sexual function in women. *Journal of the American Medical Association, 294,* 91–96.

Davis, S. R., Moreau, M., Kroll, R., Bouchard, C., Panay, N., Gass, M., ...The APHRODITE Study Team. (2008). Testosterone for low libido in postmenopausal women not taking estrogen. *New England Journal of Medicine, 359,* 2005–2017.

Dawe, S., Rees, V. W., Mattick, R., Sitharthan, T., & Heather, N. (2002). Efficacy of moderation-oriented cue exposure for problem drinkers: A randomized controlled trial. *Journal of Consulting and Clinical Psychology, 70,* 1045–1050.

De Hert, M., Sermon, J., Geerts, P., Vansteelandt, K., Peuskens, J., &, Detraux, J. (2015). The use of continuous treatment versus placebo or intermittent treatment strategies in stabilized patients with schizophrenia: A systematic review and meta-analysis of randomized controlled trials with first- and second-generation antipsychotics. *CNS Drugs, 29,* 637–658. doi:10.1007/s40263-015-0269-4

de Kleine, R. A., Hendriks, G.-J., Smits, J. A. J., Broekman, T. G., & van Minnen, A. (2014). Prescriptive variables for d-cycloserine augmentation of exposure therapy for posttraumatic stress disorder. *Journal of Psychiatric Research, 48,* 40–46. doi:10.1016/j.jpsychires.2013.10.008

De la Cancela, V., & Guzman, L. P. (1991). Latino mental health service needs: Implications for training psychologists. In H. F. Myers, P. Wohlford, L. P. Guzman, & R. J. Echemendia (Eds.), *Ethnic minority perspectives on clinical training and services in psychology* (pp. 59–64). Washington, DC: American Psychological Association.

De la Herran-Arita, A. K., Kornum, B. R., Mahlios, J., Jiang, W., Lin, L., Hou, T., ...Mignot, M. (2014).CD4 T cell autoimmunity to hypocretin/orexin and cross-reactivity to a 2009 H1N1 influenza epitope in narcolepsy. *Science Translational Medicine, 5,* 216. doi:10.1126/scitranslmed.3007762

de la Torre-Luque, A., Gambara, H., López, E., & Cruzado, J. A. (2015). Psychological treatments to improve quality of life in cancer contexts: A meta-analysis. *International Journal of Clinical and Health Psychology, 26,* 660–

667. doi:10.1037/0278-6133.26.6.660

De Raedt, R., Vanderhasselt, M.-A., & Baeken, C. (2015). Neurostimulation as an intervention for treatment resistant depression: From research on mechanisms towards targeted neurocognitive strategies. *Clinical Psychology Review, 41,* 61 - 69. doi:10.1016/j.cpr.2014.10.006

de Vries, A. L. C., McGuire, J. K., Steensma, T. D., Wagenaar, E. C., F., Doreleijers, T. A. H., &. Cohen-Kettenis, P. T. (2014). Young adult psychological outcome after puberty suppression and gender reassignment. *Pediatrics, 134,* 696. http://dx.doi. org/10.1542/peds.2013-2958

de Win, M. M. L., Jager, G., Booij, J., Reneman, L., Schilt, T., Lavini, C., ...van den Brink, W. (2008). Sustained effects of ecstasy on the human brain: A prospective neuroimaging study in novel users. *Brain, 131,* 2936.

DeAngelis, T. (2012a, March). Practicing distance therapy, legally and ethically. *Monitor on Psychology, 43*(3), 52.

DeAngelis, T. (2012b). A second life for practice? *Monitor on Psychology, 43*(3), 48.

Decety, J., Chen, C., Harenski, C., & Kiehl, K. A. (2013). An fMRI study of affective perspective tak- ing in individuals with psychopathy: Imagining another in pain does not evoke empathy. *Frontiers in Human Neuroscience, 7,* 489. doi:10.3389/ fnhum.2013.00489

Deffenbacher, J. L. (2003). Anger disorders. In E. F. Coccaro (Ed.), *Aggression psychiatric assessment and treatment* (pp. 89 - 111). New York, NY: Marcel Dekker.

Deffenbacher, J. L., Stephens, A. N., & Sullman, M. J. (in press). Driving anger as a psychological construct: Twenty years of research using the Driving Anger Scale. *Transportation Research Part F: Traffic Psychology and Behaviour.*

DeFina, L. F., Willis, B. L., Radford, N. B., Gao, A., Leonard, D., Haskell, W. L., ...Berry, J. D. (2013). The association between midlife cardiorespira- tory fitness levels and later-life dementia: A cohort study. *Annals of Internal Medicine, 158,* 162 - 216.

Del Boca, F. K., Darkes, J., Greenbaum, P. E., & Goldman, M. S. (2004). Up close and personal: Temporal variability in the drinking of individual college students during their first year. *Journal of Consulting and Clinical Psychology, 72,* 155 - 164.

Delahanty, D. L. (2011a, November). Injury sever- ity and posttraumatic stress. *Clinician's Research Digest,* p. 3.

Delahanty, D. L. (2011b). Toward the predeployment detection of risk for PTSD. *American Journal of Psychiatry, 168,* 9 - 11. doi:10.1176/appi.ajp.2010 .10101519

Delgado, M. Y., Updegraff, K. A., Roosa, M. W., & Umaña-Taylor, A. J. (2010). Discrimination and Mexican-origin adolescents' adjustment: The moderating roles of adolescents', mothers', and fathers' cultural orientations and values. *Journal of Youth and Adolescence, 40,* 125 - 139. doi:10.1007/ s10964-009-9467-z

Dempster, E. L., Pidsley, R., Schalkwyk, L. C., Owens, S., Georgiades, A., Kane, F., ... Mill, J. (2011). Disease-associated epigenetic changes in monozygotic twins discordant for schizophrenia and bipolar disorder. *Human Molecular Genetics, 43,* 969 - 976. doi:10.1093/hmg/ddr416

Denizet-Lewis, B. (2006, June 25). An anti-addiction pill? *The New York Times Magazine,* 48 - 53.

Dennis, E. L., Jahanshad, N., Rudie, J. D., Brown, J. A., Johnson, K., McMahon, K., ...Thompson, P. (2012). Altered structural brain connectivity in healthy carriers of the autism risk gene, CNTNAP2. *Brain Connectivity, 1,* 447 - 459. doi:10.1089/ brain.2011.0064

Dennis, T. A., & O'Toole, L. J. (2014). Mental health on the go: Effects of a gamified attention-bias modification mobile application in trait-anxious adults. *Clinical Psychological Science, 2,* 576 - 590.

Denny, B. T., Fan, J., Liu, X., Ochsner, K. N., Guerreri, S., Mayson, S. J., ... Koenigsberg, H. W. (2015). Elevated amygdala activity during reappraisal anticipation predicts anxiety in avoidant personality disorder. *Journal of Affective Disorders, 172,* 1 - 7. doi:10.1016/j. jad.2014.09.017

Denollet, J., & Pedersen, S. S. (2009). Anger, depression, and anxiety in cardiac patients: The complexity of individual differences in psychological risk. *Journal of the American College of Cardiology, 53,* 947 - 949. doi:10.1016/j.jacc.2008.12.006

DeNoon, D. (2006, May 1). Do ADHD drugs stunt kids' growth? *WebMD Medical News.* Retrieved from http://www.webmd.com/content/ article/121/114370

Denson, T. F., Spanovic, M., & Miller, N. (2009). Cognitive appraisals and emotions predict cortisol and immune responses: A meta-analysis of acute laboratory social stressors and emotion inductions. *Psychological Bulletin, 135,* 823 - 853. doi:10.1037/ a0016909

Denys, D., Mantione, M., Figee, M., van den Munckhof, P., Koerselman, F., Westenberg, H., .Schuurman, R. (2010). Deep brain stimulation of the nucleus accumbens for treatment-refractory obsessive-compulsive disorder. *Archives of General Psychiatry, 67,* 1061 - 1068. doi:10.1001/ archgenpsychiatry.2010.122

Depping, M. S., Wolf, N. D., Vasic, N., Sambataro, F., Thomann, P. A., & Wolf, R. C. (2014). Specificity of abnormal brain volume in major depressive disor- der: A comparison with borderline personality dis- order. *Journal of Affective Disorders, 174,* 650 - 657.

Depression ups risk of complications following heart attack, study suggests. (2008, July 5). *ScienceDaily.* Retrieved from http://www. sciencedaily. com/ releases/2008/07/ 080701194736.htm

Derby, C. A., Barbour, M. M., Hume, A. L. & McKinlay, J. B. (2001). Drug therapy and prevalence of erectile dysfunction in the Massachusetts Male Aging Study cohort. *Pharmacotherapy, 21,* 676–683.

Deriziotis, P., O'Roak, B. J., Graham, S. A., Estruch, S. B., Dimitropoulou, D., Bernier, R. A., ...Fisher, S. E. (2014). De novo TBR1 mutations in sporadic autism disrupt protein functions. *Nature Communications, 5,* 4954. doi:10.1038/ncomms5954

DeRubeis, R. J., Hollon, S. D., Amsterdam, J. D., Shelton, R. C., Young, P. R., Salomon, R.M., ...Gallop, R. (2005). Cognitive therapy vs. medications in the treatment of moderate to severe depression. *Archives of General Psychiatry, 62,* 409–416.

Dervic, K., Brent, D. A., & Oquendo, M. A. (2008). Completed suicide in childhood. *Psychiatric Clinics of North America, 31,* 271–291.

Devan, G. S. (1987). Koro and schizophrenia in Singapore. *British Journal of Psychiatry, 150,* 106–107.

Devanand, D. P., Mintzer, J., Schultz, S. K., Andrews, H. F., Sultzer, D. L., de la Pena, D., Gupta, S., ...Levin, B. (2012). Relapse risk after discontinuation of risperidone in Alzheimer's disease. *New England Journal of Medicine, 367,* 1497.

Devos, D., Moreau, C., & Destée, A. (2009). Levodopa for Parkinson's disease. *New England Journal of Medicine, 360,* 935–936.

DeVylder, J. E., Lukens, E. P., Link, B. G., & Lieberman, J. A. (2015). Suicidal ideation and suicide attempts among adults with psychotic experiences data from the collaborative psychiatric epidemiology surveys. *JAMA Psychiatry, 72,* 219–225. doi:10.1001/jamapsychiatry.2014.2663

Dhindsa, R. S., & Goldstein, D. B. (2016). Schizophrenia: From genetics to physiology at last. *Nature,* in press. doi:10.1038/nature16874

Dhuffar, M. K., & Griffiths, M. D. (2015). A system-atic review of online sex addiction and clinical treatments using CONSORT evaluation. *Current Addiction Reports, 2,* 163–174.

Di Iorio, C. R., Watkins, T. J., Dietrich, M. S., Cao, A., Blackford, J. U., Rogers, B., ...Cowan, R. L. (2011). Evidence for chronically altered serotonin function in the cerebral cortex of female 3,4-methylene- dioxymethamphetamine polydrug users. *Archives of General Psychiatry, 69,* 399–409. doi:10.1001/archgenpsychiatry.2011.156

Di Nicola, M., De Risio, L., Pettorruso, M., Caselli, G., De Crescenzo, G., Swierkosz-Lenart, K., & Janiri, L. (2014). Bipolar disorder and gambling disorder comorbidity: Current evidence and implications for pharmacological treatment. *Journal of Affective Disorders, 167,* 285–298. doi:10.1016/j.jad.2014.06.023

Diamond, M. (2011). Developmental, sexual and reproductive neuroendocrinology: Historical, clinical and ethical considerations. *Frontiers in Neuroendocrinology, 32,* 255–263.

Diamond, S., Baldwin, R., & Diamond, R. (1963). *Inhibition and choice.* New York, NY: Harper & Row.

Dick, D. M. (2011). Gene-environment interaction in psychological traits and disorders. *Annual Review of Clinical Psychology, 7,* 383–409. doi:10.1146/ annurevclinpsy-032210-104518

Dickerson, F. B., Tenhula, W. N., & Green-Paden, L. D. (2005). The token economy for schizophrenia: Review of the literature and recommendations for future research. *Schizophrenia Research, 75,* 405–416.

Dickinson, D., Straub, R. E., Trampush, J. W., Gao, Y., Feng, N., Xie, B., ...Weinberger, D. R. (2014). Differential effects of common variants in SCN2A on general cognitive ability, brain physiology, and messenger RNA expression in schizophrenia cases and control individuals. *JAMA Psychiatry, 71,* 647–656. doi:10.1001/jamapsychiatry.2014.157

DiClemente, C. (2011). Project MATCH. In J. C. Norcross, G. R. VandenBos, & D. K. Freedheim (Eds.), *History of psychotherapy: Continuity and change* (2nd ed.) (pp. 395–401). Washington, DC: American Psychological Association.

Difede, J. A., Cukor, J., Wyka, K., Olden, M., Hoffman, H., Lee, F. S., ...Altemus, M. (2014). D-cycloserine augmentation of exposure therapy for post-trau- matic stress disorder: A pilot randomized clinical trial. *Neuropsychopharmacology, 39,* 1052–1058. doi:10.1038/npp.2013.317

DiMauro, J., Domingues, J., Fernandez, G., & Tolina, D. F. (2012). Long-term effectiveness of CBT for anxiety disorders in an adult outpatient clinic sample: A follow-up study. *Behaviour Research and Therapy, 51,* 82–86. doi:10.1016/j.brat.2012.10.00

Dimeff, L. A., Paves, A. P., Skutch, J. M., & Woodcock E. A. (2011). Shifting paradigms in clini- cal psychology: How innovative technologies are shaping treatment delivery. In D. H. Barlow (Ed.), *The Oxford handbook of clinical psychology* (pp. 618–648). New York, NY: Oxford University Press.

Dimidjian, S., & Segal, Z. V. (2015). Prospects for a clinical science of mindfulness-based intervention. *American Psychologist, 70,* 593–620. Retrieved from http://dx.doi.org/10.1037/a0039589

Dimidjian, S., Barrera, M., Jr., Martell, C., Muñoz, R. F., & Lewinsohn, P. M. (2011). The origins and current status of behavioral activation treatments for depres- sion. *Annual Review of Clinical Psychology, 7,* 1–38. doi:10.1146/annurevclinpsy-032210-104535

Dimsdale, J. E., & Levenson, J. (2013). What's next for somatic symptom disorder? *American Journal of Psychiatry, 170,* 1393–1395. doi:10.1176/appi. ajp.2013.13050589

Dishion, T. J., & Owen, L. D. (2002). A longitudinal analysis of friendships and substance use: Bidirectional influence from adolescence to adult- hood. *Developmental Psychology, 38,* 480 – 491.

Disney, K. L. (2013). Dependent personality disorder: A critical review. *Clinical Psychology Review, 33,* 1184 – 1196. doi:10.1016/j.cpr.2013.10.001

Distel, M. A., Hottenga, J.-J., Trull, T. J., & Boomsma,D. I. (2008). Chromosome 9: Linkage for borderline personality disorder features. *Psychiatric Genetics, 18,* 302 – 307.

Dobbs, D. (2010). Schizophrenia appears during ado- lescence: But where does one begin and the other end? *Nature, 468,* 154 – 156. doi:10.1038/468154a

Dobson, E. T., & Strawn, J. R. (2016). Pharmacotherapy for pediatric generalized anxiety disorder: A systematic evaluation of efficacy, safety and tolerability. *Pediatric Drugs,* in press.

Dodge, K. A. (2009). Mechanisms of gene – environment interaction effects in the development of conduct disorder. *Perspectives on Psychological Science, 4,* 408 – 414. doi:10.1111/j.1745-6924.2009.01147.x

Dodge, K. A., Laird, R., Lochman, J. E., & Zelli, A. (2002). Multidimensional latent-construct analysis of children's social information processing patterns. *Psychological Assessment, 14,* 60 – 73.

Dohrenwend, B. P. (2006). Inventorying stressful life events as risk factors for psychopathology: Toward resolution of the problem of intracategory variability. *Psychological Bulletin, 132,* 477 – 495.

Dohrenwend, B. P., Turner, J. B., Turse, N. A., Adams, B. G., Koenen, K. C., & Marshall, R. (2006). The psychological risks of Vietnam for U.S. veterans: A revisit with new data and methods. *Science, 313,* 979 – 982.

Donaldson, S. I., Csikszentmihalyi, M., & Nakamura, J. (Eds.). (2011). *Applied positive psychology: Improving everyday life, health, schools, work, and society: Series in applied psychology.* New York, NY: Routledge/Taylor & Francis Group.

Donegan, E., & Dugas, M. J. (2012). Generalized anxi- ety disorder: A comparison of symptom change in adults receiving cognitive-behavioral therapy or applied relaxation. *Journal of Consulting and Clinical Psychology, 80,* 490 – 496. doi:10.1037/a0028132

Dong, L., Bilbao, A., Laucht, M., Henriksson, R., Yakovlev, T., Ridinger, M., Desrivieres, S., ...Schuman, G. (2011). Effects of the circadian rhythm gene period 1 (Per1) on psychosocial stress – induced alcohol drinking. *American Journal of Psychiatry, 168,* 1090 – 1098. doi:org/10.1176/appi.ajp.2011.10111579

Donovan, J. E., Molina, B. S. G., & Kelly, T. M. (2009). Alcohol outcome expectancies as socially shared and socialized beliefs. *Psychology of Addictive Behaviors, 23,* 248 – 259. doi:10.1037/a0015061

Doss, B. D., Mitchell, A., Georgia, E. J., Biesen, J. N., & Rowe, L. S. (2015). Improvements in closeness, communication, and psychological distress mediate effects of couple therapy for veterans. *Journal of Consulting and Clinical Psychology, 83,* 405 – 415. http://dx.doi.org/10.1037/a0038541

Douglas, K. S., Guy, L. S., & Hart, S. D. (2009). Psychosis as a risk factor for violence to others: A meta-analysis. *Psychological Bulletin, 135,* 679 – 706. doi: 10.1037/a0016311

Drabick, D. A. G., & Kendall, P. C. (2010). Develop- mental psychopathology and the diagnosis of mental health problems among youth. *Clinical Psychology: Science and Practice, 17,* 272 – 280. doi:10.1111/j.1468-2850.2010.01219.x

Drieling, T., van Calker, D., & Hecht, H. (2006). Stress,personality and depressive symptoms in a 6.5-year follow-up of subjects at familial risk for affective disorders and controls. *Journal of Affective Disorders, 91,* 195 – 203.

Driessen, E., Cuijpers, P., de Maat, S. C. M., Abbass, A. A., de Jonghe, F., & Dekker, J. J. M. (2010). The efficacy of short-term psychodynamic psychotherapy for depression: A meta-analysis. *Clinical Psychology Review, 30,* 25 – 36. doi:10.1016/ j.cpr.2009.08.010

Driessen, E., Hegelmaier, L. M., Abbass, A. A., Barber, J. P., Dekker, J. J. M., Vane, H. L., ...Cuijpers, P. (2015). The efficacy of short-term psychodynamic psychotherapy for depression: A meta-analysis update. *Clinical Psychology Review, 42,* 1 – 15. doi:10.1016/j.cpr.2015.07.004

Driscoll, M. W., & Torres, L. (2013). Acculturative stress and Latino depression: The mediating role of behavioral and cognitive resources. *Cultural Diversity and Ethnic Minority Psychology, 19,* 373 – 382. doi: 10.1037/a0032821

Drum, K. B., & Littleton, H. L. (2014). Therapeutic boundaries in telepsychology: Unique issues and best practice recommendations. *Professional Psychology: Research and Practice, 45,* 309 – 315. Retrieved http://dx.doi.org/10.1037/a0036127

Dubovsky, S. (2006, February 12). An update on the neurobiology of addiction. *Journal Watch Psychiatry.* Retrieved from http://psychiatry.jwatch.org/cgi/ content/full/2006/222/7?q=etoc

Dubovsky, S. (2012, January 13). How well are we treating depression? *Journal Watch Psychiatry.* Retrieved from http://psychiatry.jwatch.org/cgi/ content/full/2012/113/2?q=etoc_jwpsych

Dubovsky, S. (2014a, March 14). How light alters circadian rhythms: An animal study. *NEJM Journal Watch.* Retrieved from http://www.jwatch.org/ na33910/2014/03/14/how-light-alters-circadian- rhythms-animal-study?query=etoc_jwpsych

Dubovksy, S. (2014b, April 24). Searching for bipolar endophenotypes. *NEJM Watch Psychiatry.* Retrieved from http:

//www. jwatch. org/na34374/2014/ 04/24/searching-bipolar-endophenotypes? query=etoc_jwpsych

Dubovsky, S. (2015). How does deep brain stimu- lation work? *NEJM Journal Watch Psychiatry*. Retrieved from http://www. jwatch. org/na37868/ 2015/05/22/how-does-deep-brain-stimulation- work?query=etoc_jwpsych

Ducci, F., Kaakinen, M., Pouta, A., Hartikainen, A.-L., Veijola, J., Isohanni, M., ... Ekelund, J. (2011). TTC12-ANKK1-DRD2 and CHRNA5-CHRNA3-CHRNB4 influence different pathways leading to smoking behavior from adolescence to mid-adulthood. *Biological Psychiatry, 69*, 650–660. doi:10.1016/ j.biopsych.2010.09.055

Dudek, D., Jaeschke, R., Siwek, M., Mączka, G., Topór-Mądry, R., & Rybakowski, J. (2013). Postpartum depression: Identifying associations with bipolarity and personality traits: Preliminary results from a cross-sectional study in Poland. *Psychiatry Research, 215*, 69–74. doi:10.1016/ j.psychres.2013.10.013

Dudeney, J., Sharpe, L., & Hunt, C. (2015). Attentional bias towards threatening stimuli in children with anxiety: A meta-analysis. *Clinical Psychology Review, 40*, 66–75. doi:10.1016/j.cpr.2015.05.007

Duffy, A., Horrocks, J., Doucette, S., Keown-Stoneman, C., McCloskey, S., & Grof, P. (2014). The develop- mental trajectory of bipolar disorder. *The British Journal of Psychiatry, 204*, 122–128. doi:10.1192/ bjp.bp.113.126706

Duke, L. A., Allen, R. N., Rozee, P., & Bommaritto, M. (2008). The sensitivity and specificity of flash- backs and nightmares to trauma. *Journal of Anxiety Disorders, 22*, 319–327.

Duke, P., & Hochman, G. (1992). *A brilliant madness*. New York, NY: Bantam Dell.

Dunn, E. C., Brown, R. C., Dai, Y., Rosand, J., Nugent, N. R., Amstadter, A. B., ...Smoller, J. W. (2015). Genetic determinants of depression. *Harvard Review of Psychiatry, 23*, 1. doi:10.1097/HRP .0000000000000054

Duran, B., Oetzel, J., Lucero, J., Jiang, Y., Novins, D. K., Manson, S., & Beals, J. (2005). Obstacles for rural American Indians seeking alcohol, drug, or mental health treatment. *Journal of Consulting and Clinical Psychology, 73*, 819–829.

Durham, R. C., Higgins, C., Chambers, J. A., Swan, J. S., & Dow, M. G. T. (2012). Long-term outcome of eight clinical trials of CBT for anxiety disorders: Symptom profile of sustained recovery and treat- ment-resistant groups. *Journal of Affective Disorders, 136*, 875–881.

Duric, V., Banasr, M., Licznerski, P., Schmidt, H. D., Stockmeier, C. A., Simen, A. S., ... Duman, R. S. (2010). A negative regulator of MAP kinase causes depressive behavior. *Nature Medicine, 16*, 1328–1332. doi:10.1038/ nm.2219

Durkheim, E. (1958). *Suicide* (J. A. Spaulding & G. Simpson, Trans.). New York, NY: Free Press. (Original work published 1897)

Dutra, L., Stathopoulou, G., Basden, S. L., Leyro, T. M., Powers, M. B., & Otto, M. W. (2008). A meta-analytic review of psychosocial interventions for substance use disorders. *American Journal of Psychiatry, 165*, 179–187.

Dysken, M. W., Sano, M., Asthana, S., Vertrees, J. E., Pallaki, M., Llorente, M., ...Guarino, P. G. (2014). Effect of vitamin E and memantine on functional decline in Alzheimer disease: The TEAM-AD VA Cooperative Randomized Trial. *Journal of the American Medical Association, 311*, 33–44. doi:10.1001/jama.2013.282834

Dzokoto, V. A., & Adams, G. (2005). Understanding genital-shrinking epidemics in West Africa: Koro, juju, or mass psychogenic illness? *Culture, Medicine and Psychiatry, 29*, 53–78.

Eagly, A. H., Eaton, A., Rose, S. M., Riger, S., & McHugh, M. C. (2012). Feminism and psychology: Analysis of a half-century of research on women and gender. *American Psychologist, 67*, 211–230. doi:10.1037/a0027260

Eaton, W. W., Shao, H., Nestadt, G., Lee, B. H., Bienvenu, O. J., & Zandi, P. (2008). Population- based study of first onset and chronicity in major depressive disorder. *Archives of General Psychiatry, 65*, 513–520.

Ebbert, J. O., Hughes, J. R., West, R. J., Rennard, S. L., Russ, C., McRae, T. D., ...Park, P. W. (2015). Effect of varenicline on smoking cessation through smok- ing reduction: A randomized clinical trial. *Journal of the American Medical Association, 313*, 687–694. doi: 10.1001/jama.2015.280

Eberhardy, F. (1967). The view from "the couch." *Journal of Child Psychological Psychiatry, 8*, 257–263.

Ebrahim, I. O., Shapiro, C. M., Williams, A. J., & Fenwick, P. B. (2013). Alcohol and sleep I: Effects on normal sleep. *Alcoholism: Clinical and Experimental Research, 37*, 539–549. doi:10.1111/acer.12006

Eckel, R. H., Jakicic, J. M., Ard, J. D., de Jesus, J., Miller, N. H., Hubbard, MD, V. S., ...Yanovski, S. Z.(2014). AHA/ACC prevention guideline 2013 AHA/ACC guideline on lifestyle management to reduce cardiovascular risk: A report of the American College of Cardiology/American Heart Association Task Force on Practice Guidelines. *Circulation, 129*, S76–S99. doi:10.1161/01. cir.0000437740.48606.d1

Ecker, C., Ginestet, C., Feng, Y., Johnston, P., Lombardo, M. V., Lai, M.-C., ...MRC AIMS Consortium. (2013). Brain surface anatomy in adults with autism: The relationship between surface area, cortical thickness, and autistic symptoms. *JAMA Psychiatry, 70*, 59–70. doi:10.1001/jamapsychiatry.2013.265

Eddleston, M. (2006). Physical vulnerability and fatal self-harm in the elderly. *British Journal of Psychiatry, 189*, 278–279.

Eddy, K. T., Hennessey, M., & Thompson-Brenner, H.

(2007). Eating pathology in East African women: The role of media exposure and globalization. *The Journal of Nervous and Mental Disease, 195,* 196－202.

Edman, J. L., & Johnson, R. C. (1999). Filipino American and Caucasian American beliefs about the causes and treatment of mental problems. *Cultural Diversity and Ethnic Minority Psychology, 5,* 380－386.

Edwards, V. J., Holden, G. W., Felitti, V. J., & Anda, R. F. (2003). Relationship between multiple forms of childhood maltreatment and adult mental health in community respondents: Results from the Adverse Childhood Experiences Study. *American Journal of Psychiatry, 160,* 1453－1460.

Eftekhar, A., Fullwood, C., & Morris, N. (2014). Capturing personality from Facebook photos and photo-related activities: How much exposure do you need? *Computers in Human Behavior, 37,* 162－170. http://dx.doi.org/10.1016/j.chb.2014.04.048

Eftekhari, A., Ruzek, J. I., Crowley, J. J., Rosen, C. S., Greenbaum, M. A., & Karlin, B. E. (2013). Effectiveness of national implementation of prolonged exposure therapy in Veterans Affairs care. *JAMA Psychiatry, 70,* 949－955. doi:10.1001/jamapsychiatry.2013.36

Egan, J. (2008, September 14). The bipolar puzzle. *The New York Times Magazine, 66,* 75, 94－97.

Egan, S. J., Watson, H. J., Kane, R. T., McEvoy, P., Fursland, A., & Nathan, P. R. (2013). Anxiety as a mediator between perfectionism and eating disor- ders. *Cognitive Therapy and Research, 37,* 905－913. doi: 10.1007/s10608-012-9516-x

Eggenberger, P., Schumacher, V., Angst, M., Theill, N., & de Bruin, E. D. (2015). Does multicomponent physical exercise with simultaneous cognitive training boost cognitive performance in older adults? A 6-month randomized controlled trial with a 1-year follow-up. *Journal of Clinical Interventions in Aging, 10,* 1335－1349. doi: 10.2147/CIA.S87732

Ehlers, A., Grey, N., Wild, J., Stott, R., Liness, S., Deale, A., ...Clark, D. M. (2013). Implementation of cognitive therapy for PTSD in routine clinical care: Effectiveness and moderators of outcome in a consecutive sample. *Behaviour Research and Therapy, 51,* 742－752.

Ehlers, A., Hackmann, A., Grey, N., Wild, J., Liness, S., Albert, I., ...Clark, D. M. (2014). A randomized con- trolled trial of 7-day intensive and standard weekly cognitive therapy for PTSD and emotion-focused supportive therapy. *American Journal of Psychiatry, 171,* 294－304.

Ehlkes, T., Michie, P. T., & Schall, U. (2012). Brain imaging correlates of emerging schizophrenia. *Neuropsychiatry, 2,* 147－154. doi:10.2217/npy.12.13

Ehrenreich, B., Righter, B., Rocke, D. A., Dixon, L., & Himelhoch, S. (2011). Are mobile phones and hand-held computers being used to enhance delivery of psychiatric treatment? A systematic review. *Journal of Nervous and Mental Disease, 199,* 886－891. doi:10.1097/NMD.0b013e3182349e90

Eichstaedt, J. C., Schwartz, H. A., Kern, M. L., Park, G., Labarthe, D. R., Merchant, R. M., ...Seligman, M. E. P. (2015). Psychological language on Twitter predicts county-level heart disease mortality. *Psychological Science, 26,* 159－169. doi:10.1177/0956797614557867

Eikeseth, S., Klintwall, L., Jahr, E., & Karlsson, P. (2012). Outcome for children with autism receiv- ing early and intensive behavioral intervention in mainstream preschool and kindergarten settings. *Research in Autism Spectrum Disorders, 6,* 829－835. doi:10.1016/j.rasd.2011.09.002

Einfeld, S. L., & Brown, R. (2010). Down syndrome: New prospects for an ancient disorder. *Journal of the American Medical Association, 303,* 2525－2526.

Ekinci, O., Albayrak, Y., & Ekinci, A. (2012). Cognitive insight and its relationship with symptoms in deficit and nondeficit schizophrenia. *Journal of Nervous and Mental Disease, 200,* 44－50. doi:10.1097/NMD.0b013e31823e66af

El Alaoui, S., Hedman, E., Kaldo, V., Hesser, H., Kraepelien, M., Andersson, E. ...Lindefors, N. (2015). Effectiveness of Internet-based cognitive－behavior therapy for social anxiety disorder in clinical psychiatry. *Journal of Consulting and Clinical Psychology, 83,* 902－914. http://dx.doi.org/10.1037/a0039198

Elbogen, E. B., & Johnson, S. C. (2009). The intricate link between violence and mental disorder: Results from the National Epidemiologic Survey on Alcohol and Related Conditions. *Archives of General Psychiatry, 66,* 152－161.

Eley, T. C., McAdams, T. A., Rijsdijk, F. V., Lichtenstein, P., Narusyte, J., Reiss, D., ...Neiderhiser, J. M. (2015). The intergenerational transmission of anxi-ety: A children-of-twins study. *American Journal of Psychiatry, 172,* 630－637. doi:10.1176/appi.ajp.2015.14070818

Ellason, J. W., & Ross, C. A. (1997). Two-year follow- up of inpatients with dissociative identity disorder. *American Journal of Psychiatry, 154,* 832－839.

Ellin, A. (2012, August 13). Binge eating among men steps out of the shadows. *The New York Times.* Retrieved from www.nytimes.com

Ellis, A. (1977). The basic clinical theory of rational- emotive therapy. In A. Ellis & R. Grieger (Eds.), *Handbook of rational-emotive therapy* (pp. 3－34). New York, NY: Springer.

Ellis, A. (1993). Reflections on rational-emotive therapy. *Journal of Consulting and Clinical Psychology, 61,* 199－201.

Ellis, A. (2001). *Overcoming destructive beliefs, feelings,* and behaviors: New directions for rational emotive behavior therapy. Amherst, NY: Prometheus Books.

Ellis, A. (2011). Rational emotive behavior therapy. In R. J. Corsini & D. Wedding (Eds.), Current psy- chotherapies (9th ed., pp. 196–234). Belmont, CA: Brooks/Cole.

Ellis, A., & Ellis, D. J. (2011). Rational emotive behavior therapy: Theories of psychotherapy. Washington, DC: American Psychological Association.

Elwood, L. S., Hahn, K. S., Olatunji, B. O., & Williams, N. L. (2009). Cognitive vulnerabilities to the devel- opment of PTSD: A review of four vulnerabilities and the proposal of an integrative vulnerability model. Clinical Psychology Review, 29, 87–100. doi:10.1016/j.cpr.2008.10.002

Emslie, G. J. (2008). Pediatric anxiety: Underrecognized and undertreated. New England Journal of Medicine, 359, 2835–2836.

Eonta, A. M., Christon, L. M., Hourigan, S. E., Ravindran, N., Vrana, S. R., & Southam-Gerow, M. (2011). Using ev- eryday technology to enhance evidence-based treatments. Professional Psychology: Research and Practice, 42, 513–520. doi:10.1037/ a0025825

Epperson, C. N. (2013). Premenstrual dysphoric dis- order and the brain. American Journal of Psychiatry, 170, 248–252. doi:10.1176/appi.ajp.2012.1212155

Epping-Jordan, J. E., Compas, B. E., & Howell, D. C. (1994). Predictors of cancer progression in young adult men and women. Health Psychology, 13, 539–547.

Erdleyi, M. H. (2010). The ups and downs of memory. American Psychologist, 65, 622–633. doi: 10.1037/a0020440

Erlenmeyer-Kimling, L., Adamo, U. H., Rock, D.,Roberts, S. A., Bassett, A. S., Squires-Wheeler, E., ...Gottesman, I. I. (1997). The New York high- risk project: Prevalence and comorbidity of Axis I disorders in offspring of schizo- phrenic parents at 25-year follow-up. Archives of Gen- eral Psychiatry, 54, 1096–1102.

Escudero, L., & Johnstone, M. (2014). Genetics of schizo- phrenia. Current Psychiatry Reports, 16, 502. doi: 10.1007/s11920-014-0502-8.

Esman, A. H. (2011). Charcot, Freud, and the treat- ment of "nervous disorders." Journal of Nervous & Mental Disease, 199, 828–829. doi:10.1097/ NMD.0b013e3182348cf9

Espay, A. J., Norris, M. M., Eliassen, J. C., Dwivedi, A., Smith, M. S., Banks, C., ...Szaflarski, J. P. (2015). Pla- cebo effect of medication cost in Parkinson disease: A randomized double-blind study. Neurology, 84, 794–802. doi:10.1212/ WNL.0000000000001282

Essex, M. J., Kraemer, H. C., Armstrong, J. M., Boyce, W. T., Goldsmith, H. H., Klein, M. H., ...Kupfer, D.J. (2006). Exploring risk factors for the emergence of children's mental health problems. Archives of General Psychiatry, 63, 1246–1256.

Etkin, A., Prater, K. E., Schatzberg, A. F., Menon, V., & Greicius, M. D. (2009). Disrupted amygdalar subregion functional connectivity and evidence of a compensatory network in generalized anxi- ety disorder. Archives of General Psychiatry, 66, 1361–1372.

Ettinger, U., Meyhöfer, I., Steffens, M., Wagner, M., & Kout- souleris, N. (2014). Genetics, cognition, and neurobiology of schizotypal personality: A review of the overlap with schizophrenia. Frontiers in Psychiatry, 5, 18. doi:10.3389/ fpsyt.2014.00018

Evans, S. E., Davies, C., & DiLillo, D. (2008). Exposure to domestic violence: A meta-analysis of child and adoles- cent outcomes. Aggression and Violent Behavior, 13, 131–140.

Even, C., & Weintraub, D. (2012). Is depression in Parkin- son's disease (PD) a specific entity? Journal of Affective Disorders, 139, 103–112. Retrieved from http://dx.doi.org/10.1016/j.jad.2011.07.002

Everson-Rose, S. A., Roetker, N. S., Lutsey, P. L., Kershaw, K. N., Longstreth, W. T., Sacco, R. L., ... Alonso, A. (2014). Chronic stress, depressive symptoms, anger, hostil- ity, and risk of stroke and transient ischemic attack in the multi-ethnic study of atherosclerosis. Stroke, 45, 2318–2323. doi:10.1161/ STROKEAHA.114.004815

Evraire, L. E., & Dozois, D. J. A. (2011). An integra- tive model of excessive reassurance seeking and negative feed- back seeking in the development and maintenance of de- pression. Clinical Psychology Review, 31, 1291–1303. doi:10.1016/j.cpr.2011.07.014

Exner, J. E., Jr. (2002). Early development of the Rorschach test. Academy of Clinical Psychology Bulletin, 8, 9–24.

Eye movements and the search for biomarkers for schizophre- nia. (2012, October 29). ScienceDaily. Retrieved from http://www. sciencedaily. com/ releases/2012/10/ 121029081833.htm

Fabrega, H., Jr. (1990). Hispanic mental health research: A case for cultural psychiatry. Journal of Behavioral Sci- ences, 12, 339–365.

Failer, J. L. (2002). Who qualifies for rights? Homelessness, mental illness, and civil commitment. Ithaca, NY: Cornell University Press.

Fairburn, C. G., Cooper, Z., Doll, H. A., O'Connor, M. E., Bohn, K., Hawker, D. M., ...Palmer, R. L. (2009). Transdi- agnostic cognitive-behavioral therapy for patients with eat- ing disorders: A two-site trial with 60-week follow-up. American Journal of Psychiatry, 166, 311–319. doi: 10.1176/appi.ajp.2008.08040608

Fairburn, C. G., Stice, E., Cooper, Z., Doll, H. A., Norman, P. A., & O'Connor, E. E. (2003). Understanding persis- tence in bulimia nervosa: A 5-year naturalistic study. Journal of Consulting and Clinical Psychology, 71, 103–109.

Fals-Stewart, W. (2003). The occurrence of partner physical aggression on days of alcohol con- sumption: A longitudinal diary study. *Journal of Consulting and Clinical Psychology, 71*, 41 – 52.

Fan, Y., Tang, Y., Lu, Q., Feng, S., Yu, Q., Sui, D., ...Song, L. (2009). Dynamic changes in salivary cortisol and secretory immunoglobulin A response to acute stress. *Stress and Health, 25*, 189 – 194. doi:10.1002/smi.1239

Fang, A., Schwartz, R. A., & Wilhelm, S. (2016). Treatment of an adult with body dysmorphic dis- order. In E. A. Storch & A. B. Lewin (Eds.), *Clinical handbook of obsessive-compulsive and related disorders: A case-based approach to treating pediatric and adult populations* (pp. 259 – 271). New York, NY: Springer.

Fang, S. C., Rosen, R. C., Vita, J. A., Ganz, P., & Kupelian, V. (2015). Changes in erectile dysfunction over time in relation to Framingham cardiovascular risk in the Boston Area Community Health (BACH) Survey. *Journal of Sexual Medicine, 12*, 100 – 108. doi:10.1111/jsm.12715

Farr, C. B. (1994). Benjamin Rush and American psychiatry. *American Journal of Psychiatry, 151*(Suppl.), 65 – 73.

Farrell, A. D., & White, K. S. (1998). Peer influences and drug use among urban adolescents: Family structure and parent/adolescent relationship as protective factors. *Journal of Consulting and Clinical Psychology, 66*, 248 – 258.

Fava, G. A., Balon, R., & Rickels, K. (2015). Benzodiazepines in anxiety disorders. *JAMA Psychiatry, 72*, 733 – 734. doi:10.1001/ jamapsychiatry.2015.0182

Fazel, S., Långström, N., Hjern, A., Grann, M., & Lichtenstein, P. (2009). Schizophrenia, substance abuse, and violent crime. *Journal of the American Medical Association, 301*, 2016 – 2023.

Fears, S. C., Service, S. K., Kremeyer, B., Araya, C., Araya, X., Bejarano, J., ...Bearden, C. E. (2014). Multisystem component phenotypes of bipolar disorder for genetic investigations of extended pedigrees. *JAMA Psychiatry, 71*, 375 – 387. doi:10.1001/jamapsychiatry.2013.4100

Fein, D., Barton, M., Eigsti, I.-M., Kelley, E., Naigles, L, Schultz, R. T., ...Tyson, K. (2013). Optimal out- come in individuals with a history of autism. *Journal of Child Psychology and Psychiatry, 54*, 195 – 205.

Feldman, H. S., Jones, K. L., Lindsay, S., Slymen, D., Klonoff-Cohen, H., Kao, K., ...Chambers, C. (2012). Prenatal alcohol exposure patterns and alcohol-related birth defects and growth deficiencies: A prospective study. *Alcoholism: Clinical and Experimental Research, 36*, 670 – 676. doi:10.1111/j.1530-0277.2011.01664.x

Feldman, M. D. (2003). Foreword. In J. Gregory (Ed.), *Sickened: The memoir of a Munchausen by proxy childhood* (pp. v – ix). New York, NY: Bantam.

Felger, J. C., Li, Z., Haroon, E., Woolwine, B. J., Jung, M. Y., Hu, X., ...Miller, A. H. (2015, November 10). Inflammation is associated with decreased func- tional connectivity within corticostriatal reward circuitry in depression. *Molecular Psychiatry*. doi:10.1038/mp.2015.168

Fenichel, O. (1945). *The psychoanalytic theory of neurosis*. New York, NY: W. W. Norton & Co.

Ferdinand, K. C., & Ferdinand, D. P. (2009).Cardiovascular disease disparities: Racial/ ethnic factors and potential solutions. *Current Cardiovascular Risk Reports, 3*, 187 – 193. doi:10.1007/ s12170-009-0030-y

Ferdinand, R. F., Bongersa, I. L., van der Ende, J., van Gastela, W., Tick, N., & Utens, E. (2006). Distinctions between separation anxiety and social anxiety in children and adolescents. *Behaviour Research and Therapy, 44*, 1523 – 1535.

Fergusson, D. M., & Woodward, L. J. (2002). Mental health, educational, and social role outcomes of adolescents with depression. *Archives of General Psychiatry, 59*, 225 – 231.

Fernandez, E. (2013). *Treatments for anger in specific populations: Theory, application, and outcome*. New York, NY: Oxford University Press.

Ferri, M., Amato, L., & Davoli, M. (2006). Alcoholics Anonymous and other 12-step programmes for alcohol dependence. *The Cochrane Database of Systematic Reviews*. Retrieved from http://dx. doi. org/10.1002/14651858. CD005032.pub2

Fetal alcohol spectrum disorders prevalence in U.S. revealed by study. (2014, October 14). *ScienceDaily*. Retrieved from http: //www. sciencedaily. com/ releases/2014/10/141030150632.htm

Feusner, J. D., Townsend, J., Bystritsky, A., & Bookheimer, S. (2007). Visual information processing of faces in body dysmorphic disorder. *Archives of General Psychiatry, 64*, 1417 – 1425.

Fibiger, S., Hjelmborg, V. B., Fagnani, C., &, Skytthe, A. (2010). Genetic epidemiological relations between stuttering, cluttering and specific language impairment. Proceedings of the *Sixth World Congress On Fluency Disorders*, August 5 – 8, 2009, Rio de Janeiro, Brazil. Retrieved from http://www.theifa. org/IFA2009

Ficks, C. A., Dong, L., & Waldman, I. D. (2014). Sex differences in the etiology of psychopathic traits in youth. *Journal of Abnormal Psychology, 123*, 406 – 411. doi: 10.1037/a0036457

Field, A. P. (2006). Is conditioning a useful frame- work for understanding the development and treatment of phobias? *Clinical Psychology Review, 26*, 857 – 875.

Field, C. A., Cochran, G., & Caetano, R. (2013). Treatment utilization and unmet treatment need among Hispanics following brief intervention. *Alcoholism: Clinical and Experimental Research, 37*, 300 – 307. doi:10.1111/j.1530-

0277.2012.01878.x

Fieve, R. R. (1975). *Moodswings: The third revolution in psychiatry.* New York, NY: Morrow.

Figueiredo, F. P., Parada, A. P., de Araujo, L. L., Jr., W. A. A., & Del-Bena, C. M. (2015). The influ- ence of genetic factors on peripartum depression: A systematic review. *Journal of Affective Disorders, 172,* 265 – 273. doi: 10.1016/ j.jad.2014.10.016

Filbey, F. M., & Dunlop, J. (2014). Differential reward network functional connectivity in cannabis depen- dent and non-dependent users. *Drug and Alcohol Dependence, 140,* 101. doi:10.1016/ j.drugalcdep.2014.04.002

Filbey, F. M., Aslan, S., Calhoun, V. D., Spence, J. S., Damaraju, E., Caprihan, A., ... Segall, J. (2014). Longterm effects of marijuana use on the brain. *Proceedings of the National Academy of Sciences, 111,* 16913 – 16918. doi:10.1073/pnas.1415297111

Finke, K., Schwarzkopf, W., Müller, U., Frodl, T., Müller, H. J., Schneider, W. X., ...Hennig-Fast, K. (2011). Disentangling the adult attention-deficit hyperactivity disorder endophenotype: Parametric measurement of attention. *Journal of Abnormal Psychology, 120,* 890 – 901. doi: 10.1037/a0024944

Fischer, S., Meyer, A. H., Dremmel, D., Schlup, B., & Munsch, S. (2014). Short-term cognitive-behavioral therapy for binge eating disorder: Long-term efficacy and predictors of long-term treatment success. *Behaviour Research and Therapy, 58,* 36 – 42. doi:10.1016/j.brat.2014.04.007

Fisher, A. D., Bandini, E., Casale, H., & Maggi, M. (2011). Paraphilic disorders: Diagnosis and treatment. In M. Maggi (Ed.), *Hormonal therapy for male sexual dysfunction* (pp. 94 – 110). Hoboken, NJ: Wiley.

Fisher, A., D., & Maggi, M. (2014). Treatment of paraphilic sex offenders. In G. Corona, E. A. Jannini, & M. Maggi (Eds.), *Emotional, physical and sexual abuse* (pp. 17 – 31). New York, NY: Springer.

Fisher, B. S., Daigle, L. E., Cullen, F. T., & Turner, M. G. (2003). Reporting sexual victimization to the police and others: Results from a national-level study of college women. *Criminal Justice & Behavior, 30,* 6 – 38.

Fisher, H. L., Cohen-Woods, S., Hosang, G. M., Korszun, A., Owen, M., Craddock, N., Craig, I. W., ... Uher, R. (2013). Interaction between specific forms of childhood maltreatment and the serotonin transporter gene (5-HTT) in recurrent depressive disorder. *Journal of Affective Disorders, 145,* 136 – 141.

Fisher, P. L., & Wells, A. (2005). How effective are cognitive and behavioral treatments for obsessive – compulsive disorder? A clinical significance analysis. *Behaviour Research and Therapy, 43,* 1543 – 1558.

Fiske, A., Wetherell, J. L., & Gatz, M. (2009). Depression in older adults. *Annual Review of Clinical Psychology, 5,* 363 – 389. doi:10.1146/annurev. clinpsy.032408.153621

Fitzgerald, P. B., Brown, T. L., Marston, N. A. U., Daskalakis, J., de Castella, A., & Kulkarni, J. (2003).Transcranial magnetic stimulation in the treatment of depression: A double-blind, placebo-controlled trial. *Archives of General Psychiatry, 60,* 1002 – 1008.

Flagel, S. B., Clark, J. J., Robinson, T. E., Mayo, L., Czuj, A., Willuhn, I., ...Akil, H. (2011). A selective role for dopamine in stimulus – reward learning. *Nature, 469,* 53 – 57. doi:10.1038/nature09588

Flegal, K. M., Graubard, B. I., Williamson, D. F., & Gail, M. H. (2005). Excess deaths associated with underweight, overweight, and obesity. *Journal of the American Medical Association, 293,* 1861 – 1867.

Flegal, K. M., Kit, B., Orpana, H., & Graubard, B. I. (2013). Association of all-cause mortality with over- weight and obesity using standard body mass index categories: A systematic review and meta-analysis. *Journal of the American Medical Association, 309,* 71 – 82. doi: 10.1001/jama.2012.113905

Florian, C., Vecsey, C. G., Halassa, M. M., Haydon, P. G., & Abel, T. (2011). Astrocyte-derived adenosine and A1 receptor activity contribute to sleep loss-induced deficits in hippocampal synaptic plasticity and mem- ory in mice. *Journal of Neuroscience, 31,* 6956.

Foa, E. B., McLean, C. P., Capaldi, S., & Rosenfield, D. (2013). Prolonged exposure vs. supportive counseling for sexual abuse – related PTSD in ado- lescent girls: A randomized clinical trial. *Journal of the American Medical Association, 310,* 2650 – 2657. doi:10.1001/jama.2013.282829

Foley, E., Baillie, A., Huxter, M., Price, M., & Sinclair, E. (2010). Mindfulness-based cognitive therapy for individuals whose lives have been affected by cancer: A randomized controlled trial. *Journal of Consulting and Clinical Psychology, 78,* 72 – 79. doi:10.1037/a0017566

Fontaine, K. R., Redden, D. T., Wang, C., Westfall, A. O., & Allison, D. B. (2003). Years of life lost due to obesity. *Journal of the American Medical Association, 289,* 187 – 193.

Foody, J. (2013, November 12). Guidelines for a heart-healthy lifestyle. *NEJM Journal Watch Psychiatry.* Retrieved from http://www. jwatch. org/na32827/ 2013/11/12/ guidelines-heart-healthy-lifestyle? query=etoc_jwgenmed

Foote, B., Smolin, Y., Kaplan, M., Legatt, M. E., & Lipschitz, D. (2005). Prevalence of dissociative dis- orders in psychiatric outpatients. *American Journal of Psychiatry, 163,* 623 – 629.

Foote, B., Smolin, Y., Neft, D. I., & Lipschitz, D. (2008). Dissociative disorders and suicidality in psychiatric outpatients. *American Journal of Psychiatry, 163,* 623 – 629.

Foran, H. M., & O'Leary, K. D. (2008). Alcohol and intimate partner violence: A meta-analytic review. *Clinical*

Psychology Review, 28, 1222 - 1234.

Ford, E. S., Maynard, L. M., & Li, C. (2014). Trends in mean waist circumference and abdominal obesity among U.S. adults, 1999 - 2012. *Journal of the American Medical Association, 312,* 1151. doi:10.1001/ jama.2014.8362

Forgeard, M. J. C., & Seligman, M. E. P. (2012). Seeing the glass half full: A review of the causes and consequences of optimism. *Pratiques Psychologiques, 18,* 107 - 120. Retrieved http://dx.doi.org/10.1016/j.prps.2012.02.002

Forgeard, M. J. C., Haigh, E. A. P., Beck, A. T., Davidson, R. J., Henn, F. A., Maier, S. F., ...Seligman, M. (2012). Beyond depression: Toward a process- based approach to research, diagnosis, and treat- ment. *Clinical Psychology: Science and Practice, 18,* 275 - 299. doi:10.1111/j.1468-2850.2011.01259.x

Fouquereau, E., Fernandez, A., Mullet, E., & Sorum, P. C. (2003). Stress and the urge to drink. *Addictive Behaviors, 28,* 669 - 685.

Fournier, J. C., DeRubeis, R. J., Hollon, S. D., Dimidjian, S., Amsterdam, J. D., Shelton, R. C., & Fawcett, J. (2010). Antidepressant drug effects and depression severity: A patient-level meta-analysis. *Journal of the American Medical Association, 303,* 47 - 53.

Fox, M. (2014, January 9). What's in a sugar pill? Maybe more than you think. *NBC News.* Retrieved from http://www.nbcnews.com/health/whats- sugar-pill-maybe-more-you-think-2D11880962

Fox, M. (2015a, August 18). FDA approves flibanserin, "female Viagra" pill. *NBC News.* Retrieved from http://www.nbcnews. com/health/sexual-health/ fda-approves-says-no-female-viagra-n411711

Fox, M. (2015b, November 12). "Real progress":Percentage of U.S. smokers plummets, CDC finds. *MSNBC.com.* Retrieved from www.msnbc.com

Foxhall, K. (2001, March). Study finds marital stress can triple women's risk of recurrent coronary event. *Monitor on Psychology, 32*(3), 14.

Frahm, S., Ślimak, M. A., Ferrarese, L., Santos-Torres, J., Antolin-Fontes, B., Auer, S., ...Ibañez-Tallon, I. (2011). Aversion to nicotine is regulated by the balanced activity of β4 and α5 nicotinic receptor subunits in the medial habenula. *Neuron, 70,* 522 - 535. doi: 10.1016/j. neuron.2011.04.013

Frances, A. J., & Widiger, T. (2012). Psychiatric diagnosis: Lessons from the DSM-IV Past and cautions for the DSM-5 Future. *Annual Review of Clinical Psychology, 8,* 109 - 130. doi: 10.1146/ annurev-clinpsy-032511-143102

Frangou, S. (2013). Snipping at the endophenotypic space. *American Journal of Psychiatry, 170,* 1223 - 1225. doi: 10.1176/appi.ajp.2013.13081116

Frank, E., & Kupfer, D. J. (2003). Progress in therapy of mood disorders: Scientific support. *American Journal of Psychiatry, 160,* 1207 - 1208.

Franke, B., Stein, J. L., Ripke, S., Anttila, V., Hibar, D. P., van Hulzen, K. J. E., ...Thalamuthu, A. (2016). Genetic influences on schizophrenia and subcortical brain volumes: Large-scale proof of concept. *Nature Neuroscience, 19,* 420 - 431. doi:10.1038/nn.4228

Franklin, M. E., & Foa, E. B. (2011). Treatment of obsessive compulsive disorder. *Annual Review of Clinical Psychology, 7,* 229 - 243. doi: 10.1146/ annurev-clinpsy-032210-104533x

Franklin, M. E., Abramowitz, J. S., Bux, D. A., Jr., Zoellner, L. A., & Feeny, N. C. (2002). Cognitive-behavioral therapy with and without medication in the treatment of obsessive-compulsive disorder. *Professional Psychology: Research and Practice, 33,* 162 - 168.

Franklin, T. B., Russig, H., Weiss, I. C., Gräff, J., Linder, N., Michalon, A., ... Mansuy, I. M. (2011). Epigenetic transmission of the impact of early stress across generations. *Biological Psychiatry, 68,* 408 - 415.

Franko, D. L., & Keel, P. K. (2006). Suicidality in eat- ing disorders: Occurrence, correlates, and clinical implications. *Clinical Psychology Review, 26,* 769 - 782.

Franko, D. L., Keshaviah, A., Eddy, K. T., Krishna, M., Davis, M. C., Keel, P. K., & Herzog, D. B. (2013). A longitudinal investigation of mortality in anorexia nervosa and bulimia nervosa. *American Journal of Psychiatry, 170,* 917 - 925. doi:10.1176/appi. ajp.2013.12070868

Frans, E. M., Sandin, S., Reichenberg, A., Lichtenstein, P., Långström, N., & Hultman, C., M. (2008). Advancing paternal age and bipolar disorder. *Archives of General Psychiatry, 65,* 1034 - 1040.

Frauenglass, S., Routh, D. K., Pantin, H. M., & Mason, C. A. (1997). Family support decreases influence of deviant peers on Hispanic adolescents' substance use. *Journal of Clinical Child Psychology, 26,* 15 - 23.

Fredrickson, B. L., Tugade, M. M., Waugh, C. E., & Larkin, G. R. (2003). What good are positive emo- tions in crises? A prospective study of resilience and emotions following the terrorist attacks on the United States on September 11th, 2001. *Journal of Personality and Social Psychology, 84,* 365 - 376.

Free, C., Robertson, S., Whittaker, R., Edwards, P., Zhou, W., Rodgers, A., ...Roberts, I. (2011). Smoking cessation support delivered via mobile phone text messaging (txt2stop): A single-blind, randomised trial. *The Lancet, 378,* 49 - 55. Retrieved from http:// dx.doi.org/10.1016/S0140-6736(11)60701-0

Freedman, D. H. (2011, February). How to fix the obesity crisis. *Scientific American.* Retrieved from http://www.scientificamerican.com/article. cfm?id=how-to-fix-the-obesitycrisis

Freedman, R. (2012). Brain development and schizophrenia.

American Journal of Psychiatry, 169, 1019‐1021. doi: 10.1176/appi.ajp.2012.12081017

Freedman, R., Adler, L. E., Gerhardt, G. A., Waldo, M., Baker, N., Rose, G. M., ...Franks, R. (1987). Neurobiological studies of sensory gating in schizo‐ phrenia. *Schizophrenia Bulletin, 13,* 669‐678.

Freeman, M. P. (2011, December 21). The menstrual cycle and mood: Premenstrual dysphoric disorder. *Journal Watch Women's Health.* Retrieved from http://womenshealth.jwatch.org/cgi/content/ full/2011/1221/1?q=etoc_jwwomen

Freemon, F. R. (1981). *Organic mental disease.* Jamaica, NY: Spectrum.

Freriks, K., Verhaak, C. M., Sas, T. C. J., Menke, L. A., Wit, J. M., Otten, B. J., ...Timmers, H. J. L. M. (2015). Long-term effects of oxandrolone treatment in childhood on neurocognition, quality of life and social-emotional functioning in young adults with Turner syndrome. *Hormones and Behavior, 69,* 59‐67. doi: 10.1016/j.yhbeh.2014.12.008

Freud, S. (1917/1957). Mourning and melancholia. In J. Rickman (Ed.), *A general selection from the works of Sigmund Freud.* Garden City, NY: Doubleday.

Freud, S. (1964). New introductory lectures. In *Standard edition of the complete psychological works of Sigmund Freud* (Vol. 22). London, UK: Hogarth Press. (Original work published 1933)

Friborg, O., Martinussen, M., Kaiser, S., Øvergårda, K. T., & Rosenvinge, J. H. (2013). Comorbidity of personality disorders in anxiety disorders: A meta‐ analysis of 30 years of research. *Journal of Affective Disorders, 45,* 143‐155.

Frick, P. J., Ray, J. V., Thornton, L. C., & Kahn, R. E. (2014). Can callous-unemotional traits enhance the understanding, diagnosis, and treatment of serious conduct problems in children and adolescents? A comprehensive review. *Psychological Bulletin, 140,* 1‐57. doi:10.1037/a0033076

Frick, P. J., & Silverthorn, P. (2001). Psychopathology in children and adolescents. In H. E. Adams (Ed.), *Comprehensive handbook of psychopathology* (3rd ed., pp. 879‐919). New York, NY: Plenum Press.

Frieden, T. R. (2014). Tobacco control progress and potential. *Journal of the American Medical Association, 311,* 133‐134. doi:10.1001/jama.2013.284534

Friedman, L. (2015, July 17). Op-Ed: Why juries reject the insanity defense. *The National Law Journal.* Retrieved from http://www.nationallawjournal.com/id=1202732457104/OpEd-Why-Juries-Reject- the-Insanity-Defense?slreturn=20151003164921

Friedman, M. A., Detweiler-Bedell, J. B., Leventhal, H. E., Horne, R., Keitner, G. I., & Miller, I. W. (2004). Combined psychotherapy and pharmacotherapy for the treatment of major depressive disorder. *Clinical Psychology: Science and Practice, 11,* 47‐68.

Friedman, R. A. (2002, December 31). Born to be happy, through a twist of human hard wire. *The New York Times,* p. F5.

Friedman, R. A. (2012, September 25). A call for caution on antipsychotic drugs. *The New York Times,* p. D6.

Friedman, R. A. (2014a). Antidepressants' black-box warning: 10 years later. *New England Journal of Medicine, 371,* 1666‐1668. doi:10.1056/NEJMp1408480

Friedman, R. A. (2014b, October 31). A natural fix for A.D.H.D. *The New York Times.* Retrieved from www.nytimes.com

Friedman, R. A. (2014c, May 27). Why can't doctors identify killers? *The New York Times.* Retrieved from nytimes.com

Friedman, R. A. (2015, August 22). How changeable is gender? *The New York Times.* Retrieved from www.nytimes.com

Friedman, R. C., & Downey, J. I. (2008). Sexual differentiation of behavior: The foundation of a developmental model of psychosexuality. *Journal of the American Psychoanalytic Association, 56*(1), 147‐175.

Friedman, S. H. (2009). Postpartum mood disorders: Genetic progress and treatment paradigms. *American Journal of Psychiatry, 166,* 1201‐1204. doi:10.1176/appi.ajp.2009.09081185

Friedrich, M. J. (2014). Research on psychiatric disorders targets Inflammation. *Journal of the American Medical Association, 312,* 474‐476. doi:10.1001/jama.2014.8276

Frith, U. (2013). Autism and dyslexia: A glance over 25 years of research. *Perspectives on Psychological Science, 8,* 670‐672. doi:10.1177/1745691613507457

Fromm-Reichmann, F. (1948). Notes on the develop‐ ment of treatment of schizophrenics by psychoana‐ lytic psychotherapy. *Psychiatry, 11,* 263‐273.

Fromm-Reichmann, F. (1950). *Principles of intensive psychotherapy.* Chicago, IL: University of Chicago. Frost, R. O., Steketee, G., & Tolin, D. F. (2012). Diagnosis and assessment of hoarding disorder. *Annual Review of Clinical Psychology, 8,* 219‐242.

Frühauf, S., Gerger, H., Schmidt, H. M., Munder, T., & Barth, J. (2013). Efficacy of psychological interven-tions for sexual dysfunction: A systematic review and meta-analysis. *Archives of Sexual Behavior, 42,* 915‐933.

Fuertes, J. N., & Brobst, K. (2002). Clients' ratings of counselor multicultural competency. *Cultural Diversity and Ethnic Minority Psychology, 8,* 214‐223.

Fuller-Thomson, E., West, J. S., & Baird, S. L. (2015). Childhood maltreatment is associated with ulcer‐ ative colitis but not Crohn's disease. *Inflammatory Bowel Diseases, 21*(11), 2640‐2648. doi:10.1097/ MIB.0000000000000551

Fullerton, C. A., Busch, A. B., Normand, S. L., McGuire, T.

G., & Epstein, A. M. (2011). Ten-year trends in quality of care and spending for depression: 1996 through 2005. *Archives of General Psychiatry, 68,* 1218–1226.

Fulton, J. J., Marcus, D. K., & Merkey, T. (2011). Irrational health beliefs and health anxiety. *Journal of Clinical Psychology, 67,* 527–538. doi:10.1002/jclp.20769

Fung, M. T., Raine, A., Loeber, R., Lynam, D. R., Steinhauer, S., R., & Venables, P. H. (2005). Reduced electrodermal activity in psychopathy-prone adolescents. *Journal of Abnormal Psychology, 114,* 187–196.

Fusar-Poli, P., Papanastasiou, E., Stahl, D., Rocchetti, M., Carpenter, W., Shergill, S., ...McGuire, P. (2014). Treatments of negative symptoms in schizophrenia: Meta-analysis of 168 randomized placebo-controlled trials. *Schizophrenia Bulletin, 41,* 892–899. doi:10.1093/schbul/sbu170

Gabb, J., Sonderegger, L., Scherrer, S., & Ehlert, U. (2006). Psychoneuroendocrine effects of cognitive-behavioral stress management in a naturalistic setting: A randomized controlled trial. *Psychoneuro-endocrinology, 31,* 428–438.

Gabbard, G. O. (2012). Clinical challenges in the Internet era. *American Journal of Psychiatry, 169,* 460–463. doi:10.1176/appi.ajp.2011.11101591

Gabert-Quillen, C. A., Fallon, W., & Delahanty, D. L. (2011). PTSD after traumatic injury: An investigation of the impact of injury severity and peritraumatic moderators. *Journal of Health Psychology, 16,* 678–687.

Gabrieli, J. D. E. (2009). Dyslexia: A new synergy between education and cognitive neuroscience. *Science, 325,* 280–283. doi:10.1126/science.1171999

Galanter, C. A. (2013). Limited support for the efficacy of nonpharmacological treatments for the core symptoms of ADHD. *American Journal of Psychiatry, 170,* 241–244. doi:10.1176/appi.ajp.2012.12121561

Galea, S., Nandi, A., & Vlahov, D. (2005). The epidemiology of post-traumatic stress disorder after disasters. *Epidemiologic Reviews, 27,* 78–91.

Galliher, R. V., Jones, M. D., & Dahl, A. (2011). Concurrent and longitudinal effects of ethnic identity and experiences of discrimination on psychosocial adjustment of Navajo adolescents. *Developmental Psychology, 47,* 509–526. doi:10.1037/a0021061

Galsworthy-Francis, L. (2014). Cognitive behavioral therapy for anorexia nervosa: A systematic review. *Clinical Psychology Review, 34,* 54–72. doi:10.1016/j.cpr.2013.11.001

Gannon, T. A., Collie, R. M., Ward, T., & Thakker, J. (2008). Rape: Psychopathology, theory and treatment. *Clinical Psychology Review, 28,* 982–1008.

Garakani, A., & Siever, L. J. (2015). Schizotypal personality disorder. *The encyclopedia of clinical psychology.* Retrieved from http://onlinelibrary.wiley.com/doi/10.1002/9781118625392.wbecp390/abstract?userIsAuthenticated=false&deniedAccessCustomisedMessage=

Garb, H. N. (1997). Race bias, social class bias, and gender bias in clinical judgment. *Clinical Psychology: Science and Practice, 4,* 99–120.

Garb, H. N. (2007). Computer-administered interviews and rating scales. *Psychological Assessment, 19,* 4–13.

Garb, H. N., Wood, J. M., Lilienfeld, S. O, & Nezworski, M. T. (2005). Roots of the Rorschach controversy. *Clinical Psychology Review, 25,* 97–118. Garber, J., Keiley, M. K., & Martin, N. C. (2002).

Developmental trajectories of adolescents' depressive symptoms: Predictors of change. *Journal of Consulting & Clinical Psychology, 70,* 79–95.

Garlow, S. J., Purselle, D., & Heninger, M. (2005). Ethnic differences in patterns of suicide across the life cycle. *American Journal of Psychiatry, 162,* 319–323.

Garnefski, N., Kraaij, V., & Spinhoven, P. (2001). De relatie tussen cognitieve copingstrategieen en symptomen van depressie, angst en suiecidaliteit. *Gedrag & Gezondheid: Tijdschrift voor Psychologie & Gezondheid, 29,* 148–158.

Gartlehner, G., Gaynes, B. N., Hansen, R. A., Thieda, P., DeVeaugh-Geiss, A., Krebs, E. E., ...Lohr, K. N. (2008). Comparative benefits and harms of second-generation antidepressants: Background paper for the American College of Physicians. *Annals of Internal Medicine, 149,* 734–750.

Gau, S. S. (2011). Childhood trajectories of inattention symptoms predicting educational attainment in young adults. *American Journal of Psychiatry, 168,* 1131–1133. doi:10.1176/appi.ajp.2011.11091328

Geddes, J. R., Stroup, S., & Lieberman, J. A. (2011). Comparative efficacy and effectiveness in the drug treatment of schizophrenia. In D. R. Weinberg & P. Harrison (Eds.), *Schizophrenia* (pp. 525–539). Hoboken, NJ: Wiley-Blackwell.

Gehar, D. R. (2009). *Mastering competencies in family therapy.* Belmont, CA: Brooks/Cole.

Geipert, N. (2007, January). Don't be mad: More research links hostility to coronary risk. *Monitor on Psychology, 38* (1), 50–51.

Gelfand, A. (2014, September 15). Finally, migraine-specific preventive therapy is on the horizon. *NEJM Journal Watch Neurology.* Retrieved from https://mail.google.com/mail/u/0/#inbox/14881317cf1e3506

Geller, B. (2006, October 16). Early use of methylphenidate: The jury on neuronal effects is still out. *Journal Watch Psychiatry.* Retrieved from http://psychiatry.jwatch.org/cgi/content/full/2006/1016/2

Geller, B. (2013, November 22). How childhood stress may lead to psychopathology. *NEJM Journal Watch Psychia-*

try. Retrieved from http://www.jwatch.org/ na32843/2013/ 11/22/how-childhood-stress-may- lead-psychopathology? query=etoc_jwpeds

Geller, B. (2015, May 22). It's all in the family: Children's parasomnias are often familial, decrease over time. *NEJM Journal Watch Psychiatry*. Retrieved from http://www.jwatch.org/na37906/2015/05/ 22/its-all-family-childrens-parasomnias-are-often- familial?query=etoc_jwpeds

Gelman, D. (1994, April 18). The mystery of suicide. *Newsweek*, 44 – 49.

Gémes, K., Janszky, I., Laugsand, L. E., László, K. D., Ahnve, S., Vatten, L. J., & Mukamal, K. J. (2015). Alcohol consumption is associated with a lower incidence of acute myocardial infarction: Results from a large prospective population-based study in Norway. *Journal of Internal Medicine, 14*. doi:10.1111/ joim.12428

Genetic Science Learning Center, University of Utah. (2012). Down syndrome. Retrieved from http://learn.genetics.utah.edu/content/disorders/ whataregd/down

Géonet, M., De Sutter, P., & Zech, E. (2012). Cognitive factors in women hypoactive sexual desire disorder. *Sexologies, 22*, e9 – e15.

George, M. S., Anton, R. F., Bloomer, C., Teneback, C., Drobes, D. J., Lorberbaum, J. P., …Vincent, D. J. (2001). Activation of prefrontal cortex and anterior thalamus in alcoholic subjects on exposure to alcohol-specific cues. *Archives of General Psychiatry, 58*, 345 – 352.

Gianaros, P. J., & Wager, T. D. (2015). Brain-body pathways linking psychological stress and physical health. *Current Directions in Psychological Science, 24*, 313 – 321.

Gibbons, M. B. C., Crits-Christoph, P., Barber, J. P., Wiltsey Stirman, S., Gallop, R., Goldstein, L. A., & Ring-Kurtz, S. (2009). Unique and common mechanisms of change across cognitive and dynamic psychotherapies. *Journal of Consulting and Clinical Psychology, 94*, 801 – 813. doi:10.1037/a0016596

Gibbons, R. D., Hur, K., Brown, C. H., Davis, J. M., & Mann, J. J. (2012). Benefits from antidepres- sants: Synthesis of 6-week patient-level outcomes from double-blind placebo-controlled random- ized trials of fluoxetine and venlafaxine. *Archives of General Psychiatry, 69*, 572 – 579. doi:10.1001/ archgenpsychiatry.2011.2044

Giddens, A. (2006). *Sociology* (5th ed.). Cambridge, UK: Polity.

Gil, K. M., Williams, D. A., Keefe, F. J., & Beckham, J. C. (1990). The relationship of negative thoughts to pain and psychological distress. *Behavior Therapy, 21*, 349 – 362.

Gilbert, S. C. (2003). Eating disorders in women of color. *Clinical Psychology: Science and Practice, 10*, 444 – 455.

Gill, S. S., & Seitz, D. P. (2015). Lifestyles and cognitive health: What older individuals can do to optimize cognitive outcomes. *Journal of the American Medical Association, 314*, 774 – 775. doi:10.1001/jama.2015.9526.

Gillan, C. M., Apergis-Schoute, A. M., Morein-Zamir, S., Urcelay, G. P., Sule, A., Fineberg, N. A., …Robbins, T. W. (2015). Functional neuroimaging of avoidance habits in obsessive-compulsive disorder. *American Journal of Psychiatry, 172*, 284 – 293. doi:10.1176/appi. ajp.2014.14040525

Ginsburg, G. S., Becker, E. M., Keeton, C. P., Sakolsky, D., Piacentini, J., Albano, A. M., … Kendall, P. C. (2014). Naturalistic follow-up of youths treated for pediatric anxiety disorders. *JAMA Psychiatry, 71*, 310 – 318. doi: 10.1001/jamapsychiatry.2013.4186

Giordano, S. (2005). *Understanding eating disorders: Conceptual and ethical issues in the treatment of anorexia and bulimia nervosa*. Melbourne, Australia: Oxford University Press.

Glaser, G. (2014, January 2). Cold turkey isn't the only route. *The New York Times*, p. A19.

Glaser, R., Kiecolt-Glaser, J. K., Speicher, C. E., & Holliday, J. E. (1985). Stress, loneliness, and changes in herpes virus latency. *Journal of Behavioral≈Medicine, 8*, 249 – 260.

Glasofer, D. R., & Devlin, M. J. (2013). Cognitive behavioral therapy for bulimia nervosa. *Psychotherapy, 50*, 537 – 542. doi:10.1037/a0031939

Glassman, A. H., Bigger, T., Jr., & Gaffney, M. (2009). Psychiatric characteristics associated with long-term mortality among 361 patients having an acute coro- nary syndrome and major depression: Seven-year follow-up of SADHART participants. *Archives of General Psychiatry, 66*, 1022.

Glazener, C. M., Evans, J. H., & Peto, R. E. (2000). Tricyclic and related drugs for nocturnal enuresis in children. *Cochrane Database Systems Review, 3*, CD002117.

Gleaves, D. H. (1996). The sociocognitive model of dissociative identity disorder: A reexamination of the evidence. *Psychological Bulletin, 120*, 42 – 59.

Gleaves, D. H., Smith, S. M., Butler, L. D., & Spiegel, D. (2004). False and recovered memories in the laboratory and clinic: A review of experimental and clinical evidence. *Clinical Psychology: Science and Practice, 11*, 3 – 28.

Glicksman, E. (2013). Transgender terminology: It's complicated. *Monitor on Psychology, 44*(4), p. 39.

Gloster, A. T., Hauke, C., Höfler, M., Einsle, F., Fydrich, T., Hamm, A., Ströhle, A., & Wittchen, H. -U. (2014). Long-term stability of cognitive behavioral therapy effects for panic disorder. *Behaviour Research and Therapy, 51*, 830 – 839. doi:10.1016/j.brat.2013.09.009

Gloster, A. T., Wittchen, H.-U., Einsle, F., Lang, T., Helbig-Lang, S., Fydrich, T., … Aroltn, V. (2011). Psychological treatment for panic disorder with agoraphobia: A randomized controlled trial to examine the role of therapist-guided exposure in situ in CBT. *Journal of Consulting and Clinical Psychology, 79*, 406–420. doi: 10.1037/a0023584

Glover, J. H. (1985). A case of kleptomania treated by covert sensitization. *British Journal of Clinical Psychology, 24*, 213–214.

Goddard, A. W., Mason, G. F., Almai, A., Rothman, D. L., Behar, K. L., ...Krystal, J. H. (2001). Reductions in occipital cortex GABA levels in panic disorder detected with 1h-magnetic spectroscopy. *Archives of General Psychiatry, 58*, 556–561.

Goel, N., Banks, S., Mignot, E., & Dinges, D. R. (2010). DQB1*0602 predicts interindividual differences in physiologic sleep, sleepiness, and fatigue. *Neurology, 75*, 1509–1519.

Goenjian, A. K., Noble, E. P., Walling, D. P., Goenjian, H. A., Karayan, I. S., Ritchie, T., & Bailey, J. N. (2008). Heritabilities of symptoms of posttraumatic stress disorder, anxiety, and depression in earthquake exposed Armenian families. *Psychiatric Genetics, 18*, 261–266.

Gold, R., Butler, P., Revheim, N., Leitman, D. I., Hansen, J. A., Gur, R. C., ...Javitt, D. C. (2012). Auditory emotion recognition impairments in schizophrenia: Relationship to acoustic features and cognition. *American Journal of Psychiatry, 169*, 424–432. doi:10.1176/appi.ajp.2011.11081230

Goldberg, A. (2003). Heinz Kohut, 1913–1981. *American Journal of Psychiatry, 160*, 670.

Goldberg, J. F., Gerstein, R. K., Wenze, S. J., Welker, T. M., & Beck, A. T. (2008). Dysfunctional attitudes and cognitive schemas in bipolar manic and unipolar depressed outpatients: Implications for cognitively based psychotherapeutics. *The Journal of Nervous and Mental Disease, 196*, 207–210.

Golden, G. S. (2008). Review of "Dyslexia, learning, and the brain." *New England Journal of Medicine, 359*, 2737.

Goldfried, M. R. (2012). On entering and remaining in psychotherapy. *Clinical Psychology: Science and Practice, 19*, 125–128. doi:10.1111/j.1468-2850.2012.01278.x

Goldie, T. (2014). *The man who invented gender*. Vancouver, Canada: UBC Press.

Goldin, P. R., Ziv, M., Jazaieri, H., Hahn, K., Heimberg, R., & Gross, J. J. (2013). Impact of cognitive behavioral therapy for social anxiety disorder on the neural dynamics of cognitive reappraisal of negative self-beliefs: Randomized clinical trial. *JAMA Psychiatry, 70*, 1048–1056. doi:10.1001/jamapsychiatry.2013.234

Goldstein, B. L., & Klein, D. N. (2014). A review of selected candidate endophenotypes for depression. *Clinical Psychology Review, 34*, 417–427.

Goldstein, R. L. (1986). Erotomania. *American Journal of Psychiatry, 143*, 802.

Goleman, D. (1995, June 21). "Virtual reality" conquers fear of heights. *The New York Times*, p. C11.

Gonda, X., Pompili, M., Serafini, G., Montebovi, F., Campi, S., Dome, P., ...Rihmer, Z. (2012). Suicidal behavior in bipolar disorder: Epidemiology, characteristics and major risk factors. *Journal of Affective Disorders, 143*, 16–26.

Gone, J. P., & Trimble, J. E. (2012). American Indian and Alaska Native mental health: Diverse perspectives on enduring disparities. *Annual Review of Clinical Psychology, 8*, 131–160.

González, H. M., Vega, W. A., Williams, D. R., Tarraf, W., West, B. T., & Neighbors, H. W. (2010). Depression care in the United States: Too little for too few. *Archives of General Psychiatry, 67*, 37–46.

Gonzalez, V. M., & Dulin, P. L. (2015). Comparison of a smartphone app for alcohol use disorders with an Internet-based intervention plus bibliotherapy: A pilot study. *Journal of Consulting and Clinical Psychology, 83*, 335–345. Retrieved from http://dx.doi.org/10.1037/a0038620

Gonzalez-Gadea, M. L., Baez, S., Torralva, T., Castellanos, F. X., Rattazzi, A., Bein, V., ...Ibanez, A. (2013). Cognitive variability in adults with ADHD and AS: Disentangling the roles of executive functions and social cognition. *Research in Developmental Disabilities, 34*, 817–830.

Goode, E. (2003). Experts see mind's voices in new light. *The New York Times*, pp. F1, F6.

Goodie, A. S., & Fortune, E. E. (2013). Measuring cognitive distortions in pathological gambling: Review and meta-analyses. *Psychology of Addictive Behaviors, 27*, 730–743. doi:10.1037/a0031892

Gooding, P., & Tarrier, N. (2009). A systematic review and meta-analysis of cognitive-behavioural interventions to reduce problem gambling: Hedging our bets? *Behaviour Research and Therapy, 47*, 592–560. doi:10.1016/j.brat.2009.04.002

Goodkind, M., Eickhoff, S. B., Oathes, D. J., Jiang, Y., Chang, A., Jones-Hagata, L. B., & Etkin, A. (2015). Identification of a common neurobiological substrate for mental illness. *JAMA Psychiatry, 2*, 305–315. doi:10.1001/jamapsychiatry.2014.2206

Goodlad, J. K., Marcus, D. K., & Fulton, J. J. (2013). Lead and attention-deficit/hyperactivity disorder (ADHD) symptoms: A meta-analysis. *Clinical Psychology Review, 33*, 417–425.

Gordon, J. L., Ditto, B., Lavoie, K. L., Pelletier, R., Campbell, T. S., Arsenault, A., ...Bacon, S. L. (2011). The effect of major depression on postexercise cardiovascular recovery. *Psychophysiology, 48*, 1605–1610. doi:10.1111/j.1469-8986.2011.01232.x

Gore, W. L., & Widiger, T. A. (2013). The DSM-5 dimensional trait model and five-factor models of general personality. *Journal of Abnormal Psychology, 122,* 816 – 821. doi:10.1037/a0032822

Gori, L., Giuliano, A., Muratori, F., Saviozzi, L., Oliva, P., Tancredi, R., ...Retico. A. (2015). Gray matter alterations in young children with autism spectrum disorders: Comparing morphometry at the voxel and regional level. *Journal of Neuroimaging, 73,* 25. doi:10.1111/jon.12280

Gormally, J., Sipps, G., Raphael, R., Edwin, D., & Varvil-Weld, D. (1981). The relationship between maladaptive cognitions and social anxiety. *Journal of Consulting and Clinical Psychology, 49,* 300 – 301.

Gorman, C. (2003, October 20). How to eat smarter. *Time,* 48 – 59.

Gorman, C. (2012, January). Five hidden dangers of obesity: Excess weight can harm health in ways that may come as a surprise. *Scientific American.* Retrieved from https://www.scientificamerican.com/article.cfm?id=five-hidden-dangersof-obesity

Gosselin, C., & Wilson, G. (1980). *Sexual variations.* New York, NY: Simon & Schuster.

Gothold, J. J. (2009). Peeling the onion: Understanding layers of treatment. *Annals of the New York Academy of Sciences, 1159,* 301 – 312.

Gottesman, I. I. (1991). *Schizophrenia genetics: The origins of madness.* New York, NY: Freeman.

Gottesman, I. I., & Gould, T. D. (2003). The endophenotype concept in psychiatry: Etymology and strategic intentions. *American Journal of Psychiatry, 160,* 636 – 645.

Gottesman, I. I., McGuffin, P., & Farmer, A. E. (1987). Clinical genetics as clues to the "real" genetics of schizophrenia. *Schizophrenia Bulletin, 13,* 23 – 47.

Goudriaan, A. E., Oosterlaan, J., de Beurs, E., & van den Brink, W. (2006). Neurocognitive functions in pathological gambling: A comparison with alcohol dependence, Tourette syndrome and normal con- trols. *Addiction, 101,* 534 – 547.

Gouin, J.-P., Glaser, R., Malarkey, W. B., Beversdorf, D., & Kiecolt-Glaser, J. (2012). Chronic stress, daily stressors, and circulating inflammatory markers. *Health Psychology, 31,* 264 – 268. doi:10.1037/ a0025536

Gould, F., Clarke, J., Heim, C., Harvey, P. D., Majer, M., & Nemeroff, C. B. (2012). The effects of child abuse and neglect on cognitive functioning in adulthood. *Journal of Psychiatric Research, 46,* 500 – 506.

Gould, M. S., Greenberg, T., Velting, D. M., & Shaffer, D. (2003). Youth suicide risk and preventive inter- ventions: A review of the past 10 years. *Journal of the American Academy of Child and Adolescent Psychiatry, 42,* 386 – 405.

Grace, A. A. (2010). Ventral hippocampus, interneu-rons, and schizophrenia: A new understanding of the pathophysiology of schizophrenia and its implications for treatment and prevention. *Current Directions in Psychological Science, 19,* 232 – 237.doi:10.1177/0963721410378032

Graham, J. R. (2011). *MMPI-2: Assessing personality and psychopathology* (5th ed.). New York, NY: Oxford University Press.

Granata, A. R., Pugni, V., Rochira, V., Zirilli, L., & Carani, C. (2012). Hormonal regulation of male sexual desire: The role of testosterone, estrogen, prolactin, oxytocin, and others. In M. Maggi (Ed.), *Hormonal therapy for male sexual dysfunction* (pp. 72 – 82). Hoboken, NJ: Wiley.

Granholm, E., Holden, J., Link, P. C., & McQuaid, J. R. (2014). Randomized clinical trial of cognitive behavioral social skills training for schizophrenia: Improvement in functioning and experiential nega- tive symptoms. *Journal of Consulting and Clinical Psychology, 82*(6), 1173 – 1185. Retrieved from http:// dx.doi.org/10.1037/a0037098

Grant, A., Fathalli, G., Rouleau, G., Joober, R., & Flores, C. (2012). Association between schizophre-nia and genetic variation in DCC: A case – control study. *Schizophrenia Research, 137,* 26 – 31.

Grant, B. B., Saha, T. D., Ruan, W. J., Goldstein, R. B., Chou, S. P., Jung, J., ...Hasin, D. S. (2016). Epidemiology of DSM-5 drug use disorder: Results from the National Epidemiologic Survey on Alcohol and Related Conditions – III. *JAMA Psychiatry, 73,* 39 – 47. doi:10.1001/jamapsychiatry.2015.2132

Grant, B. F., Harford, T. C., Muthen, B. O., Yi, H. Y., Hasin, D. S., & Stinson, F. S. (2006). DSM-IV alcohol dependence and abuse: Further evidence of valid-ity in the general population. *Drug and Alcohol Dependence, 86,* 154 – 166.

Grant, B. F., Hasin, D. S., Blanco, C., Stinson, F. S., Chou, S. P., Goldstein, R. B., ...Huang, B. (2006). The epidemiology of social anxiety disorder in the United States: Results from the National Epidemiologic Survey on Alcohol and Related Conditions. *Journal of Clinical Psychiatry, 66,* 1351 – 1361.

Grant, B. F., Hasin, D. S., Stinson, F. S., Dawson, D. A., Goldstein, R. B., Smith, S., ...Saha, T. D. (2006). The epidemiology of DSM-IV panic disorder and agoraphobia in the United States: Results from the National Epidemiologic Survey on Alcohol and Related Conditions. *Journal of Clinical Psychiatry, 67,* 363 – 374.

Grant, B. F., Hasin, D. S., Stinson, F. S., Dawson, D. A., Ruan, W. J. Goldstein, R. B., ...Huang, B. (2005). Prevalence, correlates, co-morbidity, and com- parative disability of DSM-IV generalized anxiety disorder in the USA: Results from the National Epidemiologic Survey on Alcohol and Related Conditions. *Psychological Medicine, 35,* 1747 – 1759.

Grant, B. F., Stinson, F. S., Dawson, D. A., Chou, S. P., &

Ruan, W. J. (2005). Co-occurrence of DSM-IV personality disorders in the United States: Results from the National Epidemiologic Survey on Alcohol and Related Conditions. *Comprehensive Psychiatry, 46*, 1 – 5.

Grant, B. R., Goldstein, R. B., Saha, T. D., Chou, S. P., Jung, J., Zhang, H., ...Hasin, D. S. (2015). Epidemiology of DSM-5 alcohol use disorder. *JAMA Psychiatry, 72*, 757 – 766. doi:10.1001/ jamapsychiatry.2015.0584

Grant, J. E. (2014). Obsessive – compulsive disorder. *New England Journal of Medicine, 371*, 646 – 653. doi: 10.1056/NEJMcp1402176

Grant, J. E., & Odlaug, B. L. (2009). Assessment and treatment of pyromania. In J. E. Grant & M. N. Potenza (Eds.), *The Oxford handbook of impulse control disorders* (pp. 353 – 359). Oxford, UK: Oxford University Press.

Grant, J. E., Odlaug, B. L., & Kim, S. W. (2012). Assessment and treatment of kleptomania. In J. E. Grant & M. N. Potenza (Eds.), *The Oxford handbook of impulse control disorders* (pp. 334 – 343). New York, NY: Oxford University Press.

Grant, J. E., Williams, K. A., & Kim, S. W. (2006). Update on pathological gambling. *Current Psychiatry Reports, 8*, 53 – 58.

Gratz, K. L., Tulla, M. T., Barucha, D. E., Bornovalova, M. A., & Lejuez, C. W. (2008). Factors associ-ated with co-occurring borderline personality disorder among inner-city substance users: The roles of childhood maltreatment, negative affect intensity/reactivity, and emotion dysregulation. *Comprehensive Psychiatry, 49*, 603 – 615.

Grave, R. D., El Ghoch, M., Sartirana, M., & Calugi, S. (2016). Cognitive behavioral therapy for anorexia nervosa: An update. *Current Psychiatry Reports, 18*, 2.

Gray, A. L., Hyde, T. M., Deep-Soboslay, A., Kleinman, J. E., & Sodhi, M. S. (2015). Sex differ-ences in glutamate receptor gene expression in major depression and suicide. *Molecular Psychiatry, 20*, 1057 – 1068. doi: 10.1038/mp.2015.91

Gray, M. J., & Acierno, R. (2002) Posttraumatic stress disorder. In M. Hersen (Ed.), *Clinical behavior therapy: Adults and children* (pp. 106 – 124). New York, NY: John Wiley & Sons.

Gray-Little, B., & Hafdahl, A. R. (2000). Factors influ-encing racial comparisons of self-esteem: A quanti-tative review. *Psychological Bulletin, 126*, 26 – 54.

Green, B. A., Carnes, S., & Carnes, P. J. (2012). Cybersex addiction patterns in a clinical sample of homosexual, heterosexual, and bisexual men and women. *Sexual Addiction and Compulsivity, 19*(1 – 2), 77 – 98.

Greenberg, J. L., Mothi, S. S., & Wilhelm, S. (2016). Cognitive-behavioral therapy for body dysmorphic disorder by proxy. *Behavior Therapy*, in press.

Greene, B. (2009). The use and abuse of religious beliefs in dividing and conquering between socially marginalized groups: The same sex marriage debate. *American Psychologist, 64*(8), 698 – 709.

Greene, B. A. (1990). Sturdy bridges: The role of African American mothers in the socialization of African American children. *Women & Therapy, 10*, 205 – 225.

Greene, B. A. (1993a). African American women. In L. Comas-Diaz & B. Greene (Eds.), *Women of color and mental health* (pp. 13 – 25). New York, NY: Guilford Press.

Greene, B. A. (1993b, Spring). Psychotherapy with African American women: The integration of feminist and psychodynamic approaches. *Journal of Training and Practice in Professional Psychology, 7*, 49 – 66.

Greene, R. L., Robin, R. W., Albaugh, B., Caldwell, A., & Goldman, D. (2003). Use of the MMPI-2 in American Indians: II. Empirical correlates. *Psychological Assessment, 5*, 360 – 369.

Greenhill, S. D., Juczewski, K., de Haan, A. M., Seaton, G., Fox, K., & Hardingham, N. R. (2015). Adult cortical plasticity depends on an early postnatal critical period. *Science, 349*, 424. doi:10.1126/science.aaa8481

Greenwood, A. (2006, April 25). Natural killer cells power immune system response to cancer. *NCI Cancer Bulletin, 3*(17). Retrieved from http://www.cancer.gov/ncicancerbulletin/ NCI_Cancer_Bulletin_042506/page4

Greenwood, T. A., Lazzeroni, L. C., Calkins, M. E., Freedman, R., Green, M. R., Gur, R. E., ...Braff, D. L. (2016). Genetic assessment of additional endo- phenotypes from the Consortium on the Genetics of Schizophrenia Family Study. *Schizophrenia Research, 170*, 30 – 40. http://dx.doi.org/10.1016/ j.schres.2015.11.008

Gregory, J. (2003). *Sickened: The memoir of a Münchausen by proxy childhood.* New York, NY: Bantam.

Griesi-Oliveira, K., Acab, A., Gupta, A. R., Sunaga, D. Y., Chailangkarn, T., Nicol, X., ...Muotri, A. R. (2014). Modeling non-syndromic autism and the impact of TRPC6 disruption in human neurons. *Molecular Psychiatry, 20*, 1350 – 1365. doi:10.1038/ mp.2014.141

Griffee, K., O'Keefe, S. L., Beard, K. W., Young, D. H., Kommord, M. J., Linz, T. D., ...Stroebelf, S. S. (2014). Human sexual development is subject to critical period learning: Implications for sexual addic-tion, sexual therapy, and for child rearing. *Sexual Addiction & Compulsivity, 21*(2), 114 – 169. doi:10.1080 /10720162.2014.906012

Griffiths, M. D. (2012). Internet sex addiction: A review of empirical research. *Addiction Research & Theory, 20*, 111 – 124.

Grilo, C. M., Hrabosky, J. I., White, M. A., Allison, K. C., Stunkard, A. J., & Masheb, R. M. (2008). Overvaluation of shape and weight in binge eating disorder and overweight controls: Refinement of a diagnostic construct. *Journal of Abnormal Psychology, 117*, 414–419.

Grilo, C. M., Masheb, R. M., & Crosby, R. D. (2012). Predictors and moderators of response to cognitive behavioral therapy and medication for the treatment of binge eating disorder. *Journal of Consulting and Clinical Psychology, 80*, 897–906. doi:10.1037/ a0027001

Grob, G. N. (1983). *Mental illness and American society, 1875–1940*. Princeton, NJ: Princeton University Press.

Grob, G. N. (1994). *The mad among us: A history of the care of America's mentally ill*. New York, NY: Free Press.

Grob, G. N. (2009). *Mental institutions in America: Social policy to 1875*. Piscataway, NJ: Transaction Publishers Rutgers—The State University of New Jersey.

Grogan, J. (2013). *Encountering America: Humanistic psychology, sixties culture and the shaping of the modern self*. New York, NY: HarperPerennial.

Gropalis, M., Bleichhardt, G., Witthöft, M., & Hiller, W. (2012). Hypochondriasis, somatoform disorders, and anxiety disorders: Sociodemographic variables, general psychopathology, and naturalistic treatment effects. *Journal of Nervous & Mental Disease, 200*, 406–412.

Grossman, L. (2003, January 20). Can Freud get his job back? *Time*, 48–51.

Grothe, K. B., Dutton, G. R., Jones, G. N., Bodenlos, J., Ancona, M., & Brantley, P. J. (2005). Validation of the Beck Depression Inventory-II in a low-income African American sample of medical outpatients. *Psychological Assessment, 17*, 110–114.

Grover, S., Chakrabarti, S., Ghormode, D., Agarwal, M., Sharma, A., & Avasthi, A. (2015). Catatonia in inpatients with psychiatric disorders: A comparison of schizophrenia and mood disorders. *Psychiatry Research, 229*, 919–925. doi:10.1016/ j.psychres.2015.07.020

Gu, J., Strauss, C., Bond, R., & Cavanagh, K. (2015). How do mindfulness-based cognitive therapy and mindfulness-based stress reduction improve mental health and well-being? A systematic review and meta-analysis of mediation studies. *Clinical Psychology Review, 37*, 1–12.

Guidi, J., Tomba, E., & Fava, G. A. (2016). The sequential integration of pharmacotherapy and psycho- therapy in the treatment of major depressive disorder: A meta-analysis of the sequential model and a critical review of the literature. *American Journal of Psychiatry, 173*, 128–137. Retrieved from http:// dx. doi. org/10.1176/appi.ajp.2015.15040476

Guillaume, F., Guillem, F., Tiberghien, G., & Stip, E. (2012). ERP investigation of study-test background mismatch during face recognition in schizophrenia. *Schizophrenia Research, 134*, 101–109.

Gunderson, J. G: (2011). Borderline personality disorder. *New England Journal of Medicine, 364*, 2037–2042.

Gunderson, J. G. (2015). Reducing suicide risk in borderline personality disorder. *Journal of the American Medical Association, 314*, 181–182. doi:10.1001/jama.2015.4557

Gunderson, J. G., Stout, R. L., McGlashan, T. H., Shea, M., T., Morey, L. C., Grilo, C. M., …Skodol, A. E. (2012). Ten-year course of borderline personality disorder: Psychopathology and function from the Collaborative Longitudinal Personality Disorders Study. *Archives of General Psychiatry,68*, 827–837.

Gunn, R. L., & Smith, G. T. (2010). Risk factors for elementary school drinking: Pubertal status, personality, and alcohol expectancies concurrently predict fifth grade alcohol consumption. *Psychology of Addictive Behaviors, 24*, 617–627. doi:10.1037/ a0020334

Gunter, R. W., & Whittal, M. L. (2010). Dissemination of cognitive-behavioral treatments for anxiety disorders: Overcoming barriers and improving patient access. *Clinical Psychology Review, 30*, 194–202. doi: 10.1016/j.cpr.2009.11.001

Guo, J. Y., Huhtaniska, S. Miettunen, J., Jääskeläinen, E., Kiviniemi, V., Nikkinen, J., …Murray, G. K. (2015). Longitudinal regional brain volume loss in schizophrenia: Relationship to antipsychotic medication and change in social function. *Schizophrenia Research, 168*, 297–304. doi:10.1016/j.schres.2015.06.016

Guo, W., Liu, F., Xiao, C., Yu, M., Zhang, Z., Liu, J., …Zhao, J. (2015). Increased causal connectivity related to anatomical alterations as potential endophenotypes for schizophrenia. *Medicine (Baltimore), 94*, e1493. doi: 10.1097/MD.0000000000001493

Guo, X., Zhai, J., Liu, Z., Fang, M., Wang, B., Wang, C., …Zhao, J. (2010). Effect of antipsychotic medication alone vs. combined with psychosocial intervention on outcomes of early-stage schizophrenia: A randomized, 1-year study. *Archives of General Psychiatry, 67*, 895–904. doi:10.1001/ archgenpsychiatry.2010.105

Guoa, M. E., Collinson, S. L., Subramaniam, M., & Chong. S. A. (2010). Gender differences in schizotypal personality in a Chinese population. *Personality and Individual Differences, 50*, 404–408. doi:10.1016/j.paid.2010.11.005

Gvirts, H. Z., Harari, H., Braw, Y., Shefet, D., Shamay-Tsoory, S. G. & Levkovitz, Y. (2012). Executive functioning among patients with borderline personality disorder (BPD) and their relatives. *Journal of Affective Disorders, 143*, 261–264.

H1N1-triggered narcolepsy may stem from "molecular mimicry." (2013, December 18). Stanford University Press Release. Retrieved from http://www.wakeupnarcolepsy.org/wp-content/uploads/Stanford-University-PRESS-RELEASE-Molecular-Mimicry.pdf

Haagen, J. F., Smid, G. E., Knipscheer, J. W., & Kleber, R. J. (2015). The efficacy of recommended treatments for veterans with PTSD: A metaregression analysis. *Clinical Psychology Review, 40,* 184–194. doi: 10.1016/j.cpr.2015.06.008

Haake, P., Schedlowski, M., Exton, M. S., Giepen, C., Hartmann, U., Osterheider, M., ...Krüger, T. H. (2003). Acute neuroendocrine response to sexual stimulation in sexual offenders. *Canadian Journal of Psychiatry, 48,* 265–271.

Hadjistavropoulos, H. D., Pugh, N. E., Nugent, M. N.,Hesser, H., Andersson, G., Ivanov, M., ...Austin, D. W. (2014). Therapist-assisted Internet-delivered cog- nitive behavior therapy for depression and anxiety: Translating evidence into clinical practices. *Journal of Anxiety Disorders, 28,* 884–893. doi:10.1016/j. janxdis.2014.09.018

Hadjistavropoulos, H. D., Thompson, M., Ivanov, M., Drost, C., Butz, C., Klein, B., ...Austin, D. W. (2011). Considerations in the development of a therapist-assisted Internet cognitive behavior therapy service. *Professional Psychology: Research and Practice, 42,* 463–471. doi:10.1037/a0026176

Haedt-Matt, A. A., & Keel, P. K. (2011). Revisiting the affect regulation model of binge eating: A meta- analysis of studies using ecological momentary assessment. *Psychological Bulletin, 137,* 660–681. doi:10.1037/a0023660

Hagen, S., & Carouba, M. (2002). *Women at ground zero: Stories of courage and compassion.* Indianapolis, IN: Alpha.

Halbreich, U., O'Brien, S., Eriksson, E., Bäckström, T., Yonkers, K. A., & Freeman, E. W. (2006). Are there differential symptom profiles that improve in response to different pharmacological treatments of premenstrual syndrome/premenstrual dysphoric disorder? *CNS Drugs, 20,* 523–547.

Hall, H. I., Song, R., Rhodes, P., Prejean, J., An, Q., Lee, L. M., ...Janssen, R. S. (2008). Estimation of HIV incidence in the United States. *Journal of the American Medical Association, 300,* 520–529.

Hall, S. S., Jiang, H., Reiss, A. J., & Greicius, M. D. (2013). Identifying large-scale brain networks in Fragile X Syndrome. *JAMA Psychiatry, 70,* 1215–1223. doi:10.1001/jamapsychiatry.2013.247

Ham, L. S., & Hope, D. A. (2003). College students and problematic drinking: A review of the litera- ture. *Clinical Psychology Review, 23,* 719–759.

Hamani, C., Pilitsis, J., Rughani, A. I., Rosenow, J. M., Patil, P. G., Slavin, K. S., ...Kalkanis, S. (2014). Deep brain stimulation for obsessive-compulsive disorder. *Neurosurgery, 75,* 327. doi:0.1227/ NEU.0000000000000499

Hamilton, J. L., Stange, J. P., Abramson, L. Y., & Alloy, L. B. (2015). Stress and the development of cognitive vulnerabilities to depression explain sex differences in depressive symptoms during ado- lescence. *Clinical Psychological Science, 3,* 702–714. doi:10.1177/2167702614545479

Hamilton, J. P. (2015). Amygdala reactivity as mental health risk endophenotype: A tale of many trajectories. *American Journal of Psychiatry, 172,* 214–215. http://dx.doi.org/10.1176/appi. ajp.2014.14121491

Hamilton, K. E., Wershler, J. L., Macrodimitris, S. D., Backs-Dermott, B. J., Ching, L. E., & Mothersill, K. J. (2012). Exploring the effectiveness of a mixed-diagnosis group cognitive behavioral therapy inter- vention across diverse populations. *Cognitive and Behavioral Practice, 19,* 472–482.

Hamilton, S. P. (2008). Schizophrenia candidate genes: Are we really coming up blank? *American Journal of Psychiatry, 165,* 420–423.

Hammen, C. (2009). Adolescent depression: Stressful interpersonal contexts and risk for recurrence. *Current Directions in Psychological Science, 18,* 200–204. doi: 10.1111/j.1467-8721.2009.01636.x

Hammen, C. (2015). Stress sensitivity in psychopa- thology: Mechanisms and consequences. *Journal of Abnormal Psychology, 124,* 152–154. Retrieved from http://dx.doi.org/10.1037/abn0000040

Hampton, T. (2012). Effects of ECT. *Journal of the American Medical Association, 307,* 1790–1790. doi:10.1001/jama.2012.3723

Hampton, T. (2015). Report describes trends in U.S. cancer incidence and mortality rates. *Journal of the American Medical Association, 313,* 2014. doi: 10.1001/jama.2015.4359

Hamre, K. (2013). Obesity: Multiple factors contrib-ute. *Nature, 493,* 480. doi:10.1038/493480c

Han, J., Kesner, P., Metna-Laurent, M., Duan, T., Xu, L., Georges, G., Koehl, M., ...Ren, W. (2012). Acute cannabinoids impair working memory through astroglial CB1 receptor modulation of hippocam- pal LTD. *Cell, 148*(5), 1039–1050. doi:10.1016/j. cell.2012.01.037

Han, J.-H., Kushner, S. A., Yiu, A. P., Hsiang, H.-L., Buch, T., Waisman, A., ...Josselyn, S. (2009). Selective erasure of a fear memory. *Science, 323,* 1492–1496. doi: 10.1126/science.1164139

Hancock, L. (1996, March 18). Mother's little helper. *Newsweek,* 51–56.

Hans, E., & Hiller, W. (2013). Effectiveness of and dropout from outpatient cognitive behavioral ther- apy for adult unipolar depression: A meta-analysis of nonrandomized effectiveness studies. *Journal of Consulting and Clinical Psychology, 81,* 75–88. doi:10.1037/a0031080

Hansen, N. B., Lambert, M. J., & Forman, E. M. (2002). The psychotherapy dose-response effect and its implications for treatment delivery services. *Clinical Psychology: Science and Practice, 9,* 329–343.

Hansen, N. D., Randazzo, K. V., Schwartz, A., Marshall, M.,

Kalis, D., Frazier, E. R., …Norvig, G. (2006). Do we practice what we preach? An exploratory survey of multicultural psychotherapy competencies. *Professional Psychology: Research and Practice, 37,* 66–74.

Hansen, S. N., Schnendel, D. E., & Parner, E. T. (2014). Explaining the increase in the prevalence of autism spectrum disorders: The propor-tion attributable to changes in reporting prac-tices. *JAMA Pediatrics, 169,* 56–62. doi: 10.1001/ jamapediatrics.2014.1893

Hare, R. D. (1965). Temporal gradient of fear arousal in psychopaths. *Journal of Abnormal Psychology, 70,* 442–445.

Hariri, A. R., Mattay, V. S., Tessitore, A., Kolachana, B., Fera, F., & Goldman, D. (2002). Serotonin trans-porter genetic variation and the response of the human amygdala. *Science, 19,* 400–403.

Harkness, K. L., Alavi, N., Monroe, S. M., Slavich, G. M., Gotlib, I. H., & Bagby, R. M. (2010). Gender differences in life events prior to onset of major depressive disorder: The moderating effect of age. *Journal of Abnormal Psychology, 119,* 791–803. doi:10.1037/a0020629

Harmon, A. (2012, April 8). The autism wars. *The New York Times,* p. SR3.

Harold, G. T., Leve, L. D., Barrett, D., Elam, K., Neiderhiser, J. M., Natsuaki, M. N., …Thap, A. (2013). Biological and rearing mother influences on child ADHD symp-toms: Revisiting the devel- opmental interface between nature and nurture. *Journal of Child Psychology and Psychiatry, 54,* 1038–1046. doi:10.1111/jcpp.12100

Harpur, T. J., & Hare, R. D. (1994). Assessment of psychopathy as a function of age. *Journal of Abnormal Psychology, 103,* 604–609.

Harris, A. H., Bowe, T., Del Re, A. C., Finlay, A. K., Oliva, E., Myrick, H. L., …Rubinsky, A. D. (2015). Extended release naltrexone for alcohol use disor- ders: Quasi-experimental effects on mortality and subsequent detoxification episodes. *Alcoholism: Clinical and Experimental Research, 39,* 79–83. doi:10.1111/acer.12597

Harris, A., & Lurigio, A. J. (2007). Mental illness and violence: A brief review of research and assess-ment strategies. *Aggression and Violent Behavior, 12,* 542–551.

Harris, E., & Younggren, J. N. (2011). Risk manage- ment in the digital world. *Professional Psychology: Research and Practice, 42,* 412–418. doi:10.1037/a0025139

Harris, G. (2006, November 23). Proof is scant on psychiatric drug mix for young. *The New York Times,* pp. A1, A28.

Harrison, B. J., Soriano-Mas, C., Pujol, J., Ortiz, H., Lopez-Sola, M., Hernandez-Ribas, Deus, J., & Cardoner, N. (2009). Altered corticostriatal functional connectivity in obsessive-compulsive disorder. *Archives of General Psychiatry, 66,* 1189–1200.

Hart, L. M., Granillo, M. T., Jorm, A. F., & Paxton, S. J. (2011). Unmet need for treatment in the eating disorders: A systematic review of eating disorder- specific treatment seeking among community cases. *Clinical Psychology Review, 31,* 727–735. doi:10.1016/j.cpr.2011.03.004

Hartmann, A., Thomas, J. J., Greenberg, J. L., Matheny, N., & Wilhelm, S. (2014). A comparison of self- esteem and perfectionism in anorexia nervosa and body dysmorphic disorder. *Journal of Nervous & Mental Disease, 202,* 883–888. doi:10.1097/ NMD.000000000000021570

Hartmann, M. N., Kluge, A., Kalis, A., Mojzisch, A., Tobler, P. N., & Kaiser, S. (2015). Apathy in schizo- phrenia as a deficit in the generation of options for action. *Journal of Abnormal Psychology, 124,* 309–318. http://dx.doi.org/10.1037/abn0000048

Hartz, S. M., Short, S. E., Saccone, N. L., Culverhouse, R., Chen, L., Schwantes-An, T.-H., …Bierut, L. J. (2012). Increased genetic vulnerability to smoking at CHRNA5 in early-onset smokers. *Archives of General Psychiatry, 69,* 854–860. doi:10.1001/ archgenpsychiatry.2012.124

Harvey, A. G., & Tang, N. K. Y (2012). (Mis)perception of sleep in insomnia: A puzzle and a resolution. *Psychological Bulletin, 138,* 77–101. doi:10.1037/ a0025730

Harvey, A. G., Bélanger, L., Talbot, L., Eidelman, P., Beaulieu-Bonneau, S., Fortier-Brochu, E., …Morin, C. M. (2014). Comparative efficacy of behavior therapy, cognitive therapy, and cognitive behav-ior therapy for chronic insomnia: A randomized controlled trial. *Journal of Consulting and Clinical Psychology, 82,* 670–683. doi:10.1037/a0036606

Harvey, E. A., Breaux, R. P., & Lugo-Candelas, C. I. (2016). Early development of comorbidity between symptoms of attention-deficit/hyperactivity dis- order (ADHD) and oppositional defiant disorder (ODD). *Journal of Abnormal Psychology, 125,* 154–167. http://dx.doi.org/10.1037/abn0000090

Harvey, P. D. (2010). Cognitive functioning and disability in schizophrenia. *Current Directions in Psychological Science, 19,* 249–254. doi:10.1177/0963721410378033

Harvey, R. C., James, A. C., & Shields, G. E. (2016). A systematic review and network meta-analysis to assess the relative efficacy of antipsychotics for the treatment of positive and negative symptoms in early-onset schizophrenia. *CNS Drugs, 30,* 27–39. doi:10.1007/s40263-015-0308-1

Hashemi, J., Tepper, M., Spina, T. V., Esler, A., Morellas, V., Papanikolopoulos, N. P., …Sapiro, G. (2014). Computer vision tools for low-cost and non- invasive measurement of autism-related behaviors in infants. *Autism Research and Treatment.* Retrieved from http://arxiv.org/pdf/1210.7014.pdf

Hasin, D., Hatzenbuehler, M. L., Keyes, K., & Ogburn, E. (2006). Substance use disorders: Diagnostic and Statistical Manual of Mental Disorders, fourth edition (DSM-IV) and

International Classification of Diseases, tenth edition (ICD-10). *Addiction,* 101(Suppl. 1), 59–75.

Hasin, D. S., O'Brien, C. P., Auriacombe, M., Borges, G., Bucholz, K., Budney, A., ...Grant, B. F. (2013). DSM-5 criteria for substance use disorders: Recommendations and rationale. *American Journal of Psychiatry, 170,* 834–851. doi:10.1176/appi.ajp.2013.12060782

Hasin, D. S., Saha, T. D., Kerridge, B. T., Goldstein, R. B., Chou, S. P., Zhang, H., ...Grant, B. F. (2015). Prevalence of marijuana use disorders in the United States between 2001–2002 and 2012–2013. *JAMA Psychiatry, 72,* 1235–1242. doi:10.1001/jamapsychiatry.2015.1858

Hassija, C. M., & Gray, M. J. (2010). Are cognitive techniques and interventions necessary? A case for the utility of cognitive approaches in the treatment of PTSD. *Clinical Psychology: Science and Practice, 17,* 112–127. doi:10.1111/j.1468-2850.2010.01201.x

Haughton, E., & Ayllon, T. (1965) Production and elimination of symptomatic behavior. In L. P. Ullmann & L. Krasner (Eds.), *Case studies in behavior modification* (pp. 94–98). New York, NY: Holt, Rinehart and Winston.

Haut, K. M., van Erp, T. G. M., Knowlton, B., Bearden, C. E., Subotnik, K., Ventura, J., ...Cannon, T. D. (2015). Contributions of feature binding during encoding and functional connectivity of the medial temporal lobe structures to episodic memory deficits across the prodromal and first-episode phases of schizophrenia. *Clinical Psychological Science, 3,* 159–174. doi:10.1177/2167702614533949

Havermans, R. C., & Jansen, A. T. M. (2003). Increasing the efficacy of cue exposure treatment in preventing relapse of addictive behavior. *Addictive Behaviors, 28,* 989–994.

Hawton, K., Casañas i Comabella, C., Haw, C., & Saunders, K. (2013). Risk factors for suicide in individuals with depression: A systematic review. *Journal of Affective Disorders, 47,* 17–28.

Hayes, B. (2001). *Sleep demons: An insomniac's memoir.* New York, NY: Washington Square Press.

Hayes, S. C., Muto, T., & Masuda, A. (2011). Seeking cultural competence from the ground up. *Clinical Psychology: Science and Practice, 18,* 232–237. doi:10.1111/j.1468-2850.2011.01254.x

Haynos, A. F., & Fruzzetti, A. E. (2011). Anorexia nervosa as a disorder of emotion dysregulation: Evidence and treatment implications. *Clinical Psychology: Science and Practice, 18,* 183–202. doi:10.1111/j.1468-2850.2011.01250.x

Hays, P. A. (2009). Integrating evidenced-based practice, cognitive-behavior therapy, and multicultural therapy: Ten steps for culturally competent practice. *Professional Psychology: Research and Practice, 40,* 354–360.

Hazell, C. M., Hayward, M., Cavanagh, K., & Strauss, C. (2016). A systematic review and meta-analysis of low intensity CBT for psychosis. *Clinical Psychology Review,* in press.

Hazlett, E. A., Lamade, R. V., Graff, F. S., McClure, M. M., Kolaitis, J. C., Goldstein, K. E., ...Moshier, E. (2014). Visual-spatial working memory performance and temporal gray matter volume predict schizotypal personality disorder group membership. *Schizophrenia Research, 152,* 350–357. doi:10.1016/j.schres.2013.12.006

Heavy toll from alcohol. (2014). *Journal of the American Medical Association, 312,* 688. doi:10.1001/jama.2014.9637

Hebert, L. E., Scherr, P. A., Bienias, J. L., Bennett, D. A., & Evans, D. A. (2003). Alzheimer's disease in the U.S. population: Prevalence estimates using the 2000 census. *Archives of Neurology, 60,* 1119–1122.

Hebert, L. E., Weuve, J., Scherr, P. A., & Evans, D. A. (2013). Alzheimer disease in the United States (2010–2050) estimated using the 2010 cen-sus. *Neurology, 80* (19), 1778–1783. doi:10.1212/WNL.0b013e31828726f5

Heck, A., Fastenrath, M., Ackermann, S., Auschra, B., Bickel, H., Coynel, D., ...Papassotiropoulos, A. (2014). Converging genetic and functional brain imaging evidence links neuronal excitability to working memory, psychiatric disease, and brain activity. *Neuron, 81,* 1203–1213. doi:10.1016/j.neuron.2014.01.010

Heck, A., Fastenrath, M., Coynel, D., Auschra, B., Bickel, H., Freytag, V., ...Papassotiropoulos, A. (2015). Genetic analysis of association between cal-cium signaling and hippocampal activation, mem- ory performance in the young and old, and risk for sporadic Alzheimer disease. *JAMA Psychiatry, 72,* 1029–1036. doi:10.1001/jamapsychiatr

Heckers, S. (2013). What is the core of schizophre-nia? *JAMA Psychiatry, 70,* 1009–1010. doi:10.1001/jamapsychiatry.2013.2276

Hedman, E., Ljótsson, B., Kaldo, V., Hesser, H., El Alaoui, S., Kraepelien, M., ...Lindefors, N. (2014). Effectiveness of Internet-based cognitive behaviour therapy for depression in routine psychiatric care. *Journal of Affective Disorders, 155,* 49–58. doi:10.1016/j.jad.2013.10.023

Heilbrun, K., & Kramer, G. M. (2005). Involuntary medication, trial competence, and clinical dilem-mas: Implications of *Sell v. United States* for psycho- logical practice. *Professional Psychology: Research and Practice, 36,* 459–466.

Heiman, J. R. (2008). Treating low sexual desire: New findings for testosterone in women. *New England Journal of Medicine, 359*(19), 2047–2049.

Heinemann, L. A. J., Minh, T. D., Filonenko, A., & Uhl-Hochgräber, K. (2010). Explorative evaluation of the impact of severe premenstrual disorders on work absenteeism and productivity. *Women's Health Issues, 20,* 58 - 65. doi:10.1016/j.whi.2009.09.005

Heinrichs, M., Wagner, D., Schoch, W., Soravia, L. M., Hellhammer, D. H., & Ehlert, U. (2005). Predicting posttraumatic stress symptoms from pretraumatic risk factors: A 2-year prospective follow-up study in firefighters. *American Journal of Psychiatry, 162,* 2276 - 2286.

Helle, N., Barkmann, C., Bartz-Seel, J., Diehl, T., Ehrhardt, S., Hendel, A., ...Bindt, C. (2015). Very low birth-weight as a risk factor for postpartum depression four to six weeks postbirth in mothers and fathers: Cross-sectional results from a con- trolled multicentre cohort study. *Journal of Affective Disorders, 180,* 154 - 161.

Hemmings, C. (2010). Service use and outcomes. In N. Bouras (Ed.), *Mental health services for adults with intellectual disability: Strategies and solutions* (pp. 75 - 88). New York, NY: Psychology Press.

Hendrick, B. (2011, October 19). Use of antide-pressants on the rise in the U.S. *WebMD Health.* Retrieved from http://www.webmd.com/depression/news/20111019/use-ofantidepressants-on-the-rise-in-the-us

Henig, R. M. (2012, September 30). Valium's contribu-tion to our new normal. *The New York Times Sunday Review,* p. 9.

Henriques, G., Wenzel, A., Brown, G. K., & Beck, A. T. (2005). Suicide attempters' reaction to survival as a risk factor for eventual suicide. *American Journal of Psychiatry, 162,* 2180 - 2182.

Henry, K. L., McDonald, J. N., Oetting, E. R., Silk Walker, P., Walker, R. D., & Beauvais, F. (2011). Age of onset of first alcohol intoxication and subsequent alcohol use among urban American Indian adoles- cents. *Psychology of Addictive Behaviors, 25,* 48 - 56. doi: 10.1037/a0021710

Henry, M., Pascual-Leone, A., & Cole, J. (2003). Electromagnetic stimulation shows promise for treatment-resistant depression. Retrieved from http://www.healthyplace. com/communities/ depression/treatment/tms/index. asp

Hernandez, R., Kershaw, K. N., Siddique, J., Boehm, J. K., Kubzansky, L. D., Diez-Roux, A., ...Lloyd-Jones, D. M. (2015). Optimism and cardiovascular health: Multi-ethnic study of atherosclerosis (MESA). *Health Behavior and Policy Review, 2,* 62. doi:10.14485/HBPR.2.1.6

Herrera, V. M., & McCloskey, L. A. (2003). Sexual abuse, family violence, and female delinquency: Findings from a longitudinal study. *Violence & Victims, 18,* 319 - 334.

Herringa, R. J., Birna, P. M., Ruttle, P. L., Burghy, C. A., Stodola, D. E., Davidson, R. J., ... Essex, M. J. (2013). Childhood maltreatment is associated with altered fear circuitry and increased internalizing symp-toms by late adolescence. *Proceedings of the National Academy of Sci-ences.* Retrieved from http:// dx. doi. org/10.1073/pnas.1310766110

Heymsfield, S. B., & Cefalu, W. T. (2013). Does body mass index adequately convey a patient's mortality risk? *Journal of the American Medical Association, 309,* 87 - 88. doi:10.1001/jama.2012.185445

Hicks, B. M., Foster, K. T., Iacono, W. G., & McGue, M. (2013). Genetic and environmental influences on the familial transmission of externalizing disorders in adoptive and twin offspring. *JAMA Psychiatry, 70,* 1076 - 1083. doi:10.1001/jamapsychiatry.2013.258

Higgins, S. T. (2006). Extending contingency manage- ment to the treatment of methamphetamine use dis-orders. *American Journal of Psychiatry, 163,* 1870 - 1872.

Higgins, S. T., Heil, S. H., & Lussier, J. P. (2004). Clinical implications of reinforcement as a determi- nant of substance use disorders. *Annual Review of Psychology, 55,* 431 - 461.

Hilbert, A., Hildebrandt, T., Agras, W. S., Wilfley, D. E., & Wilson, G. T. (2015). Rapid response in psycho-logical treatments for binge eating disorder. *Journal of Consulting and Clinical Psychology, 83,* 649 - 654. Retrieved from http://dx.doi.org/10.1037/ccp0000018

Hildebrandt, T., Alfano, L., Tricamo, M., & Pfaff, D. W. (2010). Conceptualizing the role of estrogens and serotonin in the development and maintenance of bulimia nervosa. *Clinical Psychology Review, 30,* 655 - 668. doi: 0.1016/j.cpr.2010.04.011

Hill, C. E., Gelso, C. J., Gerstenblith, J., Chui, H., Pudasaini, S., Burgard, J., ...Huang, T. (2013). The dreamscape of psychodynamic psychotherapy: Dreams, dreamers, dream work, consequences, and case studies. *Dreaming, 23,* 1 - 45. doi:10.1037/a0032207

Hill, S. K., Reilly, J. L., Keefe, R. S. E., Gold, J. M., Bishop, J. R., Gershon, E. S., ...Sweeney, J. A. (2013). Neuropsychological impairments in schizophrenia and psychotic bipolar disorder: Findings from the Bipolar-Schizophrenia Network on Intermediate Phenotypes (B-SNIP) study. *American Journal of Psychiatry, 170,* 1275 - 1284.

Hinton, D. E., Park, L., Hsia, C., Hofmann, S., & Pollack, M. H. (2009). Anxiety disorder pre-sentations in Asian populations: A review. *CNS Neuroscience & Therapeutics, 15,* 295 - 303. doi:10.1111/j.1755-5949.2009.00095.x

Hirsch, S. R., & Leff, J. P. (1975). *Abnormalities in parents of schizophrenics.* Oxford, UK: Oxford University Press.

Hirschfeld, R. M. A. (2011). Deep brain stimulation for treatment-resistant depression. *American Journal of Psychiatry, 168,* 455 - 456. doi:10.1176/appi.ajp.2011.11020231

Hirschtritt, M. E., Lee, P. C., Pauls, D. L., Dion, Y., Grados, M. A., Illmann, C., King, R. A., ...Mathews, C. A., for the Tourette Syndrome Association International Consortium for Genetics. (2015). Lifetime prevalence, age of risk, and genetic rela- tionships of comorbid psychiatric disorders in Tourette Syndrome. *JAMA Psychiatry, 72,* 325–333. doi:10.1001/jamapsychiatry.2014.2650

Hispanics to total 30 percent of U.S. population by 2050. (2014, September 1). *MSNBC.com.* Retrieved from http://www. nbcnews. com/news/latino/ hispanics-total-30-percent-us-population-2050-n193206

Hitti, M. (2006, March 6). Eating disorders may run in families. *Psychology Today.* Retrieved from http://psychologytoday. webmd. com/content/ article/119/113378? src=rss_psychtoday

Hodgins, D. C., Schopflocher, D. P., el-Guebaly, N., Casey, D. M., Smith, G. J., Williams, R. J., & Wood, R. T. (2010). The association between childhood maltreatment and gambling problems in a commu- nity sample of adult men and women. *Psychology of Addictive Behaviors, 24,* 548–554. doi:10.1037/ a0019946

Hodgins, D. C., Stea, J. N., & Grant, J. E. (2011). Gambling disorders. *The Lancet, 378,* 1874–1884. doi: 10.1016/ S0140-6736(10)62185-X

Hofmann, S. G. (2008). Cognitive processes during fear ac-quisition and extinction in animals and humans: Implications for exposure therapy of anxiety disorders. *Clinical Psychology Review, 28,* 200–211.

Hofmann, S. G., Asmundson, G. J. G., & Beck, A. T. (2011). The science of cognitive therapy. *Behavior Therapy, 44,* 199–212.

Hofmann, S. G., Asnaani, A., Vonk, I. J. J., Sawyer, A. T., & Fang, A. (2012). The efficacy of cognitive behav- ioral therapy: A review of meta-analyses. *Cognitive Therapy and Research, 36,* 427–440. doi:10.1007/s10608-012-9476-1

Hofmann, S. G., Moscovitch, D. A., Kim, H. J., & Taylor, A. N. (2004). Changes in self-perception dur- ing treatment of social phobia. *Journal of Consulting and Clinical Psychology, 72,* 588–596.

Hofmann, S. G., Smits, J. A. J., Rosenfield, D., Simon, N., Otto, M. W., Meuret, A. E., ...Pollack, M. H. (2013). D-cycloserine as an augmentation strategy with cognitive-behavioral therapy for social anxi-ety disorder. *American Journal of Psychiatry, 170,* 751–758. doi:10.1176/appi.ajp.2013.12070974

Holahan, C. J., Moos, R. H., Holahan, C. K., Brennan, P. L., & Schutte, K. K. (2005). Stress generation, avoidance cop-ing, and depressive symptoms: A 10-year model. *Journal of Consulting and Clinical Psychology, 73,* 658–666.

Holbrook, T. L., Galarneau, M. R., Dye, J. L., Quinn, K., & Dougherty, A. L. (2010). Morphine use after combat in-jury in Iraq and post-traumatic stress disorder. *New Eng-land Journal of Medicine, 362,* 110–117.

Holden, C. (2008). Bipolar disorder: Poles apart. *Science, 321,* 193–195.

Holder-Perkins, V., & Wise, T. N. (2002). Somatization dis-order. In K. A. Phillips (Ed.), *Somatoform and factitious disorders* (pp. 1–26). Washington, DC: American Psychi-atric Association.

Holford, T. R., Meza, R., Warner, K. E., Meernik, C., Jeon, J., Moolgavkar, S. H., ...Levy, D. T. (2014). *Journal of the American Medical Association, 311,* 164–171. doi: 10.1001/jama.2013.285112

Holland, A. J., Sicotte, N., & Treasure, J. (1988). Anorexia nervosa: Evidence of a genetic basis. *Journal of Psycho-somatic Research, 32,* 561–571.

Hollingshead, A. B., & Redlich, F. C. (1958). *Social class and mental illness: Community study.* New York, NY: Wiley.

Hollon, S. D., & Ponniah, K. (2010). A review of empirically supported psychological therapies for mood disorders in adults. *Depression and Anxiety, 27,* 891–932.

Hollon, S. D., DeRubeis, R. J., Fawcett, J., Amsterdam, J. D., Shelton, R. C., Zajecka, J., ...Gallop, R. (2014). Effect of cognitive therapy with antidepressant medications vs. antidepressants alone on the rate of recovery in major de-pressive disorder: A random- ized clinical trial. *JAMA Psychiatry, 7,* 1157–1164. doi: 10.1001/jamapsychia-try.2014.1054

Hollon, S. D., & Kendall, P. C. (1980). Cognitive self-statements in depression: Development of an automatic thoughts questionnaire. *Cognitive Therapy and Research, 4,* 383–395.

Holma, K. M., Melartin, T. K., Haukka, J., Holma, I. A. K., Sokero, T. P., & Isometsä, E. T. (2010). Incidence and predictors of suicide attempts in DSM-IV major depres-sive disorder: A five-year prospective study. *American Journal of Psychiatry, 167,* 801–808.

Holmes, E. A., Craske, M. G., & Graybiel, A. M. (2014). Psychological treatments: A call for mental-health sci-ence. *Nature, 511,* 287–289. doi:10.1038/511287a

Holmes, M. C., Donovan, C. L., Farrell, L. J., & March, S. (2014). The efficacy of a group-based, disorder- specific treatment program for childhood GAD: A randomized con-trolled trial. *Behaviour Research and Therapy, 61,* 122–135.

Holroyd, K. A. (2002). Assessment and psychological man-agement of recurrent headache disorders. *Journal of Con-sulting and Clinical Psychology, 70,* 656–677.

Holt-Lunstad, J., Smith, T. B., Baker, M., Harris, T., & Ste-phenson, D. (2015). Loneliness and social isolation as risk factors for mortality: A meta-analytic review. *Per-spectives on Psychological Science, 10,* 227–237. doi: 10.1177/1745691614568352

Holtmann, M., Bölte, S., & Poustka, F. (2008). Rapid in-crease in rates of bipolar diagnosis in youth: "True" bipolarity or misdiagnosed severe disruptive behavior disorders? *Archives of General Psychiatry, 65*, 477.

Holtom-Viesel, A., & Allan, S. (2014). A systematic review of the literature on family functioning across all eating disorder diagnoses in comparison to control families. *Clinical Psychology Review, 34*, 29–43. doi:10.1016/j.cpr.2013.10.005

Holtz, J. L. (2011). *Applied clinical neuropsychology*. New York, NY: Springer.

Holtzheimer, P. E., & McDonald, W. E. (Eds.). (2014). *A clinical guide to transcranial magnetic stimulation*. New York, NY: Oxford University Press.

Holtzheimer, P. E., Kelley, M. E., Gross, R. E., Filkowski, M. M., Garlow, S. J., Barrocas, A., ... Mayberg, H. S. (2012). Subcallosal cingulate deep brain stimulation for treatment-resistant unipolar and bipolar depres- sion. *Archives of General Psychiatry, 69*, 150–158. doi:10.1001/archgenpsychiatry.2011.1456

Hölzel, L., Härter., M., Reese, C., & Kriston, L. (2011). Risk factors for chronic depression: A systematic review. *Journal of Affective Disorders, 129*, 1–13.

Homer, B. D., Solomon, T. M., Moeller, R. W., Mascia, A., DeRaleau, L., & Halkitis, P. N. (2008). Methamphetamine abuse and impairment of social functioning: A review of the underlying neuro- physiological causes and behavioral implications. *Psychological Bulletin, 134*, 301–310.

Hong, D. S., Dunkin, B., & Reiss, A. L. (2011). Psychosocial functioning and social cognitive processing in girls with Turner syndrome. *Journal of Developmental & Behavioral Pediatrics, 7*, 512–520.

Hong, S., Kim, J., Choi, E., Kim, H., Suh, J., Kim, C., ... Yi, S. (2013). Reduced orbitofrontal cortical thick- ness in male adolescents with internet addiction. *Behavioral and Brain Functions, 9*, 11.

Hong, S., Zalesky, A., Cocchi, L., Fornito, A., Choi, E., Kim, H., ...Yi., S. (2013). Decreased functional brain connectivity in adolescents with internet addiction. *PLOS ONE, 8*, e57831.

Hongying, F., Xianbo, W., Fang, Y., Yang, B., & Beiguo, L. (2013). Oral immunization with recombinant *Lactobacillus acidophilus* expressing the adhesin hp0410 of *Helicobacter pylori* induces mucosal and systemic immune responses. *Clinical and Vaccine Immunology, 21*, 126–132. doi:10.1128/CVI.00434-13

Hooker, C. I., Bruce, L., Fisher, M., Verosky, S. C., Miyakawa, A., & Vinogradov, S. (2012). Neural activity during emotion recognition after com- bined cognitive plus social cognitive training in schizophrenia. *Schizophrenia Research, 39*, 53–59. doi:10.1016/j.schres.2012.05.009

Hooley, J. M. (2010). Social factors in schizophrenia. *Current Directions in Psychological Science, 19*, 238–242. doi:10.1177/0963721410377597

Hooli, B. V., Lill, C. M., Mullin, K., Qiao, D., Lange, C., Bertram, L., & Tanzi, R. E. (2015). PLD3 gene vari-ants and Alzheimer's disease. *Nature, 520*, E7–E8. doi:10.1038/nature14040

Hopkin, M. (2008, May 5). Fat cell numbers stay constant through adult life. *Nature News*. doi: 10.1038/news.2008.800

Hopko, D. R., Cannity, K., McIndoo, C. C., File, A. A., Ryba, M. M., Clark, C. G., ...Bell, J. L. (2015). Behavior therapy for depressed breast cancer patients: Predictors of treatment outcome. *Journal of Consulting and Clinical Psychology, 83*, 225–231. http://dx. doi. org/10.1037/a0037704

Hor, H., Bartesaghi, L., Kutalik, Z., Vicário, J. L., de Andrés, C., Pfister, C., ...& Peraita-Adrados, R.(2011). A missense mutation in myelin oligodendro- cyte glycoprotein as a cause of familial narcolepsy with cataplexy. *American Journal of Human Genetics, 89*, 474–479. doi:10.1016/j.ajhg.2011.08.007

Hotchkiss, S. (2002). *Saving yourself from the narcissists in your life*. New York, NY: Free Press.

Houts, A. C. (2010). Behavioral treatment for enuresis. In J. R. Weisz & A. E. Kazdin (Eds.), *Evidence-based psychotherapies for children and adolescents* (2nd ed., pp. 359–374). New York, NY: Guilford Press.

Howard, J. S., Stanislaw, H., Green, G., Sparkman, C. R., & Cohen, H. G. (2014). Comparison of behavior analytic and eclectic early interventions for young children with autism after three years. *Research in Developmental Disabilities, 35*, 3326–3344. doi:10.1016/j.ridd.2014.08.021

Howard, R., McShane, R., Lindesay, J., Ritchie, C., Baldwin, A., Barber, R., ...Phillips, P. (2012). Donepezil and memantine for moderate-to-severe Alzheimer's disease. *New England Journal of Medicine, 66*, 893–903.

Howell, E. F. (2011). *Understanding and treating dissociative identity disorder: A rational approach*. New York, NY: Routledge/Taylor & Francis.

Howes, O. D., Kambeitz, J., Kim, E., Stahl, D., Slifstein, M., Abi-Dargham, A., & Kapur, S. (2012). The nature of dopamine dysfunction in schizophrenia and what this means for treat-ment: Meta-analysis of imaging studies. *Archives of General Psychiatry, 69*, 776–786. doi: 10.1001/ archgenpsychiatry.2012.169

Hoza, B., Mrug, S., Gerdes, A. C., Hinshaw, S. P., Bukowski, W. M., Gold, J. A., ...Arnold, L. E. (2005). What aspects of peer relationships are impaired in children with attention-deficit/hyperactivity disorder? *Journal of Consulting and Clinical Psychology, 73*, 411–423.

Hsieh, H. J., Lue, K. H., Tsai, H. C., Lee, C. C., Chen, S. Y., & Kao, P. F. (2014). L-3,4-dihydroxy-6-[F-18] fluo-rophenylalanine positron emission tomography demonstrating dopaminergic system abnormal-ity in the brains of obsessive-compulsive disorder patients. *Psychiatry and Clinical Neurosciences, 68,* 292 – 298. doi: 10.1111/pcn.12139

Hu, E. (2013, August 20). Facebook makes us sadder and less satisfied, study finds. *NPR.org.* Retrieved from http://www. npr. org/blogs/alltechconsid-ered/2013/08/19/213568763/researchers-facebook- makes-us-sadder-and-less-satisfied

Hu, M.-C., Davies, M., & Kandel, D. B. (2006). Epidemiology and correlates of daily smoking and nicotine dependence among young adults in the United States. *American Journal of Public Health, 96,* 299 – 308.

Hua, X., Thompson, P. M., Leow, A. D., Madsen, S. K., Caplan, R., Alger, J. R., ...Levitt, J. G. (2011). Brain growth rate abnormalities visualized in adolescents with autism. *Human Brain Mapping.* Retrieved from http://onlinelibrary.wiley.com/doi/10.1002/ hbm.21441/abstract

Huang, J., Ikeuchi, Y., Malumbres, M., & Bonni, A. (2014). A Cdh1-APC/FMRP ubiquitin signaling link drives mGluR-dependent synaptic plastic-ity in the mammalian brain. *Neuron, 86,* 726 – 739. doi: 10.1016/j. neuron.2015.03.049

Hubbard, K. L., Zapf, P. A., & Ronan, K. A. (2003). Competency restoration: An examination of the dif-ferences between defendants predicted restorable and not restorable to competency. *Law and Human Behavior, 27,* 127 – 139.

Hudson, J. I., Hiripi, E., Pope, H. G., Jr., & Kessler, R. C. (2006). Prevalence and correlates of eating disorders in the National Comorbidity Survey Replication. *Biological Psychiatry, 61,* 348 – 358.

Hudson, J. I., Lalonde, J. K., Berry, J. M., Pindyck, L. J., Bulik, C. M., Crow, S. J., ... Pope, H. G., Jr. (2006). Binge-eating disorder as a distinct familial phenotype in obese individuals. *Archives of General Psychiatry, 63,* 313 – 319.

Hugdahl, K., Rund, B. R., Lund, A., Asbjørnsen, A., Egeland, J., Ersland, L., ...Thomsen, T. (2004). Brain activation measured with fMRI during a mental arithmetic task in schizophrenia and major depres- sion. *American Journal of Psychiatry, 161,* 286 – 293.

Hugh-Jones, S., Gough, B., & Littlewood, A. (2005). Sexual exhibitionism as "sexuality and individuality": A critique of psychomedical discourse from the perspectives of women who exhibit. *Sexualities, 8,* 259 – 281.

Huhn, M., Tardy, M., Spineli, L. M., Kissling, W., Förstl, H., Pitschel-Walz, G., ...Leucht, S. (2014). Efficacy of pharmacotherapy and psychotherapy for adult psychiatric disorders: A systematic overview of meta-analyses. *JAMA Psychiatry, 71,* 706 – 715. doi: 10.1001/jamapsychiatry.2014.112

Hulshoff Pol, H. E., van Baal, G. C., M., Schnack, H. G., Brans, R. G. H., van der Schot, A. C., Brouwer, R. M., ...Kahn, R. S. (2012). Overlapping and seg-regating structural brain abnormalities in twins with schizophrenia or bipolar disorder. *Archives of General Psychiatry, 69,* 349 – 359. doi:10.1001/ archgenpsychiatry.2011.1615

Humphrey, L. L. (1986). Family dynamics in bulimia. In S. C. Feinstein, M. Sugar, A. H. Esman, & J. G. Looney (Eds.), *Adolescent psychiatry* (pp. 315 – 332). Chicago, IL: University of Chicago Press.

Hunnicutt-Ferguson, K., Hoxha, D., & Gollan, J. (2012). Exploring sudden gains in behavioral activation therapy for Major Depressive Disorder. *Behaviour Research and Therapy, 50,* 223 – 230.

Hunter, E. C. M., Phillips, M. L., Chalder, T., Sierra, M., & David, A. S. (2003). Depersonalisation dis-order: A cognitive – behavioural conceptualization. *Behaviour Research and Therapy, 41,* 1451 – 1467.

Hunter, E. C. M., Salkovskis, P. M., & David, A. S. (2014). Attributions, appraisals and attention for symptoms in depersonalisation disorder. *Behaviour Research & Therapy, 253,* 20 – 29. doi:10.1016/ j.brat.2013.11.005

Huntington's disease advance: Overactive protein triggers a chain reaction that causes brain nerve cells to die. (2011, February 23). *ScienceDaily.* Retrieved from http://www.sciencedaily. com/ Huprich, S. K., Fuller, K. M., & Schneider, R. B. (2003). Divergent ethical perspectives on the duty-to-warn principle with HIV patients. *Ethics & Behavior, 13,* 263 – 278.

Hurlbut, G., & Gade, E. (1984). Personality differ-ences between Native American and Caucasian women alcoholics: Implications for alcoholism counseling. *White Cloud Journal, 3,* 35 – 39.

Huttunen, J., Heinimaa, M., Svirskis, T., Nyman, M., Kajander, J., Forsback, S., ...Hietala, J. (2008). Striatal dopamine synthesis in first-degree relatives of patients with schizophrenia. *Biological Psychiatry, 63,* 1814 – 1817. doi:10.1016/j.biopsych.2007.04.017

Huynh, Q.-L., Devos, T., & Dunbar, C. M. (2012). The psychological costs of painless but recurring experi-ences of racial discrimination. *Cultural Diversity and Ethnic Minority Psychology, 18,* 26 – 34. doi:10.1037/ a0026601

Hwang, W. -C. (2006). The psychotherapy adaptation and modification framework: Application to Asian Americans. *American Psychologist, 61,* 702 – 715.

Hyde, J. S., Mezulis, A. H., & Abramson, L. Y. (2008). The ABCs of depression: Integrating affective, biological, and cognitive models to explain the emergence of the gender difference in depression. *Psychological Review, 115,* 291 – 313.

Hyman, S. E. (2011). The meaning of the Human Genome Project for neuropsychiatric disorders. *Science, 331,*

1026. doi:10.1126/science.1203544

Ibarra-Rovillard, M. S., & Kuiper, N. A. (2011). Social support and social negativity findings in depres- sion: Perceived responsiveness to basic psychologi- cal needs. *Clinical Psychology Review, 31,* 342 – 352. doi:10.1016/j.cpr.2011.01.005

Ilgen, M. A., Wilbourne, P. L., Moos, B. S., & Moos, R. H. (2008). Problem-free drinking over 16 years among individuals with alcohol use disorders.*Drug and Alcohol Dependence, 92,* 116.

Imel, Z. E., Malterer, M. B., McKay, K. M., & Wampold,B. E. (2008). A meta-analysis of psychotherapy and medication in unipolar depression and dysthymia. *Journal of Affective Disorders, 110,* 197 – 206.

Indian, M., & Grieve, R. (2014). When Facebook is easier than face-to-face: Social support derived from Facebook in socially anxious individuals. *Personality and Individual Differences, 59,* 102 – 106.

Infurna, M. R., Reichl, C., Parzer, P., Schimmenti, A., Bifulco, A., & Kaess, M. (2016). Associations between depression and specific childhood experi- ences of abuse and neglect: A meta-analysis. *Journal of Affective Disorders, 190,* 47 – 55. doi:10.1016/ j.jad.2015.09.006

Inman, A. G., & DeBoer Kreider, E. (2014). Multicultural competence: Psychotherapy practice and supervision. *Psychotherapy, 50,* 346 – 350. doi:10.1037/a0032029

Inouye, S. K. (2006). Delirium in older persons. *New England Journal of Medicine, 354,* 1157 – 1165.

Insel, T. R. (2014). Mental disorders in childhood: Shifting the focus from behavioral symptoms to neurodevelopmental trajectories. *Journal of the American Medical Association, 311,* 1727 – 1728. doi:10.1001/jama.2014.1193

Insel, T. R., & Cuthbert, B. N. (2015). Brain disorders? Precisely. *Science, 348,* 499 – 500. doi: 10.1126/science.aab2358

Institute of Medicine. (April 2015). Cognitive aging:Progress in understanding and opportunities for action. *Report Brief.* Retrieved from http://www. iom. edu/~/media/Files/Report% 20Files/2015/ Cognitive_aging/Cognitive% 20Aging%20 report%20brief.pdf

International Schizophrenia Consortium, Purcell, S. M., Wray, N. R., Stone, J. L., Visscher, P. M., O'Donovan, M. C., ... Sklar, P. (2009). Common polygenic variation contributes to risk of schizo-phrenia and bipolar disorder. *Nature, 460,* 748 – 752. doi:10.1038/nature08185

iPad App helps autistic teen communicate. (2010, April 7). *Globe Newswire.* Retrieved from http:// www. globenewswire.com/newsroom/news.html? d=188282

Irish, L., Kobayashi, I., & Delahanty, D. L. (2010). Long-term physical consequences of childhood sexual abuse: A meta-analytic review. *Journal of Pediatric Psychology, 35,* 450 – 461.

Ironson, G., O'Cleirigh, C., Leserman, J., Stuetzle, R., Fordiani, J., Fletcher, M. A., & Schneiderman, N. (2013). Gender-specific effects of an augmented written emotional disclosure intervention on posttraumatic, depressive, and HIV-disease-related outcomes: A randomized, controlled trial. *Journal of Consulting and Clinical Psychology, 81,* 284 – 298. doi:10.1037/a0030814

Ishak, W. W., Bokarius, A., Jeffrey, J. K., Davis, M. C., & Bakhta, Y. (2010). Disorders of orgasm in women: A literature review of etiology and current treatments. *Journal of Sexual Medicine, 7,* 3254 – 3268. doi:10.1111/j.1743-6109.2010.01928.x

Islam, L., Franzinia, A., Messina, G., Scaroneb, S., & Gambinib, O. (2015). Deep brain stimulation of the nucleus accumbens and bed nucleus of stria terminalis for obsessive-compulsive disorder: A case series. *World Neurosurgery, 83,* 657 – 663. http://dx. doi. org/10.1016/j.wneu.2014.12.024

Isles, A. R. (2015). Neural and behavioral epigenetics: What it is, and what is hype. *Genes, Brain and Behavior, 14,* 64 – 72, doi:10.1111/gbb.12184

Ivleva, E. I., Bidesi, A. S., Keshavan, M. S., Pearlson, G. D., Meda, S. A., Dodig, D., ...Tamminga C. A. (2013). Gray matter volume as an intermediate phenotype for psychosis: Bipolar-schizophrenia network on intermediate phenotypes (B-SNIP). *American Journal of Psychiatry, 170,* 1285 – 1296.

Jablensky, A. V., Morgan, V., Zubrick, S. R., Bower, C., & Yellachich, L.-A. (2005). Pregnancy, delivery, and neonatal complications in a population cohort of women with schizophrenia and major affective dis-orders. *American Journal of Psychiatry, 162,* 79 – 91.

Jablensky, A., Sartorius, N., Ernberg, G., & Anker, M. (1992). Schizophrenia: Manifestations, incidence and course in different cultures: A World Health Organization ten-country study. *Psychological Medicine, 20*(Monograph Suppl.), 1 – 97.

Jack, C. R., Jr., Albert, M. S., Knopman, D. S., McKhann, G. M., Sperling, R. A., Carrillo, M. C., ... Phelps, C. H. (2011). Introduction to the recom- mendations from the National Institute on Aging and the Alzheimer's Association workgroup on diagnostic guidelines for Alzheimer's disease. *Alzheimers Dementia, 7,* 257 – 262.

Jackson, L. C., & Greene, B. A. (Eds.). (2000). *Psychotherapy with African American women: Innovations in psychodynamic perspectives and practice.* New York, NY: Guilford Press.

Jacob, J. (2015a). Anxiety disorders affect 4.3 million working U.S. adults. *Journal of the American Medical Association, 314,* 330. doi:10.1001/jama.2015.8411

Jacob, J. (2015b). IOM report on cognitive aging.*Journal of the American Medical Association, 313,* 2415. doi:

10.1001/jama.2015.6577

Jacob, T., Waterman, B., Heath, A., True, W., Bucholz, K. K., Haber, R., ...Fu, Q. (2003). Genetic and environmental effects on offspring alcoholism: New insights using an offspring-of-twins design. *Archives of General Psychiatry, 60,* 1265–1272.

Jacobi, C., Hayward, C., de Zwaan, M., Kraemer, H. C., & Agras, W. S. (2004). Coming to terms with risk factors for eating disorders: Application of risk terminology and suggestions for a general taxonomy. *Psychological Bulletin, 130,* 19–65.

Jacquemont, S., Coe, B. P., Hersch, M., Duyzend, M. H., Krumm, N., Bergmann, S., ... Eichler, E. E. (2014). A higher mutational burden in females supports a "female protective model" in neurodevelopmental disorders. *The American Journal of Human Genetics, 34,* 415–425. doi:10.1016/j.ajhg.2014.02.001

Jacquemont, S., Curie, A., des Portes, V., Torrioli, M. G., Berry-Kravis, E., Hagerman, R. J., ...Gomez-Mancilla, B. (2011). Epigenetic modification of the fMRI gene in Fragile X Syndrome is associated with differen-tial response to the mGluR5 antagonist AFQ056. *Science Translational Medicine, 3,* 64. doi:10.1126/ scitranslmed.3001708

Jaffe, A. E., Gao, Y., Deep-Soboslay, A., Tao, R., Hyde, T. M., Weinberger, D. R., & Kleinman, J. E. (2016). Mapping DNA methylation across development, genotype and schizophrenia in the human frontal cortex. *Nature Neuroscience, 19,* 40–47. doi:10.1038/ nn.4181

Jaffe, E. (2013, September). The link between person-ality and immunity. *APS Observer, 26*(7), 27–30.

Jain, A., Marshall, J., Buikema, A., Bancroft, T., Kelly,J. P., & Newschaffer, C. J. (2015). Autism occurrence by MMR vaccine status among U.S. children with older siblings with and without autism. *Journal of the American Medical Association, 313,* 1534–1540. doi: 10.1001/ jama.2015.3077

James, P. A., Oparil, S., Carter, B. L., Cushman, W. C., Dennison-Himmelfar, C., Handler, J., ...Ortiz, E. (2014). 2014 evidence-based guideline for the man- agement of high blood pressure in adults: Report from the panel members appointed to the Eighth Joint National Committee. *Journal of the American Medical Association, 311,* 507–520. doi:10.1001/ jama.2013.284427

Jamison, K. R. (1995). *An unquiet mind.* New York, NY: Knopf.

Janssen, E., & Bancroft, J. (2006). The dual-control model: The role of sexual inhibition & excitation in sexual arousal and behavior. In E. Janssen (Ed.), *The psychophysiology of sex* (pp. 197–222). Bloomington, IN: Indiana University Press.

Järnefelt, H., Sallinen, M., Luukkonen, R., Kajastec, S., Savolainen, A., & Hublina, C. (2014). Cognitive behav-ioral therapy for chronic insom-nia in occupational health services: Analyses of outcomes up to 24 months post-treatment. *Behaviour Research and Therapy, 56,* 16–21. doi.org/10.1016/j.brat.2014.02.007

Javier, R. (2010). Acculturation and changing roles. In J. S. Nevid & S. A. Rathus (Eds.), *Psychology and the challenges of life: Adjustment and growth* (p. 336). Hoboken, NJ: Wiley.

Jayasekara, H., MacInnis, R. J., Room, R., & English, D. R. (2015, September). Long-term alcohol con- sumption and breast, upper aero-digestive tract and colorectal cancer risk: A systematic review and meta-analysis. *Alcohol and Alcoholism.* doi:10.1093/ alcalc/agv110

Jefferson, D. J. (2005, August 8). America's most dangerous drug. *Newsweek, 41*–48.

Jemmott, J. B., Borysenko, J. Z., Borysenko, M., McClelland, D. C., Chapman, R., Meyer, D., & Benson, H. (1983). Academic stress, power motiva- tion, and decrease in secretion rate of salivary secre- tory immunoglobulin A. *The Lancet, 1,* 1400–1402.

Jenkins, C. D. (1988). Epidemiology of cardiovas- cular diseases. *Journal of Consulting and Clinical Psychology, 56,* 324–332.

Jenkins, P. E., Hoste, R. R., Meyer, C., & Blissett, M. M. (2011). Eating disorders and quality of life: A review of the literature. *Clinical Psychology Review, 31,* 113–121. doi:10.1016/j.cpr.2010.08.003

Jeon, H. J., Park, J.-I., Fava, M., Mischoulon, D., Sohn, J. H., Seong, S., ...Choe, M. J. (2014). Feelings of worthlessness, traumatic experience, and their comorbidity in relation to lifetime suicide attempt in community adults with major depressive disor- der. *Journal of Affective Disorders, 166,* 206–212.

Jha, P., & Peto, R. (2014). Global effects of smoking, of quitting, and of taxing tobacco. *New England Journal of Medicine, 370,* 60–68. doi:10.1056/NEJMra1308383

Jha, P., Ramasundarahettige, C., Landsman, V., Rostron, B., Thun, M., Anderson, R. N., McAfee, T., & Peto, R. (2013). 21st-century hazards of smoking and benefits of cessation in the United States. *New England Journal of Medicine, 368,* 341–350. doi:10.1056/NEJMsa1211128

Jian, X.-Q., Wang, K.-S., Wu, T.-J., Hillhouse, J. J., & Mullersman, J. E. (2011). Association of ADAM10 and CAMK2A polymorphisms with conduct disor-der: Evidence from family-based studies. *Journal of Abnormal Child Psychology, 39,* 773–782. doi:10.1007/ s10802-011-9524-4

Jiang, H., & Chess, L. (2006). Regulation of immune responses by T cells. *New England Journal of Medicine, 354,* 1166–1176.

Jobe, T. H., & Harrow, M. (2010). Schizophrenia course, long-term outcome, recovery, and prognosis. *Current Di-*

rections in *Psychological Science, 19,* 220‒225. doi: 10.1177/0963721410378034

Joe, S., Baser, E., Breeden, G., Neighbors, H. W., & Jackson, J. S. (2006). Prevalence of and risk factors for lifetime suicide attempts among Blacks in the United States. *Journal of the American Medical Association, 296,* 2112‒2123.

Joffe, A. (2014, February 10). Prognosis of adolescent mental disorders. *NEJM Journal Watch Psychiatry.* Retrieved from http://www. jwatch. org/na33485/ 2014/02/10/prognosis-adolescent-mental-disorders?query=etoc_jwpeds

Joffe, A. (2015, May 27). Preventing youth suicide. *NEJM Journal Watch Psychiatry.* Retrieved from http://www. jwatch. org/na37964/2015/05/27/preventing-youth-suicide?query=etoc_jwpeds

Johansson, A., Sundbom, E., Höjerback, T., & Bodlund, O. (2010). A five-year follow-up study of Swedish adults with gender identity disorder. *Archives of Sexual Behavior, 39,* 1429‒1437. doi:10.1007/s10508‒009‒9551‒1

Johnson, D. B., Oyama, N., LeMarchand, L., & Wilkens, L. (2004). Native Hawaiians mortality, morbidity, and lifestyle: Comparing data from 1982, 1990, and 2000. *Pacific Health Dialog, 11,* 120‒130.

Johnson, D. C., Thom, N. J., Stanley, E. A., Haase, L., Simmons, A. N., Shih, P. B., ...Paulus, M. P. (2014). Modifying resilience mechanisms in at-risk individuals: A controlled study of mindfulness training in marines preparing for deployment. *American Journal of Psychiatry, 171,* 844‒853. doi:10.1176/appi.ajp.2014.13040502

Johnson, J. G., Cohen, P., Chen, H., Kasen, S., & Brook, J. S. (2006). Parenting behaviors associated with risk for offspring personality disorder during adulthood. *Archives of General Psychiatry, 63,* 579‒587.

Johnson, S. L., Murray, G., Fredrickson, B., Youngstrom, E. A., Hinshaw, S., Bass, J. M., ... Salloum, I. (2011). Creativity and bipolar disorder: Touched by fire or burning with questions? *Clinical Psychology Review, 32,* 1‒12. doi:10.1016/ j.cpr.2011.10.001

Johnston, B. C., Kanters, S., Bandayrel, K., Wu, P., Naji, F., Siemieniuk, R. A., ... Mills, E. J. (2014). Comparison of weight loss among named diet programs in overweight and obese adults: A meta-analysis. *Journal of the American Medical Association, 312,* 923‒933. doi: 10.1001/jama.2014.10397

Johnston, C., Mash, E. J., Miller, N., & Ninowski, J. E. (2012). Parenting in adults with attention-deficit/ hyperactivity disorder (ADHD). *Clinical Psychology Review, 32,* 215‒228.

Joinson, C., Heron, J., Butler, U., von Gontard, A., & the Avon Longitudinal Study of Parents and Children Study Team. (2006). Psychological differ- ences between children with and without soiling problems. *Pediatrics, 117,* 1575‒1584.

Jokela, M., Keltikangas-Jarvinen, L., Kivimaki, M., Puttonen, S., Elovainio, M., Rontu R., & Lehtimaki, T. (2007). Serotonin receptor 2A gene and the influence of childhood maternal nurturance on adulthood depressive symptoms. *Archives of General Psychiatry, 64,* 356‒360.

Jokela, M., Virtanen, M., Batty, G. D., & Kivimäki, M. (2016). Inflammation and specific symptoms of depression. *JAMA Psychiatry, 73,* 87‒88. doi:10.1001/jamapsychiatry.2015.1977

Jones, C. (2003). Tightropes and tragedies: 25 years of Tarasoff. *Medicine, Science, and the Law, 43,* 13‒22.

Jones, D. S. (2014). Still delirious after all these years. *New England Journal of Medicine, 370,* 399‒401. doi: 10.1056/NEJMp1400062

Jones, E. (1953). *The life and work of Sigmund Freud.* New York, NY: Basic Books.

Jones, K. E., & Hertlein, K. M. (2012). Four key dimensions for distinguishing Internet infidelity from Internet and sex addiction: Concepts and clinical application. *The American Journal of Family Therapy, 40,* 115‒125.

Jones, M. P. (2006). The role of psychosocial factors in peptic ulcer disease: Beyond *Helicobacter pylori* and NSAIDs. *Journal of Psychosomatic Research, 60,* 407‒412.

Jones, P. B., Rantakallio, P., Hartikainen, A. L., Isohanni, M., & Sipila, P. (1998). Schizophrenia as a long-term outcome of pregnancy, delivery, and perinatal complications: A 28-year follow-up of the 1966 North Finland general population birth cohort. *American Journal of Psychiatry, 155,* 355‒364.

Joormann, J., Levens, S. M., & Gotlib, I. H. (2011). Depression and rumination are associated with difficulties manipulating emotional material in working memory. *Psychological Science, 22,* 979‒983. doi: 10.1177/0956797611415539

Jordan, K., Fromberger, P., Stolpmann, G., & Muller, J. L. (2011). The role of testosterone in sexuality and paraphilia: A neurobiological approach. *Sexual Medicine, 8* (11), 3008‒3029.

Junco, R. (2015). Student class standing, Facebook use, and academic performance. *Journal of Applied Developmental Psychology, 36,* 18‒29.

Jung, J., Forbes, G. B., & Lee, Y.-J. (2009). Body dissatisfaction and disordered eating among early adolescents from Korea and the U.S. *Sex Roles, 61,* 42‒54. doi: 10.1007/s11199-009-9609-5

Jurvelin, H., Takala, T., Nissilä, J., Timonen, M., Rüger, M., Jokelainen, J., ...Räsänen, P. (2014). Transcranial bright light treatment via the ear canals in seasonal affective disorder: A randomized, double-blind dose-response study. *BMC Psychiatry, 14,* 288. doi:10.1186/s12888-014-0288-6

Just, N., Abramson, L. Y., & Alloy, L. B. (2001). Remitted

depression studies as tests of the cognitive vulner- ability hypotheses of depression onset: A critique and conceptual analysis. *Clinical Psychology Review, 21*, 63–83.

Jylhä, P., Rosenström, T., Mantere, O., Suominen, K., Melartin, T., Vuorilehto, M., ...Isometsä, E. (2015). Personality disorders and suicide attempts in unipolar and bipolar mood disorders. *Journal of Affective Disorders, 190*, 632–639. doi:10.1016/ j.jad.2015.11.006

Kafka, M. P. (2010). The DSM diagnostic criteria for fetishism. *Archives of Sexual Behavior, 39*(2), 357–362. doi:10.1007/s10508-009-9558-7

Kahn, M. W. (1982). Cultural clash and psychopathol- ogy in three aboriginal cultures. *Academic Psychology Bulletin, 4*, 553–561.

Kahn, R. S., & Keefe, R. S. E. (2013). Schizophrenia is a cognitive illness: Time for a change in focus. *JAMA Psychiatry, 70*, 1107–1112. doi: 10.1001/ jamapsychiatry.2013.155

Kaiser, R. H., Andrews-Hanna, J. R., Wager, T. D., & Pizzagalli, D. A. (2015). Large-scale network dysfunction in major depressive disorder: A meta-analysis of resting-state functional connec-tivity. *JAMA Psychiatry, 72*, 603–611. doi:10.1001/ jamapsychiatry.2015.0071

Kaldo, V., Jernelöv, S., Blom, K., Ljótsson, B., Brodin, M., Jörgensen, M., Kraepelien, M., ... Lindefors, N. (2015). Guided Internet cognitive behavioral ther- apy for insomnia compared to a control treatment: A randomized trial. *Behaviour Research and Therapy, 71*, 90–100. doi:10.1016/j.brat.2015.06.001

Kalibatseva, Z, & Leong, F. T. L. (2011). Depression among Asian Americans: Review and recom- mendations. *Depression Research and Treatment*. Retrieved from http://www.hindawi.com/journals/ drt/2011/320902/

Kaller, C. P., Loosli, S. V., Rahm, B., Gössel, A., Schieting, S., Hornig, T., ...Katzev, M. (2014). Working memory in schizophrenia: Behavioral and neural evidence for reduced susceptibility to item- specific proactive interference. *Biological Psychiatry, 76*, 486–494. doi:10.1016/j.biopsych.2014.03.012

Kam-Hansen, S., Jakubowski, M., Kelley, J. M., Kirsch, I., Hoaglin, D. C., Kaptchuk, T. J., ... Burstein, R. (2014). Altered placebo and drug labeling changes the outcome of episodic migraine attacks. *Science Translational Medicine, 8*, 218ra5.

Kandel, D. B. (2003). Does marijuana use cause the use of other drugs? *Journal of the American Medical Association, 289*, 482–483.

Kane, J. M., Robinson, D. G., Schooler, N. R., Mueser, K. T., Penn, D. L., Rosenheck, R. A., ... Heinssen, R. K. (2015). Comprehensive versus usual community care for first episode psychosis: Two-year outcomes from the NIMH RAISE Early Treatment Program. *American Journal of Psychiatry*. Retrieved from http://ajp.psychiatryonline.org/doi/10.1176/ appi.ajp.2015.15050632

Kang, C., Riazuddin, S., Mundorff, J., Krasnewich, D., Friedman, P., Mullikin, J. C., & Drayna, D. (2010). Mutations in the lysosomal enzyme–targeting pathway and persistent stuttering. *New England Journal of Medicine, 362*, 677–685. doi:10.1056/ NEJMoa0902630

Kangas, M., Henry, J. L., & Bryant, R. A. (2005). The relationship between acute stress disorder and posttraumatic stress disorder following cancer. *Journal of Consulting and Clinical Psychology, 73*, 360–364.

Kanner, L. (1943). Autistic disturbances of affective content. *Nervous Child, 2*, 217–240.

Kanter, J. W., Santiago-Rivera, A. L., Santos, M. M., Nagy, G., López, M., Diéguez Hurtado, G., & West, P. (2015). A randomized hybrid efficacy and effec- tiveness trial of behavioral activation for Latinos with depression. *Behavior Therapy, 46*, 177–192. doi:10.1016/j.beth.2014.09.011

Kaplan, B. J., Rucklidge, J. J., Romijn, A., & McLeod, K. (2015). The emerging field of nutritional mental health: Inflammation, the microbiome, oxidative stress, and mitochondrial function. *Clinical Psychological Science, 3*, 964–980. doi:10.1177/2167702614555413

Kaplan, M. S., & Krueger, R. B. (2012). Cognitive- behavioral treatment of the paraphilias. *The Israel Journal of Psychiatry and Related Sciences, 49*, 291–296. Kaplan, R. M. (2000). Two pathways to prevention. *American Psychologist, 55*, 382–396.

Kaplan, S. J. (1986). *The private practice of behavior therapy: A guide for behavioral practitioners*. New York, NY: Plenum Press.

Kapur, V. K., & Weaver, E. M. (2012). Filling in the pieces of the sleep apnea–hypertension puzzle. [Editorial]. *Journal of the American Medical Association, 307*, 2197–2198. doi:10.1001/ jama.2012.5039

Karatzias, T., Power, K., Brown, K., McGoldrick, T., Begum, M., Young, J., ...Adams, S. (2011). A controlled comparison of the effectiveness and efficiency of two psychological therapies for posttraumatic stress disorder: Eye movement desensitization and reprocessing vs. emotional freedom techniques. *Journal of Nervous & Mental Disease, 199*, 372–378. doi:10.1097/NMD.0b013e31821cd262

Karel, M. J., Gatz, M., & Smyer, M. A. (2012). Aging and mental health in the decade ahead: What psy-chologists need to know. *American Psychologist, 67*, 184–198. doi:10.1037/a0025393

Karg, K., Burmeister, M., Shedden, K., & Sen, S. (2011). The serotonin transporter promoter vari-ant (5-httlpr), stress, and depression meta-analysis revisited: Evidence of genetic moderation. *Archives of General Psychiatry, 68*, 444–454. doi:10.1001/archgenpsychiatry.2010.189

Karlson, C. W., Gallagher, M. W., Olson, C. A., & Hamilton,

N A. (2013). Insomnia symptoms and well-being: Longitudinal follow-up. *Health Psychology, 32*, 311–319. doi: 10.1037/a0028186

Karrass, J., Walden, T. A., Conturea, E. G., Graham, C. G., Arnold, H. S., Hartfield, K. N., ...Schwenk, K. A. (2006). Relation of emotional reactivity and regulation to childhood stuttering. *Journal of Communication Disorders, 39*, 402–423.

Karyotaki, E., Smit, Y., Henningsen, H., Huibers, M. J., Robays, J., de Beurs, D., & Cuijpers P. (2016). Combining pharmacotherapy and psychotherapy or monotherapy for major depression? A meta-analysis. *Journal of Affective Disorders, 20*, 144–152. doi:10.1016/j.jad.2016.01.036

Kaslow, N. J., Thompson, M. P., Okun, A., Price, A., Young, S., Bender, M., ...Parker, R. (2002). Risk and protective factors for suicidal behavior in abused African American women. *Journal of Consulting and Clinical Psychology, 70*, 311–319.

Kasper, L. J., Alderson, R. M., & Hudec, K. L. (2012). Moderators of working memory deficits in children with attention-deficit/hyperactivity disorder (ADHD): A meta-analytic review. *Clinical Psychology Review, 32*, 605–617. doi:10.1016/j.cpr.2012.07.001

Katon, W. J. (2006). Panic disorder. *New England Journal of Medicine, 354*, 2360–2367.

Katsiaficas, D., Suárez-Orozco, C., Sirin, S. R., & Gupta, T. (2013). Mediators of the relationship between acculturative stress and internalization symptoms for immigrant origin youth. *Cultural Diversity and Ethnic Minority Psychology, 19*, 27–37. doi:10.1037/a0031094

Kaufman, C. E., Beals, J., Croy, C., Jiang, L., Novins, D. K., & the AI-SUPERPFP Team. (2013). Multilevel context of depression in two American Indian tribes. *Journal of Consulting and Clinical Psychology, 81*, 1040–1051. doi:10.1037/a0034342

Kaunitz, A. M. (2011, November 3). Alcohol and breast cancer risk. *Journal Watch Women's Health.* Retrieved from http://womens-health.jwatch.org/cgi/content/full/2011/1103/1?q=etoc_jwwomen

Kaup, A. R., Byers, A. L., Falvey, C., Simonsick, E., Satterfield, S., Ayonayon, N. N., ...Yaffe, K. (2016). Trajectories of depressive symptoms in older adults and risk of dementia. *JAMA Psychiatry.* Retrieved from http://dx.doi.org/10.1001/jamapsychiatry.2016.0004

Kay, A. B. (2006). Natural killer T cells and asthma. *New England Journal of Medicine, 354*, 1186–1188.

Kaye, W., (2009). Eating disorders: Hope despite mortal risk. *American Journal of Psychiatry, 166*, 139–1311. doi:10.1176/appi.ajp.2009.09101424

Kazdin, A. E. (2003). *Research design in clinical psychology* (4th ed.). Boston, MA: Allyn & Bacon.

Kazdin, A. E., & Blasé, S. L. (2011). Rebooting psychotherapy research and practice to reduce the burden of mental illness. *Perspectives on Psychological Science, 6*, 21–37. doi:10.1177/1745691610393527

Keaney, J., Walsh, D. M., O'Malley, T., Hudson, N., Crosbie, D. E., Loftus, T., ...Campbell, M. (2015). Autoregulated paracellular clearance of amyloid-β across the blood-brain barrier. *Science Advances, 8*, e1500472. doi:10.1126/sciadv.1500472

Keefe, J. R., McCarthy, K. S., Dinger, U., Zilcha-Mano, S., & Barber, J. P. (2014). A meta-analytic review of psychodynamic therapies for anxiety disorders. *Clinical Psychology Review, 34*, 309–323. doi: 10.1016/j.cpr.2014.03.004.

Keer, R., Ullrich, S., Destavola, B. L., & Coid, J. W. (2013). Association of violence with emergence of persecutory delusions in untreated schizophrenia. *American Journal of Psychiatry, 171*, 332–339. doi: 10.1176/appi.ajp.2013.13010134.2013

Kellar, M. C., & Hignite, L. R. (2014). Chemical castration. *The encyclopedia of criminology and criminal justice*, 1–4. doi:10.1002/9781118517383.wbeccj025

Kellner, C. H., Fink, M., Knapp, R., Petrides, G., Husain, M., Rummans, T., ...Malur, C. (2005). Relief of expressed suicidal intent by ECT: A consortium for research in ECT study. *American Journal of Psychiatry, 162*, 977–982.

Kellner, C. H., Greenberg, R. M., Murrough, J. W., Bryson, E. O., Briggs, M. C., & Pasculli, R. M. (2012). ECT in treatment-resistant depression. *American Journal of Psychiatry, 169*, 1238–1244. doi: 10.1176/appi.ajp.2012.12050648

Kemeny, M. E. (2003). The psychobiology of stress. *Current Directions in Psychological Science, 12*, 124–129.

Kempton, M. J., Stahl, D., Williams, S. C. R., & DeLisi, L. E. (2010). Progressive lateral ventricular enlargement in schizophrenia: A meta-analysis of longitudinal MRI studies. *Schizophrenia Research, 120*, 54–62.

Kendall, P. C., & Drabick, D. A. G. (2010). Problems for the book of problems? Diagnosing mental health disorders among youth. *Clinical Psychology: Science and Practice, 17*, 265–271. doi:10.1111/j.1468-2850.2010.01218.x

Kendall, P. C., & Treadwell, K. (2007). The role of self-statements as a mediator in treatment for anxiety-disordered youth. *Journal of Consulting and Clinical Psychology, 75*, 380–389.

Kendler, K. S. (2005). "A gene for ...": The nature of gene action in psychiatric disorders. *American Journal of Psychiatry, 162*, 1243–1252.

Kendler, K. S., Aggen, S. H., Czajkowski, N., Røysamb, E., Tambs, K., Torgersen, S., ... Reichborn-Kjennerud, T. (2008). The structure of genetic and environmental risk factors for DSM-V personality disorders: A multivariate twin study. *Archives of General Psychiatry, 65*, 1438–

1446.

Kendler, K. S., Aggen, S. H., Knudsen, G. P., Røysamb, E., Neale, M. C., & Reichborn-Kjennerud, T. (2011). The structure of genetic and environmental risk factors for syndromal and subsyndromal common DSM-IV axis I and all axis II disorders. *American Journal of Psychiatry, 168*, 29–34.

Kendler, K. S., Aggen, S. H., & Patrick, C. J. (2013). Familial influences on conduct disorder reflect 2 genetic factors and 1 shared environmental factor. *JAMA Psychiatry, 70*, 78–86. doi:10.1001/ jamapsychiatry.2013.267

Kendler, K. S., & Gardner, C. O. (2010). Dependent stressful life events and prior depressive episodes in the prediction of major depression: The problem of causal inference in psychiatric epidemiol-ogy. *Archives of General Psychiatry, 67*, 1120–1127. doi: 10.1001/archgenpsychiatry.2010.136

Kendler, K. S., Hettema, J. M., Butera, F., Gardner, C. O., & Prescott, C. A. (2003). Life event dimensions of loss, humiliation, entrapment, and danger in the prediction of onsets of major depression and generalized anxiety. *Archives of General Psychiatry, 60*, 789–796.

Kendler, K. S., Kuhn, J., & Prescott, C. A. (2004). The interrelationship of neuroticism, sex, and stressful life events in the prediction of episodes of major depression. *American Journal of Psychiatry, 161*, 631–636.

Kendler, K. S., MacLean, C., Neale, M., Kessler, R., Heath, A., & Eaves, L. (1991). The genetic epide- miology of bulimia nervosa. *American Journal of Psychiatry, 148*, 1627–1637.

Kendler, K. S., Myers, J., & Reichborn-Kjennerud,T. (2011). Borderline personality disorder traits and their relationship with dimensions of normative personality: A web-based cohort and twin study. *Acta Psychiatrica Scandinavica, 123*, 349–359.

Kendler, K. S., Neale, M. C., Kessler, R. C., Heath, A. C., & Eaves, L. J. (1993). The lifetime history of major depression in women: Reliability of diagnosis and heritability. *Archives of General Psychiatry, 50*, 863–870.

Kendler, K. S., Sundquist, K., Ohlsson, H., Palmér, K., Maes, H., Winkleby, M. A., & Sundquist, J. (2012). Genetic and familial environmental influences on the risk for drug abuse: A national Swedish adoption study. *Archives of General Psychiatry, 69*, 690–697. doi:10.1001/archgenpsychiatry.2011.2112

Kendrick, J. (2010, August 12). iPad may help communication for autistic children. Retrieved from http://gigaom.com/mobile/ipad-is-reaching- autistic-children/

Kendzerska, T., Gershon, A. S., Hawker, G., Tomlinson, G., & Leung. R. S. (2014). Obstructive sleep apnea and incident diabetes: A historical cohort study. *American Journal of Respiratory and Critical Care Medicine, 190*, 218–225. doi:10.1164/ rccm.201312-2209OC

Kennedy, N., McDonough, M., Kelly, B., & Berrios, G. E. (2002). Erotomania revisited: Clinical course and treatment. *Comprehensive Psychiatry, 43*, 1–6.

Kennedy, S. H., Lam, R. W., Parikh, S. V., Patten, S. B., & Ravindran, A. V. (2009). Introduction: Canadian Network for Mood and Anxiety Treatments (CANMAT) clinical guidelines for the manage-ment of major depressive disorder in adults. *Journal of Affective Disorders, 117*(Suppl. 1), S1–S2. doi:10.1016/j.jad.2009.06.043

Kennedy, S. H., Milev, R., Giacobbe, P., Ramasubbu, R., Lam, R. W., Parikh, S. V., ...Ravindran, A. V. (2009). Canadian Network for Mood and Anxiety Treatments (CANMAT) clinical guidelines for the management of major depressive disorder in adults: IV. Neurostimulation therapies. *Journal of Affective Disorders, 117*(Suppl. 1), S44–S53. doi:10.1016/ j.jad.2009.06.039

Kennedy, S. H., Young, A. H., & Blier, P. (2011). Strategies to achieve clinical effectiveness: Refining existing therapies and pursuing emerging tar-gets. *Journal of Affective Disorders, 132*, S21–S28. doi:10.1016/j.jad.2011.03.048

Kent, A., & Waller, G. (2000). Childhood emotional abuse and eating psychopathology. *Clinical Psychology Review, 20*, 887–903.

Kéri, S., Beniczky, S., & Kelemen, O. (2010). Suppression of the P50 evoked response and neureg-ulin 1 induced AKT phosphorylation in first-episode schizophrenia. *American Journal of Psychiatry, 167*, 444–450. doi:10.1176/appi.ajp.2009.09050723

Kerling, A., Tegtbur, U., Gützlaff, E., Kück, M., Borchert, L., Ates, Z., von Bohlen, A., ...Kahl, K. G. (2015). Effects of adjunctive exercise on physiological and psychological parameters in depression: A randomized pilot trial. *Journal of Affective Disorders, 177*, 1–6.

Kernberg, O. F. (1975). *Borderline conditions and pathological narcissism.* New York, NY: Jason Aronson. Kernberg, O. F., & Michels, R. (2009). Borderline per-sonality disorder. *American Journal of Psychiatry, 166*, 505–508.

Kersting, K. (2003, November). Study shows two types of reading disability. *Monitor on Psychology.* Retrieved from http://www.apa.org/monitor/ nov03/study.html

Kertesz, A. (2006). Progress in clinical neurosciences: Frontotemporal dementia-Pick's disease. *Canadian Journal of Neurological Sciences, 33*, 143–148.

Keshavan, M. S., Nasrallah, H. A., & Tandon, R. (2011). Schizophrenia, "just the facts" 6. Moving ahead with the schizophrenia concept: From the elephant to the mouse. *Schizophrenia Research, 127*, 3–13.

Keshavan, M. S., Tandon, R., Boutros, N. N., & Nasrallah, H. A. (2008). Schizophrenia, "just the facts": What we know in 2008 part 3: Neurobiology. *Schizophrenia Re-*

search, 106(2 - 3), 89 - 107. doi: 10.1016/j. schres.2008.07.020

Kessler, R. C., Adler, L., Barkley, R., Biederman, J., Conners, C. K., ... Zaslavsky, A. M. (2006). The prev-alence and correlates of adult ADHD in the United States: Results from the National Comorbidity Survey Replication. *American Journal of Psychiatry, 163*, 716 - 723.

Kessler, R. C., Aguilar-Gaxiola, S., Alonso, J.,Chatterji, S., Lee, S., Ormel, J., ... Wang, S. (2009). The global burden of mental disorders: An update from the WHO World Mental Health (WMH) sur- veys. *Epidemiologia e Psichiatria Sociale, 18*, 23 - 33.

Kessler, R. C., Avenevoli, S., Costello, E. J., Georgiades, K., Green, J. G., Gruber, M. J., ... Merikangas, K. R. (2012). Prevalence, persis- tence, and sociodemographic correlates of DSM-IV disorders in the National Comorbidity Survey Replication Adolescent Supplement. *Archives of General Psychiatry, 69*, 372 - 380. doi:10.1001/ archgenpsychiatry.2011.160

Kessler, R. C., Berglund, P. A., Demler, O., Jin, R., & Walters, E. E. (2005). Lifetime prevalence and age-of-onset distributions of DSM-IV disorders in the National Comorbidity Survey Replication (NCS-R). *Archives of General Psychiatry, 62*, 593 - 602.

Kessler, R. C., Chiu, W. T., Demler, O., & Walters, E. E. (2005). Prevalence, severity, and comor-bidity of 12-month DSM-IV disorders in the National Comorbidity Survey Replication. *Archives of General Psychiatry, 62*, 617 - 627.

Kessler, R. C., Coccaro, E. F., Fava, M., & McLaughlin, K. A. (2012). The phenomenology and epidemiol-ogy of intermittent explosive disorder. In J. E. Grant & M. N. Potenza (Eds.), *The Oxford handbook of impulse control disorders* (pp. 149 - 164). New York, NY: Oxford University Press.

Kessler, R. C., Demler O., Frank, R. G., Olfson, M., Pincus, H. A., Walters, E. E., ... Zaslavsky, A. M. (2005). Prevalence and treatment of mental disorders, 1990 to 2003. *New England Journal of Medicine, 352*, 2515 - 2523.

Kessler, R. C., McGonagle, K. A., Zhao, S., & Nelson, C. B. (1994). Lifetime and 12-month prevalence of DSM-III-R psychiatric disorders in the United States: Results from the National Comorbidity Survey. *Archives of General Psychiatry, 51*, 8 - 19.

Kessler, R. C., Sonnega, A., Bromet, E., Hughes, M., & Nelson, C. B. (1995). Posttraumatic stress disorder in the National Comorbidity Survey. *Archives of General Psychiatry, 52*, 1048 - 1060.

Kessler, R. C., Warner, C. H., Ivany, C., Petukhova, M. V., Rose, S., Bromet, E. J., ... Army STARRS Collaborators. (2014). Predicting suicides after psychiatric hospitalization in U.S. Army soldiers: The Army study to assess risk and resilience in service members (Army STARRS). *JAMA Psychiatry, 72*, 49 - 57. doi:10.1001/ jamapsychiatry.2014.1754

Kety, S. S., Rosenthal, D., Wender, P. H., Schulsinger, F., & Jacobsen, B. (1975). Mental illness in the biological and adoptive families of adoptive indi- viduals who have become schizophrenic: A pre- liminary report based on psychiatric interviews. In R. R. Fieve, D. Rosenthal, & H. Brill (Eds.), *Genetic research in psychiatry* (pp. 147 - 165). Baltimore, MD: The Johns Hopkins University Press.

Kety, S. S., Rosenthal, D., Wender, P. H., Schulsinger, F., & Jacobsen, B. (1978). The biological and adop- tive families of adopted individuals who become schizophrenic. In C. Wynne, R. L. Cromwell, & S. Mathysse (Eds.), *The nature of schizophrenia* (pp. 25 - 37). New York, NY: Wiley.

Keyes, D (1982). *The minds of Billy Milligan.* New York, NY: Bantam Books.

Keyes, K. M., Maslowsky, J., Hamilton, A., & Schulenberg, J. (2015). The great sleep recession: Changes in sleep duration among U.S. adolescents, 1991 - 2012. *Pediatrics, 135*(3), 460 - 468. doi:10.1542/ peds.2014-2707

Khan, U. A., Liu, L., Provenzano, F. A., Berman, D. E., Profaci, C. P., Sloan, R., ... Small, S. A. (2013). Molecular drivers and cortical spread of lateral entorhinal cortex dysfunction in preclinical Alzheimer's disease. *Nature Neuroscience, 17*, 304 - 311. doi:10.1038/nn.3606

Khashan, A. S., Abel, K. M., McNamee, R., Pedersen, M. G., Webb, R. T., Baker, P. N., ... Mortensen, P. B. (2008). Higher risk of offspring schizophrenia following antenatal maternal exposure to severe adverse life events. *Archives of General Psychiatry, 65*, 146 - 152.

Khoo, J., Piantadosi, C., Duncan, R., Worthley, S. G., Jenkins, A., Noakes, M., ... Wittert, G. A. (2011). Comparing effects of a low-energy diet and a high-protein low-fat diet on sexual and endothelial func- tion, urinary tract symptoms, and inflammation in obese diabetic men. *The Journal of Sexual Medicine,8*, 2868 - 2875.

Khoury, B., Sharma, M., Rush, S. E., & Fournier, C. (2015). Mindfulness-based stress reduction for healthy individuals: A meta-analysis. *Journal of Psychosomatic Research, 78*, 519 - 528. doi: 10.1016/ j. jpsychores.2015.03.009

Kiecolt-Glaser, J. K. (2009). Psychoneuroimmunology: Psychology's gateway to the biomedical future. *Perspectives on Psychological Science, 4*, 367 - 369. doi: 10.1111/ j.1745-6924.2009.01139.x

Kiecolt-Glaser, J. K., Derry, H. M., & Fagundes, C. P. (2015). Inflammation: Depression fans the flames and feasts on the heat. *American Journal of Psychiatry, 172*, 1075 - 1091. http://dx. doi. org/10.1176/appi.

ajp.2015.15020152

Kiecolt-Glaser, J. K., McGuire, L., Robles, T. F., & Glaser, R. (2002). Psychoneuroimmunology and psychosomatic medicine: Back to the future. *Psychosomatic Medicine, 64,* 15–28.

Kiecolt-Glaser, J. K., Speicher, C. E., Holliday, J. E., & Glaser, R. (1984). Stress and the transformation of lymphocytes in Epstein-Barr virus. *Journal of Behavioral Medicine, 7,* 1–12.

Kiehl, K. A. (2006). A cognitive neuroscience perspec-tive on psychopathy: Evidence for paralimbic sys- tem dysfunction. *Psychiatry Research, 142,* 107–128.

Kieseppä, T., Partonen, T., Haukka, J., Kaprio, J., & Lönnqvist, J. (2004). High concordance of bipolar I disorder in a nationwide sample of twins. *American Journal of Psychiatry, 161,* 1814–1821.

Kiesner, J. (2009). Physical characteristics of the men-strual cycle and premenstrual depressive symp- toms. *Psychological Science, 20,* 763–770.

Kilgore, K., Snyder, J., & Lentz, C. (2000). The contri- bution of parental discipline, parental monitoring, and school risk to early-onset conduct problems in African American boys and girls. *Developmental Psychology, 36,* 835–845.

Kilpatrick, D. G., Ruggiero, K. J., Acierno, R., Saunders, B. E., Resnick, H. S., & Best, C. L. (2003). Violence and risk of PTSD, major depression, substance abuse/dependence, and comorbidity: Results from the National Survey of Adolescents. *Journal of Consulting & Clinical Psychology, 71,* 692–700.

Kilts, C. D., Gross, R. E., Ely, T. D., & Drexler, K. P. G. (2004). The neural correlates of cue-induced craving in cocaine-dependent women. *American Journal of Psychiatry, 161,* 233–241.

Kim, J., Park, S., & Blake, R. (2011). Perception of biological motion in schizophrenia and healthy indi-viduals: A behavioral and fMRI study. *PLOS ONE, 6,* e19971. doi:10.1371/journal.pone.0019971

Kim, J.-I., Ganesan, S., Luo, X., Wu, Y.-W., Park, E., Huang, E. J., ... Ding, B. (2015). Aldehyde dehydrogenase 1a1 mediates a GABA synthesis pathway in midbrain dopaminergic neurons. *Science, 350*(6256), 102. doi: 10.1126/science.aac4690

Kim, J. M., & López, S. R. (2014). The expression of depression in Asian Americans and European Americans. *Journal of Abnormal Psychology, 123,* 754–763. http://dx.doi.org/10.1037/a0038114

Kim, J. Y., Liu, C. Y., Zhang, F., Duan, X., Wen, Z., Song, J., ... Ming, G.-L. (2012). Interplay between DISC1 and GABA signaling regulates neurogenesis in mice and risk for schizophrenia. *Cell, 148,* 1051. doi: 10.1016/j.cell.2011.12.037

Kim, K.-H., Lee, S.-M., Paik, J.-W., & Kim, N.-S. (2011). The effects of continuous antidepressant treatment during the first 6 months on relapse or recurrence of depression. *Journal of Affective Disorders, 132,* 121–129.

Kim, Y.-K., Nab, K.-S., Myint, A.-M., & Leonard, B. E. (2015). The role of pro-inflammatory cytokines in neuroinflammation, neurogenesis and the neuro- endocrine system in major depression. *Progress in Neuro-Psychopharmacology and Biological Psychiatry, 64,* 277–284. doi:10.1016/j.pnpbp.2015.06.008

Kindt, M., Soeter, M., & Vervliet, B. (2009). Beyond extinction: Erasing human fear responses and pre-venting the return of fear. *Nature Neuroscience, 12,* 256–258. doi: 10.1038/nn.2271

Kinetz, E. (2006, September 26). Is hysteria real? Brain images say yes. *The New York Times,* pp. F1, F4. King, B. H. (2015). Promising forecast for autism spectrum disorders. *Journal of the American Medical Association, 313,* 1518–1519. doi:10.1001/ jama.2015.2628

King, D. L., Haagsma, M. C., Delfabbro, P. H., Gradisar, M., & Griffiths, M. D. (2013). Toward a consensus definition of pathological videogaming: A systematic review of psychometric assessment tools. *Clinical Psychology Review, 33,* 331–342.

King, I. F., Yandava, C. N., Mabb, A. M., Hsiao, J. S., Huang, H.-S., Pearson, B. L., ... Zylka, M. J. (2013). Topoisomerases facilitate transcription of long genes linked to autism. *Nature, 501,* 58–62. doi:10.1038/nature12504

King, M. (2008). A systematic review of mental dis-order, suicide, and deliberate self harm in lesbian, gay and bisexual people. *BMC Psychiatry, 8,* 70.Retrieved from http://www.biomedcentral. com/1471-244X/8/70

King, S., & Dixon, M. J. (1999). Expressed emotion and relapse in young schizophrenia outpatients. *Schizophrenia Bulletin, 25,* 377–386.

King, S., St-Hilaire, A., & Heidkamp, D. (2010). Prenatal factors in schizophrenia. *Current Directions in Psychological Science, 19,* 209–213. doi: 10.1177/0963721410378360

Kingsberg, S. (2010). Hypoactive sexual desire disor- der: When is low sexual desire a disorder? *Journal of Sexual Medicine, 7,* 2907–2908.

Kinoshita, Y., Chen, J., Rapee, R. M., Bogels, S., Schneier, F. R., Choy, Y., ...Furukawa, T. A. (2008). Cross-cultural study of conviction subtype taijin kyofu: Proposal and reliability of Nagoya-Osaka diagnostic criteria for social anxiety disorder. *The Journal of Nervous and Mental Disease, 196,* 307–313.

Kirisci, L., Vanyukov, M., & Tarter, R. (2005). Detection of youth at high risk for substance use disorders: A longitudinal study. *Psychology of Addictive Behaviors, 19,* 243

- 252.

Kirkbride, J. B., Jones, P. B., Ullrich, S., & Coid, J. W. (2012). Social deprivation, inequality, and the neighborhood-level incidence of psychotic syndromes in East London. *Schizophrenia Bulletin.* doi: 10.1093/ schbul/ sbs151

Kitayama, S., Park, J., Boylan, J. M., Miyamoto, Y., Levine, C. S., Markus, H. R., ...Ryff, C. D. (2015). Expression of anger and ill health in two cultures: An examination of inflammation and cardio-vascular risk. *Psychological Science, 26,* 211 – 220. doi:10.1177/0956797614561268

Kivlighan III, D. M., Goldberg, S. B., Abbas, M., Pace, B. T., Yulish, N. E., Thomas, J. G., ... Wampold, B. E. (2015). The enduring effects of psychodynamic treatments vis-à-vis alternative treatments: A multi- level longitudinal meta-analysis. *Clinical Psychology Review, 40,* 1 – 14. doi:10.1016/j.cpr.2015.05.003

Klauser, P., Fornito, A., Lorenzetti, V., Davey, C. G., Dwyer, D. B., Allen, N. B., ... Yücel, M. (2014). Cortico-limbic network abnormalities in indi-viduals with current and past major depressive disorder. *Journal of Affective Disorders, 173,* 45 – 52. doi:10.1016/j.jad.2014.10.041

Kleijweg, J. H. M., Verbraak, M. J. P. M., & Van Dijk, M. K. (2013). The clinical utility of the Maslach Burnout Inventory in a clinical population. *Psychological Assessment, 25,* 435 – 441. doi:10.1037/a0031334

Kleiman, E. M., & Liu, R. T. (2013). Social support as a protective factor in suicide: Findings from two nationally representative samples. *Journal of Affective Disorders, 150* (2), 540 – 545. doi:10.1016/ j.jad.2013.01.033

Kleiman, M. A. R., Caulkins, J. P., & Hawken, A. (2012, April 21 – 22). Rethinking the war on drugs. *The Wall Street Journal,* p. C1.

Klein, D. N., Glenn, C. R., Kosty, D. B., Seeley, J. R., Rohde, P., & Lewinsohn, P. M. (2013). Predictors of first lifetime onset of major depressive disorder in young adulthood. *Journal of Abnormal Psychology, 122,* 16. doi: 10.1037/a0029567

Klein, D. N., Schwartz, J. E., Rose, S., & Leader, J. B. (2000). Five-year course and outcome of dysthymic disorder: A prospective, naturalistic follow-up study. *American Journal of Psychiatry, 157,* 931 – 939.

Klein, R. G. (2011). Thinning of the cerebral cortex during development: A dimension of ADHD. *American Journal of Psychiatry, 168,* 111 – 113. doi: 10.1176/appi. ajp.2010.10111679

Klein, R. G., Mannuzza, S., Olazagasti, M. A. R., Roizen, E., Hutchison, J. A., Lashua, E. C., & Castellanos, F. X. (2012). Clinical and functional outcome of childhood attention-deficit/hyper- activity disorder 33 years later. *Archives of General Psychiatry, 69,* 1295 – 1303. doi: 10.1001/ archgenpsychiatry.2012.271

Kleinman, A. (1987). Anthropology and psychiatry: The role of culture in cross-cultural research on ill-ness. *British Journal of Psychiatry, 151,* 447 – 454. Klerman, G. L., Weissman, M. M., Rounsaville, B. J., & Chevron, E. S. (1984). *Interpersonal psychotherapy of depression.* New York, NY: Basic Books.

Klingelhoefer, L., Samuel, M., Chaudhuri, K. R., & Ashkan, K. (2014). An update of the impact of deep brain stimulation on non motor symptoms in Parkinson's disease. *Journal of Parkinson's Disease, 4(2),* 289 – 300. doi: 10.3233/JPD-130273

Kluger, J. (2001, June 18). How to manage teen drink-ing (the smart way). *Time,* 42 – 44.

Knapen, S. E., van de Werken, M., Gordijn, M. C. M., & Meesters, Y. (2014). The duration of light treat- ment and therapy outcome in seasonal affective disorder. *Journal of Affective Disorders, 166,* 343 – 346. doi: 10.1016/j. jad.2014.05.034

Knapp, M., Romeo, R., Mogg, A., Eranti, S., Pluck, G., Purvis, R., ...McLoughlin, D. M. (2008). Cost-effectiveness of transcranial magnetic stimulation vs. electroconvulsive therapy for severe depression: A multi-centre randomized controlled trial. *Journal of Affective Disorders, 109,* 273 – 285.

Knight, R. G., Godfrey, H. P. D., & Shelton, E. J. (1988). The psychological deficits associated with Parkinson's disease. *Clinical Psychology Review, 8,* 391 – 410.

Knoblauch, S. (2009). From self psychology to selves in relationship: A radical process of micro and macro expansion in conceptual experience. *Self and Systems: Annals of the New York Academy of Sciences, 1159,* 262 – 278.

Knoll, J. L., & Hazelwood, R. R. (2009). Becoming the victim: Beyond sadism in serial sexual murderers. *Aggression and Violent Behavior, 14,* 106 – 114.

Know it's a placebo? New study shows the "medi-cine" could still work. (2015, July 24). *Medical Press.* Retrieved from http://medicalxpress.com/ news/2015-07- placebo-medicine.html

Kobasa, S. C. (1979). Stressful life events, personality, and health: An inquiry into hardiness. *Journal of Personality and Social Psychology, 37,* 1 – 11.

Kobasa, S. C., Maddi, S. R., & Kahn, S. (1982). Hardiness and health: A prospective study. *Journal of Personality and Social Psychology, 42,* 168 – 177.

Koch, W. (2009, October 20). Abuse report: 10,440 kids died 2001 – 2007. *USA Today,* p. 3A.

Kocovskia, N. L., Fleming, I. E., Hawley, L. L., Huta, V., & Antony, M. M. (2013). Mindfulness and accep- tance-based group therapy versus traditional cogni- tive behavioral group therapy for social anxiety disorder: A randomized controlled trial. *Behaviour Research and Therapy, 51,* 889 – 898. doi:10.1016/ j.brat.2013.10.007

Koegelenberg, C. F. N., Noor, F., Bateman, E. D., van Zyl-Smit, R. N., Bruning, A., O'Brien, J. A., ...Irusen, E. M. (2014). Efficacy of varenicline combined with nicotine replacement therapy vs. varenicline alone for smoking cessation: A randomized clinical trial. *Journal of the American Medical Association, 312,* 155. http://dx. doi. org/10.1001/jama.2014.7195

Koehler, N., Holze, S., Gansera, L., Rebmann, U., Roth, S., Scholz, H. J., ...Braehler, E. (2012). Erectile dysfunction after radical prostatectomy: The impact of nerve-sparing status and surgical approach. *International Journal of Impotence Research, 24*(4), 155 – 160. doi: 10.1038/ijir.2012.8

Koenders, M. A., Giltay, E. J., Spijker, A. T., Hoencamp, E., Spinhoven, P., & Elzinga, B. M. (2014). Stressful life events in bipolar I and II disorder: Cause or consequence of mood symp- toms? *Journal of Affective Disorders, 161,* 55 – 64. doi:10.1016/j.jad.2014.02.036

Koenen, K. C., Stellman, J. M., & Stellman, S. D. (2003). Risk factors for course of posttraumatic stress disorder among Vietnam veterans: A 14-year follow-up of American Legionnaires. *Journal of Consulting and Clinical Psychology, 71,* 980 – 986.

Koh, H. K., & Sebelius, K. G. (2012). Ending the tobacco epidemic. *Journal of the American Medical Association, 308,* 767 – 768. doi:10.1001/ jama.2012.9741

Köhling, J., Ehrenthal, J. C., Levy, K. N., Schauenburg, H., & Dinger, U. (2015). Quality and severity of depression in borderline personality disorder: A systematic review and meta-analysis. *Clinical Psychology Review, 37,* 13 – 25.

Kohut, H. (1966). Forms and transformations of narcissism. *Journal of the American Psychoanalytic Association, 14,* 243 – 272.

Kok, B. C., Herrell, R. K., Thomas, J. L., & Hoge, C. (2012). Posttraumatic stress disorder associ-ated with combat service in Iraq or Afghanistan: Reconciling prevalence differences between studies. *Journal of Nervous & Mental Disease, 200,* 444 – 450. doi:10.1097/NMD.0b013e3182532312

Kolata, G. (2010, August 28). Years later, no magic bullet against Alzheimer's disease. *The New York Times.* Retrieved from http://www. nytimes. com/2010/08/29/health/research/29prevent. html?pagewanted=2&_r=

Kolata, G. (2012, November 16). For Alzheimer's patients, detection advances outpace treatment options. *The New York Times,* pp. A1, A24.

Kolata, G. (2013, March 1). 5 disorders share genetic risk factors, study finds. *The New York Times,* p. A11.

Kõlves, K., Ide, N., & De Leo, D. (2010). Suicidal ideation and behaviour in the aftermath of marital separation: Gender differences. *Journal of Affective Disorders, 120,* 48 – 53. doi:10.1016/j.jad.2009.04.019

Kong, A., Frigge, M. L., Masson, G., Besenbacher, S., Sulem, P., Magnusson, G., ...Stefansson, K. (2012). Rate of de novo mutations and the importance of father's age to disease risk. *Nature, 488,* 471 – 475. doi: 10.1038/nature11396

Kong, L., Bachmann, S., Thomann, P. A., Essig, M., & Schröder, J. (2012). Neurological soft signs and gray matter changes: A longitudinal analysis in first- episode schizophrenia. *Schizophrenia Research, 134,* 27 – 32.

Kornfeld, B. D., Bair-Merritt, M. H., Frosch, E., & Solomon, B. S. (2012). Postpartum depression and intimate partner violence in urban mothers: Co-occurrence and child health care utilization. *The Journal of Pediatrics, 161,* 348 – 353. doi:10.1016/j. jpeds.2012.01.047

Koss, M. P., & Kilpatrick, D. G. (2001). Rape and sexual assault. In E. Gerrity, T. M. Keane, & F. Tuma (Eds.), *The mental health consequences of torture: Plenum series on stress and coping* (pp. 177 – 193). Dordrecht, the Netherlands: Kluwer Academic Publishers.

Kosson, D. S., Lorenz, A. R., & Newman, J. P. (2006). Effects of comorbid psychopathy on criminal offending and emotion processing in male offend-ers with antisocial personality disorder. *Journal of Abnormal Psychology, 115,* 798 – 780.

Kotov, R., Leong, S. H., Mojtabai, R., Erlanger, A. C. E., Fochtmann, L. J., Constantino, E., ...Bromet, E. J. (2013). Boundaries of schizoaffective disorder: Revisiting Kraepelin. *JAMA Psychiatry, 70,* 1276 – 1286. doi:10.1001/jamapsychiatry.2013.2350

Kraaimaat, F. W., Vanryckeghem, M., & Van Dam-Baggen, R. (2002). Stuttering and social anxiety. *Journal of Fluency Disorders, 27,* 319 – 330.

Kraemer, H. C. (2015). Research Domain Criteria (RDoC) and the DSM: Two method-ological approaches to mental health diagnosis. *JAMA Psychiatry, 72,* 1163 – 1164. doi: 10.1001/ jamapsychiatry.2015.2134

Krahe, B., Waizenhofer, E., & Moller, I. (2003). Women's sexual aggression against men: Prevalence and predictors. *Sex Roles, 49*(5 – 6), 219 – 232.

Krakauer, S. Y. (2001). *Treating dissociative identity disorder: The power of the collective heart.* Philadelphia, PA: Brunner-Routledge.

Krantz, D. S., Contrada, R. J., Hills, D. R., & Friedler, E. (1988). Environmental stress and bio-behavioral antecedents of coronary heart disease. *Journal of Consulting and Clinical Psychology, 56,* 333 – 341. Krantz, M. J., & Mehler, P. S. (2004). Treating opioid dependence: Growing implications for primary care. *Archives of Internal Medicine, 164,* 277 – 288.

Kranz, G. S., Hahn, A., Kaufmann, U., Küblböck, M., Hummer, A., Ganger, S., ...Lanzenberger, R. (2014). White matter microstructure in transsexuals and controls investigated by diffusion tensor imaging. *Journal of Neurosci-*

ence, 34, 15466-15475.

Kranzler, H. R. (2006). Evidence-based treatments for alcohol dependence: New results and new ques- tions. *Journal of the American Medical Association*, 295, 2075 - 2076.

Kratochvil, C. J. (2012). ADHD pharmacotherapy: Rates of stimulant use and cardiovascular risk. *American Journal of Psychiatry*, 169, 112 - 114. doi: 10.1176/appi.ajp.2011.11111703

Krause-Utz, A., Sobanski, E., Alm, B., Valerius, G., Kleindienst, N., Bohus, M., ...Schmahl, D. (2013). Impulsivity in relation to stress in patients with borderline personality disorder with and with-out co-occurring attentiondeficit/hyperactivity disorder: An exploratory study. *Journal of Nervous & Mental Disease*, 201, 116 - 123. doi: 10.1097/ NMD.0b013e31827f6462

Krebs, G., & Heyman, I. (2014). Obsessive-compulsive disorder in children and adolescents. *Archives of Disease in Childhood*, 100(5), 495 - 499. doi:10.1136/ archdischild-2014-306934

Kring, A. M., Gur, R. E., Blanchard, J. J., Horan, W. P., & Reise, S. P. (2013). The Clinical Assessment Interview for Negative Symptoms (CAINS): Final development and validation. *American Journal of Psychiatry*, 170, 165 - 172. doi:10.1176/appi.ajp.2012.12010109

Kroenke, K. (2009). Efficacy of treatment for somato-form disorders: A review of randomized controlled trials. *Psychosomatic Medicine*, 69, 881 - 888.

Kronmüller, K.-T., Backenstrass, M., Victor, D., Postelnicu, L., Schenkenbach, C., Joesta, K., ... Mundt, C. (2011). Quality of marital relation- ship and depression: Results of a 10-year prospec- tive follow-up study. *Journal of Affective Disorders*, 128, 64 - 71. doi: 10.1016/j.jad.2010.06.026

Kubota, M., Miyata, J., Sasamoto, A., Sugihara, G., Yoshida, H., Kawada, R., ...Murai, T. (2013). Thalamocortical disconnection in the orbitofrontal region associated with cortical thinning in schizo-phrenia. *JAMA Psychiatry*, 70, 12 - 21. doi:10.1001/archgenpsychiatry.2012.1023

Kuehn, B. M. (2011a). Antidepressant use increases. *Journal of the American Medical Association*, 306, 2207. doi: 10.1001/jama.2011.1697

Kuehn, B. M. (2011b). Autism intervention. *Journal of the American Medical Association*, 305, 348. doi: 10.1001/jama.2010.1963

Kuehn, B. M. (2011c). Cognitive therapy may aid patients with schizophrenia. *Journal of the American Medical Association*, 306, 1749. doi:10.1001/ jama.2011.1553

Kuehn, B. M. (2011d). Mobile PTSD care. *Journal of the American Medical Association*, 306, 815. doi: 10.1001/jama.2011.1198

Kuehn, B. M. (2012a). Challenge to Alzheimer drug. *Journal of the American Medical Association*, 308, 2557. doi: 10.1001/jama.2012.156122.

Kuehn, B. M. (2012b). Evidence suggests complex links between violence and schizophrenia. *Journal of the American Medical Association*, 308, 658 - 659. doi: 10.1001/jama.2012.9364

Kuester, A., Niemeyer, H., & Knaevelsrud, C. (2016). Internet-based interventions for posttraumatic stress: A meta-analysis of randomized con-trolled trials. *Clinical Psychology Review*, 43, 1 - 16. doi: 10.1016/j.cpr.2015.11.004

Kulage, K. M., Smaldone, A. M., & Cohn, E. G. (2014). How will DSM-5 affect autism diagnosis? A system- atic literature review and meta-analysis. *Journal of Autism and Developmental Disorders*, 44, 1918 - 1922. doi:10.1007/ s10803-014-2065-2.

Kumra, S., Oberstar, J. V., Sikich, L., Findling, R. L., McClellan, J. M., & Schulz, S. C. (2008). Efficacy and tolerability of second-generation antipsychot-ics in children and adolescents with schizophrenia. *Schizophrenia Bulletin*, 34, 60 - 71.

Kuno, E., & Rothbard, A. B. (2002). Racial disparities in antipsychotic prescription patterns for patients with schizophrenia. *American Journal of Psychiatry*, 159, 567 - 572.

Kupfer, D. J. (2005). The increasing medical burden in bipolar disorder. *Journal of the American Medical Association*, 293, 2528 - 2530.

Kuriyan, A. B., Pelham Jr., W. E., Molina, B. S. G., Waschbusch, D. A., Gnagy, E. M., Sibley, M. H., ... Yu, J. (2013). Young adult educational and vocational outcomes of children diagnosed with ADHD. *Journal of Abnormal Child Psychology*, 41, 27 - 41.

Kuss, D. J., Griffiths, M. D., Karila, L., & Billieux, J. (2014). Internet addiction: A systematic review of epidemiological research for the last decade. *Current Pharmaceutical Design*, 20, 1 - 27.

Kutys, J., & Esterman, J. (2009, November). Guilty but Mentally Ill (GBMI) vs. Not Guilty by Reason of Insanity (NGRI): An annotated bibliography. *The Jury Expert*, 21 (6). Retrieved from http:// www.astcweb.org/public/publication/article. cfm/1/21/6/An-annotated-bibliography-of-theGBMI-&-NGRI-pleas

Kyaga, S. (2015). *Creativity and mental illness: The mad genius in question*. New York, NY: Palgrave Macmillan.

Labbe, C. (2011, March 7). Most teens with eating disorders go without treatment. *NIMH Science Update*. Retrieved from http://www.nimh.nih.gov/science- news/2011/mostteens-with-eating-disorders-go- without-treatment.shtml?WT.mc_id=rss

Labonté, B., Suderman, M., Maussion, G., Navaro, L., Yerko, V., Mahar, I., ...Turecki, G. (2012). Genomewide epigenetic regulation by early-life trauma. *Archives of General Psychiatry, 69,* 722–731. doi:10.1001/archgenpsychiatry.2011.2287

Ladabaum, Mannalithara, A., Parvathi, A., Myer, A., & Singh, G. (2014). Obesity, abdominal obesity, physical activity, and caloric intake in U.S. adults: 1988 to 2010. *The American Journal of Medicine, 127,* 717–727.

LaFromboise, T. D., Albright, K., & Harris, A. (2010). Patterns of hopelessness among American Indian adolescents: Relationships by levels of acculturation and residence. *Cultural Diversity and Ethnic Minority Psychology, 16,* 68–76. doi:10.1037/a0016181

LaGrange, B., Cole, D. A., Jacquez, F., Ciesla, J., Dallaire, D., Pineda, A., ...Felton, J. (2011). Disentangling the prospective relations between maladaptive cognitions and depressive symp-toms. *Journal of Abnormal Psychology, 120,* 511–527. doi:10.1037/a0024685

Laguna, A., Schintu, N., Nobre, A., Alvarsson, A., Volakakis, N., Jacobsen, J. K., ...Perlmann, T. (2015). Dopaminergic control of autophagic-lysosomal function implicates Lmx1b in Parkinson's disease. *Nature Neuroscience, 18,* 826–835. doi:10.1038/nn.4004

Lahey, B. B., Rathouz, P. J., Lee, S. S., Chronis-Tuscano, A., Pelham, W. E., Waldman, I. D., Irwin D., ...Cook, E. H. (2011). Interactions between early parenting and a polymorphism of the child's dopa- mine transporter gene in predicting future child conduct disorder symptoms. *Journal of Abnormal Psychology, 120,* 33–45. doi:10.1037/a0021133

Lai, C.-H., & Wu, Y.-T. (2015). The gray matter alterations in major depressive disorder and panic disorder: Putative differences in the pathogenesis. *Journal of Affective Disorders, 186,* 1–6. doi:10.1016/j.jad.2015.07.022

Lalumière, M. L., Harris, G. T., Quinsey, V. L., & Rice, M. E. (2005). Introduction. In M. L. Lalumière, G. T. Harris, V. L. Quinsey, & M. E. Rice (Eds.), *The causes of rape: Understanding individual differences in male propensity for sexual aggression* (pp. 3–6). Washington, DC: American Psychological Association.

Lam, R. W., Levitt, A. J., Levitan, R. D., Enns, M. W., Morehouse, R., Michalak, E. E., & Tam, E. M. (2006). The Can-SAD Study: A randomized controlled trial of the effectiveness of light therapy and fluoxetine in patients with winter seasonal affective disorder. *American Journal of Psychiatry, 163,* 805–811.

Lamberg, L. (2003). Advances in eating disorders offer food for thought. *Journal of the American Medical Association, 290,* 1437–1442.

Lamberg, L. (2006). Rx for obesity: Eat less, exercise more, and – maybe – get more sleep. *Journal of the American Medical Association, 295,* 2341–2344.

Lanaj, K., Johnson, R. E., & Barnes, C. M. (2014). Beginning the workday yet already depleted? Consequences of late-night smartphone use and sleep. *Organizational Behavior and Human Decision Processes, 124,* 11–23.

Landa, R. J., Holman, K. C., O'Neill, A. H., & Stuart, E. A. (2011). Intervention targeting development of socially synchronous engagement in toddlers with autism spectrum disorder: A randomized controlled trial. *Journal of Child Psychology and Psychiatry, 52,* 13–21. doi:10.1111/j.1469-7610.2010.02288.x

Langstrom, N. (2010). The DSM diagnostic criteria for exhibitionism, voyeurism, and frotteurism. *Archives of Sexual Behavior, 39,* 317–324. doi:10.1007/s10508-009-9577-4

Långström, N., & Zucker, K. J. (2005). Transvestic fetishism in the general population: Prevalence and correlates. *Journal of Sex & Marital Therapy, 31,* 87–95.

Lanza, S. T., Vasilenko, S. A., Dziak, J. J., & Butera, N. M. (2015). Trends among U.S. high school seniors in recent marijuana use and associations with other substances: 1976–2013. *Journal of Adolescent Health, 57,* 198. doi:10.1016/j.jadohealth.2015.04.006

Larson, K., Russ, S. A., Kahn, R. S., & Halfon, N. (2011). Patterns of comorbidity, functioning, and service use for U.S. children with ADHD, 2007. *Pediatrics, 127,* 462–470.

Larsson, H., Andershed, H., & Lichtenstein, P. A. (2006). A genetic factor explains most of the varia-tion in the psychopathic personality. *Journal of Abnormal Psychology, 115,* 221–230.

Laska, K. M., Gurman, A. S., & Wampold, B. E. (2014). Expanding the lens of evidence-based practice in psychotherapy: A common factors perspective. *Psychotherapy, 51,* 467–481. Retrieved from http://dx.doi.org/10.1037/a0034332

Lau, J. Y. F., & Eley, T. C. (2010). The genetics of mood disorders. *Annual Review of Clinical Psychology, 6,* 313–337. doi:10.1146/annurev.clinpsy.121208.131308

Lauzon, N. M., Bechard, M., Ahmad, T., & Laviolette, S. R. (2012). Supra-normal stimulation of dopamine D1 receptors in the prelimbic cortex blocks behav-ioral expression of both aversive and rewarding associative memories through a cyclic-AMP-depen- dent signaling pathway. *Neuropharmacology, 67,* 104. doi:10.1016/j.neuropharm.2012.10.029

Lavretsky, H., Reinlie, M., St. Cyr, N., Siddarth, M. A. P., Ercoli, L. M., & Senturk, D. (2015). Citalopram, methylphenidate, or their combination in geriatric depression: A randomized, double-blind, placebo- controlled trial. *American Journal of Psychiatry, 172,* 561–569. Retrieved from http://dx.doi.org/10.1176/appi.ajp.2014.14070889

Laws, D. R., & Marshall, W. L. (2003). A brief history of behavioral and cognitive behavioral approaches to sexual offenders: Part 1. Early developments. *Sexual Abuse: Journal of Research & Treatment, 15*(2), 75–92.

Laws, D. R., & O'Donohue, W. T. (2012). Introduction. In D. R. Laws & W. T. O'Donohue (Eds.), *Sexual deviance: Theory, assessment, and treatment* (2nd ed., pp. 1–20). New York, NY: Guilford Press.

Lazarus, R. S., & Folkman, S. (1984). *Stress, appraisal, and coping*. New York, NY: Springer.

Lazarus, S. A., Cheavens, J. S., Festa, F., & Rosenthal, M. Z. (2014). Interpersonal functioning in bor-derline personality disorder: A systematic review of behavioral and laboratory-based assessments. *Clinical Psychology Review, 34,* 193–205. Retrieved from http://dx.doi.org/10.1016/j.cpr.2014.01.007

Le Grange, D., Lock, J., Agras, W. S., Bryson, S. W., & Jo, B. (2015). Randomized clinical trial of family-based treatment and cognitive-behavioral therapy for adolescent bulimia nervosa. *Child & Adolescent Psychiatry, 54,* 886–894. Retrieved from http://dx.doi.org/10.1016/j.jaac.2015.08.008

Le Meyer, O., Zane, N., Cho, Y., II, & Takeuchi, D. T. (2009). Use of specialty mental health services by Asian Americans with psychiatric disorders. *Journal of Consulting and Clinical Psychology, 94,* 1000–1005. doi: 10.1037/a0017065

Lear, M. S. (1988, July 3). Mad malady. *The New York Times,* pp. 21–22.

LeClerc, B., Beauregard, E., Forouzan, E., & Proulx, J. (2014). Offending pathways of intrafamilial child sexual offenders. In J. Proulx, E. Beauregard, P. Lussier, & B. Leclerc (Eds.), *Aggression* (pp. 156–178). New York, NY: Routledge.

Lecomte, T., Corbière, M., Simard, S., & Leclerc, C. (2014). Merging evidence-based psychosocial inter-ventions in schizophrenia. *Behavioral Science, 4*(4), 437–447. doi: 10.3390/bs4040437

Lee, D. T. S., Yip, A., Chiu, H., Leung, T., & Chung, T. (2001). A psychiatric epidemiological study of postpartum Chinese women. *American Journal of Psychiatry, 158,* 220–226.

Lee, E., Ahn, J., & Kim, Y. J. (2014). Personality traits and self-presentation at Facebook. *Personality and Individual Differences, 69,* 162–167. doi: 10.1016/j.paid.2014.05.020

Lee, H.-J., Woo, H. G., Greenwood, T. A., Kripke, D. F., & Kelsoe, J. R. (2013). A genome-wide association study of seasonal pattern mania identifies NF1A as a possible susceptibility gene for bipolar disorder. *Journal of Affective Disorders, 145,* 200–207.

Lee, J., & Hahm, H. C. (2010). Acculturation and sexual risk behaviors among Latina adolescents transitioning to young adulthood. *Journal of Youth and Adolescence, 39,* 1573–6601.

Lee, R., Meyerhoff, J., & Coccaro, E. F. (2014). Intermittent explosive disorder and aversive parental care. *Psychiatry Research, 220,* 477–482. doi: 10.1016/j.psychres.2014.05.059

Lee, S. S., Humphreys, K. L., Flory, K., Liu, R, & Glass, K. (2011). Prospective association of childhood attention-deficit/hyperactivity disorder (ADHD) and substance use and abuse/dependence: A meta-analytic review. *Clinical Psychology Review, 31,* 328–341. doi: 10.1016/j.cpr.2011.01.006

Lee, S. Y., Xue, Q.-L., Spira, A. P., & Lee, H. B. (2014). Racial and ethnic differences in depressive subtypes and access to mental health care in the United States. *Journal of Affective Disorders, 155,* 130–137.

Leekam, S. R., Prior, M. R., & Uljarevic, M. (2011). Restricted and repetitive behaviors in autism spectrum disorders: A review of research in the last decade. *Psychological Bulletin, 137,* 562–593. doi:10.1037/a0023341

Lefley, H. P. (1990). Culture and chronic mental illness. *Hospital and Community Psychiatry, 41,* 277–286.

Lehne, G. K. (2009). Phenomenology of paraphilia: Lovemap theory. In F. M. Saleh, A. J. Grudzinskas, Jr., J. M. Bradford, & D. J. Brodsky (Eds.), *Sex offend- ers: Identification, risk assessment, treatment, and legal issues* (pp. 12–26). New York, NY: Oxford University Press.

Leiblum, S. R. (2010a). Introduction and overview: Clinical perspectives on and treatment for sexual desire disorders. In S. R. Leiblum (Ed.), *Treating sexual desire disorders: A clinical casebook* (pp. 1–22). New York, NY: Guilford Press.

Leiblum, S. R. (Ed.). (2010b). *Treating sexual desire disorders: A clinical casebook*. New York, NY: Guilford Press.

Leiblum, S. R., Koochaki, P. E., Rodenberg, C. A., Barton, I. P., & Rosen, R. C. (2006). Hypoactive sexual desire disorder in postmenopausal women: U. S. results from the Women's International Study of Health and Sexuality (WISHeS). *Menopause, 13,* 46–56.

Leiblum, S. R., & Rosen, R. C. (Eds.). (2000). *Principles and practice of sex therapy* (3rd ed.). New York, NY: Guilford Press.

Leichsenring, F., Leibling, E., Kruse, J., New, A. S., & Leweke, F. (2011). Borderline personality disorder. *The Lancet, 377,* 74–84.

Leichsenring, F., & Schauenburg, H. (2014). Empirically supported methods of short-term psychodynamic therapy in depression: Towards an evidence-based unified protocol. *Journal of Affective Disorders, 169,* 128–143. doi: 10.1016/j.jad.2014.08.007

Leichsenring, F., Salzer, S., Beutel, M. E., Herpertz, S., Hiller, W., Hoyer, J., ... Leibing, E. (2013). Psychodynamic therapy and cognitive-behavioral therapy in social anxiety disorder: A multicenter randomized controlled trial. *American Journal of Psychiatry, 170,* 759 - 767. doi:10.1176/appi. ajp.2013.12081125

Leichsenring, F., Salzer, S., Beutel, M. E., Herpertz, S., Hiller, W., Hoyer, J., ...Leibing, E. (2014). Long-term outcome of psychodynamic therapy and cognitive-behavioral therapy in social anxiety dis-order. *American Journal of Psychiatry, 171,* 1074 - 1082. doi: 10.1176/appi. ajp.2014.13111514

Leigh, S., & Flatt, S. (2015). App-based psychological interventions: friend or foe? *Evidence Based Mental Health, 18,* 97 - 99. doi:10.1136/eb-2015-102203

Lejoyeux, M., & Germain, C. (2012). Pyromania: Phenomenology and epidemiology. In J. E. Grant & M. N. Potenza (Eds.), *The Oxford handbook of impulse control disorders* (pp. 135 - 148). New York, NY: Oxford University Press.

Lemay, R. A. (2009). Deinstitutionalization of people with developmental disabilities: A review of the literature. *Canadian Journal of Community Mental Health, 28*(1), 181 - 194.

Lentz, V., Robinson, J., & Bolton, J. M. (2010). Childhood adversity, mental disorder comorbidity, and suicidal behavior in schizotypal personality disorder. *Journal of Nervous and Mental Disease, 198,* 795 - 801. doi:10.1097/NMD.0b013e3181f9804c

Leocani, L., Locatelli, M., Bellodi, L., Fornara, C., Hénin, M., Magnani, G., ...Comi, G. (2001). Abnormal pattern of cortical activation associated with voluntary movement in obsessive-compulsive disorder: An EEG study. *American Journal of Psychiatry, 158,* 140 - 142.

Leue, A., Borchard, B., & Hoyer, J. (2004). Mental disorders in a forensic sample of sexual offenders. *European Psychiatry, 19,* 123 - 130.

Leung, P. W. L., & Poon, M. W. L. (2001). Dysfunctional schemas and cognitive distortions in psychopathology: A test of the specificity hypoth- esis. *Journal of Child Psychology & Psychiatry & Allied Disciplines, 42,* 755 - 765.

LeVine, E. S. (2012). Facilitating recovery for people with serious mental illness employing a psychobiosocial model of care. *Professional Psychology: Research and Practice, 43,* 58 - 64. doi:10.1037/a0026889

Levine, E. S., & Schmelkin, L. P. (2006). The move to prescribe: A change in paradigm? *Professional Psychology: Research and Practice, 37,* 205 - 209.

Levine, S. B. (2012). Problematic sexual excesses. *Neuropsychiatry, 2*(1), 69 - 79.

Levinson, D. F., Duan, J., Oh, S., Wang, K., Sanders, A. R., Shi, J., Zhang, N., ...Gejman, P. V. (2011). Copy number variants in schizophrenia: Confirmation of five previous findings and new evidence for 3q29 microdeletions and VIPR2 duplications. *American Journal of Psychiatry, 168,* 302 - 316. doi:10.1176/appi. ajp.2010.10060876

Levy, R. A., Ablon, J. S., & Kächele, H. (2013). *Psychodynamic psychotherapy research: Evidence-based practice and practice-based evidence.* Totowa, NJ: Humana Press.

Lewinsohn, P. M. (1974). A behavioral approach to depression. In R. J. Friedman & M. M. Katz (Eds.), *The psychology of depression: Contemporary theory and research* (pp. 54 - 77). Washington, DC: Winston-Wiley.

Lewis, R. W., Fugl-Meyer, K. S., Corona, G., Hayes, R. D., Laumann, E. O., Moreira, E. D., Jr., ... Segraves, T. (2010). Definitions/epidemiology/risk factors for sexual dysfunction. *Journal of Sexual Medicine, 7,* 1598 - 1607.

Lewis, S. J., Relton, C., Zammit, S., & Smith, G. D. (2013). Approaches for strengthening causal infer-ence regarding prenatal risk factors for childhood behavioural and psychiatric disorders. *Journal of Child Psychology and Psychiatry, 54,* 1095 - 1108. doi:10.1111/jcpp.12127

Li, D., Morris, J. S., Liu, J., Hassan, M. M., Day, R. S., Bondy, M. L., & Abbruzzese, J. L. (2009). Body mass index and risk, age of onset, and survival in patients with pancreatic cancer. *Journal of the American Medical Association, 301,* 2553 - 2562.

Li, F., Liu, X., & Zhang, D. (2015). Fish consumption and risk of depression: A meta-analysis. *Journal of Epidemiology & Community Health.* doi: 10.1136/ jech-2015-206278

Li, J., Zhou, G., Ji, W., Feng, G., Zhao, Q., Liu, J., ...Shi, Y. (2011). Common variants in the BCL9 gene conferring risk of schizophrenia. *Archives of General Psychiatry, 68,* 232 - 240. doi:10.1001/archgenpsychiatry.2011.1

Liberman, R. P. (1994). Treatment and rehabilitation of the seriously mentally ill in China. *American Journal of Orthopsychiatry, 64,* 68 - 77.

Lichta, R. W. (2010). A new BALANCE in bipolar I disorder. *The Lancet, 375,* 350 - 352. doi: 10.1016/S0140-6736(09)61970-X

Lichtman, J. H., Froelicher, E. S., Blumenthal, J. A., Carney, R. M., Doering, L. V., Frasure-Smith, N., ...Wulsin, L. (2014). Depression as a risk factoror poor prognosis among patients with acute coronary syn-drome: Systematic review and recommendations: A scientific statement from the American Heart Association. *Circulation.* Retrieved from http://circ. ahajournals. org/content/early/2014/02/24/ CIR.0000000000000019

Lieberman, J. S. A. (2010). Psychiatric care shortage: What the future holds. *Medscape Psychiatry and Mental Health.* Retrieved from www.medscape.com

Liebowitz, M. R., Gelenberg, A. J., & Munjack, D. (2005). Venlafaxine extended release vs. placebo and paroxetine in social anxiety disorder. *Archives of General Psychia-*

try, 62, 190–198.

Liebowitz, M. R., Stein, M. B., Tancer, M., Carpenter, D., Oakes, R., & Pitts, C. D. (2002). A randomized, double-blind, fixed-dose comparison of paroxetine and placebo in treatment of generalized social anxiety disorder. *Journal of Clinical Psychiatry, 63*, 66–74.

Lim, J., & Dinges, D. F. (2010). A meta-analysis of the impact of short-term sleep deprivation on cogni-tive variables. *Psychological Bulletin, 136*, 375–389. doi: 10.1037/a0018883

Lim, S. (2003, September 2). Beating the bed-wetting blues. Retrieved from http://www.msnbc.com/news/954846.asp

Lin, F., & Lei, H. (2015). Structural brain imaging and Internet addiction. In C. Montag & M. Reuter (Eds.), *Studies in neuroscience, psychology and behavioral economics* (pp. 21–42). New York, NY: Springer.

Lin, L. Y., Sidani, J. E., Shensa, A., Radovic, A., Miller, E., Colditz, J. B., ...Primack, B. A. (2016). *Depression and Anxiety*, in press. doi:10.1002/da.22466.

Lin, P.-Y., Mischoulon, D., Freeman, M. P., Matsuoka, Y., Hibbeln, J., Belmaker, R. H., & Su, K.-P. (2012). Are omega-3 fatty acids antidepressants or just mood-improving agents? The effect depends upon diagnosis, supplement preparation, and severity of depression. *Molecular Psychiatry, 17*, 1161.

Lincoln, A. (1841/1953). To John T. Stuart. In R. P. Basler, M. D. Pratt, & L. A. Dunlap (Eds.), *The collected works of Abraham Lincoln* (Vol. 1, p. 230). New Brunswick, NJ: Rutgers University Press.

Linder, D. (2004). The John Hinckley trial. [Hinckley's communications with Jodie Foster]. Retrieved from http://www.law.umkc.edu/faculty/projects/ftrials/hinckley/hinckleytrial.html

Lindwall, M., Gerber, M., Jonsdottir, I. H., Börjesson, M., & Ahlborg, G., Jr. (2014). The relationships of change in physical activity with change in depression, anxi- ety, and burnout: A longitudinal study of Swedish healthcare workers. *Health Psychology, 33*, 1309–1318. Retrieved from http://dx.doi.org/10.1037/a0034402

Linehan, M. M., Comtois, K. A., Murray, A. M., Brown, M. Z., Gallop, R. J., Heard, H. L., ... Lindenboim, M. S. (2006). Two-year random-ized controlled trial and follow-up of dialectical behavior therapy vs. therapy by experts for suicidal behaviors and borderline personality disorder. *Archives of General Psychiatry, 63*, 757–766.

Linehan, M. M., Korslund, K. E., Harned, M. S., Gallop, R., Lungu, A., Neacsiu, A., ...Murray-Gregory, A. M. (2015). Dialectical behavior therapy for high suicide risk in individuals with borderline personality disorder: A randomized clinical trial and component analysis. *JAMA Psychiatry, 72*, 475–482. doi:10.1001/jamapsychiatry.2014.3039

Ling, W., Casadonte, P., Bigelow, G., Kampman, K. M., Patkar, A., Bailey, G. L., ...Beebe, K. L. (2011). Buprenorphine implants for treatment of opioid dependence: A randomized controlled trial. *Journal of the American Medical Association, 304*, 1576–1583.

Lipsitz, J. D., & Markowitz, J. C. (2013). Mechanisms of change in interpersonal therapy (IPT). *Clinical Psychology Review, 33*, 1134–1147.

Lipton, E., Savage, C., & Shane, S. (2011, January 9). Arizona suspect's recent acts offer hints of alienation. *The New York Times*. Retrieved from http://www.nytimes.com/2011/01/09/us/politics/09shooter.html?pagewanted=all

Lister-Landman, K. M., Domoff, S. E., & Dubow, E. F. (2015). The role of compulsive texting in adolescents' academic functioning. *Psychology of Popular Media Culture*. Advance online publication. Retrieved from http://dx.doi.org/10.1037/ppm0000100

Littleton, H., & Henderson, C. E. (2009). If she is not a victim, does that mean she was not traumatized? Evaluation of predictors of PTSD symptomatology among college rape victims. *Violence Against Women, 15*, 148–167.

Liu B., Zhang, Y., Zhang, L., & Lingjiang, L. (2014). Repetitive transcranial magnetic stimulation as an augmentative strategy for treatment- resistant depression: A meta-analysis of ran- domized, double-blind and sham-controlled study. *BMC Psychiatry, 14*, 342. doi:10.1186/s12888-014-0342-4

Liu, H., Prause, N., Wyatt, G. E., Williams, J. K., Chin, D., Davis, T., Loeb, T., ...Myers, H. F. (2015). Development of a composite trauma exposure risk index. *Psychological Assessment, 27*, 965–974. doi:10.1037/pas000006

Liu, R. T., & Alloy, L B. (2010). Stress generation in depression: A systematic review of the empirical literature and recommendations for future study. *Clinical Psychology Review, 30*, 582–593.

Liu, R. T., & Miller, I. (2014). Life events and suicidal ideation and behavior: A systematic review. *Clinical Psychology Review, 34*, 181–192. Retrieved from http://dx.doi.org/10.1016/j.cpr.2014.01.006

Lobbestael, J., & Arntz, A. (2009). Emotional, cognitive and physiological correlates of abuse-related stress in borderline and antisocial personality disor-der. *Behaviour Research and Therapy, 34*, 571–586. doi: 10.1016/j.brat.2009.09.015

Locke, A. E., Kahali, B., Berndt, S. I., Justice, A. E., Pers, T. H., Day, F. R., ...Speliotes, E. K. (2015). Genetic studies of body mass index yield new insights for obesity biology. *Nature, 518*(7538), 197. doi:10.1038/nature14177

Lockwood, L. E., Su, S., & Youssef, N. A. (2015). The role of epigenetics in depression and suicide: A platform for gene–environment interactions. *Psychiatry Research, 228*, 235–242. doi:10.1016/j.psychres.2015.05.07

Loening-Baucke, V. (2002). Encopresis. *Current Opinions*

in Pediatrics, 14, 570–575.

Loftus, E. F. (1996). The myth of repressed memory and the realities of science. *Clinical Psychology: Science and Practice, 3*, 356–365.

Logan, C. (2008). Sexual deviance in females. In D. R. Laws and W. T. O'Donohue (Eds.), *Sexual deviance: Theory, assessment, and treatment* (2nd ed., pp. 486–507). New York, NY: Guilford Press.

Logan, J., Hall, J., & Karch, D. (2011). Suicide catego-ries by patterns of known risk factors: A latent class analysis. *Archives of General Psychiatry, 68*, 935–941. doi: 10.1001/archgenpsychiatry.2011.85

Lohr, J. M., Lilienfeld, S. O., & Rosen, G. M. (2012). Anxiety and its treatment: Promoting science-based practice. *Journal of Anxiety Disorders, 26*, 719–727. doi: 10.1016/j.janxdis.2012.06.007

Lohr, J. M. (2011). What is (and what is not) the mean-ing of evidence-based psychosocial intervention? *Clinical Psychology: Science and Practice, 18*, 100–104. doi: 10.1111/j.1468-2850.2011.01240.x

Longmire, C. V. F., Drye, L. T., Frangakis, C. E., Martin, B. K., Meinert, C. L., Mintzer J. E., & DIADS-2 Research Group. (2013). Is sertraline treatment or depression remis-sion in depressed Alzheimer patients associated with im-proved caregiver well-being? Depression in Alzheimer's disease study 2. *The American Journal of Geriatric Psy-chiatry, 22*, 14–24. doi:10.1016/j.jagp.2013.02.014

Lönnqvista, J. E., & Deters, F. G. (2016). Facebook friends, subjective well-being, social support, and personality. *Computers in Human Behavior, 55*, 113–120. doi: 10.1016/j.chb.2015.09.002

Lonsdorf, T. B., Weike, A. I., Nikamo, P., Schalling, M., Hamm, A. O., & Ohman, A. (2009). Genetic gat-ing of human fear learning and extinction: Possible implications for gene-environment interaction in anxiety disorder. *Psychological Science, 20*, 198–206. doi:10.1111/j.1467-9280.2009.02280.x

López, I., Rivera, R., Ramirez, R., Guarnaccia, P. J., Canino, G., & Bird, H. R. (2009). Ataques de nervios and their psychiatric correlates in Puerto Rican children from two different contexts. *The Journal of Nervous and Mental Disease, 297*, 923–929. doi:10.1097/NMD.0b013e3181c2997d

López, S. R., Barrio, C., Kopelowicz, A., & Vega, W. A. (2012). From documenting to eliminating dispari-ties in mental health care for Latinos. *American Psychologist, 67*, 511–523. doi:10.1037/a0029737

Lopez, S. R., Nelson, H. K., Polo, A. J., Jenkins, J. H., Karno, M., Vaughn, C., ...Snyder, K. S. (2004). Ethnicity, expressed emotion, attributions, and course of schizophre-nia: Family warmth matters. *Journal of Abnormal Psy-chology, 113*, 428–439.

LoPiccolo, J. (2011). Most difficult to treat: Sexual desire dis-orders. *PsycCRITIQUES, 56*(21).

Lopresti, A. L., Maes, M., Maker, G. L., Hood, S. D., & Drummond, P. D. (2014). Curcumin for the treatment of major depression: A randomised, double-blind, placebo controlled study. *Journal of Affective Disorders, 167*, 368–375. doi:10.1016/j.jad.2014.06.001

Lorenzo-Luaces, L., DeRubeis, R. J., & Webb, C. A. (2014). Client characteristics as moderators of the relation be-tween the therapeutic alliance and out-come in cognitive therapy for depression. *Journal of Consulting and Clini-cal Psychology, 82*, 368–373. doi:10.1037/a0035994

Lorenzo-Luaces, L., German, R. E., & DeRubeis, R. J. (2015). It's complicated: The relation between cognitive change procedures, cognitive change, and symptom change in cognitive therapy for depression. *Clinical Psychology Review, 41*, 3–15. doi:10.1016/j.cpr.2014.12.003

Lothane, Z. (2006). Freud's legacy: Is it still with us? *Psy-choanalytic Psychology, 23*, 285–301.

Lovaas, O. I. (1987). Behavioral treatment and normal educa-tional and intellectual functioning in young autistic children. *Journal of Consulting and Clinical Psychology, 55*, 3–9.

Lovaas, O. I., Koegel, R. L., & Schreibman, L. (1979). Stimu-lus overselectivity in autism: A review of the research. *Psychological Bulletin, 86*, 1236–1254.

Love, S., & Spillantini, M. G. (2011). Unpicking fronto-temporal lobar degeneration. *Brain, 134*, 2453–2455. doi:10.1093/brain/awr176

Lowe, J. K., Werling, D. M., Constantino, N. N., Cantor, R. M., & Geschwind, D. H. (2015). Social responsiveness, an autism endophenotype: Genomewide significant linkage to two regions on chromosome 8. *American Journal of Psy-chiatry, 172*, 266–275. Retrieved from http://dx.doi.org/10.1176/appi.ajp.2014.14050576

Lowe, J. R., & Widiger, T. A. (2008). Personality dis-orders. In J. E. Maddux & B. A. Winstead (Eds.), *Psychopathol-ogy: Foundations for a contemporary understanding* (2nd ed., pp. 223–250). New York, NY: Routledge.

Lowe, S. R., Chan, C. S., & Rhodes, J. E. (2010). Prehurri-cane perceived social support protects against psychologi-cal distress: A longitudinal analy-sis of low-income mothers. *Journal of Consulting and Clinical Psychology, 78*, 551–560. doi:10.1037/a0018317

Lu, H.-Y., & Hou, H.-Y. (2009). Testing a model of the pre-dictors and consequences of body dissatisfac-tion. *Body Image, 6*, 19–23.

Lu, T., Aron, L., Zullo, J., Pan, Y., Kim, H., Chen, Y., & Yankner, B. A. (2014). REST and stress resistance in age-ing and Alzheimer's disease. *Nature, 507*, 448–454. doi:10.1038/nature13163

Lubell, S. (2004, February 19). On therapist's couch, a jolt of virtual reality. *The New York Times*, p. G5. Luczak, S.

E., Glatt, S. J., & Wall, T. J. (2006). Meta-analyses of ALDH2 and ADH1B with alcohol dependence in Asians. *Psychological Bulletin, 132,* 607–621.

Lue, T. F., Giuliano, F., Montorsi, F., Rosen, R. C., Andersson, K. E., Althof, S., ... Wagner, G. (2010). Summary of the recommendations on sexual dysfunctions in men. *Journal of Sexual Medicine, 7,* 6–23.

Luijendijk, H. J., van den Berg, J. F., Marieke, J. H. J., Dekker, M. D., van Tuijl, H. R., Otte, W., ...Tiemeier, H. (2008). Incidence and recurrence of late-life depression. *Archives of General Psychiatry, 65,* 1394–1401.

Luo, M., & McIntire, M. (2013, December 21). When the right to bear arms includes the mentally ill. *The New York Times,* pp. A1, A30.

Luoma, J. B., Martin, C. E., & Pearson, J. L. (2002). Contact with mental health and primary care providers before suicide: A review of the evidence. *American Journal of Psychiatry, 159,* 909–916.

Lupski, J. R. (2007). Structural variation in the human genome. *New England Journal of Medicine, 356,* 1169–1171.

Lutz, W., Schiefele, A. K., Wucherpfennig, F., Rubel, J., & Stulz, N. (2015). Clinical effectiveness of cognitive behavioral therapy for depression in routine care: A propensity score based comparison between randomized controlled trials and clinical practice. *Journal of Affective Disorders, 25,* 150–158. doi:10.1016/j.jad.2015.08.072

Luxton, D. D., Pruitt, L. D., & Osenbach, J. E. (2014). Best practices for remote psychological assessment via telehealth technologies. *Professional Psychology: Research and Practice, 45,* 27–35. doi:10.1037/ a0034547

Lv, K. H., Janni, E., Wrede, R., Sedem, M., Donker, T., Carlbring, P., ... Andersson, G. (2014). Experiences of a guided smartphone-based behavioral activation therapy for depression: A qualitative study. *Internet Interventions, 2,* 60–68. Retrieved from http:// dx.doi.org/10.1016/j.invent.2014.12.002

Lymburner, J. A., & Roesch, R. (1999). The insan- ity defense: Five years of research (1993–1997). *International Journal of Law and Psychiatry, 22,* 213–240.

Lynch, F. L., Dickerson, J. F., Clarke, G., Vitiello, B., Porta, G., Wagner, K. D., ...Brent, D. (2011). Incremental cost-effectiveness of combined therapy vs. medication only for youth with selective sero- tonin reuptake inhibitor–resistant depression: Treatment of SSRI-l. *Archives of General Psychiatry, 68,* 253–262. doi:10.1001/archgenpsychiatry.2011.9

Lynn, S. J., Lilienfeld, S. O., Merckelbach, H., Giesbrecht, T., McNally, R. J., Loftus, E. F., ... Malaktaris, A. (2014). The trauma model of dissociation: Inconvenient truths and stubborn fictions. Comment on Dalenberg et al. (2012). *Psychological Bulletin, 40,* 896–910. doi: 10.1037/ a0035570

Ma, J., Ward, E. M., Siegel, R. L., & Jemal, A. (2015). Temporal trends in mortality in the United States, 1969–2013. *Journal of the American Medical Association, 314,* 1731–1739. doi:10.1001/jama.2015.12319.sciencedaily.com/ releases/2015/10/151029111924.htm

Mabe, A. G., Forney, K. J., &. Keel, P. K. (2014). Do you "like" my photo? Facebook use maintains eating disorder risk. *International Journal of Eating Disorders, 47,* 516–523. doi:10.1002/eat.22254

MacDonald, R., Parry-Cruwys, D., Dupere, S., & Ahearn, W. (2014). Assessing progress and out-come of early intensive behavioral intervention for toddlers with autism. *Research in Developmental Disabilities, 35,* 3632–3644. doi:10.1016/j. ridd.2014.08.036

Macey, P. M., Kumar, R., Woo, M. A., Valladares, E. M., Yan-Go, F. L., & Harper, R. M. (2008). Brain structural changes in obstructive sleep apnea. *Sleep, 31,* 967.

Macey, P. M., Kumar, R., Woo, M. A., Yan-Go, F. L., & Harper, R. M. (2013). Heart rate responses to autonomic challenges in obstructive sleep apnea. *PLOS ONE, 8,* e76631. doi:10.1371/journal.pone.0076631

Mackenzie, C. S., El-Gabalawy, R., Chou, K. L., & Sareen, J. (2014). Prevalence and predictors of persistent versus remitting mood, anxiety, and substance disorders in a national sample of older adults. *American Journal of Geriatric Psychiatry, 22,* 854–865. doi: 10.1016/j.jagp.2013.02.007

MacKillop, J., McGeary, J. E., & Ray, L. A. (2010). Genetic influences on addiction: Alcoholism as an exemplar. In D. Ross, P. Collins, & D. Spurrett (Eds.), *What is addiction?* (pp. 53–98). Cambridge, MA: MIT Press.

MacLaren, V. V., Best, L. A., Dixon, M. J., & Harrigan, K. A. (2011). Problem gambling and the five fac- tor model in university students. *Personality and Individual Differences, 50,* 335–338. doi:10.1016/ j.paid.2010.10.011

Maenner, M. J., Rice, C. E., Arneson, C. L., Cunniff, C., Schieve, L. A., Carpenter, L. A., ...Durkin, M. S. (2014). Potential impact of DSM-5 criteria on autism spectrum disorder prevalence estimates. *JAMA Psychiatry, 71,* 292–300. doi:10.1001/ jamapsychiatry.2013.3893

Maggi, M. (2012). *Hormonal therapy for male sexual dysfunction.* Hoboken, NJ: Wiley.

Maher, B. (2007). Fragile X fixed in mice. *Nature News.* Retrieved from http://www. nature. com/ news/2007/191207/ full/news.2007.386.html

Maher, W. B., & Maher, B. A. (1985). Psychopathology. I. From ancient times to the eighteenth century. In G. A. Kimble & K. Schlesinger (Eds.), *Topics in the history of psychology* (Vol. 2, pp. 251–294). Hillsdale, NJ: Erlbaum.

Mahler, M., & Kaplan, L. (1977). Developmental aspects in

the assessment of narcissistic and so-called borderline personalities. In P. Hartocollis (Ed.), *Borderline personality disorders: The concept, the syndrome, the patient* (pp. 71 – 85). New York, NY: International Universities Press.

Mahler, M. S., Pine, F., & Bergman, A. (1975). The borderline syndrome: The role of the mother in the genesis and psychic structure of the borderline personality. *International Journal of Psychoanalysis, 56,* 163 – 177.

Mahone, E. M., Crocetti, D., Ranta, M. E., Gaddis, A., Cataldo, M., Slifer, K. J., ...Mostofsky, H. (2011). A preliminary neuroimaging study of preschool chil- dren with ADHD. *The Clinical Neuropsychologist, 25,* 1009 – 1028. doi:10.1080/ 13854046.2011.580784

Mahoney, A. E. J., Mackenzie, A., Williams, A. D., Smith, J., & Andrews, G. (2014). Internet cognitive behavioural treatment for obsessive compulsive disorder: A randomised controlled trial. *Behaviour Research and Therapy, 63,* 99 – 106. doi:10.1016/j. brat.2014.09.012

Maia, T. V., & Cano-Colino, M. (2015). The role of serotonin in orbitofrontal function and obsessive-compulsive disorder. *Clinical Psychological Science, 3,* 460 – 482. doi:10.1177/2167702614566809

Maier, S. F., & Seligman, M. E. P. (1976). Learned helplessness: Theory and evidence. Journal of *Experimental Psychology (General), 105,* 3 – 46.

Maikovich-Fong, A. K., & Jaffee, S. R. (2010). Sex differences in childhood sexual abuse characteristics and victims' emotional and behavioral problems: Findings from a National Sample of Youth. *Child Abuse and Neglect, 34,* 429 – 437.

Maina, G., Rosso, G., & Bogetto, F. (2009). Brief dynamic therapy combined with pharmacotherapy in the treatment of major depressive disorder: Long-term results. *Journal of Affective Disorders, 114,* 200 – 207. doi: 10.1016/j.jad.2008.07.010

Making sad sense of child abuse. (2013, December 27). *ScienceDaily.* Retrieved from http://www.science-daily.com/releases/2013/12/131223181821.htm

Malamuth, N. M., Huppin, M., & Paul, B. (2005). Sexual coercion. In D. M. Buss (Ed.), *The handbook of evolutionary psychology* (pp. 394 – 418). Hoboken, NJ: Wiley.

Maldonado, J. R., Butler, L. D., & Spiegel, D. (1998). Treatments for dissociative disorders. In P. E. Nathan & J. M. Gorman (Eds.), *A guide to treatments that work* (pp. 423 – 446). New York, NY: Oxford University Press.

Maletzky, B. M. (1980). Assisted covert sensitization in the treatment of exhibitionism. *Journal of Consulting and Clinical Psychology, 48,* 306 – 312.

Maletzky, B. M., & Steinhauser, C. (2002). A 25-year follow-up of cognitive/behavioral therapy with 7,275 sexual offenders. *Behavior Modification, 26*(2), 123 – 147.

Malhotra, D., McCarthy, S., Michaelson, J. J., Vacic, V., Burdick, K. E., Yoon, S., ...Sebat, J. (2011). High frequencies of de novo CNVs in bipolar disorder and schizophrenia. *Neuron, 72,* 951. doi:10.1016/ j.neuron.2011.11.007

Malinauskas, B. M., Raedeke, T. D., Aeby, V. G., Smith, J. L., & Dallas, M. B. (2006). Dieting practices, weight perceptions, and body composition: A com- parison of normal weight, overweight, and obese college females. *Nutrition Journal, 5,* 11.

Mammen, G., & Faulkner, G. (2013). Physical activity and the prevention of depression: A systematic review of prospective studies. *American Journal of Preventive Medicine, 45,* 649 – 657.

Manassis, K. (2013). Empirically supported psycho- social treatments. In C. A. Essau & T. H. Ollendick (Eds.), *The Wiley-Blackwell handbook of the treatment of childhood and adolescent anxiety* (pp. 207 – 228). Hoboken, NJ: John Wiley.

Mandell, D., Siegle, G. J., Shutt, L., Feldmiller, J., & Thase, M. E. (2014). Neural substrates of trait ruminations in depression. *Journal of Abnormal Psychology, 123,* 35 – 48. doi:10.1037/a0035834

Mann, D. (2013, December 4). More than 6 percent of U.S. teens take psychiatric meds: Survey. Retrieved from http://www. webmd. com/mental-health/news/20131204/more-than-6-percent-of-us-teens- take-psychiatric-meds-survey?src=RSS_PUBLIC

Mann, K., Vollstädt-Klein, S., Lemènager, T., Fauth-Bühler, M. H. D., Hoffmann, S., Zimmermann, U. S., Kiefer, F., ...Smolka, M. N. (2014). Predicting naltrexone response in alcohol-dependent patients: The contribution of functional magnetic resonance imaging. *Alcoholism: Clinical and Experimental Research, 38,* 2754 – 2762. doi:10.1111/acer.12546.

Mapes, D. (2013, September 16). "Fat" comment report highlights beauty queen body issues. *Today. com.* Retrieved from http://www. today. com/ health/fat-comment-report-highlights-beauty- queen-body-issues-8C11131587

Marcantonio, E. R., Ngo, L. H., O'Connor, M., Jones, R. N., Crane, P. K., Metzger, E. D., ...Inouye, S. K. (2014). Prospective validation of a brief diagnostic interview for delirium in geriatric, hospitalized patients. *Annals of Internal Medicine, 161,* 554. Retrieved from http://dx.doi.org/10.7326/M14-0865

March, J. S., & Vitiello, B. (2009). Clinical messages from the Treatment for Adolescents with Depression Study (TADS). *American Journal of Psychiatry, 166,* 1118 – 1123. doi:10.1176/appi. ajp.2009.08101606

Marchant, J. (2016, January 10). A placebo treatment for pain. *The New York Times Review,* p. 5.

Marcus, D. K., O'Connell, D., Norris, A. L., & Sawaqdeh, A. (2014). Is the Dodo bird endangered in the 21st century? A meta-analysis of treatment comparison studies. *Clinical Psychology Review, 34,* 519 – 530. doi:10.1016/j.cpr.2014.08.001

Marin, J. M., Agusti, A., Villar, I., Forner, M., Nieto, D.,Carrizo, S. J., ...Jelic, S. (2012). Association between treated and untreated obstructive sleep apnea and risk of hypertension. *Journal of the American Medical Association, 307,* 2169 – 2176. doi:10.1001/jama.2012.

Marion, I. J. (2005, December). The neurobiology of cocaine addiction. *Science Practice Perspectives, National Institute on Drug Abuse, 3*(1), 25 – 31.

Mark, R. E., Muselaers, N., Scholten, H., van Boxtel, A., & Eerenberg, T. (2014). Short-term cognitive effects after recovery from a delirium in a hospitalized elderly sample. *Journal of Nervous & Mental Disease, 202,* 732 – 737. doi:10.1097/ NMD.0000000000000182

Markowitz, J. C., Petkova, E., Neria, Y., Van Meter, P. E., Zhao, Y., Hembree, E., ...Marshall, R. D. (2015). Is exposure necessary? A randomized clinical trial of interpersonal psychotherapy for PTSD. *JAMA Psychiatry, 520,* E7 – E8. doi:10.1038/nature14040

Marlatt, G. A. (1978). Craving for alcohol, loss of control, and relapse: A cognitive-behavioral analysis. In P. E. Nathan, G. A. Marlatt, & T. Loberg (Eds.), *Alcoholism: New directions in behavioral research and treatment* (pp. 271 – 314). New York, NY: Plenum Press.

Marlatt, G. A., & Gordon, J. R. (1985). *Relapse prevention: Maintenance strategies in the treatment of addictive behaviors.* New York, NY: Guilford Press.

Marmar, C. R., Schlenger, W., Henn-Haase, C., Qian, M., Purchia, E., Li, M., ...Kulka, R. A. (2015). Course of posttraumatic stress disorder 40 years after the Vietnam War: Findings from the National Vietnam Veterans Longitudinal Study. *JAMA Psychiatry, 72,* 875 – 881. doi:10.1001/jamapsychiatry.2015.0803

Marshal, M. P. (2003). For better or for worse? The effects of alcohol use on marital functioning. *Clinical Psychology Review, 23,* 959 – 997.

Marshall, W. L., & Marshall, L. E. (2015). Psychological treatment of the paraphilias:A review and appraisal of effectiveness. *Current Psychiatry Reports: Topical Collection on Sexual Disorders, 17,* 47.

Mart, E. G. (2003). Munchausen's syndrome by proxy Mart, E. G. (2003). Munchausen's syndrome by proxy reconsidered. *Child Maltreatment: Journal of the American Professional Society of the Abuse of Children, 8,* 72 – 73.

Mårtensson, B., Pettersson, A., Berglund, L., & Ekselius, L. (2015). Bright white light therapy in depression: A critical review of the evidence. *Journal of Affective Disorders, 182,* 1 – 7. doi:10.1016/ j.jad.2015.04.013

Martin, E. K., Taft, C. T., & Resick, P. A. (2007). A review of marital rape. *Aggression and Violent Behavior, 12,* 329 – 347.

Martin, S. A., Atlantis, E., Lange, K., Taylor, A. W., O'Loughlin, P., & Wittert, G. A. (2014). Predictors of sexual dysfunction incidence and remission in men. *The Journal of Sexual Medicine, 11,* 1136 – 1147. doi: 10.1111/jsm.12483

Martín-Blanco, A., Ferrer, M., Soler, J., Salazar, J., Vega, D., Andión, O., ...Pascual, J. C. (2014). Association between methylation of the gluco- corticoid receptor gene, childhood maltreatment, and clinical severity in borderline personality disorder. *Journal of Psychiatric Research, 57,* 34 – 40. doi:10.1016/j.jpsychires.2014.06.011

Martinez, D., Greene, K., Broft, A., Kumar, D., Liu, F., Narendran, R., ...Kleber, H. D. (2009). Lower level of endogenous dopamine in patients with cocaine dependence: Findings from PET imaging of D2/D3 receptors following acute dopamine depletion export. *American Journal of Psychiatry, 166,* 1170 – 1177. doi: 10.1176/appi.ajp.2009.08121801

Martinez, M. A., & Craighead, L. W. (2015). Toward person (ality)-centered treatment: How consider- ation of personality and individual differences in anorexia nervosa may improve treatment outcome. *Clinical Psychology: Science and Practice, 22,* 296 – 314. doi:10.1111/cpsp.12111

Martins, R. K., & McNeil, D. W. (2009). Review of motivational interviewing in promoting health behaviors. *Clinical Psychology Review, 29,* 283 – 293. doi: 10.1016/j.cpr.2009.02.001

Martinsen, K. D., Kendall, P. C., Stark, K., & Neumer, S.-P. (2014). Prevention of anxiety and depression in children: Acceptability and feasibility of the transdiagnostic emotion program. *Cognitive and Behavioral Practice, 23,* 1 – 13. doi:10.1016/ j.cbpra.2014.06.005

Marx, R. F., & Didziulis, V. (2009, March 1). A life, interrupted. *The New York Times,* pp. CY1, CY7.

Marzano, L., Bardill, A., Fields, B., Herd, K., Veale, D., Grey, N., & Moran, P. (2015). The application of mHealth to mental health: Opportunities and challenges. *The Lancet Psychiatry, 2,* 942 – 948. doi: 10.1016/S2215-0366(15)00268-0

Masheb, R. M., Grilo, C. M., & Rolls, B. J. (2011). A randomized controlled trial for obesity and binge eating disorder: Low-energy-density dietary coun- seling and cognitive-behavioral therapy. *Behaviour Research and Therapy, 49,* 821 – 829. doi:10.1016/ j.brat.2011.09.006

Masi, G., Mucci, M., & Millepiedi, S. (2001). Separation anxiety disorder in children and adolescents: Epidemiology, diagnosis, and management. *CNS Drugs, 15*(2), 93 – 104.

Mason, B. J., Crean, R., Goodell, V., Light, J. M., Quello, S.,

Shadan, F., ...Rao, S. (2012). A proof-of-concept randomized controlled study of gabapentin: Effects on cannabis use, withdrawal and executive function deficits in cannabis-dependent adults. *Neuropsychopharmacology, 37*, 1689 – 1698. doi:10.1038/ npp.2012.37:1689

Mason, P. T., & Kreger, R. (1998). *Stop walking on eggshells*. Oakland, CA: New Harbinger Publications.

Mast, R. C., & Smith, A. B. (2012). Elimination disorders: Enuresis and encopresis. In W. M. Klykyo & J. Kay (Eds.), *Clinical child psychiatry* (pp. 305 – 328). New York, NY: Wiley Interscience.

Masters, M. C., Morris, J. C., & Roe, C. M. (2015). "Noncognitive" symptoms of early Alzheimer disease. *Neurology*. Advance online publica-tion. Retrieved from http://dx.doi.org/10.1212/ WNL.0000000000001238

Masters, W. H., & Johnson, V. E. (1970). *Human sexual inadequacy*. Boston, MA: Little, Brown.

Mataix-Cols, D., Frost, R. O., Pertusa, A., Clark, L. A., Saxena, S., Leckman, J. F., ...Wilhelm, S. (2010). Hoarding disorder: A new diagnosis for DSM-V? *Depression and Anxiety, 27*, 556 – 572. doi:10.1002/ da.20693

Matson, J. J., & Shoemaker, M. (2009). Intellectual disability and its relationship to autism spectrum disorders. *Research in Developmental Disabilities, 30*, 1107 – 1114. doi:10.1016/j.ridd.2009.06.003

Matson, J. L., & Williams, L. W. (2013). The making of a field: The development of comorbid psychopathology research for persons with intellectual disabilities and autism. *Research in Developmental Disabilities, 35*, 234 – 238. doi:10.1016/j.ridd.2013.09.043

Mattheisen, M., Samuels, J. F., Wang, Y., Greenberg, B. D., Fyer, A. J., McCracken, J. T., ... Nestadt, G. (2014). Genome-wide association study in obsessive-compulsive disorder: Results from the OCGAS. *Molecular Psychiatry, 20*, 337 – 344. doi:10.1038/mp.2014.43

Matthews, B. R. (2014, January 1). Vitamin E out-paces memantine in mild-to-moderate Alzheimer disease. *NEJM Journal Watch*. Retrieved from http://www. jwatch. org/ na33250/2014/01/07/ vitamin-e-outpaces-memantine-mild-moderate- alzheimer?query=etoc_jwneuro

Matthews, K. A. (2013). Matters of the heart: Advancing psychological perspectives on cardiovascular diseases. *Perspectives on Psychological Science, 8*, 676 – 678. doi: 10.1177/1745691613506908

Mauri, L. (2012). Why we still need randomized trials to compare effectiveness [Editorial]. *New England Journal of Medicine, 366*, 1538 – 1540.

Maxwell, L., & Scott, G. (2014). A review of the role of radical feminist theories in the understanding of rape myth acceptance. *Journal of Sexual Aggression, 20*, 40 – 54.

May, P. A., Baete, A., Russo, J., Elliott, A. J., Blankenship, J., Kalberg, W. O., ... Hoyme, H. E. (2014). Prevalence and characteristics of fetal alcohol spectrum disorders. *Pediatrics, 13*, 855. doi:10.1542/peds.2013-3319

Mazina, V., Gerdts, J., Trinh, S., Ankenman, K., Ward, T., Dennis, M. Y., ... Bernier R. (2015). Epigenetics of autism-related impairment: Copy number variation and maternal infection. *Journal of Developmental & Behavioral Pediatrics, 36*, 61. Retrieved from http:// dx.doi.org/10.1097/DBP.0000000000000126

McCabe, M. P., & Connaughton, C. (2014). Psychosocial factors associated with male sexual difficulties. *Journal of Sex Research, 51*, 31 – 42.

McCain, N. L., Gray, D. P., Elswick, R. K., Jr., Robins, J. W., Tuck, I., Walter, J. M., ...Ketchum, J. M. (2008). A randomized clinical trial of alternative stress management interventions in persons with HIV infection. *Journal of Consulting and Clinical Psychology, 76*, 431 – 441.

McCall, C., & Winkelman, J W. (2015). Use of hypnotics to treat sleep problems in the elderly. *Psychiatric Annals, 45*, 342 – 347. doi:10.3928/ 00485713-20150626-05

McCarthy, B. W., Ginsberg, R. L., & Fucito, L. M. (2006). Resilient sexual desire in heterosexual couples. *Family Journal: Counseling and Therapy for Couples and Families, 14*(1), 59 – 64.

McCarthy-Jones, S., Trauer, T., Mackinnon, A., Sims, E., Thomas, N., & Copolov, D. L. (2014). A new phenomenological survey of auditory hallucinations: Evidence for subtypes and implications for theory and practice. *Schizophrenia Bulletin, 40*, S275 – S284.

McClintock, S. M., Husain, M. M., Wisniewski, S. R., Nierenberg, A. A., Stewart, J. W., Trivedi, M. H., ... Rush, J. (2011). Residual symptoms in depressed outpatients who respond by 50% but do not remit to antidepressant medication. *Journal of Clinical Psychopharmacology, 31*, 180. doi:10.1097/ JCP.0b013e31820ebd2c

McCord, C. E., Elliott, T. R., Wendel, M. L., Brossart, D. F., Cano, M. A., Gonzalez, G., ...Burdine, J. (2011). Community capacity and teleconference counseling in rural Texas. *Professional Psychology: Research and Practice, 42*, 521 – 527. doi:10.1037/a0025296

McCord, W., & McCord, J. (1964). *The psychopath: An essay on the criminal mind*. New York, NY: D. Van Nostrand.

McCrae, C. S., Bramoweth, A. D., Williams, J., Roth, A., & Mosti, C. (2014). Impact of brief cognitive behavioral treatment for insomnia on health care utilization and costs. *Journal of Clinical Sleep Medicine, 15*, 127 – 135. doi:10.5664/ jcsm.3436.

McElroy, S. L., Hudson, J. J., Mitchell, J. E., Wilfley, D., Ferreira-Cornwell, M. C., Gao, J., ...Gasior, M. (2015). Efficacy and safety of lisdexamfetamine for treatment of adults with moderate to severe binge-eating disorder: A randomized clinical trial. *JAMA Psychiatry, 72*, 235 –

246. doi:10.1001/ jamapsychiatry.2014.2162

McEvoy, J. P., Byerly, M., Hamer, R. M., Dominik, R., Swartz, M. S., Rosenheck, R. A., ...Stroup, T. S. (2014). Effectiveness of paliperidone palmitate vs. haloperidol decanoate for maintenance treatment of schizophrenia: A randomized clinical trial. *Journal of the American Medical Association, 311,* 1978 – 1987. doi: 10.1001/ jama.2014.4310

McEvoy, J. P., Citrome, L., Hernandez, D., Cucchiaro, J., Hsu, J., Pikalov, A., ...Loebel, A. (2013). Effectiveness of lurasidone in patients with schizo- phrenia or schizoaffective disorder switched from other antipsychotics: A randomized, 6-week, open- label study. *Journal of Clinical Psychiatry, 74,* 170 – 179. doi:10.4088/JCP.12m07992

McEvoy, P. M., (2008). Effectiveness of cognitive behavioural group therapy for social phobia in a community clinic: A benchmarking study. *Behaviour Research and Therapy, 45,* 3030 – 3040.

McEvoy, P. M., Nathan, P., Rapee, R. M., & Campbell, B. N. C. (2012). Cognitive behavioural group therapy for social phobia: Evidence of transport- ability to community clinics. *Behaviour Research and Therapy, 50,* 258 – 265.

McEwen, B. S. (2013). The brain on stress: Toward an integrative approach to brain, body, and behavior. *Perspectives on Psychological Science, 8,* 6673 – 6753. doi: 10.1177/1745691613506907

McFeeters, D., Boyda, D., & O'Neill, S. (2015). Patterns of stressful life events: Distinguishing suicide ideators from suicide attempters. *Journal of Affective Disorders, 175,* 192 – 198. doi:10.1016/ j.jad.2014.12.034

McGillivray, J. A., & Kershaw, M. M. (2013). The impact of staff initiated referral and interven-tion protocols on symptoms of depression in people with mild intellectual disability. *Research in Developmental Disabilities, 34,* 730 – 738.

McGinnis, J. M. (2015). Mortality trends and signs of health progress in the United States: Improving understanding and action. *Journal of the American Medical Association, 314,* 1699 – 1700. doi:10.1001/ jama.2015.12391

McGowin, D. F. (1993). *Living in the labyrinth: A per-sonal journey through the maze of Alzheimer's.* New York, NY: Dell.

McGrath, J. J., Saha, S., Al-Hamzawi, A., Alonso, J., Bromet, E. J., Bruffaerts, R., ...Kessler, R. C. (2015). Psychotic experiences in the general population: A cross-national analysis based on 31,261 respondents from 18 countries. *JAMA Psychiatry, 72,* 697 – 705. doi:10.1001/ jamapsychiatry.2015.0575.

McIntyre, R. S., Liauw, S., & Taylor, V. H. (2011). Aripiprazole in the treatment of anxiety, major depressive disorder, and bipolar depression/disor- der. *Journal of Affective Disorders, 128,* S29 – S36.

McKay D., Sookman, D., Neziroglu, F., Wilhelm, S., Stein, D. J., Kyriosf, M., ... Vealeh, D. (2014). Efficacy of cognitive-behavioral therapy for obsessive-com- pulsive disorder. *Psychiatry Research, 225,* 236 – 246.

McKee, B. (2003, September 4). As suburbs grow, so do waistlines. *The New York Times,* pp. F1, F 13.

McKellar, J., Stewart, E., & Humphreys, K. (2003). Alcoholics Anonymous involvement and positive alcohol-related outcomes: Cause, consequence, or just a correlate? A prospective 2-year study of 2,319 alcohol-dependent men. *Journal of Consulting and Clinical Psychology, 71,* 302 – 308.

McKenzie, K. (2011). Providing services in the United Kingdom to people with an intellec- tual disability who present behaviour which challenges: A review of the literature. *Research in Developmental Disabilities, 32,* 395 – 403. doi:10.1016/j.ridd.2010.12.001

McLawsen, J. E., Scalora, M. J., & Darrow, C. (2012). Civilly committed sex offenders: A description and interstate comparison of populations. *Psychology, Public Policy, and Law, 18,* 453 – 476. doi:10.1037/ a0026116

McLean, C. P., & Anderson, E. R. (2009). Brave men and timid women? A review of the gender differ- ences in fear and anxiety. *Clinical Psychology Review, 29,* 496 – 505. doi:10.1016/j.cpr.2009.05.003

McMillan, J. R. (2003). Dangerousness, mental disor-der, and responsibility. *Journal of Medical Ethics, 29,* 232 – 235.

McNally, M. R., & Fremouw, W. J. (2014). Examining risk of escalation: A critical review of the exhibi-tionistic behavior literature. *Aggression and Violent Behavior, 19,* 474 – 485.

McNally, R. J., & Geraerts, E. (2009). A new solution to the recovered memory debate. *Perspectives on Psychological Science, 4,* 126 – 134. doi:10.1111/j.1745-6924.2009.01112.x

McNiel, D. E., Gregory, A. L., Lam, J. N., Binder, R. L., & Sullivan, G. R. (2003). Utility of decision support tools for assessing acute risk of violence. *Journal of Consulting and Clinical Psychology, 71,* 945 – 953.

McNiel, D. E., Lam, J. N., & Binder, R. L. (2000). Relevance of interrater agreement to violence risk assessment. *Journal of Consulting and Clinical Psychology, 68,* 1111 – 1115.

McNulty, J. K., & Fincham, F. D. (2012). Beyond positive psychology? Toward a contextual view of psychological processes and well-being. *American Psychologist, 67,* 101 – 110.

McParland, J. L., & Eccleston, C. (2013). "It's not fair": Social justice appraisals in the context of chronic pain. *Current Directions in Psychological Science, 22,* 484 – 489. doi:10.1177/0963721413496811

Mead, M. (1935). *Sex and temperament in three primitive*

societies. New York, NY: Dell.

Meadows, G. N., Shawyer, F., Enticott, J. C., Graham, A. L., Judd, F., Martin, P. R., ...Segal, Z. (2014). Mindfulness-based cognitive therapy for recurrent depression: A translational research study with 2-year follow-up. *Australian & New Zealand Journal of Psychiatry, 48,* 743–755.

Mechelli, A., Riecher-Rössler, A., Meisenzahl, E. M., Tognin, S., Wood, S. J., Borgwardt, S. J., ...McGuire, P. (2011). Neuroanatomical abnormalities that predate the onset of psychosis: A multicenter study. *Archives of General Psychiatry, 68,* 489–495. doi:10.1001/archgenpsychiatry.2011.42

Medda, P., Perugi, G., Zanello, S., Ciuffa, M., & Cassano, G. B. (2009). Response to ECT in bipolar I, bipolar II and unipolar depres-sion. *Journal of Affective Disorders, 118,* 55–59.doi:10.1111/j.1399-5618.2009.00702.x

Mednick, S. A., Parnas, J., & Schulsinger, F. (1987). The Copenhagen High-Risk project, 1962–86. *Schizophrenia Bulletin, 13,* 485–495.

Mednick, S. A., & Schulsinger, F. (1968). Some pre- morbid characteristics related to breakdown in chil-dren with schizophrenic mothers. In D. Rosenthal & S. S. Kety (Eds.), *The transmission of schizophrenia* (pp. 267–291). New York, NY: Pergamon Press.

Meek, S. E., Lemery-Chalfant, K., Jahromi, L. B., & Valiente, C. (2013). A review of gene–environment correlations and their implications for autism: A conceptual model. *Psychological Review, 120,* 497–521. doi:10.1037/a0033139

Meeks, T. W., Vahia, I. V., Lavretsky, H., Kulkarni, G., & Jeste, D. V. (2011). A tune in "A minor" can "B major": A review of epidemiology, illness course, and public health implications of subthreshold depression in older adults. *Journal of Affective Disorders, 129,* 126.

Meehl, P. E. (1962). Schizotaxia, schizotypy, schizo-phrenia. *American Psychologist, 17,* 827–838.

Meehl, P. E. (1972). A critical afterword. In I. I. Gottesman & J. Shields (Eds.), *Schizophrenia and genetics: A twin study vantage point* (pp. 367–415). New York, NY: Academic Press.

Meeter, M., Murre, J. M. J., Janssen, S. M. J., Birkenhager, T., & van den Broek, W. W. (2011). Retrograde amnesia after electroconvulsive therapy: A temporary effect? *Journal of Affective Disorders, 132,* 216–222. doi:10.1016/j.jad.2011.02.026

Mefford, H. C., Batshaw, M. L., & Hoffman, E. P. (2012). Genomics, intellectual disability, and autism. *New England Journal of Medicine, 366,* 733–743.

Mehlum, L., Tørmoen, A., Ramberg, M., Haga, E., Diep, L. M., Laberg, S., ...Grøholt, B. (2014). Dialectical behavior therapy for adolescents with repeated suicidal and self-harming behavior: A randomized trial. *Journal of the American Academy of Child and Adolescent Psychiatry, 53,* 1082–1091. doi:10.1016/j.jaac.2014.07.003

Mehta, D., Gonik, M., Klengel, T., Rex-Haffner, M., Menke, A., Rubelt, J., ... Binder, E. B. (2011). Using polymorphisms in FKBP5 to define biologically distinct subtypes of posttraumatic stress disorder: Evidence from endocrine and gene expression studies. *Archives of General Psychiatry, 68,* 901.

Mehta, V., De, A., & Balachandran, C. (2009). Dhat syndrome: A reappraisal. *Indian Journal of Dermatology, 54,* 89–90.

Meier, M. H., Caspi, A., Ambler, A., Harrington, H., Houts, R., Keefe, R. S. E., ...Moffitt, T. E. (2012). Persistent cannabis users show neuropsychological decline from childhood to midlife. *Proceedings of the National Academy of Sciences, 109,* E2657–E2664.

Meier, M. H., Slutske, W. S., Heath, A. C., & Martin, N. G. (2011). Sex differences in the genetic and environmental influences on childhood conduct disorder and adult antisocial behavior. *Journal of Abnormal Psychology, 120,* 377–388. doi:10.1037/a0022303

Meinzer, M. C., Pettit, J. W., & Viswesvaran, C. (2014). The co-occurrence of attention-deficit/hyperactiv-ity disorder and unipolar depression in children and adolescents: A meta-analytic review. *Clinical Psychology Review, 34,* 595–607. doi:10.1016/j.cpr.2014.10.002

Melas, P. A., Rogdaki, M., Osby, U., Schalling, M., Lavebratt, C., & Ekstrom, T. J. (2012). Epigenetic aberrations in leukocytes of patients with schizo-phrenia: Association of global DNA methylation with antipsychotic drug treatment and disease onset. *The FASEB Journal, 6,* 2712–2718. doi:10.1096/fj.11-202069

Mellor, C. S. (1970). First rank symptoms of schizo-phrenia. *The British Journal of Psychiatry, 117,* 15–23. doi:10.1192/bjp.117.536.15

Melville, C. A., Johnson, P. C. D., Smiley, E., Simpson, N., Purves, D., McConnachie, A., ... Cooper, S.-A. (2016). Problem behaviours and symptom dimen- sions of psychiatric disorders in adults with intel- lectual disabilities: An exploratory and confirmatory factor analysis. *Research in Developmental Disabilities, 55,* 1–13. doi:10.1016/j.ridd.2016.03.007

Melville, J. D., & Naimark, D. (2002). Punishing the insane: The verdict of guilty but mentally ill. *Journal of the American Academy of Psychiatry and the Law, 30,* 553–555.

Menatti, A. R., Weeks, J. W., Levinson, C. A., & McGowan, M. M. (2013). Exploring the relationship between social anxiety and bulimic symptoms: Mediational effects of perfectionism among females. *Cognitive Therapy and Research, 37,* 914–922. doi:10.1007/s10608-013-9521-8

Mendez, J. L. (2005). Conceptualizing sociocultural factors

within clinical and research contexts. *Clinical Psychology: Science and Practice, 12*, 434 – 437.

Menon, C. V., & Harter, S. L. (2012). Examining the impact of acculturative stress on body image dis- turbance among Hispanic college students. *Cultural Diversity and Ethnic Minority Psychology, 18*, 239 – 246. doi:10.1037/a0028638

Mercer, K. B., Orcutt, H. K., Quinn, J. F., Fitzgerald, C. A., Conneely, K. N., Barfield, R. T., ...Ressler, K. J. (2012). Acute and posttraumatic stress symptoms in a prospective gene x environment study of a university campus shooting. *Archives of General Psychiatry, 69*(1), 89 – 97. Retrieved from http:// dx. doi. org/10.1001/archgenpsychiatry.2011.109

Merckelbach, H., Arntz, A., & de Jong, P. (1991). Conditioning experiences in spider phobics. *Behaviour Research and Therapy, 29*, 301 – 304.

Merckelbach, H., de Jong, P. J., Muris, P., & van den Hout, M. A. (1996). The etiology of specific phobias: A review. *Clinical Psychology Review, 16*, 337 – 361.

Merikangas, K. R., Akiskal, H. S., Angst, J., Greenberg, P. E., Hirschfeld, R. M. A., Petukhova, M., &. Kessler, R. C. (2007). Lifetime and 12-month prevalence of bipolar spectrum disorder in the National Comorbidity Survey Replication. *Archives of General Psychiatry, 64*, 543 – 552. doi:10.1001/ archpsyc.64.5.543

Merikangas, K. R., He, J. -P., Burstein, M., Swendsen, J., Avenevoli, S., Case, B., ...Olfson, M. (2011). Service utilization for lifetime mental disorders in U. S. adolescents: Results of the National Comorbidity Survey – Adolescent Supplement (NCS-A). *Journal of the American Academy of Child & Adolescent Psychiatry, 50*, 32 – 45. doi: 10.1016/ j.jaac.2010.10.006

Merikangas, K. R., & Pato, M. (2009). Recent developments in the epidemiology of bipolar disorder in adults and children: Magnitude, correlates, and future directions. *Clinical Psychology: Science and Practice, 16*, 121 – 133. doi:10.1111/j.1468-2850.2009.01152.x

Merluzzi, A. (2015, February). Cognitive shields. *APS Observer, 28*(2), 21 – 24.

Merwin, R. M. (2011). Anorexia nervosa as a disorder of emotion regulation: Theory, evidence, and treatment implications. *Clinical Psychology: Science and Practice, 18*, 208 – 214. doi:10.111 1/j.1468-2850.2011.01252

Messer, S. B. (2001). Empirically supported treatments: What's a nonbehaviorist to do? In B. D. Slife & R. N. Williams (Eds.), *Critical issues in psychotherapy: Translating new ideas into practice* (pp. 3 – 19). Thousand Oaks, CA: Sage.

Messer, S. B. (2013). Three mechanisms of change in psychodynamic therapy: Insight, affect, and alliance. *Psychotherapy, 50*, 408 – 412. doi:10.1037/ a0032414

Mestel, R. (2012, December 9). Changes to the psy- chiatrists' bible, DSM: Some reactions. Retrieved from latimes.com

Meuret, A. E., Rosenfield, D., Wilhelm, F. H., Zhou, E., Conrad, A., Ritza, T., & Roth, W. T. (2011). Do unexpected panic attacks occur spontaneously? *Biological Psychiatry, 70*, 985 – 991. doi: 10.1016/ j. biopsych.2011.05.027

Mewton, L., Smith, J., Rossouw, P., & Andrews, G. (2014). Current perspectives on Internet-delivered cognitive behavioral therapy for adults with anxi-ety and related disorders. *Psychology Research and Behavior Management, 7*, 37 – 46.

Meyer, B., Yuen, K. S., Ertl, M., Polomac, N., Mulert, C., Büchel, C., ...Kalisch, R. (2015). Neural mechanisms of placebo anxiolysis. *Journal of Neuroscience, 35*, 7365 – 7373. doi:10.1523/ JNEUROSCI.4793-14.2015

Meyer, G. J., Finn, S. E., Eyde, L. D., Kay, G. F., Moreland, K. L., Dies, R. R., ...Reed, G. M. (2001). Psychological testing and psychological assessment: A review of evidence and issues. *American Psychologist, 56*, 128 – 165.

Meyer, I. H. (2003). Prejudice, social stress, and mental health in lesbian, gay, and bisexual popula-tions: Conceptual issues and research evidence. *Psychological Bulletin, 129*, 674 – 697.

Meyers, L. (2007, February). "A struggle for hope." *Monitor on Psychology, 38*(2), 30 – 31.

Meyler, A., Keller, T. A., Cherkassky, V. L., Gabrieli, J. D. E., & Just, M. A. (2008). Modifying the brain activation of poor readers during sentence comprehension with extended remedial instruc-tion: A longitudinal study of neuroplasticity. *Neuropsychologia, 46*, 2580 – 2592.

Micco, J. A., Hirshfeld-Becker, D. R., Henin, A., & Ehrenreich-May, J. (2013). Content specificity of threat interpretation in anxious and non-clinical children. *Cognitive Therapy and Research, 37*, 78 – 88.

Michal, M., Wiltink, J., Subic-Wrana, C., Zwerenz, R., Tuin, I., Lichy, M., ...Beutel, M. E. (2009). Prevalence, correlates, and predictors of depersonalization experiences in the German general population. *The Journal of Nervous and Mental Disease, 197*, 499 – 506. doi: 10.1097/ NMD.0b013e3181aacd94

Michaud, J. -P., Hallé, M., Lampron, A., Thériault, P., Préfontaine, P., Filali, M., ...Rivest, S. (2013). Toll-like receptor 4 stimulation with the detoxified ligand monophosphoryl lipid A improves Alzheimer's disease-related pathology. *PNAS, 110*(5), 1941 – 1946. doi: 10.1073/pnas.1215165110

Michikyan, M., Subrahmanyam, K., & Dennis, J. (2014). Can you tell who I am? Neuroticism, extra-version, and online self-presentation among young adults. *Computers in Human Behavior, 33*, 179 – 183. Retrieved from http://dx.doi.org/10.1016/j.chb.20

Mihura, J. L., Meyer, G. J., Bombel, G., & Dumitrascu, N. (2015). Standards, accuracy, and questions of bias in Rorschach meta-analyses: Reply to Wood, Garb, Nezworski, Lilienfeld, and Duke (2015). *Psychological Bulletin, 141*, 250–260.

Mihura, J. L., Meyer, G. J., Dumitrascu, N., & Bombel, G. (2013). The validity of individual Rorschach variables: Systematic reviews and meta-analyses of the comprehensive system. *Psychological Bulletin, 139*, 548–605. doi: 10.1037/a0029406

Miklowitz, D. J., & Johnson, S. L. (2009). Social and familial factors in the course of bipolar disorder: Basic processes and relevant interventions. *Clinical Psychology: Science and Practice, 16*, 281–296. doi: 10.1111/j. 1468-2850.2009.01166.x

Milad, R. R., & Quirk, G. J. (2002). Neurons in medial prefrontal cortex signal memory for fear extinction. *Nature, 420*, 70–74.

Miller, E. (1987). Hysteria: Its nature and explanation. *British Journal of Clinical Psychology, 26*, 163–173.

Miller, G. (2011). Predicting the psychological risks of war. *Science, 333*, 520–521. doi: 10.1126/science.333.6042.520

Miller, G. (2012). How to talk about Alzheimer's risk. *Science, 337*(6096), 792. Retrieved from http://www.sciencemag.org/content/337/6096/792. summary

Miller, M., Swanson, S. A., Azrael, D., Pate, V., & Stürmer, T. (2014). Antidepressant dose, age, and the risk of deliberate self-harm. *JAMA Internal Medicine, 174*, 899–909. doi:10.1001/jamainternmed.2014.1053

Miller, T. W., Nigg, J. T., & Miller, R. L (2009). Attention deficit hyperactivity disorder in African American children: What can be concluded from the past ten years? *Clinical Psychology Review, 29*, 77–86. doi:10.1016/j.cpr.2008.10.001

Miller, W. R., & Hester, R. K. (1986). Inpatient alcoholism treatment: Who benefits? *American Psychologist, 41*, 794–805.

Miller, W. R., & Rollnick, S. (2002). *Motivational interviewing: Preparing people to change.* New York, NY: Guilford Press.

Miller-Perrin, C. L., Perrin, R. D., & Kocur, K. L. (2009). Parental physical and psychological aggres-sion: Psychological symptoms in young adults. *Child Abuse & Neglect, 33*, 1–11. doi:10.1016/ S0145-2134(97)00009-4

Millon, T. (1981). *Disorders of personality DSM-III: Axis II.* New York, NY: Wiley.

Millon, T. (1982). *Millon Clinical Multiaxial Inventory manual* (3rd ed.). Minneapolis, MN: National Computer Systems.

Millon, T. (2011). *Disorders of personality: Introducing a DSM/ICD spectrum from normal to abnormal* (3rd ed.). Hoboken, NJ: Wiley.

Mills, J. F., Kroner, D. F., & Morgan, R. (2011). *Clinician's guide to violence risk assessment.* New York, NY: Guilford Press.

Mills, P. D., Watts, B. V., Huh, T. J. W., Boar, S., & Kemp, J. (2013). Helping elderly patients to avoid suicide: A review of case reports from a national veterans affairs database. *Journal of Nervous & Mental Disease, 201*, 12–16. doi:10.1097/ NMD.0b013e31827ab29c

Milrod, B., Leon, A. C., Busch, F., Rudden, M., Schwalberg, M., Clarkin, J., Aronson, A., ...Shear, M. K. (2007). A randomized controlled clinical trial of psychoanalytic psychotherapy for panic disorder. *American Journal of Psychiatry, 164*, 265–272.

Minarik, M. L., & Ahrens, A. H. (1996). Relations of eating and symptoms of depression and anxiety to the dimensions of perfectionism among under-graduate women. *Cognitive Research & Therapy, 20*, 155–169.

Miner, M. M. (2011). Erectile dysfunction and cardiovascular disease: A harbinger for cardiovascular events. *Journal of Andrology, 32*, 125–134.

Minerd, J., & Jasmer, R. (2006, April). Forty winks or more to make a healthier America. Retrieved from http://www.medpagetoday.com/PrimaryCare/SleepDisorders/tb/3009

Ming, D. L., & Burmeister, M. (2009). New insights into the genetics of addiction. *Nature Reviews Genetics, 10*, 225–231. doi:10.1038/nrg2536

Miniati, M., Mauri, M., Ciberti, A., Mariani, M. G., Marazziti, D., & Dell'Osso L. (2015). Psychopharmacological options for adult patients with anorexia nervosa. *CNS Spectrum, 6*, 1–9.

Minuchin, S., Rosman, B. L., & Baker, L. (1978). *Psychosomatic families: Anorexia nervosa in context.* Cambridge, MA: Harvard University Press.

Minzenberg, M. J., Laird, A. R., Thelen, S., Carter, C. S., & Glahn, D. C. (2009). Meta-analysis of 41 func- tional neuroimaging studies of executive function in schizophrenia. *Archives of General Psychiatry, 66*, 811–822.

Mitchell, C. M., Beals, J., & The Pathways of Choice Team. (2006). The development of alcohol use and outcome expectancies among American Indian young adults: A growth mixture model. *Addictive Behaviors, 31*, 1–14.

Mitchell, J. E., Roerig, J., & Steffen, K. (2013). Biological therapies for eating disorders. *International Journal of Eating Disorders, 46*, 470–477. doi:10.1002/ eat.22104

Mitchell, J. M., O'Neil, J. P., Janabi, M., Marks, S. M., Jagust, W. J., & Fields, H. L. (2012). Alcohol con-sumption induces endogenous opioid release in the human orbitofrontal cortex and nucleus accumbens. *Science Translational Medicine, 4*, 116ra6. doi: 10.1126/ scitranslmed.3002902

Mitchison, D., & Hay, P. J. (2014). The epidemiol-ogy of eating disorders: Genetic, environmental, and societal factors. *Clinical Epidemiology, 6,* 89–97. doi: 10.2147/CLEP.S40841

Mitka, M. (2011). Strategies sought for reducing cost, improving efficiency of clinical research. *Journal of the American Medical Association, 306,* 364–365. doi: 10.1001/jama.2011.1018

Mitka, M. (2013). Groups release new, updated guide-lines to reduce heart disease risk factors. *Journal of the American Medical Association, 310,* 2602–2604. doi:10.1001/jama.2013.284084

Mitte, K. (2005). Meta-analysis of cognitive-behavioral treatments for generalized anxiety disorder: A comparison with pharmacotherapy. *Psychological Bulletin, 131,* 785–795.

Mittelman, M. S., Roth, D. L., Coon, D. W., & Haley, W. E. (2004). Sustained benefit of supportive inter-vention for depressive symptoms in caregivers of patients with Alzheimer's disease. *American Journal of Psychiatry, 161,* 850–856.

Modestin, J. (1992). Multiple personality disorder in Switzerland. *American Journal of Psychiatry, 149,* 88–92.

Moffitt, T. E., Caspi, A., & Rutter, M. (2006). Measured gene-environment interactions in psychopathology concepts, research strategies, and implications for research, intervention, and public understanding of genetics. *Perspectives on Psychological Science, 1,* 5–27.

Mohatt, J., Bennett, S. M., & Walkup, J. T. (2014). Treatment of separation, generalized, and social anxiety disorders in youths. *American Journal of Psychiatry, 171,* 741–748. doi:10.1176/appi. ajp.2014.13101337

Mohee, A., & Eardley, I. (2011). Medical therapy for premature ejaculation. *Therapeutic Advances in Urology, 3,* 211–222.

Mohlman, J. (2012). A community based survey of older adults' preferences for treatment of anxiety. *Psychology and Aging, 27,* 1182–1190. doi:10.1037/a0023506

Mojtabai, R. (2014). Diagnosing depression in older adults in primary care. *New England Journal of Medicine, 370,* 1180–1182. doi:10.1056/ NEJMp1311047

Mokros, A., Hare, R. D., Neumann, C. S., Santtila, P., Habermeyer, E., & Nitschke, J. (2015). Variants of psychopathy in adult male offenders: A latent profile analysis. *Journal of Abnormal Psychology, 124,* 372–386. Retrieved from http://dx.doi. org/10.1037/abn0000042

Moloo, J. (2014, August 14). Diagnosing obstructive sleep apnea. *Journal Watch.* Retrieved from http://www. jwatch. org/na35439/2014/08/14/diagnos-ing-obstructive-sleep-apnea?query=etoc_jwgenmed

Molyneaux, E., Trevillion, K., & Howard, L. M. (2015). Antidepressant treatment for postnatal depression. *Journal of the American Medical Association, 313,* 1965–1966. doi:10.1001/jama.2015.2276

Mondin, T. C., Cardoso, T. de A., Jansen, K., Silva G., Souza, L. D., & Silva, R. A. (2015). Long-term effects of cognitive therapy on biological rhythms and depressive symptoms: A randomized clinical trial. *Journal of Affective Disorders, 15,* 1–9. doi:10.1016/ j.jad.2015.08.014

Money, J. (2000). Reflections of a gender biographer. *Men & Masculinities, 3,* 209–216.

Monk, C. S., Telzer, E. H., Mogg, K., Bradley, B. P., Mai, X., Louro, H. M. C., Chen, G., ... Pine, D. S. (2008). Amygdala and ventrolateral prefrontal cortex activation to masked angry faces in children and adolescents with generalized anxiety disorder. *Archives of General Psychiatry, 65,* 568–576.

Monroe, S. M., & Anderson, S. F. (2015). Depression: The shroud of heterogeneity. *Current Directions in Psychological Science, 10,* 226–228.

Monroe, S. M., & Reid, M. W. (2008). Gene-environment interactions in depression research: Genetic polymorphisms and life-stress polyproce-dures. *Psychological Science, 19,* 947–956.

Monroe, S. M., & Reid, M. W. (2009). Life stress and major depression. *Current Directions in Psychological Science, 18,* 68–72. doi:10.1111/ j.1467-8721.2009.01611.x

Monroe, S. M., Slavich, G. M., Torres, L. D., & Gotlib, I. H. (2007). Major life events and major chronic difficulties are differentially associated with history of major depressive episodes. *Journal of Abnormal Psychology, 116,* 116–124.

Monson, C. M., & Shnaider, P. (2014). *Treating PTSD with cognitive-behavioral therapies: Interventions that work: Concise guides on trauma care book series.* Washington, DC: American Psychological Association.

Monti, P. M., Binkoff, J. A., Abrams, D. B., Zwick, W. R., Nirenberg, T. D., & Liepman, M. R. (1987). Reactivity of alcoholics and nonalcoholics to drinking cues. *Journal of Abnormal Psychology, 96,* 122–126.

Montorsi, F., Adaikan, G., Becher, E., Giuliano, F., Khoury, S., Lue, T. F., ... Wasserman M. (2010). Summary of the recommendations on sexual dysfunctions in men. *Journal of Sexual Medicine, 7,* 572–588. doi: 10.1111/j. 1743-6109.2010.02062.x

Moore, A. S. (2014, November 2). This is your brain on drugs. *New York Times Education Life,* p. 17.

Moore, D. R., & Heiman, J. R. (2006). Women's sexu-ality in context: Relationship factors and female sexual functioning. In I. Goldstein, C. Meston, S. Davis, & A. Traish (Eds.), *Female sexual dysfunction* (pp. 63–84). New York, NY: Parthenon.

Moore, M. T., Fresco, D. M., Segal, Z. V., & Brown, T. A. (2014). An exploratory analysis of the fac-tor structure of the Dysfunctional Attitude Scale–Form A (DAS). *Assessment, 21,* 570–579. doi:10.1177/1073191114524272

Moore, T. J., Furberg, C. D., Glenmullen, J., Maltsberger, J. T, & Singh, S. (2011). Suicidal behavior and depres- sion in smoking cessation treatments. *PLOS ONE, 6,* e27016. doi:10.1371/journal.pone.0027016

Moos, R. H., & Moos, B. S. (2004). Long-term influ-ence of duration and frequency of participation in Alcoholics Anonymous on individuals with alcohol use disorders. *Journal of Consulting and Clinical Psychology, 72,* 81 - 90.

Moos, R. H., & Moos, B. S. (2005). Paths of entry into Alco- holics Anonymous: Consequences for participation and re- mission. *Alcoholism: Clinical and Experimental Re- search, 29,* 1858 - 1868.

Mor, N., & Daches, S. (2015). Ruminative thinking: Lessons learned from cognitive training. *Clinical Psychological Science, 3,* 574 - 592. doi:10.1177/ 2167702615578130

Mor, N., & Winquist, J. (2002). Self-focused attention and negative affect: A meta-analysis. *Psychological Bulletin, 128,* 638 - 662.

Mora, L. E., Nevid, J., & Chaplin, W. T. (2008). Psycholo- gist treatment recommendations for Internet-based thera- peutic interventions. *Computers in Human Behavior, 24,* 3052 - 3062.

Morbidity and Mortality Weekly Report. (2015, October 22). Cigarette, cigar, and marijuana use among high school stu- dents: United States, 1997 - 2013. Retrieved from http:// www.mdlinx.com/psychiatry/top-medical-news/article/ 2015/10/22/4

More than 3,000 survivors of the World Trade Center attacks experience long-term post-traumatic stress disorder. (2011, January 7). *ScienceDaily.* Retrieved from http:// www.sciencedaily.com-/

Morehouse, R., MacQueen, G., & Kennedy, S. H. (2011). Barriers to achieving treatment goals: A focus on sleep disturbance and sexual dysfunction. *Journal of Affective Disorders, 132*(Suppl. 1), S14 - S20. doi: 10.1016/j. jad.2011.03.047

Moreno, C., Laje, G., Blanco, C., Jiang, H., Schmidt, A. B., & Olfson, M. (2007). National trends in the outpatient di- agnosis and treatment of bipolar disorder in youth. *Ar- chives of General Psychiatry, 64,* 1032 - 1039.

Moretz, M. W., & McKay, D. (2009). The role of perfec- tionism in obsessive - compulsive symptoms: "Not just right" experiences and checking compulsions. *Journal of Anxiety Disorders, 23,* 640 - 644. doi: 10.1016/j. janx- dis.2009.01.015

Morey, R. A., Gold, A. L., LaBar, K. S., Beall, S. K., Brown, V. M., Haswell, C. C., ... for the Mid-Atlantic MIRECC Workgroup. (2012). Amygdala volume changes in posttrau- matic stress disorder in a large case-controlled veterans group. *Archives of General Psychiatry, 69,* 1169 - 1178. doi:10.1001/archgenpsychiatry.2012.50

Morgenthaler, T. I., Kapur, V. K., Brown, T., Swick, T. J., Alessi, C., Aurora, N., ...Standards of Practice Committee of the AASM. (2007). Practice parameters for the treat- ment of narcolepsy and other hypersom- nias of central origin. *Sleep, 30,* 1705.

Mori, N., Lockwood, L., & McCall, W. V. (2015). Current an- tidepressant therapy: A critical examination. *Psychiatric Annals, 45,* 456 - 462. doi:10.3928/00485713- 20150901-04

Morimoto, K., Miyatake, R., Nakamura, M., Watanabe, T., Hirao, T., & Suwaki, H. (2002). Delusional disorder: Mo- lecular genetic evidence for dopamine psychosis. *Neuro- psychopharmacology, 26,* 794 - 801.

Morin, C. M., Vallières, A., Guay, B., Ivers, H., Savard, J., Mérette, C., ... Baillargeon, L. (2009). Cognitive behav- ioral therapy, singly and combined with medication, for persistent insomnia: A randomized controlled trial. *Jour- nal of the American Medical Association, 301,* 2005 - 2015.

Morina, N., Ijntema, H., Meyerbröker, K., & Emmelkamp, P. M. G. (2015). Can virtual reality exposure therapy gains be generalized to real-life? A meta-analysis of studies ap- plying behavioral assessments. *Behaviour Research and Therapy, 74,* 18 - 24. doi:10.1016/j.brat.2015.08.010

Morina, N., Wicherts, J. M., Lobbrecht, M., & Priebe, S. (2014). Remission from post-traumatic stress disorder in adults: A systematic review and meta- analysis of long term outcome studies. *Clinical Psychology Review, 34,* 249 - 255. doi:10.1016/ j.cpr.2014.03.002

Moritz, S., Veckenstedt, R., Andreou, C., Bohn, F., Hotten- rott, B., Leighton, L. Köther, U., Roesch-Ely, D. (2014). Sustained and "sleeper" effects of group metacognitive training for schizophrenia: A random- ized clinical trial. *JAMA Psychiatry, 71,* 1103 - 1111. doi:10.1001/jamapsy- chiatry.2014.1038

Mørkved, N., Hartmann, K., Aarsheim, L. M., Holen, D., Milde, A. M., Bomyea, J., ...Thorp, S. R. (2014). A com- parison of narrative exposure therapy and prolonged expo- sure therapy for PTSD. *Clinical Psychology Review, 34,* 453 - 467. doi:10.1016/j.cpr .2014.06.005

Morley, T. E., & Moran, G. (2011). The origins of cog- ni- tive vulnerability in early childhood: Mechanisms linking early attachment to later depression. *Clinical Psychology Review, 31,* 1071 - 1082. doi:10.1016/ j.cpr.2011.06.006

Morris, M. E., Kathawala, Q., Leen, T. K., Gorenstein, E. E., Guilak, F., Labhard, M., & Deleeuw, W. (2010). Mobile therapy: Case study evaluations of a cell phone applica- tion for emotional self-awareness. *Journal of Medical In- ternet Research, 12,* e10.

Morris, B. R. (2003, July 8). Two types of brain problems are found to cause dyslexia. *The New York Times,* p. F5.

Morris, G. H. (2002). Commentary: Punishing the unpunishable—the abuse of psychiatry to confine those we love to hate. *Journal of the American Academy of Psychiatry and the Law, 30,* 556–562.

Morris, J. K., Alberman, E., Scott, C., & Jacobs, P. (2008). Is the prevalence of Klinefelter syndrome increasing? *European Journal of Human Genetics, 16,* 163.

Morris, M. C., Ciesla, J. A., & Garber, J. (2008). A prospective study of the cognitive-stress model of depressive symptoms in adolescents. *Journal of Abnormal Psychology, 117,* 719–734.

Morris, R. W., Quail, S., Griffiths, K. R., Green, M. J., & Balleine, B. W. (2014). Corticostriatal control of goal-directed action is impaired in schizophrenia. *Biological Psychiatry, 77,* 187–195. doi: 10.1016/ j. biopsych.2014.06.005

Morrison, A. P., Turkington, D., Pyle, M., Spencer, H., Brabban, A., Dunn, G., & Hutton, P. (2014). Cognitive therapy for people with schizophrenia spectrum disorders not taking antipsychotic drugs: A single-blind randomised controlled trial. *The Lancet, 383,* 1395–1403. Retrieved from http:// dx.doi.org/10.1016/S0140-6736(13)62246-1

Morrison, T., Waller, G., & Lawson, R. A. (2006). Attributional style in the eating disorders. *The Journal of Nervous and Mental Disease, 194,* 303–305.

Morrow, D. J. (1998, March 5). Stumble on the road to market. *The New York Times,* pp. D1, D4.

Mortiboys, H., Furmston, R., Bronstad, G., Aasly, J., Elliott, C., & Bandmann, O. (2015). UDCA exerts beneficial effect on mitochondrial dysfunction in LRRK2G2019S carriers and in vivo. *Neurology, 85,* 1–8.doi:10.1212/WNL.0000000000001905

Mossman, D. (1994). Assessing predictions of vio-lence: Being accurate about accuracy. *Journal of Consulting and Clinical Psychology, 62,* 783–792.

Mote, J., Stuart, B. K., & Kring, A. M. (2014). Diminished emotion expressivity but not experi-ence in men and women with schizophrenia. *Journal of Abnormal Psychology, 123,* 796–801. Retrieved from http://dx. doi. org/10.1037/abn0000006

Motzkin, J. C., Newman, J. P., Kiehl, K. A., & Koenigs, M. (2011). Reduced prefrontal connectivity in psy- chopathy. *Journal of Neuroscience, 31,* 17348–17357. doi: 10.1523/JNEUROSCI.4215-11.2011

Moulds, M. L., & Nixon, R. D. (2006). In vivo flooding for anxiety disorders: Proposing its utility in the treatment of posttraumatic stress disorder. *Journal of Anxiety Disorder, 20,* 498–509.

Mowrer, O. H. (1960). *Learning theory and behavior.* New York, NY: Wiley.

Mukherjee, S. (2012, April 22). Post-Prozac nation. *The New York Times,* pp. 48–54.

Müller, C. A., Geisel, O., Banas, R., & Heinz, A. (2014). Current pharmacological treatment approaches for alcohol dependence. *Expert Opinion on Pharmacotherapy, 15,* 471–481. doi:10.1517/14656566 .2014.876008

Müller, I., Çalışkan, G., & Stork, O. (2015). The GAD65 knock out mouse: A model for GABAergic processes in fear- and stress-induced psycho- pathology. *Genes, Brain and Behavior, 14,* 37–45. doi:10.1111/gbb.12188

Müller, K. W., Dreier, M., Beutel, M. E., Duven, E., Giralt, S., & Wölfling, K. (2016). A hidden type of Internet addiction? Intense and addictive use of social networking sites in adolescents. *Computers in Human Behavior, 55,* 172–177. doi:10.1016/ j.chb.2015.09.007

Mullins-Sweatt, S. N., Glover, N. G., Derefinko, K. J., Miller, J. D., & Widiger, T. A. (2010). The search for the successful psychopath. *Journal of Research in Personality, 44,* 554–558. doi:10.1016/j.jrp .2010.05.010

Muran, J. C., Eubanks-Carter, C., & Safran, J. D. (2010). A relational approach the treatment of personality dysfunction. In J. J. Magnavita (Ed.), *Evidence-based treatment of personality dysfunction: Principles, methods, and processes* (pp. 167–192). Washington, DC: American Psychological Association.

Muraven, M. (2005). Self-focused attention and the self-regulation of attention: Implications for per- sonality and pathology. *Journal of Social and Clinical Psychology, 24,* 382–400.

Muris, P., & Field, A. (2013). Information processing biases. In C. A. Essau & T. H. Ollendick (Eds.), *The Wiley-Blackwell handbook of the treatment of childhood and adolescent anxiety* (pp. 141–156). Hoboken, NJ: John Wiley.

Muroff, J., & Underwood, P. (2016). Treatment of an adult with hoarding disorder. In E. A. Storch & A. B. Lewin (Eds.), *Clinical handbook of obsessive-compulsive and related disorders: A case-based approach to treating pediatric and adult populations* (pp. 241–258). New York, NY: Springer.

Murphy, M. L. M., Slavich, G. M., Rohleder, N., & Miller, G. E. (2013). Targeted rejection triggers differential pro- and anti-inflammatory gene expression in adolescents as a function of social status. *Clinical Psychological Science, 1,* 30–40. doi:10.1177/2167702612455743

Murphy, W. D., & Page, I. J. (2008). Exhibitionism: Psychopathology and theory. In D. R. Laws and W. T. O'Donohue (Eds.), *Sexual deviance: Theory, assessment, and treatment* (2nd ed., pp. 61–75). New York, NY: Guilford Press.

Murray, H. A. (1943). *Thematic Apperception Test.* Cambridge, MA: Harvard University Press.

Murray, S. B., Rieger, E., Karlov, L., & Touyz, S. W. (2013). Masculinity and femininity in the diver-gence of male body image concerns. *Journal of Eating Disorders, 1,* 11. doi:10.1186/2050-2974-1–11

Must, A., Kõks, S., Vasar, E., Tasa, G., Lang, A., Maron, E., & Väli, M. (2009). Common variations in 4p locus are related to male completed suicide. *NeuroMolecular Medicine, 11*, 13 – 19. doi:10.1007/ s12017-008-8056-8

Myers, H. F., Wyatt, G. E., Ullman, J. B., Loeb, T. B., Chin, D., Prause, N., ... Liu, H. (2015). Cumulative burden of lifetime adversities: Trauma and mental health in low-SES African Americans and Latino/ as. *Psychological Trauma: Theory, Research, Practice, and Policy, 7*, 243. doi:10.1037/a0039077

Myers, N. L. (2011). Update: Schizophrenia across cultures. *Current Psychiatry Reports, 13*, 305 – 311.

Myers, T. A., & Crowther, J. H. (2009). Social compari-son as a predictor of body dissatisfaction: A meta- analytic review. *Journal of Abnormal Psychology, 118*, 683 – 698.

Myin-Germeys, I., Delespaul, P. A., & deVries, M.W.(2000). Schizophrenia patients are more emotion-ally active than is assumed based on their behavior. *Schizophrenia Bulletin, 26*, 847 – 854.

Myrick, H., Anton, R. F., Li, X., Henderson, S., Randall, P. K., & Voronin, K. (2008). Effect of naltrexone and ondansetron on alcohol cue – induced activation of the ventral striatum in alcohol-dependent people. *Archives of General Psychiatry, 65*, 466 – 475.

Naggiar, S. (2012, September 24). "Broken heart" syndrome can be triggered by stress, grief. Retrieved from http://vitals. nbcnews. com/_news/ 2012/09/24/14072649-brokenheartsyndrome-can-be-triggered-by-stress-grief?lite

Nakai, Y., Inoue, T., Toda, H., Toyomaki, A., Nakato, Y., Nakagawa, S., Kitaichi, Y., ...Kusumi, I. (2014). The influence of childhood abuse, adult stressful life events and temperaments on depressive symptoms in the non-clinical general adult population. *Journal of Affective Disorders, 158*, 101 – 107. doi:10.1016/ j.jad.2014.02.004

Nakao, T., Radua, J., Rubia, K., & Mataix-Cols, D. (2011). Gray matter volume abnormalities in ADHD: Voxel-based meta-analysis exploring the effects of age and stimulant medication. *American Journal of Psychiatry, 168*, 1154 – 1163. doi:10.1176/ appi.ajp.2011.11020281

Narod, S. A. (2011). Alcohol and risk of breast cancer. *Journal of the American Medical Association, 306*, 1920 – 1921. doi:10.1001/jama.2011.1589

Nasrallah, H. A., Keshavan, M. S., Benes F. M., Braff, D. L., Green A. I., Gur, R., ...Correll, C. U. (2009). Proceedings and data from The Schizophrenia Summit: A critical appraisal to improve the man- agement of schizophrenia. *The Journal of Clinical Psychiatry, 70*(Suppl 1), 4 – 46.

National Center for Health Statistics. (2012a). *Health, United States, 2012: In brief.* Hyattsville, MD: Author.

National Center for Health Statistics. (2012b). *Health, United States, 2011: With special feature on socioeconomic status and health.* Hyattsville, MD: Author.

National Down Syndrome Society. (2015). Down syn-drome facts. Retrieved from http://www. ndss. org/ Down-Syndrome/Down-Syndrome-Facts/

National Institute on Deafness and Other Communication Disorders. (2010). Stuttering. Retrieved from http://www.nidcd.nih.gov/ health/voice/pages/stutter.aspx

National Institute of Mental Health. (2003, December 23). Suicide facts. Retrieved from http://www. nimh.nih.gov/research/suifact.cfm

National Institute of Mental Health. (2008a). *Bipolar disorder in children and teens: A parent's guide.* U.S. Department of Health and Human Services, NIH Publication 08-3679. Bethesda, MD: Author.

National Institute of Mental Health. (2008b, October 22). Social phobia patients have heightened reactions to negative comments. Retrieved from http://www. nimh. nih. gov/sciencenews/2008/ social-phobiapatients-have-heightened-reactionsto-negative-comments.shtml

National Institute of Neurological Disorders and Stroke. (2012, May 16). NINDS dementia with lewy bodies information page. Retrieved from http://www.ninds.nih.gov/disorders/dementiawithlewy- bodies/dementiawithlewybodies.htm

National Institutes of Health. (2002). Mimicking brain's "all clear" quells fear in rats. *NIH News Release.* Retrieved from http://www.nimh.nih.gov/ science-news/2002/ mimicking-brains-all-clear- quells-fear-in-rats.shtml

National Strategy for Suicide Prevention. (2001, May). *National strategy for suicide prevention: Goals and objectives for action: Summary. A joint effort of SAMHS, CDC, NIH, and HRSA.* Washington, DC: Author.

Nauczyciel, C., Le Jeune, F., Naudet, F., Douabin, S., Esquevin, A., Vérin, M., ...Millet, B. (2014). Repetitive transcranial magnetic stimulation over the orbitofrontal cortex for obsessive-compulsive disorder: A double-blind, crossover study. *Translational Psychiatry, 9*, e436. doi: 10.1038/ tp.2014.62

NBC News. (2016, January 28). Iconic Barbie gets petite, tall, and curvy body makeovers. Retrieved from https://archives. nbclearn. com/portal/site/ k-12/flatview? cuecard= 105293

Ndetei, D. M., & Singh, A. (1983). Hallucination in Kenyan schizophrenic patients. *Acta Psychiatrica Scandinavica, 67*, 144 – 147.

Neacsiu, A. D., Lungu, A., Harned, M. S., Rizvi, S. L., & Linehan, M. M. (2014). Impact of dialectical behavior therapy versus community treatment by experts on emotional experience, expression, and acceptance in borderline personality disorder. *Behaviour Research and Therapy, 53*, 47 – 54.

Nearly one million children in U.S. potentially misdiagnosed with ADHD, study finds. (2010, August 17). *ScienceDaily.*

Retrieved from www.sciencedaily.com

Negy, C., Hammons, M. E., Reig-Ferrer, A., & Carper, T. M. (2010). The importance of addressing accul-turative stress in marital therapy with Hispanic immigrant women. *International Journal of Clinical and Health Psychology, 10*, 5–21.

Negy, C., Reig-Ferrer, A., Gaborit, M., & Ferguson, C. (2014). Psychological homelessness and encultura- tive stress among U. S. -deported Salvadorans: A novel approach. *Journal of Immigrant and Minority Health, 16*, 1278–1283.

Negy, C., Schwartz, S., & Reig-Ferrer, A. (2009). Violated expectations and acculturative stress among U.S. Hispanic immigrants. *Cultural Diversity and Ethnic Minority Psychology, 15*, 255–264. doi:10.1037/a0015109

Negy, C., & Snyder, D. K. (1997). Ethnicity and acculturation: Assessing Mexican American couples' relationships using the Marital Satisfaction Inventory—Revised. *Psychological Assessment, 9*, 414–421.

Negy, C., & Snyder, D. K. (2004). A research note on male chauvinism and Mexican Americans. *Psychology and Education, 41*, 22–27.

Negy, C., Snyder, D. K., & Diaz-Loving, R. (2004). A cross-national comparison of Mexican and Mexican American couples using the Marital Satisfaction Inventory-Revised (Spanish Version). *Assessment, 11*, 49–56.

Negy, C., & Woods, D. J. (1992a). Mexican Americans' performance on the Psychological Screening Inventory as a function of acculturation. *Journal of Clinical Psychology, 48*, 315–319.

Negy, C., & Woods, D. J. (1992b). A note on the rela- tionship between acculturation and socioeconomic status. *Hispanic Journal of Behavioral Sciences, 14*, 248–251.

Negy, C., & Woods, D. J. (1993). Mexican and Anglo-American differences on the Psychological Screening Inventory. *Journal of Personality Assessment, 60*, 543–555.

Neighbors, C., Lee, C. M., Atkins, D. C., Lewis, M. A., Kaysen, D., Mittmann, A., …Larimer, M. A. (2012). A randomized controlled trial of event-specific prevention strategies for reducing problematic drinking associated with 21st birthday celebrations. *Journal of Consulting and Clinical Psychology, 80*, 850–862. doi: 10.1037/a0029480

Neighbors, H. W., Caldwell, C., Williams, D. R., Nesse, R., Taylor, R. J., Bullard, K. M., …Jackson, J. S. (2007). Race, ethnicity, and the use of services for mental disorders: Results from the National Survey of American Life. *Archives of General Psychiatry, 64*, 485–494.

Nelson, J. C., Mankoski, R., Baker, R. A., Carlson, B. X., Eudicone, J. M., Pikalov, A., & Berman, R. M. (2010). Effects of aripiprazole adjunctive to standard antidepressant treatment on the core symptoms of depression: A post-hoc, pooled analysis of two large, placebo-controlled studies. *Journal of Affective Disorders, 120*, 133–140. doi: 10.1016/ j.jad.2009.06.026

Nenadic, I., Maitra, R., Dietzek, M., Langbein, K., Smesny, S., Sauer, H., …Gaser, C. (2015). Prefrontal gyrification in psychotic bipolar I disorder vs. schizophrenia. *Journal of Affective Disorders, 185*, 104–107. doi: 10.1016/j.jad.2015.06.014

Nes, R. B., Czajkowski, N. O., Røysamb, E., Ørstavik, R. E., Tambs, K., & Reichborn-Kjennerud, T. (2012). Major depression and life satisfaction: A popula-tion-based twin study. *Journal of Affective Disorders, 144*(1–2), 51–58. doi:10.1016/j.jad.2012.05.060

Nestler, E. J. (2011, December 1). Epigenetics offers new clues to mental illness. (2011, December 1). *Scientific American*. Retrieved from http://www. scientificamerican. com/article. cfm?id=hidden-switches-in-the-mind

Nestoriuc, Y., & Martin, A. (2007). Efficacy of bio- feedback for migraine: A meta-analysis. *Radiology Source, 128*, 111–127.

Neugebauer, R. (1979). Medieval and early mod-ern theories of mental illness. *Archives of General Psychiatry, 36*, 477–484.

Neumann, C. S., & Hare, R. D. (2008). Psychopathic traits in a large community sample: Links to violence, alcohol use, and intelligence. *Journal of Consulting and Clinical Psychology, 76*, 893–899.

Nevid, J. S. (2007). *Psychology: Concepts and applications* (2nd ed.). Boston, MA: Houghton Mifflin.

Nevid, J. S. (2009). *Psychology: Concepts and applications* (3rd ed.). Boston, MA: Houghton Mifflin.

Nevid, J. S. (2011, May/June). Teaching the millenni-als. *APS Observer, Teaching Tips, 24*(5), 53–56.

Nevid, J. S. (2013). *Psychology: Concepts and applications* (4th ed.). Belmont, CA: Cengage Learning.

Nevid, J. S., & Javier, R. A. (1997). Preliminary investigation of a culturally specific smoking cessation intervention for Hispanic smokers. *American Journal of Health Promotion, 11*, 198–207.

Nevid, J. S., Javier, R. A., & Moulton, J. (1996). Factors predicting participant attrition in a community- based culturally specific smoking cessation program for Hispanic smokers. *Health Psychology, 15*, 226–229.

Nevid, J. S., & Rathus, S. A. (2013). *Psychology and the challenges of life: Adjustment and growth* (12th ed.). New York, NY: Wiley.

Nevid, J. S., & Rathus, S. A. (2016). *Psychology and the challenges of life* (13th ed.). Hoboken, NJ: John Wiley & Sons, Inc.

Newby, J. M., Mewton, L., Williams, A. D., & Andrews, G. (2014). Effectiveness of transdiagnostic internet cognitive behavioural treatment for mixed anxiety and depression in primary care. *Journal of Affective Disorders, 165,* 45–52. Retrieved from http://www.sciencedirect.com/science/article/pii/S0165032714002316

Newcorn, J. H., Kratochvil, C. J., Allen, A. J., Casat, C. D., Ruff, D. D., Moore, R. J., Michelson, D., ...Atomoxetine/Methylphenidate Comparative Study Group. (2008). Atomoxetine and osmotically released methylphenidate for the treatment of attention deficit hyperactivity disorder: Acute comparison and differential response. *American Journal of Psychiatry, 165,* 721–730. doi: 10.1176/appi.ajp.2007.05091676

Neylan, T. C. (2014). Pharmacologic augmentation of extinction learning during exposure therapy for PTSD. *American Journal of Psychiatry, 171,* 597–599. doi:10.1176/appi.ajp.2014.14030386

Ng, M., Freeman, M. K., Fleming, T. D., Robinson, M., Dwyer-Lindgren, L., Thomson, B., ...Gakidou, E. (2014). Smoking prevalence and cigarette consumption in 187 countries, 1980–2012. *Journal of the American Medical Association, 311,* 183–192. doi: 10.1001/jama.2013.284692

Ng, M., Gakidou, E., Robinson, M., Thomson, B., Graetz, N., Margono, C., ...Gakidou, E. (2014). Global, regional, and national prevalence of over-weight and obesity in children and adults during 1980–2013: A systematic analysis for the Global Burden of Disease Study 2013. *The Lancet, 384,* 766–781. doi: 10.1016/S0140-6736(14)60460-8

Ngandu, T., Lehtisalo, J., Solomon, A., Levälahti, E., Ahtiluoto, S., Antikainen, R., Bäckman, L., ...Kivipelto, M. (2015). A 2 year multidomain intervention of diet, exercise, cognitive training, and vascular risk monitoring versus control to prevent cognitive decline in at-risk elderly people (FINGER): A randomised controlled trial. *The Lancet, 385,* 2255–2263. Retrieved from http://dx.doi.org/10.1016/S0140-6736(15)60461-5

Nicolson, R. I., & Fawcett, A. J. (2008). *Dyslexia, learning, and the brain.* Cambridge, MA: MIT Press. Nielsen, S. F., Hjorthøj, C. R., Erlangsen, A., & Nordentoft, M. (2011). Psychiatric disorders and mortality among people in homeless shelters in Denmark: A nationwide register-based cohort study. *The Lancet, 377,* 2205–2214. doi: 10.1016/S0140-6736(11)60747-2

Nierenberg, A. A., Friedman, E. S., Bowden, C. L., Sylvia, L. G., Thase, M. E., ...Calabrese, J. R. (2013). Lithium Treatment Moderate-Dose Use Study (LiTMUS) for bipolar disorder: A randomized comparative effectiveness trial of optimized personalized treatment with and without lithium. *American Journal of Psychiatry, 170,* 102–110. doi:10.1176/appi.ajp.2012.12060751

Nigg, J. T. (2013). Commentary: Gene by environment interplay and psychopathology—in search of a paradigm. *Journal of Child Psychology and Psychiatry, 54,* 1150–1152. doi:10.1111/jcpp.12134

Nigg, J. T., Lohr, N. E., Western, D., Gold, L. J., & Silk, K. R. (1992). Malevolent object representations in borderline personality disorder and major depression. *Journal of Abnormal Psychology, 101,* 61–67.

NIH Research Matters. (2015, August 24). Study details process involved in Parkinson's disease. Retrieved from http://www.nih.gov/researchmatters/august2015/08242015parkinsons.htm

Nisbett, R. E., Aronson, J., Blair, C., Dickens, W., Flynn, J., Halpern, D. E., & Turkheimer, E. (2012). Intelligence: New findings and theoretical developments. *American Psychologist, 67,* 130–159. doi:10.1037/a0026699

Nitschke, J. B., Sarinopoulos, I., Oathes, D. J., Johnstone, T., Whalen, P. J., Davidson, R. J., & Kalin, N. H. (2009). Anticipatory activation in the amygdala and anterior cingulate in generalized anxiety disorder and prediction of treatment response. *American Journal of Psychiatry, 166,* 302–310. doi:10.1176/appi.ajp.2008.0710168

Noaghiul, S., & Hibbeln, J. R. (2003). Cross-national comparisons of seafood consumption and rates of bipolar disorders. *American Journal of Psychiatry, 160,* 2222–2227.

Nock, M. K., Kazdin, A. E., Hiripi, E., & Kessler, R. C. (2006). Prevalence, subtypes, and correlates of DSM-IV conduct disorder in the National Comorbidity Survey Replication. *Psychological Medicine, 36,* 699–710.

Nolen-Hoeksema, S. (2006). The etiology of gender differences in depression. In C. M. Mazure & G. Puryear (Eds.), *Understanding depression in women: Applying empirical research to practice and policy* (pp. 9–43). Washington, DC: American Psychological Association.

Nolen-Hoeksema, S. (2008). It is not what you have; it is what you do with it: Support for Addis's gendered responding framework. *Clinical Psychology: Science and Practice, 15,* 178–181.

Nolen-Hoeksema, S. (2012). Emotion regulation and psychopathology: The role of gender. *Annual Review of Clinical Psychology, 8,* 161–187. doi:10.1146/annurevclinpsy-032511-143109

Nolen-Hoeksema, S., Morrow, J., & Fredrickson, B. L. (1993). Response styles and the duration of episodes of depressed mood. *Journal of Abnormal Psychology, 102,* 20–28.

Nolen-Hoeksema, S., Wisco, B. E., & Lyubomirsky, S. (2008). Rethinking rumination. *Perspectives on Psychological Science, 3,* 400–424.

Norbury, C. R., & Sparks, A. (2013). Difference or disorder? Cultural issues in understanding neuro-developmental disorders. *Developmental Psychology, 49,* 45–58. doi:

10.1037/a0027446

Norcross, J. C., & Beutler, L. (2011). Integrative psychotherapies. In R. J. Corsini & D. Wedding (Eds.), *Current psychotherapies* (9th ed., pp. 481 – 511). Belmont, CA: Brooks/Cole.

Norcross, J. C., & Karpiak, C. P. (2012). Clinical psychologists in the 2010s: 50 years of the APA Division of Clinical Psychology. *Clinical Psychology: Science and Practice, 19*, 1 – 12. doi:10.111 1/j.1468-2850.2012.01269

Norcross, J. C., & Lambert, M. J. (2014). Relationship science and practice in psychotherapy: Closing commentary. *Psychotherapy, 51*, 398 – 403. http:// dx.doi.org/10.1037/a0037418

Nordsletten, A. E., Reichenberg, A., Hatch, S. L., Fernández de la Cruz, L., Pertusa, A., Hotopf, M., ...Mataix-Cols, D. (2013). Epidemiology of hoarding disorder. *British Journal of Psychiatry, 203*, 445 – 452. doi: 10.1192/bjp.bp.113.130195

Norhayatia, M. N., Hazlina, N. H. N., Asrenee, A. R., & Emilind, W. M. A. W. (2015). Magnitude and risk factors for postpartum symptoms: A literature review. *Journal of Affective Disorders, 175*, 34 – 52. doi: 10.1016/j.jad.2014.12.041

Normandi, E. E., & Roark, L. (1998). *It's not about food: Change your mind; change your life; end your obsession with food and weight.* New York, NY: Berkley.

Norris, F. N., Murphy, A. D., Baker, C. K., Perilla, J. L., Rodriguez, F. G., & Rodriguez, J. D. J. G. (2003). Epidemiology of trauma and posttraumatic stress disorder in Mexico. *Journal of Abnormal Psychology, 112*, 646 – 656.

North, C. S., Oliver, J., & Pandya, A. (2012). Examining a comprehensive model of disaster-related posttraumatic stress disorder in systemati- cally studied survivors of 10 disasters. *American Journal of Public Health, 102*, e40.

Norton, E. (2012). Rewiring the autistic brain. *Science.* Retrieved from http://news.sciencemag.org/ sciencenow/2012/09/rewiring-the-autistic-brain. html?ref=hp

Novotny, A. (2015, July/August). Are preschoolers being overmedicated? *Monitor on Psychology, 46*(7), 65 – 67.

Ntouros, E., Ntoumanis, A., Bozikas, V. P., Donias, S., Giouzepas, I., & Garyfalos, G. (2010). Koro-like symptoms in two Greek men. *BMJ Case Reports.* Retrieved from http://casereports. bmj. com/con- tent/2010/bcr.08.2008.0679.abstract

Nurnberg, H. G., Hensley, P. L., Heiman, J. R., Croft, H. A., Debattista, C., & Paine, S. (2008). Sildenafil treatment of women with antidepressant-associated sexual dysfunction: A randomized controlled trial. *Journal of the American Medical Association, 300*, 395 – 404.

Nusslock, R., Harmon-Jones, E., Alloy, L. B., Urosevic, S., Goldstein, K., & Abramson, L. Y. (2012). Elevated left mid-frontal cortical activity prospectively predicts conversion to bipolar I disorder. *Journal of Abnormal Psychology, 121*, 592 – 601. doi:10.1037/ a0028973

Nyklíček, I., Mommersteeg, P. M. C., Van Beugen, S., Ramakers, C., & Van Boxtel, G. J. (2013). Mindfulness-based stress reduction and physi- ological activity during acute stress: A randomized controlled trial. *Health Psychology, 32*, 1110 – 1113. doi:10.1037/a0032200

O'Connor, A. (2012). Sleep apnea is linked to a higher risk of cancer. *The New York Times*, pp. D5.

O'Keefe, V. M., Wingate, L. R., Tucker, R. P., Rhoades-Kerswill, S., Slish, M. L., & Davidson, C. L. (2014). Interpersonal suicide risk for American Indians: Investigating thwarted belongingness and per- ceived burdensomeness. *Cultural Diversity and Ethnic Minority Psychology, 20*, 61 – 67. doi:10.1037/ a0033540

Odeh, M. S., Zeiss, R. A., & Huss, M. T. (2006). Cues they use: Clinicians' endorsement of risk cues in predictions of dangerousness. *Behavioral Sciences & the Law, 24*, 147 – 156.

Oestergaard, S., & Møldrup, C. (2011). Optimal duration of combined psychotherapy and pharma-cotherapy for patients with moderate and severe depression: A meta-analysis. *Journal of Affective Disorders, 131*, 24 – 36. doi:10.1016/j.jad.2010.08.014

Ogawa, Y., Tajika, A., Takeshima, N., Hayasaka, Y., & Furukawa, T. A. (2014). Mood stabilizers and antipsychotics for acute mania: A systematic review and meta-analysis of combination/augmenta-tion therapy versus monotherapy. *CNS Drugs, 28*, 989 – 1003. doi: 10.1007/s40263-014-0197-8

Ohayon, M. M., Dauvilliers, Y., & Reynolds, C. F. (2012). Operational definitions and algorithms for excessive sleepiness in the general population: Implications for DSM-5 NOSOLOGY. *Archives of General Psychiatry, 69*, 71 – 79. doi:10.1001/archgenpsychiatry.2011.1240

Ohayon, M. M., Mahowald, M. W., Dauvilliers, Y., Krystal, A. D., & Leger, D. (2012). Prevalence and comorbidity of nocturnal wandering in the U.S. adult general population. *Neurology, 78*, 1583. doi:10.1212/WNL.0b013e3182563

Okie, S. (2010). A flood of opioids, a rising tide of deaths. *New England Journal of Medicine, 363*, 1981 – 1985.

Okuda, M., Balán, I., Petry, N. M., Oquendo, M., & Blanco, C. (2009). Cognitive-behavioral therapy for pathological gambling: Cultural considerations. *American Journal of Psychiatry, 166*, 1325 – 1330.

Okumura, Y., & Ichikura, K. (2014). Efficacy and acceptability of group cognitive behavioral therapy for depression: A systematic review and meta-analysis. *Journal of Affective Disorders, 164*, 155 – 164. Retrieved from http://dx.doi.org/10.1016/j.jad.2014.04.023

Okun, M. S. (2014). Deep-brain stimulation: Entering the

era of human neural-network modulation. *New England Journal of Medicine, 371,* 1369 – 1373. doi: 10.1056/NEJMp1408779

Olatunji, B. O. Kauffman, B. Y., Meltzer, S., Davis, M. L., Smits, J. A. J., & Powers, M. B. (2014). Cognitive-behavioral therapy for hypochondriasis/health anxiety: A meta-analysis of treatment outcome and moderators. *Behaviour Research and Therapy, 58,* 65 – 74. doi:10.1016/j.brat.2014.05.002

Oldenbeuving, A. W., de Kort, P. L., Jansen, B. P., Algra, A., Kappelle, L. J., & Roks G. (2011). Delirium in the acute phase after stroke: Incidence, risk factors, and outcome. *Neurology, 76,* 993 – 999.

Oldham, J. M. (1994). Personality disorders: Current perspectives. *Journal of the American Medical Association, 272,* 213 – 220.

O'Leary, S. T., Lee, M., Lockhart, S., Eisert, S., Furniss, A., Barnard, J., ...Kempe, A. (2015). Effectiveness and cost of bidirectional text messaging for ado- lescent vaccines and well care. *Pediatrics, 136*(5), e1220 – e1227. doi:10.1542/peds.2015-1089

Olff, M., Langeland, W., Draijer, N., & Gersons, B. P. R. (2007). Gender differences in posttraumatic stress disorder. *Psychological Bulletin, 133,* 183 – 204.

Olfson, M., Druss, B. G., & Marcus, S. C. (2015). Trends in mental health care among children and adolescents. *New England Journal of Medicine, 372,* 2029 – 2038. doi: 10.1056/NEJMsa1413512

Olfson, M., Gameroff, M. J., Marcus, S. C., Greenberg T., & Shaffer, D. (2005). Emergency treatment of young people following deliberate self-harm. *Archives of General Psychiatry, 62,* 1122 – 1128.

Olfson, M., King, M., & Schoenbaum, M. (2015). Treatment of young people with antipsychotic medications in the United States. *JAMA Psychiatry, 72,* 867 – 874. doi: 10.1001/jamapsychiatry.2015.0500

Olino, T. M., Seeley, J. R., & Lewinsohn, P. M. (2010). Conduct disorder and psychosocial outcomes at age 30: Early adult psychopathology as a potential mediator. *Journal of Abnormal Child Psychology, 38,* 1139 – 1149. doi: 10.1007/s10802-010-9427-9

Olivardia, R., Pope, H. G., Jr., Borowiecki, J. J., III, & Cohane, G. H. (2004). Biceps and body image: The relationship between muscularity and self- esteem, depression, and eating disorder symptoms. *Psychology of Men & Masculinity, 5,* 112 – 120.

Ollendick, T., Allen, B., Benoit, K., & Cowart, M. (2011). The tripartite model of fear in children with specific phobias: Assessing concordance and discor- dance using the behavioral approach test. *Behaviour Research and Therapy, 49,* 459 – 465. doi:10.1016/j.brat.2011.04.00

Olson, S. D., Kambal, A., Pollock, K., Mitchell, G.-M., Stewart, H., Kalomoiris, S., Cary, W., ...Nolta, J. A. (2011). Examination of mesenchymal stem cell- mediated RNAi transfer to Huntington's disease affected neuronal cells for reduction of huntingtin. *Molecular and Cellular Neuroscience, 49,* 271 – 281. doi:10.1016/j.mcn.2011.12.001

Olson, S. E. (1997). *Becoming one: A story of triumph over multiple personality disorder.* Pasadena, CA: Trilogy Books.

Oltedal, L., Kessler, U., Ersland, L., Grüner, R., Andreassen, O. A., Haavik, J., ...Oedegaard, K. J. (2015). Effects of ECT in treatment of depression: Study protocol for a prospective neuroradiological study of acute and longitudinal effects on brain structure and function. *BMC Psychiatry, 15,* 94. doi:10.1186/s12888-015-0477-y

Onken, L. S., Carroll, K. M., Shoham, V., Cuthbert, B. N., & Riddle, M. (2014). Reenvisioning clinical science: Unifying the discipline to improve the public health. *Clinical Psychological Science,2,*22 – 34.doi:10.1177/2167702613497932

Opendak, M., & Gould, E. (2015). Adult neuro-genesis: A substrate for experience-dependent change. *Trends in Cognitive Sciences, 19,* 151 – 161. doi: 10.1016/j.tics.2015.01.001

Oquendo, M. A., Hastings, R. S., Huang, Y., Simpson, N., Ogden, R. T., Hu, X.-Z., ...Parsey, R. V. (2007). Brain serotonin transporter binding in depressed patients with bipolar disorder using positron emis- sion tomography. *Archives of General Psychiatry, 64,* 201 – 208.

Orchowski, L. M., Mastroleo, N. R., & Borsari, B. (2012). Correlates of alcohol-related sex among col-lege students. *Psychology of Addictive Behaviors, 26,* 782 – 790. doi: 10.1037/a0027840

Oren, D. A., Koziorowski, M., & Desan, P. H. (2013). SAD and the not-so-single photoreceptors. *American Journal of Psychiatry, 170,* 1403 – 1412. doi: 10.1176/ appi.ajp.2013.13010111View

Oren, E., & Solomon, R. (2012). EMDR therapy: An overview of its development and mechanisms of action. *European Review of Applied Psychology, 62,* 197 – 203.

Ortega, A. N., Rosenheck, R., Alegría, M., & Desai, R. A. (2000). Acculturation and the lifetime risk of psychi- atric and substance use disorders among Hispanics. *Journal of Nervous & Mental Disease, 188,* 728 – 735.

Orth-Gomér, K., Wamala, S. P., Horsten, M., Schenck-Gustafsson, K., Schneiderman, N., & Mittleman, M. A. (2000). Marital stress worsens prognosis in women with coronary heart disease: The Stockholm Female Coronary Risk Study. *Journal of the American Medical Association, 284,* 3008 – 3014.

Osborn, I. (1998). *The hidden epidemic of obsessive- compulsive disorder.* New York, NY: Random House.

Osborne, L. (2002). *American normal: The hidden world of Asperger syndrome.* Katlenburg-Lindau, Germany: Copernicus Books.

Oslin, D. W., Leong, S. H., Lynch, K. G., Berrettini, W., O'Brien, C. P., Gordon, A. J., ...Rukstalis, M. (2015). Naltrexone vs. placebo for the treatment of alcohol dependence: A randomized clinical trial. *JAMA Psychiatry, 72*, 430–437. doi:10.1001/ jamapsychiatry.2014.3053

Osman, S. L. (2003). Predicting men's rape perceptions based on the belief that "no" really means "yes." *Journal of Applied Social Psychology, 33*(4), 683–692.

Ossenkoppele, R., Jansen, W. J., Rabinovici, G. D., Knol, D. L., van der Flier, W. M., van Berckel, B. N. M., ...Amyloid PET Study Group. (2015). Prevalence of amyloid pet positivity in dementia syndromes: A meta-analysis. *Journal of the American Medical Association, 313*, 1939–1949. doi:10.1001/ jama.2015.4669

Öst, L. (1987). Age of onset in different phobias. *Journal of Abnormal Psychology, 96*, 223–229.

Öst, L. (1992). Blood and injection phobia: Background and cognitive, physiological, and behavioral variables. *Journal of Abnormal Psychology, 101*, 68–74.

Öst, L.-G., Cederlund, R., & Reuterskiöld, L. (2015). Behavioral treatment of social phobia in youth: Does parent education training improve the out-come? *Behaviour Research and Therapy, 67*, 19–29. doi: 10.1016/j.brat.2015.02.001

Öst, L.-G., Havnen, A., Hansen, B., & Kvale, G. (2015). Cognitive behavioral treatments of obsessive–compulsive disorder: A systematic review and meta-analysis of studies published 1993–2014. *Clinical Psychology Review, 40*, 156–169.doi:10.1016/j.cpr.2015.06.003

Otto, M. W. (2006, September 1). Three types of treat-ment for depression: A comparison. *Journal Watch Psychiatry*. Retrieved from http://psychiatry. jwatch. org/cgi/content/full/2006/901/2

Otto, M. W., & Deveney C. (2005). Cognitive-behavioral therapy and the treatment of panic disorder: Efficacy and strategies. *Journal of Clinical Psychiatry, 66*(Suppl. 4), 28–32.

Overmier, J. B. L., & Seligman, M. E. P. (1967). Effect of inescapable shock upon subsequent escape and avoidance learning. *Journal of Comparative and Physiological Psychology, 63*, 28–33.

Oyserman, D. (2008). Racial-ethnic self-schemas: Multidimensional identity-based motivation. *Journal of Research in Personality, 42*, 1186–1198.

Ozer, E. J., & Weiss, D. S. (2004). Who develops post-traumatic stress disorder? *Current Directions in Psychological Science, 13*, 169–172.

Ozer, E. J., Best, S. R., Lipsey, T. L., & Weiss, D. S. (2003). Predictors of posttraumatic stress disor- der and symptoms in adults: A meta-analysis. *Psychological Bulletin, 129*, 52–73.

Pabian, Y. L., Welfel, E., & Beebe, R. S. (2009). Psychologists' knowledge of their states' laws pertaining to Tarasoff-type situations. *Professional Psychology, 40*, 8–14. doi:10.1037/a0014784

Pabst, A., Kraus, L., Piontek, D., Mueller, S., & Demmel, R. (2014). Direct and indirect effects of alcohol expectancies on alcohol-related prob- lems. *Psychology of Addictive Behaviors, 28*, 20–30. doi:10.1037/a0031984

Pacchiarotti, I., Bond, D. J., Baldessarini, R. J., Nolen, W. A., Grunze, H., Licht, R. W., ...Vieta, E. (2013). The International Society for Bipolar Disorders (ISBD), Task Force Report on Antidepressant Use in Bipolar Disorders. *American Journal of Psychiatry, 170*, 1249–1262. doi: 10.1176/appi.ajp.2013.13020185

Palfreman, J. (2015). Solving the mystery of Parkinson's. *Scientific American Mind, 26*(5). Retrieved from http://www.scientificamerican.com/article/solving- the-mystery-of-parkinson-s-book-excerpt/? WT. mc_id=SA_MND_20150813_Art_PPV

Pallanti, S., Grassi, G., Antonini, S., Quercioli, L., Salvadori, E., & Hollander, E. (2014). rTMS in resis-tant mixed states: An exploratory study. *Journal of Affective Disorders, 157*, 66–71. doi:10.1016/j. jad.2013.12.024

Palmer, C. A., & Hazelrigg, M. (2000). The guilty but mentally ill verdict: A review and conceptual analysis of intent and impact. *Journal of the American Academy of Psychiatry and the Law, 28*, 47–54.

Pan, D., Huey, S. J., Jr., & Hernandez, D. (2011). Culturally adapted versus standard exposure treatment for phobic Asian Americans: Treatment efficacy, moderators, and predictors. *Cultural Diversity and Ethnic Minority Psychology, 17*, 11–22. doi:10.1037/a0022534

Panek, R. (2002, November 24). Hmm, what did you mean by all that, Dr. Freud? *The New York Times*, p. AR36.

Pappas, S. (2013). Interested in sex? Hormones may have a little to say about that, ladies. Retrieved from msnbc.com

Paracchini, S., Steer, C. D., Buckingham, L.-L., Morris, A. P., Ring, S., Scerri, T., ...Monaco, A. P. (2008). Association of the KIAA0319 dyslexia susceptibility gene with reading skills in the general population. *American Journal of Psychiatry, 165*, 1576–1584.

Parikh, S. V., Hawke, L. D., Velyvis, V., Zaretsky, A., Beaulieu, S., Patelis-Siotis, I., ... Cervantes, P. (2014). Combined treatment: Impact of optimal psycho- therapy and medication in bipolar disorder. *Bipolar Disorder, 17*, 86–96. doi:10.1111/bdi.12233

Paris, J. (2008). *Treatment of borderline personality disorder: A guide to evidence-based practice.* New York, NY: Guilford Press.

Paris, J. (2010). Estimating the prevalence of personal- ity disorders in the community. *Journal of Personality Disorders, 24*, 405–411.

Paris, J. (2012). The outcome of borderline personal-ity disorder: Good for most but not all patients. *American Journal of Psychiatry, 169,* 445 – 446. doi: 10.1176/appi.ajp.2012.12010092

Park, S., & Thakkar, K. N. (2010). "Splitting of the mind" revisited: Recent neuroimaging evidence for functional dysconnection in schizophrenia and its relation to symptoms. *American Journal of Psychiatry, 167,* 366 – 368. doi:10.1176/appi. ajp.2010.10010089

Parker, G., Gibson, N. A., Brotchie, H., Heruc, G., Rees, A.-M., & Hadzi-Pavlovic, D. (2006). Omega-3 fatty acids and mood disorders. *American Journal of Psychiatry, 163,* 969 – 978.

Parloff, R. (2003, February 3). Is fat the next tobacco? *Fortune, 51* – 54.

Parmet, S, Lynm, C., & Golub, R. M. (2011). Obsessive-compulsive disorder. *Journal of the American Medical Association, 305,* 1926. doi:10.1001/jama.305.18.1926

Parola, N., Bonierbale, M., Lemaire, A., Aghababian, V., Michel, A., & Lançon, C. (2010). Study of quality of life for transsexuals after hormonal and surgical reassignment. *Sexologies, 19,* 24 – 28. doi:10.1016/j. sexol.2009.05.004

Parto, J. A., Evans, M. K., & Zonderman, A. B. (2011). Symptoms of posttraumatic stress disorder among urban residents. *Journal of Nervous and Mental Disease, 199,* 436 – 439. doi:10.1097/NMD.0b013e3182214154

Pastor, P. N., Reuben, C. A., Duran, C. R., & Hawkins, L. D. (2015, May). Association between diagnosed ADHD and selected characteristics among chil-dren aged 4 – 17 years: United States, 2011 – 2013. Retrieved from http://www.cdc.gov/nchs/prod-ucts/databriefs/db201.htm

Patel, R., Lloyd, T., Jackson, R., Ball, M., Shetty, H., Broadbent, M., …Taylor, M. (2015). Mood instability is a common feature of mental health disorders and is associated with poor clinical outcomes. *BMJ Open.* Retrieved from https://kclpure. kcl. ac. uk/portal/en/publications/mood-instability-is-a-common-feature-of-mental-health-disorders-and-is-associated-with-poor-clinical-outcomes(86322d4a- 1183-4d09-8cae-d8ff33c6fbc6).html

Patihis, L., Lilienfeld, S. O., Ho, L. Y., & Loftus, E. F. (2014). Unconscious repressed memory is scientifi-cally questionable. *Psychological Science, 25,* 1967 – 1968. doi:10.1177/0956797614547365

Patrick, M. E., & Schulenberg, J. E. (2011). How trajec- tories of reasons for alcohol use relate to trajectories of binge drinking: National panel data spanning late adolescence to early adulthood. *Developmental Psychology, 47,* 311 – 317.

Patrick, R. P., & Ames, B. N. (2015). Vitamin D and the omega-3 fatty acids control serotonin synthesis and action, part 2: Relevance for ADHD, bipolar, schizo- phrenia, and impulsive behavior. *FASEB Journal, 29(6),* 2207 – 2222. doi:10.1096/fj.14-268342

Patterson, F., Kerrin, K., Wileyto, P., & Lerman, C. (2008). Increase in anger symptoms after smok- ing cessation predicts relapse. *Drug and Alcohol Dependence, 95,* 173 – 176.

Patton, G. C., Coffey, C., Romaniuk, H., Mackinnon, A., Carlin, J. B., Degenhardt, L., …Moran, P. (2014). The prognosis of common mental disor-ders in adolescents: A 14-year prospective cohort study. *The Lancet, 383,* 1404 – 1411. doi:10.1016/ S0140-6736(13)62116-9

Patton, G. C., Romaniuk, H., Spry, E., Coffey, C., Olsson, C., Doyle, L. W., …Brown, S. (2015). Prediction of perinatal depression from adolescence and before conception (VIHCS): 20-year prospective cohort study. *The Lancet, 386,* 875 – 883.

Paul, E., & Eckenrode, J. (2015). Childhood psycho-logical maltreatment subtypes and adolescent depressive symptoms. *Child Abuse & Neglect, 47,* 38 – 47. doi:10.1016/j.chiabu.2015.05.018

Paulesu, E., Demonet, J. F., Fazio, F., McCrory, E., Chanoine, V., Brunswick, N., … Frith, U. (2001). Dyslexia: Cultural diversity and biological unity. *Science, 291,* 2165 – 2167.

Payne, E., Ford, D., & Morris, J. (2015, February 25). Jury finds Eddie Ray Routh guilty in "American Sniper" case. *CNN.com.* Retrieved from http://www.cnn.com/2015/02/24/us/ american-sniper-chris-kyle-trial/

Payne, J. L. (2007). Antidepressant use in the post- partum period: Practical considerations. *American Journal of Psychiatry, 164,* 1329 – 1332. doi: 10.1176/appi.ajp.2007.07030390

Peciña, M., Bohnert, A. S., Sikora, M., Avery, E. T., Langenecker, S. A., Mickey, B. I., …Zubieta, J. K. (2015). Association between placebo-activated neural systems and antidepressant responses: Neurochemistry of placebo effects in major depression. *JAMA Psychiatry, 30,* 1 – 8. doi:10.1001/ jamapsychiatry.2015.1335

Pelham, W. E., Burrows-MacLean, L., Gnagy, E. M., Fabiano, G. A., Coles, E. K., Tresco, K. E., …Hoffman, M. T. (2005). Transdermal methyl- phenidate, behavioral, and combined treatment for children with ADHD. *Experimental and Clinical Psychopharmacology, 13,* 111 – 126.

Pelkonen, M., & Marttunen, M. (2003). Child and adolescent suicide: Epidemiology, risk factors, and approaches to prevention. *Paediatric Drugs, 5,* 243 – 265.

Peltzer, K., & Machleidt, W. (1992). A traditional (African) approach towards Therapy of schizo-phrenia and its comparison with Western models. *Therapeutic Communities International Journal for Therapeutic and Supportive Organizations, 13,* 229 – 242.

Peng, Y., Hong, S., Qi, X., Xiao, C., Zhong, H., Ma, R. Z., & Su, B. (2010). The ADH1B Arg47His polymor-phism in East Asian populations and expansion of rice domestication in history. *BMC Evolutionary Biology, 10,* 15. doi:10.1186/1471-2148-10-15

Pengilly, J. W., & Dowd, E. T. (2000). Hardiness and social support as moderators of stress. *Journal of Clinical Psychology, 56,* 813–820.

Pennant, M. E., Loucas, C. E., Whittington, C., Creswell, C., Fonagy, P., Fuggle, P., ...Kendall, T., on behalf of the Expert Advisory Group. (2015). Computerised therapies for anxiety and depression in children and young people: A systematic review and meta-analysis. *Behaviour Research and Therapy, 67,* 1–18. doi:10.1016/j.brat.2015.01.009

Pennesi, J. L., & Wade. T. D. (2016). A systematic review of the existing models of disordered eating: Do they inform the development of effective interventions? *Clinical Psychology Review, 43,* 175–192. doi: 10.1016/j.cpr.2015.12.004

Penninx, B. W. J. H., Beekman, A. T. F., Honig, A., Deeg, D. J. H., Schoevers, R. A., van Eijk, J. T. M., & van Tilburg, W. (2000). Depression and cardiac mortality. *Archives of General Psychiatry, 58,* 221–227.

People with depression get stuck on bad thoughts, unable to turn their attention away, study suggests. (2011, June 3). *ScienceDaily.* Retrieved from http://www.sciencedaily.com/releases/2011/06/110602162828.htm

Peppard, P. E., Szklo-Coxe, M., Hla, K. M., & Young, T. (2006). Longitudinal association of sleep-related breathing disorder and depression. *Archives of Internal Medicine, 166,* 1709–1715.

Pereda, N., Guilera, G., Forns, M., & Gómez-Benito, J. (2009). The prevalence of child sexual abuse in community and student samples: A meta-analysis. *Clinical Psychology Review, 29,* 328–338. doi: 10.1016/j.cpr.2009.02.007

Perlin, M. L. (2002–2003). Things have changed: Looking at non-institutional mental disability law through the sanism filter. *New York Law School Review, 46,* 3–4.

Perna, G., Alciati, A., Riva, A., Micieli, W., & Caldirola, D. (2016). Long-term pharmacological treatments of anxiety disorders: An updated systematic review. *Current Psychiatry Reports, 18,* 23. doi:10.1007/s11920-016-0668-3

Perrin, S. (2013). Prolonged exposure therapy for PTSD in sexually abused adolescents. *Journal of the American Medical Association, 310,* 2619–2620. doi: 10.1001/jama.2013.283944

Petersen, L., Sørensen, T. I. A., Andersen, P. K., Mortensen, P. B., & Hawton, K. (2014). Genetic and familial environmental effects on suicide attempts: A study of Danish adoptees and their biological and adoptive siblings. *Journal of Affective Disorders, 155,* 273–277.

Peterson, A. V., Jr., Leroux, B. G., Bricker, J., Kealy, K. A., Marek, P. M., Sarason, I. G., & Andersen, M. R. (2006). Nine-year prediction of adolescent smoking by number of smoking parents. *Addictive Behaviors, 31,* 788–801.

Peterson, B. S., Wang, Z., Horga, G., Warner, V., Rutherford, B., Klahr, K. W., ...Weissman, M. M. (2014). Discriminating risk and resilience endo-phenotypes from lifetime illness effects in familial major depressive disorder. *JAMA Psychiatry, 71,* 136–148. doi:10.1001/jamapsychiatry.2013.4048

Peterson, E., & Yancy, C. W. (2009). Eliminating racial and ethnic disparities in cardiac care. *New England Journal of Medicine, 360,* 1172–1174. doi: 10.1056/NEJMp0810121

Peterson, J. K., Skeem, J., Kennealy, P., Bray, B., & Zvonkovic, A. (2014). How often and how consistently do symptoms directly precede criminal behavior among offenders with mental illness? *Law and Human Behavior, 38,* 439–449. doi:10.1037/lhb0000075

Peterson, Z. D., Voller, E. K., Polusny, M. A., & Murdoch, M. (2010). Prevalence and consequences of adult sexual assault of men: Review of empirical findings and state of the literature. *Clinical Psychology Review, 31,* 1–24. doi:10.1016/j.cpr.2010.08

Petit, D., Pennestri, M. H., Paquet, J., Desautels, A., Zadra, A., Vitaro, F., Tremblay, R. E., ...Montplaisir, J. (2015). Childhood sleepwalking and sleep terrors: A longitudinal study of prevalence and familial aggregation. *JAMA Pediatrics, 169*(7), 653–658. Retrieved from http://dx.doi.org/10.1001/jamapediatrics.2015.127

Petry, N. M., Alessi, S. M., Marx, J., Austin, M., & Tardif, M. (2005). Vouchers versus prizes: Contingency management treatment of substance abusers in community settings. *Journal of Consulting and Clinical Psychology, 73,* 1005–1014.

Petry, N. M., Ammerman, Y., Bohl, J., Doersch, A., Gay, H., Kadden, R., ...Steinberg, K. (2006). Cognitive-behavioral therapy for pathological gamblers. *Journal of Consulting and Clinical Psychology, 74,* 555–567.

Petry, N. M., & Martin, B. (2002). Low-cost contingency management for treating cocaine- and opioid-abusing methadone patients. *Journal of Consulting and Clinical Psychology, 70,* 398–405.

Petry, N. M., Weinstock, J., Ledgerwood, D. M., & Morasco, B. (2008). A randomized trial of brief interventions for problem and pathological gamblers. *Journal of Consulting and Clinical Psychology, 76,* 318–328.

Pettinati, H. M., O'Brien, C. P., & Dundon, W. D. (2013). Current status of co-occurring mood and substance use disorders: A new therapeutic target. *American Journal of Psychiatry, 170,* 23–30. doi: 10.1176/appi.ajp.2012.12010112

Philaretou, A. G. (2006). Female exotic dancers: Intrapersonal and interpersonal perspectives. *Sexual Addiction & Compulsivity, 13,* 41–52.

Philip, N. S., Carpenter, S. L., Ridout, S. J., Sanchez, G., Albright, S. E., Tyrka, A. R., Price, L. H., & Carpenter, L. L. (2015). 5 Hz repetitive transcranial magnetic stimulation to left prefrontal cortex for major depression. *Journal of Affective Disorders, 186,* 13–17.

Phillips, K. A., & Menard, W. (2006). Suicidality in body dysmorphic disorder: A prospective study. *American Journal of Psychiatry, 163,* 1280–1282.

Phillips, K. A., & Rogers, J. (2011). Cognitive-behavioral therapy for youth with body dysmorphic disorder: Current status and future directions. *Child and Adolescent Psychiatric Clinics of North America, 20,* 287–304.

Phillips, M. L., & Swartz, H. A. (2014). A critical appraisal of neuroimaging studies of bipolar disorder: Toward a new conceptualization of underlying neural circuitry and a road map for future research. *American Journal of Psychiatry, 171,* 829–843. doi: 10.1176/appi.ajp.2014.13081008

Piasecki, T. M., Jorenby, D. E., Smith, S. S., Fiore, M. C., & Baker, T. B. (2003). Smoking withdrawal dynamics: I. Abstinence distress in lapsers and abstainers. *Journal of Consulting and Clinical Psychology, 112,* 3–13.

Pingault, J. B., Tremblay, R. E., Vitaro, F., Carbonneau, R., Genolini, C., Falissard, B., ...Côté, S. M. (2011). Childhood trajectories of inattention and hyperactivity and prediction of educational attainment in early adulthood: A 16-year longitudinal population-based study. *American Journal of Psychiatry, 168,* 1164–1170.

Pingault, J.-B., Viding, E., Galéra, C., Greven, C. U., Zheng, Y., Plomin, R., ...Rijsdijk, F. (2015). Genetic and environmental influences on the develop-mental course of attention-deficit/hyperactivity disorder symptoms from childhood to adolescence. *JAMA Psychiatry, 72*(7), 651–658. doi:10.1001/ jamapsychiatry.2015.0469

Pinto, A. (2016). Treatment of obsessive-compulsive personality disorder. In E. A. Storch & A. B. Lewin (Eds.), *Clinical handbook of obsessive-compulsive and related disorders: A case-based approach to treat-ing pediatric and adult populations* (pp. 415–429). New York, NY: Springer.

Pirelli, G., Gottdiener, W. H., & Zapf, P. (2011). A meta-analytic review of competency to stand trial research. *Psychology, Public Policy, & Law, 17,* 1–53. doi:10.1037/a0021713

Pistorello, J., Fruzzetti, A. E., & MacLane, C., Gallop, R., & Iverson, K. M. (2012). Dialectical behavior therapy (DBT) applied to college students: A randomized clinical trial. *Journal of Consulting and Clinical Psychology, 80,* 982–994. doi:10.1037/a0029096

Pitman, R. K. (2006). Combat effects on mental health: The more things change, the more they remain the same. *Archives of General Psychiatry, 63,* 127–128.

Pizzimenti, C. L., & Lattal, K. M. (2015). Epigenetics and memory: Causes, consequences and treatments for post-traumatic stress disorder and addiction. *Genes, Brain and Behavior, 14,* 73–84. doi:10.1111/ gbb.12187

Plasschaert, R. N., & Bartolomei, M. S. (2013). Autism: A long genetic explanation. *Nature, 501,* 36–37. doi:10.1038/nature12553

Plewnia, C., Pasqualetti, P., Große, S., Schlipf, S., Wasserka, B., Zwissler, B., & Fallgatter, A. (2014). Treatment of major depression with bilateral theta burst stimulation: A randomized controlled pilot trial. *Journal of Affective Disorders, 156,* 219–223. doi:10.1016/j.jad.2013.12.025

Plunkett, A., O'Toole, B., Swanston, H., Oates, R. K., Shrimpton, S., & Parkinson, P. (2001). Suicide risk following child sexual abuse. *Ambulatory Pediatrics, 5,* 262–266.

PMDD proposed as new category in DSM-5. (2012, May 25). *Psychiatric News Alert.* Retrieved from www.psychiatricnews.org

Pocklington, A. J., Rees, E., Walters, J. T. R., Han, J., Kavanagh, D. H., Chambert, K. D., ... Owen, M. J. (2015). Novel findings from CNVs implicate inhibitory and excitatory signaling complexes in schizophrenia. *Neuron, 86,* 1203. doi:10.1016/ j.neuron.2015.04.022

Pogue-Geile, M. F., & Yokley, J. L. (2010). Current research on the genetic contributors to schizophrenia. *Current Directions in Psychological Science, 19,* 214–219. doi:10.1177/0963721410378490

Pokhrel, P., Herzog, T. A., Sun, P., Rohrbach, L. A., & Sussman, S. (2013). Acculturation, social self-control, and substance use among Hispanic adolescents. *Psychology of Addictive Behaviors, 27,* 674–686. doi: 10.1037/a0032836

Polanczyk, G., Caspi, A., Williams, B., Price, T. S., Danese, A., Sugden, K., Uher, R., & Moffitt, T. E. (2009). Protective effect of CRHR1 gene variants on the development of adult depression following childhood maltreatment: Replication and exten-sion. *Archives of General Psychiatry, 66,* 978–985. doi:10.1001/archgenpsychiatry.2009.114

Polderman, T. J. C., Benyamin, B., de Leeuw, C. A., Sullivan, P. F., van Bochoven, A., Visscher, P. M., & Posthuma, D. (2015). Meta-analysis of the herita-bility of human traits based on fifty years of twin studies. *Nature Genetics, 47,* 702–709. doi:10.1038/ ng.3285

Poling, J., Oliveto, A., Petry, N., Sofuoglu, M., Gonsai, K., Gonzalez, G., ...Kosten, T. R. (2006). Six-month trial of bupropion with contingency management for cocaine dependence in a methadone-maintained population. *Archives of General Psychiatry, 63,* 219–228.

Pollack, A. (2004a, January 13). Putting a price on a good

night's sleep. *The New York Times,* pp. F1, F8.

Pollack, A. (2004b, January 13). Sleep experts debate root of insomnia: Body, mind or a little of each. *The New York Times,* p. F8.

Pollan, M. (2003, October 12). The (agri)cultural contradictions of obesity. *The New York Times Magazine,* 41, 48.

Polusny, M. A., Erbes, C. R., Thuras, P., Moran, A., Lamberty, G. J., Collins, R. C., ... Lim, K. O. (2015). Mindfulness-based stress reduction for posttrau- matic stress disorder among veterans. *Journal of the American Medical Association,* 314, 456. doi: 10.1001/jama.2015.8361

Polusny, M. A., Kehle, S. M., Nelson, N. W., Erbes, C. R., Arbisi, P. A., & Thuras, P. (2011). Longitudinal effects of mild traumatic brain injury and posttraumatic stress disorder comorbidity on postdeployment out- comes in national guard soldiers deployed to Iraq. *Archives of General Psychiatry,* 68, 79 – 89. doi: 10.1001/ archgenpsychiatry.2010.172

Pompili, M., Sher, L., Serafini, G., Forte, A., Innamorati, M., Dominici, G., ...Girardi, P. (2013). Posttaumatic stress disorder and suicide risk among veterans: A literature review. *Journal of Nervous & Mental Disease,* 201, 802 – 812. doi:10.1097/NMD.0b013e3182a21458

Ponseti, J., Granert, O., Jansen, O., Wolff, S., Beier, K., Neutze, J., ... Bosinski, H. (2012). Assessment of pedophilia using hemodynamic brain response to sexual stimuli. *Archives of General Psychiatry,* 69, 187 – 194. doi:10.1001/archgenpsychiatry.2011.130

Postuma, R. B., Lang, A. E., Gagnon, J. F., Pelletier, A., & Montplaisir, J. Y. (2012). How does parkinsonism start? Prodromal parkinsonism motor changes in idiopathic REM sleep behaviour disorder. *Brain,* 135, 1860 – 1870.

Power, R. A., Steinberg, S., Bjornsdottir, G., Rietveld, C. A., Abdellaoui, A., Nivard, M. M., ... Stefansson, K. (2015). Polygenic risk scores for schizophrenia and bipolar disorder pre-dict creativity. *Nature Neuroscience,* 8, 953 – 955. doi:10.1038/nn.4040

Pramparo, T., Pierce, K., Lombardo, M. V., Barnes, C. C., Marinero, S., Ahrens-Barbeau, C., ... Courchesne, E. (2015). Prediction of autism by translation and immune/inflammation coexpressed genes in toddlers from pediatric community practices. *JAMA Psychiatry,* 72, 386 – 394. doi:10.1001/ jamapsychiatry.2014.3008

Pratt, L. A., & Brody, D. J. (2008, September). Depression in the United States household popu-lation, 2005 – 2006. *NCHS Data Brief,* Number 7. Retrieved from http://www.cdc.gov/nchs/ data/databriefs/db07.htm

Price, M. (2009, December). More than shelter. *Monitor on Psychology,* 40(11), 59 – 62.

Prince, M., Prina, M., Guerchet, M., & Alzheimer's Disease International. (2013). *World Alzheimer report 2013: Journey of caring: An analysis of long-term care for dementia.* London, UK: Alzheimer's Disease Interational. Retrieved from http://www.alz. co.uk/research/WorldAlzheimerReport2013.pdf

Prins, H. (2013). *Psychopaths: An introduction.* Hampshire, UK: Waterside Press.

Prochaska, J. O., & Norcross, J. C. (2010). *Systems of psychotherapy* (7th ed.). Belmont, CA: Brooks/Cole. Psychiatric GWAS Consortium Bipolar Disorder Working Group. (2011). Large-scale genome-wide association analysis of bipolar disorder identifies a new susceptibility locus near ODZ4. *Nature Genetics,* 43, 977 – 983. doi:10.1038/ng.943

Pulkki-Raback, L., Kivimaki, M., Ahola, K., Joutsenniemi, K., Elovainio, M., Rossi, H., ... Virtanen, M. (2012). Living alone and antidepres-sant medication use: A prospective study in a working-age population. *BMC Public Health,* 12, 236. doi:10.1186/1471-2458-12 - 236

Pumariega, A. J. (1986). Acculturation and eating attitudes in adolescent girls. *Journal of the American Academy of Child Psychiatry,* 25, 276 – 279.

Purkis, H. M., Lester, K. J., & Field, A. P. (2011). But what about the Empress of Racnoss? The allocation of attention to spiders and doctor who in a visual search task is predicted by fear and expertise. *Emotion,* 11, 1484 – 1488.

Pyszczynski, T., & Greenberg, J. (1987). Self-regulatory preservation and the depressive self-focusing style: A self-awareness theory of reactive depression. *Psychological Bulletin,* 102, 122 – 138.

Qaseem, A., Snow, V., Denberg, T. D., Casey, D. E., Jr., Forciea, M. A., Owens, D. K., & Shekelle, P. (2009). Testing and pharmacologic treatment of erectile dysfunction: A clinical practice guide-line from the American College of Physicians. *Annals of Internal Medicine.* Retrieved from www. annals. org/content/early/2009/10/19/0000605-200911030-00151. abstract? sid=4f936910 ee83-44d8-8f48-1f7f7124d93c

Qin, B., Zhang, Y., Zhou, X., Cheng, P., Liu, Y., Chen, J., ... Xie, P. (2014). Selective serotonin reuptake inhibitors versus tricyclic antidepressants in young patients: A meta-analysis of efficacy and acceptability. *Clinical Therapeutics,* 36, 1087 – 1095. doi:10.1016/j.clinthera.2014.06.001

Queen's man arraigned in therapist's slaying. (2008, February 17). *MSNBC.com.* Retrieved from http:// www.msnbc.msn. com/id/23199458/ns/us_news-crime_and_courts/t/queensman-arraigned- therapists-killing/#.UPctQyeoOpU

Quenqua, D. (2012, May 22). Drugs help tailor alco- holism treatment. *The New York Times,* pp. D1, D6.

Querfurth, H. W., & LaFerla, F. M. (2010). Alzheimer's disease. *New England Journal of Medicine,* 362, 329 – 344.

Quinn, S. (1987). *A mind of her own: The life of Karen Horney.* New York, NY: Summit Books.

Rabasca, L. (2000, March). Listening instead of preaching.

Rabin, R. C. (2009, June 16). Alcohol's good for you? Some scientists doubt it. *The New York Times*, pp. D1, D6.

Rabin, R. C. (2011, December 14). Nearly 1 in 5 women in U.S. survey say they have been sexually assaulted. *The New York Times*, p. A32.

Rachman, S. (2000). Joseph Wolpe (1915 - 1997). *American Psychologist, 55,* 431.

Rachman, S. (2009). Psychological treatment of anxiety: The evolution of behavior therapy and cognitive behavior therapy. *Annual Review of Clinical Psychology, 5,* 97 - 119. doi:10.1146/annurev. clinpsy.032408.153635

Rachman, S. (2015). The evolution of behaviour therapy and cognitive behaviour therapy. *Behaviour Research and Therapy, 64,* 1 - 8.

Rachman, S., & DeSilva, P. (2009). *Obsessive-compulsive disorder* (4th ed.). Oxford, UK: Oxford University Press.

Racine, S. E., Burt, S. A., Iacono, W. G., McGue, M., & Klump, K. L. (2011). Dietary restraint moderates genetic risk for binge eating. *Journal of Abnormal Psychology, 120,* 119 - 128. doi:10.1037/a0020895

Radel, M., Vallejo, R. L., Iwata, N., Aragon, R., Long, J. C., Virkkunen, M., & Goldman, D. (2005). Haplotype based localization of an alcohol depen- dence gene to the 5q34 {gamma} aminobutyric acid type A gene cluster. *Archives of General Psychiatry, 62,* 47 - 55.

Ragsdale, K., Porter, J. R., Zamboanga, B. L., St. Lawrence, J. S., Read-Wahidi, R., & White, A. (2012). High-risk drinking among female college drinkers at two reporting intervals: Comparing spring break to the 30 days prior. *Sexuality Research and Social Policy, 9*(1), 31 - 40.

Raine, A. (2008). From genes to brain to antisocial behavior. *Current Directions in Psychological Science, 17,* 323 - 328.

Rajkumar, R. P., & Kumaran, A. K. (2015). Depression and anxiety in men with sexual dysfunction: A retrospective study. *Comprehensive Psychiatry, 60,* 114 - 118. doi: 10.1016/j.comppsych.2015.03.001

Rajwan, E., Chacko, A., & Moeller, M. (2012). Nonpharmacological interventions for preschool ADHD: State of the evidence and implications for practice. *Professional Psychology: Research and Practice, 43,* 520 - 526. doi: 10.1037/a0028812

Rapee, R. M., Gaston, J. E., & Abbott, M. J. (2009). Testing the efficacy of theoretically derived improvements in the treatment of social phobia. *Journal of Consulting and Clinical Psychology, 77,* 317 - 327. doi: 10.1037/a0014800

Raskin, N. J., Rogers, C. R., & Witty, M. C. (2011). Person-centered therapy. In R. J. Corsini & D. Wedding (Eds.), *Current psychotherapies* (9th ed., pp. 148 - 195). Belmont, CA: Brooks/Cole.

Rasmussen, H., Erritzoe, D., Andersen, R., Ebdrup, B., H., Aggernaes, B., Oranje, B., ...Glenthoj, B. (2010). Decreased frontal serotonin 2a receptor binding in antipsychotic-naive patients with first-episode schizophrenia. *Archives of General Psychiatry, 67,* 9 - 16.

Rasmussen, K. M., Negy, C., Carlson, R., & Burns, J. M. (1997). Suicide ideation and accultura-tion among low socioeconomic status Mexican American adolescents. *Journal of Early Adolescence, 17,* 390 - 407.

Rate of patients in psychiatric hospitals has fallen to level of 1850. (2012,December8).Allgov.com.Retrievedfromhttp://www.allgov.com/news/controversies/rate-ofpatients-in-psychiatric-hospi- tals-has-fallen-to-level-of-1850-121228? news=846605

Rathus, S. A., & Nevid, J. S. (1977). *BT/Behavior therapy.* New York, NY: Doubleday & Co.

Rathus, S. A., Nevid, J. S., & Fichner-Rathus, L. (2014). *Human sexuality in a world of diversity* (9th ed.). Upper Saddle River, NJ: Pearson Education.

Rawe, J., & Kingsbury, K. (2006, May 22). When colleges go on suicide watch. *Time,* 62 - 63.

Ray, R. A. (2012). Clinical neuroscience of addiction: Applications to psychological science and practice. *Clinical Psychology: Science and Practice, 19,* 154 - 166. doi: 10.1111/j.1468-2850.2012.01280

Raykos, B. C., McEvoy, P. M., Erceg-Hurn, D., Byrne, S. M., Fursland, A., & Nathan, P. (2014). Therapeutic alliance in enhanced cognitive behavioural therapy for bulimia nervosa: Probably necessary but defi- nitely insufficient. *Behavior Research and Therapy, 57,* 65 - 71. doi: 10.1016/j.brat.2014.04.004

Reade, M. C., & Finfer, S. (2014). Sedation and delir-ium in the intensive care unit. *New England Journal of Medicine, 370,* 444 - 454. doi:10.1056/NEJMra1208705

Reas, D. L., & Grilo, C. M. (2007). Timing and sequence of the onset of overweight, dieting, and binge eating in overweight patients with binge eating disorder. *International Journal of Eating Disorders, 40,* 165 - 170.

Rechenberg, K. (2016). Nutritional interventions in clinical depression. *Clinical Psychological Science, 4,* 144 - 162. doi:10.1177/2167702614566815

Rees, C. S., & Pritchard, R. (2015). Brief cogni-tive therapy for avoidant personality disorder. *Psychotherapy, 52,* 45 - 55. Retrieved from http:// dx.doi.org/10.1037/a0035158

Reeves, R. R., & Ladner, M. E. (2009). Antidepressant-induced suicidality: Implications for clinical practice. *Southern Medical Journal, 102,* 713 - 718. doi:10.1097/SMJ.0b013e3181a918bd

Rehm, L. P. (2010). *Depression: Advances in psychotherapy: Evidence-based practice.* Cambridge, MA: Hogrefe Publishing.

Rehman, U. S., Gollan, J., & Mortimer, A. R. (2008). The

marital context of depression: Research, limitations, and new directions. *Clinical Psychology Review, 28,* 179–198.

Reichborn-Kjennerud, T., Ystrom, E., Neale, M. C., Aggen, S. H., Mazzeo, S. E., Knudsen, G. P., ...Kendler, K. S. (2013). Structure of genetic and envi-ronmental risk factors for symptoms of DSM-IV borderline personality disorder. *JAMA Psychiatry, 70,* 1206–1214. doi:10.1001/jamapsychiatry.2013.1944

Reid, B. V., & Whitehead, T. L. (1992). Introduction. In T. L. Whitehead & B. V. Reid (Eds.), *Gender constructs and social issues* (pp. 1–9). Chicago, IL: University of Illinois.

Reid, J. G., Gitlin, M. J., & Altshuler, L. L. (2013). Lamotrigine in psychiatric disorders. *The Journal of Clinical Psychiatry, 74,* 675–684. doi:10.4088/ JCP.12r08046

Reifler, B. V. (2006). Play it again, Sam: Depression is recurring. *New England Journal of Medicine, 354,* 1189–1190.

Reinares, M., Sánchez-Moreno, J., & Fountoulakis, K. N. (2014). Psychosocial interventions in bipolar disorder: What, for whom, and when. *Journal of Affective Disorders, 156,* 46–55. doi:10.1016/ j.jad.2013.12.017

Reinberg, S. (2009, January 12). Lack of sleep linked to common cold. *WashingtonPost. com.* Retrieved from http:// www. washingtonpost. com/wp-dyn/content/article/2009/01/ 12/ AR2009011202090.html

Reinisch, J. M. (1990). *The Kinsey Institute new report on sex: What you must know to be sexually literate.* New York, NY: St. Martin's Press.

Reisner, A. D. (1994). Multiple personality disorder diagnosis: A house of cards? *American Journal of Psychiatry, 151,* 629.

Reiss, D. (2005). The interplay between genotypes and family relationships: Reframing concepts of development and prevention. *Current Directions in Psychological Science, 14,* 139–143.

Reissing, E. D. (2012). Consultation and treatment history and causal attributions in an online sample of women with lifelong and acquired vaginismus. *Journal of Sexual Medicine, 9*(1), 251–258.

Reitan, R. M., & Wolfson, D. (2012). Detection of malingering and invalid test results using the Halstead–Reitan Battery. In C. R. Reynolds & A. M. Horton (Eds.), *Detection of malingering during head injury litigation* (pp. 241–272). New York, NY: Springer.

Remedial instruction rewires dyslexic brains, pro- vides lasting results, study shows. (2008, August 7). *ScienceDaily.* Retrieved from http://www. science- daily. com/releases/ 2008/08/080805124056.htm

Ren, J., Li, H., Palaniyappan, L., Liu, H., Wang, J., Li, C., & Rossini, P. M. (2014). Repetitive transcranial magnetic stimulation versus electroconvulsive therapy for major depression: A systematic review and meta-analysis. *Progress in Neuro- Psychopharmacology and Biological Psychiatry, 3,*181–189. doi:10.1016/j.pnpbp.2014.02.004

Renfrey, G. S. (1992). Cognitive-behavior therapy and the Native American client. *Behavior Therapy, 23,* 321–340.

Renner, M. J., & Mackin, R. S. (1998). A life stress instrument for classroom use. *Teaching of Psychology, 25,* 46–48.

Rennert, L., Denis, C., Peer, K., Lynch, K. G., Gelernter, J., & Kranzler, H. R. (2014). DSM-5 gambling disor- der: Prevalence and characteristics in a substance use disorder sample. *Experimental and Clinical Psychopharmacology, 22,* 50–56. doi:10.1037/a0034518

Reppermund, S,. Brodaty, H., Crawford, J. D., Kochan, N. A., Slavin, M. J., Trollor, J. N., Draper, B., & Sachdev, P. S. (2011). The relationship of current depressive symptoms and past depression with cognitive impairment and instrumental activities of daily living in an elderly population: The Sydney Memory and Ageing Study. *Journal of Psychiatric Research, 45,* 1600–1607. doi: 10.1016/j. jpsychires .2011.08.001

Resick, P. A., Williams, L. F., Suvak, M. K., Monson, C. M., & Gradus, J. L. (2012). Long-term outcomes of cognitive–behavioral treatments for posttrau- matic stress disorder among female rape survivors. *Journal of Consulting and Clinical Psychology, 80,* 201–210. doi: 10.1037/ a0026602

Ressler, K. J., & Rothbaum, B. O. (2013). Augmenting obsessive-compulsive disorder treatment: From brain to mind. *JAMA Psychiatry, 70,* 1129–1131. doi:10.1001/jamapsychiatry.2013.2116

Rettner, R. (2011, April 10). Popular drug for mild Alzheimer's largely a flop. *MSNBC. com.* Retrieved from http://www. msnbc. msn. com/id/42540787/ ns/health-alzheimers_disease/

Reuven-Magril, O., Dar, R., & Liberman, N. (2008). Illusion of control and behavioral control attempts in obsessive-compulsive disorder. *Journal of Abnormal Psychology, 117,* 334–341.

Rey, J. M. (1993). Oppositional defiant disorder. *American Journal of Psychiatry, 150,* 1769–1778.

Reynolds, C. F., III, & O'Hara, R. (2013). DSM-5 sleep-wake disorders classification: Overview for use in clinical practice. *American Journal of Psychiatry, 170,* 1099–1101. doi:10.1176/appi.ajp.2013.13010058

Reynolds, E. H. (2012). Hysteria, conversion and functional disorders: A neurological contribution to classification issues. *British Journal of Psychiatry, 201,* 253–254.

Rezai, A. R., Leehey, M. A., Ojemann, S. G., Flaherty, A. W., Eskandar, E. N., Kostyk, S. K., ...Feigin. A. (2011). AAV2-GAD gene therapy for advanced Parkinson's disease: A double-blind, sham-surgery controlled, randomized trial. *Lancet Neurology, 10,* 309–319. doi:10.1016/S1474-4422(11)70039-4

Ribisl, K. M., Cruz, T. B., Rohrbach, L. A., Ribisl, K. M., Baezconde-Garbanati, L., Chen, X., ... Johnson, C. A. (2000). English language use as a risk factor for smoking initiation among Hispanic and Asian American adolescents: Evidence for mediation by tobacco-related beliefs and social norms. *Health Psychology, 19,* 403–410.

Ricciardelli, L. A., & McCabe, M. P. (2004). A biopsychosocial model of disordered eating and the pur- suit of muscularity in adolescent boys. *Psychological Bulletin, 130,* 179–205.

Richard, E., Reitz, C., Honig, L. H., Schupf, N., Tang, M. X., Manly, J. J., ...Luchsinger, J. A. (2012). Late-life depression, mild cognitive impairment, and dementia. *Archives of Neurology, 18,* 98–116. doi: 10.1097/JGP.0b013e3181b0fa13

Richards, D. (2011). Prevalence and clinical course of depression: A review. *Clinical Psychology Review, 31,*1117–11125. doi:10.1016/j.cpr.2011.07.004

Richards, D., Richardson, T., Timulak, L., & McElvaney, J. (2015). The efficacy of Internet-delivered treatment for generalized anxiety disorder: A systematic review and meta-analysis. *Internet Interventions, 2,* 272–282. http://dx.doi.org/10.1016/j.invent.2015.07.003

Richtel, M. (2015, April 26). Push, don't crush, the students. *The New York Times Sunday Review,* pp. 1, 7.

Rickards, H., & Silver, J. (2014). Don't know what they are, but treatable? Therapies for conversion disorder. *Journal of Neurology, Neurosurgery, and Psychiatry, 85,* 830–831.

Rief, W., & Sharpe, M. (2004). Somatoform disorders: New approaches to classification, conceptual-ization, and treatment. *Journal of Psychosomatic Research, 56,* 387–390.

Rief, W., Nestoriuc, Y., Weiss, S., Welzel, E., Barsky, A. J., & Hofmann, S. G. (2009). Meta-analysis of the placebo response in antidepressant trials. *Journal of Affective Disorders, 118,* 1–8. doi:10.1016/ j.jad.2009.01.029

Rieger, E., Van Buren, D. J., Bishop, M., Tanofsky-Kraff, M., Welch, R., & Wilfley, D. E. (2010). An eating disorder-specific model of interpersonal psychotherapy (IPT-ED): Causal pathways and treatment implications. *Clinical Psychology Review, 30*(4), 400–410. doi:10.1016/j.cpr.2010.02.001

Riesel, A., Endrass, T., Auerbach, L. A., & Kathmann, N. (2015). Overactive performance monitoring as an endophenotype for obsessive-compulsive disorder: Evidence from a treatment study. *American Journal of Psychiatry, 172,* 665–673. Retrieved from http:// dx.doi.org/10.1176/appi.ajp.2014.14070886

Rimm, E. (2000, May). Lifestyle may play role in poten-tial for impotence. Paper presented to the annual meeting of the American Urological Association, Atlanta, GA.

Rink, L., Pagel, T., Franklin, J., & Baethge, C. (2016). Characteristics and heterogeneity of schizoaffective disorder compared with unipolar depression and schizophrenia: A systematic literature review and meta-analysis. *Journal of Affective Disorders, 191,* 8–14.

Ritz, T., Meuret, A. E., Trueba, A. F., Fritzsche, A., & von Leupoldt, A. (2013). Psychosocial factors and behavioral medicine interventions in asthma. *Journal of Consulting and Clinical Psychology, 81,* 231–250. doi: 10.1037/a0030187

Riva-Posse, P., Choi, K. S., Holtzheimer, P. E., McIntyre, C. C., Gross, R. E., Chaturvedi, A., ...Mayberg, H. S. (2014). Defining critical white matter pathways mediating successful subcallosal cingulate deep brain stimulation for treatment-resistant depression. *Biological Psychiatry, 76,* 963–969. doi:10.1016/ j.biopsych.2014.03.029

Roberts, J. A., Yaya, L. H. P., & Manolis, C. (2014). The invisible addiction: Cell-phone activities and addiction among male and female college stu-dents. *Journal of Behavioral Addictions, 3*(4), 254–265. doi: 10.1556/JBA.3.2014.015

Roberts, R. E. (2008). Persistence and change in symptoms of insomnia among adolescents. *Sleep, 31,* 177.

Robin, R. W., Greene, R. L., Albaugh, B., Caldwell, A., & Goldman, D. (2003). Use of the MMPI-2 in American Indians: I. Comparability of the MMPI-2 between two tribes and with the MMPI-2 normative group. *Psychological Assessment, 15,* 351–359.

Robiner, W. N., Tumlin, T. R., & Tompkins, T. L. (2013). Psychologists and medications in the era of interprofessional care: Collaboration is less problematic and costly than prescribing. *Clinical Psychology: Science and Practice, 20,* 489–507. doi:10.1111/cpsp.12054

Robins, L. N., Locke, B. Z., & Reiger, D. A. (1991). An overview of psychiatric disorders in America. In L. N. Robins & D. A. Regier (Eds.), *Psychiatric disorders in America: The Epidemiologic Catchment Area Study* (pp. 328–366). New York, NY: Free Press.

Robinson, J. A., Sareen, J., Cox, B. J., & Bolton, J. M. (2009). Correlates of self-medication for anxiety disorders: Results from the National Epidemiologic Survey on Alcohol and Related Conditions. *The Journal of Nervous and Mental Disease, 297,* 873–878. doi: 10.1097/NMD.0b013e3181c299c2

Robinson, L. J., & Freeston, M. H. (2014). Emotion and internal experience in obsessive compulsive disorder: Reviewing the role of alexithymia, anxiety sensitivity and distress tolerance. *Clinical Psychology Review, 34,* 256–272. doi:10.1016/j.cpr.2014.03.003

Rodgers, R. F., Salès, P., & Chabrol, H. (2010). Psychological functioning, media pressure and body dissatisfaction among college women. *European Review of Applied Psychology, 60*(2), 89–95. doi:10.1016/j.erap.2009.10.001

Rodriguez, C. I., Simpson, H. B., Liu, S.-M., Levinson, A., & Blanco, C. (2013). Prevalence and correlates of difficulty discarding: Results from a national sample of the U.S. population. *Journal of Nervous & Mental Disease, 201,* 795–801. doi:10.1097/ NMD.0b013e3182a21471

Rodriguez, J., Umaña-Taylor, A., Smith, E. P., & Johnson, D. J. (2009). Cultural processes in parent-ing and youth outcomes: Examining a model of racial-ethnic socialization and identity in diverse populations. *Cultural Diversity and Ethnic Minority Psychology, 15,* 106–111. doi:10.1037/a0015510

Rodriguez-Seijas, C., Stohl, M., Hasin, D. S., & Eaton, N. R. (2015). Transdiagnostic factors and mediation of the relationship between perceived racial dis-crimination and mental disorders. *JAMA Psychiatry, 72,* 706–713. doi:10.1001/jamapsychiatry.2015.0148

Roesch, R., Zapf, P. A., & Hart, S. D. (2010). *Forensic psychology and law.* Hoboken, NJ: Wiley.

Rogan, A. (1986, Fall). Recovery from alcoholism: Issues for black and Native American alcoholics. *Alcohol Health and Research World, 10,* 42–44.

Roger, V. L. (2009). Lifestyle and cardiovascular health: Individual and societal choices. *Journal of the American Medical Association, 302,* 437–439.

Rogers, Carl. (1951). *Client-centered therapy: Its current practice, implications and theory.* London, UK: Constable.

Rogers, J. (2009, August 5). Alzheimer disease and inflammation: More epidemiology, more ques-tions. *Journal Watch Neurology.* Retrieved from http://neurology.jwatch.org/cgi/content/ full/2009/804/3?q=etoc_jwneuro

Rohan, K. J., Mahon, J. N., Evans, M., Ho, S.-Y., Meyerhoff, J., Postolache, T. T., ...Vacek, P. M. (2015). Randomized trial of cognitive-behavioral therapy versus light therapy for seasonal affec- tive disorder: Acute outcomes. *American Journal of Psychiatry, 172,* 862–869. Received from http:// dx.doi.org/10.1176/appi.ajp.2015.14101293

Rohan, K. J., Meyerhoff, J., Ho, S.-Y., Evans, M., Postolache, T. T., & Vacek, P. M. (2016). Outcomes one and two winters following cognitive-behavioral therapy or light therapy for seasonal affective disorder. *American Journal of Psychiatry, 173,* 244–251.

Rohan, K. J., Sigmon, S. T., & Dorhofer, D. M. (2003). Cognitive–behavioral factors in seasonal affective disorder. *Journal of Consulting and Clinical Psychology, 71,* 22–30.

Rohde, P., Lewinsohn, P. M., Klein, D. N., Seeley, J. R., & Gau, J. M. (2013). Key characteristics of major depressive disorder occurring in child-hood, adolescence, emerging adulthood, and adulthood. *Clinical Psychological Science, 1,* 41–53. doi:10.1177/2167702612457599

Roisko, R., Wahlberg, K.-E., Miettunen, J., & Tienari, P. (2014). Association of parental communication deviance with offspring's psychiatric and thought disorders: A systematic review and meta-analysis. *European Psychiatry, 29,* 20–31. Received from http://dx.doi.org/10.1016/j.eurpsy.2013.05.002

Roll, J. M., Petry, N. M., Stitzer, M. L., Brecht, M. L., Peirce, J. M., McCann, M. J., ...Kellogg, S. (2006). Contingency management for the treatment of methamphetamine use disorders. *American Journal of Psychiatry, 163,* 1993–1999.

Rolle, L., Ceruti, C., Timpano, M., Falcone, M., & Frea, B. (2015). Quality of life after sexual reassign-ment surgery. In C. Trombetta, G. Liguori, & M. Bertolotto (Eds.), *Management of gender dysphoria* (pp. 193–203). Milan, Italy: Springer-Verlag Italia.

Rolon, Y. M., & Jones, J. C. W. (2008). Right to refuse treatment. *Journal of the American Academy of Psychiatry and the Law, 36,* 252–255.

Ronksley, P. E., Brien, S. E., Turner, B. J., Mukamal, K. J., & Ghali, W. A. (2011). Association of alcohol consumption with selected cardiovascular disease outcomes: A systematic review and meta-analysis. *British Medical Journal, 342,* 671. doi:10.1136/bmj.d671

Rooksby, M., Elouafkaoui, P., Humphris, G., Clarkson, J., & Freeman R. (2014). Internet-assisted delivery of cognitive behavioural therapy (CBT) for child- hood anxiety: Systematic review and meta-analysis. *Journal of Anxiety Disorders, 29,* 83–92. doi:10.1016/ j.janxdis.2014.11.006

Rosenberg, K. P., Carnes, P., & O'Connor, S. (2015). Evaluation and treatment of sex addiction. *Journal of Sex & Marital Therapy, 40,* 77–91. doi:10.1080/ 0092623X.2012.701268

Rosenfarb, I. S., Bellack, A. S., & Aziz, N. (2006). Family interactions and the course of schizophrenia in African American and white patients. *Journal of Abnormal Psychology, 115,* 112–120.

Rosenheck, R. (2012). Homelessness, housing, and mental illness. *American Journal of Psychiatry, 169,* 225–226. doi:10.1176/appi.ajp.2011.11081217

Rosenheck, R., & Lin, H. (2014). Noninferiority of perphenazine vs. three second-generation anti- psychotics in chronic schizophrenia. *Journal of Nervous & Mental Disease, 202,* 18–24. doi:10.1097/ NMD.0000000000000065

Rosenthal, E. (1993, April 9). Who will turn violent? Hospitals have to guess. *The New York Times,* pp. A1, C12.

Ross, C. A., & Ness, L. (2010). Symptom patterns in dissociative identity disorder patients and the general population. *Journal of Trauma & Dissociation, 11,* 458–468.

Ross, C. A., Miller, S. D., Reagor, P., Bjornson, L., Fraser, G. A., & Anderson, G. (1990). Structured interview data on 102 cases of multiple personal- ity disorder from four centers. *American Journal of Psychiatry, 147,* 596–601.

Ross, C. A., Norton, G. R., & Wozney, K. (1989). Multiple personality disorder: An analysis of 236 cases. *Canadian Journal of Psychiatry, 34,* 413–418.

Ross, C. A., Schroeder, E., & Ness, L. (2013). Dissociation and symptoms of culture-bound syndromes in North America: A preliminary study. *Journal of Trauma & Dissociation, 14*(2), 224–235. doi: 10.1080/15299732.2013.724338

Rosso, G., Martini, B., & Maina, G. (2012). Brief dynamic therapy and depression severity: A single-blind, randomized study. *Journal of Affective Disorders, 19,* S0165–S0327. doi:10.1016/ j.jad.2012.10.017

Roth, T., Soubrane, C., & Titeux, L., & Walsh, J. K., on behalf of the Zoladult Study Group (2006). Efficacy and safety of zolpidem-MR: A double-blind, placebo-controlled study in adults with primary insomnia. *Sleep Medicine, 7,* 397–406.

Rothbaum, B. O., Price, M., Jovanovic, T., Norrholm, S. D., Gerardi, M., Dunlop, B., ...Ressler, K. J. (2014). A randomized, double-blind evaluation of d-cyclo- serine or alprazolam combined with virtual reality exposure therapy for posttraumatic stress disorder in Iraq and Afghanistan war veterans. *American Journal of Psychiatry, 171,* 640–648.

Rothbaum, B. O., Hodges, L., Anderson, P. L., Price, L., & Smith, S. (2002). Twelve-month follow-up of virtual reality and standard exposure therapies for the fear of flying. *Journal of Consulting and Clinical Psychology, 70,* 428–432.

Rotter, J. B. (1966). Generalized expectancies for internal vs. external control of reinforcement. *Psychological Monographs, 1,* 210–609.

Roudsari, M. J., Chun, J., & Manschreck, T. C. (2015). Current treatments for delusional disorder. *Current Treatment Options in Psychiatry, 2,* 151–167.

Rougeta, B. W., & Aubry, J.-M. (2007). Efficacy of psychoeducational approaches on bipolar disorders: A review of the literature. *Journal of Affective Disorders, 98,* 11–27.

Roussos, P., Giakoumaki, S. G., Zouraraki, C., Fullar, J. F., Karagiorga, V.-E., Tsapakis, E.-M., ...Bitsios, P. (2015). The relationship of common risk variants and polygenic risk for schizophrenia to sensorimo- tor gating. *Biological Psychiatry, 27,* S0006–S3223. doi: 10.1016/j. biopsych.2015.06.019

Rowland, D., McMahon, C. G., Abdo, C., Chen, J., Jannini, E., Waldinger, M. D., & Ahn, T. Y. (2010). Disorders of orgasm and ejaculation in men. *Journal of Sexual Medicine, 7,* 1668–1686.

Roy, A. K., Lopes, V., & Klein, R. G. (2014). Disruptive mood dysregulation disorder: A new diagnostic approach to chronic irritability in youth. *American Journal of Psychiatry, 71,* 918–924. Retrieved from http://dx.doi.org/10.1176/appi.ajp.2014.13101301

Roy-Byrne, P. (2013a). All psychotherapies equally effective for depression. *NEJM Journal Watch Psychiatry.* Retrieved from http:// www.jwatch.org/na31260/2013/06/10/all-psychotherapies-equally-effective-depression

Roy-Byrne, P. (2013b). How common is hoarding disorder? *NEJM Journal Watch Psychiatry.* Retrieved from http:// www. jwatch.org/na32776/2013/11/12/ how-common-hoarding-disorder

Rozee, P. D., & Koss, M. P. (2001). Rape: A century of resistance. *Psychology of Women Quarterly, 25,* 295–311.

Rozin, P., Bauer, R., & Catanese, D. (2003). Food and life, pleasure and worry, among American col- lege students: Gender differences and regional similarities. *Journal of Personality and Social Psychology, 85,* 132–141.

Rubinstein, S., & Caballero, B. (2000). Is Miss America an undernourished role model? *Journal of the American Medical Association, 283,* 1569.

Rudolph, K. D., Kurlakowsky, K. D., & Conley, C. S. (2001). Developmental and social-contextual origins of depressive control-related beliefs and behavior. *Cognitive Therapy & Research, 25,* 447–475.

Rumpf, H. J., Bischof, A., Wölfling, K., Leménager, T., Thon, N., Moggi, F., ... Wurst, F. M. (2015). Non-substance-related disorders: Gambling disorder and Internet addiction. In G. Dom & F. Moggi (Eds.), *A practice-based handbook from a European perspective* (pp. 221–236). New York, NY: Springer.

Rutherford, B. R., & Roose, S. P. (2013). A model of placebo response in antidepressant clinical tri- als. *American Journal of Psychiatry, 170,* 723–733. doi:10.1176/appi.ajp.2012.12040474

Rutherford, B. R., Pott, E., Tandler, J. M., Wall, M. M., Roose, S. P., & Lieberman, J. A. (2014).Placebo response in antipsychotic clinical trials: A meta-analysis. *JAMA Psychiatry, 71,* 1409–1421. doi: 10.1001/jamapsychiatry.2014.1319

Rutledge, P. C., Park, A., & Sher, K. J. (2008). 21st birthday drinking: Extremely extreme. *Journal of Consulting and Clinical Psychology, 76,* 517–523.

Rutter, M., Caspi, A., Fergusson, D., Horwood, L. J., Goodman, R., Maughan, B., ...Meltzer, H. C. J. (2004). Sex differences in developmental reading disability: New findings from 4 epidemiological studies. *Journal of the American Medical Association, 291,* 2007–2012.

Ruzzo, E. K., & Geschwind, D. H. (2016). Schizophrenia genetics complements its mechanistic understanding. *Nature Neuroscience, 19,* 523–525. doi:10.1038/nn.4277

Ryder, A. G., Sun, J., Dere, J., & Fung, K. (2013). Personality disorders in Asians: Summary, and a call for cultural research. *Asian Journal of Psychiatry, 7,* 86 – 88. doi: 10.1016/j.ajp.2013.11.009

Ryder, A. G., Yang, J., Zhu, X., Yao, S., Yi, J., Heine, S. J., & Bagby, R. M. (2008). The cultural shaping of depression: Somatic symptoms in China, psy- chological symptoms in North America? *Journal of Abnormal Psychology, 117,* 300 – 313.

Rye, D. B., Bliwise, D. L., Parker, K., Trotti, L. M., Saini, P., Fairley, J., ...Jenkins, A. (2012). Modulation of vigilance in the primary hypersomnias by endog- enous enhancement of GABAA receptors. *Science Translational Medicine, 4,* 161ra151. doi: 10.1126/ scitranslmed.3004685

Sackeim, H. A., Haskett, R. F., Mulsant, B. H., Thase, M. E., Mann, J. J., Pettinati, H. M., ...Prudic, J. (2001). Continuation pharmacotherapy in the prevention of relapse following electroconvulsive therapy. *Journal of the American Medical Association, 285,* 1299 – 1307.

Sacks, O. (1985). *The man who mistook his wife for a hat and other clinical tales.* New York, NY: Summit.

Sacks, O. (2012). *Hallucinations.* New York, NY: Random House.

Sadoff, R. L. (2011). Expert psychiatric testimony. In R. L. Sadoff, J. A. Baird, S. M. Bertoglia, E. Valenti, & D. L. Vanderpool (Eds.), *Ethical issues in forensic psychiatry: Minimizing harm* (pp. 97 – 110). Hoboken, NJ: Wiley-Blackwell.

Safford, S. M. (2008). Gender and depression in men: Extending beyond depression and extend-ing beyond gender. *Clinical Psychology: Science and Practice, 15,* 169 – 173.

Safren, S. A., Sprich, S., Mimiaga, M. J., Surman, C., Knouse, L., Groves, M., ...Otto, M. W. (2010). Cognitive behavioral therapy vs. relaxation with educational support for medication-treated adults with ADHD and persistent symptoms: A randomized controlled trial. *Journal of the American Medical Association, 304,* 875 – 880. doi: 10.1001/ jama.2010.1192

Sagioglou, C., & Greitemeyer, T. (2014). Facebook's emotional consequences: Why Facebook causes a decrease in mood and why people still use it. *Computers in Human Behavior, 35,* 359 – 363. Retrieved from http://dx.doi.org/10.1016/j.chb.2014.03.003

Sahin, G., & Kirik, D. (2012). Efficacy of L-Dopa therapy in Parkinson's disease. In J. P. F. D'Mello (Ed.), *Amino acids in human nutrition and health* (pp. 454 – 463). Oxfordshire, UK: Cabi.

Saigal, C. S. (2004). Obesity and erectile dysfunction: common problems, common solution? *Journal of the American Medical Association, 291,* 3011 – 3012.

Sakai, Y., Shaw, C. A., Dawson, B. C., Dugas, D. V., Al-Mohtaseb, Z., Hill, D. E., ...Zoghbi, H. Y. (2011). Protein interactome reveals converging molecular pathways among autism disorders. *Science Translational Medicine, 3,* 86. doi:10.1126/ scitranslmed.3002166

Salas-Wright, C. P., Kagotho, N., & Vaughn, M. G. (2014). Mood, anxiety, and personality disorders among first- and second-generation immigrants to the United States. *Psychiatry Research, 220,* 1028 – 1036. doi: 10.1016/j. psychres.2014.08.045

Salgado de Snyder, V. N. (1987). Factors associated with acculturative stress and depressive symp-tomatology among married Mexican immigrant women. *Psychology of Women Quarterly, 11,* 475 – 488.

Salgado de Snyder, V. N., Cervantes, R. C., & Padilla, A. M. (1990). Gender and ethnic differences in psychosocial stress and generalized distress among Hispanics. *Sex Roles, 22,* 441 – 453.

Salkovskis, P. M., & Clark, D. M. (1993). Panic dis-order and hypochondriasis. *Advances in Behaviour Research and Therapy, 15*(Special issue: Panic, cogni- tions and sensations), 23 – 48.

Salkovskis, P. M., Thorpe, S. J., Wahl, K., Wroe, A. L., & Forrester, E. (2003). Neutralizing increases discomfort associated with obsessional thoughts: An experimental study with obsessional patients. *Journal of Abnormal Psychology, 112,* 709 – 715.

Salluh, J. I. J., Wang, H., Schneider, E. B., Nagaraja, N., Yenokyan, G., Damluji, A., Serafim, R. B., & Stevens, R. D. (2015). Outcome of delirium in critically ill patients: Systematic review and meta-analysis. *British Medical Journal, 350,* 2538.

Salvatore, J. E., Aliev, F., Bucholz, K., Agrawal, A., Hesselbrock, V., Hesselbrock, M., ...Dick, D. M. (2015). Polygenic risk for externalizing disorders: Gene-by-development and gene-by-environment effects in adolescents and young adults. *Clinical Psychological Science, 3,* 189 – 201. doi:10.1177/2167702614534211

Sammons, M. T. (2005). Pharmacotherapy for delu- sional disorder and associated conditions. *Professional Psychology: Research and Practice, 36,* 476 – 479.

Samuels, J. (2011). Personality disorders: Epidemiology and public health issues. *International Journal of Psychiatry, 23,* 223 – 233. doi:10.3109/09540 261.2011.588200

Sanchez, M. M., Heyn, S. N., Das, D., Moghadam, S., Martin, K. J., & Salehi, A. (2012). Neurobiological elements of cognitive dysfunction in Down Syndrome: Exploring the role of APP. *Biological Psychiatry, 71,* 403. doi:10.1016/j. biopsych.2011.08.016

Sanchez-Hucles, J. (2000). *The first session with African Americans: A step-by-step.* San Francisco, CA: Jossey Bass.

Sánchez-Morla, E. M., Santos, J. L., Aparicio, A., García-

Jiménez, M. A, Soria, C., & Arango, C. (2013). Neuropsychological correlates of P50 sensory gating in patients with schizophrenia. *Schizophrenia Research, 143,* 102–106.

Sánchez-Ortuño, M. M., & Edinger, J. D. (2010). A penny for your thoughts: Patterns of sleep-related beliefs, insomnia symptoms and treatment outcome. *Behavior Research and Therapy, 48,* 125–133. doi: 10.1016/j.brat.2009.10.003

Sanchez-Romera, J. F., Lopez, J., Bandin, C., Colodro-Conde, L., Madrid, J. A., Garaulet, M., ...Ordoñana, J. R. (2014). Individual differ-ences in chronobiology: Genetic and environmen-tal factors. *Personality and Individual Differences, 60*(Suppl.), S31–S32. Retrieved from http://dx.doi. org/10.1016/j.paid.2013.07.061

Sanders, L. (2006, June 18). Heartache. *The New York Times,* pp. 27–28.

Sanders, S. J., Murtha, M. T., Gupta, A. R., Murdoch, J. D., Raubeson, M. J., Willsey, A. J., ...State, M. W. (2012). De novo mutations revealed by whole-exome sequencing are strongly associated with autism. *Nature, 485,* 237–241. doi:10.1038/nature10945

Sanders Thompson, V. L., Bazile, A., & Akbar, M. (2004). African Americans' perceptions of psy- chotherapy and psychotherapists. *Professional Psychology: Research and Practice, 35,* 19–26.

Sandin, B., Sánchez-Arribas, C., Chorot, P., & Valiente, R. M. (2015). Anxiety sensitivity, catastrophic misinterpretations and panic self-efficacy in the prediction of panic disorder severity: Towards a tri- partite cognitive model of panic disorder. *Behaviour Research and Therapy, 67,* 30–40.

Santangelo, P., Reinhard, I., Mussgay, L., Steil, R., Sawitzki, G., Klein, C., ...Ebner-Priemer, U. W. (2014). Specificity of affective instability in patients with borderline personality disorder compared to posttraumatic stress disorder, bulimia nervosa, and healthy controls. *Journal of Abnormal Psychology, 123,* 258–272. doi:10.1037/a0035619

Sar, V., Yargic, L. I., & Tutkun, H. (1996). Structured interview data on 35 cases of dissociative identity disorder in Turkey. *American Journal of Psychiatry, 153,* 1329–1333.

Sareen, J., Afifi, T. O., McMillan, K. A., & Asmundson, G. J. G. (2011). Relationship between household income and mental disorders: Findings from a population-based longitudinal study. *Archives of General Psychiatry, 68,* 419. doi:10.1001/ archgenpsychiatry.2011.15

Sass, L. (1982, August 22). The borderline personality. *The New York Times Magazine,* 12–15, 66–67.

Satcher, D. (2000). Mental health: A report of the Surgeon General—executive summary. *Professional Psychology: Research and Practice, 31,* 5–13.

Saulsmana, L. M. (2011). Depression, anxiety, and the MCMI – III: Construct validity and diagnostic effi- ciency. *Journal of Personality Assessment, 93,* 76–83. doi:10.1080/00223891.2010.528481

Saunders, E. F. H., Reider, A., Singh, G., Gelenberg, A. J., & Rapoport, S. I. (2015). Low unesterified esterified eicosapentaenoic acid (EPA) plasma con- centration ratio is associated with bipolar disorder episodes, and omega-3 plasma concentrations are altered by treatment. *Bipolar Disorders, 17,* 729. doi:10.1111/bdi.12337

Savic, I., Garcia-Falgueras, A., & Swaab, D. F. (2010). Sexual differentiation of the human brain in rela- tion to gender identity and sexual orientation. *Progress in Brain Research, 186,* 41–62. doi: 10.1016/ B978-0-444-53630-3.00004-X

Sayers, G. M. (2003). Psychiatry and the control of dangerousness: A comment. *Journal of Medical Ethics, 29,* 235–236.

Scahill, L., McDougle, C. J., Aman, M. G., Johnson, C., Handen, B., Bearss, K., ...Vitiello, B. (2012). Effects of risperidone and parent training on adaptive functioning in children with pervasive develop- mental disorders and serious behavioral prob-lems. *Journal of the American Academy of Child & Adolescent Psychiatry, 51,* 136. doi: 10.1016/ j.jaac.2011.11.010

Scammell, T. E. (2015). Narcolepsy. *New England Journal of Medicine, 373,* 2654–2662. doi: 10.1056/NEJMra1500587

Schafer, S. M., Colloca, L., & Wager, T. D. (2015). Conditioned placebo analgesia persists when sub- jects know they are receiving a placebo. *Pain, 15,* 412–420. doi: 10.1016/j.jpain.2014.12.008

Schaffer, A., Isometsä, E. T., Azorin, J. M., Cassidy, F., Goldstein, T., Rihmer, Z., ...Yatham L. (2015). A review of factors associated with greater likeli- hood of suicide attempts and suicide deaths in bipolar disorder: Part II of a report of the International Society for Bipolar Disorders Task Force on Suicide in Bipolar Disorder. *Australian and New Zealand Journal of Psychiatry, 49,* 1006–1020. doi:10.1177/0004867415594428

Schendel, D. E., Grønborg, T. K., & Parner, E. T. (2014). The genetic and environmental contribu-tions to autism: Looking beyond twins. *Journal of the American Medical Association, 311,* 1738–1739. doi: 10.1001/jama.2014.3554

Schiffer, B., Pawliczek, C., Müller, B., Forsting, M., Gizewski, E., Leygraf, N., ...Hodgins, S. (2014). Neural mechanisms underlying cognitive control of men with lifelong antisocial behavior. *Psychiatry Research: Neuroimaging, 222,* 43–51. doi:10.1016/ j.pscychresns.2014.01.008

Schiller, L., & Bennett, A. (1994). *The quiet room: A journey out of the torment of madness.* New York, NY: Warner Books.

Schizophrenia Working Group of the Psychiatric Genomics Consortium. (2014). Biological insights from 108 schizophrenia-associated genetic loci. *Nature, 511*, 421–427. doi:10.1038/nature13595

Schmaal, L., Veltman, D. J., van Erp, T. G. M., Sämann, P. G., Frodl, T., Jahanshad, N., ... ENIGMA-Major Depressive Disorder Working Group. (2015). Subcortical brain alterations in major depressive disorder: Findings from the ENIGMA Major Depressive Disorder working group. *Molecular Psychiatry, 30*, 1–7. doi:10.1038/mp.2015.69

Schmahl, C., & Bremner, J. D. (2006). Neuroimaging in borderline personality disorder. *Journal of Psychiatric Research, 40*, 419–427.

Schmidt, A., Smieskova, R., Aston, J., Simon, A., Allen, P., Fusar-Poli, P., ...Borgwardt, S. (2013). Brain connectivity abnormalities predating the onset of psychosis correlation with the effect of medication. *JAMA Psychiatry, 70*, 903–912. doi:10.1001/jamapsychiatry.2013.117

Schmidt, N. B., & Keough, M. E. (2010). Treatment of panic. *Annual Review of Clinical Psychology, 6*, 241–256. doi:10.1146/annurev.clinpsy.121208.131317

Schmidt, N. B., Richey, J. A., Buckner, J. D., & Timpano, K. R. (2009). Attention training for gen-eralized social anxiety disorder. *Journal of Abnormal Psychology, 118*, 5–14. doi:10.1037/a0013643

Schneck, C. D., Miklowitz, D. J., Calabrese, J. R., Allen, M. H., Thomas, M. R., Wisniewski, S. R., ... Sachs, G. S. (2004). Phenomenology of rapid-cycling bipolar disorder: Data from the first 500 participants in the systematic treatment enhancement program. *American Journal of Psychiatry, 161*, 1902–1908.

Schneck, C. D., Miklowitz, D. J., Miyahara, S., Araga, M., Wisniewski, S., Gyulai, L., ...Sachs, G. S. (2008). The prospective course of rapid-cycling bipolar disorder: Findings from the STEP-BD. *American Journal of Psychiatry, 165*, 370–377.

Schneider, J. P. (2003). The impact of compulsive cybersex behaviours on the family. *Sexual and Relationship Therapy, 18*, 329–354.

Schneider, J. P. (2004). Editorial: Sexual addiction & compulsivity: Twenty years of the field, ten years of the journal. *Sexual Addiction & Compulsivity, 11*(1–2), 3–5.

Schneider, J. P. (2005). Addiction is addiction is addic-tion. *Sexual Addiction & Compulsivity, 12*(2/3), 75–77.

Schneider, L. S., Dagerman, K. S., Higgins, J. P., & McShane, R. (2011). Lack of evidence for the efficacy of memantine in mild Alzheimer disease. *Archives of Neurology, 68*, 991–998.

Schneider, R. H., Grim, C. E., Rainforth, M. V., Kotchen, T., Nidich, S. I., Gaylord-King, C., ... Alexander, C. N. (2012). Stress reduction in the secondary prevention of cardiovascular disease: Randomized, controlled trial of transcendental meditation and health education in Blacks. *Circulation: Cardiovascular Quality and Outcomes, 5*, 750–758. doi: 10.1161/CIRCOUTCOMES.112.967406

Schneier, F. R. (2006). Social anxiety disorder. *New England Journal of Medicine, 355*, 1029–1036.

Schneier, F. R., Neria, Y., Pavlicova, M., Hembree, E., Suh, E. J., Amsel, L., ...Marshall, R. D. (2012). Combined prolonged exposure therapy and paroxetine for PTSD related to the World Trade Center attack: A randomized controlled trial. *American Journal of Psychiatry, 169*, 80–88. doi:10.1176/appi.ajp.2011.11020321

Schniering, C. A., & Rapee, R. M. (2004). The relation-ship between automatic thoughts and negative emotions in children and adolescents: A test of the cognitive contentspecificity hypothesis. *Journal of Abnormal Psychology, 113*, 464–470.

Schoenman, T. J. (1984). The mentally ill witch in textbooks of abnormal psychology: Current status and implications of a fallacy. *Professional Psychiatry, 15*, 299–314.

Schönenberg, M., & Jusyte, A. (2014). Investigation of the hostile attribution bias toward ambiguous facial cues in antisocial violent offenders. *European Archives of Psychiatry and Clinical Neuroscience, 264*, 61–69.

Schönfeld, P., Brailovskaia, B., Bieda, A., Zhang, X. C., & Margraf, J. (2016). The effects of daily stress on positive and negative mental health: Mediation through self-efficacy. *International Journal of Clinical and Health Psychology, 16*, 1–10. doi:10.1016/j.ijchp.2015.08.005

Schreier, H., & Ricci, L. R. (2002). Follow-up of a case of Münchausen by proxy syndrome. *Journal of the American Academy of Child and Adolescent Psychiatry, 41*, 1395–1396.

Schreier, H. M. C., & Chen, E. (2008). Prospective associations between coping and health among youth with asthma. *Journal of Consulting and Clinical Psychology, 76*, 790–798.

Schroeder, S. A. (2013). New evidence that cigarette smoking remains the most important health haz-ard. *New England Journal of Medicine, 368*, 389–390. doi:10.1056/NEJMe1213751

Schroeder, S. A., & Koh, H. K. (2014). Tobacco control 50 years after the 1964 Surgeon General's Report. *Journal of the American Medical Association, 311*, 141–143. doi:10.1001/jama.2013.285243

Schuepbach, W. M. M., Rau, J., Knudsen, K., Volkmann, J., Krack, P., Timmermann, L., Hälbig, T. D., ... EARLYSTIM Study Group. (2013). Neurostimulation for Parkinson's disease with early motor complications. *New England Journal of Medicine, 368*, 610–622. doi: 10.1056/ NEJMoa1205158

Schultz, L. T., & Heimberg, R. G. (2008). Attentional focus in social anxiety disorder: Potential for inter-active processes. *Clinical Psychology Review, 28,* 1206–1221.

Schulze, L., Schmahl, C., & Niedtfeld, I. (2015). Neural correlates of disturbed emotion processing in borderline personality disorder: A multimodal meta-analysis. *Biological Psychiatry, 79*(2), 97–106. doi: 10.1016/j. biopsych.2015.03.027

Schulze, T. G., Ohlraun, S., Czerski, P. M., Schumacher, J., Kassem, L., Deschner, M., ... Rietschel, M. (2005). Genotype-phenotype studies in bipolar disorder showing association between the DAOA/G30 locus and persecutory delusions: A first step toward a molecular genetic classification of psychiatric phenotypes. *American Journal of Psychiatry, 162,* 2101–2108.

Schwartz, D., Gorman, A. H., Duong, M. T., & Nakamoto, J. (2008). Peer relationships and aca-demic achievement as interacting predictors of depressive symptoms during middle childhood. *Journal of Abnormal Psychology, 117,* 289–299.

Schwartz, R. P., Highfield, D. A., Jaffe, J. H., Brady, J. V., Butler, C. B., Rouse, C. A., ...Battjes, R. J. (2006). A randomized controlled trial of interim methadone maintenance. *Archives of General Psychiatry, 63,* 102–109.

Schwarz, A. (2009, October 23). N.F.L. data reinforces dementia links. Retrieved from www.nytimes.com

Schwarz, A. (2013, December 15). The selling of attention deficit disorder. *The New York Times,* pp. A1, A22.

Schweitzer, I., Maguire, K., & Ng, C. (2009). Sexual side-effects of contemporary antidepressants: Review. *Australian and New Zealand Journal of Psychiatry, 43,* 795–808. doi:10.1080/00048670903107575

Schwitzgebel, R. L., & Schwitzgebel, R. K. (1980). *Law and psychological practice.* New York, NY: Wiley.

ScienceDaily. (2014a, January 19). Mechanism identified in Alzheimer's-related memory loss. *ScienceDaily.* Retrieved from http://www.science- daily.com/releases/2014/01/140119142456.htm

ScienceDaily. (2014b, November 25). Problem gam- bling, personality disorders often go hand in hand. *ScienceDaily.* Retrieved from http://www. science daily. com/releases/2014/11/141125074751.htm

ScienceDaily. (2014c, July 7). Tremors, shuf-fling and confusion may not be Parkinson's but Lewy body dementia. *ScienceDaily.* Retrieved from http://www.sciencedaily.com/releases/2014/07/140707212539.htm

Scientists discover migraine gene. (2003, January 21). Retrieved from http://www.msnbc.com

Scogin, F., & Shah, A. (Eds.). (2012). *Making evidence-based psychological treatments work with older adults.* Washington, DC: American Psychological Association.

Scott, S., Briskman, J., & O'Connor, T. G. (2014). Early prevention of antisocial personality: Long-term follow-up of two randomized controlled trials com- paring indicated and selective approaches. *American Journal of Psychiatry, 171,* 649–657. doi:10.1176/ appi.ajp.2014.13050697

Scott-Sheldon, L. A. J., Carey, K. B., Elliott, J. C., Garey, L., & Carey, M. P. (2014). Efficacy of alcohol interventions for first-year college students: A meta-analytic review of randomized controlled trials. *Journal of Consulting and Clinical Psychology, 82,* 177–188. doi:10.1037/a0035192

Scott-Sheldon, L. A., Kalichman, S. C., Carey, M. P., & Fielder, R. L. (2008). Stress management interventions for HIV+ adults: A meta-analysis of randomized controlled trials, 1989 to 2006. *Health Psychology, 27,* 129–139.

Scroppo, J. C., Drob, S. L., Weinberger, J. L., & Eagle, P. (1998). Identifying dissociative identity disorder: A self-report and projective study. *Journal of Abnormal Psychology, 107,* 272–284.

Sederer, L. I., & Sharfstein, S. S. (2014). Fixing the troubled mental health system. *Journal of the American Medical Association, 312,* 1195–1196. doi:10.1001/jama.2014.10369

Seedat, S., Scott, K. M., Angermeyer, M. C., Berglund, P., Bromet, E. J., Brugha, T. S., ... Kessler, R. C. (2009). Cross-national associations between gender and mental disorders in the World Health Organization World Mental Health Surveys. *Archives of General Psychiatry, 66,* 785–795.

Segerstrom, S. C., & Miller, G. E. (2004). Psychological stress and the human immune system: A meta- analytic study of 30 years of inquiry. *Psychological Bulletin, 130,* 601–630.

Sekar, A., Bialas, A. R., de Rivera, H., Davis, A., Hammond, T. R., Kamitaki, N., ... McCarroll, S. A. (2016). Schizophrenia risk from complex varia-tion of complement component. *Nature,* in press. doi:10.1038/nature16549

Selfe, L. (2011). *Nadia revisited: A longitudinal study of an autistic savant: Essays in developmental psychology series.* New York, NY: Psychology Press.

Seligman, M. E. P. (1973). Fall into helplessness. *Psychology Today, 7,* 43–48.

Seligman, M. E. P. (1975). *Helplessness: On depression, development, and death.* San Francisco, CA: Freeman.

Seligman, M. E. P. (1991). *Learned optimism.* New York, NY: Knopf.

Seligman, M. E. P., & Maier, S. F. (1967). Failure to escape traumatic shock. *Journal of Experimental Psychology, 74,* 1–9.

Seligman, M. E. P., Steen, T. A., Park, N., & Peterson, C. (2005). Positive psychology progress: Empirical validation of interventions. *American Psychologist, 60,* 410–421.

Selkoe, D. J. (2012). Preventing Alzheimer's disease. *Science, 337,* 1488–1492. doi:10.1126/science.1228541 Selye, H. (1976). *The stress of life* (Rev. ed.). New York, NY: McGraw-Hill.

Senn, C. Y., Eliasziw, M., Barata, P. C., Thurston, W. E., Newby-Clark, I. R., Radtke, H. L., ... Hobden, K. L. (2015). Efficacy of a sexual assault resistance program for university women. *New England Journal of Medicine, 372,* 2326–2335. doi:10.1056/ NEJMsa1411131

Seo, D., Patrick, C. J., & Kennealy, P. J. (2008). Role of serotonin and dopamine system interactions in the neurobiology of impulsive aggression and its comorbidity with other clinical disorders. *Aggression and Violent Behavior, 13,* 383–395.

Serefoglu, E. C., McMahon, C. G., Waldinger, M. D., Althof, S. E., Shindel, A., Adaikan, G., ...Torres, L. O. (2014). An evidence-based unified definition of life-long and acquired premature ejaculation: Report of the Second International Society for Sexual Medicine Ad Hoc Committee for the Definition of Premature Ejaculation. *Sexual Medicine, 2,* 41–59. doi:10.1002/ sm2.27

Serrano-Villar, M., & Calzada, E. J. (2016). Ethnic identity: Evidence of protective effects for young, Latino children. *Journal of Applied Developmental Psychology, 42,* 21–30.

Seto, M. C. (2008). Pedophilia: Psychopathology and theory. In D. R. Laws and W. T. O'Donohue (Eds.), *Sexual deviance: Theory, assessment, and treatment* (2nd ed., pp. 164–182). New York, NY: Guilford Press.

Seto, M. C., Lalumière, M. L., Harris, G. T., & Chivers, M. (2012). The sexual responses of sexual sadists. *Journal of Abnormal Psychology, 121,* 739–753. doi: 10.1037/ a0028714

Settles, I. H., Navarrete, C. D., Pagano, S. J., Abdou, C. M., & Sidanius, J. (2010). Racial identity and depression among African American women. *Cultural Diversity and Ethnic Minority Psychology, 16,* 248–255. doi:10.1037/ a0016442

Shadish, W. R., Matt, G. E., Navarro, A. M., & Phillips, G. (2000). The effects of psychological therapies under clinically representative conditions: A meta-analysis. *Psychological Bulletin, 126,* 512–529.

Shaffer, H. J., & Martin, R. (2011). Disordered gambling: Etiology, trajectory, and clinical considerations. *Annual Review of Clinical Psychology, 7,* 483–510. doi:10.1146/ annurev-clinpsy-040510-143928

Shafti, S. S. (2010). Olanzapine vs. lithium in management of acute mania. *Journal of Affective Disorders, 122,* 273–276. doi:10.1016/j.jad.2009.08.013

Shalev, A. Y., & Freedman, S. (2005). PTSD following terrorist attacks. *American Journal of Psychiatry, 162,* 1188–1191.

Shapiro, E. (1992, August 22). Fear returns to sidewalks of West 96th Street. *The New York Times,* pp. B3–B4.

Shapiro, F. (2001). *Eye movement desensitization and reprocessing: Basic principles, protocols and procedures* (2nd ed.). New York, NY: Guilford Press.

Sharma, T., Guski, L. S., Freund, N., & Gøtzsche, P. C. (2016). Suicidality and aggression during antidepressant treatment: Systematic review and meta-analyses based on clinical study reports. *British Medical Journal, 352,* i65. Retrieved from http://dx.doi. org/10.1136/bmj.i65

Sharp, T. A. (2006). New molecule to brighten the mood. *Science, 311,* 45–46.

Sharpe, K. (2012, June 30–July 1). The medication generation. *Wall Street Journal,* pp. C1, C2.

Shaw, H., Ramirez, L., Trost, A., Randall, P., & Stice, E. (2004). Body image and eating disturbances across ethnic groups: More similarities than differences. *Psychology of Addictive Behaviors, 18,* 12–18.

Shaw, P., Gilliam, M., Liverpool, M., Weddle, C., Malek, M., Sharp, W., ... Giedd, J. (2011). Cortical development in typically developing children with symptoms of hyperactivity and impulsivity: Support for a dimensional view of attention deficit hyperactivity disorder. *American Journal of Psychiatry, 168,* 143–151.

Shaw, R., Cohen, F., Doyle, B., & Pelesky, J. (1985). The impact of denial and repressive style on information gain and rehabilitation outcomes in myocardial infarction patients. *Psychosomatic Medicine, 47,* 262–275.

Shawyer, F., Mackinnon, A., Farhall, J., Sims, E., Blaney, S., Yardley, P., ...Copolov, D. (2008). Acting on harmful command hallucinations in psychotic disorders: An integrative approach. *The Journal of Nervous and Mental Disease, 196,* 390–398.

Shaywitz, S. E., Mody, M., & Shaywitz, B. (2006). Neural mechanisms in dyslexia. *Current Directions 15*(6), 278–281. doi:10.1111/j.1467-8721 .2006.00452.x

Shaywitz, S. E., Shaywitz, B. A., Fulbright, R. K., Skudlarski, P., Mencl, W. E., ...Gore, J. C. (2003). Neural systems for compensation and persistence: Young adult outcome of childhood reading disability. *Biological Psychiatry, 54,* 25–33.

Shear, K., Jin, R., Ruscio, A. M., Walters, E. E., & Kessler, R. C. (2006). Prevalence and correlates of estimated DSM-IV child and adult separation anxiety disorder in the National Comorbidity Survey Replication. *American Journal of Psychiatry, 163,* 1074–1083.

Shedler, J. (2010). The efficacy of psychodynamic psychotherapy. *American Psychologist, 65,* 98–109. doi: 10.1037/a0018378

Sheehan, D. V., & Mao, C. G. (2003). Paroxetine treatment of generalized anxiety disorder. *Psychopharmacology Bulletin, 37*(Suppl. 1), 64–75.

Sheline, Y. I., Disabato, B. M., Hranilovich, J., Morris, C., D'Angelo, G., Pieper, C., ... Doraiswamy, P. M. (2012). Treatment course with antidepressant therapy in late-life depression. *American Journal of Psychiatry, 169,* 1185–1193. doi:10.1176/appi. ajp.2012.12010122

Sher, L. (2005). Suicide and alcoholism. *Nordic Journal of Psychiatry, 59,* 152.

Sheridan, M. S. (2003). The deceit continues: An updated literature review of Münchausen syndrome by proxy. *Child Abuse and Neglect, 27,* 431–451.

Shields, A. E., Lerman, C., & Sullivan, P. (2005). The use of race variables in genetic studies of complex traits and the goal of reducing health disparities: A transdisciplinary perspective. *American Psychologist, 60,* 77–103.

Shields, D. C., Asaad, W., Eskandar, E. N., Jain, F. A., Cosgrove, G. R., Flaherty, A. W., ...Dougherty, D. D. (2008). Prospective assessment of stereotactic ablative surgery for intractable major depression. *Biological Psychiatry, 64,* 449.

Shinozaki, G., Romanowicz, M., Passov, V., Rundell, J., Mrazek, D., & Kung, S. (2013). State dependent gene–environment interaction: Serotonin trans-porter gene–child abuse interaction associated with suicide attempt history among depressed psychi-atric inpatients. *Journal of Affective Disorders, 147,* 373–378.

Shiraishi, N., Watanabe, N., Kinoshita, Y., Kaneko, A., Yoshida, S., Furukawa, T., ...Akechi, T. (2014). Brief psychoeducation for schizophrenia primar-ily intended to change the cognition of auditory hallucinations: An exploratory study. *Journal of Nervous & Mental Disease, 202,* 35–39. doi:10.1097/ NMD.0000000000000064

Shive, H. (2015, July 23). When it comes to depres-sion, serotonin deficiency may not be to blame. Texas A&M Health Sciences Center Press Release. Retrieved from http://news. tamhsc. edu/? post= when-it-comes-to-depression-serotonin-deficiency- may-not-be-to-blame

Shneidman, E. (1985). *Definition of suicide.* New York, NY: Wiley.

Shneidman, E. (2005). Prediction of suicide revisited: A brief methodological note. *Suicide & Life-Threatening Behavior, 35,* 1–2.

Shoenfeld, N., & Dannon, P. N. (2012). Phenomenology and epidemiology of kleptomania. In J. E. Grant & M. N. Potenza (Eds.), *The Oxford handbook of impulse control disorders* (pp. 135–134). New York, NY: Oxford University Press.

Shore, J. H., Savin, D., Orton, H., Beals, J., & Manson, S. M. (2007). Diagnostic reliability of telepsychiatry in American Indian veterans. *American Journal of Psychiatry, 164,* 115–118.

Shorey, R., Cornelius, T. L., & Idema, C. (2011). Trait anger as a mediator of difficulties with emotion regulation and female-perpetrated psychological aggression. *Violence and Victims, 26,* 271–282.

Shukla, P. R., & Singh, R. H. (2000). Supportive psychotherapy in dhat syndrome patients. *Journal of Personality & Clinical Studies, 16*(1), 49–52.

Shulman, J. M. (2010, March 3). Incidence and risk for dementia in Parkinson disease. *Journal Watch Psychiatry.* Retrieved from http://neurology. jwatch. org/cgi/content/full/2010/302/2?q=etoc_jwneuro

Shungin, D., Winkler, T. W., Croteau-Chonka, D. C., Ferreira, T., Locke, A. E., Mägi, R., ...Mohlke, K. L. (2015). New genetic loci link adipose and insulin biology to body fat distribution. *Nature, 518*(7538), 187–196. doi: 10.1038/nature14132

Sibley, M. H., Pelham, W. E., Molina, B. S. G., Gnagy, E. M., Waschbusch, D. A., Biswas, A., Karch, K. M. (2011). The delinquency outcomes of boys with ADHD with and without comorbid-ity. *Journal of Abnormal Child Psychology, 39,* 21–32. doi:10.1007/s10802-010-9443-9

Siddique, J., Chung, J. Y., Brown, C. H., & Miranda, J. (2012). Comparative effectiveness of medica-tion versus cognitive-behavioral therapy in a randomized controlled trial of low-income young minority women with depression. *Journal of Consulting and Clinical Psychology, 80,* 995–1006. doi:10.1037/a0030452

Siegert, S., Seo, J., Kwon, E. J., Rudenko, A., Cho, S., Wang, W., ...Tsai, L.-H. (2015). The schizophre-nia risk gene product miR-137 alters presynaptic plasticity. *Nature Neuroscience, 18,* 1008–1016. doi:10.1038/nn.4023

Sierra, M., Gomez, J., Molina, J. J., Luque, R., Munoz, J. F., & David, A. S. (2006). Depersonalization in psychiatric patients: A transcultural study. *The Journal of Nervous and Mental Disease, 194,* 356–361.

Sierra, M., Medford, N., Wyatt, G., & Davis, A. S. (2012). Depersonalization disorder and anxiety: A special relationship? *Psychiatry Research, 197,* 123–127.

Silbersweig, D., Clarkin, J. F., Goldstein, M., Kernberg, O. F., Tuescher, O., Levy, K. N., ... Stern, E. (2008). Failure of frontolimbic inhibitory function in the context of negative emotion in borderline personality disorder. *American Journal of Psychiatry, 164,* 1832.

Silfvernagel, K., Gren-Landell, M., Emanuelsson, M., Carlbring, P., & Andersson, G. (2015). Individually tailored Internet-based cognitive behavior therapy for adolescents with anxiety disorders: A pilot effectiveness study. *Internet Interventions, 2,* 297–302. Retrieved from http://dx.doi.org/10.1016/j.invent.2015.07.002

Silk, K. R. (2008). Augmenting psychotherapy for borderline personality disorder: The STEPPS Program. *American Journal of Psychiatry, 165,* 413–415.

Silove, D., Alonso, J., Bromet, E., Gruber, M., Sampson, N., Scott, K., ... Kessler, R. C. (2015). Pediatric-onset and adult-onset separation anxiety disorder across countries in the World Mental Health Survey. *American Journal of Psychiatry, 172,* 647–656. Retrieved from http://dx.doi.

org/10.1176/appi.ajp.2015.14091185

Silver, E., Cirincione, C., & Steadman, H. J. (1994). Demythologizing inaccurate perceptions of the insanity defense. *Law and Human Behavior, 18,* 63–70.

Simeon, D., Guralnik, O., Hazlett, E. A., Spiegel-Cohen, J., Hollander, E., & Buchsbaum, M. S. (2000). Feeling unreal: A PET study of depersonalization disorder. *American Journal of Psychiatry, 157,* 1782–1788.

Simeon, D., Guralnik, O., Schmeidler, J., &, Knutelska, M. (2004). Fluoxetine therapy in depersonalisation disorder: Randomised controlled trial. *British Journal of Psychiatry, 185,* 31–36.

Simon, G. E., Fleck, M., Lucas, R., & Bushnell, D. M. (2004). Prevalence and predictors of depression treatment in an international primary care study. *American Journal of Psychiatry, 161,* 1626–1634.

Simons, D. J. (2014). The value of direct replica-tion. *Perspectives on Psychological Science, 9,* 76–80. doi: 10.1177/1745691613514755

Simpson, H. B. (2013). Cognitive-behavioral therapy vs. risperidone for augmenting serotonin reuptake inhibitors in obsessive-compulsive disorder: Randomized clinical trial serotonin reuptake inhibi- tor augmentation. *JAMA Psychiatry, 70,* 1190–1199. doi: 10.1001/jamapsychiatry.2013.1932

Singh, G. (1985). Dhat syndrome revisited. *Indian Journal of Psychiatry, 27,* 119–122.

Singh, R., Meier, T. B., Kuplicki, R., Savitz, J., Mukai, I., Cavanagh, L., ...Bellgowan, P. S. F. (2014). Relationship of collegiate football experience and concussion with hippocampal volume and cog-nitive outcomes. *Journal of the American Medical Association, 311,* 1883. doi: 10.1001/jama.2014.3313

Singh, R., Sandhu, J., Kaur, B., Juren, T., Steward, W. P., Segerbäck, D., & Farmer, P. B. (2009). Evaluation of the DNA damaging potential of cannabis cigarette smoke by the determination of acetaldehyde derived n2-ethyl-2-deoxyguanosine adducts. *Chemical Research in Toxicology, 22,* 1181–1188. doi:10.1021/ tx900106y

Sitnikov, L., Rohan, K. J., Evans, M., Mahon, J. N., & Nillni, Y. I. (2013). Cognitive predictors and mod- erators of winter depression treatment outcomes in cognitive-behavioral therapy vs. light therapy. *Behaviour Research and Therapy, 51,* 872–881. doi:10.1016/j.brat.2013.09.010

Siu, A. L. (2015). Behavioral and pharmacotherapy interventions for tobacco smoking cessation in adults, including pregnant women: U.S. Preventive Services Task Force recommendation statement. *Annals of Internal Medicine, 163,* 622.

Sixel-Döring, F., Trautmann, E., Mollenhauer, B., & Trenkwalder, C. (2011). Associated factors for REM sleep behavior disorder in Parkinson disease. *Neurology, 77,* 1048–1054.

Skeldon, S. C., Detsky, A. S., Goldenberg, S. L., & Law, M. R. (2015). Erectile dysfunction and undiagnosed diabetes, hypertension, and hypercholesterolemia. *Annals of Family Medicine, 13,* 331–335. doi:10.1370/ afm.1816

Skinner, B. F. (1938). *The behavior of organisms: An experimental analysis.* Cambridge, MA: B.F. Skinner Foundation.

Skodol, A. E. (2012). Personality disorders in DSM-5. *Annual Review of Clinical Psychology, 8,* 317–344. doi: 10.1146/annurev-clinpsy-032511-143131

Skodol, A. E., & Bender, D. S. (2009). The future of personality disorders in DSM-V? *American Journal of Psychiatry, 166,* 388–391. doi:10.1176/appi.ajp .2009.09010090

Skoog, G., & Skoog, I. (1999). A 40-year follow-up of patients with obsessive-compulsive disorder. *Archives of General Psychiatry, 56,* 121–127.

Skritskaya, N. A., Carson-Woing, A. R., Moeller, J. R., Shen, S., Barsky, A. J., & Fallo, B. A. (2012). A clinician-administered severity rating scale for illness anxiety: Development, reliability and validity of the H-YBOCS-M. *Depression and Anxiety, 29,* 652–664.

Skudlarski, P., Schretlen, D. J., Thaker, G. K., Stevens, M. C., Keshavan, M. S., ...Pearlson, G. D. (2013). Diffusion tensor imaging white matter endopheno- types in patients with schizophrenia or psychotic bipolar disorder and their relatives. *American Journal of Psychiatry, 170,* 886–898.

Sleep problems cost billions. (2012, November 1). *ScienceDaily.com.* Retrieved from http://www. sci-encedaily.com/releases/2012/11/121101110514.htm

Slifstein, M., van de Giessen, E., Van Snellenberg, J., Thompson, J. L, Narendran, R., Gil, R., ...Abi-Dargham, A. (2015). Deficits in prefrontal cortical and extrastriatal dopamine release in schizophrenia: A positron emission tomographic functional mag- netic resonance imaging study. *JAMA Psychiatry, 72,* 316–324. doi:10.1001/jamapsychiatry.2014.2414

Slomski, A. (2013). Adding cognitive-behavioral therapy to SRIs may improve OCD symptoms. *Journal of the American Medical Association, 310,* 1665. doi: 10.1001/jama.2013.281198

Slomski, A. (2014). Mindfulness-based intervention and substance abuse relapse. *Journal of the American Medical Association, 311,* 2472. doi:10.1001/jama .2014.7644

Slomski, A. (2015). ADHD drug decreased binge eat- ing. *Journal of the American Medical Association, 313,* 1200. doi:10.1001/jama.2015.2209

Slovenko, R. (2009). *Psychiatry in law/Law in psychia- try* (2nd ed.). New York, NY: Routledge/Taylor & Francis Group.

Slutske, W. S. (2005). Alcohol use disorders among U.S. college students and their non-college-attend-ing peers. *Archives of General Psychiatry, 62,* 321 – 327.

Slutske, W. S., Cho, S. B., Piasecki, T. M., & Martin, N. G. (2013). Genetic overlap between personality and risk for disordered gambling: Evidence from a national community-based Australian twin study. *Journal of Abnormal Psychology, 122,* 250 – 255. doi:10.1037/a0029999

Slutske, W. S., Zhu, G., Meier, M. H., & Martin, N. G. (2011). Disordered gambling as defined by the Diagnostic and Statistical Manual of Mental Disorders and the South Oaks Gambling Screen: Evidence for a common etiologic struc-ture. *Journal of Abnormal Psychology, 120,* 743 – 751. doi:10.1037/a0022879

Slutske, W. S. (2006). Natural recovery and treatment-seeking in pathological gambling: Results of two U.S. national surveys. *American Journal of Psychiatry, 163,* 297 – 302.

Small, K. S., Hedman, A. K., Grundberg, E., Nica, A. C., Thorleifsson, G., Kong, A., ... McCarthy, M. I. (2011). Identification of an imprinted master trans regula-tor at the KLF14 locus related to multiple metabolic phenotypes. *Nature Genetics, 43,* 561 – 564. doi: 10.1038/ng.833

Smink, F. R. E., van Hoeken, D., & Hoek, H. W. (2012). Epidemiology of eating disorders: Incidence, prevalence and mortality rates. *Current Psychiatry Reports, 14,* 406 – 414. doi:10.1007/s11920-012-0282-y

Smith, A. R., Hames, J. L., &. Joiner, T. E., Jr. (2013). Status update: Maladaptive Facebook usage pre- dicts increases in body dissatisfaction and bulimic symptoms. *Journal of Affective Disorders, 149,* 235 – 240. doi:10.1016/j.jad.2013.01.032

Smith, B. J. (2012, June). Inappropriate prescribing. *Monitor on Psychology, 43,* 36 – 40.

Smith, B. L. (2012, March). Bringing life into focus. *Monitor on Psychology, 43,* 62.

Smith, C. O., Levine, D. W., Smith, E. P., Dumas, J., & Prinz, R. J. (2009). A developmental perspective of the relationship of racial – ethnic identity to self- construct, achievement, and behavior in African American children. *Cultural Diversity and Ethnic Minority Psychology, 15,* 145 – 157. doi:10.1037/ a0015538

Smith, D. B. (2009, Autumn). The doctor is in. *The American Scholar.* Retrieved from http://www. theamericanscholar.org/the-doctor-is-in

Smith, G. N., Ehmann, T. S., Flynn, S. W., MacEwan, G. W., Tee, K., Kopala, L. C., ...Honer, W. G. (2011). The assessment of symptom severity and functional impairment with DSM-IV axis V. *Psychiatric Services, 62*(4), 411 – 417. doi:10.1176/ appi.ps.62.4.411

Smith, G. T. (2005). On construct validity: Issues of method and measurement. *Psychological Assessment, 17,* 396 – 408.

Smith, I. C., Reichow, B., & Volkmar, F. R. (2015). The effects of DSM-5 criteria on number of individuals diagnosed with autism spectrum disorder: A sys- tematic review. *Journal of Autism and Developmental Disorders, 45,* 2541 – 2552.

Smith, J. C., Nielson, K. A., Woodard, J. L., Seidenberg, M., Durgerian, S., Hazlett, K. E., ...Rao, S. M. (2014). Physical activity reduces hippocampal atrophy in elders at genetic risk for Alzheimer's disease. *Frontiers in Aging Neuroscience, 6,* 61. doi:10.3389/ fnagi.2014.00061

Smith, L. A., Cornelius, V. R., Azorin, J. M., Perugic, G., Vietad, E., Younge, A. H., & Bowden, C. L. (2010). Valproate for the treatment of acute bipolar depression: Systematic review and meta-analysis. *Journal of Affective Disorders, 122,* 1 – 9. doi:10.1016/ j.jad.2009.10.033

Smith, M. L., & Glass, G. V. (1977). Meta-analysis of psychotherapy outcome studies. *American Psychologist, 32,* 752 – 760.

Smith, M. L., Glass, G. V., & Miller, T. I. (1980). *The benefits of psychotherapy.* Baltimore, MA: Johns Hopkins University Press.

Smith, M. T., & Perlis, M. L. (2006). Who is a candidate for cognitive-behavioral therapy for insomnia? *Health Psychology, 25,* 15 – 19.

Smith, T. K. (2003, February). We've got to stop eating like this. *Fortune,* 58 – 70.

Smith, Y. L. S., Van Goozen, S. H. M., Kuiper, A. J., & Cohen – Kettenis, P. T. (2005). Sex reassign-ment: Outcomes and predictors of treatment for adolescent and adult transsexuals. *Psychological Medicine, 35,* 89 – 99.

Smits, J. A., Hofmann, S. G., Rosenfield, D., DeBoer, L. B., Costa, P. T., Simon, N. M., ...Pollack, M. H. (2013). D-cycloserine augmentation of cognitive behavioral group therapy of social anxiety disorder: Prognostic and prescriptive variables. *Journal of Consulting and Clinical Psychology, 81,* 1100 – 1112. doi:10.1037/a0034120

Smoller, J. W., Paulus, M. P., Fagerness, J. A., Purcell, S., Yamaki, L. H., Hirshfeld-Becker, D., ... Stein, M. B. (2008). Influence of RGS2 on anxiety-related temperament, personality, and brain function. *Archives of General Psychiatry, 65,* 298 – 308.

Snowden, L. R. (2012, October). Health and mental health policies' role in better understanding and closing African American – White American disparities in treatment access and quality of care. *American Psychologist, 67,* 524 – 531. doi:10.1037/ a0030054

Snyder, H. R., Kaiser, R. H., Warren, S. L., & Heller, W. (2015). Obsessive-compulsive disorder is associated with broad impairments in executive function: A meta-analysis. *Clinical Psychological Science, 3,* 301 – 330. doi:10.1177/2167702614534210

Sobell, M. B., & Sobell, L. C. (1973a). Alcoholics treated by individualized behavior therapy: One-year treatment outcome. *Behaviour Research and Therapy, 11,* 599–618.

Sobell, M. B., & Sobell, L. C. (1973b). Individualized behavior therapy for alcoholics. *Behavior Therapy, 4,* 49–72.

Sobell, M. B., & Sobell, L. C. (1984). The aftermath of heresy: A response to Pendery et al.'s (1982) critique of "Individualized behavior therapy for alcoholics." *Behaviour Research and Therapy, 22,* 413–440.

Sobot, V., Ivanovic-Kovacevic, S., Markovic, J., Misic-Pavkov, G., & Novovic, Z. (2012). Role of sexual abuse in development of conversion disorder: Case report. *European Review for Medical and Pharmacological Sciences, 16,* 276–279.

Sockol, L. E. (2015). A systematic review of the efficacy of cognitive behavioral therapy for treating and preventing perinatal depression. *Journal of Affective Disorders, 177,* 7–21.

Sockol, L. E., Epperson, C. N., & Barber, J. P. (2014). Preventing postpartum depression: A meta-analytic review. *Clinical Psychology Review, 33,* 1205–1217. doi: 10.1016/j.cpr.2013.10.004

Sokolove, M. (2003, November 16). Should John Hinckley go free? *The New York Times Magazine,* 54–57.

Solanto, M. V., Marks, D. J., Wasserstein, J., Mitchell, K., Abikoff, H., Ma, J., ... Kofman, M. D. (2010). Efficacy of meta-cognitive therapy for adult ADHD. *American Journal of Psychiatry, 167,* 958–968.

Solis, M., Ciullo, S., Vaughn, S., Pyle, N., Hassaram, B., & Leroux, A. (2012). Reading comprehension interventions for middle school students with learning disabilities: A synthesis of 30 years of research. *Journal of Learning Disabilities, 45,* 327–340. doi:10.1177/0022219411402691

Solomon, D. A., Keller, M. B., Leon, A. C., Mueller, T. I., Lavori, P. W., Shea, M. T., ... Endicott, J. (2000). Multiple recurrences of major depressive disorder. *American Journal of Psychiatry, 157,* 229–233.

Song, W., Chen, J., Petrilli, A., Liot, G., Klinglmayr, E., Zhou, Y., ... Bossy-Wetzel, E. (2011). Mutant huntingtin binds the mitochondrial fission GTPase dynamin-related protein-1 and increases its enzymatic activity. *Nature Medicine, 17,* 377–382. doi:10.1038/nm.231

Sookman, D., & Fineberg, N. A. (2015). Introduction: Psychological and pharmacological treatments for obsessive-compulsive disorder throughout the lifespan, a special series by the Accreditation Task Force (ATF) of the Canadian institute for obsessive-compulsive disorders. *Psychiatry Research, 30,* 74–77. doi: 10.1016/j.psychres.2014.12.002

Sotiropoulos, I., Catania, C., Pinto, L. G., Silva, R., Pollerberg, G. E., Takashima, A., ... Almeida, O. F. X. (2011). Stress acts cumulatively to precipitate Alzheimer's disease-like tau pathology and cognitive deficits. *Journal of Neuroscience, 31,* 7840–7847. doi: 10.1523/JNEUROSCI.0730-11.2011

Spack, N. P. (2013). Management of transgenderism. *Journal of the American Medical Association, 309,* 478–484. doi:10.1001/jama.2012.165234

Spanos, N. P. (1978). Witchcraft in histories of psychiatry: A critical analysis and an alternative conceptualization. *Psychological Bulletin, 85,* 417–439.

Spanos, N. P. (1994). Multiple identity enactments and multiple personality disorder: A sociocognitive perspective. *Psychological Bulletin, 116,* 143–165.

Spatola, C. M. A., Scaini, S., Pesenti-Gritti, P., Medland, S. E., Moruzzi, S., Ogliari, A., ... Battaglia, M. (2011). Gene–environment interactions in panic disorder and CO_2 sensitivity: Effects of events occurring early in life. *American Journal of Medical Genetics Part B: Neuropsychiatric Genetics, 156,* 79–88. doi:10.1002/ajmg.b.31144

Spear, S. E., Crevecoeur-MacPhail, D., Denering, L., Dickerson, D., & Brecht, M.-L. (2013). Determinants of successful treatment outcomes among a sample of urban American Indians/Alaska Natives: The role of social environments. *Journal of Behavioral Health Services & Research, 40,* 330–341. doi:10.1007/s11414-013-9324-4

Spector, P. (2011). The relationship of personality to counterproductive work behavior (CWB): An integration of perspectives. *Human Resource Management Review, 21,* 342–352.

Spence, J., Titov, N., Jones, M. P., Dear, B. F., & Solley, K. (2014). Internet-based trauma-focused cognitive behavioural therapy for PTSD with and without exposure components: A randomised controlled trial. *Journal of Affective Disorders, 162,* 73–80.

Spence, S. H., Donovan, C. L., March, S., Gamble, A., Anderson, R. E., Prosser, S., ... Kenardy, J. (2011). A randomized controlled trial of online versus clinic-based CBT for adolescent anxiety. *Journal of Consulting and Clinical Psychology, 79,* 629–642. doi: 10.1037/a0024512

Spencer, D. J. (1983). Psychiatric dilemmas in Australian aborigines. *International Journal of Social Psychiatry, 29,* 208–214.

Spiegel, D. (2006). Recognizing traumatic dissociation. *American Journal of Psychiatry, 163,* 566–568.

Spiegel, D. (2009). Coming apart: Trauma and the fragmentation of the self. In D. Gordon (Ed.), *Cerebrum 2009: Emerging ideas in brain science* (p. 111). Washington, DC: Dana Press.

Spielmans, G. I., Berman, M. I., & Usitalo, A. N. (2011). Psychotherapy versus second-generation antidepressants in the treatment of depression: A meta-analysis. *Journal of Nervous and Mental Disease, 199,* 142–149. doi:

10.1097/NMD.0b013e31820caefb

Spillane, N. S., & Smith, G. T. (2009). On the pursuit of sound science for the betterment of the American Indian community: Reply to Beals et al. (2009). *Psychological Bulletin, 135,* 344–346. doi:10.1037/ a0014997

Spinazzola, J., Hodgdon, H., Liang, L. J., Ford, J. D., Layne, C. M., Pynoos, R., ...Kisiel, C. (2015, July/ August). Unseen wounds. *Monitor on Psychology,* 69–73.

Spitzer, R. L., Gibbon, M., Skodol, A. E., Williams, J. B. W., & First, M. B. (1989). *DSM-III-R casebook.* Washington, DC: American Psychiatric Press.

Spitzer, R. L., Gibbon, M., Skodol, A. E., Williams, J. B. W., & First, M. B. (1994). *DSM-IV case book* (4th ed.). Washington, DC: American Psychiatric Press.

Sprenger, T. (2011, April 5). Weather and migraine. *Journal Watch Neurology.* Retrieved from http://neurology.jwatch.org/

Squeglia, L. M., Sorg, S. F., Schweinsburg, A. D., Wetherill, R. R., Pulido, C., & Tapert, S. F. (2012). Binge drinking differentially affects adolescent male and female brain morphometry. *Psychopharmacology, 220,* 529–539.

Sroufe, L. A. (2012, January 28). Ritalin gone wrong. *The New York Times Review.* Retrieved from www. nytimes. com

Staddon, J. E. R., & Cerutti, D. T. (2003). Operant conditioning. *Annual Review of Psychology, 4,* 115–144.

Staekenborg, S. S., Su, T., van Straaten, E. C. W., Lane, R., Scheltens, P., Barkhof, F., & van der Flier, W. M. (2009). Behavioural and psychological symptoms in vascular dementia: Differences between small and large vessel disease. *Journal of Neurology, Neurosurgery & Psychiatry.* Advance online publication. doi: 10.1136/ jnnp.2009.187500

Stambor, Z. (2006, October). Psychologist calls for more research on adolescents' brains. *Monitor on Psychology, 37*(9), 16.

Stanton, A. L., Luecken, L. J., MacKinnon, D. P., & Thompson, E. H. (2013). Mechanisms in psycho-social interventions for adults living with cancer: Opportunity for integration of theory, research, and practice. *Journal of Consulting and Clinical Psychology, 81,* 318–335. doi:10.1037/ a0028833

Starkman, M. N. (2006). The terrorist attack of September 11, 2001 as psychological toxin: Increase in suicide attempts. *Journal of Nervous and Mental Disease, 194,* 547–550.

Starkstein, S. E., Jorge, R., Mizrahi, R., & Robinson, R. G. (2005). The construct of minor and major depression in Alzheimer's disease. *American Journal of Psychiatry, 62,* 2086–2093.

Starr, L. R., & Davila, J. (2008). Excessive reassurance seeking, depression, and interpersonal rejection: A meta- analytic review. *Journal of Abnormal Psychology, 117,* 762–775.

Statista Inc. (2015). Weekly time spent with media in the United States in fall 2013, by medium type and age (in hours). Retrieved from http://www. statista .com/statistics/ 348269/digital-traditional-media-consumption-age-usa/

Steele J. D., Christmas, D., Eljamel, M. S., & Matthews, K. (2008). Anterior cingulotomy for major depression: Clinical outcome and relationship to lesion characteristics. *Biological Psychiatry, 63,* 670.

Steenen, S. A., van Wijk, A. J., van der Heijden, G. J. M. C., van Westrhenen, R., de Lange, J., & de Jongh, A. (2016). Propranolol for the treatment of anxiety disorders: Systematic review and meta- analysis. *Journal of Psychopharmacology, 30,* 128–139. doi: 10.1177/ 0269881115612236

Stefanopoulou, E., Hirsch, C. R., Hayes, S., Adlam, A., & Coker, S. (2014). Are attentional control resources reduced by worry in generalized anxiety disorder? *Journal of Abnormal Psychology, 123,* 330–335. doi:10.1037/ a0036343

Stein, A. L., Trana, G. Q., Lund, L. M., Haji, U., Dashevsky, B. A., & Baker, D. G. (2005). Correlates for posttraumatic stress disorder in Gulf War veterans: A retrospective study of main and moderating effects. *Journal of Anxiety Disorders, 19,* 861–876.

Stein, D. J., Craske, M. A., Friedman, M. J., & Phillips, K. A. (2014). Anxiety disorders, obsessive-compulsive and related disorders, trauma- and stressor-related disorders, and dissociative disorders in DSM-5. *American Journal of Psychiatry, 171,* 611–613. doi: 10.1176/appi. ajp.2014.14010003

Stein, M. B., & Sareen, J. (2015). Generalized anxiety disorder. *New England Journal of Medicine, 373,* 2059–2068. doi:10.1056/NEJMcp1502514

Stein, M. B., & Stein, D. J. (2008). Social anxiety disorder. *The Lancet, 371,* 1115–1125.

Stein, M. T. (2011, March 23). Most ADHD is complex. *Journal Watch Pediatrics and Adolescent Medicine.* Retrieved from http://pediatrics.jwatch.org/

Stein, M. T. (2012). No safe pattern of alcohol consumption during pregnancy. *Journal Watch Pediatrics and Adolescent Medicine.* Retrieved from http:// pediatrics. jwatch.org/cgi/content/full/2012/229/ 2?q=etoc_jwpeds

Stein, M. T. (2013, December 23). A national and regional look at ADHD in children and adolescents. *Journal Watch.* Retrieved from http://www. jwatch. org/na33007/ 2013/12/23/national-and-regional- look-adhd-children- and-adolescents?query=etoc_ jwpsych

Steinfeldt, M., & Steinfeldt, J. A. (2012). Athletic identity and conformity to masculine norms among college football players. *Journal of Applied Sport Psychology, 24,* 115–

128.

A step toward controlling Huntington's disease? Potential new way of blocking activity of gene that causes HD. (2011, June 23). *ScienceDaily*. Retrieved from http://www.sciencedaily.com

Stephenson, J. (2008). Testosterone and depression. *Journal of the American Medical Association, 299*, 1764. doi:10.1001/jama.299.15.1764-d

Stergiakouli, E., Hamshere, M., Holmans, P., Langley, K., Zaharieva, I., Hawi, Z., ...Thapar, A. (2012). Investigating the contribution of common genetic variants to the risk and pathogenesis of ADHD. *American Journal of Psychiatry, 169*, 186 – 194. doi:10.1176/appi.ajp.2011.11040551

Stergiopoulos, V., Cusi, A., Bekele, T., Skosireva, A., Latimer, E., Schütz, C., ...Rourke, S. B. (2015). Neurocognitive impairment in a large sample of homeless adults with mental illness. *Acta Psychiatrica Scandinavica, 131*, 256 – 268. doi:10.1111/acps.12391

Stergiopoulos, V., Gozdzik, A., Misir, V., Skosireva, A., Connelly, J., Sarang, A., ...McKenzie, K. (2015). Effectiveness of housing first with intensive case management in an ethnically diverse sample of homeless adults with mental illness: A random-ized controlled trial. *PLOS ONE, 10*, e0130281. doi:10.1371/journal.pone.0130281

Stevenson, J., Meares, R., & Comerford, A. (2003). Diminished impulsivity in older patients with borderline personality disorder. *American Journal of Psychiatry, 160*, 165 – 166.

Stevens-Watkins, D., Perry, B., Pullen, E., Jewell, J., & Oser, C. B. (2014). Examining the associations of racism, sexism, and stressful life events on psychological distress among African-American women. *Cultural Diversity and Ethnic Minority Psychology, 20*, 561 – 569. Retrieved from http://dx.doi.org/10.1037/a0036700

Stewart, A. L. (2014). The Men's Project: A sexual assault prevention program targeting college men. *Psychology of Men & Masculinity, 15*, 481 – 485.

Stewart, S. M., Kennard, B. D., Lee, P. W. H., Hughes, C. W., Mayes, T. L., Emslie, G. J., ... Lewinsohn, P. M. (2004). A cross-cultural investigation of cognitions and depressive symptoms in adolescents. *Journal of Abnormal Psychology, 113*, 248 – 257.

Stice, E., Hayward, C., Cameron, R. P., Killen, J. D., & Taylor, C. B. (2000). Body-image and eating disturbances predict onset of depression among female adolescents: A longitudinal study. *Journal of Abnormal Psychology, 109*, 438 – 444.

Stice, E., Marti, C. N., & Cheng, Z. H. (2014). Effectiveness of a dissonance-based eating disorder prevention program for ethnic groups in two ran- domized controlled trials. *Behaviour Research and Therapy, 55*, 54 – 64. doi:10.1016/j.brat.2014.02.002

Stoffers, J. M., & Lieb, K. (2015). Pharmacotherapy for borderline personality disorder: Current evidence and recent trends. *Current Psychiatry Reports, 17*, 534. doi:10.1007/s11920-014-0534-0

Stone, J., Smyth, R., Carson, A., Lewis, S., Prescott, R., Warlow, C., & Sharpe, M. (2005). Systematic review of misdiagnosis of conversion symptoms and "hysteria." *British Medical Journal, 331*, 989.

Stone, J., Smyth, R., Carson, A., Lewis, S., Prescott, R., Warlow, C., & Sharpe, M. (2006). La belle indifférence in conversion symptoms and hysteria: Systematic review. *British Journal of Psychiatry, 188*, 204 – 209.

Stone, M. H. (1980). *Borderline syndromes*. New York, NY: McGraw Hill.

Stone, M., Laughren, T., Jones, M. L., Levenson, M., Holland, P. C., Hughes, A., ...Temple, R. (2009). Risk of suicidality in clinical trials of antidepressants in adults: Analysis of proprietary data submitted to U.S. Food and Drug Administration. *British Medical Journal, 339*, 2880. doi:10.1136/bmj.b2880

Stoner, R., Chow, M. L., Boyle, M. P., Sunkin, S. M., Mouton, P. R., Roy, S., ...Courchesne, E. (2014). Patches of disorganization in the neocortex of chil- dren with autism. *New England Journal of Medicine, 370*, 1209 – 1219. doi:10.1056/NEJMoa1307491

Storch, E. A., & Lewin, A. B. (2016). Introduction. In E. A. Storch & A. B. Lewin (Eds.), *Clinical hand-book of obsessive-compulsive and related disorders: A case based approach to treating pediatric and adult populations* (pp. 3 – 4). New York, NY: Springer.

Stout-Shaffer, S., & Page, G. (2008). Effects of relaxation training on physiological and psycho-logical measures of distress and quality of life in HIV-seropositive subjects. *Brain, Behavior, and Immunity, 22*(4, Suppl. 1), 8.

Strachen, E. (2008). Civil commitment evaluations. In R. Jackson (Ed.), *Learning forensic assessment* (pp. 509 – 535). New York, NY: Routledge/Taylor & Francis Group.

Strasser, A. A., Kaufmann, V., Jepson, C., Perkins, K. A., Pickworth, W. B., & Wileyto, E. P. (2005). Effects of different nicotine replacement therapies on postcessation psychological responses. *Addictive Behaviors, 30*, 9 – 17.

Strauss C., Cavanagh, K., Oliver, A., & Pettman, D. (2014). Mindfulness-based interventions for people diagnosed with a current episode of an anxiety or depressive disorder: A meta-analysis of randomised controlled trials. *PLOS ONE*. Published online. doi:10.1371/journal.pone.0096110

Strauss, G. P., Sandt, A. T., Catalano, L. T., & Allen, D. N. (2012). Negative symptoms and depres- sion predict lower psychological well-being in individuals with schizophrenia. *Comprehensive Psychiatry, 53*, 1137 – 1144. doi:10.1016/j.comppsych.2012.05.009

Strauss, J. S. (2014). Psychological interventions for psychosis: Theme and variations. *American Journal of Psychiatry, 171,* 479–481. doi:10.1176/appi. ajp.2014.14020136

Stricker, G. (2003). Is this the right book at the wrong time? *Contemporary Psychology, 48,* 726–728.

Striegel-Moore, R. H., Dohm, F. A., Kraemer, H. C., Taylor, C. B., Daniels, S. D., Crawford, P. B., ...Schreiber, G. B. (2003). Eating disorders in white and black women. *American Journal of Psychiatry, 160,* 1326–1331.

Striegel-Moore, R. H., Wilson, G. T., DeBar, L., Perrin, N., Lynch, F., Rosselli, F., ...Kraemer, H. (2010). Cognitive behavioral guided self-help for the treat-ment of recurrent binge eating. *Journal of Consulting and Clinical Psychology, 78,* 312–321.

Strike, P. C., Magid, K., Whitehead, D. L., Brydon, L., Bhattacharyya, M. R., & Steptoe, A. (2006). Pathophysiological processes underlying emotional triggering of acute cardiac events. *Proceedings of the National Academy of Sciences.* Retrieved from http:// www.pnas.org/cgi/content/abstract/103/11/4322

Strollo, P. J., Jr., Soose, R. J., Maurer, J. T., de Vries, N., Cornelius, J., Froymovich, O., ... the STAR Trial Group. (2014). Upper-airway stimulation for obstructive sleep apnea. *New England Journal of Medicine, 370,* 139–149. doi:10.1056/NEJMoa1308659

Stroud, C. B., Davila, J., & Moyer, A. (2008). The relationship between stress and depression in first onsets versus recurrences: A meta-analytic review. *Journal of Abnormal Psychology, 117,* 206–213.

Stroup, T. S., Gerhard, T., Crystal, S., Huang, C., & Olfson, M. (2016). Comparative effectiveness of clozapine and standard antipsychotic treatment in adults with schizophrenia. *American Journal of Psychiatry, 173,* 166–173. Retrieved from http:// dx. doi. org/10.1176/appi. ajp.2015.15030332

Stroup, T. S., McEvoy, J. P., Ring, K. D., Hamer, R. H., LaVange, L. M., Swartz, M. S., ...Schizophrenia Trials Network. (2011). A randomized trial examin- ing the effectiveness of switching from olanzapine, quetiapine, or risperidone to aripiprazole to reduce metabolic risk: Comparison of antipsychotics for metabolic problems (CAMP). *American Journal of Psychiatry, 168,* 947–956. doi: 10.1176/Appi.Ajp.2011.10111609

Stuart, R. B. (2004). Twelve practical suggestions for achieving multicultural competence. *Professional Psychology: Research and Practice, 35,* 3–9.

Styron, W. (1990). *Darkness visible.* New York, NY: Vintage.

Subconscious signals can trigger brain's drug-craving centers. (2008, February 4). *NIH Research Matters.* Retrieved from http://www. nih. gov/news-events/ nih-research-matters/subconscious-signals-can- trigger-brains-drug-craving-centers

Substance Abuse and Mental Health Services Administration. (2012). National Survey on Drug Use and Health, 2010 and 2011. Center for Behavioral Health Statistics and Quality. Retrieved from www.samhsa.gov

Sudak, D. M. (2011). *Combining CBT and medication: An evidence-based approach.* Hoboken, NJ: John Wiley & Sons Inc.

Sue, D. W. (2010). *Microaggressions in everyday life: Race, gender and sexual orientation.* New York, NY: John Wiley and Sons.

Sue, S., Yan Cheng, J. K., Saad, C. S., & Chu, J. P. (2012). Asian American mental health: A call to action. *American Psychologist, 67,* 532–544. doi:10.1037/a0028900

Suinn, R. M. (2001). The terrible twos—anger and anxiety: Hazardous to your health. *American Psychologist, 56,* 27–36.

Sukhodolsky, D. G., Golub, A., Stone, E. C., & Orban, L. (2005). Dismantling anger control training for children: A randomized pilot study of social problem-solving versus social skills training com- ponents. *Behavior Therapy, 36,* 15–23.

Sullivan, D., Pinsonneault, J. K., Papp, A. C., Zhu, H., Lemeshow, S., Mash, D. C., & Sadee, W. (2013). Dopamine transporter DAT and receptor DRD2 variants affect risk of lethal cocaine abuse: A gene–gene–environment interaction. *Translational Psychiatry, 3,* e222. doi: 10.1038/tp.2012.146

Sullivan, G. M., Oquendo, M. A., Milak, M., Miller, J. M., Burke, A., Ogden, R. T., ...Mann, J. J. (2015). Positron emission tomography quantification of serotonin 1a receptor binding in suicide attempters with major depressive disorder. *JAMA Psychiatry, 72,* 169–178. doi:10.1001/jamapsychiatry.2014.240

Sullivan, H. S. (1962). *Schizophrenia as a human process.* New York, NY: Norton.

Sulloway, F. (1983). *Freud: Biologist of the mind.* New York, NY: Basic Books.

Sun, P., Cameron, A., Seftel, A., Shabsigh, R., Niederberger, C., & Guay, A. (2006). Erectile dys- function: An observable marker of diabetes melli- tus? A large national epidemiological study. *Journal of Urology, 176,* 1081–1085.

Sun, H., Lui, S., Yao, L., Deng, W., Xiao, Y., Zhang, W., ... Gong, Q. (2015). Two patterns of white mat-ter abnormalities in medication-naive patients with first-episode schizophrenia revealed by diffusion tensor imaging and cluster analysis. *JAMA Psychiatry, 72,* 678–686. doi: 10.1001/ jamapsychiatry.2015.0505

Sundquist, J., Lilja, A., Palmér, K., Memon, A. A., Wang, X., Johansson, L. M., ...Sundquist K. (2014). Mindfulness group therapy in primary care patients with depression, anxiety and stress and adjustment disorders: Randomised controlled trial. *British Journal of Psychiatry, 206,* 128 – 135. doi:10.1192/bjp. bp.114.150243

Supekar, K., & Menon, V. (2015). Sex differences in structural organization of motor systems and their dissociable links with repetitive/restricted behaviors in children with autism. *Molecular Autism, 6.* doi: 10.1186/s13229-015-0042-z

Supekar, K., Menon, V., Rubin, D., Musen, M., & Greicius, M. D. (2008). Network analysis of intrinsic functional brain connectivity in Alzheimer's disease. *PLOS Computational Biology, 4*(6), e1000100. doi: 10.1371/journal.pcbi.1000100

Sutin, A. R., Stephan, Y., & Terracciano, A. (2016). Perceived discrimination and personality development in adulthood. *Developmental Psychology, 52,* 155 – 163. Retrieved from http://dx.doi.org/10.1037/dev0000069

Sutker, P. B., Davis, J. M., Uddo, M., & Ditta, S. R. (1995). War zone stress, personal resources, and PTSD in Persian Gulf War returnees. *Journal of Abnormal Psychology, 104,* 444 – 452.

Suzuki, T., Samuel, D. B., Pahlen, S., & Krueger, R. F. (2015). DSM-5 alternative personality disorder model traits as maladaptive extreme variants of the five-factor model: An item-response theory analysis. *Journal of Abnormal Psychology, 124,* 343 – 354. Retrieved from http://dx.doi.org/10.1037/abn0000035

Swann, A. C., Lafer, B., Perugi, G., Frye, M. A., Bauer, M., Bahk, W.-M., ...Suppes, T. (2013). Bipolar mixed states: An International Society for Bipolar Disorders Task Force Report of Symptom Structure, Course of Illness, and Diagnosis. *American Journal of Psychiatry, 170,* 31 – 42. doi: 10.1176/appi.ajp.2012.12030301

Swann, A. C., Lijffijt, M., Lane, S. D., Steinberg, J. L., & Moeller, F. G. (2009). Trait impulsivity and response inhibition in antisocial personality disorder. *Journal of Psychiatric Research, 43,* 1057 – 1063. doi:10.1016/j.jpsychires.2009.03.003

Swanson, J. W., Swartz, M. S., Van Dorn, R. A., Elbogen, E. B., Wagner, R., Rosenheck, R. A., ... Lieberman, J. A. (2006). A national study of violent behavior in persons with schizophrenia. *Archives of General Psychiatry, 63,* 490 – 499.

Swanson, S. A., Crow, S. J., Le Grange, D., Swendsen, J., & Merikangas, K. R. (2011). Prevalence and correlates of eating disorders in adolescents: Results from the National Comorbidity Survey Replication Adolescent Supplement. *Archives of General Psychiatry, 68,* 714 – 723. doi: 10.1001/ archgenpsychiatry.2011.22

Szasz, T. (1970). *Ideology and insanity: Essays on the psychiatric dehumanization of man.* New York, NY: Doubleday Anchor.

Szasz, T. (2003a). Psychiatry and the control of dangerousness: On the apotropaic function of the term "mental illness." *Journal of Medical Ethics, 29,* 227 – 230.

Szasz, T. (2003b). Response to: "Comments on psychiatry and the control of dangerousness: On the apotropaic function of the term 'mental illness.'" *Journal of Medical Ethics, 29,* 237.

Szasz, T. (2007). *Coercion as cure: A critical history of psychiatry.* New Brunswick, NJ: Transaction. Szasz, T. S. (1960). The myth of mental illness. *American Psychologist, 15,* 113 – 118.

Szasz, T. S. (2011). *The myth of mental illness: Foundations of a theory of personal conduct.* New York, NY: HarperCollins.

Tabak, B. A., Vrshek-Schallhorn, S., Zinbarg, R. E., Prenoveau, J. M., Mineka, S., Redei, E. E., ...Craske, M. G. (2016). Interaction of CD38 variant and chronic interpersonal stress prospectively predicts social anxiety and depression symptoms over 6 years. *Clinical Psychological Science, 4,* 17 – 27. doi:10.1177/2167702615577470

Tafoya, T. N. (1996). Native two-spirit people. In R. P. Cabaj & T. S. Stein (Eds.), *Textbook of homosexuality and mental health* (pp. 603 – 617). Washington, DC: American Psychiatric Press, Inc.

Taft, C. T., Watkins, L. E., Stafford, J., Street, A. E., & Monson, C. M. (2011). Posttraumatic stress disorder and intimate relationship problems: A meta-analysis. *Journal of Consulting and Clinical Psychology, 79,* 22 – 33. doi: 10.1037/a0022196

Tamam, L., Eroğlu, M. Z., & Paltacı, O. (2011). Intermittent explosive disorder. *Current Approaches in Psychiatry, 3,* 387 – 425. doi:10.5455/cap.20110318

Tan, H. M., Tong, S. F., & Ho, C. C. K. (2012). Men's health: Sexual dysfunction, physical, and psychological health: Is there a link? *Journal of Sexual Medicine, 9,* 663 – 671.

Tandon, R., Keshavan, M. S., & Nasrallah, H. A. (2008). Schizophrenia, "just the facts": What we know in 2008: Part 1. Overview. *Schizophrenia Research, 100,* 4 – 19. doi:10.1016/j.schres.2008.01.022

Tandon, R., Nasrallah, H. A., & Keshavan, M. S. (2009). Schizophrenia, "just the facts": Part 4. Clinical features and conceptualization. *Schizophrenia Research, 110,* 1 – 23. doi:10.1016/j.schres.2009.03.005

Tandon, R., Nasrallah, H. A., & Keshavan, M. S. (2010). Schizophrenia, "just the facts": Part 5. Treatment and prevention, past, present, and future. *Schizophrenia Research, 122,* 1 – 23. doi:10.1016/j.schres.2010.05.025

Tanner, C. M. (2013). A second honeymoon for Parkinson's disease? *New England Journal of Medicine, 368,* 675 – 676. doi:10.1056/ NEJMe121491313

Tanzi, R. E. (2015). TREM2 and risk of Alzheimer's disease: Friend or foe? *New England Journal of Medicine, 372,* 2564 – 2565. doi:10.1056/ NEJMcibr1503954

Tapert, S. F., Brown, G. G., Baratta, M. V., & Brown, S. A. (2004). fMRI BOLD response to alcohol stimuli in alcohol dependent young women. *Addictive Behaviors, 29,* 33 – 50.

Tatarsky, A., & Kellogg, S. (2010). Integrative harm reduction psychotherapy: A case of substance use, multiple trauma, and suicidality. *Journal of Clinical Psychology, 66* (Special Issue: Harm Reduction in Psychotherapy), 123 – 135. doi:10.1002/jclp.20666

Taubes, G. (2012). Unraveling the obesity-cancer connection. *Science, 335,* 28 – 32. doi:10.1126/ science.335.6064.28

Tavares, H. (2012). Assessment and treatment of pathological gambling. In J. E. Grant & M. N. Potenza (Eds.), *The Oxford handbook of impulse con-trol disorders* (pp. 279 – 312). New York, NY: Oxford University Press.

Tavernise, S. (2012, December 11). Obesity in young is seen as falling in several cities. *The New York Times.* Retrieved from nytimes.com

Tavernisejan, S. (2014). List of smoking-related ill- nesses grows sgnificantly in U.S. report. *The New York Times,* p. A15.

Taylor, C. B., & Luce, K. H. (2003). Computer- and Internet-based psychotherapy interventions. *Current Directions in Psychological Science, 12,* 18 – 22.

Taylor, K. L., Lamdan, R. M., Siegel, J. E., Shelby, R., Moran-Klimi, K., & Hrywna, M. (2003). Psychological adjustment among African American breast cancer patients: One-year follow-up results of a randomized psychoeducational group interven- tion. *Health Psychology, 22,* 316 – 323.

Taylor, M. A., & Fink, M. (2003). Catatonia in psy- chiatric classification: A home of its own. *American Journal of Psychiatry, 160,* 1233 – 1241.

Taylor, S., & Jang, K. L. (2011). Biopsychosocial etiol-ogy of obsessions and compulsions: An integrated behavioral – genetic and cognitive – behavioral analy- sis. *Journal of Abnormal Psychology, 120,* 174 – 186. doi: 10.1037/a0021403

Taylor, V., & Rupp, L. J. (2004). Chicks with dicks,men in dresses: What it means to be a drag queen. *Journal of Homosexuality, 46(3 – 4),* 113 – 133.

Taylor, W. D. (2014). Depression in the elderly. *New England Journal of Medicine, 371,* 1228 – 1236. doi: 10.1056/NEJMcp1402180

Teachman, B. A., Marker, C. D., & Clerkin, E. M.(2010). Catastrophic misinterpretations as a pre-dictor of symptom change during treatment for panic disorder. *Journal of Consulting and Clinical Psychology, 78,* 964 – 973. doi:10.1037/a0021067

Teplin, L. A., McClelland, G. M., Abram, K. M., & Weiner, D. A. (2005). Crime victimization in adults with severe mental illness: Comparison with the National Crime Victimization Survey. *Archives of General Psychiatry, 62,* 911 – 921.

ter Kuile, M. M., Melles, R., de Groot, H. E., Tuijnman-Raasveld, C. C., & van Lankveld, J. J. D. M. (2013). Therapist-aided exposure for women with lifelong vaginismus: A randomized waiting-list control trial of efficacy. *Journal of Consulting and Clinical Psychology, 81,* 1127 – 1136. doi:10.1037/a0034292

Tessier, A., Chemiakine, A., Inbar, B., Bagchi, S., Ray, R. S., Palmiter, R. D., ...Ansorge, M. S. (2015). Activity of raphe serotonergic neurons controls emotional behaviors. *Cell Reports, 13,* 1965 – 1976. Retrieved from http://dx.doi.org/10.1016/j.celrep.2015.10.061

Thase, M. E. (2014). Large-scale study suggests spe-cific indicators for combined cognitive therapy and pharmacotherapy in major depressive disor-der. *JAMA Psychiatry, 71,* 1101 – 1102. doi:10.1001/ jamapsychiatry.2014.1524.

The BALANCE Investigators and Collaborators. (2010). Lithium plus valproate combination therapy versus monotherapy for relapse prevention in bipo- lar I disorder (BALANCE): A randomised open-label trial. *The Lancet, 375,* 385 – 395. doi:10.1016/ S0140-6736(09)61828-6

The McKnight Investigators. (2003). Risk factors for the onset of eating disorders in adolescent girls: Results of the McKnight Longitudinal Risk Factor Study. *American Journal of Psychiatry, 160,* 248 – 254.

Therapy and hypochondriacs often make poor mix, study says. (2004, March 25). *The New York Times,* p. A19.

Thibaut, F. (2012). Pharmacological treatment of paraphilias. *Israel Journal of Psychiatry and Related Sciences, 49,* 297 – 305.

Thiedke, C. C. (2003). Nocturnal enuresis. *American Family Physician, 67,* 1509 – 1510.

Thioux, M., Stark, D. E., Klaiman, C., & Schultz, R. (2006). The day of the week when you were born in 700 ms: Calendar computation in an autistic savant. *Journal of Experimental Psychology: Human Perception and Performance, 32,* 1155 – 1168.

Thirlwall, K., Cooper, P. J., Karalus, J., Voysey, M., Willetts, L., & Creswell C. (2013). Treatment of child anxiety disorders via guided parent-delivered cog- nitive-behavioural therapy: Randomised controlled trial. *The British Journal of Psychiatry, 203,* 436 – 444. doi: 10.1192/bjp.bp.113.126698

Thompson, M. A., Aberg, J. A., Hoy, J. E., Telenti, A., Benson, C., Cahn, P., ...Volberding, P. A. (2012). Antiretroviral treatment of adult HIV infection: 2012 recommendations of the International Antiviral Society – USA Panel. *Journal of the American Medical Association, 308,* 387 – 402. doi:10.1001/ jama.2012.7961

Thompson, P. M., Hayashi, K. M., Simon, S. L., Geaga, J.

A., Hong, M. S., Sui, Y., ...London, E. D. (2004). Structural abnormalities in the brains of human subjects who use methamphetamine. *Journal of Neuroscience, 30,* 6028–6036.

Thompson, P. M., Vidal, C., Gledd, J. N., Gochman, P., Blumenthal, J., Nicolson, R., ...Rapoport, J. L. (2001). Mapping adolescent brain change reveals dynamic wave of accelerated gray matter loss in very early-onset schizophrenia. *Proceedings of the National Academy of Science, 98,* 11650–11655.

Thompson, T. (1995). *The beast: A journey through depression.* New York, NY: Putnam. Thompson-Brenner, H. (2013). Good news about psychotherapy for eating disorders: Comment on Warren, Schafer, Crowley, and Olivardia. *Psychotherapy, 50,* 565–567. doi: 10.1037/a0031101

Thorlund, K., Druyts, E., Wu, P., Balijepalli, C., Keohane, D., & Mills, E. (2015). Comparative efficacy and safety of selective serotonin reuptake inhibitors and serotonin-norepinephrine reuptake inhibitors in older adults: A network meta-analysis. *Journal of the American Geriatrics Society, 63,* 1002. Retrieved from http://dx.doi.org/10.1111/jgs.13395

Thorpy, M. (2008). Brain structure in obstructive sleep apnea. *Journal Watch Neurology.* Retrieved from http://neurology.jwatch.org/cgi/content/full/2008/1007/4

Thun, M. J., Carter, B. D., Feskanich, D., Freedman, N. D., Prentice, R., Lopez, A. D., ...Gapstur, S. M. (2013). 50-year trends in smoking-related mortality in the United States. *New England Journal of Medicine, 368,* 351–364. doi:10.1056/NEJMsa1211127

Tienari, P., Wynne, L. C., Sorri, A., Lahti, I., Laksy, K., Moring, J., ...Wahlberg, K. (2004). Genotype-environment interaction in schizophrenia spectrum disorder. *British Journal of Psychiatry, 184,* 216–222.

Jenkins, J. H., & Karno, M. (1992). The meaning of expressed emotion: Theoretical issues raised by cross-cultural research. *American Journal of Psychiatry, 149,* 9–21.

Tiggemann, M., Martins, Y., & Kirkbride, A. (2007). Oh to be lean and muscular: Body image ideals in gay and heterosexual men. *Psychology of Men & Masculinity, 8,* 15–24.

Titov, N., Dear, B. F., Ali, S., Zou, J. B., Lorian, C. N., Johnston, L., ... Fogliati, V. J. (2015). Clinical and cost-effectiveness of therapist-guided Internet-delivered cognitive behavior therapy for older adults with symptoms of depression: A randomized controlled trial. *Behavior Therapy, 46,* 193–205. doi:10.1016/j.beth.2014.09.008

Tobacco use among middle and high school students: United States, 2013. (2014, November). *Morbidity and Mortality Weekly Report, 63*(45), 1021–1026.

Tohen, M., Zarate, C. A., Hennen, J., Khalsa, H.-M. K., Strakowski, S. M., Gebre-Medhin, P., ...Baldessarini, R. J. (2003). The McLean-Harvard First-Episode Mania Study: Prediction of recovery and first recurrence. *American Journal of Psychiatry, 160,* 2099–2107.

Tolin, D. F., & Foa, E. B. (2006). Sex differences in trauma and posttraumatic stress disorder: A quantitative review of 25 years of research. *Psychological Bulletin, 132,* 959–992.

Tolin, D. F., (2010). Is cognitive–behavioral therapy more effective than other therapies? A meta-analytic review. *Clinical Psychology Review, 30,* 710–720. doi:10.1016/j.cpr.2010.05.003

Tolin, D. F., Frost, R. O., Steketee, G., & Muroff, J. (2015). Cognitive behavioral therapy for hoarding disorder: A meta-analysis. *Depression and Anxiety, 32,* 158–166. doi:10.1002/da.22327

Tolin, D. F., Stevens, M. C., Nave, A., Villavicencio, A. L., & Morrison, S. (2012). Neural mechanisms of cognitive behavioral therapy response in hoarding disorder: A pilot study. *Journal of Obsessive-Compulsive and Related Disorders, 1,* 180–188.

Tomb, E., Rafanelli, C., Grandi, S., Guidi, J., & Fava. G. A. (2012). Clinical configuration of cyclothymic disturbances. *Journal of Affective Disorders, 139,* 244–249. Retrieved from http://dx.doi.org/10.1016/j.jad.2012.01.014

Tondo, L., Pompili, M., Forte, A., & Baldessarini R. J. (2015). Suicide attempts in bipolar disorders: Comprehensive review of 101 reports. *Acta Psychiatrica Scandinavica.* Retrieved from http://onlinelibrary.wiley.com/doi/10.1111/acps.12517/abstract

Toomey, R., Lyons, M. J., Eisen, S. A., Xian, H., Chantarujikapong, S., Seidman, L. J., ...Tsuang, M. T. (2003). A twin study of the neuropsychological consequences of stimulant abuse. *Archives of General Psychiatry, 60,* 303–310.

Toplak, M. E., Connors, L., Shuster, J., Knezevic, B., & Parks, S. (2008). Review of cognitive, cognitive-behavioral, and neural-based interventions for attention-deficit/hyperactivity disorder (ADHD). *Clinical Psychology Review, 28,* 801–820.

Torbey, E., Pachana, N. A., & Dissanayaka, N. N. W. (2015). Depression rating scales in Parkinson's disease: A critical review updating recent literature. *Journal of Affective Disorders, 184,* 216–224.

Torpy, J. M., Burke, A. E., & Golub, R. M. (2011). Generalized anxiety disorder. *Journal of the American Medical Association, 305,* 522. doi:10.1001/jama.305.5.522

Torres, L., & Vallejo, L.G. (2015). Ethnic discrimination and Latino depression: The mediating role of traumatic stress symptoms and alcohol use. *Cultural Diversity and Ethnic Minority Psychology, 21,* 517–526. Retrieved from http://dx.doi.org/10.1037/cdp0000020

Torrey, E. F. (2011). The association of stigma with violence [Letter]. *American Journal of Psychiatry, 168,* 325. doi:

Torrey, E. F., & Zdanowicz, M. (1999, May 28). A right to mental illness? *PsychLaws. Org*. Retrieved from http://www.psychlaws.org/GeneralResources/ article14.htm

Torvik, F. A., Welander-Vatn, A., Ystrom, E., Knudsen, G. P., Czajkowski, N., Kendler, K. S., & Reichborn-Kjennerud, T. (2016). Longitudinal associations between social anxiety disorder and avoidant per- sonality disor- der: A twin study. *Journal of Abnormal Psychology, 125*, 114 – 124. Retrieved from http:// dx. doi. org/10.1037/ abn0000124

Town, J. M., Diener, M. J., Abbass, A., Leichsenring, F., Driessen, E., & Rabung, S. (2012). A meta-analysis of psychodynamic psychotherapy outcomes: Evaluating the effects of research-specific proce-dures. *Psychotherapy, 49*, 276 – 290. doi:10.1037/ a0029564

Towner, B. (2009, March). 50 and still a doll. *AARP Bulletin, 50*, 35.

Trauer, J. M., Qian, M. Y., Doyle, J. S., Rajaratnam, S. M. W., & Cunningham, D. (2015). Cognitive behavioral therapy for chronic insomnia: A system- atic review and meta-analysis. *Annals of Internal Medicine, 163*, 191 – 204. doi:10.7326/M14-2841

Travagin, G., Margola, D., & Revenson, T. A. (2015). How effective are expressive writing interventions for adolescents? A meta-analytic review. *Clinical Psychology Review, 36*, 42 – 55.

Treffert, D. A. (1988). The idiot savant: A review of the syndrome. *American Journal of Psychiatry, 145*, 563 – 572.

Trimble, J. E. (1991). The mental health service and training needs of American Indians. In H. F. Myers, P. Wohlford, L. P. Guzman, & R. J. Echemendia (Eds.), *Ethnic minority perspectives on clinical training and services in psychology* (pp. 43 – 48). Washington, DC: American Psychological Association.

Trockel, M., Karlin, B. E., Taylor, C. B., & Manber, R. (2014). Cognitive behavioral therapy for insom-nia with veterans: Evaluation of effectiveness and correlates of treatment outcomes. *Behaviour Research and Therapy, 56*, 16 – 21. doi:10.1016/j. brat.2014.02.007

Trull, T., & Prinstein, M. (2013). *Clinical psychology* (8th edition). Belmont, CA: Cengage Learning.

Truman, J. T., & Langton, L. (2015). *Criminal victimization, 2014*. U.S. Department of Justice: Bureau of Justice Statistics. Retrieved from http://www.bjs. gov/content/pub/ pdf/cv14.pdf

Tsai, L.-H., & Madabhushi, R. (2014). Alzheimer's disease: A protective factor for the ageing brain. *Nature, 507*, 439 – 440. doi:10.1038/nature13214

Tseng, M. C. M., Fang, D., Chang, C. H., & Lee, M. B. (2013). Identifying high-school dance students who will develop an eating disorder: A 1-year prospective study. *Psychiatry Research, 209*, 611 – 618. doi:10.1016/j.psychres.2013.04.008

Tseng, W., Mo, K. M., Li, L. S., Chen, G. Q., Ou, L. W., & Zheng, H. B. (1992). Koro epidemics in Guangdong, China: A questionnaire survey. *The Journal of Nervous and Mental Disease, 180*, 117 – 123.

Tsitsika, A. K., Tzavela, E. C., Janikian, M., Ólafsson, K., Iordache, A., Schoenmakers, T. M., ... Richardson, C. (2014). Online social net- working in adolescence: Patterns of use in six European countries and links with psychosocial functioning. *Journal of Adolescent Health, 55*, 141 – 147. doi:10.1016/j.jadohealth.2013.11.010

Tsunemi, T., Ashe, T. D., Morrison, B. E., Soriano, K. R., Au, J., Vázquez Roque, R. A., ...La Spada, A. R. (2012). PGC-1a rescues Huntington's disease pro- teotoxicity by preventing oxidative stress and pro-moting TFEB function. *Science Translational Medicine, 4*, 142ra97. doi: 10.1126/scitranslmed.3003799

Turetsky, B., Dress, E. M., Braff, D. L., Calkins, M. E., Green, M. F., Greenwood, T. A., ...Light, G. (2014). The utility of P300 as a schizophrenia endophenotype and predictive biomarker: Clinical and socio-demographic modulators in COGS-2. *Schizophrenia Research, 163*, 53 – 62. doi:10.1016/j. schres.2014.09.024

Turkington, D., & Morrison, A. P. (2012). Cognitive therapy for negative symptoms of schizophre-nia. *Archives of General Psychiatry, 69*, 119 – 120. doi:10.1001/archgenpsychiatry.2011.141

Turkington, D., Munetz, M., Pelton, J., Montesano, V., Sivec, H., Nausheen, B., ...Kingdon, D. (2014). High-yield cognitive behavioral techniques for psy- chosis delivered by case managers to their clients with persistent psychotic symptoms: An explor-atory trial. *Journal of Nervous & Mental Disease, 202*, 30 – 34. doi: 10.1097/ NMD.0000000000000070

Turner, D. T., van der Gaag, M., Karyotaki, E., & Cuijpers, P. (2014). Psychological interventions for psychosis: A meta-analysis of comparative outcome studies. *American Journal of Psychiatry, 171*, 523 – 538. doi:10.1176/appi. ajp.2013.13081159

Turner, S. M., & Beidel, D. C. (1989). Social phobia: Clinical syndrome, diagnosis, and comorbidity. *Clinical Psychology Review, 9*, 3 – 18.

Turner, W. A., & Casey, L. M. (2014). Outcomes associ-ated with virtual reality in psychological interven-tions: Where are we now? *Clinical Psychology Review, 34*, 634 – 644. doi:10.1016/j.cpr.2014.10.003

U.S. Department of Health and Human Services, Substance Abuse and Mental Health Services Administration, Center for Mental Health Services, National Institutes of Health, National Institute of Mental Health. (1999). *Mental Health: A Report of the Surgeon General*. Rockville,

MD: Author.

U.S. Department of Health and Human Services, Substance Abuse and Mental Health Services Administration, Center for Mental Health Services, National Institutes of Health, National Institute of Mental Health. (2001). *Mental health: Culture, race, and ethnicity: A supplement to mental health: A report of the Surgeon General—Executive summary*. Rockville, MD: Author.

Uhl, G. R., & Grow, R. W. (2004). The burden of complex genetics in brain disorders. *Archives of General Psychiatry, 61*, 223–229.

Uliaszek, A. A., Zinbarg, R. E., Mineka, S., Craske, M. G., Griffith, J. W., Sutton, J. M., ...Hammen, C. (2012). A longitudinal examination of stress generation in depressive and anxiety disorders. *Journal of Abnormal Psychology, 121*, 4–15. doi:10.1037/ a0025835

Ullmann, L. P., & Krasner, L. (1975). *A psychological approach to abnormal behavior* (2nd ed.). Englewood Cliffs, NJ: Prentice Hall.

Underwood, E. (2013). Faulty brain connections in dyslexia? *Science, 342*, 1158. doi:10.1126/ science.342.6163.1158

Underwood, E. (2015). Alzheimer's amyloid theory gets modest boost. *Science, 349*, 464. doi: 10.1126/ science.349.6247.464

Urbanoski, K. A., & Kelly, J. F. (2012). Understanding genetic risk for substance use and addiction: A guide for non-geneticists. *Clinical Psychology Review, 32*, 60–70. doi:10.1016/j.cpr.2011.11.002

Usami, M., Iwadare, Y., Watanabe, K., Ushijima, H., Kodaira, M, Okada, T., ...Saitob, K. (2015). A case-control study of the difficulties in daily functioning experienced by children with depressive disorder: Preliminary communication. *Journal of Affective Disorders, 179*, 167–174.

Utsey, S. O., Chae, M. H., Brown, C. F., & Kelly, D. (2002). Effect of ethnic group membership on ethnic identity, race-related stress, and quality of life. *Cultural Diversity and Ethnic Minority Psychology, 8*, 366–377.

Vachon, D. D., Krueger, R. F., Rogosch, F. A., & Cicchetti, D. (2015). Assessment of the harmful psychiatric and behavioral effects of different forms of child maltreatment. *JAMA Psychiatry, 72*, 1135–1142. doi:10.1001/jamapsychiatry.2015.1792

Vacic, V., McCarthy, S., Malhotra, D., Murray, F., Chou, H.-H., Peoples, A., ...Sebat, J. (2011). Duplications of the neuropeptide receptor gene VIPR2 confer significant risk for schizophrenia. *Nature, 471*, 499–503. doi:10.1038/ nature0988

Valasquez-Manoff, M. (2012, August 26). An immune disorder at the root of autism. *The New York Times Sunday Review*, pp. 1, 12.

Valdivia-Salas, S., Blanchard, K. S., Lombas, A. S., & Wulfert, E. (2014). Treatment-seeking precipitators in problem gambling: Analysis of data from a gambling helpline. *Psychology of Addictive Behaviors, 28*, 300–306. doi:10.1037/a0035413

Valentí, M., Pacchiarotti, I., Undurraga, J., Bonnín, C. M., Popovic, D., Goikolea, J. M., ...Vieta, E. (2015). Risk factors for rapid cycling in bipolar disorder. *Bipolar Disorder, 17*, 549–559. doi:10.1111/bdi.12288

Valenti, O., Cifelli, P., Gill, K. M, & Grace, A. A. (2011). Antipsychotic drugs rapidly induce dopamine neuron depolarization block in a developmental rat model of schizophrenia. *Journal of Neuroscience, 31*, 12330–12338. doi:10.1523/JNEUROSCI.2808-11.2011

As Valentine's Day approaches. (2012, February 7). *ScienceDaily*. Retrieved from http://www. science-daily. com/ releases/2012/02/120207121928.htm

Van Allen, J., & Roberts, M. C. (2011). Critical incidents in the marriage of psychology and technology: A discussion of potential ethical issues in practice, education, and policy. *Professional Psychology: Research and Practice, 42*, 433–439. doi:10.1037/ a0025278

van den Berg, D. P. G., de Bont, P. A. J. M., van der Vleugel, B. M., de Roos, C., de Jongh, A., Van Minnen, A., ...van der Gaag, M. (2015). Prolonged exposure vs. eye movement desensitization and reprocessing vs. waiting list for posttraumatic stress disorder in patients with a psychotic disorder: A randomized clinical trial. *JAMA Psychiatry, 72*, 259–267. doi: 10.1001/jamapsychiatry.2014.2637

van den Hout, M. A., Engelhard, I. M., Rijkeboer, M. M., Koekebakker, J., Hornsveld, H., Leer, A., ...Aksea, N. (2011). EMDR: Eye movements superior to beeps in taxing working memory and reducing vividness of recollections. *Behaviour Research and Therapy, 49*, 92–98. doi: 10.1016/ j.brat.2010.11.00

van der Kloet, D., Giesbrecht, T., Lynn, S. J., Merckelbach, H., & de Zutter, A. (2012). Sleep normalization and decrease in dissociative experiences: Evaluation in an inpatient sample. *Journal of Abnormal Psychology, 12*, 140–150. doi:10.1037/ a0024781

van der Loos, M. L. M., Mulder, P. G., Hartong, E. G., Blom, M. B., Vergouwen, A. C., de Keyzer, H. J., ...Nolen, W. A. (2009). Efficacy and safety of lamotrigine as add-on treatment to lithium in bipolar depression: A multicenter, double-blind, placebo-controlled trial. *Clinical Psychiatry, 70*, 223–231.

van der Meer, D., Hoekstra, P. J., Zwiers, M., Mennes, M., Schweren, L. J., Franke, B., ...Hartman, C. A. (2015). Brain correlates of the interaction between 5-httlpr and psychosocial stress mediating attention deficit hyperactivity disorder severity. *American Journal of Psychiatry, 172*, 768–775. Retrieved from http://dx.doi.org/10.1176/ appi.ajp.2015.14081035

Van der Oord, S., Prins, P. J. M., Oosterlaan, J., & Emmelkamp, P. M. G. (2008). Efficacy of meth- ylphenidate, psychosocial treatments and their combination in schoo- laged children with ADHD: A meta-analysis. *Clinical Psychology Review, 28,* 783–800.

van der Velden, A. M., Kuyken, W., Wattar, U., Crane, C., Pallesen, K. J., Dahlgaard, J., Fjorback, L. O., ...Piet, J. (2015). A systematic review of mechanisms of change in mindfulness-based cog- nitive therapy in the treatment of recurrent major depressive disorder. *Clinical Psychology Review,37,* 26–39. doi:10.1016/j.cpr.2015.02.001

Van Horn, L. (2014). A diet by any other name is still about energy. *Journal of the American Medical Association, 312,* 900–901. doi:10.1001/ jama.2014.10837

Van Hulle, C. A., Waldman, I. D., D'Onofrio, B. M., Rodgers, J. L., Rathouz, P. J., & Lahey, B. B. (2009).Developmental structure of genetic influences on antisocial behavior across childhood and adoles- cence. *Journal of Abnormal Psychology, 118,* 711–721.

van Lankveld, J. J., Granot, M., Weijmar Schultz, W. C., Binik, Y. M., Wesselmann, U., Pukall, C. F., ...Achtrari, C. (2010). Women's sexual pain disorders. *Journal of Sexual Medicine, 7,* 615–631. doi: 10.1111/j. 1743-6109.2009.01631.x

Van Meter, A. R., & Youngstrom, E. A. (2015). A tale of two diatheses: Temperament, BIS, and BAS as risk factors for mood disorder. *Journal of Affective Disorders, 180,* 170–178.

Van Meter, A. R., Youngstrom, E. A., & Findling, R. L. (2012). Cyclothymic disorder: A critical review. *Clinical Psychology Review, 32,* 229–243. doi: 10.1016/j. cpr.2012.02.001

van Steensel, F. J. A., & Bögels, S. M. (2015). CBT for anxiety disorders in children with and without autism spectrum disorders. *Journal of Consulting and Clinical Psychology, 83,* 512–523. Retrieved from http://dx.doi.org/10.1037/a0039108

Van Susteren, L. (2002). The insanity defense, contin- ued [Editorial]. *The Journal of the American Academy of Psychiatry and the Law, 30,* 474–475.

van Zessen, R., Phillips, J. L., Budygin, E. A., & Stuber, G. D. (2012). Activation of VTA GABA neurons dis- rupts reward consumption. *Neuron, 73,* 1184–1194. doi: 10.1016/j.neuron.2012.02.016

VanderCreek, L., & Knapp, S. (2001). *Tarasoff and beyond: Legal and clinical considerations in the treat-ment of life-endangering patients.* Sarasota, FL: Professional Resource Press.

Vanderkam, L. (2003). Barbie and fat as a feminist issue. Retrieved from http://www.shethinks.org/ articles/an00208.cfm

Varley, C. K., & McClellan, J. (2009). Implications of marked weight gain associated with atypical anti- psychotic medications in children and adolescents. *Journal of the American Medical Association, 302,* 1811.

Vasey, M. W., Vilensky, M. R., Heath, J. H., Harbaugh, C. N., Buffington, A. G., & Fazio, R. H. (2012). It was as big as my head, I swear! *Journal of Anxiety Disorders, 26,* 20. doi:10.1016/j.janxdis.2011.08.009

Vaziri-Bozorg, S. M., Ghasemi-Esfe, A. R., Khalilzadeh, O., Sotoudeh, H., Rokni-Yazdi, H., ...Shakiba, M. (2012). Antidepressant effects of magnetic resonance imaging – based stimulation on major depressive disorder: A double-blind ran- domized clinical trial. *Brain Imaging and Behavior, 6,* 70–76. doi:10.1007/s11682-011-9143-2

Vega, W. A., Kolody, B., Aguilar-Gaxiola, S., Alderete, E., Catalano, R., & Caraveo-Anduaga, J. (1998). Lifetime prevalence of DSM-III-R psychiatric disor- ders among urban and rural Mexican Americans in California. *Archives of General Psychiatry, 55,* 771–778.

Vega, W. A., Rodriguez, M. A., & Ang, A. (2010). Addressing stigma of depression in Latino primary care patients. *General Hospital Psychiatry, 32(2),* 182–191. doi: 10.1016/j.genhosppsych.2009.10.008

Veilleux, J. C., Colvin, P. J., Anderson, J., York, C., & Heinz, A. J. (2010). A review of opioid dependence treatment: Pharmacological and psychosocial interventions to treat opioid addiction. *Clinical Psychology Review, 30,* 155–166. doi:10.1016/j.cpr.2009.10.006

Venner, K. L., Greenfield, B. L., Vicuña, B., Muñoz, R., Bhatt, S., & O'Keefe, V. (2012). "I'm not one of them": Barriers to help-seeking among American Indians with alcohol dependence. *Cultural Diversity and Ethnic Minority Psychology, 18,* 352–362. doi: 10.1037/a0029757

Vereenooghe, L., & Langdon, P. E. (2013). Psychological therapies for people with intellectual disabilities: A systematic review and meta-analysis. *Research in Developmental Disabilities, 34,* 4085–4102.

Vergink, V., & Kushner, S. A. (2014). Postpartum psy- chosis. In M. Galbally, M. Snellen, & A. Lewis (Eds.), *Psychopharmacology and pregnancy* (pp. 139–149). New York, NY: Springer-Verlag.

Verissimo, O., Denisse, A., Gee, G. C., Ford, C. L., & Iguchi, M. Y. (2014). Racial discrimination, gender discrimination, and substance abuse among Latina/ os nationwide. *Cultural Diversity and Ethnic Minority Psychology, 20,* 43–51. doi:10.1037/a0034674

Vermetten E., Schmah, C., Lindner, S., Loewenstein, R. J., & Bremner, J. D. (2006). Hippocampal and amyg- dalar volumes in dissociative identity disorder. *American Journal of Psychiatry, 163,* 630–636.

Vickers, K., & McNallly, R. J. (2005). Respiratory symptoms and panic in the National Comorbidity Survey: A test of

Klein's suffocation false alarm the- ory. *Behaviour Research and Therapy, 43*, 1011－1018.

Vidoni, E. D., Johnson, D. K., Morris, J. K., Van Sciver, A., Greer, C. S., Billinger, S. A., ...Burns, J. M. (2015). Dose-response of aerobic exercise on cognition: A community-based, pilot randomized controlled trial. *PLOS ONE, 10*, e0131647. doi:10.1371/journal. pone.0131647

Viguera, A. C., Tondo, L., Koukopoulos, A. E., Reginaldi, D., Lepri, B., & Baldessarini, R. J. (2011). Episodes of mood disorders in 2,252 pregnan- cies and postpartum periods. *American Journal of Psychiatry, 168*, 1179－1185. doi:10.1176/appi. ajp.2011.11010148

Virués-Ortega, J. (2010). Applied behavior analytic interven- tion for autism in early childhood: Meta-analysis, meta-regression and dose－response meta- analysis of multiple outcomes. *Clinical Psychology Review, 30*, 387－399. doi:10.1016/j.cpr.2010.01.008

Vismara, L. A., & Rogers, S. J. (2010). Behavioral treat- ments in autism spectrum disorder: What do we know? *Annual Review of Clinical Psychology, 6*, 447－468. doi:10.1146/annurev.clinpsy.121208.131151

Visser, S. N., Danielson, M. L., Bitsko, R. H., Holbrook, J. R., Kogan, M. D., Ghandour, R. M., ...Blumberg, S. G. (2014). Trends in the parent-report of health care provider-diagnosed and medicated attention-deficit/hyper- activity disorder: United States, 2003－2011. *Journal of the American Academy of Child and Adolescent Psychia- try, 53*, 34－46. Retrieved from http://dx.doi.org/10.1016/j. jaac.2013.09.001

Vitaliano, P. P., Zhang, J., & Scanlan, J. M. (2003). Is care- giving hazardous to one's physical health? A meta-analysis. *Psychological Bulletin, 129*, 946－972.

Vitiello, B., Elliott, G. R., Swanson, J. M., Arnold, L. E., Hechtman, L., Abikoff, H., ... Gibbons, R. (2012). Blood pressure and heart rate over 10 years in the multimodal treatment study of children with ADHD. *American Jour- nal of Psychiatry, 169*, 167－177. doi: 10.1176/appi. ajp.2011.10111705

Vliegen, N., Casalin, S., & Luyten, P. (2014). The course of postpartum depression. *Harvard Review of Psychiatry, 22*, 1. doi:10.1097/HRP.0000000000000013

Voelker, R. (2012). Asthma forecast: Why heat, humid- ity trigger symptoms. *Journal of the American Medical Asso- ciation, 308*, 20－20. doi:10.1001/jama.2012.7533

Volavka, J., & Swanson, J. (2010). Violent behavior in men- tal illness: The role of substance abuse. *Journal of the American Medical Association, 304*, 563－564. doi: 10.1001/jama.2010.1097

Volkow, N. D. (2006). Map of human genome opens new op- portunities for drug abuse research. *NIDA Notes, 20*(4), 3.

von Polier, G. G., Meng, H., Lambert, M., Strauss, M., Zarotti, G., Karle, M., ...Schimmelmann, B. G. (2014). Pat- terns and correlates of expressed emotion, perceived criti- cism, and rearing style in first admitted early-onset schizophrenia spectrum disorders. *Journal of Nervous & Mental Disease, 202*, 783－787. doi: 10.1097/NMD.0000000000000209

Vorspan, F., Mehtelli, W., Dupuy, G., Bloch, V., & Lépine, J. P. (2015). Anxiety and substance use disorders: Co-occurrence and clinical issues. *Current Psychiatry Re- ports, 17*, 4. doi:10.1007/s11920-014-0544-y

Vorstenbosch, V., Antony, M. M., Koerner, N., & Boivin, M. (2011). Assessing dog fear: Evaluating the psychometric properties of the Dog Phobia Questionnaire. *Journal of Behavior Therapy and Experimental Psychiatry, 43*, 780－786.

Vos, S. J., Verhey, F., Frölich, L., Kornhuber, J., Wiltfang, J., Maier, W., ...Visser, P. J. (2015). Prevalence and prog- nosis of Alzheimer's disease at the mild cogni- tive im- pairment stage. *Brain, 138*, 1327.

Vriends, N., Bolt, O. C., & Kunz, S. M. (2014). Social anxi- ety disorder, a lifelong disorder: A review of the spontane- ous remission and its predictors. *Acta Psychiatrica Scan- dinavica, 130*, 109－122. doi:10.1111/ acps.12249

Wadden, T. A., Butryn, M. L., Hong, P. S., & Tsai, A. G. (2014). Behavioral treatment of obesity in patients encoun- tered in primary care settings: A systematic review. *Jour- nal of the American Medical Association, 312*, 1779－1791. doi:10.1001/jama.2014.14173

Wade, T. D., Wilksch, S. M., Paxton, S. J., Byrne, S. M., & Austin, S. B. (2015). How perfectionism and ineffective- ness influence growth of eating disorder risk in young ado- lescent girls. *Behaviour Research and Therapy, 66*, 56－63. doi:10.1016/j. brat.2015.01.007

Wadsworth, M. E., & Achenbach, T. M. (2005). Explaining the link between low socioeconomic sta-tus and psychopa- thology: Testing two mechanisms of the social causation hypothesis. *Journal of Consulting and Clinical Psychol- ogy, 73*, 1146－1153.

Wagner, B., Schulz, W., & Knaevelsrud, C. (2011). Efficacy of an Internet-based intervention for post-traumatic stress disorder in Iraq: A pilot study. *Psychiatry Research, 195*, 85－88. doi:10.1016/j.psychres.2011.07.026

Wainwright, N. W. J., & Surtees, P. G. (2002). Childhood ad- versity, gender and depression over the life-course. *Jour- nal of Affective Disorders, 72*, 33－44.

Waismann, R., Fenwick, P. B. C., Wilson, G. D., Hewett, T. D., & Lumsden, J. (2003). EEG responses to visual erotic stimuli in men with normal and paraphilic interests. *Ar- chives of Sexual Behavior, 32*(2), 135－144.

Waldman, I. D., & Gizera, I. R. (2006). The genetics of at- tention deficit hyperactivity disorder. *Clinical Psychology Review, 26*, 396－432.

Walker, E., Shapiro, D., Esterberg, M., & Trotman, H.

(2010). Neurodevelopment and schizophrenia: Broadening the focus. *Psychological Science, 19*, 204–208. doi: 10.1177/0963721410377744

Walkup, J. T., Albano, A. M., Piacentini, J., Birmaher, B., Compton, S. N., Sherrill, J. T., ...Kendall, P. C. (2008). Cognitive behavioral therapy, sertraline, or a combination in childhood anxiety. *New England Journal of Medicine, 359*, 2753–2766.

Wallace, P. (2014). Internet addiction disorder and youth. *EMBO Reports, 15*(1), 12–16. doi: 10.1002/embr.201338222

Waller, H., Garety, P. A., Jolley, S., Fornells-Ambrojo, M., Kuipers, E., Onwumere, J., Emsley, T. C., ... Craig, T. (2012). Low intensity cognitive behavioural therapy for psychosis: A pilot study. *Journal of Behavior Therapy and Experimental Psychiatry, 44*, 98–104. doi:10.1016/j.jbtep.2012.07.013

Waller, N. G., & Ross, C. A. (1997). The prevalence of biometric structure of pathological dissociation in the general population: Taxometric and behavior genetic findings. *Journal of Abnormal Psychology, 106*, 499–510.

Wallis, C. (2009, November 3). A powerful identity, a vanishing diagnosis. *The New York Times*, pp. D1, D4.

Walsh, B. T., Agras, W. S., Devlin, M. J., Fairburn, C. G., Wilson, G. T., Kahn, C., & Chally, M. K. (2000). Fluoxetine for bulimia nervosa following poor response to psychotherapy. *American Journal of Psychiatry, 157*, 1332–1334.

Walsh, B. T., Fairburn, C. G., Mickley, D., Sysko, R., & Parides, M. K. (2004). Treatment of bulimia nervosa in a primary care setting. *American Journal of Psychiatry, 161*, 556–561.

Walsh, R. (2011). Lifestyle and mental health. *American Psychologist, 66*, 579–592. doi:10.1037/a0021769

Wampold, B. E. (2001). *The great psychotherapy debate: Models, methods, and findings*. Mahwah, NJ: Erlbaum.

Wampold, B. E., Stephanie, L. B., Laska, K. M., Del Re, A. C., Baardseth, T. P., Flŭckiger, C., Minamic, T., ...Gunn, W. (2011). Evidence-based treatments for depression and anxiety versus treatment-as-usual: A meta-analysis of direct com- parisons. *Clinical Psychology Review, 31*, 1304–1312. doi:10.1016/j.cpr.2011.07.012

Wang, C.-W., Ho, R. T. H., Chan, C. L. W., & Tse, S. (2015). Exploring personality characteristics of Chinese adolescents with Internet-related addictive behaviors: Trait differences for gam-ing addiction and social networking addiction. *Addictive Behaviors, 42*, 32–35. doi: 10.1016/j. addbeh.2014.10.039

Wang, P. S., Lane, M., Olfson, M., Pincus, H. A., Wells, K. B., & Kessler, R. C. (2005). Twelve-month use of mental health services in the United States: Results from the National Comorbidity Survey Replication. *Archives of General Psychiatry, 62*, 590–592.

Wansink, B., & van Ittersum, K. (2013). Portion size me: Plate-size induced consumption norms and win-win solutions for reducing food intake and waste. *Journal of Experimental Psychology: Applied, 19*, 320–332. doi: 10.1037/a0035053

Wartik, N. (2000, June 25). Depression comes out of hiding. *The New York Times*, pp. MH1, MH4.

Watson, J. B., & Rayner, R. (1920). Conditioned emotional reactions. *Journal of Experimental Psychology, 3*, 1–14.

Watts, S. E., Turnell, A., Kladnitski, N., Newby, J. M., & Andrews, G. (2015). Treatment-as-usual (TAU) is anything but usual: A meta-analysis of CBT versus TAU for anxiety and depression. *Journal of Affective Disorders, 175*, 152–167. doi:10.1016/j. jad.2014.12.025

Weaver, F. W., Follett, K., Stern, M., Hur, K., Harris, C., Marks, W. J., Jr., ...Huang, G. D. (2009). Bilateral deep brain stimulation vs. best medical therapy for patients with advanced Parkinson disease: A randomized controlled trial. *Journal of the American Medical Association, 301*, 63–73.

Weaver, J. (2012, March 1). Twitter reveals people are happiest in the morning. Retrieved from http://www.scientificamerican.com/article/ happy-in-the-morning/

Weber, L. (2013, January 23). Go ahead, hit the snooze button. *Wall Street Journal*, pp. B1, B8.

Webster-Stratton, C., Reid, J., & Hammond, M. (2001). Social skills and problem-solving training for children with early-onset conduct problems: Who benefits? *Journal of Child Psychology & Psychiatry & Allied Disciplines, 42*, 943–952.

Wechsler, D. (1975). Intelligence defined and unde- fined: A relativistic appraisal. *American Psychologist, 30*, 135–139.

Wechsler, H., & Nelson, T. F. (2008). What we have learned from the Harvard School of Public Health College Alcohol Study: Focusing attention on college student alcohol consumption and the envi-ronmental conditions that promote it. *Journal of Studies on Alcohol and Drugs, 69*, 481.

Weck, F., & Neng, J. M. B. (2015). Response and remission after cognitive and exposure therapy for hypo- chondriasis. *Journal of Nervous & Mental Disease, 203*, 883–885. doi:10.1097/NMD.0000000000000385

Weck, F., Bleichhardt, G., Witthöft, M., & Hiller, W. (2011). Explicit and implicit anxiety: Differences between patients with hypochondriasis, patients with anxiety disorders, and healthy controls. *Cognitive Therapy and Research, 35*, 317–325. doi:10.1007/s10608-010-9303-5

Weck, F., Neng, J. M. B., Richtberg, S., Jakob, M., & Stangier, U. (2015). Cognitive therapy versus expo-sure therapy for hypochondriasis (health anxiety): A randomized controlled trial. *Journal of Consulting and Clinical*

Psychology, 83, 665–676. Retrieved from http://dx.doi.org/10.1037/ccp0000013

Weed, W. S. (2003, December 14). Questions for Raymond Damadian: Scanscam? *The New York Times*. Retrieved from www.nytimes.com

Weems, C. F., Hayward, C., Killen, J., & Taylor, C. B. (2002). A longitudinal investigation of anxiety sensitivity in adolescence. *Journal of Abnormal Psychology, 111*, 471–477.

Weems, C. F., Pina, A. A., Costa, N. M., Watts, S. E., Taylor, L. K., & Cannon, M. F. (2007). Predisaster trait anxiety and negative affect predict posttraumatic stress in youths after Hurricane Katrina. *Journal of Consulting and Clinical Psychology, 75*, 154–159.

Wei, C.-C., Wan, L., Lin, W.-Y., & Tsai, F.-J. (2010). Rs 6313 polymorphism in 5-hydroxytryptamine receptor 2A gene association with polysymptom-atic primary nocturnal enuresis. *Journal of Clinical Laboratory Analysis, 24*, 371–375. doi:10.1002/jcla.20386

Weiner, J. R. (2003). Tarasoff warnings resulting in criminal charges: Two case reports. *The Journal of the American Academy of Psychiatry and the Law, 31*, 239–241.

Weintraub, K. (2011). The prevalence puzzle: Autism counts. *Nature, 479*, 22–24. doi:10.1038/479022a

Weir, K. (2012a, December). Big kids. *Monitor on Psychology, 43*, 58–63.

Weir, K. (2012b, June). The roots of mental illness. *Monitor on Psychology, 43*, 30–33.

Weisman, A. G., Nuechterlein, K. H., Goldstein, M. J., & Snyder, K. S. (1998). Expressed emotion, attributions, and schizophrenia symptom dimensions. *Journal of Abnormal Psychology, 107*, 355–359.

Weisman, A. G., Rosales, G. A., Kymalainen, J. A., & Armesto, J. C. (2006). Ethnicity, expressed emotion, and schizophrenia patients' perceptions of their family members' criticism. *The Journal of Nervous and Mental Disease, 194*, 644–649.

Weiss, B., Han, S., Harris, V., Catron, T., Ngo, V. K., Caron, A., ...Guth, C. (2013). An independent randomized clinical trial of multisystemic therapy with non-court-referred adolescents with serious conduct problems. *Journal of Consulting and Clinical Psychology, 81*, 1027–1039. doi:10.1037/a0033928

Weiss, R. D., & Mirin, S. M. (1987). *Cocaine*. Washington, DC: American Psychiatric Press.

Weissman, A. N., & Beck, A. T. (1978). Development and validation of the Dysfunctional Attitudes Scale: A preliminary investigation. Paper Presented at the Annual Meeting of the American Educational Research Association, Toronto, Ontario, CA.

Weissman, J., Pratt, L. A., Miller, E. A., & Parker, J. D. (2015, May). Serious psychological distress among adults: United States, 2009–2013. Centers for Disease Control and Prevention, *NCHS Data Brief*, 203. Retrieved from http://www.cdc.gov/nchs/data/databriefs/db203.htm

Weissman, M. M. (2007). Cognitive therapy and interpersonal psychotherapy: 30 years later. *American Journal of Psychiatry, 164*, 693–696.

Weissman, M. M. (2014). Treatment of depression: Men and women are different? *American Journal of Psychiatry, 171*, 384–387. doi:10.1176/appi.ajp.2013.13121668

Weissman, M. M., Bruce, M. L., Leaf, P. J., Florio, L. P., & Holzer, C. (1991). Affective disorders. In L. N. Robins & D. A. Regier (Eds.), *Psychiatric disorders in America: The Epidemiologic Catchment Area Study* (pp. 53–80). New York, NY: Free Press.

Weissman, M. M., Markowitz, J. C., & Klerman, G. L. (2000). *Comprehensive guide to interpersonal psychotherapy*. New York, NY: Basic Books.

Weissman, M. M., Pilowsky, D. J., Wickramaratne, P. J., Talati, A., Wisniewski, S. R., Fava, C.W., ...STAR*D-Child Team. (2006). Remissions in maternal depression and child psychopathology: A STAR*D-child report. *Journal of the American Medical Association, 295*, 1389–1398.

Weisstaub, N. V., Zhou, M., Lira, A., Lambe, E., Gonzalez-Maeso, J., Hornung, J. P., ...Gingrich, J. A. (2006). Cortical 5-HT2A receptor signaling modulates anxiety-like behaviors in mice. *Science, 313*, 536–540.

Weisz, J. R., Ng, M. Y., & Bearman, S. K. (2014). Odd couple? Reenvisioning the relation between science and practice in the dissemination-implementation era. *Clinical Psychological Science, 2*, 58–74. doi: 10.1177/2167702613501307

Weisz, J. R., Southam-Gerow, M. A., Gordis, E. B., Connor-Smith, J. K., Chu, B. C., Langer, D. A., ...Weiss, B. (2009). Cognitive–behavioral therapy versus usual clinical care for youth depression: An initial test of transportability to commu-nity clinics and clinicians. *Journal of Consulting and Clinical Psychology, 77*, 383–396. doi: 10.1037/a0013877

Weisz, J. R., Suwanlert, S., Chaiyasit, W., Weiss, B., Walter, B. R., & Anderson, W. W. (1988). Thai and American perspectives on over- and undercon-trolled child behavior problems: Exploring the threshold model among parents, teachers, and psychologists. *Journal of Consulting and Clinical Psychology, 56*, 601–609.

Weitz, E. S., Hollon, S. D., Twisk, J., van Straten, A., Huibers, M. J. H., David, D., ...Cuijpers, P. (2015). Baseline depression severity as moderator of depression outcomes between cognitive behav-ioral therapy vs. pharmacotherapy: An individual patient data meta-analysis. *JAMA Psychiatry, 72*, 1102–1109. doi:10.1001/jamapsychiatry.2015.1516

Welch, M. R., & Kartub, P. (1978). Socio-cultural cor-relates of incidence of impotence: A cross-cultural study. *Journal of Sex Research, 14,* 218–230.

Wells, R. E., Burch, R., Paulsen, R. H., Wayne, P. M., Houle, T. T., & Loder, E. (2014). Meditation for migraines: A pilot randomized controlled trial. *Headache, 54,* 1484–1495. doi:10.1111/head.12420

Welte, G. M., Barnes, G. M., Tidwell, M. C. O., & Hoffman, J. H. (2008). The prevalence of problem gambling among U.S. adolescents and young adults: Results from a national survey. *Journal of Gambling Studies, 24,* 119–133.

Wender, P. H., Rosenthal, D., Kety, S. S., Schulsinger, F., & Welner, J. (1974). Cross-fostering: A research strategy for clarifying the role of genetic and experiential factors in the etiology of schizophrenia. *Archives of General Psychiatry, 30,* 121–128.

Wenzel, A., Finstroma, N., Jordan, J., & Brendle, J. R. (2005). Memory and interpretation of visual representations of threat in socially anxious and non-anxious individuals. *Behaviour Research and Therapy, 43,* 1029–1044.

Wessell, R., & Edwards, C. (2010). Biological and psychological interventions: Trends in substance use disorders intervention research. *Addictive Behaviors, 35,* 1083–1088. doi:10.1016/j.addbeh.2010.07.009

West, S. L., D'Aloisio, A. A., Agans, R. P., Kalsbeek W. D., Borisov, N. N., & Thorp, J. M. (2008). Prevalence of low sexual desire and hypoactive sexual desire disorder in a nationally representative sample of U.S. women. *Archives of Internal Medicine, 168*(13), 1441–1449.

Westen, D., & Gabbard, G. O. (2002). Developments in cognitive neuroscience: 1. Conflict, compromise, and connectionism. *Journal of the American Psychoanalytic Association, 50,* 53–98.

Wetherell, J. L., Petkus, A. J., White, K. S., Nguyen, H., Kornblith, S., Andreescu, C., ...Lenze, E. J. (2013). Antidepressant medication augmented with cognitive-behavioral therapy for generalized anxiety disorder in older adults. *American Journal of Psychiatry, 170,* 782–789. doi:10.1176/appi.ajp.2013.12081104

Wexler, B. E., Gottschalk, C. H., Fulbright, R. K., Prohovnik, I., Lacadie, C. M., Rounsaville, B. J., & Gore, J. C. (2001). Functional magnetic resonance imaging of cocaine craving. *American Journal of Psychiatry, 158,* 86–95.

Wheaton, M. G., Puliafico, A. C., Zuckoff, A., & Simpson, H. B. (2016). Treatment of an adult with obsessive-compulsive disorder with limited treatment motivation. In E. A. Storch & A. B. Lewin (Eds.), *Clinical handbook of obsessive-compulsive and related disorders: A case-based approach to treating pediatric and adult populations* (pp. 385–397). New York, NY: Springer.

Wheaton, S. (2001). Personal accounts: Memoirs of a compulsive firesetter. *Psychiatric Service, 62,* 1035–1036.

White, C. N., VanderDrifta, L. E., & Heffernan, K. S. (2015). Social isolation, cognitive decline, and cardiovascular disease risk. *Current Opinion in Psychology, 110,* 5797–5801. doi:10.1073/ pnas.1219686110

Whitelock, C. F., Lamb, M. E., & Rentfrow, P. J. (2013). Overcoming trauma: Psychological and demographic characteristics of child sexual abuse survivors in adulthood. *Clinical Psychological Science, 1,* 351–362. doi: 10.1177/2167702613480136

Whiteside, L. K., Walton, M. A., Bohnert, A. S. B., Blow, F. C., Bonar, E. E., Ehrlich, P., ... Cunningham, R. M. (2013). Nonmedical prescription opioid and sedative use among adolescents in the emergency department. *Pediatrics, 132,* 825. Retrieved from http://dx.doi.org/10.1542/peds.2013-0721

Whittal, M. L, Robichaud, M., Thordarson, D. S., & McLean, P. D. (2008). Group and individual treatment of obsessive-compulsive disorder using cognitive therapy and exposure plus response prevention: A 2-year follow-up of two randomized trials. *Journal of Consulting and Clinical Psychology, 76,* 1003–1014.

Whitten, L. (2009). Receptor complexes link dopamine to long-term neuronal effects. *NIDA Notes, 22*(4), 15–16.

Whooley, M. A., Kiefe, C. I., Chesney, M. A., Markovitz, J. H., Matthews, K., & Hulley, S. B. (2002). Depressive symptoms, unemployment, and loss of income: The CARDIA Study. *Archives of Internal Medicine, 162,* 2614–2620.

Wicks, S., Hjern, A., & Dalman, C. (2010). Social risk or genetic liability for psychosis? A study of children born in Sweden and reared by adoptive parents. *American Journal of Psychiatry, 167,* 1240–1246. http://dx.doi.org/10.1176/appi.ajp.2010.09010114

Widaman, K. F. (2009). Phenylketonuria in children and mothers: Genes, environments, behavior. *Current Directions in Psychological Science, 18,* 48–52. doi:10.1111/j.1467-8721.2009.01604.x

Widiger, T. A., Livesley, W. J., & Clark, L. A. (2009). An integrative dimensional classification of personality disorder. *Psychological Assessment, 21,* 243–255. doi: 10.1037/a0016606

Widiger, T. A., & Mullins-Sweatt, S. N. (2009). Five-factor model of personality disorder: A proposal for DSM-V. *Annual Review of Clinical Psychology, 5,* 197–220. doi: 10.1146/annurev.clinpsy.032408.153542

Widiger, T. A., & Simonsen, E. (2005). Alternative dimensional models of personality disorder: Finding a common ground. *Journal of Personality Disorders, 19,* 110–130.

Wierck, K., Van Caenegem, E., Elaut, E., Dedecker, D., Van de Peer, F., Toye, K., ...Sjoen, G. (2011). Quality of life and sexual health after sex reassignment surgery in transsexual men. *Journal of Sexual Medicine, 8,* 3379 – 3388.

Wierman, M. E., Rossella, E., Nappi, E., Avis, N., Davis, S. R., Labrie, F., Rosner, W., ...Shifren, J. L. (2010). Endocrine aspects of women's sexual function. *Journal of Sexual Medicine, 7,* 561 – 585. doi: 10.1111/j. 1743-6109.2009.01629.x

Wilbur, C. B. (1986). Psychoanalysis and multiple personality disorder. In B. G. Braun (Ed.), *Treatment of multiple personality disorder* (pp. 6 – 28). Washington, DC: American Psychiatric Press.

Wild Man brings back bad memories. (2009, June 4). *West Side Spirit,* p. 4.

Wildeman, C., Emanuel, N., Leventhal, J. M., Putnam-Hornstein, E., Waldfogel, J., & Lee, H. (2014). The prevalence of confirmed maltreatment among U. S. children, 2004 to 2011. *JAMA Pediatrics, 68,* 706 – 713. doi: 10.1001/jamapediatrics.2014.410

Wilks, C. R., Korslund, K. E., Harned, M. S., & Linehan, M. M. (2016). Dialectical behavior therapy and domains of functioning over two years. *Behaviour Research and Therapy, 77,* 162 – 169. doi:10.1016/j.brat.2015.12.013

Williams, D. (1992). *Nobody nowhere: The extraordinary autobiography of an autistic.* New York, NY: Times Books.

Williams, J. F., Smith, V. C., & The Committee on Substance Abuse. (2015). Fetal alcohol spectrum disorders. *Pediatrics, 136*(5), e1395 – e1406. doi: 10.1542/peds.2015-3113

Williams, J. M. G., Crane, C., Barnhofer, T., Brennan, K., Duggan, D. S., Fennell, M. J. V., ...Russell, I. T. (2014). Mindfulness-based cognitive therapy for preventing relapse in recurrent depression: A randomized dismantling trial. *Journal of Consulting and Clinical Psychology, 82,* 275 – 286. doi:10.1037/ a0035036

Williams, R. B., Marchuk, D. A., Gadde, K. M., Barefoot, J. C., Grichnik, K., Helms, M. J., ... Siegler, I. C. (2003). Serotonin-related gene polymorphisms and central nervous system serotonin function. *Neuropsychopharmacology, 28,* 533 – 541.

Willsey, A. J., Sanders, S. J., Li, M., Dong, S., Tebbenkamp, A. T., Muhle, R. A., ...State, M. W. (2013). Coexpression networks implicate human midfetal deep cortical projection neurons in the pathogenesis of autism. *Cell, 155,* 997. doi:10.1016/ j.cell.2013.10.020

Wilson, D. (2011, April 13). As generics near, makers tweak erectile drugs. *The New York Times.* Retrieved from www.nytimes.com

Wilson, G. T., Grilo, C. M., & Vitousek, K. (2007). Psychological treatments for eating disorders. *American Psychologist, 62,* 199 – 216.

Wilson, K. A., & Hayward, C. (2006). Unique contributions of anxiety sensitivity to avoidance: A prospec- tive study in adolescents. *Behaviour Research and Therapy, 44,* 601 – 609.

Wilson, R. E., Gosling, S. D., & Graham, L. T. (2012). A review of Facebook research in the social sciences. *Perspectives on Psychological Science, 7,* 203 – 220. doi: 10.1177/1745691612442904

Windsor, L. C., Jemal, A., & Alessi, E. J. (2015). Cognitive behavioral therapy: A meta-analysis of race and substance use outcomes. *Cultural Diversity and Ethnic Minority Psychology, 21,* 300 – 313. Retrieved from http:// dx.doi.org/10.1037/a0037929

Winerip, M. (1998, January 4). Binge nights. *The New York Times,* Education Section, pp. 28 – 31, 42.

Winerman, L. (2004, May). Panel stresses youth sui-cide prevention. *Monitor on Psychology, 35*(5), 18.

Wingert, P. (2000, December 4). No more "afternoon nasties." *Newsweek,* 59.

Winstanley, C. A., Eagle, D. M., & Robbins, T. W. (2006). Behavioral models of impulsivity in relation to ADHD: Translation between clinical and preclini- cal studies. *Clinical Psychology Review, 26,* 379 – 395.

Wisco, B. E., Sloan, D. M., & Marx, B. P. (2013). Cognitive emotion regulation and written exposure therapy for posttraumatic stress dis- order. *Clinical Psychological Science, 1,* 435 – 442. doi:10.1177/2167702613486630

Witkiewicz, K., & Marlatt, G. A. (2004). Relapse prevention for alcohol and drug problems: That was Zen, this is Tao. *American Psychologist, 59,* 224 – 235.

Witte, T. K., Timmons, K. A., Fink, E., Smith, A. R., & Joiner, T. E. (2009). Do major depressive disorder and dysthymic disorder confer differential risk for suicide? *Journal of Affective Disorders, 115,* 69 – 78. doi:10.1016/ j.jad.2008.09.003

Wittstein, I. S., Thiemann, D. R., Lima, J. A. C., Baughman, K. L., Schulman, S. P., Gerstenblith, G., ...Champion, H. C. (2006). Neurohumoral features of myocardial stunning due to sudden emotional stress. *New England Journal of Medicine, 352,* 539 – 548.

Witvliet, M., Brendgen, M., van Lier, P. A. C., Koot, H. M., & Vitaro, F. (2010). Early adolescent depres-sive symptoms: Prediction from clique isolation, loneliness, and perceived social acceptance. *Journal of Abnormal Child Psychology, 38,* 1045 – 1056. doi: 10.1007/s10802-010-9426-x

Wolf, N. J., & Hopko, D. R. (2008). Psychosocial and pharmacological interventions for depressed adults in primary care: A critical review. *Clinical Psychology Review, 28,* 131 – 136.

Wolff, J. J., Gu, H., Gerig, G., Elison, J. T., Styner, M., Gouttard, S., ...The IBIS. (2012). Network differences in white matter fiber tract develop-ment present from 6 to

24 months in infants with autism. *American Journal of Psychiatry, 169,* 589–600. doi: 10.1176/appi.ajp.2011.11091447

Wolpe, J., & Lazarus, A. A. (1966). *Behavior therapy techniques.* New York, NY: Pergamon Press.

Women more at risk of mental illness than men. (2012, January 20). *MSNBC.com.* Retrieved from http://www.msnbc.msn.com/id/46056751/ns/health-mental_health/#.TxiBj29Q6Ag

Wong, C. L., Holroyd-Leduc, J., Simel, D. L., & Straus, S. E. (2010). Does this patient have delirium? Value of bedside instruments. *Journal of the American Medical Association, 304,* 779–786. doi:10.1001/jama.2010.118

Wood, J. M., Garb, H. N., Nezworski, M. T., Lilienfeld, S. O., & Duke, M. C. A. (2015). A second look at the validity of widely used Rorschach indices: Comment on Mihura, Meyer, Dumitrascu, and Bombel (2013). *Psychological Bulletin, 141,* 236–249. Retrieved from http://dx.doi.org/10.1037/a0036005

Wood, J., M., Lilienfeld, S. O., Nezworski, M. T., Garb, H. N., Allen, K. H., & Wildermuth, J. L. (2010). Validity of Rorschach inkblot scores for dis-criminating psychopaths from nonpsychopaths in forensic populations: A meta-analysis. *Psychological Assessment, 22,* 336–349. doi: 10.1037/a0018998

Wood, K. H., Ver Hoef, L. W., & Knight, D. C. (2014). The amygdala mediates the emotional modula-tion of threat-elicited skin conductance response. *Emotion, 14,* 693–700. doi:10.1037/a0036636

Woods, A., Jones, N., Alderson-Day, B., Callard, F., & Fernyhough, C. (2015). Experiences of hearing voices: Analysis of a novel phenomenological survey. *The Lancet Psychiatry, 2,* 323–331.

Woods, B., Spector, A. E., Prendergast, L., & Orrell, M. (2012). Cognitive stimulation to improve cognitive functioning in people with dementia. *The Cochrane Review.* Published online. doi:10.1002/14651858.CD005562

Woodworth, M., & Porter, S. (2002). In cold blood: Characteristics of criminal homicides as a function of psychopathy. *Journal of Abnormal Psychology, 111,* 436–445.

Woody, S. R., Kellman-McFarlane, K., & Welsted, A. (2014). Review of cognitive performance in hoard- ing disorder. *Clinical Psychology Review, 34,* 324–336. doi: 10.1016/j.cpr.2014.04.002

Wootton, B. M., Dear, B. F., Johnston, L., Terides, M. D., & Titov, N. (2015). Self-guided Internet-delivered cognitive behavior therapy (iCBT) for obsessive–compulsive disorder: 12-month follow-up. *Internet Applications, 2,* 243–247. Retrieved from http:// dx. doi. org/10.1016/j. invent.2015.05.003

World Health Organization. (2014). HIV/AIDS fact sheet. Retrieved from http://www. who. int/mediacentre/factsheets/fs360/en/

Wu, J. Q., Appleman, E. R., Salazar, R. D., & Ong J. C. (2015). Cognitive behavioral therapy for insomnia comorbid with psychiatric and medical conditions: A meta-analysis. *JAMA Internal Medicine, 175,* 1461–1472. doi:10.1001/ jamainternmed.2015.3006

Wu, L.-T., Woody, G. E., Yang, C., Pan, J.-J., & Blazer, D. G. (2011). Racial/ethnic variations in substance-related disorders among adolescents in the United States. *Archives of General Psychiatry, 68,* 1176–1185. doi: 10.1001/archgenpsychiatry.2011.120

Wu, M. S., Salloum, A., Lewin, A. B., Selles, R. R., McBride, N. M., Crawford, E. A., & Storch, E. A. (2015). Treatment concerns and functional impair- ment in pediatric anxiety. *Child Psychiatry and Human Development.* Advance online publication. doi: 10.1007/s10587-015-0596-1

Wykes, T. (2014). Cognitive-behaviour therapy and schizophrenia. *Evidence-Based Mental Health, 17,* 67–68.

Xiang, A. H., Wang, X., Martinez, M. P., Walthall, J. C., Curry, E. S., Page, K., ...Getahun, D. (2015). Association of maternal diabetes with autism in offspring. *Journal of the American Medical Association, 313,* 1425–1434. doi:10.1001/jama.2015.2707

Xiao, L., Han, J., & Han, J. (2011). The adjustment of new recruits to military life in the Chinese Army:The longitudinal predictive power of MMPI-2. *Journal of Career Assessment, 19,* 392–404.

Xie, P., Kranzler, H. R., Poling, J., Stein, M. B., Anton, R. F., Brady, K., Weiss, R. D., & Gelernter, J. (2009). Interactive effect of stressful life events and the serotonin transporter 5-HTTLPR genotype on post- traumatic stress disorder diagnosis in 2 indepen-dent populations. *Archives of General Psychiatry, 66,* 1201–1209.

Xiong P., Zeng, Y., Zhu, Z., Tan, D., Xu, F., Lu, J., Wan, J., & Ma, M. (2010). Reduced NGF serum levels and abnormal P300 event-related potential in first episode schizophrenia. *Schizophrenia Research, 119,* 34–39.

Xue, C., Ge, Y., Tang, B., Liu, Y., Kang, P., Wang, M., & Zhang, L. (2015). A meta-analysis of risk factors for combat-related PTSD among military personnel and veterans. *PLOS ONE, 10*(3), e0120270. doi: 10.1371/ journal. pone.0120270

Yaccino, S. (2012, December 20). Arrests in a freshman's drinking death reflect a tougher approach. *The New York Times.* Retrieved from www.nytimes.com

Yager, J. (2008, May 23). Attempted suicides in anorexia nervosa. *Journal Watch Psychiatry.* Retrieved from http:// psychiatry.jwatch.org/cgi/ content/full/2008/523/2

Yager, J. (2011, August 29). Genetics of psychosocial stress–induced alcohol consumption. *Journal Watch Psychiatry.* Retrieved from http://psychiatry. jwatch.org

Yager, J. (2014, October 15). "The schizophrenias": Crossing genomics with "phenomics" produces a better understanding. *NEJM Journal Watch Psychiarty*. Retrieved from http://www.jwatch.org/na35881/2014/10/15/schizophrenias-crossing-genomics-with-phenomics-produces?query=etoc_jwpsych

Yager, J. (2015). Neurocognitive impairment in severely mentally ill homeless people. *NEJM Journal Watch Psychiatry*. Retrieved from http://www.jwatch.org/na36935/2015/02/09/neurocognitive-impairment-severely-mentally-ill-homeless

Yalcin-Siedentopf, N., Hoertnag, C. M., Biedermann, F., Baumgartner, S., Deisenhammer, E. A., Hausmann, A., ... Hofer, A. (2014). Facial affect recognition in symptomatically remitted patients with schizophrenia and bipolar disorder. *Schizophrenia Research, 152*, 440 - 445. doi: 10.1016/j.schres.2013.11.024

Yang, L., & Colditz. G. A. (2015). Prevalence of overweight and obesity in the United States, 2007 - 2012. *JAMA Internal Medicine, 175*, 1412 - 1413. doi: 10.1001/jamainternmed.2015.2405

Yang, M., Wong, S. C. P. W, & Coid, J. (2010). The efficacy of violence prediction: A meta-analytic comparison of nine risk assessment tools. *Psychological Bulletin, 136*, 740 - 746.

Yao, J. K., Dougherty, G. G., Jr., Gautier, C. H., Haas, G. L., Condray, R., Kasckow, J. W., ... Messamore, E. (2015). Prevalence and specificity of the abnormal niacin response: A potential endophenotype marker in schizophrenia. *Schizophrenia Bulletin*. Retrieved from http://schizophreniabulletin.oxfordjournals.org/content/early/2015/09/13/schbul.sbv130.full

Yates, P. M., Hucker, S. J., & Kingston, D. A. (2008). Sexual sadism: Psychopathology and theory. In D. R. Laws & W. T. O'Donohue (Eds.), *Sexual deviance: Theory, assessment, and treatment* (2nd ed., pp. 213 - 230). New York, NY: Guilford Press.

Yeargin-Allsopp, M., Rice, C., Karapurkan, T., Doernberg, N., Boyle, C., & Murphy, C. (2003). Prevalence of autism in a U. S. metropolitan area. *Journal of the American Medical Association, 289*, 49 - 55.

Yeh, C. J. (2003). Age, acculturation, cultural adjustment, and mental health symptoms of Chinese, Korean, and Japanese immigrant youths. *Cultural Diversity and Ethnic Minority Psychology, 9*, 34 - 48.

Yehuda, R., Daskalakis, N. P., Bierer, L. M., Bader, H. N., Klengel, T., Holsboer, F., ... Binder, E. B. (2015). Holocaust exposure induced intergenerational effects on FKBP5 methylation. *Biological Psychiatry*. Advance online publication. doi:10.1016/j.biopsych.2015.08.005

Yeung, A., Howarth, S., Chan, R., Sonawalla, S., Nierenberg, A. A., & Fava, M. (2002). Use of the Chinese version of the Beck Depression Inventory for screening depression in primary care. *Journal of Nervous & Mental Disease, 190*, 94 - 99.

Yi, J. J., Berrios, J., Newbern, J. M., Snider, W. D., Philpot, B. D., Hahn, K. M., & Zylka, M. J. (2015). An autism-linked mutation disables phosphorylation control of UBE3A. *Cell, 162*, 795 - 807. Retrieved from http://dx.doi.org/10.1016/j.cell.2015.06.045

Yoder, V. C., Virden, T. B., III, & Amin, K. (2005). Internet pornography and loneliness: An association? *Sexual Addiction & Compulsivity, 12*(1), 19 - 44.

Young, E. A., McFatter, R., & Clopton, J. R. (2001). Family functioning, peer influence, and media influence as predictors of bulimic behavior. *Eating Behaviors, 2*, 323 - 337.

Young, K. S. (2015). The evolution of Internet addiction. *Addictive Behaviors, 53*, 193 - 195. doi:10.1016/j.addbeh.2015.11.001

Youngstrom, E. A. (2009). Definitional issues in bipolar disorder across the life cycle. *Clinical Psychology: Science and Practice, 16*, 140 - 160. doi: 10.1111/j.1468-2850.2009.01154.x

Young-Wolff, K. C., Enoch, M. -A., & Prescott, C. A. (2011). The influence of gene - environment interactions on alcohol consumption and alcohol use disorders: A comprehensive review. *Clinical Psychology Review, 31*, 800 - 816. doi:10.1016/j.cpr.2011.03.005

Yu, H. Y., Hsiao, C. Y., Chen, K. C., Lee, L. T., Chang, W. H., Chi, M. H., ... Yang, Y. K. (2015). A comparison of the effectiveness of risperidone, haloperidol and flupentixol long-acting injections in patients with schizophrenia: A nationwide study. *Schizophrenia Research, 169*(1 - 3), 400 - 405. doi:10.1016/j.schres.2015.09.006

Yuen, E. K., Goetter, E. M., Herbert, J. D., & Forman, E. M. (2012). Challenges and opportunities in Internet-mediated telemental health. *Professional Psychology: Research and Practice, 43*, 1 - 8. doi:10.1037/a0025524

Zahn, R., Lythe, K. E., Gethin, J. A., Green, S., Deakin, J. F. W., Young, A. H., ... Moll, J. (2015). The role of self-blame and worthlessness in the psychopathology of major depressive disorder. *Journal of Affective Disorders, 186*, 337 - 341. doi:10.1016/j.jad.2015.08.001

Zalesky, A., Pantelis, C., Cropley, V., Fornito, A., Cocchi, L., McAdams, H., ... Gogtay, N. (2015). Delayed development of brain connectivity in adolescents with schizophrenia and their unaffected siblings. *JAMA Psychiatry, 72*, 900 - 908. doi:10.1001/jamapsychiatry.2015.0226

Zamanian, K., Thackreyb, M., Starretta, R. A., Browna, L. G., Lassmanc, D. K., & Blanchard, A. (1992). Acculturation and depression in Mexican- American elderly. *Gerontologist, 11*, 109 - 121.

Zanarini, M. C., Skodol, A. E., Bender, D., Dolan, R., Sanislow, C., Schaefer, E., ... Gunderson, J. G. (2000). The Collaborative Longitudinal Personality Disorders Study: Reliability of axis I and II diagnoses. *Journal of Personality Disorders, 14*, 291–299.

Zane, N., & Sue, S. (1991). Culturally responsive mental health services for Asian Americans: Treatment and training issues. In H. F. Myers, P. Wohlford, L. P. Guzman, & R. J. Echemendia (Eds.), *Ethnic minority perspectives on clinical training and services in psychology* (pp. 49–58). Washington, DC: American Psychological Association.

Zapf, P. A., & Roesch, R. (2011). Future directions in the restoration of competency to stand trial. *Current Directions in Psychological Science, 20*, 43–47. doi:10.1177/0963721410396798

Zapolski, T. C. B., Pedersen, S. L., McCarthy, D. M., & Smith, G. T. (2014). Less drinking, yet more problems: Understanding African American drinking and related problems. *Psychological Bulletin, 140*, 188–223. doi: 10.1037/a0032113

Zavos, H. M. S., Gregory, A. M., & Eley, T. C. (2012). Longitudinal genetic analysis of anxiety sensitivity. *Developmental Psychology, 48*, 204–212. doi: 10.1037/a0024996

Zebenholzer, K., Rudel, E., Frantal, S., Brannath, W., Schmidt, K., Wöber-Bingöl, C., & Wöber, C. (2011). Migraine and weather: A prospective diary-based analysis. *Cephalalgia, 31*, 391.

Zhang, C., Wu, Z., Hong, W., Wang, Z., Peng, D., Chen, J., ... Fang, Y. (2014). Influence of BCL2 gene in major depression susceptibility and antidepressant treatment outcome. *Journal of Affective Disorders, 155*, 288–294.

Zhang, L. S., Hu, L., Li, X., & Zhang, J. (2014). The DRD2 rs1800497 polymorphism increase the risk of mood disorder: Evidence from an update meta-analysis. *Journal of Affective Disorders, 158*, 71–77. doi: 10.1016/j.jad.2014.01.015

Zhang, T., Koutsouleris, N., Meisenzahl, E., & Davatzikos, C. (2014). Heterogeneity of structural brain changes in subtypes of schizophrenia revealed using magnetic resonance imaging pattern analysis. *Schizophrenia Bulletin.* Retrieved from http:// schizophreniabulletin. oxfordjournals. org/content/ early/2014/09/26/schbul.sbu136

Zhang, W., Deng, W., Yao, L., Xiao, Y., Li, F., Liu, J., ... Gong, M. Q. (2015). Brain structural abnormalities in a group of never-medicated patients with long-term schizophrenia. *American Journal of Psychiatry, 172*, 995–1003. Retrieved from http://dx. doi. org/10.1176/appi.ajp.2015.14091108

Zhang, X., Wang, L., Huang, F., Li, J., Xiong, L., Xue, H., & Zhang, Y. (2014). Gene-environment interaction in postpartum depression: A Chinese clinical study. *Journal of Affective Disorders, 208*, 212. doi: 10.1016/j.jad.2014.04.049

Zhao, X., Sun, L., Sun, Y. H., Ren, C., Chen, J., Wu, Z., ... Lv, X. L. (2014). Association of HTR2A T102C and A-1438G polymorphisms with susceptibility to major depressive disorder: A meta-analysis. *Neurological Science, 35*, 1857–1866. doi:10.1007/ s10072-014-1970-7

Zhao, Z., Sagare, A. P., Ma, Q., Halliday, M. R., Kong, P., Kisler, K., ... Zlokovic, B. V. (2015). Central role for PICALM in amyloid-β blood-brain barrier transcytosis and clearance. *Nature Neuroscience.* Retrieved from http://www. nature. com/neuro/ journal/vaop/ncurrent/full/nn.4025.html

Zhou, X., Dere, J., Zhu, X., Yao, S., Chentsova-Dutton, Y. E., & Ryder, A. J. (2011). Anxiety symptom presentations in Han Chinese and Euro-Canadian outpatients: Is distress always somatized in China? *Journal of Affective Disorders, 135*, 111–114.

Zickler, P. (2006) Smoking decreases key enzyme throughout body: Research findings. *NIDA Notes.* Retrieved from www.drugabuse.gov

Zilcha-Mano, S., Dinger, U., McCarthy, K. S., & Barber, J. P. (2014). Does alliance predict symptoms throughout treatment, or is it the other way around? *Journal of Consulting and Clinical Psychology, 82*, 931–935. Retrieved from http://dx.doi.org/10.1037/a0035141

Zimak, E. H., Suhr, J., & Bolinger, E. M. (2014). Psychophysiological and neuropsychological characteristics of non-incarcerated adult males with higher levels of psychopathic personality traits. *Journal of Psychopathology and Behavioral Assessment, 36*, 542–554.

Zimmerman, M., & Morgan, T. A. (2014). Problematic boundaries in the diagnosis of bipolar disorder: The interface with borderline personality disorder. *Current Psychiatry Reports, 15*, 422. doi:10.1007/ s11920-013-0422-z

Zipfel, S., Wild, B., Grob, G., Friederich, H.-C., Teufel, M., Schellberg, D., ... Herzog, W., on behalf of the ANTOP study group. (2013). Focal psychodynamic therapy, cognitive behaviour therapy, and optimised treatment as usual in outpatients with anorexia nervosa (ANTOP study): Randomised controlled trial. *The Lancet, 383*, 127–137. Retrieved from http://dx. doi. org/10.1016/S0140-6736(13)61746-8

Zivanovic, O., & Nedic, A. (2012). Kraepelin's concept of manic-depressive insanity: One hundred years. *Journal of Affective Disorders, 137*, 15–24.

Zlomuzica, A., Silva, M. D. S., Huston, J., & Dere, E. (2007). NMDA receptor modulation by D-cycloserine promotes episodic-like memory in mice. *Psychopharmacology.* Retrieved from http:// lib.bioinfo.pl/pmid:17497136

Zou, J. B., Dear, B. F., Titov, N., Lorian, C. N., Johnston, L., Spence, J., ...Sachdev, P. (2012). Brief Internet-delivered cognitive behavioral therapy for anxiety in older adults: A feasibility trial. *Journal of Anxiety Disorders, 26,* 650–655.

Zubin, J., & Spring, B. (1977). Vulnerability: A new view of schizophrenia. *Journal of Abnormal Psychology, 86,* 103–126.

Zucker, K. J. (2005a). Gender identity disorder in children and adolescents. *Annual Review of Clinical Psychology, 1,* 467–492.

Zucker, K. J. (2005b). Gender identity disorder in girls. In D. J. Bell, S. L. Foster, & E. J. Mash (Eds.), *Handbook of behavioral and emotional prob-lems in girls: Issues in clinical child psychology* (pp. 285–319). Norwell, MA: Kluwer Academic/Plenum Publishers.

Zucker, K. J. (2015). The DSM-5 diagnostic criteria for gender disorder. In C. Trombetta, L. Giovanni, & M. Bertolotto (Eds.), *Management of gender dys- phoria* (pp. 33–37). Milan, Italy: Springer-Verlag Italia.

Zuckerman, K. E., Sinche, B., Cobian, M., Cervantes, M., Mejia, A., Becker, T., ...Nicolaidis, C. (2014). Conceptualization of autism in the Latino com- munity and its relationship with early diagnosis. *Journal of Developmental & Behavioral Pediatrics, 35,* 522–532. doi: 10.1097/DBP.0000000000000091

Zuckerman, M. (2007). *Sensation seeking and risky behavior.* Washington, DC: American Psychological Association.

Zvolensky, M. J., & Eifert, G. H. (2001). A review of psychological factors/processes affecting anxious responding during voluntary hyperventilation and inhalations of carbon dioxide-enriched air. *Clinical Psychology Review, 21,* 375–400.

Zvolensky, M. J., Kotov, R., Antipova, A. V., & Schmidt, N. B. (2005). Diathesis stress model for panic-related distress: A test in a Russian epidemio- logical sample. *Behaviour Research and Therapy, 43,* 521–532.

Zweig-Frank, H., & Paris, J. (1991). Parents' emotional neglect and overprotection according to the recollec- tions of patients with borderline personality disorder. *American Journal of Psychiatry, 148,* 648–651.

译后记

心理学书籍大致可分为两种：一种为实践派案例书，深入浅出，易于理解，通过自下而上的学习，带领初学者开启心理学探索的梦幻之旅；一种则为学院派基础书，内容规范，理论性强，通过自上而下的学习，帮助具有一定基础的心理学爱好者发现柳暗花明"那一村"。华东师范大学出版社出版的"心理学经典译丛"无疑是二者兼具、博采众长的上乘之作。

本次由我主持翻译的《异常心理学：换个角度看世界》英文原著自发行以来一版再版，深受广大心理学读者好评，属于为数不多的、真正能够做到"从生活中来、到生活中去"的经典著作。作为将国外优秀心理学理论研究及实践应用介绍给广大中国读者的"媒人"之一，我希望每位读者在这场心理学"盛宴"中大快朵颐时，切莫将掌握书本知识作为阅读的唯一要义，更希望每位读者都能静下心来"品"，品味出在数据与理论背后作者想传达给诸位的严谨治学、批判辩证的研究思维。

心理学的应用价值决定了其并非一门形而上的学科。进入信息化时代，我们每天会接收庞杂的信息、处理复杂的关系、接触各异的人群、进行不同的决策，作为一门极具应用价值的行为科学，各种心理学技能及研究方法无疑能让你换个角度看世界，在快速变化的世界中如鱼得水、如虎添翼。

历史一页页翻过，发展一刻也没有停止前进的脚步。心理学同样如此。随着研究的深入，一些在昨天看来还"千真万确"的结论，在今天看来，早已变得"漏洞百出"，而任何一个新理论的诞生都会遭遇新的一轮评判性"洗礼"。心理学正是一门在批判和争议中诞生的科学，它也一直在告诫着所有的心理学研究者，要怀有一颗探求真相的心，一腔对心理学不灭的热情去批判地看待每一项研究成果、每一次心理学领域中的重大突破。

《异常心理学：换个角度看世界（第10版）》翻译工作的分工情况如下：赵凯（第1章、第2章、第3章、第8章、第9章、第13章），杨旸（第4章、第5章、第6章），禄晨（第7章），王江璇（第10章、第11章），丁祎铭（第12章），李雪原（第14章、第15章）。最后全书由赵凯审校。另外，张欣、高丽华、谢书然、刘净净、汪书乐等参与了校对及统筹。真诚感谢每位译者的耐心细致与热情奉献。

"读万卷书、行万里路、做万事通"是我一直努力践行的人生哲言，也是我对学生的殷切期望。今天，我将这三句话赠与所有读者朋友们。千里之行，始于足下，希望你们崭新的心理学之旅就从这本《异常心理学：换个角度看世界（第10版）》开始。

赵凯

2021年11月8日于随园